城市有机更新与精细化治理

主　编：黄逊　冯光乐　杨一虹

副主编：罗镔　莫霞　孙昆　黄宁

广西科学技术出版社

图书在版编目（CIP）数据

城市有机更新与精细化治理/黄逊，冯光乐，杨一虹主编. —南宁：广西科学技术出版社，2023.9
ISBN 978-7-5551-1818-3

Ⅰ.①城… Ⅱ.①黄… ②冯… ③杨… Ⅲ.①城市建设—中国—文集 Ⅳ.①TU984.2-53

中国版本图书馆 CIP 数据核字（2022）第 113881 号

城市有机更新与精细化治理

主　编：黄逊　冯光乐　杨一虹
副主编：罗镔　莫霞　孙昆　黄宁

责任编辑：方振发　　责任校对：苏深灿
封面设计：韦娇林　现代设计　　责任印制：韦文印

出 版 人：梁　志　　出版发行：广西科学技术出版社
社　　址：广西南宁市青秀区东葛路 66 号　　邮政编码：530023
网　　址：http：//www.gxkjs.com

印　　刷：广西民族印刷包装集团有限公司
开　　本：787 mm×1092 mm　1/16
字　　数：1092 千字　　印　　张：39.75
版　　次：2023 年 9 月第 1 版　　印　　次：2023 年 9 月第 1 次印刷
书　　号：ISBN 978-7-5551-1818-3
定　　价：198.00 元

目 录

第一编 城市更新理论与方法

第二编 精细化治理策略与实践

第三编 城市更新策略与实践

第四编 文化风貌塑造与城市更新

第五编　老旧小区改造与社区治理

第六编　滨水空间营造与城市更新

第七编　武汉城市更新实践探索

第一编

城市更新理论与方法

城市更新单元划定与评判的关键技术研究

□朱　松

摘要：当前城市建设逐步由增量发展转为存量再开发，城市规划也由“预测人口扩大规模”的外延式技术方法转变为“确定边界底线”的内涵式技术体系，从追求单一经济增长转变为改善社会民生、完善城市功能、优化空间布局和提高城市整体发展质量并重，城市更新则是实现这一发展转型的重要手段。城市更新规划的关键技术是更新单元的划定与评判，然而我国的城市更新规划还处于摸索阶段，在行业内还没有形成完整的标准和统一的要求。本文结合当前国土空间规划体系背景和城市更新的目标要求，从定性、定量多方面对更新单元的划定与评判进行系统分析，并运用改进的层次分析法对研究对象进行论证，试图整理出一套具有推广价值的城市更新单元划定和评判的技术体系。

关键词：城市更新；更新单元；划定与评判

1　引言

城市更新不是新事物，早在1958年就有权威界定，它经历了半个多世纪的发展，内涵、要素愈加丰富，并不断融合新时代的特征。城市更新主要经历以下几个阶段：20世纪50年代的“城市重建”、60年代的“城市复兴”、70年代的“城市改造”、80年代的“城市再开发”、90年代的“城市再生”和21世纪的“衰退下的再生”。

国家相关部委在我国多年的城市更新探索中，结合不同事件背景和不同的更新对象，如城中村、棚户区、老旧小区等，陆续出台过不同的指导意见，但一直没有形成系统化的政策或技术指导体系。与此同时，我国城镇化正经历着内涵式发展方式的转型，城市建设逐步由增量发展转为存量再开发，各个城市在试点探索中多点开花、成效不一，加之国土空间规划体系对城市发展理念的重新定义，城市规划由“预测人口扩大规模”的外延式技术方法转变为“确定边界底线”的内涵式技术体系，从追求单一经济增长转变为改善社会民生、完善城市功能、优化空间布局和提高城市整体发展质量并重，城市更新的系统化、规范化研究势在必行。

2　更新单元的划定

2.1　从城市更新目标出发

城市更新聚焦在三个层次的目标上，更新单元的划定在系统上应做到贯彻一致。

（1）更新发展的总目标。

城市更新出发点应该着眼于人民群众对美好生活的需求和向往，以解决发展不平衡、不充分的矛盾为导向，积极贯彻落实全国城镇化工作会议精神和推进地方全面深化改革开放的总体要求，创新城市发展理念和空间供给思路，以实现土地更加节约、产业更加高效、效益更加明显、配套更加完善、环境更加生态的总目标，不断增强人民群众的获得感、幸福感和安全感。从这个角度来说，城市更新的单元划定应该在开发边界内进行全覆盖，并且不同的更新对象应有不同的更新方式。

（2）管理实施层面的目标。

城市更新是考验一个城市治理水平的关键内容，更新单元的划定就是改变过去“点状推动、分头管理”的弊端，有利于进一步增强更新的规范意识，提升城市更新管理服务水平。通过建立更新单元架构和优化更新各环节的工作标准与规章制度，加强更新项目批后实施的监督与考核，形成一套规范高效的更新工作流程和机制。因此，更新单元划定原则上还要考虑到城市行政管理的需求，以利于落地实施。

（3）更新计划的目标。

更新单元最直接的目标是能够充分体现时序导向。城市更新的动机是以问题为导向的，但由于更新项目涉及要素众多，其问题不是单一的。在整个城市的更新计划中，如何做到有的放矢，如何区分轻重缓急，这就需要一个系统化的更新指导，而指导的基本框架就是更新单元的划定。因此，更新单元的划定是在系统分析城市实际建设情况的基础上进行的，需要充分厘清“留改拆”，充分考虑要素边界，充分研究对象属性及共性条件。

2.2 更新单元划定条件

（1）以国土空间总体规划中确定的城区城镇建设用地界线为划定标准，若局部城边村与城镇建设用地相融的，还需综合考虑开发边界范围。也就是说在划定更新单元时，应首先按城镇建设用地的界线进行考虑，包括处于城镇建设用地界线内的城中村，再在此基础上对外围单元界线进行优化，将与城镇建设用地相融、相连的城边村纳入更新单元界线，从而形成完整的更新单元划定范围。

（2）更新单元的初步划定优先结合城市主干道等交通边界、河流等自然边界、控制规划线等规划行政管理边界进行综合考虑。

（3）更新单元的优化细化则按照单元共性的条件划定，即单元内的更新对象属性尽可能相同或相近，或更新标准上没有明显冲突和矛盾，然后再结合城市功能发展的需求进行细化。

3 更新单元评判指标体系

3.1 评判指标体系建立原则

更新单元是一个由多种相互联系、相互作用的要素构成的有机整体，是一个复杂的体系，它不仅关联经济、社会、资源、环境等因素，而且关系到城市的可持续发展。本文建立的更新单元评判指标体系是运用评判方法对所划更新单元进行评判、确定城市更新计划、落实更新内容的基础。因此，建立一个科学的、系统化的、逻辑清晰合理与结构完整严谨的评判指标体系非常重要。评判指标体系的建立应遵循以下原则。

（1）科学性原则。

评判指标体系的设置是否科学合理直接关系到评判的质量。为使评判指标体系能反映出更新单元的内涵与规律，设置的指标要有代表性、完整性和系统性，应以现代科技统计理论为基础，结合必要的专项调查和考证，通过定性、定量分析相结合进行综合评判，得出科学合理、真实客观的评判结果。

（2）客观性原则。

在选择评判指标时，一定要站在客观的立场上，使所选指标能真正反映出对象的客观面貌，只有这样，才能为公正的评判打下基础。

（3）完整性原则。

选择的评判指标要尽可能覆盖评判的内容，如果有所遗漏，评判就会出现偏差。总之，所建立的指标体系应能够全面反映研究对象各方面的特征，只有这样，才能全面评判研究对象。

（4）可操作性原则。

建立评判指标体系的目的是科学确定更新单元框架内容，要求所建立的评判指标体系及其评判方法具有可行性和可操作性。因此，评判指标体系的设置应尽量避免形成庞大的指标群或层次复杂的指标树，做到指标数据易采集、计算公式科学合理，以便于操作和掌握。

（5）非相容性原则。

各指标之间不能相容，即不能相互代替或包含。

3.2　评判指标体系构成

根据城市更新单元特征和规划关联对象，分别从价值条件、实施条件、效益条件三个条件层确定对应的准则，且每个准则又对应有下一层级的影响因子（表1）。

表1　城市更新单元评判指标体系表

目标层	条件层	准则层	因子层	判定标准及评判因子
更新单元评判指标体系A	价值条件A1	区位价值B11	交通通达度C111	区位价值体现在区位的交通通达度、所处位置的城市功能性上，区位条件越好得分越高
			与中心的距离C112	
		土地价值B12	土地亩*单价C121	按照城市土地出让价格评判所处更新单元的土地价值，价值越高得分越高
		产业价值B13	产业贡献度C131	结合上位规划，按照更新单元不同产业及地产类型，评判产业开发价值及影响力，价值越高得分越高
			产业影响力C132	
	实施条件A2	拆迁成本B21	估算拆迁成本C211	通过建设量预估拆迁成本，成本越高得分越低
		拆迁难度B22	居民意愿C221	各更新单元拆迁难度关联所在区域的社会属性、用地属性、居民意愿、建设规模等，难度越大得分越低
			客观制约C222	
		土地利用B23	现状用地状况C231	包括未利用地比例、更新改造比例等。更新单元内按照拆迁重建、更新改造两种模式评估，其中更新改造比例越高得分越低

* 1亩≈666.67 m^2。

续表

目标层	条件层	准则层	因子层	判定标准及评判因子
更新单元评判指标体系 A	效益条件 A3	城市贡献度 B31	城市品质 C311	该指标主要关注城市功能完善和城市品质提升两个方面，更新规划实施后对城市贡献越大得分越高
			城市功能 C312	
		社会效益 B32	生活便利变化系数 C321	该指标关注更新后对居民生活配套、收入就业等方面的影响，正面影响越大得分越高
			收入就业增长系数 C322	
		经济效益 B33	经济平衡 C331	该指标主要考察更新完成后的经济收益，收益越高说明实施性越强，帮扶其他片区的可能性就越高，因此经济效益越好得分越高

3.3 评判因子分值的确定

3.3.1 评判指标权重系数的确定

本文以一级指标权重系数的确定为例，采用改进的层次分析法（IAHP）说明各评判指标权重系数的计算方法。

（1）构建两两比较判断矩阵。

在建立评判指标体系后，接着在各层指标间进行两两相互比较，构建比较判断矩阵。比较判断矩阵的值由 k 位专家（在本文中 $k=5$）运用 T. L. Saaty 提出的 1－9 的标度值方法给出。每次标度值取两个因素 B_i 和 B_j，用 a_{ij} 表示 B_i 与 B_j 对 A 的重要性程度之比，假设第 n 个专家的评判所构建的比较判断矩阵用 $\mathbf{A}^{(n)}=(a_{ij})$，$a_{ij}>0$，$a_{ij}=-a_{ji}$ 来表示。我们根据所有专家评判结果所构建的每个判断矩阵，计算出各个判断矩阵的反对称矩阵 $\mathbf{A}^{(n)'}$。

运用简单平均法对各个专家结果进行综合，便得出各个反对称矩阵的平均阵 $\bar{\mathbf{A}}$，利用平均阵达到群组评判的目的。计算公式如下：

$$\bar{\mathbf{A}}=\frac{1}{k}\sum_{n=1}^{k}A^{(n)'}=\frac{1}{k}\sum_{n=1}^{k}\lg A^{(n)}=(\bar{a}_{ij})_{n\times n} \quad \text{（式 1）}$$

式中，反对称矩阵平均阵由各个一级评判指标构成。

（2）计算拟优传递矩阵 $\mathbf{A}^*$。

$\bar{\mathbf{A}}$ 的拟优传递矩阵 $\mathbf{A}^*$ 的计算公式如下：

$$\mathbf{A}^*=(a_{ij}^*)_{n\times n}=(10^{\frac{1}{k}\sum_{i=1}^{n}a_{ij}-\bar{a}_{ij}})_{n\times n} \quad \text{（式 2）}$$

（3）构建层次单排序。

第一步，采用方根法求出 A^* 的特征向量，计算公式如下：

$$\bar{w}_i=n\sqrt{\prod_{j=1}^{n}a_{ij}^*} \quad \text{（式 3）}$$

求得：$\bar{w}_1=1.338$，$\bar{w}_2=1.266$，$\bar{w}_3=0.858$，$\bar{w}_4=0.745$

第二步，归一化处理，计算出各项指标的权重系数：

$$w_i=\bar{w}_i/\sum_{i=1}^{n}\bar{w}_i \quad \text{（式 4）}$$

求得：$w_1=0.258$，$w_2=0.301$，$w_3=0.441$

第三步，加权修正指标权重系数：

$$\bar{w}_i=\frac{t_i a_i}{\sum_{j=1}^{l} t_j a_j} \qquad (式5)$$

式中，t 为各个一级指标所包含的指标个数，l 为一级指标本身的个数。若一级指标所包含的指标个数完全等同，就不需要修正。

以此，可计算出各个一级指标（A）的权重系数：

$$W_A=(0.258,0.301,0.441)$$

利用 IAHP 法，就能依次求出二级评判指标相对于一级评判指标的权重系数，即 B 级的权重系数。结果如下：

$$W_{B1}=(0.401,0.389,0.210)$$

$$W_{B2}=(0.400,0.382,0.218)$$

$$W_{B3}=(0.340,0.311,0.349)$$

同样，求出 C 级的权重系数。结果如下：

$$W_{C11}=(0.555,0.445)$$

$$W_{C12}=(0.503,0.497)$$

$$W_{C22}=(0.451,0.549)$$

$$W_{C31}=(0.529,0.461)$$

$$W_{C32}=(0.407,0.593)$$

3.3.2　分值的确定

结合评判指标体系及各指标的权重系数，按照百分制的标准给各个指标附上相应的分值，并给出具体计算方法（表 2）。

表 2　城市更新单元评判指标分值计算表

目标层	条件层	分值	准则层	分值	因子层	分值	计算方法（x 为相关系数，y 为得分，z 为标准值）
更新单元评判指标体系 A	价值条件 A1	25	区位价值 B11	10	交通通达度 C111	5	$y=5x$
					与中心的距离 C112	5	$y=5z/x$
			土地价值 B12	10	土地亩单价 C121	10	$y=10x/z$
			产业价值 B13	5	产业贡献度 C131	2.5	$y=2.5x$
					产业影响力 C132	2.5	$y=2.5x$
	实施条件 A2	30	拆迁成本 B21	12	估算拆迁成本 C211	12	$y=12z/x$
			拆迁难度 B22	12	居民意愿 C221	6	$y=6x$
					客观制约 C222	6	$y=6(1-x)$
			土地利用 B23	6	现状用地状况 C231	6	$y=6(1-x)$
	效益条件 A3	45	城市贡献度 B31	15	城市品质 C311	8	$y=8x$
					城市功能 C312	7	$y=7x$

续表

目标层	条件层	分值	准则层	分值	因子层	分值	计算方法（x 为相关系数，y 为得分，z 为标准值）
更新单元评判指标 A	效益条件 A3	45	社会效益 B32	15	生活便利变化系数 C321	6	$y=6x$
					收入就业增长系数 C322	9	$y=9x$
			经济效益 B33	15	经济平衡 C331	15	$y=15x/z$
合计		100		100		100	

通过评判后，即可依据分值特征建立城市更新单元的总体计划，并结合分值确定更新单元的具体规划方法和更新模式，从而形成可管理、可实施的城市更新系统。

3.4 实施建议

（1）政府主导，市场运作。

发挥城市更新作为统筹城市整体发展战略抓手的重要作用，明确政府和市场的职责。政府主要负责主城区更新政策的制定，优先推动城市重点发展地区成片连片的更新，组织编制、审核、审定更新计划、片区策划方案及项目实施方案。通过市场协调、沟通多方利益主体，在具体改造实施过程中充分发挥市场的作用。

（2）规划统筹，综合提升。

有效衔接国土空间总体规划及各上层次规划，在对城市更新用地进行整体研究的基础上，全面部署全区更新工作，从整体和全局利益出发，通盘考虑，保证有限的空间资源得到科学、合理的利用。具体更新改造工作必须以规划为先导，有序推进。综合运用法律、政策、行政、经济等各种资源开展综合改造，既要推动旧村、旧厂和旧城的空间形态提升，又要推动其社会形态和经济的功能再造，提高经济、社会、文化和生态的综合效益。

（3）文化传承，产业导入。

强调城市更新过程中产业的导入，并将功能提升、产业导入与文化保护相结合，鼓励城市文化的多样化发展。通过城市更新，促进传统文化与现代文化的交融发展，推动城市更新与产业转型升级的联动发展。

4 结语

建立规范化的城市更新系统，关键在于如何打破以往纯粹的定性分析做法，通过定量、定性分析结合以建立科学合理的模型，这是本文重点关注并解决的问题。本文就城市更新单元建立了量化评判体系，其评判的指标具有专业性，具体结论如下：

（1）建立了由 3 个条件层、9 个准则层和 14 个评判因子组成的综合评判模型，并明确了计算方法，试图为城市总体更新项目的研究和规划提供科学的方法。

（2）城市更新单元的划定和评判还应考虑如衔接法定规划及政治施政理念的问题，这是更新项目方案进一步优化的关键因素。

〔参考文献〕

[1] 林波. 中国城市更新发展研究 [J]. 住宅与房地产，2019 (15)：229.

[2] 王凤兰. 高校校园文化评价指标体系构建研究 [J]. 燕山大学学报，2006 (5)：459-462.

[3] 朱松. 空港保税区选址规划的量化研究 [J]. 城市建设理论研究 (电子版)，2013 (5)：1-8.

〔作者简介〕

朱　松，高级规划师，雅克设计有限公司城市更新设计院总规划师。

多产权主体协作的社区规划方法与实践

——以上海华富社区更新为例

□秦梦迪，肖　扬，童　明

摘要：现有社区中复杂多元的产权关系给存量背景下的社区规划工作带来了挑战，需要探寻一种新的规划范式和路径。本文基于交易成本理论和集体行动理论，指出了社区规划中多产权主体协作的必要性及其作为一种集体行动的困境和动力机制，提出了“空间策略提案—多主体协作修正—规划实施运营”的方法路径；结合上海华富社区更新项目的实践探索，剖析了现实社区规划工作中空间资源再分配与产权关系调整之间的联动关系，以及多主体协作过程对社会资本培育的积极作用。

关键词：社区规划；多产权主体；集体行动；协作

随着我国城市发展从“增量规划”迈向“存量规划”时代，城市更新逐渐成为城市规划工作的重点领域。2017 年，《中共中央　国务院关于加强和完善城乡社区治理的意见》出台，推动了城市更新工作向社区下沉，成为切实改善民生、优化存量空间、驱动城市发展的重要切入点。面对存量更新的社会治理与品质提升诉求，社区规划作为一种新的规划范式迅速兴起。

与新区建设和传统住区规划相比，社区更新不可避免地要面对已经存在的多元产权主体和复杂产权关系，任何物质空间的改变都有可能触及不同业主的利益。因此，制约社区更新的障碍不在于技术层面，更多的是如何通过产权关系调整、管理制度设计等形成一致的行动纲领。然而，传统技术导向的规划方式和基于价值理性的规划逻辑，很难在方案设计和实施过程中达成集体共识，使规划方案难以落地。

在这种情况下，如何在产权复杂、利益博弈的现状格局中进行存量更新和活力再造成了社区规划的重要议题。本文重点讨论社区更新中的多产权主体问题，试图构建一种多产权主体协作的社区规划工作方法，弥合空间规划与落地实施的脱节，促进社区更新的有效推进。

1　社区更新中的产权困境与实践探索

1.1　存量背景下社区规划面临的产权问题

旧社区更新与新社区建设的一个根本差异是空间产权的既有性，这种差异使传统的增量规划方法难以应对存量规划的问题。传统的城市规划理论建立在福利经济学的基础上，其前提是一个零交易成本[①]的理想经济环境。当我们在空白的土地上进行开发建设时，规划的工作是对原始产权进行分配或针对单一业主的诉求进行空间形态设计，只需要考虑基于技术理性的最优布局，其实现不需要任何交易，也不存在交易成本。但是，一个已经建成的城市空间由众多的既有产权空间/建（构）筑物组成，存量规划对空间资源进行的重新配置涉及产权调整，而任何对既定空间产权的调整都会产生交易成本。在交易成本为零的情况下，能够创造出社会最大净剩余的方案就是最优的方案，但是在存在交易成本的情况下，只要交易成本大于最优方案带来的效益，那么这个方案就无法实现。

存量背景下的社区规划，面对的是已经建成的城市环境，社区中存在着不同小区的居民业主、企事业单位的产权人、政府机构等利益相关组织，由于传统技术理性的规划方式忽视了交易成本的存在，势必导致规划策略与实施的脱节，使得一个技术上“好”的规划方案难以落地。近年来，越来越多的学者开始关注社区更新中的产权问题，指出多元的产权主体、细碎的产权单元提高了整合产权的交易成本，也增加了集体共识达成的难度，需要一种新的工作模式来处理复杂的房屋产权人和复杂的契约关系，通过政府和产权人、产权人和产权人之间的协商进行社会治理，从而促进集体行动的达成。

1.2　产权主体参与社区规划的现状

从法理的角度来说，社区中的产权主体指的是享有或拥有相应宗地或空间的所有权或具体享有所有权中的某一项权能，以及享有与所有权有关的财产权利的人、单位、组织和国家。根据产权人的属性，社区规划中的产权主体主要分为三类：社区居民、企业单位、政府部门。

社区的居民产权主体非常多，有多少户住宅，就有多少居民产权主体，不仅包括拥有所有权的业主，也包括拥有使用权的租客，其诉求多样、关系复杂。社区居民中，业主主要关心社区更新中个人利益的最大化，对与自身利益密切相关的改造项目具有强烈的参与意愿，而对不直接关系自身利益的改造项目的参与热情不高；租客大多采取旁观姿态，缺乏参与的积极性。企事业单位又包括国企、私企、事业单位、社会组织等类型，国企、事业单位和社会组织除关注自身利益外，还具有一定的社会责任感和大局意识，在保证自身利益不受损的前提下，愿意参与社区规划并提供一定的资源；私企则主要关心自身利益，在政策利好和企业获益的前提下愿意参与规划过程。政府部门在社区规划中扮演了多重角色，作为产权主体，其基本的诉求是保证自身利益，但作为管理者和协调者，其更关心社区和城市的整体利益，追求综合社会效益的提升。

不同产权主体的利益诉求不同，参与社区规划的积极性和能力不同，对社区空间更新的关注点也存在差异，如何进行有效的产权整合和资源重组、协调不同产权主体的诉求是社区规划面临的挑战。在现有的社区更新实践过程中，仍然缺乏协调不同产权主体、充分调动社区资源、促进“合意”达成的体制机制，产权主体参与的能力和范围还受到较大制约，发挥的作用有限。

1.3　多主体协作的社区规划实践探索

在20世纪60年代，西方国家受到世界性的社区发展运动的影响，社区规划逐渐兴起。在城市更新的背景下，社区层面不同利益主体之间的协作和参与受到了越来越多的关注。美国的社区行动计划（Community Action Program，CAP）要求市民广泛参与社区设计和实施的过程，并通过代表地方劳动组织、宗教组织、少数民族及邻里居民组织等多个社会力量的社区行动代理处促进社区不同利益主体之间的协调与沟通。英国的协作式社区规划注重社区参与和各部门组织的协同工作，通过政府组织、公共部门、社会组织、社区及居民的共同行动来改善地区的服务。法国的社区规划自20世纪80年代中期开始，便要求规划部门必须组织地方政府、房产所有人、社区团体和所涉及的企业进行集体协商，逐渐由以技术控制为导向的传统规划转为包含社会、环境和制度创新等多元因素的规划方式。

在我国，随着党的十八大召开和新型城镇化战略的确立，城市发展开始从外延式增长向内涵式发展转型，社区规划也开始以存量治理、改善民生、促进社会公平与和谐为目标，重视多元利益主体参与和各部门组织之间的协作。许多学者开始呼吁社区规划应重视多元利益主体下的公众参与和社会治理创新，以及社区规划师角色应从“技术员”向“协调员”转变，各地也逐步开展了大量的实践探索。例如，重庆市渝中区石油路街道借鉴“资产为本”的社区发展理念，强调社区居民、社区组织、社区单位、规划工作者及政府相关部门多主体、全过程参与，通过动员大会、社区访谈、问卷调查、专家研讨等方式协同规划制定，创新了社区治理模式。进而逐渐形成建立“工作坊”或“基层议事平台”的方式，以促成各社会主体间联系的建立，通过筹备与调查、协商与沟通、决策与行动等几个阶段促进共识的达成，落实规划方案和具体项目。在社区微更新中，参与和治理也成了一个重要话题，强调搭建公众参与的开放平台，充分发挥社区规划师的协调作用，提升政府相关部门、社区组织与非政府组织治理与支持的力量。

总体来说，目前社区规划对于多元主体协作的探讨主要针对以政府相关部门为代表的管理主体、以规划设计团队为代表的实施主体和以居民为代表的产权主体之间的共治共建，倾向于顶层设计和决策机制的构建。所涉及的产权主体基本以社区居民为主，较少将不同类型的产权主体纳入考虑，因此限制了存量空间的挖掘和资源整合的范畴。偏向于公共治理的讨论，会在一定程度上偏离规划学科以空间操作为核心的特征，弱化了物质性变动所引发的不同产权主体之间的合作和博弈，缺乏从实施层面对产权问题所导致的存量空间资源再分配的协调过程进行剖析。

面对社区更新中复杂的产权问题和目前社区规划实践的局限性，本文试图基于交易成本理论和集体行动理论的演绎构建多产权主体协作的规划方法，并通过实践案例进行具体剖析和验证。

2 多产权主体协作的社区规划方法构建

2.1 通过组织协作衔接规划与实施

在单一业主的情况下，从规划策略的提出到规划方案的实施都不涉及产权的调整，也没有交易成本，传统的技术理性规划方法可以相对顺利地达成。但在存量背景下，产权调整所产生的交易成本给规划实施带来了阻力，使得技术上“好”的规划方案难以落地。最早针对城市规划中产权治理的研究指出，当某种存在较高交易成本的特殊交易反复出现的时候，相关利益主体就需要一种组织化的治理方式来取代自由的市场交易，并且通过规划来创建共同的参考框架以指导未来的决策和行动，使不同单位的主体目标协调一致。在这种情况下，规划师除提出技术理性的最优方案（相当于零交易成本时的资源最优配置）外，还需要将不同利益主体纳入考虑并设计出一种制度路径，补偿交易受损的一方，使最优的方案能够实现，其本质是对公共空间资源的有效治理（图1）。

因此，通过对多产权主体的组织协作，使规划师能够识别相关的实施主体并与他们进行互动，从而整合和部署所有的参与者及相关资源，促进规划策略的实施。

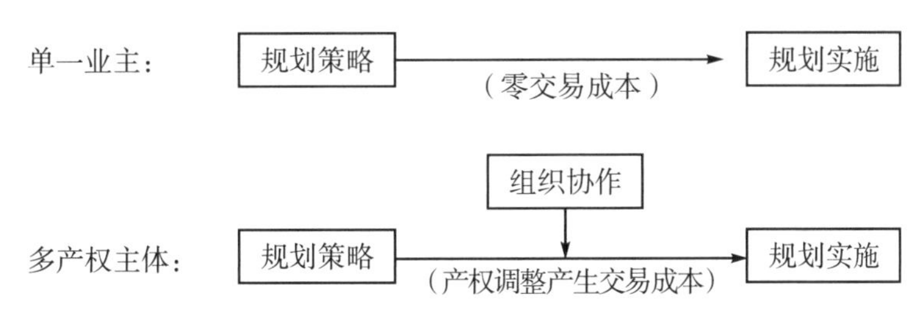

图 1　多产权主体背景下社区规划的组织协作作用

2.2　机制设计促进协作中的集体行动达成

社区规划需要多产权主体的协作，其不仅是一个技术成果，而且是一个持续的规划过程，也是一种行动模式。这种将群体组织起来，协调一致地进行公共产品和公共服务配置或提供的行为，是一种典型的集体行动。然而，面对复杂的产权主体和利益格局，社区规划中集体行动一致性的达成，并不是一件容易的事情。奥尔森在《集体行动的逻辑》中较为悲观地指出，由于“搭便车”行为的存在，有理性、寻求自我利益的个人不会采取行动以实现他们共同的或集团的利益，尤其是在人数众多的大集体内。

但这种“集体行动的困境”是有可能破解的。奥尔森认为，促进集体行动产生的动力机制是强制和选择性激励。强制指的是采用强迫的手段，迫使集体成员采取集团所期待的行为，这在民主法治的当今社会显然已不可取。选择性激励则是通过更温和的引导，促进集体行动的达成。这种激励可以是积极的，也可以是消极的：积极的激励包括经济性激励（如额外的收益）或社会性激励（如荣誉或社会地位）；消极的激励则是通过惩罚消极的个体成员，促使他们和引导其他成员参与集体行动。

奥斯特罗姆进一步修正了奥尔森的理论，认为人并非都是完全理性的，一群相互依赖的人也可以通过自我组织进行自主治理，通过新制度供给、可信承诺和相互监督来破解集体行动的困境。她还认为，集体行动达成的核心是通过成员的声誉建立彼此之间的相互信任关系，使其更愿意采取互惠互利的方式，而成员规模、成员偏好、熟识程度、面对面交流、社会关系网络等外部因素都会影响内部核心的声誉、信任和互惠水平，从而影响集体行动的达成（图 2）。其主要体现为：①成员规模越大，可能造成的交易成本越高，而规模过小则很难形成有效集体行动所需要的资源，因此需要明确参与集体行动的成员边界；②成员之间的社会关系网络越紧密、熟悉程度越高、对公共利益更具有偏向性，则更容易产生互信关系，从而促进集体行动的产生；③面对面的交流和反复沟通有助于形成一个团结的群体，促进成员间的互相信任。

因此，面对多元产权和利益主体，社区规划作为一个行动过程，不仅需要形成技术合理的空间方案，还需要制度路径来实现多主体的相互协调，从而达成有效的集体行动，实现规划编制到实施的衔接。促进这种集体行动的达成，除了通过经济性和社会性的激励或惩罚，还需要明确成员的规模和边界，建立成员之间互惠互信的社会关系，强化社会资本的力量。

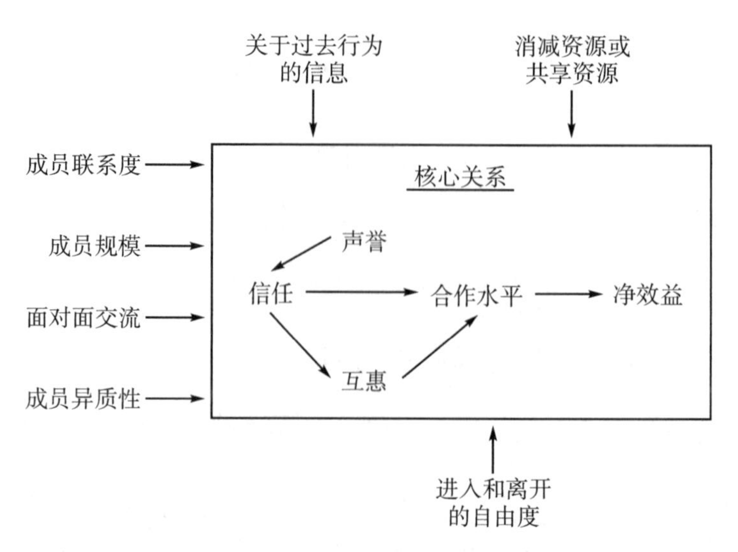

图 2　多产权主体协作的影响机制

2.3　多产权主体协作的社区规划路径

基于上述理论分析，本文试图建立多产权主体协作的社区规划模式（图 3），将社区规划作为社区公共空间资源治理的制度工具，对公共空间环境及其承载的产权关系进行调整，形成互惠互利的规划方案，促进集体行动的达成和规划策略的实施。这个过程包括空间策略提案、多主体协作修正和规划实施运营三个步骤。

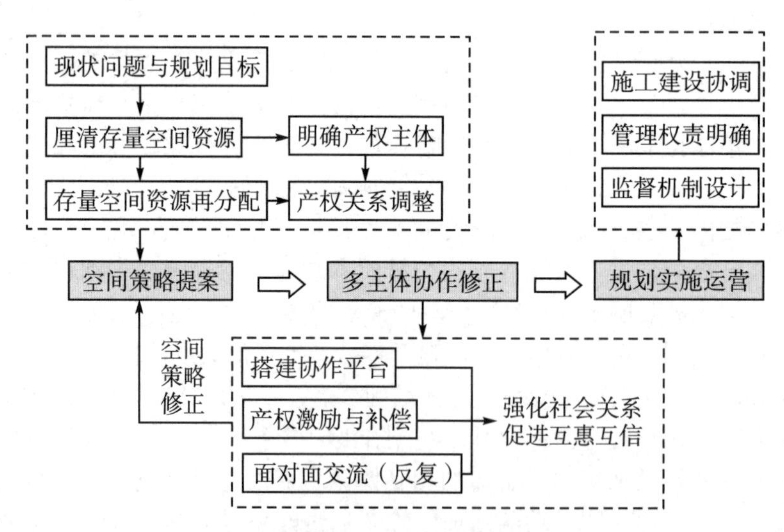

图 3　多产权主体协作的社区规划模式

（1）空间策略提案。规划师需要基于现状问题的把握明确规划目标，提出基于专业理性的空间策略提案。社区居民及相关利益主体作为非专业人士，提出的诉求往往是零碎、不成体系的，社区规划师需要在这个过程中发挥自己的专业能力，把握社区的本质问题并提出规划目标。对于老旧社区来说，往往存在着设施配套不足、公共空间局促等问题，在没有增量用地的前提下，挖掘存量空间的潜力，进行低效空间的整合、置换和更新是提升社区品质的重要方式。这个过程既是对存量空间资源的再分配，也是对其背后承载的产权关系的调整。

（2）多主体协作修正。空间和产权调整产生交易成本，需要建立多产权主体协作修正机制来弥合规划策略与实施的脱节，促进集体行动的达成。根据集体行动的影响机制，我们可以通过协作平台的搭建、产权的激励和补偿，以及反复的面对面沟通等方式强化社区成员的社会关系、促进互惠互信，并在这个过程中对空间策略提案进行修正，形成共识性的行动纲领。

（3）规划实施运营。规划的实施运营包括施工建设的协调、管理权责的明确和监督机制的设计。空间方案的实施落地并非建设完工即结束，在社区中，产权关系的调整伴随着后期运维管理权责关系的重新界定，以及空间维护使用的监督机制设计。这些内容决定了社区规划作为一种集体行动的长期可持续性。

3　多产权主体协作的社区规划实践与思考——以上海华富社区更新为例

在上海华富社区更新的项目中，就遇到了复杂产权关系的冲突和协调问题。该社区唯一的对外通道是一条东西走向的公共弄堂，没有路名和明确的交通渠化，人车混行、两侧功能杂乱，给社区居民出行带来了很大的不便。2019 年，街道开展老旧社区综合整治，将该社区公共弄堂作为重点更新对象。弄堂两侧涉及 3 个售后公房小区、国投集团、天华集团、教育资产管理中心等几个产权主体的住宅、商业、教育服务、企业单位和工业厂房等不同类型的用地（图 4），是较为典型的产权关系复杂的社区公共空间。

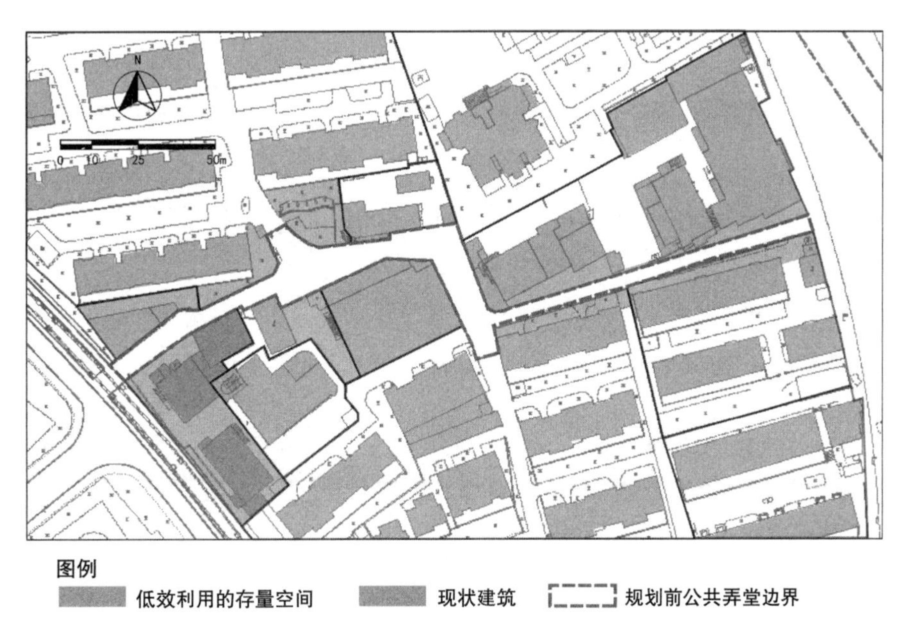

图 4　规划调整前低效使用的存量空间

3.1　项目协作过程

3.1.1　空间策略提案

由于公共弄堂本身空间局促，如果不触及相邻产权单位的空间和用地，更新工作只能做立面改造、统一店招店牌、铺设黑色沥青路面等治标不治本的“粉饰工程”。但该社区的根本问题并不单纯是环境老旧，而是公共空间资源的无序使用。本应该承载社区公共生活功能的弄堂，

由于缺乏合理的空间规划和良好的使用规范，机动车、非机动车和行人相互争夺空间，两侧店铺和企业占道堆放杂物，使得本来就不宽敞的弄堂变得更为拥堵。这就需要对社区的公共空间资源进行精细化治理，进行资源的整合和重新分配，由此涉及相关产权主体的利益，需要通过协作的方式达成集体行动。

在公共弄堂两侧的产权地块中，实际存在一些低效利用的存量空间，如果能够将这些空间释放出来，与弄堂形成完整的公共空间体系，则有助于公共生活轴线的塑造。这些存量空间涉及国投集团、天华集团、教育资产管理中心、北侧小区和南侧两个小区。社区规划师提出的空间策略有以下五个设想：①将国投集团门面房背后的封闭通道打开，作为社区入口分流的人行步道；②将天华集团的两栋老厂房进行整体改造和功能置换，作为社区入口处的复合功能邻里中心；③将北侧小区入口围墙内绿化对外开放，成为公共弄堂的休闲空间节点；④将教育资产管理中心建筑南侧沿弄堂空间作为人行道和非机动车停放场所；⑤更新南侧两小区围墙，内部设步行道，实现人车分流。调整后的空间策略提案如图 5 所示，整体上将原来的公共弄堂梳理成为一个双向两车道、人车分流，承载居民日常所需的休闲健身、餐饮零售、助老为老等一系列社区服务功能的社区公共生活轴线。

提案中对存量空间资源的重新分配，实际上调整了原有的产权关系，空间使用权利已发生了变化。该方案落地的关键在于如何与相关产权主体进行协作，征得同意并达成共识。

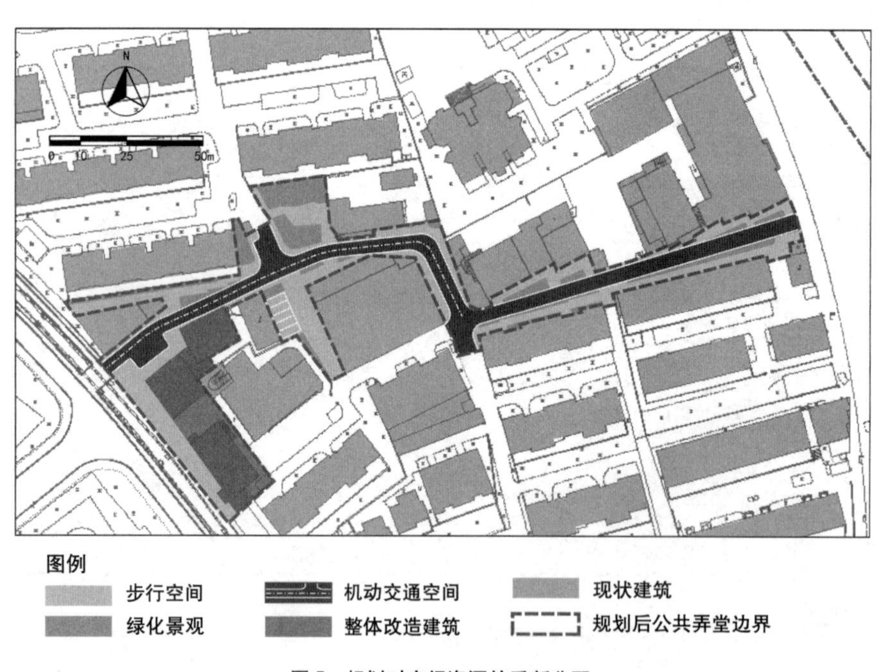

图 5　规划对空间资源的重新分配

3.1.2　多产权主体协作修正

在更新项目立项之前，所涉及的多个产权主体之间没有有效的沟通机制。项目立项之后，以街道办事处为主导，成立了涵盖联合天华集团、教育资产管理中心、国投集团、物业公司、居委会等 6 家单位的“华富街区综合治理项目临时党支部”，建立了共商共议制度。不同小区的业委会也联合成立了“红色业委会联盟”，与社区居委会配合形成专项工作组，直接面对面与居民沟通，并将居民需求上传至项目临时党支部，总体上形成了以党建为引领的多产权主体协作共治机制。

（1）政府部门的角色。

街道办事处在多产权主体协作的过程中既是产权主体，又是主要的协调者。规划前公共弄堂边界范围内的用地空间属于街道的管辖范畴，可以相对自主地进行更新改造，但仅仅局限于政府权力边界之内的有限空间，很难形成对存量资源的潜力挖掘和有效整合。因此，街道办事处同时作为牵头方和协调方，需与其他类型的产权主体进行沟通协调，以追求最大的社会效益。

（2）与企业单位的协调。

此次更新涉及的企业单位产权主体包括国投集团（国企）、天华集团（私企）和教育资产管理中心（事业单位）。其中，国投集团的配合相对积极，不仅同意将门面房背后通道开放给居民步行使用，还计划利用公共弄堂改造的契机清退其门面房的低端业态，并在整体改造升级后引入连锁生鲜超市，强化了原提案的构想。天华集团通过租赁的方式将老厂房的使用权、运营权长期让渡给街道，街道负责出资进行整体改造，同时享有后续使用和收益的权利。在与教育资产管理中心进行反复沟通后，其愿意让出部分红线内空间作为人行步道，但希望在人行道和自己的建筑界面之间保持隔离和缓冲空间，因此社区规划师对方案进行了修正，缩小了人行空间的宽度并增加了隔离绿化墙。修正后的规划方案虽然不如理想方案对空间的利用充分，但兼顾了不同产权主体的利益诉求。

（3）与社区居民的协调。

社区居民产权主体包括三个小区的业主和租客。其中，南侧两小区更新围墙、内设步行道的设想没有受到居民反对，仅对围墙的形式提出了诉求；而涉及北侧小区围墙内绿化空间开放的设想遭到了居民的强烈反对，认为不能将业主共有产权的绿化用地变成公共绿地。入口东侧小花园的改造由于距居民楼相对较远，影响较小，在方案调整了花园入口之后得到了居民默认；但入口西侧围墙的拆除和绿地美化工作却由于安全问题遭到了紧邻的底楼居民的强烈反对，即使在多次反复沟通之下仍然未能达成共识。

在多产权主体协调沟通之后，社区规划师对空间策略提案进行了修正（图6、图7）。

图6　协调后可被利用的存量空间变化

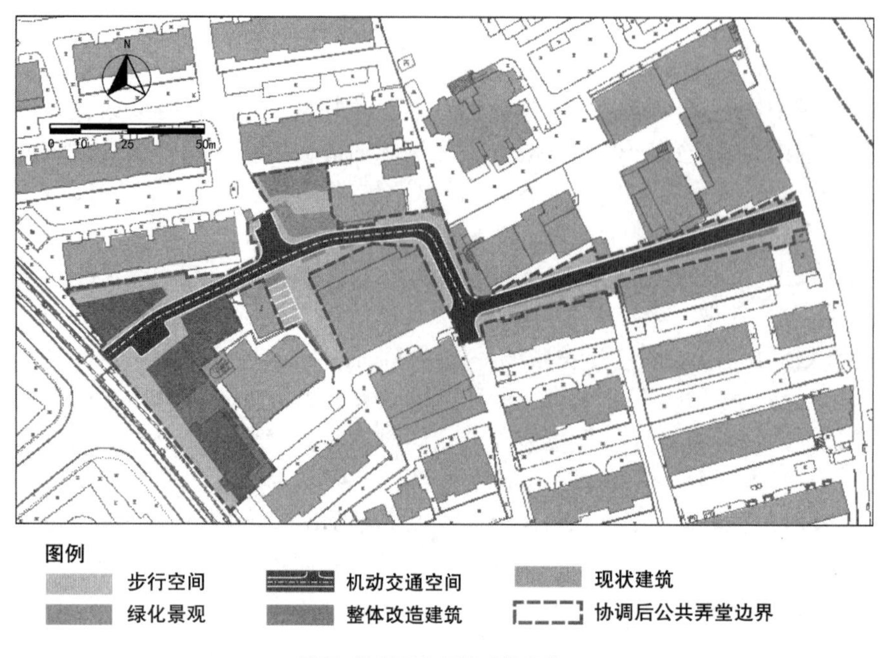

图 7　协调后空间策略提案修正

3.1.3　规划实施运营

方案确定之后，街道办事处牵头组织社区规划师、建筑设计团队、施工单位、代建单位及居委会召开定期协调会议，保证从规划设计到建设施工的顺利开展。明确后续弄堂公共空间的绿化环境等的维护由居委会牵头委托物业公司统一负责，老厂房改造成的邻里中心由街道办事处委托专业运营团队经营，国投集团门面房由产权单位自主经营。构建多产权协作的沟通平台，作为后期运营维护的监督平台，给居民和各个产权单位提供反馈的渠道。

3.2　多产权主体协作社区规划的思考

该社区公共弄堂在更新过程中整合了多产权主体的资源，避免了表面美化工程治标不治本的问题，更为深入地挖掘了社区微观的存量空间，实现了公共空间资源的精细化治理和优化利用。以街道办事处为主导，建立协调机制，针对不同的产权主体采取不同的沟通和产权调整策略，促进了共同意志和集体行动的达成，实现了规划方案的实施落地和长效运营维护。然而这个过程中仍存在不完善之处，同时带来一些启发。

3.2.1　多产权主体协调助力社区存量空间激活

既有社区的复杂现状给规划工作带来了前所未有的挑战。传统规划设计的单一业主思维会使社区规划师本能地回避多产权主体的问题，尽可能在不触碰产权关系的前提下进行更新，这种方式往往难以触碰社区困境的本质，无法真正激活低效的存量空间。在“资产为本”的社区发展理念下，最关键的就是要界定和厘清社区资产，包括物质性的资产和社会性的资产，这个过程也是重新认识和发现社区价值的过程。社区中具有效益提升潜力的存量空间可以看作物质性的资产，而其背后的相关产权主体则属于社会性资产的组成部分，充分调动这些资产，不仅可以更为有效地分配和使用有限的社区空间资源，也有助于在多主体参与协调的过程中进行社会性资本的培育。

在本项目中，社区规划师对多产权主体协作的社区规划方式进行了初步探索，虽然将不同产权所属的存量空间进行了统筹规划，但总体而言，产权主体的参与仍处于被动接受的状态，未来如何调动社区不同产权主体更为主动和积极地参与社区规划工作是值得思考的问题。

3.2.2　产权调整的利益补偿机制促进共识达成

重新分配存量空间资源的过程会改变原有产权主体之间的利益格局，如何形成互惠互利的利益补偿机制是共识能否达成的关键。在本案例中，天华集团的老旧厂房通过租赁的方式将使用权转移给了街道，是一种市场化的利益交换方式。国投集团虽然无条件将其背后通道开放给居民使用，但无形中增加了门面房的人流量和商业界面，提升了其房产的商业价值，促进了业态的升级，因此得以促成合作。

而与居民沟通失败的根结在于没有形成有效的利益补偿机制。虽然更新会给所有居民带来更便捷的生活环境，但是对部分特定居民（拆除围墙附近的一楼居民）来说，其收益小于损失，这种不均衡导致了共识无法达成。当前社区规划与更新的政策还没有能够形成解决这一类软性利益损失的机制。

3.2.3　协作机制的建立形成长效的建设运营维护模式

社区规划作为社区治理的工具和手段，往往只是一个开始，后续运营维护机制的建立才是保证社区更新后可持续发展的重要因素。社区规划作为一个契机，能够促进老旧社区中多产权主体协作平台和议事机制的形成，为后续社区进行更加有效的建设、管理和维护提供了良好的基础。

4　结语

无论是新社区建设还是旧社区更新，都需要进行合理的资源配置，相较于新社区建设，存量背景下的旧社区更新面临着更为复杂的既有产权关系。这种产权关系映射到社区空间中，形成了资源的切割和低效利用。若回避这种复杂的产权关系，往往使社区更新工作流于表面，然而一旦触及产权关系的调整，就会产生交易成本，使得传统技术理性的规划方法失灵，难以促进多元产权主体共识的达成，规划方案难以实施落地。

面对这样的困境，我们需要重新认识社区规划的内涵，寻找一种更为有效的工作方法和路径。社区规划作为社区公共资源治理的手段，既是对物质性公共空间环境的改造，又是对其背后承载的社会关系的调整，是以提升社区公共环境品质、扩展社会关系为目标的集体行动过程。因此，需要将空间规划与社区规划相结合，通过多产权主体的纳入和协作，整合并优化低效利用的存量空间，促进集体行动的达成，弥合技术理性的规划方案与实施之间的落差。这个组织协作的过程作为一个集体行动，其成败取决于各成员之间是否能够进行有效的沟通，因此协作平台的搭建、面对面的交流及不同利益主体之间互相信任关系的建立都是关键的影响因素。同时，由于产权关系调整而引发的利益格局变化，也需要有效的利益补偿机制进行平衡。

多产权主体的协作贯穿规划空间策略提案、多主体协作修正和规划实施运营的全过程，使得在产权复杂、利益博弈的现状格局中进行存量更新和活力再造成为可能，同时通过协作过程促进了社会性资本的培育和后续运营维护机制的建立。尽管在规划的协调过程中仍然存在难以调和的矛盾，导致一些设想流产或重新调整，但最终的实施方案真实体现了不同产权主体的利益诉求，而不再是规划师的空想。社区规划师和政府管理部门在这个过程中也逐步转变姿态，成为提供专业咨询和政策支持的服务角色。

[注释]

①1973年，经济学家科斯（Ronald H. Coase）在其发表的《企业的性质》一文中提出了“交易成本”的概念，指除生产成本外在交易中产生的信息获取、沟通协商、谈判签约、执行监督等活动的成本，也就是在一定的社会关系中，人们自愿交往、彼此合作达成交易所支付的成本，即人—人关系成本。交易成本的引入，打破了福利经济学的完全理性假设和信息充分假设，促进了新制度经济学的发展，并认为只有在市场自愿交易成本过高而无法解决的时候，公共干预才有存在的必要。

[参考文献]

[1] 刘佳燕. 社区规划：一种新的规划范式 [J]. 城乡建设，2019（12）：79.

[2] 余颖，曹春霞. 城市社区规划和管理创新 [J]. 规划师，2013，29（3）：5-10.

[3] 刘佳燕，沈毓颖. 面向关系重构的城市社区规划：三种建构 [J]. 城市建筑，2018（25）：17-20.

[4] 桑劲. 西方城市规划中的交易成本与产权治理研究综述 [J]. 城市规划学刊，2011（1）：98-104.

[5] 赵燕菁. 制度经济学视角下的城市规划（下）[J]. 城市规划，2005（7）：17-27.

[6] 吴志强，伍江，张佳丽，等. “城镇老旧小区更新改造的实施机制”学术笔谈 [J]. 城市规划学刊，2021（3）：1-10.

[7] 王书评，郭菲. 城市老旧小区更新中多主体协同机制的构建 [J]. 城市规划学刊，2021（3）：50-57.

[8] 胡伟. 城市规划与社区规划之辨析 [J]. 城市规划汇刊，2001（1）：60-63.

[9] 袁媛，柳叶，林静. 国外社区规划近十五年研究进展：基于Citespace软件的可视化分析 [J]. 上海城市规划，2015（4）：26-33.

[10] 洛尔，张纯. 从地方到全球：美国社区规划100年 [J]. 国际城市规划，2011，26（2）：85-98.

[11] 刘玉亭，何深静，魏立华. 英国的社区规划及其对中国的启示 [J]. 规划师，2009，25（3）：85-89.

[12] 杨辰. 法国社区规划的历时性解读：国家权力与地方民主建构的视角 [J]. 规划师，2013，29（9）：26-30.

[13] 赵民. “社区营造”与城市规划的“社区指向”研究 [J]. 规划师，2013，29（9）：5-10.

[14] 袁媛，杨贵庆，张京祥，等. 社区规划师：技术员 or 协调员 [J]. 城市规划，2014，38（11）：30-36.

[15] 黄瓴，罗燕洪. 社会治理创新视角下的社区规划及其地方途径：以重庆市渝中区石油路街道社区发展规划为例 [J]. 西部人居环境学刊，2014，29（5）：13-18.

[16] 黄耀福，郎嵬，陈婷婷，等. 共同缔造工作坊：参与式社区规划的新模式 [J]. 规划师，2015，31（10）：38-42.

[17] 袁媛，王冬冬，蒋珊红. 基于企业和居民参与的社区规划编制创新：以厦门市兴旺社区规划为例 [J]. 重庆建筑，2015，14（10）：8-11.

[18] 刘佳燕，谈小燕，程情仪. 转型背景下参与式社区规划的实践和思考：以北京市清河街道Y社区为例 [J]. 上海城市规划，2017（2）：23-28.

[19] 徐磊青，宋海娜，黄舒晴，等. 创新社会治理背景下的社区微更新实践与思考：以408研究小组的两则实践案例为例 [J]. 城乡规划，2017（4）：43-51.

[20] 王承慧. 走向善治的社区微更新机制 [J]. 规划师，2018，34（2）：5-10.

[21] ALEXANDER E R. A transaction cost theory of planning [J]. Journal of the American Planning Association，1992，58（2）：190-200.

[22] 姜雷，陈敬良. 作为行动过程的社区规划：目标与方法 [J]. 城市发展研究，2011，18 (6)：13-17.
[23] 苏振华. 集体行动理论范式的比较研究：从社会契约论到社会选择 [D]. 杭州：浙江大学，2006.
[24] 奥尔森. 集体行动的逻辑：公共物品与集团理论 [M]. 陈郁，郭宇峰，李崇新，译. 上海：上海人民出版社，2018.
[25] 奥斯特罗姆. 公共事物的治理之道 [M]. 余逊达，陈旭东，译. 上海：上海译文出版社，2012.
[26] OSTROM E. Analyzing collective action [J]. Agricultural Economics，2010 (41)：155-166.
[27] 黄瓴，许剑峰. 城市社区规划师制度的价值基础和角色建构研究 [J]. 规划师，2013，29 (9)：11-16.
[28] 张庭伟. 社会资本　社区规划及公众参与 [J]. 城市规划，1999 (10)：23-26.
[29] 刘达，郭炎，祝莹，等. 集体行动视角下的社区规划辨析与实践 [J]. 规划师，2018，34 (2)：42-47.

[作者简介]

秦梦迪，同济大学建筑与城市规划学院博士研究生。
肖　扬，副教授，同济大学建筑与城市规划学院博士研究生导师。
童　明，通信作者。教授，东南大学建筑学院博士研究生导师。

基于空间句法的西关历史街区活力再生研究

□黄　媛，袁奇峰

摘要：历史街区活力再生是历史街区规划与改造的重要前提，而识别出街区活力的影响因素是首先需要解决的问题。通过已有研究可知，街区活力的构成要素为人群的流量、区位的可达性、内部的交通组织、街区的空间形态及功能的混合程度。本文以广州西关历史街区为例，结合多元数据与计量分析方法，定量分析出历史街区活力的重要影响因素。研究结果表明，功能混合度是街区活力的最大影响因素，其次是街区内道路的选择度与连接度，从而提出相对应的规划建议：要打造结合街区历史资源的触媒式保护发展模式，构建完整的街区游线，提升街道通行能力，明确街区未来更新的具体方向。

关键词：历史街区；活力；空间句法；多元数据

历史街区的规划与改造是城市更新的重要内容，而街区的活力再生是改造过程中的重要一环。以往学术界对街区活力的研究主要是定性分析，而本文利用大数据与计量分析技术，对历史街区活力及其影响因素进行定量分析，并提出有针对性的规划建议，旨在实现历史街区的活力再生。

1　相关研究综述

“活力”是一种抽象的空间特征，在研究初期阶段，学者们主要是通过定性分析进行研究。简·雅各布斯在《美国大城市的死与生》(*The Death and Life of Great American Cities*)中提出，城市的活力体现在街区空间功能、街道长度、街区内历史建筑、人流密度这四个方面。凯文·林奇在《城市形态》(*Good City Form*)中提出，衡量城市活力的标准为城市形态的和谐性、延续性、稳定性与安全性。21 世纪初期，学术界开始对该领域进行定量分析。尤文等人采用摄影记录的方式量化城市空间的交通流量等数据，并运用专家评分法，分析城市活力的影响因素。随着科技的进步，新技术、新方法逐渐被用于城市空间的定量分析中。例如，Abdulgader 等学者在对城市中心购物区活力再生的研究中使用了空间句法，属于当时比较领先的研究方法。

通过从 Web of science 检索 1997—2021 年间关键词为“历史街区活力”的文献，使用 CiteSpace 分析得到关键词共现图谱，可以知道“land use（土地利用）”“model（模型）”“climate change（气候变化）”等关键词为国外在该领域最新的研究热点，国外学者们逐渐用各类开源数据对街区活力、土地利用等空间特征进行研究，并结合气候变化等新的视角来进行探索性研究。如 Nelly 在对三个历史聚落的形态研究中，结合空间句法分析技术，实现对历史遗迹的几何测量控制，并分析了气候变化对历史聚落形态的影响。

相比国外，国内对历史街区活力的研究起步较晚。从中国知网（CNKI）获取近 20 年以“历史街区活力”为主题的文献，得到关键词共现图谱，可以知道国内研究热点多聚焦在“历史街区”“历史文化街区”“活力复兴”“街区活力”“公共空间”等方面，并着重讨论“空间句法”“城市更新”“城市触媒”等新方法与新理论，这表明国内该领域研究的方向也逐渐转变为对街区活力的量化分析。

2　研究方法

2.1　评价模型

从简·雅各布斯等学者对城市与街区活力的定义与剖析可知，城市空间的活力主要体现在人群密度、交通流量等方面，且与街区的可达性、街区的空间结构与形态、内部街道的交通组织、街区内的功能业态等要素有关，由此构建出本次研究中历史街区活力及其影响因素的评价模型。

2.2　数据来源

人流量数据可通过 LBS（基于位置的服务）数据平台来获取，如可显示实时位置的百度热力图。本次研究通过 Bigemap 获取国家测绘局所测量的广州西关历史街区 CAD 地图。历史街区内的功能业态则基于高德地图 API 平台，通过大数据爬取技术获取餐饮服务、购物服务、生活服务等几大类的 POI（兴趣点）数据，其中包含了各式各样的业态信息。

2.3　主要分析方法

2.3.1　空间句法

利用 CAD 软件绘制出广州西关历史街区的道路轴线图，导入到分析软件 Depthmap 中，进行空间句法分析。其中，轴线的画法遵循空间句法的三个原则：①轴线不能有折点，由单线段组成。②轴线画到最长，紧贴建筑边缘绘制。③广场等开敞空间采用米格的画法，表示有多个路径与出入口（图 1）。

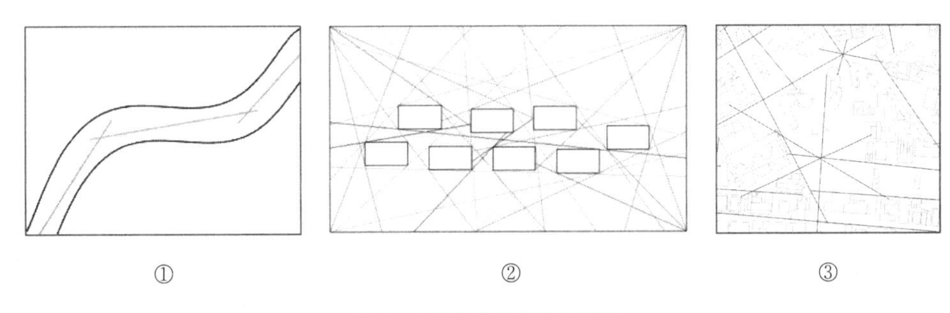

图 1　空间句法轴线绘制原则

2.3.2　SPSS 统计分析

将量化后得到的空间参数值导入到 SPSS 软件中，进行相关性分析，得出散点图分布矩阵，并计算相关性系数，进而判断西关历史街区活力值受到哪些因素的影响较大，哪些因素的影响较小。

3 广州西关历史街区活力评价

3.1 研究区域概况

历史上，西关地区是广州对外贸易最为重要的门户节点，发展了诸多商贸中心区和商业住宅群，成为广州老城中心区重要的组成部分。广州市于2014年11月正式颁布了《广州历史文化名城保护规划》，对历史文化街区进行了界定与保护。其中，西关地区共划分为14个历史文化街区。

本次研究主要选取的区域北至中山七路、中山八路，南至六二三路，西至黄沙大道，东至人民中路、人民南路，滨江地带主要是现代居住区。街区内有大量的历史建筑，是记载街区历史与文化的物质载体（图2）。

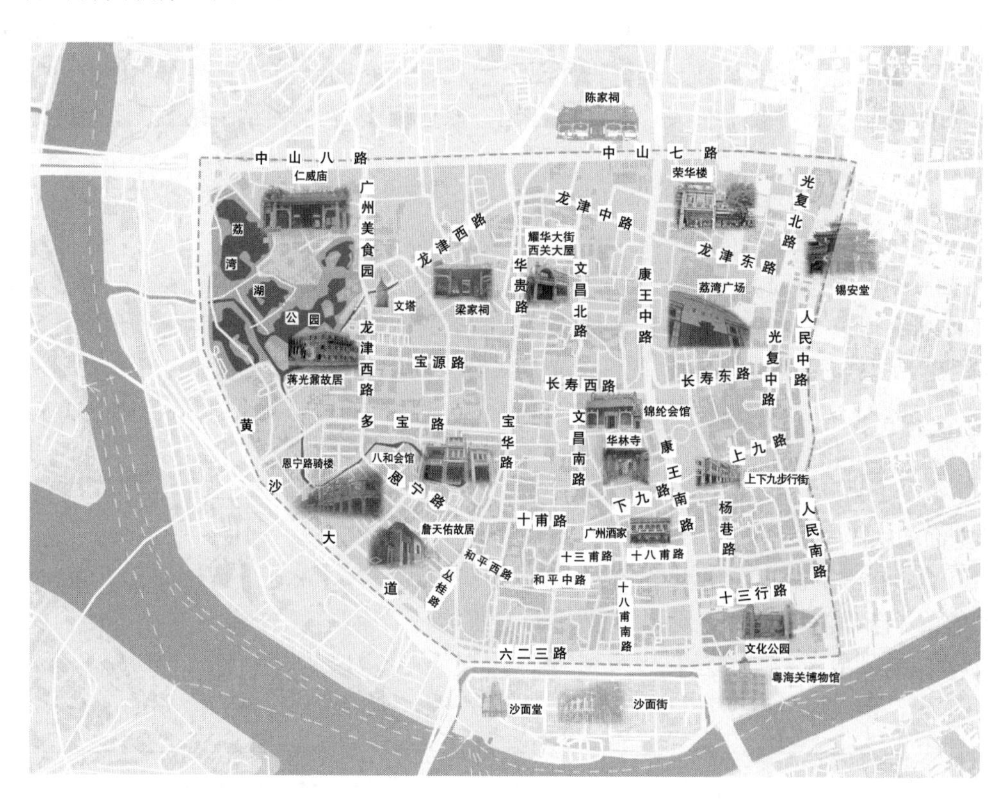

图2 西关历史街区历史建筑遗存分布

3.2 现状问题

3.2.1 物质空间的衰败与拼贴

西关历史街区存在物质空间衰败老化的现象，建筑年久失修、破损严重，使街区的风貌特色大打折扣。大多数文物建筑处于空置状态，传统建筑在街区中比例较低，取而代之的是较新的现代建筑，从而出现了新旧建筑拼贴的空间肌理。

3.2.2 社会空间的贫困化

物质环境的衰败，伴随着历史街区人口老龄化、社会空间边缘化与贫困化等问题。由于物质空间的老化，历史街区中有经济实力的居民和年轻劳动力大多另外择地定居，将原住房进行出租，因此街区内多为老人和外来务工人员，社会问题较为严重。

3.2.3　批发市场的无序化

在历史街区中，分布有几个具有一定规模的专业批发市场，以传统批发零售为主，存在着业态低端、经营模式较为传统、规划布局不合理等问题。这些批发市场对游客的吸引力较低，无法分担街区内过于拥挤的街道人流。

3.3　历史街区活力外在表征

通过百度热力图定时定点分别捕捉了广州西关历史街区于2021年9月14日（工作日）和9月21日（中秋节，假期）不同时间段的热力图数据，时间段选取0:00—1:00，8:00—9:00，12:00—13:00，20:00—21:00，记录街区内人群在不同时间的活动情况。

从得到的工作日热力图数据可知，街区内的居住空间主要分布在逢源大街社区以及地铁、公交站点周边；白天人群主要聚集在长寿路地铁站附近的区域，以及有较多美食和购物空间的上下九、恩宁路；而到了夜晚人群则主要聚集在开发较好的广州美食园与荔湾广场附近。

从得到的假期热力图数据可知，与工作日最大的区别是人群分布在各场所出现的时间较晚，且活动的中心从长寿路地铁站扩散到了和平西、上下九和中山八路，而恩宁路的人流量则明显下降。

将以上热力图数据导入到ArcGIS软件，将两天内所有时间段的栅格数据计算出平均值，从而获得两天内西关历史街区平均人群流量的热力图，用以表征街区内各条道路与空间的活力分布。可以看出，街区内最受欢迎的地点是广州美食园，除此之外人群多倾向于去恩宁路、上下九等骑楼步行街，以及龙津东路荣华楼等广式茶楼附近。

3.4　历史街区活力影响因素分析

3.4.1　区位可达性

区域交通的可达性可用整合度来表示。其中，全局整合度体现的是车行尺度的交通可达性；局部整合度则体现的是步行尺度的交通可达性。

从街区内各条道路全局整合度的分布情况来看，中山八路、康王中路、长寿东路和康王南路的整合度最高，车行可达性较好，加之道路周边有长寿路地铁站、荔湾广场等交通枢纽和开敞空间，会吸引较大人流，因此历史街区内的设施与资源可以整合到这些全局整合度较高的区域。

从局部整合度的分布情况来看，最高值分布在康王南路、龙津西路和多宝路，这几条道路是步行尺度范围内最容易到达的区域，因此这些区域周边的历史建筑和文物较容易被探索到。

3.4.2　内部交通组织

内部交通组织的通行性可以体现其交通组织的合理性与便捷程度，可以用选择度来表示：全局选择度表示车行通行性的强弱，局部选择度表示步行通行性的强弱。

全局选择度最好的是中山八路，其次是康王路、长寿路、黄沙大道、龙津西路，说明这些道路是进入街区时最容易被车辆选择与经过的道路，具有极强的车辆通行能力。

局部选择度分布情况类似，说明历史街区内部形成的是内向型空间，且未形成历史游览路径的完整规划，空间体验缺乏连续性。

3.4.3　街区空间形态

（1）空间结构的紧密程度。

用连接度来表示：连接度较高的空间，表示与其他空间连接性较强，反之较弱。

街区内连接度较高的区域集中在宝源路、多宝路街区，这一部分路线最为密集，街道空间最为紧密。公交与地铁站点聚集的中山八路、宝华路、康王路也有较高的连接度，但是其周边的街区连接度较低，说明这些空间结构较为疏散、割裂，因此可将这几条道路作为骨架，搭建出路径系统较为缜密的街道空间，便于整合历史遗产资源与提升街区活力。

（2）空间进深。

用深度值表示，一个空间的深度值越高，说明从地铁、公交站点等出入口到达这个空间所需要的拐角数越多，过程越为曲折，该地空间越深邃。

以长寿路地铁站所在的宝华路作为起点分析，若一个游客通过乘坐地铁到达西关历史街区，则最容易到达宝源路、多宝路，以及恩宁路、上下九骑楼步行街、荔湾广场等商业购物区；如果要到达光复路的锡安堂，则需要“曲径通幽处”方可到达，非常符合该基督教堂的神圣感与神秘感。

若一个游客选择从陈家祠地铁站进入西关历史街区，以中山八路为起点，则最容易到达荔湾湖公园、仁威庙、西关大屋、荣华楼等景点，广州美食园、荔湾广场、上下九步行街等商业区也容易到达，但恩宁路、和平路会成为街区内空间最深处。

（3）空间可识别性。

外来游客对街区空间形成的地方记忆可用可理解度来描述。可理解度也称为可识别性，可以测度游客对某个空间是否能快速识别、快速形成对空间节点的记忆与印象，从而反映出该空间的个性与品质。如图 3 所示，以连接度为纵坐标，以局部整合度为横坐标，得出呈线性分布的散点图，其线性相关参数 R^2 为 0.605753（>0.5），说明西关历史街区具有良好的可理解度，街区内空间比较有特色，容易给外来游客留下深刻的空间记忆与印象。

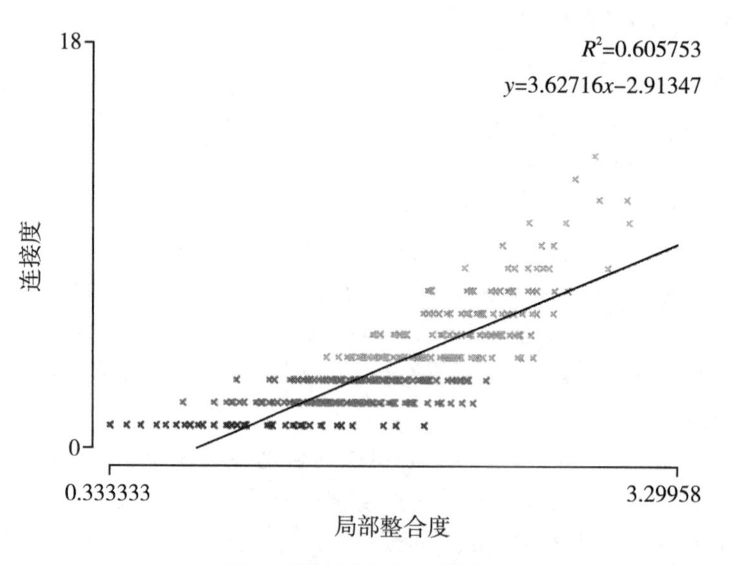

图 3　西关历史街区可理解度

（4）空间协同度。

协同度描述的是邻里空间与街区空间的关联程度，协同度越高，则说明街区内的邻里空间和整体空间的相互作用越大。如图 4 所示，以全局整合度为纵坐标，以局部整合度为横坐标，其 R^2 为 0.620275（>0.5），说明街区具有较好的协同度，内部居民的活动范围和外来游客的游览范围有一定交集，两类人群有较多的来往与交流。

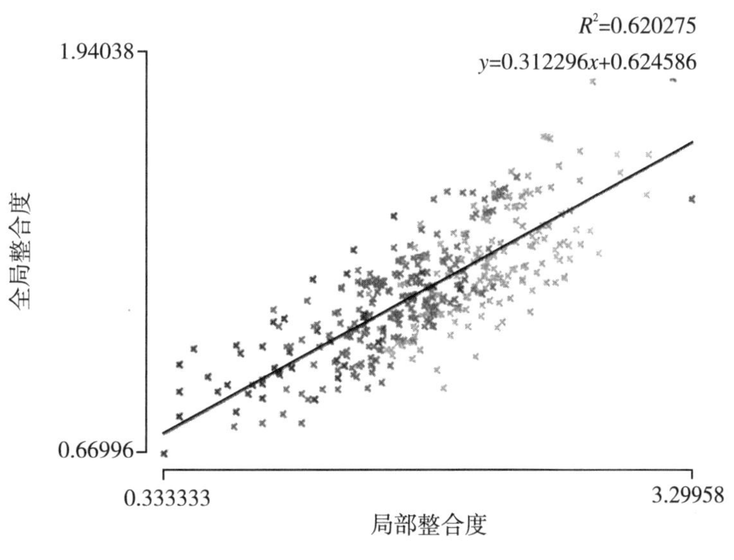

图 4　西关历史街区协同度

3.4.4　功能混合度

通过 Python 爬取高德地图开放平台的 POI 数据，选取与人群活动密切相关的 12 类 POI 数据导入 ArcGIS 软件进行核密度分析，观察各类 POI 的分布聚集程度（图 5）。

由图 5 可以看出，餐饮服务主要分布在上下九、恩宁路、荔湾涌附近，街区北侧美食园也有分布，但聚集程度没有南部高。

与餐饮类 POI 不同，购物类 POI 集中分布在街区内荔湾广场、西城都荟等附近，并分散于有较高人气的道路两旁。

西关历史街区有较多历史遗存与风景名胜资源，主要分布在上下九、恩宁路、荔湾湖公园，包括八和会馆、詹天佑故居、蒋光鼐故居、梁家祠、文塔、荣华楼、锦纶会馆等历史建筑，仁威庙、华林寺等寺庙道观，锡安堂、广州基督教十甫堂等教堂，荔湾湖公园、文化公园等岭南特色园林。

街区内的住宿服务 POI 主要分布在人民中路和中山八路等城市主干道附近，结合岭南建筑的样式打造，符合当地的风貌特色。

休闲娱乐和生活服务类 POI 主要分布在街区内的各大社区中，包括酒吧、棋牌室、电影院等，元素较为多样新颖，也有结合当地风貌来打造的娱乐场所。社区卫生服务站这类服务当地居民的医疗设施，有的会分布在街区内部道路两旁，有的会隐匿在骑楼下。

功能业态的多样性可以用功能混合度来表示，该指标指的是多种功能类型在一定范围内的混合程度，体现了城市用地种类的多样性及其所占比例。计算公式如下：

$$P_i = N_i / \sum_{i=1}^{n} N_i \text{，}(i=1,\ 2,\ \cdots n) \qquad \text{（式 1）}$$

$$H = -\sum_{i=1}^{n} (P_i * \ln P_i) \text{，}(i=1,\ 2,\ \cdots n) \qquad \text{（式 2）}$$

式 1 表示的是在特定范围内，某一类兴趣点 POI 的数目占该范围内所有 POI 总数的比例，式 2 则表达的是功能混合度 H 的算法。将上述公式导入到 ArcGIS 软件中，并以 20 m 为边长的正方形划分历史街区，用该公式 2 计算每个正方形内的功能混合度 H 值，从而得到街区功能混合度数值分布图。

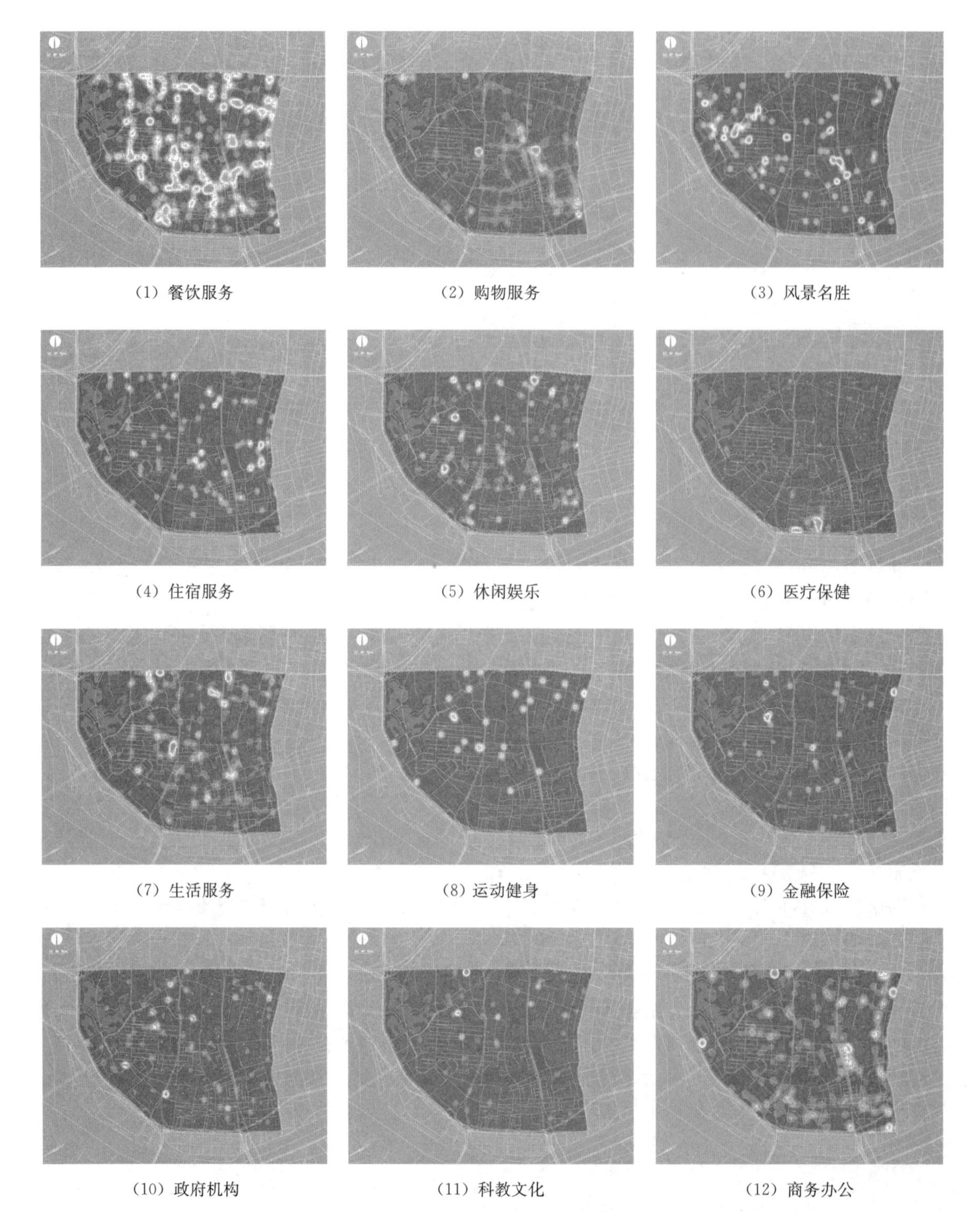
(1) 餐饮服务　(2) 购物服务　(3) 风景名胜　(4) 住宿服务　(5) 休闲娱乐　(6) 医疗保健　(7) 生活服务　(8) 运动健身　(9) 金融保险　(10) 政府机构　(11) 科教文化　(12) 商务办公

图5　西关历史街区各类POI核密度分布图

4　历史街区活力与各要素相关性分析

为研究西关历史街区的活力值影响因素的相互作用强弱，将上述分析的各项参数指标赋值到街区内每一条道路上，得到每一条道路所对应的各项影响因素指标及其活力值（图6）。

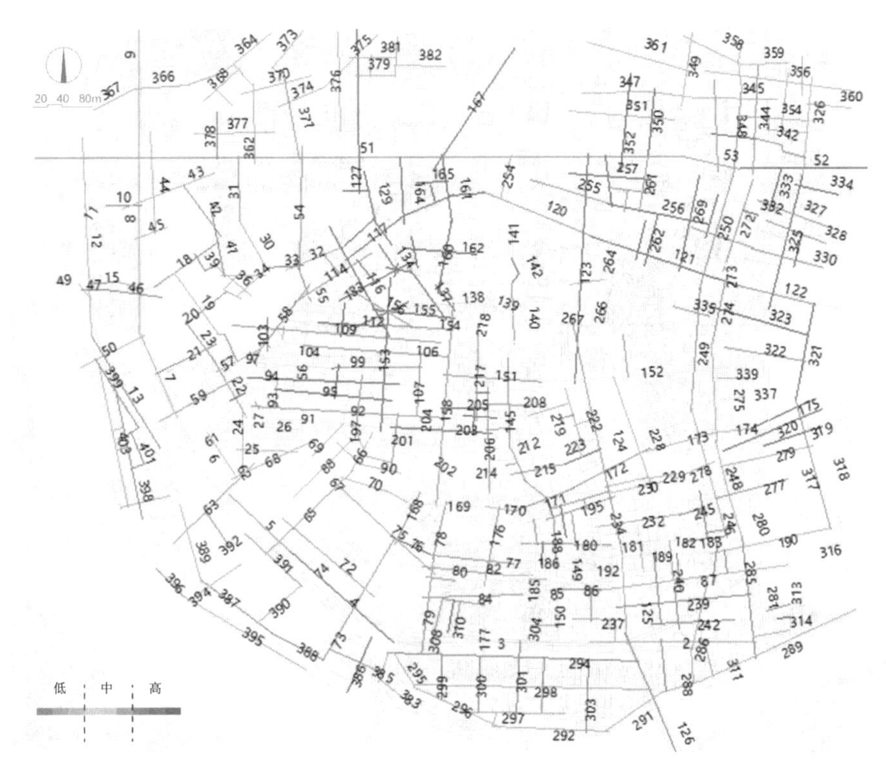

图6　西关历史街区道路轴线序号及其活力值分布图

将上述所有参数导入SPSS软件中，进行量化分析。首先，将所有变量两两组合，画出散点分布图矩阵（图7），可以看出变量之间的相关性。由统计学可知，若两个变量之间的散点图呈线性分布的趋势越强，说明两者越相关；若散点图呈无序或团状分布，说明两者之间较不相关。因此，由最后一列（或最后一行）可看出，街区活力与功能混合度呈现较强的线性关系，两者之间的相关性最强，说明功能混合度对街区活力的影响最为强烈；街区活力和全局选择度、全局整合度、局部整合度呈现一定的线性关系，相关性次之。

再将上述数据进行计算，得出变量之间的相关性系数（表1）。最后一列表示的是街区活力与其他各影响因素之类的分析数值，Pearson相关性即为相关性系数 r，r 的绝对值大于0.7时，可认为两变量间强相关；r 的绝对值在0.4～0.7之间，可认为两变量间中度相关；r 的绝对值小于0.4时，可认为两变量弱相关或基本不相关。

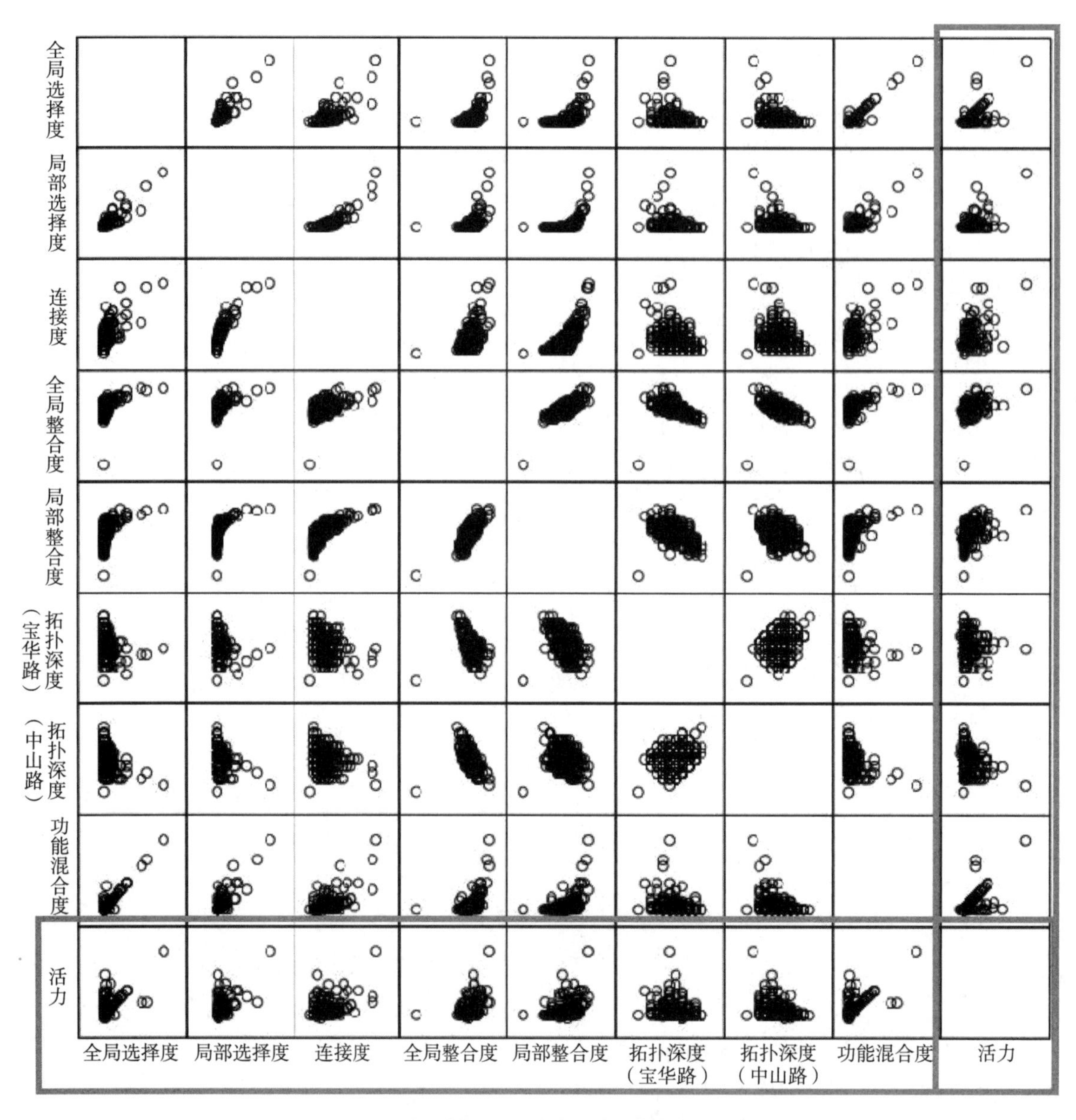

图7 西关历史街区活力与各影响因素散点分布图

表1 西关历史街区活力与各影响因素的相关性系数

		全局选择度	局部选择度	连接度	全局整合度	局部整合度	拓扑深度（宝华路）	拓扑深度（中山路）	功能混合度	活力
全局选择度	Pearson 相关性	1	0.894**	0.685**	0.515**	0.509**	−0.215**	−0.305**	0.966**	0.699**
	显著性（双侧）	—	0.000	0.000	0.000	0.000	0.000	0.000	0.000	0.000
	N	408	408	408	408	408	408	408	408	408

续表

		全局选择度	局部选择度	连接度	全局整合度	局部整合度	拓扑深度（宝华路）	拓扑深度（中山路）	功能混合度	活力
局部选择度	Pearson相关性	0.894**	1.000	0.836**	0.469**	0.574**	−0.246**	−0.234**	0.856**	0.625**
	显著性（双侧）	0.000	—	0.000	0.000	0.000	0.000	0.000	0.000	0.000
	N	408	408	408	408	408	408	408	408	408
连接度	Pearson相关性	0.685**	0.836**	1.000	0.504**	0.768**	−0.368**	−0.168**	0.641**	0.480**
	显著性（双侧）	0.000	0.000	—	0.000	0.000	0.000	0.001	0.000	0.000
	N	408	408	408	408	408	408	408	408	408
整合度	Pearson相关性	0.515**	0.469	0.504**	1.000	0.793**	−0.452**	−0.484**	0.490**	0.377**
	显著性（双侧）	0.000	0.000	0.000	—	0.000	0.000	0.000	0.000	0.000
	N	408	408	408	408	408	408	408	408	408
全局整合度	Pearson相关性	0.509**	0.574**	0.768**	0.793**	1.000	−0.509**	−0.263**	0.471**	0.350**
	显著性（双侧）	0.000	0.000	0.000	0.000	—	0.000	0.000	0.000	0.000
	N	408	408	408	408	408	408	408	408	408
拓扑深度（宝华路）	Pearson相关性	−0.215**	−0.246**	−0.368**	−0.452**	−0.509**	1.000	0.101*	−0.188**	−0.131**
	显著性（双侧）	0.000	0.000	0.000	0.000	0.000	—	0.041	0.000	0.008
	N	408	408	408	408	408	408	408	408	408
拓扑深度（中山路）	Pearson相关性	−0.305**	−0.234**	−0.168**	−0.484**	−0.263**	0.101*	1.000	−0.309**	−0.267**
	显著性（双侧）	0.000	0.000	0.000	0.000	0.000	0.041	—	0.000	0.000
	N	408	408	408	408	408	408	408	408	408
功能混合度	Pearson相关性	0.966**	0.856**	0.641**	0.490**	0.471**	−0.188**	−0.309**	1.000	0.733**
	显著性（双侧）	0.000	0.000	0.000	0.000	0.000	0.000	0.000	—	0.000
	N	408	408	408	408	408	408	408	408	408
活力	Pearson相关性	0.699**	0.625**	0.480**	0.377**	0.350**	−0.131**	−0.267**	0.733**	1.000

注：*为基本不相关，**为中度相关，***为强相关。

街区活力与功能混合度的相关性系数为0.733，说明两者强相关，功能混合度越高，街区越具有活力；其次是$r=0.699$的全局选择度、$r=0.625$的局部选择度、$r=0.480$的连接度，与街区活力存在中度相关的关系，选择度和连接度越高，街区活力值越高；其他因素对街区活力值影响不明显。

5 结语

本次研究得出以下结论：一是对西关历史街区活力影响最大的因素是功能混合度，街区内功能类型组合多样的空间会受到更多人的欢迎；二是街区内道路交通组织和通行的能力尤为重要，选择度高的道路具有较强的交通承载能力，能在街区内充当重要的交通枢纽或节点；三是街区内的全局整合度、局部整合度对街区活力的影响较弱，即街区内可达性较弱的空间并不会阻碍人们前往；四是街区内较深的空间，若有多样的功能业态配置，或者有较好的通行性，也会有较多的人流量，因此深度值对街区活力的影响较为微弱。西关历史街区活力与各影响因素的相关性见表2。

表2　西关历史街区活力与各影响因素的相关性

相关性强弱	影响因素	拓扑学意义
强相关	功能混合度	功能多样性
	全局选择度	车行通行性
中度相关	局部选择度	步行通行性
	连接度	空间结构的紧密程度
弱相关	全局整合度	车行可达性
	局部整合度	步行可达性
基本不相关	拓扑深度（中山路）	空间进深
	拓扑深度（宝华路）	空间进深

西关历史街区目前存在物质空间衰败化、社会空间贫困化、批发市场无序化等问题，街区道路的可达性、街区内部交通的组织方式、街区空间形态和功能混合度不同程度地影响着历史街区的活力再生。本文尝试从这几个方面给出以下规划改造建议。

（1）保护街区内历史资源，打造城市触媒。将历史保护与城市触媒进行结合，是指导历史街区保护发展与活力再生的新模式。通过本次研究发现，功能业态的多样性对西关历史街区的活力影响最大，而其中的历史资源要素所带来的人群吸引力不可或缺。因此，可以结合街区内的建筑遗存，打造城市触媒高点，形成触媒式的历史街区保护方式，既可以实现对街区历史文物的保护和文脉的活化传承，又能够促进街区活力的提升与经济的发展，实现历史街区的有机更新。

（2）构建连续的历史游览路线，形成完整的游客体验。研究发现，街区内的道路交通组织会影响人流量。街道的通行能力及与其他街道的连接关系，会影响人们的出行选择。在街区道路系统构建过程中，以道路组织水平较高的宝源路、多宝路、中山八路、宝华路等道路为路网骨架，以街区内散布的历史资源与功能空间为目的地，构建连续的车行、步行体验游线，并通过微观的城市设计手段，打造历史街区微空间，以形成不同的道路空间特色，提升历史街区空间的识别性与多样性。

（3）改善街区内道路环境，提升街道通行能力。本次研究也讨论了其他变量之间的相关性，如全局整合度与深度值之间的负相关的关系，说明街区内某一空间深度值越高、越隐蔽，则该空间的整合度即可达性也越差。因此，若要保证某一空间的可达性，需要合理规划好人们从交通枢纽处到达该地的路线，不能过于曲折。

选择度与功能混合度之间的正相关关系非常强烈，街区内某一空间的功能混合度越高、多样性越强，则选择度也会越高、被车行交通和外来游客穿行的频率也越高，越有可能被选择作为游览路径的一环。由此可知，丰富多样的功能业态，会吸引大量的车行交通与行人流量。因此，发展多功能业态，需改善该地段的交通组织水平，提升该路段的通行能力。街区内通行能力较好的道路与周边区域，更容易得到当地居民和外来游客的青睐；而两侧摆满垃圾桶和车辆乱停乱放的道路，人们会避而远之。因此，应适当拓宽街区内外道路，并统筹规划垃圾站与车辆停放点等公共服务设施，改善历史街区道路的通行能力与视觉效果，复原历史街区原本的古韵风貌。

［参考文献］

[1] JACOBS J. The death and life of great American cities [M]. New York：Vintage Books，1992.
[2] LYNCH K. Good city form [M]. Cambridge，MA：MIT Press，1984.
[3] EWING R，CERVERO R. Travel and the built environment [J]. Journal of the American Planning Association，2010，76 (3)：265-294.
[4] ABDULGADER A. The role of spatial layout in revitalizing the inner shopping area of the city：Jeddah，Saudi Arabia，as a case study [J]. Sustainable Development & Planning Ⅱ，2005，1589-1598.
[5] RAMZY N S. Morphological logic in historical settlements：space syntax analyses of residential districts at Mohenjo-Daro，Kahun and Ur [J]. Urban Design International，2016，21 (1)：41-54.
[6] 王梦瑶. 广州西关历史街区文化消费空间研究 [D]. 广州：广东工业大学，2016.
[7] 卢艺. 基于空间句法的城市遗产资源与文化空间整合规划：以长沙为例 [D]. 长沙：湖南师范大学，2017.
[8] 刘艳莉. 基于多元数据分析的长沙“五一”商业街区活力研究 [D]. 长沙：湖南大学，2018.
[9] 李苗裔，马妍，孙小明，等. 基于多源数据时空熵的城市功能混合度识别评价 [J]. 城市规划，2018，42 (2)：97-103.
[10] 潘斯婷. 城市触媒视角下台南安平历史街区的活化策略研究 [D]. 广州：华南理工大学，2013.

［作者简介］

黄　媛，华南理工大学建筑学院硕士研究生。
袁奇峰，教授，华南理工大学建筑学院博士研究生导师。

基于“织补嫁接”理论的历史街区更新改造研究

——以张家口市堡子里为例

□张燕慧，许丽君，朱京海

摘要：增量时代在带动经济快速发展的同时，也带来了城市特色丧失、文脉断裂及竞争力不足等问题。历史街区作为城市文化的“回忆录”，是城市长远发展的坚实保障。存量时代的历史街区更新改造应将文脉的延续、活力的打造、风貌的改善及诉求的满足作为重点，使历史街区在城市中恢复勃勃生机。本文基于城市更新的时代背景，以张家口市堡子里历史街区改造为例，研究织补嫁接理论在历史街区更新改造中的价值与意义。

关键词：传统街区；城市更新；织补嫁接；活力复苏；文脉传承

历史街区有着几十年甚至上百年的历史，在它的建设与发展过程中有不少的精神文化和物质资源沉淀了下来，这些历史资源与文化成了历史街区更新改造的特色基底。随着时代的发展与教育的推进，人们的文化意识逐渐加强，对于历史遗存的保护意识也逐渐加强。党的十九届五中全会提出“推进以人为核心的新型城镇化”，明确了新型城镇化的目标任务与政策举措。城市更新是新型城镇化高质量发展的必然阶段，而历史街区的城市更新又是城市更新的重要内容。新型城镇化为历史街区的更新改造在政策上给予了推动，将各方力量的支持与历史街区自身的特色相结合，实现街区复兴的更新改造是历史街区更新改造的主要方向。

1　历史街区发展现状及更新改造问题

历史街区主要是指城市在经历了长期的历史积累和发展演变，由传统建筑、街巷及公共空间构成的居住性聚居区。它代表着城市的历史文脉，是城市的特色空间和重要的文化遗产载体。但是随着城市的发展和功能的转变，历史街区发展面临着一些困境，并在其更新改造中存在的两个极端趋势。

1.1　历史文化街区现状困境

1.1.1　历史风貌弱化

历史街区大多数处于城市的中心地带，有着几十年甚至上百年的历史，其建筑功能与空间结构反映了特定时期的城市文化风貌。随着城市的发展，历史街区中的环境和建筑都受到了不同程度的损坏，街区的发展从建设期进入了式微期，历史街区的碎瓦颓垣与现代大都市的高楼大厦形成了较强的违和感。

1.1.2　传统功能退化

历史街区原本的功能以居住为主，但是随着社会的发展和城市功能的迭代，部分历史街区改造以牺牲当地居民的利益为代价，当地居民不断搬离，导致街区文化流失、街区的传统功能和活力逐渐消失，加上街区内基础设施和公共服务设施相对落后，许多年轻人迁居别处，人口老龄化问题严重。随着大批当地居民步入老年，历史街区的文化逐步流失，这就使得原本热热闹闹的历史街区变得冷冷清清。由于街区人才外流严重、街区活力丧失，其发展也进一步受阻。

1.1.3　文化遗存碎片化

历史街区的文化遗存包括物质文化与非物质文化两种类型。其中，历史建筑作历史街区的重要物质文化，是历史街区的重要标志，也是非物质文化的核心载体。非物质文化主要包括民间传统工艺、宗教信仰和风俗习惯等。长期以来，由于保护体制存在先天性缺陷，以及管理机制的不完善，物质文化遗产逐渐破败，非物质文化遗产脱离了原本系统性的文化空间，文化遗存碎片化现象严重。

1.1.4　人本诉求忽略化

利益相关者的权利博弈是历史街区更新的一个热议话题。在现代的城市更新改造过程中，主要通过空间的更新实现地块物质空间的经济增长，但是经济增长不等于社会发展，富裕不等于幸福；抑或是在更新过程中过于强调物质空间的保护，将天平的一端偏向了客观的文脉保护，忽略了另一端的人本诉求，轻视人对传统街区发展的需求及街区发展中的公众参与。

1.2　历史街区的更新改造中存在的问题

历史街区的更新改造是城市更新的重要内容，更新改造越来越普遍，更新的方式也大同小异。历史街区作为记录城市文明的重要载体，面临着历史脉络逐渐断裂、空间功能日益模糊、地域特色不断弱化等多重困境。在历史街区更新改造过程中，越来越多的“临摹式”改造使城市出现了“千城一面”的现象。历史街区的更新改造逐渐走向了两个极端：大拆大建、脱胎换骨式的改造和不拆不建、原地画圈式的保护。

1.2.1　盲目的大拆大建式改造

在历史街区的更新过程中，由于过于看重对传统风貌的改造而出现了大拆大建的现象。无所顾忌的拆迁、现代化的建造，将原有的胡同肌理、城市的传统风貌都推掉了。人们在追求现代生活方式的同时却又叹息今天的城市枯燥冷漠，渴望找回以往自己家园般的、充满活力的、亲切宜人的生存空间。大拆大建主要分为两种，一种是“拆旧建新”，即用现代空间取代传统空间，现代建筑取代传统建筑，让古城变成一个完完全全的新城。这导致地方差异逐步缩小，失去了文化的特征。同时，大规模的城市建设形成的均质化城市空间日益威胁着传统的城市肌理，充满韵味的城市空间正从我们的视野里消失。另一种是“拆真建假”，即将原本的传统建筑拆除后再仿造它建造一个新的建筑。这样盲目的“仿古”依旧无法解决当下城市建设中文脉断裂的问题，同时还会造成土地占用、资金浪费问题，形成一批似是而非的“新”古城和“古”建筑。近些年来，“仿古”如昙花一现般衰落、消逝，遗留下一批无人问津的空城。

1.2.2　消极的原地不动式保护

消极的原地不动式保护是指历史街区在更新的过程中将传统建筑和空间肌理原地保留，完完全全地保留街区原本模样，像动物园里的动物一样成为一种“观赏品”供人们观赏。在这个过程中，我们忽视了建筑最基本的功能——使用功能，隔离式的保护让建筑失去了它存在的价值。这样虽然达到了保护的目的，却忽视了街区的未来发展。历史文化遗存的保护不应该只是一味地保护，更应当融入现代城市之中，让历史的文脉与现代的文化相结合，成为现代人生活的一部分。单纯保护而不更新不利于改善居住环境与提高当地居民生活水平，势必不能长久；一味更新而不保护则可能使数百上千年的历史积淀灰飞烟灭。保护与更新应在彼此的博弈中得以发展延续，而文脉则是连接保护与更新的纽带。

2　织补嫁接理论与历史街区更新的耦合关系

2.1　织补嫁接理论引证

"织补"原本是纺织业的概念，即仿照织物的经纬线修补其破损的地方。城市的片段化催生了"织补城市"的概念，这一概念最早出现于柯林·罗的《拼贴城市》(*Collage City*)，该书提出了用文脉主义方法织补城市片段的设想，在此之后，"织补"理念日渐完善并逐渐应用于城市规划及其他相关领域。"织补"强调的是保护和保存已存在着的社会群体和社会网络，处理城市新旧交接过程中的种种不协调的问题，其核心是保存城市的历史遗迹、保护城市的历史、优化旧城结构并延续城市的文脉。织补理论在城市更新中的运用非常广泛，如简·雅各布森在《美国大城市的死与生》(*The Death and Life of Great American Cities*) 中提出"多样性是城市的天性"和"基本功能的混合"的思想理念，并针对如何解决城市孤立问题提出织补城市空间的策略；张杰等学者在《"织补城市"思想引导下的株洲旧城更新》中提到了以织补理论为指导的旧城改造，并提出了生态、基础设施、城市格局、城市肌理以及社会等方面的织补原则；高雅等学者在《基于风貌与民生，探讨老城肌理织补策略研究——以北京鲜鱼口历史文化街区为例》中提到了"肌理织补"的方式，并运用于现存小规模空地的建设进行研究分析；吴左宾等学者在《"织补理论"引导下的延安老城区文化空间体系构建》中，运用织补理论对"文化空间碎片化"问题进行"点状织补""线状织补""网状织补"的更新改造。

织补是一种细微而又复杂的处理手法，不仅织补空间结构、建筑、景观、道路交通，而且还织补历史文化、生活等方面内容，强调连续性、以人为本和保留原有的生活方式，在很大程度上适宜于现代城市的发展。就织补理念运用于文化方面而言，是在对文化进行整体性保护的原则下，从微观入手建立历史文化的空间联系。织补理论强调在不同的片段中进行有机更新，同时保持整体的系统性，把区域及其周边作为关联整体，对历史文化物质形态遗产和非物质文化进行保护传承。

"嫁接"在生物学中是指一种植物的人工繁殖方法，即把植物体的一部分（接穗）嫁接到另外一植物体（砧木）上，其组织相互愈合后，培养成新植株的无性繁殖方法。有学者将它演绎城市更新改造的一种手段，这种手法的实质是一个"加"字，是将一个新元素"加"到另一个旧元素上，秉承旧元素的特色，增加新元素的优良特性，通过两种异质元素的碰撞、结合，创造出新的共生联合体。"嫁接"的内容可以是新的建筑功能、新的产业类型、新的建筑形态或者新的材料与技术等。"嫁接"手法在城市建设中的运用也屡见不鲜：学者李春涛曾经在《基于"嫁接"理念的皖南古村落景观整治规划研究》中提到了"嫁接"的规划理念并进行了详细的解释，应用"嫁接"规划理论，结合现代工程技术材料和理念来完成对皖南古村落的聚落景观、田园景观和文化景观的恢复与整治，打造兼具传统和现代特点的古村落景观；学者梁影君在《"嫁接更新理念"——后现代理论下历史街区更新保护方法的新尝试》中提到"嫁接更新理念"在历史街区更新改造中的运用，通过对历史建筑的"改造再利用"、"弹性发展单元"、"刚性＋柔性"功能控制及社会多元主体利益之间的协调和合作来实现改造。

“嫁接”手法通过旧建筑与新元素的碰撞，以前者为“支撑体”，后者为“嫁接体”，相互结合形成新的共生联合体，共同展现场所的历史层系，同时又不失自我特性，两者缺一不可。可借用这个方法来进行历史街区的更新改造，即将城市中能够吸引人流、复兴文化的功能嫁接到历史街区中，为历史街区注入新的活力，使得历史街区能够继续发展、街区中的文脉继续传承。

2.2 历史街区改造与织补嫁接理论的耦合关系

历史街区面临的主要问题可以归纳为空间、功能、文化和人本诉求四个方面，其核心是发展与保护的不平衡，影响了历史街区的发展；主要表现为街巷空间混乱、街巷交通复杂、整体空间风貌较差等，使历史街区的整体平面混乱且没有条理；街区中的基础设施破旧而且配置不完善，无法满足现代社会居住的基本要求；历史街区绿化空间不足或者被占用。历史街区更新主要是对历史文脉的保护与利用，包括物质性的历史建筑物和非物质性的精神文化。街巷空间的物质性遗产需要保护与保留，同时也需要更新发展；非物质文化的传承与发展也需要融入物质空间中，让街区特色看得见。因此，如何在传承历史街区文脉的前提下实现长远的发展是更新改造的主要目标。

织补嫁接理论即“空间织补”和“功能嫁接”。“空间织补”可以针对历史街区的空间问题进行更新改造，织补建筑的空间结构，通过加建或者拆除的方式进行建筑改造，同时改善建筑风貌，提升整体的空间质量；织补街巷空间，整合道路和街巷空间，完善街巷的绿化空间与基础设施建设，从而提升街巷空间风貌；织补传统文化，将非物质传统文化融入空间之中，实现文化的传承与发展。“功能嫁接”主要针对街区活力弱化的问题，在街区中增加新的功能如商业、展览和文化等，实现街区活力复苏（图 1）。

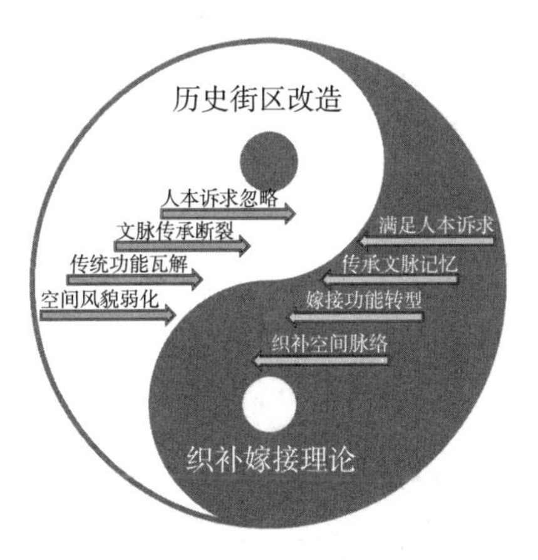

图 1 历史街区改造与织补嫁接理论的耦合关系示意图

3 基于织补嫁接理论的历史街区更新改造策略

3.1 织补空间脉络

对于历史街区空间，主要是对空间结构、绿化空间、基础设施和道路交通进行织补。运用织补的策略对空间结构进行调整，包括对空间结构建筑的改造、拆除、重建和翻修，通过廊道等手段增加建筑联系，改变空间围合方式以增加空间趣味性等；对绿化空间的织补主要是结合地块现状碎片化绿化空间，增加线性绿化空间、改造点状绿地，由点及面、由线串联形成绿化空间体系；对基础设施的织补结合建筑空间和绿化空间来布置，同时结合人群活动需求布置公共空间基础设施；对街区交通空间的织补通过打通阻隔、增加节点等方式来改变街区现状道路，增加街区的联系性与可达性，同时强化步行交通体系。历史街区中尽量以人行道为主，打造完整的人行通道，串联街区重点保护建筑和活力激发点，从而增加街区的活力。

3.2 传承文脉记忆

城市文脉是一个城市独特的空间建构语言和表达逻辑，在保护的同时活化文化记忆，并让历史街区融入现代化的城市发展之中。对历史街区文脉的传承，可以采用物质性传承和非物质性传承两种方式。首先，对历史街区中的遗存进行分类，结合分类制定不同的保护策略。其次，对于拥有重要历史信息且现存较为完整的进行完整保留；对于历史信息不完整但是仍然具有历史价值的进行选择性保留；对于历史信息几乎被破坏、整体风貌较差的进行更新式保护，提取历史文化元素融入空间设计，对影响历史街区功能文化完整性的功能进行置换。最后，在更新的过程中将非物质文化遗存融入物质文化遗存的传承中去，如通过文化墙、体验馆等将文化传统传承下去。

3.3 嫁接功能转型

历史街区功能嫁接主要是针对历史街区现状活力不足的问题进行活化。功能嫁接主要分为两种：一种是站在整个地块功能的立场上，通过嫁接新功能实现整个地块的功能转型。结合历史街区的区位特征和周边发展现状，对历史街区的未来发展进行预判，得到最适合历史街区的功能，如旅游导向型、体验导向型或者商业导向型等。另外一种是站在建筑功能的立场进行功能置换，即功能嫁接策略，根据社会需要给历史建筑增加新的功能，如将原本的居住建筑或者失去功能的建筑转变为文化展示、商业旅游、体育娱乐等功能建筑。根据确定的街区主题、发展方向和功能类型，在历史街区中融合适合街区发展的多种功能，打造活力街区。

3.4 满足人本诉求

在历史街区更新改造中，人的需求是规划的重要组成部分，规划中人的体现即人本诉求的满足程度。人的需求包括物质需求和精神需求两种，物质需求是居住者最基本生活的需求，但随着时代的进步与社会的发展，人们对精神文化的需求也日益增加。居民的物质需求主要是指对基础设施和生活环境的需求，通过增加基础设施和提升地块整体风貌可以实现物质需求的满足；结合当代的居住习惯，布置建筑和调整整体空间结构，为居民提供一个更加舒适的生活环境。居民的精神需求体现在业余生活中，通过增加文化体验与学习节点，在更新文脉记忆的过程中也实现居民对文化的传承。此外，在街区更新中充分尊重和落实当地居民的改造需求，践行人本主义思想，更有利于激发城市活力。

4 基于织补嫁接理论的堡子里街区更新改造实践

张家口堡传统民居是指在家族、军事防御的社会背景和以商业、农业为经济背景下的乡土环境中的传统民居建筑。张家口堡东起武城街、西至西豁子街，东西向长660 m左右；南到西关街、北止北关街，南北向长510 m左右；保存较为完整的院落有478座。四周有城墙围绕，整体面积达26 hm^2。规划地块为堡子里地块的南侧地区，地块的西侧为张家口市第十六中学，东侧为商业街，南侧为居住区。

4.1　街区现状及更新改造策略生成

4.1.1　街区现状

街区空间分析：街区整体布局采用行列式，缺少围合式的私密性院落空间。建筑布置较为零散，街巷空间转折较少，这就导致整体平面上看似密密麻麻的建筑物分布在 2～5 m的街巷两侧。道路交通组织混乱，静态交通空间严重缺乏，停车空间占用人行街道。基础设施陈旧，娱乐休闲空间和绿化空间严重不足，整体区域缺少趣味性空间。

文脉记忆分析：堡子里作为国家级文物保护单位、省级历史文化街区，存在着许多历史建筑与文物古迹。但我们在调研过程中发现，大部分的历史节点如文昌阁、玉皇阁、定将军府、书院等都大门紧闭，传统历史建筑的被动式保护造成人与历史文化的隔离，沿街商业活力较低。

现状功能分析：原本以居住为主要功能的堡子里街区许多房屋破旧，无法继续使用，导致大部分居民外迁，曾经的小商小贩也都关门停业，传统的街巷变成了一条无人问津的老巷子。

4.1.2　更新改造策略生成

结合实地调研，首先对堡子里地块现状问题进行辨析，找到街区现状核心问题；其次收集居住者对历史街区的改造需求，找到更新改造着力点；最后结合织补嫁接理论，对碎片化的功能和空间进行空间织补和功能嫁接，提出堡子里历史街区更新改造策略，来指导更新改造实践（图 2）。

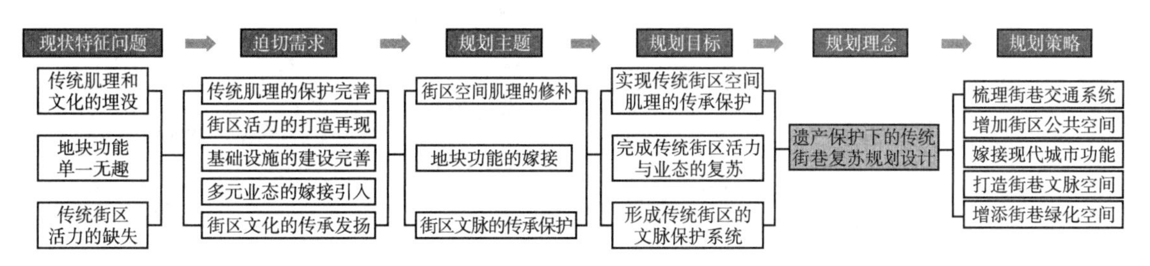

图 2　策略生成图

4.2　具体更新改造实践

4.2.1　织补空间结构

对于堡子里街区的整体空间结构，首先，调整地块整体的平面布置形式，保留地块中部的东西、南北向两条道路，打造成为地块的主要轴线。其次，以东西向和南北向两条街为“线”，规范沿街立面，设计相关文化景观小品，提高街区品质与吸引力（图 3）；沿商业街区的“线”展开商业的“面”，改造沿街院落，打开封闭性院落空间，将游客吸引到商业的“面”之中。在主轴线周边打造空间节点和次要轴线，实现整个地块的串联（图 4）。再次，对地块的建筑排布进行规整，根据历史价值进行拆除、保留或者加建，通过加建或者修建廊道加强区域内各历史建筑相互之间的联系，布置院落空间，增加整体地块组团空间（图 5）。最后，根据地块现状肌理寻找生态节点，在院落空间中增加绿池和绿化空间，弥补地块的绿化缺失，将绿化节点串联形成绿轴，再将绿轴串联形成绿环，实现整个地块的绿化布置（图 6）。

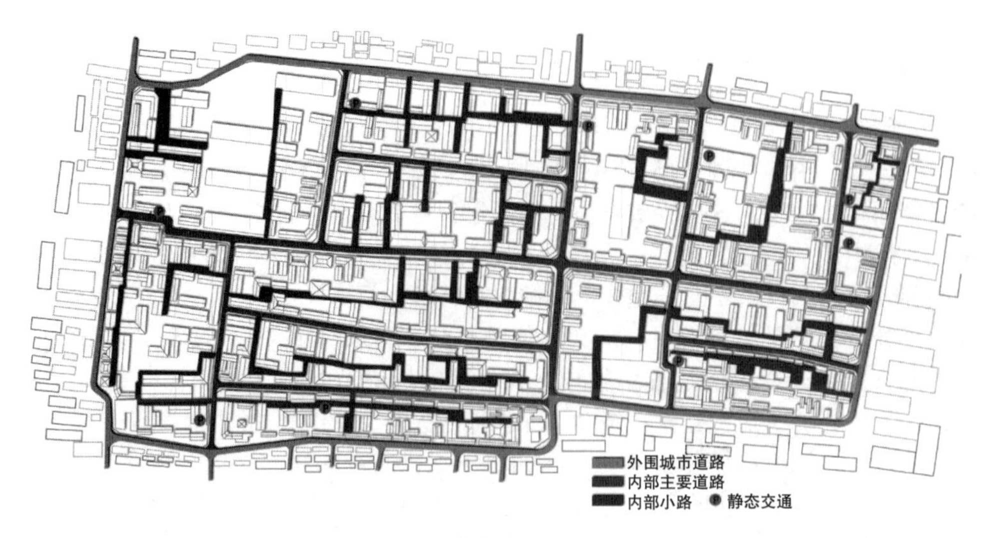

图 3　道路交通规划图

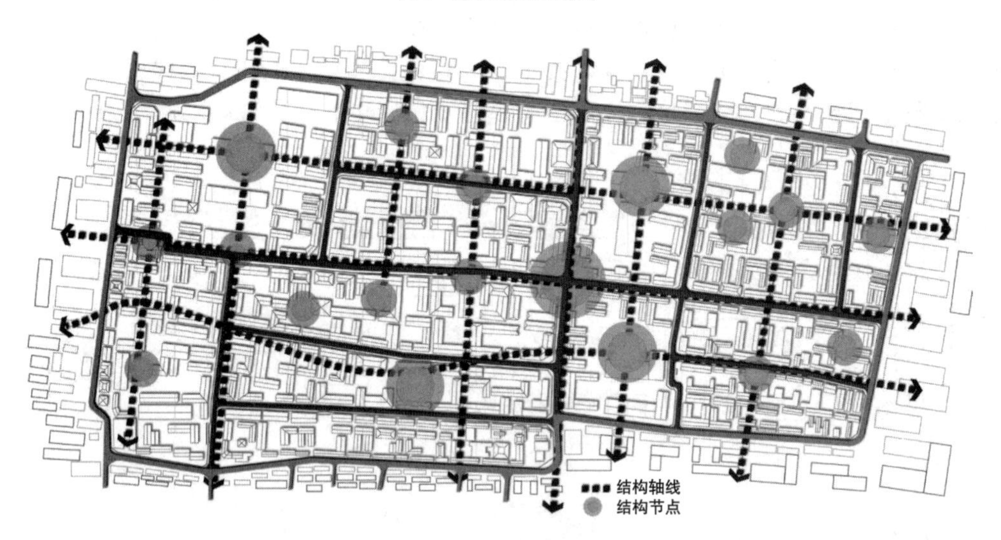

图 4　空间结构规划图

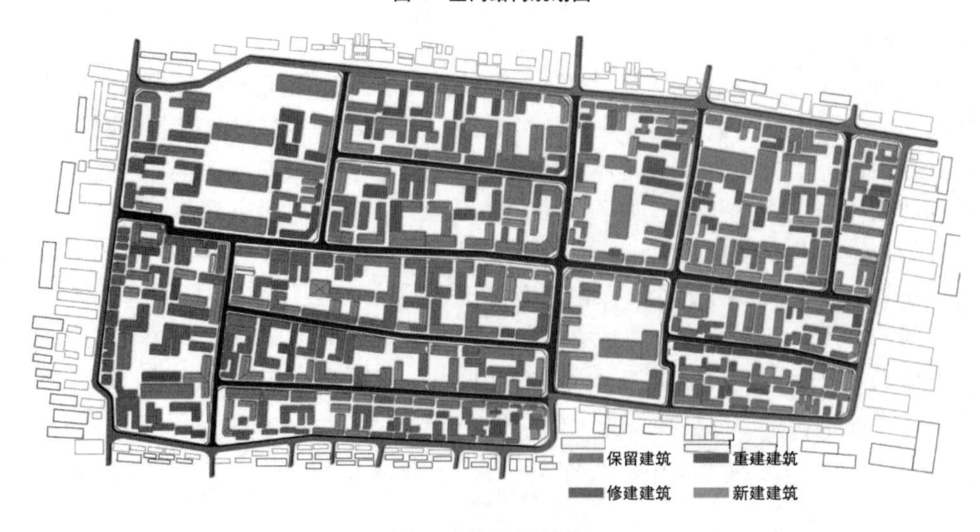

图 5　建筑更新规划图

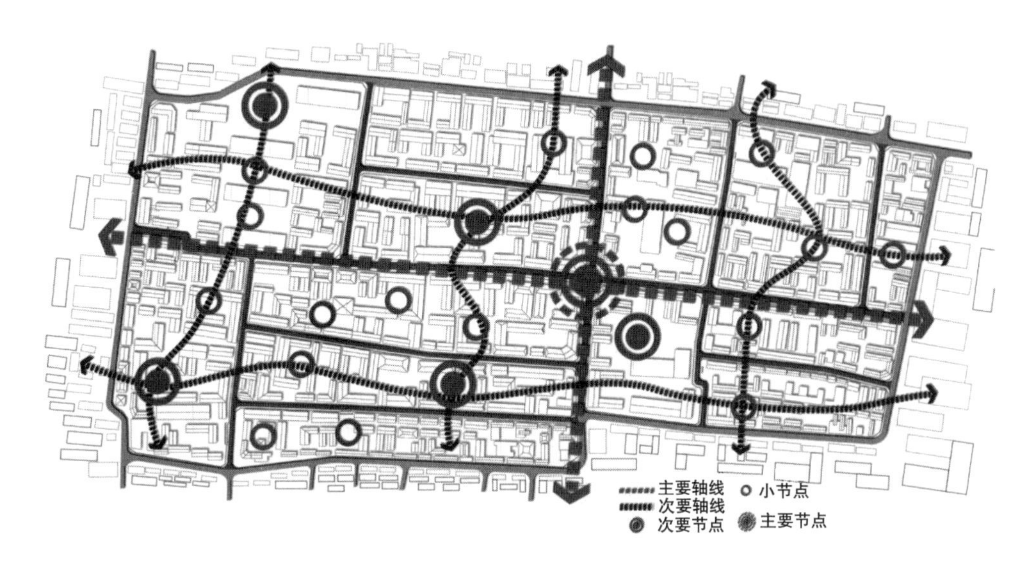

图6　景观系统规划图

4.2.2　嫁接创新功能

功能是地块活跃程度的主要影响因素，功能置换在地块活力复苏的过程中非常关键、有效。堡子里街区本来是以居住为主，但随着社会的发展和城市的进步，其设施条件已经不再适宜居住。规划通过完善基础设施，整合功能植入，实现地块功能的复合多元化。结合张家口现状发展和堡子里地块周边的功能要素，在原本单一的居住功能的基础上嫁接新功能，将堡子里打造成为综合创新街区，有利于提升张家口的整体文化内涵，也有助于推动经济技术的发展。结合地块西侧的学校，在地块中增加文化宫、博物馆、活动体验中心等，丰富学生的业余生活和扩展历史视野。为地块嫁接娱乐、商业等功能，同时将地块的主要发展轴线布置为商业街区，与东侧的武城街遥相呼应，方便将武城街的人流引入地块（图7）。

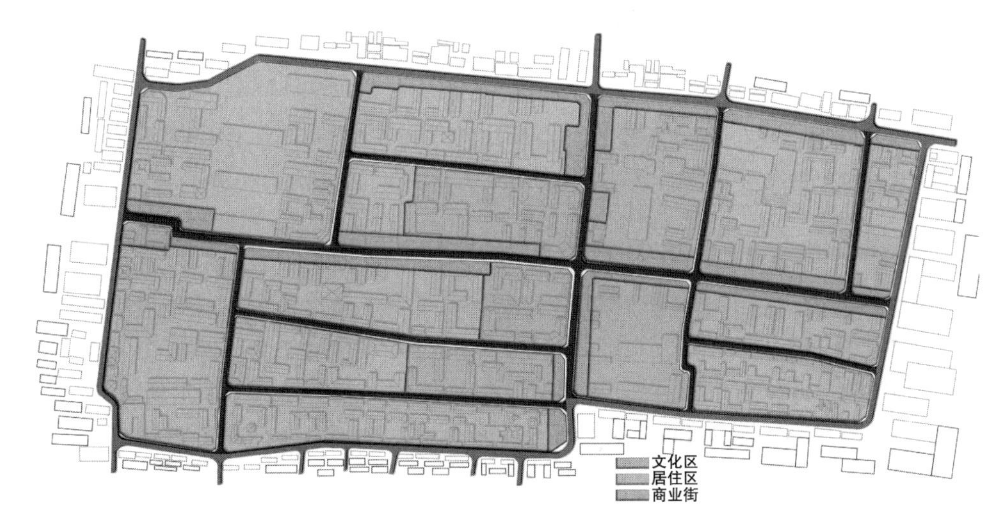

图7　功能分区规划图

4.2.3　传承文脉记忆

历史文化是历史街区发展的根与魂，文脉记忆的保留与传承是规划义不容辞的责任，如何让文化源远流长是更新改造需要解决的首要问题。堡子里街区现存文物古迹达700余处，文化资源相对丰富，但街区中的历史文化处于掩盖式的保护状态，割裂了人与历史的关系。在文脉嫁接过程中，首先对城市历史文脉进行提炼，找到文化传承的突破口，重塑历史街区场所空间，嫁接交流功能、旅游功能；其次将部分历史建筑开放，并在周围预留空地作为交流活动与游客休憩的场所；再次在博物馆、文化宫中增加历史墙、历史车轮等，让传统文脉传承与空间打造相结合，实现文化在空间上的传承；最后将地块的历史建筑尽可能地保留，特别是具有历史意义的建筑，直接展现历史文化（图 8）。

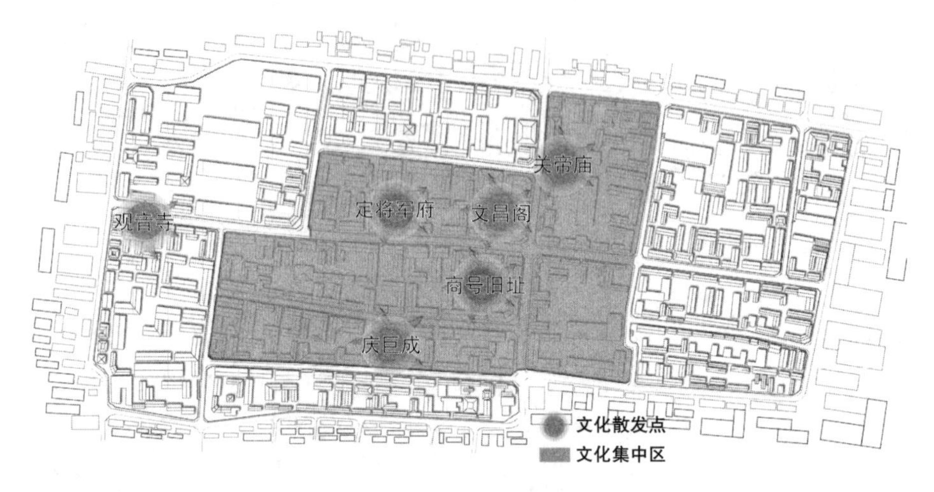

图 8　文脉传承规划图

4.2.4　渗透人本诉求

历史街区的活力和生机必须是真实的，历史建筑的改造不应只是建筑与街巷的“空壳”再造，历史建筑下人的价值亦不能忽略。堡子里街区更新改造过程中的人文关怀主要有三方面，首先是人居环境的打造，其次是人民生活的改善，最后是规划过程中的公众参与。人居环境的打造是指在规划基础设施与外部环境的过程中要考虑人的需求，基础设施和公共服务设施等要满足人的使用需求，开敞空间和景观设计要符合人的审美与舒适度。人民生活的改善是指在更新改造中要为历史街区实现高质量发展提供契机，完善街区功能、增加就业机会、改善居住环境，实现人民生活更加富裕、更高质量。公众参与是指在更新过程中让当地居民参与到规划中，广泛听取利益相关者的意见与建议，整合发展诉求，体现更新改造为人民的中心思想。

5　总结

基于城市更新视角的历史街区更新改造，对我国现代化城市建设有着积极的作用。堡子里街区作为张家口历史与文化的载体，其更新改造关系到张家口的城市未来发展。在更新改造过程中，规划针对风貌弱化、功能退化、文化遗存碎片化和人本诉求无视化的现状，引进织补嫁接理论，让传统的东西在现代的发展中呈现出新的活力。历史街区的更新改造规划，要以历史文脉为依托，保护传统风貌；以活态文化为传承，保留生活方式；以街区空间为载体，设计多元场景；以时代特征为特色，打造城市名片，让群众既能感受到历史文化的厚重，又可以体验现代时尚的活力。

［参考文献］

［1］王军. 基于城市记忆的传统街区城市设计分析［J］. 住宅与房地产，2019（6）：220.
［2］邓蜀阳，叶红. 传统街区的空间场所营造［J］. 重庆建筑大学学报，2004（5）：1-5.
［3］莫文静. 基于文脉传承的历史街区更新策略研究：以磁器口后街概念规划为例［J］. 重庆建筑，2019，18（1）：18-21.
［4］谢依笑，刘声. 中国历史街区保护更新的研究与实践［J］. 居舍，2019（12）：18.
［5］阳建强，杜雁，王引，等. 城市更新与功能提升［J］. 城市规划，2016，40（1）：99-106.
［6］丁凡，伍江. 城市更新相关概念的演进及在当今的现实意义［J］. 城市规划学刊，2017（6）：87-95.
［7］卢济威，王一. 特色活力区建设：城市更新的一个重要策略［J］. 城市规划学刊，2016（6）：101-108.
［8］严丽红. 城市更新与历史文脉保护并行［J］. 山西建筑，2007（12）：24-25.
［9］杨晓琳，夏大为. 基于城市文脉的历史街区“语境编织”微改造设计策略初探：以广州北京南路为例［J］. 华中建筑，2021，39（3）：96-100.
［10］唐文胜，林莉. 历史街区里的空间织补：长沙青少年宫建筑设计［J］. 建筑技艺，2021，27（1）：92-97.
［11］黄怡，吴长福，谢振宇. 城市更新中地方文化资本的激活：以山东省滕州市接官巷历史街区更新改造规划为例［J］. 城市规划学刊，2015（2）：110-118.
［12］汪雪. 基于行动者网络理论的历史街区更新机制［J］. 规划师，2018，34（9）：111-116.

［作者简介］

张燕慧，沈阳建筑大学建筑与规划学院硕士研究生。
许丽君，沈阳建筑大学建筑与规划学院博士研究生。
朱京海，沈阳建筑大学建筑与规划学院博士研究生导师。

符号学在旧城更新中的应用

□黄艳荣

摘要：符号学在各个领域内的应用相当广泛，城市符号在城市规划与设计层面也发挥着独特的作用。旧城内部分布着各类历史遗存和文化遗产，有着丰厚的文化底蕴，为更好地传承历史文化遗产、保护历史街区风貌，旧城更新运动在全国各地广泛开展。本文尝试将符号学的符构学和符意学的分析方法与旧城更新改造理论相结合，将旧城空间符号的形式总结为图像符号、指示符号、象征符号三类，在旧城更新中运用词汇符号提取、符号运用与语句组织、章法体系构建三种循序渐进的方式对历史文化空间进行有机更新。在符构学分析的基础上，通过寻找历史与文化的物质载体，提取有内涵的城市空间符号，并运用城市空间符号对旧的场所进行新的诠释，从而增强空间的场所感和认知感。同时，以长沙市西园北里历史街区为例，解读旧城更新中符号提取、符号运用与语句组织及章法体系构建的过程，为旧城开发与保护提供新的思路。

关键词：符号学；旧城更新；历史街区

1　符号学及其在城市规划设计中的运用

1.1　符号学

符号学在不断发展完善的进程中，广泛吸纳了美学、语言学、现象学、社会学及心理学等理论，结合语义学、语用学、语形学等一系列理论，逐渐应用于戏剧、文学、美学、建筑学、城市设计学等众多专业领域。

瑞士语言学家索绪尔主要是从语言学理论的角度出发，认为符号由表达实体（能指）和内容实体（所指）两个方面组成，符号作为连接表达实体和内容实体之间关系的形式，同其他符号构成符号的系统。能指是符号作为物质形式存在的部分，所指可以是符号对应的外延意义，或是人们对于符号的认知和理解。

相对索绪尔，皮尔斯是从实用主义哲学的角度出发，他所认为的符号学范围更为广泛，更加注重符号的外延意义。现代符号学的创始人之一莫里斯在皮尔斯的研究基础上将符号学分为三个分支：研究符号与存在之间关系的语义学，研究符号与人的创造性使用的语用学和研究符号与符号之间关系的语形学。

1.2　符号学在城市规划设计中的运用

符号作为物化的媒介和载体，在人们的共有观念规约下，传递城市文化信息的特殊内涵。

作为城市精神文化传承的物质载体，它还是城市文化和地域特色的名片，传递城市的独特个性与历史底蕴。

罗兰·巴尔特在索绪尔的研究基础上，从符号学的角度对美学展开研究，将城市看作一种有着自身章法和语言的符号系统，希望用符号学的方法来了解和认知城市。他提出符号学可以通过捕捉城市的各类文化现象，挖掘现象之下的文化内涵，将城市作为一种符号语言系统来解读。在《符号学原理》一书中，他还从符号学的角度出发，描述城市系统的逻辑结构与场所之间的相互关系，用符号学中的“能指”和“所指”去研究城市的物质空间环境和人文精神内涵（图1）。

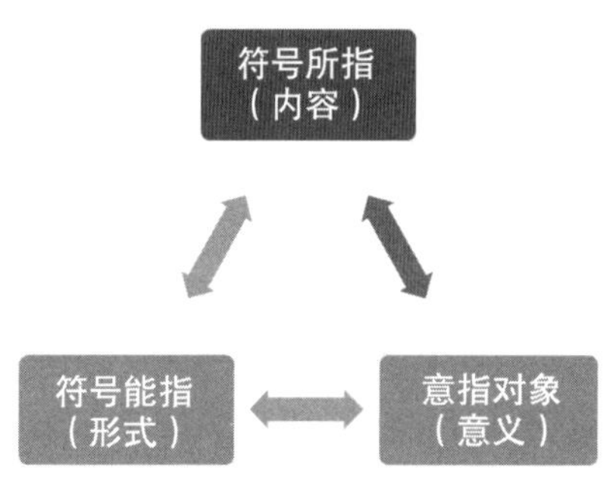

图1　符号三角

我国学者对符号学在城市规划设计的应用上也有不少研究。段进院士在研究空间特色构成符号系统时提出符号构成学具有三种层次结构，分别是词汇层次、语句层次、章法层次。赵坷、黄天其等人提出借助结构语法层次分析法来分析城市空间系统，对城市空间符号进行层次分析，即中心词汇符号、语句符号组织、章法规律寻求；基于符号学解析的反向顺序“章法格局保护、语句空间扩展、词汇符号衍生”对城市进行有机更新。

每个城市都有其独特的自然环境和历史背景，城市中的地标建筑、特色景观、文化遗产、历史人物和历史事件等各类要素都可以作为城市符号，成为城市形象的名片。世界各地有名的城市或地区都拥有其独特的城市符号，如雅典以古希腊雅典卫城建筑而闻名，埃菲尔铁塔作为巴黎的地标建筑成为城市个性的象征。

2　城市符号在旧城更新中的应用

2.1　背景

由于以往的粗犷式城市建设模式，人们印象中的人文空间和情境空间正被千篇一律的现代建筑蚕食殆尽，而今我们的规划设计由传统粗犷的拆建模式转向微更新、渐进式更新的发展，城市旧城区往往通过一系列的更新改造实现一定区域范围内的保护和利用。很多的传统空间及老旧设施本身存在着独特的内涵和历史价值，城市中重要的历史遗存和文化遗产更是代表了某一阶段的发展历史或人民群众过往生活的写照，承载着人们对过往岁月的情怀，是联系历史与未来的桥梁及纽带，其丰富的内涵有待进一步挖掘，实现进一步的改造和利用。例如，将有价值的旧城区域保留并改造为休闲区或者商业区，对旧城进行产业重构和景观重塑，这体现了微更新和渐进式更新的理念。

符号学在旧城更新中对于如何体现基地要素蕴含的历史文化价值与城市更新设计结合方面，具有重要的实践意义。通过结合城市符号学的内容，从各个维度挖掘地区文化要素，对有价值的符号元素进行提取，再将城市符号解读与转译，向公众传递出城市演进历程中所承载的历史文化信息。本文通过研究符号学，试图分析其在城市旧城更新中的可行性。

2.2　旧城空间符号形式分类

从符意学原理对旧城空间符号进行分类，可分为以下几种符号形式。

2.2.1 图像符号

这类符号是通过对事物外部形象的具体表述来形成的，图像符号的形式与其所表达的内容之间具有相似的特性。人们可以通过符号，加上自己的视觉感官联想到符号所表达的信息内容，具有较强的直观性。例如，四川省自贡市的彩灯博物馆，通过挖掘自贡市城市历史文化特色，其建筑形象设计参考了中国古彩灯的外形，形象地表达出了灯文化博物馆的特点，对城市特色形象构建与中国古灯文化宣传发挥着重要作用。

2.2.2 指示符号

这类符号的形式与所蕴含的信息内容之间存在着实质的因果关联，需要人们对符号进行逻辑判断才能发挥符号的指示作用。指示符号在历史传统街区中是最为重要的符号，每一种指示符号都与当地民俗文化、历史沿革有着紧密的联系。它们既表现在一些细部的建筑结构上，又表现在建筑形式和空间格局中。例如，人们可以通过“红瓦绿树、碧海蓝天”来联想起我国北方美丽的滨海城市青岛，可以通过“云里帝城双凤网，雨中春树万人家”联想起十三朝古都西安。

2.2.3 象征符号

这类符号的表达方式更为抽象，已经摆脱了客观的因果关联，人们必须在对当地的地域文化有一定了解的基础上才能理解其寓意。例如，在一些传统民居屋脊上雕刻龙凤纹，以象征祥瑞，还有一些龟背纹花饰，寓意长寿吉祥；北京的天坛运用“天圆地方”的理念，以圆形的台基象征“天空”，方形的围墙象征“大地”。如果完全不了解中国传统文化的人，则无法理解这些符号的内涵与意义。

2.3 旧城更新中城市符号提取与体系构建

我国地域辽阔，北方与南方的城市布局和建筑风格自成一体，悠久的历史基础奠定了我国多元的文化底蕴。对城市符号进行提取与运用，是对历史传统文化的保护，同时也充分体现了我们对中华民族优秀文化的民族自豪感。吴良镛院士指出，在全球化的整体趋势下，规划行业从业者和学者既要走在社会发展前列，积极学习和汲取先进的科学技术，更要带着对本土文化的自豪感和自强精神发扬优秀的中华民族文化。

城市是一个由各类符号组成的系统，复杂的城市符号遵循一定的章法规律共同构成了城市空间系统。本文在总结已有成果的基础上，首先利用旧城空间符号的符构学分析，从能指的精神实体和所指的物质实体两种分类模式来提取城市符号；然后将城市符号构成系统分为词汇、语句、章法三个层次，将规划语境与基地符号相互结合，依据层次分析法对城市符号的提取进行分析；最后对城市符号在旧城更新过程中的符号元素提取与符号体系构建做出总结。

2.3.1 词汇符号提取

词汇是由单一的要素所组成，词汇要素最能体现地区内的文化与特色，在词汇提取的基础之上可对语句和章法进行进一步的构建。旧城中往往既有古城墙、古遗址及特色植物等视觉上能见的中心词汇符号，又有珍藏于博物馆中的古代艺术品、古书籍等历史文物中心词汇符号，还有历史重大事件或者著名人物等这一名人中心词汇符号。当中心词汇与其他词汇有机组合成语句后，旧城的历史文化内涵将随之变得清晰，中心词汇的标志性作用也将更加突出。

2.3.2 符号运用与语句组织

语句组织是在深入调研、总结分析中心词汇的基础上，对词汇进行修饰与重组，进而形成完整的语句。在旧城中，通过中心词汇串联构成的历史文化语句，形成了反映旧城历史文化的序列空间。

2.3.3　**章法体系构建**

章法构建表现的是城市空间的整体规律，体现在旧区的更新与改造上，即深入发掘固有的城市文化内涵和生活气息，打造带有传统历史特色的有机更新片区，使更新改造地块能自然融入所依托的街区环境特色和城市整体空间结构中。

翻看我国旧城的演进历史，可发现中国传统的风水思想往往是组织旧城章法符号的重要法则。旧城改造应遵循风水法则主导形成的城市空间结构，形成城市文化与空间契合的章法格局。

2.3.4　**符号学视角下旧城更新思路**

按照符号学对旧城空间进行分析是基于人们对于符号的理解认知展开的，以符号学理念为基础对城市老旧空间进行有机更新。按照“词汇符号提取—符号运用与语句组织—章法体系构建”的原则进行更新，主要是从城市整体空间格局出发，在深入调研分析旧城空间的基础上，对有历史价值的空间符号加以保护、合理利用，对象征地域特色的文化或名人符号进行强化并将其运用到规划设计中，突出其历史文化内涵。此外，还可从交通组织、地域特色与文化遗址保护、空间环境打造等方面寻求旧城更新的途径。

3　案例解读——西园北里历史街区更新

西园北里因宰相裴休在此修建西楼而得名，其位于湖南省长沙市开福区湘春路与黄兴北路的交会处，街区内有刘少奇故居、李立故居等7处不可移动文物（图2）。2016年，长沙市编制《长沙市历史步道规划设计》，串联起了长沙城区大部分的历史文化遗产和历史街区，并对部分历史街区进行情境营造。西园北里是历史步道的首发段，针对近几年西园北里古巷内出现的问题，长沙市政府于2018年完成了有机更新改造。

图2　西园北里历史街区符号元素分布图

3.1　西园北里词汇符号元素提取

基于西园北里历史街巷的历史溯源和对街巷空间的深入调研，对西园北里历史区的历史文化符号进行提取。西园北里作为历史悠长的长沙传统街巷，有着老长沙浓厚的生活气息和丰富的历史遗产要素。这里曾经发生过黄兴起义前事迹败露，辛亥革命总司令黄兴惊心动魄的逃亡故事等一系列历史事件；也有当代著名书法家李立故居、革命先辈帅孟奇故居、左宗棠祠等历史名人故居。这些内容共同构成了丰富的环境词汇符号、历史空间词汇符号和历史名人符号（表1）。

环境词汇符号包括古城墙、瓦房、西园古井等老长沙人文生活符号，也包括了山石、翠竹等自然植物符号。其中建于清朝光绪年间的左宗棠祠石山是重要的山石环境符号。可以民居前的翠竹或古树作为中心词汇符号，保留原有植物，适当配置其他植物，结合广场空间的设计，形成舒适的交流场所。历史空间词汇符号有文襄园、左公亭、李立故居、长沙第二工人文化宫等文化遗址符号，也有清朝官员左宗棠、唐朝宰相裴休、著名书法家李立、革命先辈帅孟奇等历史名人符号，形成了西园北里特有的历史文化和民俗文化语句。

表1 西园北里主要符号元素示例

符号类型	符号名称与图片（示例）
环境词汇符号	古城墙 　瓦房 　山石 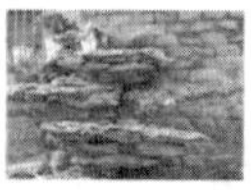　西园古井 　翠竹 
历史空间词汇符号	西园历史陈列馆 　左公亭 　刘少奇故居 　帅孟奇故居 　李立故居 
历史名人符号	著名书法家李立 　清朝官员左宗棠 　革命先辈帅孟奇 

3.2 符号语句组织

语句是由多个相互协调的符号元素构成的符号系统。通过对现状环境要素和历史文化要素进行深入调研、分析整合，提取出有价值的符号元素，在提取出的节点要素之间运用符号语句组织的形式对这些符号进行演绎设计，生成有秩序的符号语句，再对语句的“开头、中间、结尾”做有效的规划设计，形成组织协调统一的语句形式。

语句组织应在保护传统历史文物空间的同时，通过对周边环境的保护和设计，进一步强化其所蕴含的地域特色，形成外部环境与个人感受相契合的人文空间。在保护历史文物建筑的基础上，对消失的但能代表当地文化特色的符号空间加以恢复，对入口处破败的牌楼进行修缮，用标题、展窗等展示媒介作为指示符号，来表达西园北里街区的历史文化内涵；对街巷的节点空间做修复设计，将原本杂乱无序的建筑风格做统一处理；在与主干道相邻的空间以牌坊作为过渡空间，作为空间语句符号的收尾，在视觉上形成完整统一的空间语句。

3.3　章法体系构建

翻看西园北里的演进历史，发现人文思想是组织西园北里的章法体系的重要法则。通过串联街巷横向和纵向元素，使西园北里街巷融入整个长沙城市发展格局中，营造出强烈的历史文化氛围，使之与周边街区协调发展，形成地块文化与城市空间契合的章法格局。具体为：整合街道的天际线，在立面和高度上统一整条街巷的建筑风格；梳理周边地块的功能，通过规划实现与周边地块的联动发展，形成一个完整的篇章。

只有多个符号元素构成完整的系统时，才能有效发挥单个元素作用。在西园北里更新改造中运用符号学理论，梳理街巷中重要的符号元素，延续这条古巷厚重的历史文化底蕴，传承老长沙的记忆，以赋予这条传统街区建设改造的文化依据和说服力。

经进一步的调研分析，发现部分空间仍需调整优化：空间符号的转译模式还不够完整，表达方式不够清晰，街区的可识别性有待进一步加强；各类符号元素之间的连续不够紧凑；部分公共空间的细节优化有待进一步加强等。

4　结语

本文基于符号学理论的分析方法，从城市特色和人文属性出发，探讨分析旧城空间的特色元素及其组成发展规律，运用符号学中的符构学和符意学对旧城空间特色符号进行分析与分类，并以此作为旧城开发和保护的依据，关键在于溯源基地的历史文脉，寻找有价值的符号元素，在保护中求发展，在传统街巷内融入现代生活。旧城的人文空间特色是通过符号系统进行文化传递的，只有形成系统的符号意向，具备了人文特色，才能有效传承历史文化遗产，实现老旧城区的有机更新。

［参考文献］

［1］刘璞，彭正洪．城市符号：基于符号学的城市形象设计新方法［J］．城市规划，2019，43（8）：89-94．

［2］刘国强，张卫．历史街区空间的叙事性营造：以长沙西园北里为例［J］．城市学刊，2018，39（6）：100-104．

［3］刘璞．基于符号学的智慧城市移动终端交互界面研究［D］．武汉：武汉大学，2014．

［4］赵珂，黄天其，冯月．空间解析与衍生：旧城更新中的符号学方法：以成都新都老城区城市设计为例［J］．新建筑，2009（3）：128-132．

［5］罗章．论城市的符号学特征［J］．重庆建筑大学学报（社科版），2001（2）：68-71．

［6］黄晖．符号学综述：评《符号学的诸方面》［J］．外语教学与研究，1988（2）：58-64．

［7］巴尔特．符号学原理［M］．李幼蒸，译．北京：中国人民大学出版社，2008．

［作者简介］

黄艳荣，中南大学硕士研究生。

“密度生长”理念下的城中村更新改造方式探索
——以深圳市南头古城为例

□魏西燕，李　巍，王明伟，管　青

摘要：城市高质量发展导向下的城中村改造成为当前城市更新的重要任务。《深圳市城中村（旧村）综合整治整体规划》的推出，肯定了城中村的存在意义，对城中村的关注从土地利益逐渐转向兼顾弱势群体利益和其自身遗产价值。本文首先解读了城市高质量发展背景下城市更新的新要求，分析城中村利弊，对传统城中村更新模式进行评判；其次，通过对密度问题从“误解”到“正视”的解读，梳理高密度城市成功发展的经验及相关理论研究，获得“密度生长”的概念内涵和“密度生长”理念意义，阐述城中村更新改造的可行性；再次，指出“密度生长”理念的本质是利用建筑垂直空间的低密度进行空间置换，以达到协调四方（政府、村集体、房东、租户）利益的目标；最后，通过建立“密度生长”模型，为解决城中村问题提供参考。

关键词：城市更新；密度；城中村

新型城镇化发展背景下，城市由增量扩张走向存量更新，未来城镇化的发展趋势也逐渐走向减速发展、绿色发展和高质量发展，同时城市发展也将进入以人为本、规模与质量并重的发展阶段。目前我国城乡二元矛盾尚未解决，有1亿多人仍生活在棚户区中，改善城中村的生活环境是提高空间治理能力的重要体现与促进城市高质量发展的重要任务。

我国城市更新经历了以更新物质环境、追求经济回报为主，走向综合化与整合性的城市发展过程，对城中村更新改造大多采用拆除重建或房地产开发的方式。城中村作为外来流动人口和城市低收入人群的落脚点被强制拆除，且旧有住户被原村民和高收入群体取代，“绅士化”现象突出，外来人口则被迫向生活成本更低的地区迁移，最终导致阶层与收入差距日益扩大，引起社会矛盾激化，对城市社会经济可持续发展带来挑战。

当前，对于城中村更新改造以微更新和多方协同参与的方式为主。城中村人口密度和建筑容积率过高而形成的高密度表象，以及城中村内部居住环境“脏乱差”等原因造成的负面影响根深蒂固，但至今对于城中村内部高密度的深入解析研究尚不多见，用“密度”来解决城中村问题甚至参与城中村更新改造的研究也甚少。已有相关研究包括高密度状态下城中村持续发展的可能性探讨、非正规制度下的高密度地区自治村发展与边缘城镇化关系探讨，以及用社会学理论与经济学理论（如博弈论）对城中村改造方式进行探索等，这类研究将“密度”作为城中村改造的限制性因素，且以解决密度问题为出发点进行研究；另外，在解决“城市病”问题的要求下，出现了大量关于城市密度、紧凑城市的研究，如建筑学界对通过高密度城市及超高层建筑设计研究来解决城市人口与土地利用之间的矛盾，甚至提出将“密度”作为一种策略来辅助研究城市空间形态和高密度城市的设计。据相关研究，高密度城市可能成为解决城市人口密度与土地利用矛盾冲突的重要方式，但其在城市设计方面的具体实践仍在理论研究探讨中，尚未出现将密度直接作为策略运用于城中村的更新改造。本文以《深圳市城中村（旧村）综合整治总体规划（2019—2025）》（以下简称《总体规划》）为例，通过解析高密度城市的成功案例，总结“密度生长”的理念内涵，梳理城中村普遍性问题，构建“密度生长”模型。同时，以深圳市南头古城为例，分析南头古城的密度现象，阐述“密度生长”理念的具体策略及空间塑造，以期为城中村更新改造提供一种新的探索。

1　城市高质量发展背景下的城中村更新

党的十九大提出“我国经济已由高速增长阶段转向高质量发展阶段”，经济高质量发展对城市发展提出转变城市经济发展方式、消除“城市病”、提高城市品质等新要求。在让城市更有人情味、更加人性化的目标指引下，当前城市更新的迫切任务是对棚户区、城中村及老旧小区进行改造。

西方城市更新最初以机械性的物质更新（即对城市进行大规模的推倒与重建）方式为主，但在破坏了城市原有的社会肌理和内部空间的完整性后，受到了质疑并引起反思，后来演变为再城镇化的一种方式参与城市发展，主要涉及经济、制度、文化、空间四方面内容。而现阶段的城市更新既作为一种策略，又作为一种理念来参与城市系统的修复与完善。

我国城市更新经历了从旧城改造、城中村改造、产业转型到社会公平权益、公众参与、弱势群体表达等内容的扩充。我国城市更新以时间为线索，可划分为20世纪80—90年代、90年代初—2000年及2000年至今三个阶段，具体研究内容如表1。

表1　中国城市更新不同阶段特点及内容总结

阶段	研究特征	研究内容
20世纪80—90年代	单一化	大城市内部旧城改造与基础设施完善
90年代初—2000年	应用型	注重更新改造方式、规划设计方法及工程应用；历史文化名城保护更新改造、基础设施修复、住宅拆迁与安置；城市更新动力机制
2000年至今	综合性	综合性（社会、经济、人文）物质性更新注重多元化、多视角与社会公平；老工业地区综合更新及城中村问题（形成机制、改造模式、多视角研究）；强调公众参与

2000年至今的城市更新阶段对城中村尤为关注。城中村更新改造由于其自身权属及社会角色的多重性而无法形成统一范式，同时我国土地制度、市场经济和政府管理不够完善，外来要素与城镇化快速发展不相适应，传统的城市更新和旧城改造的手段对城中村问题无计可施。为解决当前城市更新市场失灵问题，促进城市高质量发展，深圳市于2019年3月发布《总体规划》，从政策上肯定了城中村的存在意义与价值。

2 城中村的利弊及改造模式探讨

2.1 城中村利与弊

城中村的出现与发展本质是全球空间资本化和地方空间资本化的双重过程。城中村作为典型的流动空间，其空间资本的超级积累表现为社会空间异质化、建筑空间无序密集化及人口结构复杂化。当通过新的更新策略及新动量的注入，用类似于“城中村红线”的办法来保持城中村的适度规模，那么城中村将会转化为适应新社会经济发展需求的城市共享资本，在缓解人口老龄化、保持城市人口活力以及有效降低人口流动性衰竭的风险等方面起着重要作用。

以深圳市为例，城中村填补了城市功能，解决了城市无法满足快速涌入的流动人群的居住问题。据深圳市调查数据表明，在存量1082万套住房中，城中村占53%，容纳了一半以上的住房供给；2017年链家《深圳租赁》白皮书数据表明，在租房的1600万人中，1100万人住在城中村。深圳市城中村为产业发展提供低成本制造空间，保障产业链完整与发展活力；城中村内就业人口的平均通勤距离和平均通勤时间明显小于城中村外，有助于促进城市职住平衡，减缓交通通勤压力（图1）；城中村内的历史文化空间总面积占全市历史文化空间的85%，且保留着大量非物质文化遗产，在传承城市文化脉络、保护历史文化空间方面存在着重要价值。

城中村承载着为外来人口提供基础设施服务与居住的功能，以廉价的成本解决了社会资源配置问题。城中村类似造血细胞库，为城市的发展提供新鲜血液——劳动力；城中村是为落脚城市、进入城市工作的外来人口提供的过渡平台；城中村开创了独特的租赁经济系统，内部非正规经济的存在缓解了部分弱势群体的就业压力，提供了就业机会。

同时，城中村所存在的环境与社会问题亦不可忽视。城中村由于集体产权模糊与管理体制松散，村集体与村民寻租套利、违章加建，导致居住环境品质低下、安全隐患巨大、城市风貌形象不佳。

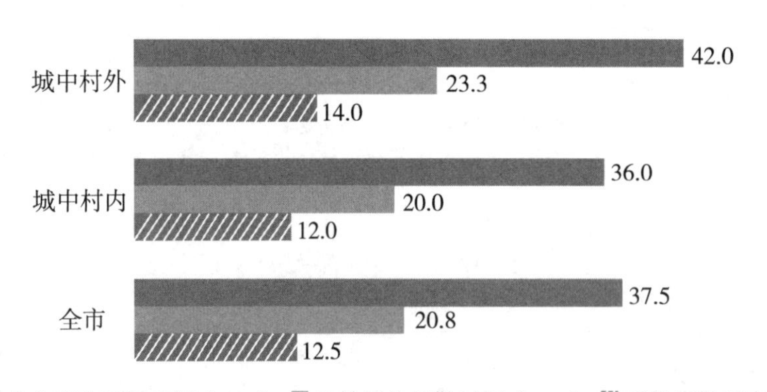

图1 深圳市城中村内外通勤距离与时间分布图

2.2 城中村改造模式探讨

城中村改造模式随着城市更新发展阶段变化而不断调整，经历了从整体拆除、推倒重建到局部微更新（图2）。城中村在整体拆除、推倒重建过程中，主要分为政府统一规划引导、市场主导建设、鼓励村集体组织自行改造三类。传统的城中村改造模式于政府主体而言，财政压力与社会负担相对较轻；于村集体而言，改造没有利益驱动将很难进行。开发商介入与村集体协商进行改造，是开发商将投资改造的消耗成本（支付给村集体的拆迁费）赋值于改造后的房屋，使得租金上涨，外来人口支付不起高昂房租被迫离开，迁往房租更为便宜的城郊，进而形成新的城中村。政府与村集体在拆迁费之间博弈的过程中，既使得原有城中村生活秩序和内在规律被破坏，又无法平衡政府、开发商、村集体等多方利益以及租户的居住权益。局部微更新是在不改变规划整体格局的条件下，以交通网络优化、基础服务设施增添、建筑美化等外部手段来改善居住环境。局部更新改造后的城中村，整体居住环境提升，租金也随之上涨，对于租户又成为一种变相驱逐，无法维护部分外来人口居住权益和生存权益。那么，思考一种既保护城中村内弱势群体，又解决城中村存在的负面问题，还可以保护其内部生长体系的模式，是此次更新改造理念研究的导向。

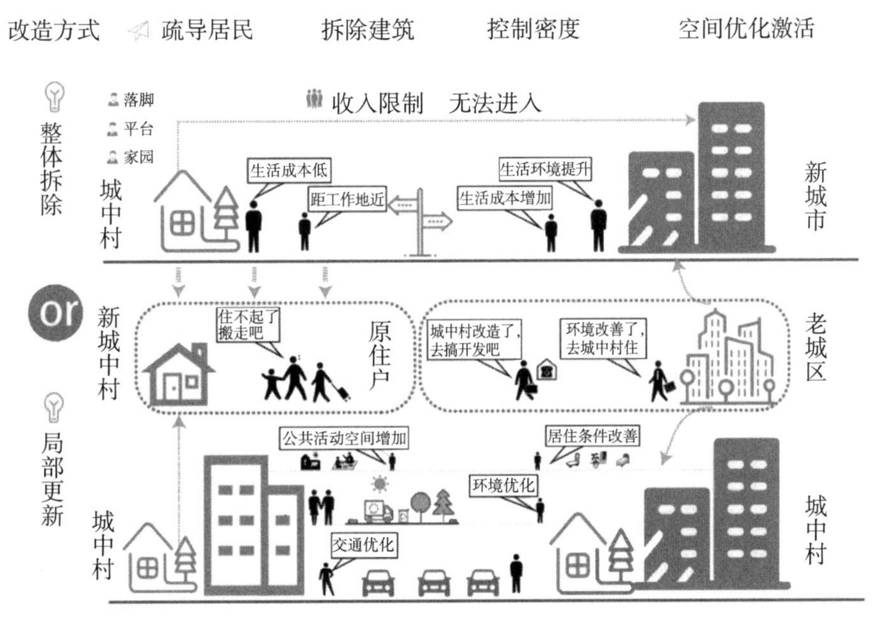

图 2　城中村传统改造模式示意图

3　“密度生长”理念内涵与城中村改造

3.1　误解与正视

（1）高密度与过度拥挤有着本质区别。

很多人将高密度与过度拥挤混为一谈，确实在某些人口密集的城市会经常受到过度拥挤的困扰，但两者是有本质区别的（图 3）。密度是以居住在1 km^2以内的人口数量衡量的，过度拥挤是指单位空间内人数过多，超过人所能接受的相对便利与自由范围。城中村问题的主要原因不是高密度导致，而是在未经过统一规划与管理的情况下，城中村的自组织系统有限的负荷量难以在单位空间内容纳更多人，同时又在利益驱动下无序加建、改建、扩宽横向空间，致使居住环境恶化。

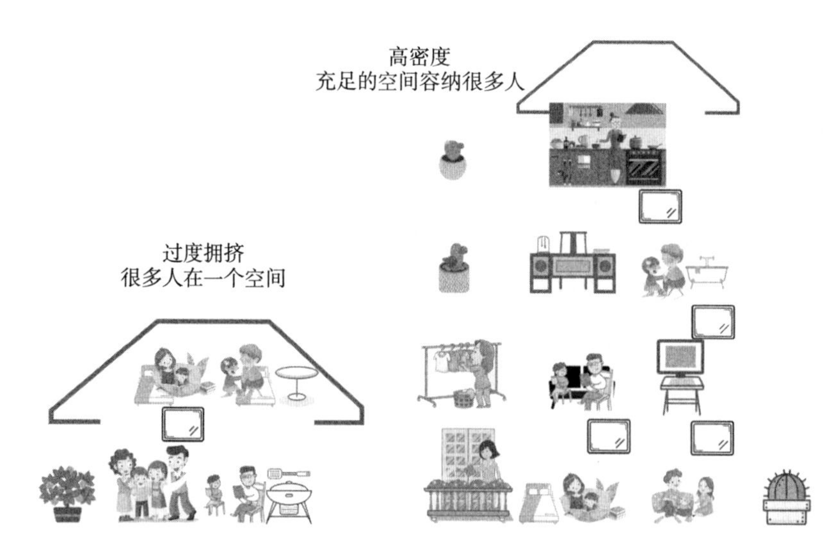

图 3 高密度与过度拥挤区别示意图

(2) 密度不是限制城市发展的因素，而是未来城市发展的基础。

在城市用地紧张与城市人口逐渐增多的现实中，城市密度不断加大，高密度城市发展的趋势日渐明显。基于互联网与城市空间对人的影响，未来可能出现整合个人所需要的独立生活空间、工作空间及休闲空间为一体的独立空间单元。这种独立空间单元可通过互联网信息空间解决基础设施问题，其空间结构则类似于“榕树生长”，通过增加垂直空间密度构成繁茂的枝叶体系，根系（地面）的盘根错节则依靠未来数字信息工程，通过信息科技密度的提升得以生存。高密度城市设计研究在城市空间结构、建筑空间设计、立体交通运营、立体空间绿化等方面的技术不断成熟，为“密度”应用于城市更新改造策略提供了技术手段（图 4）。

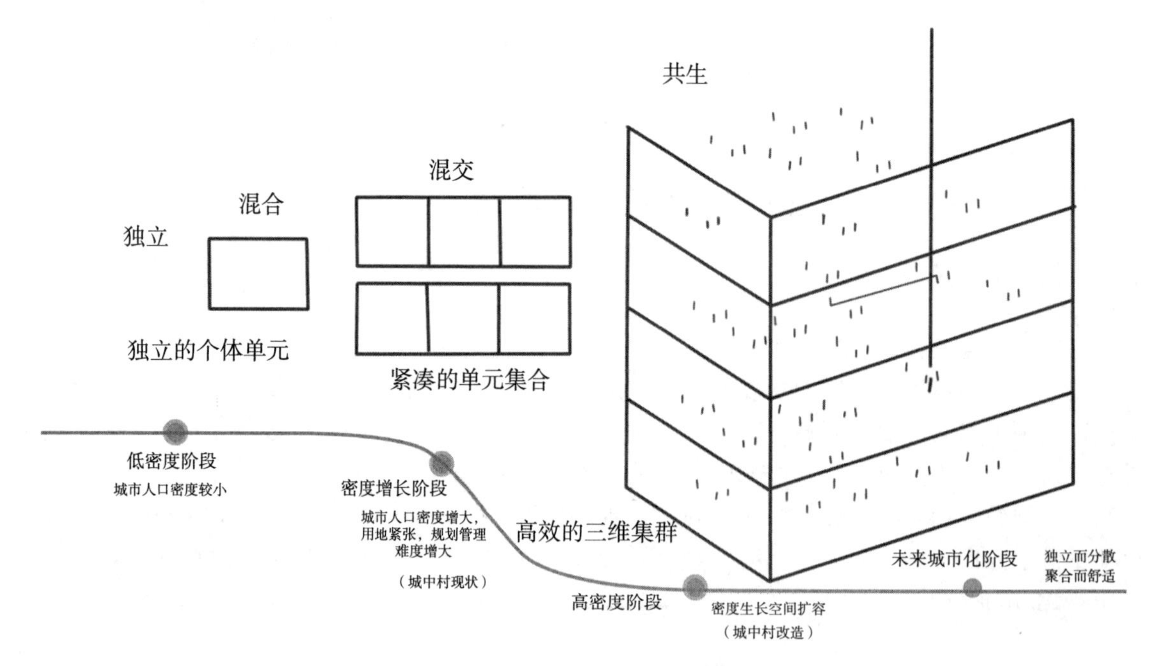

图 4 密度与独立空间单元城市发展关系

3.2　概念与理论

密度源于物理学词汇，通常是指每一空间单位中的量的分布。本文提出的“密度”不单单是单位空间范围内规模的单一变量，也不局限于衡量土地资源的配置效率和控制城市规划的相关定性指标，而是一种复合的，经由人为在特定场所界定的、灵活多变的概念。这里的密度并不是从侧面阐述城市物质空间过程及特征的量词，而是通过人流、物流、信息流、技术流、空间流、资金流等手段去完成城市更新、激发场所活力、改善居住环境、协调多方利益的一种手段。“密度生长”理念则是以“密度”作为策略，以动态的方式剖析特定空间场所的问题，通过“密度”分类来解决城中村存在的问题，从而完成更新改造。

柯布西耶在《明日之城市》(*Cities of Tomorrow*) 中提出利用高层建筑在有限的用地上创造尽可能多的空间来降低城市建筑密度以实现城市向高空发展的想法，是本文“密度生长”理念的灵感来源。荷兰在大容积率、城市密度设计三维立体城市等方面的研究成为“高密度”建筑设计重要理论支撑，新加坡“达士岭”组屋通过空中桥梁、社区花园、系统性“插件”设计及复合性利用等策略成功建成，香港则利用有机渗透的多层面利用、三维空间利用及模式转变降低感知密度来改善环境，这些成功实施的案例为本文“密度生长”理念策略的可操作性提供了可借鉴的经验。

3.3　解读与构成

“密度生长”在借鉴高密度城市发展及相关理论研究的基础上，结合福建传统客家土楼的组织形式，通过改变建筑空间形态和建筑垂直空间密度来保证低价住房，其本质是利用建筑垂直空间的低密度进行利益置换，即通过增加建筑垂直空间密度（单位住房增多）吸引更多租客进入，来平衡由于城中村内部环境改善而消耗的社会资本，避免租金上涨对租客的变相驱逐。研究提出用“数量”弥补“质量”、用“高度”减少“拥挤”、用“人数增多”维持“利益不变”，以达到协调四方（政府、村集体、房东、租户）利益。高密度城市发展的成功经验及相关技术手段（如立体交通、空中连廊、立体绿化、地下交通、智慧设施等）是“密度生长”理念应用于城中村更新可行性的重要保证。

“密度生长”理念由“密度分区[①]”与“密度混合”构成，密度分区主要参考香港密度分区制度，通过不同类别地区的密度标准来避免城中村建筑垂直空间密度的无序增加；密度混合则是在密度分区约束的基础上，进行建筑空间组合及其他各类密度综合运用（图 5）。

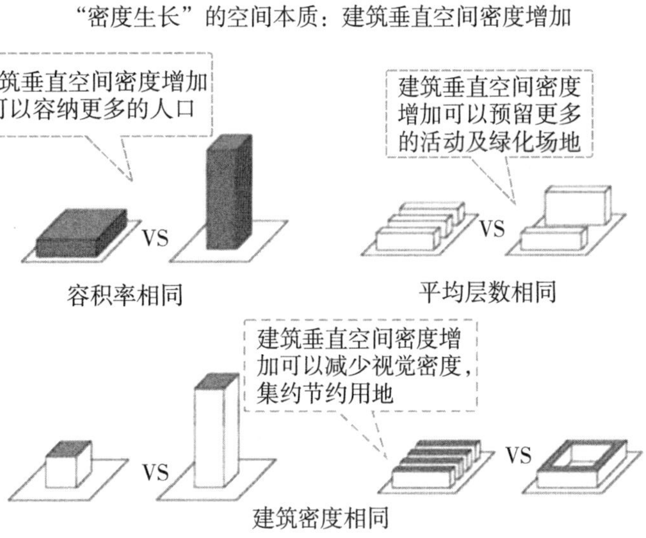

“密度生长”的空间本质：建筑垂直空间密度增加

建筑垂直空间密度增加可以容纳更多的人口

建筑垂直空间密度增加可以预留更多的活动及绿化场地

容积率相同　平均层数相同

建筑垂直空间密度增加可以减少视觉密度，集约节约用地

建筑密度相同

图 5　密度生长理念本质解读分析

3.4　策略与应用

“密度生长”策略主要基于混合密度对城中村现状普遍性问题进行梳理总结，形成集概括性、

复合性于一体的“密度生长”模型（图6）。针对城中村内部的物质环境问题（如建筑、交通、设施、业态、空间、景观、人口）及非物质环境问题（如非物质空间、文化、精神面貌）进行详细剖析，形成建筑密度、交通密度、科技密度、空间密度、文化密度、交流密度、景观密度、功能密度八类密度体系，通过积极植入公共空间、整合碎片化外部空间、建立内部连接系统、梳理功能区块、混合多种业态、屋顶串联公共设施、重置公共和私有空间等具体策略进行改造。本文通过深圳市南头古城的竞赛实践，具体阐述“密度生长”策略在城中村的具体应用。

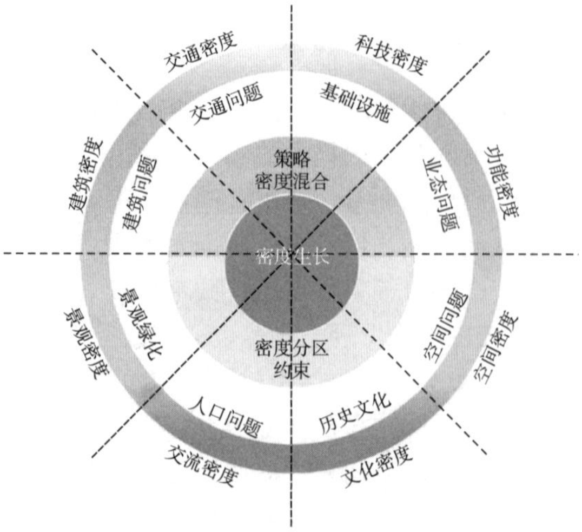

图6　“密度生长”模型

4　实践：以深圳市南头古城为例

4.1　研究区现状

南头古城地处深圳市南山区发展的核心之地，紧邻前海合作区和南山科技园。南头古城又名新安故城，始建于1394年，是深圳市文物保护单位最集中的地区之一，是深圳发展历史及深港渊源的见证者。南头古城见证了1700多年的郡县变迁史，自东汉以来直至近代，一直是深港地区的政治、军事、经济中心。南头古城虽与城中村融为一体，但古城中仍保留有许多的传统街巷和历史建筑。

4.2　“密度”解读

南头古城内部交通以步行为主，主街宽度为4～6 m，可缓慢通过机动车和非机动车，但古城内没有回车场和停车场，机动车无法通行；除主街之外的其他街巷宽窄不一，仅可供行人和非机动车通行。南头古城的产权分布十分复杂，当地人口结构主要分为股民（南头城实业股份有限公司的股民）、侨民、居民，隶属于居民的建筑（20世纪70年代后建于古城）主要分布于西南角，其余则属于股份公司、股民或侨民。南头古城内的建筑以多层为主，建筑层数多为4～6层。通过现状梳理，南头古城的建筑垂直空间密度较低，内部空间拥挤，对其他空间（道路、绿化、活动）形成严重挤压（表1）。

表1　南头古城现状问题分析

序号	项目	项目现状及存在的问题
1	建筑层次	设计地块内建筑以4～6层为主，高层建筑较少。建筑风貌不统一，建筑质量不均一。工厂厂房等建筑占地面积大，利用不善
2	建筑年代	设计地块内建筑主要修建于20世纪80年代至21世纪。由于屡次加建，很多建筑的年代互相交错，部分老建筑维护管理不善，亟待整修
3	保护建筑	在设计地块内各类建筑众多且集中，有着比较清晰的轴线，但朝代不连续，保护情况整体上并不乐观

续表

序号	项目	项目现状及存在的问题
4	建筑分布	设计地块内建筑密度不高，但由于建筑分布集中，采光、通风等问题突出，防火问题堪忧
5	绿化项目	设计地块内除中山公园和南门绿地外，几乎无公共绿地，人均绿地远低于相关规范要求和深圳平均水平
6	公共活动场地	设计地块内公共活动场地少，设施不足，篮球场缺少篮板，居民主要的公共活动大部分集中在中山公园
7	交通系统	设计地块内道路较多，但除主街外，普遍较窄，且存在大量“断头路”和过于幽闭的小巷子
8	沿街业态	设计地块内业态繁多，但分布不均，主要集中于较为开阔的主街，大部分支街几无店铺分布，不利于居住生活

4.3 “密度生长”策略

（1）建筑密度。

南头古城内的建筑层数以4～6层为主，其建筑类型构成复杂，分别为历史建筑、居住建筑、闲置建筑。历史建筑以保护利用为主，有损坏者加以修缮；居住建筑进行建筑内外部优化，且增加层高；闲置建筑进行整理激活，做二次使用。

（2）科技密度。

利用数据和科技介入城中村，将数据服务、智能生活、智慧设施运用于城中村生活，提高生活服务的便捷性及与城市的互动性，如智能换乘、3D文化传播、智慧设施等。

（3）文化密度。

南头古城与深圳市在文化关系上联系较弱，基于古城符号、外来文化、外来人口与本地融合形成的地域文化，植入文化空间，组织文化活动，使南头古城的文化更具有层次性和鲜活性。

（4）交通密度。

交通问题的解决主要是将城中村中普遍存在的断头路的打通、对内部道路占用现象进行管理与清理，以及通过内部交通与外部道路连接、立体交通的介入来提高交通密度。

（5）空间密度。

南头古城内的空间主要分为建筑空间、公共空间、生活空间。对于建筑空间，结合建筑改造进行整合与修整，以实现建筑空间的方便使用；对于公共空间，进行梳理与整合，在现状基础上进一步增加；对于生活空间，进行设施上的修复与居民精神生活的引导。

（6）交流密度。

城中村中居住的人群特征具有异质性，地区分化也非常严重。交流是人们获得幸福感的重要途径，针对城中村的居民，应该协助其成立城中村社区，发布居民需要的信息，促进居民之间的交流互动。

（7）景观密度。

基于现状土地利用，通过植入屋顶绿地、门前绿植、屋顶绿化等微绿化的方式来弥补绿化空间的不足。

（8）功能密度。

根据南头古城空间的发展需求及人的诉求，结合各类密度的生长，提高功能密度。

4.4 空间营造

空间营造是“密度生长”策略应用于南头古城的方案实践，通过“密度生长”模型的综合运用，改变南头古城原有的城中村风貌，在保留其自身空间肌理和内部运作系统的基础上提升居住环境质量、改善服务设施条件、增加功能密度、吸引人口进入，使南头古城（城中村）成为有着适宜密度的城中村社区（图 7）。

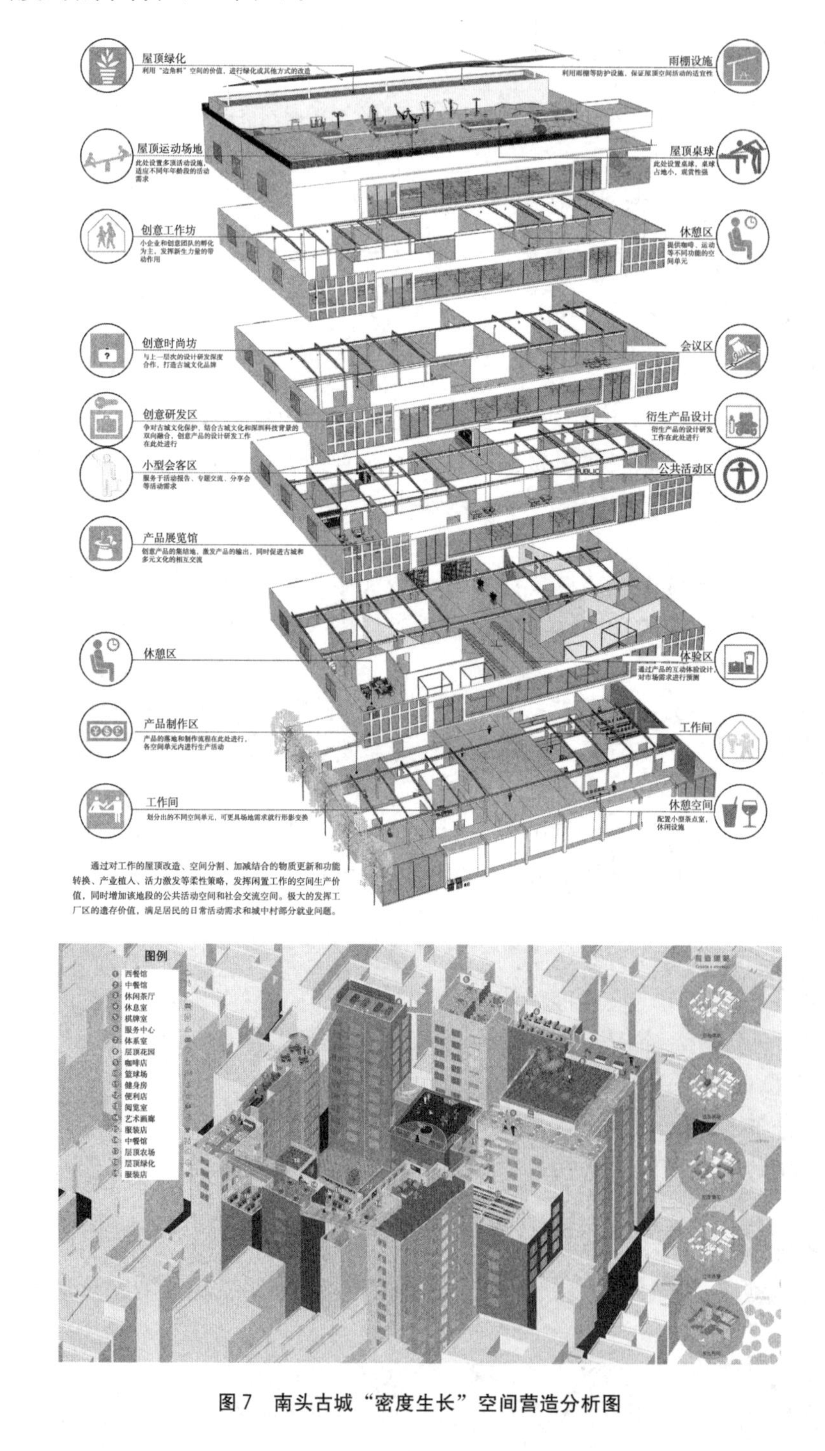

图 7　南头古城“密度生长”空间营造分析图

5　结语

城中村在城市不断更新的过程中既没有被吞并也没有消亡，而是在经过一系列否定的声音后，以社会发展贡献者的身份重回大众视野。城中村的正向价值被肯定后，其更新改造不仅要改善居住环境，更要梳理其内部存在问题及内部生长智慧，重点是要维护政府、村集体、村民与租户这四方利益的平衡。本文通过对城中村共性问题的梳理，构建城中村“密度生长”模型，本着空间置换互补的原则，以互相让渡一部分利益从而得到更多利益为出发点进行城中村的更新改造。不管是从场所空间到文化生活的综合思考，还是从“密度分散”到“密度生长”，这对于城中村的更新改造都是一次新的尝试与探索。

［注释］

①依据《香港规划标准与准则》的相关规定，影响香港制定密度分区的主要影响因素，即密度指标体系确定过程中的主要参数，包括综合交通设施及其容量（主要是公共交通的承载力）、商业及零售服务设施、市政基础设施、地块本身的用地自然条件及政府、社团用地的配套情况。

［参考文献］

［1］丛晓男．探寻城市高质量发展新路径［N/OL］．经济日报，2019-12-20［2022-03-13］．http：//www. cssn. cn/glx _ gsgl/201912/t20191220 _ 5062827. html.

［2］翟斌庆，伍美琴．城市更新理念与中国城市现实［J］．城市规划学刊，2009（2）：75-82.

［3］王耀武，戴冬晖，深圳市高密度城中村改造的实验性研究［J］．城市建筑，2006（12）：37-41.

［4］ZHU J Z，GUO Y. Fragmented Peri－urbanisation led by autonomous village development under informal institution in high－density regions：the case of Nanhai，China［J］．Urban Studies，2014，51（6）.

［5］赵晨思，刘恺希．落脚城市：博弈论方法在低密度城中村改造中的应用［J］．景观设计学，2018，6（6）：83-91.

［6］NEWMAN P. Density，the sustainability multiplier：some myths and truths with application to perth，australia［J］．Sustainability，2014，6（9）.

［7］端木．深圳：推进城中村有机更新［J］．中国房地产，2019（12）：6.

［8］余池明，张晓娟，汪静如．我国城市高质量发展的形势与对策［J］．中国名城，2020（5）：4-13.

［9］严若谷，周素红，闫小培．城市更新之研究［J］．地理科学进展，2011，30（8）：947-955.

［10］张宇星．城中村作为一种城市公共资本与共享资本［J］．时代建筑，2016（6）：15-21.

［11］郑子栋，韩荡．深圳城中村改造的困境及对策［J］．特区理论与实践，2003（11）：29-30.

［12］田贞余．深圳城中村建筑改造的目标和方式［J］．特区经济，2005（1）：17-21.

［13］张宇星．终端化生存　后疫情时代的城市升维［J］．时代建筑，2020（4）：90-93.

［14］FLOYD J，BARNETT，JONATHAN. “An Introduction to Urban Design”(Book Review)［J］．Town Planning Review，1984，55（2）.

［15］王峤．高密度环境下的城市中心区防灾规划研究［D］．天津：天津大学，2013.

［16］李晴，钟立群．超高密度与宜居　新加坡“达士岭”组屋［J］．时代建筑，2011（4）：70-75.

［17］吴恩融．香港的高密度和环境可持续性：一个关于未来的个人设想［J］．世界建筑，2007（10）：127-128.

［18］佚名．DenCity：一个迈向高密度栖居的城市模型［J］．城市环境设计，2018（6）：68-79.

[19] 赵柏洪. 密度构成策略下的城市空间形态 [D]. 上海：同济大学，2007.
[20] 陈绍涵. 基于“蜂窝式”社会理论的城中村改造研究 [D]. 兰州：西北师范大学，2020.
[21] 刘易轩，吕斌. 深圳市南头古城城市修补的场所营造路径 [J]. 规划师，2018，34 (10)：59-65.

[作者简介]

魏西燕，西北师范大学地理与环境科学学院硕士研究生。
李　巍，副教授，任职于西北师范大学地理与环境科学学院。
王明伟，西北师范大学地理与环境科学学院硕士研究生。
管　青，助理工程师，任职于国城规划设计研究院。

空间生产视角下城市空间结构变迁及其机制研究

——以南京市江东城中村的历史演变为例

□郭金函，马子迎

摘要：城中村作为城乡之间的一种特殊空间形式，像城市历史化石一般记载了城市空间结构、人口结构、社会制度变迁的信息，反映了城市各时期发展战略发生的重大转变，通过其演变历史的研究，可以在微观的视角下找出城市发展存在的隐性问题，为以后的规划提供经验借鉴。本文在空间生产理论的视角下，通过研究江东村空间结构的变迁，运用归纳法、演绎法分析城市发展规律；运用SS—EII、等扇分析法探求城市各时期的空间、人口变化特征。研究发现，南京受土地有偿使用制度改革、全运会带动的城市建设、社会政策转变的影响，在空间发展上出现“圈层式扩张—沿江沿南北轴跨越式建设发展—老城区局部更新改造”的转变，在人口结构上出现“城乡人口渐进式转化—快速城镇化下的城乡人口加速转化—外来人口聚集下的城市人口规模扩大”的转变。南京市的快速发展反映出城市规划与管理者对于空间这一生产要素本身价值的不断重视，城市发展不均衡—促进资本流动—新的不均衡产生是城市持续发展的动因，城市规划应当妥善把握空间生产的三重属性，从而为城市发展带来积极的作用。

关键词：空间生产；城市空间结构；人口结构；社会制度；南京

城中村是城市时代变迁遗留下来的产物，就像城市历史的化石一样，记载了一个城市人口结构、土地制度及空间结构变迁的信息。它的形成记录着城市在过去发展中存在的各种情况，通过分析城中村某一历史时期空间结构和居民身份发生的变化，可以找出产生该变化的原因，分析变化背后的时代背景和政策变革，得出该时期城市结构的变化规律，从而形成一段时期内城市社会发展的完整脉络。

1 空间生产理论

1.1 由空间的本质理解空间生产理论

什么是空间？人们对空间本质的理解经历了怎样的发展变化？在阐述空间生产理论之前，应当从这两个问题来入手。

地理学上，空间的定义是一个在地球上客观存在的包含了坐标信息和物质元素的地理单元；社会学上，空间是一个承载了各种生产生活的活动及具有一定文化属性和人际交往功能的场所；经济学上，由于级差地租的作用，区位的差异和所包含资源质量的差异使空间具有不同的经济价值。

在规划研究中，从数百年前的古典城市规划，到近代的机械理性主义规划、以“田园城市”为代表的分散主义规划，再到当代的新城市主义规划的思潮演变过程中，人们对空间的理解经历了“精神象征—具有经济性的生产要素—承载城市活动和社会交往的场所”三个时期的转变。如今的规划工作者，更看重空间的社会文化功能，从这一角度来看，空间生产理论着重研究的正是空间的社会效应。正如列斐·伏尔在其著作《空间的生产》（*The Production of Space*）中所指出的，“社会空间是社会产物”，确立了“空间就是社会”这一基本论断（图1），“城市发展所经历的物质空间变化只是社会空间变化的外在表现，透过物质空间变化的背后是由一系列社会发展过程以及其中的社会权力、社会联系、社会日常生活的变迁，这就是空间生产理论的核心内涵”。

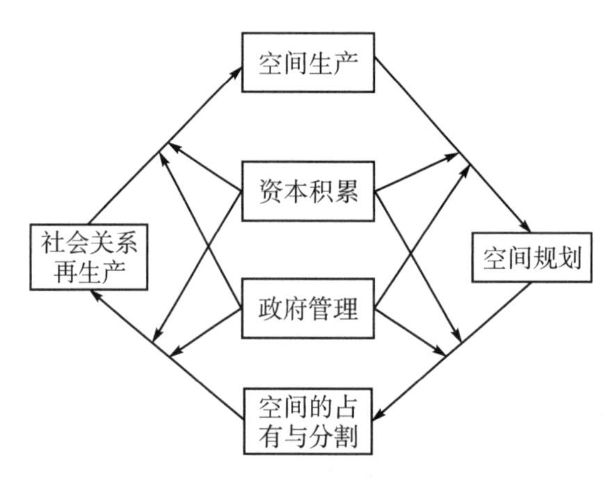

图1 空间生产逻辑图示

1.2 空间生产效应对城市发展起到的作用

1.2.1 城市空间的三重属性

由于计划经济体制影响，我国早期的城市规划把空间作为实现国民经济发展计划的生产活动载体，通过政府分配的方式实现土地使用权的转让，导致早期城市发展中呈现空间利用的低效率、无序蔓延等特点，城市空间仅拥有生产的属性。而在列斐·伏尔的观点中，城市空间具有自然性、社会性和精神性三重属性（图2）。从自然属性来说，城市的空间生产不能脱离物质生产资料而单独存在，城市空间首先要能被人所感知，尽管空间的形式千变万化，也改变不了其物质性的特征；从社会属性来说，城市空间承载了城市的生产活动和居民的社会交往活动，空间对人们的聚集效应和各种信息流在空间中的相互交换是城市得以高效运行的关键；从精神属性来说，每个城市空间区别于其他空间应具有其独特性。正如凯文·林奇的《城市意象》（*The Image of City*）中指出：“一个可读的城市，它的街道、标志或道路，应该是容易

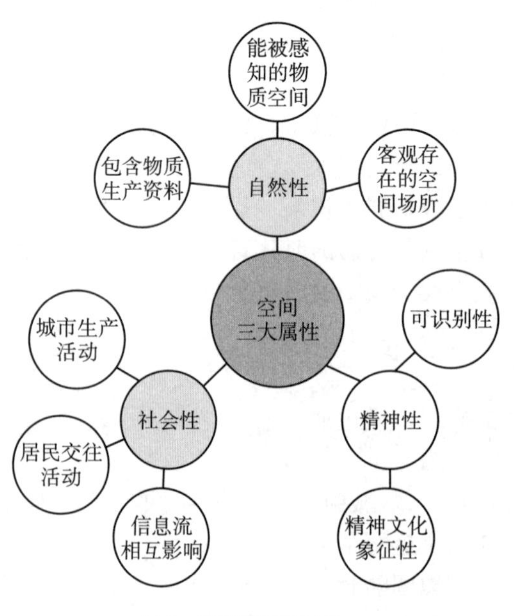

图2 空间的三重属性

辨认的，进而形成一个完整的形态。”

1.2.2　社会差异化是城市发展的动力

资本是城市发展的原动力，而资本的发展，是利用了不同区位的地租级差、不同部门之间的生产效率差异、不同地区技术的先进与落后，通过不断寻找最佳的投资空间，达到持续的资本积累。如果整个资本市场都处于一种同质化的时空中，那么就不存在利润及追求更大利润的动机，城市就难以得到发展。因此，在市场经济主导下的城市发展将经历“社会发展水平差异化—资本寻求更佳的投资空间—城市空间结构发生改变—地区发展水平差异化—社会发展差异化加深”这样一个循环过程（图3）。

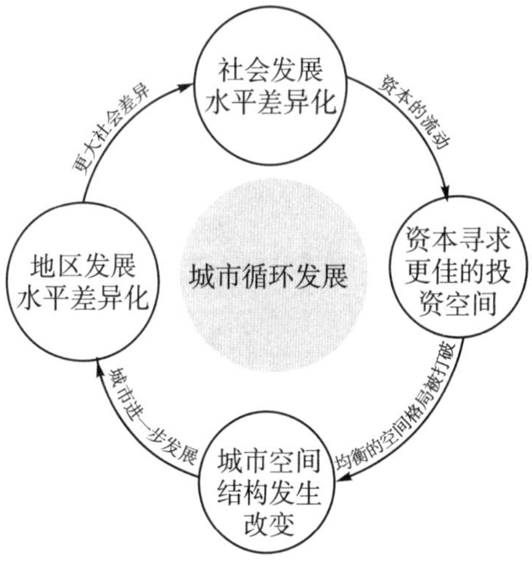

图3　城市发展循环图

2　空间生产视角下江东村的发展变迁

2.1　村庄空间结构变迁的三个阶段

2.1.1　从传统村落转向工业村落

20世纪80年代中期，江东村是位于鼓楼区江东街道的一个传统农村聚落，1992年后改为江东镇，村民以农业生产为生。江东村开始出现外来人口是在20世纪80年代末期，他们以做小生意和小买卖为主。也是这一时期，当地村民进行了住宅翻修，将原来的瓦房和泥屋改建为钢筋混凝土结构的房屋。

自1995年起，由于城市经济的发展和空间拓展的需要，江东村大量村集体所有的土地被征用作为工业发展用地。为了补偿被征地的村民，政府实行“征地带资进厂”和“征地带人进城”的就业安置措施，村民保留农村土地上自家的住房，同时享有进城打工和进厂工作的资格，大量的村民从此拥有了城市户口。这一时期，村庄的物质空间由农业生产空间转变为工业生产空间，村民的生产身份由农民转变为产业工人，传统的农业型村落逐渐演化成了工业型村落。

2.1.2　从工业村落转向城中村

2000年前后，由于国有企业、集体企业改革，使大量“征地进厂”的江东村村民成为离岗待业或下岗人员。2001年，南京市政府提出“一城三区”的空间发展规划，将包括江东村在内的秦淮河以西地区纳入主城发展范围，这一区域被规划为河西新城区。

2002年，南京市作为第十届全运会的主办城市，出于疏解城市人口的考虑，政府将主场馆选址在规划的河西新城地区，有意借助全运会集中资金，短时间内将河西新城建设为南京新的城市次中心。随着道路、地铁等基础设施的建设，以及一座座商务大厦、商场建筑和高档住区的修建，周边地块的跨越式发展使得江东村逐渐演化成了发展落后的城中村。这一时期，村中的外来务工人数急剧增加，村民们成了出租自家房屋的房东，通过收取租金积累了大量的财富。

2.1.3　从城中村转向中产社区

全运会结束后，南京市提出对绕城公路以内71个城中村进行更新改造的计划。2006年，江东村周围陆续兴建了商务CBD和中产社区，村内落后的环境和外部现代化的城市风貌之间的矛盾愈发突出。因此南京市政府决定彻底改造村子，进行中产社区和配套商业设施的建设，以继续城市现代化的发展，于是将村子移交给江东街道管理，正式纳入鼓楼区管理范围（表1）。

表 1　江东村的行政区划及空间变化

年份	1995 年	1996—2000 年	2001—2008 年	2009 至今
所属区划	雨花区	建邺区	建邺区	鼓楼区
所属街道	江东镇	江东村委会	江东村委会	江东街道
区位	郊区	郊区	主城	主城
属性	行政村	行政村—城中村过渡	城中村	中产社区
生产投入类型	传统农业	农业—工业	工业—商业、房地产	房地产建设
重大事件	—	城市工业生产发展	河西新区，全运会建设	城市更新美化运动

2.2　江东村社会关系演变

2.2.1　村民社会身份的转变

在江东村由传统农业型村落向工业型村落转变的过程中，由于政府征收了大量的农业用地，导致村子以农业生产为主的生产要素不足以支撑村民的基本生活，加上政府“征地带资进厂”政策的推动，大量的村民进厂打工，成了产业工人。20 世纪 90 年代初期，国有企业内部有严格的等级制度，厂内职工因知识水平和身份差异被分为正式工和合同农民工，村民在薪酬分配的过程中往往得不到和正式工同等的待遇。究其原因，一是当时国家生产积累的需要，政府在农村和城市之间制造生产要素的“剪刀差”，通过廉价的农村劳动力换取更高的工业发展资本；二是企业在厂内职工中制造出的“核心—边缘”结构，使处于边缘地带的江东村村民不得不通过高投入的劳动力换取低回报的收入（图 4）。由于这一时期土地制度还未完成变革，城市土地不具备经济效益，因此江东村村民对住房的占有并未为他们带来多少经济利益。

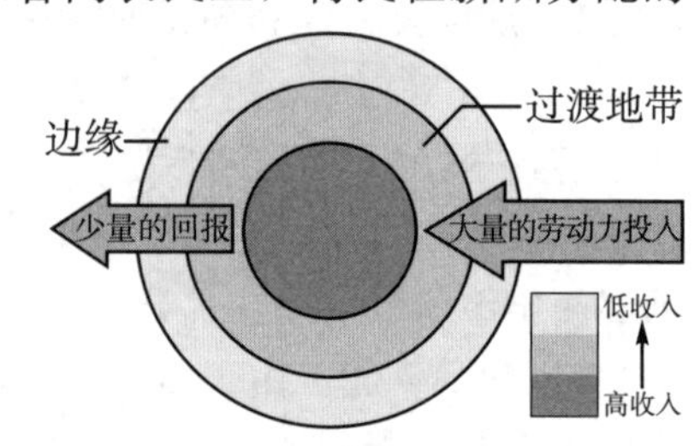

图 4　“核心—边缘”结构示意图

20 世纪 90 年代后期，随着城市土地有偿使用制度的建立及住房商品化政策的全面推进，村民们拥有的住房终于可以作为一种生产要素为他们带来直接利润——通过将房屋租给城市中更边缘的外来务工人员，从而获得可观的租金。这一过程一直持续到 2008 年后住宅拆迁。江东村村民经历了“农民—产业工人—拥有住房和土地的房东—仅拥有住房的‘三失’（失去土地、失去保障、失去工作）人员”四次身份的转变，这一过程也反映出了南京市政府在城市发展战略、土地使用制度和市场体制方面进行的四次大的改革（表 2）。

表 2　江东村社会关系变迁

年份	1980—1995 年	1996—2000 年	2001—2008 年	2009 至今
村民身份	农民	产业工人	房东	“三失”人员
收入来源	农业收益	工厂打工薪酬	房屋租金	个体经营
拥有资产	农田、住房、保障	住房、保障	住房	—
政府政策	城市工业化发展	土地有偿使用改革	住房商品化改革	旧城更新改造

2.2.2　外来务工人员的涌入产生新的边缘人口

外来人口进入城市的浪潮从20世纪90年代开始。亚洲金融危机之后，国家意识到扩大内需是保持国家经济稳定发展的途径，大力推进城镇化是全国城市的发展战略目标。同期，南京市接纳了大量乡村务工人员，江东村也涌入大量外地人。

“正式经济”的高端服务业与大量的“非正式经济”的低端服务业并存，成为高速经济增长支撑的动力。江东村中大量的外来人口来自苏北和安徽农村的剩余劳动力，他们往往通过社会关系进城务工，大多数人在城市中从事的是“非正规”行业，包括保洁服务、安保工作、服务员等。由于缺乏一定的产业技能和经济资本，他们替代了原本的江东村村民，成为城市中新的边缘人群。

正如空间生产理论所强调的，社会的差异性带来了城市的发展。首先，大量增加的廉价就业人口使得城市原有的就业结构被打破并重组，原来作为就业底层的江东村村民如今找到了新的劳动替代人口；其次，随着住宅商品化制度的建立，村民原来拥有的住房空间如今可作为空间生产要素而产生新的利润——出租给外来人口，村民将繁重的体力劳动推让给城市新的边缘人口，自己作为生产资料的拥有者享受着空间生产效应下带来的直接利润。在这一过程中，空间的经济效应使城市人口的就业结构发生了重组，也可以说在空间生产效应之下，城市总是能通过剥夺边缘人群的劳动力从而满足自身的发展（图5）。

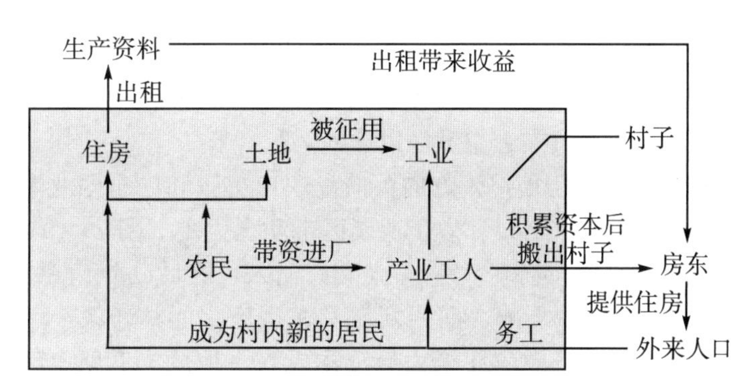

图5　村内社会关系变化图

3　同时期南京城市结构变化

3.1　城市空间结构的转变

3.1.1　城市建设用地扩张阶段性特征

1980—2008年，南京城市建设用地面积由133.75 km^{2}增长到754.50 km^2，总共增加了620.75 km^2；农用地面积减少了824.24 km^2，主要向城市建设用地、村镇建设用地、城市绿地和水面转变，向建设用地的转变是耕地主要的流出方向。

1980—2000年，南京城市建成区是以老城区为中心圈层扩张的形式向外蔓延，此时是以城市工业化发展为目标和征收郊区农村土地为手段的空间拓展方式。江东村在这一时期正经历集体土地征收用作工业用地的阶段。

2000年以后，城市发展方向呈现出沿长江的东西向发展和南北向发展结合的“十”字形空间发展结构。这一时期，南京的城市建设速度明显提高：一是由于“一城三区”规划和全运会带来的河西新城区快速建设，加快了南京城市建设速度；二是受空间生产效应的影响，城乡社会发展不平衡导致大批乡村人员进城务工，加之住宅商品化制度的改革，为了满足新增人口的住房需求，城市开始大面积扩张建设，从而带来了一波城市建设的高潮。

3.1.2 基于等扇分析法的城市扩张模式探究

利用等扇分析法，以城市地理中心新街口为中心，以22.5°为夹角将城区分为16个等面积扇形区域，计算每个扇区内的格网点SS－EII（城市扩展强度指数）均值，将SS－EII均值赋予各个方向的雷达轴上，制成扩展雷达图，并对南京市每个方向的扩展强度进行分析。

各个网点的SS－EII数据借用期刊文献中所得出的空间强度拓展指数，计算公式如下：

$$SS-EII=\frac{\Delta I}{\Delta T\times I_0}=\frac{I_t-I_0}{\Delta T\times I_0}$$

$$I_0=\frac{\Delta\sum_{i=1}^{n}I_{ti}}{n}$$

$$I_t=\frac{\Delta\sum_{i=1}^{n}I_{ti}}{n}$$

式中，I_0为城市扩张前各格网局部整合度平均值；I_t为扩张后各格网局部整合度平均值；I_i为扩张前第i个格网的局部整合度值；I_{ti}为扩张后第i个格网的局部整合度值；ΔI为扩张前后城市局部整合度变化量；n为建立的网格数，ΔT为前后的时间间隔。

如图6所示，1980—2000年，南京市建设用地扩张方向主要由主城区向外围蔓延，以长江沿线的东北、西南方向为主，建设用地扩张面积为76.6 km²。主要是因为乡镇企业兴起使原本为农业生产模式的村落转变为工业集中地，吸引了大量的人口聚集和土地增长。这一阶段的飞地式扩张面积为43.4 km²，主要分布在主城区以北地区。

2001—2010年，南京市建设用地扩张方向为向南快速扩张和向东西北渐进式扩张，城市扩张仍以蔓延式为主，扩张面积82.7 km²，以工业园区带动型为主（图7）。2002年，江宁国家级经济开发区正式成立，吸引了南部郊区大量工业人口涌入，之后几年南京城市迅速向南扩张。同期，受“一城三区”发展战略的影响，河西新城及东山区、仙林新区、江北新区三区建设发展速度加快，空间生产带来的经济效应使得大量资本投入土地成本低廉、建设用地充足以及有大量政策支持的新区，这些区域作为城市发展新的增长极，通过“一城三区”和“旧城更新”相结合的空间结构带动城市的持续发展（图8）。

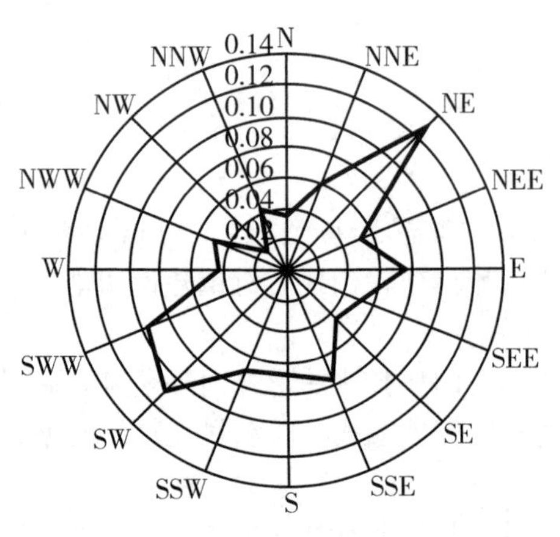

图6 1980—2000年城市扩张雷达图

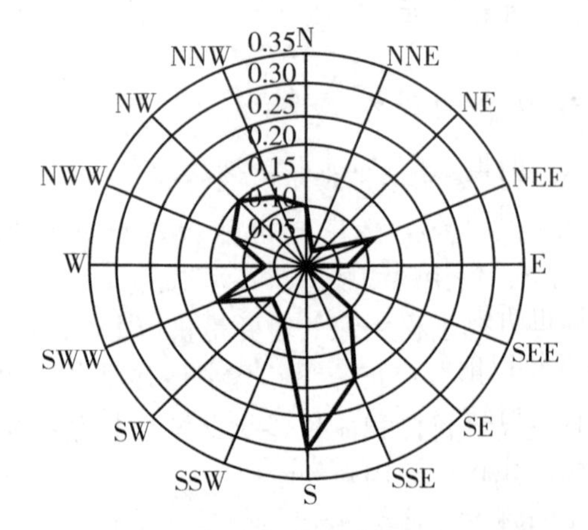

图7 2001—2010年城市扩张雷达图

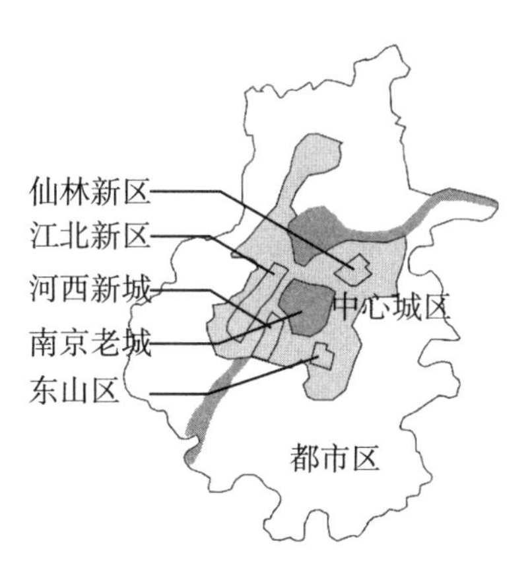

图 8　“一城三区”及旧城更新示意图

3.2　城市人口结构的转变

本研究选取了 1987 年、1995 年、2000 年、2006 年及 2014 年五个年份的人口数量、就业人口以及产业生产总值三个方面的数据进行研究，一方面这五个年份是南京近 30 年来城市发展的重大转折点；另一方面，希望通过上文对于江东村历史发展变迁的回顾，从空间生产角度出发，以小见大地审视村庄变迁背后的城市发展背景（表 3）。

表 3　南京各年份重大事件汇总

年份	1987 年	1995 年	2000 年	2006 年	2014 年
村庄属性	农业村落	工业村落	城中村	中产社区	中产社区
重大事件	国家大力推进城市工业化、土地有偿使用制度建立	“征地带资进厂”“征地带人进城就业”	“一城三区”城市规划结构、“河西新城区”发展	住房商品化改革、城市“旧城更新改造”行动	南京“青奥会”带动河西进一步发展、“江北新区”发展

3.2.1　城乡人口结构的变化

1987—2006 年，南京市常住人口保持在一个平稳且较低的增长速度。这一时期，国家为了保持城市工业化的稳步推进，避免大城市人口扩张引起的城市运行成本增加，采取城乡二元户籍制度规范外来人口进城，因此这时期南京市的人口流动主要来源于都市区内部的农业—非农人口转化。2006 年以后，随着住房商品化制度的改革，以及早年城市工业化积累了大量的生产资本，这一时期城市建设了大量的新区、工业园区，比较有代表性的有江北新区、东山新区、仙林新区及河西新城；随着新区的建立，城市不断扩张，吞并了周边的农田和村庄。也是在 2006 年前后，江东村由工业型村落逐渐被城市现代化建筑包围而转变成了城中村，村中外来人口的增加也折射出了这一时期城市的建设需要新的边缘人口提供廉价劳动力。

2006 年以前，由于国家政策限制大城市人口规模扩张，因此这一时期城市人口流动来自农业—非农人口转化，农业人口和非农人口的变化趋势平缓，且在 1995 年前后基本相等。2000 年，农业—非农人口转化速率加快，原因是“一城三区”和“河西新城”的规划战略加快了南京城镇化的脚步，都市区内大量村庄集体用地转变为城市发展用地，促进了村民向城镇居民的身份转变。

3.2.2 城市人口职业结构的变化

1995年前后，南京市工业总产值的增长率达到了近30年来最高的204%，之后由于基数增大，增长率逐年下降，但工业总产值仍呈快速上升趋势；1987—1995年，南京市的职工人数大幅上涨，至1995年达到了近30年来最高；1996—2006年，职工人数出现了连续10年的下降，直至2006年之后才有所回升；人均GDP的增长趋势和工业总产值的趋势基本相似，在1995年之后有了一个快速的增长。

回溯那个时期的社会发展，征用农村集体用地开办工厂企业是政府推动城市工业化进程的主要手段。上文提到南京市在1980—2000年是以圈层式的扩张模式逐渐合并周边的乡村和农田，由于区位的原因，江东村率先被纳入合并的范围。与江东村村民的经历类似，绝大多数被合并的村庄在“征地带资进厂”政策的推动下，当地村民大都顺理成章地成了当地工厂的产业工人，在“核心—边缘”效应的影响下，成了城市和企业发展的边缘群体。随着外来人口的增加，旧的边缘人群开始从新的边缘人群身上获取利润，典型的如江东村村民向外来人口收取住房租金，人们在积累了一定财富之后又向更中心的社会阶层迈进。正如空间生产理论所强调的，社会差异导致了城市社会结构的不断调整，城市总是能剥夺新的边缘人群的劳动力。

4 同时期城市发展存在的问题

4.1 城市的快速扩张导致土地利用不充分

由于城市二元户籍制度的限制，南京很长时间内人口规模得不到合理发展，导致户籍制度改革后城市呈跨越式发展。一方面，快速开发建设使城市新区土地的利用率偏低，2018年，老城区人口密度6308人/km^2，河西新区人口密度3108人/km^2，两者相差两倍以上；另一方面，新区基础设施建设和公共设施的超前建设与当地人口的增长不协调，造成资金浪费并且短期内难以带来收益。

4.2 粗暴征地导致社会矛盾恶化

南京在快速城镇化的过程中，采取了“一刀切”征用农村集体用地的粗暴方式来推动工业化的继续，不仅扰乱了当地居民的正常生活秩序，后续的政策保障也缺乏考虑，尤其是随着国有企业破产、分权制度下企业内部制度改革，淘汰了大批的边缘产业工人，他们都像江东村村民一样被迫成为“三失”人员，生活得不到保障并被排斥在了城市和乡村之间，产生了很大的社会矛盾。

4.3 人口安置不合理致使城中村成为外来人口集聚区

只考虑城市快速发展而忽视了外来人口的安置是南京城市发展的重要问题。城市的高房价使外地人选择了成本相对较低的城中村，而原有居民通过收租的方式积累资金后大都搬去别处，使城中村成了外地人的聚集地，城市法律和政策对这一地区的管理监督作用存在不足，由此滋生了越来越多的社会问题，不仅危害了周边地块的社会安全，还由于产权不明，为城市的更新改造带来一定阻碍。

5 总结

在总结了江东村近30年空间结构的演变过程后，笔者发现政府制度和城市战略的改变对那些处于“核心—边缘”结构中的边缘人群影响最大。他们往往是由农村人口、外来人口及低收入人口组成，在社会结构中处于弱势的一方，由于缺乏制度的保障以及自身经济能力有限，这些人在面对社会发展变革时往往难以应对，因此出现了像江东村村民一样在短短的20年时间转换了四重身份这样的情况。

城市与乡村之间也是“核心—边缘”的关系，城市发展资本的积累很大一部分是来源于对农村资源的剥夺，乡村的廉价劳动力被城市的磁力所吸引，而土地又被征用作为城市发展用地，这种不平等的待遇导致了城乡之间的差距越来越大，而且在未来的一段时间内，随着城镇化的继续这种差异还会被进一步拉大。

笔者认为，由于我国目前仍处在一个快速城镇化阶段，城市规模扩张必然会占用农村用地，既然这一情况无法避免，那么能否通过土地征收制度的改革为被征地居民提供一定的政策保障，从就业、居住和生活三个方面提供保障渠道，而不是仅仅通过“征地补偿”和“征地进厂”的方式应付了事？另外，建设扩张也应“以需定量”，由追求数量变为追求质量，尤其应妥善处理好所征土地的产权问题，否则未来还会有越来越多的城中村出现。

［参考文献］

［1］张京祥，胡毅，孙东琪．空间生产视角下的城中村物质空间与社会变迁：南京市江东村的实证研究［J］．人文地理，2014，29（2）：1-6．

［2］谭玉妮，张永庆．列斐·伏尔城市空间生产理论的发展逻辑及启示［J］．城市学刊，2018，39（2）：87-90．

［3］林奇．城市意象［M］．北京：华夏出版社，2001．

［4］魏立华，阎小培．中国经济发达地区城市非正式移民聚居区：城中村的形成与演进：以珠江三角洲诸城市为例［J］．管理世界，2005（8）：48-57．

［5］冀青青，乔伟峰，卢诚，等．1980年以来南京市建设用地扩张阶段性特征［J］．长江流域资源与环境，2018，27（9）：1928-1936．

［作者简介］

郭金函，华侨大学建筑学院硕士研究生。
马子迎，华侨大学建筑学院硕士研究生。

新制度经济学产权理论下营平旧城更新初探

□王艺璇

摘要：过去几十年，中国城市在规划引导下经历了快速城镇化发展，而面对传统城镇化所带来的一系列城市病——大量外来人口不断涌入、土地资源匮乏等问题，推动了旧城的进一步发展。由于旧城本身有大量历史问题的沉积，在传统土地更新机制中，无法避免产生产权冲突。本文通过研究将旧城更新决策与土地管理制度相协调的更新模式，基于新制度经济学产权理论，为土地再开发制度提出建议。

关键字：新制度经济学；旧城更新；产权

1　引言

1.1　研究背景

随着近些年我国经济社会飞速发展，经济体制发生了转变，产业结构开始调整，城镇化已经到了快速增长的阶段，城市不断扩张，但诸多变化带来了城市的种种问题。城镇化的过程推动了新城发展与建设，而对于经历漫长历史演变的老城区，由于历史问题沉积、产权不清晰、管理不到位等原因，产生一系列社会矛盾，旧城更新工作进展缓慢。尤其是2020年《中华人民共和国民法典》的颁布，对于公民私权利、个体无权的保护的规定，更增加了旧城更新的难度。

现阶段的城市规划已经远远超出仅对城市物质空间形态的设计，尤其是对于社会关系、经济发展、文化传承上充满矛盾的老旧城区、城中村等项目，更需要政府从宏观调控，采取一系列手段来调节市场不能处理的社会与经济问题。新制度经济学产权理论可以为旧城更新过程中，围绕产权衍生出的一系列问题提供新的切入点。

1.2　研究方法

首先采用理论与实际相结合的研究方法，通过调研走访营平片区，来挖掘旧城更新的矛盾与挑战；基于新制度经济学理论中的产权理论，结合现状问题进行实例分析。其次，采用宏观分析与微观分析相结合的研究方法，分别从宏观层面对政府政策制定与管理存在的问题和现状居民生活空间出现的产权矛盾进行分析与探究。

2　新制度经济学解释旧城更新的产权问题

2.1　产权定义的重要性

产权在新制度经济学中的定义为“是与一项资产相关的一组权利的组合，包括对财产的所有权、使用权、处置权、收益权等”，“当两个经济行为主体之间发生关系时，才会出现产权问题”。由于我国土地较高的交易价值、本身的独特性、利益多样化，使旧城更新中不可避免地在土地产权处理上出现一系列矛盾。

新制度经济学中“外部性”指的是“当私人成本和社会成本不一致时便会存在外部性”。一方面，现状老城区中由于人口密度大、人口来源复杂、土地资源匮乏、私自扩建等长时间的历史遗留问题堆积，使居民产权难以界定，导致负面的“外部性”，引发旧城衰落。因此明晰产权，可以在城市更新中增加居民话语权，让居民产生推进旧城更新的自发动力。另一方面，如果土地个体权益过分强势，城市发展会有很大阻力。在更新过程中，“邻避效应”的产生，增加了业主与建设方之间、业主与业主之间的协商难度，进而也会大大提升更新的难度与成本。因此，明晰又不过度的产权划分，有助于旧城更新的推进。

2.2　规划制度更新的重要性

在旧城更新中，原有土地开发制度只是针对大部分城市更新来制定，而随着更新对象多样化，过去的规划制度在一定程度上已不再适用于如今旧城更新的要求。而土地制度的更新，需要政府机构设立新的规则，通过制度来明确产权，限制开发。

从新制度经济学角度分析，产生外部效应的原因有三点，分别是：①产权界限不明确。②权益界限不清晰。如果要使土地权益内在化，就要确定这一权限归谁所有，如果权限得不到明确，其他人就会无偿从该物质上获利，因此土地权益成为外部效应。③政府缺少相应的措施，在市场条件下，各个企业都是以自身利益最大化为目标，只考虑私人成本，不考虑给社会造成的损害，因此就会发生负外部性生产，使私人成本低于社会成本。因此，政府需要制定制度来控制负外部性生产。

针对以上问题，政府应制定制度来约束、调节开发过程：一方面使用多重制度手段来限制土地开发权和使用权、限制土地所有者收益与权力，使土地使用免受其他业主带来的负外部性影响，减少负面外部效应；另一方面提升旧城出让效率，降低交易成本。

3　营平更新机制

3.1　营平概况

调查范围为营平路—开元路历史街区，东至思明北路，北至厦禾路，西至鹭江道，南至大同路。街区用地面积为26 hm^2，常住人口约2.5万，评估建筑1976栋，建筑面积约50万 m^2。

营平路—开元路历史街区位于厦门岛西南海滨，西邻鹭江，与鼓浪屿隔海相望。作为厦门主要历史城区的发祥地，该历史街区的街坊格局、空间肌理、连续骑楼、中西建筑和非遗民俗等，集中展现了厦门作为近代闽南文化发源地的精华与近代中国城市发展建设的特色。但随着岁月流转，旧城处于日渐式微的衰败状态，缺乏确实有效的保护与更新，历史城区传统风貌逐渐丧失，街区人居环境日益恶化，面临着一系列的社会问题。因此，加强历史街区的历史文化保护和街区有机更新显得非常迫切。

3.1.1 产权现状

营平街区建筑权属分为三类——公房、私房、公私混合房。截至2021年底，公房有683栋，建筑面积约10.7万 m^2；私房约900栋；公私混合房约400栋。私房主要分布在街坊内部，且占有较高的比例；公房主要分布在主要街道两侧，同时临近大同路有公房集中区；营平农贸市场分布了大量的公私混合产权房（图1）。

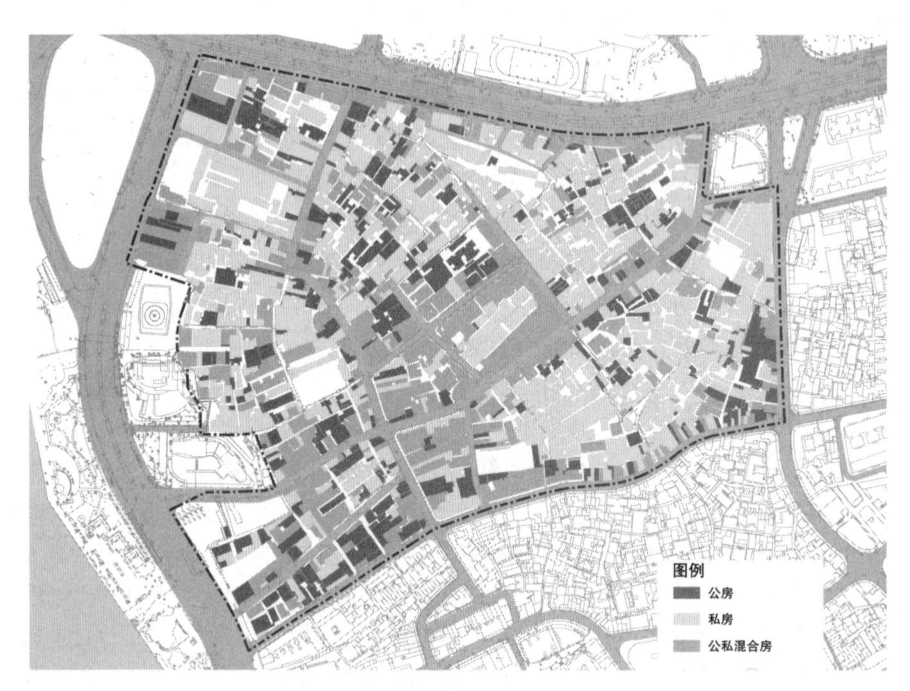

图1 建筑权属分布

营平内建筑功能以商住混合和住宅为主，在商住混合中营平因其独特的骑楼建筑形式，沿街以公私混合为主；住宅建筑中以私房为主，还包括相当数量的公司混合房与公房。在统计过程中，由于旧城里产权破碎化，无法具体细分到每一栋，故将产权不明的公房与私房混杂情况地块归入公私混合类别（图2、图3）。

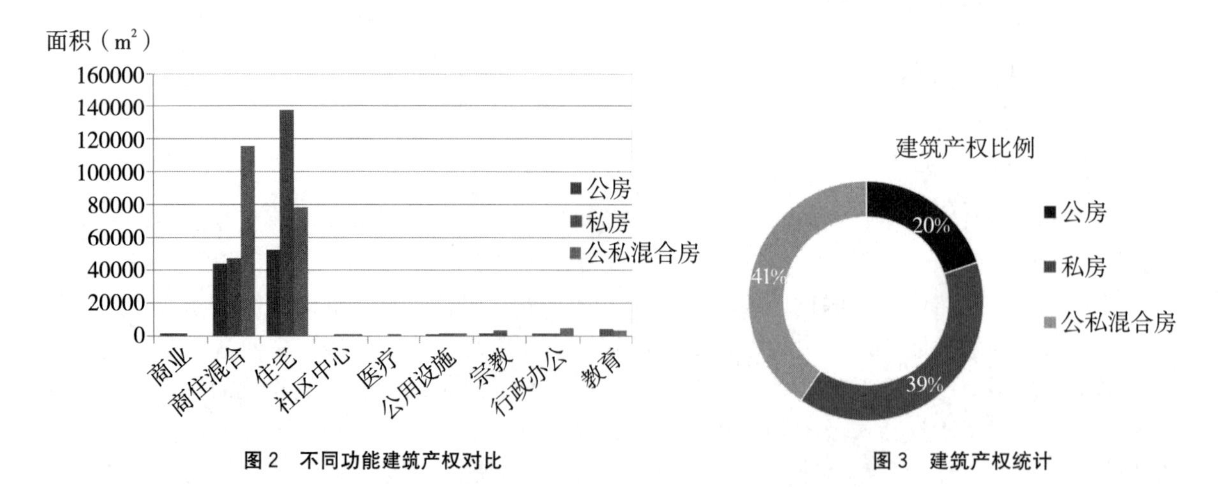

图2 不同功能建筑产权对比

图3 建筑产权统计

3.1.2　产权分析

经过走访、问卷发放对街区居民意见进行调研，基于权属现状将其分为四类——拥有完整产权的居民、拥有不完整产权的居民、承租经营者、无产权居民。

（1）拥有完整产权居民。这一类居民认为营平虽然承载着文化与记忆，但由于旧城基础设施的匮乏、生活环境的恶劣以及建筑破败，已经不适于小改造，所以他们更希望改造以“改拆”为主，被征收的愿望比较强烈，可以获得较高的拆迁补偿。片区虽为老城区，但居住人口较多，人口密度高，而且随着人口结构变迁，过去的房屋面积、户型已不再适用于现代居住，所以居民会产生自行扩建行为；但由于政府“原则上不允许居民自建行为”的约束，自主改造无论从自住或是外租角度都无法增加收益，这打击了私房居民对旧城更新的积极性。

（2）拥有不完整产权居民。不完整产权分为多种情况，无论是没有取得房管部门完整证明还是由于历史性居住缺少证明等种种情况，总结起来都是复杂的产权不明状况，这对旧城更新带来了高昂的协调交易成本和巨大挑战。

（3）承租经营者。由于营平独特的地理位置和历史发展，衍生出海鲜售卖、特色加工业态，吸引了来自全国各地的游客，带动了整个片区的旅游业、工商业发展。承租经营者意识到营平的特色商业模式可以为他们带来持续的收益，因此大多否定了“拆改”的更新形式。例如，海鲜摊主大多是城区内的租户，拆迁之后，一方面若回迁，不仅无法得到拆迁补偿，而且随着公共服务设施的完善和环境的改善，地块价值提升，导致租金上涨，另一方面丢失了商业机遇，这对于他们来说无疑是巨大的打击。因此他们更乐于以自主微更新的方法完成街区的改造。

（4）无产权居民。对于城区内绝大多数租户来讲，租金低廉是选择住在营平老城区的主要原因。城镇化的快速发展使外来打工人口数量增加，大多数的外来人口得不到居住保障，选择了租金较低的老城区公私房。在城市更新过程中，由于租户在城市中没有户籍、没有房产，而旧城更新主体人群是有产权的居住者，所以租户们在更新中很难作为居住者发声，这使得很大部分的旧城居民缺少自主更新的动力（图4）。

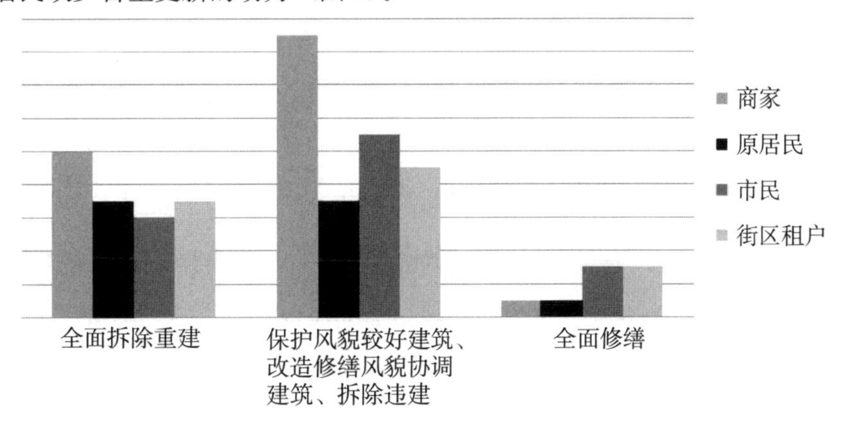

图4　改造意向分析

3.2　营平更新面临的挑战

3.2.1　现实的挑战

营平片区在更新过程中存在许多挑战，包括居住需求与旧城保护之间的矛盾、自主更新与改造能力之间的矛盾、产权破碎与整合更新之间的矛盾。

（1）居住需求与旧城保护矛盾。

在历史街区保护中，最重要的不仅是历史建筑的评估与保护，穿梭在复杂街巷中保留着传统习俗的居民本身及他们的生活方式同样值得被重视。旧城更新不能局限于物质空间的改造，更应关注的是如何解决居民的原生问题，延续居民的生活方式，实现最大程度的保留。

目前最大的问题是营平不仅是历史街区，它同时作为棚户区而存在着一系列历史遗留问题。上文提到，营平居民对于居住空间的扩张有合理需求，因此随意加建扩建，占用公共空间；但出于对历史旧城保护、方便管理，居民同时受制于政府对于扩建行为的规定，这大大降低居民自主改造的积极性。为了缓解这些矛盾，政府应采取策略疏解旧城密集人口，消除对于公共空间的肆意占有，最大限度缓和这一矛盾。

（2）自主更新与改造能力矛盾。

旧城更新，尤其是历史城区的更新改造，需要政府、开发商、各机构等多方长时间充分协调、开展评估、专家评审、制定计划，对于改造能力有较高门槛。自主更新改造可以保留当地居民、延续历史旧城风俗习惯、提高居民自下而上改造的积极性，但营平片区内居民老龄化严重、文化普及程度较低、收入水平不高，无法挖掘旧城历史特色，难以承担改造重任，现有居民自主改造以简易搭盖加建为主，效果不尽如人意。

（3）产权破碎与整合更新矛盾。

20世纪80年代推行的私有产权政策，使街区产权转变为公产房、私产房等类型，随着社会空间形态演变，在土地资源紧缺、人口密度增大背景下，居民开始无产权的加建扩建，进而导致街区产权破碎化，产生公私混合的现象（图5）。破碎的产权和随意加建使整个空间网络被破坏，进而引发功能混乱，导致在更新改造或是土地征收过程中，土地所有人权责不清楚，改造成本增加。

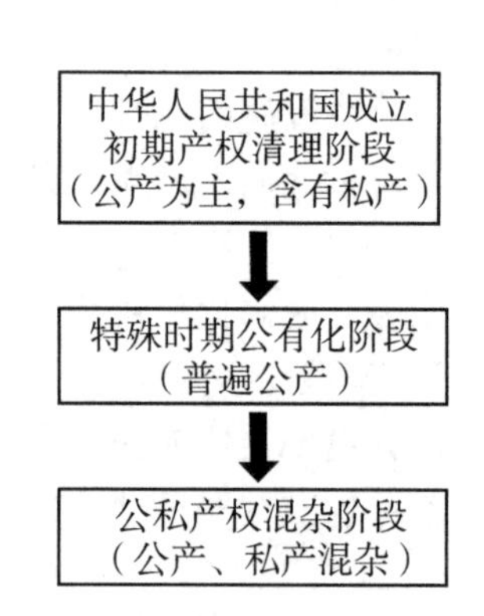

图5　产权演进示意图

3.2.2　开发机制的挑战

（1）土地开发机制问题。

当前我国的土地开发机制是从一级市场到二级市场运作的开发机制。首先，政府基于“土地交易制度”“土地收购储备制度”征收土地，再进行归纳与整理，包括旧房的拆除改造。这种方式将居民与房屋分离，使原居民流散，同时在土地整理合并过程中，传统的城市肌理被打散，空间格局被改变，一些传统老字号商店被迫迁移，遭到毁灭性的打击。其次，政府将整理过后的土地储备出让给出价最高的开发商，因此土地的使用权总是流向少数实力雄厚的一级开发商，最后一级开发商再将土地出让给二级开发商（图6）。开发商为了在土地上榨取最大的利益，进行高强度大规模的开发，直接导致地价飞升。中产化使旧城的多样性与独特性被迫消失。

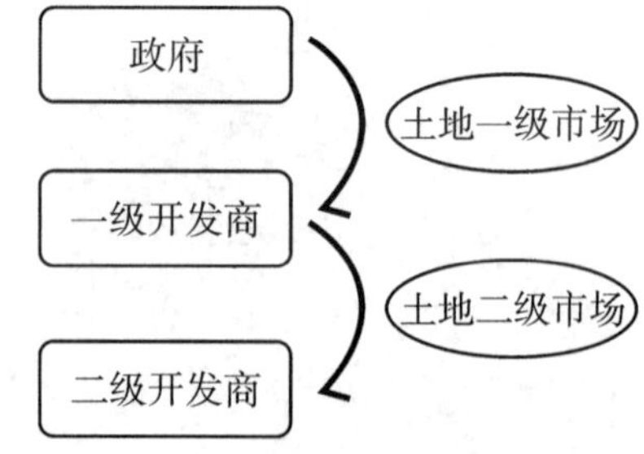

图6　现行土地单一开发机制

形成这种“拆建模式”的原因有两点。第一，旧城更新对于政府来讲就是土地利益再分配的过程，通过拆建来重组城市，使城市发展的红利得到释放。第二，便是旧城复杂的产权问题，由于其中协商成本高额，一次性拆迁有利于缩短其中协调工作，提高土地出让效率。因此，为了避免现存大拆大建的土地开发模式再一次应用到旧城改造中，应着重解决这两个问题，将城市发展的红利在旧城中体现出来，解决复杂产权问题，减少交易成本。

（2）土地开发机制与旧城更新的矛盾。

单一的土地开发模式过于依赖市场化。这种开发模式在新城开发上应用较多，而不适用历史保护街区的改造。旧城的土地与新城土地性质不同，新城由于未加开发，其价格就是土地本身的价格；而旧城由于漫长的历史发展，在土地上保存了高价值的建筑，具有独特的文化风俗，因此不可简单用土地的价值衡量历史旧城的价值，甚至土地价值有可能远远低于这片土地上的历史保护建筑与文化的价值。所以单纯以土地本身价值为尺度的土地开发制度，并不适用于情况复杂多变的历史旧城，而旧城也不应过分依赖于市场化经营，应探索出其独特的开发制度。

①土地开发制度设计中应充分考虑旧城的实际需要，寻找有别于新城的开发方式，避免大拆大建、人口全部迁移的方式。应在不动或少动建筑的基础上进行产权的移交，再进行小范围的微改造、微更新，避免对历史肌理的破坏，从而更好地延续旧城历史，保留记忆。

②土地产权主体过于单一。现状产权由于单一的土地开发模式，土地大多集中于少数财力雄厚的开发商，开发商同时得到土地财产的经营、使用权。它会导致土地产权过于集中化和单一化，使开发商掌握了旧城发展的主导权，不利于推动当地居民参与旧城更新并合理共享土地再开发的收益。

③土地开发机制利益分配不均衡。我国土地开发过程是自上而下，由政府、开发商主导的，因此在开发过程中容易忽略居民的参与过程。一般是由政府以“公共利益”的名义收回旧城里土地使用权，再将土地转让给部分开发商进行承包与经营，最终政府和开发商均可得到经营的收益。

在这个过程中，原居民会得到三类补偿——安置房实物的补偿、货币补偿、回迁居民按面积补差价。土地开发过后，地块的公共服务设施完善，环境质量得到提升，地价飞升，房屋租金增加，这导致回迁居民难以支付高额的商品房价格。因此，在土地更新过程中，居民没有话语权且得不到好的安置，缺乏自下而上的土地更新动力。

3.3　营平更新的思考

3.3.1　微观空间更新角度

加强老城“第三空间”的整合与重构。中国科学院地理科学与资源研究所在2019年城市体检居民满意度调查中发现，老年人群对于城市老城区的大部分指标评价都大于均值，体现出老年人总体上更青睐老城区的生活，习惯旧城空间。

化整为零，空间合并。从空间规划角度出发，梳理存量空间，盘活低效的闲置空间，促进交往，发掘人们精神文明层面的迫切需求，以需求带动空间有序增长。为从根本上解决老城乱加乱建现象破坏旧城风貌，引发空间碎片化、产权模糊化，产生旧城消防、防灾等安全问题，须从产权入手，明晰产权、规整空间、复兴旧城。

营平旧城现状产权以私房为主，且大多数住户为租户，业主私自加建严重。首先在拥有分散产权的业主之间实行协调与合理补偿措施，将分散的产权进行整合，使业主产权尽可能统一完整。其次对城中空置、无产权或产权不明的加建建筑进行有计划拆除，实现有限空间的集约化利用，盘活旧城消极空间，为居民提供更宽敞明亮的公共活动空间，方便公共服务设施的植入。

3.3.2　宏观制度更新角度

（1）规划部门管理。

从规划角度来说，应在详细规划范围内预留充足的低收入人群保障用房，并明确划定不可出让历史文化保护区范围。营平片区内居民老龄化严重、整体收入水平偏低，以租户为主，这是由于在城乡融合过程中外来人口增加，国家提供公房供不应求，因此人们开始选择价格低廉的老旧城区作为居住的保障。可以说，旧城大大缓解了城镇化所带来的人口压力，一旦旧城拆改，原租户便失去了价格低廉的住房保障。

因此，在旧城更新过程中应着重考虑这一庞大群体，规划层面上应增强政策灵活性，在营平片区内保留部分住房权属，完善产权以作为公租房使用。另外，应对营平片区内有历史风貌、文化保护价值的建筑进行评估，并根据评估结果划定片区保护线，保证旧城人口和功能构成的多样化。

(2) 以“自主改造”为主的旧城更新模式。

我国传统的“拆改”模式并不适用于大范围的旧城改造，由此提出“自下而上”的居民“自主改造”模式，进行小规模、针灸式的改造，但考虑到自主更新工作对于本地居民有较高要求，便又成为自主更新的一大阻碍。

这里可以借鉴上海田子坊旧城更新模式（图 7)，田子坊更新模式与“自主改造”相似，是我国旧城更新的成功案例。田子坊的更新改造主体不局限于政府、居民，还存在大批外来的社区营造组织，这些组织由专业人士构成，他们帮助居民改造，挖掘街区文化特色，使街区得以发展。最早是由艺术家组织入驻田子坊经营，这些社区营造组织通过深入挖掘历史旧城的文化特色，帮助居民完成自主更新。

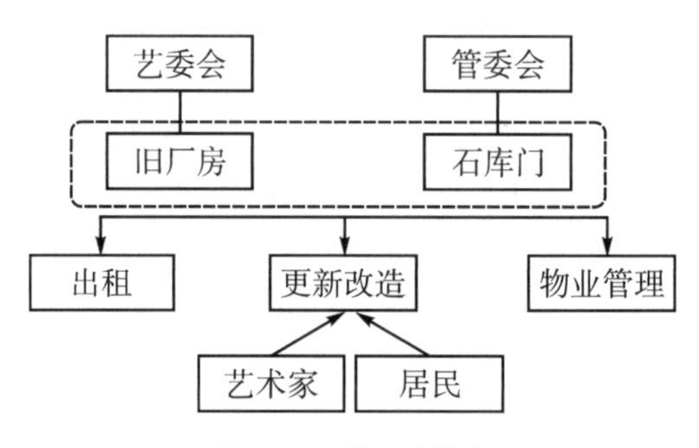

图 7　田子坊改造模式

基于此经营特色商业，推动了旧城文创产业的发展，并在发展的同时改善旧城环境。在这个过程中，本地居民出租片区物业获得持续收入；经营者依靠旧城特色商业实现盈利；政府前期出资改善旧城的基础设施，后期则通过土地税收，包括商业税收、居民租金税收来回馈前期投资。

(3) 土地使用权多样化。

由于现状产权单一的土地开发模式，开发商可以同时得到土地财产的经营、使用权。应将土地产权向主体多元化方向转变，把土地财产分解为所有、经营、使用多个环节，形成同一土地财产的多级转让和不同转让形式上多元的利益主体。这种产权主体多样化方式，避免了产权过度集中于固定的几个开发商手里。

(4) 多样化土地再开发的城市更新模式。

首先是土地开发制度与城市更新相融合的过程中，要实现从“单向度”土地开发机制向公服“多向度”土地开发机制的转变，由此形成多种旧城更新路径。单向度的开发机制主体为政府—开发商；多向度开发机制参与主体为政府，社区、开发商共同参与。其次，要根据旧城独特的发展背景与机遇挑战，确立灵活的更新制度，确保土地收益价值的公平分配（图 8)。

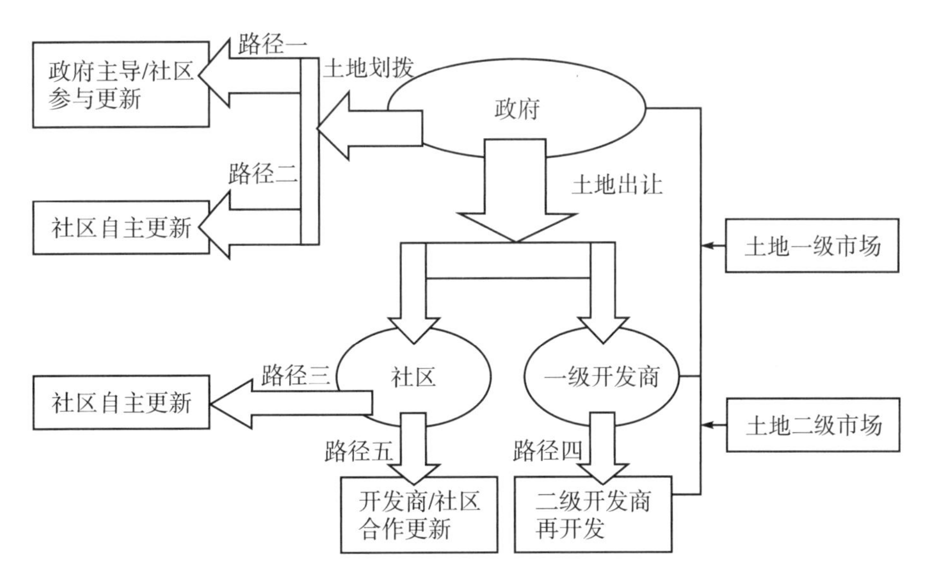

图8　多样化的土地再开发和旧城更新模式设想

4　结语

中国城镇化仍在继续，大量外来人口不断涌入城市，有限的土地资源推动了旧城的更新。由于旧城本身有大量历史问题的沉积，城内人口密度日益增加，空间逐步破碎化，居民对于个人土地权益也逐步加以重视，因此在旧城改造中，土地产权的冲突无法避免。而政府应该做的就是通过合理的制度安排与规划管理，探寻出一条适用于旧城的独特更新制度。

明晰分散化土地产权，限制土地使用权的权能大小，合理分配土地利益。政府应通过规划制度的制订，引导土地开发者在旧城独特商业机遇开发过程中既要解决旧城现实问题，又要达成社会公益的目标。改造过程中要鼓励原居民发声，增加居民自主改造动力，正确引领城市健康、可持续发展。

［参考文献］

[1] 菲吕博，芮切特．新制度经济学［M］．孙经纬，译．上海：上海财经大学出版社，1998.
[2] 刘宣．旧城更新中的规划制度设计与个体产权定义：新加坡牛车水与广州金花街改造对比研究［J］．城市规划，2009，33（8）：18-25.
[3] 彭勇智．“合零为整”：产权视角下的北京旧城四合院更新［C］//中国城市科学研究会，郑州市人民政府，河南省自然资源厅，河南省住房和城乡建设厅．2019城市发展与规划论文集．北京：中国城市出版社，2019.
[4] 郭湘闽．土地再开发机制约束下的旧城更新困境剖析［J］．城市规划，2008（10）：42-49.
[5] 李燕宁．田子坊　上海历史街区更新的“自下而上”样本［J］．中国文化遗产，2011（3）：38-47.
[6] 靳共元，陈建设．中国城市土地使用制度探索［M］．北京：中国财政经济出版社，2004.
[7] 郭湘闽．走向多元平衡：制度视角下我国旧城更新传统规划机制的变革［M］．北京：中国建筑工业出版社，2006.
[8] 姚之浩，田莉，范晨璟，等．基于公租房供应视角的存量空间更新模式研究：厦门城中村改造的规划思考［J］．城市规划学刊，2018（4）：88-95.

[9] 仝德，李贵才. 运用新制度经济学理论探讨城中村的发展与演变 [J]. 城市发展研究，2010，17（10）：102-106.
[10] 赵燕菁. 制度经济学视角下的城市规划（上）[J]. 城市规划，2005（6）：40-47.

［作者简介］

王艺璇，华侨大学建筑学院硕士研究生。

城市更新进程中交通基础设施高质量发展对策研究

□张郭艳

摘要：2020年，我国城镇化水平已达到63.89%，国土空间规划体系中城市“三区三线”的划定从土地资源层面决定了城市可持续发展的必由之路——城市更新。城市更新行动促使有限的资源进一步优化配置，实现了城市“二次生长”，也为实现交通基础设施提升提供了良好契机。本文通过分析城市交通基础设施面临的主要问题，结合城市更新、城市交通发展的新形势，提出交通基础设施提升策略，以期对城市高质量发展提供借鉴。

关键词：交通基础设施；提升策略；城市更新

1　前言

2019年，第十三届全国人民代表大会常务委员会第十二次会议审议通过《中华人民共和国土地管理法》修正案，增加“国家建立国土空间规划体系”方面的内容（第十八条）。城市“三区三线”的划定从土地资源层面决定了城市可持续发展的必由之路——城市更新，城市发展也由以增量扩张为主进入以存量更新为主的新阶段。为此，《中共中央关于制定国民经济和社会发展第十四个五年规划和二〇三五年远景目标的建议》中首次提出“实施城市更新行动”。住房和城乡建设部党组书记、部长王蒙徽撰写了《实施城市更新行动》，明确提出将“城市更新”作为城市建设领域“十四五”工作的主旋律。

由于建设时间早、城市发展日新月异，城市交通基础设施相对薄弱。在城市更新、交通强国的背景下，城市交通基础设施的提升将对城市高质量发展发挥重要的基础性、服务性、战略性、引领性作用。

未来对城市交通基础设施的认知必须从根本上发生转变，走中国特色的新时代交通发展之路。《中国交通的可持续发展》白皮书明确提出，以建设人民满意交通为目标，以当好发展“先行官”为定位，以新发展理念为引领，以改革开放为动力，以驱动创新为支撑。本文通过分析目前城市交通基础设施面临的主要问题，结合城市更新、城市交通发展的新形势，提出交通基础设施提升策略，以期对城市交通可持续发展提供借鉴。

2 城市交通基础设施面临的主要问题

2.1 城市道路问题

（1）道路网密度。

《中国主要城市道路网密度与运行状态监测报告（2021 年度）》选取了 36 个全国主要城市作为重点研究对象，其中直辖市 4 个、省会城市 27 个、计划单列市 5 个。依据该报告，2021 年度全国 36 个主要城市平均道路网密度为 6.2 km/km²，相较 2020 年度 6.1 km/km² 指标值总体增长 1.5%；7.0 km/km² 以上的城市有 9 个，较上年度增加 1 个，占比达 25.0%（图 1）。其中，总体路网密度达到国家提出的 8 km/km² 的目标要求仍为 3 个城市，占比约 8.3%。总体路网密度 5.5～6.0 km/km² 区间和 7.0～7.5 km/km² 区间比例较 2020 年度显著上升。总体路网密度水平低于 4.5 km/km² 的城市仍为 3 个，占比约 8.3%。道路网密度介于5.5～7.0 km/km² 之间的城市仍为 17 个，占比约 47.2%。

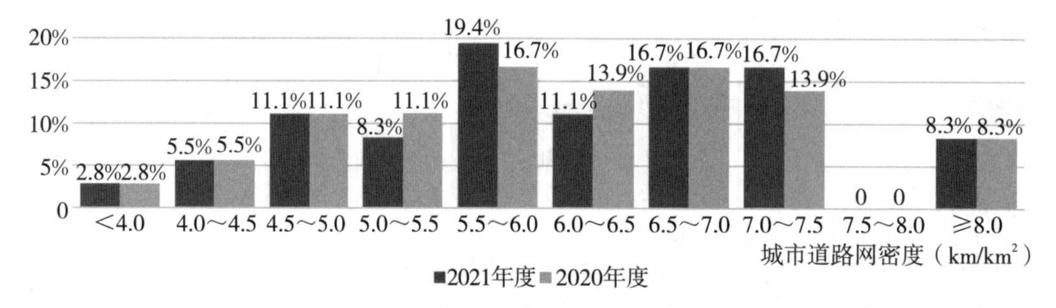

图 1 2021 年度城市道路网密度分布直方图

该报告中选取的城市为超大型城市、特大型城市、大城市，都是比较重视交通基础设施建设的城市，但大多城市的道路网密度与国家提出的城市建成区平均道路网密度提高到8 km/km² 仍有一定差距。在城市更新行动中，道路网加密将成为一项重要任务，尤其是支路和巷路广度与深度亟待提升。

（2）道路横断面。

道路横断面是承载道路交通流的重要载体。现状道路横断面随着城市交通方式的变化而逐步变化。在改革开放之初的相当长一段时间内，城市道路交通是以非机动车交通为主体的，道路断面形式相对单一；此后随着经济、机动化的发展，小汽车进入家庭的速度明显加快，机动车交通逐渐在城市交通中占据主导地位，交通拥堵成为普遍的“城市病”。为解决这一问题，在道路断面的规划设计中，“以车为主”思想致使慢行交通的出行空间受到不同程度的压缩，慢行交通出行比例急剧下降。以北京为例，2000 年非机动车出行比例为 25.7%，2014 年下降至 10.4%。为保障城市交通的健康发展，全国各地采取了一系列政策提倡绿色交通，慢行交通出行比例下降的势头得到了一定缓解，如北京中心城区 2019 年非机动车出行比例升至 12.1%。

总体而言，机动化的增长速度远远超过了道路网的增长速度。截至 2021 年 9 月，全国机动车保有量达 3.9 亿辆，其中汽车 2.97 亿辆，这给道路横断面规划设计带来了巨大压力。而为打造良好的慢行交通系统，非机动车、人行道的出行空间在道路横断面中应得到充足的保障，道路横断面的一体化更新改造工作面临更加复杂的各种交通方式博弈。

2.2　城市公共交通问题

公交优先理念逐步得到落实，公交政策体系、公交服务能力及服务水平都上了一个新台阶，尤其是轨道交通建设的加强。截至 2021 年 6 月，全国共有 45 个城市开通运营城市轨道交通线路，运营里程达 7747 km，城市轨道交通的骨干作用日益凸显。尽管如此，公共交通在城市出行体系中的主体地位仍未得到真正确立。例如，北京中心城区 2019 年公共交通全方式出行比例为 31.8%，上海中心城区 2019 年该比例为 33.1%，广州（原十区）2017 年该比例为 27.7%，深圳 2016 年该比例为 18.5%。这说明城市公共交通还需采取多种举措，以提高公交吸引力。在设施层面还存在不少问题，如公共交通与其他交通方式的衔接有待完善、线网覆盖的广度和深度有待提升、公交专用道的网络性不足、港湾式公交站点的比例偏低。

2.3　城市步行和自行车出行系统问题

步行和自行车出行作为绿色交通越来越受到重视。2012 年，住房和城乡建设部会同国家发展和改革委员会、财政部联合印发了《关于加强城市步行和自行车交通系统建设的指导意见》（建城〔2012〕133 号），对全国各个城市的交通发展理念从以车为本转向以人为本起到了推动作用，成效显著。时隔 8 年，住房和城乡建设部《关于开展人行道净化和自行车专用道建设工作的意见》（建城〔2020〕3 号）于 2020 年 1 月发布，对相关工作进行了具体的部署。国家一些方针政策的落实促使慢行交通出行环境得到提升。但是经调研，步行和自行车出行系统还存在一些共性问题，如人行道和非机动车道空间不足或变窄、过街设施设置不合理、人行道或非机动车道空间被停车或其他设施占用、路面铺装损坏、无障碍设施不完善等。

2.4　停车问题

随着我国经济社会的发展，机动车保有量的增长速度依然迅猛。2020 年末，全国民用汽车保有量 28087 万辆（包括三轮汽车和低速货车 748 万辆），比上年末增加 1937 万辆，其中私人汽车保有量 24393 万辆，增加 1758 万辆；民用轿车保有量 15640 万辆，增加 996 万辆，其中私人轿车保有量 14674 万辆，增加 973 万辆。停车泊位数应达到车辆保有量的 1.1～1.3 倍为宜。据统计，2020 年 12 月中旬，全国车位缺口已达约 8000 万个，且缺口逐渐增大，停车难问题已经从影响静态交通发展到影响动态交通，进而影响城市社会经济活动的效率。

3　城市更新背景下交通基础设施发展的新形势

3.1　城市更新的新要求

当前各地对城市更新的界定大同小异，基本可以概况为由特定主体对特定区域的城市空间形态和功能进行整治、完善和优化，主要包括基础设施及公建配套设施的完善、历史风貌区保护与文化传承、现有土地用途及建筑物使用功能的优化调整、低效存量用地的盘活利用及生态环境品质的提升。

《中共中央关于制定国民经济和社会发展第十四个五年规划和二〇三五年远景目标的建议》明确提出，实施城市更新行动，推进城市生态修复、功能完善工程，统筹城市规划、建设、管理，合理确定城市规模、人口密度、空间结构，促进大中小城市和小城镇协调发展。这就指明了城市更新的意义和目标。

王蒙徽撰写的《实施城市更新行动》明确提出，推进新型城市基础设施建设。加快推进基于信息化、数字化、智能化的新型城市基础设施建设和改造，全面提升城市建设水平和运行效率。加快推进城市信息模型（CIM）平台建设，打造智慧城市的基础操作平台，实施智能化市政基础设施建设和改造，提高运行效率和安全性能。这就确定了城市更新的方向和重点。

2021 年 9 月，住房和城乡建设部在《关于在实施城市更新行动中防止大拆大建问题的通知》中明确提出：

严格控制大规模拆除。除违法建筑和经专业机构鉴定为危房且无修缮保留价值的建筑外，不大规模、成片集中拆除现状建筑，原则上城市更新单元（片区）或项目内拆除建筑面积不应大于现状总建筑面积的 20%。

严格控制大规模增建。除增建必要的公共服务设施外，不大规模新增老城区建设规模，不突破原有密度强度，不增加资源环境承载压力，原则上城市更新单元（片区）或项目内拆建比不应大于 2。

严格控制大规模搬迁。不大规模、强制性搬迁居民，不改变社会结构，不割断人、地和文化的关系。要尊重居民安置意愿，鼓励以就地、就近安置为主，改善居住条件，保持邻里关系和社会结构，城市更新单元（片区）或项目居民就地、就近安置率不宜低于 50%。

保持老城格局尺度。不破坏老城区传统格局和街巷肌理，不随意拉直拓宽道路，不修大马路、建大广场。鼓励采用“绣花”功夫，对旧厂区、旧商业区、旧居住区等进行修补、织补式更新，严格控制建筑高度，最大限度保留老城区具有特色的格局和肌理。

开展城市市政基础设施摸底调查，排查整治安全隐患，推动地面设施和地下市政基础设施更新改造统一谋划、协同建设。在城市绿化和环境营造中，鼓励近自然、本地化、易维护、可持续的生态建设方式，优化竖向空间，加强蓝绿灰一体化海绵城市建设。

该通知从顶层设计上细化了城市更新内容和方式，包括城市发展的模式、用地性质的变更、建筑体量的变化、城市路网格局的调整、市政设施的谋划等方面，无一不影响着城市交通基础设施的发展。

3.2 交通基础设施发展的新形势

为实现我国从交通大国到交通强国的转变，近期出台了一系列方针政策，都对交通基础设施发展提出了新要求。

3.2.1 《交通强国建设纲要》

《交通强国建设纲要》是交通强国建设的顶层设计和纲领性文件，是新时代做好交通工作的总抓手，明确提出了交通强国建设总目标“人民满意、保障有力、世界前列”，也提出了九大重点任务，交通基础设施是第一条。在“基础设施布局完善、立体互联”一条中，提出建设现代化高质量综合立体交通网络，构建便捷顺畅的城市（群）交通网，形成广覆盖的农村交通基础设施网，构筑多层级、一体化的综合交通枢纽体系。这就为交通基础设施建设指明了方向和重点。

3.2.2 《国家综合立体交通网规划纲要》

《国家综合立体交通网规划纲要》（以下简称《交通网规划纲要》）明确提出，到 21 世纪中叶，全面建成现代化高质量国家综合立体交通网，拥有世界一流的交通基础设施体系，交通运输供需有效平衡、服务优质均等、安全有力保障。

推进交通基础设施数字化、网联化，提升交通运输智慧发展水平。统筹发展和安全，加强交通运输安全与应急保障能力建设。加快推进绿色低碳发展，交通领域二氧化碳排放尽早达峰，降低污染物及温室气体排放强度，注重生态环境保护修复，促进交通与自然和谐发展。

依据《交通网规划纲要》，在城市交通基础设施更新时，需要提升交通基础设施的智能化、网络化水平，同时为了尽早实现“3060”碳目标，需更加关注绿色交通的品质提升。

3.2.3　《绿色出行创建行动方案》

该方案提出创建目标：以直辖市、省会城市、计划单列市、公交都市创建城市、其他城区人口100万以上的城市作为创建对象，鼓励周边中小城镇参与绿色出行创建行动。通过开展绿色出行创建行动，倡导简约适度、绿色低碳的生活方式，引导公众出行优先选择公共交通、步行和自行车等绿色出行方式，降低小汽车通行总量，整体提升我国各城市的绿色出行水平。到2022年，力争60%以上的创建城市绿色出行比例达到70%以上，绿色出行服务满意率不低于80%。公交都市创建城市将绿色出行创建行动纳入公交都市创建行动一并推进。

这就要求各地市在制定城市交通发展策略中，分析自身绿色交通现状，对标创建目标，制定切实可行的行动方案。方案中关于交通设施的具体要求在城市更新中需切实保障落实。

3.2.4　《关于推动城市停车设施发展的意见》

2021年5月7日，国家发展和改革委员会、住房和城乡建设部、公安部、自然资源部四部委联合发布《关于推动城市停车设施发展的意见》，要求要有效保障基本停车需求；新建居住社区严格按照城市停车规划和居住社区建设标准建设停车位；鼓励有条件的城市加快实施城市更新行动，结合老旧小区、老旧厂区、老旧街区、老旧楼宇等改造，积极扩建新建停车设施，地方各级财政可合理安排资金予以统筹支持；支持城市通过内部挖潜增效、片区综合治理和停车资源共享等方式，提出居民停车综合解决方案。

停车难问题是老城区的突出问题，需根据城市更新总体规划，制订停车设施专项规划。为落实文件要求，各地在制订的城市停车泊位设置标准中细化城市更新过程中改造项目的具体指标，包括各类建筑的配建指标和公共停车泊位设置。

4　交通基础设施提升策略

4.1　加强组织协调，成立多部门参与的城市更新指挥部

城市更新是一项复杂的改建活动，必须加强部门协同。通过成立多部门参与的城市更新指挥部，制订城市更新的总体规划、配套政策法规、标准规范、流程等相关文件，可提高具体工作的实操性，明确更新区域或单元的具体要求。交通基础设施的提升需在指挥部的统一领导与协调下进行，这可保证交通基础设施与用地、人口、建筑、公共服务设施、环境卫生设施、市政设施等相关要素的良性匹配与引导，进而提高人们对交通系统的满意度。主要参与部门的重点任务详见表1。

表1　主要参与部门的重点任务

部门	重点任务
自然资源部门	1. 交通设施用地的合法性与合规性； 2. 是否落实国土空间规划相关要求； 3. 是否落实综合交通规划与各交通专项规划的要求； 4. 是否落实多种交通方式的一体化发展； 5. 是否落实停车相关要求； 6. 主导制订城市更新总体规划（含交通基础设施）

续表

部门	重点任务
建设部门	1. 是否满足国家相关规范、标准的要求； 2. 是否采用最新的设计理念，如海绵城市、完整街道、全要素设计、“多杆合一”等； 3. 是否满足环保要求； 4. 是否与现状交通系统（如建筑出入口、道路横断面、公交站点、停车场等）实现良好衔接
交警部门	1. 提供智能化交通设施的设计参数要求； 2. 交通设施方案的合理性； 3. 是否满足智慧交通、智慧城市的要求
交通部门	1. 是否满足综合立体交通网的规划要求； 2. 是否落实公交优先的理念； 3. 是否需要调整公交线网、增加公交站点等
停车管理部门	1. 是否满足停车相关要求； 2. 停车设施的智能化水平是否满足要求
地铁管理部门	轨道交通是否与其他交通方式实现良好衔接
各市政设施部门（如供排水、热力、燃气、电力、电信等）	1. 是否落实各相关规划、规定的要求； 2. 是否与现有设施系统良好对接； 3. 是否满足管线综合要求
园林绿化部门	1. 绿化方案是否合理； 2. 环卫设施是否到位
环保部门	建设过程的环保监督
审计部门	1. 交通设施建设内容的必要性与可行性； 2. 交通设施造价的合理性

4.2 提高公众参与度

城市更新的模式决定了交通需求不会发生大的变动，针对现状交通设施存在的问题，作为交通参与者的公众最具发言权。在制订交通设施提升方案前，针对具体的城市更新对象设计详细的调查问卷，这包含道路网、公交、步行和自行车、停车等各个交通子系统，收集公众的意见和建议对于方案的设计将起到事半功倍的作用。通过该项工作将会收到很多关于交通设施细部的反馈意见，如道路网布局优化、公交线网的调整建议、公交站点位置的设置、绿化带端头的设置、共享单车停车点的布置、无障碍设施的短板等，这都为进行精细化治理提供了依据。

4.3 提升交通基础设施的智能化水平

城市更新行动是提升交通基础设施智能化水平的良好契机。一方面，加大与各设施运营商的合作力度，加快推进5G等技术在交通基础设施提升进程中的应用，并开展车路协同、智慧道路、智慧枢纽、自动驾驶、碳排放检测等领域的试点工作；另一方面，依托智慧交通实现交通设施要素的数字化、交通数据的实时共享，便于公众出行，促进资源高效利用，进而推动智慧城市的建设，提升城市更新的品质。

4.4 更多地关注老年人出行品质

自2000年迈入老龄化社会之后，我国人口老龄化的程度持续加深。到2022年左右，全国65岁以上人口将占到总人口的14%，2035年和2050年全国65岁以上老年人将达到3.1亿和接近3.8亿，分别占总人口比例的22.3%、27.9%。城市更新应当更加关注老年人的生活品质，交通基础设施提升也应当关注老年人的交通需求。建筑坡道和人行道无障碍设计、公交车辆的底盘高度、公交站台座椅数量、过街设施的语音提示、轨道交通的换乘设计、小汽车的老年人无人驾驶等诸多类似细节将成为交通基础设施提升的关注点，保障老年人行得了、行得好。

5 结语

我国城市更新行动启动时间不长，各地情况复杂多样，需加快推进试点工作，助推该项工作积极、稳妥、有序地开展。提升城市交通基础设施质量，对促进城市交通可持续发展、提高城市发展质量和人民幸福感有重要意义，需切实重视。本文提出的交通基础设施提升策略仅针对建设层面，在管理层面更需要深挖细查，多角度进行交通品质的提升。

[参考文献]

[1] 全永燊，潘昭宇，马毅林. 城市交通系统进化规律分析与思维转变 [J]. 城市交通，2021，19 (4)：1-9.

[2] 重庆网警巡查执法. 全国机动车保有量3.9亿辆、驾驶人4.76亿人 [EB/OL]. (2021-10-13) [2022-03-13]. https：//baijiahao. baidu. com/s?id=1713468333699587604&wfr=spider&for=pc.

[3] 贵州网络广播电视台. 全国城市轨道交通运营里程达7747公里 [EB/OL]. (2021-06-07) [2022-03-13]. https：//www. gzstv. com/a/3886f076f98b4472aa2e1db031f821b6.

[4] 赵一新，李伟，郑景轩，等.《住房和城乡建设部关于开展人行道净化和自行车专用道建设工作的意见》解读 [J]. 城市交通，2020，18 (1)：114-125.

[5] 国家统计局. 中华人民共和国2020年国民经济和社会发展统计公报 [EB/OL]. (2021-02-28) [2022-03-13]. http：//www. stats. gov. cn/ztjc/zthd/lhfw/2021/lh_hgjj/202103/t20210301_1814216. html.

[6] 西安报业传媒集团. 全国车位缺口已达8000万个，你那里停车难吗? [EB/OL]. (2020-07-08) [2022-03-13]. https：//baijiahao. baidu. com/s?id=1671661679954057942&wfr=spider&for=pc.

[7] 央广网. 专访交通运输部副部长戴东昌　权威解读《交通强国建设纲要》[EB/OL]. (2019-09-28) [2022-03-13]. https：//baijiahao. baidu. com/s?id=1645918141090389476&wfr=spider&for=pc.

[8] 第一财经. 报告：中国将在2022年左右进入老龄社会　应科学应对 [EB/OL]. (2020-06-19) [2022-03-13]. https：//www. chinanews. com. cn/gn/2020/06-19/9216394. shtml.

[作者简介]

张郭艳，高级工程师，注册咨询工程师，注册土木工程师（道路工程），任职于山东省城乡规划设计研究院有限公司。

城乡过渡片区的在地化空间迭代模式探讨

——以杭州市三江汇区域的未来坊巷为例

□陈　宸，刘海芊，缪岑岑，黄　河，黄文柳

摘要：当前，杭州境内一些山水景观优美、地域特色鲜明的城乡过渡地带正在经历新旧空间的迭代。然而，由于缺乏足够精细的管控依据，现代城市营建中的个别问题在这种迭代过程中变得较为突出。本文从问题导向出发，以三江汇区域的未来坊巷为例，对适应杭州发展需求的在地化空间迭代模式进行探讨，一方面归纳了以传统坊巷为原型、以本土空间基底和未来人群需求为调适依据的未来坊巷营建特征，另一方面也分析了将未来坊巷营建与三江汇区域规划管理工作相衔接的技术方法，并对其在三江汇区域的深化落实以及在杭州其他片区的参照实践提出思考和展望。

关键词：城乡过渡空间；空间迭代；在地化；未来坊巷

1　前言

20世纪80年代初，陈占祥在《中国大百科全书》中将城市更新界定为城市“新陈代谢”的过程。随着城市的发展，这种“新陈代谢”不仅出现在城市内部，在城乡过渡空间中也频繁发生。一方面，由于城市边缘不断拓展，城市逐步替代着郊野空间的位置；另一方面，则由于城市边缘地带的开发较不成熟，更新潜力也较大。近年来，杭州经历了常住人口的快速增长，这种新旧空间的迭代现象正在其城乡过渡地带大量发生。

杭州的城乡过渡空间具有山水人文景观丰富且敏感的特点，这些景观的长期保存需依赖深入且精细化的规划管理工作。杭州部分城乡过渡片区基于高度、强度等“一刀切、通则式”的指标进行建设管控，已开始呈现较为突出的负面风貌问题，因而有必要从问题导向出发，进行在地化的空间迭代模式探索。

2　未来坊巷：应对现实问题的一种破局设想

长久以来，我国传统城市的营建始终追求实现“人景共生”的理想人居环境。但是，当前杭州的城市营建存在着各种问题，如封闭的街区、高耸的大楼、机动车交通主导的新城路网等，都在加大人景之间的距离感。同时，工业特征浓厚的新建空间也容易失去地域化的场所风韵，割裂悠久的本土营城文脉。

在杭州的城乡过渡空间中，自然山水占比较大，开发建设活动较为频繁，上述问题一旦出

现，就会变得尤为突出。因此，出于避免负面问题进一步加剧，并适当延续地域空间脉络的考虑，杭州于2021年初借用本地经典人居模式——传统坊巷的概念，在中心城区以南的三江汇区域提出打造未来坊巷场景，将“以山水为主脉、以人的体验感知为主线，实现人的诗意栖居”作为片区空间营建的战略性目标，并对其他城乡过渡片区起到“航向标”的示范影响。

三江汇区域是杭州首个未来城市实践区（全称为“湘湖·三江汇未来城市先行实践区”），位于杭州中心城区以南的钱塘江、富春江、浦阳江三江交汇处，山水景观形式丰富且形态优美。受山体阻隔等因素影响，该片区城镇开发程度不深，山水景观保存较为完整，是典型的城乡过渡片区。同时，平阔悠远的江滩洲岛充分拓展了山水景观的观望视野，使片区自然风貌具有较高的辨识度。

在如此优渥的自然基底中追求“人景共生”时，需彻底打破受到工程技术支配的愿景定势，构建契合人本理念与人本需求的理想空间。段进院士在阐述空间规划与社会发展的关系时，强调“只有用以人为中心的观点代替单纯空间分析的孤立态度和逻辑推理，才能修正空间规划中偏差”。因此，以人的需求引领空间营建将成为三江汇区域应对现实问题的有力抓手。回望历史，在杭州由钱塘江畔的普通小城发展成为“东南第一州”的过程中，传统坊巷被视为一种比较成功、从人的需求出发对封闭式里坊的营建，也是呈现“自大街及诸坊巷，大小铺席，连门俱是”等繁盛景象的主要载体。未来坊巷在适当延续传统坊巷人本特征的同时，也需结合三江汇区域的现实情况进行在地化调适，构建依山融水、空间尺度适宜街区生活、空间功能适宜社群交往的新时代江南人居场景，为该片区新旧空间的迭代更新明确目标与方向。

3　在地化的未来坊巷特征推导

3.1　未来坊巷的构成

未来坊巷营建的落脚点在空间，涉及齐康院士在解析城市形态时提出的“轴、核、皮、架、群”等要素。但“骨架与皮囊”只是未来坊巷的营建依托，由“架（线性基质）”“群（面状基质）”等基质性要素构成的“血肉”才是营建重点。“架”与“群”是总体概括基质性空间的分类概念，在探究未来坊巷的构成时，需基于传统和未来空间的差异，对上述两项概念进行适当拆解，并明确界定细分要素的含义。

在传统坊巷中，“架”包括街巷、弄堂等线性空间，“群”包含街坊（及其中的建筑组群）、院落等面状空间。其中，巷与弄、坊与院在主次层级、空间尺度、公共属性、结构复杂性等方面存在显著区别。因此，可通过坊、巷、弄、院四类要素表示传统坊巷的空间构成（图1）。

而未来坊巷需契合现代城市居民在居住、工作、交通、公共活动等方面的使用需求，并严格遵循现行的城市建设规范，其空间构成与传统坊巷相比具有两点变化：第一，为满足街道宽度、建筑间距和消防应急等方面的管理要求，巷与弄的界限变得模糊；第二，城市人口密度、开发强度和建筑高度的显著提升，使低层高密度的建设模式难以适应现代化发展需求，小而分散的院落被大且集中的开敞空间取代。根据上述变化，未来坊巷将主要由三项要素构成，即坊、巷与场。

坊在通俗语义中有街坊的含义，不仅是一个空间概念，也可指代居住地点相近、交往频繁且共享归属情感的居民群体。在未来坊巷中，“坊”具有与“街坊”相似的生活圈含义，是指由若干个邻近街块（街块由干道围合而成，与5分钟生活圈基本重合）组成、功能较为完整的15分钟生活圈范围（单个街块即使具备未来坊巷特征，也不足以构成真正的未来坊巷，因此笔者将坊而非街块作为未来坊巷的构成要素）。

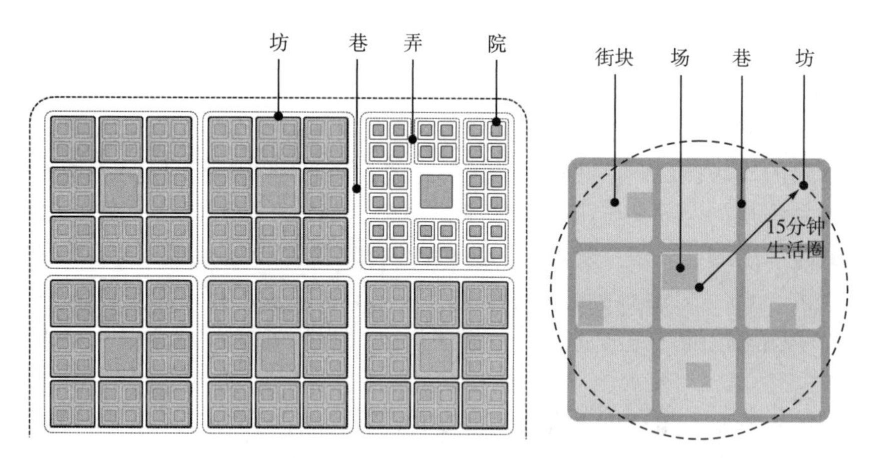

图1　传统坊巷（左）与未来坊巷（右）的空间构成模式示意图

巷在通俗语义中有街巷的含义，不仅是一个串联街块的线性空间概念，还是各类公共活动与社会事件的发生场所。在未来坊巷中，“巷”具有与“街巷”相似的线性空间含义，是指串联15分钟生活圈内各个街块，且能为户外活动提供良好氛围的街道空间。

场在通俗语义中有场景的含义，表示在特定场所中进行特定活动的现象，是场所特色的来源。在未来坊巷中，“场”具有更为明确的含义，是指能够凝聚各类公共活动、具有开放共享特征的开敞空间，延续了传统坊巷中院落的主要功能。

在明确未来坊巷的构成后，还需以传统坊巷特征为基础，结合三江汇区域本土空间特质与未来发展定位，实现在地化的未来坊巷特征推导。

3.2　传统坊巷的特征梳理

3.2.1　传统坊巷形态的生成逻辑

传统坊巷在历史上曾是一种普遍存在的空间原型，遍布中原和江南等地的诸多城市。其中，两宋时期的都城——古代开封城与杭州城是传统坊巷特征较为突出的两座主要城市。根据《清明上河图》描绘的北宋开封城景象，可发现传统坊巷呈现低矮、致密且较为均质的建设形态，街巷交错成网，街块由连续性强且界面开放的建筑围合而成（图2）。这种低矮致密的网格状、围合式形态主要由两方面因素导致：一是工程技术的制约，二是城市形态塑造目标的影响。

图2　《清明上河图》中描绘的北宋开封城坊巷空间

工程技术的制约是指在电梯出现前，人的垂直移动能力依赖于自身体力，移动高度有限，从而导致传统坊巷呈现低矮形态。王建国院士通过引用莱斯利·马丁（Leslie Martin）等于1966年发表的街块形态研究成果，指出当建筑密度与容积率相同时，围合式街块的建筑高度显著低于塔楼式街块。这一结论表明在建筑高度受限时，采用围合形态能更为有效地容纳人口并节约土地资源。

城市形态塑造目标对坊巷的影响则相对复杂。学者杨滔在基于空间句法的城市网格形态研究中提出城市形态塑造具有两项核心“几何目标”：一是使城市内部的所有空间都尽可能彼此靠近；二是使城市内部的联系路径都尽可能均等地发挥交通效用。前者是传统坊巷呈现致密形态的主要原因，后者则由于古代各类交通方式在速度及空间可达性（指通过某种交通方式到达所有城市空间的可行性，与交通速度呈负相关关系）方面差异不大的特点，成为传统坊巷呈现均质形态的主要原因。

此外，杨滔还发现尺度对空间系统的均质性存在影响：当某个空间系统规模较小时，环状结构的均质性更强；当其规模较大时，网格状结构的均质性更强。据此推断，传统坊巷出于呈现均质形态的需要，采用了在不同尺度下均质性较强的形态组合，即结合微观层面环状结构的建筑组群与中宏观层面网格状结构的城市街巷，最终形成普遍存在的网格状、围合式空间形态（图3）。

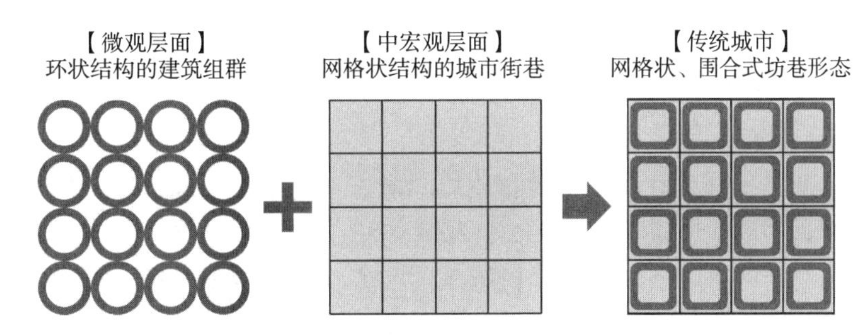

图3　传统坊巷形态的生成示意图

3.2.2　传统坊巷空间的其他特征

网格状、围合式形态是传统坊巷的突出特征，但仅凭这一特征无法对传统坊巷进行完整的特征描绘。魏群指出唐宋时期坊巷制对里坊制的替代主要由霸权文化、经济制度与社会审美三方面的转变导致，可见除空间形态构成的基本逻辑外，传统坊巷特征也受到其他因素的深刻影响，其与里坊在具体特征上存在三点直观差异：①街块不再完全受坊墙界定，部分街巷两侧商铺林立，并通过积极开放的界面形象吸引行人光顾停留；②不再划定专门市场，商贸空间选址的自由度显著提升，部分街坊内出现以行业类别集聚的行市；③具有更为密集紧凑的建筑布局，不同街坊间的交通联系更为便捷，平民阶层的交往活动也日趋频繁。

除上述显而易见的区别外，由于传统城市的形态变化是动态渐进的，传统坊巷与里坊之间也存在着显著的特征传衍关系，并体现在街巷和院落的营建上。

街巷方面，根据对唐长安宣阳坊格局的考证复原，可发现里坊内存在由十字主街、十字次街与毛细巷弄构成的主次街巷结构，而南宋平江城图碑展现的坊巷中也存在明显的主、次、支街巷结构特征。不同的是，在江南水网密布的地理环境中，主街、次街的分布和线形走向还受到水系形态的强烈影响，呈现“水街相依”的布局模式。

此外，蒋春泉以结构主义理论为基础归纳了江南古镇街巷的结构原型和不同等级街巷的空间尺度差异，并对街巷空间的主要特点进行了提炼，包括依托水系或城市轴线构建主次分明的街巷格局，具有宜人的空间尺度和舒适的慢行环境；借由街巷等级区分公共和私密领域，并通过建筑细节的丰富程度强化行人对不同领域的感知等。

院落方面，荣侠在针对明清时期苏州与徽州地区的民居研究中提出，历史上若干次规模较大的中原汉人南迁对江南地区两大传统建筑流派（“苏派”和“徽派”）的发展和成型影响深远，这也是江南传统院落形制与中原地区大体相似的主要原因。而蒋春泉在其研究中提到的内部向心性（建筑组群围合中央院落）、序列层次性（多进院落呈现明显的虚实序列关系）、自相似性（彼此邻近的院落具有类似形态）和动态开放性（院落组合可持续复制拓展）则可被视为上述两大地理分区在院落营建方面的共通之处。但是，他也指出江南院落不似里坊般受到坊墙的严格限制，可依据地形走势进行纵深加建或并列拼接，是坊巷肌理较里坊更为自由和不规则的主要原因。

3.2.3 传统坊巷特征小结

根据上述分析，可发现传统坊巷在遵循空间营建的基本规律时，也传承并衍替了传统里坊的部分建造特征。以坊、巷、弄、院的要素构成为线索，对其主要特征进行定性总结，包括：①坊——具有低矮紧凑、均质围合的建设形态和多元复合的功能布局；②巷、弄——具有主次分明的等级结构、贴合地形的选线走向、舒适宜人的空间尺度和积极开放的建筑界面；③院——具有向心围合、序列递进、相似拼接的建设模式与较为自由的组合形态。

3.3 在地化的空间特征梳理

3.3.1 本土空间基底梳理

如果说传统坊巷是一种普遍存在的空间原型，那么本土空间基底与未来人群需求就是对这一原型进行在地化调适的重要依据。三江汇区域在历史上经历了极为显著的水域范围变化，直至清代才形成较为稳定的水陆格局。由于村镇聚落和农耕田园成型较晚，历史上该片区与杭州城的物资、人员往来并不密切，从而形成了相对封闭、淳朴保守的社会经济状态，人口以自然增长为主，外来人员较难融入借由血缘和熟人关系维持的本土社会群体。

这种地域环境不仅为隐逸文化的萌芽和发展创造了有利条件（黄公望曾隐居于三江汇区域的西山之中，并作《富春山居图》），也使该片区与杭州城在空间营建方面产生了清晰的“显隐差异”，其人工空间长期展现的“隐性”特征包括：①建筑体量与周边山体相比显得微不足道，且大多隐匿于茂密树林之中；②聚落规模较小且布局紧凑，没有大城市横亘连绵的建设意象；③人工设施对山体的干预极少，山体可见照面的自然化程度很高（图4）。

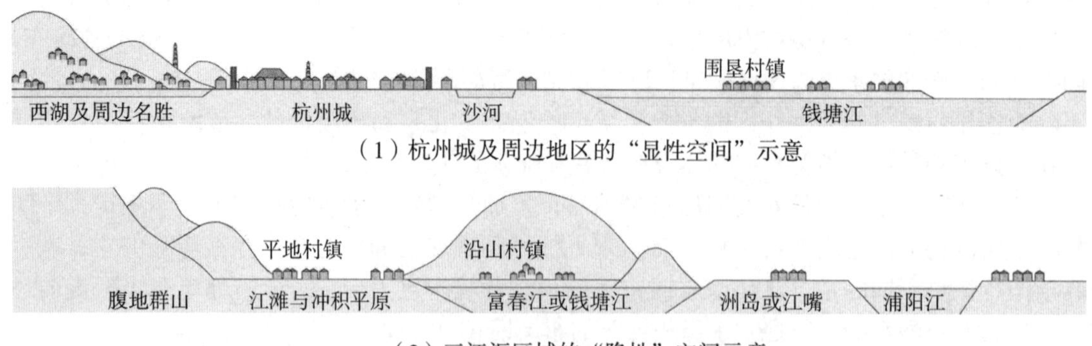

（1）杭州城及周边地区的“显性空间”示意

（2）三江汇区域的“隐性”空间示意

图4 历史上杭州城与三江汇区域的“显隐差异”示意图

为了维持这种“隐性”空间特征，三江汇区域的村镇布局以融入山水环境为目标，强调对山形水势的充分顺应和聚落形态的扁平化处理，人们在距离村镇较远的江面或江滩洲岛时难以全面感知村镇规模和尺度，仅能感知村镇边缘的建筑风貌。因此，当聚落选址于沿山地带时，多位于海拔较低的山脚缓坡或河谷腹地中，不骑山、不填山，充分保障远距离眺望视野中自然山体照面的完整性，街巷与建筑也多平行于山体等高线或河流布局；当聚落选址于江滩平原地带时，街巷与建筑也多依据河浦、陂塘等水体的位置和走向布局，相邻聚落之间往往被大面积农田分隔，使其体量感进一步降低（图 5）。

图 5　三江汇地区传统聚落布局示意图

除“隐性”特征外，三江汇区域的村镇也与传统坊巷相似，在空间上由坊、巷、弄、院构成，并在具体特征方面展现出与传统坊巷的密切传衍关系：①坊——具有依山顺水、低矮紧凑的建筑布局；②巷、弄——同样具有主次分明的等级结构、贴合地形的选线走向、舒适宜人的空间尺度，且主要街巷的线形充分契合山体等高线或滨水岸线，并具有连续开放的沿街界面；③院——多采用前院、后院等附属院落形式，围合院落较少，但其半公共、半私密的共享空间特征得到延续，此外在村口或其他主要节点也会局部形成集中的公共活动场地。

3.3.2　未来人群需求梳理

与历史视角下的空间特征分析不同，对未来人群需求的梳理主要沿两条线索展开：一方面，三江汇区域通过编制《发展战略与行动规划》，已明确未来人群定位为“近期吸引更多青年精英，并逐步引入高端型精英人才，最终实现全龄友好、多元混合”，需以此为基础形成人群画像及其活动特征梳理；另一方面，要根据人群活动的实际需求，将马斯洛提出的需求层次转化为可营建的具象场景。通过两条线索的结合，才能进一步构建以空间为载体、以场景为内涵的人本需求分析路径。

首先，根据既定的未来人群定位和三江汇区域各类详细规划的成果内容，可初步明确该片区将会出现的具体人群，包括乡村当地居民、城市居民、学生、创意工作者、科创人员、工厂职工、商务办公人员、游客、服务业从业人员等。这些人群的日常活动主要涉及以居住、工作、休闲娱乐等功能为主的空间，加之作为主体的青年技术专精人群具有空间流动性强（产居和休闲场所不完全固定）、交往复合性强（交际圈的拓展性和交叉度较高）、活动全时性强（作息时段跨度大且灵活变化）的“三强”特征，未来坊巷需注重提升各类功能性空间对不同产居功能的兼容性，并配置丰富多元且便捷可达的服务设施和交往场所，打造“高度复合的社群聚落”。

其次，未来坊巷的营建需要尽量为各类人群活动，特别是公共性较强的自发性活动与社会性活动提供完善且适宜的发生环境，因此需以公共资源的调控分配为落脚点，充分衔接马斯洛的需求层次分析，创建安居生活、创新乐业、绿色游憩、活力交往、永续学习、健康生活、人本出行、审美体验、智慧治理等可构想、可落实的九类子场景（表 1），实现“以人的感知为主线串联未来城市实践”。

表 1　未来坊巷九类子场景及其营建要旨

未来坊巷的子场景	子场景衔接的需求层次	子场景的营建要旨
安居生活场景	生理、安全、归属与爱的需求	注重形成全龄友好的生活配套布局，需特别关注儿童与老人等弱势群体的看护、康养需求
创新乐业场景	归属与爱、尊重、认知、自我实现的需求	注重营造适度开发、友好共享的工作氛围，通过促进工作场合的各类交往活动激发创新灵感
绿色游憩场景	生理、归属与爱、认知、审美的需求	注重营造亲近自然、景色优美的户外休闲场所，并使之具有较高的开放性与公共性，促进公共活动发生
活力交往场景	归属与爱、尊重、认知的需求	注重通过适当的功能与空间布局提升户外空间公共活力，营造积极开放、多元共享的户外活动氛围
永续学习场景	尊重、认知、自我实现的需求	注重均衡、全面地布局全龄友好的共享学习空间，为各类人群提供更多的学习交流机会，提升学习乐趣
健康生活场景	生理、安全、归属与爱、尊重的需求	注重营造生态低碳、清新整洁的公共活动环境，促进户外康体运动并提供便捷的品质化医疗服务
人本出行场景	生理、安全、归属与爱的需求	注重营造舒适宜人且连续开发的街道慢行环境，并通过适当的街道结构与尺度控制促进慢行活力集聚
审美体验场景	归属与爱、认知、审美、自我实现的需求	注重对公共空间与公共设施进行艺术化植入，并通过对建筑风貌的合理引导强化空间视觉特色
智慧治理场景	生理、安全、归属与爱、尊重的需求	注重运用数字化手段为各级生活圈运营提供便民高效的智慧基础设施支撑，深化智能技术应用

除系统性地结合居住、工作和休闲娱乐空间塑造九类子场景外，还需充分打破片面追求高度、体量的建设倾向，回归人性化的场所尺度。高度方面，扬·盖尔（Jan Gehl）指出在高于五层的建筑空间中，人与城市的接触会脱离，并直言此类空间“不再属于城市”，可见过高的建筑对城市活力具有显著的负面影响。同时，高层建筑对生理和心理健康的负面效应也切实存在。体量方面，过大的建筑，尤其是图书馆、医院等公共建筑，会对儿童和老人的使用造成不便，无助于实现“全龄友好”的营建目标。此外，建筑过大意味着其所在的街块尺度也过大，对于营造良好的慢行与交往氛围也毫无助益。

3.4　未来坊巷的在地化特征归纳

综合提炼上述针对传统坊巷以及三江汇区域本土空间基底、未来人群需求的分析内容，可归纳得到该片区进行未来坊巷在地化营建的八项主要特征，涵盖坊、巷、场等构成要素与功能、形态、布局关系等规划设计要素（表 2）。

表 2　未来坊巷的在地化营建特征

未来坊巷的构成要素	未来坊巷的在地化营建特征	营建特征的主要内涵
坊	类型多元、复合弹性的功能布局	以“产居融合”为导向，提升空间使用的弹性，为各类人群交往提供有利条件，并设置均衡完善的配套服务设施，强化慢行与公共交通服务水平，促进便利化、绿色化的日常出行活动
	衬托山水、因地制宜的建设形态	维持自然山水在景观构图中的主导地位，建设空间作为嵌入山水场景的“非主导要素”，不应破坏具有“高远、平远、阔远”特征的宏观山川构图
	优美秀雅、兼收并蓄的空间韵味	在适当传承并演绎“杭派”建筑特征的同时，塑造整体协调但局部呈现创新特点的建设风貌，并与优美的山水景致相呼应
巷	适宜慢行、主次分明的街巷结构	优先选择滨水的、步行可达性较高的、靠近重要片区或节点的路段，作为承载慢行交通和公共活动的主街，同时适当提升支路网密度，提升街道网络对慢行的适宜性
	尺度亲切、适宜活动的街巷空间	适当延续传统街巷舒适的尺度和比例关系，避免出现过于幽闭或空旷的街道感受，并以促进街道两侧行人间的视线交流为导向适当缩窄街道路幅
	积极连续、生动活泼的街巷界面	通过合理增加建筑密度和沿街建筑贴线率凸显户外空间的围合感，并借助骑楼、檐廊等半室外空间提升户外活动的舒适性，引导公共活力向街道集聚
场	开放共享、亲切自然的公共空间	构建多层级、多尺度、多方位的户外共享空间体系，并与周边建筑的使用者树立密切的视线互动关系，还需兼顾杭州的自然气候特征，充分增加共享空间的林荫化率
	特色鲜明、人文归属的交往场所	注重在共享空间中植入人文性、艺术性较强的视觉要素，并通过标志性的公共艺术装置或人文景观促进邻里交往氛围的延续与发展

4　未来坊巷的管理与落实

现阶段，三江汇区域的城乡空间迭代尚未全面开展，未来坊巷主要被视为一种在中微观层面把控空间营建与风貌塑造的规划管理手段，且在当前的城乡建设背景下，未来坊巷的相关特征也难以通过空间自组织或资本驱动形成，需要政府对开发建设活动进行适当干预，规划管理在相应环节中也扮演着重要角色。

未来坊巷与三江汇区域规划管理的衔接主要在中观与微观两个层面推进和深化。中观层面上，笔者以《“三江汇”杭州未来城市实践区景观控制规划》（以下简称为《景观控制规划》）的编制为契机，借鉴古代杭州城塑造理想人居环境的方法，参照传统空间营建模式和山水营城方法的相关研究成果，推演得到三江汇地区较为理想的山川定位格局、城乡空间格局及人文景观格局（图 6），在支撑整体景观控制格局的梳理与校核外，也为深化未来坊巷的营建管理打下基础。

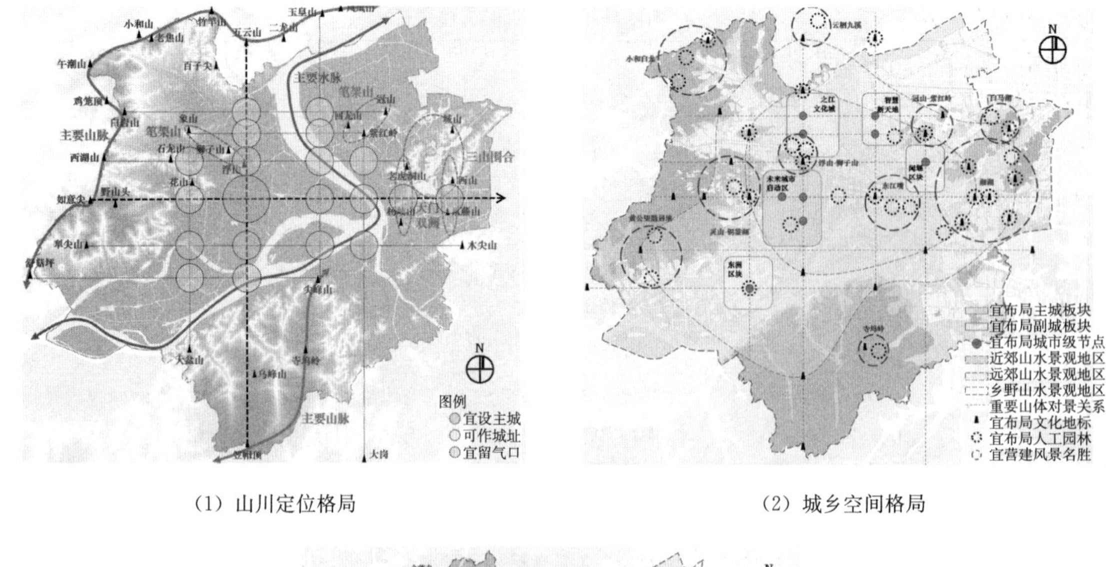

（1）山川定位格局　　　　　　　　（2）城乡空间格局

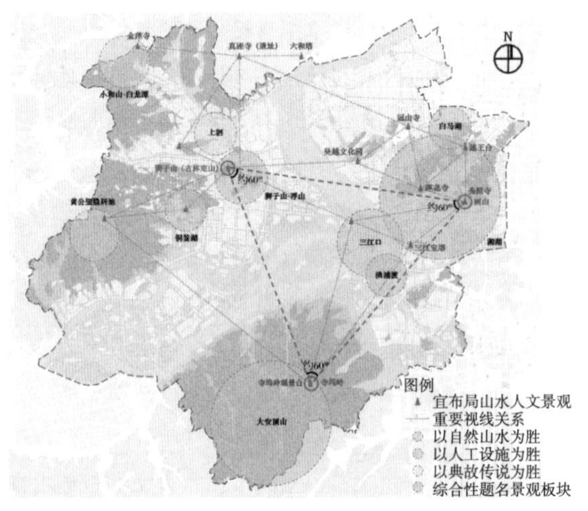

（3）人文景观格局

图6　三江汇地区较为理想的整体景观格局

除格局推演外，《景观控制规划》也明确了部分未来坊巷特征的营建要求。例如，在近山、滨水地区从严控制建筑高度与体量，维持山水、城之间的开阔意象；通过系统化、精细化的高度分区管控，避免在山前、水边出现剧烈的起伏错落，与平坦的江滩、沙洲维持整体协调关系，充分体现衬托山水的未来坊巷特征（图7）。

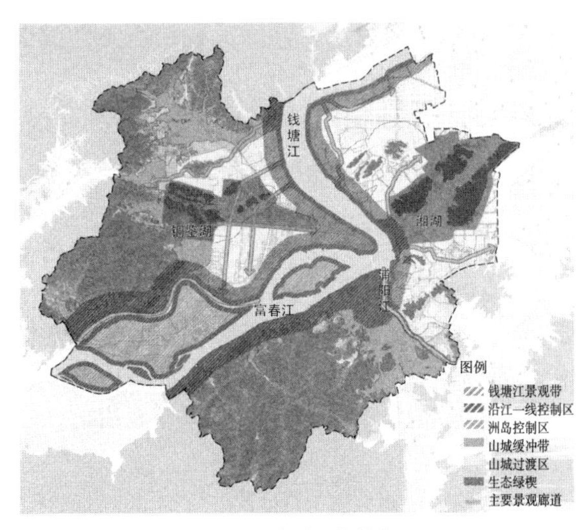

（1）山水景观控制格局

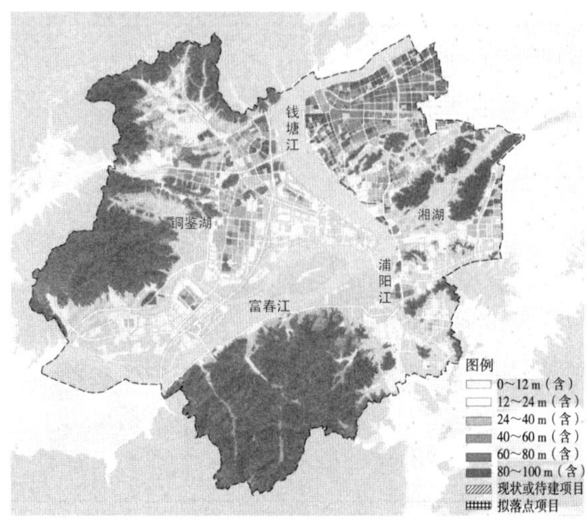

（2）高度分区控制格局

图 7　三江汇区域的控制格局

微观层面上，笔者在进行《湘湖·三江汇未来城市先行实践区未来坊巷场景导则》（以下简称为《未来坊巷导则》）的编制时，没有将未来坊巷营建视为独立的规划管理体系，而是同步衔接三江汇区域的控制性详细规划编制工作，使针对未来坊巷的技术管理工作能被纳入三江汇区域的规划管理体系之中。

由于功能对人群活动存在显著影响，《未来坊巷导则》将城市与乡村空间分为四类街块，包括以居住功能为主的城市宜居坊街块、以产业创新功能为主的城市创新坊街块、以商业娱乐功能为主的城市商娱坊街块以及兼容农业与非农功能的郊野田园坊街块。此外，还根据管理部门对街块建设的干预程度，将城市街块进一步分为未来坊巷营建的特别意图区、一般意图区和修补意图区（图 8、图 9），并明确其界定依据。

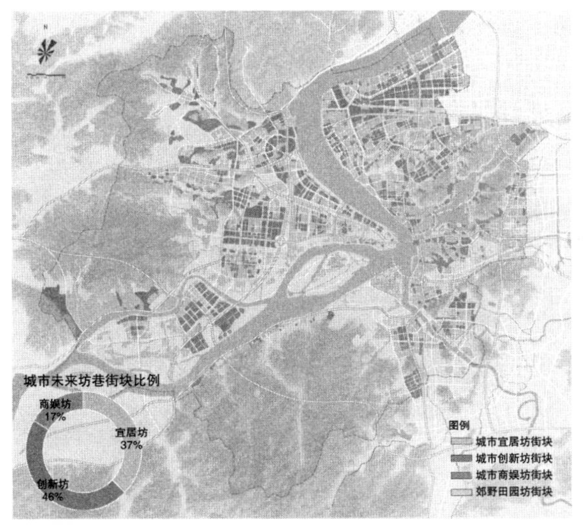

图 8　未来坊巷街块的分类格局

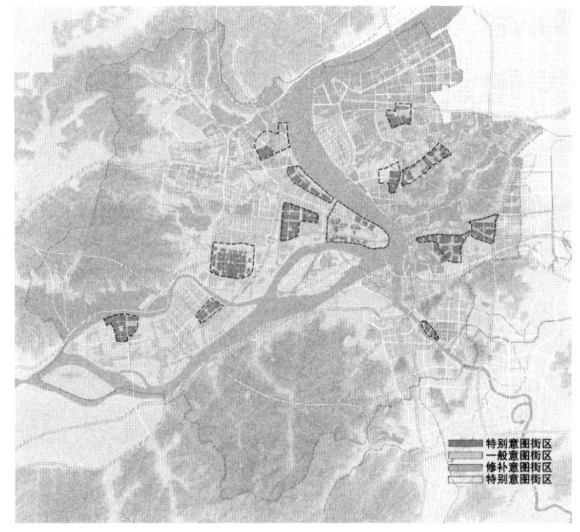

图 9　城市街块的分区格局

（1）特别意图区是指尚未进行集中开发，且管理部门对街块建设具有深度干预能力的片区，应较为完整和彻底地塑造未来坊巷子场景，全面落实未来坊巷的各类营建要求。结合三江汇区域的街区格局，还应将包含特别意图区的街区单元视为特别意图街区，并要求其在控制性详细规划阶段出具附加图则。

（2）一般意图区是指尚未进行集中开发，且管理部门对街块建设的干预程度一般的片区，应注重在街道、绿地等公共领域充分营造未来坊巷特征，并在功能布局、配套服务等方面进行复合化设计。

（3）修补意图区是指现状已建成，且政府对街块建设的干预程度较低的片区，应注重结合城市修补工作在街道、绿地等公共领域适当植入未来坊巷特征。

在《未来坊巷导则》中，同类型街块的营建指引在内容上保持一致，但根据分区差异会呈现严格程度区别。例如对城市宜居坊街块而言，“构建跨越‘数字鸿沟’方案，于社区中心开设老年智能产品应用课堂，推动老年人适应互联网服务场景”等内容在特别意图区中为约束性要求，在一般意图区与修补意图区中则为引导性要求。

除借助分类、分区格局支撑规划管理外，《未来坊巷导则》在内容表达上也尽量做到简明直白，降低管理者理解指引目的的难度。例如，对主街两侧的半室外空间进行指引时，明确提出“走路不低头、逛街不淋雨”的建设目标，使非规划专业人员也能知晓指引意图。此外，针对要素的具体指引要求也被充分量化，以便管理者明确判断规划建设方案与《未来坊巷导则》的符合度，如“位于街道、广场和绿地内的公共艺术装置实现对 15 分钟生活圈的半径 200 米全覆盖”、“主街两侧建筑贴线率不低于 70%”等。

5 未来坊巷实践的后续展望

本文阐述了三江汇区域的未来坊巷由概念设想转变为管理手段的基本过程，但规划管理只是实施环节的开端，在向详细规划与工程建设层面传导营建要求的过程中，仍然存在诸多有待解决的问题。笔者将与三江汇区域控制详细规划的编制团队保持着密切沟通，讨论未来坊巷的激励机制、附加图则、开发方式、建设时序等议题，以进一步提升现阶段研究成果的可操作性。

而在更为宏观的背景下，随着浙江省委文化工作会议提出实施“宋韵文化传世工程”，未来坊巷将作为杭州体现“宋韵文化”的重要空间载体，在中心城区乃至市域范围内得到推广普及。笔者也将在《杭州市总体城市设计（补充完善）》的编制过程中，对更大尺度下的史地发展脉络进行研究，为杭州的城乡空间迭代和未来坊巷实践提供参考方向与评价依据。

[参考文献]

[1] 杜春兰. 山地城市景观学研究 [D]. 重庆：重庆大学，2005.
[2] 段进. 城市空间发展论 [M]. 南京：江苏科学技术出版社，2006.
[3] 方智果. 基于近人空间尺度适宜性的城市设计研究 [D]. 天津：天津大学，2013.
[4] 高乃平，贺登峰，牛建磊，等. 高层建筑垂直方向污染物传播的实验与模拟研究 [J]. 建筑科学，2008 (10)：47-50.
[5] 贺从容，王朗. 唐长安宣阳坊内格局分析 [J]. 中国建筑史论汇刊，2011 (1)：300-312.
[6] 雅各布斯. 美国大城市的死与生 [M]. 金衡山，译. 南京：译林出版社，2005.
[7] 蒋春泉. 江南水乡古镇空间结构重构研究初探 [D]. 大连：大连理工大学，2004.
[8] 亚历山大，伊希卡娅，西尔佛斯坦，等. 建筑模式语言 [M]. 王听度，周序鸿，译. 北京：知识产权出版社，2002.
[9] 齐康. 城市建筑 [M]. 南京：东南大学出版社，2001.

[10] 荣侠. 16—19世纪苏州与徽州民居建筑文化比较研究 [D]. 苏州：苏州大学，2017.
[11] 王建国. 基于城市设计的大尺度城市空间形态研究 [J]. 中国科学（E辑：技术科学），2009，39（5）：830-839.
[12] 王树声，李慧敏，喜旭芳. 中国传统城市设计的意境结构研究 [J]. 合肥工业大学学报（自然科学版），2010，33（6）：876-880.
[13] 魏群. 中国传统居住社区的空间形态及其流变 [D]. 泉州：华侨大学，2007.
[14] 吴然. 四川盆地山水城市营造的文化传统与景观理法研究 [D]. 北京：北京林业大学，2016.
[15] 马斯洛. 动机与人格 [M]. 许金声，等，译. 北京：中国人民大学出版社，2007.
[16] 盖尔. 人性化的城市尺度 [M]. 欧阳文，徐哲文，译. 北京：中国建筑工业出版社，2010.
[17] 杨滔. 基于空间句法的多尺度城市空间网络形态研究 [D]. 北京：清华大学，2017.
[18] 早川和男. 居住福利论：居住环境在社会福利和人类幸福中的意义 [M]. 李桓，译. 北京：中国建筑工业出版社，2005.
[19] 张迎修. 半个世纪以来济南市7岁儿童生长发育的长期变化 [J]. 预防医学情报杂志，1996（2）：87-88.
[20] 张杰. 中国古代空间文化溯源 [M]. 北京：清华大学出版社，2012.
[21] 赵格. 城市网格形态研究 [D]. 天津：天津大学，2008.
[22] 朱玲. 杭州古代城市人居环境营造经验研究 [D]. 西安：西安建筑科技大学，2014.

[作者简介]

陈　宸，工程师，任职于杭州市规划设计研究院。
刘海芊，工程师，任职于杭州市规划设计研究院。
缪岑岑，工程师，任职于杭州市规划设计研究院。
黄　河，工程师，任职于杭州市城市规划设计咨询有限公司。
黄文柳，教授级高级工程师，杭州市规划设计研究院副总工程师。

英美城市工业用地更新机制研究及其对我国的启示

□钱　昆

摘要：近年来，城市更新越来越受到社会关注，城市工业用地更新更是当前城市更新的重要内容之一。大城市工业用地普遍存在规模大、产业结构进入转型期、用地效率不高等问题，是城市盘活存量、挖掘土地资源潜力的主要对象。我国在城市工业用地更新领域存在理论缺位、经验不足等问题，难以指导以工业用地更新为路径的新旧动能转换。本文通过解析美国底特律和英国伦敦的城市工业用地更新经验，结合我国自身特色，在高质量发展、城乡统筹、土地集约节约利用的背景下，探索我国构建城市工业用地更新机制的可行路径。

关键词：更新机制；城市更新；工业用地

1　研究背景

1.1　英美城市更新机制演变

近现代意义上的城市更新起源于产业革命，迄今已有200多年历史。二战后，城市更新成为全球范围内最具影响力的城市政策。尽管不同国家历史发展背景和社会经济条件不同，在城市更新实践中遇到的问题各异，但其发展趋势大致相同。英美两国城市更新的发展历程大致分为以下四个阶段。

第一阶段：二战后至20世纪50年代。此阶段经济快速增长，人们逐渐不满足于残破的居住环境，出于对改善城市形象和更好地利用土地的愿望，许多城市开始清理快速增长时期产生的破败建筑，以提升城市形象。城市更新资金大多来自公共部门，政府对更新区域和更新过程有很高的决定权。

第二阶段：20世纪60—70年代。面对内城衰退问题，政府开始实施以内城复兴、社会福利改善及物质环境更新为目标的综合政策，试图通过土地更新及建筑物改善，为居民提供就业培训和为社会项目提供一定财务支持，满足内城社区的社会需求。这个阶段，公私合作在一定程度内存在，但没有构成政策的核心，城市更新仍主要体现为自上而下的作用机制。

第三阶段：20世纪80年代。此阶段以市场为主导、以房地产开发为主要方式、以经济增长为取向的城市更新机制发展起来。70年代开始，全球经济调整对西方国家的经济造成冲击，福利政策成为政府的负担。1979年，英国政府大力推行私有化政策，与美国里根政府实行的自由市场政策体系遥相呼应，构成80年代英美城市更新政策体系的基石，私有主体成为城市更新的主要力量，政府成为次要角色。

第四阶段：20世纪90年代以来。由于市场主导下的城市更新机制不能从根本上解决旧城区问题，使得一个更加综合、多元化的更新理念逐渐形成——在继续鼓励私人投资、推动公私合作的同时，强调公、私、公众等多方合作伙伴关系，明确更新的内涵是经济、社会和环境等多目标的更新。它将规划及更新决策权力交给地方，强调在公私合作的同时，将本地居民、社区人士或组织看作决策过程的重要一极，使城市更新目标有了更强的社会性。

1.2 对我国的借鉴意义

作为工业化的先行者，英美两国在城市更新领域积攒了丰富的经验。城市工业用地更新作为当前城市更新的重要内容之一，需要在理论框架、技术方法和实践应用等方面实现突破。本文将通过对美国底特律和英国伦敦两座城市工业用地更新机制的分析和解读，探索我国城市工业用地更新的可行路径。

值得注意的是，与英美国家相比，我国在涉及城市更新的多个方面表现出明显差异：法律体系方面，英美属于海洋法系，我国是大陆法系国家，中央政府可自上而下传递出对社会矛盾的判断，进而提出城市更新的主体意志；管理体系方面，相对于英美国家将更新管理事权明显下放的做法，我国则实行分级管理，权力逐级下放；空间发展战略方面，英美呈现城乡一体化的发展格局，而我国正处在城乡二元化向城乡统筹迈进的阶段；土地所有权方面，我国与英美国家也存在显著不同。因此在借鉴国际经验的同时，也应注意在不同社会经济体制下城市更新机制与方法的实际可行性。

2 底特律——以城市转型为背景的工业用地更新

2.1 城市产业转型概况

底特律位于五大湖区，是美国重要的工业城市，其汽车产业一度辉煌，在福特制生产方式主导的时期，曾被誉为“全球汽车制造中心”。依托良好的公路、港口、桥隧等交通运输基础设施，早期现代化生产技术和生产线工作模式使底特律汽车工业进入了大规模生产阶段，该地区与汽车制造相关的零部件生产加工产业相当发达。1900—1950年，底特律人口从28.5万增至185万，经济水平和人口规模呈爆发式增长。

1950年开始，由于工厂外迁等一系列原因，底特律以高技术、高收入人群为主的部分居民开始向郊区迁移，出现“郊区化”现象。1970—1980年间，石油危机引发石油价格上涨，间接导致汽车价格下降，汽车生产企业利润空间被压缩，加之汽车制造产业的全球化发展，低油耗的日本进口车抢占市场份额，促使“汽车城”底特律陷入发展危机。

20世纪50—60年代，针对城市郊区化过程中主导产业外迁导致的衰退，政府主导推动了以住房、社区、交通基础设施为重点的大规模改造；20世纪70年代末，底特律经济受石油危机影响，政府提出了向服务业转型的战略，投资兴建底特律复兴中心、大型体育设施、商务中心等工程，推进当地服务业多元化发展。这两次转型措施促进了城市经济的短期复苏，但没能改变其长期衰退的趋势。

2.2 转型不彻底导致城市发展危机

依托五大湖区的地区优势，底特律涵盖了汽车产业从原料到产品的全产业链。进入信息时代后，当地企业大多将低增值的制造业务转移至低成本国家和地区，自身则致力于技术研发、信息整合、品牌运营等高附加值的业务环节，培育了以汽车行业为核心的生产性服务、金融服务等新兴产业，但底特律汽车产业在当地仍然占据着行业制高点。然而，除汽车产业外，底特律其他服务行业产业化程度十分薄弱：一方面，未能从已有丰富技术经验的机械制造业中挖掘价值，延伸发展新材料、计算机电子信息化、医疗器械等产业；另一方面，对城市自身的艺术人文底蕴、良好的旅游资源探索有限，未能发展出形成规模的音乐、体育、旅游会展等现代服务业。

底特律汽车行业的快速转型也带来了多层次的结构性问题。由于汽车制造业服务化和深度服务外包，低附加值产业链环节的人员安置成为现实问题。2013 年，底特律申请破产后，城市就业率明显降低，结构性失业与创新技术人才缺口无法支撑城市主导产业战略性转型。作为一座为工业经济而设计的城市，借助发达的高速公路系统，以卡车为主要交通运输工具的底特律工业发展成为一个整体，而城市公共交通却难以满足现代城市生活的基本需求，长期工业生产遗留的环境污染问题也成为后工业时代城市转型发展的阻碍。

结构性失业、城市空心化等问题，导致地方政府税收大幅缩减，社会矛盾加剧，居民纷纷外迁，底特律陷入逆城镇化旋涡。1950—2010 年，底特律失去了 61%的人口，市中心平均房价暴跌，大量可利用土地被闲置。

2.3 底特律未来城市战略框架

美国为推进底特律系统化转型，制定了以经济增长、土地利用、社区营造等为主要内容的综合性城市发展战略规划——《2012 底特律未来城市战略框架》（2012 *Detroit Strategic Framework Plan*，以下简称《底特律战略框架》）。这是一次在全球化、后工业化和技术变革背景下，对传统工业城市更新机制的探索。

2.3.1 设定合理目标，区域化协同发展

相比于过去以经济增长为核心，对空间和人口规模增长预期过高的做法，《底特律战略框架》将未来城市人口目标确定在 70 万，并以此为基础调整城市系统，缩小服务网络，为居住单元确定适宜的就业密度以满足市民需求，使城市通勤和服务空间更加高效便捷。在前期转型阶段建设的产业园、机场、港口等设施基础上，首次将“生态投资”放在优先地位，提出了“蓝色基础设施”（主要包括改进城市水质、水的循环利用等）和“绿色基础设施”（主要包括城市绿道、绿色景观等）改进计划；政策工具也由过去通过税收优惠或补贴吸引外部投资，转变为将有限的政策资金优先用于改进城市公共服务体系。

美国在此次推动底特律转型过程中特别重视建立水平的协调机制，通过加强地区之间的横向协调，减少不必要的竞争和重复投资，提高资源整体利用效率。联邦政府和州政府共同推动底特律与同属“铁锈地带”的其他地区分工合作，以底特律大都市区为主体构建“产业共同体”，促进区域之间公共交通、水、能源、通信等资源的互联互通。联邦政府成立底特律工作组，推动底特律传统企业与全球的新技术企业建立合作共享平台，缓解底特律传统产业转型升级的技术、人才和资金缺口问题。这一举措有效破解了底特律汽车行业的转型瓶颈，推动了当地制造业向纳米技术、智能汽车等产业转型。

2.3.2 统筹土地资源配置

在空间发展策略方面，《底特律战略框架》提出了具有创新性的城市土地资源配置方案，以期解决城市空间缺乏活力、闲置用地过多等现实问题。根据城市用地的自身特征，划分出市中心区域、低度闲置区 1、低度闲置区 2、中度闲置区 1、中度闲置区 2、高度闲置区、工业发展区、原有工业闲置区等现状用地类型，并将未来城市功能空间分为居住、工业、景观三大类，

各大类下再分设小类。由此进一步提出以改变用地功能为目标的开发模式矩阵框架，将现状用地类型与适宜的可开发功能模式相匹配，并设置居住类、工业类、（商业）零售类、景观类设施建设指引（图 1）。

一方面，利用工业发展区和高度闲置区，向轻工业、一般工业、重工业等工业类功能转化，并提出配建蓝色基础设施、绿色基础设施的建设要求；另一方面，利用原有工业闲置区，向包括工业设施的创新型种植区、创新型生态区等景观类功能和“LIVE ＋ MAKE”居住类功能转换，并在景观类功能中对可建设的设施类型设置了附加条件。

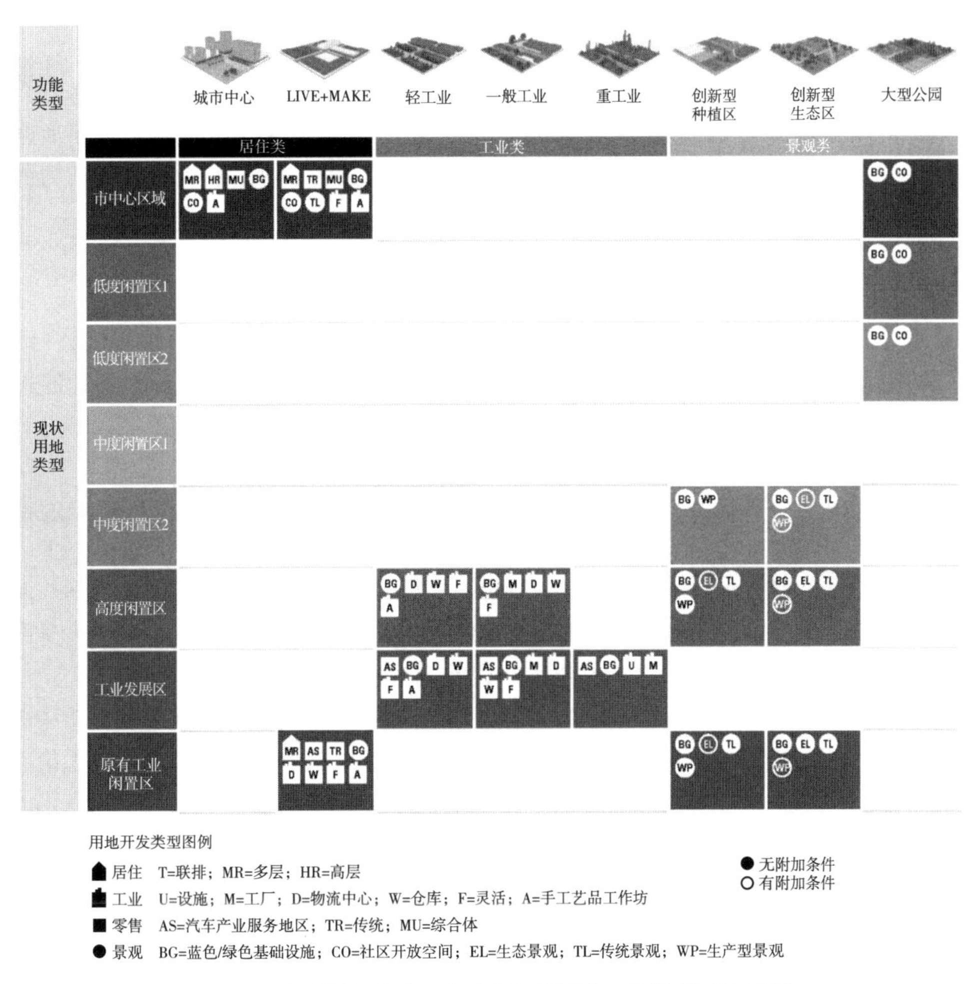

图 1　《底特律战略框架》部分土地功能转换开发模式矩阵示意图

3　伦敦——基于存量空间推动工业用地更新

3.1　城市主导产业的发展历程

早在 16 世纪，伦敦凭借优越的港口区位条件，成为英国主要进出口港和国际转运贸易中心。随着工业革命的兴起与发展，伦敦城市规模大幅扩张。20 世纪 50 年代初，伦敦制造业进入繁荣期，在国民经济中占比达到 40%。60 年代，随着城市土地价格上涨、国际竞争加剧、石油危机等不利因素出现，伦敦城内工业企业开始外迁，制造业工人大量失业，传统制造业衰退，服务业逐渐兴起。

20 世纪 70 年代，伦敦开始实施以银行业等服务业替代传统工业的产业结构调整战略，伦敦金融业对大伦敦地区以及英国经济发展起到重要的带动作用，金融服务业、商业以及高端专业服务创造的就业岗位占全市的 1/3。在撒切尔“新自由主义经济”政策下，当地以金融为核心的服务业进入快速发展阶段，为伦敦成为全球金融中心奠定了坚实基础。80 年代末，伦敦成功步入服务经济时代。

20 世纪 90 年代，内部及外部环境变化促使创意产业在伦敦崛起。世界范围的经济危机使伦敦经济陷入发展困境，亟须培育发展新动能。以英国国内消费升级为契机，结合伦敦作为全球贸易中心的区位优势，创意产业成为带动伦敦经济发展的增长极。

进入 21 世纪，伴随服务业纵深发展，伦敦第三产业比重长期维持在 90%以上水平，伦敦市政府意识到产业上过于依赖金融业的局面会导致城市经济整体抗风险能力差，存在加剧失业等社会问题的隐患。因此，伦敦市政府在 2002 年提出将伦敦打造为“世界上最具吸引力的制造业地区”之一，加大对高附加值、知识密集型制造业的扶持力度，巩固制造业基础。

3.2 产业更新推动空间更新的城市发展模式

在产业的快速发展和迭代的同时，伦敦在空间发展上面临着内城空心化、社会环境恶化等一系列城市问题，这迫使政府将发展重新聚焦在城市空间上，并以城市更新的方式促进城市功能转型和业态重组，改善空间布局、产业结构和社会经济环境，以保持伦敦在全球化竞争中的领先地位。

二战后，伦敦开展“新城计划”，将制造业引导至新城，以应对工业化带来的交通拥堵、用地紧张等问题，大量投资发展机会涌向新城。然而经济结构调整尚未实现，反而造成城市中心区空心化。在新城陆续开发的几十年里，由于全球经济下滑，伦敦产业转型不充分，内城滋生了居住紧张、失业贫困、高犯罪率等问题，中产阶级纷纷搬出内城。同时，大量推倒重建的城市更新模式，破坏了原有的邻里关系和城市风貌，受到广泛批评。

内城空心化促使政府调整发展战略，加强内城复兴，并提出“让精英阶层重回城市中央”的复兴计划，希望吸引优质产业资本和就业者进驻，重振城市活力，重现具有人文活力的大伦敦。

3.3 大伦敦地区空间发展战略规划

工业是支撑大伦敦地区产业发展、居民生活以及提供就业机会的基础性产业，其产业空间应得到保障。近年来，伦敦的工业用地有所流失，政府在保障产业空间和维持用地功能等方面提出了多项政策，在 2021 年发布的《大伦敦地区空间发展战略规划》（*The Spatial Development Strategy For Greater London*，以下简称《伦敦规划》）中，也对工业用地更新提出了具体要求。

3.3.1 维持总量，挖掘存量

在《伦敦规划》的总体目标中，提出在大伦敦地区“以差异化发展的策略实现经济增长”的要求——在保持中央活动区、新金融城等中心区重要地位的同时，各城镇中心应通过城市更新推动经济发展。这一举措在促进区域整体经济发展的同时，使城市各区的潜在价值得到体现，为区域均衡发展提供保障。

工业用地方面，要求各区保留足够的用地规模，以支撑城市工业生产和物流运转。各区可通过论证维持现有工业用地总量，或进行增量工业用地开发。鼓励在现状工业用地以提高开发强度的方式进行再开发，充分利用存量空间。在工业用地闲置率较高的地区，可开展评估将其转为其他用途，盘活存量土地。同时，根据城市近期经济社会环境，设置优先进行工业用地保留、提升和挖潜的更新单元，包括交通运输条件优势地区、新兴产业发展地区、中小微企业发展地区、提供产业链关键环节和就业机会的地区等。

3.3.2　混合用地，高效利用

在《伦敦规划》中，“利用工业、物流和产业服务用地，支持伦敦经济体系运转”是此轮规划经济发展的主要政策之一。

综合考虑工业、物流和产业服务用地的自然地理条件、释放时序、闲置程度等因素，《伦敦规划》将其重新分为三大类——战略工业用地（Strategic Industrial Locations，简称“SIL 用地”）、地区级重要工业场地（Locally Significant Industry Sites，简称“LSIS 用地”）和其他未指定场地，并对不同类别的工业用地更新提出了相应要求。对于 SIL 用地，应进行积极管理，使其成为伦敦最主要的工业、物流和相关产业集中地，促进经济发展。对于 LSIS 用地，各区应明确该类用地向下兼容的土地性质和容积率指标，以及企业获得土地的开发要求，引导其成为适用于中小企业的轻工业、一般工业和仓储物流的产业空间。对于 SIL 用地和 LSIS 用地，《伦敦规划》明确了混合利用土地的可行路径，鼓励将污染程度较小的工业活动（以轻工业、仓储物流为主）与居住、商业等其他用途混合的土地开发模式，提高城市用地的效率（图 2）。

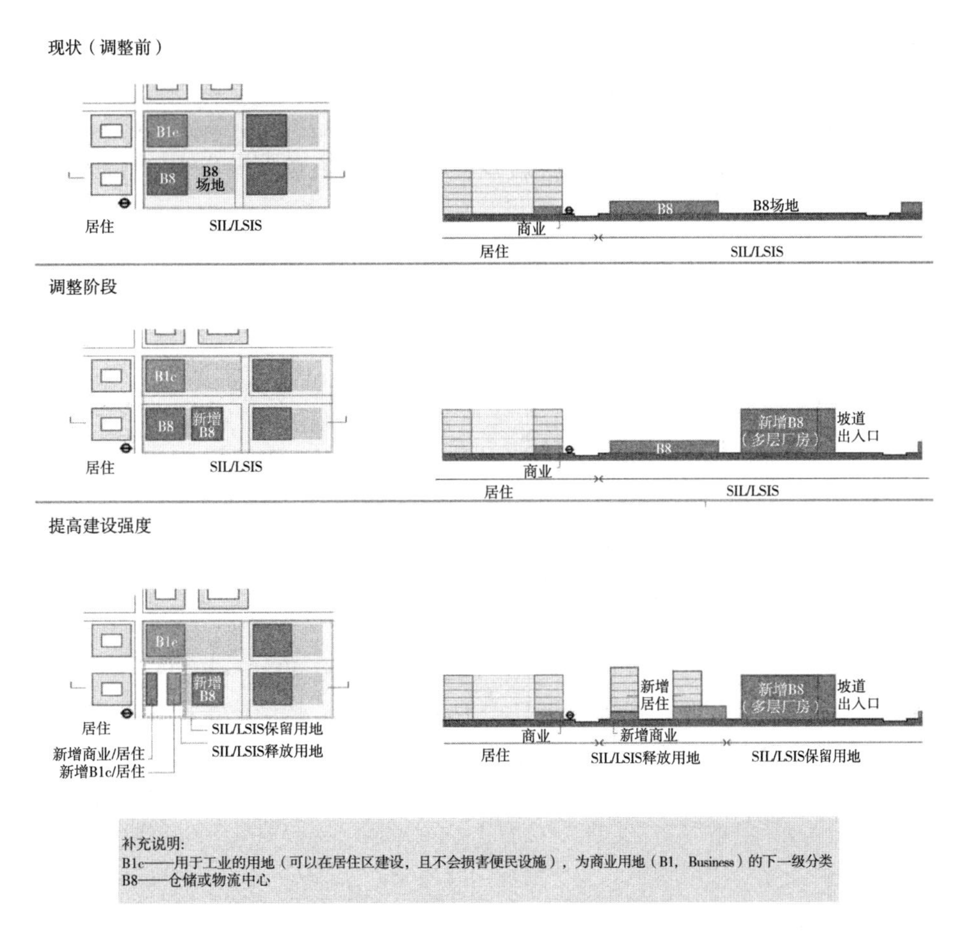

图 2　《伦敦规划》中 SIL 用地、LSIS 用地混合开发模式示意图

4 对我国城市工业用地更新的启示

4.1 合理设定城市更新目标

在城市更新工作中，应对区域经济演变的客观规律建立认识，理性预期经济发展目标和人口规模，结合区域自身定位，加强区域内各城市、不同部门协调，综合考虑产业发展、生态保护及修复、地方特色文化等社会效益，构建系统化发展策略。

在城乡统筹重点地区，应优先判断工业用地为增量发展还是存量发展；在传统工业城市，应采取“稳中有进”的转型路径，建立适应当地人口结构的公共服务体系，改善生态环境质量，从而整体上改善地区的“发展生态”。

4.2 完善规划编制技术路径

在城乡统筹的发展背景下，现阶段城市更新应将闲置工业用地、零散的乡镇工业用地纳入规划范围，综合考量区域发展方向、就业空间需求、职住平衡与通勤距离等现实因素，明确城市工业用地的空间布局，优化城市资源配置。

在规划编制的具体操作上，建议采用“控规作为刚性替代，以城市设计作为弹性补充”的方式：根据用地的建设现状、交通区位、发展产业（重工业、轻工业或其他）等因素分级分类制定更新策略，明确工业用地更新的空间形态（园区、厂房或楼宇）和使用模式（保留、转变或混合），细化闲置用地、零散地块的利用方式。兼顾上位规划对功能、交通及公共服务配套要求的纵向对接，与生态环境治理、市政设施规划、历史文化保护等专项规划的横向衔接。此外，可参考国际经验，编制具有前瞻性的工业更新专项规划，在工业发展集聚区体现产业集群的辐射带动作用。

4.3 因地制宜构建保障机制

基于大陆法系的立法逻辑，我国宜尽快构建城市更新法规体系，明确城市更新的基本框架，细化更新原则、管理主体、编审流程等内容。考虑到我国地域辽阔、各地区城镇化进程差异、工业发展战略需求不同等因素，中央立法应保障地方层面法规设立的灵活性。

城市更新相关政策制定的关键在于寻找效率与公平之间的平衡点。在工业用地的用途转换机制中，应探索创新土地用途的可行路径，根据产业转型模式，明确用地性质、容积率、自持比例，可参考国际经验，设计用地更新开发模式框架等。资金方面，可通过经营公益用地、公共设施等筹集，如奖励容积率等途径转化资金成本。

5 结语

在新型城镇化的发展背景下，我国对现代产业体系发展、经济体系优化升级提出了新的发展要求。通过合理设定更新目标、完善规划编制技术路径、因地制宜构建保障机制，对城市工业用地更新进行有效引导，是开启经济新动力、实现城市高质量发展不可或缺的重要内容。

［参考文献］

[1] 刘迪，唐婧娴，赵宪峰，等. 发达国家城市更新体系的比较研究及对我国的启示：以法德日英美五国为例 [J]. 国际城市规划，2021 (3)：50-58.

[2] 张更立. 走向三方合作的伙伴关系：西方城市更新政策的演变及其对中国的启示 [J]. 城市发展研究，2004 (4)：26-32.
[3] 孙志燕，施戍杰. 美国“工业锈带”复兴之鉴 [J]. 中国经济报告，2017 (6)：61-63.
[4] 董玛力，陈田，王丽艳. 西方城市更新发展历程和政策演变 [J]. 人文地理，2009 (5)：42-46.
[5] 瞿斌庆，伍美琴. 城市更新理念与中国城市现实 [J]. 城市规划学刊，2009 (2)：75-82.
[6] 邹兵. 增量规划向存量规划转型：理论解析与实践应对 [J]. 城市规划学刊，2015 (5)：12-19.
[7] 胡映洁，吕斌. 我国工业用地更新的利益还原机制及其绩效分析 [J]. 城市发展研究，2016，23 (4)：61-66.
[8] 王如昀. 伦敦：城市存量更新的代表 [J]. 北京规划建设，2020 (4)：154-157.
[9] ROGGEMA R. Three urbanisms in one city：accommodating the paces of change [J]. Detroit Future City (2012) Detroit Strategic Framework Plan，2015，6 (9).
[10] GREATER LONDON AUTHORITY. The London plan：spatial development strategy for Greater London [M]. London：Greater London Authority，2011.

[作者简介]

钱　昆，规划师，任职于武汉市规划研究院。

关于国土空间生态安全格局的探索与思考

□许 昊，周 培

摘要：国土空间生态安全格局易在城镇开发建设的过程中受到破坏，生态修复应以生态整体性为导向，其管控措施对于维护生态安全格局的稳定尤为重要。本文以某县为研究对象，通过生态源地识别、阻力面构建等手段构建该县的生态安全格局，探讨了该县生态安全格局下关于生态源地和生态廊道的管控措施，分析了对生态源地的分级分区管控思路并提出了相应具体措施；分析了廊道与农村宅基地和交通路网交叉的两种情况，提出了廊道缓冲区和保护范围的划分，以及廊道的空间个性化设计，为县域国土空间下的生态安全格局研究提供案例借鉴。

关键词：生态安全格局；管控措施；国土空间规划

党的十八大把优化国土空间开发格局上升至国家战略高度，生态安全格局被列为三大战略格局优化目标之一。在国家“以生态建设为主”的战略导向下，以“两屏三带”为主体的生态安全格局需与以“两横三纵”为主体的城镇化战略格局和以“七区二十三带”为主体的农业发展战略格局相结合。同时，生态文明建设是中国特色社会主义事业“五位一体”总布局的重要一环。

随着国内城市建设的发展，大量的自然资源被利用及生态用地被侵占，造成城市建设与生态环境之间的矛盾与冲突，对生态环境与人居环境形成极大的威胁。例如，流域水环境存在安全隐患及水质超标，大面积水土流失，土壤污染、林地遭到破坏等生态环境问题频繁出现。以存在生态问题的县域为单元，开展生态安全格局的研究，这对我国国土空间未来的开发及生态保护至关重要，对构建与保护生态安全格局、促进国家发展与生态文明建设具有重大意义。

在城乡建设过程中，人们对生态建设的要求逐步提高，在县域的空间单元内更应突出生态安全格局的边界及管控措施。生态安全格局的管控对维护生态安全格局的稳定性至关重要，而现阶段对生态安全格局的空间管控措施研究较少，本文以县域为研究单元，对某县的生态安全格局进行了构建，深入探讨其生态安全格局的空间管控措施。

1 生态安全格局理念

1.1 生态安全格局的概念

生态安全格局是以景观生态学的理论为基础，针对区域空间的生态要素和人文因素进行耦合布局，通过自然途径和人为途径的相互作用机制，识别生态修复的空间格局。

生态安全格局是生态空间、生产空间、生活空间的相互作用、相互协调。生态安全格局研究作为区域内的空间性研究，维护区域空间的生态环境，将治山、治水、治林、治田、治湖、治草有机地统一联系起来，实现区域空间生态系统的整体改善。同时，生态安全格局对城市建设起指导作用。

1.2 生态安全格局的研究进展

1.2.1 国外生态安全格局研究

1941年，国外开始进行土地健康研究，从保障区域土地资源生态安全出发，关注土地污染等问题。当时的研究路线为“生物多样性保护—生态系统服务评估—自然经济社会系统耦合”，这也为生态安全格局的研究奠定了基础，随之有关生态修复以及生态安全格局的理念及问题得到全世界的关注。

国外的生态安全研究以更宏观的视角，主要集中于国家安全、可持续发展和全球化，将人口、资源、环境等问题纳入国家安全范畴。国外有些学者认为，人类生态安全需要建立在人与自然之间、不同人种类别之间、人类与非人类种群之间及人类与致病微生物间平衡的基础上。国土尺度生态安全格局研究起步较早，以1950年逐渐兴起的绿色廊道运动为代表，如欧洲、新加坡等地区和国家陆续开展绿色廊道规划研究。20世纪，生态网络空间格局构建的思路逐渐开始流行，当时以美国和欧洲为代表。麦克哈格在《自然设计》（*Design with Nature*）中提出了生态廊道和绿色空间的理论。20世纪80年代，绿色基础设施概念流行起来，强调连续开放空间对自然系统生态价值发挥、土地与景观格局保护等各层面的效益。

早期的格局构建主要以生物多样性保护为目标，随着生态系统服务评估的发展，以及有关社会经济问题对生态安全重要性的认识，生态安全格局研究逐步转向以自然生态系统为主，与社会经济耦合相互协同的发展趋势。主要侧重在全球变化和人类活动扩张所造成的区域性生态问题背景下，进行生态系统功能及过程研究，生物多样性与生态系统服务评估与协同关系研究，生态保护与恢复研究，自然与社会经济系统耦合分析研究，以及生态安全的政策研究。

1.2.2 国内生态安全格局研究

国内于1990年开始在国外生态安全格局研究的影响下，逐渐形成了生态修复、生态系统及生态安全格局研究的意识，进入有关生态理念研究的领域热点。国内将生态安全格局的研究在宏观条件下与国土空间总体规划、城市规划及土地利用学科串联起来，用于指导国内建设发展，提供发展思路，对于产业结构的完整性有着重大意义。

1990年前后，国内提出了生态空间和生态用地的概念，开始关注城市的生态问题。生态空间常与“三生”空间、生态保护红线、自然生态空间和国土空间共同作为研究对象而被关注，土地利用、空间结构、景观格局、生态敏感型、生态系统服务也是被关注的重点内容，研究学科以空间规划、景观生态学和地理学为主。

国内研究者主要基于生态系统服务功能重要性评价、生态系统敏感性评价、生态适宜性评价、空间开发适宜性评价等，对生态空间进行识别。基于景观生态学对生态空间格局演变进行研究，常用斑一廊一基原理、生态适宜性和敏感性理论、景观指数、突变模型等诊断生态空间分布格局及演化趋势，从而提出空间布局优化方案。其中有不少研究基于生态因子（水、土壤、生物等）分析生态空间安全格局。有学者基于RS遥感影像和土地利用现状等数据，研究生态空间数量的年际变化和空间分异格局，指出我国的核心生态主体功能区的用地呈减少趋势，区域生态调节、防护和屏障功能降低。

国内关于生态安全格局的研究主要为如何构建及识别生态安全格局。基于项目和案例，构建生态安全格局的方法通常为生态源地识别、数据空间叠加、自然地理环境优化。关文彬等人认为，景观生态恢复与重建是区域生态安全格局构建的关键途径。王伟霞等人构建了由生态源区和生态廊道组成的生态空间安全格局。俞孔坚等人以源斑块识别为基础，形成多个单一生态过程的安全格局，构建综合生态安全格局。

1.3　生态安全格局的问题

我国对生态安全格局没有明确的定义。生态安全格局的相关研究大部分是基于景观生态学来进行的，大多生态安全格局的识别也以景观生态学为依据，还未突破景观生态学的理论基础。对于生态安全格局与城市、乡镇的协同关系，生态安全格局应用到国土空间规划并与规划学科结合，在规划层面进行生态安全格局等研究尚缺乏专业的技术手段。

生态安全格局的识别未统一标准。生态安全格局中源地和生态廊道的构建方法不统一，构建方法大多参考不同的文献资料和向专家咨询，相关影响因子的确定以及系数的选取多来源于文献研究和经验值。

对生态安全格局的研究以识别和构建为主，缺乏明确的空间管控措施。在生态安全格局领域内，山、水、林、田、湖、草是一个生命共同体，相互之间存在有机的联系，而不是以单个要素的形式存在。生态修复应以生态整体性为导向，提出合理有效的管控措施。

2　某县生态安全格局构建

现阶段，国内的生态安全格局构建基本采用俞孔坚等学者提出的三步骤方法框架。一是确定源。通过对城市生态过程与功能的分析，明确城市最突出的生态问题，确定区域内具有生态促进作用和生态系统维持稳定作用的核心斑块，即源斑块，如生物的核心栖息地作为生物多样性过程的源，水源林聚集的核心区作为城市水文过程的源，公园和风景名胜区的核心区作为游憩活动的源。二是以核心斑块为起点，判断其向外发展的空间阻力关系。三是根据阻力关系形成综合阻力面，以构建安全格局。

本文参考俞孔坚等学者提出的生态安全格局构建方法，对某县生态安全格局进行构建：一是根据生态保护红线、自然保护地及生态源地重要性分析识别生态源地；二是以生态源地为起点，判断其向外发展的空间阻力关系，建立综合阻力面；三是根据生态源地与空间阻力关系，加上山脉和水系构成的山水格局构建生态安全格局（图1）。

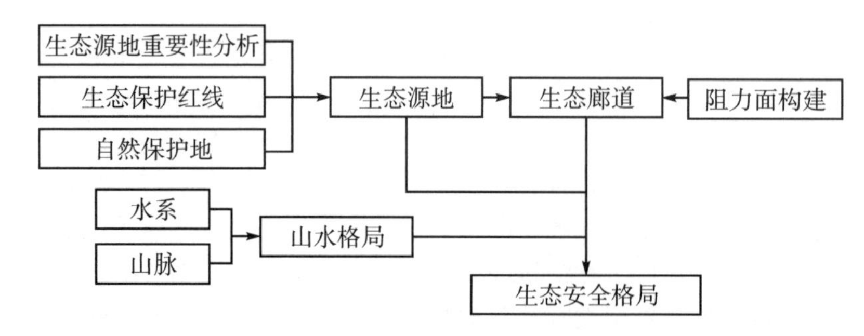

图1　某县生态安全格局构建路线

2.1　生态源地识别

以多光谱的遥感影像和ArcGIS空间分析，对符合一定面积标准的生态保护红线、自然保护地进行识别，以及根据生态源地重要性分析来确定生态源地（图2）。

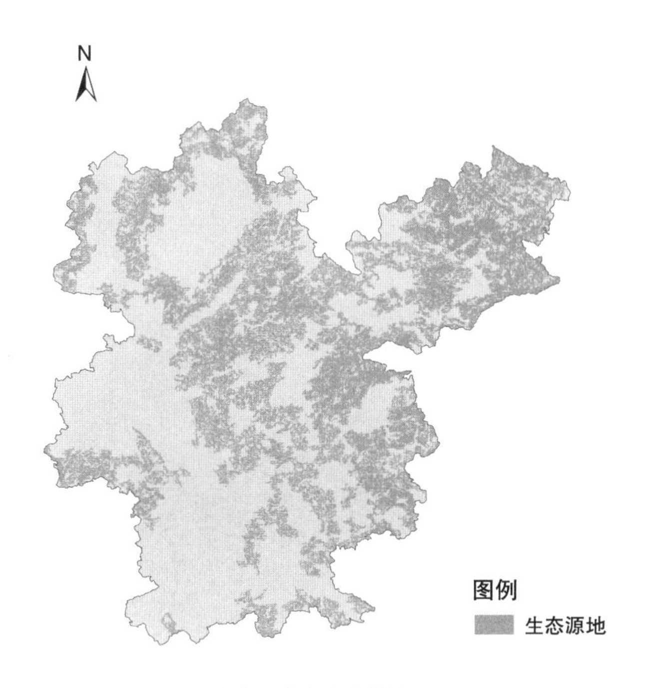

图 2　某县生态源地

2.2　阻力面构建

采用最小累积阻力模型（Minimum Cumulative Resistance，MCR），公式为：

$$\mathrm{MCR}=f_{min}\sum_{j=n}^{i=m}(D_{ij}\times R_i)$$

式中，MCR 是从源扩散到空间任一点的最小累计阻力值，f_{min} 为反映最小累积阻力与生态过程正相关的函数，D_{ij} 为源从单元 j 到单元 i 的空间距离；R_i 为单元 i 对某方向扩散的阻力系数。

通过计算生态源地向外扩张所需克服的生态阻力进行阻力面的构建，从而识别出各生态源地之间相互穿越的最小耗费路径，即生态廊道（图 3）。

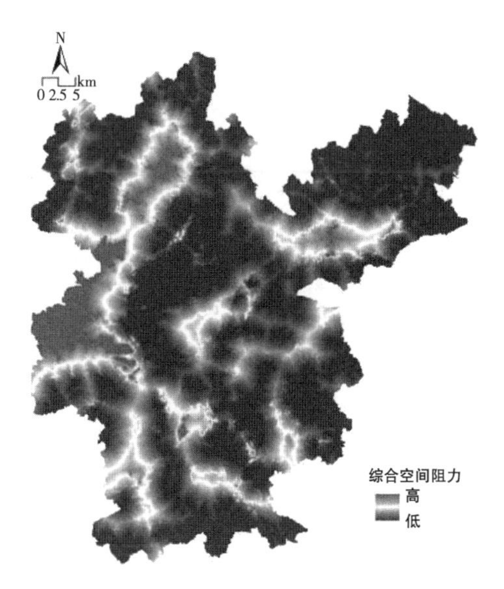

图 3　某县综合阻力面

2.3 生态安全格局构建

在空间阻力面图上，廊道就是相邻源斑块之间的阻力低谷通道，是生态流之间进行联系的最容易的途径和高效通道。根据已建立的生态廊道网络以及基于最小耗费距离的模拟结果，结合该县“两屏两带”的山水格局（“两屏”即山脉屏障，对全域生态安全起基础作用；“两带”即水系带，串联山区与城市空间），构建该县“两屏两带、多源多廊”的生态安全格局（图4）。

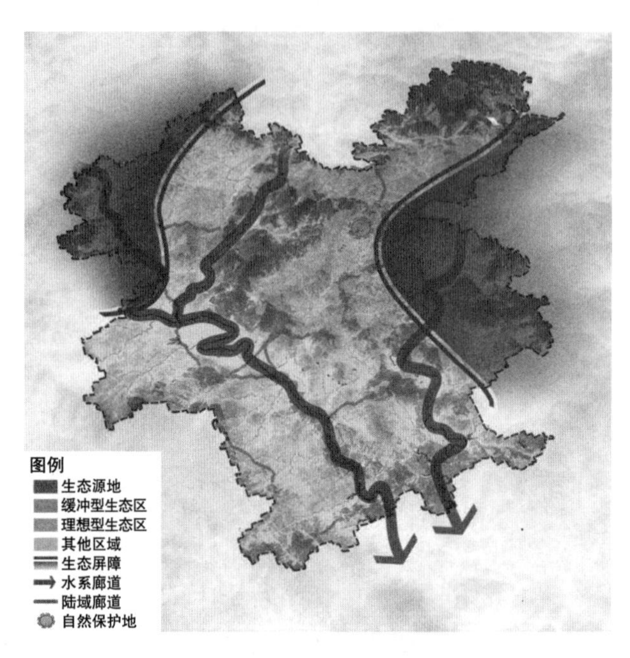

图4 某县生态安全格局

3 某县生态安全格局管控建议

相比于构建生态安全格局，更重要的是对已构建的生态安全格局进行管控与保护。管控手段是落实生态安全格局保障的重中之重。在指定管控手段及对策之前，一要通过研究判断生态安全格局的问题以及分析潜在的影响生态安全格局的因素（自然原因与人为原因）；二要对区域的历史生态安全问题进行梳理和总结，总结之前影响生态安全的因素以及相关管控手段，为之后的管控对策提供思路；三要广泛收集群众的建议和对策，相关的环境保护主管部门和群众对生态环境保护要有一定的经验和理解。

3.1 生态源地管控措施

生态源地的管控是一项综合性工作，它不仅是对生态源地内山、水、林、田、湖、草等生态要素的修复保护，更要统筹空间治理，结合国土空间规划，按照源地的重要性进行分级管控。该地生态源地与生态保护红线重叠区域较多，其管控应充分与生态保护红线的管控协同，以及与自然保护地统筹管理。

建议根据生态环境影响因素以及生态源地重要性分析进行分级分区管理，结合阻力面对生态源地重要性与栅格数量进行统计分析，利用自然断点法将各阻力阈值作为区划依据，通过调研和资料收集以及数据分析来判定需要重点修复的源地。通过生态环境局提供的数据指标来判定有待修复的生态要素，结合上报的需要重点生态修复工程的项目和所在区域，划分出该县的生态源地、缓冲型生态区、理想型生态区、其他区域。对生态源地的分级分区系统化管控是最高效、最合理的手段。生态源地的管控需要结合国土空间总体规划，建议在分级分区的要求下细化对区域内生态要素的保护与修复。

充分利用RS遥感影像和ArcGIS空间分析等技术手段对生态源地进行研究。生态源地涵盖的要素众多，如山、水、林、大气、生物，需明确每个区域的保护目标，分析各要素之间的联系，探究区域生态环境的影响机制，判断生态源地与该区域用地性质的关系，如是否与生态保护红线或建设用地重合，基于特定的环境保护要求对生态源地进行分级分区管控。生态源地为核心保护区域，也是生态敏感性最强的区域，需采取最严格的管控手段，明确禁止建设区内各个地块的敏感类型，内部应严格落实每一项保护要求，对人类活动进行控制，维护原有生态环境。缓冲型生态区以“限建”为主要手段，应制定详细的建设计划，在计划下实施建设，并加强生态修复工作。理想型生态区应按要求和要素实行管控，实行绿色发展、生态建设。其他区域可对影响生态环境的产业进行调整，在对环境不造成影响的条件下进行适宜性建设。

生态源地的管控应具有强制作用，管控手段需要真正落地，必须由各相关城市部门积极配合与响应。各相关城市部门为生态源地管控手段的实施主体，必须根据实际需要和区域定位，相互协调合作，同时充分发挥群众的积极性，采纳群众建议，针对环境问题提出适宜性对策与管控手段，对生态源地管控手段的实际效果进行系统评估，将生态源地的保护真正落到实处。

生态源地应实行统一监管制度。生态源地是一个多维的全方位系统，不能单一从理论或者分离的生态要素去考虑，采取的对策不单单是针对某一现状或问题，而且需要考虑时间和空间因素，全面地去解决整个生态系统的问题，忽略了整体性考虑，就会造成全局紊乱甚至影响该区域的生态平衡，致使更严峻的问题出现。我国各环保部门都有各自的权利，相互制约，没有一个统一牵头的核心部门，分散分块式管理会导致效率低下。建议建立垂直管理机制，由一个部门统一监管，作为“发号施令者”，统筹各部门一起制定管控策略和手段。

在市场项目层面，生态源地的管控需要建立横向和纵向的引导，可通过生态修复专项规划来对生态源地进行系统性调研和分析，充分掌握相关数据和资料，从而对生态源地斑块的重要性进行区划。在编制生态修复专项规划的过程中，增进各相关部门的联系，与相关部门进行更多的沟通和交流，这一过程中可对各部门负责人提出生态源地管控手段的建议，强化生态源地管控意识。

3.2　廊道管控措施

生态源地与生态保护红线范围以外的廊道易受人为活动的影响，造成该部分廊道与建设用地以及交通路网交叉，导致廊道的连通性受阻。廊道作为物种迁移和生物信息交流的路径，其连通性的保护尤为重要。廊道的管控应分为生态源地与生态保护红线范围以内的廊道和生态源地与生态保护红线范围以外的廊道，每一条生态廊道都应划定保护范围及缓冲区，严格限制建设活动延伸至廊道的保护范围及缓冲区，保证廊道的完整性。廊道的保护实际上是空间与土地利用的实践性规划。本文将相关研究成果作为参考，考虑该地地理环境及生物多样性保护等因素，将廊道周围30 m宽度区域定为廊道缓冲区，将廊道缓冲区100 m宽度区域定为廊道保护范围（图5）。

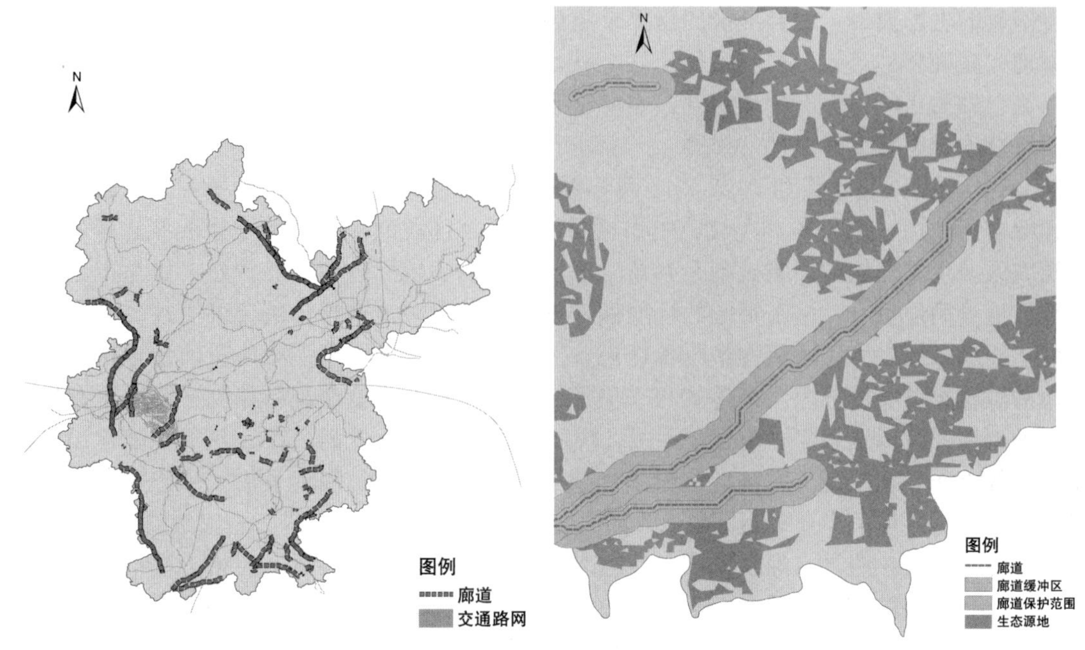

图 5　生态廊道管控范围示意图

3.2.1　廊道与建设用地交叉

根据农村宅基地规划明确生态廊道保护范围内保留发展的村庄，编制村庄建设规划，确定村庄建设用地边界，并按照经批准的村庄建设规划要求展开相关建设活动。廊道缓冲区内的规划建设工程，应当制定搬迁计划；其他已取得用地的合法建设项目，允许按土地合同建设，原则上不得扩建；属于违法建设和占地的项目，按规定予以处置。建议将该部分廊道与农村宅基地内的人工湿地、生态绿地等绿色生态网络有机地结合起来，加强对动植物的保护以及周边环境的修复，保持与周边水系、森林等自然环境的生态连通性（图 6）。

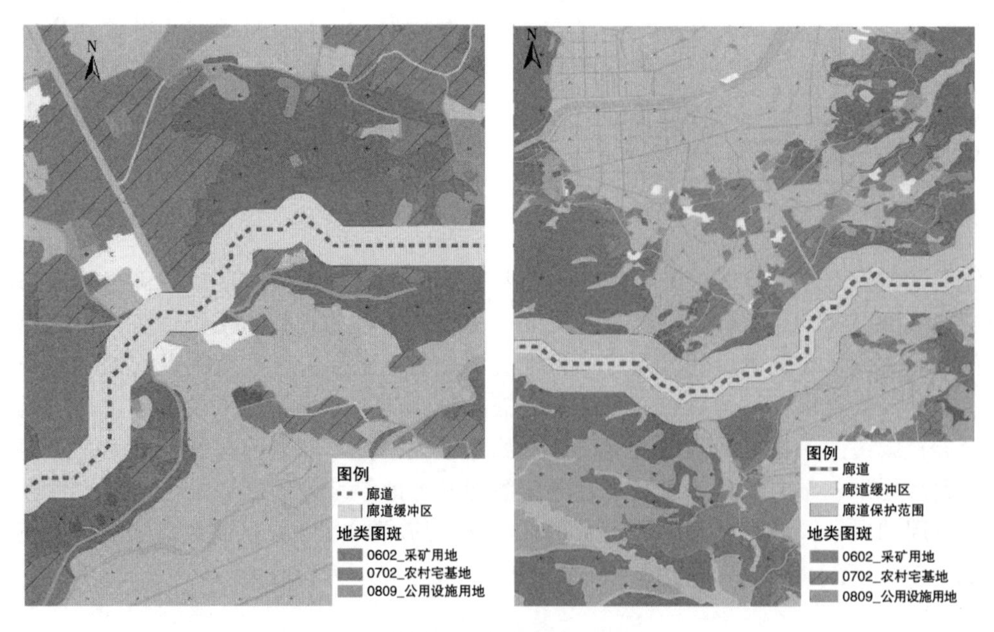

图 6　廊道与农村宅基地交叉示意图

3.2.2　廊道与交通路网交叉

该地交通路网与廊道的交叉点约有110个，廊道因与交通路网交叉而被破碎化（图7），生态环境遭到破坏。对该部分廊道的管控，建议根据区域特性以及廊道与交通路网的空间分布采取个性化设计，在已建交通路网区域的竖向高度空间内应用相关的生态修复技术维持优化廊道的生态功能，充分利用空间因素使廊道与已建交通路网在空间上错开分布，尽量保证已建设施的完整性，保证生物避开交通路网，为生态源地间的生物信息交换提供通道。对于规划交通路网与廊道的高密度重叠区，保证廊道保护范围内仅进行限制性建设，对不符合要求的工程应予以整改，禁止规划路网延伸到廊道的缓冲区，对廊道进行严格保护，保证廊道的生态功能及环境质量，降低交通路网对廊道的作用力，同时尽可能将原建设规划的影响降至最低。可在廊道与交通路网高密度重叠区域增设生物暂栖地，增强廊道的连通性。

对于廊道的缓冲区及保护范围，建议制定负面清单式的管控手段，严格禁止在廊道的缓冲区内做任何建设活动，在廊道保护范围内不符合清单要求的现有设施及规划设施也应当严令整改。

随着高科技技术及监测手段的发展，可采取环境监测技术对廊道的保护进行监管，应用先进的监测设备对廊道进行站点观测，记录相应数据，掌握生态廊道的动态变化，观察生物的迁徙路线，对任何违反规定的建设活动和人为活动进行第一时间管控。可根据大量数据和资料对廊道的安全隐患因素进行分析，建立廊道的安全评价机制。

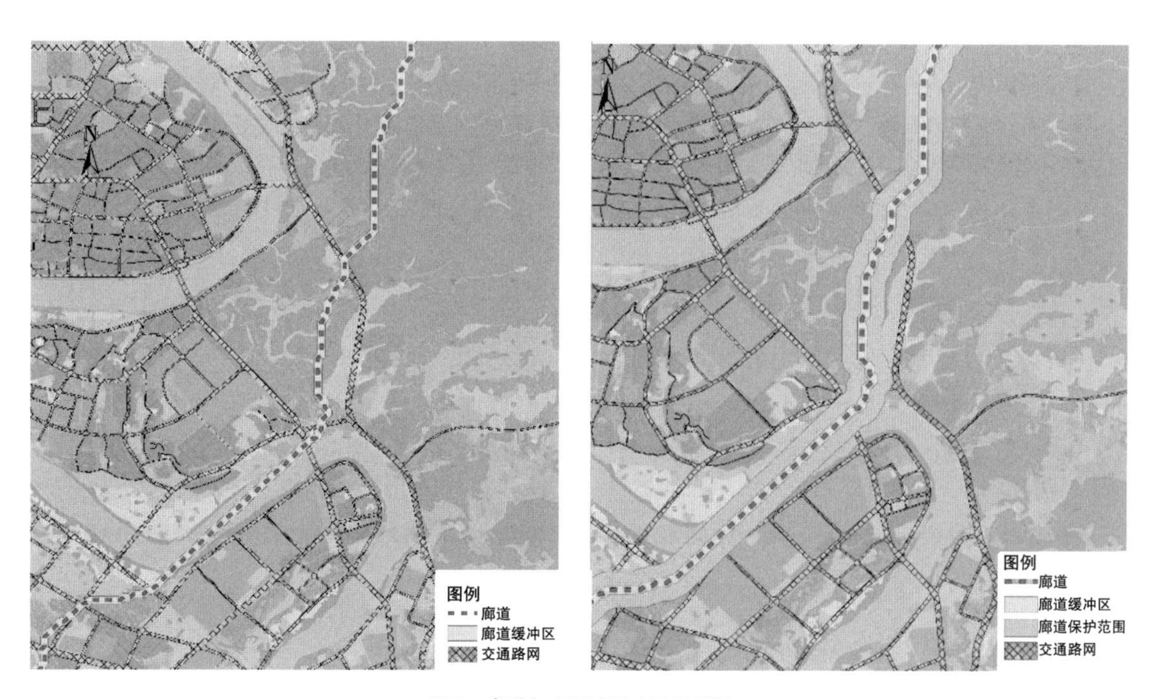

图7　廊道与交通路网交叉示意图

4　结语

区域稳定及可持续的发展需要生态安全格局的支持和指导，生态安全格局的管控对于维护生态安全格局稳定至关重要。本文在识别和构建某地生态安全格局的基础上，提出针对该地生态安全格局的生态源地和生态廊道的管控建议，分析了对生态源地的分级分区管控思路并提出了相应具体措施；分析了廊道与农村宅基地和交通路网交叉的两种情况，提出了廊道缓冲区和保护范围的划分，以及廊道的空间个性化设计。现阶段关于生态安全格局管控的研究相对较少，生态安全格局的管控手段需根据区域特性来制订，生态源地和生态廊道管控范围需根据具体情况细化、经研究后再确定。

［参考文献］

［1］樊杰. 我国国土空间开发保护格局优化配置理论创新与“十三五”规划的应对策略［J］. 中国科学院院刊，2016，31（1）：1-12.

［2］叶鑫，邹长新，刘国华，等. 生态安全格局研究的主要内容与进展［J］. 生态学报，2018，38（10）：3382-3392.

［3］陈影，哈凯，贺文龙，等. 冀西北间山盆地区景观格局变化及优化研究：以河北省怀来县为例［J］. 自然资源学报，2016，31（4）：556-569.

［4］韩宗伟，焦胜，胡亮，等. 廊道与源地协调的国土空间生态安全格局构建［J］. 自然资源学报，2019，34（10）：2244-2256.

［5］孙鸿烈，郑度，夏军，等. 专家笔谈：资源环境热点问题［J］. 自然资源学报，2018，33（6）：1092-1102.

［6］郧文聚，高璐璐，张超，等. 从生态文明视角看我国土地利用的变化及影响［J］. 环境保护，2018，46（20）：31-35.

［7］刘孟媛，范金梅，宇振荣. 多功能绿色基础设施规划：以海淀区为例［J］. 中国园林，2013，29（7）：61-66.

［8］费建波，夏建国，胡佳，等. 生态空间与生态用地国内研究进展［J］. 中国生态农业学报（中英文），2019，27（11）：1626-1636.

［9］谢花林，姚干，何亚芬，等. 基于GIS的关键性生态空间辨识：以鄱阳湖生态经济区为例［J］. 生态学报，2018，38（16）：5926-5937.

［10］迟妍妍，许开鹏，王晶晶，等. 京津冀地区生态空间识别研究［J］. 生态学报，2018，38（23）：8555-8563.

［11］陈薇羽. 浠水县城镇—农业—生态空间识别及其格局研究［D］. 武汉：华中师范大学，2018.

［12］王林枝. 城市群生态空间范围及生态用地分布研究［D］. 保定：河北大学，2018.

［13］朱战强，杨帆，宋志军. 北京生态用地的空间格局及复杂性［J］. 经济地理，2015，35（7）：168-175.

［14］李晓丽，曾光明，石林，等. 长沙市城市生态用地的定量分析及优化［J］. 应用生态学报，2010，21（2）：415-421.

［15］苏泳娴，张虹鸥，陈修治，等. 佛山市高明区生态安全格局和建设用地扩展预案［J］. 生态学报，2013，33（5）：1524-1534.

［16］许尔琪，张红旗. 中国核心生态空间的现状、变化及其保护研究［J］. 资源科学，2015，37（7）：1322-1331.

［17］关文彬，谢春华，马克明，等. 景观生态恢复与重建是区域生态安全格局构建的关键途径［J］. 生态学报，2003（1）：64-73.

［18］王伟霞，张磊，董雅文，等. 基于沿江开发建设的生态安全格局研究：以九江市为例［J］. 长江流域资源与环境，2009，18（2）：186-191.

［19］俞孔坚，李海龙，李迪华，等. 国土尺度生态安全格局［J］. 生态学报，2009，29（10）：5163-5175.

[20] KNAAPEN J P，SCHEFFER M，HARMS B. Estimating habitat isolation in landscape planning [J]. Landscape and Urban Planning，1992，23（1）：1-16.
[21] 杨萌，廖振珍，石龙宇. 雄安新区多尺度生态基础设施规划 [J]. 生态学报，2020，40（20）：7123-7131.

[作者简介]
许　昊，工程师，任职于厦门市城市规划设计研究院有限公司。
周　培，工程师，美国克拉克大学访问学者，任职于厦门市城市规划设计研究院有限公司。

第二编

精细化治理策略与实践

精细化治理视角下的滨水空间营造途径研究

——以长春市伊通河滨水空间更新为例

□曹　宇，周　扬，南明宽，李　悦

摘要：城市精细化管理是适应城市发展需要、改善城市环境、提升城市形象的重要途径，是高质量建设好城市、完善城市功能、改善人居环境、建设宜居城市的必然选择。城市滨水空间作为城市更新与治理中的焦点区域，其更新与治理模式变化与城市自身发展阶段、社会语境的重大结构转型休戚相关。在推进以人为核心的新型城镇化的大背景下，城市更新不仅仅是单纯的物质空间改造，实现滨水空间功能性更新与社会性重构才是现阶段要解决的核心问题。本文基于精细化治理视角，从活力不足、文脉丧失、管理不畅等现阶段滨水空间营造常见问题入手，提出提升滨水空间的内生活力、注重地域文化要素的塑造、完善滨水空间规划与建设管理等相关解决策略，并以长春市伊通河滨水空间更新建设为例，重点探寻通过城市精细化治理真正实现城市滨水空间全面复兴的路径。

关键词：精细化管理；滨水空间；城市更新；长春伊通河

当前，我国城镇化进程正逐渐由增量进入存量为主的时代，相应的城市管理模式开始逐步从粗放型向精细化转变。加强城市精细化管理是中央对城市规划工作提出的明确要求，习近平总书记于2017年全国“两会”上提出“城市管理应该像绣花一样精细”的总体要求，指出要突出地方特色，注重人居环境改善，更多采用微改造这种“绣花”功夫，注重文明传承、文化延续，加强社会治理能力，增强社会发展活力。城市滨水空间作为城市更新与治理中的焦点区域，其更新与治理模式的变化与城市自身发展阶段、社会语境的重大结构转型休戚相关。近几十年来，多数城市开始逐步探索滨水地区的营建及更新，希望重新恢复滨水空间的生命力，同时提升和塑造城市的独特形象。虽然部分城市的滨水空间综合整治初见成效，形成了一个符合水环境标准、彰显城市滨水区域优势的空间载体，但在普遍粗放式的规划与建设下，河岸改造所带来的改变城市生活的辐射能力还没有完全发挥效果，始终存在人群活力不足、历史文化展现力不足、与周围环境缺乏联动关系、规划建设管理之间衔接不畅等核心问题，只有“面子”，缺乏“里子”。在这样的背景下，探索面向精细化治理的城市滨水空间营造途径具有重要的现实意义。

如果说建成空间物理属性的变化仅仅是“城市双修”的外在形式，在推进以人为核心的新型城镇化的大背景下，实现滨水空间功能性更新与社会性重构才是现阶段要解决的核心问题。营造实践不能是单纯的物质空间改造，更要关注“质”的发展，关键在于培养空间基于内部资源的生长能力，实现对土地资源的有效再利用。本文以问题为导向，通过分析城市滨水空间营造的常见问题，结合优秀城市案例提出对应的解决策略，并以长春市伊通河滨水空间更新建设为例，重点探寻通过城市精细化治理真正实现城市滨水空间全面复兴的路径，以期为城市滨水空间营造提供参考。

1 城市滨水空间营造的常见问题

1.1 人气不足，缺乏活力

在“城市双修”的背景下，许多城市的滨水空间拥有了优质的景观环境和良好的景观风貌，但在建设过程中由于欠缺整体规划布局，导致滨水空间与城市内部空间在功能、交通及结构上割裂，其设计范围往往限于“一河两岸”的滨河绿地。滨水空间的土地利用效率低下且功能单一，冰冷的市政基础设施隔离了城市与滨水空间，使人与自然的关系疏远。滨水空间设计者没有考虑城市内部居民的生活娱乐需求，盲目将滨水空间做成个体设计，与城市功能脱节，这些都导致了滨水空间人气不足，缺乏活力。绿地景观、空间形态游离在城市结构之外，城市原有的结构与滨水空间相冲突而不是互补，闭合式的滨水空间设计将整个区域围合起来，导致滨水景观无法融入城市，在城市中的人也感受不到它的存在。

1.2 地域文化功能丧失，特色不明显

如以黄河流域为代表的中华文明及其流域滨水景观文化，以幼发拉底河和底格里斯河为中心形成的巴比伦景观文化，城市的滨水区往往体现并预示着城市文明的发展，是承载城市历史文化记忆与对外展示城市特色的一大亮点，是一个城市的形象代表，最能体现出一个城市的发展背景。受到当前全球化大形势的影响，部分城市对滨水景观的设计存在盲目跟风的现象，整体设计缺乏对传统文化与历史文化的继承，缺失城市文化肌理，历史文化感不强、城市共情感较弱，失去了原有的景观地域人文特色。城市建设仅将微观层面的景观元素融入滨河景观，未能从宏观、中观的层面去研究地域文化的精髓，使游人无法体会到城市历史文脉和城市精神。

1.3 规划、建设、管理之间衔接不畅

规划编制的目的在于实施，并通过规划实施情况进一步优化规划编制，实现规划与建设的良性互动。当前多数滨水空间规划在编制层面更多强调规划方案本身，对规划实施研究不足，缺乏指导性。在规划实施层面，一般而言，城市滨水空间更新改造工程所涉及的相关管理部门有规划和自然资源局、水务局、园林局、城乡建设委员会、热力集团、公交总公司、燃气集团等十多个部门，每个部门都有相应的管理机制，每个部门对滨水空间规划管理都具有一定程度的管理权，多个部门分摊管理，缺乏一个统一的、系统化的管理机制。在规划管理与意见协调方面做不到良好的交流与沟通，会导致城市公共空间的规划与管理处于一个混乱的局面当中，多个部门之间程序混乱，资源交叉重叠或者搁置浪费，设施布置也杂乱无章，美观度及实用性都大大降低，做不到精细化管理。

2 精细化治理视角下的滨水空间营造策略

2.1 提升滨水空间的内生活力

内生活力的营造是指以事物内部因素作为动力与资源的发展模式，强调抓住事物的本质属

性，关注“质”的发展。城市滨水空间的成功复兴应以活力的激发为重点，活力的激发往往可以提升、带动整个地区的吸引力，带来资本与人才的聚集。历史发展的普遍规律已经证明，高品质的公共开放空间往往通过其内生活力的营造实现其内涵式的更新。在设计中应充分利用轨道站点、大型公共建筑、重要构筑物等城市触媒，围绕其辐射空间进行精细化空间设计，在充分提升可达性的前提下与市民生活深度融合，将功能植入滨水空间，通过活动策划吸引多元人群的集聚，让人们可以公平、自由地找到自己所认同的场所进行活动，在突出有机更新的原则下，通过激活地方文化资本，激发经济活力。

2.2　在景观营造中注重地域文化要素的塑造

在滨水景观规划设计之前，要将地域与本土文化有机融入项目的所有程序和最终结果中去。应尊重传统文化和乡土知识，吸取当地人的经验，就地取材，对历史文脉进行归纳、提取，并将所提取的元素符号化，再以合适的手法把符号应用到景观设计当中；从特色形态、质感、色彩、人物及意蕴等方面对所搜索到的历史元素进行提取并加以运用，在设计上对其进行有意识的强调，突出滨水景观设计中历史文脉元素的作用，使景观设计具有一种独特的内在个性。在场地文脉保护方面，贝尔西公园是一个成功的设计典范。该公园的原址是一家葡萄酒仓库，17—19 世纪旧建筑的历史印迹依然清晰可见，新的方案躲避了旧式的纪念手法而采取了就地取材的方式，继承了当地原有方案的精华。以“回忆花园”为主题，继承和发展了当地的历史和乡土文化。

2.3　加强制度创新，完善滨水空间规划与建设管理

滨水空间规划应着重提升城市设计的可实施性，积极探索有效的规划实施路径，提升规划意图的落地性。积极采取面向实施、层层递进的管理统筹方式，将滨水空间设计作为手段和思维融入管理与实施的全过程，建立协调统筹的管理机制，协调统筹各个部门，组建领导小组作为规划实施的技术协作中心，制定部门责任清单，明确管理实施和后期管理监督职能，摆脱传统条块分割管理方式带来的弊端；以更新地块管理图则作为实施管理依据，确定各更新地块的责任规划师，保证实施的技术支持。

3　长春市伊通河滨水空间更新建设实践

伊通河是长春平原上的千年古流，在城市中自南向北穿行而过，它见证了城市历史变迁历程，大量开敞空间共同构成疏朗、大气、开敞和通透的整体风貌特色，是承载长春市百年发展历史信息和城市历史积淀的母亲河。水是城市的灵魂，城市的水好不好，不仅仅反映了一个城市的风貌，也直接反映了一个城市对自然的尊重和敬畏情况。近十几年来，长春市开展了多轮伊通河综合治理暨百里生态长廊建设工程，并将其作为“一号工程”，力争将伊通河建设成为长春城市安全的“生命线”、绿色宜居的“生态轴”、美丽长春的“景观带”、产业升级的“动力源”，形成“人与自然和谐发展”的现代化建设新格局。时至今日，在长春市政府的带领下，伊通河全流域的综合整治任务已经取得了积极成果。对标国内外先进城市，伊通河作为长春市对外展示城市形象的重要窗口和市民活动的重要场所，仅仅解决环境和景观问题是远远不够的。为了加快释放伊通河综合治理成果的区域影响力，激发滨水区域发展动力，完善滨水区域城市功能，塑造特色城市风貌，提升城市形象，长春市特开展新一轮伊通河流域滨水区域的更新改造工作，并依据水域对人的吸引距离为 1～2 km 的原则划定改造范围（图 1）。

图1 伊通河流域滨水区域改造范围示意图

3.1 伊通河滨水空间现状问题

目前伊通河已经为城市呈现了一个符合水环境标准、彰显城市滨水区域优势的空间载体，但河岸改造所带来的改变城市生活的辐射能力还没有完全发挥效果。通过产业分布分析发现，伊通河流域产业发展受产业基础规模薄弱的制约，缺少活力功能，传统服务业比重大，新兴服务业体系尚未形成，周边地块的开发还具有巨大的潜力。依据现状实际情况，利用空间句法，针对城市不同尺度的空间联系进行了可达性和向心性的分析。结果表明，无论是大尺度的空间联络，还是小尺度的空间集聚，本次改造范围内的城市空间可达性和向心性都相对较低。滨水空间与周边滨水地块环境差异化明显、缺乏空间联系、可达性不高等实际问题，致使现状伊通河滨水区域整体缺少人气。

3.2　整体规划设计

本次改造以问题导向为编制原则，以有效协调各方利益为编制思路，侧重规划改造的可实施性、规划实施的可操作性、规划管理的可指导性。对城市街道空间整治规划和具体实施管理进行探索，提出完善城市功能、促进经济持续繁荣、对外开放和展示城市形象特征的改造目标，以活力产业的植入带动区域内生活力，通过文化融入及串联策略塑造地域文化要素，利用滨水空间要素控制导则落实实施细则，实行一体化设计、全过程跟踪和全生命周期管理，积极探索新背景下滨水空间有机更新方法。

3.2.1　以活力产业的植入带动区域内生活力

通过伊通河流域滨水区域的产业布局，结合现状的实际情况和未来城市发展方向的需求，挖掘和打造滨水区域活力点，通过空间耦合形成功能和空间影响力的集聚效果，最后在整个城市层面中形成能够发挥伊通河流域滨水区域产业优势，展现滨水区域城市形象特征的空间网络（图2）。提出“以河为引，运河而通，神形气顺，伴水而荣”的设计思想，“生态复合廊道＋活力功能节点”的空间设计理念。具体做法包括激活桥下剩余空间所形成的滑板广场、攀岩场地与休闲草坪的结合；以弹性的设计方式激发活动的多样性，如简洁但可灵活使用、可用于日常活动并承接大型节庆的滨水草坪，结合跑步驿站设置的可沿途观光、跑步的滨江散步道等；有针对性地增设咖啡馆、酒吧、无人超市等服务设施，贴合并引领市民的多元需求。

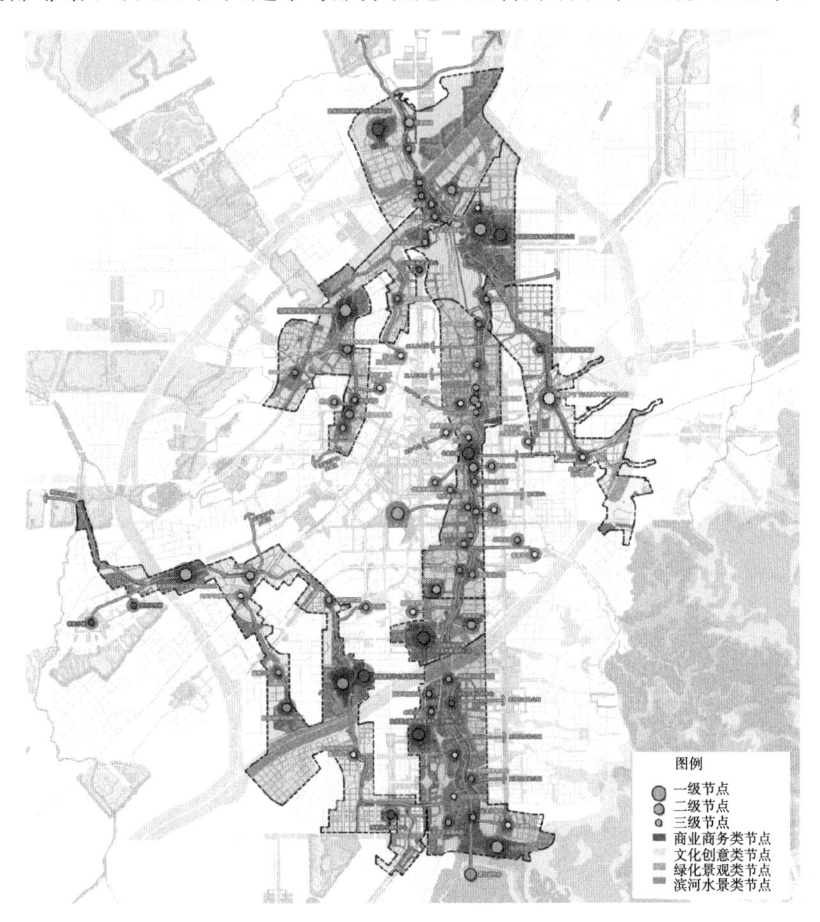

图2　伊通河流域滨水区域活力空间体系方案

3.2.2 通过文化融入及串联策略塑造地域文化要素

整合伊通河流域分布的众多历史文化街区和城市文化空间，如兰帝庙、文庙等，在两岸重塑长春历史文化的重要场所，展示城市历史记忆、文化变迁，打造展现历史文化的长春“外滩”。串联各大文化魅力空间，立足于主题植入与特色发展，注入“文化”“艺术”两大触媒，吸引创意企业、艺术家工作室、文化机构等文化设施入驻，形成集历史体验、文化娱乐、展览观光、低碳绿色、旅游服务于一体的多功能复合型文化综合体，打造长春市最有想象力和创造精神的城市文化“剧场”。此外，基于艺术、时尚、科技、创意的整体定位，在音乐节与航空展等一系列品牌文化事件的驱动下，伊通河滨水空间已经成为长春市各种大型事件、艺术和节日活动的组织中心。

3.2.3 规划—实施全生命周期的精细化管理

国内外先进城市的探索表明，城市设计与控制性详细规划需紧密一体、相辅相成，脱离控制性详细规划的单纯城市设计往往难以落地。针对此问题，设计形成了与控制性详细规划一体化、紧密衔接的伊通河流域三维管控导则（图 3），并将城市设计管控与引导要求纳入土地出让条件，提升城市设计意图的落地性，实现城市用地开发与三维空间形象的平行控制，为伊通河滨水区域三维空间形象管理与设计提供切实保障。

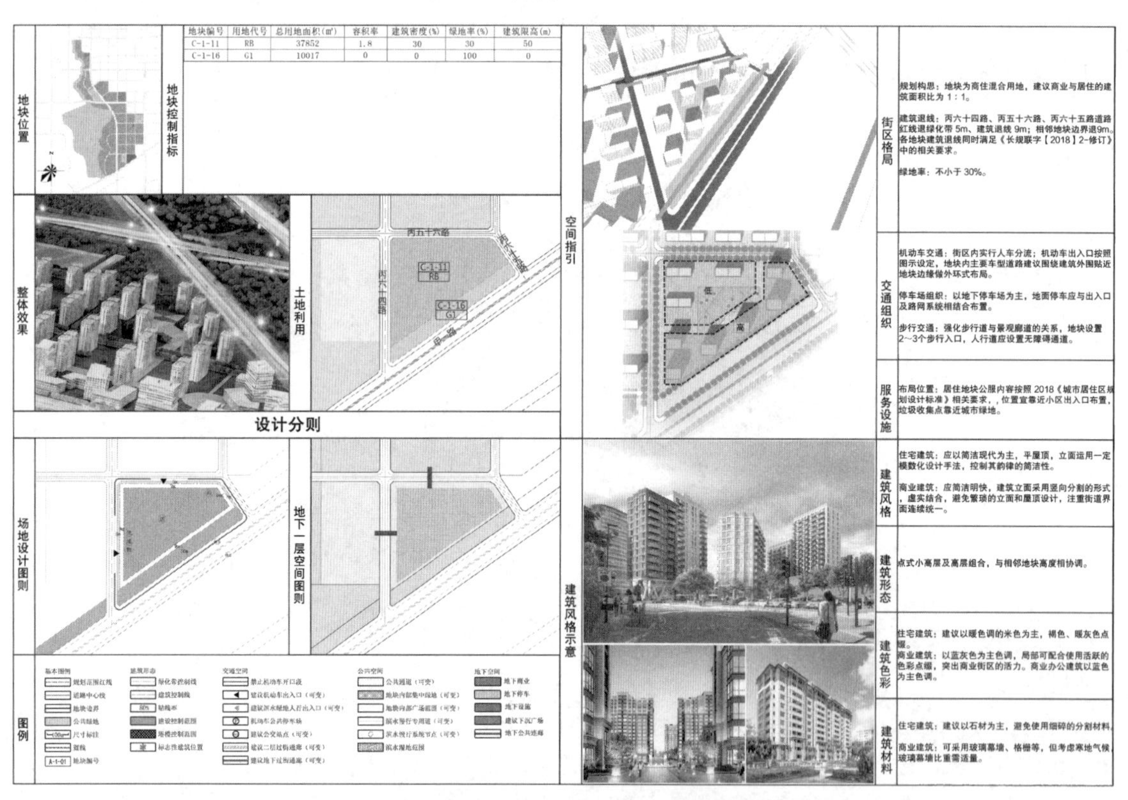

图 3　伊通河八一水库周边三维管控导则

为保证伊通河滨水区域按目标稳步建设及开发，管理部门出台《伊通河流域滨水区域开发及建设管理条例》，制定该区域限制及鼓励条件，明确奖惩措施；为便于规划者、管理者和施工方更加明确规划意图，编制《实施管理手册》，将实施内容和责任主体进行图表化处理，形成责任清单；搭建政府、规划师、社区三方对话平台，建立政府引导、专业团队指导、居民深度参与的“共同缔造”的设计方式，营造共筑母亲河的社会氛围。

4　结语

城市滨水空间的营造是一种从单一走向复合的内涵式更新模式，在精细化管理的视角下，滨水空间不应仅仅是单纯的物质空间改造，更要关注“质”的发展，应在提升滨水空间的内生活力、注重地域文化要素的塑造、完善滨水空间规划与建设管理等方面着力，寻求城市滨水空间的全面复兴。本文通过长春市伊通河滨水空间更新改造实例，有针对性地提出面向有机城市更新的滨水空间规划设计与实施建设，以期在城市滨水空间设计策略和实施路径方面对我国城市街道空间改造提升项目的实施提供借鉴。

［参考文献］

［1］丁凡，伍江．全球化背景下后工业城市水岸复兴机制研究：以上海黄浦江西岸为例［J］．现代城市研究，2018（1）：25-34.
［2］周曦，张芳．开放街区背景下城市滨水空间更新策略研究：以苏州市为例［J］．现代城市研究，2017（11）：38-44.
［3］黎凤林．有机更新在城市滨水空间设计中的应用：以重庆黔江区三岔河片区更新设计为例［D］．重庆：重庆大学，2012.
［4］张伟，刘彦．基于“粘性”理念的水乡城市滨水空间更新设计研究［J］．园林，2021，38（2）：52-57.
［5］厉泽萍，李俊杰，郑亨，等．基于产城融合理念的杭州运河拱宸桥段滨水空间更新模式与策略［J］．水利规划与设计，2020（11）：29-34.
［6］周子彦，沈嘉禾．基于城市更新的苏州传统滨水街区公共空间研究［J］．建筑与文化，2020（5）：162-164.

［作者简介］

曹　宇，工程师，任职于长春市规划编制研究中心。
周　扬，高级工程师，长春市规划编制研究中心所长。
南明宽，高级工程师，任职于长春市规划编制研究中心。
李　悦，工程师，任职于长春市规划编制研究中心。

多元主体决策机制下城市更新实践历程及其成效

——以伦敦市中心区国王十字区更新实践为例

□付莉莉，陈　阳

摘要：良好的城市更新制度是城市更新实践成功的重要保障，其中，促进实现多元主体决策机制成为当前我国城市更新制度建设的重点方向。本文以伦敦中心区国王十字区城市更新实践为例，研究多元主体在更新全历程中的角色和利益诉求，探讨如何实现共商共享的城市更新决策机制，以及这种机制的成效、潜在问题和优化建议，从而为我国城市更新实践提供借鉴。

关键词：多元主体决策机制；国王十字区；城市更新

1　引言

良好的城市更新制度是城市更新实践成功的重要保障。其中，促进实现多元主体决策机制成为当前我国城市更新制度建设的重点方向。然而，如何促进形成这种机制，多元主体之间如何实现共商、共治、共享，以及这种机制的成效如何，这些问题都尚在探索阶段。

英国自1965年政府规划咨询小组（PAG）提出公众参与规划全程的想法以来，城市更新逐渐由政府单方掌控转变为市场机制背景下的"公私合作"，转变为在"政府—私有部门—社区"三方合作框架下进行的"第三条道路"，即主张建立广泛的社会民主制度，通过全社会的协作，实现最广泛的权利、职责与利益共享。国王十字区（King's Cross）更新实践就是践行这一道路的典型案例。

国王十字区位于伦敦市中央活动区（CAZ）的北部边缘、卡姆登区（Camden）和伊斯灵顿区（Islington）之间，摄政运河东西向横穿基地，多条铁路南北向纵割基地（图1），是20世纪末伦敦市中心最大的一块未充分利用棕地（图2）。1995年，随着英吉利海峡隧道（CTRL）的通车，国王十字区西侧的圣潘克拉斯火车站将建设成为"欧洲之星"的终点站，这给国王十字区的再开发带来契机。

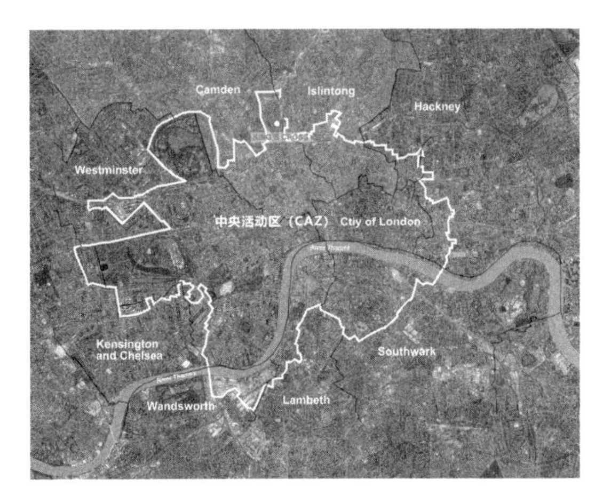

（1）伦敦中央活动区区位

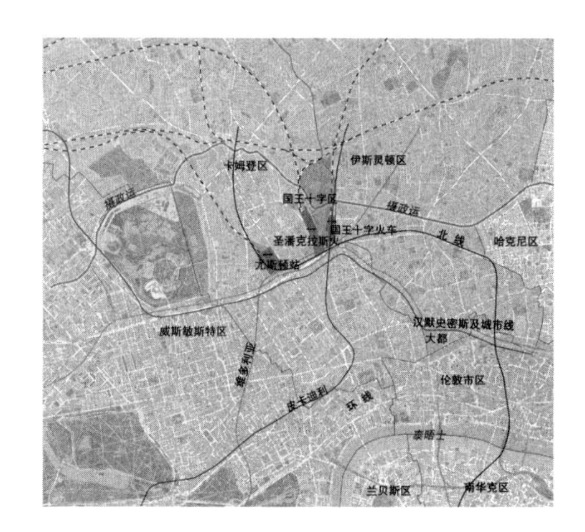

（2）国王十字区区位

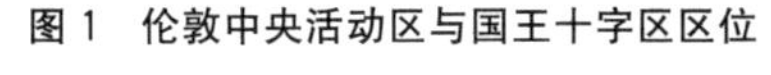

图1　伦敦中央活动区与国王十字区区位

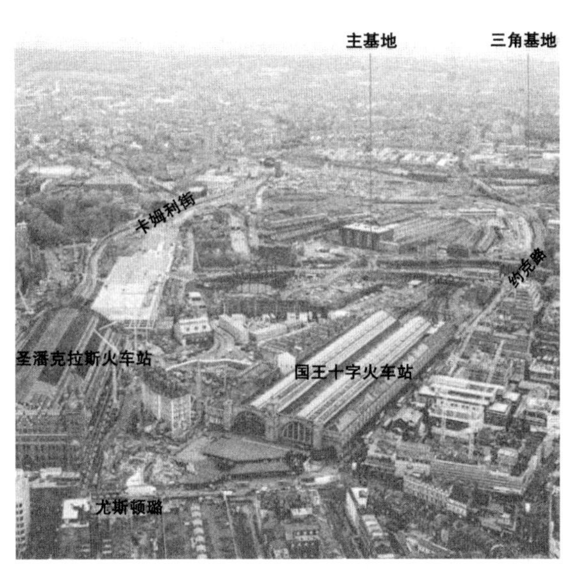

图2　国王十字区改造前现状图

国王十字区再开发，被称为“英国最大的城市中心区更新项目”和“欧洲最大的城市中心区复兴计划之一”，荣获英国皇家规划协会颁发的“卓越规划奖”（2018年），并被美国城市土地协会（ULI）列为新世纪具有创新性的中心区大型土地混合利用成功典范之一。我国规划学界近年来也分别从绿地公共空间规划、复兴模式、建筑改造等方面对国王十字区案例进行了详细的剖析和借鉴。国王十字区更新历程涉及两个区政府的管治，多个开发商、土地所有者、社会机构和社区团体的参与，是真正意义上多元主体决策机制下的城市更新。也正因为参与主体多元化，在国王十字区更新启动的初始阶段，管理者和开发者就颁布了一系列的政策文件，阐述了该地区多元主体的特征及利益诉求，强调了多元主体机制对国王十字区更新的重要意义，并致力搭建共商共享平台（图3），以更好地推进更新建设。可以说，多元主体机制贯穿了国王十字区城市更新全历程，在根本上决定了国王十字区城市更新历程的发展走向，对更新成效产生了深刻影响，这一历程中的经验教训值得我们系统剖析并加以借鉴。

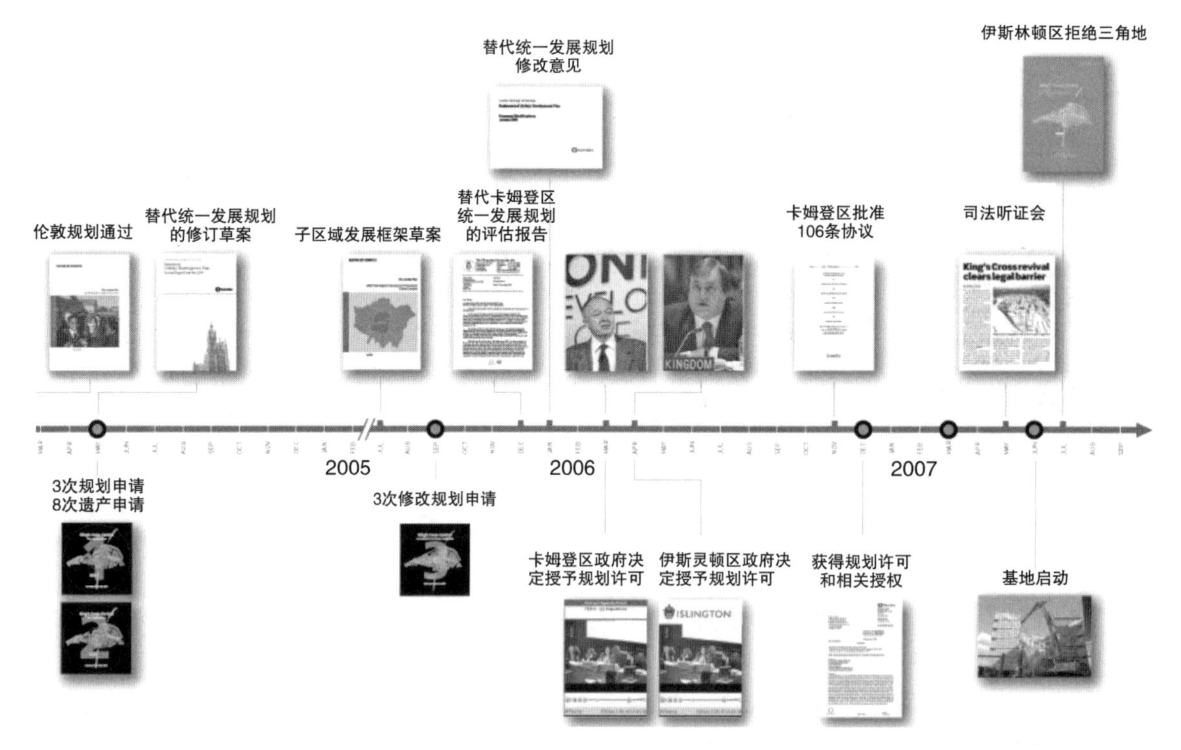

图3　国王十字区更新过程

2　国王十字区更新中的多元主体机制决策历程

2.1　多元主体

国王十字区再开发涉及的多元主体包括当地政府、开发商（土地所有者）、学者机构、社区团体、当地居民等。

当地政府指伦敦卡姆登区和伊斯灵顿区的政府与规划部门。开发商指由英国房地产开发商Argent（50%股份）、澳洲第一大基金 Australian Super（36.5%股份）、英运母公司物流 DHL（13.5%股份）三个集团组成的国王十字中心有限合作公司（KCCLP），包括英运物流有限公司（EXEL）、英国国有伦敦和大陆铁路有限公司（LCR）。学者机构主要包括国王十字区保护咨询委员会（KXCAAC）、国王十字发展论坛（KXDF）、国王十字商业论坛（KXBF）等。社区团体主要有国王十字陆铁集团（KXRLG）、凯利铁路集团（Cally Rail Group）等。各主体的性质和职能见表1。

表1　国王十字区更新过程中的多元主体的性质及职能

主体	机构性质	职能
卡姆登区、伊斯灵顿区政府与规划部门	当地政府部门	街区管辖，审议审批规划，组织咨询会、听证会，制定协议条款
Argent	开发商、投资商、土地所有者	组织编制规划、主导更新开发，进行土地投资
EXEL	土地所有者	参与更新开发，进行土地投资

续表

主体	机构性质	职能
LCR	土地所有者	参与更新开发，进行土地投资
KXRLG	社区团体，由街区的租户、邻里居民、中小企业等个人和团体组成，包括律师、建筑师、经济学家和学者等	为社区利益与政府和开发商斡旋
Cally Rail Group	社区团体，有地理基础	为社区利益与政府和开发商斡旋
KXCAAC	政府部门组织的社会机构，历史遗迹保护组织	为历史建筑保护发声
KXBF	政府部门组织的社会机构，“商业合作者”，由908个当地企业组成	维护当地企业利益，为商界发声，政府与社区合作协调利益冲突平台
KXDF	政府部门组织的社会机构，由政府官员、开发商、公众等40多个组织组成	代表当地居民和工作人员的利益，政府与社会合作协调利益冲突平台，定期组织会议

2.2　多元主体的利益诉求

协调多元主体的利益诉求是有效推动国王十字区城市更新，公正公平地实现该区域土地混合利用的关键所在。根据上文所述多元主体的性质与职能，可将多元主体分为四类：政府主体、市场主体、权利主体及公众。各主体详细分类及利益诉求见表2。

表2　国王十字区更新过程中的多元主体及其利益诉求

多元主体类型	主体	利益诉求
政府主体	卡姆登区、伊斯灵顿区政府与规划部门	社会公平、经济复苏、物质环境改善、财政增收的综合目标
市场主体	Argent	长期资本投资，进行土地开发，建立固定资本来循环积累，以最大限度地获得利润回报
	EXEL	短期资本投资，进行土地开发，提升土地价值，获取房地产收益
	LCR	短期资本投资，进行土地开发，提升土地价值，获取房地产收益
权利主体	KXRLG	维护社区权益，如减少办公空间、反对规划灵活性、优化城市环境、反对街道私有化、保障公共住房等方面
	Cally Rail Group	维护社区权益，并期望从自持房地产中获取经济利润
公众	KXCAAC	保护国王十字区历史建筑
	KXBF	协调维护当地商业利益，创建可持续商业社区，吸引投资，帮助当地商业企业从城市更新中获取商业和就业机会
	KXDF	协调各方利益的平台，促进多元主体特别是社区参与到更新中

四类主体的利益诉求涉及以下几个方面：办公空间的总量；住房问题，特别是廉价住宅；规划的灵活性；街道私有化；历史建筑保护等。其中，前四项属于市场主体与政府主体、权利主体之间的博弈、历史建筑保护属于市场主体与公众之间的博弈（图 4）。

（1）办公空间的总量。

市场主体：基于国际经济趋势、伦敦在全球城市中的经济地位以及国王十字区在伦敦的地理区位等方面原因，办公空间必然成为利润最大的空间类型。因此以 Argent 为首的开发商在国王十字区申请的853195 m^2的建筑总开发量中，有455510 m^2被规划为商务办公空间（表 3），占总建筑面积的一半以上。

政府主体：《伦敦规划（2004）》认为，在伦敦的就业和经济预测中，以办公空间为基础的金融业已占据主导地位，吸引金融资本的政策已成为伦敦当代资本主义的官方战略，因此规划鼓励在伦敦发展办公空间，表示将“通过开发利用闲置棕地，寻求对现有办公空间总量的显著增加”。

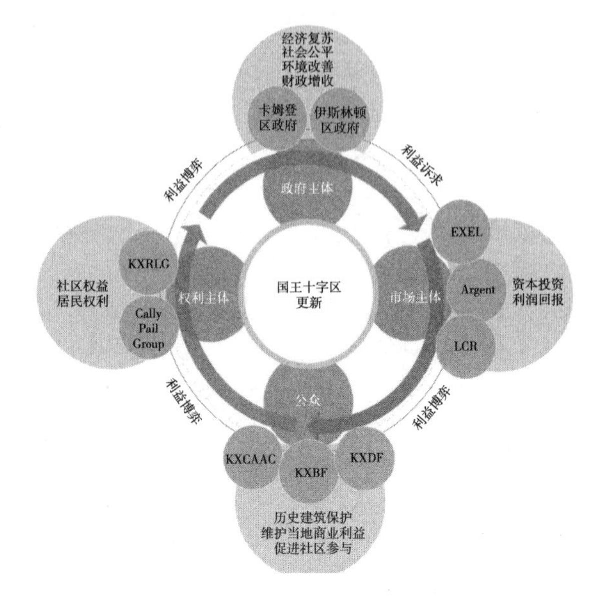

图 4　国王十字区更新过程中的多元主体及其利益诉求

权利主体：当地的社区团体认为高水平工作将会引进外来精英阶层，而国王十字区的原住民大部分并未受过高等教育，只能从事低技术、低收入的工作，甚至失业。因此，当地民众反对建设大规模办公空间，以 KXRLG 为首的社区团体认为在有限的范围内，商务办公的建筑面积越多，其他用途（如住宅、社区、休闲、娱乐等）的空间就越少，大多数人支持增加多样化的功能空间，希望获得一个更混合、更平衡、更可持续的土地利用布局。

（2）街道私有化。

市场主体：Argent 想要将国王十字区以及区内街道打造成私有化的“半公共空间”，认为这样能保证更好的道路质量，且更易于维护管理和维持治安。

政府主体、权利主体：卡姆登区政府、KXRLG 及当地民众对街道私有化的理念都持高度批判，他们更希望保持街道开放共享。首先，私有化后，开发商有权拒绝权利主体、公众进入该地区；其次，街道私有者有权废止公共示威游行和抗议活动，以影响到集体行为；最后，在基础设施建设方面，街道私有化不利于与周边地区协同。

（3）规划的灵活性。

市场主体：Argent 的更新规划申请是纲要性的，给出了基地上计划建设的所有内容，但却未明确各类功能的精确规模，只设置建设上限（表 4），这意味着它能及时应对市场波动，调整开发计划，以保障长期利润回报。

政府主体：卡姆登区和伊斯灵顿区政府都认为 Argent 的规划申请需要灵活性，但也清楚这会使很多建设细节变得含糊不清，一旦通过，他们将无法进行调整以增加或减少某些内容，他们将处于被动地位。

权利主体：Cally Rail Group、KXRLG 都认为批准开发商灵活的申请条款，意味着政府放弃了根据开发商的早期表现、政府政策以及伦敦环境的变化来考虑后续更新过程中政府的职责。他们认为完全由开发商主导的规划灵活性与当地政府和居民的利益是冲突的，这造成了更新过程中功能和环境的不确定性，严重影响当地居民的日常生活。

表 3　Argent 规划申请中主基地的建筑面积表

用地功能	建筑面积上限（m^2）
商业和就业（B1）	455510
住宅	173475
酒店（C1）/酒店式公寓	47225
购物和餐饮（A1/A2/A3）	45925
社区、健康、教育和博物馆等文化用途（D1）	71830
剧院	8475
电影院、音乐厅、舞厅、夜总会、赌场、体育馆和其他体育/娱乐等集会与休闲场所	28730
多层停车场	21500
其他	525

注：住宅还包括“可负担住宅”（社会和中介）与自由市场住宅。

表 4　Argent 规划申请中三角基地的建筑面积表

用地功能	建筑面积上限（m^2）
住宅	18000
购物和餐饮（A1/A2/A3）	2500
社区及健康用途（D1/D2）	3500

（4）廉价住宅比例。

政府主体：卡姆登区统一发展规划署（UDP）对国王十字区的土地利用提出了具体要求，规定区内“可负担住宅”的数量应达到新住宅总量的 50%，“可负担住宅”中廉租房的比例应达到 70%。

市场主体：根据 KCCLP 的更新计划，区内新建住宅单位约 2000 套，其中“可负担住宅”约占 50%，但廉租房的比例仅占住宅总量的 14%，未达到 UDP 规定的廉租房数量（住宅总量的 35%），这势必导致更新后的住宅价格远超当地居民的可负担能力。

权利主体：高昂的住宅价格、大量办公空间及高端消费场所势必引发绅士化倾向，迫使低收入者不得不搬离国王十字区，因此以 KXRLG 为首的社区团体随即发起的“再思运动”激烈批判了 KCCLP 的更新计划，明确指出“可负担住宅”、廉租房的量远远没有达到 UDP 的要求。

（5）历史建筑的保护。

市场主体：Argent 想要拆除卡尔洛斯楼（Culross Building）和斯坦利楼（Stanley Buildings）以争取更多的土地空间，这两栋大楼阻碍了基地南北交通和基础设施的建设；而开发商计划在此处开通 2 条公交线路、1 条有轨电车和 1 条大量出租车通行的道路。

权利主体：KXCAAC 极力争取保留这两栋建筑，认为这两栋建筑是 19 世纪末工人住宅的典型代表，具有重要的历史文化价值，并且建筑状况良好，完全可以进行修缮改造。当地居民对这些低矮的老砖房也更有归属感。

2.3 多元主体机制的搭建及利益博弈过程

国王十字区更新的成功之处在于构建了政府主体、市场主体、权利主体及公众等多元主体之间的良性互动机制，而这一过程本质上是多元主体决策机制下城市更新的实践过程。

国王十字区更新项目始于2000年，于2020年基本完成。整个更新过程包括地块构想（立项与设计）（2000—2003年）、规划申请（2004—2005年）、规划审批（2006—2007年）、规划实施与维护（2008—2020年）四个阶段，基于多元利益平衡的目的，在整个更新过程中引入了多元主体的共同参与，以平衡政府、开发商、居民以及公众之间的利益关系（图5）。

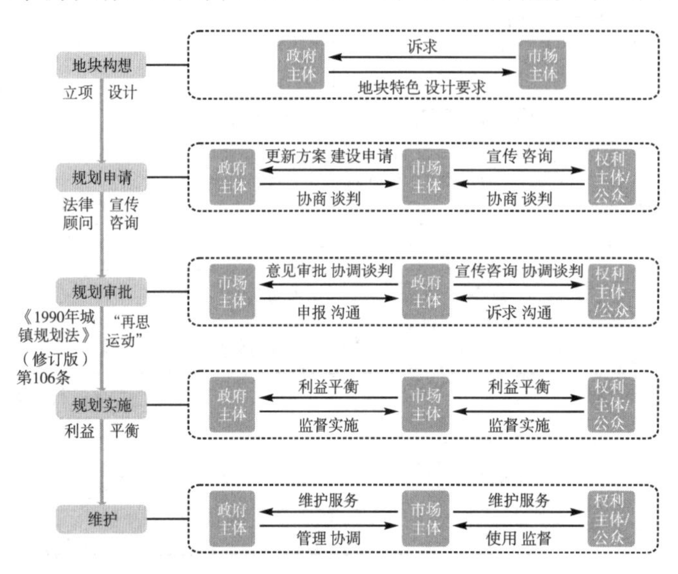

图5 国王十字区更新多元主体利益平衡机制

国王十字区更新过程中，多元主体共经历了两次关键的博弈。第一次发生于2004—2005年，开发商KCCLP在2004年首次提交规划申请后，因高强度大规模的开发、街道所有权、廉价住宅、规划的灵活性和历史建筑保护等问题遭到社会机构和民众的强烈反对，引发了多元主体的首次博弈，博弈以咨询会和听证会形式为主，其中最大的一次咨询会发生于2004年夏，持续16周之久。这次博弈着重协调修订了办公空间总量、街道所有权等内容，但廉价住宅、规划灵活性和历史建筑保护等问题却未能达成共识。2005年，提交的规划申请修正案中，总建筑面积比最初减少了5185 m²，其中包含一部分办公空间，但并未给出具体缩减指标。街道所有权方面，达成了“主要道路应为公共道路，而较小的道路、公园和广场应归开发商所有”的共识，街道公共化对公共交通和治安问题更有利，且配备交通管理员和街道标志，使民众从视觉和心理上都具有归属感和安全感。政府部门鉴于更新开发可能需要10～15年才能完成，默许了开发商的规划灵活性，以便于开发商能够应对漫长更新过程中的各类变数。

第二次关键的博弈发生于2006—2007年。2005年底，开发商向政府部门提交了规划申请修正案，政府部门根据《1990年城镇规划法》（修订版）第106条对规划申请进行审议，并给予许可。随后权利主体和公众发起“再思运动”，向政府部门和开发商提出对于历史建筑保护、廉价住宅等问题的质疑，并于2007年向最高法院提起司法审查。法院举行听证会审理案件，但最后却驳回这些申诉。最终，国王十字区的住宅维持原比例构成，社区团体就住宅问题的维权运动以失败告终。就卡尔洛斯楼和斯坦利楼两栋历史建筑的去留，KXCAAC和开发商进行了多次沟通谈判，也未能予以保护与保留，两栋大楼被拆除，并在原地块上建起了公路（图6）。

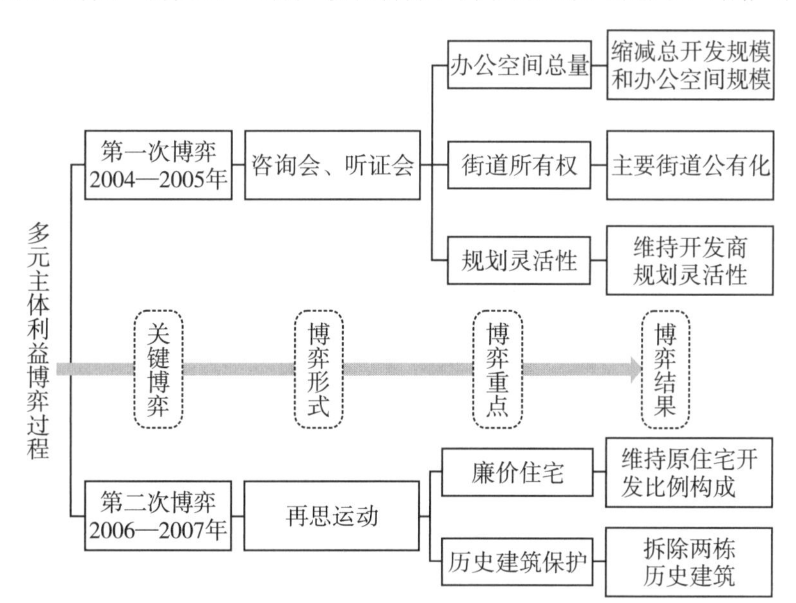

图6　多元主体利益博弈过程

3　多元主体决策机制下的更新成效与弊端

3.1　多元主体机制下的更新成效

多元主体机制决策下，各主体的多样化利益诉求得以包容协调，促进了土地混合利用的实现，国王十字区的经济社会效益得以提升，最终发展成为和谐共生的城市更新典范（图7、图8）。

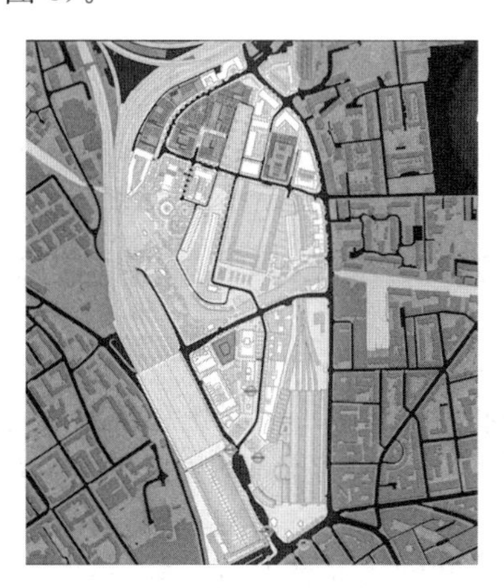

图7　国王十字区规划平面图

图8　国王十字区规划鸟瞰图

3.1.1　功能混合，经济可持续

国王十字区更新鼓励土地用途和垂直空间的混合多元。最终以摄政运河为界，运河以南以办公和酒店为主，运河以北以居住、商业娱乐、文化教育为主。建筑低层多以商业和服务业为主，高层布局办公、居住、酒店等功能，各功能内部也实现了混合多元。多样化规模和尺度的

办公空间吸引了创业者、中小企业乃至全球企业总部等集聚于此。国王十字区形成了七个定位各异的商业板块，如卸煤广场（Coal Drops Yard）经改造后成为展现伦敦精致生活与国际顶级时尚的商业中心，满足了不同群体的消费需求。街区积极利用历史建筑进行功能与空间的改造，成为中央圣马丁艺术与设计学院等文化教育设施的理想空间。街区打造了13类住宅项目，包含私有制、共享所有制及租赁制等所有权形式，以及高端住宅、单身公寓、学生公寓、廉租房等多样化空间类型（图9）。

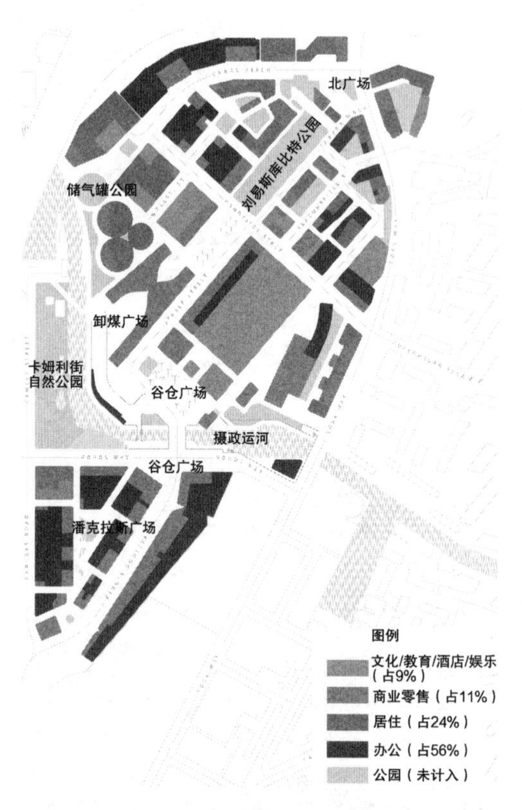

图9　多样化业态空间

更新后的国王十字区新增约3万个就业岗位，当地居民通过与开发商和政府部门的不断博弈，确保了自身获得技能培训和就业岗位的机会，新建的技能培训与就业招聘中心帮助当地居民进入劳动力市场。更新后，国王十字区40%的就业岗位由当地居民承担，提高了当地居民的家庭收入，反之也刺激了居民在当地商业和其他服务上的消费支出。

3.1.2　开放共享，公交优先

更新后的国王十字区创造了诸多高品质公共场所和开放空间，以服务不同背景和年龄段的人群。公共空间面积约占总开发面积的40%，包括10个公园广场，20条街道，构建了南北向线性的公共空间体系，包括潘克拉斯广场、谷仓广场、卸煤广场、运河街和约克街等主要节点空间与开放街道。多样化的商业休闲业态和文化娱乐活动提高了公共空间的吸引力，街区的空间价值和整体形象也得以提升。

步行、自行车和公交优先的策略使更新后的街区公共交通四通八达，成为伦敦、英国乃至国际重要的公共交通联运枢纽，国王十字火车站、圣潘克拉斯火车站、6条伦敦地铁、12条公交线路增强了街区与伦敦其他地区，乃至其他城市的联系。2010年，巴克莱单车出租计划启动，街区内布置了多个自行车租赁点和多条自行车道。公众能够完全进入有吸引力、开放、安全的街道，当地居民也因此获得更多的社交和休闲机会。

3.1.3　社会包容，和谐共生

多元主体在不断博弈中构建了一个多元、包容、和谐、安全社区的共同愿景，在住房问题、社会联系、文化多样性、公共服务、社会安全等方面取得一定成就。

住宅所有权形式和套型的混合多样，促进不同社会阶层的融合互动，进一步防止两极分化。一系列公共场所的塑造，为伦敦市民提供了一个全新的目的地，创造了更多的互动机会。文化多样性可适应不同文化背景人群的社交需求，大英图书馆、中央圣马丁艺术与设计学院、谷歌总部等文化科研机构的引入，亲子活动、戏剧音乐、文化艺术等全年化的文化创意与娱乐交流活动，强化了街区的文化属性与地区吸引力，使其成为伦敦的文化新地标。国王十字区更新后，创造了良好的教育培训服务，建设了更多的中小学和高等教育设施，并提供各类教育培训课程和活动，通过加强学校、高等教育与企业之间的联系，使青年人能够获得更多的就业机会。此外，优质的医疗健康和社区服务，改善了当地居民和职工的生活与工作环境。物质环境的改善与经济水平的提升在一定程度上降低了街区的失业率和犯罪率，提高了社区安全指数。开发商为街道、社区及公共场所提供优质的安全维护与管理服务，特别是在治安与环境清洁方面，同时与地方政府合作，学习其在社区维护管理方面的经验，以提高国王十字区的社区安全水平，促进其与周边社区更好地融合。

3.2　多元主体机制下的弊端

多元主体机制决策下国王十字区的开发更新获得了一系列可持续效益，但仍存在一些不足之处。

3.2.1　更新周期冗长

国王十字区更新过程牵涉多元主体和错综复杂的利益关系，各主体需要在各阶段，特别是更新规划制定与申请阶段，针对自身利益不断地进行咨询和听证，以达成利益共识，更新周期自然也被不断拉长。

国王十字区更新整个项目规划和开发历时近20年，多元主体针对各自的利益诉求，开展了4000多次协商会议。2000年，开发商KCCLP获得国王十字区的开发权。2001—2003年，KCCLP相继发布四份基于多元主体协商的规划文件，正式开始咨询过程。2004年，KCCLP首次提交规划申请，多元主体针对申请中相关问题进行了多轮咨询会和听证会，至2006年规划申请才审批通过。随后，针对廉租房和历史建筑保护的问题，以KXRLG为首的社会团体发起“再思运动”，并于2007年向最高法院提起司法审查，法院举行听证会审理案件，但最终却驳回了他们的要求。直到2008年，更新项目才开始实施建设。KCCLP也从2014年开始，每年提交一次街区的可持续能力评估报告，接受政府、当地居民和公众的监督。

3.2.2　公共利益妥协

多元主体机制决策下国王十字区的城市更新力求多元主体的利益平衡，争取在大多数问题上达成广泛共识，一定程度上维护公共利益，但由于市场主体和政府主体在这一博弈过程中占据主导地位，权利主体及社会公众处于弱势的一方，以致公共利益在这一过程中必然发生妥协。

针对规划的灵活性、廉租房和历史建筑保护等问题，尽管各社会团体、社会机构、当地居民等与开发商和政府部门经历了多轮斡旋，公共利益也未能占得上风。最终，都趋于向开发商经济利益的妥协，造成了公共利益的受损。

4 结语

4.1 多元主体机制的必要性

多元主体机制是城市更新制度建设的必然趋势，参与主体的多元化、利益关系的复杂化势必需要在城市更新中引入政府主体、市场主体、权利主体、公众等多元参与的共商、共治、共享的管控机制。鉴于国王十字区错综复杂的历史背景和社会结构，其城市更新历程中十分有必要建立全程性和包容性的多元主体机制，增强各主体的博弈沟通，以促进平等协商，寻求利益平衡。多元主体机制改变了以往政府主导、政府—市场公私合作等单一局面，权利主体和社会大众得以参与到城市更新过程中，积极争取和守卫公共利益，力求实现街区的可持续发展；若脱离多元主体，公共利益势必妥协与受损，更新结果将完全是另一个局面。

4.2 多元主体机制成功的关键

多元主体机制之所以在国王十字区更新项目中取得成效，有以下四方面原因：首先，政府在更新中需始终秉持引领和中立的态度，面对每一次博弈，都积极引导各方利益进行有效协商，在保障公共利益不受损的前提下，保证更新项目获得良好的综合效益；其次，非政府组织（NGO）的有效作为，独立于政府之外，与市场进行平等、公平、公开的竞争，为城市更新提供具有专业性、公益性和中立性的社会服务；再次，多元共治全过程化和开放化的特征，在项目立项、规划编制、规划申请、规划审批、建设实施、维护管理等全阶段中，多元主体的参与让城市更新的开展得以建立在协商博弈的基础上；最后，协商机制的多样化，规划申请和审批阶段的咨询会、听证会、论证会、诉讼等，建设实施和维护管理阶段的年度评估报告等，都有效地将多元主体纳入更新实践的过程中。

4.3 多元主体机制的优化

加强多元主体的规则约束。完善的法律法规体系是多元利益协调的基础保障；建立健全有效的沟通交流制度，如构建信息交流平台、组织常态化的交流协商会议；引入调解、诉讼、决议等冲突处理制度，以防利益冲突进一步扩大。

积极构建组织保障机制。可成立多元利益协调委员会，吸收政府专员、开发商、NGO 成员、专家、社区团体、公众等多方参与，提供咨询协助、信息交流、监督反馈等服务，以提升多元主体合作度，及时化解利益冲突。

鼓励完善社会保障机制。加强以 NGO 为引领的公众参与制度建设，使社会公众能够顺利有效地参与城市更新，并保障公共利益不受损；充分发挥社会媒体的监督与引导作用，通过客观、真实、公正的社会舆论引导，监督多方主体的行为，有助于推动多元利益的博弈进程。

[资金项目：国家自然科学基金青年科学基金项目（项目批准号：52108047）。]

[参考文献]

[1] STALE HOLGERSEN. Classic conflicts and planning：a case study of contemporary development at King's cross in London [D]. Norway，Bergen：Department of Geography，University of Bergen，2007：61-113.

[2] EDWARDS M. A microcosm：redevelopment proposals at King's Cross [M]. London：Routledge，1992：163-184.
[3] HOLGERSEN S，HAARSTA H. Class，community and communicative planning：urban uedevelopment at King's Cross，London [J]. Antipode，2009 (2)：348-370.
[4] 吴晨，丁霓. 城市复兴的设计模式：伦敦国王十字中心区研究 [J]. 国际城市规划，2017 (4)：118-126.
[5] 林辰芳，杜雁，岳隽，等. 多元主体协同合作的城市更新机制研究：以深圳为例 [J]. 城市规划学刊，2019 (6)：56-62.
[6] BISHOP P. Dark matter：the planning and politics behind Kings Cross [R]. The Bartlett School of Architecture UCL，2015.
[7] ARUP，GEORGE A S，LCR，et al. King's Cross central regeneration strategy [R]. London，2004.
[8] Allies and Morrison Porphyrios Associates，Townshend Landscape Architects. King's Cross central urban sesign atatement [R]. London，2004.
[9] King's Cross Central Limited Partnership. King's Cross overview brochure 2018 [R]. London，King's Cross，2018.
[10] King's Cross Central Limited Partnership. Sustainability report：King's Cross 2016/17 [R]. London，King's Cross，2016.
[11] Greater London Authority. Draft central activies zone supplementary planning guidance [R]. London，2015.

[作者简介]

付莉莉，注册城乡规划师，江苏省规划设计集团有限公司主创规划师。
陈　阳，通信作者。助理研究员，注册城乡规划师，东南大学建筑学院博士后。

基于“精明增长”理论的城市设计策略研究

——以进贤县温圳镇朝阳新区规划设计为例

□李尚哲，周　博

摘要：“精明增长”背景下的城市设计是寻求城市高效、集约、生态，贯彻城市绿色、协调、可持续发展的重要途径。本文基于“精明增长”理论，以江西省南昌市进贤县温圳镇朝阳新区为例，探析城市发展与自然生态的协调统一，将“精明增长”理论与城市设计有效连接融合，得出适应城市发展的设计策略，以期为完善城市设计实践提供一些参考。

关键词：精明增长；城市设计；可持续发展；设计策略

1　设计背景

1.1　城市设计的“精明增长”理论

城市快速发展中，城市发展与自然生态的关系相辅相成。“精明增长”理论下的城市设计强调建立高效、有序的城市架构，以适应自然环境，注重城市空间与周围自然生态环境的整合与互动，并注重城市空间发展与自然生态保护相结合。“精明增长”理论的核心内容是：“用足城市存量空间，减少盲目扩张；加强对现有社区的重建，重新开发被废弃、污染的工业用地，以节约基础设施和公共服务成本；城市建设相对集中，保护开放空间和创造舒适的环境，实现经济、环境和社会的协调。”

面向“精明增长”理论的城市设计应以生态保护思想为核心，注重城市与自然、人与自然、人与城市的和谐共生，形成相应的自然绿色风貌、活力城市发展空间与文化传承发展理念。其中，“绿色”体现了人与自然之间的关系，城市与自然相结合，提供我们赖以生存的环境。“活力”反映了人与人之间的关系，强调创建一个多维的城市活力空间，以满足人们交流的需求。“传承”反映了人与社会之间的关系，社会与文化的交融，传承并发扬优秀的传统文化。

1.2　区域背景概述

温圳镇朝阳新区地处江西省中部，进贤县的西部，与南昌、丰城、临川等市、县（区）接壤。整个地形呈东高西低走向，东属红壤丘陵，西为赣抚冲积平原。新区南临抚河，往西通往南昌、长沙，往东通往进贤、上海。新区之中有国道320线、沪昆高速、国道316线、温圳大道等高速公路。朝阳新区历来被称为“进能纳贤”之地，素有“物华天宝、人杰地灵”之称。

1.2.1　水

城市水资源是城市发展的自然景观轴线。赣渠在朝阳新区的东侧，同时区内还有点状分布的水塘，在多种类水资源的共同作用下，该地区已具备了水资源与城市生态和谐发展的有利条件，形成新区规划设计的自然“水脉”。

1.2.2　文

朝阳新区的传统文化十分深远，具备发展文化产业的核心竞争力，且具有较强的温圳人文文化特色。宋代晏殊、王安石、晏几道等众多的贤人雅士或出生于此、或居住于此，串联从古至今的优秀文人墨客，以传统文化内涵为基点，结合现代理念加以策划，融入文化体验、旅游度假与休闲娱乐等产业，打造区域特色滨水休闲文化体验带，构成新区规划设计中的多元“文脉”。

1.2.3　智

城镇精明发展的主要动因是城市的信息文明发展。发展以信息技术为支撑的城市智能产业，本质上是增加城市空间与各个产业链之间的链接效率，实现城市的集约和高效发展。打造创客中心使之具有带动新区建设的驱动功能，通过空间集约利用，促进城镇建设的可持续性，为形成以智力创新为主的网络化“智脉”创造条件。

1.2.4　城

“精明增长”理论下的城市发展，包含以市民精神需求归宿为目的的消费文明和以城市可持续发展为基础的生态文明。消费文明是以体验的方式感知社会，并创造全新的消费服务模式，旨在满足市民的精神需求，更是未来主要城市的产业发展方向。而城市生态文明以低碳为主导的环保产业为基础，产业的发展将会进一步推动城市产业与空间的可持续发展。为打造生态、休闲、绿色、低碳综合一体的“城脉”奠定基础。

1.3　城市的诉求

1.3.1　完善城市公共服务功能

温圳镇朝阳新区公共服务设施配套不齐全，高新产业较少，且大部分在基地内呈散状分布。新的设计在原有旧址的基础之上，重点完善城市公共服务功能，如配套中心、康养中心、创客中心及行政中心等公共服务类建筑，兼顾弹性发展，适当结合中、高档居住区进行混合开发，提升地区人气，并以交通为契机，发展城市对外交通，为城市注入新的活力。

1.3.2　塑造城市形象

温圳镇朝阳新区现状多以废弃地为主，低层和多层建筑广泛分布，缺少标志性的公共建筑与空间。新的设计在城市北部建设人文湿地公园、行政中心、卫生院、康养中心等城市公共服务区域与机构，在带动城市发展的同时，形成新区的新地标。以商业综合体、创客中心为主的建筑引领整个新区南部的发展。其中，创客中心作为“城市综合性创新创业生态平台”，定位为新区南部的发展启动点，交通便利，有一套完整的开放服务，创造全方位的对接平台，使市民在城市中得到不一样的空间感受。

1.3.3　提升城市品质

城市内建筑居住品质不佳，没有高品质的居住区，部分基础设施出现老化、破损等情况，无法满足居民的需求。城市公共空间的沿河绿地、公园绿地等休闲用地缺乏品质。而具备高品质的生态环境、地域性精神文化灵魂的人居环境是现代城市生活的追求。在城市中，规划设置城市低碳社区，新区内设置丰富的景观绿化和完善的开敞空间，以及便利的社区服务设施；通过便捷而多元化的交通模式，力图使每个“生态细胞”都是健康而富有活力的住区，而不同的“细胞”结合在一起，构成的是更加丰富而生机勃勃的生态城市，使低碳社区具有标志性的意义和辐射作用，提高了城市的宜居水平。

1.3.4 维护生态格局

朝阳新区内有良好的生态基础，如赣渠、生态绿地等，但未与城市有效结合。赣渠与留存的绿地等自然资源构成了城市新区发展的生态基底（图1），是打造生态、低碳新城必不可少的资源条件。

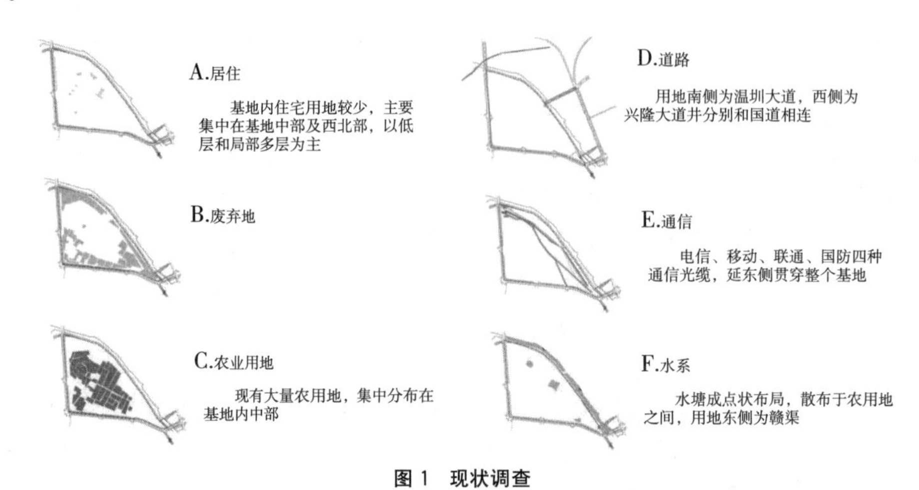

图1　现状调查

2　城市发展策略

2.1　区域协同策略——西南门户、联昌接抚；整合提升、区域共荣

根据温圳镇朝阳新区的区位条件，朝阳新区发挥着重要的发展引擎驱动作用。朝阳新区充分发挥陆路交通的优势，整合区域协同功能，凸显进贤县西南门户核心区，打造特色中心镇、进贤产业中心。朝阳新区处于区域流通枢纽的战略地位，面向长三角、对接南昌大都市区、联动抚州、有服务中心城的区域发展格局（图2）。

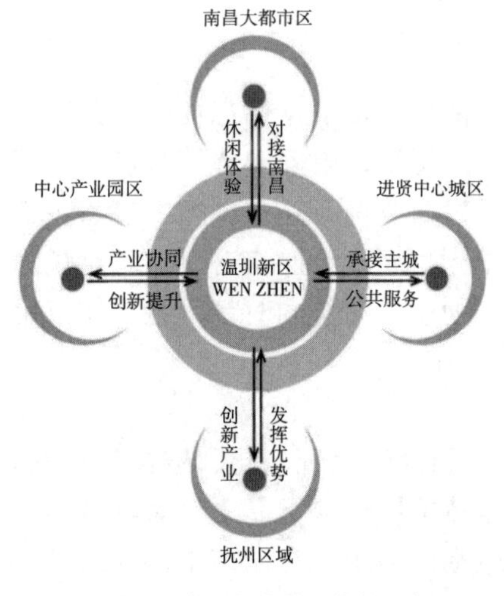

图2　朝阳新区地理优势示意图

2.1.1　承接产业转移——提高产业创新能力

规划应升级产业和城市服务，带动产业转型升级和城市发展。吸纳壮大新技术产业，建设创新型工业园区，在规划发展先进工业的基础上积极发展生产性服务业，规划区域性企业总部基地、创客中心，完善产业服务体系。承接产业转移，提高产业创新能力，带动产业转型和城市发展（图3）。

2.1.2　应和区域需求——发展休闲体验经济

朝阳新区应着力把握昌抚联动机遇，打造对接南昌区域内的昌抚合作示范区，构建特色生态城镇。整合区域内旅游资源，联动周边城镇的传统古村落，发展乡村旅游，重点打造生态公园、商业综合体等功能，完善休闲活动功能。

2.1.3　发挥交通优势——强化物流服务职能

在现有的基地周边城镇肌理之上，充分发挥陆路交通枢纽优势，积极吸纳长三角区域的人流、物流、信息流，利用南昌大都市的资源优势，规划建设新材料产业基地，强化朝阳新区作为交通枢纽中心的优势。

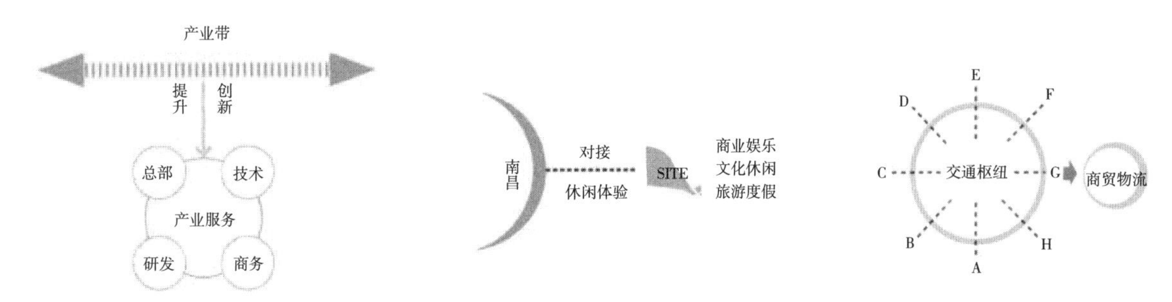

图 3　区域协同发展示意图

2.2　空间构成策略——水陆并行、轴向延伸、八区协同

2.2.1　水陆并行——一路两心、一环两轴

在基地内的现有水陆资源条件下，运用水陆并行“一路两心、一环两轴”的发展模式。以校前路、生态公园与商业综合体作为南北向空间发展的主轴线，形成“一路两心”的空间布局结构，打造人文生态景观核心和综合商业中心。通过连接各功能区域内的绿化带，形成“一环两轴”的空间结构，打造连续的绿化景观轴线并与水脉交融，形成环线。

2.2.2　轴向延伸——一横两纵、一带一廊

在轴向进一步延伸以“一横两纵、一带一廊”的发展模式，依托温心大道、校前路、联里路的空间轴线发展，同时结合各功能节点，形成“一横两纵”的布局结构。以赣渠沿岸两侧空间为主，营造商业风情街与滨江景观廊，凸显北部区域与滨江区域的整体联动关系；在滨江城市设计中，融入合理尺度的商业街区，立足打造一个多元化、个性化的城市活力新区，从而推进朝阳新区的文化景观建设。

2.2.3　八区协同——一环八区、有机结合

基地内规划采用有机聚合的布局结构，以水为脉构建水脉交融的生态网络；各片区向心聚集发展，并通过各个区域内的生活性交通环路的串联，强化各片区的联系。规划由道路系统划分形成八大功能片区，即商业综合体、行政中心、住宅区、特色商业街、生态公园、宾馆酒店区、创客中心和九年一贯制学校。八大功能片区相互协同发展，形成“一环八区”的布局结构，有机结合，多元发展，创造城市的多元化形象（图 4）。

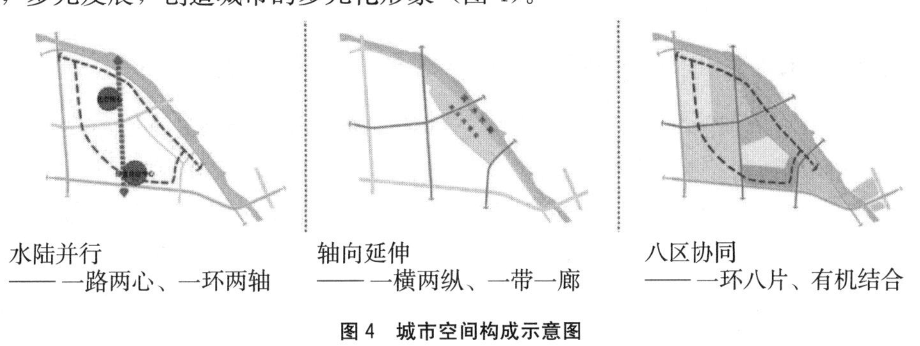

图 4　城市空间构成示意图

2.3 交通组织策略——公共交通、引导开发；三路一环、连接国道

2.3.1 公共交通、引导开发

在“精明增长”理论下的朝阳新区城市设计中，以公共交通为导向进行引导开发，以服务园区为着眼点，旨在提升土地价值，并在城市的主要道路交通沿线枢纽进行高密度的土地开发，伴随着居住、办公、商业、公共空间等用地的混合设计，宏观上发挥了引导城镇空间的有序增长与控制城镇无序蔓延的作用。

2.3.2 三路一环、快速便捷

规划以完善城镇整体路网体系为出发点，加强与周边道路的衔接，形成以温圳大道、兴隆大道、公园路作为场地外围的环路，场地内形成“一横两纵”的主干路网结构，呈现“三路一环”的快速便捷路网骨架。

2.3.3 连接国道、对外发展

应充分发挥朝阳新区陆路交通枢纽的优势，将温圳大道、兴隆大道、温心大道与 316 国道相接，进而连接沪昆高速，进一步增加朝阳新区对外发展的交通优势（图 5）。

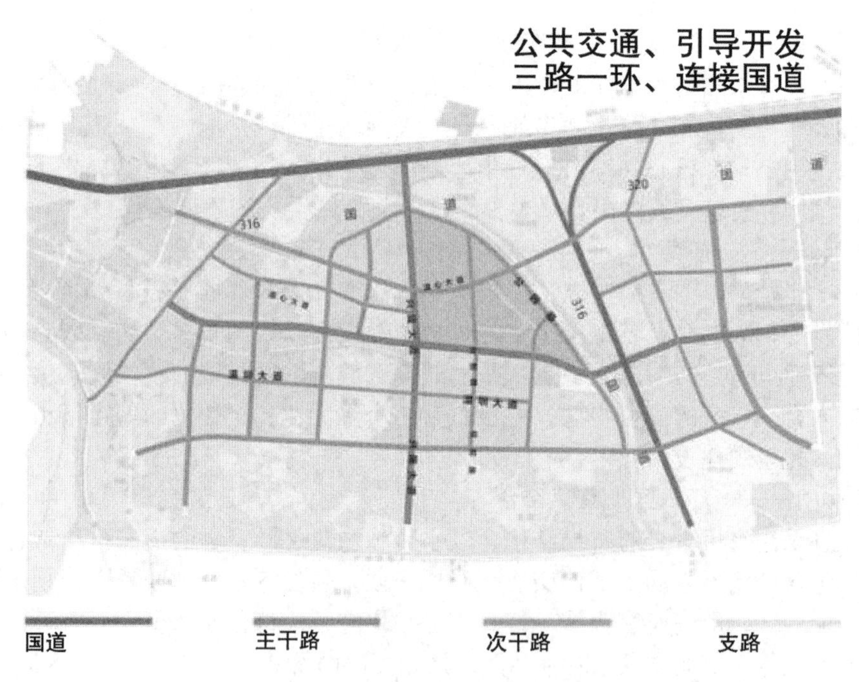

图 5　温圳新区交通组织示意图

2.4 生态低碳策略——以水为脉、生态网络、低碳示范

在城市生态网络的构建中，规划应维护生态环境，充分体现朝阳新区良好的自然环境。以现有丰富的水网结构作为生态网络的核心点，构建多元一体的生态发展格局，辅以生态低碳的几大系统为支撑，着重突出土地利用的高效复合、生态安全格局的有机构建。围绕城市核心景观节点，利用道路优势将景观通廊向四周延展，并与景观步道相连接，既增加了核心景观的可达性，又将景观辐射到了更大的区域。以各大功能组团为单位，湖面水体为中心，绿化廊道为发展轴线，形成“核心＋放射”的绿化系统。充分利用水体和绿植生态资源，打造滨水景观，

形成开放型的滨水景观公园，营造朝阳新区开放活力的人居环境。打造慢行步道，结合河岸线及城市中心景观设置步行道，创造舒适的步行环境，并以骑行道和步行道串联各个绿地公园及公共服务设施，把低碳理念融入城市生活，打造“以水为脉”的生态网络，形成有机契合的低碳生态城市新区。

2.5　文化提升策略——文脉延续、因应创新、多元融合

朝阳新区拥有良好的人文特色，具备发展文化产业的核心竞争力。将传统文化资源融入区域发展脉络，大力发展文化产业的优势，多元创新发展提升朝阳新区文化软实力。进贤县文化底蕴深厚，始建于晋太康元年（280年），具有1700多年的历史，有“进能纳贤”之美誉；非物质文化遗产丰富，具备文化发展条件；与崇商文化兼收并蓄、历代传承。其中，温圳镇的罗家舞狮传统历史悠久，将舞狮与武术相结合，具备较高的文化价值，是活跃和丰富群众精神文化需求的宝贵财富。

将具有代表性的温圳罗家舞狮传统作为核心发展点，与周边的文港微雕、李渡酒乡、白圩木版活字等非物质传承文化进行串联，形成一条辐射周边的传统文化产业发展带，发挥多元组合、因应创新的文化辐射作用（图6）。

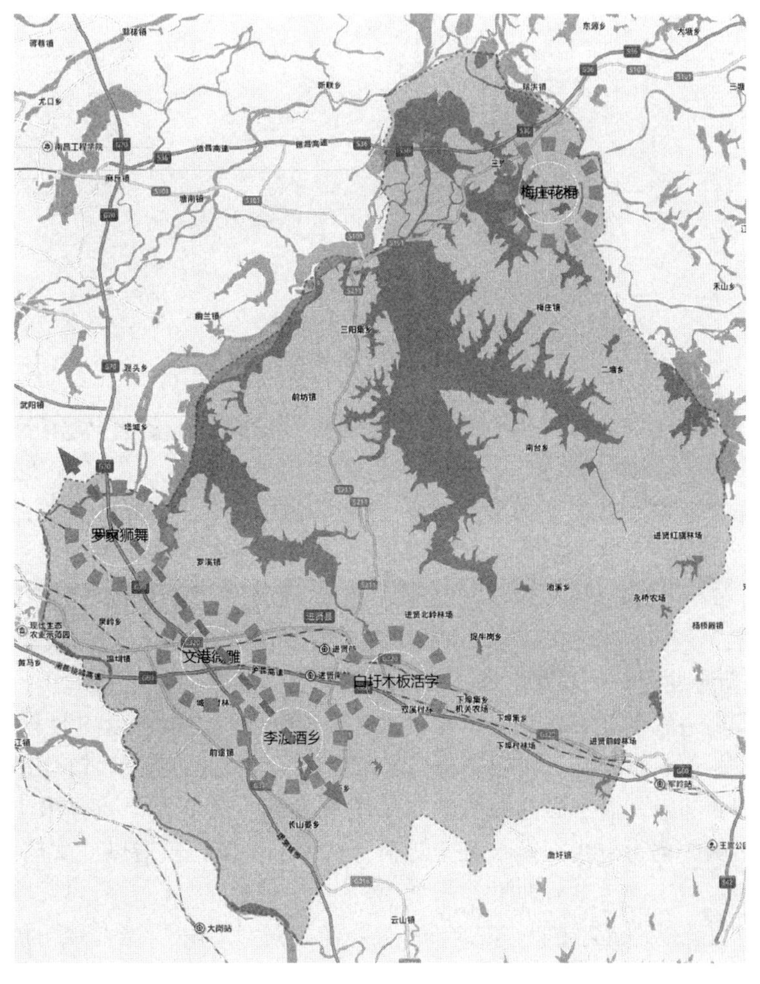

图6　进贤县文化产业带示意图

3 “精明增长”理论下的朝阳新区城市设计策略

3.1 人与城市——品质提升、个性宜居

3.1.1 道路系统与多片区域协同发展——路网放射、八区协同

顺承城镇肌理及现有的道路发展系统，以“结构完整、主次分明”为出发点，合理发展道路。通过路网整合，构成多元放射状“井”字形路网，形成以生态为核心的中央绿核，通过几条轴线的串联，与南部的行政文化中心、东部的滨水休闲带形成呼应关系（图 7）。

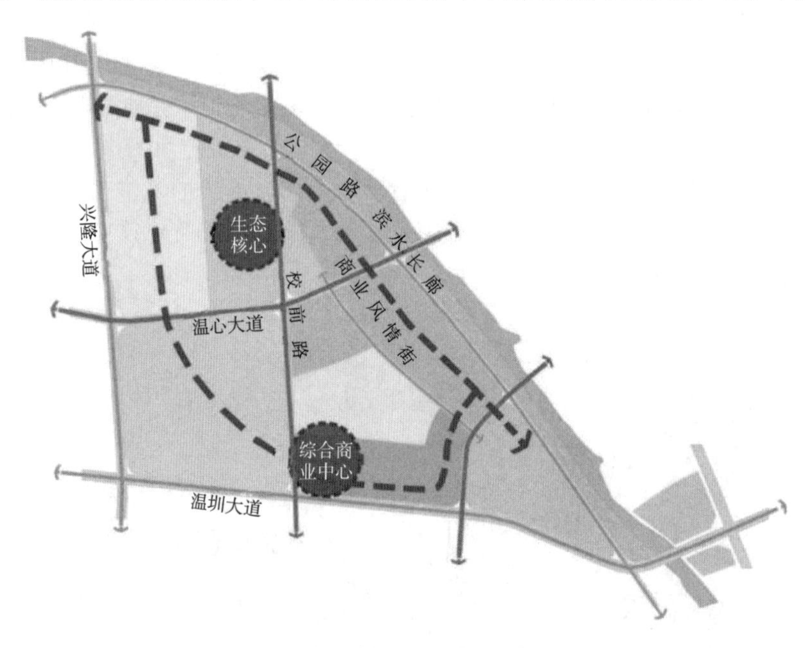

图 7 路网放射、八区协同示意图

城区规划上，以道路绿化为界线划分成八大功能区，即商业综合体、行政中心、住宅区、特色商业街、生态公园、宾馆酒店区、创客中心和九年一贯制学校，形成“八区协同”格局。采用有机聚合的布局模式，以水为脉建构水脉交融的生态网络，各片区聚集发展，并通过打造各个区域内的生活性交通环路，强化各片区的联系。以多元组合、轴线延展的生态框架分布其中，居住区集中分布于生态环境较好的周边区域，商务办公分布于道路较便利的区域，补充城市功能，提升城市品质。

3.1.2 核心引领新域发展——盈彩水岸、三心拥渠

以朝阳新区及周边的创客中心为三大核心，辐射整个朝阳新区。以“盈彩水岸，三心拥渠；核心引领，脉连双心；水绿融城，网络复合”的规划理念，解决快速城镇化过程中的经济、能源和环境协调发展的问题。通过对温圳镇现状及城镇发展肌理研究，找寻出小镇自然风貌与文化发展特色，以历史文化为主线，集休闲、创业、生活于一体，营造以“文蕴小镇，水脉智城”为主题的生态城镇。

以特色商业街和景观公园为中心，围绕商业、休闲、创意文化、简约高效的中心与节点，构筑特色鲜明的温圳新形象。充分考虑城镇的综合发展，制定近远期相结合的用地规划。以现有国道 316 线作为分界，形成东南商贸区、中部住宅区、北部人文湿地公园的布局，强化功能分区，完善

地块内部的功能结构。结合居住、公共服务、商业中心、教育等功能，形成一种新的发展模式（图 8）。

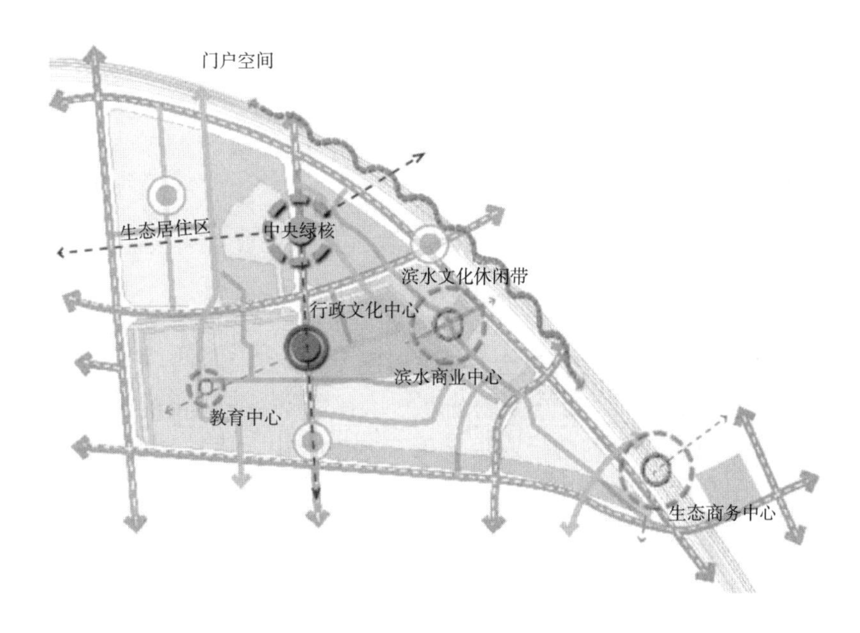

图 8　城市发展模式示意图

3.1.3　城市建筑设计引导

在城市设计的过程中，每片区域的建筑风格也需具备与周边环境的和谐统一性。对新区内的建筑进行控制指引，是为了保证该地区建筑群体空间形态的整体协调，给整个地区的空间轮廓增加活跃的节奏感和秩序性。城市设计对各开发地块的建筑形体加以控制和规定，对城市公共建筑的设计引导主要从街墙立面、建筑材料等方面开展。建筑立面要求建筑限高和构建城市建筑连廊，使整个地区的建筑形体富有节奏感和秩序性。建筑材料采用淡绿色为主，用来维护地区建筑风貌的协调性。建筑形体设计充分考虑城市地形与资源环境形成的丰富而有序的建筑形体空间轮廓与个性化风貌，使市民充分体会到强烈的场所感。

3.2　城市与自然——带状延续、城绿共生

3.2.1　梳理水系，整合绿化系统的现状——理水成珠、开渠注脉

针对朝阳新区绿地空间缺乏且碎乱不成体系的现状，提出问题，并进一步设计。增扩绿地，运用赣渠，水绿串联成主要的景观空间轴线，构建完整体系的绿色空间发展格局。以生态公园为主要的生态核心，以校前路、生态公园和商业综合体作为南北向空间发展的主轴线，发挥"中心绿环"功能。赣渠与周边片区绿地之间的生态联系将朝阳新区独特的水系景观以"理水成珠、开渠注脉、引脉营镇、拥湖塑心"的规划构思融入城市生态结构（图 9），形成"一环两轴"的空间网络结构。以赣渠为主脉，沿滨水长廊向外延伸生态网，打造连续的绿化景观轴线，完善城市绿化景观网络，增加城市的景观面和提升环境品质，实现城市与生态环境的共生。

绿化系统结合规划结构的设置，以水系为主要轴线，并突出与周边片区的整体性，将中心生态核心与自然滨水廊道相结合，共同形成一个景观网格结构，向外延伸，构建自然共生格局。

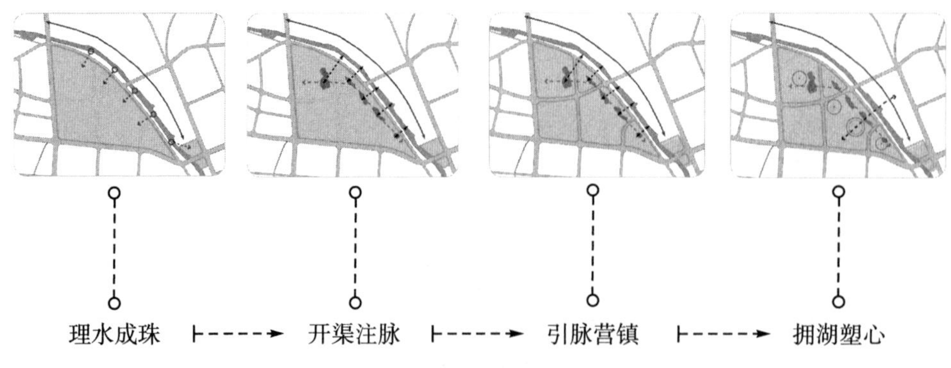

图9 规划构思示意图

3.2.2 建立完善的景观系统——多元组合、轴线演展

在构建朝阳新区景观系统时，充分考虑城市的现有资源，把城市的自然资源作为景观系统的核心发展点，并将核心点辐射到的景观因素融合到设计中，使整个城市的景观成为一个点、线、面一体的整体（图10）。

（1）在朝阳新区现有的自然景观环境特征整体客观分析中，详细整理自然景观特征之后，将自然景观的景观节点进行详细划分。用地之间均采用生态廊道分隔，将整体串联形成一个有机体系。将自然景观作为城市不同片区的自然分界线。

（2）在城市景观节点的分布中，要结合自然资源。引水入城，由生态绿核的放射生态网络连接各组团空间，通过整合现有水系与绿化系统，形成生态商业滨水街区，最大程度发挥水资源的优势，为新区带来活力。城市生态公园要发挥朝阳新区自然景观的延伸作用，充分发挥该地区最具代表性的景观核心作用，突出该地区景观分区的个性化特征。

（3）在景观系统的设计中，将原有的赣渠作为重要的区域过渡。规划以赣渠为脉络串联三个中心，通过现代化功能整合，与各类景观节点、小品进行串联，注重城市生态环境的有机结合，致力打造“城市滨水文化休闲带＋游憩休闲景观节点”的多元互动，实现生态、智慧、休闲的生态网络结构，营建“盈彩水岸、三心拥渠”的城市景观局面。

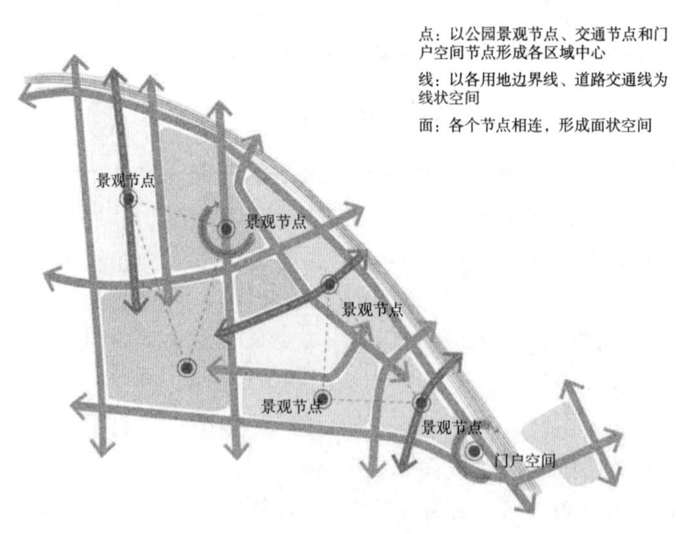

图10 景观分布示意图

3.3 人与自然——和谐共存、活力开放

3.3.1 营造活力开放空间

“精明增长”理论下的城市公共空间是反映城市形象、品质和风格的重要窗口。对城市开放空间的控制引导不仅仅是为了保证城市开放空间的自然环境与尺度感，更是为市民创造舒适休闲的城市公共环境。结合朝阳新区的基本情况，可以通过自然空间和人为空间来实现城市动态空间结构的建设。自然空间主要是利用现有的景观绿地和水系分布系统建立生态休闲的空间结构。人为空间是借助步行道路、城市公园、广场和其他空间激活城市有机的空间结构。

通过对该地区周边的开放空间分析，大体上对开放空间进行有效整合，合理设置城市的主要轴线和视线通廊，将各类城市景观叠加贯穿于景观轴线之上，共同塑造城市标志性的开放空间，打造集游憩、休闲、娱乐、观光于一体的开放式空间体验。以重要的生态景观节点及主题公园为载体，以“生态休闲＋健康快乐”为宗旨，营造成为集观赏、体验、游览、品赏等活动于一体的休闲开放中心。运用河面、水系以及生态公园的绿地系统，结合城市各片区的景观空间节点，形成点、线、面一体的多层次生态滨水开放空间格局，满足市民日常的基本活动需求（图 11）。

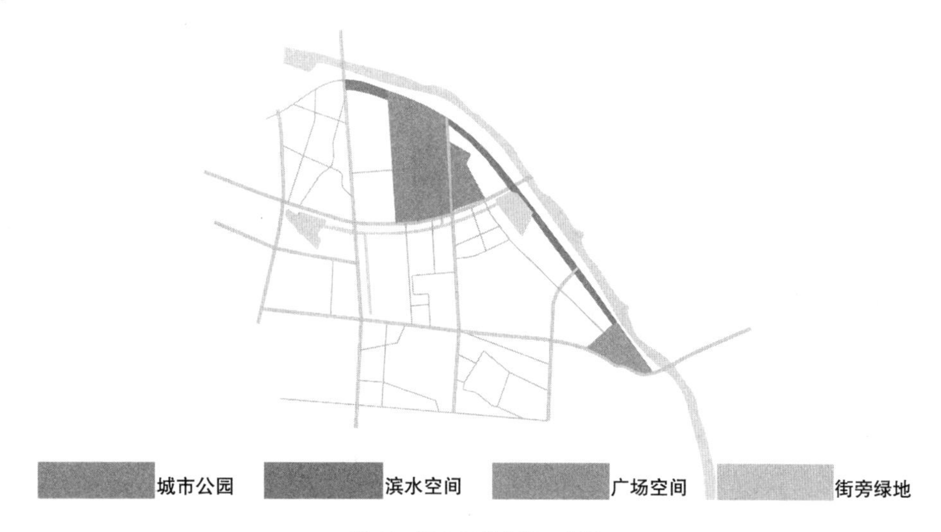

图 11 城市开放空间示意图

3.3.2 打造慢行道路系统

慢行道路系统是行人漫步、通行、欣赏的空间结构。在规划中沿河岸线建设一条沿水的健康步道，以线性的河道与节点型的湖泊水体为主要的核心点，在功能上满足现代都市市民的生活需求。在步道与人文湿地公园及周边公共空间内设置公共服务设施、建设文化活动场所，为市民提供具有层次感的步行系统和游憩节点，并充分利用地形，利用乔木、灌木和草本植物营造舒适的景观环境，进而增加居民对滨水步道的使用频率，促进市民的身心健康发展。

慢行道路系统主要是由步行区域沿赣渠延伸辐射而来，并将城市所有的公共设施、公园绿地、滨水空间联系起来，从而形成慢行区服务框架，是城市至关重要的公共空间。在步行可达的范围内设置公共设施，使慢行系统逐渐成为居民日常出行方式，给居民的生活带来便利。

4 结语

城市设计必须结合当地的具体情况进行适当规划，将“精明增长”理念贯穿在城市设计之中，将践行生态、环保、低碳设计理念作为重点。相对于大规模的城市规划，城市设计的对象大都比较具体，通常与城市建筑联系在一起。这种基于生态、集约、高效的城市设计概念，是在城市快速发展背景下的尝试，更是对城市设计内涵的积极探析。本文从“人与城市”“城市与自然”“人与自然”三个方面提出了服务城市发展的设计策略。只有将多元的生态设计与低碳的城市设计相结合，才能保持城市经济、社会、自然之间的协调关系，才能满足城市的“精明增长”发展要求。

[资金项目：基于SPOC的高校研究生教学新模式实践研究——以《城市公共空间规划与设计》课程为例（JXYJG-2019-052），江西省学位与研究生教育教学改革研究项目。]

[参考文献]

[1] 朱珠儿，解旭东. 生态文明视域下的城市设计策略研究：以济南市钢城区南岸新城设计为例 [J]. 城市建筑，2020，17（31）：77-79.

[2] 宋立新，蔡希. 低碳绿色城市新区的规划构建：肇庆新区重点地段城市设计与控制性详细规划探析 [J]. 规划师，2015，31（4）：136-143.

[3] 许丽平. 深圳龙华区观城城市更新片区空间规划研究 [J]. 城市建设理论研究（电子版），2019，（8）：187-190.

[4] 张宏儒，袁敬诚，焦洋. 山水、文化与生态融合的新型产业城区规划设计探讨 [J]. 建筑科技，2020，4（3）：5-8.

[5] 刘洪彬，袁敬诚，张伶伶，等. 区域维度视角下醴陵中国陶瓷谷城市设计研究 [C] //中国城市规划学会. 活力城乡 美好人居：2019中国城市规划年会论文集（07城市设计）. 北京：中国建筑工业出版社，2019：753-761.

[6] 刘晓阳，曾坚，张森. 生态城市理念下的城市新区规划设计策略探讨 [J]. 建筑节能，2018，46（10）：1-7.

[7] 刘李，谭少华，吴丹，等. 基于生态文明理念的山地城镇城市设计规划策略研究：以重庆市城口县城市设计为例 [J]. 建筑与文化，2016，(8)：111－113.

[作者简介]

李尚哲，江西师范大学城市建设学院硕士研究生。

周　博，副教授，江西师范大学城市建设学院系主任，硕士研究生导师。

城市精细化治理下突发公共卫生事件的响应趋势研究

□刘学良，刘业浩，蔺　晨，彭　然

摘要：鉴于2020年初暴发的新冠肺炎疫情，对全国乃至全球城市运转都产生了较大的负面影响。后疫情背景下的精细化治理成为检验城市治理能力和规划管理水平的试金石。本文通过文献检索的方法，运用CiteSpace 5.7软件对筛选出的文献样本从宏观层面进行可视化分析，并结合微观层面的具体讨论，以洞察突发公共卫生事件下城市精细化治理的手段和影响，探寻后疫情时代推进城市治理现代化的战略路径。分析发现，突发公共卫生事件中韧性城市的研究一直以来都是学界讨论的热点话题，学界对完善城市公共卫生应急体系的讨论虽从治理手段、技术等角度出发，但多以理论研究为主，如何构建应对突发公共卫生事件的韧性城市治理实践研究仍较为欠缺，在未来社会治理研究中具有较大的研究潜力和价值。

关键词：精细化治理；韧性城市；突发公共卫生事件；CiteSpace

1　前言

2020年4月8日，伴随着武汉市内外交通的再次重启，我国已基本进入新冠肺炎（COVID－19）疫情防控的常态化阶段，即步入后疫情时代，精细化的社会治理模式也成为以最小代价应对疫情反弹的重要方式。2020年5月18日，习近平总书记在第73届世界卫生大会视频会议开幕式上强调，人类正在经历第二次世界大战结束以来最严重的全球公共卫生突发事件。世界卫生组织（WHO）也在《从COVID－19疫情中健康复苏宣言》（*WHO Manifesto for a healthy recovery from COVID*－19）中明确提出要将健康纳入城市规划，需要建立起包括可持续交通系统在内的健康城市。

新冠肺炎疫情的防控成为优化我国城市治理的关键节点和城市治理体系、治理能力现代化的重要拐点。即使在全国疫情已得到全面控制的情况下，能够直接反映城市活力的全国人口迁徙规模指数及全国购物中心客流指数均远低于历史同期水平，表明疫情所带来的影响对城市的运转和经济发展具有较大副作用，且疫情对城市的冲击具有长期性与全面性。因此，以新冠肺炎疫情为代表的重大突发公共卫生事件的防控与应对能力成为检验政府治理能力现代化和城市应急管理水平的试金石。如何构建和完善有机协同的城市治理体系，并优化城市空间结构、提升城市空间治理能力，将成为此次疫情后的重要研究和讨论热点。因此本文将以文献检索的方法梳理以往突发公共卫生事件与城市发展之间的关系和研究方法，为今后开展精细化的城市治理研究提供思路。

2　数据来源与研究方法

2.1　数据来源

本文选择 Web of Science 数据库（WOS）、中国期刊全文数据库（China national knowledge infrastructure，CNKI）的科学引文索引（Science Citation Index，SCI）来源期刊、北大核心、中文社会科学引文索引（Chinese Social Sciences Citation Index，CSSCI）、中国科学引文数据库（Chinese Science Citation Database，CSCD）为检索源获取样本数据。

2.2　研究方法

研究以 CiteSpace 5.7 软件作为主要的分析工具，并将文献主题的关系进行可视化分析，便于从宏观层面对主流的研究领域和热点事件进行逻辑分析。文献可视化分析主要是运用 CiteSpace 软件分析、挖掘科研文献数据，通过聚类分析等寻找研究热点及趋势，具有直观展示、易于关联等特点。

此外，本文还将运用文献综述的方式，基于上述分类得到的主题进行较为细致的文献分析，有助于后来研究者清晰地了解到相关研究进展。

3　宏观趋势分析

3.1　突发公共卫生事件研究趋势分析

从近 20 年 CNKI 的中文数据库的文献主题路径图上看，由于 2003 年 SARS 病毒在国内暴发，2000—2004 年这一阶段的相关研究热点主要集中在应急突发公共安全卫生事件条例和传染病疫情方面。受 2008 年汶川地震影响，为减少地震后引发的卫生疾病传播，卫生应急、卫生应急管理和对策成为 2008 年国内学界关注的又一热点。此后，2015 年出现了疫情防控的热点并持续至今，在 2020 年时受新冠肺炎疫情影响更是将此研究热点推向了新的高潮，疫情防控成为此时研究的重点领域。在英文文献的主题路径图中可以看到，国外在 20 世纪中期便已形成了对突发公共卫生事件的初步研究体系，可见学者们一直以来都聚焦于公共健康、健康城市和人类疫情上。且有部分研究话题的持续时间较长，如 WHO 在 20 世纪末定义和公布了健康城市标准等，使公众健康、健康城市从 2000 年开始，便已经成为研究热点并不断强化。

3.2　城市问题的研究趋势分析

从主题路径图可以看出（图 1），近 4 年与城市问题有关的关键词联系紧密且密度较大，表明关于城市问题的研究主要集中于相似或相关联领域，按关键词出现频率由高到低进行排序可知，后疫情时代、韧性城市、城市韧性、健康城市、疫情防控、韧性、新冠肺炎疫情等话题成为近期的主要研究课题。从城市问题研究热点时间线来看（图 2），学界研究的主题受到新冠肺炎疫情影响，正逐渐由韧性城市研究向新冠肺炎疫情的应对措施以及可持续发展、健康城市转变。出现这种研究方向转变的现象，也正体现出当下人们对人居环境和灾害应对的重视，因此后疫情时代的韧性城市的构建将在一段时间内成为研究的热门方向。

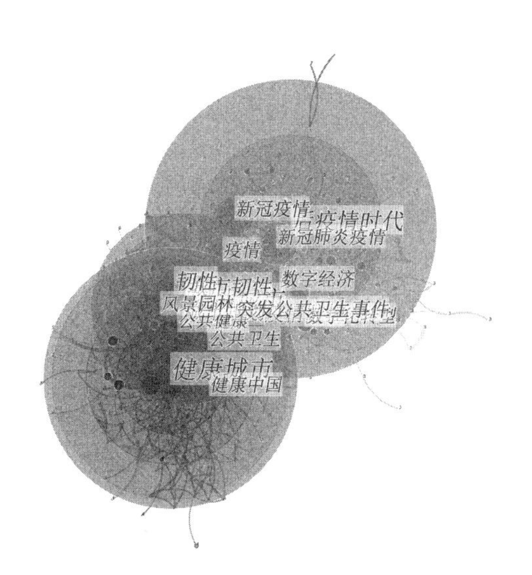

图 1　CNKI 数据库近 4 年对与城市问题有关的研究热点

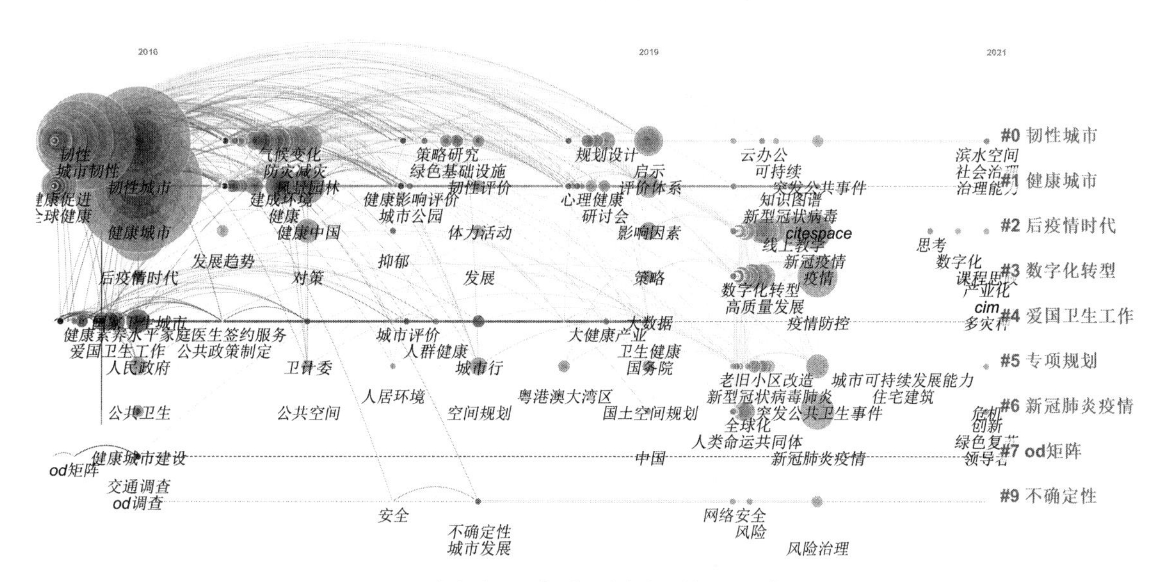

图 2　CNKI 数据库近 4 年对于城市发展的研究热点时间线

为了能够提升城市应对突发灾害的能力，韧性城市一直以来都作为最主要的研究热点话题被不同学者所讨论和研究。因此本文针对韧性城市进行研究趋势的细化分析，通过对近 4 年韧性城市领域的文献进行研究热点分析，WOS 数据库研究论文约 1321 篇，CNKI 总数据库研究论文约 698 篇，研究热点如图 3 和图 4 所示。从英文文献成果来看，各关键研究领域和细分方向以韧性城市研究作为中心呈点状分布，说明韧性城市的研究较为集中，但随着热点问题的出现，其研究种类也被不断细分。按其关键词出现频次由高到低排序为城市环境、生态城市、海绵城市、系统规划、乡镇提升及城市防灾等。按中心度值高低可对热点关键词由高到低排序为城市研究、城市设计、规划体系、防灾体系、应急机制和人员管控等。基于 CNKI 数据库进行中文文献分析，对有关突发公共卫生事件的研究成果进行关键词共引分析，按中心度由高到低排序为城市规划、社会属性、公共政策等。按出现频率由高到低排序为韧性、城市规划、防灾减灾、可持续发展等。由此可见，国外文献主要讨论如何提升城市应对不良因素的抵抗能力以及聚焦提高城市韧性的具体方法探索，国内更关注城市韧性方面的管理和政策研究，且国内外近年来关注的焦点均集中于城市抵御自然灾害的韧性提升，而对于新冠肺炎疫情则仅有少量学者从城市韧性提升领域进行应对策略分析，相关的研究尚处于起步阶段。

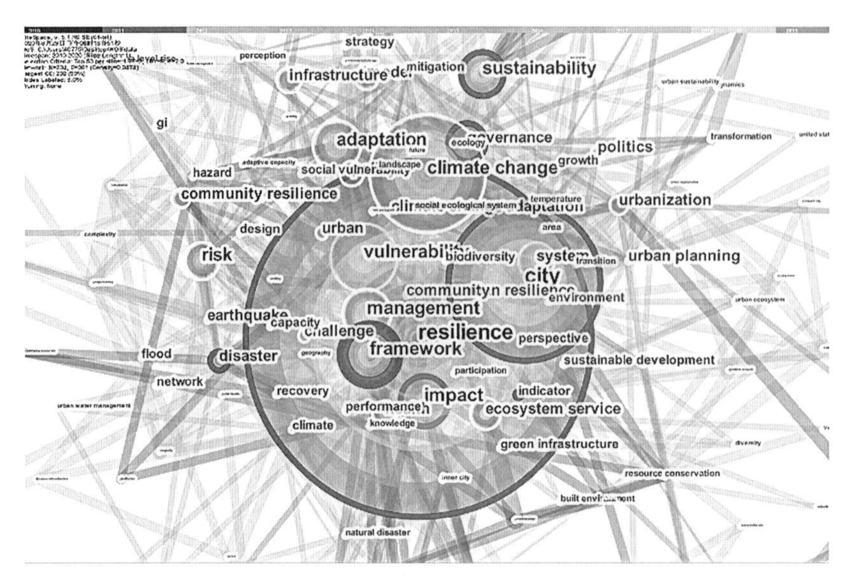

图 3　WOS 数据库的近 10 年韧性城市研究热点

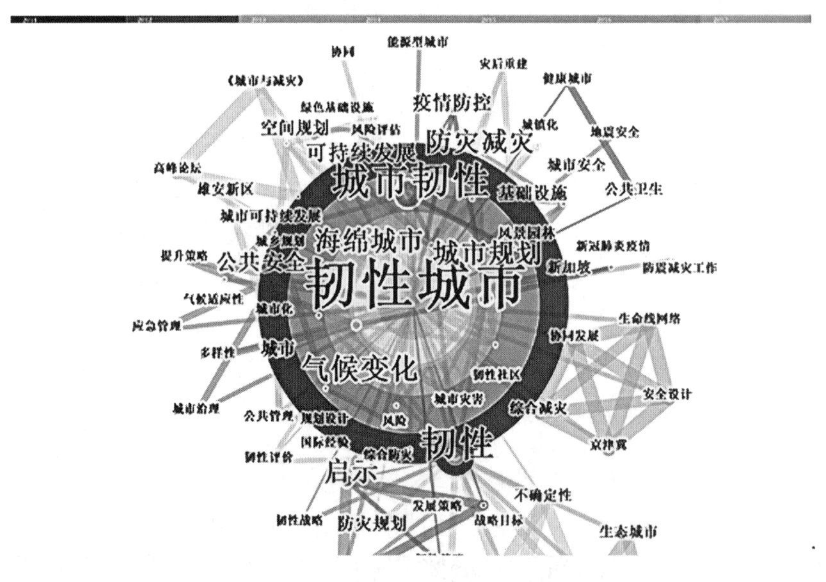

图 4　CNKI 数据库的近 10 年韧性城市研究热点

4　热点文献评述

4.1　突发公共卫生事件下城市应对的相关策略研究

当前建设健康城市的重要一环便是优化城市中的公共卫生环境，为城市居民提供安全健康的医疗条件和居住保障。工业革命时期的环境污染和城市过度拥挤，使人们开始从城市规划的角度对解决公共卫生问题展开思考、设计和实践。通过文献梳理发现（表 1），美、英、德、法等西方发达国家在应对公共卫生安全的管理上要处于领先地位。而在国内，自 20 世纪 80 年代后各地建立起应急卫生体系，尤其2003年的SARS病毒在全国范围内的暴发，建立起了“一案三制”的应急体系，但仍在新冠肺炎疫情中应接不暇。因此目前大量的学者都针对本次疫情开始重新审视我国的公共安全应急体系。

表1　关于城市应对突发公共卫生事件的相关文献综述

研究范围	研究内容
国外经验	美、英、德、法等西方发达国家在应对都公共卫生安全的管理上要处于领先地位，从管理标准到生化危机应对都具有较为完善的体系和经验
理论实践	将15分钟生活圈、“城乡健康”理论模型以及“城市可防疫空间体系”等理论模型应用至突发公共卫生事件的讨论中
技术分析	基于新浪微博的求助数据揭示了新冠肺炎疫情在城市中的空间分布格局以及对不同区域的影响

4.2　韧性城市的相关问题研究

“韧性城市”也称“弹性城市”，源自20世纪90年代世界各国对城市减灾方面的关注。国际“韧性城市联盟”将其定义为“城市系统能够消化并吸收外界干扰（灾害），并保持原有主要特征、结构和关键功能的能力”。目前国外对韧性城市的研究主要集中在社区研究、灾害网格化研究、城市灾害恢复力研究及城市灾害风险评估研究四个方面（表2）。

表2　关于韧性城市相关文献综述

	研究范围	研究内容
国外研究	社区研究	最早由Marina Alberti提出结构性框架，Michel Bruneau等人进行了扩展和相关模型的构建，Karamouz又进行了新的量化
	灾害网格化研究	主要针对城市基础设施及社会网络系统。通过网络分析对救灾生命线出现的问题提出了韧性提升策略，并利用实例进行网络关联度研究，从而获取基础设施韧性指标值
	城市灾害恢复力研究	通过建立基线条件对不同区域的基线特征进行研究，并结合主成分分析法，比较出城市与农村的韧性的不同
	城市灾害风险评估研究	日本提出基于风险概念的韧性评估框架和定性的综合多样化评价体系，并计划应用于日本和其他国家的地方治理中
国内研究	城市韧性评价研究	通过韧性曲线或层次分析法对全国城市韧性度进行综合测算，并通过实证分析城市韧性度的作用机理
	城市韧性层次划分	1. 韧性城市是应对“黑天鹅式风险”的必然选择，将城市韧性分为技术韧性、组织韧性、社会韧性、经济韧性等四个方面； 2. 技术韧性方面包括：交通、通信、供水供电等城市的全部基础设施； 3. 交通的韧性是整个城市韧性的关键所在，构建韧性城市交通的五准则：多样性、模块化、高通量、需求侧管理、智慧化

而国内对韧性城市的研究起步晚，主要以理论研究为主。孟海星等人通过对近十年韧性城市大会主题的梳理发现国内研究热点更多分布在城市规划与防灾减灾、雨洪韧性等方面，而对社会治理

与城市韧性的构建则相对薄弱。韧性城市中道路交通系统是城市发展的骨架和流空间，巴黎气候大会也曾提出要为建设具有韧性的交通体系铺平道路，说明韧性交通在韧性基础设施与韧性城市建设过程中具有重要作用。当前主要以吕彪等人所做的城市道路网络韧性评估、道路交通系统韧性及路段重要度评估为主，因此对韧性交通的进一步研究也具有一定的学术和应用价值。

4.3 后疫情时代城市韧性的优化研究

在国内疫情进入常态化防控后，学者们开始思考如何能够在后疫情时代探索韧性城市以及公共活动空间的组织构建（表3）。而在交通领域，更多的人都将后疫情时代的关注点聚焦在了公共交通当中。在国外，疫情依旧未能被有效控制，因此国外的研究则多以如何减少疫情带来的影响为主，以尽早恢复正常的生产生活。

表3　关于后疫情时代城市优化的相关文献综述

	研究内容
国内研究	规划领域：从产业集群发展、公共卫生体系短板、景观规划以及城镇化等视角探讨如何构建和提升城市韧性
	交通领域：将关注点聚焦在不同人群的交通需求中，并针对不同层次人群的需求进行交通策略优化
国外研究	研究了新冠肺炎大流行如何影响旅行者对公共交通的行为，并从政策的制定角度进行了相关的讨论
	比较新冠肺炎大流行前后公共交通拥挤阻抗的行为变化，以研究导致公共交通运输量减少的主要因素
	对新冠肺炎大流行场景下的出行频率行为综合分析，旨在对影响旅行行为变量的心理态度进行更深入的了解，以帮助决策者制定强有力的指导方针

5 结语

根据上述宏观与微观层面的文献分析，发现城市的进步一直以来都与公共卫生事业并行发展着，建成环境对公共健康的影响由来已久，对传染性、非传染性疾病及心理疾病都有着不同程度的影响。而韧性城市概念自首次提出以来，便成为城市治理过程中最受青睐的手段或方法之一。尤其在后疫情时代，人们对城市面对突发公共卫生事件的应急反应能力进行了不断深入的思考，使后疫情时代韧性城市的评估与构建方法研究成为未来一段时间内讨论的主要话题，即如何在后疫情时代更好地吸取教训、优化城市规划与交通结构，让大面积封城的窘困局面不再发生。以目前学术界的研究内容来看，后疫情时代韧性城市的研究还处于初步发展状态，因此仍具有较大学术和应用价值。

基于当前研究领域的相关性分析和中国城市精细化治理与应急体系运行的现状，中国亟须加快推进社会治理现代化改革，加强和完善城市应对突发公共卫生事件的管理保障体系。在社会治理上发挥制度优势，发挥群众力量，并充分利用大数据、人工智能等信息技术手段，促进城市应急能力的提升；在法律上不断优化“一案三制”的应急体系，进一步完善应对突发公共卫生事件的管理体系和服务体系。

［资金项目：武汉工程大学研究生教育创新基金（CX2022200）；住房和城乡建设部科学技术计划项目（2021-K-137）；湖北省交通运输科技项目（2020-186-3-1）；全国大学生创新创业训练计划项目（202210490016）。］

［参考文献］

［1］汪光焘，李芬．推动新型智慧城市建设：新冠肺炎疫情对城市发展的影响和思考［J］．中国科学院院刊，2020，35（8）：1024-1031．
［2］唐皇凤，刘建军，陈进华，等．后疫情时代城市治理笔谈［J］．江苏大学学报（社会科学版），2020，22（4）：29-42．
［3］胡琦浠，孙英英．中国突发公共卫生事件应急响应研究综述：基于 CNKI 文献可视化分析［J］．统计与管理，2021，36（11）：42-47．
［4］黄怡．高效响应突发公共卫生事件的关键规划议题［J］．上海城市规划，2020（2）：72-79．
［5］清华大学危机管理研究中心 SARS 危机应急课题组．突发公共卫生事件的应急管理美国与中国的案例［J］．世界知识，2003（10）：8-15．
［6］王兰，李潇天，杨晓明．健康融入 15 分钟社区生活圈：突发公共卫生事件下的社区应对［J］．规划师，2020，36（6）：102-106．
［7］田莉，李经纬，欧阳伟，等．城乡规划与公共健康的关系及跨学科研究框架构想［J］．城市规划学刊，2016（2）：111-116．
［8］雷诚，丁邹洲，徐家明．直面新型冠状病毒肺炎疫情的城市规划反思［J］．规划师，2020，36（5）：39-41．
［9］刘斐旸，彭然，黄佳伟，等．城市应对突发公共卫生事件的规划策略：以武汉市为例［J］．规划师，2020，36（5）：72-77．
［10］李欣，周林，贾涛，等．城市因素对 COVID—19 疫情的影响：以武汉市为例［J］．武汉大学学报（信息科学版），2020，45（6）：826-835．
［11］游光荣，游翰霖，赵得智，等．新冠肺炎疫情传播模型及防控干预措施的因果分析评估［J］．科技导报，2020，38（6）：90-96．
［12］ALEXANDER D E. Resilience and disaster risk reduction：an etymological journey［J］. Natural hazards and earth system sciences，2013，13（11）：2707-2716．
［13］欧阳东，朱喜钢，曹剑，等．临时性到常备化：突发公共卫生事件下救治设施空间规划供给研究［J］．规划师，2020，36（5）：99-102，112．
［14］陈宣先，王培茗．韧性城市研究进展［J］．世界地震工程，2018，34（3）：78-84．
［15］ALBERTI M. Urban patterns and environmental performance：what do we know?［J］. Journal of Planning Education and Research，1999，19（2）：151-163．
［16］BRUNEAU M，CHANG S E，EGUCHI R T，et al. A framework to quantitatively assess and enhance the seismic resilience of communities［J］. Earthquake Spectra，2003，19（4）：733-752．
［17］KARAMOUS M，ZAHMATKESH Z，NAZIF S. Quantifying resilience to coastal flood events：a case study of new York City［M］. World Environmental and Water Resources Congress 2014：911-923．
［18］FOX - LENT C，BATES M E，LINKOV I. A matrix approach to community resilience assessment：an illustrative case at Rockaway Peninsula［J］. Environment Systems & Decisions，2015，35（2）：209-218．
［19］THORNLEY L，BALL J，SIGNAL L，et al. Building community resilience：learning from the Canterbury earthquakes［J］. Kotuitui：New Zealand Journal of Social Sciences Online，2015，10（1）：23-35．
［20］CIMELLARO G P，SOLARI D，BRUNEAU M. Physical infrastructure interdependency and regional resilience index after the 2011 Tohoku Earthquake in Japan［J］. Earthquake Engineering and Structural

Dynamics，2014，43（12）：1763-1784.

[21] CUTTER S L，BURTON C G，EMRICH C T. Disaster resilience indicators for benchmarking baseline conditions [J]. Journal of Homeland Security and Emergency Management，2011，7（1）.

[22] SIEBENECK L，ARLIKATTI S，ANDREW S A. Using provincial baseline indicators to model geographic variations of disaster resilience in Thailand [J]. Natural Hazards，2015，79（2）：955-975.

[23] 李瑞奇，黄弘，周睿. 基于韧性曲线的城市安全韧性建模 [J]. 清华大学学报（自然科学版），2020，60（1）：1-8.

[24] 张明斗，冯晓青. 中国城市韧性度综合评价 [J]. 城市问题，2018（10）：27-36.

[25] 仇保兴. 迈向韧性城市的十个步骤 [J]. 中国名城，2021，35（1）：1-8.

[26] 仇保兴，姚永玲，刘治彦，等. 构建面向未来的韧性城市 [J]. 区域经济评论，2020（6）：1-11.

[27] 孟海星，贾倩，沈清基，等. 韧性城市研究新进展：韧性城市大会的视角 [J]. 现代城市研究，2021（4）：80-86.

[28] 吕彪，高自强，刘一骝. 道路交通系统韧性及路段重要度评估 [J]. 交通运输系统工程与信息，2020，20（2）：114-121.

[29] 朱海霞，庄霆坚，权东计，等. 后疫情时代基于特色文化空间构建的大遗址文化产业集群空间规划机制研究 [J]. 中国软科学，2020（S1）：92-100.

[30] 朱正威，刘莹莹，杨洋. 韧性治理：中国韧性城市建设的实践与探索 [J]. 公共管理与政策评论，2021，10（3）：22-31.

[31] 殷利华，张雨，杨鑫，等. 后疫情时代武汉住区绿地健康景观调研及建设思考 [J]. 中国园林，2021，37（3）：14-19.

[32] 武廷海. 化危为机：应对新冠疫情与中国未来城镇化 [J]. 南京社会科学，2020（8）：58-65.

[33] 刘建荣，郝小妮，石文瀚. 新冠疫情对老年人公交出行行为的影响 [J]. 交通运输系统工程与信息，2020，20（6）：71-76，98.

[34] 李丽华，全利，蔡晓艳. 后疫情时期轨道交通站点设施设计的应对策略 [J]. 包装工程，2020，41（18）：313-317，325.

[35] KOPSIDAS A，MILIOTI C，KEPAPTSOGLOU K，et al. How did the COVID—19 pandemic impact traveler behavior toward public transport?：the case of Athens，Greece [J]. Transportation Letters，2021，13（5-6）：344-352.

[36] CHO S H，PARK H C. Exploring the behaviour change of crowding impedance on public transit due to COVID—19 pandemic：before and after comparison [J]. Transportation Letters，2021，13（5-6）：367-374.

[37] AADITYA B，RAHUL T M. A comprehensive analysis of the trip frequency behavior in COVID scenario [J]. Transportation Letters，2021，13（5-6）：395-403.

[作者简介]

刘学良，武汉工程大学土木工程与建筑学院本科生。

刘业浩，武汉工程大学土木工程与建筑学院本科生。

蔺　晨，通信作者。武汉工程大学土木工程与建筑学院硕士研究生。

彭　然，副教授，武汉工程大学土木工程与建筑学院硕士研究生导师。

体力活动健康视角下老工业社区绿色开放空间优化更新研究

——以哈尔滨市为例

□孙　月，侯韫婧，李　文，苏雨晴

摘要：受东北老工业基地经济衰退影响，随工厂配套建设的老工业社区难以满足居民的公共健康需求，居民体力活动依赖于社区自身绿色开放空间和外部建成环境。本文以哈尔滨封闭型和开放型老工业社区为例，进行社区绿色开放空间与体力活动的关联性分析，识别老工业社区绿色开放空间特征，阐释老工业社区绿色开放空间影响主动健身、日常事务和休闲娱乐三类体力活动的作用机制；在社区差异下提出承载公共健康需求的绿色开放空间更新策略，促进多类型体力活动发生，实现老工业社区的优化更新。

关键词：风景园林；公共健康；老工业社区；绿色开放空间；体力活动；空间优化

1　引言

社区作为居民生活的载体，其环境质量对促进居民健康有着关键作用。全球性公共卫生事件的突发使人们更加意识到健康的重要性，人们开始注重体力活动以期提高免疫力，减少糖尿病、抑郁症等慢性疾病的发生。社区绿色开放空间为满足居民需求而设的功能性开放场地，承载了居民的日常体力活动，有助于促进社区公共健康。社区绿色开放空间对体力活动的影响从外部环境特征和内部设计要素两方面展开研究。研究表明，绿色开放空间外部建成环境特征显著影响户外体力活动水平，两者之间的相关性通常涉及密度、设施多样性、设计质量、可达性四个方面。其中，高密度紧凑型用地能增加居民体力活动强度，社区用地混合程度与体力活动时间呈正相关关系，如杨东峰的研究表明毗邻菜场、学校等事务性设施点能提高人们的体力活动频率；秦波的研究证明社区大小、容积率对体力活动强度有显著影响。步行可达性越好的公园，青少年进行休闲体力活动的频率越高。除外部环境特征外，空间内部设计要素也对体力活动造成影响，如余洋的研究证明高品质空间环境可正向调节体力活动的频率；空间内部设施布置、植物配置，以及空间位置、尺度形状等要素对体力活动水平产生较大影响。

在计划经济时期，哈尔滨市为适应工业发展形成住宅区和生产厂区整体配套模式。然而，随着地方工业的衰退，遗留下的社区建筑和配套设施老化，公共活动空间严重不足，老工业社区破碎的绿地空间和高密度的居住环境严重限制居民的体力活动，不利于居民健康发展。

为促进社区在公共健康需求下的有机更新，本研究主要阐述两个问题：一是划分体力活动类型，探讨在哈尔滨冬春过渡期社区绿色开放空间特征对体力活动的影响机制；二是识别在社区类型差异下绿色开放空间对不同体力活动的影响特征，以优化更新老工业社区绿色开放空间，激活老工业社区。

2　研究方法与数据来源

2.1　研究范围选择

哈尔滨市在“一五”计划期间，按生产协作关系相对集中的原则，布置工业区和附属的生活居住区，形成了香坊、平房工业区以及三棵树化工区和哈西机械工业区。然而，随着时代的发展，老工业区功能退化，许多工厂倒闭或外迁。为探讨老工业社区绿色开放空间与体力活动的关系，选择香坊区内封闭型、开放型两类社区进行研究（表1）。

表1　社区基础信息

社区名称	开放程度	建成年份（年）	容积率（%）	绿化率（%）	占地面积（m^2）
哈锅物业小区	开放	1986	2.53	39.0	19000
星光家属小区		2000	2.20	20.0	83520
民香小区		2004	1.85	45.7	92000
中北春城	封闭	2000	2.80	34.0	32000
海富山水文园		2008	5.24	40.0	330000

2.2　研究方法

2.2.1　绿色开放空间数据采集

对社区内绿地分类，第一类为封闭型绿地，即不可进入绿地，无活动休息场地；第二类为观赏型绿地，即空间以植被为主，但留有若干出入口，以观赏通行为主；第三类为开放型绿地，即空间具备较大面积硬质铺装，能为居民体力活动提供场地。本文选择前两类社区内46块开放型绿地作为绿色开放空间进行研究（图1），对其外部建成环境与内部设计要素特征进行提取，具体的数据获取及量化方法见表2。

（1）开放型社区　　（2）封闭型社区

图1　社区绿地结构图

表 2　老工业社区绿色开放空间特征获取

	一级指标	二级指标	三级指标	量化方法
外部环境特征	密度	—	人口密度	人口密度＝居住人数/居住区面积
	多样性	—	100 m 内医疗设施、教育设施、商业设施、便民服务设施数量	POI 数据
			100 m POI 混合度	$D=1/(\sum_{i=1}^{n}P_i^2)$
	设计质量	建筑质量	房价、房龄	安居客网站查询获取
			建筑层数	百度街景地图获取
		整体质量	建筑后退距离	实地勘测
			社区面积	安居客网站查询获取
			容积率	
	可达性	—	道路交叉口数量	百度地图获取三向以上交叉口
		—	深度、整合度、选择度、连接度、控制值	Depthmap 软件获取
内部设计要素	基本特征	—	空间面积	OSM 开放街区地图获取
		—	形态指数	形态指数＝D/S
		—	空间开阔感	D/H
		—	空间围合感	（C1＋C2＋C3）/C
		—	天空可视因子	曼雷模型计算
		—	阴影度	su 软件模拟
		—	与出入口的距离	OSM 开放街区地图获取
	空间品质	设施	健身器材、座椅、亭廊、儿童设施	实地勘测
		—	空间设施无损坏率	实地勘测，量化赋值 1～5 分
		铺装	铺装率	实地勘测

2.2.2　体力活动数据采集

选择过渡季节 3—4 月中晴朗温和的 7 天（工作日 5 天，周末 2 天）进行体力活动调研。调研时间为 7：00—17：00，每半小时记录人数一次，排除 12：00 人数观测，因为此时为正午休息时间，空间人数较少。通过观察及拍照的方法，获得空间中居民体力活动状况。

将观测到的社区居民体力活动按照不同的活动形式划分为主动健身型、日常事务型、休闲娱乐型三类。其中，主动健身型指在绿色开放空间中跑步打球、器械健身、跳舞打拳等活动；日常事务型指的是人们通勤、接送孩子、买菜等行为的途中对开放空间穿行及晾晒衣物等活动；休闲娱乐型则是在空间中下棋打牌、闲谈、晒太阳以及亲子游戏等活动。

3　老工业社区绿色开放空间对体力活动影响机制构建

3.1　外部建成环境特征显著影响居民体力活动

将社区绿色开放空间特征与体力活动人数进行典型相关性分析（图 2），我们发现对体力活动产生较大影响的前 5 项指标全部为外部建成环境指标，其中，社区面积、人口密度、房龄、建筑层数与体力活动人数呈正相关，房价与体力活动人数呈负相关。说明在老工业社区中大尺度的社区和高层的居住楼有更多体力活动的人群，可能是因为此类社区居住人口较多，能产生更多的体力活动人数。而哈尔滨老工业社区建成年代越早，则环境越破旧，导致房价较低，此类社区中居住的是工厂退休人员，居住人口密度较大。由此可见，空间外部环境特征对体力活动有显著影响。

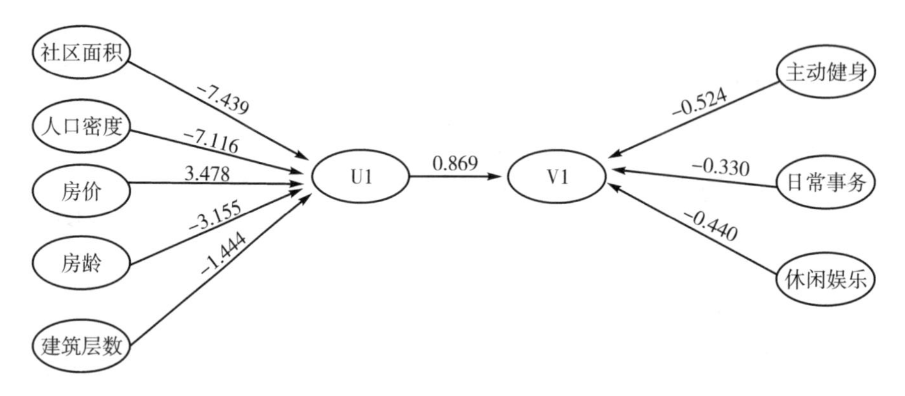

图 2　关联性模型构建

3.2　社区类型差异下空间特征影响居民体力活动

不同类型社区绿色开放空间对居民体力活动影响的作用机制也存在差异。通过 person 分析进行相关性检验，排除不相关指标。以空间特征为自变量、体力活动人数为因变量构建多元线性回归模型，探讨两类社区绿色开放空间对居民三类体力活动的影响。结果表明，封闭型社区内四个模型调整后R^2值分别为 0.670、0.594、0.520、0.436；开放型社区中模型调整后R^2值分别为 0.752、0.598、0.585、0.620。各类体力活动模型的拟合效果较好，模型预测效果显著（$P=0.000$），研究变量合理。

3.2.1　不同类型社区与体力活动总量的相关影响分析

如表 3 所示，对影响强度较大的前 5 项空间特征进行具体分析。

①封闭型社区体力活动总量受内外部特征综合影响。体力活动总量与外部建成环境特征中的控制值呈正相关，说明位于拓扑中心的空间有更多发生体力活动的机会；体力活动与商业设施、选择度呈负相关，选择度越高的空间，被穿行的概率越大，会对场地上进行的体力活动造成妨碍。而一般研究中认为商业设施与体力活动呈正相关，将商业设施与体力活动进行曲线估算分析，结果表明，在封闭型社区中，随着商业设施的增多体力活动人数先增加后减少。空间周边100 m内的商业设施数量为 7 个时，达到活动人数顶峰，之后人数减少。说明商业设施过多会导致环境嘈杂，人员混乱，反而不利于体力活动的进行。体力活动与场地面积及硬质铺装率成正比，说明大尺度空间以及铺装占比较高的空间能提供更大的活动场地。

②内部设计要素对开放型社区体力活动的影响较大。体力活动总量与外部因素建筑后退距离呈正相关，说明体力活动人群更偏好远离建筑的空间。体力活动总量与内部设施要素中的儿童设施数量呈正相关，与形态指数呈负相关，说明空间基础特征和设施数量对体力活动有显著影响。低形态指数的空间更适合人群活动。人数与空间开阔感、空间面积呈负相关，对此进一步将空间开阔感、空间面积进行曲线估算分析，结果显示，开放型社区体力活动人数随空间开

阔感的增多先降低后上升，在 $D/H=0.5$ 时，达到最低。开放型社区由于自身限制大部分空间 $D/H<1$，给人一种压迫封闭之感，不利于体力活动的发生。开放型社区体力活动人数随空间面积的增大先降低后增多。开放型社区大部分绿色开放空间面积较小，小尺度空间更适合老年人进行休闲娱乐，而大尺度空间多被杂物、私家车占据，浪费场地。

表 3　社区绿色开放空间特征与体力活动总量实证模型

封闭型社区总人数	β	开放型社区总人数	β
商业设施	−1.111**	建筑后退距离	4.368**
控制值	0.693**	形态指数	−3.245**
空间面积	0.696**	空间开阔感	−2.809**
铺装率	0.68**	儿童设施	1.925**
选择度	−0.662**	空间面积	−1.144**

注：**表示 $P<0.01$

3.2.2　不同类型社区与三类体力活动的相关影响分析

对三类体力活动影响较大的前 5 项空间特征见表 4。

(1) 封闭型社区绿色开放空间特征与体力活动分析。

主动健身活动人数与空间面积的相关性最高，说明对于封闭型社区的主动健身活动，空间尺度是影响其最大的因素，大尺度空间能促进健身活动的发生。第二影响因素为设施完好率，空间基础设施的完好是吸引健身人群的主要因素。形态指数、深度与体力活动人数呈正相关，可能是因为封闭型社区中受活动空间健身功能限制，人们并非就近使用空间或自主选择健身空间。主动健身活动人数与 POI 混合度呈正相关，说明设施点混合度越高，业态越丰富，越能吸引人群。

日常事务活动人数与深度的相关性最大，说明空间转折次数对日常事务人数有一定影响，两者呈正相关，可能是因为封闭型社区空间转折次数在居民的接受范围内，有利于增加步行出行时间，并不会对其造成负面影响。日常事务活动人数与座椅、亭廊数量及设施完好率呈正相关。空间中的休憩设施能显著增加空间的使用人数，同主动健身一样，空间基础设施的完好对日常事务活动的增加有一定促进作用。日常事务活动、休闲娱乐活动与便民设施呈正相关，说明空间周边便民设施丰富为居民提供便利，能促进体力活动的发生。

休闲娱乐活动人数与儿童设施数量呈正相关，与医疗设施呈负相关，可能是封闭型社区活动人群以亲子类为主、老年人为辅。亲子类活动对儿童活动设施有一定的需求，儿童设施的存在能吸引孩子和家长的出现。较年轻的活动群体对医疗设施的需求不大，因此医疗设施过多会抑制场地休闲活动的发生。休闲娱乐活动人数与出入口距离呈负相关，社区出入口来往人群较多，空间与社区出入口距离越近，吸引人群进行休闲娱乐活动的可能性越大。

(2) 开放型社区绿色开放空间特征与体力活动分析。

开放型社区主动健身活动人数与儿童设施数量相关性最大，开放型社区缺乏儿童设施，不能吸引亲子类活动人群。健身设施数量作为影响开放型社区主动健身的第二因素，说明健身设施对于开放型社区主动健身活动来说是必不可少的。主动健身人数与 POI 混合度呈正相关，与教育设施呈负相关，说明空间周围服务设施点丰富能促进健身活动的发生，然而教育设施过多，等待孩子的家长将占据健身空间，不利于健身活动的进行。空间开阔感与体力活动呈正相关，说明健身人群更偏好视线通透开敞的空间。

开放型社区日常事务活动和休闲娱乐活动人数与建筑后退距离呈正相关，紧邻居住建筑的空间会给室内外的人都带来一种不安全感，因此远离建筑的空间更受人们的喜欢。两类活动人数与形态指数呈负相关，形态指数高，空间的不规则性越高，越会产生不稳定性和不确定性，不利于空间的使用。而低形态指数的空间更受体力活动人群的喜爱。

日常事务活动人数与健身设施数量呈正相关，说明健身设施的存在有利于事务活动的发生。日常事务活动人数与设施完好率呈负相关，可能是开放型的老工业社区因建成年代早，基础设施呈现破损的状态，且缺乏维护，人们不得不继续使用破损的设施。日常事务活动人数与空间面积呈负相关，可能是因为日常事务型主要为通行性活动，具有较强的目的性，而面积较大的空间上更多承担着其他类型的活动，事务型活动人数并不会选择大尺度空间去通行。

休闲娱乐的人数与空间面积、空间开阔感呈负相关，与空间围合感呈正相关，可能是因为休闲娱乐活动主要是老年人，活动类型以闲谈交流、棋牌娱乐为主，此类活动更多地需要私密或半私密空间，通过一定的围合给人一种庇护感，大尺度空间相较于小空间更容易暴露在他人视线范围内，反而不适合休闲娱乐活动发生。

表4　社区绿色开放空间特征与三类体力活动实证模型

社区类型	主动健身	β	日常事务	β	休闲娱乐	β
封闭型社区	空间面积	0.901**	深度	0.98**	便民设施	0.781**
	设施无损率	0.605**	座椅数量	0.607**	深度	0.6**
	深度	0.573**	亭廊数量	0.585**	出入口距离	−0.507**
	形态指数	0.552**	设施无损率	0.485**	儿童设施	0.481**
	POI 混合度	0.401**	便民设施	0.475**	医疗设施	−0.474**
开放型社区	儿童设施	0.543**	建筑后退距离	0.947**	建筑后退距离	4.994**
	健身设施	0.237**	形态指数	−0.941**	空间面积	−4.844**
	教育设施	−0.17**	健身设施	0.901**	形态指数	−3.616**
	POI 混合度	0.153**	设施无损率	−0.894**	空间开阔感	−3.109**
	空间开阔感	0.149**	空间面积	−0.729**	空间围合感	0.286**

注：**表示 $P<0.01$

4　老工业社区绿色开放空间的优化更新

上述研究结果表明，不同类型的社区之间影响体力活动水平的因素存在较大的差异，将公共健康需求融入老工业社区更新中，针对不同类型体力活动提出具体的绿色开放空间更新策略，可以使老工业社区重新焕发生机。

4.1　促进体力活动总量的优化更新策略

4.1.1　封闭型老工业社区更新

①增加拓扑中心空间数量，构建多功能复合空间。促进社区绿色开放空间的使用效率，在保留原有中心节点的基础上，增加拓扑中心空间，促进空间的多功能混合发展，满足不同体力活动使用需求。

②挖掘闲置空间，实现空间利用最大化。封闭型社区居民更偏向大尺度有足够活动空间的硬质场地，挖掘闲置空间，扩大空间的实际可用面积，为居民体力活动提供足够的空间。

③合理布局服务设施点，商业设施适度聚集。完善社区公共服务设施，居民就近获得基础公共服务，提高步行出行频率。同时，适度设置多业态的服务设施，尤其避免商业设施过多，容易引起人群拥堵，造成混乱。

4.1.2 开放型老工业社区更新

①营建小尺度规则式空间，提高空间利用率。开放型社区居民以老年人为主，他们更喜欢远离建筑、形状规则的小尺度空间，以方形、圆形为主的低形态指数空间，人们可充分利用其内部和边界空间，适合个体和群体类活动。

②多手段营造私密空间，形成具有领域感空间。或利用种植密度、树种高度及结构层次不同的植物将空间疏密有序地分割，隔绝外界干扰。或通过基础设施、景墙、花架等进行空间围合，形成遮蔽内聚的空间，使居民在相对私密的空间中活动获得一定的安全感。

③增设户外儿童游戏设施，创建儿童健康友好型社区。为儿童设置专门的活动设施，有助于孩子健康成长，同时儿童的游戏型体力活动多伴随着家长的活动，对促进家长的体力活动也有一定积极影响。

4.2 促进主动健身活动的优化更新策略

增设多元化服务设施点，提高用地混合度，服务设施周围人流密集，为空间吸引更多人使用提供了条件。健身人群需要设施完好、空间开阔、视线通透的场地以增加其安全感，在健身空间中避免过多灌木遮挡，以高分枝点乔木为主。提升空间的健身服务功能，优化空间舒适性，增设健身设施，完善休憩设施供居民休息以及存放物品。减少周边教育设施，以降低接送孩子的来往人群对空间活动造成影响。

4.3 促进日常事务活动的优化更新策略

日常事务型活动多发生在距离社区出入口近的空间，增设空间内部休憩、健身设施有利于促进其转换为其他类型活动，休憩设施放置在交通流线聚集处为居民提供方便的休息空间；健身设施的存在会吸引通行人员进行体力锻炼。在增加各类服务设施后，后期的维护修整非常重要，保证设施的完好无损，有利于促进体力活动的发生。

4.4 促进休闲娱乐活动的优化更新策略

在社区出入口附近设置休闲娱乐空间，此处人流量最密集，休闲娱乐设施的存在能吸引人们进入场地活动。在活动空间周边增加便民设施，减少医疗设施。增设高品质儿童设施，孩子会受儿童娱乐设施的吸引，主动参与各种游戏，同时促进家长的休闲交往。注意休闲娱乐空间的围合感，利用灌木、小乔、景墙等分割空间，营造安全感。

5 结语

随着振兴东北老工业基地战略的实施和突发公共卫生事件的频发，将公共健康理念融入老工业社区迫在眉睫，通过提高体力活动水平预防疾病发生，已成为共识。社区绿色开放空间对居民体力活动的影响复杂多样，通过对社区绿色开放空间与体力活动之间关联分析，为老工业社区绿色开放空间有机更新提供新途径。

[资金项目：黑龙江省哲学社会科学项目（编号：20TYC175）；中国博士后科学基金（编号

2020M670873)；中央高校基本科研业务费专项资金项目（编号：2572020BK03)。]

［参考文献］

[1] 于一凡，胡玉婷. 社区建成环境健康影响的国际研究进展：基于体力活动研究视角的文献综述和思考 [J]. 建筑学报，2017 (2)：33-38.

[2] 侯韫婧，赵晓龙，战美伶，等. 公共健康视角下东北老工业社区公园“体绿结合”空间优化研究：以哈尔滨为例 [J]. 风景园林，2021，28 (5)：92-98.

[3] MORA R. Moving bodies：open gyms and physical activity in Santiago [J]. Journal of Urban Design，2012，17 (4)：485-497.

[4] FRANK L D，SALLIS J F，CONWAY T L，et al. Many pathways from land use to health：associations between neighborhood walkability and active transportation，body mass index，and air quality [J]. Journal of the American Planning Association，2006，72 (1)：75-87.

[5] 王小月，杨东峰. 建成环境如何影响老年人绿地使用频率：基于可达性和吸引力双重视角 [J]. 中国园林，2020，36 (11)：62-66.

[6] 秦波，张悦. 城市建成环境对居民体力活动强度的影响：基于北京社区问卷的研究 [J]. 城市发展研究，2019，26 (3)：65-71.

[7] RIGOLON A. Parks and young people：an environmental justice study of park proximity，acreage，and quality in Denver，Colorado [J]. Landscape and Urban Planning，2017，165：73-83.

[8] 佘洋，王馨笛，陆诗亮. 促进健康的城市景观：绿色空间对体力活动的影响 [J]. 中国园林，2019，35 (10)：67-71.

[9] WANG H，DAI X L，WU J L，et al. Influence of urban green open space on residents' physical activity in china [J]. BMC Public Health，2019，19 (1)：1093.

[10] COOMBES C，JONES A P，HILLSDON M. The relationship of physical activity and overweight to objectively measured green space accessibility and use. [J]. Social Science and Medicine (1982)，2010，70 (6)：816-822.

[11] 吕飞，康雯，罗晶晶. 东北地区工人新村的苏式实践以哈尔滨市“一五”时期单位住区为例 [J]. 时代建筑，2017 (2)：36-41.

［作者简介］

孙　月，东北林业大学园林学院硕士研究生。

侯韫婧，通信作者。讲师，东北林业大学园林学院硕士研究生导师。

李　文，副教授，东北林业大学园林学院博士研究生导师。

苏雨晴，东北林业大学园林学院本科生。

共建·共治·共享：公园城市治理新格局的构建探讨

□周　歆，施艳琦

摘要：公园城市是未来城市发展的方向之一，是城市高质量发展的必然要求。本文梳理了已有公园城市的理论探索与实施情况，提出构建公园城市视角下的社会治理新格局；以共建、共治、共享为核心，明确公园城市视角下社会治理格局的内容和意义；在厦门共建、共治、共享实践经验的基础上，结合公园城市的内在要求，提出公园城市社会治理新格局的实施路径，从三个层次着手，健全和完善各司其职、权责对等、以人为本的公园城市社会治理新格局。

关键词：公园城市；社会治理；共建共治共享

“公园城市”是一个山清水秀、鸟语花香、清新宜人、美丽宜居的城市发展愿景。2018 年 2 月，习近平总书记在成都考察时指出：“天府新区是‘一带一路’建设和长江经济带发展的重要节点，一定要规划好建设好，特别是要突出公园城市特点，把生态价值考虑进去，努力打造新的增长极，建设内陆开放经济高地。”从此，公园城市成为新时代城市发展的建设理念和生态文明的样板范式，以成都、咸宁等城市为试点进行探索。经过三年多的建设实践，目前已经基本形成了关于公园城市的共识，即是以人与自然和谐发展为核心价值观，将城市生态、生活和生产空间与公园形态有机融合，充分体现城市空间的生态价值、生活价值、美学价值、文化价值、发展价值和社会价值，全面实现宜居、宜学、宜养、宜业、宜游的新型城市发展理念。公园城市不仅是社会发展到一定阶段的美好图景，更是实现人与自然和谐共处、经济和生态效益兼顾的重要途径。

1　公园城市的理论与实践探索

1.1　公园城市的理论探索

目前，国内外对公园城市的实施路径均有一定研究基础。国外关于公园城市思想的论述发源较早，并融合进城市发展的进程中，具有较为成熟的理论支撑。国内的公园城市探索强调以人民为中心的生态文明理念，坚持绿色发展的思想，统筹兼顾“金山银山”与“绿水青山”，保护与发展并举，以达到社会和谐的愿景，用管理公园的方式治理城市，实现园、人、城可持续健康发展。

国内公园城市建设实施路径的研究主要分为四类。其一是概念溯源。从公园城市与传统工业城市的批判与超越着手，探究公园城市的概念发展历程，总结提炼公园城市的内在特征和蕴含价值，提出公园城市的实现路径。其二是从理念内涵出发探讨公园城市的实施路径，如吴岩等从公园和城市关系的发展演变、内涵着手，探讨公园城市理念及其所指导的具体实施路径。其三是案例研究。通过波士顿、谢菲尔德、伦敦、成都、杭州、青岛、眉山等公园城市理念的先行城市案例，总结公园城市的实践探索规律。其中，以公园城市首提地成都的案例居多，并提出了“公园社区”等概念，在此基础上研究公园社区的规划方法，并建立指标体系。其四是公园城市的建设重点。史云贵和刘晓君认为，绿色治理是走向公园城市的理性路径，它与公园城市建构耦合互构，并描绘了驱动公园城市运转的绿色治理之路，完善治理体系，健全机制谱系，培育治理文化，强化质量测评。刘滨谊指出了打造公园城市人居环境的重要性，提出人居环境认识论的生命观、时空观、分析与综合观，倡导城、人、境、业的“四位一体”结构与实现路径。李金路等人梳理了人居思想，认为公园城市是思想、方法、体系、目标的转型升级。

总体来说，目前的理论探索较为丰富、覆盖面广，但是对于社会治理机制的建设则探讨不足。公园城市作为一种建设理念，根本目的是满足人民对美好生活的需要。它不同于以往的发展模式，以公园的视角建设城市，体现了“城中园”到“园中城”的思维转变。这同时要求社会治理方式的转变，即从“中心—边缘”关系走向多元主体共治，从单向静态管理走向交互动态治理，体现“以人民为中心”的价值导向，统筹公园城市建设的各个方面。

1.2 公园城市的实践探索

已有诸多城市在研究和建设公园城市，其中以成都的实施效果最为显著。成都在精心策划实施方案、明确任务分工、细化进度安排、加强过程监督、抓实动态考核的基础上，深化落实公园城市的发展内涵，探索了一条公园城市的实施路径，即以公园城市作为生态文明引领城市发展的战略目标，将公园形态与城市空间有机融合，从理论探索、规划制定、政策法规、评价体系构建，到多层次、多类型的公园城市示范场景营造，实现基于生态文明的系统治理。

除成都外，咸宁、深圳、青岛、扬州等城市也都陆续开始了建设公园城市的进程。总的来看，目前的公园城市建设有六个方面经验。一是注重顶层设计。编制公园城市规划实施纲要，建立上下联动的技术导则和公园体系，如成都、咸宁等城市都以政府的名义对外发布了系列决定、建设指南等。二是注重生态保护。形成人、城、境、业高度和谐的生态网络体系，实现人与自然和谐相处，如深圳提出了建设“千园之城”，做到“推门见绿、出门见园”。三是注重生活便利。让人们在日常生活中就能亲近自然，享受自然，如青岛实施口袋公园、绿道建设，实现公园城市绿化便民。四是发展绿色产业。引导规划产业布局，加快产业转型升级，淘汰落后产能，如咸宁实施“133”区域和产业布局，加快构建公园城市绿色产业空间。五是增强城市安全韧性。保护城市生物多样性，保持生态系统平衡，建设防灾工程，打造有自然调节能力的安全韧性城市，如成都提出建设韧性公园城市，增强城市抗风险能力。六是保护城市特色风貌。突出对城市文脉和精神的传承，有利于形成城市文化品牌，如扬州在公园城市建设过程中保留城市园林特色，增强了城市的吸引力和竞争力。

综上所述，公园城市在理论和实践层面上都有了一系列成果。值得注意的是，全国各地的城市基础差异较大，所面临的自然环境和社会经济发展环境、发展阶段也不同。公园城市标志着城市发展和社会治理观念的转变，不是一刀切的硬性要求，而是未来城市的发展方向。不能急于求成，而要放眼长远，加强前瞻性思考和全局性谋划，尤其是社会治理格局的构建。

2 公园城市的社会治理新格局

公园城市蕴含着生态价值转化和空间治理现代化的深刻内涵，是城市高质量发展的内在要求。它提出了在资源和环境的双重约束下，由工业文明向生态文明转型的实现路径。建设理念的转型需要有相应的治理格局予以支撑。在党的十九大报告中，提出“打造共建共治共享社会治理格局”，并明确要完善社会治理体系建设，推动社会治理向基层深入。因此，以“共建、共治、共享社会治理格局”统筹公园城市的资源要素配置，是实现高质量发展、高品质生活、高效率治理的必由之路。以人民为中心，注重治理主体的多元性、治理过程的协商性、治理成果的共享性，是公园城市社会治理新格局的要义所在。

2.1　社会治理新格局的内涵

社会治理格局是指在社会治理方面形成的基础性、稳定性关系。公园城市的本质特征是“公”，即公共性。因此，其社会治理格局也需要体现这一属性，体现政府、社会、市民等多主体的互动关系，也即“共建、共治、共享”。因此，“共建、共治、共享”是公园城市视角下社会治理新格局的基本内容，其核心在于“共”，即共同参与、分工、合作。

共建是社会治理新格局的路径。坚持政府引导、社会协同、公众参与的工作路径，通过制度安排和政策协调，激发政府、社会、公众共同参与协调关系、配置公共产品、处理公共事务的积极性。共建包括三个方面：一是物质空间的共建，如共同建设人居环境、生态环境、城市风貌等；二是精神文化的共建，如培养公共精神，形成有积极理性、合作共建的多元主体；三是政策制度的共建，如制定完备的社会治理协同机制，形成法律保障等。

共治是社会治理新格局的前提。通过调动多元主体的积极性，以促进社区和社会公共性的发育，将治理过程由政府“一锤定音”，转向政府引导、社会和市民参与协商和决策。包括两个方面含义：一是治理力量的合理均衡，通过通力合作以达到最优结果；二是满足人民群众的需求。坚持多元主体协商的公共参与和协同治理理念，推进基层治理机制创新，提升治理能力和治理水平。

共享是社会治理新格局的保障。让社会价值的创造者同时成为社会价值的分享者，不仅是公园城市的内在要求，也激励更多人参与公共实践。共享分为两个层次：一是分享建设经验，将公园城市建设经验共享在国土空间规划、景观风貌、绿地系统规划、城市设计等方方面面，持续优化空间资源配置和城市景观风貌，擘画城市建设发展的“一张绿色底图”。二是建立健全分配机制，重点关注弱势群体和边缘化群体，补齐设施短板，均衡公共服务，提升居民的幸福感、安全感和认同感。

随着国家治理水平和治理能力的不断提升，新治理格局正在要求社会治理方式从政府一元主导向社会多元共治转变。共建侧重对物质空间和社会制度的建设，在社会治理格局中具有基础性地位，以实现治理主体的多样化。共治侧重对公共事务的处理和社会利益的协商，反映人民群众的根本需求，在社会治理中具有关键性地位，以保障格局和机制的有效运转。共享侧重对物质空间和制度设计的公平性，以及与其他规划的互动性，在社会治理中具有价值目标的导向作用，以促进公园城市建设成果惠及人民。三者相互联系、相互塑造，也相互包含，构成了统一整体。

2.2　社会治理新格局的意义

构建社会治理新格局对公园城市的建设具有重要意义。它一方面要求社会各主体更加密切合作，以实现共同愿景；另一方面让共同愿景得以更高效地实现。社会治理新格局的建立，有利于使公园城市真正满足人民群众需求，实现“以人民为中心”的根本宗旨。具体而言，包括以下三个方面：

一是凝聚社会发展共识。在社会发展的过程中，各个主体不可避免会有一些利益上的冲突，给政策的执行造成阻碍，给目标的实现造成困难。协商将矛盾提前暴露、充分暴露，促进沟通和理解，克服各主体对绝对利益的追求，使之为达到共同目标而妥协，以减少政策在具体落实过程中遇到的阻力。因此，共建、共治、共享的前提是凝聚共识。

二是实现资源优化配置。优化统筹资源，充分利用不同主体在智力、经验、资源、人员上的优势，实现社会治理资源的帕累托最优状态。使用有限资源，达到集中力量办大事的效果，同时增强治理资源的流动性，提高抵御社会风险的能力。

三是激发市民主人翁精神。多元性主体的加入是为了让治理和建设能最大程度地发挥社会成员的主观能动性。通过“微自治”，运用大量与社区居民日常生活密切相关的群众互动、社区文化、扶贫济困、尊老爱幼等具体项目来调动居民参与社区治理，增强居民自治的主动性和积极性。

3　共建、共治、共享的实践经验

3.1　厦门：美丽厦门，共同缔造

为落实中央的战略要求，2014 年，厦门市委、市政府开展了《美丽厦门战略规划》编制工作。该规划立足厦门实际，以“五位一体”的理念、改革创新的手段、共治共享的方法，统筹全域发展；突出“共同缔造”的实施路径，探索了一条从规划编制到项目落地，可统筹、可实施，推进城市转型发展的新路径，具有以下特点。

一是规划编制过程体现共建理念。《美丽厦门战略规划》由市委市政府牵头，规划编制过程中先后召开了多次会议对规划进行研究，广泛征求各部门意见；多次邀请城乡规划、经济、环境、生态、园林景观等领域专家进行充分的研讨和论证；并在市规划委网站发布规划，发放了近 70 万册入户手册，共收集公众意见 32000 余条，在此基础上汇总形成 1510 条，其中有 1302 条被吸纳进“三年行动计划方案”中。

二是规划实施层面突出共治和共享。强调统筹政府、社会、市民三大主体，以共谋、共建、共管、共评、共享，完善群众参与决策机制，创新治理模式，推进战略规划实施。厦门市下属各区、镇街、村居紧密结合各自实际，按照“核心在共同，基础在社区，关键在激发群众参与、凝聚群众共识、塑造群众精神，根本在让群众满意、让群众幸福”的要求，积极探索创新，取得了良好成效，有效激发了群众的参与热情，促进了社区居民的融洽。

三是创新基层社区治理的新模式。自 2015 年起，随着“美丽厦门共同缔造”工作的不断深入，集学习教育、文体活动、群众议事和组织孵化于一体的社区书院在厦门岛内外 6 个城区兴起。全市现已建成 398 个社区书院，社区书院除了是课堂，还是居民协商议事的平台、培育精神文明的载体，有力推动了基层文化建设和社区治理创新。

3.2　成都：公园社区规划治理

成都在推进公园城市建设的过程中，以公园社区为抓手，塑造单元网络融合的公园城市示范区，打造系统化的城市治理体系“公园社区”。在公园社区的规划和建设各方面贯彻公园城市精神，主要有以下五个方面的特点。

一是生态环境方面，突出“园”的特征。加快培育山水生态、天府绿道、乡村郊野、城市

街区、天府人文和产业社区六大公园场景，将社区开放空间与周边生态空间有机串联。

二是在社会治理方面，突出“公”的特征。构建配套均衡的共享社区，提升教育、文化、体育、商业和交通等公共服务设施的可达性。

三是在生活便利方面，突出“宜”的特征。以公园社区为单元组织城市生活，结合轨道交通站点 TOD 布局，形成低碳交通系统，建设宜居宜业生活圈。

四是绿色发展方面，突出“智”的特征。创建开放创新的智慧社区，升级创新空间组织模式，实现智慧社区建设。

五是在特色风貌方面，突出“文”的特征。将历史文化元素融入人文社区打造中，构建古今交融的城市品牌。

在规划建设的过程中，采用“共同缔造”理念，让社会、市民广泛参与到规划编制、项目建设和空间治理的全过程中。通过政府统筹，收集各方意见，并吸收进决策中。这使得原来自上而下的“编制规划—征求意见”变为自下而上的“群众需求—规划实现”，体现了社会治理的共建、共治和共享。

综上，公园社区的核心内容是以人为本的综合服务提升，是公共空间、居民生活、经济发展、人文艺术的有机融合。

4　公园城市社会治理新格局的构建探讨

《中华人民共和国国民经济和社会发展第十四个五年规划和 2035 年远景目标纲要》中明确提出，要“健全党组织领导的自治、法治、德治相结合的城乡基层社会治理体系，完善基层民主协商制度，建设人人有责、人人尽责、人人享有的社会治理共同体”。在社会治理新格局下建设公园城市，能使效率更快提高、成果更好彰显，以更高水平推进公园城市的建设。在传统管理框架下，政府主导了社会决策和建设过程。在新治理格局下，社会和市民将更广泛参与到治理过程中。本文以下主要就社会和居民在社会治理新格局实践中承担的角色展开探讨。

4.1　共建：各司其职

共建的要点在于各司其职。多元共建不是平均主义，要形成合力，发挥“1＋1＋1＞3”的作用，在共同治理框架下各司其职、扬长避短、分工合作。多元治理主体虽然在身份上平等，但是在具体的建设过程中却需要发挥各自的长处。政府发挥统筹协调作用，进行顶层设计，建构公园城市建设规划体系，拟定实施方案，建立考核机制等。各职能部门依据政府的工作要求，履行建设职责，执行工作任务。个人主体可以参与到公园城市事务的管理中，如担任“市民园长”、参与绿地捐建等。社会团体可以发挥专业优势和人力优势，组织志愿团队，参与保护救援，保障公园城市的韧性、安全等。重点体现在生态环境和人居环境的共建。

一是生态环境共建。例如，采用绿地认建、捐建，义务植树等方式，让社会和居民加入建设公园城市的过程中，为城市提绿增绿。群策群力，多元化城市生态环境共建方式，鼓励社会团体和居民参与到生态环境保护、建设、科普中，增强居民的归属感和对公园城市理念的认同感。

二是人居环境共建。要发动群众力量，改善人居环境。包括普及垃圾分类知识，形成全民参与、城乡统筹、因地制宜的垃圾分类制度；让居民参与老旧小区改造，充分尊重居民的诉求和意愿，建设完整居住社区；充分采纳居民对建筑物楼面、外墙、楼梯灯公共部位维修改造的意见，以及节能减排、加装电梯；将城市特色风貌融入老旧小区改造中，让老旧小区重新焕发光彩，成为公园城市的品牌和名片之一。

4.2 共治：权责对等

共治的要点在于权责对等。将城市打造成生活共同体、利益共同体和价值共同体，促进公园城市均衡健康、共生发展。为各个主体赋能，通过利益共享、风险共担、协同共进，界定明确的权利和责任关系，实现主体间的权责对等。同时，秩序是活力的前提，完善的秩序可以更好地激发活力，保障权利在框架内顺利行使。制定完善的法律制度，处理好管制与自治的关系，将共同体的运行置于法治框架之下，以促进活力与秩序平衡。

一是培养公共精神。公共精神包含着文明、互助、公平、宽容、责任、奉献等理性风范和道德情操，在追求自我利益的同时，对他人利益体现出尊重和关照。例如，建立社区书院，开设公共课程，让居民更加了解公共参与的权利和责任，学会如何有序地进行公共参与和协商探讨，提高居民参与的有效性和针对性。鼓励和引导公共参与，凝聚城市精神和社会共识，普及基本的参与能力，支撑新社会治理格局有效运转。

二是参与建言献策。例如，在绿色发展方面，要求政府部门做到优化产业结构、促进产业协同、保障经济发展、落实节能减排等，构建绿色发展体系。除相关指标的测算之外，可以充分听取市民对绿色发展方向的建议，群策群力，推进绿色发展。

三是进行监督评价。例如，在防范和抵御灾害风险方面，要求政府补齐设施短板，增强抗风险能力。社会和市民可以参与城市安全的满意度评价，监督防灾减灾措施的落实效果，督促政府部门更好地完善城市安全韧性建设，满足人民群众的实际需求。

4.3 共享：以人为本

共享的要点在于“以人为本”，增强居民幸福感、安全感、获得感。人民是公园城市的主人，要保证公园城市的建设成果惠及人民。

一是设施共享。合理配置和均衡布局公共服务设施，补齐市政基础短板，在公共服务设施均等化的过程中体现普惠性和共享性。统筹考虑文化、教育、体育、医疗、商业、社会福利等公共设施的服务规划，降低居民享用公共设施的门槛，构建布局均衡、功能完善、品质优良、层次丰富的公共服务设施体系和便捷生活圈，以满足居民对美好生活的需求。

二是环境共享。例如，提升公园免费开放率，让居民免费享有公园环境，在其中游憩和活动。设置更多环境优美的开敞空间，让居民有更多聚集、交流的公共活动空间，同时获得生态体验、景观陶冶和文化教育等，并提供应急避险功能，让居民享受更加宜居、舒适、人性化的环境。

三是信息共享。利用互联网、大数据等数字化技术，增强信息的透明性，让居民能了解公园城市的治理进度和现状，以更好地进行监督和参与治理。推动治理技术创新，推进网格化管理，使静态的单向管理变成流动和弹性的精准治理。打破部门分割，建立大数据系统，让公园城市的各个指标得以及时发布，问题及时解决，提高公园城市建设的科学性和针对性。

5 结语

通过构建公园城市社会治理新格局，统筹政府、社会、市民多元主体组成的社区发展共同体，通过共治、共建、共享形成强大合力，建设宜居、宜学、宜养、宜业、宜游的新型城市，增强人民的幸福感和获得感，这样才能真正实现公园城市的美好愿景。

［参考文献］

［1］王香春. 公园城市，具象的美丽中国魅力家园［J］. 城乡建设，2019（2）：28-31.
［2］蔡文婷，王钰，陈艳，等. 团体标准《公园城市评价标准》的编制思考［J］. 中国园林，2021，37（8）：29-33.
［3］赵建军，赵若玺，李晓凤. 公园城市的理念解读与实践创新［J］. 中国人民大学学报，2019，33（5）：39-47.
［4］吴岩，王忠杰，束晨阳，等."公园城市"的理念内涵和实践路径研究［J］. 中国园林，2018，34（10）：30-33.
［5］袁琳. 城市地区公园体系与人民福祉："公园城市"的思考［J］. 中国园林，2018，34（10）：39-44.
［6］李雄，张云路. 新时代城市绿色发展的新命题：公园城市建设的战略与响应［J］. 中国园林，2018，34（5）：38-43.
［7］杨雪锋. 公园城市的理论与实践研究［J］. 中国名城，2018（5）：36-40.
［8］范颖，吴歆怡，周波，等. 公园城市：价值系统引领下的城市空间建构路径［J］. 规划师，2020，36（7）：40-45.
［9］周逸影，杨潇，李果，等. 基于公园城市理念的公园社区规划方法探索：以成都交子公园社区规划为例［J］. 城乡规划，2019（1）：79-85.
［10］史云贵，刘晓君. 绿色治理：走向公园城市的理性路径［J］. 四川大学学报（哲学社会科学版），2019（3）：38-44.
［11］史云贵，刘晴. 公园城市：内涵、逻辑与绿色治理路径［J］. 中国人民大学学报，2019，33（5）：48-56.
［12］刘滨谊. 公园城市研究与建设方法论［J］. 中国园林，2018，34（10）：10-15.
［13］李金路. 新时代背景下"公园城市"探讨［J］. 中国园林，2018，34（10）：26-29.
［14］陈明坤，张清彦，朱梅安，等. 成都公园城市三年创新探索与风景园林重点实践［J］. 中国园林，2021，37（8）：18-23.
［15］陈晓春，肖雪. 共建共治共享：中国城乡社区治理的理论逻辑与创新路径［J］. 湖湘论坛，2018，31（6）：41-49.
［16］朱新武，王明标. 共建共治共享的社会治理格局：理论阐释与体系构建［J］. 新疆大学学报（哲学·人文社会科学版），2018，46（6）：19-25.
［17］匡晓明. 以公园社区规划治理为纽带共建共享幸福城市［EB/OL］.（2020-05-14）［2022-03-14］. http：//theory. workercn. cn/253/202005/14/200514091535746 _ 2. shtml.
［18］夏锦文. 共建共治共享的社会治理格局：理论构建与实践探索［J］. 江苏社会科学，2018（3）：53-62.
［19］张红彬，李孟刚，黄海艳. 共享经济视角下社会治理新格局及其创新路径［J］. 中共中央党校学报，2018，22（6）：93-100.
［20］颜克高，任彬彬. 共建共治共享社会治理格局：价值、结构与推进路径［J］. 湖北社会科学，2018（5）：46-52.
［21］江国华，刘文君. 习近平"共建共治共享"治理理念的理论释读［J］. 求索，2018（1）：32-38.

［作者简介］

周　歆，工程师，任职于厦门市城市规划设计研究院有限公司。
施艳琦，高级规划师，注册城乡规划师，厦门市城市规划设计研究院有限公司主任规划师。

重庆市中心城区微型公共空间现状品质调查及提升策略研究

□胡禹域，李兰昀，杨红鸣

摘要：微型公共空间是与市民生活最为密切的空间层级，它的打造一定程度上能实现深入市民生活、提升城市质量的愿景，是打造宜居城市、注入城市活力的重要载体，也是破解当前公共空间发展瓶颈的重要手段之一。本文通过对重庆市中心城区的江北城街道、五里店街道、观音桥街道的96个微型公共空间的调查，发现旧城区域的居民活动场地非常缺乏，同时居民并不愿意在空间品质低下的场地开展活动。微型公共空间品质的提升，能够最为快速地扩大居民的活动范围和提高活动质量，有效提高城市公共空间利用率，对营造邻里氛围、激发社会活力和促进社会融合起到重要的推动作用。

关键词：微型公共空间；中心城区；提升策略；重庆

微型公共空间，包括街边的小公园、小广场、小绿地等，是与市民生活最为贴近的基层空间。微型公共空间作为市民日常生活的空间载体，其质量是市民高品质生活是否能够实现的关键。研究通过现场踏勘调研和居民问卷调查两种形式，将重庆市中心城区的江北城街道、五里店街道、观音桥街道作为重点研究片区，针对范围内的96个微型公共空间，从观察和居民意愿反馈两个方向深入调查现状微型公共空间的使用情况。

1 微型公共空间现状情况

1.1 调查方法

调研通过现场踏勘调研和居民问卷调查两种形式，针对调研范围内的96个微型公共空间，从观察和居民意愿反馈两个方向深入调查现状微型公共空间的使用情况、设施配套情况和居民的实际需求。

项目组对各个微型公共空间的空间品质进行了详细调查，从空间可达性、各类活动设施配置、空间风貌特色等方面进行统计和评分，形成了微型公共空间品质评分表。另外对微型公共空间早、晚高峰使用时段的居民活动情况分别进行了观察与人数统计，对部分微型公共空间还进行了多次调研以获取高峰最大使用人数。居民问卷调查利用微信“问卷星”小程序，调查了居民基本信息和居民在空间可达性、空间使用频率、配套活动设施、空间视觉体验等方面的意向，采取现场问卷及互联网转发填写的方式，获取居民对微型公共空间使用的意愿反馈。

1.2 微型公共空间现状品质情况

（1）空间可达性。

微型公共空间出入口普遍较多，公共空间的开放性较好，但 90%的空间没有无障碍设施，部分空间还布置了栏杆及围墙等障碍设施阻碍空间的可达性。

（2）配套设施。

微型公共空间中的基础设施一般配置了垃圾箱、照明路灯和座椅，其他公共卫生设施普遍缺乏，健身设施或儿童玩乐这类使用频次较高的设施也配置不足，约 5%的微型公共空间配置了 5 种及以上类型的配套设施。

（3）空间风貌特色。

空间特色方面，96 处微型公共空间中，60%的空间场地类型和植物配置均非常单一，场地设计较好空间类型较丰富的空间仅为 10%，同时缺乏景观小品和体现文化内涵的设施。可以看出，当前重庆市主城区微型公共空间的建设仍停留在满足活动需求的物质设施配置阶段，尚未考虑到居民在审美和文化内涵上日益增长的要求。

（4）公共空间品质综合评价。

综合看来，微型公共空间的空间品质普遍较低，成为无法吸引居民进入活动的最重要的因素。在城市较新的建成区域，开发商配建的居住小区环境较好，居民更愿意选择在小区里活动，在一定程度上限制了不同小区之间居民的交往；在城市旧区，由于居住小区环境不佳，居民对于公共空间的需求其实非常大，在一些公共活动空间特别缺乏的区域，不乏在人行道上跳坝坝舞的人群，微型公共空间在这类区域的品质提升最为迫切。

将微型公共空间的空间品质情况与活动人数进行比对，可以看出，空间品质较好的微型公共空间更能吸引周边小区居民进入开展活动，而品质最差的空间场地利用率就非常低。所以品质优秀和良好的微型公共空间才会吸引足够的居民开展活动，达到既满足居民需求，又不产生空间浪费的目的。

1.3 居民使用习惯

调查发现，居民经常活动的公共空间一般为 2～3 个，部分居民不常去公共空间活动，部分居民活动的公共空间最多达到 5 个。居民常去的公共空间以居民区附近的综合公园或社区公园为主，46.39%的居民更喜欢在大型公园活动，近一半居民愿意在距离小区500 m范围内的公共空间活动，58.76%的居民认为 5 分钟内到达公共空间是比较适宜的，近 88%的居民认为步行到达公共空间的时间最长不能超过 10～15 分钟。调研中还发现，居民在公共空间的活动并不频繁，每周去 1～2 次的比例达到 61.86%。影响居民在公共空间活动的因素最重要的是与家的距离，其次是绿化环境，以及是否有喜欢使用的设施。公共空间设施中使用最多的是公厕、座椅、体育活动场地（设施）、儿童游乐设施、健身器械以及坝子；居民最常进行的活动是散步、赏景、陪小孩玩耍。大部分居民认为公共空间的绿化景观较好，认为需要改进的方面包括现有设施的维修管理、活动设施的缺乏、各类空间的综合配置等。

新社区、旧社区居民对微型公共空间的使用差异较大。江北城街道入住人口较少，且拥有大型公共绿地 CBD 中央公园，导致其微型公共空间人均面积偏大，大型公园吸引力较大，微型公共空间多数时候呈现出无人光顾的情况。同时，新社区的社区氛围尚未完全形成，居民之间的陌生感也是微型公共空间中缺乏交往活动的原因之一。而旧社区中某些设施较好、可达性较好的微型公共空间，居民聚集活动人数多、活动类型多，呈现出空间供不应求的状况。在人均公共空间特别缺乏的区域，居民也会在微型公共空间上自己创造活动条件，比如自行携带桌椅板凳开展棋牌活动等。

2 微型公共空间存在的问题

中心城区现状微型公共空间大部分不属于政府建设的公园绿地范畴，在建设的时候并未充分考虑居民的游憩使用功能，这部分公共空间本身作为其他用途，如消防通道、社区入口空间等，或者仅仅因为建设时需要留出这部分空间而得以存在，如居住小区的建筑后退红线，故缺乏进一步的考虑和设计。通过调研总结，现状微型公共空间存在以下几个问题。

2.1 空间类型较少，功能单一

部分微型公共空间为私有土地公共空间，多以单一的绿化景观或场地铺装为主，特别是商业及公共设施附属的微型公共空间。这类空间有利于人群疏散，同时建设成本较低，但调研发现，大部分时候场地上人数较少，实际上形成了消极空间。部分社区统一建设的微型公共空间缺乏设计，仅安置一些统一配置的桌椅、健身设施，配以大面积的铺地和环场地一周的乔木，空间品质较低（图 1）。

图 1　单一空间类型的社区公共空间（五里店街道）

2.2 设施不完善，舒适性较差

休息设施、娱乐设施、市政设施和防护设施等均不完善，导致公众开展活动体验时舒适感较低，缺乏让居民停留的条件（图 2），特别是位于内部环境较好的居住小区附近的微型公共空间，使用人数较少。

图2　缺乏游乐及停留设施的公共空间（五里店街道、江北城街道）

2.3　特色性缺失，同质空间重复度高

部分社区统一建设的公共空间有同质化的倾向，如五里店街道，社区的公共空间统一的硬质铺地、石桌和石凳，配以健身器材，绿化以乔木为主（图3、图4）。调研发现，同一社区甚至于同一街道的微型公共空间配置同样的设施。设施同质化导致公共空间的功能同质与乏味，造成居民活动的局限。

图3　社区活动空间的石桌和石凳（五里店街道）

图4　社区活动空间的健身器材（五里店街道）

2.4　可达性较差，部分空间无法使用

调研中发现，由于江北区西、南、东三面环江，地势东北高西南低，城区地形以丘陵为主，城市微型公共空间大多与城市道路以台阶相连，地形条件限制了公共空间的可达性。另外微型公共空间与既有的大中型空间尚未形成完整的网络格局，部分空间由于围墙等的隔离也在客观上阻碍了空间的联系（图5），造成空间的可达性较差。

图 5　无法进入活动的公共绿地（五里店街道、观音桥街道）

2.5　空间被其他功能占用

微型公共空间由于权属不同、管理主体不同等，缺乏统筹管理，部分微型公共空间存在被停车、商业等其他功能占用的情况（图 6）。各类公共空间较为缺乏的老旧社区，不同功能互相挤占的情况尤为突出，活动场地被机动车、摩托车等车辆占用的情况极为普遍，居民利用公共场地摆摊设点的情况也层出不穷。新建住宅小区临街商铺前的空地，也大多被商家占用作为扩展经营面积和顾客临时停车场使用。

图 6　公共空间被其他功能占用（五里店街道、观音桥街道）

3　品质提升策略

从微型公共空间现实状况及问题分析来看，未来微型公共空间的品质提升可以从居民需求出发，从优化游憩环境、完善配套设施、突出场地特色、提升文化内涵、优化可达性和提高应急避难能力六个方面着手，针对现状微型公共空间的问题，因地制宜，采取“缺什么、补什么”的微更新原则，积极调动周边公众的参与，进行空间环境的全面优化和服务提升。

3.1　优化游憩环境

针对重庆市地方气候、居民生活习惯等，从安全需求、审美需求等方面入手，打造舒适的游憩环境。例如，采用本地适宜生长的植物花卉等，使微型公共空间一年四季呈现不同的风景；大树与灌木结合配置，绿化与场地铺装结合配置，使夏季有树可遮阴，冬季能有太阳晒，可赏景、可活动，通过多样化的设计，提供多种场景的活动方式和多元化的生活方式；微型公共空间往往临近道路，应优化场地设计，适当阻隔车辆引起的尾气、尘土、噪声等对人产生不利影响的因素，提升整体游憩环境舒适度等。

3.2 完善配套设施

配套设施的完善程度也是游憩舒适度的重要影响因素。便捷完备的配套设施能让居民在微型公共空间中开展更多样的活动，吸引不同年龄段的居民，使其停留更多时间，提升空间使用效率，也体现了对居民的人文关怀。公共空间内的配套设施可分为游憩设施、环境设施、无障碍设施、智能化设施几类。国有土地公共空间中应当尽可能利用场地空间，设置多种功能和活动类型；私有土地公共空间（如商场、办公楼周边）则应当在不影响其原有功能的前提下，适当增加设施。

3.3 突出场地特色

当前城市居住环境大部分为封闭性小区，小区内的环境能够提供给小区居民部分活动的场地，微型公共空间的重点在于需要突出场地特色，吸引各个小区居民走出小区，创造更广泛的接触与交流。笔者认为10分钟等时圈是居民活动的有效范围，由于微型公共空间面积较小，可提供的活动场所有限，在10分钟等时圈内的不同微型公共空间，应当突出不同的主题，打造各具特色的室外活动空间，聚集不同爱好的各类人群，如篮球主题、棋牌主题、儿童主题、广场舞主题、观景主题等。在满足空间指标的前提下，更加丰富微型公共空间的内涵，增加其吸引力。另外，还可以通过景观设计，创造多样的公园环境，采用不同的铺装和材质，提升公园的趣味性和游览性。

3.4 提升文化内涵

随着居民生活水平的提升，人民群众的文化素质也逐步提高，富有文化气息的空间和具有文化内涵的活动是公众的进一步需求。重庆历史文化底蕴深厚，非物质文化遗产丰富，在微型公共空间的打造中，纳入传统巴渝文化、开埠文化、抗战文化等相关内容，设置浮雕墙、雕塑小品等文化设施，不仅能够塑造公共空间的特色与文化氛围，还能对传统文化起到很好的宣传作用。各社区文化活动室也可利用微型公共空间组织开展讲故事、写春联、象棋比赛等文化活动。

3.5 优化可达性

公共开敞空间的空间合理性不仅与其数量和位置有关，更与设施能否满足周边服务人群的使用需求有关。依托地理信息数据和互联网相关空间数据、人口数据，分析每个微型公共空间的可达性。针对微型公共空间的地形特点，采用以下方式进行可达性优化：一是拆墙透绿。拆除机关、小区或市民公园外围的封闭围墙，尽可能打开绿色开敞空间，还绿于民。二是把人行道向公园延伸，把公园向马路扩展。地形高差大的区域以梯步和坡道的形式连接城市道路与微型公共空间。三是增加无障碍设施，提高设施使用效率。同时，增加微型公共空间的标识标牌，做好微型公共空间的宣传。

3.6 提高应急避难能力

微型公共空间是社区层面的公共场地，社区是较大范围的灾害发生时开展救援和社会组织的机构，灾害发生时，社区级的公园是在灾难发生时能够避免拥挤、快速避难或者隔离的最佳空间。在公园建设时，考虑一些基础生活设施的设置，增加一些应急避难标识，就能够赋予普通微型公共空间以应急避难的功能，对完善城市公共安全体系起到积极作用。

4 微型公共空间建设指标体系构建

本文根据微型公共空间的提升策略，构建了微型公共空间建设指标体系，对其建设标准进行可量化的控制，提出最低建设标准的要求，以确保空间的可利用性，作为居民开展活动的基本保障，确保空间品质提升策略落到实处。

4.1 微型公共空间建设指标体系架构

以研究提出的微型公共空间个体品质评价指标，完善微型公共空间设计指引，从环境控制、设施配置、场地特色、文化内涵、可达性和应急避难能力6个大的类别提出微型公共空间建设标准。6个类别下有16个二级指标和51个三级指标，涵盖了微型公共空间对周围环境要求、交通可达性、空间设计、应急避难等各方面内容。51个三级指标则被细分为核心控制指标和引导性控制指标，其中核心控制指标为强制要求，共14项，为微型公共空间建设的基本要求；引导性控制指标则可根据不同微型公共空间的建设需求自行搭配。

优化环境方面，主要包括生理适应性指标和环境的自然度指标，生理适应性指标主要指反映人体生理感受的指标，包括空气、水、噪声、安全隐患、地面铺装率、树阴空间比例和无障碍交通系统完善度等指标；自然度指标主要包括绿地率、绿化覆盖率、植物种类以及山、水等自然特质可亲近度，其中绿化覆盖率是反映活动空间自然度的核心指标。

配套设施方面，主要包括公共服务设施、游憩设施、环境设施、无障碍设施、智能化设施、降温设施和管理用房7个二级指标，具体有17个三级指标。配套设施是活动空间服务水平的主要体现。

场地特色主要包括场地特征和视觉协调与景观2个二级指标。场地特征反映活动空间的场地情况，视觉协调与景观各控制指标重点在于突出场地特色、反映场地独特视觉效果与感受。

文化内涵方面，主要包括文化内涵和历史文化遗产2个二级指标。文化内涵指标旨在创造富有文化气息的空间，能够满足和反映公众日益增长的文化娱乐需求。

可达性与定向指示方面，主要包括可达性和导视系统2个二级指标。可达性指标反映活动空间到达的便捷程度；定向指示系统包括导向标识、记名标识和规制信息标识。

应急设施方面，主要为避难设施，按照相应级别设置应急避难场所和设施，承担城市应急避难功能。

4.2 微型公共空间建设指标体系

结合重庆市有关绿地公园建设和体育公园建设的标准和导则，根据现状微型公共空间建设情况和需求，提出微型公共空间建设控制指标，以指导重庆市主城区微型公共空间的规划和建设。

通过调研发现，影响微型公共空间品质的因素主要有绿化覆盖率（由于微型公共空间场地有限，绿地率普遍不高，而大树冠和树下场地的结合更能满足活动人群的需求，所以在微型公共空间中绿化覆盖率的控制比绿地率的控制更为重要）、开放活动空间占比、服务半径和游憩设施，次要因素为绿地率、场地的布局和地形条件、公共空间的可达性、导向标识和微型公共空间相关设施配置等。按照影响因素的重要性，量化各控制要素在品质构成中的比重，制定各类微型公共空间设计指引，以指导微型公共空间后期的规划建设（表1）。

表 1　微型公共空间建设控制指标

一级指标	二级指标	三级指标	设置要求	所占分值
环境	生理适应性指标	空气洁净度	周围 500 m 范围内无空气污染源，与垃圾转运站、垃圾收集站距离不小于 50 m	2
		水体洁净度	水质达到景观用水标准，周围无污水排入口	2
		噪声污染（dB）	环境噪声平均值不高于 53 dB	2
		安全隐患	无滑坡、泥石流、剧毒品、爆炸品等安全隐患	2
		地面铺装率（%）	根据活动场地特征确定	1
		树阴空间比例（%）	根据活动场地特征确定	1
	自然度	绿地率（%）	≥10%	3
		绿化覆盖率（%）	≥45%	5
		植物种类	乡土植物的比例应大于 90%，常绿植物和落叶植物比例应控制在 6∶4～7∶3 之间	2
		山、水自然特质可亲近度	尽量保留自然元素，并创造条件接近附近山、水等自然特质	1
配套设施	公共服务	商业服务设施	零售点、书吧、公共充电设施等	2
		文化服务设施	陈列橱窗、陈列长廊、智慧文化设施、24 小时自助实体图书室、雕塑景观小品、艺术文化装置	2
		直饮水	3000 m^2 以上场地必须设置	1
		医疗救护	与管理用房结合设置	1
	游憩设施	休息设施	必须设置	4
		照明设施	必须设置	4
		体育设施	健身器械、器材等设施	2
		游乐设施	儿童游乐设施	2
	环境设施	公共厕所	3000 m^2 以上场地必须设置，800 m^2 以下场地尽量设置。公共厕所建筑面积 30～60 m^2	2
		垃圾箱	必须设置	3
	无障碍设施	无障碍通道	必须设置	3
		无障碍卫生间	3000 m^2 以上场地必须设置	1
	智能化设施	信息化服务设施（Wi－Fi）	可结合公共充电设施设置信息提示	1
		电子地图	有条件可设置	1
	降温设施	遮蔽设施	必须设置	3
		降温喷雾	有条件可设置	1
	管理用房		3000 m^2 以上的场地应配置综合管理用房，3000 m^2 以下的应根据实际情况确定。面积：15～60 m^2	1

续表

一级指标	二级指标	三级指标	设置要求	所占分值
场地特色	场地特征	地形条件	应充分利用现状地形，平整场地，尽量平衡挖填方量	3
		开放活动空间占比	＞50％	5
		活动场地布局	宜采用相对平整的场地布局形式，若场地坡度过大，可利用挑台、错台、落台等方式，提高场地使用效率	3
	视觉协调与景观	整体性	场地内各要素形成有机整体，包括场地布局、交通组织、竖向布置、管线综合、环境设计与保护	1
		轮廓性	景观轮廓线的美感度	1
		界面连续性	景观界面的完整程度	1
		界面建筑协调	场地与界面建筑的协调性	1
		比例和尺度	比例和尺度适宜人类交往、游憩活动	1
		视线通畅与视景	视线通畅，视景美好	1
		视域污染	周围无视域污染	1
		景物风格与特色	结合周边环境特色，打造具有场地识别性、丰富多样的空间	1
		色彩	主色调：以高饱和度暖色调为主 辅色调：以低饱和度暖色调为主	1
文化内涵	文化内涵	整体风格	协调统一	1
		文化小品	雕塑、喷泉、景墙、廊架、花池等	1
		文化环境	结合周边环境特色，打造具有场地识别性、丰富多样的空间	1
		文化活动	可容纳多种活动，如广场舞、棋牌、滑板、轮滑等	1
	历史文化遗产	历史文化遗产保护	结合场地特征纳入传统巴渝文化、开埠文化、抗战文化等相关内容	1
可达性与定向指示	可达性	服务半径	300～500 m	5
		步行系统	将城市道路慢行系统延伸至活动场地	3
		公共交通	提高公共交通的可达性	3
	定向指示系统	导向标识	应同时考虑场外、场内两种设置方式	3
		记名标识	包括入口标牌、体育健身活动设施名称标牌等	1
		规制信息标识	包括设施开闭时间、禁止或警示信息、服务信息等	1
应急设施	避难设施	场所	结合应急避难专项规划布局避难场地	2
		设施	结合应急避难专项规划设置相关设施和标牌	2

我们将总分 100 分分配给 51 个控制指标，根据其重要程度给予分值。其中对空间品质起决定性作用的控制要素占 50 分，即环境、配套设施、场地特色和可达性与定向指示 4 个类别共 14 项控制要素，分别为绿地率、绿化覆盖率、休息设施、照明设施、垃圾箱、无障碍通道、遮蔽设施、地形条件、开放活动空间占比、活动场地布局、服务半径、步行系统、公共交通和导向

标识，其中绿化覆盖率、开放活动空间占比和服务半径三个指标为核心指标，单项分值最高。14 项控制要素为微型公共空间的基本控制要素，其余 37 项控制要素则为微型公共空间的“加分项”，规划设计过程中可根据微型公共空间的需求、类别、功能要求等设置不同的“加分项”，为下一步设计指引提供参考。

同时，根据不同区域建设能力和需求的不同，管理部门可以设定不同的微型公共空间建设分值，以对空间品质有定量的控制和掌握。

5　结语

微型公共空间事关百姓福祉，是与市民生活最为密切的空间层级，它的打造一定程度上能实现深入市民生活、提升城市质量的修补愿景，是打造宜居城市、注入城市活力的重要载体，也是破解当前公共空间发展瓶颈的重要手段之一。在现状微型公共空间品质调研过程中发现，旧城区域的居民活动场地非常缺乏，同时居民并不愿意在空间品质低下的场地开展活动。微型公共空间品质的提升能够最为快速地扩大居民的活动范围和提高活动质量，有效提高城市公共空间利用率，对营造邻里氛围、激发社会活力和促进社会融合起到重要的推动作用。

[作者简介]
胡禹域，正高级工程师，任职于重庆市规划事务中心。
李兰昀，正高级工程师，重庆市规划事务中心主任。
杨红鸣，高级工程师，任职于重庆市规划事务中心。

生活圈公共服务设施与居住人口密度的关联特征

——以厦门岛为例

□吴莞姝，陈 烨，陆子烨，赵 凯，李 萌

摘要：生活圈作为居民生活的重要载体，已成为精准配置公共资源的有效抓手。然而，受微观尺度人口数据难获取及研究方法等局限，生活圈公共服务设施与人口关联的研究尚较为缺乏。本文基于公安常住人口数据，使用机器学习方法，探索厦门岛生活圈公共服务设施与居住人口密度的关联特征。研究发现，公共服务设施密度及多样性、公交系统协同度和公共空间面积比例与居住人口密度的关联性较强：①公共服务设施密度的提升伴随着居住人口密度的增加；②公共服务设施多样性是保障居住人口密度的基础，但其关联特征较为复杂；③协同度与人口的关联特征存在区域差异；④公共空间并非越大越好，高于生活圈30%占比时，与居住人口密度的关联性较弱。该研究可为完善生活圈设施配置、实现资源高效利用、提升居民生活水平提供优化建议。

关键词：生活圈；公共服务设施；居住人口密度；关联特征；机器学习

1 引言

随着我国城市建设进入生态文明新时期，城市发展更加注重提升城市生活品质。新型城镇化要求以人为核心，由标准化均匀分配的思想转而强调对人民日益增长的美好生活需要的满足。生活圈作为居民生活的重要载体和城市规划的基本单元，受到了广泛关注。2021年6月，由自然资源部发布的《国土空间规划城市体检评估规程》和《社区生活圈规划技术指南》均将生活圈公共服务设施作为城市发展和评估的重要内容。生活圈理念已成为实现城市有机更新、公共资源均等精准配置的有效抓手。

生活圈概念的提出，主要是为了改善传统“千人指标”定量配给模式所带来的供需不平衡、配置不均、规划实践难以操作等问题，其理念核心为供需结构与关联。而当前的生活圈实践更多关注的是设施覆盖率、可达性等供给侧（设施）的评估，对于需求侧（人口）的考量仍较大依赖于原有的千人指标和服务半径等标准。在现实情况中，除了中小学等教育设施受到学区等硬性政策的约束，多数设施的供需关系存在一定“用脚投票”的情况。因此，如何优化生活圈设施配置，才能有效应对居民需求并吸引居住人口，尚需深入探索。

学界就上述问题已展开了多角度探索。依据研究目的和内容，既有研究可梳理为三类：生活圈划定方法、生活圈设施评价、生活圈设施与人口的关联。生活圈划定主要包括基于传统空

间单元、居民步行可达性和居民时空行为的划分方法。其中，基于居民步行可达性的划分被较为广泛地使用。生活圈设施评价作为当前的主流研究范式，主要针对设施覆盖率、可达性、便利度、空间分异和空间匹配等特征，提出布局优化策略。有关设施与人口关联的研究目前仍处于探索阶段，该类研究主要是将供给侧与需求侧统一起来，关注二者的匹配程度和空间关联。由于城市微观尺度人口数据的难以获取和研究方法的局限，这方面的研究成果较为缺乏。

生活圈公共服务设施与人口的关联特征研究难点之一是基础数据的获取。微观人口数据面临着收集难度大、颗粒度不够细致等问题。传统的人口统计数据只能精确到街道层面，不仅难以与生活圈空间尺度对应起来，而且难以识别居民个体的居住地址并进行精细化分析。公安常住人口数据的地理信息化为该类研究提供了数据支撑。通过调用百度 API 接口，根据公安局统计的常住人口居住地址获取其经纬度，从而得到每个居民的居住地地理位置，克服微观人口数据难以获取的问题。

选择合适的研究方法是另一个难点。公共服务设施与人口之间是关联与匹配的关系，而非因果与回归的关系。换言之，公共服务设施并不是决定人口的全部判定标准，若通过构建回归模型分析二者之间的关系，关键变量的缺失会导致模型解释性较弱。机器学习方法可根据数据的特征和属性挖掘其内在关联，适用于生活圈的研究场景。在机器学习方法中，随机森林（Random Forest）较为稳健，可用于度量变量重要性（Variable Importance）；决策树（Decision Tree）不做任何假设，解释性较强，可以直观描述特征变量条件以及相应的输出结果。上述方法可实现多维度挖掘生活圈公共服务设施与人口关联特征的研究设计。

综上所述，本文以厦门岛为例，基于公安常住人口数据、LBS 大数据及居住区范围、公交刷卡、POI（Point of Interest，兴趣点）、城市路网等多源数据，使用机器学习算法，深入分析生活圈公共服务设施与居住人口密度的关联特征，探究何种设施配置条件可吸引更多的居住人口，从而为面向居民需求的生活圈公共服务设施优化配置提供借鉴。

2　研究范围与数据支撑

2.1　研究范围

厦门是中国宜居城市之一，由厦门岛（包含思明区和湖里区）和岛外四区组成。厦门岛是城市中心区，四面环海，功能布局与空间结构较为独立，常住人口密集，人口数量占全市的 47.78%，城镇化率 100%（图 1）。厦门岛公共服务设施配置较为完善，覆盖全市近半的教育资源（表 1），且一半以上的医院分布于此。以厦门岛为研究对象具有典型意义。

表 1　厦门市学校数量统计

统计类别	思明区学校数量（所）	湖里区学校数量（所）	厦门岛学校数量（所）	厦门市学校数量（所）	厦门岛学校数量占比（%）
高中	9	5	14	33	42.42
初中	18	15	33	62	53.23
小学	57	52	109	298	36.58
幼儿园	133	169	302	709	42.60
总计	217	241	458	1102	41.56

资料来源：厦门市教育局教育之窗专栏 2020 年学校名录。

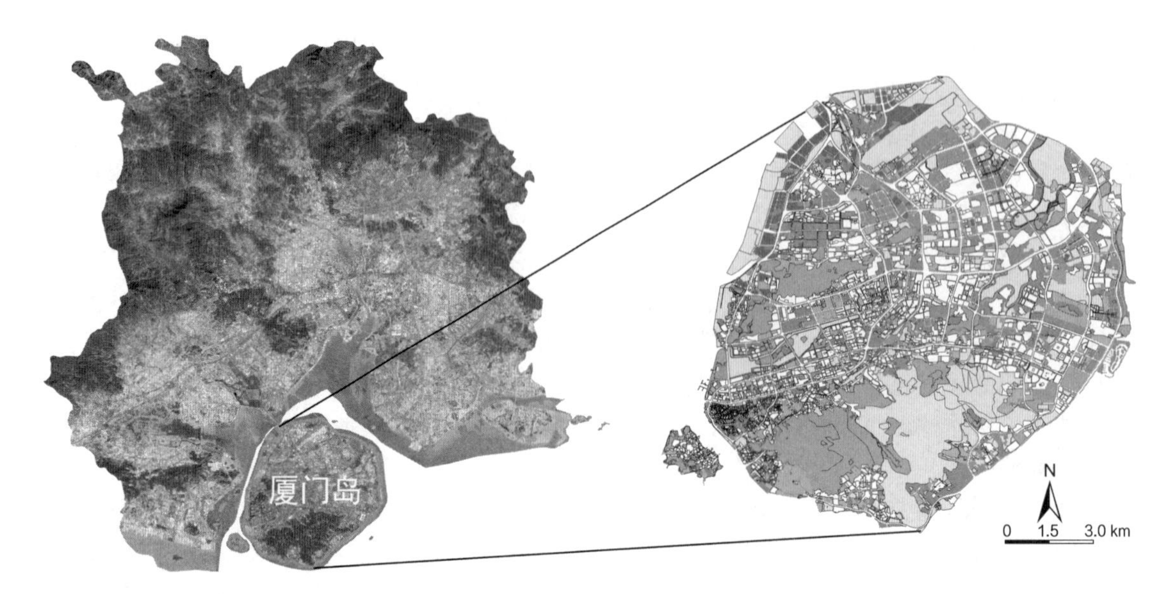

图1 厦门岛区位及用地现状

2.2 数据支撑

(1) 公安常住人口数据。

根据2019年12月的公安常住人口居住地址，调用百度API接口，获取每个居民居住地址的经纬度信息，通过坐标系校准，在ArcGIS中得到城市常住人口居住地的空间分布。根据计算结果，厦门市域人口532.549万、厦门岛人口232.207万。该数据与第七次全国人口普查中2020年厦门市域516.397万、厦门岛211.029万常住人口基本吻合。该数据的优势在于可以定位每个常住居民的居住地址，从而得到各个居住区的人口数量和密度。

(2) 居住区范围数据。

调用百度API接口，爬取厦门岛居住区范围数据，得到原始数据共1247条。将城中村、商住公寓以及没有独立用地、面积较小的住宅片区删除，保留公共服务设施经过统筹配置的居住区，清洗后共得到1009条有效数据，居住区平均面积18586 m^2，最大230493 m^2，最小922 m^2。

(3) 公交刷卡数据。

公交刷卡数据采集时空范围为厦门市域2020年6月，原始数据包含公交卡号、交易日期、卡主类型、卡片类型、进出站点ID、进出站点名称、进出站时间等信息，共计32850501条记录。统计每个站点月度客流人数，并使用ArcGIS将该结果与公交站点空间匹配，最终统计得到厦门岛32个地铁站点、20个BRT站点及648个常规公交站点的客流数据。其中，地铁站点客流平均值为60261人次，最大值418760人次，最小值13609人次；BRT站点客流平均值为123620人次，最大值643713人，最小值34250人；常规公交站平均值为36582人次，最大值544099人次，最小值1人次。

(4) POI数据。

调用高德API接口，爬取2020年厦门市域480158条数据，包含22个大类，246个中类。经过地理配置和纠偏后，依据《社区生活圈规划技术指南》，将公共服务设施分为教育设施、医疗卫生设施、文化娱乐设施、体育设施、社会福利与保障设施、商业金融服务设施和行政管理与社区服务设施7类，并将无关POI数据删除。最终得到厦门岛有效数据共131112条。

（5）路网数据。

通过 Open Street Map 爬取厦门岛双线路网，并将其处理为单线用于网络服务区分析。依据厦门市总体规划道路系统规划图和道路宽度分级，将路网划分为快速路、主干道、次干道、支路四个等级。最后对照 Google 地图增补缺漏路段。

（6）公共空间数据。

基于 2020 年厦门岛土地利用现状，将其转化为面数据并进行地理配准，对照厦门市市政园林局 2020 年公园绿地和广场名录，匹配现状用地，最终得到公共空间 67 处，平均面积为 2.07 hm^2，最大面积为43.63 hm^2，最小面积为0.28 hm^2。此外，公共空间出入口参照在线地图矢量注记，在边界处添加标识点，得到点数据 238 个。同一公共空间的出入口赋予相同 ID。

3　研究方法

3.1　生活圈划定方法

选取政府统一规划、设施统筹配置的典型居住区划分生活圈，以最为普遍使用的居民 15 分钟步行可达性为划定依据。既有研究对生活圈的“原点”界定较为模糊，为了简化计算，往往以小区质心为出发点。但这种方法没有考虑居住区面积的影响，划定的生活圈范围与现实情况存在偏差。为弥补这种偏差，本文将生活圈的原点界定为居住区出入口，基于城市路网，按照成年人平均步行速度模拟 15 分钟可达范围。考虑到现实中居民会从不同出入口出行，本文将属于同一个居住区出入口的 15 分钟可达范围合并，从而得到每个居住区的生活圈范围。

具体操作步骤如下：首先，利用 python 通过高德 API 接口爬取居住区每个出入口 POI 数据；其次，为每个出入口赋予 ID，若同属一个小区，则 ID 相同；再次，以每个居住区出入口为起点，使用 ArcGIS 网络服务区分析模拟居民 15 分钟步行可达范围；最后，将相同 ID 的可达范围使用 ArcGIS 融合工具合并为一个生活圈（图 2、图 3）。

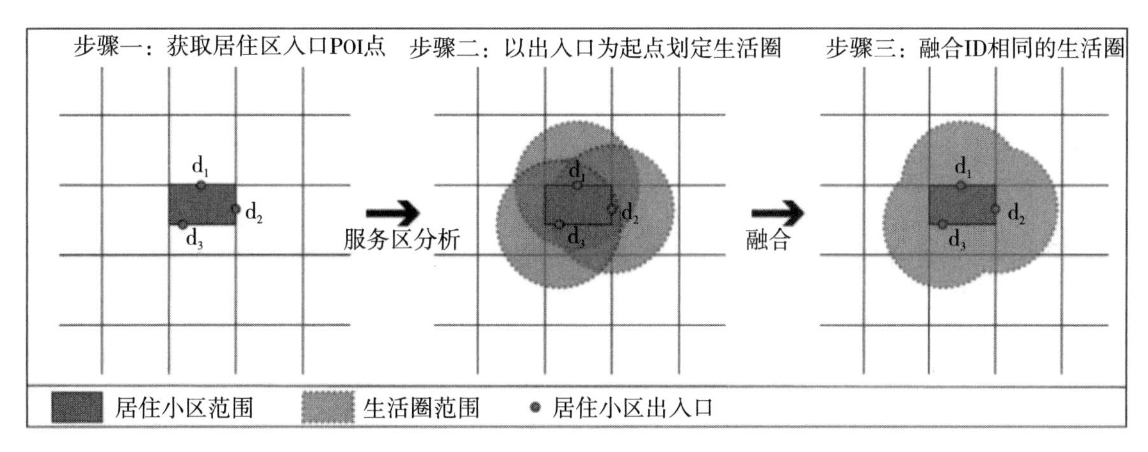

图 2　生活圈划定步骤图

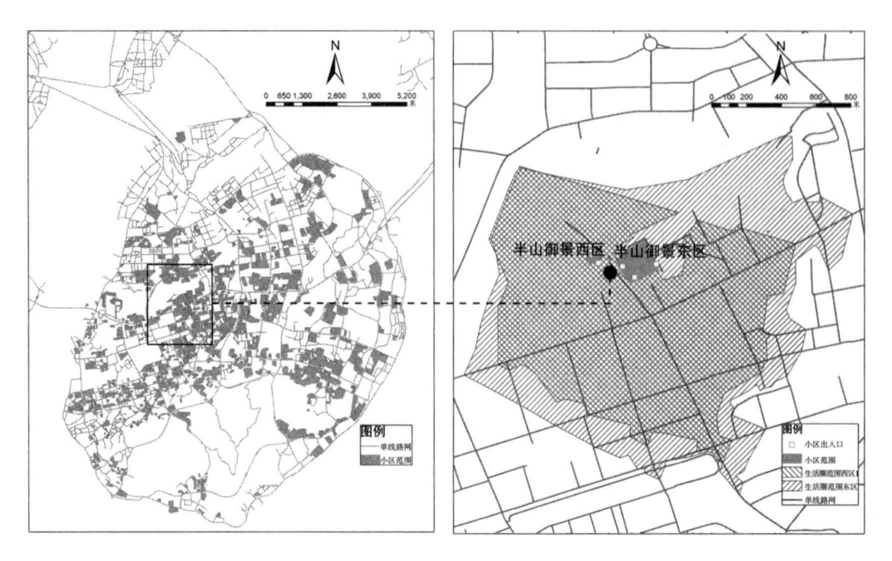

图 3 生活圈划定方法示意图

3.2 变量计算方法

本次研究的变量包括两类：人口和公共服务设施。人口变量代表了需求侧，为了消除居住区面积所带来的差异，该变量以密度指标进行计算。公共服务设施变量代表了供给侧，依据相关文件划分为服务设施、交通设施和公共空间三类。变量选取、计算方法与统计性描述详见表 2。

表 2 变量计算方法与统计性描述

类型	名称	内涵	计算公式	计算说明	最大值	最小值	平均值	方差
人口	居住人口密度	服务人口的需求导向	$\text{Den\_ihbt}=\frac{Nihbt}{Area}$	$Nihbt$ 为居住人口数量，$Area$ 为居住区面积（人/m^2）	68.39	0.00	2.35	11.98
公共服务设施	服务设施 设施密度	生活圈服务设施空间分布特征和供给能力	$\text{Density}=\frac{N_f}{A}$	N_f 是指生活圈内服务设施 POI 数量，A 为生活圈面积（个/ hm^2）	43.23	0.55	16.88	9.22
	设施多样性	设施类别的多样性，常用信息熵计算	$\text{Diversity}=\left\lvert\sum_{i=1}^{n}\frac{P_j\ln(P_j)}{\ln(n)}\right\rvert$	P_j 是生活圈第 j 类 POI 功能点比例，n 是 POI 种类	0.42	0.01	0.23	0.08
	设施达标项	各类设施有无，直接关系到居民生活质量	$C_i=\begin{cases}1, & F_i\in \text{Community}\\ 0, & \text{others}\end{cases}$ $CR=\sum_{i=1}^{n}C_i$	C_i 指生活圈内是否存在 i 类服务设施，若存在，赋值为 1，反之为 0；F_i 为 I 类设施 POI 的空间位置（$i=1$，…，7），Community 代表生活圈范围，CR 为设施达标项	7.00	4.00	6.91	0.34

续表

类型	名称	内涵	计算公式	计算说明	最大值	最小值	平均值	方差
交通设施	协同度	公交设施与服务对象的供需匹配关系，二者是否协调一致	$\text{Synergy}=\frac{N_s}{N_f}$	N_s 是生活圈公交通点月客流量，N_f 是生活圈服务设施数量（人次/个）	1048.45	23.90	393.18	147.18
	接触度	公交可达程度和居民使用交通设施的便利程度	$\text{Contact}=l_{sr}+l_r+l_s$	l_s 是居住区出入口最近的公交站点到路网的最短距离，l_r 是居住区出入口到路网的最短距离，l_{sr}是居住区出入口到最近公交站点在路网上的最短距离（m）	1292.79	22.06	243.57	168.51
公共空间	距最近公共空间的平均距离	由居住区出入口到达公共空间的便捷程度	$\text{Convenience}=l_{pr}+l_r+l_p$	l_p 是距离居住区出入口最近的公共空间出入口到路网的最短距离，l_r 是居住区出入口到路网的最短距离，l_{par} 是居住区出入口到最近公共空间出入口在路网上的最短距离（m）	1765.37	0.00	653.39	381.84
	公共空间密度	公共空间品质，为消除面积的影响，用密度来测度	$\text{Den\_public}=\frac{N_p}{A}$	N_p是生活圈内可达的公共空间数量，A 为生活圈面积（个/hm^2）	3.95	0.00	0.91	0.60
	公共空间面积比例	生活圈可达的公共空间总面积与生活圈面积之比。	$\text{Ratio\_Public}=\frac{\sum_{p=1}^{m}A_p}{A}$	A_p 指生活圈可达的第 p 个公共空间的总面积（共 m 个），A 为生活圈 i 的面积	4.84	0.00	0.28	0.45

3.3 分析方法

本文使用机器学习方法，不对函数形式做任何假设，根据数据的特征和属性挖掘公共服务设施与居住人口密度的内在关联。随机森林是一个包含多个决策树的分类器，而决策树代表的是变量之间的一种映射关系。随机森林可降低异常值和过拟合现象，主要目的在于度量变量重要性。但由于随机森林包含很多决策树，所以无法像单棵树一样进行解释。与函数形式相比，决策树不做任何假设，较为稳健，可以直观描述具体的变量条件及对应的输出结果。

作为监督学习的一种，决策树是在已知各种情况发生概率的基础上判断可行性，树形结构中每个内部节点代表一个属性的测试，每个分支代表一个测试输出，每个叶节点代表一种类别（图4）。随机森林将许多决策树结合起来以提升分类的正确率（图5）。随机森林的随机性体现在两个方面：数据随机选取和特征随机选择。决策树与随机森林的共同问题在于，难以分析连续变量，且当类别太多时，错误增加较快。因此，为了保证分析结果的准确性，本次研究按照分位数前后30%的比例将居住人口密度分别划分为高、中、低三个水平进行计算。

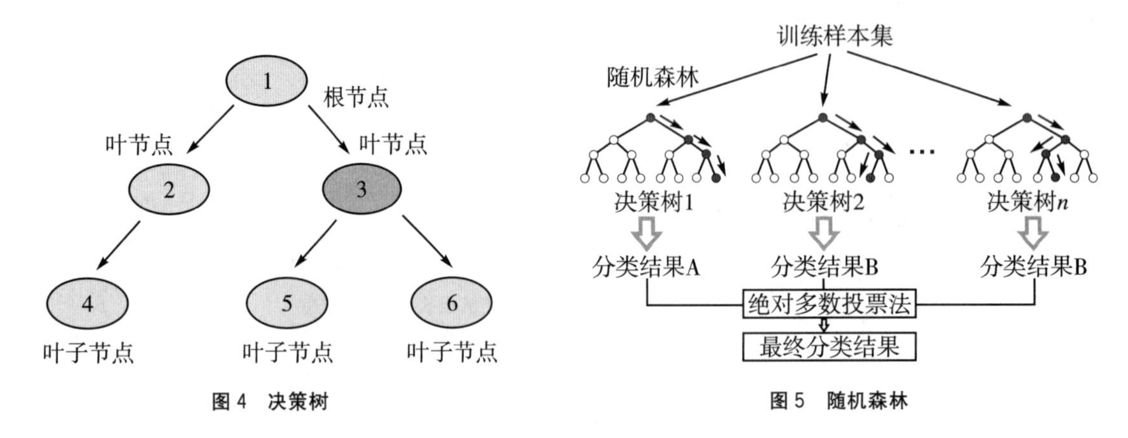

图4 决策树　　图5 随机森林

4 计算结果

4.1 基于随机森林的变量筛选

通过随机森林度量设施变量重要性。首先，在随机森林的每棵决策树中，度量由某设施变量所导致的分裂标准函数（基尼指数）的下降幅度；其次，针对此下降幅度，对每棵决策树进行平均，即变量重要性度量；最后，将变量按照重要性排序，即为变量重要性测度散点图。图6左图为精度平均减少量，即在模型中去掉某个变量，使得袋外误差上升的百分比；右图为节点异质性的平均减少量。变量重要性的选择标准为同时出现在两列且位于前五，与居住人口密度关联度较高的变量是设施密度、多样性、协同度和公共设施占比。换言之，上述四个变量不同的生活圈，对应的居住区实际居住人口密度往往也存在较大差异。

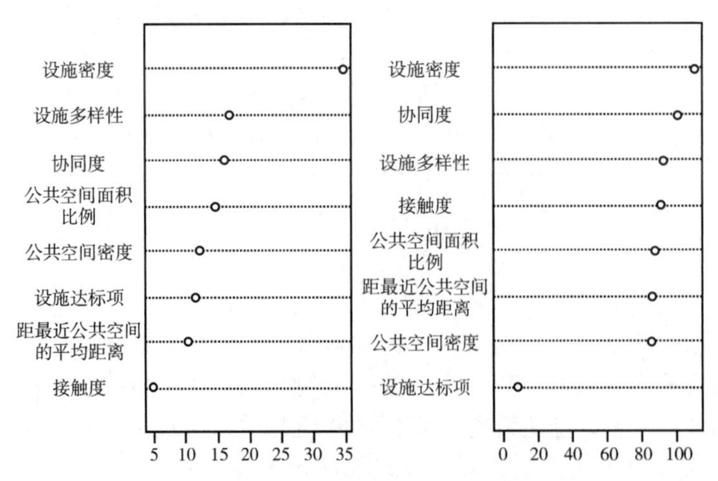

图6 基于居住人口密度的变量重要性测度散点图

可视化四个变量的偏依赖度，设施密度与居住人口密度的关联特征更趋向线性。设施多样性观测值集中于中部区域，变化趋势较为复杂。协同度与实际居住人口密度之间呈现较明显的倒U形关系。当协同度处于较低水平时，人口变量与设施变量的关联方向一致；而当协同度较高（达到一定阈值）时，协同度的提升往往伴随着实际居住人口密度的降低。协同度较低的生活圈多分布于新城区，而协同度高于300的生活圈多分布于老城区。此外，值得注意的是在协同度的尾部两侧区域观测值很少。公共空间面积比例与实际居住人口密度的关联波动集中于头部区域，该趋势类似于“抛物线型”（图7）。

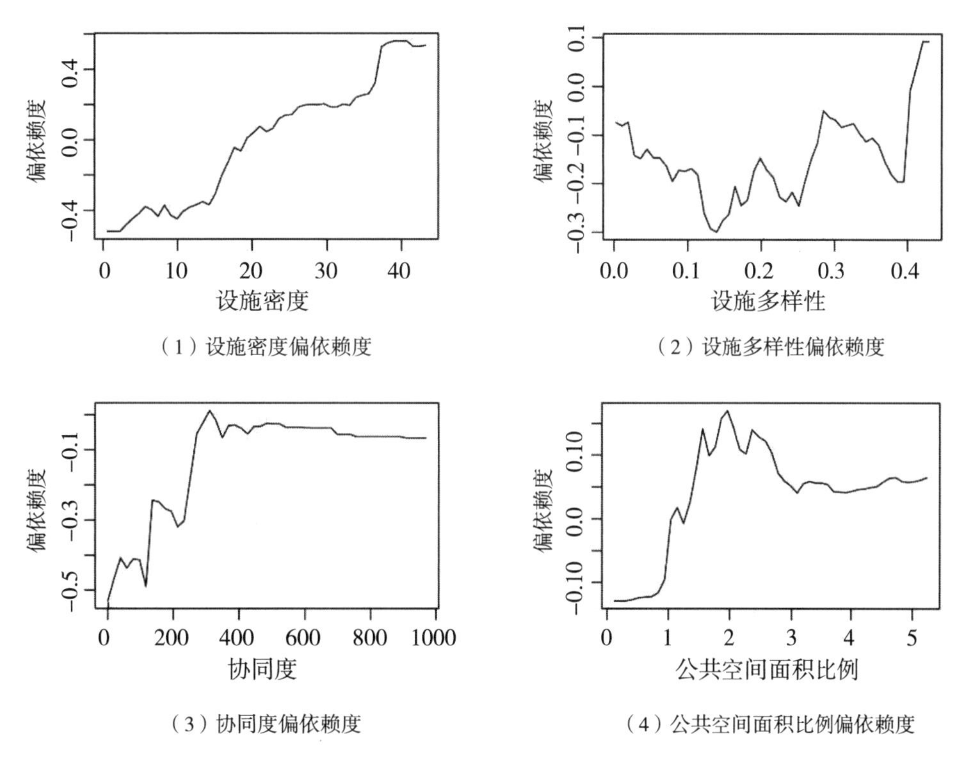

（1）设施密度偏依赖度　（2）设施多样性偏依赖度

（3）协同度偏依赖度　（4）公共空间面积比例偏依赖度

图7　基于居住人口密度的变量偏依赖度

4.2　基于决策树的关联条件挖掘

决策树通过将特征空间分割为若干区域的方式来考察变量之间的关联条件，这使得决策树很容易应用于高维空间且不受噪声变量的影响。据此，本文利用决策树深入挖掘前文筛选出的重要变量与居住人口密度之间的关联。由于决策树算法可能会存在“过拟合”现象，导致性能下降，因而应采用交叉验证方法先明确决策树的规模。

通过上述四个公共服务设施变量与居住人口密度构建决策树，图8为基于10折交叉验证绘制的误差与复杂性参数的关系，分别表示离最优复杂性参数一个标准差的位置以及控制对模型复杂度的惩罚力度。当终节点数目为6时，交叉验证误差达到最低，此时最小交叉验证误差为0.90924，对应复杂性参数为0.00495050。据此对决策树进行“剪枝”，得到最终优化的分析结果（图9）。

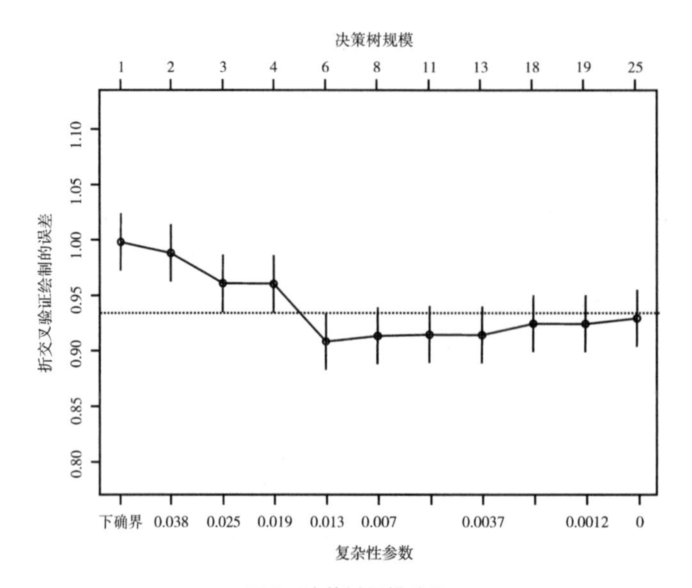

图 8　决策树规模验证

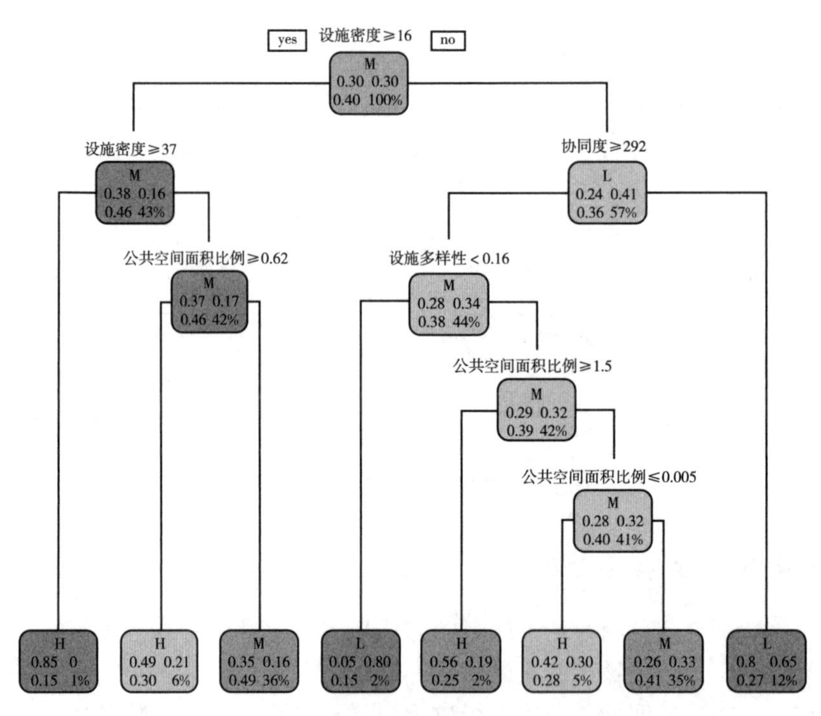

图 9　决策树结果

注：H、L、M 分别代表高、低、中等水平的居住人口密度。

对概率超过 0.5 的关联条件进行分析。当设施密度大于 37 时，往往伴随着较高的居住人口密度，概率为 0.85，样本占比 1%；当设施密度小于 16，协同度大于 292，且多样性小于 0.16 时，有 0.8 的概率伴随着较低的居住人口密度，样本占比 2%；当设施密度小于 16，协同度大于 292，多样性大于 0.16，且公共空间面积比例大于 1.5 时，映射的居住人口密度较高，概率 0.56，样本占比 2%；当设施密度小于 16 且协同度小于 292 时，映射的居住人口密度较低，概率 0.65，样本占比 12%。当有三个变量超出一定阈值后，最后一个指标即使赋值较低也映射出中、高程度的居住人口密度（设施密度16，协同度292，多样性0.16，公共空间面积比例1.5）。

5 结语

本文聚焦于生活圈公共服务设施与人口的关联特征，使用机器学习方法挖掘客观存在于二者之间的协同关系和关联条件，从而为面向居民需求的生活圈公共服务设施优化配置以及精细化实践操作提供参考。

生活圈公共服务设施密度及多样性、协同度和公共空间面积比例是平衡公共服务设施供需关系、吸引居民的重要支点。在生活圈的公共服务设施优化配置中，应着重考量以下四个方面：

（1）公共服务设施密度是有效途径。总体而言，设施密度的提升伴随着居住人口密度的增加。换言之，公共服务设施越密集，生活圈发展越成熟，越能够吸引更多的居住人口。

（2）公共服务设施多样性是基础保障。虽然多样性的提升未必带来居住人口密度的增加，但当其处于较低水平时，居住人口密度也较低。各类公共服务设施的齐全代表了生活的便利性，是保障日常生活的基础。

（3）协同度与人口的关联特征存在区域差异。公交设施与客流量的协同关系代表了公交系统的供需匹配度，以及居民使用交通设施的便利度。当协同度达到一定阈值后，居住人口密度会发生较大变化，该差异在老城区与新城区的对比之中尤为显著。

（4）公共空间并非越大越好。15分钟步行可达范围内的公共空间对居民日常休闲和运动至关重要，但并非面积比例越大越好。中小型公园、绿地等开敞空间在居民的居住选择中更具有吸引力。

就具体的关联条件而言，各要素均呈现出非线性特征。当生活圈内公共服务设施密度达到15～16个/hm^2功能个体时，居住人口密度便会产生分化；当高于37时，居住人口密度会达到较高水平。当公共空间在生活圈内面积比例高于30%时，与居住人口密度的关联性较弱。当公交系统协同度处于较低水平时，如在新建城区，如果通过完善交通条件来提升到访人数，居住人口密度也会随之上升。而当公交设施需求量高于供给量时，如在老城区，到访人数的进一步增加导致承载压力过大，带来拥挤和混乱，使得居住人口密度下降，呈现向外迁移的趋势。

综上所述，生活圈公共服务设施与居住人口密度存在较强的关联性。以居住人口密度指代服务需求，探索生活圈公共服务设施与服务人口的关联特征，能够拓展传统的服务设施配置思路，使居民获得更加全面且有针对性的生活服务，在完善生活设施配置、提高居民生活质量、实现资源高效利用的同时也为规划实践提供更加精细化的优化建议。

［资金项目：国家自然科学基金项目（批准号：51908229），福建省自然科学基金项目（批准号：2019J01063）。］

［参考文献］

［1］柴彦威，张雪，孙道胜．基于时空间行为的城市生活圈规划研究：以北京市为例［J］．城市规划学刊，2015（3）：61-69.

［2］吴秋晴．生活圈构建视角下特大城市社区动态规划探索［J］．上海城市规划，2015（4）：13-19.

［3］LIU T B，CHAI Y W. Daily life circle reconstruction：a scheme for sustainable development in urban China［J］. Habitat International，2015，50：250-260.

［4］柴彦威，李春江，张艳．社区生活圈的新时间地理学研究框架［J］．地理科学进展，2020，39

(12): 1961-1971.
[5] 常飞，王录仓，马玥，等. 城市公共服务设施与人口是否匹配?：基于社区生活圈的评估 [J]. 地理科学进展，2021，40 (4)：607-619.
[6] 郭嵘，李元，黄梦石. 哈尔滨15分钟社区生活圈划定及步行网络优化策略 [J]. 规划师，2019，35 (4)：18-24.
[7] OAKES J M，FORSYTH A，SCHMITZ K H. The effects of neighborhood density and street connectivity on walking behavior：the twin cities walking study [J]. Epidemiologic Perspectives and Innovations，2007，4 (1)：16.
[8] CAO J. Exploring causal effects of neighborhood type on walking behavior using stratification on the propensity score [J]. Environment and Planning A，2010，42 (2)：487-504.
[9] 贺建雄. 西安城市居民日常生活空间供需耦合研究 [D]. 西安：西北大学，2018.
[10] 孙道胜，柴彦威，张艳，社区生活圈的界定与测度：以北京清河地区为例 [J] 城市发展研究，2016，23 (9)：1-9.
[11] 索超，蒋金亮. 基于居民行为特征的社区生活圈边界测度方法探索：以江苏省宜兴市为例 [C] //中国城市科学研究会. 2019城市发展与规划论文集. 北京：中国城市出版社，2019：232-238.
[12] 刘泉，钱征寒，黄丁芳，等. 15分钟生活圈的空间模式演化特征与趋势 [J]. 城市规划学刊，2020 (6)：94-101.
[13] 韩增林，董梦如，刘天宝，等. 社区生活圈基础教育设施空间可达性评价与布局优化研究：以大连市沙河口区为例 [J]. 地理科学，2020，40 (11)：1774-1783.
[14] 张夏坤，裴新蕊，李俊蓉，等. 生活圈视角下天津市中心城区公共服务设施配置的空间差异 [J]. 干旱区资源与环境，2021，35 (3)：43-51.
[15] 杜伊，刘文婷，常子晗，等. 面向社区生活圈共享的公园绿地微区位分配公平性研究 [J]. 风景园林，2021，28 (4)：40-45.
[16] 杜伊. 面向生活圈空间绩效的社区公共绿地布局优化：基于上海中心城区的实证研究 [J]. 中国园林，2021，37 (3)：67-71.
[17] 杜晓娟，王文静，金刚. 生活圈视角下的中小城市公共服务规划对策研究 [J]. 西部人居环境学刊，2021，36 (1)：66-73.
[18] 赵鹏军，罗佳，胡昊宇. 基于大数据的生活圈范围与服务设施空间匹配研究：以北京为例 [J]. 地理科学进展，2021，40 (4)：541-553.
[19] 邹思聪，张姗琪，甄峰. 基于居民时空行为的社区日常活动空间测度及活力影响因素研究：以南京市沙洲、南苑街道为例 [J]. 地理科学进展，2021，40 (4)：580-596.
[20] 吴夏安，徐磊青. 利用TOD模式建设社区生活圈的可行性及关键指标分析 [J]. 城市建筑，2020，17 (31)：28-33.
[21] WU W S，NIU X Y，LI M. Influence of built environment on street vitality：a case study of West Nanjing Road in Shanghai based on mobile location data [J]. Sustainability，2021，13 (4)：1840.
[22] 崔真真，黄晓春，何莲娜，等. 基于POI数据的城市生活便利度指数研究 [J]. 地理信息世界，2016，23 (3)：27-33.
[23] 高娜，王良，崔鹤. 北京市“一刻钟社区服务圈”服务能力评价 [C] //中国城市规划学会. 活力城乡 美好人居：2019中国城市规划年会论文集 (12城乡治理与政策研究). 北京：中国建筑

工业出版社，2019：10.
[24] 张学雷，屈永慧，任圆圆，等. 土壤、土地利用多样性及其与相关景观指数的关联分析 [J]. 生态环境学报，2014，23 (6)：923-931.
[25] 禚保玲，张志敏，高洪振，等. 基于路网可达的15分钟社区生活圈便利度研究 [J]. 城市交通，2021，19 (1)：65-73.
[26] 樊钧，唐皓明，叶宇. 人本尺度下的社区生活便利度测度：基于多源城市数据的精细化评估 [J]. 新建筑，2020 (5)：10-15.
[27] 卢涛，冷炳荣，易峥，王芳. 面向规划实施的重庆市总规指标体系构建探索 [C] //中国城市规划学会. 共享与品质：2018中国城市规划年会论文集 (14规划实施与管理). 北京：中国建筑工业出版社，2018：92-101.
[28] 言语，徐磊青. 地块公共空间供应系数与效用研究：以上海14个轨交地块为例 [J]. 时代建筑，2017 (5)：80-87.
[29] 唐枫，徐磊青. 站城一体化视角下的轨交地块开发与空间效能研究：以上海三个轨交站为例 [J]. 西部人居环境学刊，2017，32 (3)：7-14.
[30] 人民政协网. 宜居委发布2020中国宜居宜业城市榜 [EB/OL]. (2020-11-28) [2022-03-14]. http://www.rmzxb.com.cn/c/2020-11-28/2725426.shtml.

[作者简介]

吴莞姝，副教授，任职于青岛理工大学建筑与城乡规划学院。
陈　烨，工程师，任职于广州交通规划研究院有限公司。
陆子烨，工程师，任职于江苏省规划设计集团有限公司。
赵　凯，教授，任职于青岛大学经济学院。
李　萌，工程师，任职于厦门市城市规划设计研究院有限公司。

以 5G 为引领的新型信息基础设施规划研究

□张　艳，张　彧，张春艳

摘要：党中央、国务院高度重视新型基础设施建设，2020 年政府工作报告明确要加强新型基础设施建设，发展新一代信息网络，拓展 5G 应用。5G 作为新一代信息通信技术的主要发展方向，将开启万物互联的数字化新时代，对建设网络强国、打造智慧社会、发展数字经济、实现我国经济高质量发展具有重要战略意义。本文以重庆市通信设施规划为例，介绍了规划技术体系、网络需求预测及规划内容，以期能为今后开展相关规划编制提供参考和借鉴。

关键词：信息基础设施；5G；规划

2020—2035 年，是我国从全面建成小康社会到基本实现社会主义现代化的关键历史时期。从国际上看，世界处于百年未有之大变局，国际政治经济格局加速重塑。逆全球化思潮抬头，民粹主义崛起，中美经贸斗争加剧，特别是新冠肺炎疫情全球蔓延，产业链区域化、“去中国化”加速发展。从国内看，我国发展仍处于并将长期处于重要战略机遇期，经济高质量发展加速、资源环境制约趋紧、人口老龄化严重、发展不充分不平衡等问题日益突出，迫切需要以信息化优化产业结构、转换动能、提质增效，培育新的经济增长点。从技术演进看，当前是信息技术发展瓶颈与突破转折期，量子计算、卫星互联网、生物芯片、集成电路等颠覆性技术一旦走向成熟应用，必将重塑传统产业生态和经济社会发展格局。从重庆发展看，正是贯彻落实习近平总书记的殷切期盼，发挥后发优势、加速弯道超车的机遇期。重庆市正加快推动数字经济和实体经济深度融合，大力发展数字经济新业态，集中力量建设“智造重镇”“智慧名城”“东数西算”。加快发展以 5G、大数据、物联网、人工智能等新技术、新应用为代表的新型基础设施建设，发力“新基建”，应对疫情冲击，促消费、稳增长，构筑数字经济创新发展之基，谋取未来国际竞争优势。2019 年，中共中央、国务院印发《关于建立国土空间规划体系并监督实施的若干意见》，明确要建立国土空间规划体系并监督实施。《重庆市国土空间规划通信专项规划》是国土空间规划专项规划之一，该规划的编制，为深入推进新时代国土空间规划体系建设，促进通信行业的发展与城市发展的有机结合，落实国家对 5G 新基建、数字经济等发展要求，充分落实共享理念，统筹各类通信基础设施规划建设，加强通信基础设施与其他公共设施规划的衔接，提升重庆市城市通信网络覆盖范围和服务质量，正确引导通信设施建设合理布局，依法保障通信网络规范建设、平稳运行，促进通信行业发展与城市发展有机结合起到重要作用。本文依托该规划对相关编制方法进行研究，旨在总结经验，以期为国内其他城市类似规划编制提供参考。

1　规划技术体系

不同用于以前的无线技术，ITU（国际电信联盟）对5G无线通信技术定义了三大应用场景：eMBB（增强移动宽带）、mMTC（海量大连接）、uRLLC（低时延高可靠）。因此在5G规划过程中，需要结合新的业务场景，以创新的思路开展5G规划技术体系构建。5G专题规划技术体系的重点放在业务的支撑能力建设上，围绕通信和非通信行业需求展开，考虑用、云、管、雾、端等网络各个层面，采用端到端的分析方式进行网络规划设计，最终落实无线基站及相关配套设施的规划方案。

端到端的5G网络规划，首先要考虑的是应用及行业需求，根据“5G+行业应用”结合地块功能进行规划，以综合业务统筹为基础构建规划方法。综合业务分析需要包含5G的三大业务，涉及终端密度、用户分布、业务比例、业务带宽、业务时延、网络可靠性等多个维度。网络性能的保障则需要从组网方式、核心网、承载网、MEC机房部署、无线接入网、终端等相关环节进行综合考虑（图1）。

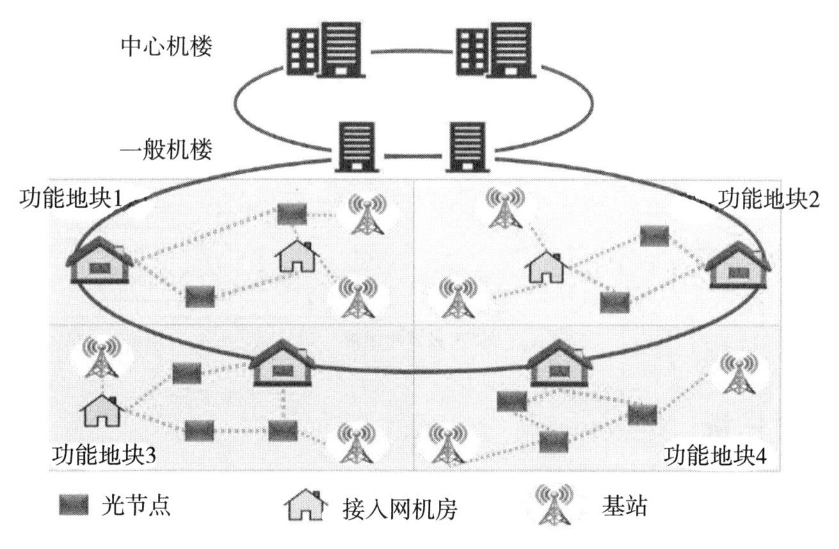

图1　网络架构逻辑图

覆盖规划方面，由于5G的频段定义已经超出目前传播模型的应用范围，因此进行了新的传播模型建设。容量规划方面，通过“5G+行业应用”结合地块功能规划，采用抽样法、地块指标法和普及率法预测不同场景与功能地块的综合业务模型，确定5G网络容量要求。最后，综合匹配覆盖模型和基站能力模型，形成全区域的网络建设标准，并落地相应的基站及相关配套资源到地图上。

基于上述体系构建技术路线如图2所示。

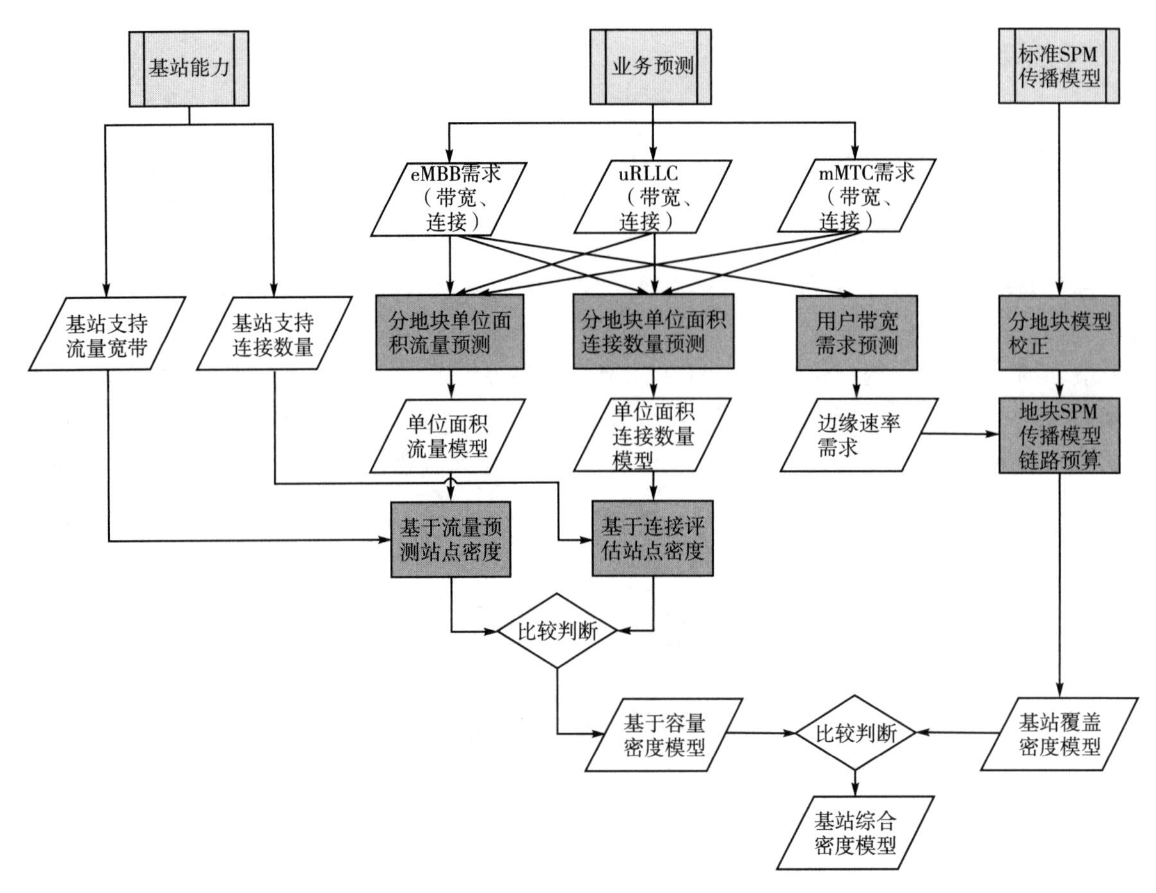

图 2　技术路线图

2　网络需求分析

2.1　用户预测

4G 网络建设以来，6 年间重庆 4G 用户数量得到迅速发展，2019 年已突破 3500 万用户（图 3）。

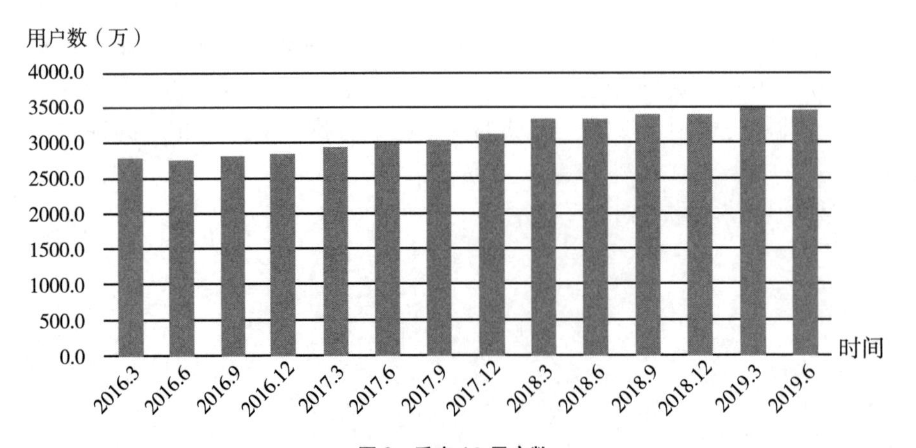

图 3　重庆 4G 用户数

根据2012—2019年数据分析，移动终端人口普及率处于快速上升趋势，预计2035年将达到225个终端/百人（图4）。

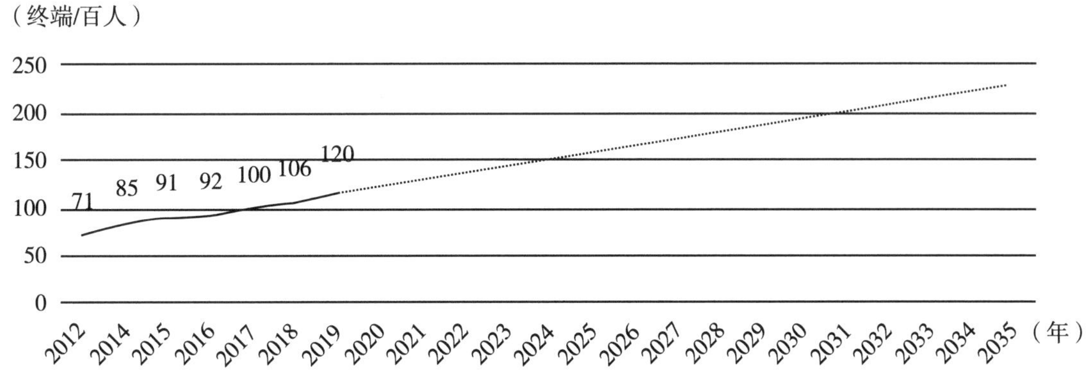

图4　重庆移动终端人口普及率预测

结合重庆的经济地位和人口发展数据，预测至2035年，重庆5G用户将达8551万个终端，物联网连接数将达到257600万个。

2.2　业务预测

5G业务种类繁多，按服务对象的不同可分为移动互联网业务及移动物联网业务。移动互联网业务基于业务特点及时延敏感度不同，又可以分为流类、会话类、交互类、传输类及消息类。移动物联网业务按业务功能可分为采集类业务和控制类业务（图5）。

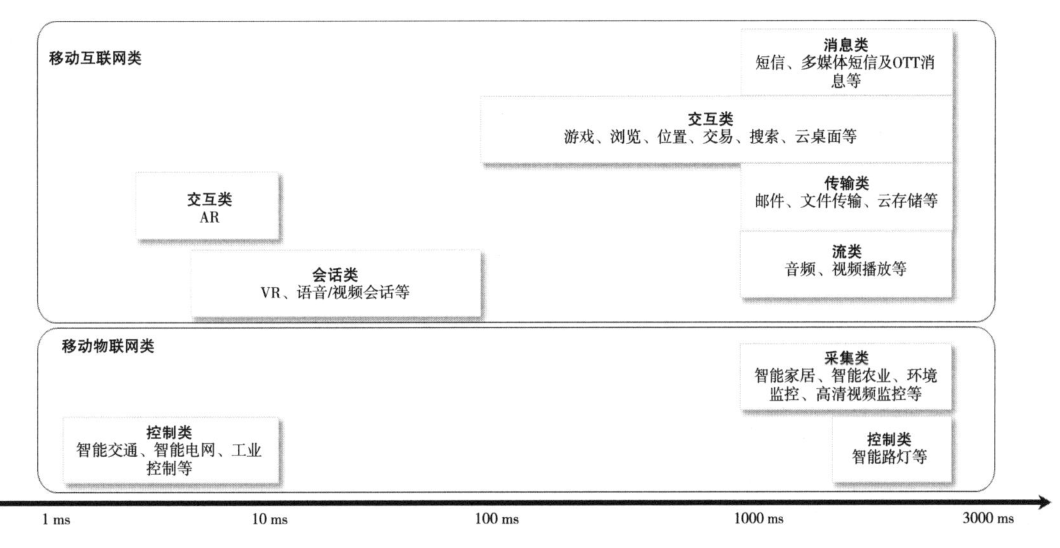

图5　物联网业务分类

从发展节奏宏观角度评估，重庆5G产业的发展需要阶段进行，按照《重庆市以大数据智能化为引领的创新驱动发展战略行动计划》和《重庆市加快推动5G发展行动计划（2019—2022年）》的部署，结合3GPP协议编制进度，科学规划，提前布局，逐步完善。宏观因素分析如下。

（1）产业平台。制定重庆市5G发展行动三大任务：任务一，加快5G网络部署；任务二，培育壮大 5G 优势产业；任务三，实施 5G 融合应用优先行动。

（2）市场空间。重庆对于 5G 的建设目标是 2022 年基本形成 5G 发展生态体系，5G 应用成效显著，成为全国 5G 创新发展引领区和千亿级 5G 产业集聚带。

（3）5G 关键技术。R15 侧重于 eMBB 应用场景，R16 侧重于 uRLLC 应用场景，R17 将纳入 mMTC 相关规范以更全面支持垂直产业的联网应用，当前 R16 和 R17 版本尚未冻结，5G uRLLC 和 mMTC 场景技术体系有待完善。

基于中国信息通信研究院行业白皮书梳理客户业务需求梳理，对于 5G 发展初期的 eMBB 业务，目前重点业务包括对流量速率需求比较高的高清视频、AR/VR 业务。典型 eMBB 业务对网络的需求见表 1。

表 1　eMBB 主要业务需求

业务等级	分辨率	分辨率（pixel/frame）		色深（bit/pixel）	帧率（fps）	视频编码		速率要求（Mbps）		时延要求（ms）	业务说明
		H	V			编码压缩率	编码协议	典型值（Mbps）	建议范围（Mbps）		
高清视频	1080P	1920	1080	8	30	165	H. 265	4	[2. 5，6]	50	目前常见高清视频
	4K	3840	2160	8	30	165	H. 265	15	[10，25]	40	未来超清视频
	8K	7680	4320	8	30	165	H. 265	60	[40，90]	30	
	12K	11520	5760	8	30	215	HEVC/VP9	100	[50，160]	20	
AR/VR	1080P/2D	1920	1080	10	30	165	H. 265	5	[3，7]	50	当前高清虚拟世界业务
	4K/2D	3840	2160	10	30	165	H. 265	20	[12. 5，30]	40	未来超清虚拟世界业务
	8K/2D	7680	4320	10	30	165	H. 265	75	[45，115]	30	
	12K/2D	11520	5760	10	30	215	HEVC/VP9	120	[80，180]	20	
三维AR/VR	4K/3D	3840	2160	16	30	165	H. 265	30	[20，50]	40	三维全景
	8K/3D	7680	4320	18	30	165	H. 265	135	[90，200]	30	

在引入垂直行业后，预计部分典型企业级业务对网络的需求见表 2。垂直行业 5G 应用的 VR/AR 和个人用户级 VR/AR 相比，提升至 CLOUD VR/MR 模式，即超高体验的游戏和建模与实时渲染/下载，实现基于云的混合现实应用，用户密度和连接性增加。

表 2　垂直行业主要业务需求

5G 场景	分类	通信需求			
		带宽（Mbps）	时延（ms）	可靠性（%）	连接数（个/km²）
uRLLC	无人机	>200	毫秒级	99.99	2～100
	车联网（自动驾驶）	>100	<10	99.999	2～50
	智慧医疗	>12	<10	99.999	局部 10～1000
	工业互联网	>10	<3	99.999	局部百～万级
mMTC	智慧城市	>50	<20	99.99	百万～千万级
	智慧农业	>12	<10	99.99	千～百万级
eMBB	VR/AR（CLOUD VR/MR）	100～9400	<5	99.99	局部 2～100
	家庭娱乐	>100	<10	99.9	局部 2～50
	全景直播	>100	<10	99.9	2～100

3　5G 网络技术指标

3.1　覆盖指标

以城市控制性详细规划为基础，将城市区域功能地块按场景进行分类，每种场景的覆盖目标见表 3。

表 3　分场景覆盖需求

区域类型	穿透损耗要求	面覆盖率	线覆盖率	点覆盖率
密集城区	穿透墙体，信号到室内	95%～98%	—	—
一般城区	穿透墙体，信号到室内	90%～95%	—	—
郊区	穿透墙体，信号到室内	80%～90%	—	—
乡镇、农村	穿透墙体，信号到室内	80%～90%	—	—
重要道路	穿透汽车、火车等	—	70%～95%	—
商务楼宇、交通枢纽、高校	室内分布系统	—	—	90%～100%
宾馆酒店、娱乐场所	室内分布系统	—	—	70%～90%

3.2　容量与感知指标

引用 3GPP TS22.261 标准，按照不同的业务场景和区域需求，性能指标如下。

（1）eMBB（表 4）。

表 4　高数据速率和流量密度场景的性能要求

	场景	用户感知的数据速率（DL）	用户感知的数据速率（UL）	区域流量密度（DL）	区域流量密度（UL）	总体用户密度	激活比	UE 速度	覆盖要求
1	城市宏站	50 Mbit/s	25 Mbit/s	100Gbit/（s·km²）（注 4）	50Gbit/（s·km²）（注 4）	10000 /km²	20%	步行或车载≤120km/h	全网（注 1）
2	农村宏站	50 Mbit/s	25 Mbit/s	1Gbit/（s·km²）（注 4）	500Mbit/（s·km²）（注 4）	100 /km²	20%	步行或车载≤120km/h	全网（注 1）
3	室内热点	1 Gbit/s	500 Mbit/s	15Tbit/（s·km²）	2 Tbit/s·km²	250000 /km²	注 2	步行	办公室、居民楼（注 2、3）
4	无线宽带接入	25 Mbit/s	50 Mbit/s	3.75Tbit/（s·km²）	7.5Tbit/（s·km²）	500000 /km²	30%	步行	指定区域（注 1）
5	密集城市	300 Mbit/s	50 Mbit/s	750Gbit/（s·km²）（注 4）	125Gbit/（s·km²）（注 4）	25000 /km²	10%	步行或车载≤60 km/h	密集市区（注 1）
6	高速火车	50 Mbit/s	25 Mbit/s	15Gbit/（s·train）	7.5Gbit/（s·train）	1000 /train	30%	≤500 km/h	高铁（注 1）
7	高速车辆	50 Mbit/s	25 Mbit/s	100Gbit/（s·km²）	50Gbit/（s·km²）	4000 /km²	50%	≤250 km/h	高速（注 1）

注：1. 对于车辆用户，UE 可以直接连接到网络，也可以通过车载移动基站连接。

2. 假定某种交通混合；只有部分用户使用需要最高数据速率的服务。

3. 对于交互式音频和视频服务，如虚拟会议，所需的双向端到端延迟（UL 和 DL）为 24 ms，而相应的有经验数据速率需要在上行链路和下行链路中达到 8K/3D 视频[300Mbps]。

4. 这些值是基于总体用户密度导出的。

（2）uRLLC（表 5）。

表 5　高可靠性和大连接密度场景的性能要求

场景	通信业务可用性	通信业务可靠性	用户典型速率	业务密度	连接密度
离散自动化—运动控制	99.9999%	99.9999%	1～10 Mbps	1 Tbps/km²	100000 个/km²
离散自动化	99.99%	99.99%	10 Mbps	1 Tbps/km²	100000 个/km²
过程自动化—远程控制	99.9999%	99.9999%	1～100 Mbps	100 Gbps/km²	1000 个/km²
过程自动化—监控	99.9%	99.9%	1 Mbps	10 Gbps/km²	10000 个/km²
中压配电	99.9%	99.9%	10 Mbps	10 Gbps/km²	1000 个/km²
高压配电	99.9999%	99.9999%	10 Mbps	100 Gbps/km²	1000 个/km²
智能运输系统—基础设施回程	99.9999%	99.9999%	10 Mbps	10 Gbps/km²	1000 个/km²
触觉交互	99.999%	99.999%	低速	—	—
远程控制	99.999%	99.999%	≤10 Mbps	—	—

（3）mMTC。

mMTC业务场景对速率需求不大。3GPP对IoT业务的目标速率最高至1 Mbit/s，对NB—IoT的目标速率建议为160 bit/s。因此，综合来说，mMTC的业务需求速率为1 Mbit/s，系统容量方面主要考虑接入终端数量。

4　重庆市通信基础设施规划实践

4.1　构建适应重庆的新基建标准体系

新基建是以新发展理念为引领，以技术创新为驱动，以信息网络为基础，面向高质量发展需要，提供数字转型、智能升级、融合创新等服务的基础设施体系。规划在大数据智能化战略的引领下，立足重庆处于“一带一路”和长江经济带的联结点上，拥有承启东西、牵引南北、通江达海的独特优势，结合“智造重镇”“智慧名城”“东数西算”的发展目标，从服务标准、空间需求、建设形式、选址要求等方面系统研究了通信基础设施规划标准（表6至表9）。

表6　通信基站设置标准（含农村）

规模等级系		超大城市（人口1000万及以上）	大城市（人口100万～1000万）	中级城市（人口50万～100万）	小城市	
					Ⅰ型小城市（人口20万～50万）	Ⅱ型小城市（人口20万以下）
主城都市区	中心城区（个/km²）	13～14	—	—	—	—
	主城新区（个/km²）	—	2.7～3.1	2.6～3.0	1.1～1.5	—
渝东北三峡库区城镇群（个/km²）		—	2.2～2.6	1.4～1.8	1.4～1.8	0.8～1.2
渝东南武陵山区城镇群（个/km²）		—	—	—	1.3～1.7	0.7～1.1

表7　中心机楼设置标准

规模等级系	超大城市	大城市	中等城市	小城市	小城镇
服务人口数（个）	＞30万	＞30万	＞20万	＞15万	不设置

表8　通信机房设置标准

规模等级系	超大城市	大城市	中等城市	小城市	小城镇
服务人口数（个）	＞2万	＞2万	＞1万	＞1万	每个镇设置1～4个通信机房

表9　通信管道设置标准

道路类别		管道容量（孔）
城市道路	快速路	12～18
	主干道	15～24
	次干道	12～18
	支路	8～12
国道、省道、县道、乡道、专用公路		5～12

4.2 系统完善重庆新基建空间布局

规划统筹通信基站、通信局所、通信管道和微波通道等各项通信设施，根据市域和中心城区不同的城市功能定位和用地布局，差异化地制定了适宜的空间布局方案。打通南向“西部陆海新通道”、北向“渝满俄”、西向“渝新欧”沿线国家和地区的国际互联网数据专用通道，新增成都到武汉和重庆到昆明两条干线通信管道。到2035年，共规划207914个通信基站，304个中心机楼，8380个通信机房，道路规划根据城市发展和通信发展需求同步规划通信管道，新增城镇道路规划通信管道覆盖率为100%。保留现有3条骨干层微波通道。

4.3 优化细化新基建空间管控策略与项目建设引导

为保障项目空间落地，遵循国土空间规划确定的控制线、主体功能区和空间布局等空间基础，进一步优化细化通信基础设施管控要求。市域层面明确通信基础设施发展目标，确定布局原则和设置标准，并对特定场景提出管控要求；细化落实中心城区新建基站的选址，利用旧站点的配套改造以及利旧站点原址新建等用地空间及控制要求，在详细规划层面落实相关设施用地及管控要求，作为土地出让的规划设计条件，从而保障通信基础设施建设落到实处。

4.4 提出具体实施推进路径与政策机制

规划明确实施时序与重点，制定“基础建设、跨越发展、创新引领”3个阶段的行动计划，采用试点示范先行与全面推进相结合的模式，注重长期战略与短期计划相结合，优先实施5G、数据中心等带动性强的项目，重点落实与产业转型、新旧动能转换相关的融合基础设施建设。建立通信规划、通信电力、数据灾备等保障体系，完善“规划协同、组织保障、产业要素、服务升级、数据安全、科普宣传”的政策机制，确保规划通信基础设施工程的顺利实施和落实。

5 结语

规划统筹考虑规、建、管全流程和政企商全领域，探索提出新基建可持续发展路径。一是加强与国土空间规划及其他相关规划的衔接，推动通信基础设施纳入国土空间规划并在详细规划中严格落实。二是强化底线约束和节约集约用地思维，优化设施规模和用地布局，促使通信设施与城市功能的高度融合，赋能城市管理和公共服务，统筹规划、凝聚合力、持续推进，深化部门协作、企业联动和空间协同，实现“规划一张图、建设一盘棋、发展一体化”，促进新基建持续发展。规划的编制，将有效促进市场环境的优化，随着“放管服”改革向纵深推进，企业项目审批申报“一网通办”，行政许可事项开展“不见面审批”，全程网办事项占比将大幅提升。三是将通信设施纳入详细规划进行控制，有效解决了5G等网络建设面临入户难、协调难、选址难、建设难、保护难等问题，为建立超高速、广覆盖、智能化的通信基础设施提供了有力保障。

[作者简介]

张　艳，高级工程师，任职于重庆市规划事务中心。

张　彧，任职于重庆市规划和自然资源局。

张春艳，教授级高级工程师，注册城乡规划师，任职于重庆市规划事务中心。

第三编

城市更新策略与实践

长沙老城区有机更新的规划策略研究

□陈群元，解　成，李　燕

摘要：国内有关城市更新的研究多以某一地段为案例，以整个老城区或历史城区为案例的研究较少。本文以长沙整个老城区范围为研究对象，首先，分析了老城区保护与发展过程中正面临的历史保护、功能疏解、业态升级、设施老化、品质不高、拆迁安置、政策资金和管理体制等8个方面的突出问题。进而，基于老城区的特点，提出了有机更新的总体目标与专项目标，因地制宜地划分了18个更新单元，结合各更新单元的现状，分别对应微改造、综合整治、环境提质和拆除重建4种更新方式和政府主导型、开发主导型和多方主体合作型3种更新模式。最后，提出了整体保护、空间优化、功能调整、城市活力、形象提升、住区改造、融资建设和公众参与等老城区有机更新的8条策略及实施保障。

关键词：城市更新；有机更新；历史城区；长沙

城市更新是城市的新陈代谢。城市更新的概念源自西方，是西方国家应对城市发展过程中局部老化问题而采用的解决方案。“有机更新”的理论是吴良镛先生在对中西方城市发展历史和城市规划理论充分理解的基础上，结合北京什刹海地区规划研究中提出的，认为从城市到建筑、从整体到局部，像生物体一样是有机关联和谐共处的，城市建设必须顺应原有城市结构，遵从其内在的秩序和规律，在可持续发展的基础上探求城市的更新发展，不断提高城市规划的质量，使城市改造区的环境与城市整体环境相一致。有机更新模式是可持续的城市更新模式，已被国内诸多历史文化名城所接受，成为一种较为流行且切实可行的旧城保护与更新的理论方法。当前国内有关城市更新的研究多以某一地段为案例，以整个老城区或历史城区为案例的研究较少；研究的目光过多地偏向于物质环境更新，停留在具体的规划、设计等工程技术层面，而对社会、经济等方面缺乏关注和深入研究；很少有从规划策略层面对城市更新进行统筹性研究，城市更新往往因没有解决根本性问题而难以达到预期效果。

本文研究对象为长沙老城区范围，包括长沙历史城区范围和岳麓山历史文化风貌区两个区域。其中，长沙市历史城区范围就是明清长沙老城范围，北至湘春路，东南到芙蓉路、建湘路、白沙路，西至湘江，总用地面积为5.6 km^2；岳麓山历史文化风貌区位于湘江西岸，东至橘子洲，南至麓山南路、阜埠河路，西至环线，北至枫林路，由麓山景区、天马山景区、橘子洲景区及湖南大学、湖南师范大学、中南大学早期建筑群等组成，总用地面积为15.43 km^2。

1　长沙老城区有机更新面临的问题

长沙历史城区、岳麓山历史文化风貌区基本为长沙老城区范围，也是长沙“山水洲城”灵魂空间所在。近年来，随着社会经济发展，城市的建设和开发改造速度加快，城市面貌发生了巨大的变化，人口和建设用地规模不断膨胀，长沙老城区所承担的功能也不断增加，城市问题日渐突出且日趋复杂，物质性老化、结构性衰退、功能性衰退等问题并存。老城区作为历史文化名城保护的核心区，与城市旧城建设改造的核心区严重重叠，其本身就存在着保护与发展的双重需求：一方面，对历史风貌区、历史文化街区、历史地段、文物保护单位、历史建筑、历史街巷及非物质文化遗产等的整体、全面保护是基本诉求；另一方面，从城市建设角度出发，集中有效地利用城市土地资源，改善居民的基本生活条件，满足居民的日常服务需求是最基本的需求。长期以来，保护与发展的矛盾突出，城市形象与城市功能等方面问题重重。

1.1 历史保护的问题

以高强度开发建设的棚户区改造模式是目前老城区城市更新的主要方向，虽然房地产开发通过市场手段有效地弥补了城市建设资金的不足，并在一定程度上解决了城市住房供给不足、质量不高等问题，但这种市场化的手段不可避免地存在许多问题，其中由高强度开发引起的新问题包括建筑密度和容积率过高、绿地率过低所造成的空间压抑、环境恶化和公共活动空间不足，部分地块建设强度过高，致使街巷格局、历史文化记忆等遭到破坏，对城市传统风貌和景观产生不同程度的破坏，古城历史格局保护和风貌维护受到一定威胁。此外，老城区的改造大多采用迁出当地居民的做法，也导致城市文脉和邻里关系的中断。更新与保护未能充分结合，对长沙这座国家历史文化名城的城市特色延续带来极大威胁。

1.2 功能疏解的问题

随着城市的不断发展，老城区的产业结构和城市功能将逐渐高级化，这已成为城市发展的客观规律。老城区作为长沙城市发展中心区域，随着其社会经济的快速发展，城市功能提升的需求十分迫切。由于历史的原因，老城区现状用地结构存在许多不合理之处，如老城区中仍零碎、无序地分布着一些旧工业用地，不仅占据了区位较好、地价较高的土地资源，而且与周围用地功能极不协调，甚至部分工业企业还在生产过程中产生污染，严重影响了历史城区的环境质量。另外，老城区内的一些批发市场用地，也都存在着用地效益不高、城区交通负担重、城区环境品质恶劣等问题；由于建设年代较早、建设质量不高等原因，部分地段的建筑及设施严重老化，已不能再继续有效发挥其使用功能。老城区人口高度聚集和基础设施建设投入不足等原因，导致其城市功能难以满足现代化城市发展的需求。

1.3 业态升级的问题

老城区因为地理位置、城市发展等因素，聚集形成颇具规模的商业集聚区。然而，随着时代的进步，大规模、高密度的陈旧商圈业态，与城区新的发展速率和品质诉求不相适应，已呈现疲态和弊端：一是大型商业设施过分集中，既造成城区整体商业布局的失衡，又带来相关基础设施与配套条件的短缺；二是商贸形式较为传统和单一，经营模式落后和竞争势能偏弱；三是缺少现代消费人群需求的购物附加值，缺少商业氛围营造，难以吸引区域外消费客流。部分地区用地功能与城市周边环境不相协调，其业态过于陈旧或不能满足城市发展需求，如废旧的工业用房、低端的零售业等，且城区业态缺乏对历史文化的充分挖掘，需结合现状条件及发展需求，充分挖掘老城区历史文化资源与城市特色，进行业态融合与升级。

1.4　设施老化的问题

老城区的市政设施、交通系统与社区服务设施等都是基于原有的居住人口规模进行配置的，鉴于原有配置标准偏低、人口容量不断扩大、设施老化等原因，普遍出现设施承载力不足的问题：①供水、排水及电力等各项市政设施的缺口逐渐扩大，历史城区内污水横流、市政管线私搭乱建等造成城市面貌破旧杂乱。②中心城区道路支路网密度不足，诸多城市支路线型受到制约，导致用地布局的限制以及支路网系统性不足；停车设施严重缺乏，由于原有配建标准偏低、未能有效保障建设等历史原因，老城中心区的停车难问题突出。③社区服务设施空间分布不均衡，尽管原有社区服务设施拥有较良好的基础，但大多建设内容与容量不达标，原有布点改建扩建存在困难，造成社区服务设施分布不均衡，总体呈现总量不足的状况。

1.5　居住品质不高的问题

近几年来，老城区由于用地结构调整迟缓及土地供应有限等因素，加之人口增长迅速，住房供应量远远低于需求量，致使历史城区居民整体居住水平难以提高，这是住房供应量与需求量之间的矛盾。另外，老城区近几年开发建设的住宅区大部分都是由房地产开发商建设的，市场经济的逐利性使这些住宅区中的大部分都是面向中高收入阶层的豪华楼盘，户均建筑面积大、造价高昂且占据着交通便利、环境优良的地段，只有购买能力强的中高收入阶层才能入住这些楼盘，而购买能力不高的中低收入阶层则对这些楼盘无力问津，他们仍集中居住在老旧小区或城中村内，这些区域都或多或少地存在着低层建筑密集、建筑老化严重、居住条件拥挤、环境质量不高、基础设施不足、治安较差等问题。随着人们生活水平和认识水平的提高，老城区居民对高质量的生活环境的需求也越来越迫切。

1.6　拆迁安置的问题

随着房地产市场的发展和有关政策的调整，以及市场化、货币化等拆迁补偿机制的实际运作，在房屋拆迁特别是商业性项目的拆迁中，拆迁人与被拆迁人之间的利益矛盾突出。例如，老城区的房屋产权关系复杂，产权认定难，导致补偿标准的落实存在较大困难；人均住宅面积过小，按现有政策安置，部分拆迁户买不起房子；就地安置与异地安置的意向不统一等问题都导致了老城区的拆迁安置难度较大。

1.7　政策资金的问题

老城区的改造牵涉到政府、企业、居民、社会其他主体等多方的利益，无论是居民拆迁安置、企业搬迁，还是城市基础设施建设等都需要大量的资金，资金不仅是旧城改造过程中协调各主体间相互关系及达到最终目的的催化剂，资金问题也成为目前城市更新进程中最大难点。采取有机更新模式，资金主要靠政府筹措，资金缺口较大。采取房地产开发模式，则对历史文化的保护难以控制。

1.8　管理体制的问题

长沙历史城区城市更新工作目前缺乏专门的行政管理机构，因此城市更新工作的体制机制还没有理顺，也缺乏相应的政策法规。由于顶层设计的缺乏，难以对城市更新资源进行统筹规划，不利于实现长沙历史城区有机更新工作有序推进和全局落实。更新工作缺乏实际操作的规范指引。因为缺少自上而下的规划、建筑、市政等方面的具体设计指导和规范要求，各区政府在推进更新改造工作中，存在一些技术问题及改造效果偏差等问题。例如，在潮宗街片区，沿历史街巷相邻建筑的改造风格差异极大，改造效果不佳，局部改造的建筑颜色、体量突变，与相邻建筑以及街区风貌不协调。

2 老城区有机更新的目标

城市有机更新的总体目标应当是使城市有能力维持建成空间持续高品质和实现可持续发展的再开发，经济上应更关注公共利益的优先落实，文化上应更重视历史传承和创新，社会上应更强调共同缔造和共享进步。长沙老城区有机更新目标分为总体目标和专项目标。

2.1 总体目标

通过有机更新保护长沙历史街巷格局和空间尺度，保留老长沙文化记忆，展现老长沙历史风貌，延续历史城区的格局，诉说老长沙故事；在留住城市记忆的基础上，改善人居环境和优化城市功能，提升城市品质；满足人们对城市功能的需求，同时注重对历史文化风貌和山水特色景观的保护，让长沙成为一座延续历史风貌、彰显山水格局、宜居宜业宜游的文化之城。

2.2 专项目标

2.2.1 历史文化保护目标

针对长沙历史城区历史文化遗产破坏、城市特色丧失等问题，急需保护天心阁至岳麓山扇形区域，保护“岳麓山—橘子洲—杜甫江阁—天心阁”等视线景观走廊，保护以河西岳麓山历史文化风貌区为代表的自然景观与以河东古城历史文化风貌区为代表的人文景观，使“山水洲城”历史文化核心空间得到进一步保护，延续长沙“山水洲城”格局的城市意象空间。

2.2.2 人居环境改善目标

保护生态环境、适当疏解人口。针对长沙历史城区房屋破旧、居住拥挤、环境恶化、设施短缺等物质性老化问题，亟待精心打造老城区城市绿色景观，加强老城区环境保护和治理，同时提高老城区教育、医疗、养老、运动休闲设施的配套水平。

2.2.3 城市功能优化目标

针对长沙历史城区城市功能落后于社会和经济结构的功能性衰退局面，对外迁对象进行科学、系统的选址论证，将老城区内待疏解的功能外迁到周边地区，植入新功能，通过片区功能优化带动周边地区发展。

3 老城区有机更新的方式

城市更新或有机更新是一个连续不断的过程，应针对不同地区不同类型更新改造的个性特点，在充分考虑老城区原有城市空间结构和社会网络的基础上，因地制宜、因势利导，采取多种途径和多个模式进行行之有效且切合实际的更新改造。

3.1 更新单元

历史城区城市更新分单元开展，分类施策。更新单元划分按照有关技术规范，综合考虑河流、山体等自然要素，以及道路、产权边界、行政区划界线、控规管理单元边界等因素划定，其边界应相对规整，范围应相对连片。以历史保护要求、棚改项目范围以及现状城市功能为导向进行更新单元的划分：以历史文化名城保护规划确定的保护要素、保护区划的界限、保护方式等为划分依据，并充分考虑和尊重历史文化的延续性和历史步道建设的要求进行更新单元划分；以各区政府确定的棚改项目范围为主要依据，并结合城市干道进行更新单元划分；根据现状城市功能组成进行更新单元的划分，最终将历史城区划分为18个更新单元，岳麓山历史风貌区核心区划分为6个更新单元（图1）。

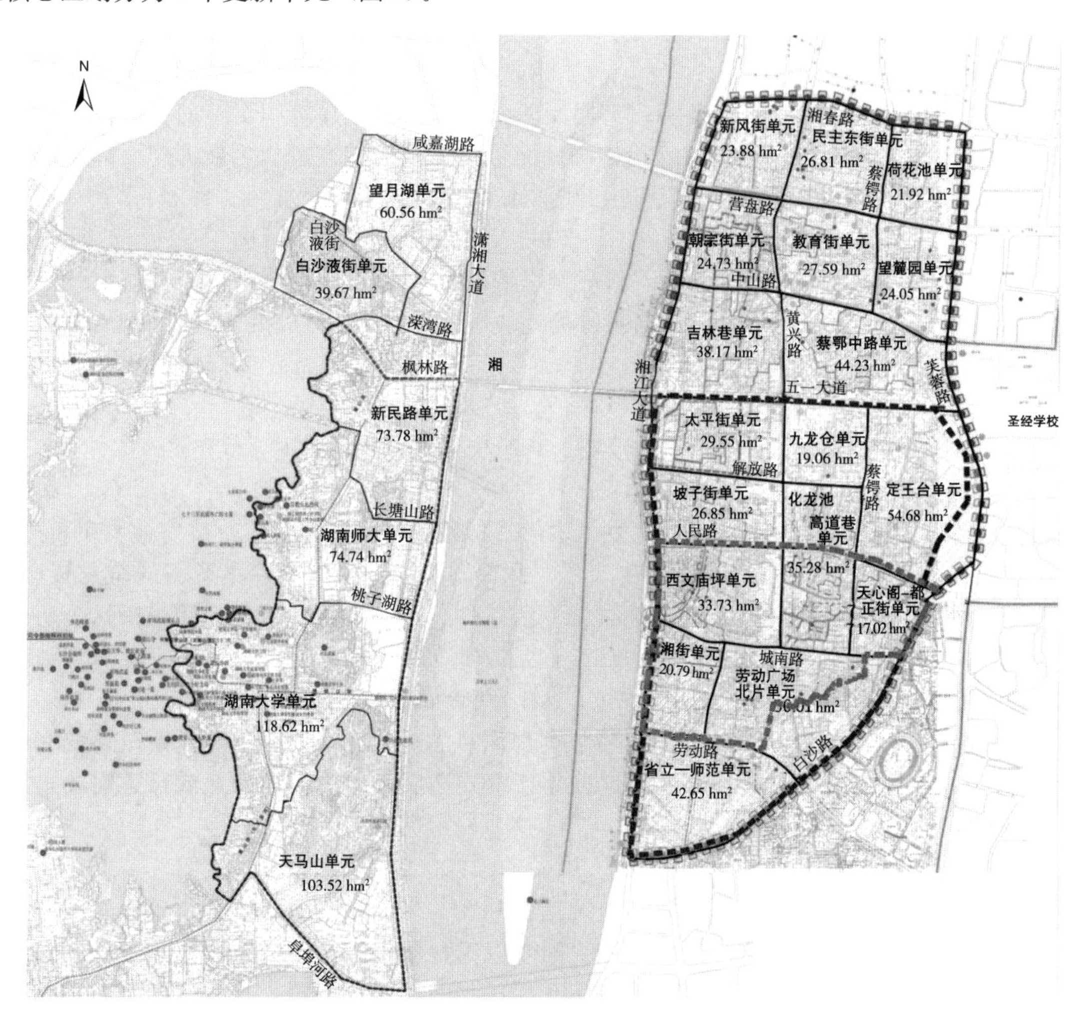

图1　长沙市老城区更新单元划分

3.2　更新方式

更新改造方式分为微改造、综合整治、环境提质、拆除重建4种。

3.2.1　微改造

微改造是指保持历史城区空间肌理基本不变，原则上不改变建筑主体结构和使用功能，通过对建筑外立面的修缮、环境的整治、公共服务设施与基础设施的改善等办法实施的更新方式。实施微改造的区域除违章建筑和为实施交通、环境整治确有必要拆除的部分建筑外，原则上不拆除建筑。微改造区域原则上不得新建建筑物，为适应环境和风貌需求的新建建筑应符合“四原”（原材料、原形制、原工艺、原做法）的规划管理要求。微改造更新方式主要适用于现状以成片低层建筑为主的历史风貌区域。

3.2.2 综合整治

综合整治是指为适应历史城区空间肌理，优化城市功能，再通过建筑物局部拆建、建筑物功能置换等建筑物的整治改造手段，并考虑增加公共开放空间、改善基础设施和公共服务设施的更新方式。原则上综合整治区域内不得新建高层建筑，新建建筑应符合历史城区的环境和风貌控制要求。综合整治更新方式主要适用于现状以多层、低层建筑为主的历史城区区域。

3.2.3 环境提质

环境提质是指通过对片区综合分析，对房屋质量较好的新建建筑和实施旧城改造不久的片区，为尽可能使之与历史城区环境和风貌相协调而进行景观风貌改造的更新方式。环境提质更新方式主要适用于现状以新建高层建筑为主的历史城区区域。

3.2.4 拆除重建

拆除重建是指通过对片区综合分析，对严重影响城市风貌格局（包括乱搭乱建的违章建设）及因公共服务设施的建设需求而需要进行拆除的地块区域，包括已完成拆迁的地块区域。

3.3 更新模式

城市更新的开发运作模式主要有 3 种类型，即政府主导型、开发主导型和多方主体合作型。

3.3.1 政府主导模式

政府主导模式是指城市更新项目的开发由政府直接组织，掌握控制权，政府通常负责规划、提供政策指引，确定改造范围，规定改造期限，办理划拨用地手续，筹集所需的全部资金等。这种更新模式适用于历史城区内需要改善居民生活条件、建设公益性项目的历史街区、历史地段等地区。

3.3.2 开发商主导模式

开发商主导模式是指由开发商按规划要求负责项目的拆迁、安置、建设或者改造的一种商业行为，是一种完全的市场化运作方式。这种更新模式适用于历史城区新建或已建需要进行环境提质的地块。

3.3.3 多方主体合作模式

多方主体合作模式是指以社区主导、居民自主开发的多方合作模式，适用于历史城区产权复杂的地块，建议以小规模渐进式更新为主，同时应保证政府监管，更新过程全程应经过规划和文物保护部门及相关领域专家进行审批和指导。

4 老城区有机更新的策略

城市更新致力应对解决城市建成环境的综合性问题，通过规划、政策和行动，实现城市的维育、改善与发展，其本质上就是一种空间治理的实践活动。在空间治理目标下，需要理顺权利体系，尊重多元价值，建立协商机制，创新更新内容与实施策略。

4.1 整体保护策略

随着社会发展和文明进步，人们逐渐意识到传统历史文化遗存是人类最珍贵的精神财富之一，而经济的发展、城市的扩张却往往导致城市更新和建设过程中对历史风貌、历史街巷等的漠视甚至忽略。城市更新应当协调城市内部结构与外在形态之间关系，根据原有城市结构的特征，有计划、有步骤地更新城市，使城市传统风貌得以延续和继承。整体格局保护应从以下几个方面着手。

4.1.1　政策层面

在现有的《长沙市历史文化名城保护条例》（2004年）的基础上，进一步完善历史文化保护的法律、法规体系，制订出台如“城市更新管理办法”或“城市更新实施细则”等法规和技术性文件，同时加强执法与管理力度。这是保护历史城区、历史风貌和历史街巷等历史文化资源最根本、最关键和最有效的措施。

4.1.2　管理层面

在城市更新过程中，对《长沙市历史文化名城保护规划（2016—2020）》所划定的历史风貌区、历史文化街区、历史地段、历史街巷等保护要素进行严格的保护，在城市更新单元划分中进一步将其列入绝对保护或重点保护；对文物保护单位、历史建筑、一般不可移动文物等按照相关法律法规加强保护，依据现状建筑调研成果，划定老城区内传统风貌建筑，并制定相关保护、管理要求。

4.1.3　空间层面

一是通过对文物保护单位、历史建筑的保护来强化空间文化特色；二是通过精细化建设历史文化街区来营造多元展示文化平台；三是利用成片历史建筑、传统风貌建筑开展历史文化博览旅游来构建文化设施体系；四是通过历史步道的建设来串联历史文化资源节点，构建历史城区文化记忆体系。

4.1.4　社会层面

积极保护文化资源和合理开发旅游资源相结合，是处理好旧城保护和发展关系的另一个重要途径：一是配建文化旅游设施，提升历史城区旅游服务能力；二是合理组织历史文化旅游线路，提升历史文化资源展示价值；三是策动文化创意事件，通过策划主题文化节庆活动让民众了解古城文化魅力。

4.2　空间优化策略

4.2.1　整体空间结构

通过控制性详细规划、修订性详细规划和城市设计等规划控制手段，从空间上保证历史城区内的建筑与周围城市形态的连续和与城市肌理的协调统一，保护“岳麓山—橘子洲—杜甫江阁—天心阁”等视线景观走廊，营造湘江两岸山、水、洲、城城市滨水天际线，强化城市历史文化特色轴线、封闭和开敞空间，确定在城市更新过程中能够将其予以延续和对应，使更新后的街区在保证历史脉络延续的同时也能融入原有城市空间形态。

4.2.2　街巷空间

对街巷空间采取微改造和综合整治的方式进行更新改造，修复老城区内传统街巷两厢建筑风貌，维持宜人的街道比例和尺度，保障建筑视觉的连续性，强化历史文化意象和真实体验感，并考虑历史风貌区、历史地段周边城市交通和人流的整合，尽量减少城市交通对历史风貌地段的影响。

4.2.3　节点空间

节点空间通常是历史环境中的重要枢纽空间，是街道的交会转折点或重要标志的体现，也是人群最易聚集的地方。要进一步加强老城区内重要节点空间的设计，主要包括建筑的形式形态、绿化景观以及附属设施等设计。一方面，通过差异化的节点空间表现不同的空间形态和历史文化氛围，展现独特的标志物和空间结构，强化风貌地段意象认知，保护建筑的可识别性；

另一方面，以节点空间为人流的聚集活动场所可以提升区域活力，进一步从人文与环境的角度将更新后的历史文化氛围展示出来。

4.3 功能调整策略

功能调整策略主要采取以"疏"为主的城市更新策略，通过科学的选址将老城区内待疏解的功能外迁至周边地区。长沙老城区（尤其是历史城区）是城市商业发展绝对中心区域，也是发展与保护矛盾集中区域，为保障老城区传统功能与历史风貌的延续，需要对其进行功能疏解。通过对疏解至城市副中心或者次中心的功能进行科学系统的研究，主要有两个方面：一是将老城区内工业、仓储用地外迁至二环线以外的产业园区；二是疏散历史风貌地段负荷过重的商业服务功能。通过对老城区进行部分功能疏解后，结合历史城区各片控制性详细规划的编制，对城市的用地布局与土地使用等方面进行适当调整与优化，主要有两个方面：首先，老城区是全市的经济、文化、公共服务和居住中心，为保障以上功能，行政办公、文化娱乐、医疗卫生、教育科研等公共设施用地应得到土地供应上的保障；其次，根据不同片区或组团公共设施不足的具体情况，有针对性地对各片区的公共设施进行补充和完善，以满足老城区居民的需求，提高老城区的公共服务水平。在解决老城区内部公共设施不足问题的同时，也间接减少老城区的内部交通流量，缓解了老城区的交通压力。

4.4 城市活力提升策略

老城区内应依据具体情况采取不同的活力提升模式。

4.4.1 以生活为导向的提升模式

要留住当地居民，保留历史街区传统的生活与行为方式。保护历史街区，不能完全地改变其功能，导致当地居民大量外迁，应增设当地居民生活所需的公共服务设施和居民生活休闲场地、增加绿化和公共阅读场所等，加强交流空间网络，维持当地居民的邻里关系，延续原有的生活方式和生活情趣，保留传统街巷的生活风貌，真正呈现历史风貌地段的原真风貌。

4.4.2 以文化为导向的提升模式

要复兴历史风貌地段。历史文化保护与旅游资源开发相结合，是处理老城区保护和发展关系、提升城市活力的重要途径。依据具体条件和情况，通过开展丰富多样的传统历史文化活动、新建和修复文化设施，植入传统特色产业，发展文化创意产业等不同手段，注入文化动力，重新促进经济发展，带来历史城区复兴和文化传承，打造历史城区和城市名片，并通过文化资源促进旅游产业的发展，带动整个地区的复兴及创造更多的就业岗位。

4.4.3 以创意产业为导向的提升模式

积极融入创新思想。依据存量空间的组合利用和集约利用的特性，盘活闲置厂房，老工业建筑迅速向创意产业园转化，依托旧厂房、旧仓库集聚来发展创意产业。有意识地将老城区的更新改造和创意经济的发展结合起来，提高存量空间资源的利用效率。通过转换废弃空间的功能，重塑城市形态，实施分区管理的空间政策等措施，结合创意经济的内在需求，保护自发形成的创意活动和创意产业集聚区；结合城市属性和产业基础，扩大创意产业发展的空间供给。

4.5 形象提升策略

老城区城市形象的提升重点是加强公共空间环境治理。将公共设施、基础设施和文化设施等公共要素布置到老城区公共空间当中，改善公共空间环境品质，通过水系、绿化、步道和广场把公共空间体系连接起来。保留传统建筑风貌区，并对多层建筑区域进行改造，理顺区域内的道路，提高与外界的连通性，形成连续的开敞空间系统。主要策略包括三个方面：一是将公园变为开敞空间系统的一部分，与传统建筑风貌区进行连通，连通区域与外界的道路，对部分商业和工业功能进行清退，明确老城区以居住生活为主、商业服务为辅的主导功能；二是在传统建筑风貌区增建开敞空间，与相邻地区形成连续自然的空间系统；三是注重重构老城区生态网络，最大限度地修复现有生态斑块，提高斑块利用效率，还原其原生态特征，通过规划整合水网、绿网，形成生态网络，构建全新的生态格局。在生态修复过程中注入新理念，充分考虑“海绵城市”“弹性城市”特征，通过生态网络建设，提高城市适应性和生态承载力。与城市功能网络相结合，使环境与功能相匹配，打造特色宜居城区，提高生活品质。

4.6　住区改造策略

老城区有机更新既是发展工程，又是民生工程，最根本的出发点是改造居民的居住生活条件，留住长沙历史记忆。长沙老城区住区有机更新宜采取微改造逐步递进的方式，主要建设内容包括人口梳理、建筑修缮与改善、配套设施建设与改造、住区环境改善等。要降低部分历史风貌地段的人口密度，增加生活配套设施和市政设施，改善居住环境。对一些原有的老社区，可利用社区周边的公园或环境较好的地段加强老年公共服务设施的配套，并提供人性化的养老服务以解决老龄化加剧所带来的问题。充分考虑老年人的就医需求，建立社区卫生站、养老院、医院一体化的老年就医模式以方便老年人就医。同时，合理安排住房安置，采取政府统建安置房、政府购买安置房、货币化补偿3种住房安置方式，把握好3种不同安置方式的特点，最大程度地尊重居民意愿，最大程度发挥市场的力量，通过多元化和市场化的方式进行城市更新居民安置，真正发挥民生工程和发展工程的良好效应。

4.7　融资建设策略

确保政府对文化建设的资金投入，稳定的政府资金来源是大型文化活动开展、文化设施建设及对文化设施维护的重要保障。在保障政府对文化建设资金投入的同时，应当扩展多样化的资金来源。老城区更新改造中可采取有限公司的形式，吸取多方公共机构的投资，保证项目在决策、资金和运作上的顺利进行，有利于协调多方利益，实现民主化历史城区更新。例如，采取公私合营模式，即公共机构与民营机构签署合同明确双方权利和义务，以伙伴关系完成项目建设。鼓励私人对文化建设的投资，通过给予在其他地段的利益补偿和适当减少税收等方式，激励私人机构参与老城区的保护和建设。此外，要拓展新型合作融资模式，可以采取由政府建设部门与民营企业合作的新型合作融资模式，使政府部门和民营企业能够充分利用各自的优势，即把政府部门的社会责任、远景规划、协调能力与民营企业的创业精神、民间资金和管理效率结合到一起。

4.8　公众参与策略

城市更新涉及技术、行政、经济、社会等多个学科，需得到多部门、多主体的认可和协作，城市更新的完成，不能仅仅依靠城市管理者与规划师等少数人的决策，还必须调动广大公众积极参与，群策群力。为保障社区居民的利益和城市更新目标的实现，减小城市更新的阻力，老城区需建立一个完善的城市更新公众参与体系：树立公众主动参与意识，居民一方面要加强自身的民主、法律意识，认清自己在更新改造中的权利和义务，另一方面要加强学习相关的规划设计知识，以提高在更新改造中的参与能力；引导成立社区自治组织，单个居民对更新改造的参与非常有限，因此难形成参与者之间相互合作的良好局面，需建立必要的组织来反映群众心声；搭建公共议事会平台，在共同缔造理念下，不断完善社区自我管理机制，推动商家、业主、游客等多元主体自治共管，同时让各类自治组织、社会组织、专家学者共同参与，群策群力，学习、借鉴先进的更新改造案例；落实具体操作方法，根据具体情况采取具体方法，召开公众听证会、专家咨询会等，对民众进行讲解和现场指导，真正落实公众参与；建立健全相关的法律法规，从法律上保障公众参与城市更新的权利。

5　老城区有机更新的保障机制

城市更新或有机更新是一种重要的城市现代化治理模式，需要化解各种矛盾。城市更新的实施不仅仅是规划问题，还涉及土地、财税、投融资等诸多环节的调整。城市有机更新的实施需要建立长效机制，既能推动具体工程顺利开展，又能统筹市场机制、价值机制等，在实现城市遗产保护等多重目标的同时，也不损害长期持续更新的经济社会基础，将协调利益、更新激励、公众参与等新机制纳入城市更新治理体系，保障经济、产权、组织制度等方面的实施。

5.1　组织保障

成立城市更新工作领导小组及其办公室，市、区一级的规划、住建、国土、文物等相关部门和机构，应积极配合相关工作，成立“城市更新局”等类似机构，贯彻落实市委、市政府有关城市更新工作部署和各项决定，研究制定工作方案并组织实施。城市更新工作领导小组主要负责安排部署全市城市更新工作；研究决定全市城市更新工作的重大方针政策；研究解决城市更新过程中遇到的重大疑难问题；审查全市城市更新总体规划和年度实施计划；审查城市更新具体项目的专项规划；研究决定其他重大事项。具体来说，区政府和区城市更新工作领导小组负责审议并决定本辖区城市更新工作的具体方案；研究解决城市更新工作中的疑难问题；确定更新改造的范围；确定更新改造单位；对报批的更新改造项目出具意见；依据城市更新总体规划组织编制城市更新改造专项规划；编制城市更新中长期计划和年度实施计划；研究决定其他重大事项。

5.2　政策保障

编制并出台适合于历史城区的城市更新管理办法，以明确城市更新的目的、对象、主体、原则、方向、运作模式、资金保障、组织机构及职责、改造程序等，为城市更新的实施提供政策保障和法律依据。通过出台新的城市更新管理办法，对与城市更新有关的现行政策进行补充和整合；同时，修正现有政策的矛盾和与时代背景不符之处，并使新政策和现行的相关政策能够有效地衔接起来，形成一个紧密联系、相互补充、协调配套的政策体系，为城市更新提供强有力的政策保障。例如，完善住房保障体系，切实解决低收入群体住房难题。旧城改造牵涉到较大的低收入群体，为有效解决旧城改造区中低收入居民的住房问题，政府要进一步完善住房保障体系；完善拆迁法律体系，为拆迁过程中出现的各种问题提供法律依据和支持，是保障拆迁工作顺利进行的关键所在；完善土地政策。在保证公共利益的前提下，除基础设施、公共设施等具备其他法定收回条件的外，允许产权单位自行改造实施，破解更新改造中实施主体缺位难题。

5.3　资金保障

应多方面拓展融资渠道，广泛吸引社会资金。探索设立“城市更新专项资金”等投融资机制，从全市层面进行统筹平衡，制定城市更新专项资金运作机制，加大城市更新中相关市政基础设施和公共服务设施建设等方面的投入。政府在投融资体制中的主要作用是通过小额资金吸引其他类型的大量资本参与城市更新。长沙市城市更新专项资金主要用于支持经认定的历史风貌保护相关支出及重点旧改地块改造、配套基础设施建设完善以及旧住房和保护建筑修缮改造补助等。

5.4　规划保障

重点进行长沙市城市更新总体规划和专项规划编制工作。广泛开展与历史城区城市更新有关的各项前期研究工作，为长沙市城市更新总体规划的编制工作提供科学的依据和明确的指导。在此基础之上，根据更新时序的安排，进一步有计划、有步骤地进行具体更新项目的专项规划编制工作，最终建立起一个能够覆盖长沙市城市更新各个方面、囊括各个层次的城市更新规划体系，使长沙市的城市更新改造项目有章可循。

5.5　考核保障

对城市更新过程进行周期管理及评估考核。由城市更新工作领导小组组织市一级城市更新管理部门，对各区政府申报的城市更新范围和年度实施计划进行项目认定，对经认定的城市更新项目的实施推进情况和配套政策的落实情况实施监管。各级政府和相关部门应充分认识到城市更新的重要意义，高度重视城市更新工作的组织协调和稳步推进，将城市更新工作纳入经济社会发展总体规划，纳入相关分管领导和分管部门工作绩效的年度考核指标体系。

6　结语

通过对长沙历史城区更新的现状及问题的了解，本文认为长沙历史城区应坚持践行有机更新总方针，通过由物质空间规划到人本主义规划的转向、由增量发展到存量更新的转向，从而实现塑造延续历史风貌、彰显山水格局、宜居宜业宜游的文化之城的目标。城市有机更新即从原有的城市肌理对城市进行有机更新，要注重生态环境和技术手段，以动态的眼光来看待，坚持整体性原则、保护与发展相结合原则、可持续性原则，保持历史人文因素之外，提升城市功能，使城市更具人性和活力，延续和传承城市历史文化。

［资金项目：国家自然科学基金项目“基于 GIS 和 RS 技术的城市群紧凑度研究”（编号：51178168）。］

［参考文献］

［1］吴良镛. 北京旧城与菊儿胡同［M］. 北京：中国建筑工业出版社，1994.
［2］吴良镛. 关于北京市旧城区控制性详细规划的几点意见［J］. 城市规划，1998（2）：6-9.
［3］方可. 当代北京旧城更新调查・研究・探索［M］. 北京：中国建筑工业出版社，2000.
［4］吴必虎，王梦婷. 遗产活化、原址价值与呈现方式［J］. 旅游学刊，2018，33（9）：3-5.
［5］叶子君，林坚. 可持续城市更新决策支持方法研究评述［J］. 地域研究与开发，2020，39（3）：

59-64.
[6] 张春英，孙昌盛. 国内外城市更新发展历程研究与启示 [J]. 中外建筑，2020 (8)：75-79.
[7] 王世福，易智康. 以制度创新引领城市更新 [J]. 城市规划，2021，45 (4)：41-47.
[8] 阳建强. 中国城市更新的现况、特征及趋向 [J]. 城市规划，2000，(4)：53-55.
[9] 沈宇轩. 城市更新背景下城市意象的保留和传承 [J]. 上海城市管理，2021，30 (3)：91-96.
[10] 姚燕华，鲁洁，刘名瑞，等. 精细化管理背景下的广州市重点地区城市设计实践 [J]. 规划师，2010，26 (9)：35-40.
[11] 贾硕. 国内外城市更新经验及启示 [J]. 城市管理与科技，2021，22 (3)：52-54.
[12] 何明俊. 城市规划、土地发展权与社会公平 [J]. 城市规划，2018，42 (8)：9-15.
[13] 杨璇. 城市更新政策的治理结构与长效机制构建 [J]. 上海城市规划，2020 (4)：69-75.
[14] 吕海虹. 在政策中探寻更新改造动力机制：对上海、深圳等城市更新相关办法的解读与思考 [J]. 北京规划建设，2021 (4)：47-49.
[15] 王晓芳. 深圳、宁波城市更新的模式 [J]. 城乡建设，2021 (15)：64-65.

[作者简介]

陈群元，高级工程师，长沙市城市规划研究室主任。
解　成，长沙市自然资源和规划局总规划师。
李　燕，任职于长沙市人居环境局。

以城市体检推动老城区的城市更新

——以长春市九台区为例

□丁 磊，王染超

摘要：城市体检既可监测原总体规划中期目标的落实情况，又可有效指导新一轮国土空间规划行动计划的推进。本文以城市体检为工作方法，应用城市更新理念分析长春市九台区老城区生活、生态空间的状态，以城市品质提升、持续发展、有机更新为目标，深入研究老城区城市更新并提出策略及建议，为同时代背景下城市老城区的更新提供思路。

关键字：城市体检；城市更新；小城市

1 研究背景及相关经验

1.1 城市体检工作的演变及意义

1.1.1 城市体检工作演变过程

“城市体检”概念是在“城市规划评估”理论基础上发展演变而产生的。2000年，“城市规划实施评价”概念在学术界及规划行业内提出并初现雏形，但此阶段的实施评价尚未在法定规划中开展落实，其旨在方案与实施之间“按图索骥”地校验；此阶段的实施评价工作虽然教条化、机械化，但为《城市总体规划实施评估办法（试行）》的制定探索思路、理清脉络。

2008年，城乡规划法颁布实施，在建设部《关于贯彻实施〈城乡规划法〉的指导意见》中明确指出：“要依法作好城乡规划实施效果的评估和总结”“建立对规划的评估制度，完善城乡规划修改的审批制度和备案制度。制定省域城镇体系规划、城市和镇总体规划评估的具体办法，明确评估的周期、评估参与的部门、评估的方法、评估的主要内容和评估报告上报的程序等”。规划实施评估从立法层面明确了其工作的必要性，2009年的《城市总体规划实施评估办法（试行）》明确提出“城市总体规划实施情况评估工作，原则上应当每2年进行一次”。

2011年，深圳市在《深圳城市发展（建设）评估报告2011》中首次提出了“城市体检”的概念与评估总体框架体系。报告指出城市体检是探寻城市规划与城市发展问题的“症结本源”，探索形成“总体评估＋专项评估”两层次评估框架，并创新构建城市体检的指标体系。

2017年，习近平总书记视察北京市城市规划建设工作时指出“城市规划在城市发展中起着重要引领作用”，并做出“健全规划实施监测、定期评估、动态维护制度，建立城市体检评估机制”的重要指示，由此，北京市开始在全国率先探索“一年一体检、五年一评估”的城市体检评估机制。

2019 年，《中共中央 国务院关于建立国土空间规划体系并监督实施的若干意见》进一步提出“建立国土空间规划定期评估制度，结合国民经济社会发展实际和规划定期评估结果，对国土空间规划进行动态调整完善”。城市体检评估工作作为国土空间规划实施管理的配套举措，由自然资源部负责全面推开。同年，住房和城乡建设部确定沈阳、南京、厦门、广州、成都、海口等 11 个城市为全国首批城市体检评估试点城市。

2020 年，自然资源部在现行国务院审批规划的 107 个城市开展了城市体检评估工作，并形成了相关报告成果。

2000—2020 年，我国城市体检工作经历了“试点工作—法定机制—概念优化—广泛推广—常态机制”五个重要阶段。可以看出，城市规划评估工作已逐步从“事后评估”向“预警诊断”、从单一数据化的“结果评判”向有机多元化的“过程检测”进行转变。

1.1.2 城市体检的内涵及意义

城市体检是“对城市发展特征及规划实施效果定期进行分析和评价，有助于及时揭示国土空间治理、城市功能布局中存在的问题和短板，不断完善国土空间规划编制和实施，提高城市发展质量”的规范性工作。为了让城市体检评估成果可量化、可衡量、可考核，自然资源部联合国家标准化管理委员会制定颁布了《国土空间规划城市体检评估规程》《国土空间调查、规划、用途管制用地用海分类指南》《省级国土空间规划编制指南》等技术标准，为开展全国范围的城市体检评估工作提供了一把“标准尺”。

在经历经济快速繁荣的发展过程后，我国现已进入高质量发展阶段，城市发展也由开放式增量逐渐转入精细化存量阶段。城市体检评估的意义是及早发现城市发展过程中的安全隐患及“城市病”根源，进一步推动城市精细化治理、激发城市再生活力。

1.2 城市更新的意义及相关经验

1.2.1 城市更新的意义

2020 年 12 月 18 日召开的中央经济工作会议，明确提出“要实施城市更新行动，推进城镇老旧小区改造”；12 月 21 日召开的住房和城乡建设部工作会议亦将“全力实施城市更新行动”列为 2021 年八个方面工作的首位。

2021 年召开的全国“两会”期间，政协常委、住房和城乡建设部副部长黄艳在接受记者专访时提出：“城市更新不只是简单的旧城旧区改造，而是由大规模增量建设转为存量提质改造和增量结构调整并重。实施城市更新行动，其内涵是推动城市结构优化、功能完善和品质提升，转变城市开发建设方式；路径是开展城市体检，统筹城市规划建设管理；目标是建设宜居、绿色、韧性、智慧、人文城市。”

城市更新是“十四五”时期城市工作的新理念、新模式，是重塑城市功能性衰败空间的重要手段，是全面贯彻城市高质量发展的必然抓手；它既是对客观实体的改造，又是对以市民为主体的空间环境、生态环境、人文环境的整治提升。

1.2.2　城市更新相关经验

（1）上海市杨浦区——老城区存量空间微更新。

面对老城区土地资源趋紧的新形势，上海市杨浦区积极通过微更新来进行“小而美”的存量空间的品质提升。相比其他城区更新项目，杨浦区更关注闲置地块、零散空间的品质提升和功能完善，主要通过新建文化设施、建设健身路径、扩建人行道等项目，完善公共服务设施体系、公共空间体系、慢行交通体系建设，使之成为一个安全的、健康的、多元的更新空间。

（2）韩国首尔市清溪川——生态水域景观更新。

清溪川流经首尔市中心，全长10.84 km，被改造部分长度为5.8 km，项目于2003年启动，2005年竣工。在环境方面，通过规划建设“城市绿轴”，打造河流两侧超过20 km的滨水特色景观带，极大降低了城市热岛效应，河道周边地区气温降低，水系走廊风的流通性大大增强，减轻了空气污染和噪声污染。在社会经济效益方面，极大提高了城区市民的生活质量，增加了开敞交流空间和绿色公共空间，在一定程度上解决了自然生态与社会经济的矛盾，拉动经济发展的同时满足了居民游憩健身的需求。

（3）安徽省铜陵市——城市矿山改造实现城市更新。

铜陵市为省辖地级市，地处安徽省中南部，因铜得名、以铜而兴，素有“中国古铜都”“当代铜基地”之称。近年来，城市发展面临矿产资源枯竭、生态环境破坏严重、生活环境质量下降等问题，2010年铜陵市针对以上发展问题对原有废弃冶矿场地进行更新治理，2012年在编制的《铜陵市国家矿山公园详细规划》提出“一心、两带、四片”的空间结构布局，通过“生态修复＋市民公园，主入口风景打造＋配套服务，成片景区主题开发”的分期建设策略，使之在生态整治的基础上成为市民重要的生态活动场所。从经济角度，通过保护工矿遗产，建立文创产业聚集区推动城市综合经济转型；从生态角度，通过污染物治理、废弃地修复、地表植被修复等方法，重塑资源型城市生态环境；从社会文化角度，对矿业遗产的保护再利用留住了社会变革的情感记忆，同时建立成为“铜都文化”旅游名片。

2　长春市九台区概况及现状分析

2.1　城市概况

长春市是吉林省省会、副省级市，是国务院批复确定的中国东北地区中心城市之一和重要的工业基地。九台区原为县级市，位于长春市东部，辖区面积3371.51 km^2，城区面积19.79 km^2，是典型的“因煤而生、因煤而兴”的资源型城市，2009年国家将九台市确定为第二批资源枯竭型城市，2014年经国务院批准，撤销县级九台市，设立长春市九台区。

2.2　现状分析

（1）人口现状。

据“七普”数据显示，2021年九台中心城区人口214429人，全区常住人口56.99万，相较“六普”人口减少约10.75％。

中心城区人口结构方面，0～19岁38720人、占总人口18.06％，20～65岁144994人、占总人口67.61％，65岁以上30733人、占总人口14.33％。从数据分析上看，九台老城区已进入深度老龄化社会。

九台区近年来户籍及常住人口数量持续呈下降趋势，城镇化进程相对缓慢，经济增速逐渐放缓，产业结构相对单一，此类区（县）是受疫情影响后人口流失严重、人口结构改变的具有代表性的东北城区（县）。因此，本次城市更新工作重点从人口结构及偏好特征、生活空间与生态空间的角度出发，针对中心城区如何更新重塑做了重点研究。

（2）生活空间。

老城区生活空间现状不容乐观，存在以下通病：交通方面，旧小区多建于20世纪80—90年代，小区内道路目前使用时间最长的已使用了30多年，现状道路宽度多为4～6 m，由于年久失修，道路破损较为严重，存在着沥青路裂缝、坑槽、错台、膨胀等情况，行步道及广场的方砖破损较为严重，方砖破碎、鼓起、出现裂缝，路面凹凸不平；景观方面，老城区内绿化面积较小，缺少功能性景观小品，花池大部分也已破损，缺少居民休闲、健身设施。

（3）生态空间。

九台区老城区内的小南河和东山是最重要的区域性生态空间。

小南河系饮马河中游的一级支流，源头在土们岭镇“桦树背山”北麓山脚下，流经土们岭镇、九台老城区等地，是唯一一条流经九台主城区河流，全河长约37.4 km，其流经老城区段约16.4 km；主要存在城区段河道沿岸护岸工程与城市总体景观不匹配，干流、支流河道淤积、污染严重，水生态环境恶劣等问题。

东山紧邻老城区，多为林地，由于多年的采矿挖掘工程，地表植被及土壤破坏较为严重。由于其交通区位特征，导致了与广大市民日益增长的多层次生态环境、休闲休憩需求不相适应、与其周边优美的城市环境面貌极不协调、与其地块所处城市中心应有的景观极不相称等问题。

（4）现状小结。

由于居住建筑年久失修、道路交通破损严重、基础设施老化和绿化景观缺失等原因，导致老城区生活空间品质降低；多年来对自然水系和环境的保护意识薄弱，造成环境破坏和生态空间品质下降；城市进入深度老龄化社会，现有医疗养老、休憩康体设施供需失衡的问题日益凸显。故应以“生活＋生态”双维度，充分利用现状资源进行城市有机更新来解决以上问题。

3　老城区城市更新规划探索

3.1　规划思路

以城市体检为技术手段，应用城市有机更新理念，通过提升环境品质、完善公益设施等项目，打造老城居住区舒适宜居的生活空间；通过“重塑一条河，整治一座山”等建设，形成老城区水绿交融的生态风貌。

3.2　开展“特色体系＋人本视角”的城市体检工作

（1）架构特色指标体系。

本次九台区城市体检工作在住房和城乡建设部的指标体系基础上，围绕中心城区建设“山水之城、幸福之城”的城市愿景，增补相应符合城市特色体检指标（表1）。增补指标主要针对绿色城市、城市品质等方面开展评价。

表 1　九台老城区体检增设指标表

指标名称	单位	范围
居住街坊人均公园绿地面积	平方米（m^2）	城区
老龄人口步行 5 分钟公园绿地覆盖率	百分比（%）	城区
滨水慢行空间步行 5 分钟覆盖人口	人	城区
文化旅游景区数	个	城区

（2）多种方式开展城市体检。

本次城市体检工作采用“可视化数据＋人居环境满意度＋市民偏好调查”相结合的方式开展（图 1 至图 4），以政府统计数据为基础，使用网络大数据和手机信令分析、数据可视化等技术方法，建立城市体检评估模型，同时在线投放人居环境满意度、市民偏好调查问卷，提高城市体检分析的准确度及智能化水平。

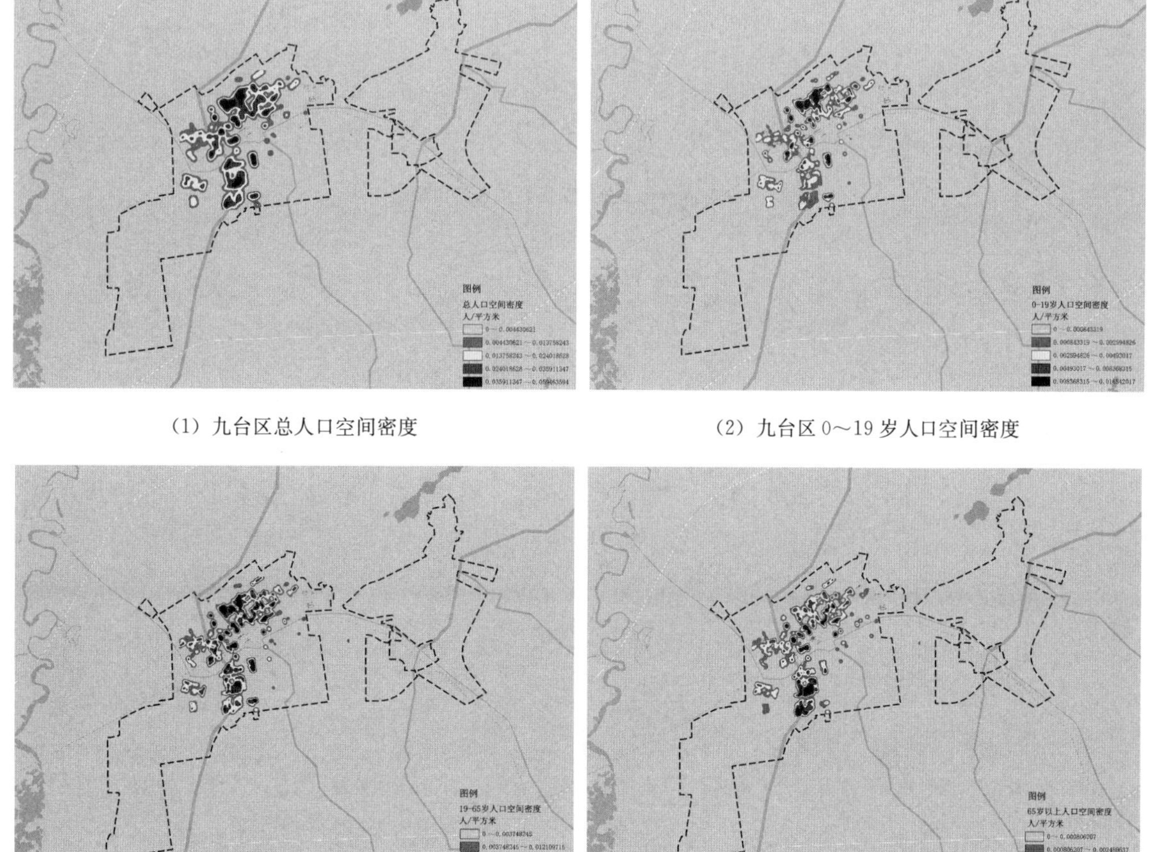

（1）九台区总人口空间密度　　（2）九台区 0～19 岁人口空间密度

（3）九台区 19～65 岁人口空间密度　　（4）九台区 65 岁人口空间密度

图 1　2020 年中心城区总人口及各年龄结构人口密度图

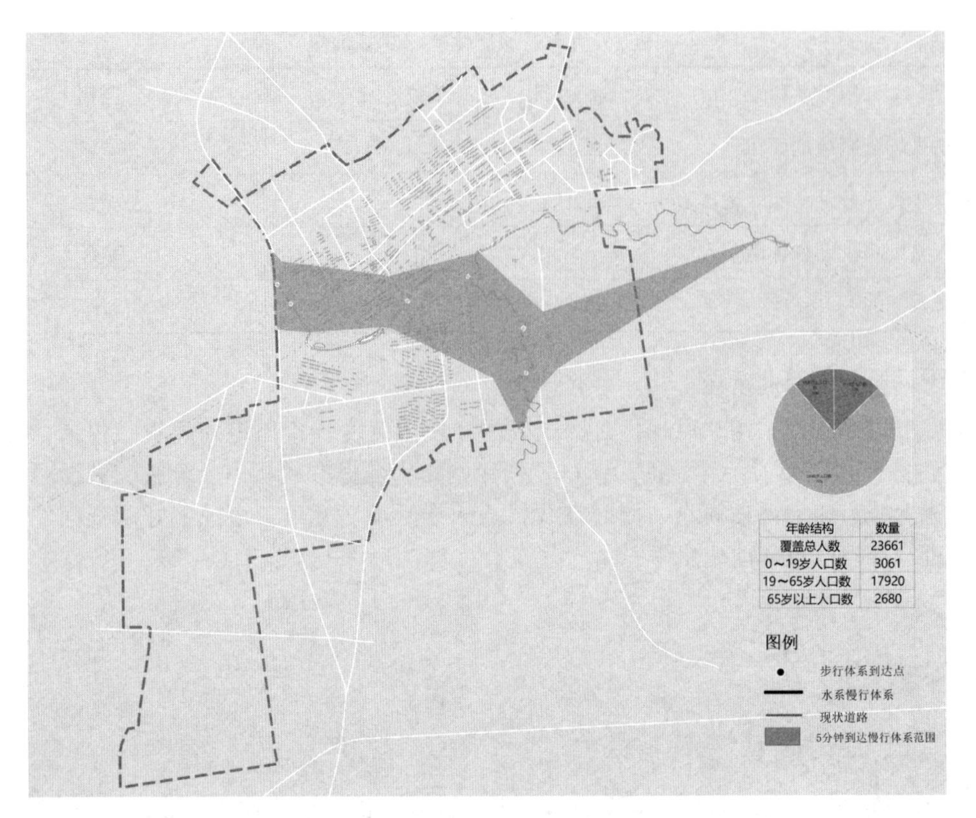

图 2　滨水空间步行 5 分钟范围覆盖人口数量级结构

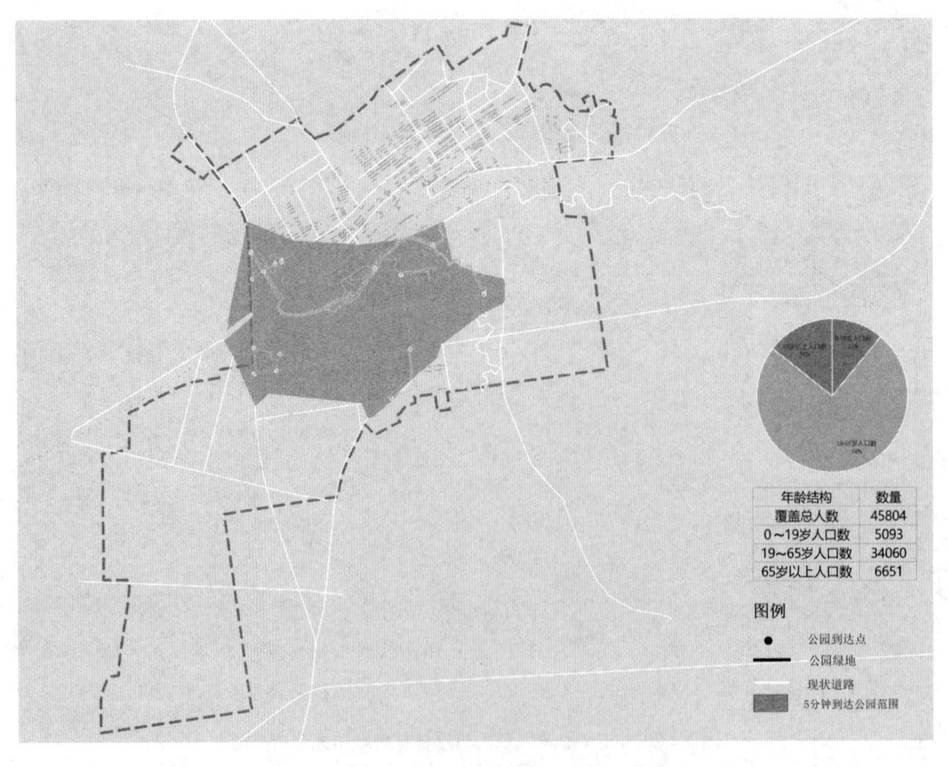

图 3　公园绿地 5 分钟覆盖老龄人口及人口结构

*1.您的年龄是

◯20岁以下

◯20～65岁

◯65岁以上

*2.您所生活的地方是否属于老城区?

◯是

◯不是

◯不清楚

*3.您对老城区改造的看法是

◯支持

◯反对

◯不感兴趣

*4.您对改善居住环境最在意哪些方面?【请选择1～4项】

☐增加停车位

☐增加小区绿地

☐增加小区周边监控设施

☐改善周边购物环境

☐修复道路铺面设施

☐修补水电气热等市政设施

图 4　九台城区体检调研问卷界面截图

（3）城市体检与城市更新项目相结合。

结合本次九台中心城区体检评价结果，针对城市突出生活空间、生态空间问题提出相应更新项目，并形成改造建设项目库。在生活空间层面，提出老城区存量空间改造更新项目，包含10余项提升工程；在生态空间层面，提出“一山一水”综合整治项目，重点推进小南河环境提升及矿产修复改造专项工作。

3.3　更新策略

（1）生活空间——存量空间更新。

提升环境品质。基于城市体检指标及居民生活偏好调查，针对老城区生活品质提升，充分利用存量空间，改造为相对集中、适用于老年和儿童活动的健身路径及景观小品；重新规划设计现状绿化用地，采用乔灌木、草坪合理配置，形成有层次的植物景观，提高居住区内的人文色彩，营造舒适和谐的居住环境。

完善基础设施。提高支路路网密度，增设支路雨水排水设施；结合地块规划新建停车位，修复破损人行步道，减少人车相互干扰，合理组织交通流线，打造安全和谐的居住环境。

(2) 生态空间——蓝绿空间重塑。

滨水空间重塑。在对现状水系环境整治的基础上，应用海绵城市的技术理念，通过“渗、滞、蓄、净、用、排”的技术手段，实现“自然积存、自然渗透、自然净化”三大功能；规划重点增加滨水空间的“可达性、使用率、吸引力”，基于“城、水、人、文、绿”五大要素，通过景观处理手法打造一条滨水慢行长廊，以自然、康体为目标，打造生态景观、健康休闲、文化景观、工业遗产等主题特色分区，最终实现“四水归城，蓝绿兴城”的发展理念（图5）。

图5　小南河生态景观规划效果图

矿山整治利用。以矿山土壤及植被修复为前提，打造以健康、运动为主题，融区域生态、休闲娱乐、旅游为一体的多功能生态公园，为老城区市民提供了亲近自然、运动休闲、沟通交流的绿色空间。将矿山重塑空间与城市文化打造相结合，设计提升城市品质、提高城市吸引力的绿地景观节点，全面改善老城区的景观面貌（图6）。

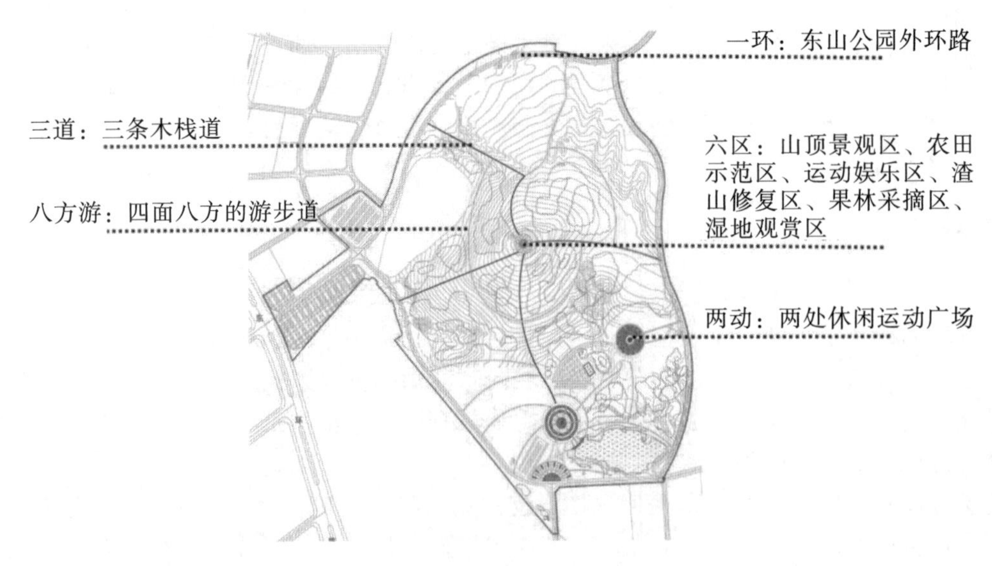

图6　矿山修复公园规划总平面图

4　结语

新时期的城市规划更加强调以人为本的发展理念。本文以城市体检工作为切入点，以“人口结构分析、搭建特色体检体系、利用多维度技术手段、体检与建设项目相结合”为工作思路，在借鉴国内外相关城市更新经验的基础上，重点分析长春市九台区老城区生活、生态空间的现状，以城市品质提升、持续发展、有机更新为目标，对老城区提出了相应的改造策略。生活空间从提升环境品质、完善公益设施、增补修复基础等方面进行相应规划；生态层面从打造滨水慢行景观廊道及矿山整治修复再利用等方面进行提升。

［作者简介］
丁　磊，副高级工程师，任职于长春市规划编制研究中心（长春市城乡规划设计研究院）二所。
王染超，工程师，任职于长春市规划编制研究中心（长春市城乡规划设计研究院）二所。

长三角一体化背景下老城区城市更新实践探索

——以嘉兴市嘉善县老城区为例

□张新燕，程德月

摘要：在建党一百周年和“十四五”开局之年的背景下，嘉善县正全力推进“双示范”建设。嘉善县老城区有机更新规划荣获“2021年第九届上海建筑协会佳作奖”。老城区作为嘉善县最重要的综合服务中心，正处在由传统城市更新走向品质城市示范标杆的关键阶段。本文通过研究嘉善老城区的更新历程，针对老城区的主要问题和特点，提出城市更新4.0阶段的更新模式。通过立足长三角生态绿色一体化发展示范区，构建全要素的更新架构；营造老城区特色空间，打造示范区文化标杆；建立高效、品质的公共服务设施供给体系，打造示范宜居标杆；塑造蓝绿交融的品质人居环境，打造示范区生态标杆；建立多元化的公众参与新机制，实现“空间正义”等四项更新策略，探索嘉善县老城区有机更新的规划实践，希望对中小城市的老城区有机更新有积极的示范意义。

关键词：长三角一体化；有机更新；老城区

1　研究背景

当前城市更新正从快速增长转向存量的提质增效和增量的结构调整并重时期，长三角地区一直是我国经济发展最活跃、开放程度最高、创新能力最强的区域之一，推进城市更新力度较大。2018年11月5日，长江三角洲区域一体化发展上升为国家战略。根据《长江三角洲区域一体化发展规划纲要》，示范区将建设成为生态优势转化新标杆、绿色创新发展新高地、一体化制度创新试验田、人与自然和谐宜居新典范。嘉善不仅是长三角生态绿色一体化发展示范区的重要组成部分，也是全国唯一的县域科学发展示范点，正处在由传统城市更新走向品质城市示范标杆的关键阶段。探索嘉善县老城区更新的规划实践，对中小城市的老城区有机更新有重要的示范意义。

2　嘉善县老城区的更新历程和体检指标

2.1　老城的更新发展历程

嘉善是吴越文化发祥地之一，其老城区文物古迹密集，具有独具深厚的人文底蕴；河网湖荡密布，具有独具特色的水乡格局。笔者将嘉善县老城区的更新发展分为四个阶段。

第一阶段为低层次小规模的1.0版本。改革开放以来，嘉善开始以经济建设为中心的社会主义现代化建设的步伐，以改造道路、桥梁、职工宿舍“拆旧建新”为主。

第二阶段为大拆大建的2.0版本。随着1992年《城市房屋拆迁管理条例》等国家相关拆迁政策的出台，以及嘉善县旧城改造委员会的成立，开始了以政府为主导，以老街区、市场、旧厂房仓库、城中村等为内容的大规模地块拆除重建模式，至2008年老城区拆除危旧房超过84万m^2。

第三阶段为稳步推进的3.0版本。2012年，嘉兴市人民政府出台了《关于开展城市有机更新的实施意见》等文件，嘉善县老城区建设开始从追求体量转向强调质量，“城市修补”“城市触媒”等理念开始应用于更新项目中，同时废弃工业改造、城市公共基础设施完善、环境的综合改造等逐步得到重视。

第四阶段是更为综合、复杂的4.0阶段。资源的高效配置、新技术、公众参与等已成为明显的特征，城市更新涵盖了政治、经济、文化、社会公平、可持续发展等多个领域，并将持续引导城市的未来发展。借助长三角一体化契机，在统筹意识的规划蓝图的引导下，嘉善的国土空间规划、老城区特色空间规划等顶层规划相继启动，产、城、人高度融合成为重塑城市活力的关键。在此背景下，借助城市更新以更高起点谋划老城区转型发展，是推动高质量发展、创造高品质生活的关键。

2.2　老城区体检相关指标建议

《国土空间规划城市体检评估规程》所确定的“6个一级类，23个二级类，122个基本/推荐指标”完整的指标体系，涵盖了总体层面的全要素，将成为政府实施城市更新行动的重要抓手。老城区相比一般地区，经历过复杂的历史、高密度集聚、紧密的社会关系、逐渐的衰落等，导致人民对美好生活追求与发展实际的不匹配、地区优质空间资源与发展现实的不匹配。相比一般老城区，长三角示范区的老城区承载着一座城市的历史和记忆，又集聚了城市重要的文化、商业、医疗和教育资源。嘉善位于长三角一体化的核心地带的区位优势，决定了其承接大城市产业、人口外溢的重要功能。

依据现行体检指标体系，嘉善县老城区所关注的指标侧重点如下。

2.2.1　安全性指标

（1）文化安全。

老城区一般都是城市中历史资源集中但惨遭破坏的区域，在以梅花坊为核心的老城区范围内，分布了40余处有案可查的文物古迹，但是现状有迹可循的历史文化资源仅有一半不到，包括省级文物保护单位（吴镇墓、魏塘叶宅）、县级文物保护单位（嘉善烈士陵园、嘉善城址、炮楼等）及近现代若干遗迹。部分古迹湮没，非物质文化遗产缺乏空间载体而面临着失传的危险。因此，在文化安全方面，需要重新梳理文化脉络，保护老城的历史空间格局和文化遗产。

（2）水安全和城市韧性。

近年来，极端天气频繁，水网密布的老城的河道整治还未全部到位，内涝风险高。需要以河湖水系重构为手段，利用海绵体改善老城区内涝积水点，统筹防洪除涝安全、供水安全、水生态安全，综合用水量、排水防涝、内涝防治等相关指标与长三角一体化示范区标准一致。

2.2.2　社会性指标

（1）人口结构。

老城区现状产业以批发、零售、餐饮等低端商业为主，逐渐丧失对年轻人的吸引力，趋向空心化。据统计，老城区现状常住人口7.05万人，其中老年人（60岁以上）比例平均在21%以上，在解放、西门、浒弄等老旧社区甚至高达35%及以上，老龄化较为严重（图1）。因此，更新改造成功的关键指标是改善人口结构，提高年轻人居住的比例。

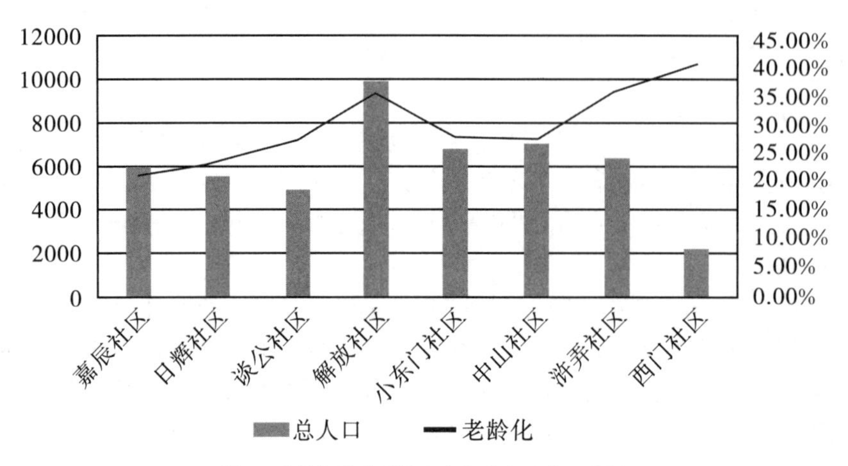

图1 魏塘街道典型社区老年人占总人口比例

（2）社会融入。

社会融入作为社会学、人类学一个重要的概念，能够确保社区居民公平地参加社会活动和生活。通过衡量老年人社会交往、社会活动参与度来提升其幸福感，促进积极老龄化和社会公平。

2.2.3 效率性指标

（1）土地集约。

现状土地利用集约度低和工业用地闲置也是亟须解决的问题，因此重点需要关注的是保障公共服务设施的高效使用及集约化布局，降低闲置土地处置率，控制城市更新拆除用地面积。

（2）可达性。

可达性较高的城市是更有竞争力、生产力、相对更成功的。通过提高公共设施的可达性可实现老城区实现宜业、宜居、宜乐和宜游。根据调研数据统计，老城区公服设施总体分布不均，“15分钟设施圈”建设受到制约（图2）。

2.2.4 品质性指标

（1）风貌管控。

老城区作为城市重要的风貌区域，对城区的建筑总量、建筑密度要做一定的控制，以保护和更新塘街相依的统街巷空间。统筹考虑历史保护建筑，要有一定的限高要求。提升土地集约度，开发地下空间。

（2）路网密度。

由于历史原因，机动车停车泊位配建标准较低。根据国内外经验，要适应车辆的正常出行周转，车位的合理供应水平一般需要达到1.2～1.4车位/车，而嘉善县中心城区人均车位为0.6左右，低于合理供应水平，导致交通拥堵、停车难的问题较为严重。借用“窄路密网”“完整街道”理念，打通断头路，可提高道路网密度。

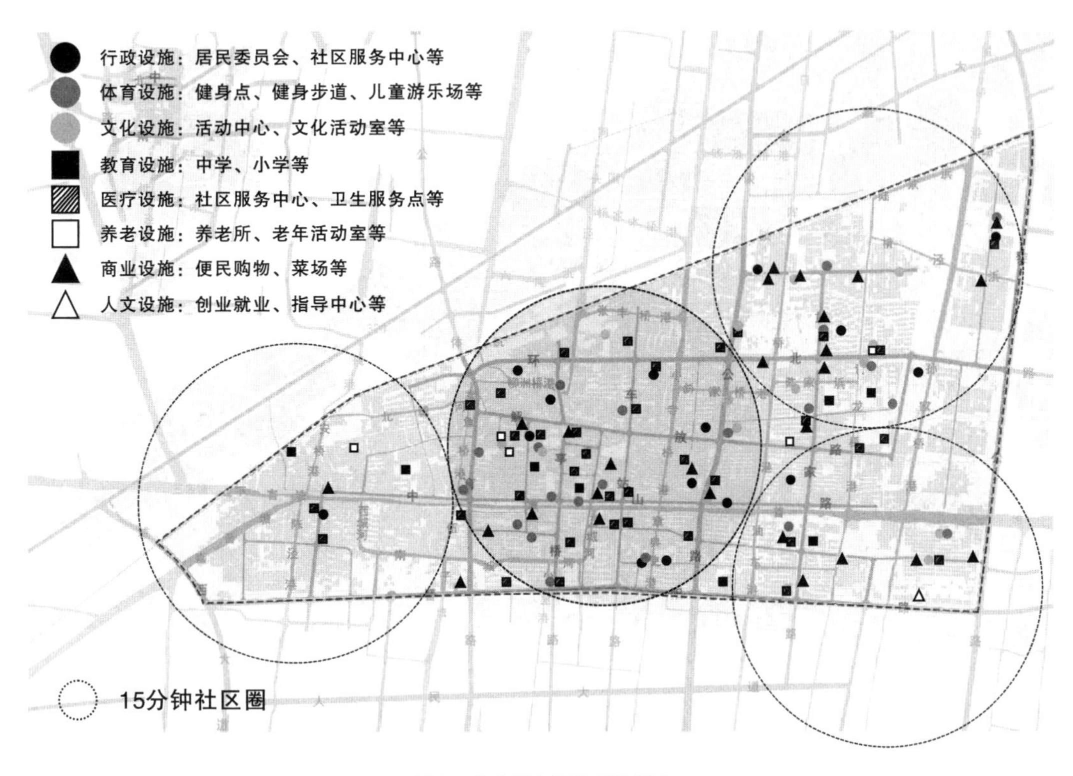

图 2 公共服务设施现状摸底

2.2.5 一体化指标

（1）设施标准。

老城区总体上公共设施规模不足、标准较低，缺少大型的社区文化体育活动中心。此外，存在长三角老城普遍问题：社区公共体育设施、健身和适老性设施、零售商业数量不足，且规模小、服务半径不足。通过应对嘉善县老城区宜居生活圈的特征，建立适应人口特征的配置标准，实现公共资源精准配置，可为长三角城市的老城更新提供一定的借鉴。

（2）智慧治理。

突破原有的行政边界壁垒，为社区治理提供数据化的技术支撑，实现街镇物联网的全覆盖；建立地区设施的动态评估机制，定期评估老城各种设施的使用情况，实现智慧治理。

3 构建嘉善县老城区高质量发展的更新模式

3.1 立足问题，构建全要素的更新架构顶层规划

在嘉善县城市更新的发展过程中，逐渐从拆除重建式走向综合更新的 4.0 模式，由物质更新转向多要素、多目标、渐进式更新，亟待建立更新全要素的顶层架构，统筹城市的发展。首先，通过 6 个维度 30 项评价因子的要素充分挖掘问题；其次，凭借示范区的契机，围绕“新时代全面展示中国特色社会主义制度优越性的重要窗口”总体目标定位，提出“魅力人文嘉善城，品质生活会客厅”的更新目标，并在此基础上提出功能更新、特色风貌、民生保障、分步实施 4 个更新战略、若干个行动计划来支撑，以确保更新架构的完整性（图 3、图 4）。

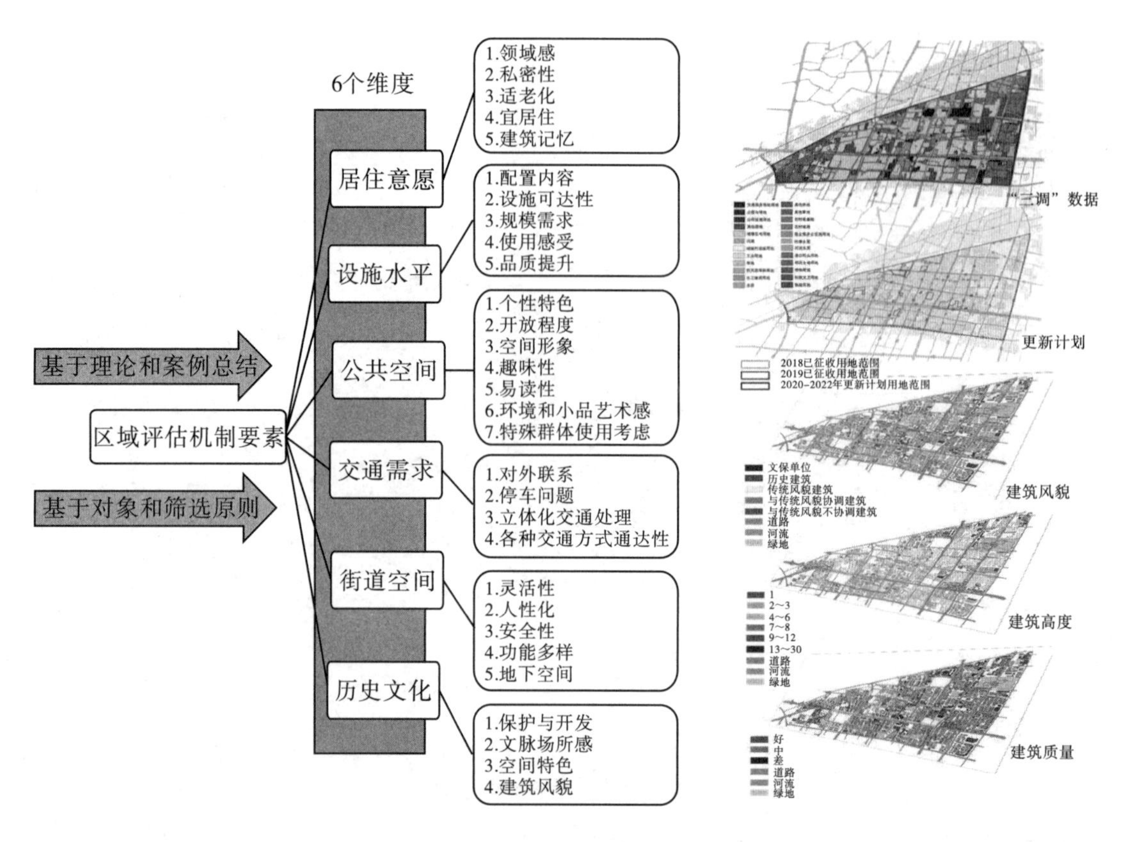

图3 6个维度30项评价因子评估要素

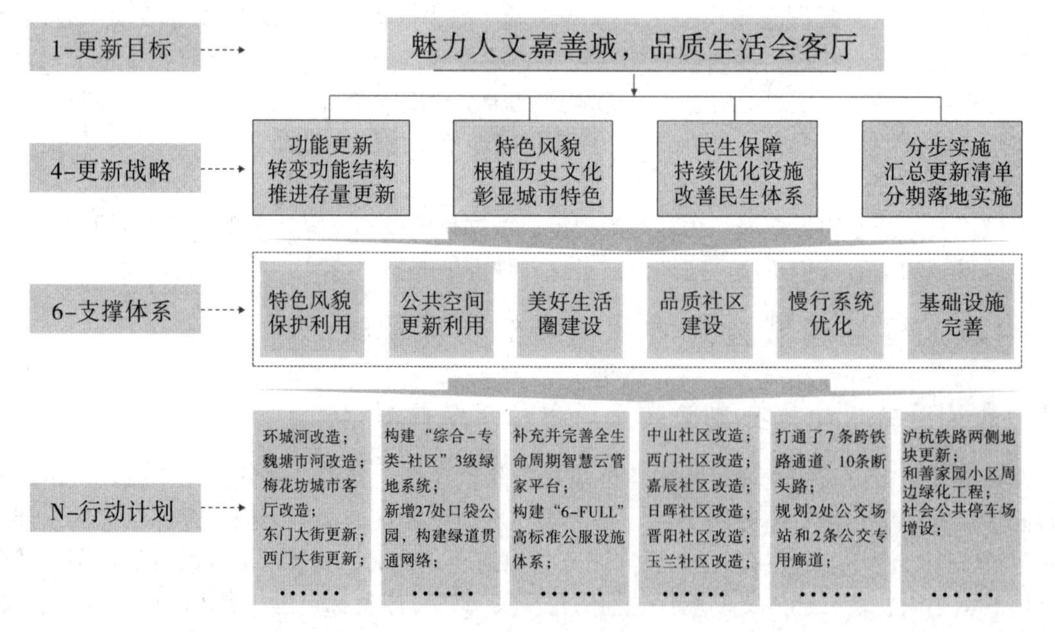

图4 更新架构顶层规划

3.2 营造老城区特色空间，打造示范区文化标杆

嘉善县老城区因水而生，在以华亭塘（魏塘市河）、伍子塘的十字水网骨架的体系下，形成东、西、南、北四个门的历史格局（现状仅残留西南城墙约 65 m）。在坊巷里弄的空间肌理下，吴镇墓作为省保单位，对特色空间营造有至关重要的作用。由于历史渊源，老城区的社区发展相对都较为成熟，在访谈过程中也发现居民的居住时间较长且有常住意愿的占比较高。因此，为促使老城区记忆与现代生活兼具，需依托历史遗存、历史水系保护、空间格局，综合运用多种手段，高效组合要素资源，并强化老城空间的整体性和风貌特色。

在规划层面，政府对老城区特色空间营造也极为重视，为保护梅花坊、东门、西门等历史肌理和传统街巷格局，先后编制了老城区历史保护的相关规划。此外，政府通过组织伍子塘绿道方案设计等国际方案征集的形式，吸引一大批优秀的专家学者前来出谋划策。在建设层面，形成了老城区的以文化保护为主的四大重点更新项目，包括吴镇（梅花坊项目）、东门历史街区、西门历史街区、嘉善枢纽站（图 5）。

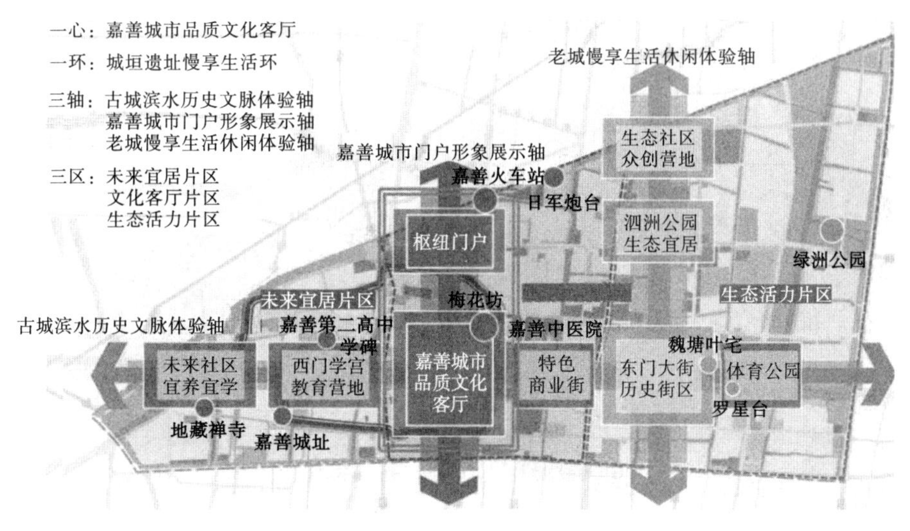

图 5 总体更新结构

3.3 建立多路径公共服务设施供给体系，打造示范宜居标杆

新时代高质量发展是关注民生的发展，公共服务设施需要从“用地规划”向“以人为本”的规划转变，从追求规模和总量转向高效率和高品质。在对老城区居民的调研中发现，老年人的使用频率最高的设施为菜市场（几乎每天一次），最迫切希望解决医疗卫生设施、便民服务设施、健身休闲设施数量不足、设施陈旧和品质不高的问题。而年轻人对文化设施的需求度较高。为满足居民差异化的需求，以社区、片区为更新的基础单元，按照“社区级—区级—小区级”三级进行配置，以“10 分钟美好生活圈”为更新路径，构建起行政管理圈、医疗卫生圈、文化教育圈、体育健身圈、生活便利圈、养老服务圈等 6 个 10 分钟便民服务圈，并形成一套高标准的公服设施体系，以彰显老城区的“城市温度”（图 6、表 1）。

（1）行政服务设施规划

（2）医疗卫生设施规划

（3）文化教育设施规划

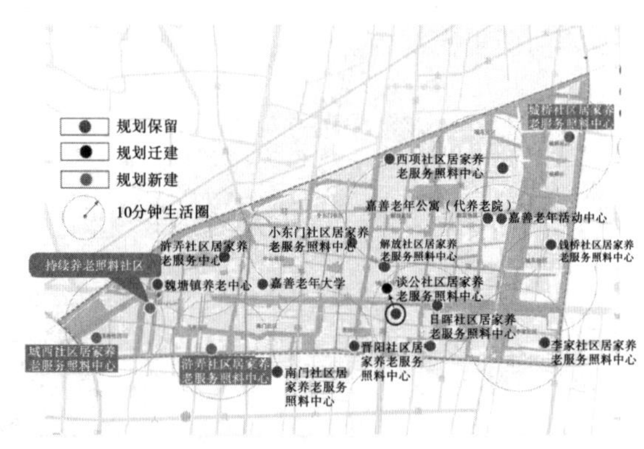

（4）养老服务设施规划

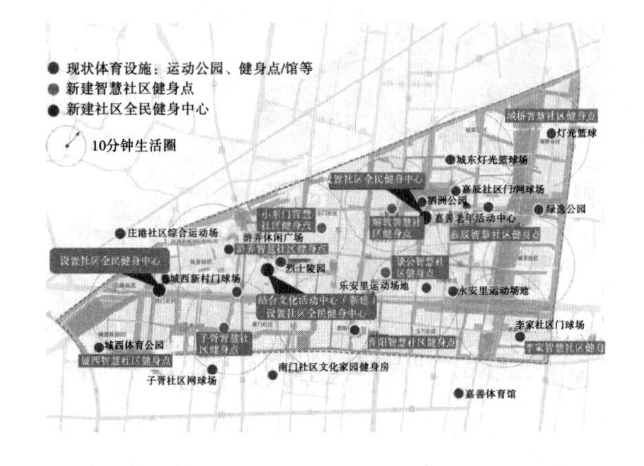

（5）体育服务设施规划

（6）商业服务设施规划

图6　六类公共服务设施规划

表 1　六大优质配套指标体系

设施类型		设施项目	服务内容	可达性指标		规模性指标		设置方式
				服务半径（m）	服务人口	一般规模（m^2/处）	千人指标（m^2/千人）	
行政管理	基础类	街道办事处	行政管理	—	各街道设一处	1400～2000	14～20	综合设置
	基础类	网格化管理中心	管理、协调	—	各街道设一处	—	—	综合设置
	基础类	社区事务受理服务中心	行政和社区事务服务	—	各街道设一处	1000	10	综合设置
	基础类	居民委员会	管理、协调	—	各社区设一处	200	50	综合设置
医疗卫生	完善类	社区卫生服务中心	医疗、预防、保健、康复、心理咨询等	1000	3 万～10 万人	13250	—	独立占地
	完善类	社区卫生分服务中心	医疗、预防、保健、康复、心理咨询等	—	1 万～3 万人	6650	—	综合设置
	完善类	卫生服务站	医疗、预防、康复等	—	0.8 万～1 万人	500	—	综合设置
文化教育	提升类	社区文化活动中心、青少年社区活动中心	多功能厅、图书馆、信息苑、社区教育等	1000	—	4500	90	综合设置
	提升类	社区学校	老年大学、成年兴趣培训、职业培训、儿童教育	1000	—	—	—	综合设置
	完善类	小学	基础教育	500	—	—	65	综合设置
文化教育	完善类	幼儿园	基础教育	300	—	2200	39	综合设置
	完善类	初中	基础教育	1000	—	—	33	综合设置
	完善类	文化活动站	棋牌室、阅览室等	1.5 万人一处	100	—	—	综合设置
	完善类	养育托管点	婴幼儿托管、3 岁以下儿童托管	500	1.5 万人一处	200	—	四班以上独立设置
体育健身	提升类	社区全民健身中心（含社区多功能运动场）	乒乓球、棋牌、台球、跳操、健身房、足球场、篮球场、网球场、羽毛球场	1000	各街道设一处	2000（室外体育场地 500～1000）	—	综合设置
	提升类	百姓健身房	健身、操舞等	1000	—	150	—	综合设置
	完善类	健身点	室内外健身场所	500	0.5 万人设一处	300	—	综合设置
养老福利	完善类	老年活动中心	文体娱乐	—	每个街道设一处	2500	—	综合设置
	提升类	智慧养老信息服务平台	紧急救援、信息咨询、供需对接、通话服务等	—	每个街道设一处	—	—	综合设置
	完善类	街道居家养老服务照料中心	兼具日间照料与全托服务功能	1000	—	500	—	综合设置
	完善类	居家养老服务照料中心（3A）	老人照顾、保健康复、膳食供应	500	—	350	—	综合设置

续表

设施类型		设施项目	服务内容	可达性指标		规模性指标		设置方式
				服务半径（m）	服务人口	一般规模（m²/处）	千人指标（m²/千人）	
养老福利	完善类	老年活动室	交流、文娱活动等	300	0.5 万人	200	60	综合设置
商业设施	提升类	室内菜场	副食品、蔬菜、早餐工程、便民服务等	500	1.5 万人一处	1500	120	综合设置
	完善类	便民服务点	家政服务、家电维修、社区服务咨询等	—	0.5 万人设一处	100	—	综合设置
	完善类	社区食堂	膳食供应	500	1.5 万人一处	200	—	综合设置

①均等化。作为公共福利的安排，公平公正、全民共享是首要原则。基于公共服务设施体系，不仅要考虑设施服务半径的均等化，还要考虑不同区位、可达性、年龄结构等多方面。本文针对不同层面的公共服务设施用地落位和布点，重点关注老龄化程度较高、设施缺乏的社区，以及农村社区，梳理出 25 处需要更新、新建的独立占地的公共服务设施用地，形成了“一张图”，实现公共设施的均等和公平（图 7）。

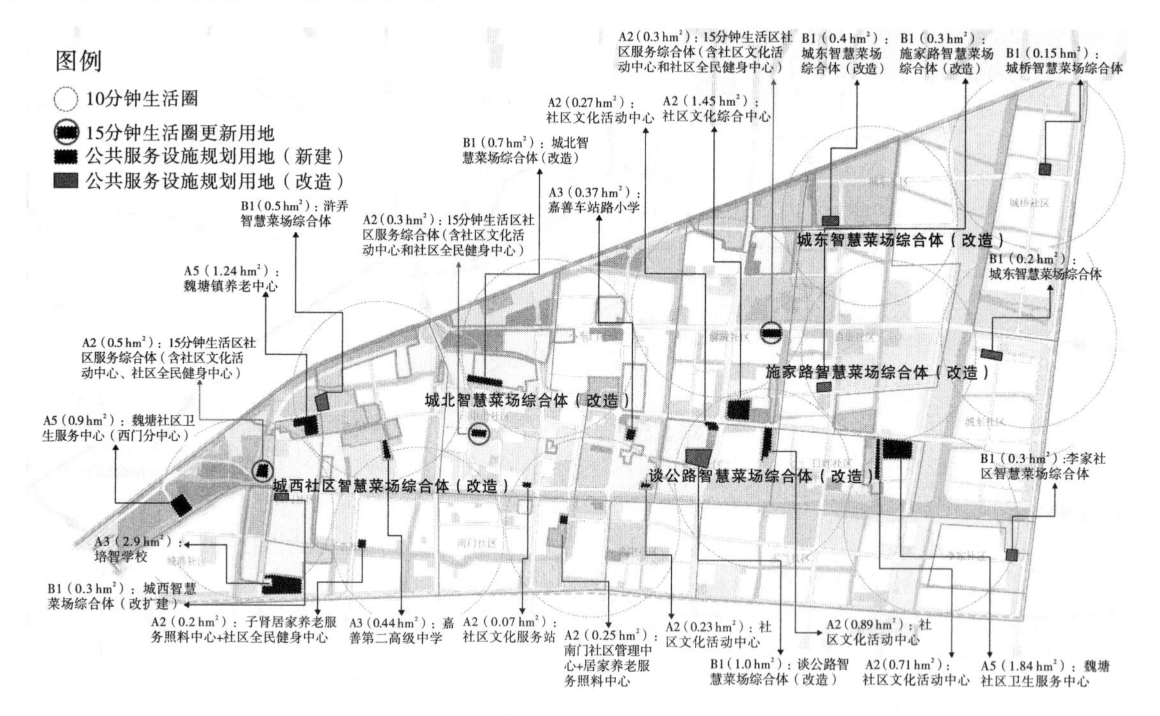

图 7　公共服务设施更新“一张图”

②集约化。在土地资源从增量转向存量的趋势下，公共服务设施供需矛盾日益突出，设施集约发展是必然趋势。在老城建设空间有限、土地资源稀缺的背景下，针对文化、体育设施缺乏的问题，笔者提出在老城增设 3 处独立设置的综合性社区文化中心，与周边资源形成集聚效应，融入社区学校、健身、社区食堂、便民服务库等综合功能。

③多样化。设施的集约化必将带来功能的综合和多样。在满足社区基本需求的基础上，还需满足居民日益增长的品质型的生活需求。例如，行政管理圈重点提升社区居委设施的品质和

规模，鼓励各居委会社区“一站式”办事大厅兼具文体、老年人活动室、健身房、图书馆等多种功能；生活便利圈重点对老旧菜场进行升级改造，并可同步结合地下车库改造，缓解老城区停车难的问题；养老服务圈不仅对现状养老服务中心/老年公寓进行功能完善，重点提供日间照料、长者照护、卫生保健、文化娱乐等养老服务圈，同时鼓励“小规模、多机能”的弹性照顾模式，采用嵌入式养老服务。

3.4　塑造蓝绿交融的品质人居环境，打造示范区生态标杆

城市公共空间是展现城市品质、培育城市活力、集聚市民活动的主要场所，公共空间有机更新聚焦于显示空间活力，多维度地提升城市生活品质。作为长三角生态绿色一体化发展示范的先行样板，老城更需要挖掘城水交融的特色，从空间营造向场景营造转变。以提升老城区品质、展示城市风貌特色和文化内涵为目标，老城区重点针对滨河绿化带断裂（被民居、工厂等占据）、现状闲置用地未合理利用等问题进行更新，构建“综合一专类一社区”三级公园绿地体系。同时，挖潜存量空间，利用现状居住、商业商务区入口、广场、街道沿线因建筑退界形成的消极空间等，通过见缝插绿、原有绿地提升改造等方法，进行精细化和多元化设计，以打造“推窗见绿、出门进园”的特色“口袋公园”，有力改善城市居住活动环境和城市景观质量，确保“口袋公园”5 分钟可达率 100%，10 分钟可达率 98%。

此外，为提升老城人居环境品质，将人本理念落到实处，亟待发展慢行系统，打通嘉善县老城区的“毛细血管”，优化慢行生活。而慢行系统作为城市居家活动空间和生产活动空间之外的“第三空间”，承载了包括生产、生活和感知等多样化的功能，包括断头路、滨水空间、绿道等丰富的内容，形成与城市功能有机融合、协调发展的公共空间（图 8）

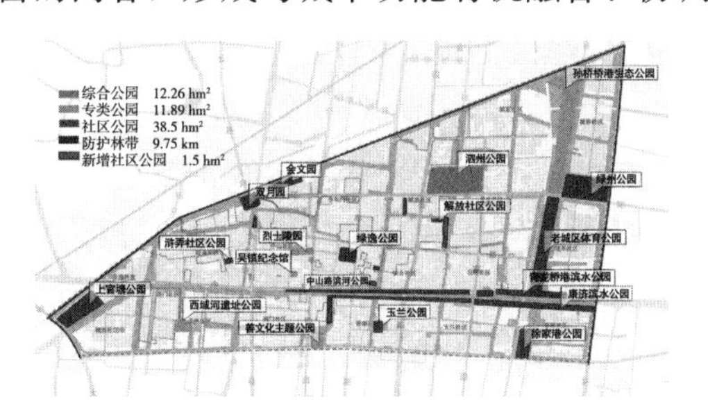

（1）“综合一专类一社区”绿地系统

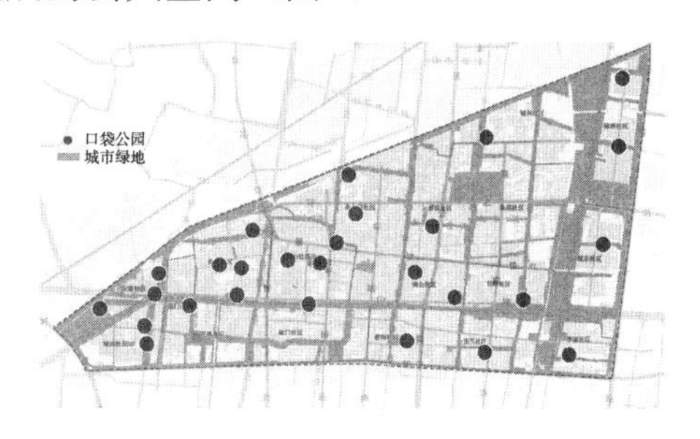

（2）口袋公园

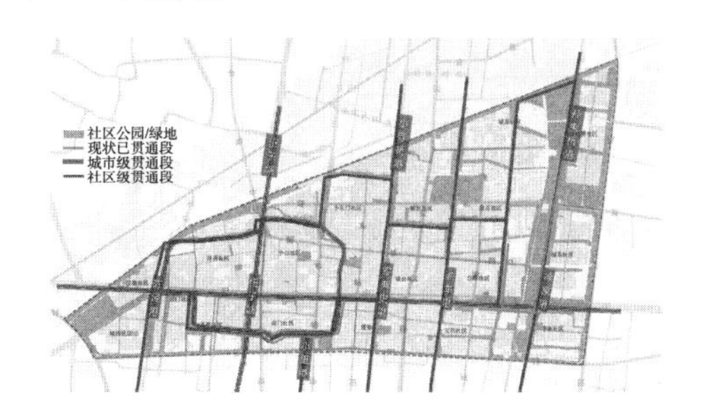

（3）“2＋1＋若干”绿道贯通网络

图 8　高品质的公共空间

3.5　建立多元化的公众参与新机制，实现“空间正义”

老城更新所面临的利益相关者更为复杂，包括社区居民、租户、商家业主等，同时面临土

地征收、拆迁安置补偿、物业管理等多方问题，矛盾也较为突出。如单纯地依靠规划方案公示的方式，得不到更新对象的支持，难推进更新工作。应用阿玛蒂亚·森提出的“能力方法”（Capability Approach）理论，通过提供给居民自由发展的机会和条件，达到可行能力的平等，促进居民激发自身潜力积极地参与社会活动。通过“自上而下”的部门、街道意见征询、讲座开展和“自下而上”的问卷调查、访谈等方式，以及社区规划师的引入，广泛征询利益相关人意见，促使公众参与到公共决策中，对于保障居民能公平正义地参与空间生产和分配的机会、自我实现有积极的作用。

为详细摸排老城区实况和管理者意愿，优化规划组织方式，搭建由嘉善县建设局的牵头，自然资源和规划局、社区办、文化和广电旅游局等相关政府部门协作，社会组织、规划设计机构等多方参与的协作式规划平台。通过协作工作机制，先后开展了5场与街道办事处、社区管委会及相关部门的意见征求会。为切实调研社区居民的“难言之隐”，规划师团队进行数次的随机访谈。同时，在社区管理者的协助下，总计向社区发放400份调查问卷，回收392份，有效率92%。从调研结果来看，管理者更关注的是公共空间、养老与教育设施的需求以及停车难的问题，而社区居民更关注自身小区的卫生条件、活动场地、邻里关系。通过居民的积极参与，在规划中聚焦核心矛盾“反复改造老旧小区却感受不到成效，没有提升幸福感”，打破原有满铺式改造老旧小区的做法，根据居民需求选取重点片区形成整体更新的模式。通过编制近期行动计划，有序地推进项目的实施。同时需要监测年度项目完成情况，定期对核心指标达标率进行评估。

4 结语

在存量发展的背景下，城市更新已成为社会关注的热门话题，并被正式写入了全国“十四五”规划中。而老城区由于跨越了时间和空间，牵涉集合经济、历史、文化、民生等多元复杂的系统，以及不同的利益相关者，在保护和更新过程中面临的问题更为复杂。本文通过研究长三角一体化背景下的老城区城市更新，试图构建一种解决复杂问题的全新架构，从以往的仅满足基本标准更新要求，转变为探讨老城高质量发展的全新思路，在长三角打造多种标杆，建立多元化公众参与的全新机制，维护公共利益，促进老城整体功能优化，追求各方利益平衡。

在时代背景下，信息技术正成为未来城市发展的动力，助力城市更新行动。为推进一体化，嘉善已启动了“数字嘉善”的建设工作，正有序推进、推广工程建设项目全生命周期智慧云管家平台。通过推动城市智慧运行平台的建立，纳入交通、教育、医疗等老城治理和民生服务的智慧应用，完善智慧城市顶层设计体系的更新架构，提升教育、医疗、文化等优质公共资源共建共享水平，共同探索居民服务“一卡通”，打造智慧城市的更新样本，是实现城市智治、数字转型、智能升级的有效途径，也是城市更新的必然趋势。

［参考文献］

［1］BRUNI L，STANCA L. Watching alone：relational goods，television and happiness［J］. Journal of Economic Behavior & Organization，2008，65（3-4）：506-528.

［2］CLARK D A. Adaptation，poverty and well-being：some issues and observations with special reference to the capability approach and development studies［J］. Journal of Human Development and Capabilities，2009，10（1）：21-42.

［3］COLLINS H. Discrimination，equality and social inclusion［J］. Modern law Review，2003，66

（1）：16-43.
［4］陈桂龙. 戴德梁行发布《城市更新 4.0——迈向卓越的全球城市》白皮书［J］. 中国建设信息化，2017（13）：5.
［5］龚钊，赵丹. 北京新版城市总体规划实施背景下老城城市更新公众参与研究［J］. 北京规划建设，2019（S2）：101-106.
［6］ZHOU G Y，TAN M L，ZHANG X Y. A research on the intra－regional accessibility and economic development in the Cardiff City Region［J］. China City Planning Review，2014，23（4）：16-25.
［7］嘉善县住房和城乡建设局. 嘉善县绿地系统专项规划（2020—2035）［R/OL］.（2021-03-31）［2022-03-14］. http：//www. jiashan. gov. cn/art/2021/3/31/art _ 1229373860 _ 4572362. html? ivk _ sa＝1024320u.
［8］嘉善县住房和城乡建设局. 嘉善县老城区有机更新专项规划［R/OL］.（2021-03）［2022-03-14］. http：//www. doc88. com/p-89159581239086. html.
［9］《嘉善县建设志》编纂委员会. 嘉善县建设志［M］. 北京：中华书局，2016.
［10］嘉善县地方志编纂委员会. 嘉善县志（1989—2008）［M］. 北京：中华书局，2015.
［11］嘉善县住房和城乡建设局. 嘉善县城镇老旧小区改造“十四五”规划［R/OL］.（2021-04-27）［2022-03-14］. http：//www. jiashan. gov. cn/art/2021/4/27/art _ 1229373860 _ 4626491. html.
［12］江苏省住房和城乡建设厅. 城镇化：城市迈向更新时代［M］. 北京：中国建筑工业出版社，2018.
［13］上海市规划和国土资源管理局. 上海市控制性详细规划技术准则（2016 年修订版）［S］. 上海：上海市规划和国土资源管理局，2016.
［14］VICKERMAN R. Location，accessibility and regional development：the appraisal of trans－European Networks［J］. Transport Policy，1995，2（4）：225-234.
［15］吴燕，邵一希，张群. 迈向城市品质时代：新时代国土空间治理语境下的上海城市有机更新［J］. 城乡规划，2020（5）：73-81.
［16］汪小琦，李星，乔俊杰，等. 公园城市理念下的成都特色慢行系统构建研究［J］. 规划师，2020，36（19）：91-98.
［17］王炼军，张宇，钟婷，等. 回归民生的城市有机更新实践与模式探索：以成都市青羊区为例［J］. 上海城市规划，2019（4）：117-123.
［18］王蒙徽. 实施城市更新行动［J］. 城市开发，2021（17）：1.
［19］中华人民共和国自然资源部. 国土空间规划城市体检评估规程（报批稿）［S］. 北京：中华人民共和国自然资源部，2021.
［20］湛东升，张文忠，谌丽，等. 城市公共服务设施配置研究进展及趋向［J］. 地理科学进展，2019，38（4）：506-519.

［作者简介］

张新燕，高级工程师，上海市城市建设设计研究总院（集团）有限公司、上海城市基础设施更新工程技术研究中心规划交通院规划二所所长。

程德月，工程师，上海市城市建设设计研究总院（集团）有限公司、上海城市基础设施更新工程技术研究中心规划交通院规划二所工程师。

产业转型导向下的工业园区存量空间更新方案制定思路初探

——以杭州市X工业园区为例

□杨寅超，邱钟园，林　璇，王思源，丁　浪

摘要： 作为城市功能重要组成部分的工业园区，正从规模扩张式发展向内涵提升式发展转变。本文以杭州市X工业园区为例，着重从产业转型的角度提出了“双向分析筑底，三级方案推演”的工业园区存量空间更新方案制定思路。借助“产业转型的宏观预判”与“企业绩效的微观评价”两项基础分析，整合推演得到“产业空间格局的重组方案”“核心产业触媒的植入方案”“个别低效企业的选取方案”三级更新方案，从而为工业园区存量空间的更新工作提供有益参考。

关键词： 产业转型；工业园区；存量空间更新方案；制定思路

1　引言

我国城镇化正在经历从高速增长向中高速增长的重要转变阶段，以内涵提升为核心的存量规划已成为国内城市规划的新常态。中共十九届五中全会和国家“十四五”规划提出以城市更新行动倒逼城市发展方式由粗放型向集约型转变，通过可持续的开发建设模式来激活城市发展的内在动力。工业用地更新作为资源约束背景下城市存量更新的重要内容也日益受到关注，各地市陆续通过提升用地效率、加快产业转型及培育复合功能等方式推进城市生产空间的更新进程，在这一过程中，衍生了一批以产业转型为目标的工业园区低效企业选取与更新方案，同时构建了一套低效工业用地挖掘与盘活的基本思路。为进一步完善类似更新方案的编制路径，本文以杭州市X工业园区为例，着重从产业转型的角度探讨工业园区存量空间更新方案的制定思路，以期指导工业园区存量空间的规划建设。

2　相关研究综述

国内已有部分规划从业者与规划学者围绕工业园区存量更新方案的制定，或工业园区存量更新对象的选取展开了研究。汤淑星运用动态评估体系，分别从土地利用情况、产业发展情况、主观意愿期望三个方面对昆山市高新区进行了评估，形成了由“用地管控”“用地置换”“用地优化”所构成的更新方案。廖胤希从经济效益、社会效益和建设效益三大层面出发，基于企业绩效表现进行更新可行性评价，并结合园区发展诉求进行必要性修正，在数据支撑下评价用地的综合绩效，挖掘潜力更新用地。王梦迪针对苏州工业园区建立了低效工业用地识别标准，将

低效工业用地总结为已批未建类、产业更新类、低效利用类三种类型，在此基础上提出了低效工业用地再开发的多种模式。王剑以江苏省昆山市高新区为例，构建了工业用地潜力评价体系，并以基本控制单元的方式采用综合整治、功能调整、拆除重建三种方式进行更新引导。

总体而言，现阶段工业园区存量更新方案大多数表现为对园区企业开展综合评价后的企业分类式调整，在更新方案的编制过程中较少体现出产业引领性思维，更新方案的推演与更新对象的选取过于依赖企业综合评价的结果，未能充分结合、响应园区的产业转型需求。鉴于此，笔者结合所参与的杭州市X工业园区存量更新规划项目实践，尝试探索产业转型导向下的工业园区存量空间更新方案编制思路，以期拓展国内工业园区存量更新规划的相关经验，为同类型的规划项目提供有益借鉴。

3　杭州市X工业园区存量更新的典型特征

X工业园区位于杭州市东部，是某经济技术开发区的重要组成部分。X工业园区总面积约8.7 km^2，现状工业用地约5.7 km^2。

3.1　功能非置换：聚焦产业内部优化而非功能全面置换

伴随着生产型社会向消费型社会的逐步转型，发达国家工业园区及国内部分一线城市工业园区的更新往往是将园区整体置换为集居住、商务办公、文化等功能于一体的城市生活性区域，不再延续原先的生产与制造职能，又或是全面转型为产、学、研、服一体化发展的科创型产业园区。而从上位规划的定位来看，X工业园区未来较长的一段时间内仍被赋予工业制造的传统使命，因此此次存量更新规划将会是产业内部的结构转型，即在保证第二产业占主导的前提下实现园区从低附加值赛道向高附加值赛道的转换，但不排除高新技术产业、生产性服务业与生活性服务业的局部植入。

3.2　目的非修补：产业转型牵引更新而非局部空间修补

工业园区产业的优化调整，必将带动园区产业空间布局的调整优化，是工业园区经济增长方式的根本性变革和提升的动力。类似于国内许多传统工业园区，X工业园区已经进入了发展周期的阶段性拐点，暴露出了企业经营效益不佳、园区土地粗放利用、科研创新能力不足等一系列问题。如何通过产业端的转型升级有效提高园区单位土地产出效率是X工业园区当下最为核心的诉求，相比之下，单纯从园区局部物质空间环境（工业建筑、路网结构、公共空间等）出发的更新需求在本次规划中处于较为次要的地位，可以理解为是依附于产业转型升级诉求之下的次要诉求。

3.3　成果非蓝图：制定有限行动方案而非终极蓝图管控

相较于X工业园区之前编制完成的单元控制性详细规划，本次存量更新规划是一项园区产业体系重塑下低效工业用地的盘活更新行动计划，侧重于对存量更新对象的选取展开系统思考，这一思考过程蕴含着“规划对象的权属思维”与“规划成果的有限思维”两个特征。首先，“规划对象的权属思维”指规划以单个企业的权属土地作为基本分析与规划单元，弱化控制性详细规划所明确的地块划分方式，确保后期更新实施工作具有针对性与实操性。其次，“规划成果的有限思维”指规划前后期均不涉及控制性详细规划所明确的工业地块用地性质与控制指标的调整，从而避免重复陷入各类用地的排列组合之中。

4 杭州市X工业园区存量空间更新方案制定实践

4.1 存量更新方案的制定思路

本次规划提出了“双向分析筑底，三级方案推演”的工业园区存量更新方案编制框架（图1）。“双向分析筑底”是工业园区存量空间更新方案制定的基础分析环节，包含了宏观的产业预判与微观的企业评价两项内容。产业预判环节是从区域统筹的角度重点思考X工业园区的产业转型方向与产业体系构成；企业评价则是在建立存量工业企业基本信息数据库的基础上对各家企业开展多因子绩效评价，最终获得各家企业的单项评价与综合评价结果。“三级方案推演”是X工业园区存量更新方案的推演输出过程，通过前文所述的宏观产业预判结果与微观企业分析结果的有机整合，依次导出三级存量更新方案：第一级为产业空间格局的重组方案；第二级为核心产业触媒的植入方案；第三级为个别低效企业的选取方案。这三级更新方案将有助于业主把握园区未来发展方向，同时科学判断更新对象及更新方式。

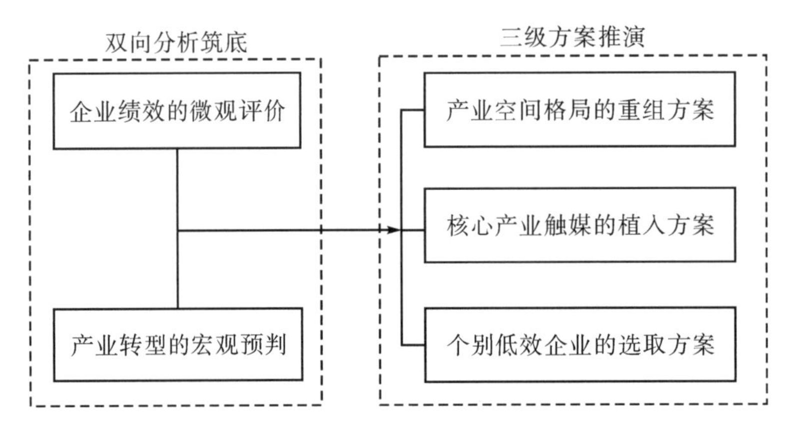

图1 X工业园区存量更新方案制定思路示意图

4.2 企业绩效的微观评价

4.2.1 国家战略指引下的评价体系建构

规划首先厘清X工业园区内各项社会经济数据，再以集约高效、创新发展和绿色环保为三大评价导向，对园区所有生产企业开展全面评估。综合考虑国家政策导向、大中城市工业用地评价体系以及相关研究案例，最终选取3大类10中类26小类评价指标，构建多因子综合叠加的X工业园区企业综合绩效评估体系。具体评估流程为获取评价指标所需的各项经济数据，通过指标序化处理，以均等权重进行多指标合成，最终获得低效工业企业的分布情况（图2）。

以集约高效为导向的评价指标选取重点参考了上海、广州、深圳等大城市的相关经验，充分认识到土地资源紧缺与工业用地低效的双重矛盾制约，主要选取亩均工业增加值、亩均税收、主营业务收入、劳动生产率、容积率、建筑密度等作为评价指标，科学衡量现状工业企业土地利用效率与单位经济产出。

选取以创新发展为导向的评估指标是对“中国制造2025”“国家科技创新规划”等国家重大产业发展战略的响应，规划通过研究与试验发展经费投入、创新发展平台数量等评价指标体现X工业园区各类企业的科研创新潜力，为打造先进制造业集群和浙江智造品牌夯实基础。

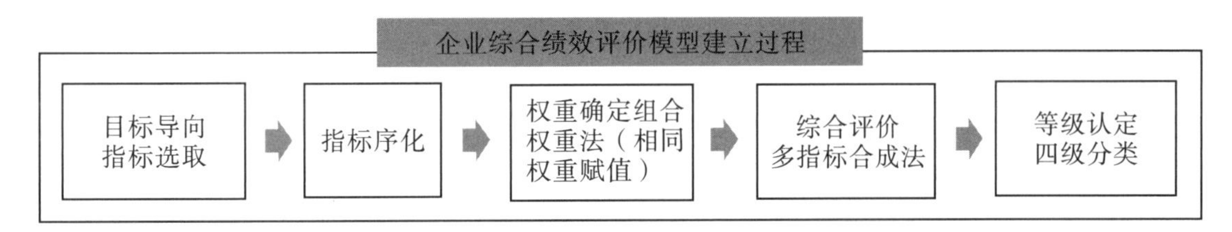

图 2　企业综合绩效评价模型建立过程示意图

国家“十四五”规划纲要明确了低碳转型的总体趋势，规划因此选取了以单位废水工业增加值、单位能耗工业增加值、单位 COD（化学需氧量）工业增加值为代表的绿色环保导向评价指标，识别区内高污染与高能耗企业，落实能耗双控目标，实现 X 工业园区的可持续发展。

4.2.2　综合绩效评估下的低效企业挖掘

规划依据各个企业最终的综合绩效得分进行分级，得到低效工业企业的分布情况。经过梳理与统计，除去正在建设、数据缺失的企业，纳入本次综合绩效评估的工业企业地块共计 159 宗。从评估结果来看，在集约高效方面，园区存在土地利用权属混杂，企业用地碎片化，权属用地企业对外出租，承租小微企业二次出租形成多级承租链等多项问题。在创新发展方面，多数企业对科研创新的投入不足，各类科创平台主要聚焦机器人制造、生物医药等新兴领域，具备引领转型的发展潜力。在绿色环保方面，区内企业在废水排放、综合能耗、能耗产出等方面差距悬殊。最后规划按照企业绩效评估结果进行分级，得到区内划入 A、B 类的工业企业占比超半数。具体来看，A 类工业企业占 36.5%，B 类工业企业占 19.5%，C 类工业企业占 2.7%；D 类工业企业占 28.3%，其余为各种原因造成数据暂缺的企业（图 3）。

图 3　企业综合绩效评价结果示意图

4.3　产业转型的宏观预判

4.3.1　递进格局下的区域产业发展导向梳理

工业园区产业转型方向需与其所在城市或地区的功能定位和主要职能相协调，规划因此从不同尺度的空间范畴逐层切入，系统考察 X 工业园区的产业功能转型要求（图 4）。首先，从整个杭州来看，杭州依托数字经济与制造业“双引擎”，逐步形成了圈层式的产业发展格局。X 工业园区位于第一圈层与第二圈层之间，在培育现代服务业和智能制造业方面具备一定的区位优势。其次，从X工业园区所在的区级层面来看，X工业园区所处的经济走廊以智能制造产业为主要方向，并将在未来集聚一批先进制造产业集群。最后，作为某大型经济开发区的重要组成部分，X工业园区一方面应积极寻求错位发展，继续做强在区域独占鳌头的传统装备制造业，另一方面应取长补短，适度承接北部科技城、南部中心区有关生物医药、信息技术等的产业溢出，不断强化X工业园区的产业综合实力和风险抵御能力。

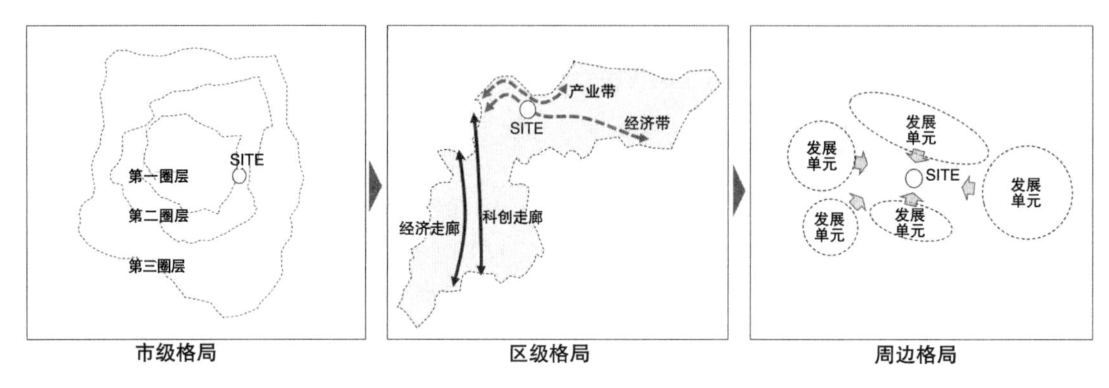

图4　递进格局下的区域产业发展导向示意图

4.3.2　分级评定下的产业门类优劣比较

产业体系的建构要立足于工业园区既有的产业基础，规划因此重点比较了X工业园区近几年来各条主要产业赛道的效益情况，从而科学实现X工业园区产业门类的优胜劣汰。从现状来看，X工业园区主要包括化纤纺织、印染化工、装备制造及金属加工四个主要产业门类。通过前文所述的企业综合评价与绩效分级，规划发现在被评定为A类的企业中，装备制造类企业占比达到43%，化纤纺织类企业占比达到15%，印染化工类企业占比达到13%，金属加工类企业仅占3%。而在被评定为D类的企业中，化纤纺织、印染化工类企业占到多数，装备制造类企业占比较低（图5）。通过上述比较，规划认为X工业园区应借助先发优势进一步巩固提升装备制造业，同时逐步缩减化纤纺织、印染化工及金属加工所占的产业比重。

图5　分级评定下的产业门类优劣比较示意图

4.3.3　平台引领下的新兴产业细分赛道选择

在明确装备制造、生物医药、信息技术三大产业方向的基础上，X 工业园区同样需要进一步寻找符合未来增长趋势的特色化细分赛道，以实现园区的个性化、长效化发展。本次规划主要以现有创新型平台和龙头型企业为判断依据，总结得到三个门类各自的特色化细分赛道。信息技术产业方面，建议依托于 X 工业园区较为成熟的机器人科技与博览中心打造以机器人研发制造为主要应用方向的人工智能产业集群；装备制造产业方面，建议围绕多家优质新能源汽车装备制造企业构建以新能源汽车及关键零部件为核心的高端装备制造产业集群；生物医药产业方面，不仅关注长三角生物科技园等创新平台所打下的生物医药产业基础，同时充分考虑区内大型食品饮料制造加工企业在行业内的领先地位，建议发展以生物医药、健康食品为方向的生命健康产业集群。

4.4　基于双向分析的三级更新方案

4.4.1　产业空间新格局的重组方案

X 工业园区产业空间格局的重组重点考量了潜在更新企业的分布情况，园区既有企业与规划产业的关联度，以及规划产业的建筑空间特性，综合划定形成人工智谷、健康绿港、智造 C 链三大产业分区（图 6）。

图 6　X 工业园区规划产业空间格局示意图

（1）人工智谷（人工智能产业板块）。该区域拥有已经投入运营的机器人科技与博览中心，能发挥相关产业集聚与技术支撑作用。该区域众多的待淘汰服装纺织类企业和区域南部数宗待开发用地可为人工智能产业提供广阔的成长空间。不同于传统制造业园区，新一代人工智能产业建筑可以广泛运用多样化的建筑设计语言塑造区域空间个性，从而提升该区域作为空港门户展示区的整体形象。

（2）健康绿港（生命健康产业板块）。X 工业园区的中部带状区域是生物医药类产业创新平台分布最为密集的地区，该区域待更新的服装、化工类企业占比较高，这也为将来进驻的生物医药企业提供了潜在的置换空间。在上述基础上，规划又对该带状区域作了东西双向扩展。一方面，考虑到生物医药类企业普遍较为集约、高效的土地使用方式将有利于该区域东北部轨道交通站点周边土地价值的释放，规划因此将生命健康产业板块的东部边界拓展至轨道站点周边；另一方面，区域西南侧分布有国内知名食品饮料企业的生产基地，规划因此将该企业划入板块范畴，从而进一步拓宽生命健康产业板块的大健康内涵。

（3）智造C链（装备制造产业板块）。装备制造产业板块位于X工业园区的外围C形区域。该区域无缝衔接南北两条城市快速路，为装备制造类企业量身打造了快速、便捷的物流通道。该区域集聚有多家亩均工业增加值超亿元的装备制造龙头企业，而随着未来南部创新型工业用地陆续转化成为面向工业4.0的科创型平台，其带来的技术输出、转移与运用将进一步巩固该产业板块的优势地位。

4.4.2 产业触媒意图区的划定方案

产业触媒由城市触媒理论引申而来，指像催化剂一样加快特定地区产业转型的重点项目。对于X工业园区来说，由政府主动介入的产业触媒不仅可以让市场产生空间增值的预期，从而坚定市场主体的更新信心，加快地区更新进程，另一方面产业触媒的植入还将进一步强化政府对特定地区产业发展方向的把控。规划将潜在更新企业的分布情况与控规明确的规划条件结合起来进行综合考虑，进而划定了创享云街、中央绿芯、星火走廊三大产业触媒意图区（图7）。

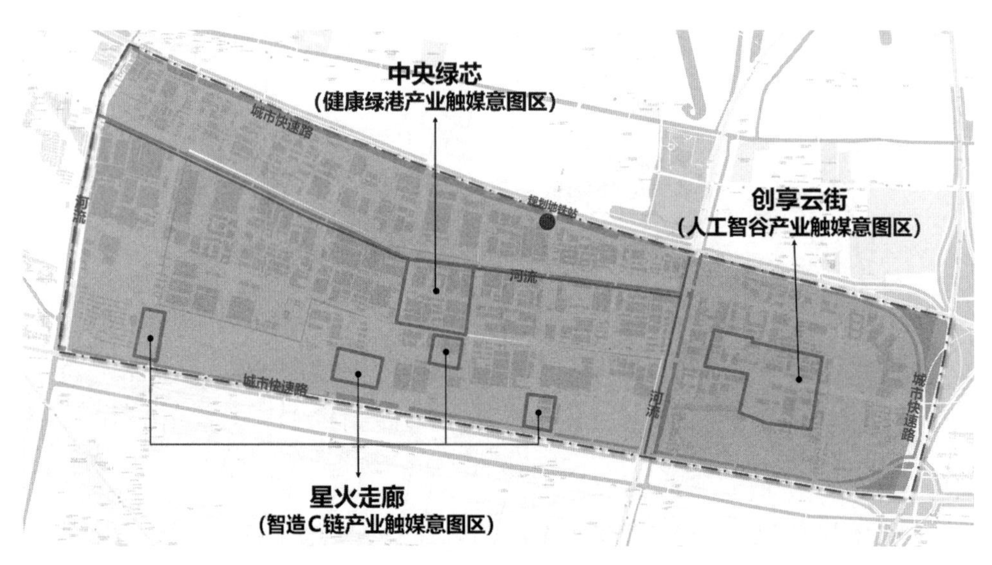

图7　X工业园区规划产业触媒意图区示意图

（1）人工智谷产业触媒意图区——创享云街。人工智能产业板块中综合评价绩效较低的企业主要分布于鸿兴路两侧，该区域具备先行更新的条件。与此同时，鸿兴路为控制性详细规划所明确的产城融合发展轴，定位符合产业触媒的公共服务属性。规划因此建议将人工智谷产业触媒选址于鸿兴路两侧区域，在低效企业清退后植入多个人工智能产业创新与共享平台，从而与现状机器人科技与博览中心共筑板块的产业公共服务中轴。

（2）健康母港产业触媒意图区——中央绿芯。生命健康产业板块中综合评价绩效较差的企业集中于板块的中心位置，而依据控制性详细规划，该区域同时紧邻全区范围内面积最大的滨水绿地空间。基于上述两点，规划建议将健康母港产业触媒选址于此，首先将滨水空间与园区建筑充分结合，塑造公共空间样板区；其次重点培育集研发、孵化、中试等功能于一体的生命健康产业全周期创新主平台，不仅弥补现状生物医药产业园规模小、能级低、赛道窄的短板，同时紧密联动生产型西港与总部型东港，成为驱动X工业园区产业转型的先发引擎。

（3）智造C链产业触媒意图区——星火走廊。现阶段智造C链产业板块中建成、在建及未建的创新平台数量众多，且零星分布在机场高速沿线，规划通过评估认为该部分创新平台已基本满足装备制造产业板块的创新与服务需求，因此不同于人工智谷与健康母港的集中置换式布局模式，智造C链的产业触媒以点状存量形式随机分布于机场高速沿线区域，未来将通过多领域的技术革新助力园区装备制造产业驶入加速转型的快车道。

4.4.3　落后企业更新点的选取方案

在产业触媒意图区之外，X工业园区依然存在着一定数量的待更新企业，为此，规划在前述企业综合绩效评价结果的基础上，再结合产业导向符合情况与环境评价结果两项要素，对全区企业进行二次评估，从而初步明确待更新企业的分布情况（图8）。具体评估方法如下：企业综合绩效评价结果为D类的现状企业认定为不合格；不符合装备制造、生物医药、人工智能三大产业导向的现状企业认定为不合格；环境评价结果为“双高”的现状企业认定为不合格。规划将三项均不合格或者两项不合格的企业界定为待更新企业，建议采取政府主导收储或者企业自主更新的方式进行定点更新。

图8　X工业园区落后企业更新点选取方案示意图

5　结语

在经济转型背景下，我国城市中的工业园区面临着大幅度产业结构调整与转型的压力，同时也迎来了巨量工业用地存量资产盘活的现实命题。本文通过杭州市X工业园区的规划实践，初步建立了“双向分析筑底，三级方案推演”的工业园区存量更新方案制定思路，初步探索了产业转型导向下工业园区更新对象选取的系统性方法。本文侧重于从产业发展的角度思考工业园区存量空间更新方案的制定思路，存在一定的局限性，未来有待从产城融合的角度做进一步的思考。

［参考文献］

[1] 阳建强，陈月. 1949—2019年中国城市更新的发展与回顾［J］. 城市规划，2020，44（2）：9-19.
[2] 邹兵. 增量规划向存量规划转型：理论解析与实践应对［J］. 城市规划学刊，2015（5）：12-19.

[3] 王梦珂，何丹，杨犇. 工业开发区转型动力机制的“三力模型”解释：以龙游工业园区为例 [J]. 上海城市规划，2015 (2)：106-111.
[4] 单皓. 城市更新和规划革新：《深圳市城市更新办法》中的开发控制 [J]. 城市规划，2013，37 (1)：79-84.
[5] 罗遥，吴群. 城市低效工业用地研究进展：基于供给侧结构性改革的思考 [J]. 资源科学，2018，40 (6)：1119-1129.
[6] 高晓媚，王考，周瑞平，等. 基于企业视角的开发区低效工业用地评价 [J]. 上海国土资源，2020，41 (2)：36-41.
[7] 汤淑星，杨晓天，张小远. 存量规划背景下工业用地转型更新规划研究：以昆山市高新区工业用地转型为例 [C] //中国城市规划学会. 2017 中国城市规划年会论文集 (02 城市更新). 北京：中国建筑工业出版社，2017：1418-1432.
[8] 廖胤希，高珊，毛芸芸. 面向存量更新的产业园区城市设计创新实践 [J]. 规划师，2021，37 (5)：60-66.
[9] 王梦迪. 低效工业用地再开发规划对策研究：以苏州工业园区为例 [D]. 苏州：苏州科技大学，2017.
[10] 王剑. 存量规划导向下的昆山高新区工业用地更新策略研究 [D]. 哈尔滨：哈尔滨工业大学，2018.
[11] 郭琪，陈阳，章晶. 转型发展背景下工业园区存量型规划探索：以景德镇国家高新技术产业园区规划为例 [J]. 规划师，2013，29 (5)：23-28.
[12] 张庭伟. 中国规划改革面临倒逼：城市发展制度创新的五个机制 [J]. 城市规划学刊，2014 (5)：7-14.
[13] 施卫良，邹兵，金忠民，等. 面对存量和减量的总体规划 [J]. 城市规划，2014 (11)：16-21.
[14] 杨寅超，林璇. 产城融合视角下科创型产业新区空间融合策略初探：以上虞经开区南湾科创岛为例 [C] //中国城市规划学会. 共享与品质：2018 中国城市规划年会论文集 (15 控制性详细规划). 北京：中国建筑工业出版社，2018：55-65.
[15] 卢萌华. 基于转型升级的旧工业区更新改造策略研究 [D]. 苏州：苏州科技学院，2011.
[16] 运迎霞，田健. 触媒理论引导下的旧城更新多方共赢模式探索：以衡水市旧城区更新为例 [J]. 城市发展研究，2012，19 (10)：60-66.
[17] 姜克芳，张京祥. 城市工业园区存量更新中的利益博弈与治理创新：深圳、常州高新区两种模式的比较 [J]. 上海城市规划，2016 (2)：8-14.
[18] 杨新海，缪诚. 基于公私合作理念的开发区工业地块更新模式研究 [J]. 国际城市规划，2015，30 (5)：10-15.

[作者简介]

杨寅超，工程师，任职于杭州市规划设计研究院。
邱钟园，助理工程师，任职于杭州市规划设计研究院。
林　璇，高级工程师，任职于杭州市规划设计研究院。
王思源，工程师，任职于杭州市规划设计研究院。
丁　浪，工程师，任职于杭州市规划设计研究院。

健康城市背景下的适老性公共空间微更新策略探究

——以上海市浦东新区古李公园为例

□刘雅婷，樊灵燕，王　兰

摘要：健康城市理念下的城市公共空间建设，因其能够促进老年人健康体力活动，越来越受到重视。适老性公共空间存在从数量增加走向品质提升、从全面服务走向定向服务、从定性设计走向弹性设计三个转变。如何处理好已建成环境空间、老年人的行为特征与公共空间的关系具有迫切的现实意义。本文以健康城市发展为背景，从适老性公共空间的转型发展出发，通过实地考察法、访谈法、问卷调查法对上海市古李公园适老性公共空间的使用状况进行调研，分析当前适老性公共空间问题表征，结合上海古李公园的实践案例，从交通、功能、场所三个切入点提出交通安全可达、功能多样补全、场所复育营造三方面微更新策略，并将转型理念运用到古李公园的适老性公共空间微更新上，以期为相关设计提供参考借鉴。

关键词：健康城市；适老性；公共空间；微更新

随着我国人口老龄化程度的不断加深，老年人健康生活品质一直是各个学科不断探讨和反思的议题。2016 年，为了改善老年人的生活环境，提升老年人的生活生命质量，国家发展和改革委员会发布了《关于推进老年宜居环境建设的指导意见》。2017 年，在党的十九大报告中指出，要实施健康中国战略，积极应对人口老龄化，构建养老、孝老、敬老的政策体系和社会环境。为老年人提供舒适、安全的养老环境，对于促进健康老龄化、构建和谐社会具有重要意义。2019 年 6 月，健康中国行动推进委员会发布《健康中国行动（2019—2030 年）》，部署了建设健康城市的总体目标和基本路径。

城市公共空间是健康和美好生活的重要载体，适老性公共空间是城市公共空间的有机组成部分，也是老年人居家养老的活动空间之一，与老年人的健康息息相关，能够为老年人提供住宅较近距离的活动与社交场所，提高老年人的活动频率，加深人际交往与情感交流，增强老年人晚年生活的幸福感与获得感。因此，适老性公共空间在健康城市建设中占据重要地位，为了切实做到将健康融入城市，使健康贴近老人，就需要做好适老性公共空间设计。

“微更新”在本文中的定义为在不改变用地性质和主要功能的前提下，对城市公共空间进行设计更新与功能修补，使其能够更好地服务于老年人的健康生活，提供更能够适应老年人健康行为的场所。基于此，如何诠释健康城市的内涵，进行适老性公共空间的微更新是风景园林学科亟待研究的课题。

1 健康城市背景下的适老性公共空间的转型发展

由于我国当前养老保障制度与硬件设施的不完善，居家养老依然是老年人晚年生活的主要形式，城市公共空间成为老年人最常使用的活动场所。但是由于原有城市公共空间缺乏前期规划设计、环境品质较差，社会老龄化程度不断加深和老年人的生活方式转变等原因，传统城市公共空间已经无法满足老年人的居家养老和健康生活的需求，空间适老性明显不足，尤其在健康城市的概念提出后，适老性公共空间正在不断转型发展，具体有以下几个方面的转变。

1.1 从数量提升走向品质转变

传统的适老性空间改造是直接新建适老性空间或在原有空间的基础上增加适老性设施，但这种方式造成了空间功能的脱节。从过去的这种增量式的完全覆盖到现今的存量品质提升，表现在重视过去适老性公共空间功能不紧凑、交通流线不顺畅、无法形成道路闭环等问题，将识别出来的问题空间转变为易到达、易识别、易接近的空间形态。

1.2 从全面服务走向定向服务

城市公共空间在高速发展的过程中忽视了为老年人提供对应的服务，导致老年人在使用公共空间的过程中无法得到较好的体验。因此，在功能设置上从过去以满足不同年龄段人群的需求，转变为增加针对老年人群体的定向性服务，如在城市公共空间中增设满足不同老年群体的健康、娱乐、交往以及服务社会需求的定向功能空间。

1.3 从定性设计走向弹性设计

绝大部分的城市公共空间的功能都较为固定，引发的问题则是固定功能的空间无法满足老年人多样化的使用需求，造成老年人对空间的使用难度。因此，在使用时段上，可从固定空间设计转变为弹性、韧性、可变空间设计。例如，一些非适老性公共空间可以延展服务时间，在某些时间段用作适老性公共空间，满足老年群体与其他群体不同时段的不同空间使用需求。

2 健康城市背景下的适老性公共空间问题表征

长期以来，适老性公共空间设计是在公共空间设计基础上的深化与细化，其重要性与必要性往往被忽视。虽然当前对适老性公共空间的相关研究显著增加，但在实践过程中仍然存在许多未解决的问题。通过阅读和研究相关文献资料，总结出交通系统零散、设施功能单一、场所感知匮乏这三个方面的问题表征。

2.1 交通系统零散

城市公共空间的道路在缺乏规划的情况下，易被各种机动车或非机动车挤占空间，严重压缩了老年人的步行空间。步行运动是老年人最基本的锻炼方式之一，大部分适老性公共空间缺乏完整顺畅的交通系统，且部分存在人车混流、路径折叠等弊端，未能形成紧凑的交通空间布局，使得老年人无法顺畅行走，客观上降低了其活动频率，不利于老年人的身心健康。

2.2 设施功能单一

通过对现有城市公共空间进行调查，发现普遍存在空间功能不全与设施单一的问题。城市公共空间在建设之初只是为了满足人们基本的通行和简单活动需求，对公共空间的功能和设施缺乏前期的规划，导致功能单一，多元化的功能空间不足。此外，设计之初未考虑适老化设施的留位，缺乏统一规划，一些活动设施只是机械地置入小区空地，并没有和老年人的行为特点相关联，不符合老年人的活动习惯，且部分设施出现老化、损坏等现象，存在安全隐患。

2.3　场所感知匮乏

老年人随着年龄的不断增加而身体机能逐渐退化，对环境的感知能力下降，对空间的适应能力也变得缓慢。65 岁以上的老年人对光线的感知变弱，在光线较弱之处会感到恐惧和行动迟缓，大部分老年人的听觉、嗅觉等其他感知系统也会逐步退化。良好的场所感知营造有助于刺激老年人的知觉，有利于老年人的身心健康，而大部分公共空间缺乏适老性场所，场所感知匮乏且缺少激励机制，未能根据老年人特殊的感知系统进行对应的设计。

3　健康城市背景下的适老性公共空间微更新总体路径

为了给老年人提供健康、安全的公共空间环境，提高老年人的健康福祉，创造幸福生活，本文以健康城市发展为背景，以促进老年人的身体健康为目标，从适老性公共空间的转型发展出发，分析当前适老性公共空间问题表征，以老年人的生活及健康需求为导向进行反思，强调老年人的生理、心理因素在公共空间设计中的重要性，并结合上海市古李公园的实践案例，将健康城市背景下的适老性公共空间的转型理念运用到古李公园的微更新上，探索具备可操作性的、具体的微更新设计策略（图 1）。

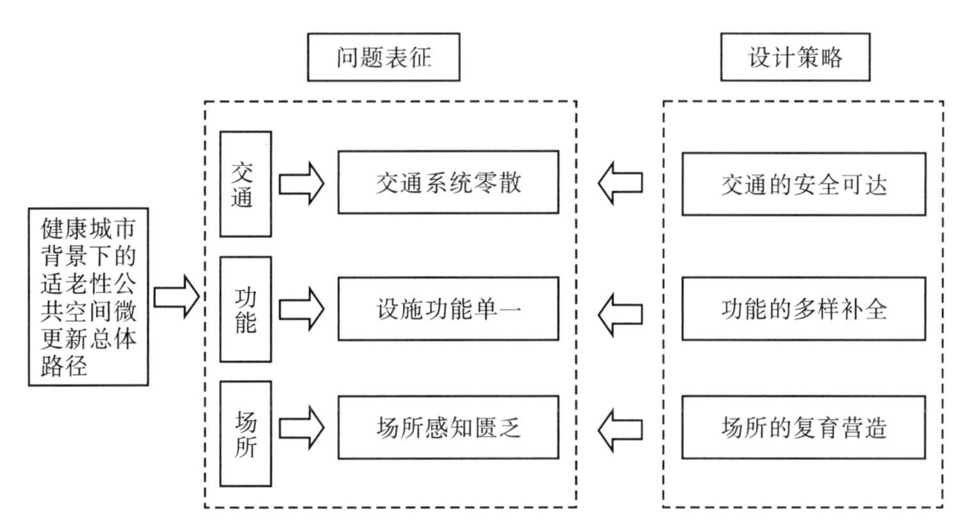

图 1　健康城市背景下的适老性公共空间微更新总体路径

4　上海古李公园适老性公共空间微更新实践探究

上海市浦东新区曹路镇人口总数约 22 万，60 岁以上的老年人占人口总数的 21%，老年人数量较多。古李公园位于上海市浦东新区曹路镇，占地面积约 3.1 万平方米，2000 年建造完成后至今未有翻新。周边存在 2 个安置小区、4 个居民区、1 个大型商场。基地周边小区多数为 2000 年之前建设，居民多为上海近郊乡村的回迁人员，因此老年人居住较多。此外，周边较少大型公司和商业区，年轻人较少，但生活氛围浓厚，交通便利。

据第七次全国人口普查数据，浦东新区 60 周岁以上的老年人口达 29.54 万，占全区总人口的 18%（图 2），绝对数列全市第一。据预测，到 2030 年，60 周岁以上的老年人口将达到 74 万，约占总人口数的 32%。随着社会结构的快速变化，老龄事业的发展将面临新的机遇和挑战。《浦东新区老龄事业发展“十三五”规划纲要》《2020 年上海市老龄工作要点》指出，老龄事业发展主要目标和任务之一是推进养老服务体系与老年友好城市建设，大力开展老年体育活动，增强老年人身体素质，与之相对应的适老性城市公共空间的规划设计成为亟须面对的课题。

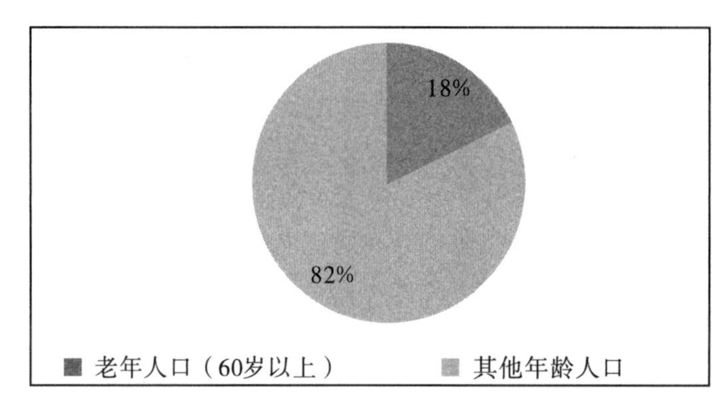

图 2　上海市浦东新区曹路镇老年人数量及所占比例

4.1　古李公园适老性公共空间问题

通过实地考察法、访谈法、问卷调查法对上海市浦东新区古李公园适老性公共空间的使用状况进行调研，从交通、功能、场所三个方面分析古李公园存在的问题。

4.1.1　交通

古李公园位于浦东新区曹路镇，周边交通便利，有 10 余条公交线路及地铁可直接到达，与周边 2 个安置小区和 4 个居民区也都在 15 分钟步行可达区域内，空间易达性良好，但在周边交通便利的基础上也存在一些问题。

（1）公园出入口与城市道路的衔接性较差。古李公园有主入口 1 个，次入口 3 个，其中西侧主入口需要穿越一条狭窄的沿街店铺，且停车困难、入口标识隐蔽，导致主要入口空间缺乏便利性和可识别性。南侧的次入口与高校相邻，由于历史遗留问题已经封闭，东侧次入口可直接通往隔壁小区，但是为了便于物业管理，此入口长期处于关闭状态，仅剩的北侧次入口直接通往城市道路，导致入口空间缺乏缓冲区，不利于人群的集散。

（2）公园内部交通欠紧凑、步行不顺畅。公园内部道路未能形成闭环园路，设计时也未考虑主要园路、次要园路和小径的道路层次感，交通系统缺乏完整性和均衡性，老年人在公园中存在容易迷失方向、难以识别道路等问题，直接导致老年人对公园的兴趣和活动积极性降低，活动频率下降，影响身心健康。同时，由于公园年久失修，道路塌陷、断头路、硬质铺装损坏的现象比比皆是，且缺少应急服务设施，给老年人在公园中的活动带来一定的危险。

4.1.2　功能

通过实地考察、问卷调查等方法对公园中老年人的行为特征进行调查研究，发现古李公园中的老年人活动行为主要集中于运动健身类、脑力活动类、亲子活动类和娱乐交往类四种类型，运动健身类包括器材健身、广场舞、武术太极、慢跑健走，脑力活动类包括棋牌活动、老年乐团、书法练习，亲子活动类包括接送儿童、陪护儿童，娱乐交往类包括闲坐聊天、散步聊天、小型集会、跳蚤市场等具体活动项目。

通过调查结果发现古李公园中老年人的活动项目数量较多，活动内容也较为丰富，但是老年人在活动的过程中也遇到了场地功能单一、设施破损等问题（表 1）。

表 1　古李公园存在问题

序号	空间功能问题	现状记录
1	空间功能单一，以硬质广场空地为主，缺乏半私密、半开敞空间，各个空间无穿插渗透，活动之间易相互干扰，空间利用率不高	 
2	缺乏遮阳避雨设施，导致健身器材损坏且利用率低、棋牌活动空间缺失等问题，占用廊道现象频发，堵塞道路、体验感差	 
3	公园绿化率低，植被种类不丰富，种植形式缺乏层次感，景观审美感受欠佳	 
4	设施损坏，地面铺装塌陷，缺少无障碍设施，供座率低，且未考虑适宜老年人的人性化设计	 

4.1.3　场所

公共空间应当满足老年人物质文化及精神文化的双重需求，不仅需要建设功能完备、具有美感的空间，还要创造安全、生态、健康的场所。公共空间场所的营造能够给老年人提供认同感、获得感和归属感，同时促进公共空间与环境的融合，让老年人与环境产生自然连接，获得身心的治愈。

经过现场询问和访谈，80%的老年人认为公园中虽然有公共活动空间和健身器材，但是大部分设置在北侧次入口附近，距离人流较密集的西侧主入口较远，不易到达，健身器材大部分处于闲置状态，而由于活动场地过于集中，不能满足老年人在同一时间的使用需求，场所的利用率较低。65%的老年人对公园的建设有诸多意见，但是因为附近的公共活动空间较少，只能来此运动休闲。

古李公园由于在设计起始阶段就未有场所营造这方面的设计考虑，通过调查和访谈对古李公园场所营造问题进行分析总结，有两个方面的原因：一方面，缺少对老年人的感官效应激励，没有对色彩、光线、材料等因素对老年人感官的影响作出分析，没有利用这些因素的正面效应，也没有规避负面影响，造成空间、植被、水体资源未能有效利用；另一方面，缺失康复性景观营造，未能有效发挥空间对老年人身心的复愈疗养能力。此外，公共空间景观的趣味性和特色不足，也间接造成活动频率低下，不利于老年人运动锻炼活动的开展。

4.2 古李公园适老性公共空间微更新策略

古李公园适老性公共空间微更新设计方案调整了出入口的数量和位置，整合为 2 个主要出入口和 1 个次要出入口，主要出入口在公园北侧和西侧各一个，方便周边小区的老年人到达公园。古李公园的平面布局共分为六个区域（休憩交流区、康体健身区、儿童娱乐区、文化宣传区、园艺疗养区、宠物健身区），六个区域之间没有明显的界线分割，相互独立又相互包容，最大程度地满足老年人的各种休闲运动需求（图 3）。同时，本实践案例从交通、功能及场所三个方面对古李公园存在的问题进行了设计方面的回应。

图 3　古李公园功能分区示意图

4.2.1　交通的安全可达

（1）构建闭环园路，保障空间可达。

合理的交通流线和安全可达的园路是适老化公共空间的基础（图 4）。老年人由于身体机能退化，腿脚不便，大多数会选择进行散步、慢跑等较为舒缓的运动方式，对于喜好一边走路一边聊天的老年人来说，道路同时也是与人交往的空间。在古李公园中构建慢行闭环园路，设置无障碍塑胶漫步道，保障空间易达性、安全性与舒适性，提高老年人对于公园道路的使用率，促进运动健康行为的发生。

图 4　古李公园流线分析图

(2) 提高空间应急与健康服务能力。

在后疫情时代，提高空间应急与健康服务能力是健康城市背景下对公共空间设计提出的新需求。突发卫生健康或紧急事件发生时，古李公园作为附近多个居民区的疏散点和聚集场所，需要具备相应的健康服务能力，如利用信息化数据技术进行体温或人流动态监测，避免种植致病、致敏的景观植被花木，建立具有临时隔离避难功能的构筑物等，从空间硬件和数据软件方面同时提高空间应急与健康服务能力，为老年人及全龄段人群提供多方位的应急救助服务。

4.2.2　功能的多样补全

(1) 挖掘场地潜力，重构多功能公共空间。

老年人在公共空间中发生的活动大多属于群体性活动，少量属于个体性活动。基于老年人的行为及活动特点，采用挖掘场地潜力，重构多功能公共空间的设计策略，设置多种服务性设施，有助于建立安全性、舒适性和实用性兼具的多功能适老性公共空间。在古李公园中，也有相应的设计，如将古李公园分为休憩交流区、康体健身区、儿童娱乐区、文化宣传区、园艺疗养区、宠物健身区六个主题区域，营造多功能复合空间，全力引导健康生活；景观节点与无障碍设施结合，创造安全易达的公共空间环境，创设适合运动的空间形态；在公园中均衡分布各类运动及休憩设施如景观廊架、运动器材、休闲座椅、林下空间、亲水平台等，使老年人在不同空间及时段都可以便利使用设施（图 5）。

图5 古李公园景观节点设计分析图

(2) 融入“平疫结合”的健康城市设计理念。

突发公共卫生事件给城市公共空间设计一个新启示：城市公共空间作为健康城市的物质性空间因素，应当在设计建造过程中融入“平疫结合”的健康城市设计理念，加强空间韧性与弹性设计，促进小微空间的活化更新，以有效提升公共空间的健康导向和防疫应急能力。在物质空间层面，构建半开敞或私密空间形式，结合园路节点空间增设健康驿站等医疗支持站点，提供口罩、消毒水、心脏起搏器等应对突发事件的应急防护物资，对色彩、水景、软质植被、城市家具等景观元素进行更新设计，增加环境的复育效益；在使用者行为空间层面，引导公共空间的使用距离和范围，提高景观环境的弹性与韧性，促进小微空间的活化更新，促进公共空间的分时、错时共享使用，促进景观资源的公平分配。

4.2.3 场所的复育营造

(1) 增强空间感官效应。

城市公共空间粗放发展的结局将是环境的破坏和感官的失调，进而影响老年人的身心健康。城市公共空间已被证实是一种能够复育环境及人类身心的重要健康资源，城市公共空间中的园林绿地、垂直绿化、都市农田、湿地水体等都能够给人们带来积极的感官效应，老年人得以在钢筋水泥的都市森林中寻到一片净土，增强感官刺激、安抚情绪、恢复精神。在古李公园的设计中，为了丰富听觉、视觉、嗅觉以及精神疗养等感官体验，设置林下空间以缓解视觉疲劳，聆听鸟鸣舒缓听觉；都市菜园激发人们对于农业的原始兴趣，增强老年人对于体力活动的感知，起到锻炼身体、感受收获喜悦的目的；冥想空间用于放松及冥想活动；亲水空间能够让老年人感受新鲜空气，暂时忘却身体的不适；五感花园提供植物花卉观赏的同时进行芳香疗养；设置儿童亲子活动区，让儿童与老年人产生互动，使老年人感受孩子玩闹带来的欢笑声，为老年人孤独的内心带去欢愉。

（2）优化空间疗养复愈能力。

在进行康复性景观设计的时候，需要关注老年人的身心发展需求，设计出符合他们实际需求的景观，同时也要满足其他全龄段人的使用需求，进行综合设计，营造多形式康复性景观。古李公园中设有康体健身区，为老年人提供可供康养疗愈的健身活动区域。场地分为了两处功能区，外圈的塑胶跑道为老年人提供散步、慢跑、竞走功能，内圈为老年人提供了多样化、多功能的健身器材和休憩场地。同时，建立良好的公共空间形态，营造自然生态的环境，尽量减少致病因子对环境产生消极作用，优化公共空间对老年人的疗养、复愈能力。

5　结语

在当前积极创设健康城市和社会老龄化的背景下，城市适老性公共空间微更新理论和实践将成为风景园林学科研究的焦点。我国关于具备健康导向的适老性公共空间相关研究还在不断深入过程之中。本文结合上海古李公园案例进行实践研究，从交通系统、服务设施、场所感知营造等方面提出微更新设计策略，通过对适老性公共空间的微更新设计理念与实践应用的探讨，以期能有效助力健康城市的建设。

［资金项目：中国民办教育协会 2023 年度规划课题“基于‘1＋X’职业资格证书的课证融通实践研究——以《设计可视化》课程为例”（CANFZG23222）；上海杉达学院 2023 年科研基金项目“文旅融合背景下上海近郊乡村景观风貌设计研究”（2023YB26）。］

［参考文献］

［1］张趁，张楠，黄樵. 叙事空间视角下的城市公共空间文化价值初探：以长沙市历史城区公共空间研究为例［C］//中国城市规划学会. 共享与品质：2018 中国城市规划年会论文集（02 城市更新）. 北京：中国建筑工业出版社，2018：1209-1216.

［2］韩馨瑶. 健康导向下的西安适老性城市公共空间设计研究［D］. 西安：西安建筑科技大学，2019.

［3］单瑞琦. 社区微更新视角下的公共空间挖潜：以德国柏林社区菜园的实施为例［J］. 上海城市规划，2017（5）：77-82.

［4］周尚意，梁红梅，李亮. 城市老年人户外公共活动场所空间特征分析：以北京西城区各类老年人户外公共活动场所抽样调查为例［J］. 北京规划建设，2003（6）：72-75.

［5］司海涛，李超，王亚娜. 旧城区社区微公共空间适老性更新策略研究：以铁岭旧城区为例［C］//中国城市规划学会. 活力城乡　美好人居：2019 中国城市规划年会论文集（20 住房与社区规划）. 北京：中国建筑工业出版社，2019：607-618.

［6］董钰. 基于原居安老理念下的单位社区公共空间适老化改造策略研究［D］. 西安：西北大学，2019.

［7］隋颀，杨东峰. 老年人对住区空间活力感知的环境因素探析［C］//中国城市规划学会. 共享与

品质：2018 中国城市规划年会论文集（20 住房建设规划）. 北京：中国建筑工业出版社，2018：88-97.
[8] 乔聪聪. 老旧社区公共空间发展问题分析与对策研究：以内蒙古包头昆都仑友谊 19 为例 [J]. 建筑与文化，2016（12）：195-196.
[9] 张梦蝶，邓宏. 老人行为模式下乡村户外公共空间适老化改造研究：以重庆市城口县沿河乡为例 [C] //中国城市规划学会. 活力城乡　美好人居：2019 中国城市规划年会论文集（18 乡村规划）. 北京：中国建筑工业出版社，2019：2368-2382.
[10] 阳建强，朱雨溪，刘芳奇，等. 面向后疫情时代的城市更新 [J]. 西部人居环境学刊，2020，35（5）：25-30.
[11] 于洋，吴茸茸，谭新，等. 平疫结合的城市韧性社区建设与规划应对 [J]. 规划师，2020，36（6）：94-97.
[12] 张露丹. 复愈性环境理论在居住区景观设计中的应用研究 [D]. 西安：西安建筑科技大学，2017.

[作者简介]

刘雅婷，讲师，任职于上海杉达学院艺术设计与传媒学院。
樊灵燕，副教授，任职于上海杉达学院艺术设计与传媒学院。
王　兰，副教授，任职于上海杉达学院艺术设计与传媒学院。

存量视角下东北大学南湖校区校园更新规划研究

□周　慧，刘福星，林秀明，曲明姝

摘要： 在我国快速城镇化和社会转型的宏观背景下，分析我国高校传统校园的现状问题，提出梳理、修补与雕琢的校园更新规划理念。本文以东北大学南湖校区总体规划为例，首先对现有校园空间设计要素进行挖掘与整合，包括历史人文肌理、功能布局与业态、公共与开敞空间、现状建筑的梳理；进而对重点潜力地块进行更新与改造，提出渐进式有机更新策略；最后对校园空间环境进行优化与营造，包括营造活力丰富的街巷环境、打造小微型公共场所、建筑外立面修复整合、引导集聚活力的校园氛围，实现内部的弹性生长和外部的“城校互动”。

关键词： 存量视角；校园更新；东北大学；潜力地块；小规模渐进

我国传统校园建设的初期始于20世纪五六十年代，时代局限性很强，随着近年来高校师生规模持续增加，远不能满足现代高校功能发展的要求。我国传统校园周边以城市老城区为主，存量土地有限，因此我国各类高校加快了校园更新的步伐，原址改扩建模式为老校区的环境优化、活力再造提供了更多的可能性。老校区虽然处于市区，但与城市存在明显的界限，往往是独立于城市之外的微型社会。在高校老校区校园更新的同时，如何与城市进行有机融合，实现校园空间系统有机生长的总体目标，也是我们迫切需要解决的问题。

1　东北大学南湖校区的现状

东北大学南湖校区始建于20世纪50年代初期，是东北大学的主校区，容纳师生共2万余人。地处于金廊、银带和南运河构成的“科技三角区”范围内，其北依南湖、南临浑河、西至育光巷、东到三好街，距青年大街不足2 km，距浑河不足1 km，交通便利、生态环境优越。

南湖校区东邻三好街科技街，已发展成为覆盖东北地区的IT产品集散地和信息服务集聚区，沈阳音乐学院、鲁迅美术学院、东北设计院、辽宁省规划设计研究院、计算机研究所等高校与科研院所分布在周围。同时，以东北大学南湖校区为中心，周边集聚了餐饮、宾馆酒店、休闲娱乐及部分高校科研院所，形成了明显的高校吸附效应，且效应仍在不断增强。随着教育部和学校对教学、科研的要求不断提升以及改善自身生活环境的需要，亟待开展校园更新规划。

2　梳理、修补与雕琢的更新理念

传统高校建校时多选在城市郊区，伴随城市发展已经被城市建设包围，向外扩张可能性不大，因此通过内部的更新改造，调整现状功能布局、交通体系和景观环境，使之适应当前高校配套需要显得尤为重要。本文尝试性提出梳理、修补与雕琢的理念用于校园更新规划研究，通过改扩建和优化的方式实现在固定空间内的弹性生长。

（1）梳理。

梳理是对既有事物的重组、修整与完善。实践证明，对校园环境的良性整合修补要比大拆大建更有益于保护校园历史传承性和连续性。这里强调整合过程的计划性与科学性，包括对历史人文肌理、功能布局与业态、公共与开敞空间、现状建筑的梳理。

（2）修补。

修补是在进行校园规划格局调整时，清楚地认识原有校园的功能结构与空间秩序。通过采用调研问卷和公示、工作坊的形式，开展东北大学南湖校园规划师生座谈会，充分了解公众的实际需求并进行理性分析，得出可进行近期开发的潜力地块。这里要尽量减少对原有规划格局的彻底颠覆，遵循原有的功能布局分区，采用小规模渐进式的更新手法，有针对性地完成局部规划的调整。

（3）雕琢。

雕琢是进一步打造精致设计的小微空间，包括打造小微型公共场所、塑造和谐美观的校园雕塑、引导集聚活力的校园氛围、营造活力丰富的街巷环境。

3　东北大学南湖校区更新规划

随着三好街地区经济社会的外部环境日益变化，对大学校园建设也提出新的要求，东北大学校园内部功能、交通组织和景观环境不断地更迭演进，面临着再城镇化的机遇和挑战。南湖校区的实体功能与环境品质都存在较大的提升空间，亟待与时俱进地建设与新时期人才培养和科学研究相匹配的大学校园。

3.1　梳理——现状校园设计要素的整合

3.1.1　历史人文肌理

（1）建校初期（1923—1949年）。

1923年，东北大学在张学良将军主持下建校，择址于北陵公园以南地区（现辽宁省政府所在地），众多学术精英在内忧外患之时汇聚于此。九一八事变后，被迫迁徙辗转各地办学，“自强不息、知行合一”的文化积淀在这一历史时期形成。

北陵老校区采用了轴线对称式布局，借鉴了西方古典主义手法，同时赋予了中国传统文化内涵，造就了富有人文底蕴的校园氛围。

（2）东北工学院时期（1950—1993年）。

1950年，更名为东北工学院，择址南湖地区，被列为首批全国16所重点大学之一。南湖校区面积约1 km^2，继承老校区轴线对称布局模式，同时借鉴莫斯科大学的规划与建筑设计方法，空间秩序明晰、功能分区明确、核心院系突出、开放空间大气、建筑理性严整。

（3）复名后综合化发展时期（1993年至今）。

1993年，东北大学以理工为主体的多元化学科蓬勃发展，成为国家首批“211工程”和“985工程”高校，并孕育了东大阿尔派等国际知名企业，成就了三好街的发展与繁荣。

2014年，浑南新校区建成使用，作为沈阳国家大学科技城的核心组成部分。南湖老校区7所学院南迁，缓解了校园空间不足、密度过大的矛盾，为校园更新规划带来了新的契机。

截至2021年底，南湖校区各类建筑总面积约100万 m^2，占地面积约115 hm^2；设有研究生院、外国语学院、艺术学院、工商管理学院、资源与土木工程学院、材料与冶金学院等。南湖校区面临着空间不足、停车拥堵等现实问题。

3.1.2　功能布局与业态

解析南湖校区的现状建筑功能布局，可以发现中轴核心为教学与办公区，周边围绕生活服务区、研发实验区、会议交流区、文体活动区及其他功能区，其中体育运动区、会议交流区和体育运动区兼顾对外服务和交流，主要布置在外围，靠近三好街。文化路南、南湖公园以东结合现有多所设计研究院所集聚和临近沈阳音乐学院、鲁迅美术学院的区位优势，规划南湖左岸文化艺术区。北门主入口对景加强景观整治。原实验区和校机械厂区域结合历史建筑改造和宿舍区建设大学生活一创意混合功能区，并开展文体路街路综合整治。南湖公园南、东大西门外老家属区打造南湖智慧社区，建设智能化专家公寓。校园东侧打造工业信息化研发孵化中心，并与三好街功能、交通、景观进一步融合（图 1）。

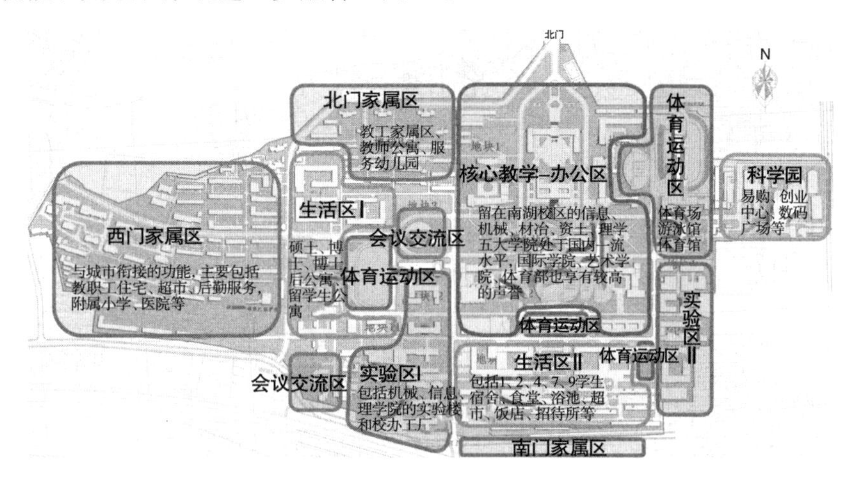

图 1　东北大学功能布局分析图

3.1.3　公共与开放空间

南湖校区形成了以中心公园和主题广场为主的开放空间，亦作为承载历史文脉的重要载体，但庭院空间和建筑前空间的利用率不高。同时，由于机动车停车需求增加，主楼前广场、图书馆前广场、综合楼前广场和多处建筑外部空间均已作为停车场地，开放空间并未形成连续的网络体系。加强东北大学校园园区四个方向主入口正对的林荫绿化带景观化建设，并对东西向绿轴即中央公园进行生态化改造，强调校园空间和城市空间有机融合（图 2）。

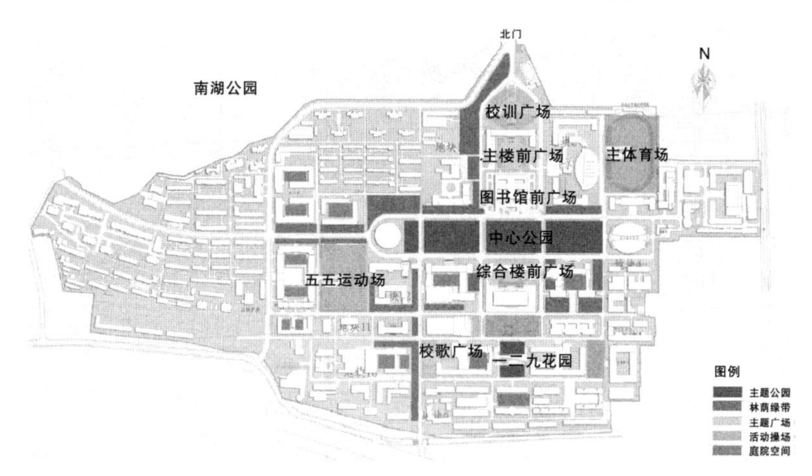

图 2　东北大学开放空间分析图

3.1.4 现状建筑

对现状建筑进行逐个梳理，按照建筑功能、建筑年代、建筑质量、文物保护分布等分类，得出不同价值区间的建筑类别。在现状建筑的梳理中，发现校园内教学、实验、生活配套、体育、产业孵化等各类功能建筑呈簇群状布局，功能分区明确，空间布局具有一定科学性（图3）。

教学与办公建筑质量较好，但部分宿舍楼、实验楼及艺术楼建筑质量不佳。经鉴定有9处D级别危楼，其中5处申请了专项维修经费。应按照《民用建筑可靠性鉴定标准》相关要求，对达到使用年限的建筑进行鉴定，或者物业单位委托鉴定，以判断继续使用、加固维修或拆除。

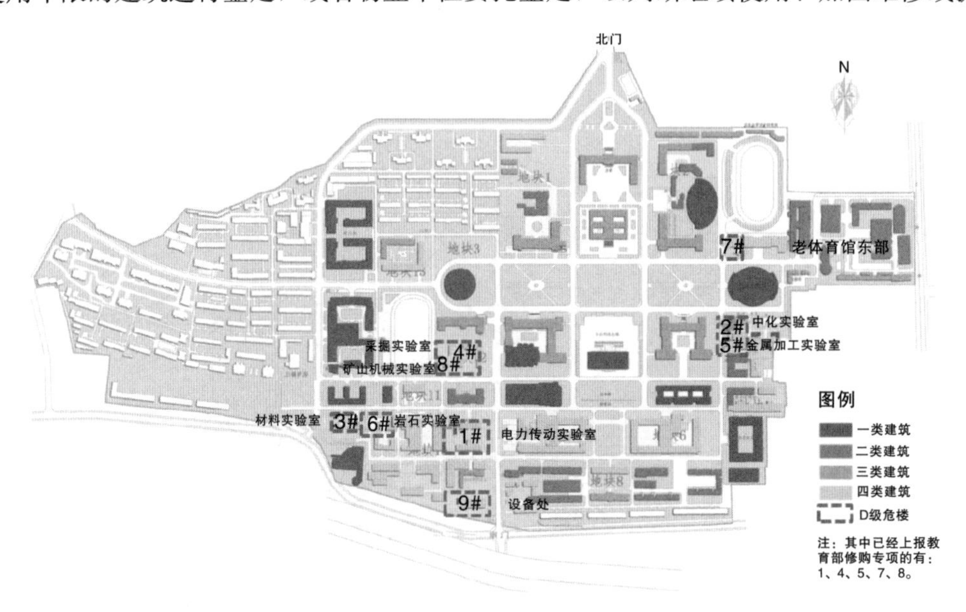

图3　东北大学建筑布局图

3.2 修补——重点潜力地块的更新与改造

3.2.1 潜力地块的需求分析

按照教育部要求，东北大学南湖校区在所要求的13项指标中，有3项超额，有10项缺额，实验室、学生宿舍和各类福利用房需求缺口较大。总建筑缺额面积约20万 m^2，其中，实验室缺额约6.4万 m^2，行政用房缺额约2.7万 m^2，学生宿舍缺额约2.3万 m^2，生活福利及附属用房缺额约4.4万 m^2。

3.2.2 潜力地块的更新与改造

东北大学南湖校区已有近60年的历史，部分建筑功能与外貌都已陈旧，亟待更新。有潜力进行更新改造的家属区地块面积约18 hm^2，宿舍、试验楼和校办工厂等占地面积约20 hm^2。整合出20处改造地块，用于缺口建设，校行政和院系行政办公可与教学楼混合设置，尽量靠近校门出入口，方便使用。各类福利用房尽量与宿舍、办公楼等混合设置，方便实际使用。由于现状图书馆位置适中，使用方便，缺额面积通过现状改造、扩建实现，不再新建（图4）。

在各功能区改造过程中，需要对老旧建筑进行区别对待，部分拆除，部分保留，部分改扩建。部分老建筑由于使用价值和历史价值不高从而不可避免地面临被拆除的境地，拆除后往往建设公共绿地或高层建筑。

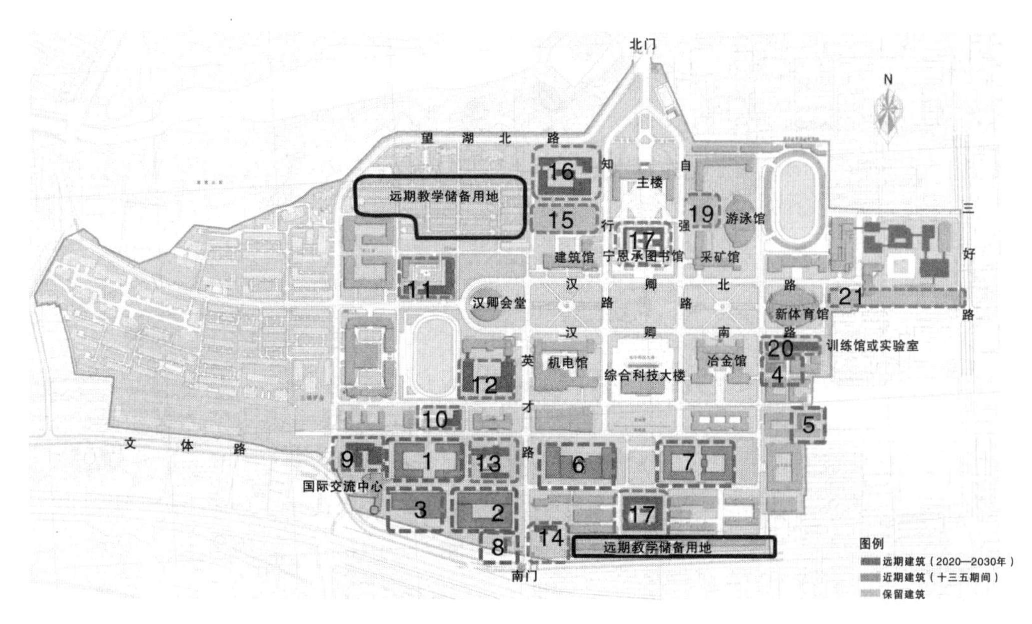

图4 东北大学潜力地块整合分析图

3.2.3 小规模渐进式开发建设

延续既有格局，采用小规模渐进式开发建设模式，建设分为三期：一期是开发启动期，主要改善学生的住宿和实验教学条件，满足学生宿舍和实验楼的刚性需求。二期是环境营造期，主要改善学生的生活环境，引入餐饮商业、文化交流、创意设计等。三期是整体风貌期，历史文脉的延续，提出包括南湖左岸文化艺术街、创意新工坊、工业信息化研发孵化中心等项目策划，形成东北大学独特的校园风貌（图5）。

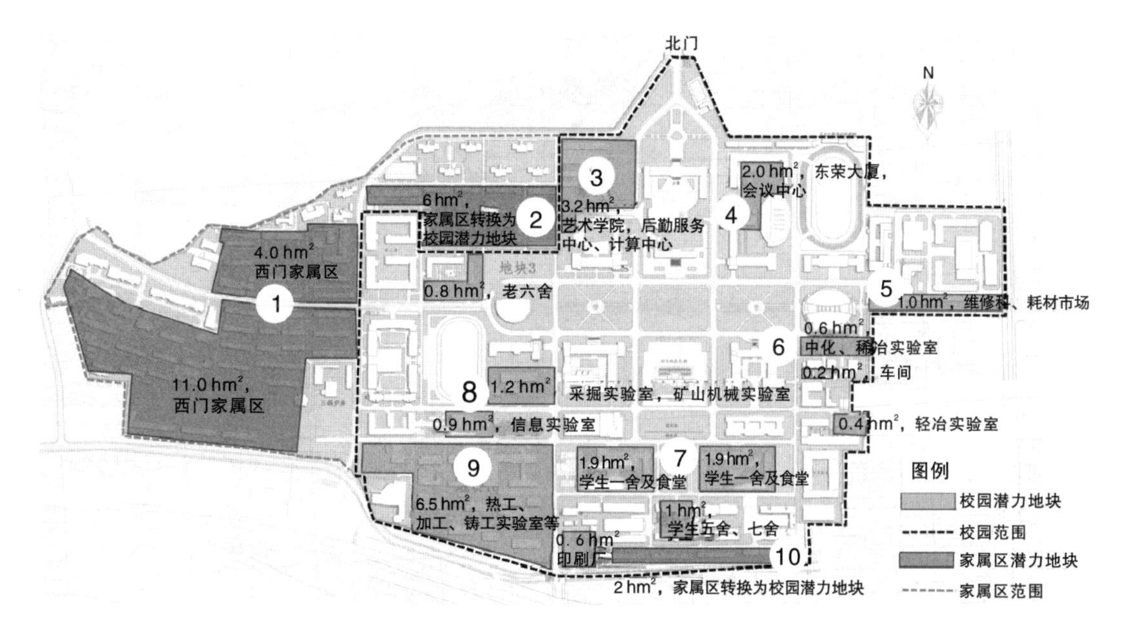

图5 东北大学近期建设规划图

3.3 雕琢——校园空间环境的优化与营造

3.3.1 营造活力丰富的街巷环境

延续南湖校区轴线对称、方正成网的路网模式。打通若干支路，促进校园机动交通的微循环系统。结合计量院地块改造控制东西向城市支路，与望湖路、三好街、文体路共同形成校园外围保护壳。打通求实路与华强北巷，实施分时段交通控制，并对西门机动车出入口结合学生作息时间采取分段管制。

各功能区之间通过完善的步行系统联系，沿步行道可以体验校园的环境品质。通过现状调研分析，结合重要的人流路径和集中的场所改造建设步行道路，非紧急情况不得有机动车入内。促进人车分流，降速提质，以南北—东西十字轴为核心，将慢行网络向生活区渗透，以慢行联络起主要的公共活动空间，营造安全、连续的慢行空间（图6）。同时，利用差异化的空间尺度，营造适合行人活动的街巷空间，引导丰富多彩的活动；复合化功能界面，开放建筑底层空间，提供复合化的功能，为街巷空间的活动，提供多种可能。

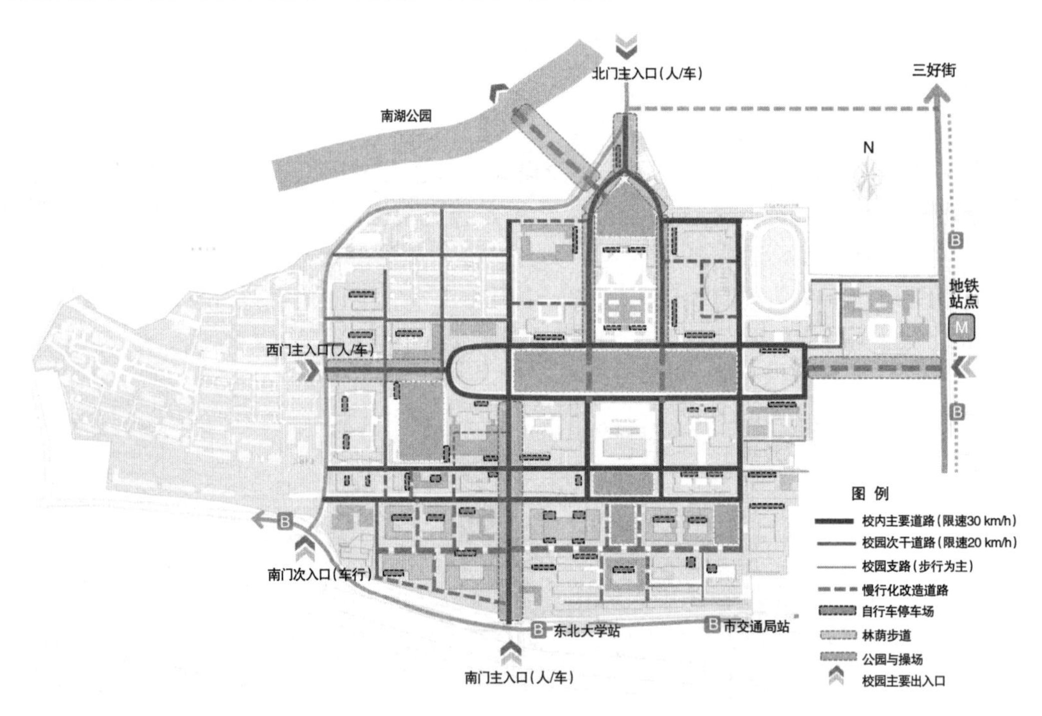

图6 东北大学慢行交通图

3.3.2 塑造小微型公共场所

结合广场、运动场、公园和街角等空间，打造多元精致的小微文化空间，包括英才路的林荫绿带塑造，展现百年校园古韵；塑造人性化的空间场所，聚焦步行体验，沿创新路规划创意集市，打造宿舍区—创意展示中心—学校交流中心的步行走廊，融合文化创意元素，成为创意产品、书画、纪念品等学生交流展示的场所；传承灿烂历史文化，渐进式地改善校园空间品质，提升校园魅力，规划红色记忆雕塑艺术园，将老工业设备进行艺术加工，营造具有艺术感染力的景观雕塑序列，刻画工业与艺术交融的视觉效果；合理设计雕塑的放置环境，丰富游览体验，将公共艺术纳入生活场景，契合承载环境的空间特征，加深校园意象。

3.3.3 建筑外立面修复整合

为了保持校园的历史肌理，往往对一些历史建筑进行保护，在外立面修复的同时对建筑内部进行改造，以适宜新时代的功能需求，使老建筑在校园中的价值得到最大限度的发挥。对于扩建的老建筑，最合适的方法是水平接建，通过老建筑原有通道进行连接。扩建建筑要做到与原建筑内部功能明确、交通流线清晰、外立面协调统一，从而达到整体的一致性。通过对历史区域的布局、历史建筑的外立面造型、构造技法、建筑材料的使用等方面实现对传统校园的历史风格延续，塑造新老建筑和谐共生的局面。

3.3.4 引导集聚活力的校园氛围

通过一系列与城市互动的项目策划，实现大学与城市在空间融合、产业转型、经济发展、城乡统筹、文化传承等诸多方面联系与互动的发展，保证大学与城市的一体、健康、可持续发展。结合三好街产业带提供更多的创客空间，以创新氛围感染周边市民；完善继续教育的社区学校，为不同层次的人设置相应的教育机构；鼓励大学、学校和社区之间的交流；构筑“活力大学城”的新型生活理念，实现大学校区、科技园区与城市的开放与融合。

4 结语

随着经济体制的转型，旧城改造将会加速压迫传统校园的周边区域，传统高校应该放弃通过向外扩张的抵制外部的手段，转而更加积极地融入城市中。转型时期校园更新的关键就在于把握转型过程中城市组织秩序模式的变化，使得大学校园更新在构建内部秩序的同时，抓住机遇主动融入城市系统，实现途径就是进行校园外部关系融合和校内秩序重构，其理念就是在开放共享的指导下进行“城校互动”，在弹性生长的引导下进行渐进式更新。

[参考文献]

[1] 何镜堂，王扬，窦建奇. 当代大学校园人文环境塑造研究 [J]. 南方建筑，2008 (3)：4-6.
[2] 樊琦. 谈山东大学“号院”保护性改造设计 [J]. 城市建筑，2008 (8)：68-69.
[3] 刘万里，张伶伶. 大学校园发展中的文化困境 [J]. 新建筑，2009 (5)：32-37.
[4] 涂慧君，任君炜. 大学功能、社会期许与个性发展：西方大学校园规划模式的类型演变 [J]. 新建筑，2009 (5)：24-31.
[5] 李新建，朱光亚. 中国建筑遗产保护对策 [J]. 新建筑，2003 (4)：38-40.
[6] 倪慧，阳建强. 东南大学老校区的保护与更新 [J]. 新建筑，2008 (1)：97-101.
[7] 陈海浪，阳建强，曹新民. 南京大学老校区的保护与发展 [J]. 华中建筑，2008 (8)：116-121.

[作者简介]

周　慧，注册城乡规划师，高级工程师，任职于沈阳市规划设计研究院有限公司。
刘福星，注册城乡规划师，高级工程师，任职于辽宁国空规划设计有限公司。
林秀明，注册城乡规划师，高级工程师，任职于沈阳市规划设计研究院有限公司。
曲明姝，工程师，任职于沈阳市规划设计研究院有限公司。

城市主干路地面空间更新提升技术研究

——以上海市北横通道为例

□关士托，刘晓倩，彭一力

摘要：城市主干路作为城市骨架路网的重要组成，既是城市交通走廊，又是城市发展的重要廊道。随着城市进入高质量发展阶段，城市主干路也面临更新提升需求。以上海市北横通道为例，从道路交通、公共交通和慢行活动三个方面研究分析了北横通道地面主干路（周家嘴路—海宁路）的出行活动和生活服务需求，基于以人为本的街道设计理念，提出了道路向街道转型、增加街道活力、延续百年历史三个更新目标，并有针对性地提出立体敷设主干路系统、增加交通容量和地面慢行活动空间、弱化道路红线、强调提出街道设计边线等策略，对地面道路空间全面更新提升。

关键词：主干路；地面空间；更新提升

1 引言

城市更新是实现城乡建设用地集约利用的一种重要方式。随着我国城市发展进入高质量发展阶段，城市更新已经成为未来城市发展的重要工作。根据第七次全国人口普查公报，截至2020年，我国城镇化率已经达到63.89%。2021年8月，上海市出台《上海市城市更新条例》，率先在法规层面确定了城市更新的管控要求，城市更新工作已经进入新的、重要的发展阶段。

在城市更新过程中，用地规划特征的调整和改变将带来交通需求的同步变化，道路更新提升势在必行。城市主干路作为城市骨架路网的重要组成，既是城市交通走廊，又是城市发展的重要廊道，其所在的道路及周边建筑组成了城市重要的公共空间，是城市的重要组成要素之一。城市建成区的主干路往往承担城市交通走廊和城市发展生活走廊的双重功能，前者需要提供一定的交通通行能力，满足大量的机动车交通需求，后者需要营造宜人的活动氛围，满足沿线居民的活动需求。但在主干路建设过程中，过去主要关注交通功能的实现，忽略了活动功能的提供。城市更新背景下，城市主干路的更新提升不仅需要关注交通功能的实现，也要关注活动功能的提供。

基于以上分析，本文以上海市北横通道东段（周家嘴路—海宁路）规划建设为例，研究其地面道路更新提升过程中的重要技术。

2 北横通道概况

2.1 项目概况

北横通道是上海中心城区东西走向的第二条大动脉，起于北翟路/长宁路路口，止于周家嘴路越江隧道，通道全长19.1 km（图 1）。北横通道是上海市内环内“三横三纵”通道的一部分，也是上海骨架性主干路网的重要组成部分。

北横通道规划道路等级为城市主干路，通道规划为地面、地下及少量高架段的组合形式，全线设置 5 对匝道、3 处管理用房、6 处风井，设计车速为60 km/h，黄兴路以西地下道路双向 4 车道，地面道路双向 6 车道，黄兴路以东地面道路双向 8 车道，全线地面道路保留非机动车和行人通行功能。其中，北横通道东段（热河路—双阳路）途经海宁路、周家嘴路，长6.88 km，采用“地下道路＋地面道路”的建设形式（新建地下道路双向 4 车道，地面道路双向 6 快 2 慢）。

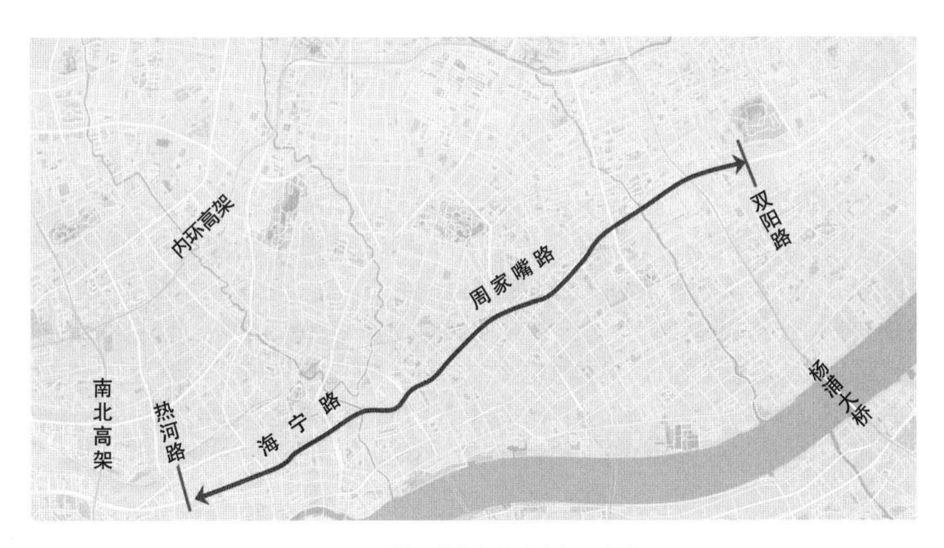

图 1　北横通道东段线路走向示意图

2.2 更新提升背景

2.2.1 建设全球城市背景下人民对美好生活的追求

2017 年，习近平总书记在党的十九大报告中宣布中国特色社会主义进入新时代，强调永远把人民对美好生活的向往作为奋斗目标。2017 年底，《上海市城市总体规划（2017—2035 年）》获国务院批复，上海“建设卓越的全球城市”目标获得认可和支持。公平的、有品质的交通出行环境，是上海建设卓越全球城市背景下的满足人民对美好生活追求的有效支撑。

2.2.2 城市精细化管理背景下交通性干路人性化街道设计要求

2017 年全国“两会”期间，习近平总书记对上海代表团提出了“城市管理应该像绣花一样精细”的工作指示；2018 年，上海市委办公厅发布了《贯彻落实〈中共上海市委、上海市人民政府关于加强本市城市管理精细化工作的实施意见〉三年行动计划（2018—2020 年）》。“特大城市精细化管理”开始深入人心。交通性干路作为城市的骨架，在城市精细化管理背景下不再“快而冷冰冰”，满足其沿线大量的居民出行需求，打造品质化、人性化的街道出行环境成为必然。

2.2.3 复合通道建设释放地面道路空间资源

上海北横通道是内环内“三横三纵”快速复合通道的重要组成部分，东西向横跨长宁区、静安区、普陀区、虹口区和杨浦区五个行政区。北横通道东段为“地下＋地面”主干路的复合通道敷设形式，其中地面道路空间将由现状的双向 8 车道规模调整为双向 6 车道规模，地面道路空间资源得以释放。宝贵的地面道路空间资源需要经过以人为本的精细化街道设计，打造宜人的出行环境，有效协调交通与生活的平衡关系。

3 北横通道需求分析

3.1 道路交通流量大

北横通道地面道路交通流量大，道路饱和程度较高。根据测算，通道现状高峰小时最大断面流量为单向 3100 pcu/h，其中吴淞路—黄兴路路段交通流量较大，饱和度较高，达到 1.0 的饱和转台，早晚高峰行程车速较低，路段延误约 120 s/km，吴淞路—大连路路段饱和度在 0.9 左右，处于基本饱和状态，已经成为中心城骨干路网中较为拥堵的道路之一。

3.2 公共交通需求高

从常规公交来看，北横通道是上海市中心城区重要公交客流走廊，慢行接驳交通需求非常强烈。根据统计，通道内有公交线路 41 条，其中西藏北路—河南北路、河南北路—大连路、江浦路—黄兴路是线路分布较为密集的路段，断面公交线路高达 13 条；西藏北路、公平路、大连路、黄兴路公交转向线路较多，其中大连路转向线路高达 10 条；多数线路的长度在3 km之内，3～5 km 的线路共有 6 条，5 km 以上的线路共有 2 条；吴淞路—新建路路段公交断面客流量最高，达到单向 6850 人次/h，是上海市中心城区重要的公交客流走廊，与之相应的，慢行接驳交通需求非常强烈（图 2）。

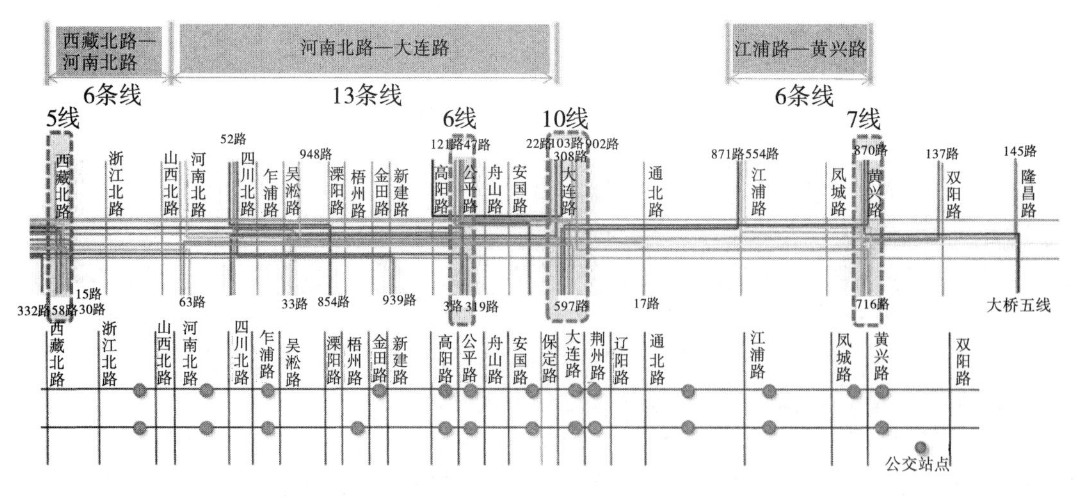

图 2　北横通道公交线路及站点分布示意图

从轨道交通来看，与通道平行的轨交线路有：①12 号线，与通道相距约 280～760 m，相关车站 7 座；②3 号线，西侧（静安段）与北横通道平行，相距约 200～700 m，相关车站 1 座。相交的轨交线路有：①4 号线，西段与北横通道平行，随后在大连路与北横正交，相关车站 4

座；②8 号线，在西藏路与北横通道正交，随后在江浦路与北横平行，相距约 500 m，相关车站 3 座；③10 号线，在河南北路与北横通道相交，相关车站 2 座。可以看出，轨道交通并没有很好地覆盖北横通道沿线区域。

基于手机信令数据，识别到北横通道沿线上下公交的客流约 36000 人次，其中上下客均在北横通道上的占比约 18%，换乘沿线轨道交通客流占比约 25%（图 3）。

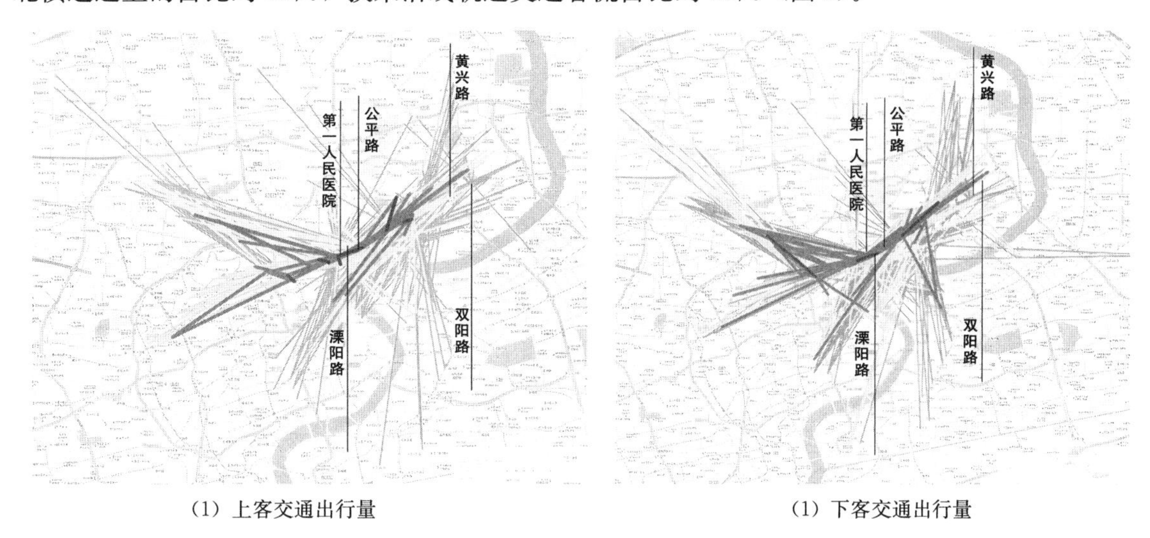

（1）上客交通出行量　　（1）下客交通出行量

图 3　北横通道沿线公共交通客流分布示意图

3.3　慢行交通活力高

慢行交通是出行链的组成部分和生活的重要载体形式，能够体现城市活力。非机动车交通方面，北横通道全线非机动车交通需求强烈，单向流量在 1200 辆/h 以上，高峰期面将近 3000 辆/h，且分布特征整体呈现由西向东非机动车流量逐步减少的趋势（图 4）。

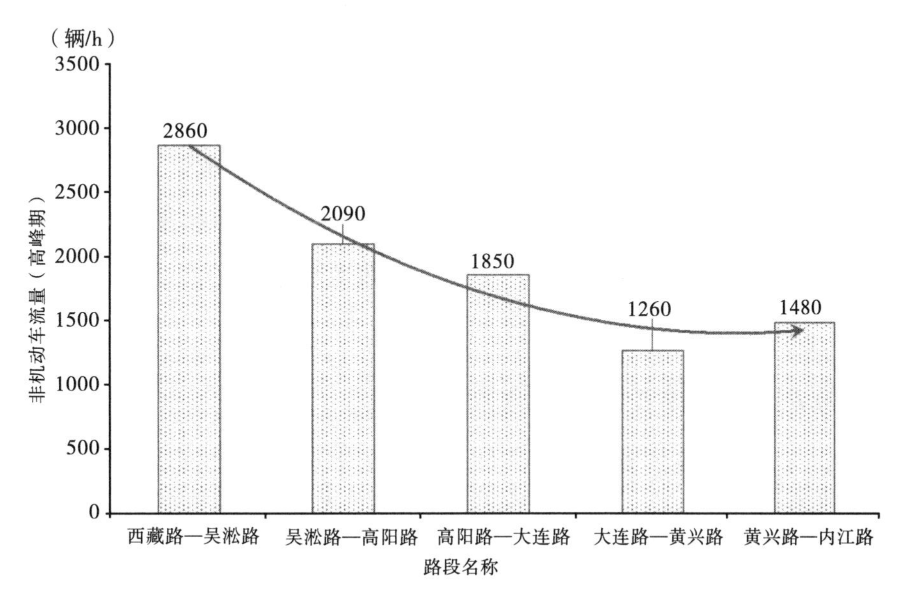

图 4　北横通道沿线非机动车交通流量分布示意图

步行交通方面，北横通道沿线分布有大量的居住、商业用地，慢行交通的出行需求较为强烈。此外，沿街共有四处风貌居住建筑，均位于虹口区段，自西向东分别为德兴里、洪福里、春阳小区、嘉德里。

从兴趣点分布来看，交通设施、餐饮服务、休闲娱乐、住宿服务、购物服务等兴趣点类型整体呈现西密东疏、大连路口周边集聚规律（图 5）。

双阳路
杨树浦港
大连路
溧阳路
所有类型兴趣点

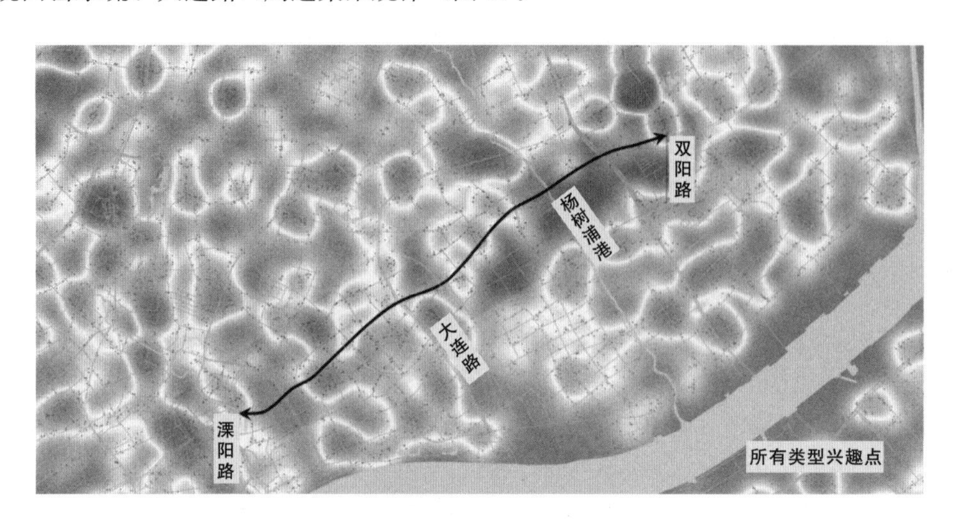

图 5　北横通道沿线兴趣点分布示意图

但北横通道现状作为城市主干路，过去由于对于慢行交通的重视不足，造成慢行交通出行环境面临较多问题，主要表现在安全隐患、尺度不合适、缺乏活力、环境品质不高（图 6）。

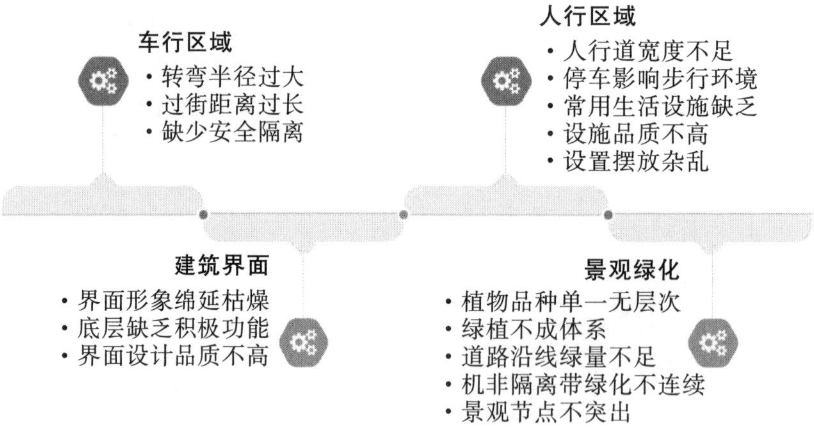

车行区域
·转弯半径过大
·过街距离过长
·缺少安全隔离
人行区域
·人行道宽度不足
·停车影响步行环境
·常用生活设施缺乏
·设施品质不高
·设置摆放杂乱
建筑界面
·界面形象绵延枯燥
·底层缺乏积极功能
·界面设计品质不高
景观绿化
·植物品种单一无层次
·绿植不成体系
·道路沿线绿量不足
·机非隔离带绿化不连续
·景观节点不突出

图 6　北横通道沿线空间主要问题示意图

4　北横通道地面道路更新提升策略

从用地类型分布来看，自西向东，北横通道东段的居住用地占比逐渐增加，商业活力逐渐降低。结合北横通道东段交通出行特征，判断北横通道东段整体呈现西侧充满活力、东侧舒适静谧的特征，其空间结构从充满活力的繁华商业过渡到静谧安详的居住生活。总结来看，北横通道服务对象除道路交通、社区居民外，还承担着历史文化保护和展示要求，因此提出道路通行、邻里交往和文化展示三个功能需求（图 7）。

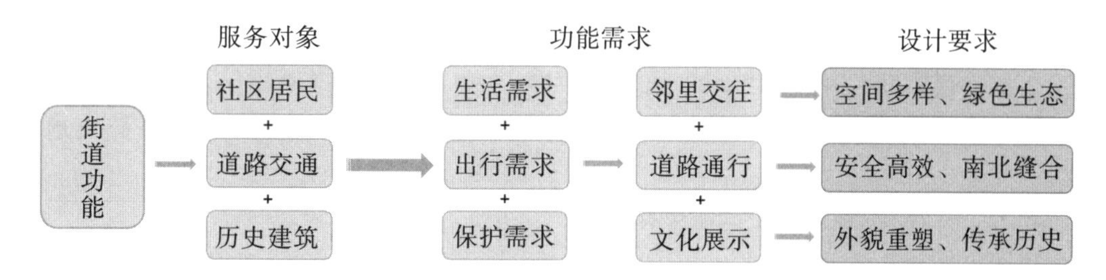

图 7　北横通道设计思路示意图

4.1　一体化空间布置，实现从道路到街道的转变

4.1.1　策略一：释放地面空间资源

北横通道作为中心城区东西向主干路，交通需求与交通流量大，机动车对交通速度具有较高追求。北横通道采用双向 8 车道规模敷设形式，为平衡机动车大规模、高速度的交通通行需求和沿线公交、非机动车及步行交通出行对空间的需求，北横通道断面采用立体分离、快慢叠层、地面空间释放的断面敷设形式，其中地下双向 6 车道为满足中长距离过境及快速到发交通需求，地面由现状的双向 8 车道规模调整为双向 6 车道规模，机动车道主要提供沿线到发和公交专用，释放空间资源给予步行与非机动车交通，减少大量、快速机动车交通和对沿线和道路两侧空间的分隔（图 8）。

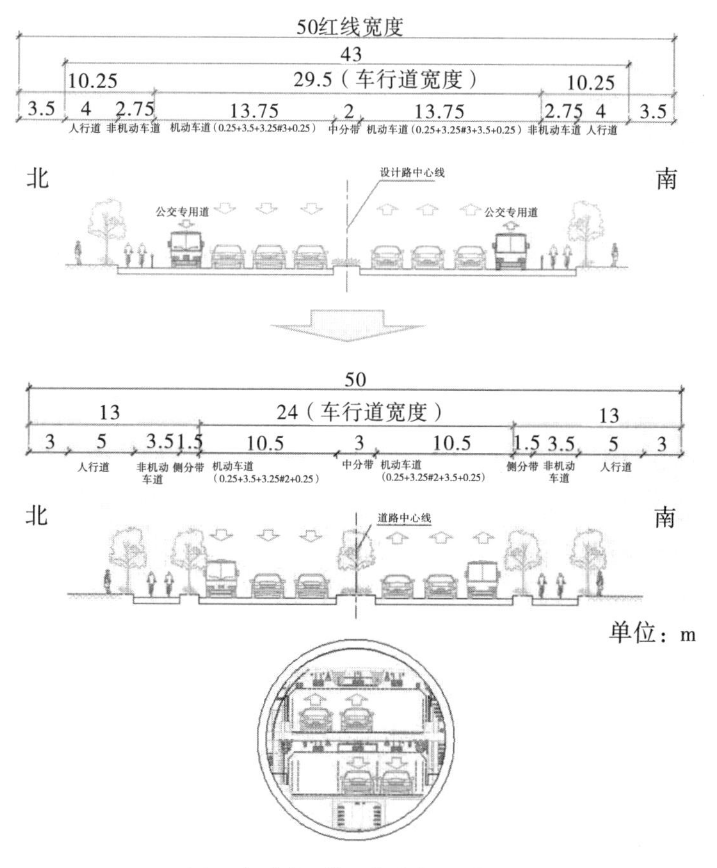

图 8　标准断面敷设前后对比示意图

断面布置调整以后，慢行交通空间较现状增加27%；地面机动车道规模虽然有所减少，但由于地下机动车道空间的补充，“地下＋地面”的复合通道与现状道路相比，总的交通通行能力提升了39%。同时，地面道路空间仍旧保留公交专用道，鼓励公交优先，落实道路交通集约化出行理念。

4.1.2 策略二：统筹红线内外空间一体化设计

淡化道路红线对生活活动空间的限制，道路空间、建筑退界、沿线地块等设施一体化设计。主干路更新提升设计共涉及三条线，分别为工程实施线、道路红线和街道设计线。其中，工程实施线是指建设用地规划许可证批复，市区责任分界线；道路红线是上位规划确定的道路边界线；街道设计线是指本次更新提升中可以进行更新的边界线（图9）。

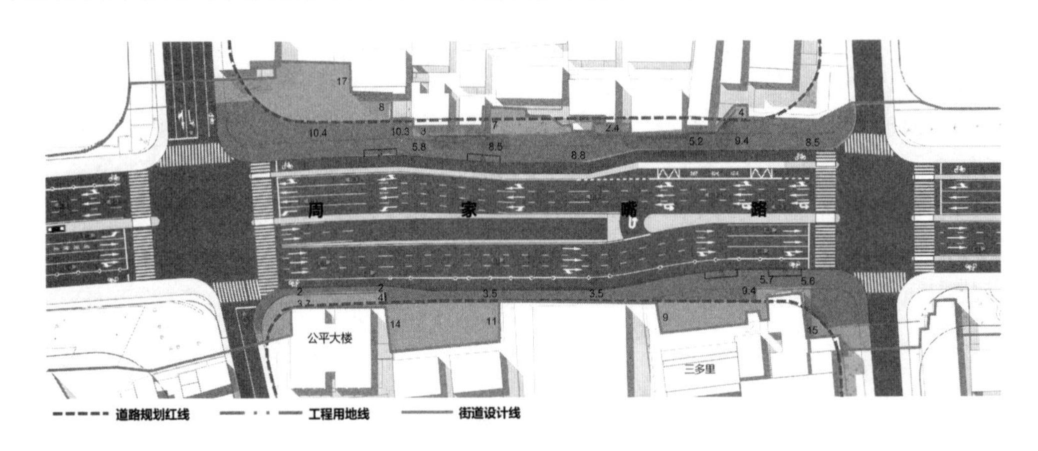

图9 “三线”关系典型路段示意图

道路红线是工程实施线的控制边线，街道设计边线是突破道路红线和工程实施线限制的街道方案设计边界线，是体现道路空间、建筑退界、地块可用空间一体化设计的关键所在。三条线是统一规划、统一设计的具体抓手，更是缝合街道设计中市一区、区一区之间分工界面的重要举措。从空间关系来看，工程实施线的范围最小，街道设计边线的范围最大，可以深入地块内部（图10）。

4.2 点线融合、人性提升，增加街道整体活力

4.2.1 策略一：节点精细化设计

评估人行道空间和尺度，结合退界空间，因地制宜，充分利用慢行空间，打造街道兴趣吸引点，提升街道活力。

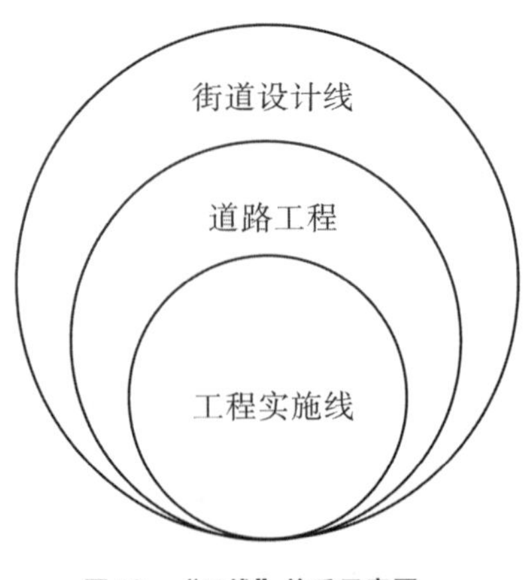

图10 “三线”关系示意图

具体的，落实城市精细化管理要求，在节点细节设计当中体现人文关怀，其中包括在沿线出入口处，人行道采用不降坡处理，保证行人行走舒适性；人行道铺装采用大尺寸、小缝隙铺装要求，满足轮椅车、拉杆箱出行使用；合理优化布置非机动车停放点，停取方便；抬升公交站台处非机动车道高度与站台平齐，公交上下客安全舒适方便；交叉口采用小转弯半径、非机动车过街导流线、非机动车进口车道渠化等设计手法，缩短过街距离，提升过街体验，并充分整合沿线南北之间的商业、休闲、历史风貌等重要节点，加强互动联系，缝合交通性干路对于南北之间的割裂（图11）。

图 11 节点精细化设计示意图

4.2.2 策略二：漫步道连续设计

根据人行道及退界空间尺度形成连续开放式步行街区，开放沿街绿地、利用建筑前区形成连续的漫步道，满足沿线居民散步、交流等生活需求。

以溧阳路—梧州路段为例，该区段主要为石库门风貌区，沿线主要有老旧住宅小区，居民的生活活动需求强烈。该段设计要点主要关注慢行空间的打造，慢行空间尽量多地布置可供人进入、游玩、休憩的综合性绿地，在道路南侧人行道形成连续、可进入的漫步道空间（图 12）。

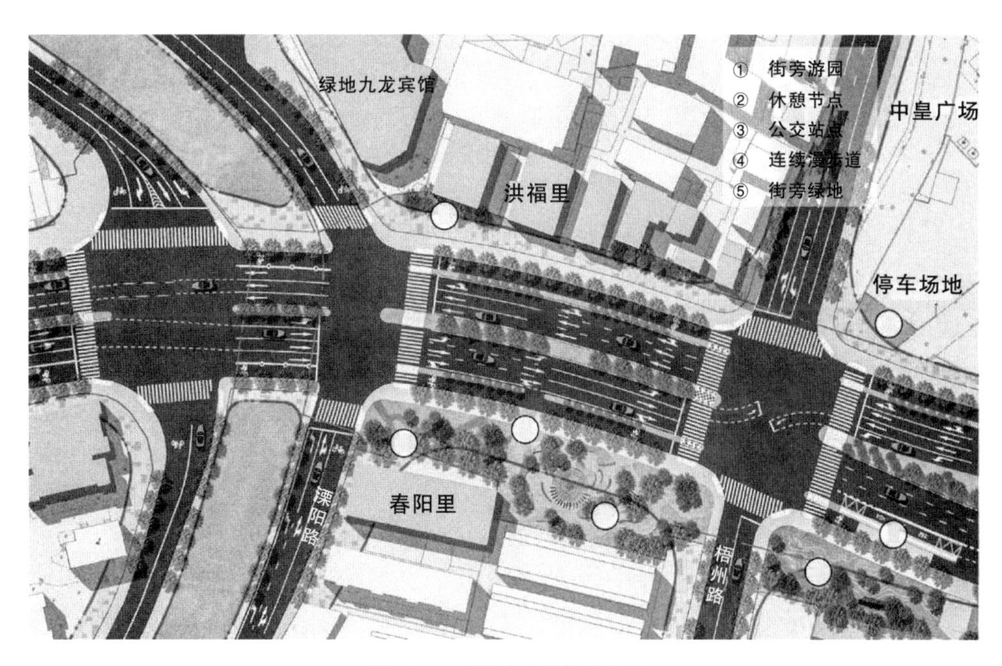

图 12 连续漫步道设计示意图

4.3 挖掘并展示历史元素，延续百年历史

4.3.1 策略一：设置历史文化长廊展示带

海宁路最早可以追溯至1902年，当时海宁路还称为鸭绿路；1923年，周家嘴路辟筑规划，初期辟筑东西两段，如引水之渠给城市发展带来无限可能；20世纪50年代，为适应杨浦区东部工厂布局的需要，同时方便铁路杨浦站的交通，周家嘴路东段改变原有规划路线，改为今线；90年代周家嘴路辟筑中段，周家嘴路全线连通；90年代后期，西段拓宽至50 m，并入原鸭绿江路，接海宁路，“三纵三横”之北横通道形成。

至今，北横通道已经走过百年的历史。规划在北横通道沿线设置连续的故事展示带、文化标识等，展示北横通道百年历史、经过各区发展历史，并指引通向研祥重要节点，使北横通道成为重要的文化展示廊道（图13）。

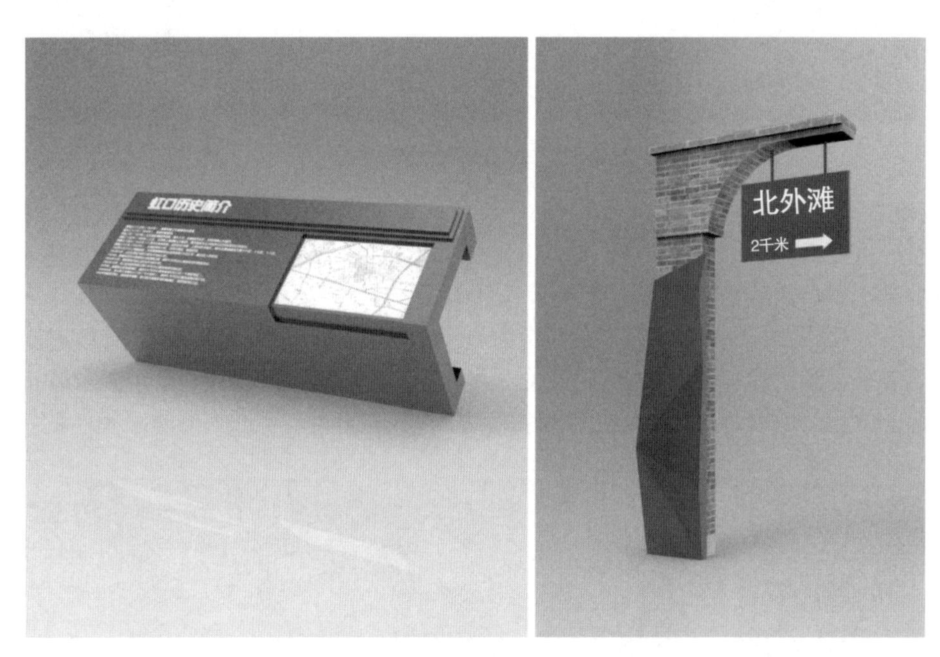

图13 历史文化展示及指示牌示意图

4.3.2 策略二：节点外貌重塑

北横通道虹口区段沿线多里弄住宅，其中四川北路到吴淞路路段商店和电影院相当密集。据统计，沿线分布有虹口大楼、星美国际影城（原国际电影院）、胜利电影院、1933老场坊等历史保护建筑，还分布有德兴里小区、洪福里小区、春阳小区、嘉德里小区等石库门风格的小区。

以嘉德里小区为例，通过对嘉德里小区门楼的改造，同步优化提升其门前人行道的衔接、人行道铺装、改造绿化为可休憩座椅等方法，使得小区门口成为一个适宜行走、便于休憩的节点，同时能够显露历史特色，体现上海风格（图14）。

图 14　嘉德里小区门口设计示意图

5　结语

城市主干路在城市发展过程中，承担了大量的交通功能；随着城市建设的完善，主干路也承担了城市发展廊道的功能，但后者所承载的城市活动功能在过去往往被忽视。城市发展进入更新时代后，城市主干路也面临着空间更新提升的要求。本文以上海市北横通道东段地面道路更新提升为例，基于北横立体通道建设、释放地面道路空间的契机，对地面道路空间更新提升进行了系统研究，提出更新提升可从以下三个方面开展：①在保障主干路交通功能的基础上，通过一体化设计，实现从道路到街道的转变，提升慢行空间的品质；②通过对地面道路空间的线性空间和节点的优化提升，提高人的活动的舒适性，以此促进空间范围内活力氛围的提升；③呼应通道沿线历史特色，修复节点历史元素，增加展示空间，提高显示度，延续并发扬道路所承载的历史。

[参考文献]

[1] 杨慧祎. 城市更新规划在国土空间规划体系中的叠加与融入 [J]. 规划师，2021，37 (8)：26-31.

[2] 国家统计局.《第七次全国人口普查公报（第七号）：城乡人口和流动人口情况》[EB/OL]. (2021-05-11) [2022-03-14]. http：//www.stats.gov.cn/tjsj/zxfb/202105/t20210510_1817183.html.

[3] 杨灿灿，许芳年，江岭，等. 基于街景影像的城市道路空间舒适度研究 [J]. 地球信息科学学报，2021，23 (5)：785-801.

[4] 王祎，陈毕新. 以人为本　安全为重　打造适合漫步的街区 [J]. 交通与运输，2017，33 (6)：7-9.

[5] 上海市规划和国土资源管理局，上海市交通委员会，上海市城市规划设计研究院. 上海市街道设计导则 [M]. 上海：同济大学出版社，2016.

[作者简介]

关士托，工程师，注册城乡规划师，上海市城市建设设计研究总院（集团）有限公司、上海城市基础设施更新工程技术研究中心，城市公共交通研发中心主任。

刘晓倩，高级工程师，注册城乡规划师，任职于上海市城市建设设计研究总院（集团）有限公司、上海城市基础设施更新工程技术研究中心。

彭一力，工程师，注册城乡规划师，任职于上海市城市建设设计研究总院（集团）有限公司、上海城市基础设施更新工程技术研究中心。

旅游导向下的特色小镇集镇区渐进式更新
——以盐城大纵湖湖荡风情小镇集镇区风貌提升规划为例

□许　康

摘要：休闲旅游的火热，催生了特色小镇对自身自然生态、建成环境、人文精神等进行更新修复的需求。新型城镇化背景下，为避免重蹈大拆大建、盲目建设而破坏城镇原有特色等现实问题的覆辙，特色小镇应当采取渐进式更新的方式，在保护原真性的基础上进行低干扰更新。本文在挖掘渐进式更新理论内涵的基础上，探讨渐进式更新基本原则与策略，并以盐城大纵湖旅游风情小镇集镇区风貌提升规划为实例，探索理论体系的实践可行性。

关键词：特色小镇；集镇区；渐进式更新

1　特色小镇作为城市更新的一种特殊形式蓬勃发展

作为一种创新的城市更新形式，特色小镇在推动经济转型升级和新型城镇化建设中具有重要作用。2020年9月，《国务院办公厅转发国家发展改革委关于促进特色小镇规范健康发展意见的通知》，指出“特色小镇作为一种微型产业集聚区，具有细分高端的鲜明产业特色、产城人文融合的多元功能特征、集约高效的空间利用特点”。2021年4月，国家发展和改革委员会在《2021年新型城镇化建设和城乡融合发展重点任务》中明确提出需继续促进大中小城市和小城镇协调发展，推动特色小镇规范健康发展。

在国家政策的强力支持下，各种主题的特色小镇如雨后春笋般在全国各地涌现。特色小镇行业市场规模出现爆发性增长，由2015年的555.1亿元增长至2019年的13458.1亿元，年复合增长率为122.01％。住房和城乡建设部公布的第一、二批特色小镇共403个，囊括生态旅游、历史文化、新兴产业等多种类型。作为承接城市与农村的枢纽，特色小镇将成为经济高质量发展的新平台，新型城镇化建设的新空间，城乡融合发展的新支点，传统文化传承保护的新载体。基于国情的政策意见推动，基于实效的财政土地支持，加之基于现实的特色发展需求，特色小镇建设已经成为国家新农村建设、新型城镇化在新时期、新常态下的新举措、新模式。

2　旅游成为特色小镇集镇区更新的核心动力

随着城镇化水平的提高及国民休闲意识的觉醒、旅游休闲需求的增强，旅游业成为众多特色小镇的优先选择——天生的自然生态风光、独一无二的历史文化、低廉的土地成本造就了特色小镇的强可塑性，发展旅游成为特色小镇重要的城镇化道路。

Luchiari 提出，旅游参与引导城市更新能够增强地方与世界的联系。以旅游为导向的特色小镇，激发了更加多样化的更新改造需求：①功能产业结构变化。第三产业重要性显著提升，旅游服务业结构从单一观光向多元复合转变。②交通需求增大。区域交通更强调与周边地区的便捷连通，镇区交通则更强调内部的顺畅通行。③对原有社会环境构成冲击。大量游客的涌入将同时对当地生活环境和社会文化环境形成挑战，如公共服务设施配备是否充足，民俗民风是否会被世俗化、商业化，当地社会网络是否会被撕裂……

3 特色小镇集镇区渐进式更新原则与具体实施

为满足人民群众日益高涨的旅游热情，建立更多元、更高端的旅游产品体系，同时避免建筑风格崇洋媚外或盲目仿古、景观风貌缺乏整体性连续性、大拆大建干扰镇区正常生产生活、异地安置破坏社会网络等过往问题的再次出现，渐进式的城市更新成为特色小镇集镇区转型升级的最好手段。所谓“渐进式”，即指“在尊重原有环境的基础上，缓慢地、逐步地、弹性地更新”。空间维度上，在保护特色原真性（包括特色实体与原真性体验）的基础上发展旅游，整治修复现有物质性特色，保留、发扬或创新建设非物质性特色，形成独特的旅游吸引物，保留特色小镇的核心竞争力。集镇区改造顺应城镇正常生活轨迹，在低干扰基础上进行更新，促进旅游发展建设与居民日常生活的有机和谐共存。时间维度上，渐进式更新允许规划师依据前期建设的实施反馈及时调整后期规划，减少资金浪费，确保更新效率的最大化。

旅游导向下的特色小镇集镇区渐进式更新在具体实施层面可分为三部分——自然生态的修复、建成环境的修补及人文精神的复兴（表 1）。特色小镇的自然生态是区别于城市环境的重要吸引点，更新修复过程中必须重视对自然生态的控制保护（开发边界划定等）与修复（退耕还林、退田还湖等）。特色小镇集镇区的建成环境相对而言较为简单，建筑是其中最为重要的元素。更新修补过程中应加强对建筑外貌的整体控制与梳理，对有特色的历史建筑进行保护修缮；景观作为缝合修补城市的一种手段，在修补过程中应当多加利用，注重地方特色的提炼，触发游客的心理感知。人文精神的复兴主要针对人文社区的建设与文化活动的兴起。通过减少拆迁量、原地安置、增补文化活动场所等举措来延续社区文脉，承载人文精神，完善当地人文社区的建设。文化活动可带来巨大的旅游增值效应，根植于当地特色的庆典节日，如乌镇的香市节等，通常具有广泛的市场吸引力，能极大提高特色小镇的知名度。

表 1 旅游导向下的特色小镇集镇区渐进式更新

自然生态修复	建成环境修补	人文精神复兴
生态控制保护	建筑风貌控制	人文社区建设
自然生态修复	特色景观提升	文化活动兴起
	弹性交通框架	

4　实践应用——以盐城大纵湖湖荡风情小镇集镇区风貌提升规划为例

4.1　现状分析

4.1.1　规划背景

大纵湖位于江苏省盐城市西南部、苏中里下河平原腹部，是里下河地区最大最深的湖泊，素有“水乡泽国”“闸蟹帝国”的美誉。大纵湖旅游度假区开发始于2003年，于2018年被纳入江苏省第二批旅游风情小镇创建名单，2020年被评为国家湿地公园。

里下河流域沟通南北，多元文化在此交融，孕育了厚重的人文底蕴与历史积淀。大纵湖区域湖面开阔、水草丰茂、水系纵横，常被视作苏北里下河地区野性、力量与传统的象征。当地近水多渔家，偏好以水道代街巷，以扁舟代花轿，衍生出以渔家文化、饮食文化、红色文化、戏剧文化等为代表的、独特的大纵湖文脉（图1）。

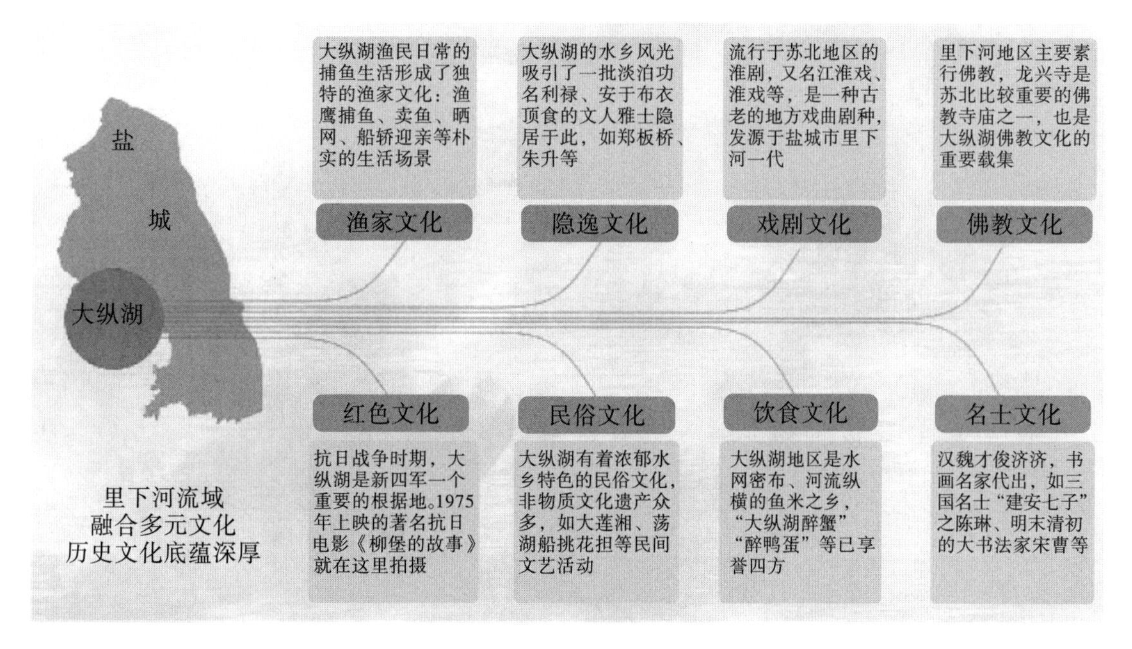

图1　大纵湖文化

集镇区位于大纵湖北岸，地处大纵湖旅游度假区核心位置，与大纵湖景区共同构成大纵湖湖荡风情小镇。围绕集镇区的旅游开发已趋向成熟，无论是浩渺悠远的大纵湖、人文气息浓郁的东晋水城，还是自然景致优美的蟒蛇河旅游风光带，均已具有一定的区域知名度。反观集镇区本身，尚未形成特色旅游项目，旅游参与度低（图2至图4）。

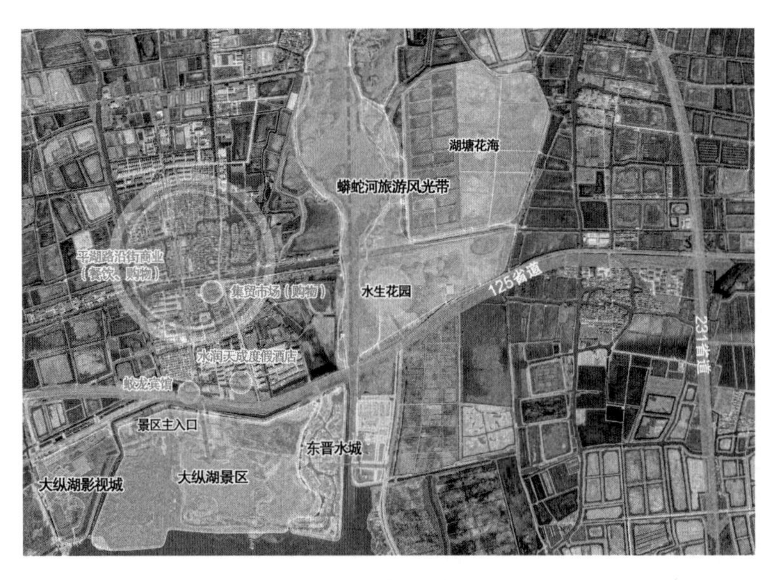

图 2　旅游发展格局

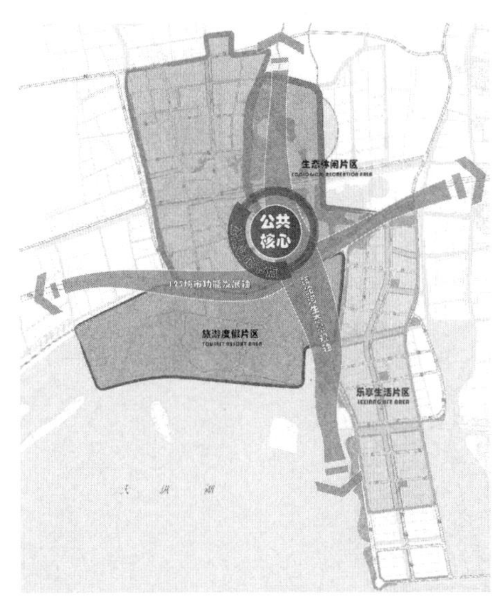

图 3　《盐城大纵湖旅游度假区旅游总体规划（2018—2030）》结构规划图

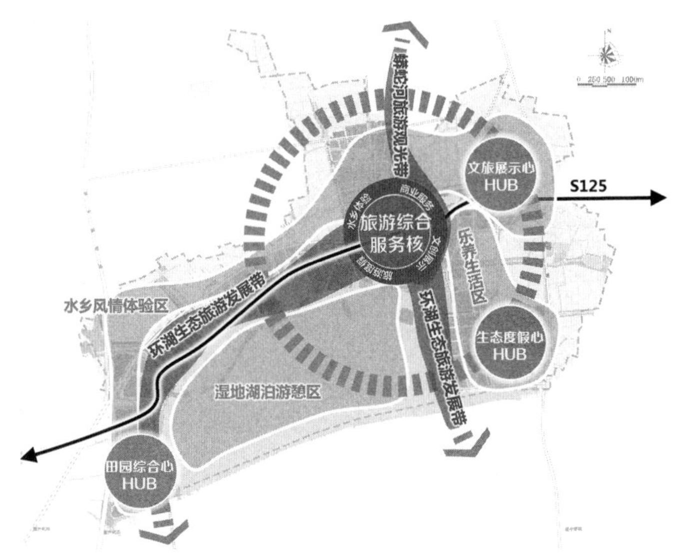

图 4　《盐城市大纵湖旅游度假区控制性详细规划》结构规划图

《盐城大纵湖旅游度假区旅游总体规划（2018—2030）》将集镇区定位为“水乡风情体验区，旅游综合服务核的重要组成部分”。2021 年 5 月公布的《盐城市大纵湖旅游度假区控制性详细规划》进一步明确，集镇区的东南部将打造成为度假区的公共服务核心。

4.1.2　大纵湖湖荡风情小镇集镇区问题剖析

集镇区空间格局基本成型，建设用地以居住用地为主，公共服务设施沿平湖路与宋曹路两侧分布。东侧为大面积湿地，生态底板良好。集镇区内部水系丰富，河网纵横，湖荡相连。现状滨水空间环境品质不佳，感知度低，开放性不足；多处滨水空间被菜田侵占，存在污染淤积问题。

集镇区南北两端集中分布新建住宅与中小学等公共建筑，建筑质量较好；沿街多为商住混合建筑，建筑质量一般；其余多为居民自建房或工业建筑，建筑质量较差。整体建筑高度较低，民居以一二层为主，沿街商业多为三四层，新建建筑局部六至九层。集镇区建筑跨越多个时代，色彩与风格缺乏统一性，外貌特征杂乱。

集镇区作为规划中的旅游服务配套核心，存在以下四方面问题：①水乡风貌难现；②缺乏合理的功能分区，街道面目混乱；③服务配套设施不齐全；④传统历史文化气息薄弱。遵循渐进式的城市更新理念，可从自然生态修复、建成环境修补及人文精神复兴三方面着手：①重塑镇水相依、人水相亲、绿水相融的水乡风貌；②实现建筑、景观与交通的综合整治；③修复社区文化网络，提高集镇区的认同感与旅游参与度，是本次风貌提升规划的重点。

4.2　以旅游为导向，渐进式城市更新理念下的集镇区风貌提升规划

4.2.1　主题定位

本次集镇区风貌规划坚决贯彻“生态优先、景镇一体、文脉传承、以人为本”的规划理念，延续“水网纵横、湖荡相连、镇湖相依”的大生态格局，同时挖掘原乡特色，实现传统水乡与现代城镇基因的融合共生。

4.2.2　规划结构与策略

规划形成“一核四片区，三轴三带”的规划结构（图5），以朝阳河风情体验带、水乡特色风貌区和平湖路、宋曹路、镜湖路三条特色商业轴为重点改造提升对象，重塑集镇区风貌。

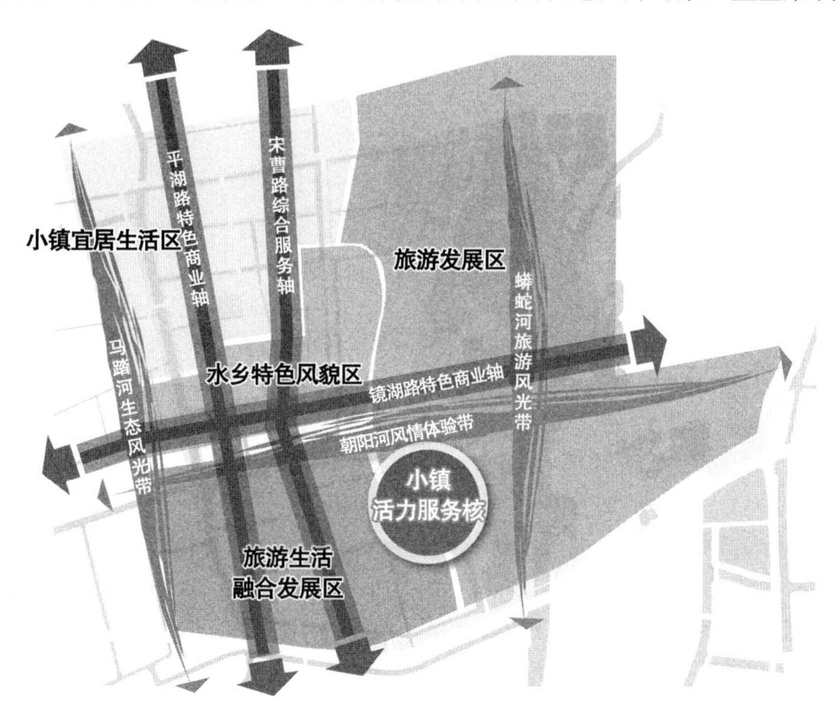

图5　“一核四片区，三轴三带”的规划结构

4.3　集镇区自然生态修复

从水系规划、绿地系统规划、滨水空间打造三方面着手，修复集镇区绿水相融的水乡风貌（图6至图8）。水系规划以区域性河流与构架性水系为基础，打通断头河，贯通水系，形成灵动、回环的河流水域体系，凸显湖荡风情特色；绿地系统规划依托密集水网，在水系两侧对绿地进行修复、补充，构建“公园＋滨水绿廊＋生态湿地”的自然开放的绿地系统；打造旅游体

验型、生活休闲型及生态湿地型三种不同类型的滨水空间，对应选择驳岸类型、植物类型，整治沿岸景观。

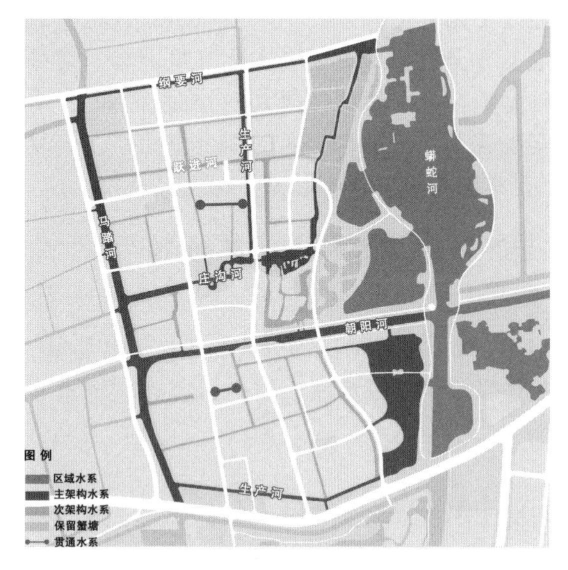

图 6　水系规划

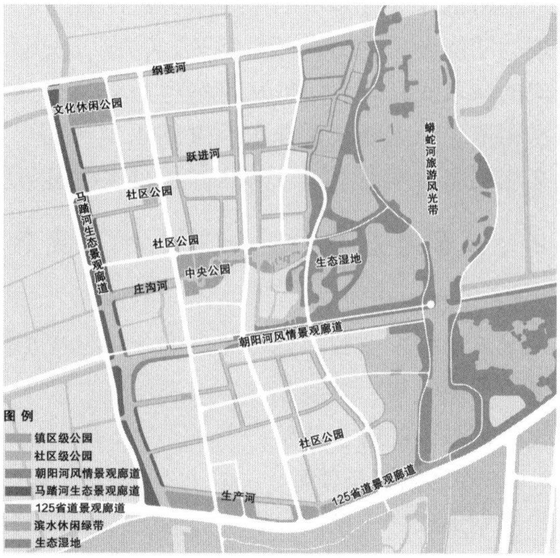

图 7　绿地系统规划

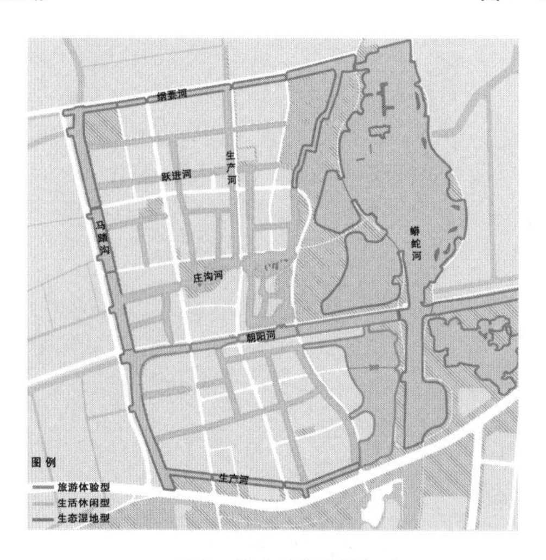

图 8　滨水空间规划

4.4　集镇区建成环境修补

4.4.1　建筑风貌控制

综合考虑建筑形态与空间肌理，对建筑高度、材质、容积率、色彩、构件形式、店招等进行控制指引，明确鼓励、容许和禁止的建筑风格。

(1) 集镇区最重要的商业兼旅游特色性街道——平湖路。

平湖路现状沿街多为二至四层商住建筑。北段沿街以四层商住建筑与二至三层居民自建房为主，部分建筑外墙面明显污渍或变色，表面漆料残损、脱落。南段沿街以二至四层商住建筑为主，整体建筑风格不统一，外墙面色彩混乱不协调。街道底商店招未经统一设计，风格、尺寸、色彩杂乱无美感。建筑前区退界空间较窄，大量建筑空调外机摆放杂乱，二层及以上侵占道路红线内空间（图 9、图 10）。

规划提出了三项改造更新措施，对街道整体风貌进行控制。措施一为建筑风格统一。保留沿街建筑原有的建筑形体，在此基础上对屋顶、外墙的色彩以及构件形式进行统一。建筑屋顶保留原有样式，屋面将现状坡屋顶统一为青灰色瓦面。建筑外墙需清除污渍，将外墙涂料或瓷砖贴面统一为白色主色调。商住建筑底层立面可采用灰色调，保持素净的苏北水乡格调。局部可点缀彩色，实现竖向的分割处理，丰富建筑立面细节。统一空调外机安放位置，并采用灰白色铝合金百叶遮挡。将门框、窗框统一为木漆色，部分新建欧式风格建筑可保留白色。

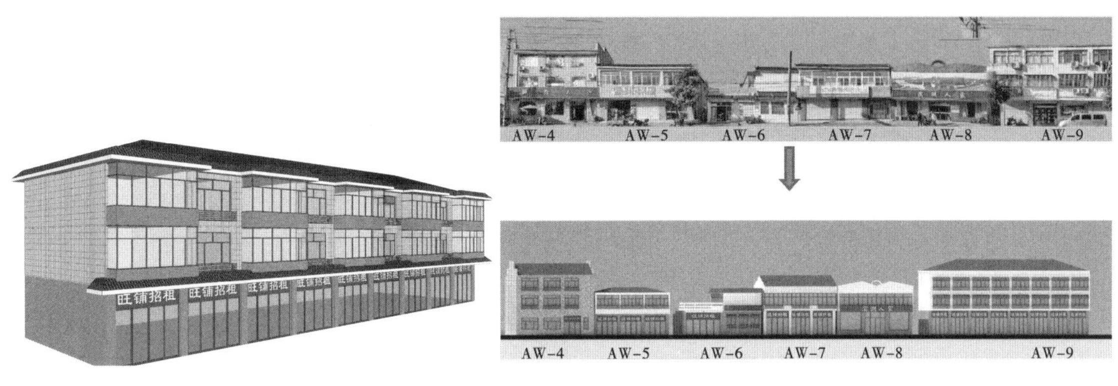

图 9　建筑整治单体意象

图 10　街道风貌改造

措施二为整治底商店招。首先统一底商店招位置。底商广告牌的形式可以是挑檐式或者门楣式，但同一建筑必须设置为一种形式。其次统一店招风格，以简洁大气的风格为主，倾向于融合传统形式。材质以木质或深棕色铝板为主，以木色为主色调，搭配点缀白色、米色等其他淡雅色调（图 11）。

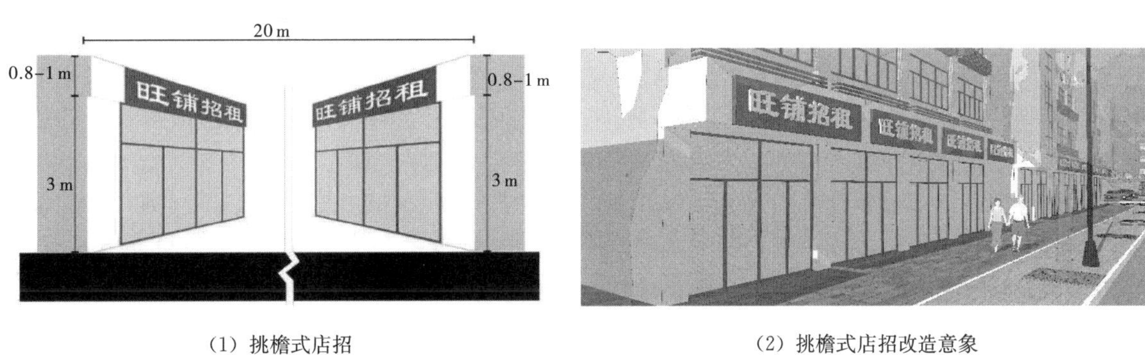

（1）挑檐式店招

（2）挑檐式店招改造意象

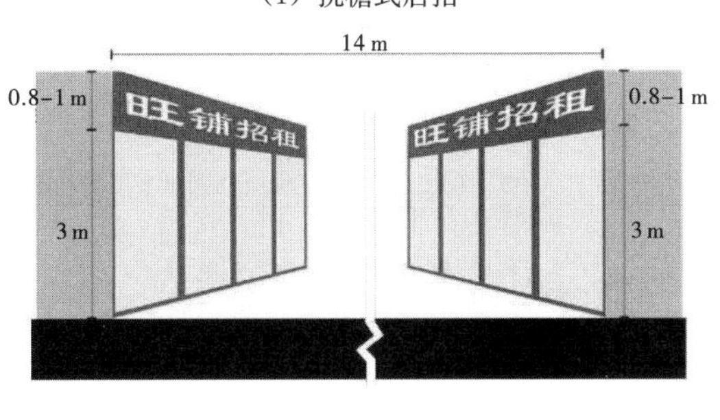

（3）门楣式店招

（4）门楣式店招改造意象

图 11　店招改造样式

措施三为街道步行与活动空间设计。统筹步行道和建筑前区有限的退界空间，进行一体化设计。将步行带划分为设施带与步行通行空间，在设施带内补充设置人行道隔离花墙，丰富街道绿化。统一建筑前区铺装为青灰色地砖，划分自行车等非机动车停车区域。挖潜平湖路沿线的现状闲置空间，嵌入生态宜人的口袋公园、街头广场与停车场地，形成公共节点空间(图 12)。

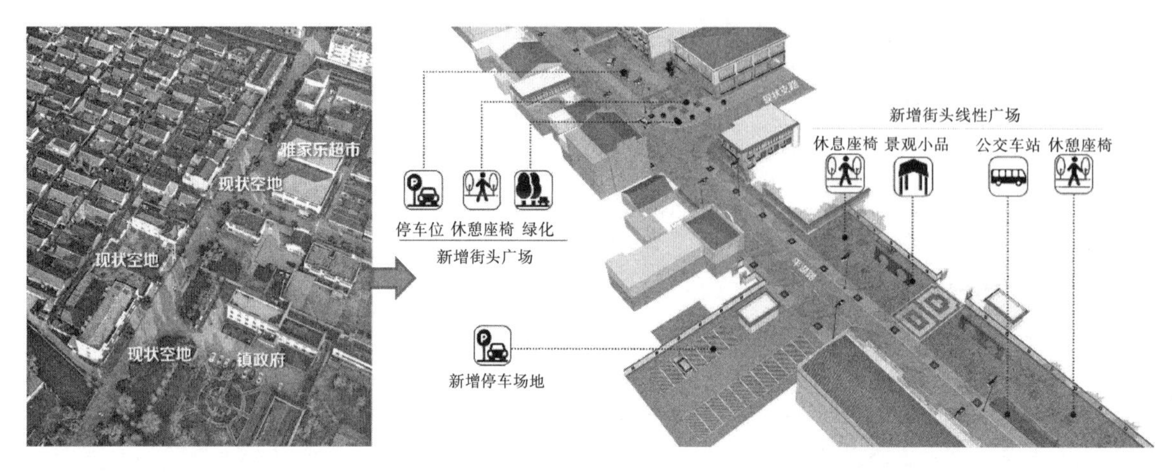

图 12　雅家乐超市节点改造

（2）兼具旅游商业性与景观性的集镇区主干道——镜湖路特色商业街。

镜湖路现状既无法体现集镇区形象，又难以满足游客游憩需求：街道步行与车行空间界定不清，道路路面常见破损；沿路两侧电线杆破旧，电线凌乱不美观；街道两侧以二至四层商住建筑为主，建筑风格与色彩凌乱、不协调，部分建筑外墙面出现破损；底层商店店招风格各异，缺失行道树绿化与街道家具。

针对以上问题，镜湖路的改造更新将从四个方面入手。①街道空间改造。改善步行道的铺装设计，以不同的材质铺砖分割停驻与快速通过的人行道空间，引导人的行为。②沿街建筑风貌提升。大纵湖成形于宋朝，居民在此繁衍生息，距今已有 800 多年历史。为延续历史的文脉，同时与集镇区南侧东晋古城的宋式街区相呼应，规划提取宋式建筑立面元素并进行现代演绎，将镜湖路打造为开放的宋式商街。沿街建筑屋顶样式统一为硬山顶，多有飞檐翘角；简化宋式格窗元素，统一匾额与店招风格样式；节点建筑可增加外廊及廊间“叉子”。③立面广告整治。对门头店招进行引导，总体形式与仿宋风格协调。④街道家具布置。利用沿街建筑前区与步行空间增加绿化，补充中式照明灯具、休憩座椅、垃圾箱等街道设施（图 13 至图 15)。

图 13　镜湖路节点建筑改造意象

图 14　镜湖路沿街商住建筑改造意象

图 15　镜湖路改造意象

4.4.2　特色景观提升

滨水空间是集镇区的核心特色之一，也是天然的人群聚集与活动场所。对集镇区内重要的滨水界面、道路界面、公共空间进行控制更新，以提高场所识别度，增强驳岸亲水性，促使游客和当地居民都能充分享受滨水空间，产生丰富的互动交流。

（1）特色景观廊道打造——朝阳河风光带。

依据现有河岸的空间特质及近河建筑形式，置入多元主题，将朝阳河由西至东划分为三大功能景观段：滨水公园段、活力休闲段及水乡体验段，致力将朝阳河打造成为贯穿集镇区，集中展现水乡独特风貌与生活气韵的灵魂地标（图 16）。

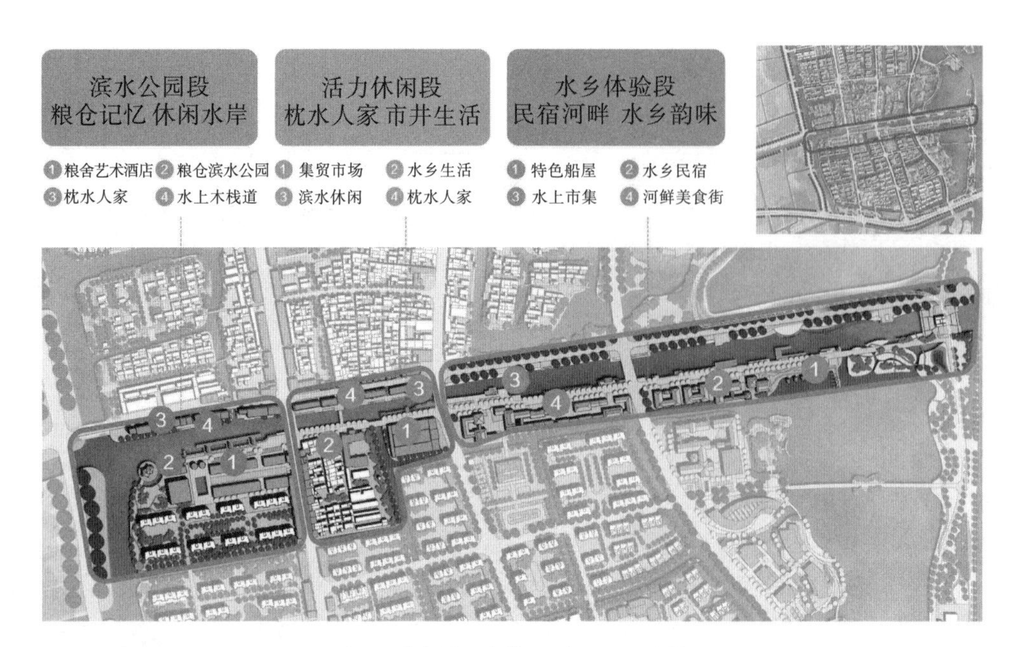

图 16 特色景观廊道——朝阳河风光带

滨水公园段主题设定为“粮仓记忆，休闲水岸”（图 17），主要整治提升手段分为三种：①整合沿岸线型，保证岸线步行通畅；设置木栈道与亲水平台，改善滨水空间的亲水性。②整治沿岸建筑风貌，保留部分粮仓建筑，改造为艺术酒店。结合吊车、筒仓等，打造特色滨水休闲空间。两岸遗留的粮仓，作为地区历史上浓墨重彩的一笔，见证了大纵湖在运河鼎盛时期作为物产集散地的辉煌，承载着小镇居民的集体记忆，是一笔不可多得的文化遗产。通过改造和再利用，将粮仓以艺术酒店的形式重新向公众开放，在保护和展现建筑原始面貌的同时，形成新的使用功能，使粮仓走出历史，重新走进当代生活。③补充种植芦苇、香蒲、水鸢尾、水葱等水生植物，丰富岸线沿途景观。

图 17 朝阳河滨水公园段改造意象

活力休闲段主题设定为“枕水人家，市井生活”（图 18），主要整治提升手段分为三种：①整合沿岸线型，保证景观视线通畅，步行动线连续；设置平台、阶梯等，消减沿岸空间与河面的高差，增加滨水空间的亲水性。②整治沿岸保留建筑风貌，使区域形象趋于一致，突显水乡气质。③沿河种植成排的垂柳，河面补充种植芦苇、香蒲、水鸢尾、水葱等水生植物，增加岸线沿途景观的层次感。

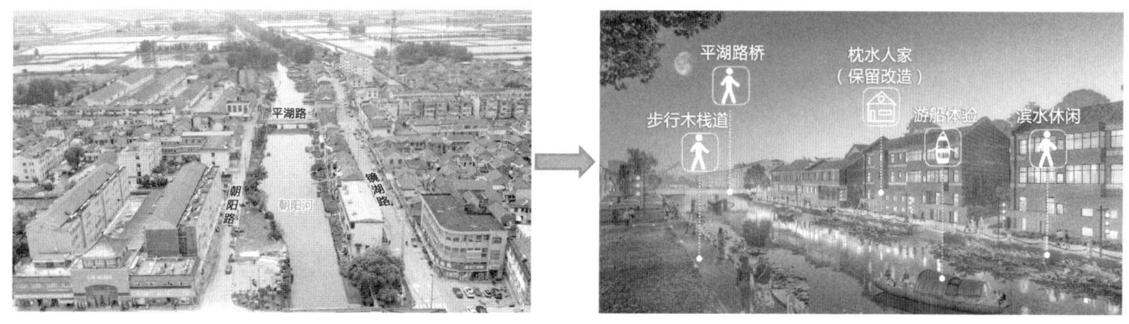

图 18　朝阳河活力休闲段改造意象

水乡体验段主题设定为“民宿河畔，水乡韵味”（图 19），主要整治提升手段分为两种：①修补建筑肌理，小规模补充建设水乡民宿。以当地特产闸蟹为主打原材料，复刻纵湖十鲜、全鱼宴、百蟹宴等当地经典菜式，打造湖鲜美食街区。②对滨水岸线进行整合，在朝阳河南岸塑造滨水商业休闲空间，营造悠闲舒适的水乡生活体验。

湖鲜美食街作为水乡体验段的重头戏，由水上集市、美食街区及功能复合的水产市场综合体共同构成。水上集市复现往日居民渔船往来、码头易物的生活场景，展现淳朴民俗；美食街区发挥近水楼台的优势，采取产地直送、前店后河等经营模式，同时吸引小镇居民与游客。点睛项目——水产市场综合体以日本上引水产为模板，除提供立吞美食、锅物料理等新式海鲜料理之外，更开辟专门区域经营文创家居，将单一式水产店打造为跨界生活美学体验店。

图 19　朝阳河水乡体验段改造意象

（2）滨水道路景观设计——宋曹路。

作为集镇区的一条景观性主干道，宋曹路南段两侧为新开发的居住区，两侧建筑建成年代较新，建筑前区空间较大，缺少系统的景观设计。北段两侧为传统的水乡民居以及水系支流，西侧滨水空间缺乏景观设计，人行道与街道家具缺失。街道整体绿化环境单调，以行道树为主，缺乏景观层次。

考虑宋曹路的景观特色定位，改造措施可从三方面着手：①调整道路断面。宋曹路南段道路两侧建筑前区空间较大，可丰富建筑前区的景观设计，形成景观绿带；北段增加人行道，结合沿路河道与绿地，打造开放性的景观绿带与滨水步行空间。②针对宋曹路进行公共设施整治。增加休闲绿带，配置休闲座椅、花箱、花坛等，树池、井盖注意契合集镇整体的景观风貌，同时增加趣味性。街道标志融合水乡风貌进行设置。③进行滨水景观设计。改善水绿环境，增加木栈道与休息平台，提升行人友好度（图 20 至图 22）。

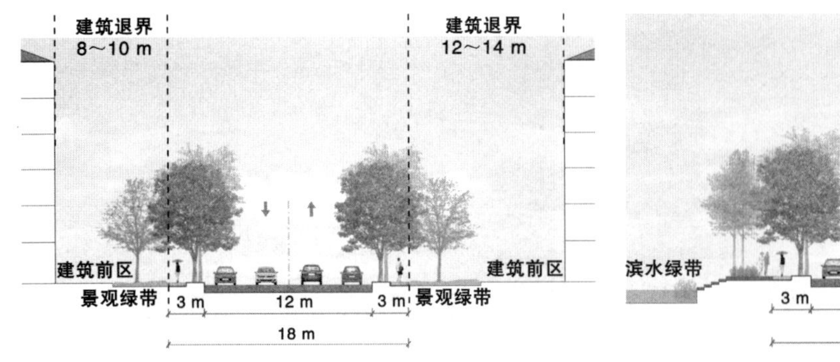

图 20　宋曹路南段规划断面

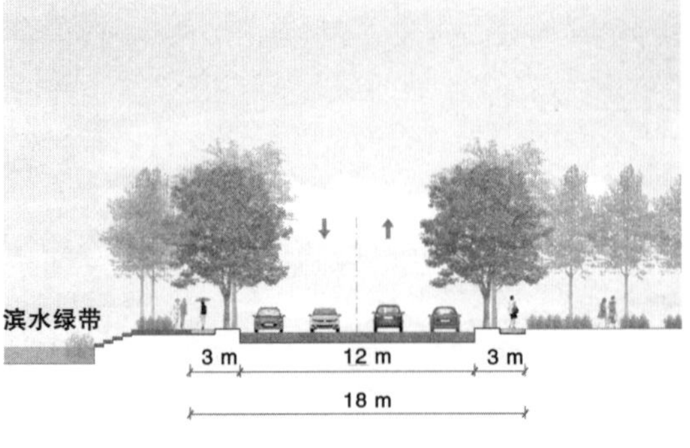

图 21　宋曹路北段规划断面

图 22　宋曹路滨水景观设计意象

4.5　集镇区人文精神复兴

文脉传承，苏北水乡风貌复现——原乡渔乐活态民居空间。保留集镇区中部成片水乡民居，修补延续原有水乡肌理与民居格局，打造活态民居空间。从空间营造、创新业态培育、社群运营三个维度切入，推进传统水乡空间的内生式更新。空间营造三个层面：①注重环境治理与场景打造。整治河涌，改善水生态环境；结合当地特色芦荡，再现里下河水乡风貌。②重塑活力公共空间。延续苏北传统民居细密、连续的肌理形态，梳理填入广场、绿地等公共空间节点，促进居民活动与日常交流。③建筑整治。拆除违法违章建筑，对衰败建筑进行整修。整体建筑风格突出白墙、青砖、灰顶及硬山顶等主要特征。创新业态培育层面，积极培育引导民宿、文创艺术等多元产业，以民宿业态为引擎，整合生态观光、休闲度假、渔乐体验等，打造里下河水乡新生活场景，推动民居的内生式更新。社区运营层面，支持乡村创客，联合当地居民实现社区共治，建立生活共创集群，吸引更多对乡村心怀热爱的艺术家、创作者等入驻，成为“新村民”，带动当地的艺术人才和文创产业振兴（图 23）。

图 23 原乡渔乐区现状与规划意象对比

点睛项目——原乡民宿，引导一部分保留的民居开放为民宿或家庭旅馆，助力游客融入当地百姓生活，领略原汁原味的水乡风貌。结合东侧蟒蛇河旅游风光带，利用原有生态底板打造渔乡湿地，发展生态观光、摄影休闲、科普教育等功能。在现状蟹塘养殖基础之上，依托大纵湖清水蟹品牌，以渔带旅，开发多主题的垂钓体验及泥巴乐园等亲子游乐项目（图 24)。

图 24 原乡民宿改造更新意象

5 结语

本文意在探讨以旅游为导向的特色小镇集镇区城市更新路径。本文以旅游业推动特色小镇集镇区更新为出发点，研究分析了渐进式城市更新理念与手法，并以大纵湖湖荡风情小镇集镇区风貌提升规划为实例，探讨了渐进式城市更新在实践中的应用可行性，为今后特色小镇集镇区更新的研究提供了参考。

［参考文献］

［1］丁一. 新型城镇化背景下，特色小镇的城市更新初步探讨：以湖州织里老街改造项目为例［J］. 居舍，2019（14）：79-80.

［2］华经产业研究院. 2021—2026 年中国特色小镇行业投资分析及发展战略咨询报告［R/OL］.

(2021-04-16)[2022-03-14]. 华经情报网, https://www.huaon.com/channel/other/706110.html.

[3] 国家发展改革委发展战略和规划司. 国家发展改革委有关负责人就《国务院办公厅转发国家发展改革委关于促进特色小镇规范健康发展意见的通知》答记者问 [N/OL]. (2020-09-16) [2022-03-14]. 中华人民共和国国家发展和改革委员会, https://www.ndrc.gov.cn/fzggw/jgsj/ghs/sjdt/202009/t20200930_1240748.html? code=&state=123.

[4] 徐晓曦."城市修补"理念下特色小城镇旅游适应性更新研究:以宁波市鄞江镇中心镇区城市设计为例 [D]. 南京:东南大学,2016.

[5] 李戎,李静. 用景观的缝合性修补老城被割裂的时间与空间:对汉口老城区景观改造的建议 [J]. 华中建筑,2013,31 (3):50-52.

[6] 罗怡婧. 旅游参与城市更新的理论与实践思考:以嘉兴乌镇的城市更新为例 [J]. 现代园艺,2020,43 (21):132-136.

[作者简介]

许　康,工程师,注册城乡规划师,任职于上海联创设计集团股份有限公司。

基于电路理论的山地小城镇安全韧性空间更新实践

——以山西省沁源县中心城区为例

□乔　娜，李双婷

摘要：晋东南地区的山地小城镇拥有得天独厚的自然山水资源，但受脆弱的生态环境和有限的经济资源条件制约，其长期处于资源依赖型和山、水、城孤立发展的阶段。在城市建设向生态文明与可持续发展转型的新时代，山地小城镇也应充分利用特色滨水空间资源，采取山水相融的更新策略促进城市振兴。山西省沁源县地处黄河流域的一级支流沁河的上游地区，受晋东南山地丘陵的自然特征影响，其中心城区滨水地带更新路径与平原型大、中城市存在显著差异。对水资源的依赖性决定了山地小城镇城市更新要点在于“如何把握好生态健康与韧性安全为前提，在城市更新过程中统筹好对山水资源进行保护性利用的动态平衡”。紧扣可持续发展主题，文章以沁源县中心城区滨水地带为例，以安全韧性视角为切入点，从以全域生态空间格局为前提、建设绿色基础设施纽带、打造韧性海绵系统三方面探讨山地小城镇滨水区振兴的地域性更新策略，以期为黄河流域地区其他山地城镇的开发建设提供经验，并为后续韧性城市发展提供沁源范式。

关键词：山地小城镇；韧性城市；景观连通性；电路理论；城市更新

存量规划时代，城市建设由外延式扩张转向内涵式发展，城市品质与活力提升、韧性城市构建、社会可持续发展等议题受到广泛关注。滨水区作为城市起源和发展的命脉，是重要的生态、景观敏感地区，对于维护城市生态安全、改善城市风貌、完善城市功能和提高居民生活品质具有重要作用。自20世纪50年代起，全球逐渐兴起通过滨水地区的更新改造带动整个城市复兴的建设浪潮，以滨水工业区转型再生为原点，相关理论与实践研究逐步面向流域生态修复治理、滨水区绿地景观规划等热门领域展开，涵盖生态安全、产业转型、立体交通、管理运营、文化营造等多方面内容。

受地域性特征及由此带来的交通区位、经济资源、产业结构、空间环境等因素影响，山地小城镇滨水区更新路径与平原型大、中型城市滨水区存在显著差异。面对脆弱的生态环境、有限的经济资源条件和缺失的基础设施建设现状，有关学者尝试从山水古城文化振兴、景观游憩开发、山水共生结构构建三方面来破题，借由滨水区更新探索将小城镇自身独特的地域文化转化为未来城市竞争优势资源的实现路径。此类研究视角更多关注于挖掘山水景观的历史文化价值以转化为经济生产力，相对忽视了滨水区的自然生态价值，构建山水共生格局也以历史文脉传承为主要目的，有局限性。山地小城镇滨水区拥有更强的开放性、生态效应和连接流动功能，逐渐成为城市重要发展空间和公共开放空间。在生态文明建设时代，充分挖掘滨水区的自然生态价值，建设生态健康与韧性安全的城市是实现可持续发展目标的创新途径。对山地小城镇而言，可考虑将山水资源进行保护性利用、建设生态安全的自然韧性工程作为城市滨水区更新的起点。

此外，现有研究多以节点、片区的绿色基础设施更新修复为研究范围，基于景观生态整体性出发构建韧性安全的基础设施体系相对较少。本文借鉴 McRae 在景观生态学引入的电路理论模型，将沁源全域的土地利用数据作为电导面，用电子在电路中随机流动的特性来模拟物种个体或基因在景观中的迁移扩散过程，从而识别景观面中多条具有一定宽度的可替代路径作为生物要素的流通廊道，并通过生态源地之间电流的强弱确定生境斑块和廊道的相对重要性。基于该理论，本文以沁源县中心城区为研究对象，从宏观尺度构建安全韧性生态格局、中观尺度建立绿色基础设施纽带、微观尺度打造韧性海绵系统，逐层推导出山地小城镇滨水地带的更新路径，统筹解决现状中心城区滨水地带生态斑块破碎、河流生境恶化、防洪抗灾能力不足等问题，有效促进山地小城镇复兴与可持续发展，并为后续韧性城市的理论发展和社会实践提供借鉴。

1　研究区概况

沁源县位于黄河流域太岳山东麓的沁河上游地区，是黄河流域鲜有的相对富水区。2020 年 10 月 9 日，沁源县被生态环境部命名为第四批“绿水青山就是金山银山”实践创新基地。作为黄河流域重要的生态型地区，县域 80%以上面积均为林草覆盖，与黄河流域自然生态脆弱、水资源短缺、水土流失严重的区域特征差异极为明显，因此在城市更新工作中，应把中心城区作为全域生态安全的关键区域，以系统性视角更新修复城区的韧性空间显得尤为重要。

沁源县中心城区位于沁河河谷地带，其东、西、北方向分别为群山所围，三山相夹形成狼尾河、沁河两条主干河流，东西向由冲积沟壑形成八条支流，整体呈现“三山夹两河，八水东西穿”的自然山水特征。大部分城市支流均为季节性河流，每年 6—9 月进入汛期。当前中心城区滨水空间存在生态斑块破碎、河流生境恶化、防洪抗灾能力不足等主要矛盾。城市开发建设大量侵占滨水生态空间，传统自然山水意向被破坏，自然景观锐减，绿地斑块破碎程度高且数量少，缺乏统一有机的整体格局。滨水空间营造仍在沿用曾经防洪防旱的传统思路，河道人工化痕迹严重，呈现结构固结化、形态规整化和功能简单化的特征，硬质河道寸草难生，导致河流自然生态系统恶化，频频出现河流断流、水体黑臭的现象。此外，滨水地带开发与河流环境提质工程较少考虑到滨水地带环境品质及其与城市蓝绿系统联动的生态韧性功能，硬质堤岸和不透水铺装削弱了城市的承洪韧性，河道蓄排能力有限，如遇极端天气，极易发生洪涝灾害。

2　理论与方法

2.1　安全韧性的概念内涵

安全韧性的概念最早应用于系统生态学方向，以定义生态系统稳定状态的特征，随后引入工程学、心理学、材料学、城市规划学等领域，并在 21 世纪不断充实研究内容，经历了工程韧性—生态韧性—演进韧性的演变。以英国、美国为代表展开基于安全韧性的城市规划实践，早期强调城市的适应能力、整合能力及预判能力，后期加入突发事件的影响，制定了应对灾害的国家安全策略、国家应急管理框架等规划。现代韧性城市理念要求城市在规划建设中，首先要考虑具备减轻灾害或突发事件影响的能力，其次要有对灾害或突发事件的适应能力，更重要的是需要有从灾害或突发事件中高效恢复的能力。以工程韧性、生态韧性、演进韧性的相关理念为引导，韧性城市构建已初步形成经济、工程、环境和社会四方面的基本架构。本文研究的正是针对工程韧性和生态韧性方向，提出基于生态修复的城市更新策略。

2.2　电路理论的基本原理

电路理论利用电子在电路中随机游走的特征（即随机漫步理论）来模拟物种个体或基因流在某一景观面中的迁移扩散过程；物种个体或基因流被视为电子，景观本底为阻力面，利于物种迁移扩散的景观类型被赋予较低的电阻，不利于迁移的景观类型赋予较高电阻；景观中生境质量较好的自然生态斑块被识别为节点（类似生态源地概念）。计算过程中，以生态重点保护地区（自然保护地等地区）向其他节点输入电流，基于阻力面每个栅格的电阻值，可以计算出节点间的电流密度值，其数值可以表征物种沿某一路径迁移扩散概率的大小。并联电阻中有效电阻会随着电路路径数的增加而降低，电流随之增大，由此在廊道冗余度、宽度和连接度增加时，生物迁移的阻力会减小，顺利扩散的概率增大。

2.3　研究方法

2.3.1　数据来源

研究所需数据来源有中心城区地形图（精度 1∶2000）、2020 年沁源县第三次国土调查主要数据、中心城区航拍影像及沁源县各类自然保护地、国家公园等矢量数据。

2.3.2　基于电路理论的生态安全网络构建

首先，根据区域生态本底特征，确定沁源县自然保护地、国家公园、水源保护区等生态极重要空间为生态源地（图 1）。其次，基于专家经验以土地利用类型对生物要素迁徙的适宜性程度进行电阻赋值（表 1、图 2），赋值依据是随着建设用地密度下降，林草植被的覆盖度增加，阻力逐渐下降，可成为物种的栖息场所。最后，以每个生态节点为中心，以剩余的 n－1（n 为生态节点数）个节点为目标点集群，基于最小累积阻力模型识别生态廊道，通过电路理论将生态廊道的重要性进行分级，构建县域生态安全网络（图 3）。分析可知，沁源县东北部地区生态源地较少，生态廊道稀疏狭长，斑块类型多样且破碎化严重，廊道宽窄变化频繁，较为脆弱；西部、南部山区生态源地数量较多且间距小，有较多廊道连接，同时林草植被密布，生态阻力较小，识别出的生态廊道较宽。

表 1　不同土地利用类型阻力值

地类	耕地	园地	林地	建设用地	水体	湿地	未利用地	草地
阻力系数	50	30	1	500	100	75	20	50

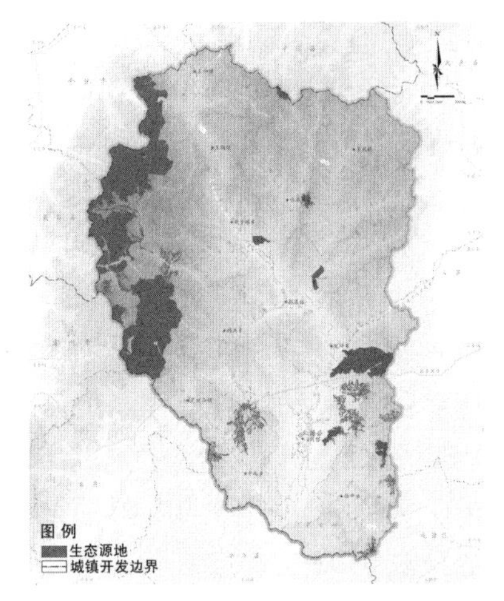

图1　沁源县生态源地分析示意图

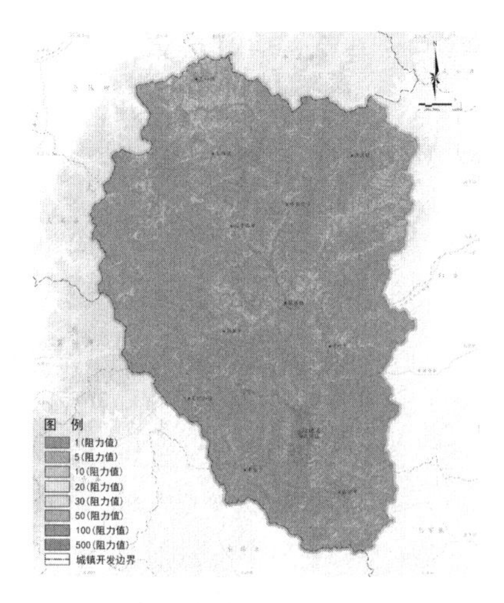

图2　沁源县生态阻力面分析示意图

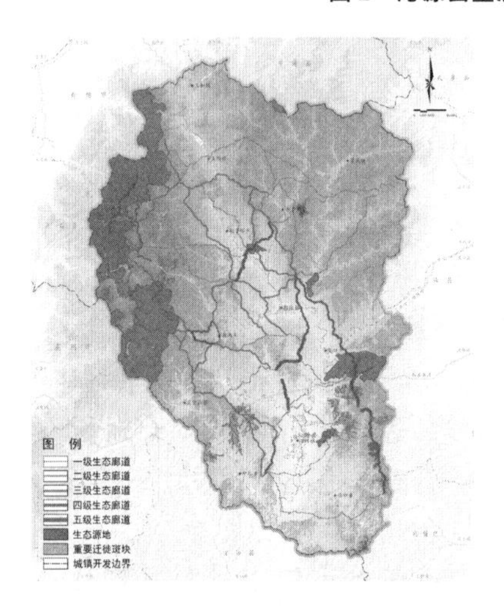

图3　沁源县生态廊道重要性模拟分析示意图

3　中心城区韧性空间更新目标与策略

3.1　更新目标

韧性城市理念下坚持生态安全优先，以城市生态安全为重心对城区环境进行整体规划和统筹协调，考虑从生态空间格局、绿色基础设施纽带、韧性海绵系统三方面入手，旨在通过多层次的生态修复手段，修复更新在城市开发过程中遭受破坏的山水、植被等自然环境，构建一个具备抵御外部冲击、适应变化及系统性自我修复能力的山城生态韧性网络，为城市可持续发展奠定坚实的物质空间基础。

3.2　更新策略

3.2.1　基于全域生态安全网络，确定绿色基础设施骨架

将城市纳入自然生态体系，充分利用山水生态要素的连通性，形成具有一定生态承载力的韧性空间网络，使城市有能力抵御突发自然灾害并维持生态系统功能。

（1）区域协同，打造县域—城郊—中心城区三级绿化生态圈。

注重沁河流域对中心城区滨水地带的影响，基于区域生态环境协同机制，以上述电路理论构建的全域生态网络为基础，打造县域—城郊—中心城区三级绿化生态圈，强化生态要素连通性功能，作为韧性城市建设的基础。策略路径：县域层面以高等级生态廊道作为绿地结构骨架，连接东西两侧自然保护地和主要河流汇水区；城郊层面依托生态廊道、特色林带及水系，打造环城休闲风光带；城郊地区依托土地利用类型对生物迁徙的影响，提取重要斑块作为生物迁徙用地，以此作为由城郊向中心城区延伸的重要廊道空间，为城区构建蓝绿生态网络提供空间依据（图4至图6）。本文研究内容重点落脚于沁源县中心城区，就中心城区绿色空间系统构建进行详述。

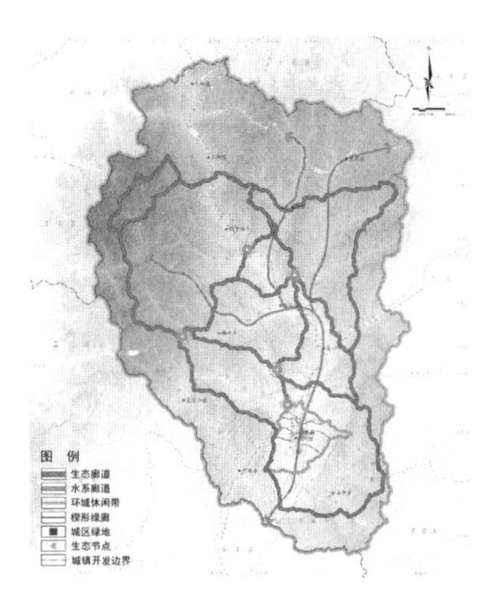

图4　沁源县县域范围生态安全格局分析示意图

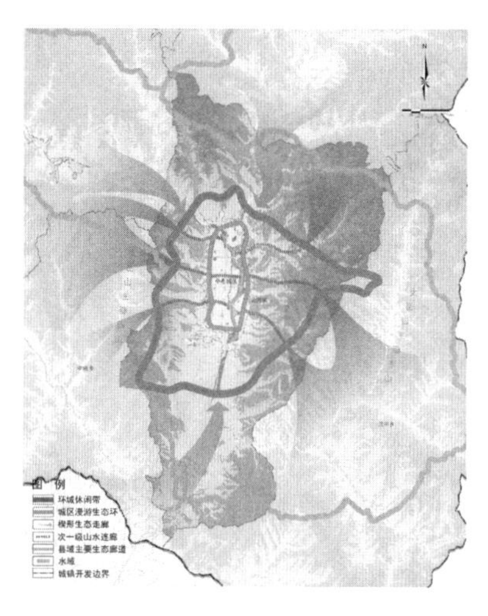

图5　城郊地带生态结构分析示意图

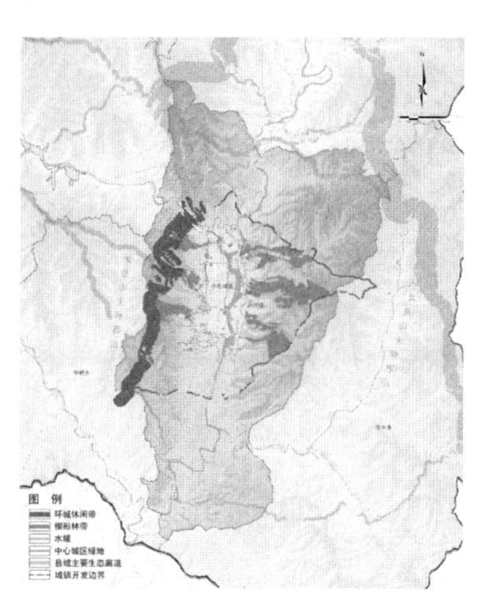

图6　城郊地带重要的生物迁徙斑块识别示意图

（2）蓝绿交融，重塑中心城区绿色空间系统。

注重保护并传承自然山水格局，考虑城郊一体化设计，充分发挥重要生物迁徙廊道作为线性要素规划的科学依据，通过蓝绿空间渗透联结，整合中心城区绿地、城区外围生态绿地等重要蓝绿资源，汇入全域生境空间网络，奠定韧性空间框架，形成“一环、两廊、六带、九园、多点”具有鲜明地域特色的绿色空间系统结构（图7）。其中，“一环”为城区边缘带状绿地构成的漫游生态环，“两廊”为沿干流沁河、狼尾河水脉构成的南北向生态绿廊，“六带”为沿纵横城区的十条支流打造的六条滨水绿带，“九园”为基于结构性绿地和水系建设的九大城市公园，“多点”为社区公园。

破碎的绿地斑块结合水网布局增补腾挪为辅助手段，构建滨水绿带—城市公园—社区公园—道路绿地—防护绿地五级体系（图8），可作为生态缓冲区增强滨水生态景观效益。基于城市水生态安全的水环境治理为更新改造核心，广泛采用修复连通断流河道、种植水生植物净化水体、强制雨污分流、景观生态化营造等措施改善河流生境，打造“干线纵布、支线横展、水面点缀”的网状水系统（图9），维护水生态基础，构筑全城循环体系。

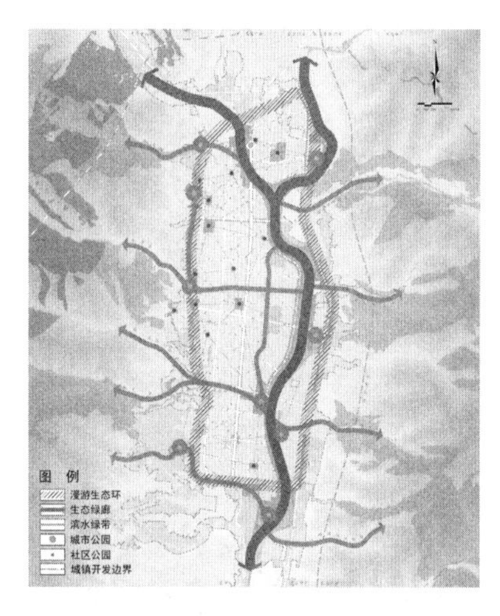

图7　中心城区绿色空间体系规划示意图

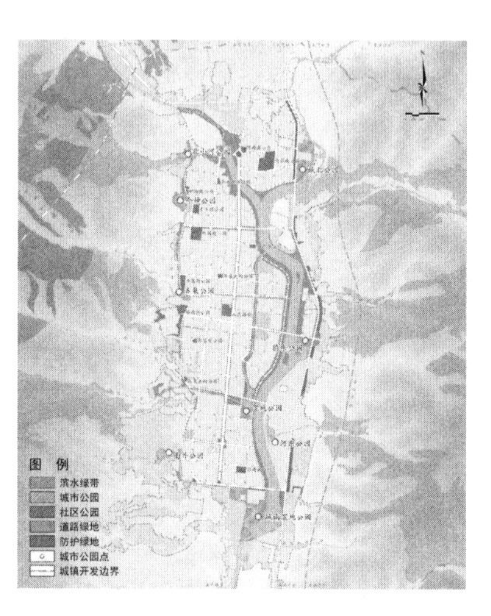

图8　中心城区绿地系统规划示意图

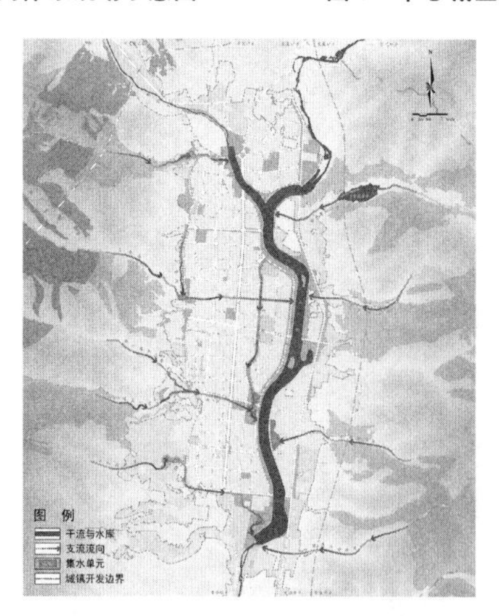

图9　中心城区水系统规划示意图

3.2.2　灰色基础设施生态化，打造绿色活力纽带

对城市大型灰色基础设施进行韧性设计，强调功能性、工程性与生态性、景观性相结合，转变城市治理思想从“安全抵御洪水”到“与洪水调和共生”，大幅提高河道承洪韧性。

与城市滨水空间相关的灰色基础设施主要为县城防洪排涝设施，包括沁河两岸修筑的防洪堤及贯穿城区的多条泄洪渠，均为硬质垂直驳岸设计，防洪标准多为50～100年一遇。灰色基础设施的生态化改造以城市水陆边缘区生态系统建设为主，根据河道的不同功能（如城市防洪、市民游憩、生态保育等）和水环境特征对水系进行分段设计，塑造亲水复合型、自然生态型、硬质台地型三种特色弹性水岸（图10、图11），转变灰色基础设施为绿色基础设施，过渡水陆交界，在保证防洪安全的基础上，为居民彼此交往、亲近自然提供绿色开放的活动空间，也为自然生物生存繁衍提供场所。改造后的河道绿色基础设施，还可与城市道路网相连，打造便捷可达的公共空间系统和特殊时期救灾疏散的综合防灾空间，不仅修补了缺失的城市功能，也有利于其生态效益向城市功能区渗透。

（1）亲水复合型驳岸。

考虑实地情况及水流淹没的周期性特征，有条件进行适量土方工程，在河道局部采用石材、钢筋混凝土、防腐木材等材料还原堤岸形态（如缓坡式、台阶式及后退式堤岸），或架设水上栈道及亲水平台，为市民近距离亲水留足活动空间。亲水复合型驳岸主要布置在风光优美、空间界面丰富的城市公园滨水地带和城市内河，通过构筑物设计使人与自然双向互动。

（2）自然生态型驳岸。

保持河道自然弯曲的形态，沿河尽可能布置若干小型蓄水湖泊和河心小岛，驳岸设计普遍采取草坡形式，坡脚可用木桩、石笼或浆砌石块固定，草坡上大量种植本土原生植物群落，河道内种植具有渗滤净化能力的水生植物。自然生态型驳岸主要布局在狭窄的泄洪河道两侧和开阔的景观水面，充分尊重和保护滨水地带的生物多样性，并具有一定自然恢复和防涝蓄水能力。

（3）硬质台地型驳岸。

作为保障生命安全的防洪基础设施需满足相关工程要求，河道相对宽阔，直落式的陆地和水面之间存在很大落差，因而亲水性和形式感不佳。在有足够空间的条件下，可依据地形采用分级跌落式设计，局部提供亲水平台。硬质台地型驳岸主要布局在城区沁河两岸，以防洪护城为首要功能。

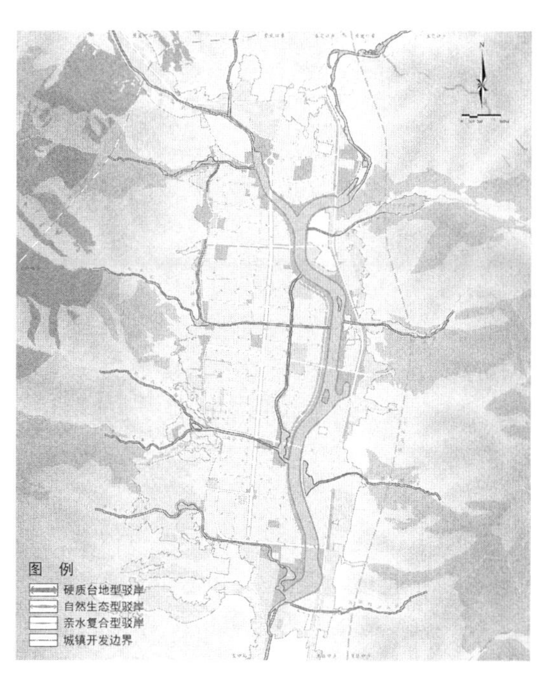

图10　中心城区生态驳岸规划示意图

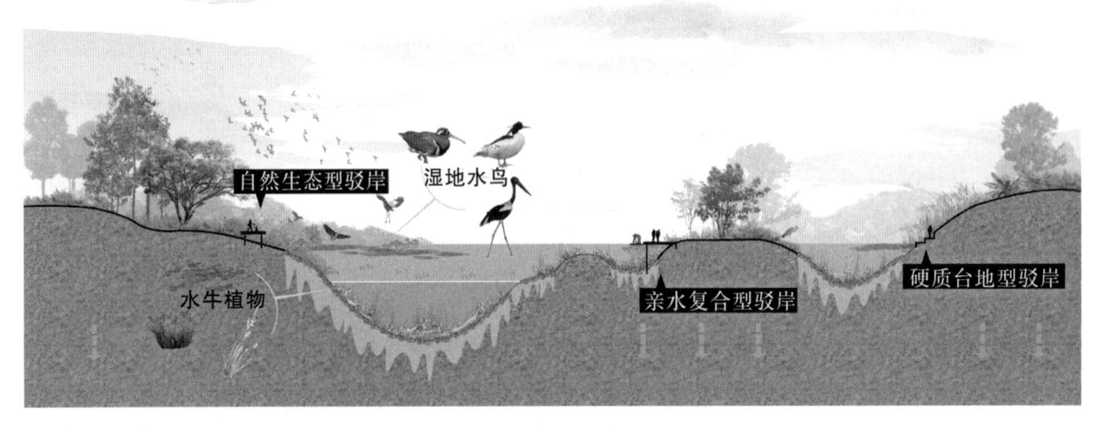

图 11　三类特色生态驳岸剖面及意向图

3.2.3　增补海绵设施，应对城市雨洪影响

在实施层面统筹各类滨水地带环境建设，综合吸收工程韧性与生态韧性思想，以点带面构建一体化的海绵韧性系统，科学实现雨洪管理并持续发挥生态效应。

低影响开发（LID）理论提倡采用散点状的小规模措施重塑自然景观，保留当地的自然特性来模仿原有的自然水文模式，最大化雨水渗透率，保障项目实际开发质量并建立完整的系统维护机制，与当代韧性城市建设理念不谋而合。沁源县中心城区海绵系统建设采用的低影响开发方式有下渗、蓄水、生物滞留和过滤进化四类，要点在于充分利用滨水带状绿地、社区公园、道路绿地打造雨水花园、下沉式绿地和绿色街道等，通过对雨水进行截流、净化和循环，建立雨洪管理与利用体系，使其蓄水调洪、水土保持、水质涵养和保护地下水的生态功能最大化，最终形成点、线、面一体化的海绵生态网络，极大提高城市应对洪涝灾害的能力。

（1）点状海绵设施：下沉式绿地。

设计相对均质分布的社区公园为下沉式绿地形式，成为景观集水净化设施。标高低于周边人行道和居住区地面，利用地形及高差将路面的雨水引导至绿地中，具有补充地下水、调节径流和滞洪以及削减径流污染物的作用。下沉式绿地的深度取决于当地可使用的植物的耐涝性和与地土壤的渗透性，在中心城区结合地形特征选择下沉深度 200 mm，并在绿地内部设置相应的溢水口。

（2）线状海绵设施：生态植草沟。

设计线性狭长的道路绿地为生态植草沟形式，成为种植植被的景观排水设施。横截面一般为三角形或梯形，具有减缓雨水径流速度，运输、净化和渗透雨水的作用。可以根据道路绿地宽度决定体量大小和坡度缓急，其边坡坡度不大于 1∶3，纵向坡度小于 4%，纵坡较大时可设置台层状植草沟或在其间设置消能台坎，植草沟中应种植耐冲刷、渗透率高的适宜当地气候的乡土植物。

（3）面状海绵设施：雨水花园。

设计滨水绿带和城市公园为雨水花园形式，成为雨洪管理的重要集水单元。作为较大型的生态海绵设施，具有雨水调蓄、储存及净化作用，应避免对地下水的污染，并保持较低的雨水下渗率以保持水景观效果。往往采用高低起伏、蜿蜒盘绕的不规则形式设计内部结构，结合活动广场、栈道及亲水平台打造市民休闲娱乐的活动空间。

4　结语

生态安全是推动山地小城镇滨水地带经济、社会、环境可持续发展的前提和基础。在当前我国开展韧性城市建设的探索时期，文章基于安全韧性视角，针对其中生态韧性与工程韧性方向，有针对性地提出了山地小城镇滨水地带更新的多层次生态修复策略，无论是宏观层面的生态格局构建，还是中微观层面的基础设施体系建设，都以保障城区生态安全并营造高品质的城市环境为第一要务，且对于转变山地城市传统粗放的发展观念，走向山、水、人、城和谐共生的绿色发展路径有着积极影响。本文研究成果可为我国其他山地小城镇滨水地带的开发建设提供经验，并为后续韧性城市发展提供沁源范式。

［参考文献］

［1］黄国贞．城市滨水区的规划方法与实践：以无锡渔港地区控制性详细规划为例［J］．华中建筑，2008（10）：189-193.

［2］岳华．英国城市滨水公共空间的复兴［J］．国际城市规划，2015，30（2）：130-134.

［3］王敏，叶沁妍，汪洁琼．城市双修导向下滨水空间更新发展与范式转变：苏州河与埃姆歇河的分析与启示［J］．中国园林，2019，35（11）：24-29.

［4］韩毅，朴香花，梁倩．城市双修视角下的城市水系景观规划实践：以新乡市水系连通生态规划为例［J］．中国园林，2018，34（8）：27-32.

［5］施雨彤．城市双修视野下的带状绿地规划设计研究：以安徽黄山江南新城为例［D］．杭州：浙江农林大学，2019.

［6］翁奕城，连一航．基于景观安全格局的城市滨水景观规划研究：以广州白云湖地区为例［C］//中国城市规划学会．规划60年：成就与挑战2016中国城市规划年会论文集（11风景环境规划）．北京：中国建筑工业出版社，2016：329-338.

［7］张运崇．城市人文视角下滨海港区再生设计研究：以法国马赛港为例［C］//中国城市规划学会．规划60年：成就与挑战2016中国城市规划年会论文集（08城市文化）．北京：中国建筑工业出版社，2016：500-509.

［8］景莉萍，王珺垚．滨水区再开发引导的城市更新与产业转型探索：以匹兹堡点州立公园为例［J］．生态城市与绿色建筑，2021（1）：94-99.

［9］武苏阳，郑浩南，陈光华．沿江地区城市空间更新交通系统规划策略：以武昌沿江地区为例［J］．交通与运输（学术版），2017（1）：24-27.

［10］曹哲静，唐燕．设计导则结合公私促进计划的新加坡河复兴新策略［J］．城市建筑，2019，16（13）：79-86.

［11］刘运娜．都市圈内山地城镇旧城更新研究与实践：基于台北宜兰的比较研究［D］．重庆：重庆大学，2013.

［12］杨保军，王向荣，彭礼孝．从更新走向复兴：江西永新探路县域城市更新（下）［N/OL］．中国城市报，2021-08-04［2022-03-04］．http：//www.zgcsb.com/news/tuShuoChengShi/2021-08/

04/a _ 329250. html.
[13] 卢峰，常青. 回到城市生活：中小山地城市滨水空间改造的地域性思考 [J]. 室内设计，2009，24 (5)：59-62.
[14] 陈晨. 面向实施层面的滨水小城镇有机更新策略研究：以福州琯头镇为例 [J]. 福建建筑，2021 (7)：1-5.
[15] 邵亦文，徐江. 城市韧性：基于国际文献综述的概念解析 [J]. 国际城市规划，2015，30 (2)：48-54.
[16] MCRAE B H. Isolation by resistance [J]. Evolution：International Journal of Organic Evolution，2006，60 (8)：1551-1561.
[17] MCRAE B H，PAUL B. Circuit theory predicts gene flow in plant and animal populations [J]. Proceedings of the National Academy of Sciences of the United States of America，2007，104 (50).
[18] 王一豪，李红梅. 沁源县气候分析及对农业生产的影响 [J]. 农村实用技术，2019 (8)：116.
[19] HOLLING C S. Resilience and stability of ecological systems [J]. Annual Review of Ecology and Systematics，1973，7 (4)：1-23.
[20] 邓位. 化危机为机遇：英国曼彻斯特韧性城市建设策略 [J]. 城市与减灾，2017 (4)：66-70.
[21] 钱少华，徐国强，沈阳，等. 关于上海建设韧性城市的路径探索 [J]. 城市规划学刊，2017 (S1)：109-118.
[22] DOYLE P G，LAURIE S J. Random walks and electric networks [M]. Washington，DC：Mathematical Association of America，1984：174.
[23] MCRAE B H，DICKSON B G，KEITT T H，et al. Using circuit theory to model connectivity in ecology，evolution，and conservation [J]. Ecology，2008，89 (10)：2712-2724.
[24] KOEN E I，GARROWAY C J，WILSON P J，et al. The effect of map boundary on estimates of landscape resistance to animal movement [J]. PloS one，2010，5 (7).
[25] 孔繁花，尹海伟. 济南城市绿地生态网络构建 [J]. 生态学报，2008，28 (4)：1711-1719.
[26] 潘家诚. 基于低影响开发的城市滨河景观设计研究：以黄骅市黄北排干渠两侧景观设计为例 [D]. 北京：北京林业大学，2017.

[作者简介]

乔　娜，高级工程师，山西省城乡规划设计研究院数字规划研究中心主任。
李双婷，规划师，任职于山西省城乡规划设计研究院国土空间规划研究中心。

与历史城区社区需求匹配的历史资源利用研究

——以南京市老城南历史城区水西门片区为例

□李嘉欣，王承慧，潘晞文，刘思利

摘要：历史城区面临巨大的发展压力，其中的社区也面临着强烈的保护更新诉求。本文以“社区需求一历史资源”匹配为切入点，以南京水西门片区为例探讨将历史城区历史资源利用与社区发展需求相结合的方法。本文首先从物质性和社会性要素两个方面研判社区需求，然后对其中的历史资源按点状、线状与非物质遗存三类进行保护及利用状况评价，将两者评价结果相耦合，构建适应性匹配策略与整合匹配策略，以期促进历史资源文化彰显与社区长远发展的双向互动。

关键词：历史城区；社区需求；历史资源；适应性利用

1 引言

历史城区是指城镇中能体现其历史发展过程或某一发展时期风貌的地区，其反映城市历史特色，彰显文化价值。历史城区中的社区往往年代悠久，富有生活气息，部分社区可以反映传统居住格局与生活场景，其中的历史文化资源更是寄托着当地居民的记忆情感。但随着快速城镇化进程，大规模城乡建设活动破坏大量历史文化资源，传统城乡风貌格局也逐渐消逝，历史城区被破坏的行为屡屡发生。历史城区中的社区也面临历史资源保护等级不高、居住人口密度大、人口构成混乱、基础设施落后、物质空间衰败、产权归属复杂等诸多问题，使其在当前城市存量发展背景下，矛盾突出，亟须更新改造。其更新改造的重点为对历史资源的再利用，应明确社区需求，探索与之匹配的有效路径，填补社区缺口，切实解决社区问题，促进社区长远发展。

查阅相关文献发现，国内外学者对于历史城区、历史资源及社区更新方面有着诸多研究，不少学者的研究视角集中在历史城区更新改造、历史资源保护利用、社区微更新及更新机制的研究等方面，也有学者将历史资源与传统的日常生活空间相结合进行研究，或聚焦于历史城区中的居住性街巷，但直接将历史资源保护利用与社区发展相结合的研究少之又少。仅有的文献中，韩雨蒙基于文化保护对北京老城社区更新进行研究，提出了老城社区更新应保护和活化文化；龚上华和谢超凡以武林街道竹竿巷社区为例探索通过挖掘历史资源来打造特色文化社区的方法与策略。这些研究虽然将历史资源与社区发展相结合，但未强调关注社区需求层面，亦未明确历史资源与社区需求间的互动关系，更多是从历史资源更新利用及空间营造具体方式方法入手，因而对于社区长效发展作用较小。本文抓住当前研究的空白，较为创新地提出了应将社区需求与历史资源相结合进行研究，使历史资源有效填补社区需求，更好转化为社区资产，从而彰显历史资源文化价值，同时促进社区长远发展。

2 研究区域与研究方法

2.1 研究区域

水西门片区位于南京市秦淮区老城南历史城区西北角，片区周边历史文化和旅游资源丰富，内秦淮河横穿地块，西临外秦淮河和明城墙风光带，靠近莫愁湖公园与南湖公园，东望老门东和夫子庙景区，北与朝天宫相接，南近愚园。片区包含安品街、来凤街、五福街、玉带园、太平苑社区及止马营、七家湾社区的部分社区类型多样；内秦淮河以北片区历史文化资源丰富，以南片区生活氛围浓厚。同时，水西门片区经历过一些改造建设活动，历史要素类型繁多，建筑风貌新旧混杂，传统现代空间交融，极具典型性与代表性（图 1）。

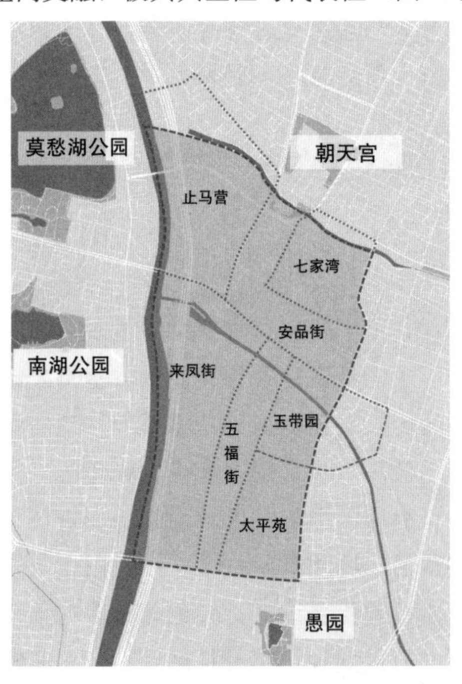

图 1 水西门片区社区分布

2.2 研究方法

本次研究重点关注历史资源利用与社区发展间的协调关系，以“社区需求—历史资源”匹配为切入点，探索历史资源填补社区需求的路径（图 2）。采用资料查阅、实地探勘与居民访谈相结合的研究方法进行社区调研，并运用可达性分析，从物质性要素与社会性要素两方面明确社区需求。同时，仔细调研社区周边历史资源的保护及利用情况，分为点状历史资源、线状历史资源与非物质遗存三类进行评价分析，最终得到 9 类保护利用评价结果。最后，将社区需求研判结果与历史资源保护利用状况评价结果相耦合，探索“社区需求一历史资源”的匹配路径，并提出适应性匹配策略与社区间整合匹配策略，形成最终规划方案，并探讨相应匹配支撑机制，使历史文化资源更好地转化为社区资产，彰显历史资源价值的同时促进社区长远发展。

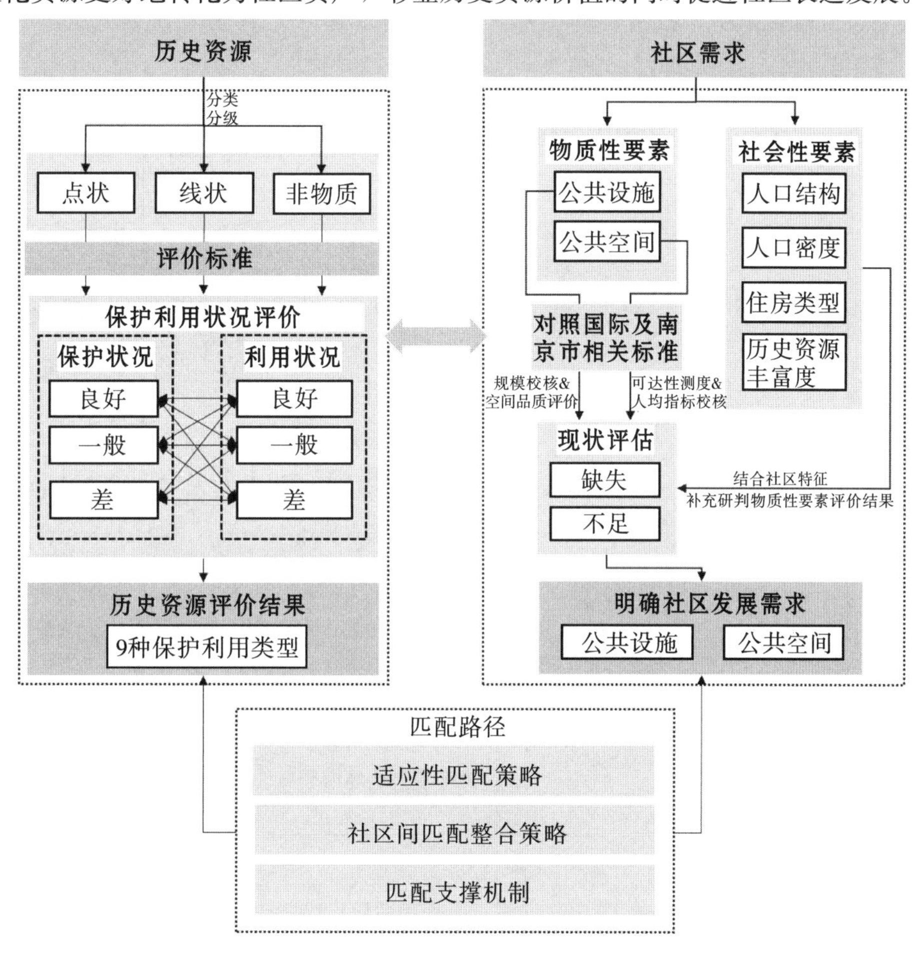

图 2 技术路线

3 社区需求研判

明确社区发展需求是社区历史资源合理再利用的第一步，应切实研判社区需求，找出社区短板，以便将历史资源对症填补设施。首先，立足社区物质性要素，对公共设施和公共空间的现状情况及设施服务覆盖率进行分析评价，并对比南京市一级相关标准明确不足及缺失情况；其次，分析社区社会性要素，明确社区特征，对社区物质性要素研判结果进行对照补充；最后，综合两者情况，将社区不足与缺失落点在物质空间层面，明确社区发展需求。

3.1 物质性要素研判

3.1.1 公共设施

根据《南京市公共设施配套规划标准》和《南京市公共设施配套规划标准执行细则》中的公共服务设施配置要求，可将社区设施分为街道社区级（3 万～5 万人，500～600 m 服务半径）

和基层社区级（0.5万～1万人，200～300 m服务半径）两级，教育设施、医疗卫生设施、公共文化设施、体育设施、社会福利与保障设施、行政管理与社区服务设施、商业服务设施七类，以此制定评价标准。由于研究地块并非一个完整的街道社区，一些街道社区级设施未在研究范围以内，仅依据研究范围内公共设施情况评价街道社区需求较不合理，因而仅评价研究范围内基层社区公共设施配置情况，找出各基层社区发展需求。综上，形成本次研究公共设施评价标准（表1）。

表1　基层社区公共设施评价标准

设施大类	设施小类	服务半径	每处规模	备注要求
教育设施	幼儿园	300 m	用地规模：9班4050 m^2，12班5400 m^2，18班8100 m^2	每千人口中按36名学龄前儿童计算配建；生均占地面积≥15 m^2
医疗卫生设施	社区卫生服务站	300 m	建筑规模150～300 m^2，使用面积不得少于100 m^2	宜置于底层，有独立出入口
公共文化设施	文化活动室	300 m	建筑规模400～600 m^2，必备功能不低于100 m^2	宜设置≥150 m^2的室外活动场地
体育设施	体育活动站/室	300 m	建筑规模200 m^2，用地规模≥600 m^2	健身房、篮（排）球场、健身路径等体育设施
社会福利与保障设施	居家养老服务站	300 m	使用面积：120～150 m^2	宜置于底层，有独立出口；建筑规模6～9个/百户
行政管理与社区服务设施	基层社区服务中心	300 m	建筑规模400～600 m^2（每百户不少于20 m^2）	—
	社区警务室	300 m	建筑规模40～60 m^2	—
商业服务设施	小型商业金融服务设施	300 m	建筑规模1500 m^2	—

评价主要依据实地调研数据及互联网开源数据，通过公共设施规模校核及公共设施空间品质综合评价（表2），由于部分设施缺少设施规模等详细信息，只能通过规模推测结合社区居民访谈反馈进行评价。综合两者得出评价结果（表3），明确各个社区公共设施需求情况，其中

“缺失”指未配置相应设施，“不足”指配置设施未达到规模指标，“满足”指配置设施符合规模指标，由于该地块商业服务设施较多均满足规模指标要求，则根据其空间品质情况分为良好和一般两类。

由评价结果可见，水西门片区公共设施整体配置情况较差，缺失及未达标设施较多，每个社区均存在缺失与不足，急需健全与完善社区公共设施配置（图 3、图 4）。

表 2 水西门片区基层社区公共设施一览表

设施大类		教育设施	医疗卫生设施	公共文化设施	体育设施	社会福利与保障设施	行政管理与社区服务设施		商业服务设施
设施小类		幼儿园	社区卫生服务站	文化活动室	体育活动站/室	居家养老服务站	基层社区服务中心	社区警务室	小型商业金融服务设施
止马营社区	名称	—	止马营社区卫生服务中心张公桥医疗站	止马营社区综合文化服务中心	—	—	止马营社区居委会		一般丰富
	概况	—	建筑规模：75 m²	建筑规模：440 m²	—	—	建筑规模：240 m²		空间品质：一般
七家湾社区	名称	南京市朝天宫幼儿园（12 班）	—	七家湾社区综合文化服务中心	球场及健身设施	—	七家湾社区居委会		一般丰富
	概况	用地规模：3686 m²	—	建筑规模：300 m²	规模：40 m²	—	建筑规模：180 m²		空间品质：一般
安品街社区	名称	南京恒隆花园幼儿园（6 班）	—	安品街社区综合文化服务中心	球场及健身设施	—	安品街社区居委会		一般丰富
	概况	用地规模：2000 m²	—	建筑规模：300 m²	规模：35 m²	—	建筑规模：150 m²		空间品质：一般
来凤街社区	名称	—	双塘里卫生站	来凤街社区综合文化服务中心	步行道	悦馨苑居家养老服务中心	来凤街社区居委会		一般丰富
	概况	—	建筑规模：50 m²	建筑规模：400 m²	总长度：4830 m	使用面积 120 m²	建筑规模：280 m²		空间品质：良好

续表

设施大类		教育设施	医疗卫生设施	公共文化设施	体育设施	社会福利与保障设施	行政管理与社区服务设施		商业服务设施
设施小类		幼儿园	社区卫生服务站	文化活动室	体育活动站/室	居家养老服务站	基层社区服务中心	社区警务室	小型商业金融服务设施
五福街社区	名称	—	南京秦淮民和塘诊所	五福街社区综合文化服务中心	乒乓球场、羽毛球场、轮滑场、健身路径	民和堂居家养老服务中心	五福街社区居委会		丰富
	概况	—	建筑规模：80 m^2	建筑规模：450 m^2	规模：525 m^2 长度：50 m	使用面积：120 m^2	建筑规模：250 m^2		空间品质：良好
太平苑社区	名称	小米奇幼儿园（10班）	—	太平苑社区综合文化服务中心	全民健身广场	太平苑增一岁居家养老服务中心	太平苑社区居委会		丰富
	概况	用地规模：3600 m^2	—	建筑规模：300 m^2	规模：45 m^2	使用面积：80 m^2	建筑规模：200 m^2		空间品质：良好
玉带园社区	名称	李府巷幼儿园（8班）	—	玉带园社区活动中心	室内健身房、健身路径	玉带园增一岁居家养老服务中心	玉带园社区居委会		丰富
	概况	用地规模：2469 m^2	—	建筑规模：300 m^2	规模：2070 m 长度：85 m	使用面积：80 m^2	建筑规模：300 m^2；		空间品质：良好

表3　水西门片区社区公共设施评价总结表

设施名称	教育设施	医疗卫生设施	公共文化设施	体育设施	社会福利与保障设施	行政管理与社区服务设施	商业服务设施
止马营社区	缺失	不足	满足	缺失	缺失	不足	一般
七家湾社区	不足	缺失	不足	不足	缺失	不足	一般
安品街社区	不足	缺失	不足	不足	缺失	不足	一般
来凤街社区	缺失	不足	满足	满足	满足	不足	一般
五福街社区	缺失	不足	满足	满足	满足	不足	良好
太平苑社区	不足	缺失	不足	不足	不足	不足	良好
玉带园社区	不足	缺失	不足	满足	不足	不足	良好

图 3　公共空间分布情况

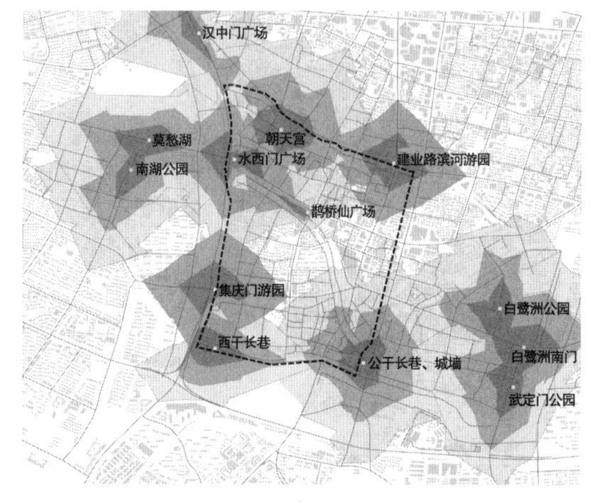

图 4　公共空间可达性分析

3.1.2　公共空间

研究地块内外公共空间可分为社区游园和市一区级开放空间两个层级，对其评价主要从可达性测度及居民人均绿地面积指标校核两个方面综合评价。可达性测度以 5、10 分钟步行服务区测度社区游园的可达性，以 5、10、15 分钟步行服务区测度市一区级开放空间可达性。居民人均绿地面积指标中公共空间面积计算方式为从各基层社区边缘以 15 分钟步行范围（1000 m）测算所有可进入的公共空间面积之和，并对照《城市居住区规划设计标准》（GB 50180—2018）中规定的 15 分钟生活圈内的人均公共绿地面积不低于 4 m²进行校核。综合两者得出评价结果（表 4），明确各个社区公共空间需求情况。

表 4　水西门片区社区公共空间评价总结表

社区	开放空间面积（m²）	社区人数（人）	人均绿地面积（m²）	标准	可达性服务设施覆盖率	配置情况
止马营社区	2718.73	9828	0.28	15 分钟生活圈内的人均公共绿地面积不低于 4 m²	100%	严重缺乏
七家湾社区	5849.63	6426	0.91		100%	缺乏
安品街社区	6144.25	6131	1.02		100%	缺乏
来凤街社区	46319.28	6000	7.72		100%	满足
五福街社区	2230.77	12000	0.18		73.2%	严重缺乏
太平苑社区	1252.31	11000	0.11		20.4%	严重缺乏
玉带园社区	1278.54	11000	0.12		46.1%	严重缺乏

研究地块内公共空间主要分布在东西两侧，地块中心地区的公共空间可达性较差，地块内公共空间的组织依靠滨河绿地游园，其他类型的绿地空间总量较低。总体而言，除来凤街社区外其他社区公共空间均缺乏，不少社区严重缺乏，急需提升公共空间规模，以满足社区居民基本需求。

3.2　社会性要素补充研判

除研判社区物质性要素外，还需研判社区社会性要素，明确社区特征，有针对性地对物质性要素研判结果进行补充，判断是否需加强某一类公共设施或公共空间。社会性要素研判主要从社区人口结构、人口密度、住房类型、文化资源丰富度四个方面综合评判。人口结构与人口密度补充研判物质性要素规模是否足够，住房类型与文化资源丰富度补充研判物质性要素空间品质风貌的关注重点。

综上可见，社区普遍老龄化，对养老设施及医疗卫生设施提出更高的要求，其中七家湾社区、安品街社区集中有较多的回族及其他少数民族人口，止马营社区的弱势群体占比较高，应相应增加社区社会福利与保障设施规模。玉带园社区及止马营社区人口密度较大，可适当提高教育设施和行政管理与社区服务设施的规模。七家湾社区及安品街社区住房类型为传统街坊与现代小区混合且文化资源丰富度高，功能混合度高，公共设施及公共空间可考虑组合式设置并在风格上延续传统格局，进一步彰显文化风貌。基于此，将社区社会性要素补充研判结果落点于物质性要素，结果见表5。

表5　水西门片区社区社会性要素补充研判结果

社区	基于社会性要素研判对物质性要素规模与品质的要求
止马营社区	增加社区社会福利与保障设施、医疗卫生设施、教育设施、行政管理与社区服务设施规模
七家湾社区	增加社区社会福利与保障设施、医疗卫生设施规模；公共设施及公共空间可考虑组合式设置并风格上延续传统格局，进一步彰显文化风貌
安品街社区	
来凤街社区	增加社区养老设施、医疗卫生设施规模
五福街社区	
太平苑社区	
玉带园社区	增加社区养老设施、医疗卫生设施、教育设施、行政管理与社区服务设施规模

3.3　总体评价

综合物质性要素与社会性要素研判结果，将各个社区发展需求进行总结（表6）。

表6　水西门片区社区需求总结

社区	需求			
	公共设施			公共空间
	☆☆☆	☆☆	☆	
止马营社区	教育设施、体育设施、社会福利与保障设施	医疗卫生设施、行政管理与社区服务设施	商业服务设施	☆☆☆
七家湾社区	医疗卫生设施、社会福利与保障设施	教育设施、公共文化设施、体育设施	行政管理与社区服务设施、商业服务设施	☆☆
安品街社区	医疗卫生设施、社会福利与保障设施	教育设施、公共文化设施、体育设施	行政管理与社区服务设施、商业服务设施	☆☆
来凤街社区	教育设施	医疗卫生设施	行政管理与社区服务设施、商业服务设施	☆
五福街社区	教育设施	医疗卫生设施	行政管理与社区服务设施	☆☆☆
太平苑社区	医疗卫生设施、社会福利与保障设施	教育设施、公共文化设施、体育设施	行政管理与社区服务设施	☆☆☆
玉带园社区	教育设施、医疗卫生设施、社会福利与保障设施	公共文化设施、行政管理与社区服务设施	—	☆☆☆

注：☆数量越多，需求强烈程度越高。

经过评价可知，水西门片区社区公共设施层面普遍对教育设施、医疗卫生设施、体育设施、社会福利与保障设施需求大，对行政管理与社区服务设施、商业服务设施需求较小，对公共文化设施需求居中；公共空间层面普遍需求大，七家湾社区、安品街社区及来凤街社区需求相对较小。

4　历史资源保护与利用情况评价

历史资源按照有形与无形可以分为物质遗存和非物质遗存。其中，物质遗存依据历史功能、使用特性、空间形态、保护体系等不同有不同的分类方法，本研究的评价体系基于历史文化资源空间形态类型来展开，将其分为点状、线状、面状三类。由于面状历史资源往往面向城市，服务等级更高，本研究更多立足于社区层面进行讨论，故不再评价面状历史资源，仅评价点状历史资源、线状历史资源与非物质遗存三个方面。

4.1　点状历史资源

借鉴优化刘思佳在传统居住型历史地段保护发展研究中的评估体系，制定本次研究的点状资源保护与利用评价标准。保护状况评价以所有文物古迹保护相关的法规和标准及所有历史文化保护标准为依据，主要关注两方面：一是是否遵循相关规定与原则，是否使用专业的保护与整治方式；二是是否以保护原则为依据、遵循保护要求、在价值特色得以存续的状态下，进行适宜性利用。最终通过价值与特色要素、传统风貌特征的存续状态进行保护良好、保护一般、保护差三个层级的判断。对利用状况的判断主要关注三个方面：一是社区功能的需求程度；二是功能的活力度；三是对社区生活的负面影响情况。结合以上三个方面，将利用状况划分为利用良好、利用一般、利用差三个等级（表 7）。

表 7　点状历史文化资源保护与利用状况评判表

保护状况评估				
保护对象	保护方式	良好	一般	差
文物保护单位	修缮	能够做到“日常保养、防护加固、现状修整、重点修复等”，处理专业合理	基本做到“日常保养、防护加固、现状修整、重点修复等”，但处理方式有不专业之处	基本没有日常保养、衰败荒颓：不专业的加固和修缮修复、不适宜的利用
历史建筑	修缮、维修、改善	对承载价值的特色要素能够做到修缮要求：维护、加固、调整、完善内部布局及设施，能够做到不改变外观特征、处理专业	对特色要素基本达到修缮要求，但维护、加固、调整、完善内部布局及设施的工作有不专业之处	基本没有达到修缮要求，维护、加固、调整、完善内部布局及设施工作不专业、不适宜利用。损毁风貌特征
传统风貌建筑	维修、改善	维护、加固、调整、完善内部布局及设施，能够做到不改变传统风貌特征	基本维护、加固、调整、完善内部布局及设施，但工作有不专业之处	维护、加固、调整、完善内部布局及设施工作不专业，损毁风貌特征
与风貌协调的建筑	保留、维修、改善	保留质量较好的风貌协调建筑，维护、加固、调整、完善功能能够做到仍与风貌协调	维护、加固、调整、完善功能时与传统风貌有不协调之处	基本无维护、加固、调整、完善功能工作，与传统风貌不协调

续表

利用状况评估				
利用方式	利用要求	良好	一般	差
维持原居住用途/商业性质用途	利用功能、强度与保护等级匹配，提供适应当代要求的功能	能够达到功能匹配要求，具有功能活力	功能与当代要求有一定差距	功能与当代要求差距较大
转换为公益用途	填补功能需求，提供良好运营的公益性的文化、展览、公共服务等空间	弥补缺失功能或基本提供良好运营的公益性的文化、展览、公共服务等空间	功能活力不足	功能活力匮乏
转换为经营用途	填补功能需求，提供不给社区带来负面影响的经营功能	弥补缺失功能，经营基本不影响社区生活	功能活力不足	经营乏力、影响社区生活

4.2 线状历史资源

线状历史资源以历史街巷为主，分为历史轴线，历史道路，一、二、三级历史街巷。对其保护状况的评价主要从街道高宽比、风貌保护情况、空间维护情况三个方面进行；对其利用状况的判断分为两类街巷，沿线以纯居住功能为主的街巷和沿线以经营用途为主的街巷，从街巷的安全性、空间环境、空间活力三个维度进行评价（表 8）。

表 8　线状历史文化资源保护与利用状况评判表

保护状况评估				
街巷类型	评估维度	良好	一般	差
传统风貌街巷	街道 D/H*、风貌保护、空间维护	街道 D/H 合理，风貌保护较好，整体协调对承载价值的特色要素都能做到保护要求	街道 D/H 一般，风貌保护一般，对承载价值的特色要素有一定的保护，但有不专业之处	街道 D/H 不合理风稳保护较差，对承载价值的特色要素基本没有保护，衰败荒颓
现代风貌街巷		街道 D/H 合理空间维护较好	街道 D/H 一般空间维护一般	街道 D/H 不合理，空间维护较差
利用状况评估				
利用方式	评估维度	良好	一般	差
沿线以居住功能为主	安全性/步行友好、空间环境、空间活力	安全性高，步行友好，空间环境较好，具有功能活力	安全性一般，空间环境一般，空间活力一般	安全性较低，空间环境较差，空间活力严重不足
沿线以经营用途为主		安全性高，步行友好，环境较好，弥补缺失功能，经营有助于社区生活	安全性一般，空间环境一般，空间活力一般，经营不影响社区生活	安全性较低，经营乏力，对社区生活有负面影响

* 街道 D/H 指街道宽度（D）与两侧建筑高度（H）的比例。

4.3 非物质遗存

非物质遗存的延续依赖于其物质载体（历史街巷、历史地段、宗教建筑）的良好保护、组织及活动（宗教活动、社区组织）、新媒体宣传。因而，对其保护状况的评价从物质载体的有无、知名度与宣传力度、相关组织及活动活跃度三个方面进行；对其利用状况的判断从呈现程度与合理性、与日常生活的关联程度、可挖掘潜力三个方面进行（表9）。

表9　非物质历史文化遗存保护与利用状况评判表

保护状况评估				
类型	评估维度	良好	一般	差
饮食文化	物质载体的有无、知名度与宣传力度、相关组织及活动活跃度	有留存较好物质载体；知名度与宣传力度高；相关组织及活动活跃度高	有留存部分物质载体；知名度与宣传力度一般；相关组织及活动活跃度一般	物质载体灭失或留存情况差；知名度与宣传力度低；相关组织及活动活跃度低
宗教文化				
名人典故				
路名地名				
利用状况评估				
利用方式	评估维度	良好	一般	差
转化为经营用途	呈现程度与合理性、与日常生活的关联程度、可挖掘潜力	呈现完整，与物质载体结合合理；与日常生活关联度高；经营为社区带来人气与收益，促进当地旅游业发展；有较大挖掘潜力	呈现较完整，与物质载体结合较合通；与日常生活关联度一般；经营为社区带来一定人气与收益；挖掘潜力一般	呈现不完整，与物质载体结合不合理；与日常生活关联度差；经营仅为社区带来一定收益；挖掘潜力小
转化为公益用途		呈现完整，与物质载体结合合理；与日常生活关联度高；弥补社区缺失功能或基本提供良好运营的公益性公共设施与空间；有较大挖掘潜力	呈现较完整，与物质载体结合较合理；与日常生活关联度一般；部分弥补社区缺失功能或提供公益性公共设施与空间的功能活力不足；挖掘潜力一般	呈现不完整，与物质载体结合不合理；与日常生活关联度差；未能弥补社区缺失功能或提供公益性公共设施与空间的功能活力差；挖掘潜力小
转化为景观小品		呈现完整，与物质载体结合合理；与日常生活关联度高；美观且有较好宣传展示作用；有较大挖掘潜力	呈现较完整，与物质载体结合较合理；与日常生活关联度一般；宣传展示作用一般；挖掘潜力一般	呈现不完整，与物质载体结合不合理；与日常生活关联度差；宣传展示作用差；挖掘潜力小

4.4 总体评价

对保护与利用状况分别评价之后，将得到的两个方面、三个层级评价结果相结合，理论上可以得到9种保护利用类型（表10）。

表 10　保护利用类型

		保护状况		
		良好	一般	差
利用状况	良好	保护、利用均良好	保护一般、利用良好	保护差、利用良好（无）
	一般	保护良好、利用一般	保护一般、利用一般	保护差、利用一般
	差	保护良好、利用差	保护一般、利用差	保护差、利用差

基于以上评价标准对水西门片区内的点状、线状历史资源与非物质遗存进行评价，得到水西门片区社区历史资源保护利用状况（表 11，图 5 至图 7）。

表 11　水西门片区保护利用状况

社区	点状资源	线状资源	非物质遗存
止马营社区	—	—	韩复兴板鸭
七家湾社区	—	仓巷（共用）、安品街（共用）、七家湾、大辉复巷	回族文化
安品街社区	天后宫、朱状元清代住宅、天朝总圣库、英王府遗址、莫愁路 2 号民国建筑、糯米巷 15 号民居	仓巷（共用）、安品街（共用）、丁家巷、朱状元巷、木屐巷、犁头尖、糯米巷、平安巷	道教文化（依托天后宫）
来凤街社区	生姜巷民国建筑（群）	生姜巷、回龙街	杜牧、朱元璋名人典故
五福街社区	—	五福街（共用）	五福街民间美食文化、佛教文化（依托金粟庵）、杜甫名人典故
太平苑社区	—	五福街（共用）	—
玉带园社区	柳叶街 41 号古民居、徐家巷 34、36 号建筑群、石猫坊（已灭失）	徐家巷、玉带园、柳叶街	刘禹锡名人典故

图例：保护、利用均好
保护良好、利用一般
保护良好、利用差

图 5　点状资源评价图

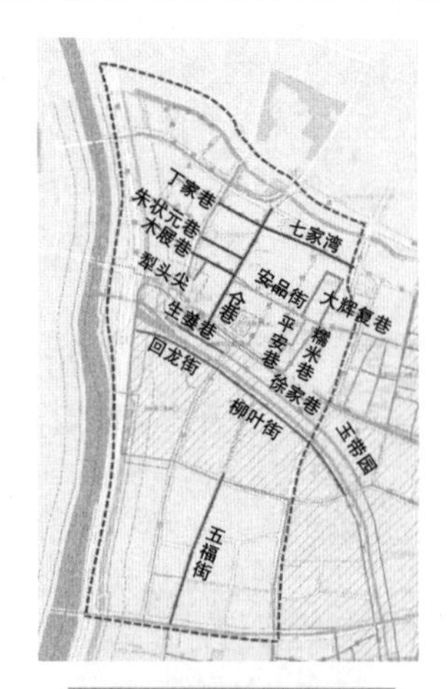

保护一般、利用良好
保护一般、利用一般
保护一般、利用差

图 6　线状资源评价图

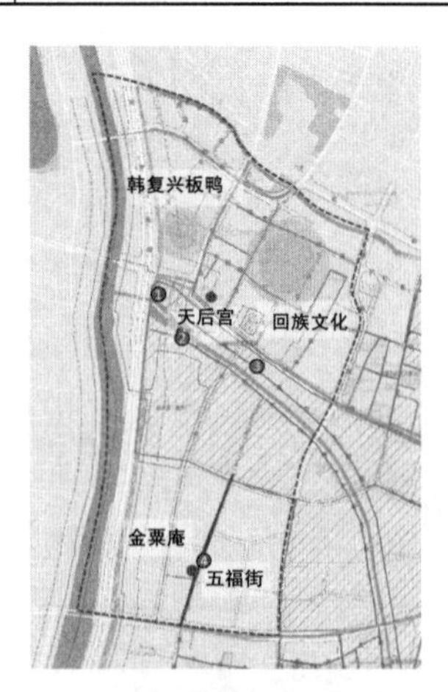

保护差、利用良好（无）
保护差、利用一般
保护差、利用一般

图 7　非物质遗存评价图

经过评价可知，各个社区的历史资源聚集情况不同，七家湾、安品街和玉带园社区历史资源较为密集，其他社区历史资源较少。

点状历史资源保护利用情况参差不齐，其中天后宫是南京保存至今的唯一一处清代早中期妈祖纪念建筑、道教场所，经过不断的修缮更新，至今香火旺盛，与社区联系日益紧密，保护利用状况好；除此之外的点状资源均保护一般或差，多利用为社区或城市功能，利用状况不佳，且有不少闲置情况。

线状历史资源多分布在沿内秦淮河两岸及仓巷地区，除仓巷轴线保护利用状况好之外，大多线状资源仅格局走向较为完好，但沿街建筑大量被拆除，历史风貌原真性价值流失，同时风貌尺度的保护状态存在差异，保护管理、规划与维护过程存在漏洞，保护情况一般或差；其利用情况一般为开发为商业街，历史价值与文化价值遭受冲击，文化可识别度低，传统社交功能或已丧失，且普遍存在机动车停车侵占道路空间现象，影响街巷活力；甚至有些线状资源在更新过程中破坏严重，逐渐消逝。

非物质遗存中有物质载体的多保护利用状况好，如依托于天后宫和金粟庵的道教、佛教文化，其多融入社区建设与城市发展，为历史城区社区注入新的活力，历久弥新；五福街民间美食文化更是扎根于五福街两侧商业空间，形成独具特色的活力街巷。但其他非物质遗存，尤其是名人典故知名度较低，利用情况不明，再利用潜力有待挖掘。

5　“社区需求－历史资源”匹配路径

本文以“社区需求－历史资源”匹配为切入点，根据社区需求研判及历史资源评价结果，使社区发展需求与可利用历史资源一一对应，确保历史资源更好转化为社区资产，补足社区短板，提升社区福祉，实现历史文化延续与社区物质环境、社区经济及社区社会关系的全面可持续发展。

5.1　匹配策略

5.1.1　适应性匹配策略

将历史资源评价结果中利用状况一般及差的历史资源进行更新提升以匹配填补社区需求。匹配填补过程中，历史资源主要分为点状历史资源、线状历史资源与非物质遗存三大类，每大类延续历史资源评价中的分类，对应分为 4、2、4 小类。结合历史资源保护状况及区位特征，明确各小类历史资源在不同情况下的合理适应性利用方式，以便填补社区需求。最后根据社区需求的公共设施与公共空间类型，在该社区拥有的历史资源相应的适应性利用方式中找到最优解，完成从社区需要到历史资源的匹配填补过程（图 8）。

由于历史资源的有限性，应优先填补社区需求强烈的公共设施及公共空间，有余量者，继续依照以上策略完成其他社区需求的匹配填补；未有余量者，可考虑与周边社区进行历史资源整合利用，实现公共设施与公共空间的共享。

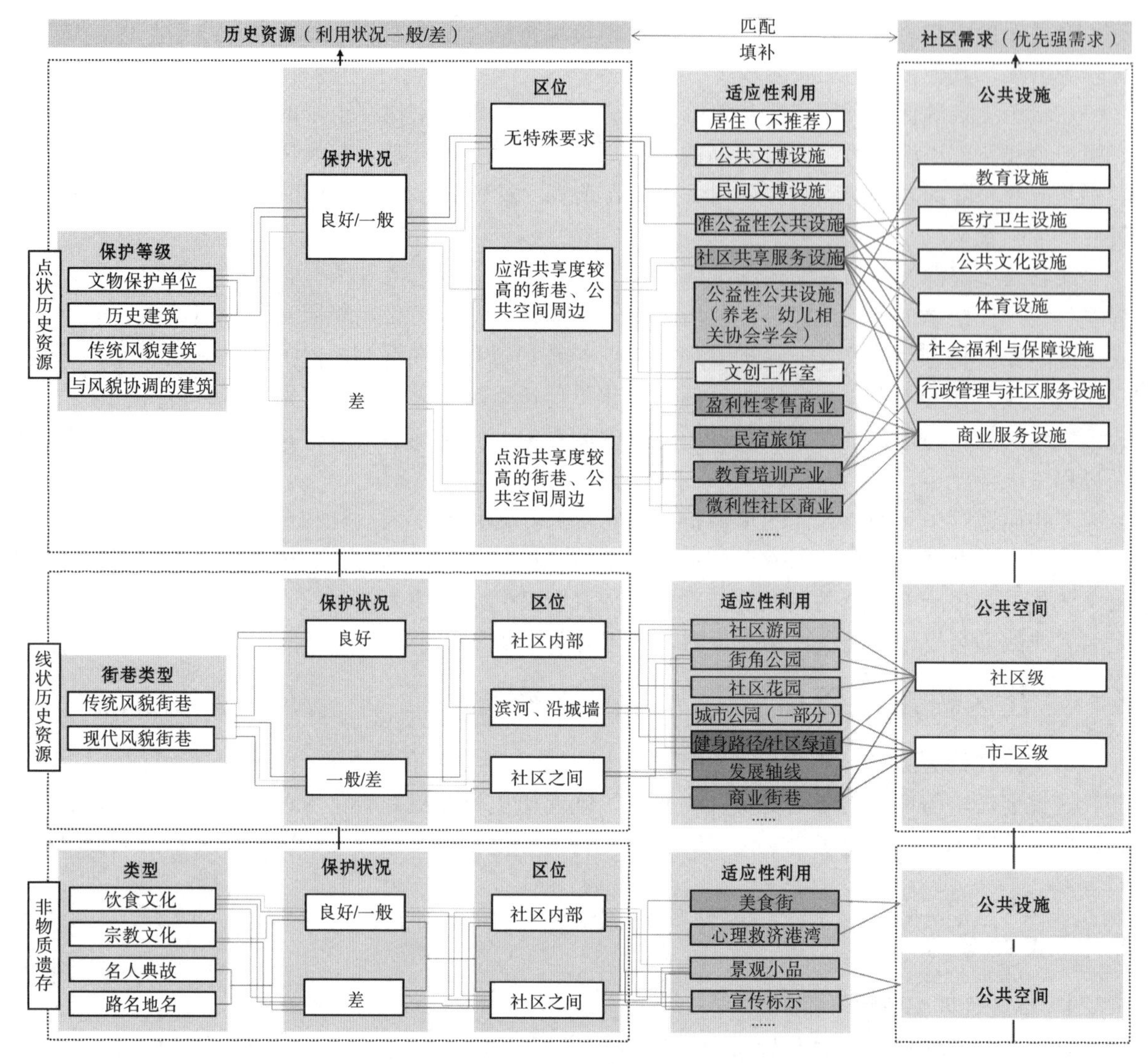

图 8　“社区需求－历史资源”适应性匹配策略

5.1.2　匹配整合策略

当社区历史资源不足、社区周边存在保护利用状况好的高等级历史资源或者周边社区之间关联紧密时，可以考虑“社区需求一历史资源”的匹配整合策略。

社区历史资源不足时，应充分挖掘社区可利用空间的提升潜力，重点关注历史资源周边地区，使可利用空间与历史资源相结合进行整体性利用，若仍无法满足需求则进一步挖掘社区其他可利用空间。社区周边存在保护利用状况好的高等级历史资源时，可提升该历史资源利用等级，更新提升方向由基层社区层级提升至街道社区层级，提高其开放度，打造规模较大、服务功能较多的社区复合中心，满足社区多个需求。周边社区之间关联紧密时，可将这些社区历史资源整体规划，构建历史资源利用体系，匹配填补社区需求时可考虑社区间公共设施及公共空间相互补充、共同使用，在设施指标方面可适度弹性管控，促进社区共同进步。最终通过社区间共享设施及设施复合利用构建社区共享体系，切实满足社区需求（图 9）。

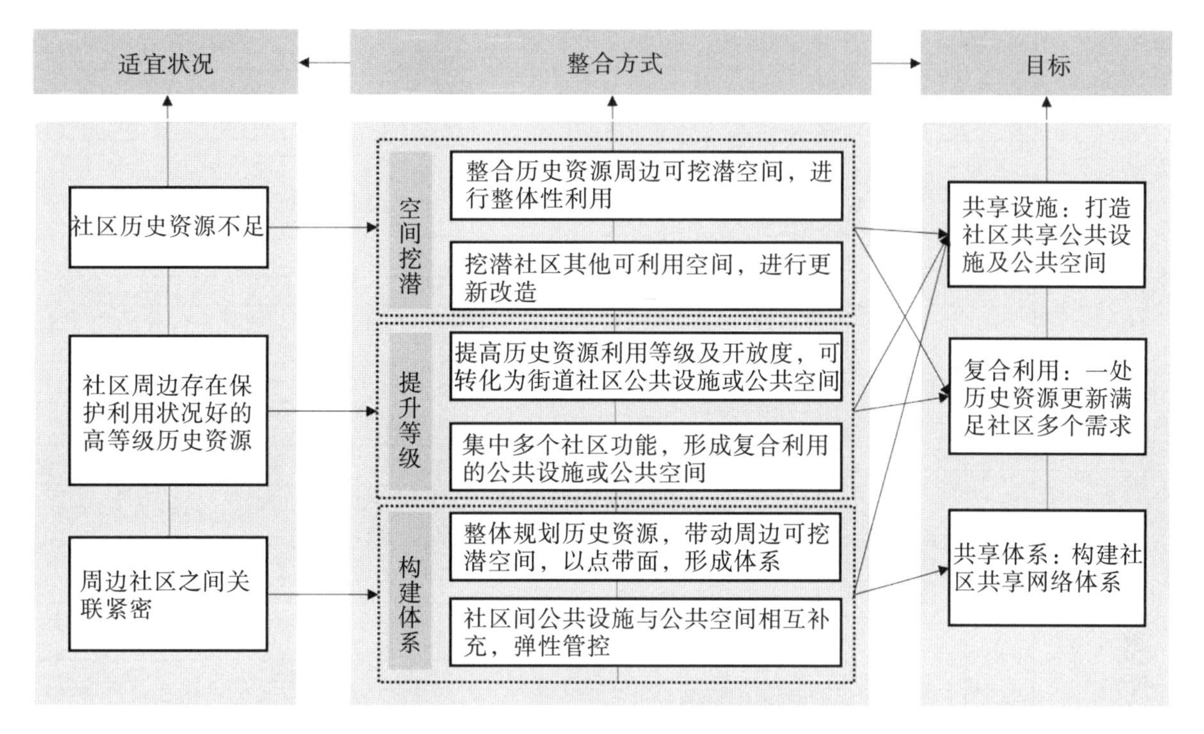

图 9　“社区需求－历史资源”匹配整合策略

5.2　社区匹配方案

5.2.1　整体方案

根据匹配总体策略及整合策略，对水西门片区内社区进行“社区需求－历史资源”的匹配填补，形成匹配方案（图 10）。历史资源匹配填补社区需求时，尽可能延续历史资源之前的更新利用方式，若的确不合理，可改变原有利用方式，置入新功能。其中，社区需求优先匹配强需求，其他需求可通过挖潜社区其他空间进行填补。

将根据社区需求得到的社区历史资源适应性利用方案落实，最终形成本次更新设计方案（图 11）。规划目标为彰显社区历史资源价值内涵，优化社区历史资源利用方式，增加历史文化资源感知度，填补社区需求，促进社区长远发展。围绕点状历史资源打造不同功能的社区服务节点，利用点状历史资源现存特色，明确其特色定位，营造特色名片。整合串联各个线状历史资源，形成网络体系，充分利用街巷两侧及转角、建筑退让、沿河沿城墙等微空间，增加点状绿化，提升绿地数量与质量。非物质遗存可以转化为实体空间要素的应尽量打造，同时场所空间营造上尽量彰显其文化特色，还原展示原始工艺流程、烹饪方法或相关人物生平经历，传播原真文化；较难转化为实体空间要素的，尽量将非物质遗存融入居民日常生活，营造相关景观要素，如宣传展示栏、雕塑、街道家具设计等细节艺术。同时，注重优化更新社区内部绿地，置入迷你花园、健身设施等，与外部开放空间形成网络。

社区间整合利用

社区	社区需求	历史资源	匹配填补	适应性利用方式选择	
				基础功能	提升功能
止马营社区	教育设施、体育设施、社会福利与保障设施、公共空间	韩复兴板鸭	公共空间	老字号特色商业空间、板鸭制作品尝体验空间	韩复兴板鸭美食文化宣传展示空间、景观小品空间
七家湾社区	医疗卫生设施、社会福利与保障设施、公共空间	回族文化	社会福利与保障措施	少数民族（回族）生活救扶及福利保障	回族文化体验、回族活动空间
		仓巷（共用）、安品街（共用）	公共空间	社区绿道、街角公园	仓巷地区“八爪金龙”街巷格局历史宣传展示空间
		七家湾	公共空间、体育设施	社区游园、健身步道	社区商业
		大辉复巷	公共空间	传统商业街巷空间	大辉复巷历史地段宣传展示空间
安品街社区	医疗卫生设施、社会福利与保障设施、公共空间	天后宫、道教文化（依托天后宫）	社会福利与保障措施	心理疏导港湾、低收入人群帮扶	道教特色纪念品店、道教餐饮、道教文化、展示空间
		朱状元清代住宅	延续原公共文化设施性质	朱状元生平事迹展示、明清建筑结构展示	社区阅览室、特色书店
		天朝总圣库、英王府遗址	医疗卫生设施	社区卫生服务中心（提升至街道社区级设施）	历史展示宣传空间
		莫愁路2号民国建筑	延续原商业服务设施性质	老字号特色商业	民间传统技艺展示空间、文创工作室
		糯米巷15号国民	社会福利与保障设施	一站式居家养老服务中心、日间照料中心（提升至街道社区级设施）	老幼乐活中心
		仓巷（公用）、安品街（公用）	公共空间	社区绿道、街角公园	仓巷地区“八爪金龙”街巷格局历史宣传展示空间
		丁家巷、朱状元巷、木屐巷、犁头尖	公共空间、体育设施	社区游园、健身步道、社区花园	社区商业、街巷历史宣传展示空间
		糯米巷、平安巷	公共空间	传统商业街巷空间	大辉复巷历史地段宣传展示空间
来凤街社区	教育设施	生姜巷民国建筑（群）	教育设施	幼儿园	社区文化展示平台
		生姜巷、回龙街	公共空间	社区绿道、城市轴线	秦淮文化展示长廊
		杜牧、朱元璋名人典故	公共空间	街角公园、城市公园（一部分）	名人典故宣传展示空间、景观小品空间
五福街社区	教育设施、公共空间	五福街（共用）、五福街民间美食文化	公共空间	老字号特色商业街	民间美食文化展示空间
		佛教文化（依托金粟庵）	社会福利与保障设施	心理疏导港湾、低收入人群帮扶	佛教特色纪念品店、佛教餐饮、佛教文化、展示空间
		杜甫名人典故	公共空间	街角公园、城市公园（一部分）	名人典故宣传展示空间、景观小品空间
太平苑社区	医疗卫生设施、社会福利与保障设施、公共空间	五福街（共用）	公共空间	老字号特色商业街	民间美食文化展示空间
		柳叶街41号古民居	延续原社会福利与保障设施性质	一站式居家养老服务中心、日间照料中心（提升至街道社区级设施）	老幼乐活中心、社区文化活动室
		徐家巷34号建筑群	医疗卫生设施	社区卫生服务中心（提升至街道社区级设施）	历史展示宣传空间
玉带园社区	教育设施、医疗卫生设施、社会福利与保障设施、公共空间	徐家巷36号建筑群	教育设施	幼儿园	社区文化展示平台
		石猫坊（已灭失）	延续原公共文化设施性质	古玩文化展示、文创工作室、社区博物馆	老字号特色商业
		徐家巷、玉带园、柳叶街	公共空间	社区绿道、城市轴线	秦淮文化展示长廊
		刘禹锡名人典故	公共空间	街角公园、城市公园（一部分）	名人典故宣传展示空间、景观小品空间

图 10　水西门片区社区匹配填补方案

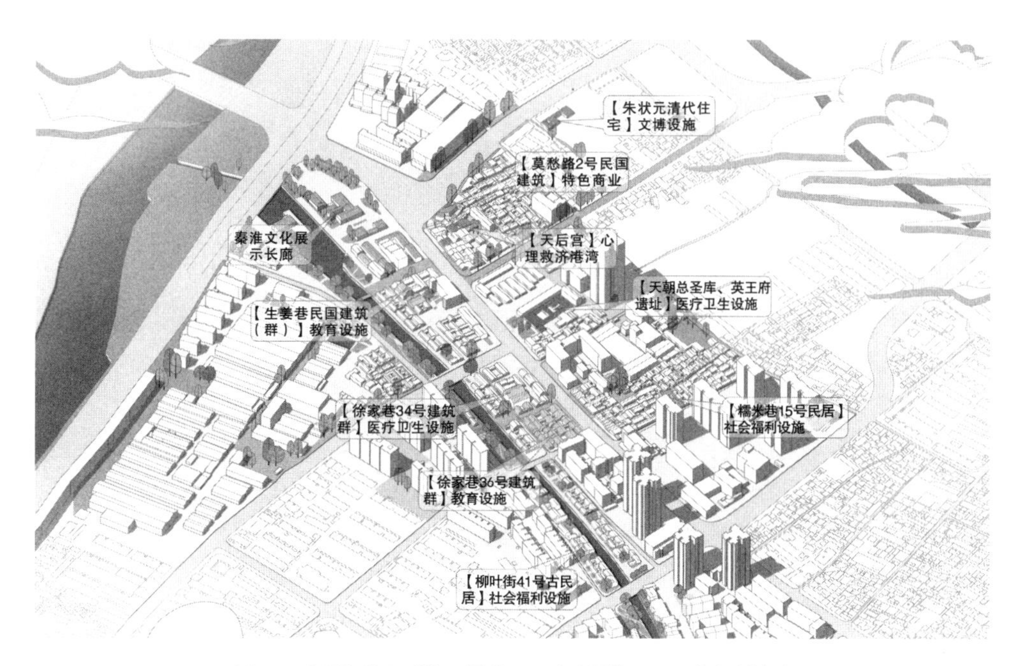

图 11　水西门片区“社区需求－历史资源”匹配更新规划方案

5.2.2　节点空间更新设计

基于社区需求明确历史资源的适应性利用方式后，还应关注历史资源的节点要素具体更新设计。更新优化过程中应关注引导节点的公共活动场所设计对历史信息与在地文化的体现，避免旅游开发造成的历史文化异化与在地文化流失问题。基于此，从历史信息保存与社区文化延续两方面综合考虑节点的细节设计，使历史资源的文化特征更好地彰显。这里分别选择点状历史资源、线状历史资源中的典型——天后宫（也是非物质遗存载体）与仓巷为例，给出更新设计的具体引导意向图以示参考（图 12、图 13）。

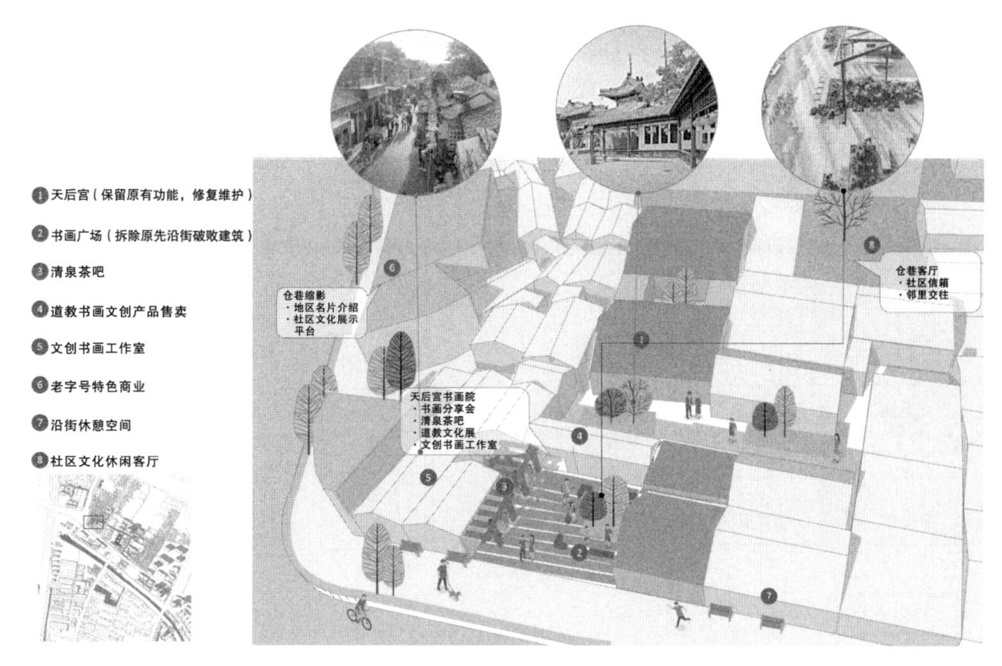

图 12　天后宫（点状历史资源）更新设计意向图

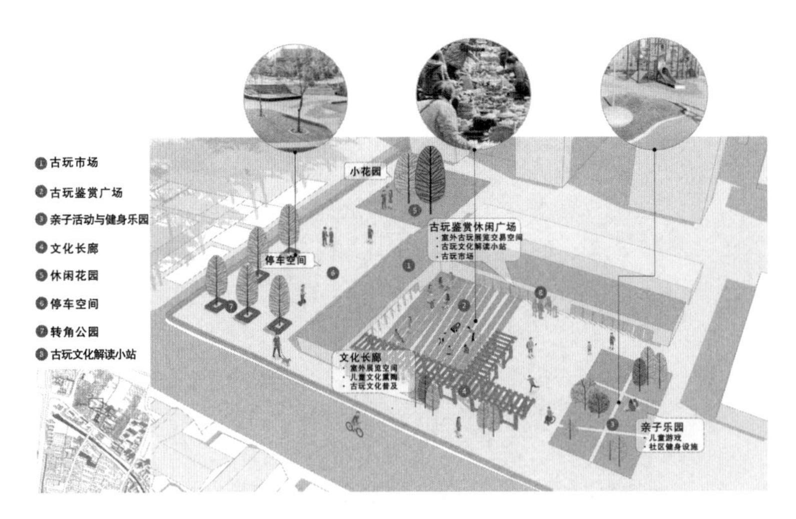

图 13　仓巷（线状历史资源）转角空间更新设计意向图

5.3　匹配支撑机制

为使“社区需求一历史资源”匹配策略更好落实，真正帮助社区长远发展，需要完善相应的支撑机制，完善组织管理机制，引导公众参与，实施自上而下与自下而上相结合的保护利用行动（图 14）。一方面，让居委会成为中介，搭建居民与文保、房管部门的沟通平台，提供全面的信息与政策解释，尊重居民意愿，并联合社会组织、社工团队、社区规划师等成立团体，确保在对历史资源更新提升前充分研判社区需求，明确社区短板，根据分析评价结果结合居民意愿选择合理的历史资源适应性利用方案，构建共识；另一方面，在明确历史资源再利用方案后，政府应加大对历史资源保护利用的资金投入，使其更好地应用于社区公共事业建设，同时简化保护流程，根据紧急与重要程度采取相应措施，并限制审批时间，使历史资源切实转化为社区所需的公共设施及公共空间，促进历史资源延续，彰显历史文化，实现社区长远发展。

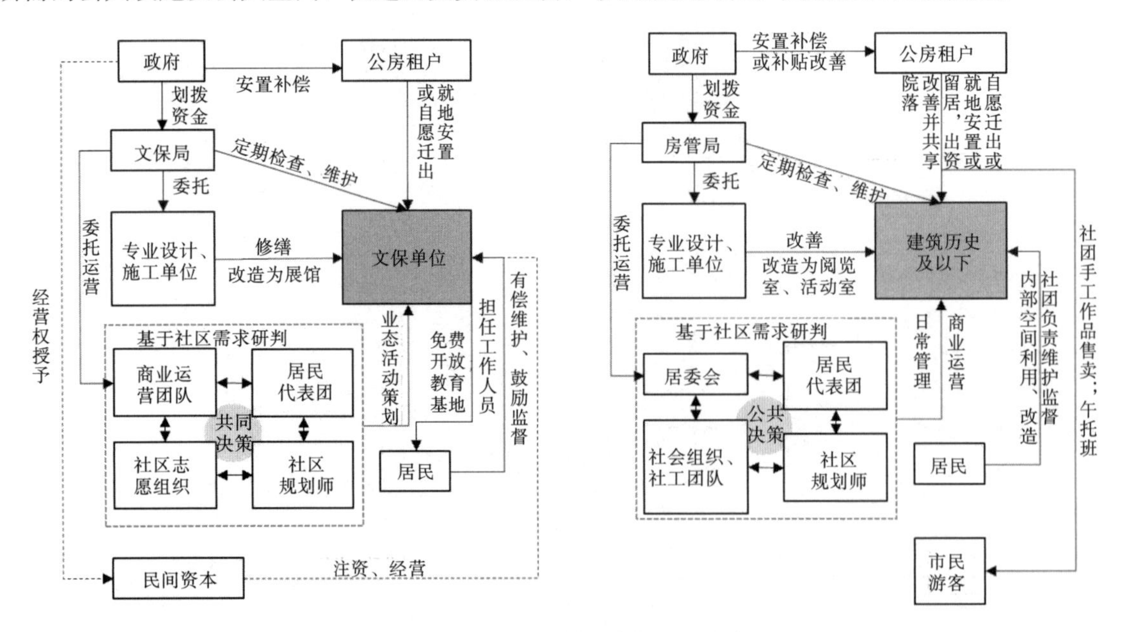

图 14　基于社区需求的历史资源利用机制

［资金项目：国家自然科学基金项目“基于社区研究和参与的居住型历史地段规划体系优化”（51778125）。］

［参考文献］

［1］邓巍，何依，胡海艳．新时期历史城区整体性保护的探索：以宁波为例［J］．城市规划学刊，2016（4）：87-93．

［2］王承慧．英格兰保护区的法规和共识机制：兼论对中国居住型历史地段保护的启示［J］．国际城市规划，2021，36（1）：91-98．

［3］周晗．长沙历史城区传统日常生活空间的回归［D］．长沙：中南大学，2014．

［4］孙慧玲．城市更新背景下历史城区居住性街巷研究［D］．南京：南京大学，2012．

［5］韩雨蒙．基于文化保护的北京老城社区更新研究［D］．北京：北方工业大学，2019．

［6］龚上华，谢超凡．挖掘历史资源打造特色文化社区：以武林街道竹竿巷社区为例［J］．杭州（周刊），2019（11）：24-25．

［7］南京市人民政府．南京市公共设施配套规划标准［EB/OL］．（2015-01-26）［2022-03-03］．http：//www.nanjing.gov.cn/zdgk/201502/t20150212_1056577.html．

［8］刘思佳．基于社会资本的传统居住型历史地段保护发展研究［D］．南京：东南大学，2020．

［9］王承慧，王建国，刘思佳，等．提升历史城区生活质量的城市设计探索：以太原府城为例［J］．建筑学报，2021（S1）：128-133．

［作者简介］

李嘉欣，东南大学建筑学院硕士研究生。

王承慧，通信作者。教授，任职于东南大学建筑学院。

潘晞文，东南大学建筑学院硕士研究生。

刘思利，东南大学建筑学院硕士研究生。

城市更新导向下的医疗建筑改扩建设计

——以东营市人民医院整体规划设计为例

□卫彦渊

摘要：医疗建筑作为一种专业技术含量大、功能复杂、涉及领域广泛的建筑类型，进行改扩建的过程中面临着诸多实际问题：空间受限、规划管控、医疗建筑本身技术要求等。而城市更新的目的是通过维护、修整、拆除等手段强化城市功能，促进城市发展，因此城市更新理念对医疗建筑的更新有一定的启示作用。本文以山东省东营市人民医院为例，深入介绍了医院在扩建过程中遇到的实际问题，以及如何运用城市更新理念提出医疗建筑扩建的解决策略，最终实现医疗建筑的改造更新、新院区与城市的和谐生长。

关键词：医疗建筑；改扩建；城市更新；对策

城市更新可定义为通过维护、整建、拆除等方式使城市土地得以经济合理地再利用，强化城市功能，增进社会福祉，提高生活品质，促进城市健全发展，其目的是长期提升一个地区经济、物质、社会、环境等多方面水平，经营一个更好的都市环境。它所采用的方式是综合的、整体的方法。当前，城市更新多发生在大规模公共空间中，通过一系列城市更新模式，改变土地使用模式、改善地区实质环境、吸引人口重返，防止城市衰退。然而，城市更新理念同样可以应用于相对小规模的单一功能的建筑群组的扩建，对建筑群组所在的城市区域产生积极的影响。

进入21世纪后，我国医疗设施的建设骤然提速。据统计，2004年全国80％的医院存在改扩建问题，20％则需要新建。然而，许多管理者对医疗空间的设计目标、规模和发展方向缺少前瞻性，只针对眼前的医疗矛盾解决问题，极易导致医疗建筑群难以持续发展，造成社会资源的极大浪费。此时，城市更新的导向与实施策略就可以从综合功能、空间形式、可持续发展等多方面为规划师和建筑师提供一个指引性的意见，甚至一个可操作的指导体系。

1　城市更新导向下医疗建筑的改扩建原则

在城市更新过程中，需要对更新对象、更新模式、更新方向等方面的内容进行总体考量和安排，并根据解决问题的迫切程度及难易程度，对更新对象进行空间和时间上的调配。根据医疗建筑自身特点，建议在改扩建时遵循以下更新原则。

(1) 医疗功能的提高与改善。选取适合的建筑更新模式，解决建筑设施老化、用地结构混乱及医疗院区内外路网结构矛盾等一系列问题。

（2）医疗环境的提升与优化。从“以患者为本”的角度，改善患者的就诊环境，满足患者的就医配套需求。

（3）城市格局风貌的保护与完善。新建医疗建筑在规划空间与建筑风格上，尊重保留建筑及城市整体格局风貌。

（4）医疗建筑的可持续性与节能。根据可持续发展理念，设置更新时序，改扩建过程中节约社会资源。

在具体案例中，医疗建筑的改扩建原则会存在不同的侧重点，以上原则也会有不同的表达方式，但目标都是在城市更新理念的指引下，重建一个和谐、高效、活力的医疗新院区。

2　城市更新导向下医疗建筑改扩建的规划实践

2.1　项目背景与概况

东营市位于山东省东北部，是黄河三角洲的中心城市，环渤海经济区的重要节点。东营市人民医院位于东营市东城区，于1992年正式开诊，至今已服务30年，是一家集医疗、教学、科研、急救、预防、保健、养老于一体的综合性三级医院。医院东院区和西院区两部分，东院区为主要医疗服务院区，西院区为儿童医院（图1）。现状建筑面积15.6万 m^2，拥有床位1260张。

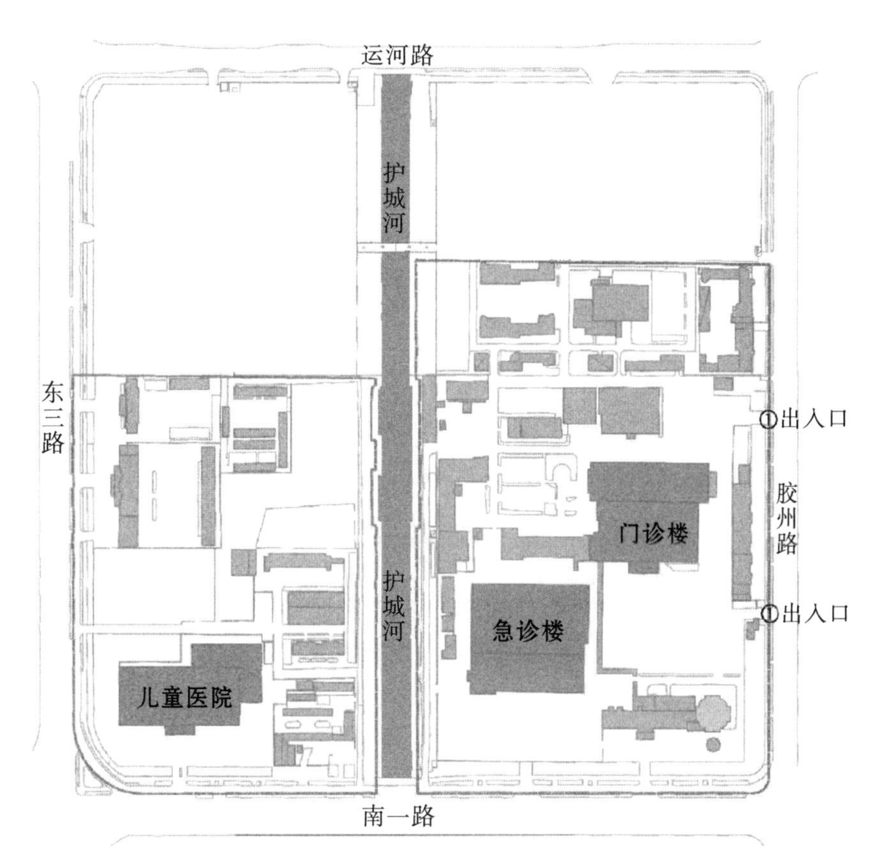

图1　东营市人民医院现状图

2.2 项目主要问题分析

2.2.1 区域医疗资源紧缺

由于东营市人民医院所在的东营市东城区居住人口数量较大，且现有综合性医院较少，医院现有的医疗资源已疲于应对居民的就医需求，日最高就诊人数已突破3000人，人流负荷量大。

2.2.2 区域交通问题严峻

东营市人民医院位于东营市城市主干道南一路、东三路的交叉口，这两条路是东营市中心城区南北与东西向联系的重要通道，交通压力较大；东侧胶州路是城市支路，通行能力较小，医院的2个主要出入口分布在此路上，交通拥堵问题严重。

2.2.3 院内建筑杂乱无序

东营市人民医院扩建范围基地内现状建筑布局凌乱，建筑性质混杂，建筑质量较差。所属医院的医疗建筑缺乏空间条理和秩序，医疗流线不合理。停车场面积不足，院内车辆乱停乱放现象严重，严重干扰了医院的运行效率。

2.2.4 院内空间被限定，医疗功能缺失

门诊楼、急诊楼、儿童医院未经整体规划，造成病区分散、门诊急诊人流互相干扰、冲突。整体功能上缺乏医技楼的配合，功能亟待优化完善。

2.3 规划理念确定

2.3.1 填补医疗资源空缺，提高居民生活品质

东营市人民医院的发展定位为“大综合、多专科”，发展目标是建设成为一座以三级甲等综合医院为核心，结合多个专科分院形成医疗业务增长点，最终发展为医疗、教学、科研、康复等功能配套完善的地区性医疗中心。当前，规划范围内除医院以外的其他功能建筑都存在面貌破败、人流吸引能力式微等情况。可采用土地收购与土地整理的手段，将尚存缺口的医疗功能引入，给社会居民提供充足高效的医疗空间。扩建后，医院近期将完成2200张床位，建筑面积19万 m^2，远期建筑面积将达到29万 m^2 的目标，以满足东营居民医疗需要。

2.3.2 立足区域整体规划，解决城市交通“蜂腰”

由于交通拥堵问题严重，东营市人民医院所在街区及周边环绕街区都出现了因拥堵导致的交通机能衰退。运用调整医院出入口位置、增加出入口数量、实施相关交通管理措施等方法，打通城市交通“蜂腰”。

2.3.3 协调新老建筑关系，提高病患就医效率

城市更新的手法一般有拆除重建、整旧复新、保存维护三种。对于本案例，在规划中拆除重建一部分残破的、功能无法继续正常运转的老旧建筑，包括非医疗建筑和部分医疗建筑；整旧复新个别有历史文化价值的构筑物，如东院区东南角医疗资料馆；保存维护功能较为齐全的门诊楼、急诊楼和儿童医院等大型医疗建筑。根据医疗功能上的空缺进行相应建筑的填补，空间上力求顺畅衔接保留的门诊、急诊及儿童医院大楼，空间上功能明确，流线清晰。

2.3.4 一次规划，弹性实施

此次规划是在原有院址的基础上进行更新，受到建设用地紧张等诸多因素限制，同时在建设期间需要保障医院正常的医疗服务。因此，应合理规划建设步骤，便于医院周转运营，做到“一次规划，分期实施，分轻重缓急统筹安排”，保证建设时、近期、远期的妥善安排（图2）。

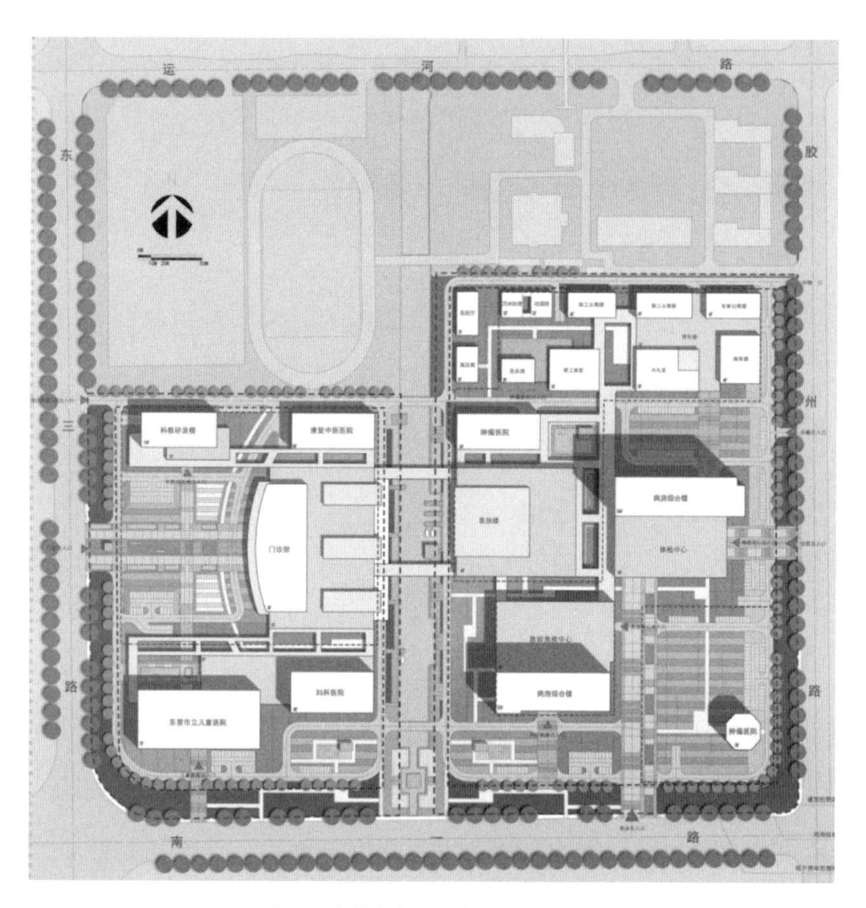

图 2　东营市人民医院改扩建规划图

2.4　医疗建筑的扩建规划实践

2.4.1　近期改造建设规划

近期主要是对东院区进行改造和整治。首先，对院区北部的师范学校遗留建筑进行拆除和重新规划建设，形成集中的后勤保障和院内生活区：西北部布置告别厅和高压氧舱，垃圾房及污水处理中心，医院的能源中心，营养室和食堂在现有位置进行装修改造。其次，在门诊楼西侧拆除现有建筑，按照当代医疗建筑模式建设服务于全院的集中医技中心。医技楼拟建四层，首层为放射影像科和核医学，二层为功能检查和超声检查，三层为化验、检验中心和病理科，四层为手术中心。医技中心与门诊楼、急诊楼之间都留有庭院，保持施工操作距离，也可保证新老毗邻建筑的通风采光。医技中心建成后，原来分散在门诊楼和急诊综合楼的主要医技设备将全部移往医技中心，并按照三级甲等医院配置齐全的医疗设备。最后，医技中心建设后期同步实施南北主连廊建设。南北主连廊从急诊综合楼向北首先连接门诊综合楼和医技楼，并继续连接其他功能建筑。连廊共 4 层，首层采用架空层处理，二层以上为封闭室内连廊。

在实施上述改造建设项目时，对医院的运营基本无影响，能够保证医院正常运营。在运营中，门诊区面积不足和流线迂回的问题会逐渐暴露出来，可以借用医技中心首层或二层空间，或在门诊楼和医技中心之间的庭院处搭建钢构联体建筑，增加门诊面积，做好过渡（图 3）。

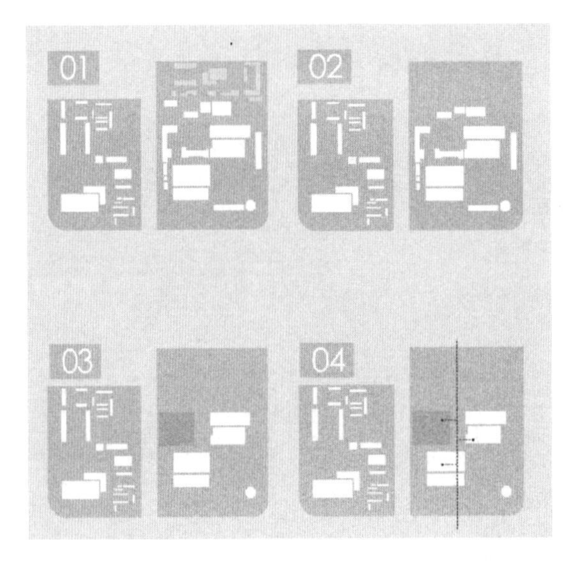

图 3 近期改造流程图

2.4.2 远期改造建设规划

对原西院区建筑进行拆除整理，实施以新门诊楼为核心的西院区建设项目。门诊楼是医院中病人和家属使用最多的场所，也是最重要的医疗环境，代表了医院的形象和品质。西院区用地宽裕，可有效解决医院门诊面积不足和门诊空间模式陈旧的突出矛盾，按照当代医院先进模式，建设流线清晰、交通便捷、环境人性化的门诊空间。

新门诊大楼共四层。首层用于挂号收费、药房及部分门诊。二层以上为各门诊科室。门诊科室按照标准化模块设计，采用单人诊室，一次候诊，分层挂号收费的模式。病人候诊区在西侧，等候区均有自然采光和景观；医生休息区在东部临河布置，医生区交通路线与病人分开设置。

门诊楼的北端同步建设康复病房楼。门诊楼南端规划妇婴专科病房楼，妇产科门诊设置在专科楼底部，在首层设廊道与门诊入口大厅连通。原儿童医院独立运营。

门诊楼建成后期，同步实施东西院区的跨河连廊。跨河连廊共有两条，南边连廊设置在二层和三层，主要是联系门诊楼和医技楼。北边连廊设置在二层，主要是康复专科和医技楼的联系。

新门诊大楼建成使用后，原东院区门诊楼可置换为独立对外运营的体检中心。整个东院区广场主要用作急诊急救广场和体检中心入口。同时，增加东院区东南部的绿化景观和休憩设施，为两座住院大楼提供更加优美的配套环境，也为城市路口增添景观。西院区西北部预留建设医院的科教楼，是医院学术活动的主要场所（图 4）。

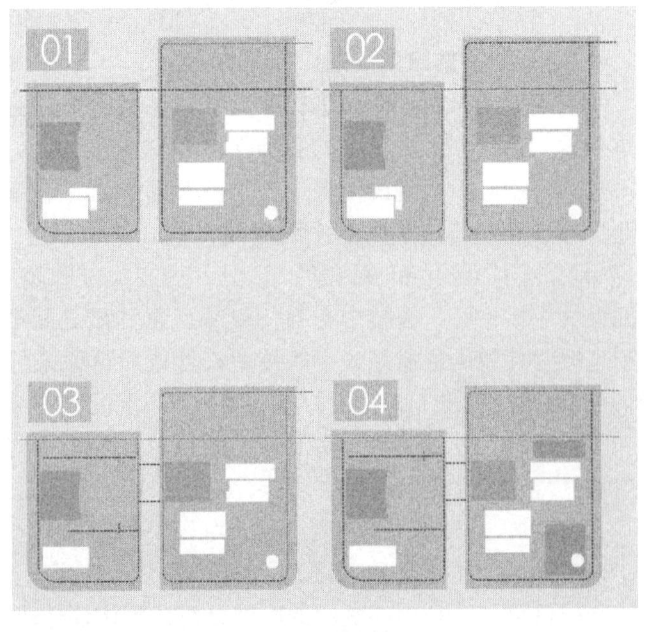

图 4 远期改造流程图

2.5　医疗建筑的更新策略应用总结

本次对东营市人民医院的扩建设计中，始终遵循上文所述的城市更新导向下的四大扩建原则，并根据现实情况，详细分为以下六个更新策略。

2.5.1　城市秩序更新

作为城市中重要的公共基础设施建设，东营市人民医院的改造更新从城市建筑发展的角度来确定医院在城市中的定位，新建筑形式、颜色、风格不但与保存下来的门诊楼、急诊楼和儿童医院在风貌上相似，同时与东营城市风貌大环境相融合，为提高东营市城市新风貌做出贡献。通过以门诊楼为主体的新建筑、广场庭院、划分空间，加强了原有城市的空间序列感，强调了两院区中心护城河的轴线地位。整个建筑群体主次分明、错落有致，新旧建筑之间连接互补、协调统一。医院建筑与外部空间的整合将引领新的城市空间秩序，树立东营市人民医院新的形象（图 5）。

图 5　东营市人民医院建设效果图

2.5.2　整体结构更新

整理原有散乱格局，创建规整清晰新布局。原院区被护城河分割成东西两片，沟通困难。新规划将两院区合二为一集中考虑，创造出“一轴、三带、五心”的新结构。将护城河东西两侧通过路桥及建筑空中连廊进行有机衔接，并保留护城河为沿河景观轴。以门诊楼、医技楼和体检中心为主的东西向主医学功能带和东西院区两条南北方向辅助医学功能带共同组成了新院区“三带”。分布在“三带”上的四个专科中心和一个配套科研中心共同构成院区“五心”。鱼骨形的医院街构成核心医疗区高效的主动线和交通空间，路线简洁，导向明确，满足分期改造的要求(图 6)。

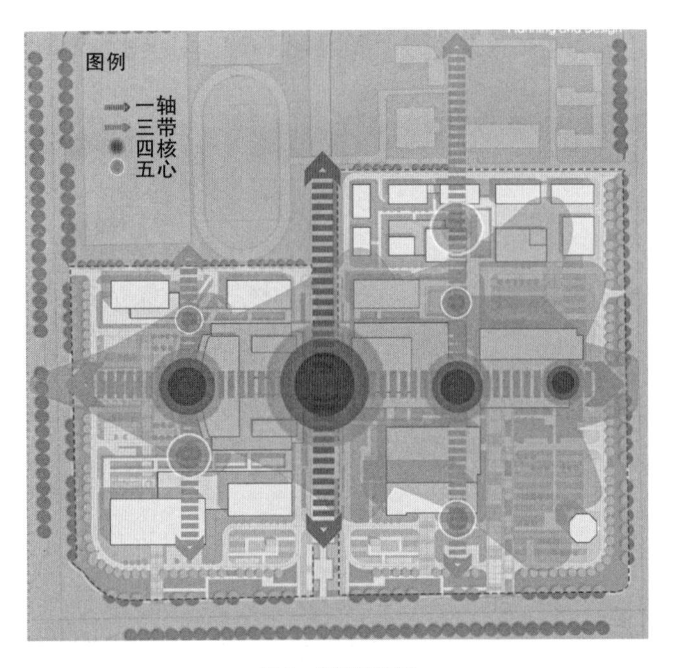

图6　规划结构图

2.5.3　活力功能更新

东营市人民医院总体规划功能布局分为核心医疗区、综合住院区、专科病区、后勤生活保障区和教学科研区。核心医疗区由门诊楼和医技楼组合而成，是整个院区核心。综合住院区主要由外科病房大楼和内科病房大楼及其裙楼组成，专科病区围绕着核心医疗区布局，与医技楼有便捷的联系，后勤生活保障区和教学科研区位于院区东北部。门诊楼与医技楼两层以室内连廊紧密相连；医技楼与南北相邻两栋住院大楼设连廊联通；这样综合医疗区既分区清晰，又联系紧凑方便。整体规划保证各个功能分区既能够相对独立，又能使各区之间紧密联系（图7）。

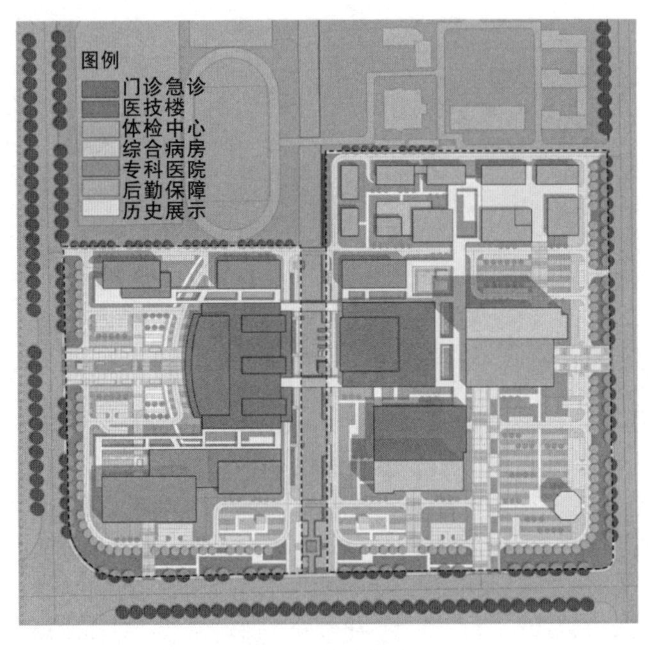

图7　分区功能图

2.5.4　交通流线更新

交通流线的更新分为城市层面和院区层面两部分。下面从空间组织的层面来分析更新建设对于各个空间的人流、物流的重新修复与整合。

（1）压力分散，缓解拥堵。将原院区内负担最大流量的东侧2个出入口交通，依据交通特征，分散至规划在东、西、南3个方向的7个出入口（图8）。1号口为医护人员主要出入口；2号口为综合及专科医院门诊主要出入口；3号口为专科医院出入口；4号口为急诊出入口；5号口为体检出入口；6号口为住院及探视主要出入口及部分后勤交通出入口；7号口为污物出口。经过统计测算，各出入口功能更加明确，流量分配也更为均衡，在医院近期扩张2倍规模的情况下，仍然有效解决了医院东侧胶州路拥堵的现状，且不会对西侧及南侧道路的通行能力产生明显干扰。

（2）立体停车，提升容量。地下停车场范围选择秉承“停车＋电梯＋上楼”的规划原则，尽量将停车场选址在建筑物下。在院内各主要功能楼前区设置少量地面停车位，并在西北角设置停车楼以减轻停车压力（图9）。

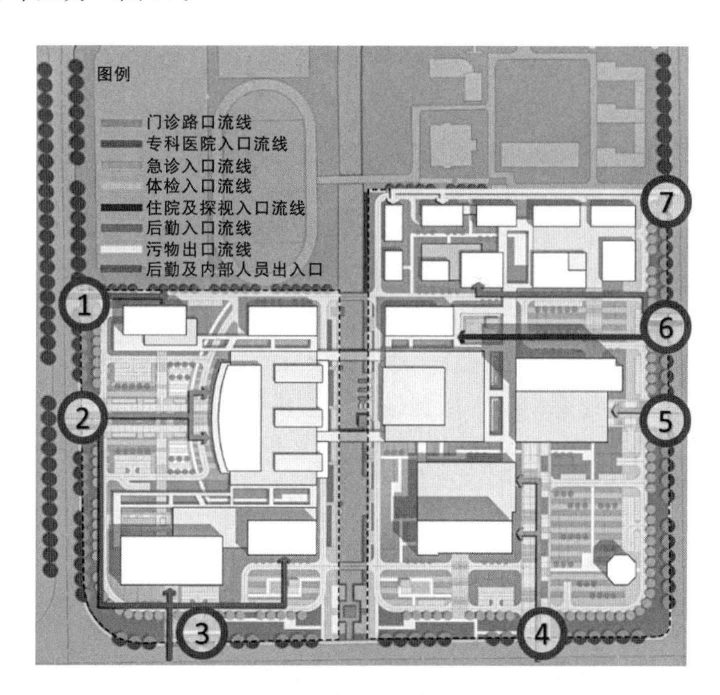

图8　出入口示意图

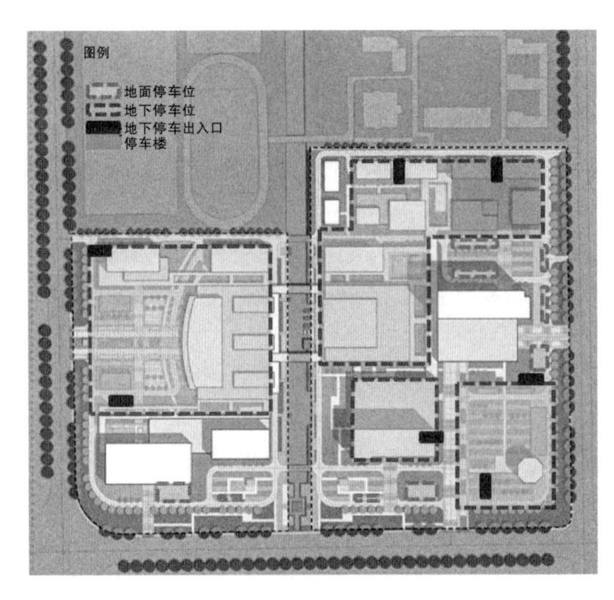

图 9　停车位分区图

(3) 人车分流，优化交通。规划方案规划了“双环”道路体系，将道路等级分为医院主干路、医院次干路，并规划了人流路径。医院内部沿综合医疗区形成大环路，沿环路设置各功能区建筑的出入口（图 10）。

(4) 洁污分流，避免感染。医院现状为每个病房楼都设有手术室和中心供应室，外科病房楼地下室设有中心药库，污物处理和太平间在医院北部，需结合现实状况加以改进（图 11）。

污物流线：各楼在地下室或首层的污物电梯间旁设置污物暂存间，打包后，集中运送到基地北部的垃圾房及太平间；清洁物品流线：中心药库和物品库位置不变，适当置换空间扩容继续使用，通过核心医疗区的连廊向各区域配送。中心供应室集中一处在医技楼地下室，向各区域配送。营养室和食堂集中在一处，通过连廊向各病房配送；污物流线基本在地下和地面，清洁物品和配餐主要在二层连廊，两者完全分开。在门诊楼和医技楼之间可以在吊顶上设置轨道机械物流系统，传输检验标本等物品。

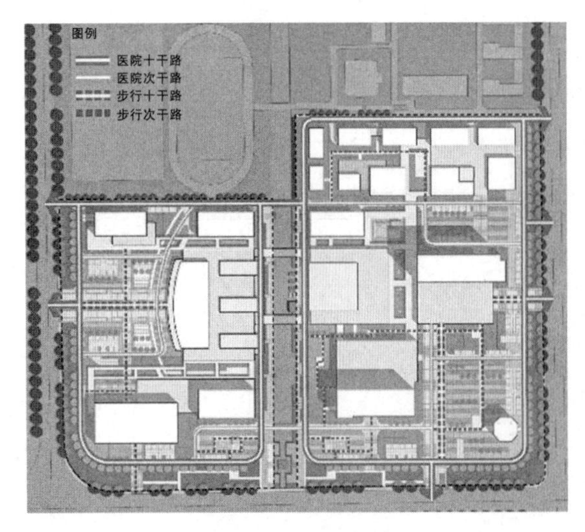

图 10　人车分流线路图

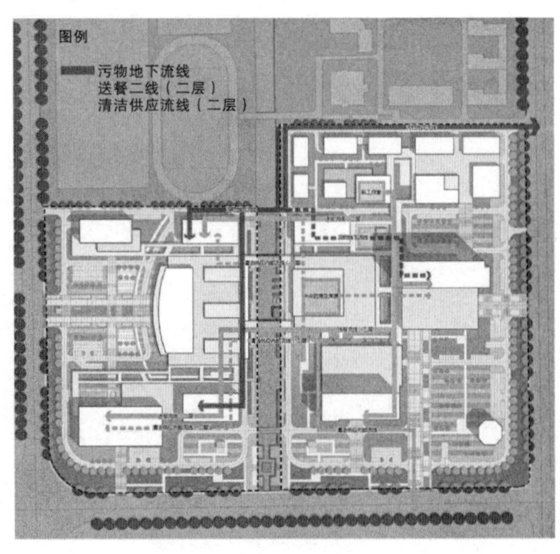

图 11　洁污分流线路图

2.5.5　医疗环境更新

人性化的设计理念能创造出富有生活气息的医院环境以满足患者的精神需求。医疗环境的更新有助于患者和医护人员的肌体、心理和医患关系的健康。医疗环境的更新主要体现在以下几点。

（1）和谐的医疗空间。门诊楼建筑造型作为医院的入口形象，线条表达大胆而柔和，强化了门诊楼的主体地位。其他医疗建筑采用丰富的建筑元素构成与分离，降低了医疗建筑常见的枯燥性；裙房采用大面积玻璃幕墙，为就诊患者及医护人员带来通透和安定的视觉感受。整体颜色上采用鹅黄、米黄色，体现医院和谐温馨的形象。

（2）高效的院区联系。核心医疗区采用医院街和空中连廊连接，核心区各功能区均可全天候联系，风雨无碍；垂直交通和自动扶梯均安排在开放中庭中，引导明确；医患分流，每层设置挂号收费处，候诊区安静舒适，充分体现人性化氛围。

（3）宜人的自然环境。在有限的空间内创造舒适宜人的自然环境，舒缓患者的紧张情绪。候诊空间透过落地玻璃可以同时观赏到中央河滨花园和天井庭院；护城河上连廊具有绝佳的景观视野；通过内部庭院、屋顶花园等多种布置绿化景观的手法，形成立体的景观体系，增加院区活力。

（4）便捷的配套服务。地下室沿下沉庭院设置了为病人和家属服务的社区化商店与餐厅，使得病人减少社区隔离感，同时也避免了违章商业摊点在沿医院外的城市道路上出现。

2.5.6　节能条件更新

东营市人民医院的节能设计从规划布局、建筑造型、建筑表皮和细部等多方面多角度进行切入。

（1）总体布局采用庭院式布局，使建筑物与环境融合，既美化环境又调节微气候。

（2）综合采用被动式节能技术，高层病房楼主体建筑南北向布置满足了不少于3小时日照的要求。整体建筑均南北向布置，使各类用房均能有较好的采光和通风条件，减少能耗，采用轻质隔墙和新型材料砌体。

（3）门诊楼设计多个天井均有采光通风间隙；庭院使其透风良好，同时能作为热辐射的缓冲区，减少空调能耗。

（4）医院内部水平与垂直交通紧密结合，诊断治疗流程紧凑化，综合管线缩短减少，从而降低能耗，节省能源。

（5）减少玻璃顶棚面积，凡有玻璃顶棚处均加设高性能的遮阳设施。

（6）机电系统设计结合当地气候，采用高效的低能耗系统；采用太阳能热水系统和太阳能光伏路灯，在门诊屋面适当采用太阳能光伏发电板；对屋面和场地采用雨水收集系统，对建筑物内采用中水回用系统，等等。

3　结语

老城区的医疗建筑改扩建项目的建设条件复杂，面临的现实问题较多。本文以东营市人民医院为例，在城市更新理念的指导下，提出了医疗建筑的几项改扩建策略，希冀建筑师与规划师可以从中得到提示，为相似的医疗建筑改扩建提供更新思路。

[参考文献]

[1] 李男. 西安交通大学第二附属医院更新设计研究［D］. 西安：西安建筑科技大学，2014.

[2] 黄琼. 医疗建筑改扩建研究 [D]. 天津：天津大学，2007.
[3] 李黎. 浅议城市旧城区医院的更新改造：以广东省第二中医院医疗综合楼建筑方案设计为例 [J]. 福建建筑，2015 (6)：9-11.
[4] 王烨. 综合医院改扩建总体规划浅析 [D]. 上海：同济大学，2006.
[5] 龙灏，李焕杰. 大型综合医院改扩建中的规划与建筑设计对策 [J]. 华中建筑，2011，29 (5)：49-52.
[6] 中华人民共和国国家卫生健康委员会. 综合医院建设标准：建标 110—2021 [S]. 北京：中华人民共和国国家卫生健康委员会，2021.

[作者简介]

卫彦渊，高级工程师，华建集团上海现代建筑规划设计研究院有限公司第四设计所所长，镇江国家高新区城市建设及战略发展研究中心主任，天津大学研究生院硕士研究生导师。

第四编

文化风貌塑造与城市更新

历史文化旧城区更新的城市设计策略思考

——以江苏省泰兴市老城区更新为例

□罗意芳

摘要：基于存量规划的背景，对历史文化旧城区的魅力所在及存在问题进行分析，利用老城区有限的土地资源，基于问题导向、目标导向、价值导向，探索历史文化旧城区更新的思路框架，通过城市设计的策略引导，以期能够缓解城市更新中存在的问题，进而实现精细化的管控，促进片区高质量发展。

关键词：存量规划；历史文化旧城区；城市设计策略

党的十九大以来，我国的城镇化发展进程已经从以增量为主迈向增存并举阶段。老城区作为城市最早发展的区域，是存量规划的主战场。而“历史文化旧城区”这一类型具有双重属性，它既是城市历史风貌区，又是承载着城市重要功能的生活区，在其更新过程中如何平衡开发与保护之间的矛盾，并将开发与保护融合共生，焕发出新的活力，是这类城区更新的一个重要课题。本文以泰兴市老城区历史风貌研究为例，基于问题导向、目标导向、价值导向，寻求老城区保护与建设的平衡点，探索老城区传统文化与现代生活的碰撞点、老城区文脉与时代旅游的契合点，并提出切实可行的规划策略。

1　历史文化旧城区更新的设计思路

1.1　历史文化旧城区的特征及存在问题

1.1.1　魅力所在

(1) 城市活力区域。简·雅各布斯、杨·盖尔都提出通过提升城市环境的建设密度、鼓励城市功能的多样性、注重社区街道的日常生活来提升一个地区的生气与活力。相较于很多新城的“人造城市”而言，城市老城区多是自发蔓延而形成的，往往呈现小尺度、开放式街区、功能混合的特征。小尺度意味着街区的高可达性，有更多的路径可以快速到达公共空间；开放式街区表现为有更多的临街面面向公众开放；功能混合表现为沿着街道往往有商业、休闲、文化娱乐、居住混合的特征，这些要素都是老城区具备城市活力的要素。

(2) 城市文脉区域。老城区历史悠久，经过持续的、不间断的发展过程，不同历史时期遗留下来的历史遗迹、空间格局、城市肌理、传统民俗、特色工艺、历史故事等，构成了片区的重要历史记忆，也是片区乃至一个城市重要的特色所在，是城市中不可复制的宝贵财富。

1.1.2 存在问题

（1）空间扩展限制。老城区在更新过程中，经常面临新型功能与传统城市空间的矛盾，老城区无法提供大型的开发地块，与现实的规模化发展矛盾，限制了新型功能的注入，同时也影响了旧城空间特色的保持与维护。如何在有限的更新空间中满足新建项目功能的空间需求，以及历史文化延续的需求是必须思考的问题。

（2）城市文脉断档。老城区在物质建设竞争力一步步衰退的条件下，城市活力依旧存在，历史文化优势是重要的原因之一，而对于文化的物质支撑的建设缺乏，势必造成老城区的加速衰弱。缺乏物质空间支撑的文化核心难以完全展示老城区的城市文化特色，老城区的衰退面临更大的文化表达缺失问题。

（3）配套设施短板。一方面，由于外围区域的扩展和机动交通时代的来临，老城区不得不面临外围区域和机动交通的压力，需要系统性地构建老城区与周边地区的交通系统。面对外部交通的进入压力，老城区内部的路网无法承载，进而造成老城区内部交通的不畅等一系列问题。另一方面，老城区往往呈现公共设施配套不足的问题，难以满足人民日益增长的物质环境改善的需求。

（4）土地整治难度大。土地价值高、更新成本高、现状土地权属复杂、拆迁难度大等问题，为老城区带来巨大的更新困难。一方面阻碍城市品质的提升，另一方面为城市的更新规划和管理工作带来巨大的阻碍，进一步影响了老城区的发展速度。

1.2 历史文化旧城区更新的设计思路

对于历史文化旧城区更新的思路，一方面要充分体现老城区自身的特色与魅力，充分发现其价值；另一方面要解决老城区现实存在的问题。同时，要从区域的视角看待老城区的作用，实现城市发展目标，基于目标导向、问题导向与价值导向，提出更新策略，梳理有效的整体城市建设控制脉络和抓手，提出有的放矢的行动计划，焕发老城区新活力。

1.2.1 基于场所文脉理论的城市空间架构

场所文脉理论是“主张强化城市设计与现存条件之间的匹配，以历史文脉的探索、保护与延续为出发点，寻求人与环境有机共存的深层城市设计理论”。一方面，老城区的空间组织模式有其特殊性，特定历史时期留存下来的历史格局、尺度、肌理、街道网络、历史遗迹、历史故事形成了独特的场所文脉。另一方面，随着生活方式的改变，传统的老城格局难以满足现代功能使用条件的需求，需要更新，而在更新的过程中，应该深入挖掘老城区的场所文脉特征，并在满足现代功能使用条件的同时延续场所文脉，架构古今交融的空间格局。

1.2.2 基于核心价值挖掘的城市功能提升

伴随着城市功能转型提升，以及人民日益增长的文化休闲娱乐需求，有着历史文化价值的老城区是城市休闲功能完善的重要触媒区域。国内也有不少历史文化资源活化利用的案例，如宽窄巷子是成都重要的历史文化街区之一，其在旧城更新的过程中，抓住遗留下来的较具规模的清朝古街道历史格局特色，将传统的老城居住区进行功能提升，打造成集文化、休闲、娱乐、餐饮、购物于一体的文化旅游街区，吸引了大量本地和外地游客聚集，成为成都的一张文化旅游名片。历史文化老城区应抓住转型机遇，依托自身资源，促进功能提升，进一步提升城市竞争力。

1.2.3 基于城市修补策略的配套设施完善

城市修补策略主张“用更新织补的理念，拆除违章建筑，修复城市设施、空间环境、景观风貌，提升城市特色和活力”。解决老城区存在的问题，一定程度上是弥补城市建设的历史欠账。具体来说，一方面应从提高老城区的宜居性出发，不断完善老城区的文化、教育、养老、医疗、健身等基本功能，增强城市对居民的亲和力，让居民对城市有更强的归属感。另一方面，优化片区路网结构，完善路网组织，提升城区内部可达性，积极融入城市路网格局中；转变发展理念，构建人行优先、以人为本的路网系统。

1.2.4　基于小微更新模式的片区土地整治

基于老城更新扩展限制、土地整治难度大等原因，在更新过程中，倡导采取微改造更新模式，降低改造和管理的尺度，以最小化的干预带动老城区的整体功能提升、风貌提升。一方面，差异化整治，根据老城区现状建筑质量、用地权属、历史文化价值等因素进行综合评价，明确用地更新潜力，针对不同潜力地块进行差异化的更新措施。另一方面，精细化土地使用，在规划地块划分中尽可能地兼顾现状地块的使用权和所有权边界，将集体所有房产和企业房产的地块，按照原有产权界限划分为单独地块，国有产权地块依据实际需要，可以进行适当的拆分或整合。进行尊重产权的地块划分，可以更好地满足建设控制、审批管理等工作的要求。

1.2.5　适应老城区改造的规划实施与管控

在规划管控层面，应倡导精细化管理方式，像绣花一样管理和更新城市，改变传统规划管控“重指标、轻空间”的粗放模式。具体来说，首先，基于目标导向和底线约束导向，划定老城区管控底线，采取刚性管控，确保老城区的总体空间布局、公共设施的结构性配置。其次，在更新过程中，引导开发商主动参与更新，并注重多方利益平衡。这方面深圳、上海都做了很多有意义的探索，如深圳城市更新过程中注重多方利益的协调，建立较为健全的市场经济运行机制，通过政企合作模式，获得了较为满意的经济与社会效益。

2　案例分析——泰兴古城更新规划

2.1　案例概况与问题剖析

泰兴市有着深厚的历史文化，在漫长的城市演变过程中，形成了独特的空间格局与风貌特色，同时也存在着老城区特有的共性问题。

（1）历史格局。呈现“龟背腾蛇双城河，琴书相融十字街”的历史格局（图1）：“南北三轴”——古代泰兴城中具有三条主要的南北向城市空间功能轴，分别为世俗宗教轴、公共事务轴、文化礼教轴。“五门屹立”——泰兴古城周围建有五座城门，分别曰“镇海”“阜城”“通济”“澄江”“拱极”，这种古城格局不多见，有聚气生财之意。“十字筑城”——鼓楼南北大街贯穿古城，北至拱极门，南到澄江门，是古城的风水中心轴。“龟背腾蛇，鹤立团城”——外城河形如龟，内城河似龙蛇，形成了独特的“龟背腾蛇”。

（2）现存格局。在漫长的发展历程中，“三轴不复，五门不在，龟鹤仍存”——五座城门已不复存在，三轴之中公共、文化轴仍留有痕迹，世俗轴已难以寻觅，而龟鹤水系格局仍存，仙鹤湾、县衙在经过整理后，北段轴线已初步形成。双水环城——内城河生活纽带，外城河边界隔离（图2）。

（3）老城问题。①定位：从商贸服务中心到文化商业休闲中心的转变整合提升，老城容量有限、追求由量转质的变化。②片段式更新、差异度大：老城南北城市轴线建设相对完整、内外环城河区域建设差异度较大，缺乏整体规划；城北整体建筑质量较佳，处于建设中；城南整体建筑质量较差，大量城中村用地有待开发。③城市风貌：混合多样、缺乏协调——老城现状建筑风貌形式多元，现代、传统风貌混杂，整体特色不凸显。建筑高度参差不齐，整体上呈现北高南低的态势，缺乏协调。④道路交通：传统肌理与现实需求的矛盾——传统肌理尚存、街巷完好。城北基本满足交通需求，城南居住区域车行路网密度不足。⑤公共环境：以水为脉、路径不畅、质量一般——沿河联系整体较好，部分地段存在断裂或淤堵，机动车侵占滨水空间，且无法亲水，缺少大规模开敞空间。

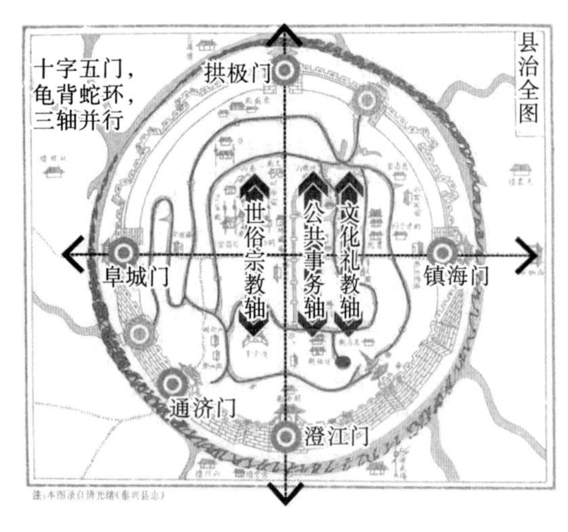

图 1　历史格局

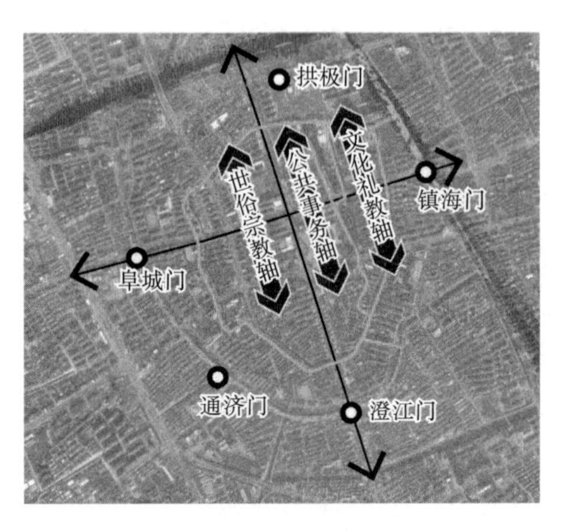

图 2　现存历史格局落点

2.2　“问题＋特色导向”，确定更新策略

2.2.1　历史格局重塑——梳理特色空间，构建空间网络

恢复绘水绿城的“双环”空间格局，塑造古今交融、多元包容的空间形态。就内环城河而言，现状鹤湾北段已有整修，但缺乏与城市的渗透，展现不够充分，南延仙鹤湾，打造滨水活力带，突出“鹤立蛇环”格局；鹤首、蛇首节点重点打造，重塑场所记忆；完善仙鹤湾北段，恢复世俗礼教轴，结合泰兴中学打造文化中心，仙鹤湾南段塑造滨水休闲街和景观休闲区，打造首尾相扣休闲景观带。就外环城河而言，优化环城路，强化过境交通分流职能；唤回城墙记忆，通过设计历史纪念性景观，突出城门节点；恢复五门和一段城墙，塑造文化休闲公园带；强化“龟背”轮廓，通过建筑立面整治获得统一风貌印象（图 3）。

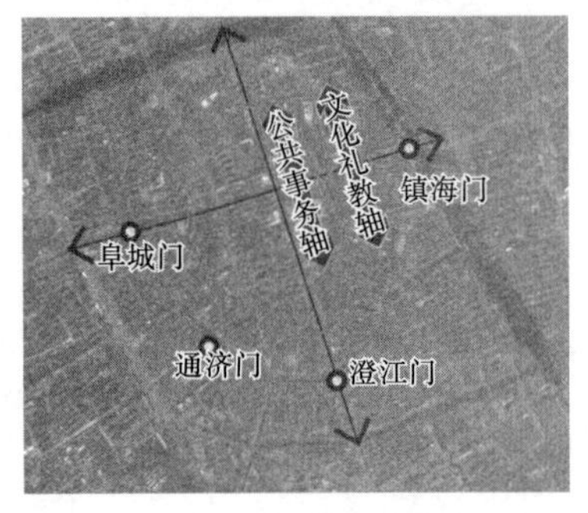

（1）历史格局重塑

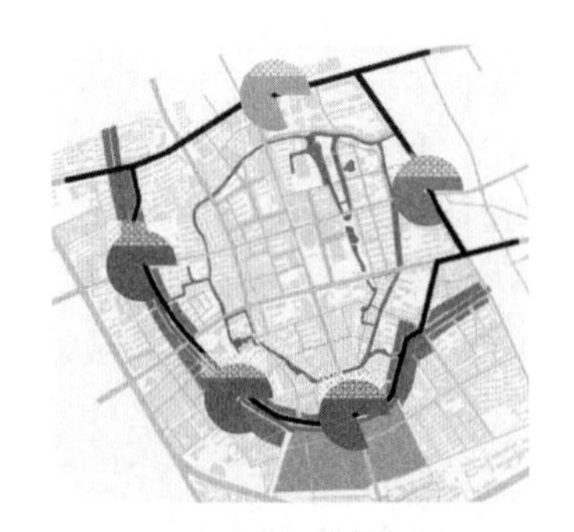

（2）外环记忆恢复

（3）鹤立蛇环格局

图 3　梳理特色空间，构建空间网络

2.2.2　空间功能提升——核心价值挖掘，片区功能提升

以恢复古城格局为线索，深入挖掘区域生态价值、历史文化价值，带动周边地段功能提升。依托仙鹤湾沿线襟江书院、中山塔纪念塔、烈士堂、奎文阁、鲲化池、观音禅寺、古三井、朱东润故居、八一巷民居等丰富的历史文化载体，注入文化功能、旅游功能、服务功能，扩展城市旅游休闲产品广度与深度，打造仙鹤湾文化旅游休闲带。同时疏解滨水沿线现状老小区，并新建低密度社区，进一步扩大开放空间数量，打造市民日常休闲的内环城河生活服务带（图 4），以及利用外环城河历史上作为边界的特点，将外环城河打造成展示泰兴历史文化的景观公园，延续古城记忆。

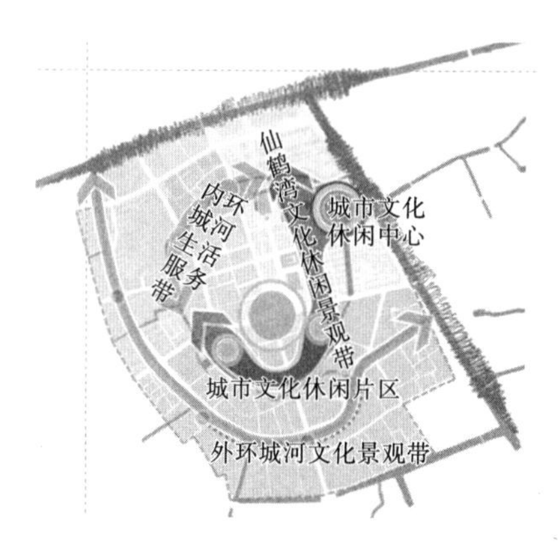

图 4　总体功能结构

2.2.3　弥补配套短板——分析现状问题，弥补功能短板

以问题为导向，深入分析老城现状交通建设、公共设施配套短板，提出规划策略，创造生活舒适的空间环境。对城市交通进行优化，结合现状道路结构，构建以外环道路为主要交通疏解，突出快捷通畅，内环道路以骑车步行为主，突出尺度宜人的路网结构体系；同时配建与景观空间相结合的停车设施，改善老城区停车难的问题。对公共设施补充完善，结合老城区需求，在襟江书院附近打造城市级文化中心，主要功能为大型公共集会、文化教育、文玩街、开放集市、小型创意办公，满足居民文化、教育生活需求；同时在城南片区打造社区级生活服务中心，主要功能为民居观光、滨水健身、茶吧酒楼、娱乐休闲，满足居民日常生活休闲需求（图 5）。

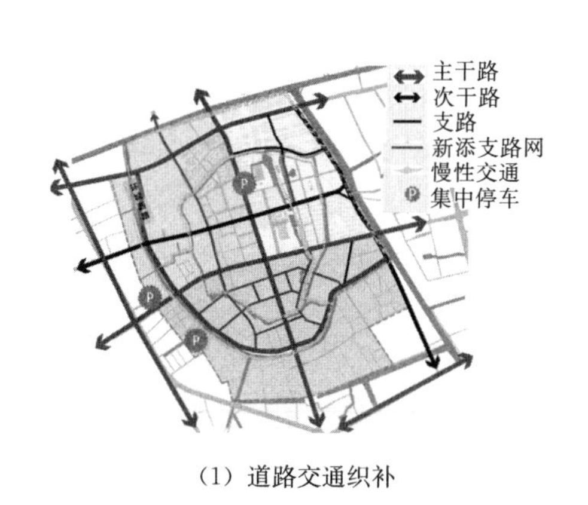

（1）道路交通织补

片区级文化中心
社区级服务中心

（2）配套设施完善

图 5　道路交通与配套设施

2.2.4　空间风貌提升——空间肌理织补，片区活力延续

在形态设计上，充分分析现状肌理特征及其背后的行为特征，以延续传统生活方式为目标，构建和谐的空间肌理与风貌。结合老城区传统街巷、院落肌理的特征，融入现代生活元素，衍生出传统院落的现代演绎。一方面，强调街区围合与界面塑造，构建最小生活单元；另一方面，强调沿街沿河生活氛围的营建，打造社区活力。同时，结合功能需求和人群行为需求，形成三类主要肌理特征：一是沿南部仙鹤湾沿线的传统街巷空间肌理；二是内环城河北部低密度住宅区的现代街区肌理；三是仙鹤湾北部文化中心的现代院落肌理（图 6）。

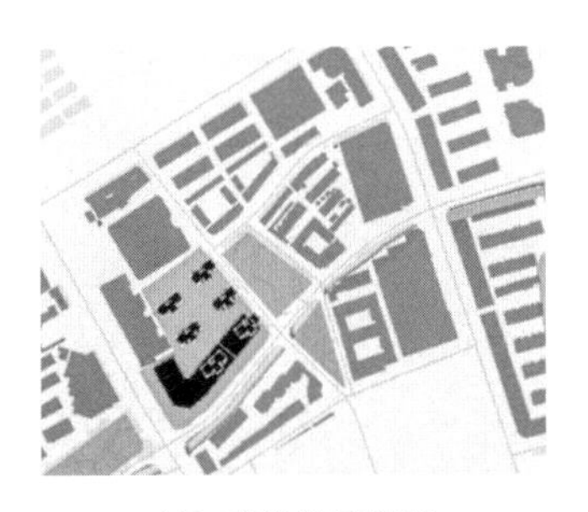
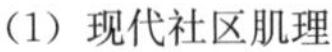
(1) 现代社区肌理

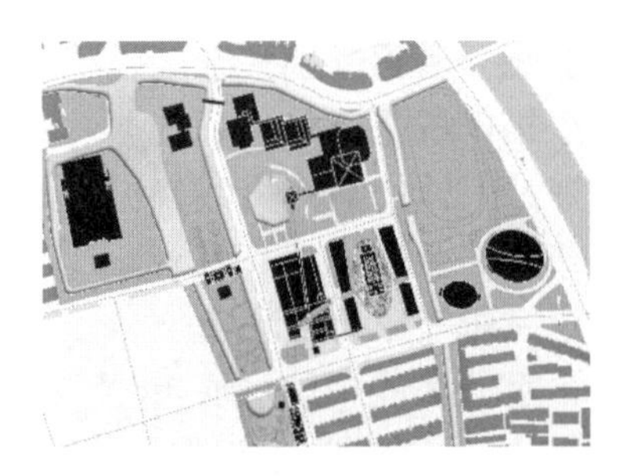
(2) 现代院落肌理

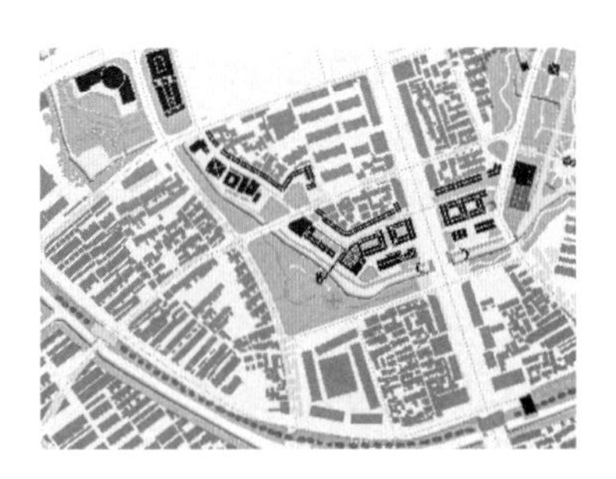
(3) 传统街巷空间肌理

图 6 空间肌理

2.2.5 土地综合整治——评估开发潜力，确定整治分类

综合分析现状建筑质量，以权属边界为界线，合理划分用地潜力分区，并提出以小微渐进式更新模式为主导、针对不同产权类型的整治策略。对于国有地块采取整体置换形式，如对泰兴中学地块进行功能疏解，整体置换，结合襟江书院打造老城区文化体育休闲中心。对城中村地块渐进更新，采取“长藤串瓜”的形式，尽可能依托新鹤湾的打造带动沿线居住区改善；遵循最小干预理念，尽可能利用已有空地、设施满足新的要求；明确行为权限，仅对公共场所通过性空间、停车空间、活动场所等边界提出强制要求，居住地块及其他则鼓励居民自主改善。对建筑年代比较近，设施相对完善的住宅小区地块，为塑造城市风貌特色，对其仅作外立面和景观方面的整治，促进片区环境品质提升和风貌特色彰显。

2.3 政策机制保障，引导有序更新

2.3.1 平台搭建——引导开发商主动参与更新，促进多方利益平衡

旧城更新涉及多方利益的协调，在规划过程中，应该搭建一个引导多方参与协商的平台，包括政府、开发商、业主在内的三方人员能够通过平台的机制设计，促进多方利益的平衡。例如，在小微更新过程中，可以通过引导开发商参与前期更新投入，并将后期运营收入平衡前期开发投入，以引导开发商主动参与更新，同时又满足居民改善居住环境和政府完善城市功能的诉求。

2.3.2 精细管控——纳入法定规划体系，引导精细化管理

精细化管控是未来规划管理的趋势，由于历史文化旧城区的特殊性，传统开发导向的规划难以适应旧城更新与发展的要求，因此需要提出融入多价值导向、三维视角的更新策略，并将更新策略提出的设计要素分层次、分重点纳入法定规划管理体系中，在未来更新过程中作为规划条件一并出让，以适应面向精细化管理的发展要求，同时要注重更新方案的指标量化，从宏观和微观层面指引空间、景观和环境等各要素的规划与建设。

3 结语

长期以来，我国的城镇建设呈现粗放增长、低效蔓延的发展态势，造成了城市发展过程中文化缺失、品质低下、土地低效等城市问题。近年来，党的十九大提出新型城镇化、破解“城市病”等顶层设计，要求不断提升城镇化建设的质量内涵，城镇发展从追求规模扩张向注重质量内涵转变。历史文化旧城区不仅涉及多方利益协调，同时又具有历史文化魅力、空间活力，问题更为复杂，需要梳理其存在的价值与问题，梳理可腾退的空间，并以此为基础制定针对的规划策略，通过策略的引导实现精细化的管控，确保历史文化旧城区高质量发展、高品质传承。

［参考文献］

［1］程正宇，石秦. 旧城更新视角下的城市设计策略与实践：以西安市幸福路地段为例［J］. 规划师，2015，31（7）：135-139.

［2］段德罡，田薇. 小城市旧城更新中的问题分析及规划应对［J］. 城镇建设，2014（3）：69-73.

［3］张杰，刘岩，霍晓卫. "织补城市"思想引导下的旧城更新：以株洲旧城更新为例［C］//中国城市规划学会. 生态文明视角下的城乡规划：2008 中国城市规划年会论文集. 大连：大连出版社，2008：2925-2935.

［4］赵攀，杨柳，杜明阳. "文化＋"视角下的旧城历史文脉复兴与塑造初探：以城口县土城片区旧城更新为例［C］//共享与品质：2018 中国城市规划年会论文集（02 城市更新）. 北京：中国建筑工业出版社，2018：1824-1833.

［5］张松，镇雪锋. 城市保护与城市品质提升的关系思考［J］. 国际城市规划，2013，28（1）：26-29.

［6］陈可石. 城市设计中的文化复兴理念［J］. 城市建筑，2009（2）：97-99.

［作者简介］

罗意芳，工程师，江西省城乡规划市政设计研究总院有限公司项目负责人。

地域文化风貌塑造引领下的城市更新策略研究

——以西藏自治区山南市为例

□李雅静，赵守谅，董　文，陈婷婷

摘要：我国的城镇化水平近年来显著提高，逐步从以速度为先走向以质量为主的发展模式。城市更新作为存量时代补全城市发展短板、转变发展方式的重要手段，将在未来很长时间内发挥巨大的作用，促进城市建设提质增效，为建立宜居、绿色、人文、智慧、高品质的城市提供路径支撑。西藏山南市作为极具地域特色与文化魅力的民族城市，在城市更新方面，通过多维度系统性考量思考，总体把握，系统梳理，明确顶层设计，突出重点，推进样板，落实项目抓手，多视角进行意见征询，实现全方位的技术对接面向规划实施，针对其民族文化特点进行以地域文化风貌塑造为引领的规划工作，以期建设一个民族地域文化特色凸显，宜居、宜业、宜游的城市更新典范。

关键词：城市更新；城市地域文化；城市设计；西藏山南市

虽然我国城镇化取得了巨大的成就，但是城市问题依然存在，社会分割、生态破坏、设施不足或冗余、文化缺失等“城市病”已然成为城市持续发展与治理方式转型的最大制约。《中华人民共和国国民经济和社会发展第十四个五年规划和2035年远景目标纲要》中将城市更新提到了更高的高度，“城市更新”首次被写入政府工作报告。

2021年，我国常住人口城镇化率超过64%，与诺瑟姆曲线的70%拐点相距不远。仇保兴认为，城市既是问题的源泉，也是解决问题的钥匙，“前半场追求GDP增长，表现为先污染后治理，但后半场一定是‘绿色的城镇化’，即一要遵循城镇化内在的规律；二要在城镇化过程中还前半场的债”。随着我国城市发展逐渐由增量进入存量时代，城市中部分功能规划、配套公共设施与现代化建设进程还不相匹配，不能满足人民日益增长的美好生活需要，城市更新将会是城镇化“下半场”里城市建设工作的主要内容。

新时期城市工作的新要求是“以人民为中心，加强人居环境建设，促进城市的高质量发展”。也就是说，高质量发展、高品质生活、高水平治理是我们的主要工作方向。随着民众生活水平的提高和城镇化进入中后期，城镇的历史文脉资源将在“后工业化”阶段成为越来越增值和令人关注的高等资源。高质量的发展、高品质的生活不能缺少城市文化，地域文化风貌的良好发掘、保留与继承也是城市实现高水平治理的重要一环，地方与文化是紧密交织在一起的，城市更新工作需要对地方文化做出回应以应对目前“千城一面”的城市弊病。城市更新的研究对于文化的讨论较为丰富，而涉及地域文化风貌较少，多停留在“城市双修”层面。

黄晴、王佃利探讨了城市更新中文化的导向作用，提出了基于文化导向下的城市更新的模式；叶原源、刘玉亭、黄幸进行了城市更新中“在地文化”的研究，构建了“在地文化”的内容框架；白璐、田家兴从产业角度构建文化产业作为更新的内在动力，而在空间结构方面更是以文化作为构筑依据建构文化核、文化展示带、文化门户与文化片区，促进更新的空间落位；黄怡、吴长福、谢振宇从旅游角度消费观念入手，识别历史文化资源通过更新与策划将其转化为文化资本并促进其价值转化，但仍需要进行理性的更新，防止资本导向下城市更新带来的弊病；张亚、毛有粮通过城市生态的修复与城市功能的修补构建城市风貌的总体结构；王大伟、汪平西、戴军、杨金谭在马营镇城市风貌修复的研究中运用了“城市双修”的方式。

从这些研究中可以发现，城市更新的相关研究缺乏民族地区的案例；城市更新中文化的研究更偏重城市内部的文化要素或者历史要素，而缺少对于城市山水格局、风貌等地域文化要素的分析；城市更新中的文化引领需要基于人本与利益的考量，合理激活城市文化资本。

在国土空间规划的背景下，对于全域全要素的要求和生态优先、绿色发展的理念更加符合“城市双修”的内涵，实施城市更新行动提出城市更新八大目标任务中，需要完善城市的空间结构、进行城市生态修复与功能完善、强化历史文化的保护，这就要求城市更新的理念包容“城市双修”的思想，城市更新的内涵与范畴需要进一步扩大与升华，这种更新不只存在于城市层面，更需要运用系统的方式应用于全域层面。依据不同的尺度与层次，国际上城市更新一般可分为国家、都市圈、城市、功能单元、社区单元和特定地区（SPD）六个层面，各层面城市更新的关注重点、尺度范围、内容、方式方法等有所不同，国内的城市更新的实践主要包括城市层面、功能单元层面及特定地区，对于国土空间思维下的全域整体考量并不突出。城市更新不能简单就城市而论城市，尤其民族地区其城市与山水人文存在内生联系，其城市更新的尺度需要融入总体城市设计的思维，在城市整体层面考虑山水格局进行城市更新。

西藏山南市是一个民族城市，具有独特的地理特征与地域文化风貌。其城市更新需要结合“城市双修”的路径，保护山南的山、水、城地域环境与民族文化特色，通过城市更新工作，发掘城市文化资源进行文化资本转化，增强城市文化自信，成为现阶段山南市城市建设的重要使命。

1　山南城市更新工作背景

2017 年 7 月，住房和城乡建设部印发了《关于将上海等 37 个城市列为第二批城市设计试点城市的通知》，西藏山南市成为第二批城市设计试点城市之一，也是西藏唯一一个被住房和城乡建设部列为城市设计试点城市的地级市。

从 2019 年起，山南市便启动了城市设计试点规划设计类一系列项目，其中包含大量的城市更新项目。山南市组织规划编制单位对城市生态环境、城市建设等方面进行系统分析，总结核心问题，提出解决思路。通过生态修复和城市修补各方面需要落实的项目，进一步强化城市的文化特色和文化认同。2020 年中央经济工作会议之后，将城市更新作为扩大内需、促进经济增长的重要举措之一。山南市以民生需求为导向，形成“城市更新行动项目库”，合理安排项目建设时序，使得山南市的城市文化魅力得以进一步彰显。

结合山南市城市发展的实际需求，为城市更新工作找到边界、对象和实施方式是山南市城市更新需要明确的核心问题。山南市的城市更新内涵，是对确定城市总体格局的山体、水体进行生态修复；对城市建成区的空间形态和城市功能进行持续完善和优化调整，是小规模、渐进式、可持续的更新，也是地域文化风貌导向下的更新。

2 山南市地域山水格局和文化风貌特点分析

西藏山南市位于念青唐古拉山脉和冈底斯山山脉以南，是藏族的发祥地，因为其特殊的地理特征而被人熟知。山南历史上被称为“雅砻”，城区北临雅鲁藏布江，雅砻河穿城而过，由南向北汇入雅鲁藏布江。贡布日神山、泻扎山与北冈底斯山脉围合构成了其特殊的城市生态屏障。雅砻河如一条珍珠项链一般串联起昌珠镇区与泽当城区（图 1）。

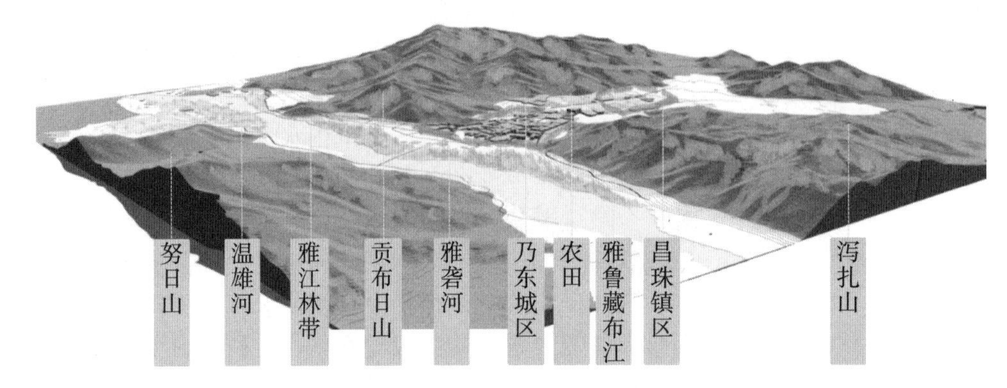

图 1 山南市山水格局

在漫长的历史岁月中，山南市因拥有众多个“第一”而被公认为“西藏民族文化的摇篮”。高原宽谷地貌、深厚的宗教文化，孕育了山南市独特的城市文化和北城南镇的城镇空间形态，体现了山南市特有的文化基因。主要表现在以下几个方面。

2.1 山水融城、高原宽谷

高原宽谷地貌：位于青藏高原的东南一隅，由雅鲁藏布江和雅砻河冲积，共同形成的山南市中心城区的高原宽谷地貌。全市平均海拔在 3600 m 左右，中心城区坡度平缓，一半以上地区坡度小于 14°，向外围两侧山地过渡地区坡度逐渐增大，坡度最大可达 70°。这里用地平坦、日照充足，自然条件较好，独有的高原河谷地貌也造就了其特有的地域文化和城市空间。

2.2 藏式传统、文化汇聚

宗教文化特色：山南市是藏族和藏文化的发源地，这里有西藏历史上第一座宫殿——雍布拉康、第一座佛堂——昌珠寺、第一座寺庙——桑耶寺、第一位国王——聂赤赞普、第一部藏戏——巴噶布……山南市几乎囊括了西藏所有的“第一”，至今已有 2000 余年的发展历史，保留下了大量的历史文化遗存，包括昌珠寺、雍布拉康、甘丹曲果林寺、泽措巴寺等重要文化遗产，是承载藏族文化的重要圣地。山南传统的城市空间就是围绕着甘丹曲果林寺、昌珠寺等标志性建筑不断向外围圈层式拓展的，因此这些建筑周边成为城市的历史传承片区，尚存多条尺度宜人的转经道或步行道。

此外，山南市非物质文化遗产以民间舞蹈、戏曲、曲艺、民间手工技艺等最为著名，包含了雅砻扎西雪巴藏戏、齐乌岗派泥塑造像及唐卡绘画技艺（传统美术）、亚桑寺羌姆（传统舞蹈）、藏医门玛配伍技艺（传统医药）、藏医达布学派（传统医药）、普巴天文历算（民俗）等，同时也有转经、过林卡、喝甜茶等日常的特色文化活动。

藏式建筑风格：藏族地区特有的地域环境和民族宗教文化也深刻地影响到了山南市的建筑

艺术形式。经过长期的建设实践，西藏人民因地制宜、就地取材，积累了丰富的建造技术和建筑经验，创造了独特而鲜明的藏式建筑艺术风格。藏式传统建筑形体下大上小、逐渐收分；藏族建筑在外观色彩上，多使用红色、黑色、金色、白色等，其建筑色彩呈现出质朴、纯净、艳丽和暖色调的色彩体系特征，保持与大自然环境色彩相对一致和协调。此外，在建造技术、建筑材料等各方面都体现了其独特的规制和风格。

3　地域文化引领下的山南城市更新策略

山南市地域与文化魅力集中体现在其城址关系、山水格局与民族特色上，山南市的城市更新工作必然要考虑到对城市文化的尊重和延续。从地域文化风貌的视角出发，保护、修复、塑造山南市的地域生态环境，重视本地居民的文化传统和宗教生活习俗，尊重城市的历史积淀和风貌特色。处理好保护与更新、传统风貌与时代特色、本土宗教文化与外来现代文化等多种矛盾的共生关系。同时，将城市设计的路径与国土空间规划的思维融入城市更新工作中去，进一步强化城市的文化特色和文化认同，使山南的城市文化魅力与风貌得以进一步体现。

基于地域文化风貌视角对于山南城市更新进行解析，进而提出地域生态观、地域特色观、地域民生观来指导城市更新工作，从而完善与塑造西藏山南地域文化风貌。结合城市更新的重点区域和系统性结构，落实近期重点实施项目，并通过统筹各项规划建设，提出提升城市治理的相关建议（图 2）。

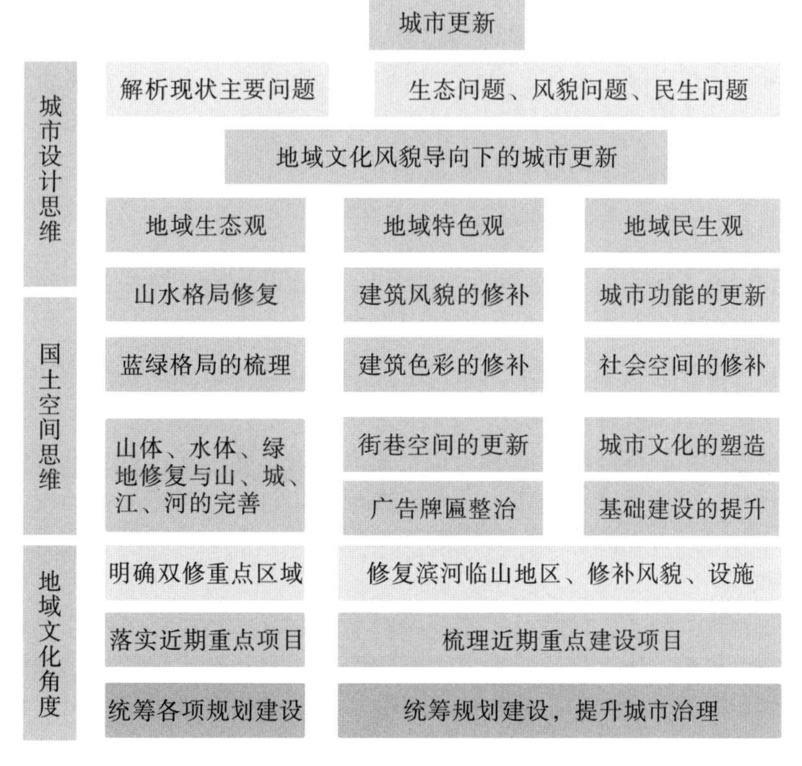

图 2　山南市城市更新策略技术框架

3.1　地域生态观下的生态修复

山南市温度变化不剧烈，温度年差较小，日差较大，主要受太阳辐射的影响，日照时间长，四季不分明，春秋相连，年均温较低，植物生长较慢；土壤质地粗疏、砾石含量很高，发育程度低，十分容易沙化，裸露成土母质，局部甚至退化为裸岩。山南市降水少、蒸发大，河流、湖泊水面较小和雅砻河季节性断流，导致河流湖泊等水域湿地生态功能的退化，致使城市调蓄、供水和旅游等功能减弱，水域生态功能弱化。

3.1.1 山水格局的修复

山南其环山、拥江、抱河的T形格局鲜明，近几年来，城市与周边山水的关系随着时间与城市建设而被削弱了，城市与山水构成的景观廊道与山水视廊被高层建筑阻挡，三座神山是当地居民心中的精神寄托，但是在城区内由于建筑的遮挡很难看到，城市的山水格局与可感知度变差了。此外，生态空间也被城市建设逐步侵蚀，许多城市建设挖山、占水，破坏生态缓冲的边界地区，导致生态空间锐减，生态效应显著下降，季节性“山秃水涸”、重要地段遮山挡水，导致山水不融城，临水不亲水。

山南市的生态修复工作强调从地域文化视角下的生态观出发，在修复山、水、绿地等基本生态要素的基础上，重点实现对城市山水格局的逐步修复，逐步理顺城市既有建设与自然山水格局之间的关系。

3.1.2 蓝绿体系的梳理

具体修复方法包括三方面：第一，通过防沙治沙、重点覆绿等措施修复山体；第二，通过增强调蓄、河渠清淤、生境修复等措施，保护现有水域，融合海绵城市理念，增加调蓄能力，加强河道水质净化，人工清淤，建设湿地公园，改善河流自然过程，凸显藏源河道魅力；第三，通过连绿道、优节点、复砻脉的修复绿地的思路，系统性地联系山、城、江、河，完善绿地系统，健全生态格局。通过对城市山体、水体、绿地的生态修复，逐步实现城市“显山露水”的要求，让山南市原有的山水城市特色得以逐步彰显。通过总体城市设计的思维实现蓝绿空间网络的构建，促进山南市地域山水格局的凸显与生态的修复。

3.2 地域特色观下的城市风貌修补

山南市的风貌问题表现为现状的城市风貌杂乱，传统的地域文化风貌特色逐渐丧失。山南市传统的藏式建筑风貌特色非常突出。但近年来城镇飞速发展，很多城市建设在建筑风貌、色彩、高度、广告设置等方面出现了很多问题，与传统的藏式建筑风貌不协调，甚至严重破坏了整体城市风貌，削弱了当地的风貌特色。

针对山南市的风貌修补就是要从地域文化视角下的特色观出发，重点针对山南市的特色地域文化风貌进行修补，进而传承和强化山南市的地域文化特色。具体的修补内容包括建筑风貌修补、建筑色彩修补、广告牌匾整治、街巷空间修补等。

3.2.1 建筑风貌修补

以《建筑特色管控专项城市设计及技术导则》为依据，分别通过仿藏式风格和新藏式风格来引导山南市的建筑风貌。建筑材质肌理或者利用色彩原料塑造出肌理感的表达方式，体现藏族建筑粗犷、大气、豪迈、遒劲的高原风格。新藏式建筑风格宜通过现代材料来对传统材料进行转译表达（表1）。

表 1　建筑风貌更新指引

	特色	说明	案例
仿藏式风格引导要求	古朴粗犷、原汁原味	1. 立面形制：宜以大面积的白色抹灰和高低变化的门窗形成立面变化。 2. 梁柱构件：应着重把握雀替与柱身、雀替与主梁的比例关系。 3. 门窗构件：门窗宜借鉴传统建筑中的窗扇变化	 
	上华下素、装饰考究	1. 屋顶：屋顶形式应严格遵循传统藏式建筑的屋顶形式要求，可采用新材料代替。 2. 檐口：檐口宜设有藏式砣砣，挑檐部分宜按传统藏式挑檐的比例设计。 3. 台阶、地面：应依据建筑设计规范设计台阶，着重传承传统藏式楼梯、扶手的细部特点	 
新藏式风格引导要求	传统体量、退台收分	1. 立面形制：宜尽量遵循传统建筑的 0.25∶1～0.5∶1 的比例关系。 2. 立面收分角度：低层、多层建筑易为 3°～8°，高层建筑易为 3°～5°。 3. 收分类型：主要为整体收分、局部收分，其做法主要为退台、双层墙体砌筑和幕墙做法	
	立面划分、对称均衡	1. 纵向分段：现代藏式建筑可利用材质变化、进退变化和高低变化对建筑体量进行竖向分段处理。 2. 横向分段：现代藏式建筑可对建筑体量进行横向分段处理，丰富建筑竖向的立面层次关系。 3. 宜对称均衡，突出中心：在建筑立面比例上，宜对称均衡，突出中心；宜强化入口，构成焦点	
	平坡结合、变化有序	1. 平顶为主：出于对西藏干旱少雨气候特征的回应，大多数西藏当地建筑均采用平屋顶的形式。 2. 双坡可用：现代藏式建筑可视自身定位与功能需求适当选择坡屋顶的处理方式。 3. 平坡结合：现代藏式建筑也可将平屋顶与坡屋顶形式结合，创造出变化有序的顶部轮廓	
	深洞小口、细部传承	1. 窗墙比：居住建筑各朝向的窗墙面积比值，北向不宜大于 0.2，东西向不宜大于 0.25，南向不宜大于 0.35。 2. 门窗形式：宜通过墙体凹凸关系和突出的窗套、窗楣等构件创造出“深洞口”的视觉效果。 3. 其他建筑构建：新藏式建筑宜采用新材料、新技术，传承传统藏式建筑细部	

3.2.2　建筑色彩修补

以《山南市中心城区建筑特色管控专项城市设计及技术导则》为依据，西藏地区城市整体主色调为暖、白、红，提倡暖色调的运用。城市寺庙区域建筑的色彩统一和谐、用色低调，普通建筑物鼓励采用以白色为主的高明度基调，烘托出昌珠寺等重要建筑的主体地位。城市外围新区中的建筑用色相对多元。

3.2.3 街巷空间更新

作为城市中分布最广的公共空间，在彰显城市特色、美化城市形象、提升城市品质等方面发挥着重要作用。通过市民访谈、现场调研及对城市现状街巷进行梳理后可知，泽当大道以南、香曲东路以东、贡布路以北、萨热路以西围合的旧城改造示范区，以及英雄路路口、乃东路路口、泽当大道等均承载着山南城市步行交通和社会生活的双重功能，属于街巷更新的重点区域。街巷更新遵循以下几个原则。

（1）加强管理维护。加大城市管理力度，严格控制街道违章建筑和临街商铺乱搭乱建的现象，塑造舒适、整齐、宜人的街道空间环境。开展拆除违章建筑专项行动，将重要交通路口、节点或需要进行景观提升的道路、街区设为重点整治区域，如城北的旧城区改造示范区、格桑路与贡布路交叉口。

（2）增加活动场地。充分利用公共建筑前的场地，形成便于活动的公共场地。为满足人们步行需求，对部分街道破损的路面进行改造，利用闲置地，空地见缝插针布置“口袋公园”，如城北的旧城区改造示范区内、临近市政府小区内均有布置。

（3）路面升级改造。促进城市慢行系统的完善，在条件允许的情况下，对道路路面实施升级改造，划定明确的人行和非机动车道界线，如乃东路、英雄路路口。通过拆除占道建筑和违章私房建筑，清理和重置街道空间，适当地利用建筑退让、侧间距、出入口空间等提供社交、休闲、活动等公共场所。

3.2.4 广告牌匾整治

格桑路与贡布路是山南市城区以北的黄金地段，格桑路与贡布路串联东西城区，沿路分布多个办公机构、公共建筑、商业建筑，集聚了各类服饰店、餐饮店、酒店、市场、金融机构及休闲娱乐场所。前些年街道沿街立面景观杂乱，街道环境相对较差。为了擦亮展示山南市经济、文化、旅游商业的重要窗口，该路段广告牌匾的整治是城市更新的重要措施之一。

针对不同地段的广告牌匾整治以《山南市店面招牌指导性设置规范》为依据，商务办公路段禁止设置损害市容市貌或者建筑物形象的户外广告；雅砻河两侧商业休闲段禁止设置影响交通安全和公共安全的户外广告；贡布路生活休闲段禁止设置妨碍居民正常生活的户外广告。

3.3 地域民生观下的民生修补

针对山南市的民生修补工作，除通常意义上所做的针对公共服务设施、交通市政设施等一般性城市功能的修补外，重点强调从地域文化视角下的民生观出发，关注山南市特有的市民文化活动，通过空间场所打造、服务设施更新，以及文化体验路线的设计来满足市民的使用诉求。山南市的民生修补工作包含城市功能更新、社会空间修补、城市文化塑造及基础设施提升四个方面。

3.3.1 城市功能更新

山南市地广人稀，土地利用呈现“两高一低”（公共服务比例高、人均居住用地指标高、绿地广场比例低），用地不集约的特征。针对“公共服务设施比例高但分布不均”问题，补充城市中部、南部公共服务设施。增加文化设施、中小学、体育健身、医疗卫生、社会福利、社区服务设施等用地，主要涉及关系民生的非营利性的公共服务功能。针对“人均居住用地指标高”问题，配套宜居设施、完善城市功能。保护传统文脉类文化设施，结合这类设施配套文化区建设。积极建设“五馆一中心”、站前中心区、昌珠旅游展示中心区、旧城改造示范区、白日街步行商业街区、综合服务中心区、金珠田园核心居住区、金珠步行商业街区、昌珠历史文化展示区。针对“绿地广场比例低”问题，补充大量公园、绿地、广场。

3.3.2　城市社会空间修补

主要问题表现为现状城市物质空间和设施条件难以完全满足市民活动的需求，尤其是山南市民特有的日常文化活动需求。市民有休闲散步、过林卡、喝甜茶等非常丰富的日常文化活动。

山南市传统的城市空间就是围绕着甘丹曲果林寺、昌珠寺等标志建筑不断向外围圈层式拓展的，因此这些建筑周边成为城市的历史传承片区，尚存多条尺度宜人的步行道。

随着近年车行交通的飞速发展，城市交通建设越来越倾向于满足车行的需要，导致林廓这种外围的步道逐渐被车行道阻隔，被路边停车挤占，市民的步行感受变差。

另外，在藏族人家的生活中，过林卡一直都是夏季家庭聚会、休闲娱乐的最重要方式，一家人携老扶幼，带上酥油茶、青稞酒和各种美食，在草坪上边唱边玩。而现状的步行空间环境、已经越来越稀缺的绿地，无法很好地支撑这些市民文化活动的开展。

以雅砻河为脉络，结合布置在河岸两侧的公园、绿地等开敞空间对五大历史片区进行串联，打造历史建筑外围休闲步道，将人文历史与绿色公共空间相渗透。雅砻河作为山南市的母亲河，承载了山南市重要的历史发展脉络，以其为脉串联雅砻河源片区、泽当一贡布日片区、泽措巴一烈士陵园片区、赞塘玉意拉康一金珠路片区、昌珠文化片区这五片历史传承片区；在这些历史片区内布置公园、广场、滨水游憩空间及小型商业设施，支撑市民文化活动的开展（图 3）。

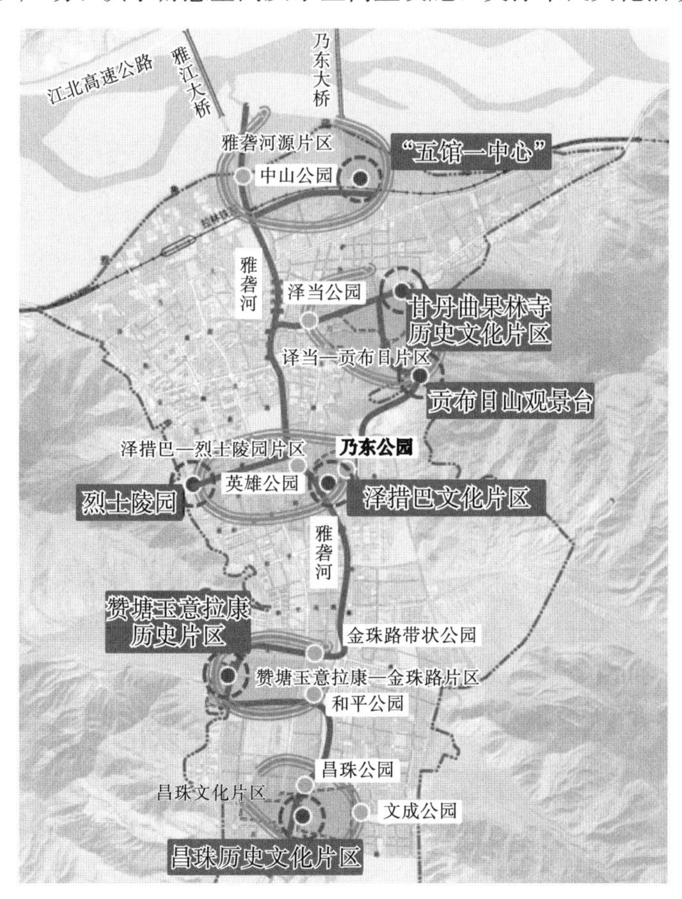

图 3　历史文化空间更新分布图

3.3.3　**城市文化塑造**

为了进一步凸显山南市的地域文化特色，本次规划在重点项目的空间组织上进一步强调文化场所的系统性，规划了两条主题性体验线路——“山南文化体验路径”和“藏源风光体验路径”。通过文化步道及城市山水绿道系统性地修补和串联各处历史建筑、文化场所、观景点，并与公园、广场等城市开敞空间相结合，两条系统性的体验线路充分体现山南特色的公共空间体系。“山南文化体验路径”串联“五馆一中心”、白日街、甘丹曲果林寺、猴子洞、体育馆、泽措巴寺、烈士陵园、赞塘寺、次久塔、城市展览馆、昌珠寺等历史人文场所；“藏源风光体验路径”串联高原植物园、江北台地公园、人民公园、猴子洞、雅砻河沿岸景观带、上洞噶公园、田园风光景观带、和平公园、昌珠公园、文城公园、雅砻大观园。

随着城市更新重点项目的实施，建设完成后的山南城区内将形成多条连续性的城市特色文化主题线路，使得山南市的文化特色得以进一步彰显。

3.3.4　**基础设施提升**

山南市城区干路网骨架已基本形成，而支路网、巷路的建设密度较低且缺乏系统性，尽端路、断头路多；对外交通与城区交通需要改善。山南市城区市政基础设施已基本实现覆盖，而雨污分流管道、垃圾填埋场、排涝设施的建设滞后，尚需要改善。

贡布路、湖南路、英雄路与乃东路构成E形片区，是原山南地委和行署所在地，也包含了甘丹曲果林寺、安曲寺、桑阿申钦寺、本仓寺、泽措巴寺等五所寺庙，是山南文化历史建筑的集中地。该片区由于是公共服务设施集中的老城区，在四处重要路口处容易发生拥堵，且E形区域绿化空间严重缺乏、建设密度大，道路景观不佳（图4）。

图4　E形片区道路系统分析图

针对E形区域的交通问题，该区域的道路改造更新强调道路网系统的完善，特别是关键节点和路段的修补，建立了城市主干道、次干道、支路、巷道和步行道系统的城市道路等级系统，强化了地块之间的便捷联系。城市主干道和城市次干道呈方格网布局；E形片区加密支路网，形成微循环。巷道和步行道对城市道路系统进行补充，加强各地块之间的联系。对公园、广场、绿地等设施的地下空间，对机关、学校、医院、商场等单位的自有用地加以充分利用和改造，尽可能地增加停车场和停车泊位，以弥补公共停车场数量的不足（图5）。

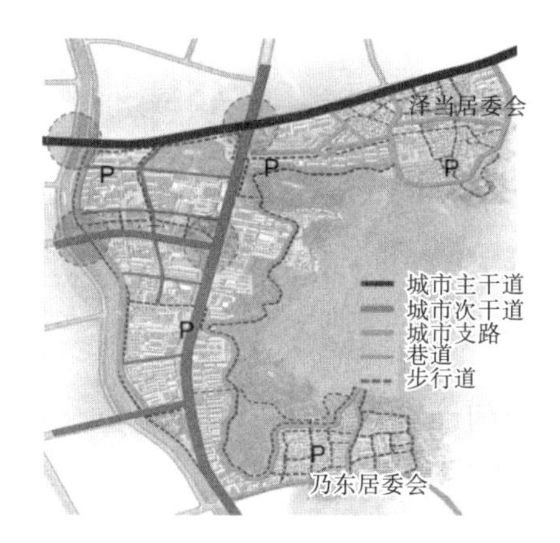

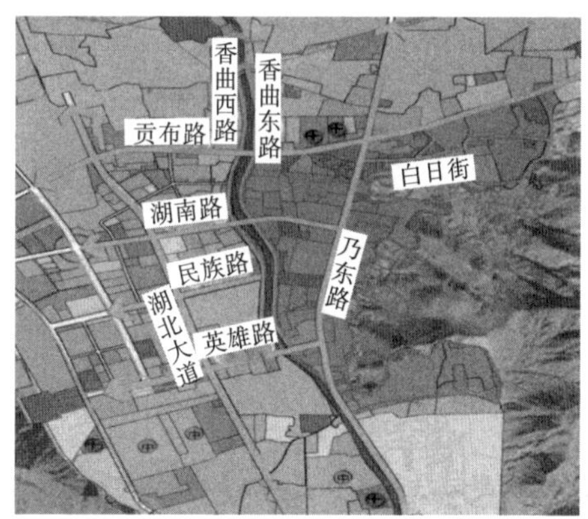

图5　E形片区道路微循环改造方案

4　山南市城市更新工作的特点总结

4.1　把保障改善民生作为城市更新工作的出发点和落脚点

城市更新工作从一开始就从群众关心的堵点和痛点做起，针对市民最关心的问题提出解决的措施和办法，全面提升人民群众的满意度和幸福感。

4.2　解决手段具有整体性与系统性

坚持了统筹考虑、创新发展的思路，把生态修复、文化传承与民生改善三个方面的工作有机结合起来，综合性地思考与解决问题。很多城市更新项目都是把传统文物保护与周边环境改造、基础设施建设相结合，与文化建设、旅游发展相结合，与经济社会发展、民生福祉改善相结合；而将传统文化空间与城市空间、生态网络、居民活动有机联系在一起，才能取得好的综合效益。

4.3　“城市双修”、城市设计的多维融入

其最重要的技术手段就是多层面、多维度运用了城市设计的方法来统筹整体的空间格局，明确全域全要素的空间特色。首先从宏观层面明确山南环山、拥江、抱河的山水格局，并对山、水、绿地进行生态修复，然后再从中观上系统梳理景观风貌、公共空间的现状特点和问题，最后在微观上因材施教、因地施策于重点更新项目，正是城市设计从各个层次融入城市更新工作的实践运用。山南城市更新工作从顶层设计到城市病因的系统梳理，再到重点施治项目的精准对策，都离不开城市设计技术方法的支撑。

山南市的城市更新工作不是一个简单的规划项目。山南市目前已编制完成一个总体规划、一个控制性详细规划、一个城市设计规划、若干专项规划及多个详细规划设计，已形成一套相对完善的规划编制体系。该城市更新规划依据总体规划，结合控制性详细规划、落实相关专项规划，运用城市设计手段，保障实施项目落地。做到各项规划建设与管理行为统一高效、有章可循。

山南市的城市更新系统构建了未来山南城市更新的思路、高质量发展的总体策略，以及落实了行动如何开展的问题，成为指导城市更新工作的总体纲领，做到各项规划建设与管理行为统一高效、有章可循。城市的问题不是一朝一夕形成的，而解决城市顽疾的过程更不可能一蹴

而就，这是一个长期的、持续性的行动。我们相信拿出历史耐心、匠人精神，持之以恒地精雕细琢，山南市一定会变得更加美好与精彩。

[参考文献]

[1] 每日经济新闻. 国务院参事仇保兴：城镇化上半场追求 GDP 增长 下半场应“以人为本”[EB/OL]. (2018-06-24)[2022-03-14]. https：//baijiahao. baidu. com/s? id=1604169617573981670&wfr=spider&for=pc.

[2] SCOTT A J. The Cultural economy of cities [J]. International Journal of Urban and Regional Research，1997，21 (2)：323-339.

[3] 魏伟，杨巧婉. 呼伦贝尔市中心城区“城市双修”探讨 [J]. 规划师，2020，36 (14)：70-77.

[4] 黄晴，王佃利. 城市更新的文化导向：理论内涵、实践模式及其经验启示 [J]. 城市发展研究，2018，25 (10)：68-74.

[5] 叶原源，刘玉亭，黄幸.“在地文化”导向下的社区多元与自主微更新 [J]. 规划师，2018，34 (2)：31-36.

[6] 白璐，田家兴. 基于地域文化保护传承引领城市更新策略研究：以三苏祠历史片区规划设计为例 [J]. 小城镇建设，2017 (7)：75-81.

[7] 黄怡，吴长福，谢振宇. 城市更新中地方文化资本的激活：以山东省滕州市接官巷历史街区更新改造规划为例 [J]. 城市规划学刊，2015 (2)：110-118.

[8] 邓东. 新时期中国城市更新：空间与政策维度下的实践和思考 [EB/OL]. (2021-06-14) [2022-03-14]. https：//mp. weixin. qq. com/s/IBdEVrJLpNkc7EH4kl2yJw.

[作者简介]

李雅静，正高级工程师，注册城乡规划师，湖北省规划设计总院有限责任公司规划二院副院长。
赵守谅，通信作者。教授，注册城乡规划师，任职于华中科技大学建筑与城市规划学院。
董　文，正高级工程师，注册城乡规划师，湖北省规划设计总院规划二院总工程师。
陈婷婷，副教授，任职于武汉大学城市设计学院。

基于延续历史文脉的城市更新研究

——以济南市商埠区“一园十二坊”传统风貌区为例

□范绍磊，耿　谦，张　江

摘要：传统风貌区是济南历史文化名城保护体系中的一个重要内容。本文基于延续历史文脉的理念，分析了“一园十二坊”的场所精神及现状问题，提出塑造场所精神、延续历史文脉等传统风貌区的更新策略，提出了在城市更新中保护历史文化资源的济南探索。

关键词：城市更新；历史文脉；济南；传统风貌区

进入新时代，习近平总书记多次对城市规划建设、历史文化保护工作提出新的要求。2021年9月3日，中共中央办公厅、国务院办公厅印发《关于在城乡建设中加强历史文化保护传承的意见》，是1982年国家历史文化名城制度建立以来，中央对历史文化资源全方位保护的首个重要的国家文件，要求在城乡建设中系统保护、利用、传承好历史文化遗产，做到空间全覆盖、要素全囊括，既要保护单体建筑，又要保护街巷街区、城镇格局，还要保护好历史地段、自然景观、人文环境和非物质文化遗产。本文拟采用延续历史文脉、塑造场所精神的方式，促进济南历史文化名城中“一园十二坊”传统风貌区的更新复兴。

1　相关概念解析与特点

1.1　城市历史文脉与场所精神概念解析

“场所”是个人或群体对一个地方的认同感、归属感，可视为一个人记忆的空间化，狭义上可理解为基地（site），广义上可理解为土地（land）或脉络（context）。空间被赋予社会经济、历史文化、人和物等活动的特定含义之后才能称为场所。语言学中“文脉”指事物间的联系，后引入城市规划领域。城市历史文脉，指在历史的发展过程中及特定条件下，人与环境及社会文化背景之间一种动态的、内在和本质的联系，因此城市文脉具有差异性和多层次性。历史文脉是依存于场所的、与场所精神融为一体的。延续历史文脉既是场所空间的更新、延伸、传承，更是场所精神、城市文化的寄托与传承，是人民创造的，也是服务于人民的。在场所精神的支撑之下，城市历史文脉才能更立体、更饱满，才能得到更好地延续和发展。

1.2　城市历史文脉与场所精神的特点

从场所精神的角度来归纳，城市历史文脉具有网络化、多要素的特点，体现在空间、社会、经济、历史等方面的交融。历史文脉可以是历史文化名城、历史文化街区、历史建筑、道路、水系等物质实体空间，还可以是非物质文化遗产、城市记忆等。

城市历史文脉的延续、传承，一方面要做好空间的保护与更新，保护好有历史价值的城市空间，彰显体现城市特色道路、建筑、树木、泉水等，留住城市的历史文脉；另一方面是用现代的技术手段对城市空间进行修补，用“绣花针”功夫缝补历史与未来，创造出具有现代感的历史场景、历史记忆。城市历史文脉的延续在城市更新中，可以表现为一条串联古城与新城的街道、一条流淌古今的河流、一组见证历史的建筑或街区，归纳起来有城市层面、街区层面、建筑层面、景观层面、非物质文化层面等相关内容。

2 济南名城发展的现状与困境

2.1 济南的历史文脉

济南是一座拥有4600多年文明史和2600多年建城史的历史文化名城，因泉而生、泉城共生，自明朝设立济南府、近代自开商埠以来，城市建设与山水自然环境不断交融，名士文化、红色文化、非物质文化遗产丰富，是一座山、泉、湖、河、城一体共生、历史悠久、文化底蕴深厚的城市。

在历史文化名城保护规划中，构建了市域、历史城区及其周边环境、历史文化街区及传统风貌区、文物保护单位及历史建筑、名泉文化景观及泉域、非物质文化遗产共六个层次的历史文化名城保护体系（图1）。传统风貌区虽然达不到历史文化街区的认定标准，历史文化遗存的数量、密度等相对较低，这也意味着传统风貌区的更新具有更大的灵活性，场所精神的塑造也更加多元，历史文脉的延续也会更加生动和丰富。

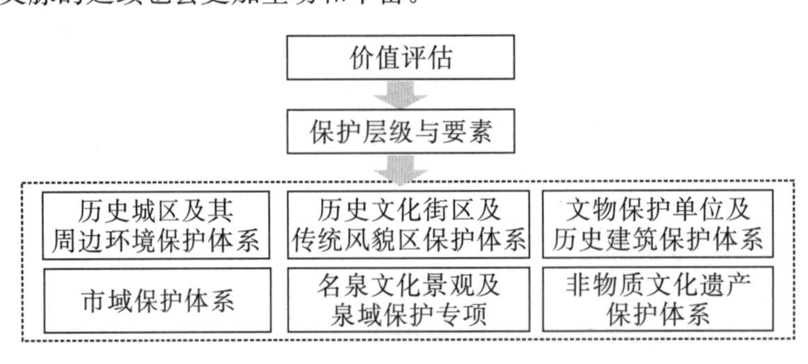

图1 济南历史文化名城保护体系

2.2 “一园十二坊”的场所精神

济南历史文化名城是由古城与商埠区两部分共同组成的，同时联系两部分最重要的两条道路是经二路与经四路，因此历史城区层面的特色空间结构是由古城文化传承核，商埠区文化传承核双核心及经二路传统商业轴、经四路城市发展轴构成的。“一园十二坊”是最能代表商埠区昔日繁华的传统风貌区，也位于经二路、经四路两条轴线道路上，是济南历史文化名城保护规划中确定的传统风貌区（图2）。自商埠区成立以来，一度承担了城市新区的职能，依托津浦铁路枢纽，洋行、老字号等密集出现，工商业达到国内一流水平。

“一园十二坊”有“公园居中、三经六纬”的空间格局。“一园”即指商埠区中央的中山公园，公园居中凸显了以人为本的设计思想，自建成后旋即成为济南著名的公园景点。“十二坊”

是由“三经六纬”小格网状路网分割而成的12个街坊，引入西方先进道路设计经验，方格网路网间距150～200 m，体现了济南的开放思想。“一园十二坊”路网经纬分明，步道法围梧桐成荫，是济南独具魅力的城市区域和珍贵资源（图3、图4）。

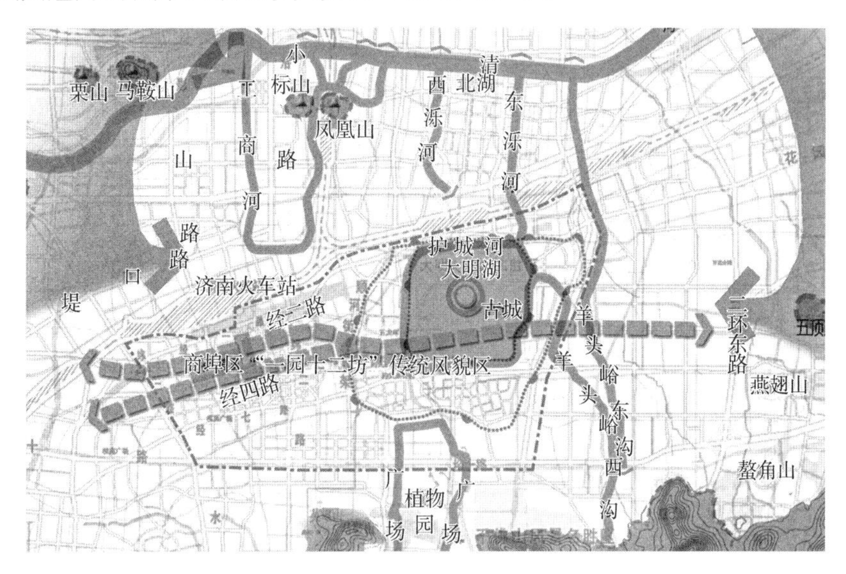

图2　“一园十二坊”在济南历史城区位置图

图3　商埠区“一园十二坊”格局图

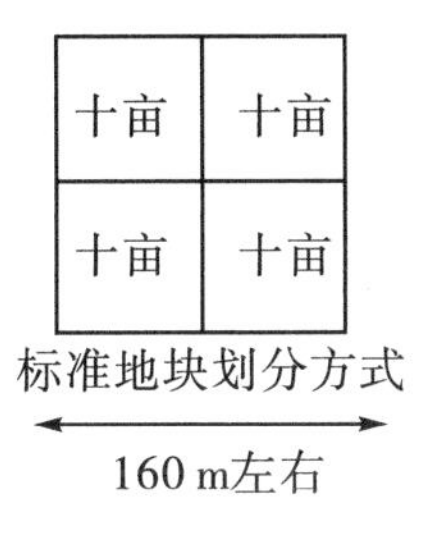

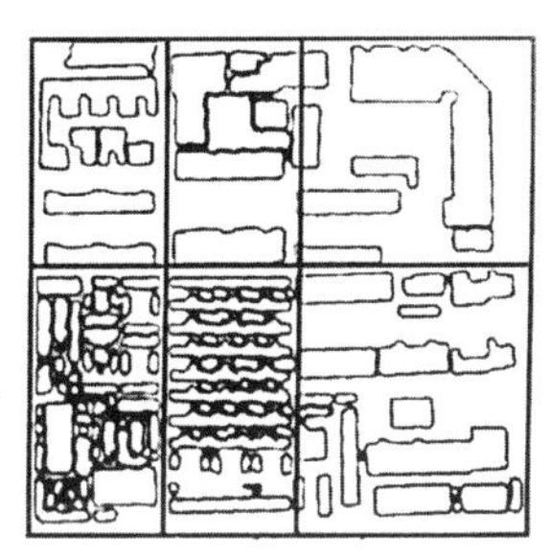
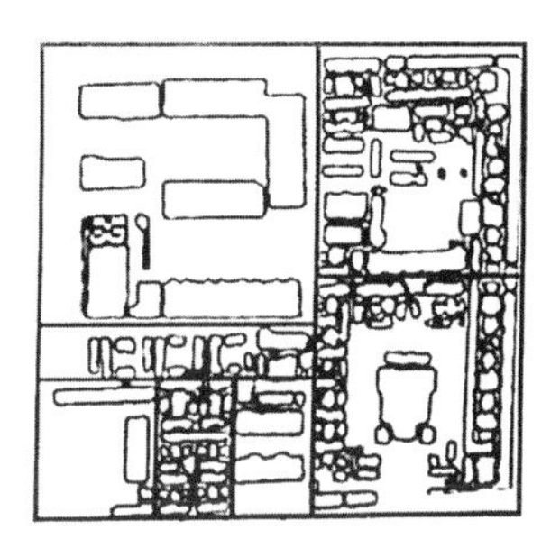
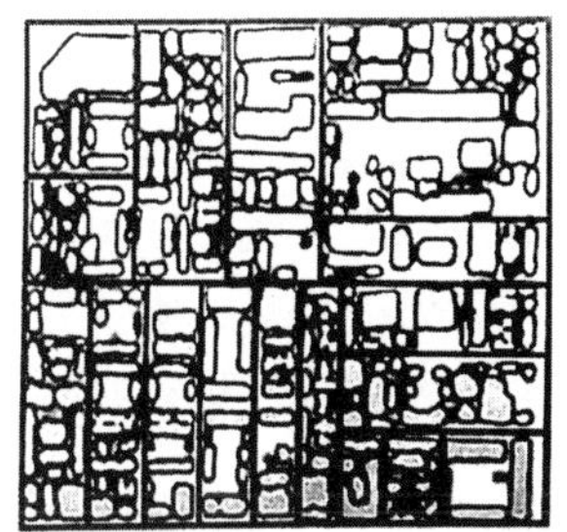

图4　商埠区地块格局示意图

经二路、经四路横向连接古城与商埠区，是济南历史城区两城并举的营城特色。经二路、经四路在商埠区形成之初就是连接古城、商埠的重要道路，历史上沿路两侧聚集了大量金融机构、商铺等。随着商埠区的衰落，金融机构和商铺逐渐消失，但经二路、经四路横向连接的格局保持完好，道路两侧现存较多的银行旧址，是济南开埠发展史的重要见证。

“一园十二坊”有多元交融的建筑与文化，既有瑞福祥、宏济堂等老字号，又出现了济南第一座电影院、第一座西餐厅，还拥有北洋大戏院、江湖艺社等“曲山艺海”，成为济南东西方文化交流和近代城市多元文化的缩影。当前，还出现了众多体现老商埠风情的时尚元素，如融汇老商埠、网红爱心路口等，丰富了商埠区的活力。

“一园十二坊”有多元的场所精神载体空间。“一园十二坊”内现状风貌特色街区，主要集中在经四路沿线，自东向西分布融汇老商埠（已更新改造）、中山公园、福音里、日本总领事馆旧址、大生里，还有北侧的万紫巷。融汇老商埠成功地进行了更新改造，现代的商业繁荣与历史的记忆相互彰显，历史文脉在更新中得以延续；中山公园是见证济南系列近代历史事件的现代化公园，成立商埠区、纪念中山先生、抗议“五卅惨案”等事件在中山公园均有印记；福音里地块中包含一座基督教堂和一组传统民居，记载着济南宗教建筑的发展和演变；日本总领事馆旧址为日本人建造的仿西洋古典风格建筑，具有重要的爱国主义教育意义；大生里是商埠区商业繁荣、文化开放的见证；万紫巷是济南曾经的商贸中心。

2.3 济南商埠区“一园十二坊”的现状问题

一是文化遗产占比较低，利用效率不高。“一园十二坊”内文化遗产占比较低，不具备历史文化街区的条件，意味着大部分建筑为一般建筑，在管理中也对其风貌管控较差，建筑大多存在私搭乱建问题，沿街店面装饰风格不统一，对传统风貌产生较大破坏；同时，历史建筑的利用模式较为简单，未能有效地将遗产活化利用，城市历史文脉的价值未能充分挖掘、展示利用不足。

二是街道空间尺度尚存、开放空间品质较差。街巷格局在界面、尺度等方面，遭到不同程度的破坏，无序城市更新导致传统风貌界面被替换、街巷界面不连续。中山公园功能尚存，但是周边存在阻隔建筑，公园的开敞性、公共性不强，公园主题挖掘不够；除商业设施周边的小型广场外，再无开放空间，且开放空间品质差；周边居民结合现状良好的行道树资源，自发在人行道形成了一些交往休憩的空间，林荫道代替公共开放空间功能。

三是人口密度大、人均居住面积低、人口老龄化严重。“一园十二坊”现状人口约 11000 人，人口密度达 230 人/hm^2；人均居住面积约 16 m^2，小于济南市 30 m^2/人的平均水平；65 岁人口以上比例为 13%，高于济南市 9%的平均水平，老龄化特征明显。

3 济南商埠区“一园十二坊”的更新策略

济南商埠区是历史城区的核心组成部分，“一园十二坊”传统风貌区是商埠区的核心所在，达不到历史文化街区要求，反而让其保护和利用方式更加灵活。保护和利用应尊重历史、延续文脉、促进复兴，不仅要保护好，还要利用好，更要利用现代理念和手段，打造具有商埠特色、满足人民需求、体现时代特征的风貌区，营造延续文脉、吸引人的“场所”。

3.1 空间的延续与修复

要充分评估“一园十二坊”的整体空间格局，分析街区的空间秩序，维持公园居中、街巷方正的街区记忆；强化公园的开放性，拆除其周边的阻碍性建筑，挖掘公园主题、加强场所精神、吸引人的互动等。特别强化经二路、经四路与古城区联系的“文脉道路”的打造，管控界面、提升景观、传承文脉、丰富空间，打造文化走廊、景观廊道。

3.2　分级分类进行保护

按照分区、分级、分类的方式开展区域的更新及遗产的保护和利用。要研究划定传统风貌区中的管控区和引导区，既能保留住核心的传统风貌特色，又能促进积极的更新利用。对建筑元素进行分级管控，对于文物保护单位以保护为主，开展“保护式修复”；针对历史性建筑等以利用为主，进行“文脉延续的生长性修复”；对一般建筑或老旧建筑，围绕塑造场所精神重建或改造提升建筑空间，进行场所重建，提升“一园十二坊”整体特色风貌。

3.3　灵活开展多元化更新

将“织补城市”“绣花针”等理念运用到空间更新中，因地制宜开展空间和功能修补。一是加强保护性建筑的保护利用，发挥政府平台及专业技术团队的力量，加强资金、技术投入，整治不协调及质量差的建筑，加强历史建筑的活化利用，更新建筑内部的居住及使用条件；二是对于引导区地段、建筑的改造要遵循延续文脉、塑造场所精神的理念，在城市建设中提取传统元素进行再创作，赋予地区新的活力；三是进行环境整治，整治中山公园、增加街道“口袋公园”、增加街道家具；四是对交通设施进行优化，精细化管理步行、非机动车道，结合建筑改造充分利用地下空间，增加机动车停车位。

3.4　文旅融合，加强品牌化推广

充分利用核心历史遗产资源，策划形成主题品牌，塑造场所精神。大生里地块是商埠区繁荣时期传统特色娱乐业集中地，应突出大生里特色娱乐性传统，布置酒吧等商业功能，保留传统里弄格局，利用建筑外空间布置酒吧外摆。日本总领事馆旧址地块可以打造官邸酒店主题区，利用历史资源布置传统特色餐饮、精品酒店等。教堂地块可以布置宗教功能及婚庆商业服务功能，整体打造济南特色婚庆、旅游、商业、办公地块，塑造济南特色婚庆城市名片，形成城市特色开放公园（图 5、图 6）。

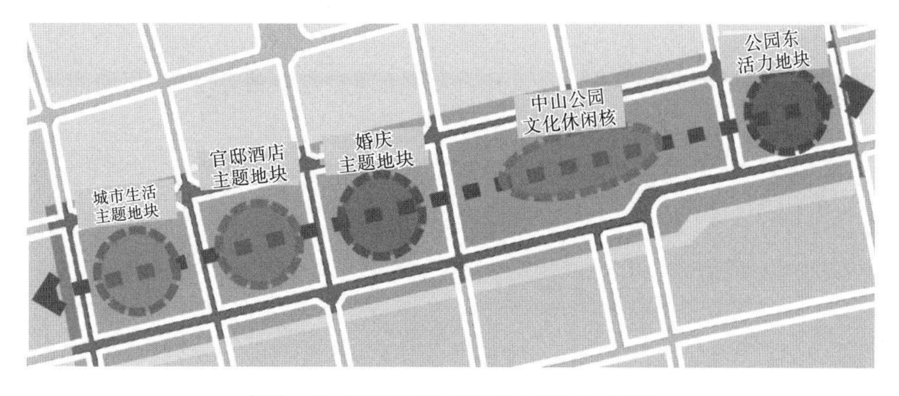

图 5　“一园十二坊”经四路文旅融合示意图

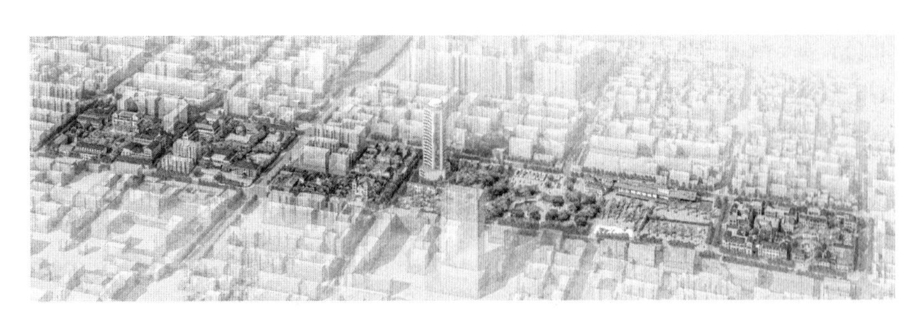

图6　经四路沿线地块空间意向图

3.5　提升居住环境

功能业态方面：一是整治原有业态，对扰民和污染较为严重的底商业态类型进行整改，如临时货摊和大排档餐饮，严格划定外摆区和经营范围；二是对新增底商进行业态调控，小型电商和文创类业态优先审批。环境设施方面：一是拆除院墙，打破院墙围合的消极空间，增强社区的互通性；二是增加绿化，布置交往空间，提升公共空间品质；三是增加小型健身娱乐器材、老年活动室、停车位等服务设施配置；四是更新市政管网，完善基础设施配备。

4　结语

商埠区“一园十二坊”是济南市传统风貌区，见证了济南传统文化和外来文化的相互交融，承载着济南近代城市发展的历史，装载着济南城市及人民的社会、经济、生活、交往的印记。传统风貌区不同于历史文化街区，有一定的历史底蕴，具有城市的文脉记忆和特定的场所精神，在其更新改造时应充分摸清历史要素、梳理空间秩序、归纳场所精神，提出保护历史遗存、延续空间秩序、多元灵活更新、文旅融合发展、设施完善提升、相关政策制定等方面的更新保障策略，延续城市和区域的历史文脉，实现“绣花针”功夫在城市传统风貌区中的实践，创造出有活力的城市特色街区。

[参考文献]

[1] 诺伯舒兹．场所精神：迈向建筑现象学［M］．施植明，译．武汉：华中科技大学出版社，2010.

[2] 吴云鹏．论城市文脉的传承［J］．现代城市研究，2007（9）：67-73.

[3] 苗阳．我国传统城市文脉构成要素的价值评判及传承方法框架的建立［J］．城市规划学刊，2005（4）：6.

[4] 济南市自然资源和规划局．济南历史文化名城保护规划［R/OL］．（2020-01-22）［2022-03-14］．http：//nrp.jinan.gov.cn/art/2020/1/22/art_43846_3869789.html？xxgkhide=1.

[作者简介]

范绍磊，高级工程师，注册城乡规划师，任职于济南市规划设计研究院。

耿　谦，正高级工程师，注册城乡规划师，任职于济南市规划设计研究院。

张　江，高级工程师，任职于济南市规划设计研究院。

基于工业遗产传承的小型城市记忆空间营造

——以徐州钢铁厂为例*

□林　岩，罗萍嘉

摘要：在城市存量空间高质量更新的需求下，城市文化遗产成为一种与塑造城市环境特色和内涵密切相关的资源。本文以徐州钢铁厂工业区更新研究项目为例，探索地方城市更新特定境遇下的小型城市工业遗产保护与记忆空间营造策略。综合平衡土地紧缺、环境污染、建筑结构安全等现实问题，项目最终保留最具代表性的9＃高炉生产区和四组工业遗产。在此基础上，将场地更新的总体思路定为打造一座“开放式工业博物馆”，通过格局传承、以新衬旧等方式，在有限的空间中尽可能将场地记忆完整化、丰富化，并在人与空间互动方式的层面上，考虑开放场所的多种层次与营造方式，为小尺度城市空间更新提供参考。

关键词：城市更新；工业文化；城市记忆；徐州钢铁厂

1　引言

“十四五”期间，我国城市存量空间的高质量更新成为本阶段城市发展的重要任务。在这一背景下，城市文化遗产不再仅仅是城市历史文化保护所关注的对象，同时也是一种与塑造城市环境特色与内涵密切相关的资源。通过城市文化遗产的传承与再利用，保留城市记忆，营造城市居民能充分具有认同感和归属感的城市空间场所，是实现城市内涵式人居环境更新的一个重要途径。

工业遗产是城市文化遗产的重要类型之一，我国的工业遗产反映了新中国成立之后的城市工业化发展历程与历史风貌特色，记载了当时的科技进步与社会、经济、文化的历史沿革。与其他类型的城市文化遗产相比，工业遗产通常具有大体量和大空间，具有空间的标识性，且易做现代功能空间的转换与结合。如果设计改造得当，可以充分发挥这部分文化遗产的当代价值，为城市高质量更新和品质化建设提供可贵的条件与素材。

本文以徐州钢铁厂工业区更新研究项目为例，讨论高质量城市更新背景下的工业文化传承与工业空间更新营造策略，并根据地方城市更新的特定境遇，探索在平衡社会、经济、环境等诸多现实问题前提下的城市遗产保护与空间重组方式。

---

* 本文案例来源：《徐州钢铁厂圣戈班地块工业遗产拆改策略研究》《圣戈班9＃炉地块项目策划方案》，研究人员：罗萍嘉、林岩、常虹、李昂、朱笑宇、韩雪琦、宋昱晨、魏铁飚。

2 徐州钢铁厂地块更新的背景与挑战

2.1 徐州钢铁厂的背景

徐州自古代便是重要的华东煤铁冶炼基地，拥有悠久的工业文化，曾留下诸多工业文化遗产。《徐州历史文化名城保护规划》中曾提到，徐州的城市特色历史文化价值包括五点——楚汉文化、战争文化、运河文化、工业文化和山水文化，工业文化是徐州历史文化名片的重要组成部分之一。

徐州钢铁厂（以下简称“徐钢”）圣戈班地块坐落于徐州中心城区东北部，鼓楼区辖区内，工业区占地约 1.18 km^2（图 1）。它见证了徐州改革开放前后的工业发展路径，反映钢铁行业在徐州地区的技术创新和技术突破，其主要产品“工字牌”铸造生铁获得省优产品的称号，受到当时中央领导和社会的广泛关注。自 1958 年建厂后，徐钢对徐州北部城区的发展产生了重要推动作用，代表了徐州城区北部的城市记忆和风貌特色。

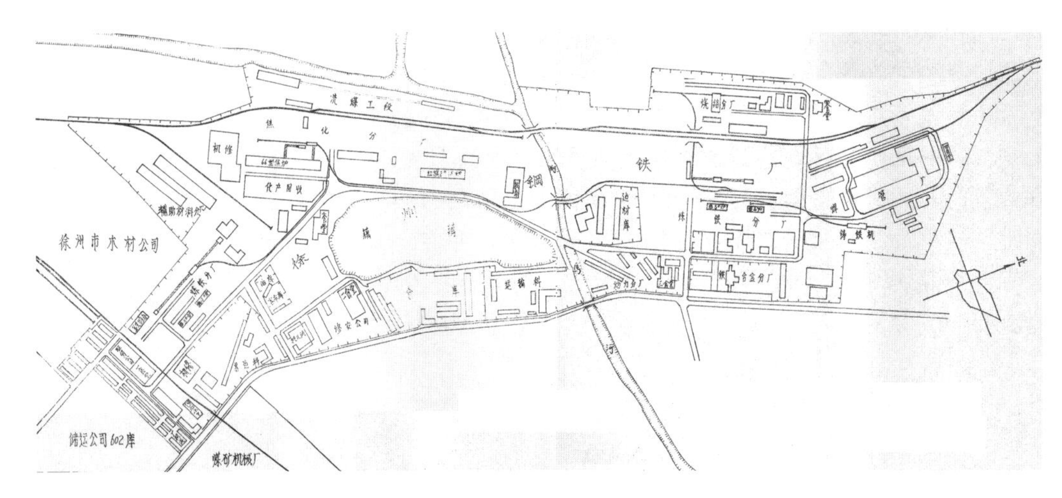

图 1　1987 年的徐州钢铁厂平面示意图

随着全国城区老工业区搬迁计划的推进，徐州鼓楼老工业区被纳入搬迁试点项目。截至 2019 年，工业区已完成全部迁出，原工业区遗址面临地块的更新。面对已经不再发挥生产作用的工业建、构筑物和生产空间，应该进行保留还是拆除新建？保留多少工业遗产？如何让新建空间与工业遗产相互协调？这些问题需要在徐钢工业区地块更新推进过程中被反复权衡。而影响决策的关键因素，不仅仅是工业遗产本身的价值，还有来自城市建成区土地紧缺、环境污染、建筑结构安全等现实问题的挑战。

2.2 工业区地块更新面临的挑战

2.2.1 挑战一：土地紧缺与环境污染

近年来，随着徐州城市的快速发展和急速扩张，中心城区内的城市开发建设已趋于饱和，包括鼓楼区在内的城市土地资源日益紧缺，在集约利用的前提下进行存量空间的改造提升是当前中心城区发展的主要路径。在这样的前提条件下，将 1.18 km^2 的徐钢工业区完整保留下来不切实际，需要对原址进行选择性保留，并根据城市发展需求合理置入新的功能与空间。

徐钢过去的生产活动造成了一定的环境污染，主要反映在对土壤环境的影响。根据《圣戈班徐州基地退役地块土壤环境初步调查报告》，部分焦化、烧结等生产区域土壤存在氟化物和六价铬等污染因子（图 2），工业区土地的污染物分布情况比较复杂，需要进行土壤分级修复。据专业鉴定机构分析，部分污染严重的区域需要拆除地表构筑物来进行彻底的土壤污染治理。

在这样的背景下，徐钢工业区面临着被大面积拆除的境遇和挑战。

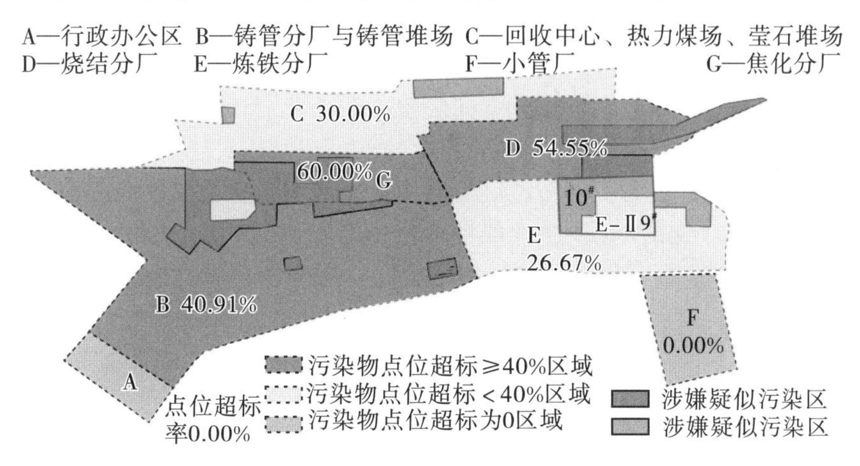

图 2　徐钢工业区土地污染情况

2.2.2　挑战二：建筑结构安全

徐钢的生产类建筑物、构筑物大多已使用十余年甚至几十年，其中有不少建筑年久失修，结构老化，存在一定安全隐患。以建设于 2003 年和 2008 年的 9＃、10＃高炉生产区为例，有不少建筑物表现出钢结构漆皮脱落、节点螺栓锈蚀、围护结构和平台底板破损严重等问题，存在一定的安全风险（图 3）。这种情况下，要保证这些工业建（构）筑物在后续使用中安全可靠，需要采取一定的修复与维护措施。

如何在拆除新建和既存建筑的修复、维护中进行取舍，是徐钢工业区遗产保护与地块更新所面临的又一个巨大挑战。

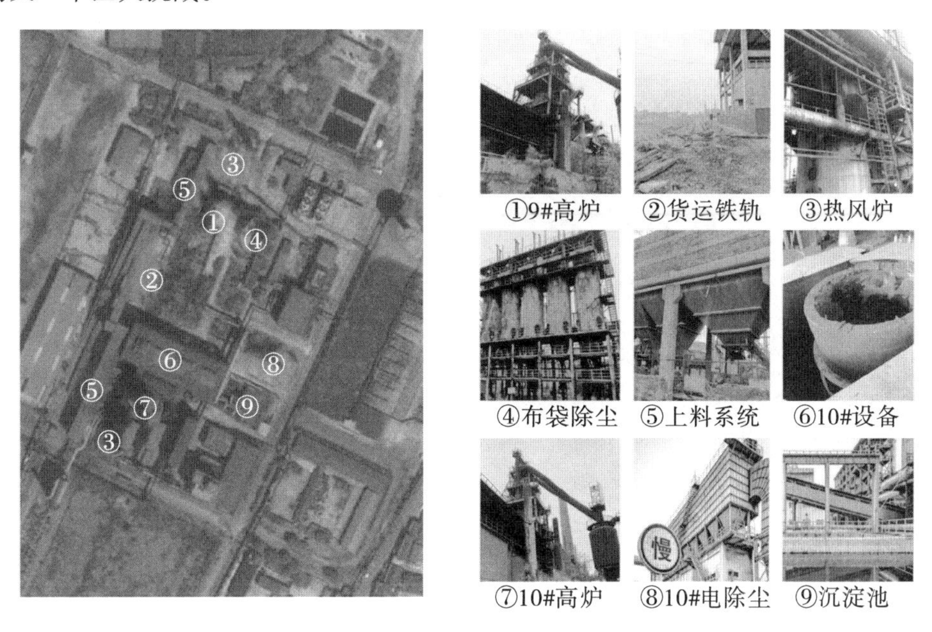

图 3　9＃、10＃高炉生产区的部分工业建筑

2.2.3 机遇：利用遗产资源塑造空间吸引点

土地紧缺、环境污染、建筑结构安全等问题似乎都指向徐钢的历史使命已经结束，应通过清除地表印记来使这片区域获得新的生命力。然而，同样不能忽视的是，鉴于工业文化对徐州的重要性，在徐州中心城区内保留有代表性的工业遗产，并将其打造成为徐州工业文化与历史记忆的展示窗口，具有十分重要的意义。而全面清除徐钢工业空间印记，也意味着对中心城区一处重要工业文化印记的彻底抹平。从空间的角度看，与徐州中部和南部城区相比，徐州北部城区整体风貌形象和空间品质较差，缺乏空间吸引点和公共活动场所。因此，利用徐钢工业遗产，通过更新改造将其塑造成徐州城区北部的空间吸引点和标识性公共场所，对于展示徐州多元文化、激发徐州北部城区活力、平衡城区发展等方面具有重要价值。而根据现实情况，规划师和设计师必须意识到，城市文化遗产的保护与再利用需要在同时协调解决诸如土地紧缺、环境污染和建筑安全等现实问题的基础上推进，才能真正有效实现城市文化遗产的传承。

3 小型城市记忆空间营造策略

3.1 前期工作与总体思路

3.3.1 建筑结构鉴定与场地清理

2020 年 11 月，研究团队受徐州住房与城乡建设局邀请对徐钢工业区进行拆留策略与场地空间策划研究。在进行空间更新设计研究之前，团队首先对场地上既有的工业遗产进行了价值评估和结构安全鉴定。研究结果表明，当前工业区北部的 9＃、10＃高炉生产地段由于生产流线保存完整、设备具有代表性，是最能代表徐钢记忆的工业遗产部分；同时 9＃、10＃高炉生产地段所处位置不属于土壤污染物点位超标严重区域，因此具有保留下来的条件（图 4）。而这部分区域建、构筑物的结构经过鉴定，大部分虽然暂时不符合国家现行工业建筑标准的可靠性要求，但是基本符合后期规划使用功能的可靠性要求，在采取一定修复措施之后可以满足后续使用的安全性需求。

图 4　9＃、10＃高炉地块三维扫描实景模型

经过多方案比选，综合考虑土地、环境、建筑、经济等多重因素后，研究团队经和政府各部门多次沟通，2021 年初，管理部门确定局部保留 9＃高炉生产区作为徐钢工业记忆的展示部

分（图5），并保留场地上的四组核心生产设备：9＃高炉、上料仓一组、热风炉一组、除尘器一组，保留区域范围0.58 hm^2。自此徐钢保留下来的工业区已被缩减为一个真正的小型城市公共空间，需要进行更加精细的拆留与设计研究。经过若干次现场勘查、对结构构件的精确三维扫面与测算，研究团队确定了9＃高炉生产区的场地清理总体拆留原则。其中拆除原则包括：①对土地污染严重地段表面的建筑物和构筑物进行拆除；②对质量过差、不具代表性、价值不高的建筑物和构筑物进行拆除；③对临时性的建筑物、构筑物进行拆除。保留原则为尽可能保留和生产工艺流线相关的工业遗产。在拆留原则的指导下，确定保留下9＃高炉区、除尘区、上料区的设备主体，拆除老化管道零件，展现高炉生产的整体工艺流程（图6）。

图5　9＃高炉生产区主要工业遗产

保留9号高炉区、除尘区、上料区三部分设备主体，拆除老化管道零件，体现出高炉生产整体工艺流程。

布袋除尘	5个
烟囱	1座
热风炉	3个
热风炉控制区	1座
出铁厂	1座
高炉	1座
铁轨	1条
上料仓	1座

（1）热风炉部分

（2）除尘器部分

（3）上料仓部分

图6　9＃高炉生产区拆留策略

3.3.2　空间营造的总体思路

在对场地背景和现实条件充分认知的基础上，针对小型城市公共空间的特殊性，研究团队认为徐钢工业区地块更新应当采用的基本思路：一方面要充分发挥有限的工业遗产的价值，展示城市文化，保留城市记忆；另一方面要根据当下城市发展与市民需求，置入合理的现代功能，塑造精致优美的环境，形成新的空间吸引点。

在此基础上，针对场地小的特点和文化属性，研究团队提出整体场地更新改造的概念为将旧工业遗址营造成为一座“开放式工业博物馆”。将9＃高炉地段改造成集钢铁工业文化展览、青年交流娱乐、游客休闲活动于一体的小型城市公共空间，利用工业遗产内外空间资源展示历史文化，把握生产流线特色逻辑激活场地，体现地方特色文化，塑造城市艺术化生活。具体的空间营造策略可以从格局、秩序、体验三个不同层面去解读。

3.2　空间营造策略

3.2.1　格局：传承印记

在场地清理完成之后，由于保留的建筑物之间的老化连接部件、质量不佳的建（构）筑物已被拆除，各建筑物之间的连接关系也因此受到损失，使得各部分在视觉上相互孤立、不成体系。因此，在场地更新改造时，首先应当用城市设计的方式，将场地整体布局方式进行统筹考虑，在空间格局与关系上对场地印记进行传承。

根据研究团队在场地清理前对工业遗产的无人机扫描和三维建模资料，可以梳理出原有场地的几个关键特征：高炉生产区和除尘区之间具有比较通畅的开放空间，呈现为南北向轴线式的布局，构成这组设备的核心空间；开放空间北部向东直通厂区主街，构成场地入口空间；而高炉生产区与西边的上料区之间形成了狭长形室外空间，构成了原生厂区背侧较为隐秘的准备区。

因此，根据原有场地结构，经过空间的整合与分析，可塑造当下的场地格局（图7）。经过更新改造，场地的东侧总体延续了南北向的轴线布局，通过狭长形的中心广场串联几组新旧建筑物，并根据工业遗产的位置和功能考虑将广场两边的空间由北向南分成三个层次。其中，最北部是工业区的入口空间，入口开在场地东侧，形成一个放大的梯形广场，与入口相对的是依托热风炉和高炉设备形成的展示空间；中部是公共服务空间，东侧是利用除尘器空间改造成工业餐厅，西侧则是新建成的展览中心；南部是一组新加建的小型建筑群体，作为配套商业区。对于场地西侧，则是根据上料区与生产区的空间关系，通过新旧结合的方式营建一座立体公园，成为整个场地的生态休闲场所。

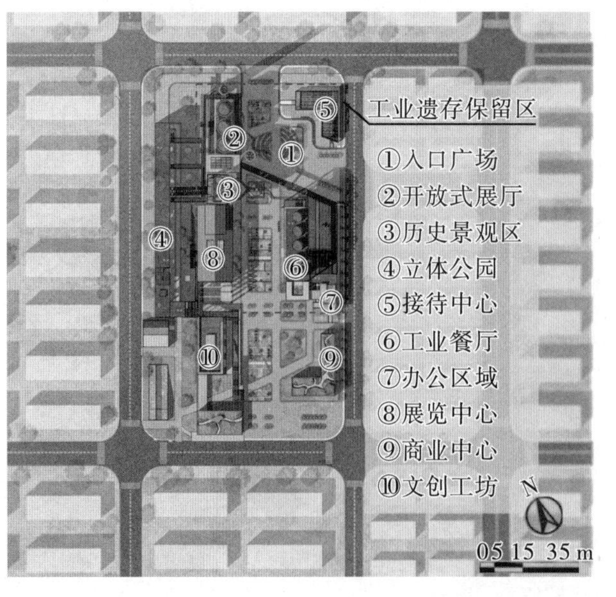

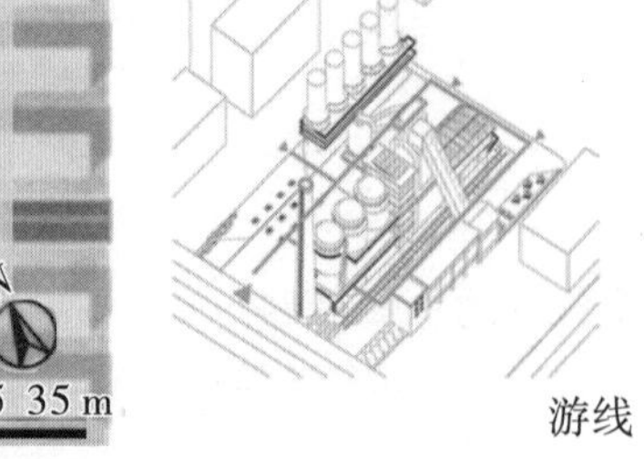

图7　更新改造方案总平面图

3.2.2　秩序：以新衬旧

在重建场地空间秩序的过程中，需要通过少量新建筑体量的植入，使空间格局与功能完整化。在更新改造设计方案中，一共植入了六组新的建筑和构筑物。这些新建筑的设计原则以衬托场地上既有的工业遗产为主，大多体量较小，且风格简洁、朴素，实现场地新旧空间的协调与融合（图8）。具体来看，新植入的建（构）筑物主要有以下三类。

（1）工业遗产改造中的补充空间。当前场地上保留下来的四组工业遗产为过去炼铁分厂的典型生产设备，多为置于室外空间的大型机器，而所处的空间性质改变之后，要使其在未来的城市开放环境中发挥展示作用，则需要酌情在遗产四周布置可供人停留、观赏的辅助空间。设计方案中主要增加了两组空间：其一是除尘器底部公共空间的加建，通过轻型玻璃体量的围合，形成工业餐厅；其二是高炉南侧、原出铁厂空间的复建，根据出铁厂的尺度比例和与生产设备的空间关系，构建一个开放的大空间，作为紧邻核心生产设备的集中展示空间，成为场地上的展示性主场馆。

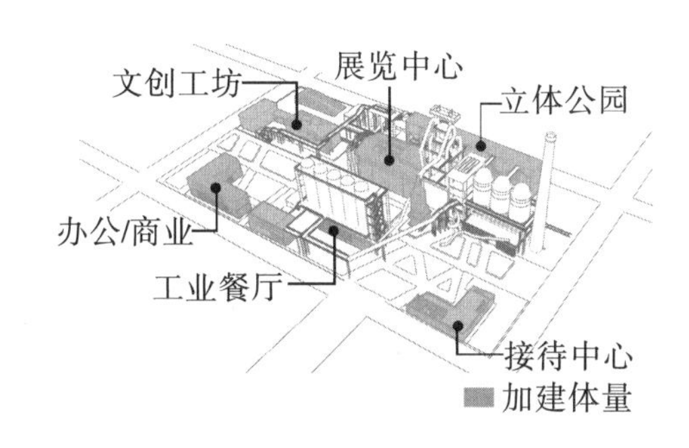

图8　新旧建筑关系

（2）新的小型功能性体块。出于重构场地的完整性，更新改造中需要加建一部分建筑来补充场地的功能与空间。新建建筑以一、二层高为主，并采用自然素材，布置垂直与屋顶绿化，达到建筑融入自然环境的效果。同时，新建建筑有限定场地边界的作用，清晰界定室外活动空间的形态。主要新建体块一是场地东北角的接待中心，起到限定入口广场的作用；二是主展区南侧的商业建筑群，补充相应的购物、体验、办公空间。

（3）建筑物之间的连接体量。一些加建部分作为各部分建筑物之间的连接部分，在工业遗产部分之间采用的主要是轻钢结构的休闲步道。在过去的工业生产中，各部分设备之间有较多管道连接，这些线性空间要素亦构成了工业空间的一大特色。在拆除工业设备的老化管道零件之后，增加休闲步道，一方面用线性要素呼应了原有空间的特征，另一方面为人们提供了一个高于地平的观察工业遗产的视角和体验路径。同时，在生产设备主体西侧根据原有上料区空间形态构设一座开放的立体公园，作为该区域生态修复的展示区。

3.2.3　体验：开放营造

场地更新改造的总体概念为“开放式工业博物馆”，其中的关键词之一“开放式”，定义了场地空间形态的基本特征，设计以在场地中尽可能布置开放、半开放并相互串联的公共空间为主，通过对历史文化展示方式的创新，营造公众可感知、可体验的场所；关键词之二“博物馆”，则定义了空间的内容，重点在于城市工业文化的展示与传承，空间设计应当具有明确的主题性，并承载一定的文化教育意义。因此，整个场地在空间形态设计的同时，也需要从人与空间互动方式的角度考虑场所的性质与特征，从多个角度实现场所的开放性和展示性。

在营造开放场所的过程中，需要塑造多样化的空间体验方式。可以通过以下具体策略来实现：首先，注重场地流线网络的塑造，由于小体量建筑空间布置产生多处房屋间的“空隙”，使场地上出现多重路径可供人选择；其次，完成立体空间的营造，通过空中步道串联不同建筑空间，为人们提供不同标高的空间体验方式。同时，将包括展览中心、工业餐厅等在内的建筑塑造为半开放空间，设计可开启的围护结构，使其在特殊时间段可形成室内外一体的空间，从而实现场地的可观、可游、可玩，形成动静皆宜的公共场所。

在塑造开放场所的过程中，同样注重生态空间的营造，整个场地注重绿化环境的布置，可达到60%的绿地率。徐钢原生产区具有一定土壤污染问题，因此在场地更新改造过程中，需要边修复、边开发。根据《圣戈班徐州基地退役地块土壤环境初步调查报告》可知，9♯高炉生产区的上料区是这一地段土壤污染较为严重的区域，应作为环境治理和修复的重点。在更新改造中应通过洗土、部分换土的方式对该区域土壤污染进行较为彻底的整治，并在后续使用过程中长期采用植物修复的方法，在原上料区设置开放的立体公园，展示不同植物的生态修复作用，从而达到公众科普和教育的作用，成为场地上的另一处亮点（图9）。

（1）立体步道

（2）半开放建筑

（3）绿化环境

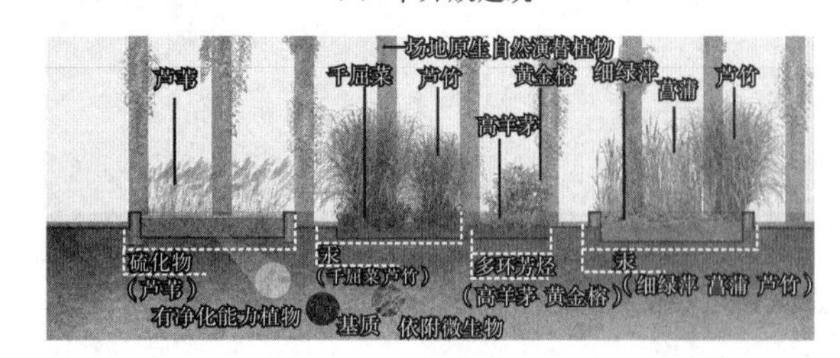

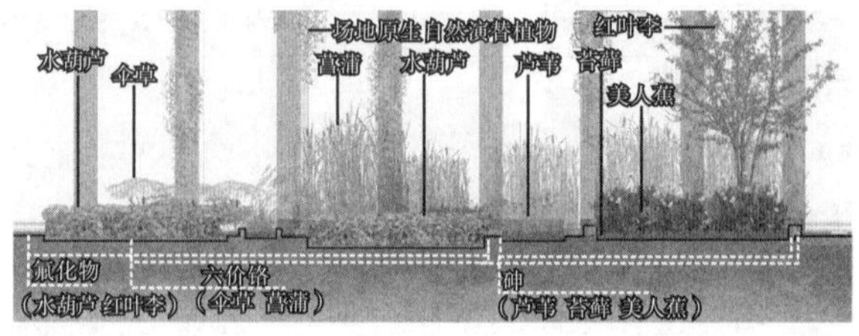

（4）植物修复

图9 开放空间营造

4 结语

在我国城市更新的背景下，面对城市存量空间的提质改造，在现代化改善的同时，延续城市文脉、强化地方特色、注重文化传承是当前城市建设的重要任务。传承文化遗产、留住城市记忆在理论层面的重要性是不言而喻的，但要使其在实践层面上落实于城市建设中，则需要在空间提升的同时，应对社会、经济、环境等诸多问题的挑战，可见城市历史遗产的传承在现实层面充满了复杂性与矛盾性。而作为城市规划师与设计师，在做好空间提升与设计的本职工作的同时，亦需要站在不同专业的角度上，积极探索综合的问题解决方式与策略。同时，也需要在解决问题的过程中明确专业职责，守住自身底线，积极推动城市遗产传承与城市文化内涵建设。

面对城市建成区土地紧缺的境况，小型公共空间的营造会成为未来城市精细化更新面对的一种重要方式，而当这类空间的塑造与城市遗产传承相结合，则需要在有限的空间内将遗产的价值尽可能发挥到最大。徐钢工业区更新项目在极为有限的区域内，尝试通过格局传承、以新衬旧等方式，在保留场地记忆的基础上将空间完整化，并在人与空间互动方式的层面上，考虑开放场所的多种层次与营造方式，是对复杂环境下小型城市记忆空间更新的一次有益探索，可为相似城市更新案例提供参考。

[资金项目：江苏省社科基金项目青年项目“基于苏北地域特色的城市设计与空间营造策略研究”(20YSC010)；江苏省“双创博士”计划项目“城市空间文脉数字解析及城市设计文化传承策略研究”。]

[参考文献]

[1] 拉维茨科，孔洞一．德国鲁尔区工业遗产的文化景观阐释：混合型工业文化景观［J］．风景园林，2020，27（7）：18-29.

[2] 邢怀滨，冉鸿燕，张德军．工业遗产的价值与保护初探［J］．东北大学学报（社会科学版），2007（1）：16-19.

[3] 邵龙，张伶伶，姜乃煊．工业遗产的文化重建：英国工业文化景观资源保护与再生的借鉴［J］．华中建筑，2008（9）：194-202.

[4] 刘伯英．对工业遗产的困惑与再认识［J］．建筑遗产，2017（1）：8-17.

[5] 徐拥军，王玉珏，王露露．我国工业文化遗产保护与开发：问题和对策［J］．学术论坛，2016，39（11）：149-155.

[6] 阳建强，罗超，曹新民．基于城市整体发展的工业文化遗产保护：以郑州老工业基地重点地段城市设计为例［J］．建筑创作，2006（9）：31-35.

[7] 赵爽，韩菁，洪亮平．工业遗产保护利用模式研究：以汉阳铁厂为例［C］//中国城市规划学会，重庆市人民政府．活力城乡　美好人居：2019 中国城市规划年会论文集（09 城市文化遗产保护）．北京：中国建筑工业出版社，2019：1151-1162.

[8] 罗萍嘉，钱丽竹，井渌．后工业时代的风景：德国杜伊斯堡北部风景公园［J］．装饰，2008（9）：67-69.

[作者简介]

林　岩，副教授，任职于中国矿业大学建筑与设计学院。

罗萍嘉，教授，中国矿业大学建筑与设计学院院长。

文化传承视角下单位大院社区更新与保护策略研究

——以武汉市汉阳造纸厂社区为例

□佘曼莉，朱星余

摘要：随着“城市更新”被纳入全国政府工作报告，我国已进入城市更新的重要阶段，各类城市更新行动正在如火如荼地进行着。单位大院社区更新改造是当前城市更新行动的重要部分，在更新改造过程中传承与保护单位大院的历史文化，再现大院社区独有的价值具有重要意义。本文从武汉市单位大院社区整体改造现状情况入手，以武汉市汉阳造纸厂社区为实例，通过实地调研和社区居民访谈等方式充分挖掘汉阳造纸厂的历史文化价值。针对传统单位大院社区在更新改造过程中的历史文化传承方面所面临的物质环境破败、集体记忆淡化及邻里关系逐渐疏远这三个问题，提出了重构历史空间、唤醒集体记忆和营造多元邻里场所三大更新与保护策略，重现汉阳造纸厂社区的建筑、人文和文化价值，为单位大院社区在文化传承视角下的更新与保护提供了新思路。

关键词：单位大院社区；汉阳造纸厂社区；历史文化传承；历史文化价值；更新与保护

随着我国城市发展逐步由粗放式扩张转向内涵式增长、从增量开发进入存量开发时代，城市更新已成为我国城市发展的新增长方式。近年来，大中城市的城市更新重要地位逐渐凸显，2021年城市更新的重要地位再次升级，国家和地方出台的一些城市更新相关政策特别强调，城市更新改造实践中要高度重视文明传承和文化延续，始终把保护放在第一位，不急功近利，不大拆大建，让城市留下记忆。单位大院社区是我国20世纪50年代形成的基本居住空间模式，是计划经济时期产生的特有住区形态，是当时城市工业化发展浪潮的标志性产物，蕴含着独特的社区文化内涵和集体记忆情怀，是城市文脉的重要载体和文化源头，具有建筑价值、人文价值和文化价值。在城区单位大院厂区面临搬迁改造背景下，单位大院社区也面临大规模更新改造，当前我国在厂区工业遗产保护上得到一定重视，但单位大院社区保护却一直面临严峻态势，由于单位大院形成时间较短，其历史价值未得到充分重视，在过去的社区更新改造中“大拆大建、千篇一律”的现象层出不穷。因而，如何使单位大院社区在更新改造中保护和传承社区文化，再现大院特有的价值，是值得我们探索和研究的课题。

1　武汉市单位大院社区改造概况

武汉曾是全国著名的重工业基地之一，中国近现代工业发祥地之一，建设了一批像武钢集团有限公司、武昌船舶重工集团有限公司、汉阳特种汽车制造厂等老字号工业企业单位，武汉市从“十五”期间开始实施工业企业单位搬迁计划至今，中心城区的厂房企业已全部搬迁撤离和彻底退出历史舞台，然而配套的职工单位大院由于各种社会、经济等因素仍广泛存留在城区内，普遍存在居住环境品质低、配套落后、房屋质量差、人口老龄化严重、集体记忆淡化等问题，与现代城市风貌格格不入，一度被认为是“历史包袱”。

近年来，武汉市单位大院社区在更新与保护改造模式上一直不断探索实践，从正面来看，如青山“红房子”武钢116街坊社区微改造模式、武汉天地厂房改造利用模式等都属于较为成功的更新保护案例。但从反面来看，还有大量单位大院的工业历史价值未得到充分认识，如已被列入武汉市工业遗产保护名录的汉阳龟北片区武汉一棉集团有限公司、武汉市第二印染厂、汉阳特种汽车制造厂的整个厂区和社区则被完全推翻。拆迁的小区均以老式红砖房为主，居民被安置在地块附近的商品房项目中，整个片区工业历史遗迹荡然无存，社会各界人士无不感叹惋惜。在一些既有社区更新改造中也普遍存在缺乏地域文化特色和文脉延续，大多采取保留场地内个别历史建筑，其余全部推翻重建的模式。本文以武汉市典型单位大院——汉阳造纸厂社区为例，剖析单位社区历史文化价值传承面临的问题及挑战，并由此提出社区特色传承视角下的更新与保护策略，旨在为社会主义新时代下单位大院社区更新与保护中的文脉延续、特色传承方面提供思路。

2　汉阳造纸厂社区文化传承更新与保护改造实践

2.1　发展历程

汉阳造纸厂是中华人民共和国成立后湖北兴建的第一批现代化国有工厂，1953年建成投产，曾经是华中地区最大的造纸厂，也是中国造纸行业标杆。整个造纸厂占地约95 hm^2，建筑规模约35万 m^2，人口约1.5万。厂区包括生产区及配套的家属区两部分，家属区内部还包括汉阳造纸厂子弟学校、晨鸣宾馆、技校、晨鸣职工医院、消防站、造纸厂农贸市场等单位，形成当时中国社会典型的“大单位、小社会”格局。自20世纪90年代末，造纸厂由盛转衰，曾经武汉市六大利税大户之一因环保污染面临搬迁，从“招人爱”变成“讨人嫌”。2010年厂区搬迁至黄冈市，老厂区率先面临拆迁征收储备。经过规划实地调查，造纸厂生产厂区还拥有较好的工业特色资源，如厂区内部的专用货运铁路，滨江区域有四处较典型的工业厂房，厂区内分布有许多烟囱、塔楼、发电机、造纸机等建筑构件及机器构件等（图1）。2014年，随着房地产入驻开发，厂区被全部推翻，未留下任何历史遗迹，拔地而起的开发楼盘千篇一律，未体现当地工业文化特色。笔者作为一直关注此片发展的规划师感到无比惋惜。

2020年，汉阳造纸厂社区迎来更新改造机会，政府下决心要将汉阳造纸厂社区改造作为武汉市城市更新示范项目。汉阳造纸厂社区被当地人称为“纸城”，具有规模大、封闭性强、公共设施较齐全、用地功能混合等特征，建筑呈分段年代性特征、行列式布局，生态区位条件优越，20世纪延续至今的邻里关系，造纸厂社区内部道路和公共活动空间是集体记忆的载体，且纸厂社区内树木品种丰富，具有一定保留和改造价值（图2）。

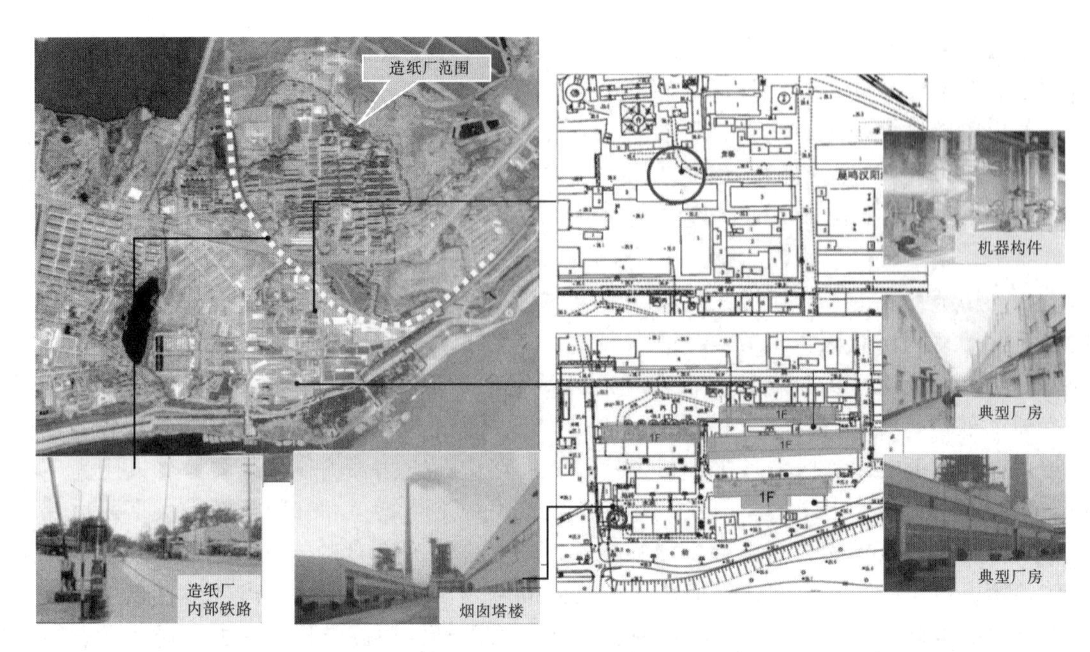

图1　原纸厂内部工业遗迹图

图2　现纸厂生活区全貌

汉阳造纸厂社区见证了城市发展历程，具有重要的建筑价值、文化价值、人文价值，不应再一次被全部推翻拆除，应当予以高度重视并将其继承和创新，重现大院文化的价值。

2.2　历史文化传承面临的问题及挑战

历史文化价值的传承与保护一直是城市更新与改造的重要课题，作为城市更新中的重要环节，单位大院社区历史文化的传承同样需要得到重视。社区的历史文化是经过漫长的积累和沉淀形成的，代表着社区的独有特色。社区的历史文化可以是物质空间中的历史建筑、空间肌理，也可以是情感上的共同记忆和社区特有的人情味。当下在汉阳造纸厂社区更新改造过程中，同大多数单位大院一样，在历史文化的传承与保护方面面临着三个重大问题：物质环境破败、集体记忆淡化及邻里关系逐渐疏远。

2.2.1　物质环境破败

汉阳造纸厂社区自20世纪50年代建立以来，已经过60多年的空间物质变化，社区内的居住品质早已由曾经的干净舒适变为破旧不堪。一方面，社区内不同建设年代的住宅面临着不同程度的质量问题，社区居民住房条件堪忧：60年代建设的住房多以1层棚户区及3～4层低层住宅为主，现状建筑大量已成危房；70—80年代建设的住房以5～6层的多层住宅为主，这批建筑外墙已显破旧，设施严重老化；20世纪90年代至21世纪初建设的住房多以7～8层的中高层住宅为主，作为社区内“最年轻”的建筑，它们同样面临着外墙破裂、墙体下沉等建筑质量问题。另一方面，社区内的公共空间常年缺少维护，公共空间使用率较低，景观环境较差。造成这一问题的主要原因是社区内缺少物业管理团队，社区内虽有着优良的生态本底，但大量植被没有得到专业的养护，配置方式不合理。一些集中绿地杂草丛生，社区东北面的水杉小树林多年无人踏至，树木杂草肆意生长，大部分居民不愿在此类公共空间停留。

2.2.2　集体记忆淡化

集体记忆是具有一定的特定文化精神内核和同一性的群体，对其所经历事件的共同记忆，它能够增强组织的凝聚力和组织成员的归属感。汉阳造纸厂社区居民中高龄老年人占比较大，他们工作在纸厂、成长在纸厂，有着共同的工作经历和成长环境，“汉纸情怀”便是他们的集体记忆，这段记忆也是汉阳造纸厂社区独有的特色之一。然而，经过几十年的变迁，原有居民有的已经搬离，有的已经退休。年轻的新一代多数选择外出打工。曾经承载着“纸厂人”记忆的公共建筑，如原社区职工活动中心（现武汉市东荆街社区服务中心）、晨鸣职工医院和小商品市场也逐渐向社区以外的人开放，纸厂的旧时记忆被时间冲淡，只有部分高龄老人还记得年轻时在纸厂工作的光辉岁月及单位大院生活的快乐时光。

2.2.3　邻里关系逐渐疏远

相较于其他类型的社区，单位大院的邻里关系显得更为亲密。由于单位大院特有的独立性和封闭性，社区里的居民既是同事又是邻居，在生产和生活中形成了较为紧密的社会关系。这种和谐的邻里关系正是单位大院生活区的文化特色。通过走访调研，发现汉阳造纸厂社区的居民同样有着和睦的邻里关系，而这种亲密仅限于社区的老人们。一方面他们不愿搬离社区，因为这里有着深厚的邻里情谊；另一方面，随着汉阳造纸厂的搬迁，社区空间逐渐向社会开放，新的住户和租户随之搬入。由于新旧居民的成长环境及生活方式的不同，这些老人与新居民之间的交往产生了隔阂。曾经大院内邻里之间嘘寒问暖、闲话家常的场景逐渐在消失，邻里的关系变得疏远。

2.3　汉阳造纸厂社区文化传承更新与保护策略

针对汉阳造纸厂社区历史文化传承与保护的三个既存问题，提出相应的更新与保护策略，即重构历史空间，唤醒集体记忆以及营造多元邻里场所，实现建筑、文化、人文价值再现。

2.3.1　重构历史空间，建筑价值再现

（1）呼应城市肌理，延续传统风貌。城市肌理是基于历史留存下来的特有结构，是时间的容器、文化的载体，具有可识别性。汉阳造纸厂社区呈现传统单位大院的城市肌理：建筑多以5～6层行列式排列，布局规整，尺度适中（图3）。本次更新改造保留了社区部分现状肌理，以重构保护的方法在社区东南面完全复原了现有的空间体系。方案中建筑形式同样以行列式布局为主，建筑高度多为6～8层，零星点缀着11层的小高层建筑（图4）。通过这种方式，延续社区可识别性，保留社区文化脉络。

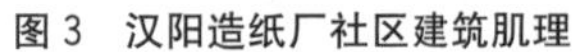
图3 汉阳造纸厂社区建筑肌理

图4 改造后方案建筑肌理

(2) 保留公共空间，还原人文情怀。通过对现状道路及景观小品等承载了居民记忆的公共空间的留存，延续汉阳造纸厂社区的归属感和人情味。

纸厂中路是汉阳造纸厂社区的主要交通干道，现状道路宽度为 11 m，其中车行道宽 5 m，两侧人行道各宽 3 m。道路两侧种植着樟树，经过几十年的生长，树木高大茂盛，郁郁葱葱（图5）。本次改造方案完全保留了纸厂中路，并在原有道路的基础上向东扩宽了 10 m，即增加了一条 5 m 宽的车行道和一条 5 m 宽的人行道。同时，将现有的行道樟树进行保留，守护社区街道原有的人文情怀（图6）。

图5 纸厂中路现状剖面图

图6 纸厂中路改造后剖面图

汉纸绿化广场是社区内的主要景观节点，广场中景观花坛现状良好，植物配置合理。社区文体广场是社区居民日常锻炼的主要场所，广场内有少量健身设施（图7、图8）。这两处广场是汉阳造纸厂社区内居民使用最频繁的公共空间。基于此，本次改造方案对两处公共空间进行保留和优化，增加各年龄段可使用的休闲设施，提升广场内景观品质。

图7　两处广场现状

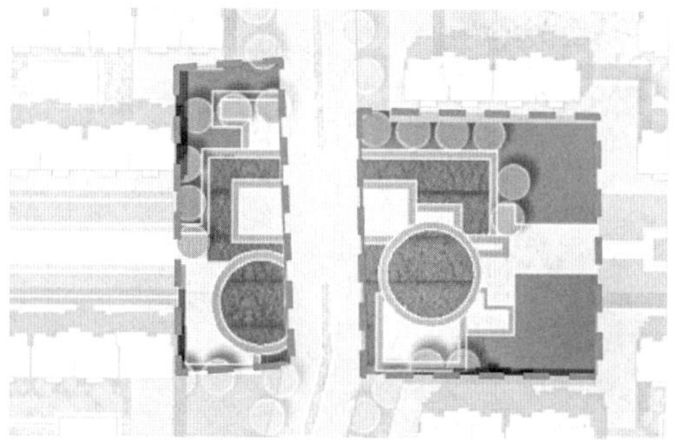

图8　广场改造后平面图

2.3.2　唤醒集体记忆，文化价值再现

（1）增设展览空间，宣传特色文化。伴随着汉阳造纸厂的搬迁以及原有工业厂房的全部拆除，汉阳造纸厂的辉煌不复存在。纸厂昔日的荣耀及属于纸厂人年轻时的记忆值得被唤醒与珍藏。因此，本次改造方案建议增设“纸厂博物馆”作为展览和宣传空间（图9）。一方面，博物馆可以向世人展示汉阳造纸厂的发展历程及当年单位员工们奋斗的岁月，让造纸厂的文化内涵得到传承与发扬。另一方面，博物馆不仅是展览的空间，更是一座城市的文化符号，承载了整座城市的文化内涵，能够提升城市文化品位和影响力。“纸厂博物馆”的建设不仅是对汉阳造纸厂历史文化的传承与发扬，更助力了整个武汉市的历史文化保护。

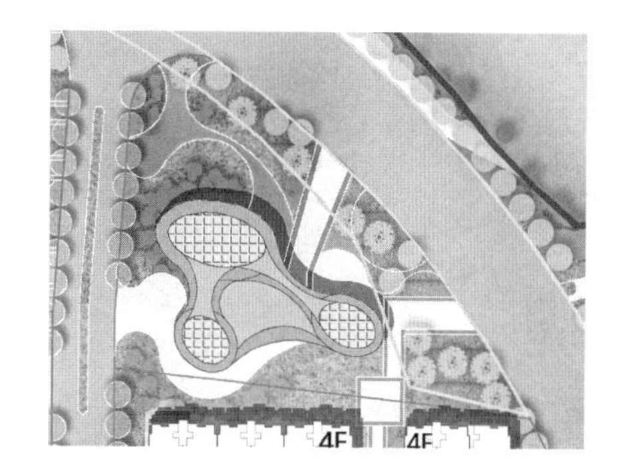

图9　博物馆规划方案图

（2）渗透旧厂元素，凝聚记忆载体。虽然汉阳造纸厂内工业文化特色已全部消失，但在本次方案中采用了重塑旧厂元素的方法唤醒单位大院当年的集体记忆，纪念纸厂的那段光辉岁月。具体从以下两个方面开展：一是在方案规划的公共空间中植入代表造纸厂工业特色的景观小品，如增设体现造纸厂企业文化的雕塑小品，构建用于展示纸厂发展历程的文化廊道，规划火车头广场纪念原有的货运铁路，由点到线到面全方位渗透旧厂元素（图10）；二是将社区内现有的建筑材质运用到新建建筑中。例如，新建的博物馆的立面可以采用20世纪80年代红砖房的材质，充分体现曾经的单位大院的文化气息。

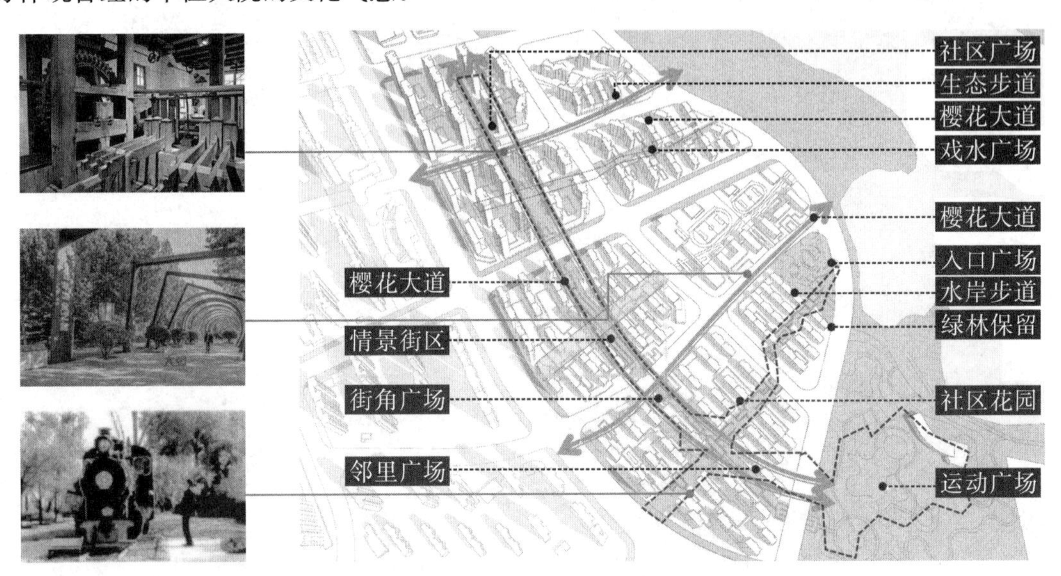

图10　公共空间串联图

2.3.3　营造多元邻里场所，人文价值再现

（1）重建活动中心，促进邻里关系。正如前文所说，汉阳造纸厂职工文化中心已于1993年移交给武汉市东荆街道作为社区办公所用。近30年来，社区内一直缺少居民活动的室内空间，这也导致了许多居民尤其是老年人在特殊的天气状态下，如酷热的夏天、寒冷的冬天及阴雨天，无法开展正常的邻里活动。因此，本次方案在社区北侧建设一座“居民之家”，为社区居民提供一个冬暖夏凉的交往场所（图11）。同时，在“居民之家”内社区可以定期开展丰富的社区活动，如经典电影播放、文艺活动会演、茶话交流会、亲子读书会等，促进居民的邻里交往，提升邻里之间的凝聚力，回归旧时的亲密邻里关系。

图11　活动中心规划方案图

（2）打造主题走廊，串联邻里空间。开放共享的公共空间是邻里交往的核心，基于社区现状公共空间利用率低、可达性弱的问题，本次改造方案提出在社区内各个居住组团中均增加公共空间，并利用不同主题的廊道将分散的公共空间进行缝合串联，提升公共空间的使用率，引导社区居民之间形成广泛的交流互动。廊道分为四个主题，分别是文化走廊、花园走廊、运动走廊和生活走廊（图12）。这四条廊道满足了不同年龄段居民的不同需求，如文化走廊将旧厂元素、博物馆及活动中心相互串联，使纸厂老员工得以追忆往日的时光。花园走廊为社区提供了环绕式的步行廊道，满足了老年人日常健身的生活需求。运动走廊及生活走廊则是给青年人及小孩提供休闲娱乐的平台，满足这个年龄段的交往需求。通过构建主题走廊，和谐的邻里关系不再局限于老年人之间，而是深入各个居民，曾经单位大院热闹的邻里交往场景得以重现。

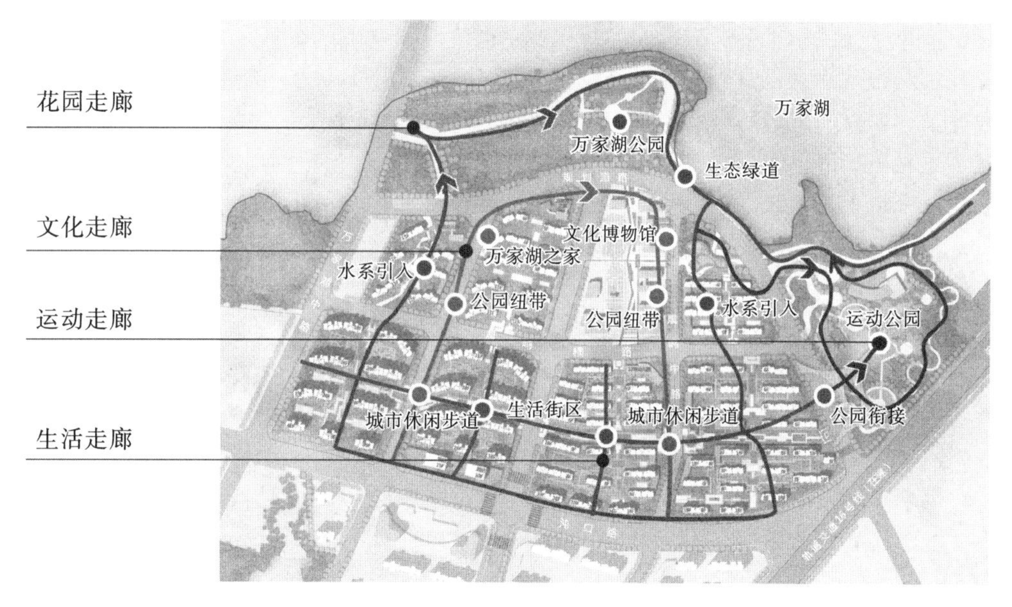

图12　主题走廊规划图

2.4　汉阳造纸厂社区更新改造其他策略

当今城市更新不仅仅是物质空间层面的拆建修补，更是时代记忆的传承和文明复兴，应更注重人文与生态文明建设，以提升城市人民幸福质量为本。在汉阳造纸厂社区城市更新策略中除了注重历史文化传承，按照国家和地方对现行城市更新要求和“城市双修”理念，还应注重社区功能布局优化、滨江滨湖空间塑造、生态环境修复及公共配套设施完善等，最终通过城市更新的手段，实现历史文化传承、城市品质提升、城市功能完善和土地利用提高。

3　结语

全国各地城市更新高潮已全面铺开，我国现存大量单位大院社区更新与保护工作迫在眉睫。本文就汉阳造纸厂社区历史文化传承面临的问题及挑战，有针对性地提出更新与保护改造策略及方法，旨在提供像汉阳造纸厂社区这种未划入历史街区保护范围管控的片区城市更新与保护新思路，既不提倡“大拆大建”，也不盲目主张静态保护，通过城市更新与保护的新方法和新手段，根据自身不同地域特色，将单位大院的建筑、文化、人文等价值再现，塑造品牌文化内核，为当地人民打造一个具有历史情怀和现代魅力的社区。

[参考文献]

[1] 吕飞，康雯. 哈尔滨市企业单位大院更新与保护策略研究 [J]. 城市发展研究，2017，24（10）：41-47.

[2] 李阳. 单位大院特色传承视角下中关村科学城东区更新规划研究 [D]. 哈尔滨：哈尔滨工业大学，2019：3.

[3] 汉阳造纸厂厂志编纂委员会. 汉阳造纸厂志 1950-1991 [M]. 北京：中国轻工业出版社，1993.

[4] ZHOU M，HUANG L，SHEN Z. Community renewal strategy from the perspective of cultural planning [J]. International Review for Spatial Planning and Sustainable Development，2018（1）：1-16.

[5] 景晓婷. 集体记忆视角下老旧社区空间场景化营造研究：以西安土门庆安街坊为例 [C] //中国城市规划学会．活力城乡 美好人居：2019 中国城市规划年会论文集．北京：中国建筑工业出版社，2019.

[6] 魏登兴，张鹰. 小城镇旧城空间肌理及其居住环境的整治更新：以南平市顺昌县城为例 [J]. 建筑与文化，2018（5）：137-139.

[7] 童明. 城市肌理如何激发城市活力 [J]. 城市规划学刊，2014（3）：85-96.

[作者简介]

佘曼莉，高级工程师，任职于武汉市规划研究院（武汉市交通发展战略研究院）。

朱星余，工程师，任职于武汉市规划研究院（武汉市交通发展战略研究院）。

厦门市中山路历史文化街区保护规划策略研究与探索

□郭竞艳，朱郑炜，詹丽婷

摘要：中山路历史文化街区是厦门旧城“核心”，是厦门近现代城市建设历史的缩影。但长久以来在保护价值上缺乏认知和共识，街区历史风貌日益丧失、基础设施落后、活力缺失，街区发展以传统物理更新为主，文化传承和可持续性不佳。为此，本文着力探寻符合地方的规划理念与思维，在规划体系、规划方法、保护体系、实施策略等方面引入新思路、新技术，通过“以价值建构规划为基础—以整体保护规划为纲领—以可持续发展规划为深化—以保护行动规划为手段”逐级纵向传导的规划编制体系，集合历史文化研究、保护规划、发展规划、技术专题研究，确保规划“讲科学、接地气、可实施”，为历史文化街区提出更为全面而系统的保护方法做出了有益的探索和实践。

关键词：历史文化街区；保护规划；规划策略；研究与探索；厦门市中山路

中山路历史文化街区位于厦门本岛东南部，是厦门三片历史文化街区之一，是贯彻落实习近平新时代中国特色社会主义思想，由福建省住房和城乡建设厅批复的第二批省级历史文化街区。不同于鼓浪屿国际社区，中山路是厦门旧城的核心部分，因防设城、因港兴城，城市格局奠定于20世纪初，1.5 km^2的土地上至今仍保留着完整的历史空间形态和功能结构，是厦门近现代城市建设历史的缩影，是近代“海上丝绸之路”的重要参与者和见证者，亦是国内全球化早期进程中海岛型城镇建设的集中典范。

保护规划作为街区保护工作的法定依据，于2015年启动编制工作，历时两年完成。保护规划的编制，贯彻了中央管理工作关于保护历史文化风貌的部署；满足了地方“美丽厦门”战略规划、“一带一路”倡议支点城市、“城市双修”和历史建筑保护利用试点城市中旧城更新保护行动的需求，推进厦门申报历史文化名城启动。《中山路历史文化街区保护规划》是2017年厦门承办金砖国家领导人第九次会晤筹备工作中历史文化街区保护改造工程的主要技术依据，在规划指导下，保护实施工作成效显著，助力会晤圆满举办，并在会晤期间成功地向世界展示了厦门地方历史传统风貌。

1　问题溯源及方向思辨

中山路历史文化街区作为厦门城市的发源地，一方面，承载了城市不可替代的历史记忆，占据着得天独厚的地理位置，集商贸、居住、旅游、文化等功能于一体，人流集聚，但长久以来却面临着历史风貌日益丧失、基础设施落后、商业业态缺乏活力等问题；另一方面，街区在保护主题价值上缺乏深度认知和共识，街区发展以传统物理更新为主，文化传承不足，可持续性不佳，保护规划编制与实施存在脱节，规划落地折损严重。为此，规划着力探寻符合地方的规划理念与思维，基于原有街区规范编制体系的基础，在规划体系、规划方法、保护体系、实施策略等方面引入新思路、新技术，通过街区价值评估研究报告、街区保护规划、街区可持续性研究报告和街区保护行动规划四个部分的编制，指导街区有序实施历史保护和有机更新，为历史文化街区提出更为全面而系统的保护方法做出了有益的探索和实践。

2 规划策略的逻辑思维

2.1 价值共识逻辑

挖掘和评估历史价值，变“碎片认知”为“系统认知”，完成街区保护价值和资源结构的系统建构，达成保护价值共识，作为统筹街区保护规划的基础。

(1) 街区物质遗存价值评估。包括保留完整的近代城市建设缩影，多元交融的地域特色建筑形态，承载历史的都市人文风情记忆。

(2) 街区非物质遗存价值评估。包括城市近代建设的历史见证，近代城镇化进程的产物，近代规划思想的重要尝试，华侨文化交融的历史印记，浓厚的商贸文化底蕴，多元的历史人文积淀。

2.2 体系保护逻辑

以价值建构规划为基础，变街区传统“单体保护”为“体系保护”，明确保护的体系，落实保护纲领。

(1) 通过价值研究和街区历史空间结构研究，实事求是确定街区保护范围。本规划中对中山路历史文化街区保护范围划分为两个层次：保护区、建设控制地带，总面积为 150 hm^2。其中，保护区面积为 30 hm^2，范围南至中山路，东至思明南路，北至大同路及开元路沿线骑楼界面，西至鹭江道；建设控制地带面积 120 hm^2，范围包括保护区范围以外，东至故宫路及新华路，南至镇海路，北至厦禾路，西至鹭江道滨海沿线地段。

(2) 明确保护范围的保护类型和保护等级。分类实现横向到边，保护大类包括物质遗存和非物质遗存；其中物质遗存中类包括文物古迹、历史建筑、古树名木、历史环境四类；文物古迹又包含各级文物保护单位、未定级不可移动文物点、涉台文物和其他四小类；历史环境包含空间格局、历史肌理、天际轮廓线、历史街巷、历史海岸、骑楼空间等六小类。分级实现纵向到底，其中各级文物保护单位划定齐备，包括国家级、省级、市级、区县级文物保护单位；历史建筑包含重点、一般、推荐三级保护建筑；提供保护更细分的管理，应对更精细、有效的保护。

(3) 落实历史管控要素保护的实质内容。保护的实质内容包含空间属性和管理属性两部分。空间属性内容，包括保护要素本体范围的认定、保护范围的划定、建设控制范围的划定、环境协调区的划定等；管理属性内容，包括保护要素认定时间、保护的面积、要素的年代、保护的价值、使用功能、批地情况、权属情况和具体控制保护要求。在此基础上，根据分项、分级体系，录入对应的保护内容，建立一套历史保护信息数据。

2.3 可持续性逻辑

深化纲领，变“重保护轻传承”为“在保护中发展”，探索街区可持续发展策略。在全面保护的基础上，优化土地使用，提高综合效益；有机疏解交通，有序组织交通；整合空间景观，改善整体环境；保护街区风貌，传承历史文脉；挖掘人文内涵，拓展旅游功能。

（1）功能结构及用地规划。分别从宏观、中观、微观三个层面进行功能拓展与空间发展策略规划。宏观层面，建构城市空间形态意象，进行区域整体控制；中观层面，街坊和街巷整体控制，保护街坊的完整性；微观层面：建筑高度、街巷尺度的细化控制。

（2）社区活化与展示利用规划。以居民为本，完善和提升社区功能；以保护为本，恢复和展示历史文化，使街区成为展示城市历史的文化旅游街区、体现本土文化的人文居住社区、体验城市生活的商业休闲街区，使街区价值得以传承、增强，并带动街区文化全面复兴和活力增强。

（3）基础设施与防灾规划。构建绿色、和谐交通体系，形成设施完善、环境优越的市政设施系统，并修复式地提升街区防灾网络构建水平。

2.4　实施导向逻辑

落实保护和发展要求，变“策略规划”为“策略实施”，通过设定技术标准，科学保护更新；创新合理利用路径，发挥历史遗存使用价值；提出保障措施落地的工作机制、工作方案、工作时序和保障机制，以此谋定而后动，滚动实施。

（1）确定分类更新模式和要求。整体考虑整个街区的功能联动，保护区以保护和传承为主，建设控制地带以延续和协调为主，疏解核心保护区的人口。对不同类型片区，提出不同的整体更新方案和改造的时序，并对公共服务设施、内外部交通、旅游交通、水系统、能源系统提出具体改造措施和更新改造的项目库，确保街区改造有的放矢、经济可行。

（2）进行分类型示范性设计。对不同分类选取示范区进行详细设计，以保护修缮为主的片区主要包括建筑更新、街巷空间肌理更新、市政及公共配套设施完善更新、片区人口更新、业态活化及文脉传承、改造效益评价、城市设计导则以及工作时序八个方面；改造更新片区则主要从传统风貌元素继承和演绎上提出空间尺度、城市肌理、第五立面、建筑材料、建筑色彩等五个设计要求。

（3）设置保障措施与机制。在明确了技术措施的基础上，建立政府主导、部门联动的工作机制；拓宽资金渠道，保持资金良性循环，创新相关保障机制，形成保护利用合力；扎实推进试点工作。

3　规划策略的探索与创新

中山路的特殊性与复杂性要求保护理论与技术既要保护好遗产本身，又要回应地方文化活态传承、民生改善、城市协同发展、保护管理等诸多复杂问题。本规划是历史文化研究、保护规划、发展规划、技术专题研究相结合的综合性项目，主要特色与创新点包括以下四点。

3.1　建立传导体系

通过建立传导体系，发挥规划综合统筹作用，建立街区保护治理策略逐级落实的规划路径。长期以来，街区存在规划编制与实施的部分脱节，缺少直接指导使用的行动指南，导致实施面临“难落地”。本次规划在传统规划编制体系上，建立“以价值建构规划为基础—以整体保护规划为纲领—以可持续发展规划为深化—以保护行动规划为手段”逐级纵向传导的规划编制路径，形成统一衔接、层层递进、一以贯之的街区保护规划，确保规划有效传递，实现街区保护规划落地实施的实践与创新。

3.2 使用“三维脉络辨识方法”

通过“三维脉络辨识方法”，为系统认知街区历史价值与历史结构提供重要支撑。历史文化价值特色研究是历史文化街区保护规划的技术核心。纵观历史进程，街区的形成发展是众多历史脉络作用的结果，层积了丰富的历史文化信息，系统地认知这些脉络是保护规划的关键。规划以历史性城镇景观理论为基础，主要从历史学、地理和建筑学、社会学三个方向，对应建立“时”“空”“事”三维脉络价值特色和历史结构辨识方法。通过对“时”即街区的历史演变脉络进行系统梳理；对“空”即街区的历史空间遗存进行全面覆盖；对“事”即街区的历史人物、事件、人文等历史价值信息进行全面挖掘。借由地理信息平台构建历史发展脉络、历史遗产网络与历史价值信息的三维关系模型，取得系统性联系，并进行相互验证，理清街区的历史发展脉络，遵循脉络以掌握街区历史文化遗存的积淀规律和其承载的历史价值信息，继而提炼价值和历史空间结构。改变传统保护专注于文物保护单位、历史建筑等“单元式保护”的局限，跨出单元界线，着眼于全街区层面，实现对街区历史价值的系统、历史风貌空间结构的整体认知和完整保护。

3.3 建立三维保护体系架构

通过三维保护体系架构，为完整保护街区历史遗存提供成熟的基础框架。经过历史文化价值的再研究，街区真实性与其历史文化层积规律相关的体系化的载体被重新认识，街区格局演化的内在规律更加清晰。在此基础上，规划制定了街区的整体保护体系框架。

（1）保护体系的建构应横向到边，完整覆盖各种类型。为实现全面管控，在街区范围应实现保护要素类型全覆盖；现状已存在的管控要素类型应纳入、规划新增的管控类型应划定、管控价值模糊或管控要求未明确的类型应预留。

（2）保护体系的建构应纵向到底，系统涵盖各级要素。在明确了街区保护类型的基础上，应明确每个类型的所有保护层级，即保护体系的建构纵向到底，层级划定清晰并且涵盖分级系统完整。

（3）保护体系的建构应深度透彻，全面包含保护属性。专项体系在完成完整性和系统性框架架构之后，必须完成这个框架内各个管控要素属性的建立，包括要素的空间管控内容、管控范围、管控要求和管控手段。

3.4 通过行动规划承接落地，实现有效实施的保护规划

围绕破解历史建筑保护与利用脱节、利用方式简单、资金来源单一等难题，本次规划创新性地编制了街区保护行动规划专题，探索通过街区历史保护领域实现全面数字化管理，实现共同缔造，通过行动规划确定分类更新模式和要求；确定实施措施和路径；创新政策机制，承接保护规划落地，实现有效实施的保护规划。

（1）以全面数字化承接保护规划落地。利用地理信息系统和大数据等新技术，将数字化信息手段作为规划工具，通过规划建立历史保护信息平台引入日常保护管理中。通过建立数字管理系统，实现动态监控街区空间信息、实时查询保护规划措施、滚动备案相关规划信息、管理决策信息，为规划、管理部门提供准确的辅助决策依据，提高规划管理水平。

（2）以软硬件更新并举承接保护规划落地。规划将物理环境更新与文化软实力更新并举，

硬件更新策略包括恢复完善建筑风貌、优化街巷空间肌理、改造基础配套设施；软件更新策略包括升级商业业态、传承传统文脉、引入新兴产业、开展社区营造、活化社区生活。

（3）以试点先行、片区联动的方式承接保护规划落地。样板示范先行，点、线、片逐步推进建筑物及基础设施更新改造，人口结构稀释优化，经营业态迭代活化有机更新，最终实现中山路历史文化街区整个片区的解危、保护、传承及发展的目的。

（4）以共同缔造、多层次的政府政策支持为保障，承接保护规划落地。①更新组织形式建议：政府主导协调、部门协同、本地国企实施建设、市场机制运营。②更新政策体系建议：建议建立“城市更新办法”（政府法规）、“旧城更新实施办法”（政府规范性文件）等二至三个层级的政策体系。③保障更新实施建议：政府采用更大片区资金平衡（片区外平衡）政策、设立城市更新基金，更新改造资金缺口由政府予以支持，公房资产注入、规划、土地、不动产登记、征收机制、税收减免、融资优惠等各类更新政策全面保障更新实施。④更新改造资金平衡机制建议：短期重社会效益和经营现金流平衡，中长期社会效益与经营效益双赢。一是公房资产注入。建议将公房资产注入国有片区更新改造投资管理公司，由投资管理公司对实施硬件更新改造并委托片区更新改造经营公司运营。二是片区外资金平衡机制。短期重经营现金流平衡及社会效益，长期争取经济效益与社会效益并重，运营及建设无法平衡的更新改造资金缺口建议由政府予以资金支持，片区内无法平衡时建议考虑片区外资金平衡机制（即全市内平衡）。

4 规划策略的实践与成效

从20世纪90年代初至今，厦门市城市规划设计研究院持续跟踪研究中山路片区、滚动规划。本次规划作为街区保护工作的法定依据，对保护工程的科学、有序开展给予了系统性的技术指导，街区在保护规划的要求下逐步推进保护规划实施工作，并取得了积极成效。

4.1 有效指导金砖会晤筹备期间街区保护工程的实施，助力金砖会晤成功举办

在规划的指引下，历史街区保护终于有法可依、有章可循，促使街区保护、管理工作走上正轨。短短两年间，在历史展示、民生改善、风貌提升上成效显著。

（1）历史展示，传统文化的保护和利用得到加强。根据历史建筑测绘图，进行沿街骑楼、滨海历史界面修复方案编制。指导中山路等10条传统骑楼街道的立面修复工作；还原了鹭江道滨海历史建筑，重新展现了鹭江道滨海景观传统风貌，有效保护了城市历史景观；推动并促进街区内华侨银行修缮及侨批广场的建设，设立了厦门首处侨批文化纪念空间，实现了对华侨文化的挖掘、保护和展示。

（2）改善民生，基础设施得到完善。根据规划基础设施提升方案指导，街区居民群众的用电、休憩等基本生活条件方面得到改善，传统老街定安路、镇邦路开展了用电用气条件改造工作，完成燃气管道进驻；骑楼沿街完成1200多户电表改造，街区整体生活质量得到提升。街区开辟了2处广场，改建整合中山路与鹭江道交叉口西南侧现有停车场，与绿地形成一处深具时代历史意义的厦门侨批文化广场；在百年宗祠江夏堂前利用可改造空间，开辟一处广场空间，为旧城居民提供一处环境良好的休憩空间，同时融入厦门传统的地方文化，成为不定期举行民间传统文化表演和展示的新空间。

（3）景观提升，街区风貌得到全面优化。街巷广告、店招、防盗网、门窗等长期影响街区风貌的问题，按照规划要求得到解决。中山路沿街21处户外广告的改造，规范了户外广告设置，还原建筑立面原貌，有效地保护了历史风貌；针对陈化城等名人故居，聘请文物修缮专家

指导，制定详细修缮方案，对故居及周边环境进行全面景观及设施提升。

4.2 全面响应第一批历史建筑保护利用试点城市工作要求

建立以政府主导、部门协同，共同缔造的工作机制；配合政府解危保护计划，提出技术标准，选定更新示范建筑，分类保护；探索新型业态，提出八大指导业态，发挥历史建筑使用价值；拓宽资金渠道，保持资金良性循环，创新政策机制，尝试从街区 101 处历史风貌建筑、175 处风貌协调建筑入手，探索新时期全面发挥历史建筑价值的办法和保障措施。

4.3 全面支持厦门历史文化名城申报工作

2017 年，厦门市政府启动厦门历史文化名城申报工作。街区作为厦门旧城的最核心部分，本次规划的编制，有效完善了申报的条件，特别是对价值的突破性研究与技术创新，加深、拓展了全社会对街区遗产价值的认知，直接支撑了其申报价值的提炼。此外，本次规划对申报工作中的名城范围划定、保护管理等内容提供了重要基础研究和指导。

4.4 助力修订厦门新一轮总体规划修编工作

本次规划提出的整体保护的要求与规划措施，已被新一轮的城市总体规划修编所接受并纳入其成果，并通过将滨海海堤空间纳入历史街区带保护范围，总体规划紫线根据街区保护规划进行了调整，实现了历史街区及其环境的整体性保护。

4.5 推动老旧房屋改造与老字号保护建章立制与实施

指导开展了老旧房屋翻新改建工作，推进老旧房屋改造的立法，出台《思明区老城区私危房翻建解危以奖代补办法》并组织入户调查，已有部分危房根据该办法提出翻建申请；推动《厦门老字号保护发展办法》出台，强化对传统民俗、工艺、老字号的保护与传承，引导政府部门对其的政策性保护及空间落地，恢复了包括天仙旅社等一批百年老字号。

5 结语

本次规划的编制，仍在积极地引导和推动街区保护与发展，规划的探索也仍在继续，期许通过规划的统筹，凝聚共识，共同缔造，不断完善，给老城居民一个可宜居和安全的城市居所；给厦门市民一个可传承和发展的城市文化地标；给外地游客一个可体验和独具厦门特色的城市文化盛旅！

[作者简介]
郭竟艳，高级工程师，厦门市城市规划设计研究院有限公司首席规划师。
朱郑炜，高级工程师，厦门市城市规划设计研究院有限公司城市设计所所长。
詹丽婷，高级工程师，厦门市城市规划设计研究院有限公司主创规划师。

场所文化引领下的城市更新策略研究

——以漳州市“中国女排娘家”基地城市设计为例

□张建栋，刘海芊，缪岑岑，徐扬波

摘要：城市中的许多老旧街区承载着深厚的场所文化价值。随着城市规模扩张和空间结构的转变，旧城区普遍面临物质空间衰败与活力缺失等问题。着力引导文化复兴，是让旧城区在更新发展中获得内生动力的重要手段。本文以漳州市“中国女排娘家”基地城市设计为例，探索场所文化引领下的城市更新方法，在促进地区空间塑造、功能完善和经济增长的同时，寻求文化的持续发展路径。首先，从历史和地域两个角度深刻解读场所文化，并挖掘场所文化在新时代的丰富内涵，为准确、全面地识别场所文化要素奠定基础；其次，在实现文化复兴与地区发展共赢的导向下，谋求基地局部利益与城市整体利益的有机结合，科学选择发展目标和功能定位；最后，立足基地文化要素的构成和分布特征，加强文化要素的保护和利用，从树立文化中枢、盘活文化遗产、联动周边发展资源三个方面构建城市设计策略，圈层化带动地区整体发展。

关键词：场所文化；城市更新；文化要素；城市设计

文化赋予城市独特的魅力，也是城市发展的根本动力所在。随着我国进入高质量发展阶段，以彰显城市特色、完善城市服务、提升空间品质等内容为核心的城市更新工作日益受到重视。如何有效地保护和传承城市文化，使之保持持久的生命力，并带动相关地区发展，是城市更新研究中的重要议题。在过去的城市更新实践中，文化策略大多强调文化的物化外显及其带来的经济价值，往往因忽视文化本身的发展而面临不可持续的困境。场所文化引领下的城市更新将文化发展纳入城市更新的主要目标中，在谋求地区文化形象提升、文化经济繁荣的同时，更加关注场所文化在新时代的传承、丰富与发展。

漳州市“中国女排娘家”基地位于老城区核心地带，邻近漳州古城与市政府，周边集聚着大量的商业及公共服务资源，曾是市民活动最为丰富和活跃的地区。但是，随着城市中心东移，老城中心区整体呈现出活力衰退的现象。漳州市女排基地是中国女排最早的训练基地，承载着独特的文化记忆，当下面临更新改造，也为地区的发展复兴提供了重要契机。本文通过漳州市“中国女排娘家”基地的规划实践，探讨如何将场所文化特色转化为地区发展动力，通过城市设计的策略引导，增强地区文化吸引与发展活力，并激励场所文化在当下乃至未来获得持续的发展。

1　“中国女排娘家”基地的发展历程

1972 年，时任国家体委排球处处长钱家祥受周恩来总理委托建立排球训练基地，在考察了全国众多地区后，最终将目光锁定漳州。漳州不但气候宜人、物产丰饶，还作为“排球之乡”培养了众多的优秀排球选手，国家体委认真研究后正式批准了在漳州建立排球训练基地的计划。时任漳州军区司令于克钊发动群众义务劳动，仅用 28 天时间就盖起一座能够容纳 6 块“三合土”训练场地的“竹棚馆”。1973 年，国家体委正式投资兴建漳州女排基地，1 号训练馆、2 号训练馆、女排综合大楼相继落成。

1976 年，新时期的第一届中国女排在漳州组建。经过长期的艰苦训练，中国女排于 1981 年至 1986 年先后在女排世界杯、女排世锦赛、奥运会等世界大赛中，取得了“五连冠”的伟大成绩。1984 年，在中国女排夺得洛杉矶奥运会冠军后，基地兴建了一座由女排铜像、纪念碑柱和浮雕壁画组成的“三连冠”纪念碑（图 1）。时任中国女排主教练袁伟民亲笔题词：“中国女排崛起世界排坛，是和漳州体训基地的建立分不开的……漳州是中国女排的‘娘家’、‘世界冠军摇篮’。”1986 年，在基地员工的支持下，“冠军楼”作为女排姑娘的宿舍得以建成。

此后，基地不断完善设施建设。1992 年，在中国女排陷入低谷的困难时期，漳州人民“人捐一元”集资建设“中国女排腾飞馆”（图 2）。2001 年，国家体育总局和福建省政府拨款兴建了多功能综合训练馆“中国女排训练馆”。2006 年，具备三星级标准的“中国女排公寓”落成并投入使用。

图 1　“三连冠”纪念碑

图 2　中国女排腾飞馆

虽然如今漳州市“中国女排娘家”基地的设施条件与初创时期相比已经大大改善，但是也存在部分硬件设施陈旧、配套功能不足、环境品质不佳等问题，在激烈的外部竞争中影响力日渐式微。为进一步提升训练服务水平，基地亟待更新改造。历经数十年发展演变，基地积累了深厚的文化记忆。借势“中国女排娘家”基地的改造提升，发挥基地突出的文化价值，为老城区注入现代都市发展新动力，促进品质提升与活力复兴，也是基地承担的重要使命。

2　城市更新中的文化解读与目标树立

历史性和地域性造成了文化的多样性和复杂性。从历史维度看，在人与场所长期的相互作用中，产生物质和非物质的文化要素，共同建构起人们对场所的文化认同。尤其在一些重要的历史节点上，当场所与重大历史事件产生关联，更容易激发起当地人民乃至整个民族的情感共鸣，从而形成具有代表性的场所文化。从地域维度看，文化要素的产生离不开地域环境的影响，文化记忆的传递和延续也需要以特定场所作为载体，因而往往折射出地域环境的特征。

从 20 世纪 70 年代创立至今，基地记录了中国女排顽强拼搏、永不言败的奋斗历程，“女排精神”成为基地最为突出的精神印记。在基地建造的第一座训练馆“竹棚馆”中，女排姑娘们在“滚上一身泥，磨去几层皮，不怕千般苦，苦练技战术，立志攀高峰”的宣言激励下，刻苦训练，奋力拼搏，留下了世代相传的“竹棚精神”，是女排精神最初的原型，也是对女排精神在地化的诠释。改革开放初期，我国人民身处相对贫乏的物质环境，心怀对新生活的强烈憧憬。1981 年，中国女排以七战连胜的傲人成绩首次夺得世界冠军，率先打破“三大球”冲冠的缺口，点燃了中华人民满腔热血的爱国情怀与自信向上的奋斗情怀。1986 年，中国女排实现“五连冠”后，“女排精神”广为传颂，象征着团结、奋斗和不断超越，成为民族精神的一部分。

漳州市“中国女排娘家”基地作为最早也是最重要的中国女排训练基地，在地缘、文缘、亲缘等因素共同作用下，更孕育了独特的“娘家文化”。基地与女排的“地缘”关系体现在适宜的气候和物产条件上，漳州为女排训练提供了良好的自然地理环境。“文缘”关系则体现为漳州本土闽南文化中“爱拼敢赢、开拓进取”的精神与“女排精神”深刻契合，共同的精神文化建立起紧密的情感纽带。“亲缘”关系源于第一届中国女排在漳州组建，此后数十年，基地不仅见证了中国女排的成功，也曾陪伴中国女排走过低谷，重新走向辉煌与荣耀，成为中国女排每次大赛前必去集训的“福地”。因此，“娘家文化”根植于基地的场所环境，带有明显的地域特色。

女排精神与“娘家文化”是基地在历史中积累的核心文化内涵，除此之外，还应该从适应现代生活需求的角度去挖掘场所文化在新时代传承的亮点。借鉴法兰克福、格拉斯哥等著名城市的城市更新经验，文化的持久发展离不开当地居民的文化认同。为更好地回应当地居民的需求，建立场所文化与日常生活之间的有机联系，基地可利用“排球之乡”浓厚的排球运动氛围，营造追求健康、热爱运动、崇尚体育的“全民体育文化”，鼓励人们参与到体育运动和体育旅游等活动中。

文化复兴的意义在于以发展、动态的观点去传承文化，并促使文化与地区空间塑造、功能完善、经济增长等发展目标的深度融合。在空间上，将基地及周边地区的空间塑造与其特色条件紧密结合，依托现有的文化要素，展现独特的空间韵味，激发人们对女排精神、“娘家文化”与“全民体育文化”的探索和追求，有利于凸显基地文化价值，优化整体环境品质。在功能上，基地作为中国女排训练场地的职能是其长期维持文化价值的基础，因此强化基地体育训练服务的竞争力，擦亮“中国女排娘家”的城市名片，是实现基地持续发展的必要前提。同时，为更好地回应地区与城市发展诉求，基地应通过更新改造实现功能转型和拓展，谋求更新区块局部利益与城市整体利益的有机结合。在完善城市公共服务方面，基地可通过盘活存量空间资源，承载更多服务于游客和市民的文化体验与体育活动功能。在促进城市经济增长方面，基地还可通过树立文化品牌推进特色产业发展，提升土地经济价值，复兴地区经济活力。从实现文化生长与地区发展共赢的角度出发，城市设计提出以“中国女排精神展示地、中国女排训练首选地、市民全民健身聚集地、体育旅游观光目的地”为发展定位，将基地建设成为文化、体育、旅游交融的“城市活力场”。

3 促进文化传承与发展的城市设计策略

文化要素是人在场所中创造的物质和精神成果，其构成与分布特点直接影响文化表达的方式。物质文化要素分布于场所空间之中，要素之间的空间关系以及要素影响下的空间认知都构成文化体验的媒介。非物质文化要素是无形的，包括思想观念、习俗和记忆等，依托于物质载体进行空间上的表现和时间上的传递。场所文化的传承与发展离不开对物质和非物质文化要素的保护和利用。在解读场所文化内涵的基础上，准确而全面地识别文化要素，有助于在城市更新中采取有针对性的文化复兴策略。

基地现已形成了由南、北两区构成的总体格局：南区占地 33 亩，建有 2 座排球训练馆、女排综合大楼、冠军楼等，东侧建有“三连冠”纪念碑；北区占地 48 亩，建有“中国女排腾飞馆”“中国女排训练馆”和“中国女排公寓”（图 3)。基地的物质文化要素包括“三连冠”纪念碑、基地训练场馆、运动员宿舍等建筑和构筑物，基地中呈现的空间格局、建筑风貌、植物景观等，都为场所文化赋予了在地的独特性。城市设计需要通过对物质文化遗存的合理保护和利用，激发其生命力，促进文化发展与社会需求的紧密联系。非物质文化要素则包括中国女排训练记忆、“女排娘家”情感认同、“排球之乡”城市氛围等，需要通过对历史特色文化片段的记录和呈现，让这些文化基因得以不断自我复制和延续，实现场所文脉的生生不息。由于基地中物质文化要素分布较为零散，且非物质文化要素缺少表达的物质载体，本文从核心凝聚、重点盘活、外围联动三个视角展开城市更新的策略建构。

图 3　基地空间格局示意图

3.1　核心凝聚：塑造文化中枢

基地目前分为南、北两区，被大量住宅及工业企业所包围，用地割裂，风貌杂糅，文化特征难以显现。城市设计提出在两区之间建设“中国女排娘家精神展示馆”，作为集中展现女排精神和“娘家文化”的文化中枢，并依托展示馆向周边城市空间外延，形成文化体验核心区，将南、北两区联系形成完整区块，发挥凝聚作用，集聚文化活动。

位于基地东侧的“三连冠”纪念碑由女排铜像、纪念碑柱和浮雕壁画三部分组成，形成一条具有仪式感的中轴线，轴线西端指向“冠军楼”。这一空间关系特色鲜明，具有一定的象征意义，是场所文脉的重要表征。为强化场所空间秩序，城市设计将展示馆紧邻 2 号训练馆对称布局，与“三连冠”纪念碑、“冠军楼”连成一条“时空轴线”（图 4)，象征着过去、现在与未来的精神文化传承。

图 4　展示馆选址位置示意图

为使展示馆有机融入整体空间系统，其选址应当与基地固有的文化要素和空间秩序紧密联系。城市设计提出了建筑设计初步方案，突出“文化传承、新老对话”的设计理念。在建筑布局上，设计延续场地原有的东西向建筑肌理，并通过形体设计呼应老训练馆的坡屋顶形态特征。展示馆与相邻的 2 号训练馆之间通过连廊连通，在视线上和功能上相互联系（图 5）。立面设计采用玻璃覆盖疏密有致的木饰杆件，既体现排球运动的韵律之美，又寓意“竹棚精神”的坚韧与挺拔（图 6）。

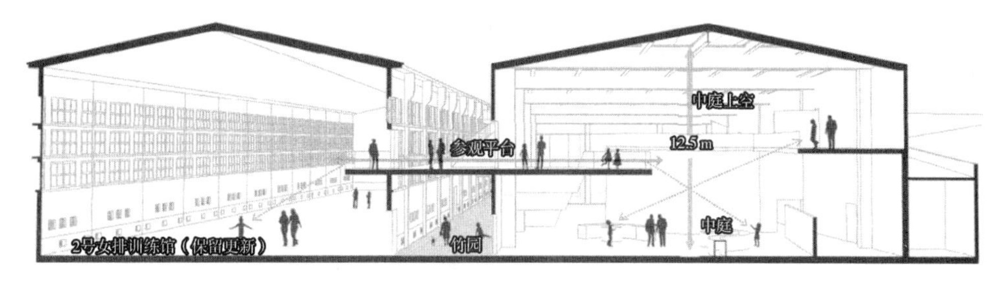

图 5　展示馆与 2 号训练馆空间对话示意图

图 6　展示馆立面设计意向图

在展示馆之外，城市空间叙事也是一种重要的文化展示方式，能够提高城市文化的参与度和体验度，扩展文化传播的场所与边界。城市设计对展示馆周边的城市公共空间进行整体谋划，打开馆舍壁垒，塑造可参观、可叙事的文化场所。展示馆东侧由“三连冠”浮雕壁画限定形成基地最重要的入口广场，广场正对展示馆及 2 号训练馆（图 7），通过新老建筑的对话激发人们对历史与当下的感悟。北侧则由“热血赛场”“星光大道”“冠军荣耀”三处主题艺术空间构成一条“女排精神纪念长廊”，通过地面铺装、雕塑小品、旱喷、灯光以及多媒体等景观塑造方式（图 8），再现历史片段，凸显女排精神，鼓励参与互动。

图 7　基地入口广场空间意向图

图 8　“女排精神纪念长廊”景观意向图

3.2　重点盘活：活用文化遗产

基地内训练场馆和运动员宿舍等建筑既是承载文化记忆的物质要素，又是承担体训职能的空间场所。城市设计基于对建筑年代、质量、功能的研判，采取差异化的保护利用策略，最大化地发挥场所价值，在丰富文化体验的同时，兼顾基地发展与市民生活需求。

基地南区现存的 1 号训练馆、2 号训练馆、女排综合大楼、“冠军楼”等，建于 20 世纪 70—80 年代，由于设施陈旧难以满足高水平集训要求。但是，这些建筑作为中国女排早期的训练和生活空间，承载着十分珍贵的历史记忆，并且建筑风貌具有一定的时代和地域特色，城市设计提出将其作为当代文化遗产加以保护。在保留建筑外立面和结构主体的前提下，功能置换为女排训练体验馆、冠军楼纪念馆、文创体验馆等，承载创新展示、实地探索、体验教学、亲子互动、创意零售等多元活动。外部空间保留场地原有的棕榈树、杧果树等特色植物，植入系列主题雕塑，在强化历史文化氛围的同时，也注重体现地域化特色（图 9 至图 11）。

图 9　基地南区老训练馆现状

图 10　基地南区更新改造意向图

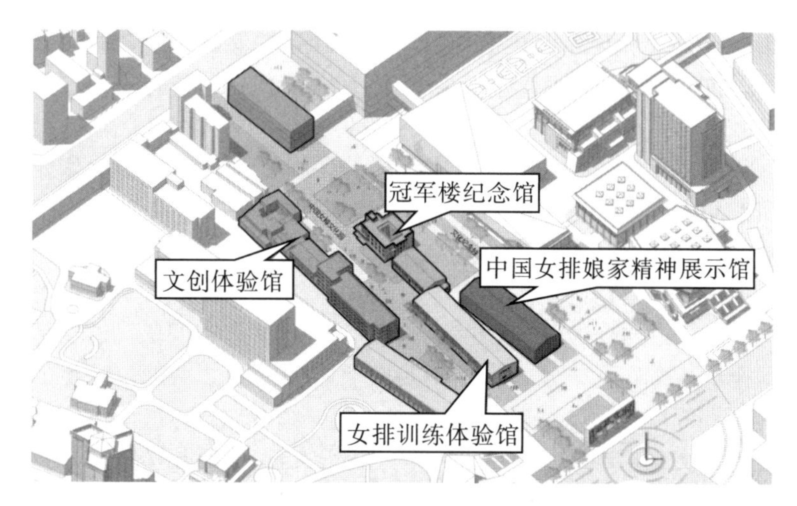

图 11　基地南区建筑功能置换示意图

位于北区的“中国女排腾飞馆”“中国女排训练馆”“中国女排公寓”建于20世纪90年代以后，使用情况较为良好。城市设计提出对既有场馆设施进行维护、提升，同时应对高水平排球集训的要求，补充综合训练馆、游泳馆、田径跑道、康复理疗中心等训练设施，形成相对集中的体育训练功能片区。为了平衡专业体育训练和公众参与体验的需求，按集训期间和非集训期间两大时段界定封闭管理边界（图12、图13），在封闭管理区之外鼓励场馆设施向公众开放。在空间维度采用弹性分隔策略，利用可拆卸的装配式建筑构件，可将大空间分隔为不同尺度的小空间以满足不同类型活动的需要，实现空间高效利用。在时间维度引入智慧运营系统，场馆可分时段、预约式对外开放，实现设施有序共享，倡导“全民体育文化”。

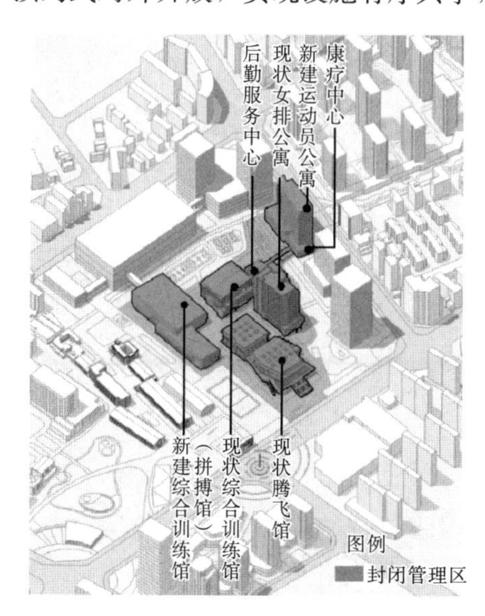

图 12　集训时期基地封闭管理范围

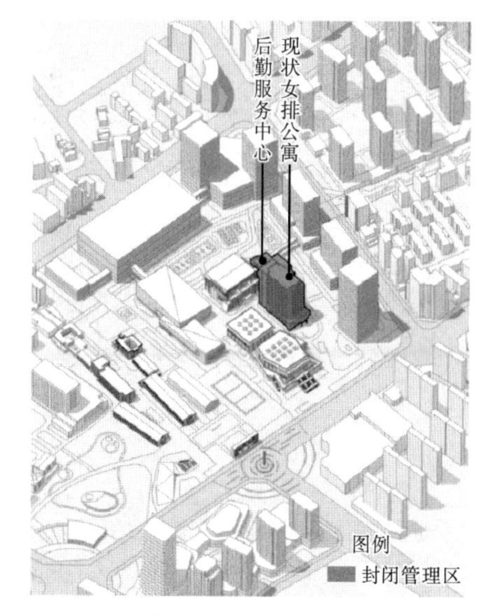

图 13　非集训时期基地封闭管理范围

3.3　外围联动：发展文化相关产业

通过基地外围片区的联动开发，促使场所文化与地区产业发展融合，能够进一步促进文化生长，丰富文化内涵，扩大文化影响力。本次更新项目在产业策划上提出以“中国女排娘家”

为文化IP，将基地非物质文化要素与旅游体验、商业休闲、文化创意、研发办公、医疗服务等功能业态深度融合，打造完整的特色产业生态圈。文化与产业发展的融合主要分为文化消费与文化生产两方面。

在基地内部，依托文化设施的建设和文化遗产的保护利用，刺激文化娱乐、体育健身、旅游观光等文化消费活动大大增加。基地周边建设应为文化消费提供更加完善的配套服务，布局游客服务中心、旅游住宿、休闲购物等服务设施，推动旅游产业的发展。基地紧邻华侨饭店、漳州宾馆、漳州大酒店，经营情况均较为良好。其中，华侨饭店将结合基地更新同步进行扩建改造，可设置游客服务中心与商业功能。基地南侧胜利公园紧邻规划轨道交通站点，可结合站点合理开发地下或半地下空间，植入体育休闲及商业服务等活力功能，满足人群多样化活动需求（图14）。

此外，应重视周边文化生产空间的建设，充分利用文化IP对相关人才和产业的吸引力，促进特色产业的集聚发展。紧扣“女排精神”“娘家文化”“全民体育文化”主题，不仅可以发展片区的体育文创产业，还可引导发展体育科创、体育医疗等创新产业。体育文创产业是通过对基地文化的演绎、创作，将其转化为文化产品，以影视作品或品牌设计的形式进行推广。体育科创产业包括运动装备设计、运动器械开发以及运动App研发等多个创新项目。体育医疗产业是指在运动诊疗、心理咨询、医药研发等方面开展研究，提供大众体育保健和国民体质监测等专业性服务。通过对基地外围低效利用土地的腾退，置换空间，建设“运动综合体”“体育科创大厦”等商业商务楼宇（图15），鼓励体育、文化、旅游等不同领域的企业入驻，将片区打造成为老城中心区中一个新的产业发展极核。

图14　基地周边文化旅游服务配套分布图

图15　基地周边文化生产空间分布图

4　结语

文化对于城市发展的重要意义已经在诸多实践中得到体现，尤其在提升城市形象、注入活力功能、吸引人才与产业等方面发挥着积极的作用。场所文化引领下的城市更新，目的是在保障文化获得持续发展的前提下，发挥文化的社会和经济效益，带动相关地区发展。

本文以漳州市“中国女排娘家”基地城市设计为例，从解决旧城区面临的空间衰败与活力缺失等问题出发，提出城市更新工作中的规划应对策略，认为首先需要对场所文化进行全面而深入的解读，并以发展、动态的观点树立文化传承的价值取向，建立文化与社会需求的紧密联系。此外，城市更新策略需要考虑场所文化要素的构成与分布特点，在空间上建立过去、当下与未来的对话，在功能上实现更新区块与城市的互动，发挥促进文化生长与地区发展的双重作用。

［参考文献］

[1] 李岩，陈伟新．基于保存城市记忆的旧城更新规划设计策略：以阜新市解放大街城市更新为例[J]. 规划师，2014，30（5）：42-47.
[2] 仇保兴．城市文化复兴与规划变革 [J]. 城市规划，2007（8）：9-13.
[3] 张锦秋．和谐共生的探索：西安城市文化复兴中的规划设计 [J]. 城市规划，2011，35（11）：19-22.
[4] 董叶．缘文化背景下漳州女排训练基地成功打造中国女排“娘家”氛围的研究 [D]. 福州：福建师范大学，2015.
[5] 黄鹤．文化政策主导下的城市更新：西方城市运用文化资源促进城市发展的相关经验和启示[J]. 国外城市规划，2006（1）：34-39.
[6] 姜华，张京祥．从回忆到回归：城市更新中的文化解读与传承 [J]. 城市规划，2005（5）：77-82.
[7] 程正宇，石秦．旧城更新视角下的城市设计策略与实践：以西安市幸福路地段为例 [J]. 规划师，2015，31（7）：135-139.
[8] 鲍洁敏．基于场所文脉评价的景观设计策略研究 [D]. 南京：东南大学，2018.
[9] 孔岑蔚．博物馆城市：基于文化遗产展示的城市研究新视角 [D]. 北京：中央美术学院，2020.

［作者简介］

张建栋，高级工程师，杭州市规划设计研究院城市设计中心主任工程师。
刘海芊，工程师，任职于杭州市规划设计研究院。
缪岑岑，工程师，任职于杭州市规划设计研究院。
徐扬波，工程师，任职于杭州市规划设计研究院。

城市更新与文化风貌塑造

——以浙江省永嘉县楠溪江古村落文化风貌塑造为例

□徐祝福，吴冰青

摘要：古村落是一种独特的乡村聚落，有“民间文化生态博物馆”之称，拥有丰富的历史文化内涵和较高的艺术价值，它以较为传统的整体风貌展现村落特色，具有较高的历史认知、情感依托、审美观赏、生态环境等价值。本文重点讨论永嘉县楠溪江流域的古村落发展历程和古村落风貌保护建议，对楠溪江国家AAAA级景区旅游发展过程中所产生的古村落风貌问题，分析梳理出其问题结症，就古村落的保护与风貌管控进行探讨。提出以古建筑村落群形式开展整体保护，对古村落内民居建筑进行单体保护，对古村落新建筑提出风貌管控，对古村落景观环境提出整治要求。

关键词：古村落；景区；风貌导则；保护建议

从地图上寻找楠溪江，会在温州北面的山地丘陵之间发现一条优美的树状水系，它植根于瓯江之上，在西部括苍山、东部北雁荡山脉等崇山峻岭的包围中散发着它的天地灵气，舒展着它的枝繁叶茂。千年的沉淀，孕育了楠溪江特有的灿烂文化和山水风貌。在全国乡村振兴和浙江省共同富裕示范区建设的时代背景下，如何在传承楠溪江特色文化风貌的同时提高楠溪江村民生活品质，打造与楠溪江相称的现代乡村风貌，是永嘉县当下亟待解决的一个新课题。

1　楠溪江景区发展历史

楠溪江风景名胜区的开发建设，最早开始于1984年对大若岩景区的风景资源调查；1985年经浙江省政府批准为省级风景名胜区，范围扩大后称为楠溪江风景名胜区；1986年邀请北京大学编制楠溪江风景名胜区总体规划；1988年经国务院批准成为国家级风景名胜区；1993年总体规划得以批准并付诸实施，风景区由此进入了全面保护、开发和建设时期。20多年来，风景区在开发、建设、保护等各方面都取得了较大进展。各景区景点和主要村镇的商业、服务业有了很大的发展。楠溪江沿岸的主要城镇，如枫林、岩头作为农工商综合职能的中心集镇，已成为整个风景区的经济中心。

近年来，风景区的旅游和保护开发进入了一个快速发展的时期。一些藏于深山的古村落相继被发现、整治和恢复再利用，一些原本不知名的山村经过村民的创造性改造和自主经营，已然成为知名度较高的新兴旅游点、特色民俗体验点。政府、集体和私人共同建设风景区的态势已经基本形成，各个主要的旅游村几乎都有农民自办的家庭旅馆，以及民营的展览馆、传统民俗表演等设施及活动，结合村庄本身良好的生态环境和古村落格局，这些新兴村落已成为吸引游客的重要景点。与此同时，许多私营企业也积极参与到风景区旅游、文化、游憩设施的开发建设中来。

2　楠溪江历史文化条件

楠溪江流域历史悠久、文化底蕴深厚，共有各级各类文物古迹52处之多。按照级别，有国家级文物保护单位1处，省级文物保护单位10处，县级文物保护单位41处；按照类型，有古文化遗址3处，名人墓葬7处，古建筑23处，纪念物9处，古村镇及古建筑群7处，名胜古迹3处。永嘉古村的文化发展主要得益于晋代和宋代两次人口大迁徙，进而形成了200多个血缘村落，包括渠口叶氏、岩头金氏、枫林徐氏、花坦朱氏、鹤垟谢氏、溪口戴氏、屿北汪氏等旺族大姓，这些大姓人才辈出，对楠溪江流域的社会、文化和经济发展产生了深远的影响。

历史上永嘉文风鼎盛，簪缨迭出，王羲之、谢灵运、陶弘景、孟浩然、戴溪、叶适、朱熹、陈虞之、朱彝尊、袁牧、徐定超等名人在楠溪江流域留下了多处人文胜迹和历史传说，流传下多篇歌咏永嘉及楠溪江山水的诗文。南宋时期更是出现了以永嘉学派为代表的文化高峰，其中最著名的有“永嘉四灵”“京官十八金带”“一朝三进士”等。陶弘景的道家学说、谢灵运的山水诗、永嘉学派的入世思想，都在楠溪江山水的浸润下得以提纯和升华。

受山水风景的熏陶、经文人诗画的渲染，楠溪江流域渐渐形成了独特的风水古村落格局。楠溪江风景区内古村落有40多个，其中屿北、岩头、芙蓉、苍坡、埭头、林坑、蓬溪等村凭借优秀的历史文化遗产和秀丽的自然风光，在全国已经小有名气，也吸引了许多私营企业参与到风景区旅游、文化、游憩设施的开发建设中来。蓬勃发展是楠溪江景区建设的一个好的现象，但也带来许多问题和矛盾，尤其在经济市场的浪潮中，楠溪江原有的文化风貌亟待“取精华，去糟粕”，以适应现代化发展的需求。

3　古村落风貌现状问题

楠溪江古村落群广泛分布在楠溪江流域的河谷盆地。由于温州人骨子里“家的情结”，很多在外经商挣了钱的商人总喜欢回家安置家业。从20世纪末期开始，多数村庄进行了新一轮的开发建设，风貌格局已经发生了很大的变化（图1）。其中主要问题表现在如下三个方面。

（1）古村落的整体格局、道路体系、水系、绿化都发生了不同程度的改变。

原有道路因新建改建、房屋建设等而改变了线型、走向和沿街景观。原有的水利等基础设施因老化等原因而不敷使用。缺乏地方传统特色的新房在古村落中大量出现，一些古村落被包围、淹没在现代城镇之中，富有韵味的天际线被突破，富有韵律变化的立面被遮挡，古村落依山傍水、遗世独立的特色消失殆尽。

（2）古村落内的居民往往缺乏对古建筑的保护和环境提升的意识。

大多数古村落已经年久失修、破损严重，保存完好的古建筑在大部分村落仅仅是零星点缀，一些曾经辉煌一时的古建筑，如芙蓉村的芙蓉书院、岩头村的水亭祠等已经倒塌。同时，古村落大多数基础设施条件落后，“脏乱差”的现象还比较普遍，难以满足现代生活与旅游发展的需求。

（3）古村落传统建筑难以满足现代舒适生活需求，风俗文化、工艺技艺失传。

最关键的问题在于古村落面临社会关系纽带薄弱、传统价值观淡化等问题，风俗文化与特产工艺面临失传的危险。年轻一代继承传统工艺技术的人才匮乏，修复古民居建筑所必需的技术难以实现世代传承，直接导致古村落文化景观的退化。

图1 古村落现状

4 古村落风貌保护原则

首先要加紧编制古村落保护规划，以“保护为主，抢救第一”为原则指导古村落的保护和开发利用的管理，做到完整保护、适度改造、合理利用、传承发展，在保全历史风貌和景观格局的基础上，逐步实现人居环境水平的提高。

要坚持“保护为主，抢救第一”的原则，不能因一时的经济发展需要而牺牲不可再生的文化遗产。古村落的规划和建设必须以原有格局与风貌为基础，以整体的保护利用为前提，以必要的修缮和整修为手段，以保护求发展、以发展促保护。

以古村落或历史文化街区为对象，对山水环境、街巷格局、民居建筑进行整体保护。要求延续景观意象、保护传统风貌。保护中要突出重点、反映特色，与地方环境相协调，延续和发展楠溪江风格。实施上要分清主次和先后，集中财力物力，针对最有价值和最危险的文物建筑进行有成效的保护和恢复。

5 古村落风貌保护建议

5.1 以古建筑村落群形式开展整体保护

古村落群沿楠溪江两岸呈点、线、面分布，以楠溪江水系为完整的文化生态领域，包括干流和支流两类区域单元，可以分为源头、上游、中游等三个段落，不同区域和段落的古村落各具特色。

古村落的价值不仅仅在于单体，更在于群体组合。对古村落群的体系要从布局特色、保存现状、设施环境等方面进行评价，从点、线、面的组合形态进行分析。

点：散布在楠溪江流域的大大小小的古村落，有特色、保护较好的大概有40多个。

线：由楠溪江的干流和支流构成的线，为分散的古村落单体之间建立起文化与景观的纽带联系，包括大楠溪江干流、小楠溪、鹤盛溪、珍溪、源头及上游岩坦溪沿线等古村落。

面：古村落之间在地理位置上相互靠近、集聚成群，形成六大古村落群片区（图2），包括大楠溪上游片区（黄南、上坳、林坑）、大楠溪中上游片区（溪口、屿北、岩坦）、大楠溪中游片区（岩头、芙蓉、溪南、枫林、苍坡）、珍溪片区（花坦、廊下）、大楠溪中下游片区（渠口、坦下、塘湾、豫章、岭下），以及鹤盛溪片区（蓬溪、鹤盛、鹤垟、东皋、鹤湾）。

图2　六大古村落群片区

5.2　将古建筑村落视情况分区分级保护

古村落要按照保护规划中划定的保护范围和要求进行严格保护。一般而言，需要划定三级保护区，分别是核心保护区、外围控制区、环境协调区（图3）。根据古村落的规模、重要程度、保护状况和环境条件，可以做如下细分：①核心保护区可以细分为历史街区保护区、古村落保护区；②外围控制区可以细分为村镇建设控制区、新村建设控制区；③环境协调区可以细分为田园环境协调区、山水环境协调区。

图3　三级保护区划分

核心保护区是指为体现历史文化环境和传统风貌特色而必须严格控制和保护的范围。在此区域内的民居建筑、街巷广场等必须严格保护，建筑的用途、高度、体量和色彩必须严格控制。新建筑必须与传统建筑相协调，铺地与标牌、路灯等街道小品应体现传统风貌特色。

外围控制区主要指古村落外围已经形成、或将要发展的新区，主要以疏解古村落的压力为主。同时，根据现状区位、交通情况、生产生活条件等需求，将靠近重要景点的村落列入可以考虑另择新址建设新村工作计划内。

环境协调区是指古村落的外围区域，由视线所及范围的山体、水体、耕地等自然要素共同组成。在没有特殊环境标志物的情况下，按实际情况设为村落外围 50～1000 m 的范围。

5.3 对古村落内民居建筑进行单体保护

民居单体的保护是古村落保护的重点。要保持和传承楠溪江地方民居“原木蛮石”的建筑形式、风格、材料和结构特点。针对民居的现状保护情况和价值情况，采取保留、修缮、复原、重建等手法进行保护。现有的民居在修缮中要求修旧如旧，充分利用现有的构件材料进行修补、加固，实行整体协调、有机更新的方针。对位于保护地段内、与历史风貌有冲突的建筑物要予以改造或拆除。

保留——指对保存状况较好、质量较高、规模完整的建筑，进行鉴定、测绘，予以原状保存、维护，依照可以信赖的历史资料进行修缮、加固，不改变其内部和外观的基本特征。

修缮——对于受到一定程度的破坏、历史信息遭到损失的重要建筑，根据可靠的历史资料进行维修，恢复其历史风貌，力争修旧如旧。适用于古村落内传统民居的情况。

复原——对变化程度较大、与传统风貌相差甚远，甚至对传统风貌与景观环境造成负面影响和有较大冲突的建筑，要基于历史文化保护区风貌完整性原则进行整修和复原。

重建——恢复在历史上非常重要、但现已不存的重要建筑，如芙蓉书院、苍坡水亭祠等。

复原和重建必须尊重历史上的建筑形式、风格、体量和功能。特别老朽的一般民居可以根据实际情况在上报审批、专家鉴定之后，经过调查测绘、保留信息后予以拆除，并根据重要程度和与周围建筑的协调关系采取重建、新建等不同方针。

整体性危房的修缮、复原和已倒塌古民居的重建，如果确实没有可以依凭的证据，可以重新设计，但是必须在确保建筑外观与古村落整体风貌相协调的前提下进行。

5.4 对古村落新建筑提出风貌管控要求

古村落新建房屋的形式、材料、结构等要与古村落的整体风格、传统风貌保持一致，鼓励采用传统营造技术，规划设计和施工方案必须上报风景区管理部门审查备案。

古村落集中的重要区域要求尽量采用双坡悬山坡屋顶、瓦屋面，墙体以白墙、灰砖墙、卵石墙为主。建筑高度平均控制在 4 层、最高不得超过 6 层。重要保护建筑周边的建筑要求形式上相互协调，风格上不要求完全相同，但是必须能够起到陪衬作用，彰显保护建筑的价值。保护建筑周边 20～50 m 半径范围内的新建筑高度不得超过保护建筑。

古村落中新建房屋要求注重街巷环境的统一性，改造与清除不协调的景观成分，尊重历史风貌，在材料形式、结构色彩、布局规模等方面精心规划、设计和施工。

材料形式：遵循当地传统建筑的基本形式，采用朴素自然的风格，尽可能延续蛮石和原木的室内外装修形式，避免采用大面积外露的钢筋水泥、花岗岩等现代装饰材料。

结构色彩：新建筑应尽可能地利用传统建筑的构造和当地风格，细部构造尽量使用传统构件形式，色彩力求淡雅自然，装饰要细腻简洁。

布局规模：要求建筑尺度适中、亲切宜人，不宜贪求高大，力求保持古村落原有的尺度和格局。山地建筑要灵活布局、因地制宜。

此外，商业招牌、座椅、垃圾箱等景观小品设施都应与传统风貌相协调，注重细部设计和整体形象，充分利用楠溪江传统的材料、色彩、形式、风格和细部元素。

5.5　对古村落景观环境的整治提出要求

古村落要在街道景观、卫生条件、基础设施等方面进行逐步改善，优化人居环境。建立景观管理条例，成立维护环境的管理机构，设立景观保护基金。在保护古村落格局和景观风貌的前提下，大力发展水电、通信、交通等基础设施，基础设施尽量隐蔽处理，争取“三线”入地埋设。加强消防安全管理、杜绝火灾隐患。拆除或改建与传统风貌不协调的构筑物和设施。改善水源和饮水口，疏通村落内部排水沟渠，加强污水处理，提高给水和排水的环境保护水平。必须充分重视绿化，新增公共绿地及休闲和集散用地，植树造林，恢复古村落周边山水景观，全方位改善自然生态环境，提高居民生活水平与环境质量。

6　结语

楠溪江古村落历经千年沧桑，承载着永嘉的历史和文化记忆，是“永寿嘉福”的见证。未来的景区开发、村镇建设一定要守护好永嘉的根、魂、脉，时刻将古村落、古建筑保护作为出发点，通过保护和修复古村落的空间格局，重塑旧时繁荣风貌。

［参考文献］

［1］滕焕勇．永嘉县传统村落保护研究［D］．杨凌：西北农林科技大学，2019.

［2］孟勤林．岩头古村聚落空间形态研究［D］．合肥：安徽建筑大学．2021.

［3］黄涛．古村落的文化遗产保护与社区发展：以浙江省楠溪江流域苍坡古村为个案［J］．温州大学学报（社会科学版），2009（5）：46-54.

［4］李俊．温州古村落旅游的地方特色文化研究［J］．全国商情（理论研究），2012（23）：6-8.

［5］徐学哲．楠溪江古村落生态文化的传承和保护［J］．中国环境管理干部学院学报，2014（2）：94.

［6］陈春柳．“天人合一”在楠溪江古村落的诠释［J］．社会科学论坛，2012（8）：214-218.

［7］陈志华．楠溪江中游的古村落［J］．民间文化旅游杂志．2000（4）：20-24.

［8］赵欣．古村落传统建筑保护与问题//吴文涛．中国古村落保护与利用研讨会论文集［C］．北京：中译出版社，2015.

［9］尹钧科．关于古村落研究和保护问题的几点思考//吴文涛．中国古村落保护与利用研讨会论文集［C］．北京：中译出版社，2015.

［作者简介］

徐祝福，工程师，永嘉县规划设计研究院规划师。

吴冰青，工程师，浙江城市空间建筑规划设计院温州分院有限公司规划师。

高质量发展背景下厦门历史风貌保护工作实践与探索

□郭竞艳，朱郑炜，陈 琦，陈艳秋

摘要：近年，厦门在历史风貌保护工作中，切实把保护工作指导思想、保护管控要求和保护工作实施统一到习近平总书记关于历史文化风貌保护工作的重要指示批示精神上来。始终以习近平总书记“申遗是为了更好地保护利用，要总结成功经验，借鉴国际理念，健全长效机制，把老祖宗留下的文化遗产精心守护好，让历史文脉更好传承下去”的重要指示精神为工作总方针，落实党中央、国务院和省委、省政府关于加强历史文化遗产保护工作的部署要求，加快建设高素质高颜值现代化国际化城市，进一步提升城市精神与内涵，加快推进国家历史文化名城申报工作。在此框架引领下，厦门高标准高质量完成一系列历史风貌保护工作，探索了实效保护路径，形成了厦门样本，着力让城市历史风貌保护传承与厦门高素质高颜值现代化国际化城市建设相得益彰。

关键词：高质量发展；历史风貌；历史保护；厦门；工作实践；探索创新

近年来，厦门在历史风貌保护工作中，以习近平新时代中国特色社会主义思想为指导，深入贯彻党的十九大和十九届历次全会精神，紧紧围绕统筹推进“五位一体”总体布局和协调推进“四个全面”战略布局，切实把保护工作指导思想、保护管控要求和保护工作实施统一到习近平总书记关于历史文化风貌保护工作的重要指示批示精神上来。始终把保护放在第一位，始终以习近平总书记“申遗是为了更好地保护利用，要总结成功经验，借鉴国际理念，健全长效机制，把老祖宗留下的文化遗产精心守护好，让历史文脉更好传承下去”的重要指示精神为工作总方针，切实贯彻中共中央办公厅、国务院办公厅印发《关于在城乡建设中加强历史文化保护传承的意见》，充分落实党中央、国务院和省委、省政府关于加强历史文化遗产保护工作的系列部署要求，加快建设高素质、高颜值现代化国际化城市，进一步提升城市精神与内涵，加快推进国家历史文化名城申报工作。

在此框架引领下，厦门高标准高质量完成一系列历史风貌保护工作，探索了实效保护路径，形成了厦门样本，着力让城市历史风貌的保护传承与厦门高素质、高颜值现代化国际化城市建设相得益彰。

1 保护体系建构

厦门历史文化保护始终把保护放在第一位，加强顶层设计，坚持价值导向、应保尽保，建立分类科学、保护有力、管理有效的历史文化保护传承体系，做到空间全覆盖、要素全囊括，以系统完整保护传承历史文化遗产，保护体系主要包含六个层面，分别是城址环境及与之相互依存的山川形胜、历史城区的传统格局与历史风貌、历史文化街区和其他历史地段、需要保护的建（构）筑物、历史环境要素、非物质文化遗产及优秀传统文化，各层次具体保护内容如下。

（1）城址环境及与之相互依存的山川形胜：包括明确具体保护内容和保护要求。

（2）历史城区的传统格局与历史风貌：包括划定历史城区保护范围；明确历史城区传统格局与历史风貌保护，提出具体保护内容和保护要求；提出历史城区的功能提升规划，即功能定位与功能结构规划、用地规划、人口规划等；提出历史城区的道路交通规划、市政工程规划、防灾和环境保护规划。

（3）历史文化街区和其他历史地段：包括落实历史文化街区、历史风貌区、传统村落和其他历史地段的保护范围，明确具体保护内容、保护要求和保护整治措施。

（4）需要保护的建（构）筑物：①各级文物保护单位，包括明确具体保护名录、落实保护范围和建设控制地带界线，明确保护要求和修缮措施；②一般不可移动文物，包括明确具体保护名录和保护要求；③涉台文物古迹，包括明确具体保护名录和保护要求；④历史风貌建筑，包括明确具体保护名录、落实保护范围界线，明确保护要求和保护整治措施；⑤其他需要保护的各类建筑单体遗存，包括明确具体保护名录和保护要求。

（5）历史环境要素：包括明确具体的保护内容和保护要求。

（6）非物质文化遗产及优秀传统文化：包括明确具体保护名录和保护要求。

2　保护工作实践与成效

2020年11月8日，厦门正式获批省级历史文化名城，开始全力推进申报国家历史文化名城工作，《厦门市历史文化名城保护规划》已编制完成。在配合历史名城申报中，厦门系统性地推进了各保护层级、各保护要素的历史风貌保护工作，成效斐然。

2.1　保护层级

2.1.1　世界文化遗产

厦门拥有世界文化遗产1处，为“鼓浪屿：历史国际社区”（以下简称“鼓浪屿”）。鼓浪屿在文化遗产测绘建档方面，从2016年起，启动历史风貌建筑保护方案编制工作，做到“一栋一档”，每年开展30栋左右的历史风貌建筑保护方案编制工作，现已完成全岛历史风貌建筑测绘建档工作。在文化遗产保护修缮方面，鼓浪屿对全岛建筑进行排查摸底，排查出13处D级历史风貌建筑和文物建筑危房，60处C级历史风貌建筑和文物建筑危房。2020年以来重点推进D级危房的安全治理，在13处14栋D级危房中，截至2022年底，2栋建筑已竣工验收，10栋建筑施工中，1栋建筑修缮设计方案已编制完成并上报市文旅局，1栋建筑已启动紧急排危措施，积极与产权人进行协调推进中。在文化遗产活化利用方面，鼓浪屿推进系列主题展馆建设，包括鼓浪屿管风琴博物馆（八卦楼）、中国唱片博物馆（黄荣远堂）、故宫鼓浪屿外国文物馆（救世医院）、郑成功纪念馆（西林别墅）、鼓浪屿外图书店（亚细亚火油公司）等，均已投入使用。

2.1.2　历史文化街区

厦门拥有国家级历史文化街区1处，为鼓浪屿历史文化街区；省级历史文化街区2处，包括中山路历史文化街区和集美学村历史文化街区。市委、市政府高度重视历史文化街区的保护整治工作，采取整体统筹、分步实施、突出重点的方式开展保护整治工作。对街区挂牌保护工作逐一落实，划定保护控制线，定桩定界，明确保护责任人；对街区范围内亟得抢救保护的文物保护单位、历史建筑进行保护修缮；2020年，市委常委会研究通过《厦门中山路片区“一路五街”十巷四节点一片区方案》，以“一路、五街、十巷、四节点、一片区”提升改造为载体，涵盖中山路片区的代表性街巷与节点，通过立面整治提升、交通系统完善、业态品质优化等措施，取得显著成效，有力促进“商”“城”联动发展，重塑一个体验闽南传统社区温馨生活宜居、宜赏、宜游的国际化文旅商业时尚街区。

2.1.3 传统村落

厦门拥有省级传统村落5处，包括海沧区海沧街道院前社、集美区后溪镇城内村、同安区莲花镇白交祠村、翔安区新圩镇云头村和金柄村。结合福建省住房和城乡建设厅《关于印发“十街十镇百村千屋”保护利用工作清单的通知》（闽建风貌〔2020〕8号）工作要求，在保持传统村落的完整性、真实性、连续性的原则下，制定三年计划，保护修缮传统建筑、历史环境要素，进行传统村落保护和整治实施、居民生活环境质量的改善。各村已完成保护范围的划定、界桩设立和挂牌工作，同时均已完成重要传统建筑测绘建档工作，并已委托设计单位进行具体方案和施工图编制，推进传统建筑修缮工程实施。

2.1.4 历史风貌建筑

厦门历史风貌建筑共计468处。其中，重点保护历史风貌建筑137处，一般保护历史风貌建筑331处。2017年底厦门被列为全国首批历史建筑保护利用试点城市，按照住房和城乡建设部历史建筑保护利用试点工作要求和试点方案部署，积极开展历史建筑普查，开发历史文化遗存调研的小程序和平台，运用手机App工作平台，采用数字化专用技术程序，供镇、街、社区一线工作人员使用，辅助历史建筑现场信息采集和填报，简化操作、高效准确。在2019年8月至2020年1月期间完成涉及镇街共35个，涉及社区（行政村）约230个的历史风貌建筑普查，实现全市历史风貌建筑系统性全面摸底；完成已公布历史风貌建筑挂牌保护工作，明确保护责任人，划定保护控制线，做到不倒、不盗、不破坏；完成已公布的历史建筑测绘建档391栋，实现“一栋一档”，新公布的59栋测绘建档工作正在进行中，包括鼓浪屿48栋历史风貌建筑和中山路历史文化街区、集美学村历史文化街区11栋历史风貌建筑；完成一批历史建筑保护修缮，其中鼓浪屿15处历史风貌建筑小修保养工程已竣工验收。

2.1.5 50年以上建筑

2020年，厦门印发的厦门市人民政府办公厅《关于印发市历史文化名城街区传统村落和文物建筑历史风貌建筑保护利用工作方案的通知》（厦府办〔2020〕108号），从普查认定、规划管控、征收管制、专家审查、评估监测、构件回收、活化利用、濒危预警、问题移送等九个方面建立责任机制，并制定《厦门市50年以上建筑排查复查工作规程》《厦门市有价值传统构件保护利用管理办法》，进一步明确职能分工、规范流程规则、严格认定程序，以保障历史文化遗产保护工作的有效推动与落实。市政府召开专题会议深入学习领会和贯彻落实习近平总书记关于文化和自然遗产保护利用的重要论述和重要批示指示精神，并发布《关于在征拆和建设过程中全面开展有关历史文化遗存排查复查工作的紧急通知》（厦府办〔2020〕100号）进行相关工作部署。厦门已完成拟列入或已列入征迁项目范围内50年以上建筑排查复查工作（思明区140处，湖里区80处，集美区191处，同安区440处，海沧区435处，翔安区30处），并邀请省级专家进一步甄别，根据建议名单分期、分批进行认定公布。

2.1.6 其他保护要素

在法定历史文化遗产保护身份之外，厦门积极拓展地方特色保护要素的保护，包括极具厦门地域特色的市级历史风貌区、历史风貌建筑片区、涉台文物古迹、红色文化遗产、工业遗产等重要历史风貌要素，采取积极的普查、认定、公布及保护利用工作。全方位、多样化地保护这些历史文化遗存本体，改善遗存环境，系统、全面展示城市历史文化。

已划定历史风貌区2处，包括厦港历史风貌区、同安旧城历史风貌区，并于2017年初步完成《同安旧城风貌区保护名录推荐》《厦港历史风貌区保护名录推荐》等文件，2018年提交厦门历史风貌保护委员会指导鉴定，这两个历史风貌区均已完成保护规划编制工作，并通过专家评审；认定公布涉台文物古迹共计89处，其中包括文物保护单位38处，均已按公布批次完成相关保护控制规划及挂牌工作；认定公布红色文化遗产97处，目前正在推进红色文化遗产保护名录的拓展普查和认定工作；公布"闽南红砖建筑"保护名录约1860处，其中包括文物保护单位940处，历史风貌建筑135处，已完成《闽南红砖建筑保护规划》的编制，并针对各区闽南红砖建筑保护名录制定了控制导则；拥有国家工业遗产2处，拟推荐市工业遗产17处，已完成《厦门市工业遗产保护利用规划》编制工作，其中，华美卷烟厂、厦门市水产品加工厂等工业遗产以文创空间进行积极活化利用，在工业遗产实效保护的基础上，亦取得良好社会效益和经济效益。

2.2　保护实践

2.2.1　保护信息化建设

厦门体系化建立了历史文化保护信息与监测系统。厦门多年来开展的文物保护单位、历史风貌建筑、历史街区的普查、公布、挂牌和建档等工作信息，均纳入厦门市自然资源和规划局成立的厦门数字中心信息系统。结合厦门的"多规合一"试点工作，将各类保护要素资源数据模块，包括保护数量、类别、等级、保护范围及保护状况，以及各类保护规划成果纳入多规平台，建立历史文化保护统一的空间规划管理"一张图"。同时，做到与城市信息模型（CIM）互联互通，实现历史文化保护信息的数字化管理，并通过信息管理平台的共建共享实现政府各职能部门对城市历史文化保护的协同管理。

针对鼓浪屿世界文化遗产更高的保护目标和更严格的管理要求，遗产地管理部门建立了一套完整的遗产监测与管理系统，重点包括旅游游客、建设控制、自然环境、本体特征、本体病害、保护工程、社会环境、日常巡查及综合监测等九个子系统。该监测系统对鼓浪屿世界文化遗产的保护管理工作起到了积极作用，监测达到了国际领先、国内一流的水平。同时，针对鼓浪屿历史建筑量大密集的特点，遗产管理部门建立了鼓浪屿地理、建筑信息三维仿真模型，辅助城市规划和遗产保护管理。

2.2.2　保护机构

2017年，为贯彻落实《厦门经济特区历史风貌保护条例》，切实做好历史文化保护工作，厦门市政府成立厦门市历史风貌保护专家委员会，并明确工作规程。该委员会负责全市历史风貌名录认定和保护规划的评审等历史文化保护相关事项的专业论证工作，并提供决策咨询意见。

2019年，厦门全面启动国家历史文化名城申报工作，成立厦门市国家历史文化名城申报工作领导小组，由市委副书记、市长担任组长，副市长担任副组长，市直有关单位主要领导和各县区政府（管委会）党政领导任成员。各区政府（管委会）也对应设立区级申名领导小组及申名办，配合落实区所辖范围内的名城保护具体项目实施和协调工作（表1）。

鼓浪屿成为国家风景名胜区后，鼓浪屿风景名胜区管理委员会作为厦门市政府的派驻机构，负责管理鼓浪屿的保护与建设发展。1998年开始设立鼓浪屿历史风貌建筑保护委员会，下设办公室，专职负责鼓浪屿历史风貌建筑的保护管理工作。2003年区划调整后，鼓浪屿风景名胜区管理委员会进一步加强了对风貌建筑保护开发的力度，增加了风貌建筑保护办公室技术人员，增聘专家进入风貌建筑保护委员会。2016年，成立了厦门经济特区鼓浪屿历史风貌建筑评审委员会，评审委员会定期召开会议，研究制定相关保护政策及具体的保护实施方案，对风貌建筑的保护起到了重要的指导和促进作用。同年，鼓浪屿风景名胜区管理委员会增设文保处，主要负责鼓浪屿文化遗产保护工作，并将风貌办并入文保处。文保处的成立更好地推动了历史风貌建筑保护工作的开展。2018 年 1 月，厦门成立了鼓浪屿文化遗产保护委员会，由厦门市委书记担任主任，全面统筹对鼓浪屿文化遗产保护工作，负责研究制定其保护发展战略、审议重大问题、统筹协调重大事项。

2019 年，中山路片区改造提升指挥部成立，具体负责中山路历史文化街区保护修缮和改造提升项目落实。此外，中共厦门市委统战部的下属事业单位福建省厦门市集美学校委员会，负责集美学村历史文化街区内鳌园等主要文物和文化景区的日常管理。

除了官方保护机构，厦门还积极助推社会保护机构设立。2016 年，原厦门市规划委下属机构厦门市城市规划设计研究院成立城市历史文化保护研究中心，华侨大学、厦门大学等在厦高校也分别成立相关历史文化保护研究机构或平台，为厦门历史文化保护工作发挥技术支撑作用。

表 1　厦门历史文化保护管理机构和责任部门一览表

保护对象	管理机构	下设机构	备注
鼓浪屿世界文化遗产	鼓浪屿世界文化遗产保护委员会	保护委员会办公室	市委书记、市长任正、副主任
鼓浪屿中国历史文化街区	鼓浪屿—万石山风景名胜区管理委员会	鼓浪屿历史风貌建筑保护办公室	市政府派驻机构（副厅级）
集美学村历史文化街区	福建省厦门市集美学校委员会、区政府	—	中共厦门市委统战部下属机构
中山路历史文化街区	中山路片区保护提升指挥部、区政府	—	常务副市长任总指挥
省级传统村落	厦门市建设局、文化和旅游局	—	—
市级及以上文物保护单位	市文化和旅游局	—	—
市级以下文物保护单位	区文化和旅游局	—	—
历史风貌建筑	厦门市自然资源和规划局	厦门市城市规划设计研究院城市历史文化保护研究中心	—

2.2.3　保护政策

厦门自 2000 年起开展涉台文物古迹普查工作，公布第一批涉台文物古迹后，得到了省政府及国家文物局的高度重视和肯定，并出台了一系列保护政策（表 2）。2001 年，厦门市政府颁布了《厦门市涉台文物古迹保护管理暂行办法》，将涉台文物古迹的保护纳入法制化管理轨道。为了加强对历史风貌建筑与城市历史风貌的整体保护，2015 年厦门市人大出台了《厦门经济特区历史风貌保护条例》，主要围绕历史风貌概念、管理体制、责任主体、保护措施与奖励补偿等内容进行了制度设计，明确了厦门市历史风貌保护的立法保障。另外，为了保护与发展闽南文化，厦门立法确定了《厦门经济特区闽南文化保护发展办法》。

鼓浪屿作为世界文化遗产地，是厦门历史文化的重要标志。为加强对鼓浪屿历史风貌建筑遗产的继承保护，规范历史风貌建筑的保护管理工作，厦门市人大于2000年发布了《厦门市鼓浪屿历史风貌建筑保护条例》，经过规范和深入实践后于2009年进行修订，出台了《厦门经济特区鼓浪屿历史风貌建筑保护条例》。为申报世界文化遗产，加强文化遗产保护，厦门市人大于2012年出台了《厦门经济特区鼓浪屿文化遗产保护条例》，对鼓浪屿的文物保护修缮、文化保护传承、社区保护建设和旅游发展等作出系统的规定，为鼓浪屿的严格保护和可持续发展提供强有力的法制保障。为切实加强历史风貌建筑保护和鼓浪屿规划建设管理工作，2015年厦门市政府发布了《厦门经济特区鼓浪屿历史风貌建筑保护条例实施细则》《厦门市鼓浪屿家庭旅馆管理办法》《厦门市鼓浪屿建设活动管理办法》等系列配套法规文件。2017年出台的《厦门市鼓浪屿文化遗产核心要素保护管理办法》，是首份针对鼓浪屿文化遗产保护的规范性政策文件，对鼓浪屿文化遗产核心要素的保护管理发挥积极作用。鼓浪屿正式列入世界文化遗产后，2019年修订出台的《厦门经济特区鼓浪屿世界文化遗产保护条例》为世界文化遗产的长期保护与发展建立法制保障。

针对城市更新改造中历史文化遗产保护问题，确立先普查后征收制度，制定《厦门市50年以上建筑排查复查工作规程》《厦门市有价值传统构件保护利用管理办法》，并发布《关于在征拆和建设过程中全面开展有关历史文化遗存排查复查工作的紧急通知》（厦府办〔2020〕100号），抢救式保护了一批历史风貌建筑，有效地避免了城市更新造成的建设性破坏。

为有效保障文物保护单位、历史风貌建筑的保护修缮工程质量，颁布《厦门市历史建筑保护修缮技术规程》《鼓浪屿风貌建筑保护修缮技术规程》等修缮技术规程，形成技术指导文件，加强历史风貌建筑的保护与修缮。同时，厦门积极征集古建构配件建材企业，发布《厦门市建设局关于征集古建构配件建材企业的通知》（厦建科〔2020〕17号），向社会广泛征集古建构配件建材企业，其所设计、生产之构配件建材产品可用于厦门历史街区、风貌街道、传统街巷、村庄、历史建筑等保护对象的修缮中。在征集古建构配件建材企业的基础上，发布《厦门市建设局关于公布第一批古建构配件建材企业名单的通知》（厦建科〔2020〕20号），向全社会公布第一批古建构配件建材企业名单，并持续征集，为厦门古建修缮工作提供物资保障。

表2　厦门历史文化保护相关法律、法规和管理规定

实施时间	法律、法规和管理办法等	发布部门	备注
2000年	《厦门市鼓浪屿历史风貌建筑保护条例》	市人大常委会	
2001年	《厦门市涉台文物古迹保护管理暂行办法》	市政府	
2006年	《厦门市鼓浪屿风景名胜区管理办法》	市政府	修订
2008年	《厦门市非物质文化遗产保护与管理办法》	市政府	
2009年	《厦门经济特区鼓浪屿历史风貌建筑保护条例》	市人大常委会	修订
2012年	《厦门经济特区鼓浪屿文化遗产保护条例》	市人大常委会	
2015年	《厦门经济特区鼓浪屿历史风貌建筑保护条例实施细则》 《厦门市鼓浪屿建设活动管理办法》 《厦门市鼓浪屿家庭旅馆管理办法》	市政府 市政府 市政府	
2016年	《厦门经济特区历史风貌保护条例》	市人大常委会	

续表

实施时间	法律、法规和管理办法等	发布部门	备注
2017 年	《关于持续做好鼓浪屿文化遗产保护管理工作的实施方案》 《厦门市鼓浪屿文化遗产核心要素保护管理办法》 《关于进一步加强文物工作的实施意见》	市委 市政府 市政府	
2018 年	《关于进一步加强文物安全工作若干措施的通知》	市政府办公厅	
2019 年	《厦门经济特区鼓浪屿世界文化遗产保护条例》 《厦门市历史文化遗产集中保护修缮专项工作方案》	市人大常委会 市委、市政府	
2020 年	《厦门市关于加强文物保护利用改革的实施方案》 《厦门市申报国家历史文化名城工作方案》 《厦门经济特区闽南文化保护发展办法》 《厦门市人民政府办公厅关于印发历史文化名城街区传统村落和文物建筑历史风貌建筑保护利用工作方案的通知》（厦府办〔2020〕108 号） 《厦门市 50 年以上建筑排查复查工作规程》 《厦门市有价值传统构件保护利用管理办法》 《关于在征拆和建设过程中全面开展有关历史文化遗存排查复查工作的紧急通知》（厦府办〔2020〕100 号） 《厦门市建设局关于征集古建构配件建材企业的通知》（厦建科〔2020〕17 号） 《厦门市建设局关于公布第一批古建构配件建材企业名单的通知》（厦建科〔2020〕20 号）	市委办公厅 市政府办公厅 市政府办公厅 市政府办公厅 市政府办公厅 市政府 市政府办公厅 市建设局 市建设局	

2.2.4 保护资金

厦门的历史文化保护资金原则上由各级政府财政提供，在出台的相关法律法规中均有明确规定，各级文物、非物质文化遗产、历史风貌建筑和历史文化街区等相关保护工作经费均列入财政预算。在过去多年的保护工作中，各级政府投入大量资金用于历史文化保护，包括历史文化资源普查、保护规划编制、保护修缮和活化利用实施、以奖代补，以及历史文化保护宣传工作等。此外，积极争取国家重点文物专项经费和省级文物保护经费补助，不断加大文物保护的力度。在鼓浪屿申报世界文化遗产中，2016—2018 年间，政府集中投入资金 11.7 亿元，用于文物住户搬迁、文物本体修缮和活化利用，以及社区、旅游环境整治等。在鼓浪屿申报世界文化遗产前期工作中，政府的财政资金主要用于保护工作中涉及建筑安全因素的抢修和维护，以及社区公共部分的改善，从而带动和吸引业主参与保护，有效带动了超过 3 亿元的社会资金投入历史文化遗产保护中。在政府投入资金过程中，注意加强立法保障，明确财政资金投入的合法性，从而进一步调动全社会参与保护的积极性，积极举措包括私人业主可以向政府申请，由政府出资编制历史建筑保护方案、支付建筑外部维修经费等，为实施保护提供强有力的财政支持。

2.2.5 保护技术力量

建立专家指导委员会、专家咨询制度。自 1998 年起，成立由市规划、城建、文化及原区委、区政府等部门和专家组成的鼓浪屿历史风貌建筑保护委员会，专职负责鼓浪屿历史风貌建筑的保护管理工作；2016 年 7 月，成立厦门经济特区鼓浪屿历史风貌建筑评审委员会，研究制定相关保护政策及具体的保护实施方案；2017 年 7 月申报世界文化遗产成功后，成立鼓浪屿文保处，负责鼓浪屿文物保护单位和不可移动文物点的保护与修缮工作。2017 年，为做好全市历史风貌建筑的评估、评审、认定和保护等工作，成立厦门市历史风貌保护专家委员会，聘请包括社会历史、文化艺术、文物古迹类、国土房产类、环境保护类等类型专家共 26 人。

积极培育专业工匠。鼓浪屿申遗期间，成立鼓浪屿遗产监测中心，负责鼓浪屿历史建筑、文物保护单位、不可移动文物点等文化遗产的监测与管理工作；聘请建筑、文史等各方面的专家，成立遗产保护研习基地，传授历史文化保护和活化利用方面的经验与知识，多方面、多层次提高历史文化保护的水平与技术力量。按照《关于福建省传统建筑修缮技艺传承人和传统建筑修缮工匠认定与管理办法（试行）》要求，组织申报省级传统建筑修缮技艺传承人 4 人、省级传统建筑修缮工匠 7 人。

2.2.6 保护宣传

加强历史文化弘扬与宣传。厦门历史文化遗存丰富，在保护的基础上加强对各类历史文化遗产的研究阐释工作，多层次、全方位、持续性挖掘城市历史故事、文化价值、精神内涵。分层次、分类别凸显各类历史文化遗产价值，构建融入生产生活的历史文化宣传，处处见历史、处处显文化，在城乡建设中彰显城市精神和乡村文明，让广大人民群众在日用而不觉中接受文化熏陶。从 2006 年起，厦门市政协采取“量力而行，每年数册”的方针，在过去的十几年时间，积累并出版了一套大型地方历史文献《厦门文史丛书》，充分挖掘和展示了厦门悠久历史文化的方方面面，为展现厦门历史文化和开展保护工作发挥了重要的基础性作用。

在全面挖掘历史文化价值与特色基础上，厦门开展了一系列的历史文化保护宣传工作。一是通过形式多样的展览展陈加强宣传，通过电子沙盘、三维成像技术、虚拟互动技术等现代高科技手段来充实历史文化名城的展览展陈，让公众更加直观认识和理解历史文化名城；二是开辟历史文化专栏加强宣传，通过主要媒体开展专题专栏，灵活运用消息、通讯、综述、图片、短视频等形式宣传厦门的历史文化、人文景观，跟踪报道重点古建筑、历史文化街区恢复修缮工作和申报名城的举措。利用微信等制作推出交互性、参与性强、富有网络特色的多媒体报道，多角度、多方位拓展宣传声势，让广大群众能够第一时间了解厦门历史文化名城保护工作的进展情况；三是积极开展各类文化宣传活动，通过整合、运用文化资源，在深入挖掘历史的基础上，不断创新文化的表达形式、丰富传播内容、打造规模性的文化品牌及活动，使得历史文化名城悠久的历史文化和传统得到广泛的宣传；四是打造文化特色旅游产品，充分结合厦门历史文化特色，开发历史文化专题旅游产品，在旅游产品中有效植入并推广厦门历史文化。采用多种宣传形式充分展现城市历史文化的影响力、凝聚力和感召力。

3 保护工作探索与创新

3.1 建构历史风貌保护体系，落实保护底线

坚持统筹谋划、系统推进，围绕厦门是“通商裕国的口岸”“海上丝绸之路”门户口岸、闽南文化发源地、中国著名侨乡、海湾型历史城市等定位，全面构建空间全覆盖、要素全囊括的历史文化遗产保护体系，系统保护好城市古代、近现代历史文化遗产和当代重要建设成果，延续传统文化脉络，深挖文化内涵，划定历史文化保护底线，充分链接并全方位展现历史文化价值，唤醒市民的历史文化遗产保护安全意识，达成历史文化遗产保护共识，全力推进创建国际历史文化名城。

3.2 拓展历史保护要素名录，实现全要素管控

坚持价值导向、应保尽保，以历史文化价值为导向，按照真实性、完整性的保护要求，积极拓展、完善历史文化保护要素名录，推进历史风貌建筑推荐认定工作，全面普查甄别50年以上建筑，拓展普查、认定工业遗产、红色文化遗产、文物古迹等其他历史风貌要素，采取积极措施，实施历史文化遗存本体的全方位、多样化保护，改善历史文化遗存环境，系统、全面保护好古代与近现代、城市与乡村、物质与非物质等历史文化遗产，充分展示历史文化，不断扩大历史文化保护覆盖面，推进历史文化保护全要素管控。

3.3 创新技术手段和保护机制，实现全周期管控

通过信息化平台和信息化管理制度建设，将历史文化保护融入城乡建设管理，加强统筹协调，强化各类历史文化遗产保护工作与城乡建设协同发展。厦门于2014年开始推动遗产地保护管理规划、城乡总体规划等多种规划的融合统一，构建厦门历史文化资源数据信息平台，完善测绘建档、数字化信息采集，建立各类保护对象资源数据模块，形成数字化档案，掌握保护对象总量、种类、分布及保护状况，形成全市历史文化保护“一张图”，并做到与城市信息模型（CIM）互联互通，将原本多个部门之间冲突又烦琐的审批环节，统一到“多规合一”信息平台上，实现数据资源共享，达到从建设项目土地出让、规划许可、房屋征迁、不动产登记、公众参与等各环节都可提取信息数据，有效简化项目审批制度，提升保护工作的规范性、精准性，建立起历史文化遗产保护、修缮、环境整治、基础设施建设等全要素的整体化和精细化控制，实现保护全过程全周期的信息化科学管理。

3.4 创新利用模式，促进历史文化遗产活化利用

坚持合理利用、传承发展，坚持以人民为中心，坚持创造性转化、创新性发展，结合鼓浪屿申报世界文化遗产，试点先行，推行历史文化遗产利用机制新规定。鼓浪屿管委会和厦门市财政局共同发布《鼓浪屿公益性文体项目“以奖代补”暂行规定》，明确对鼓浪屿单位、团体或个人自行开办的、用于宣传展示鼓浪屿人文历史的公益性展馆进行扶持，选取八卦楼、海天堂构、黄荣远堂、四落大厝等有代表性的文物保护单位和历史风貌建筑进行活化利用。以鼓浪屿春草堂为例，允许春草后人仍居住在里面，一楼室内开设家族史展览，介绍许春草生平事迹，同时对外开放，给予5万元/年的补助，拓宽保护资金渠道，促进活化利用的有效落实。将保护传承工作融入经济社会发展、生态文明建设和现代生活中，将历史文化与城乡发展相融合，充分发挥历史文化遗产的社会教育作用和使用价值，同时注重民生改善，不断满足人民日益增长的美好生活需求。

3.5 创新社会参与渠道，探索历史文化遗产保护利用新机制

坚持多方参与、形成合力，鼓励和引导社会力量广泛参与保护传承工作，积极拓展社会参与历史文化保护的渠道。以大嶝岛田墘红砖建筑聚落片区保护利用为例，2017年翔安区政府规划创建特色小镇，充分利用乡村振兴政策优势，由翔安区和象屿集团联合对大嶝岛田墘红砖建筑聚落片区进行规划建设，象屿集团通过租赁古厝实施保护性开发。田墘保留了大量闽南红砖厝，住宿体验特色鲜明，金门县政府旧址资源优势明显，同时契合大嶝岛对台产业延伸的产业定位要求。目前已租赁到公司名下的古厝64栋，公司选取其中20栋约2000 m^2，投入约1500

万元进行保护性修缮与利用，在充分尊重闽南古韵的同时重点关注现代生活的舒适度，在现存的建筑形态上结合现代元素，重新梳理空间关系。除民宿之外，组团内还梳理出汉服体验馆、金门特色馆、乡愁邮局等多种文化体验功能空间，最终形成一个风貌特色明显、产品业态丰富、服务功能健全、综合效益显著、带动作用显著的传统乡村民宿项目。通过类似试点实践与推广，创新社会参与渠道，充分发挥市场作用，激发人民群众参与的主动性、积极性，不断探索并形成有利于历史文化保护传承的体制机制和社会环境。

［作者简介］

郭竞艳，高级工程师，厦门市城市规划设计研究院有限公司首席规划师。

朱郑炜，高级工程师，厦门市城市规划设计研究院有限公司城市设计所所长。

陈　琦，一级调研员，厦门市自然资源和规划局城市设计处处长。

陈艳秋，任职于厦门市自然资源和规划局。

文化空间视角下传统街区商业业态活化研究

——以江西省吉水县金滩老街为例

□李小云，曾晨玉，包 晨

摘要：随着城镇化的快速推进，传统街区商业的发展往往面临着居民搬迁、老龄化、居住环境恶化、经营业绩不佳等问题，导致传统街区正逐渐失去吸引力。文章以吉水金滩老街为例，针对传统街区业态发展现状及存在问题，从文化空间视角，分析街区商业文化价值，并提出营造传统商业氛围、创造良好商业环境、分类发展商业业态、丰富商业文化创意空间等活化策略，为类似传统街区的更新提供借鉴。

关键词：文化空间；传统街区；商业业态活化；金滩老街

传统街区是城市历史发展的见证者，在传承城市历史文化方面发挥着重要的作用。随着城镇化的快速推进，大量传统街区的商业受居民搬迁、居住环境恶化、经营业绩不佳等因素的影响，其吸引力在逐渐下降，失去了往日的辉煌。近些年，随着国家对历史文化名城、历史文化街区保护的重视，传统街区如何实现活化也得到较多学者的关注。而对于传统街区的各种功能来说，商业成为支撑街区发展演变的最重要因素。传统街区商业主要以零售、餐饮、旅馆、商务、文体、娱乐康体六大类业态为主，这些商业业态对于传统街区的文化、旅游产业的发展起着关键的作用。但是，在城市的快速发展过程中，部分传统街区业态结构较为单一，缺乏吸引力，无法带动片区的经济发展，又或者过度商业化，完全失去了能传承地域文化的传统街区形态。因此，如何顺应城市发展进程，实现传统街区商业业态活化的研究迫在眉睫。本文以江西省吉水县金滩老街为例，希望通过梳理街区文化空间与商业业态的现状情况及存在问题，从文化空间的视角探讨该街区商业业态活化的策略，为类似传统街区的保护与更新提供参考。

1 传统街区中文化空间与商业业态的关系

1998 年，联合国教科文颁布的《宣布人类口头和非物质遗产代表作条例》中，将文化空间定义为“一个集中民间和传统文化活动的地点”及“一般以某一周期（周期、季节、日程表等）或是一事件为特定的一段时间，这段时间和这一地点的存在取决于按传统方式进行的文化活动本身的存在”。我国 2005 年发布的《国家级非物质文化遗产代表申报评定暂行办法》中将文化空间定义为“定期举行传统文化活动或集中展现传统文化表现形式的场所，兼具空间性和时间性”。也有学者认为文化空间是承载有价值的文化活动的空间或时间，是约定俗成的、有规律性的、重复举行民间文化活动的场所。总之，文化空间的保护内容包含非物质文化遗产与物质空间载体两部分，而文化空间是物质空间与非物质文化之间联系的桥梁。

一定形式的非物质文化遗产可能产生的商业活动，与非物质文化遗产相关的文化产品和服务贸易可提高人们对此类遗产重要性的认识，并为其从业者带来收益。传统街区的文化保护和传承同该街区的商业业态在文化和经济活动方面有密切的联系，为提高传统街区及其周边的发展活力，规划师需充分挖掘传统街区空间的文化底蕴，并将其作用于街区居民的文化建设中。因此，传统街区可以通过文化空间的保护来引导与更新街区的商业业态，进而促进街区文化空间中的物质与非物质文化的活化及传承，这对于传统街区的文化整体性挖掘及保护发展都有十分重要的作用（图 1）。

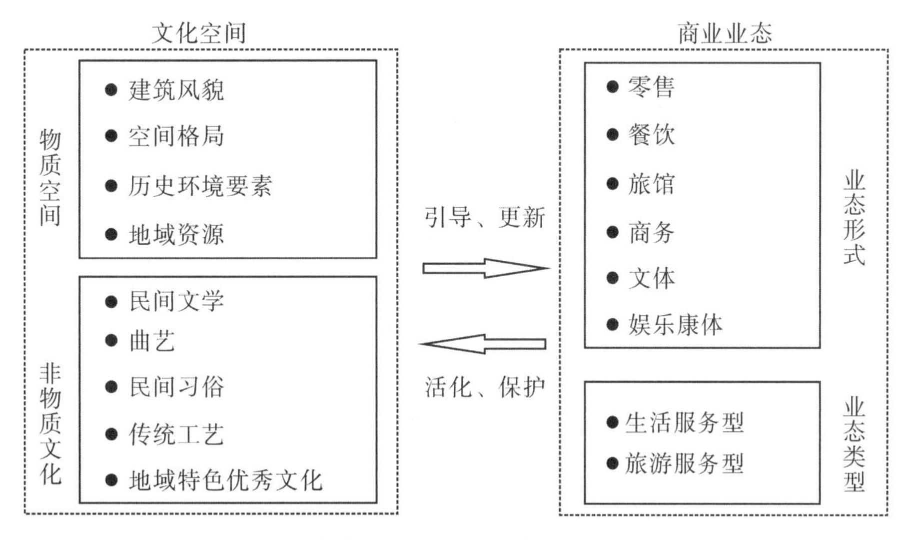

图 1　传统街区中文化空间与商业业态的关系

2　金滩老街概况及商业业态发展现状

2.1　金滩老街历史沿革

金滩老街历史文化悠久，始建于宋代，明代成规模，清代、民国时期发展至鼎盛。最初，文、龚、许姓在赣江西岸的大滩上立基建房，取名“三曲滩”。三曲滩的上首朱山桥渡口西岸，有一处三面环水、凸起如山岗的沙洲叫甑皮洲。洲上沙金含量高，刘姓在洲岸立基，取名为“金滩”。之后，刘氏村落遇到特大洪水遭到毁坏，北移徙居到三曲滩，三曲滩的名称也逐渐被“金滩”所替代（图 2）。

图 2　金滩老街航拍图

街区沿河大街建有四座庙宇，依次称为“上市庙”“老官庙”“下市庙”“中市庙”，同时河边建有六个码头，分别为“下市码头”、“中市码头”、“肖家码头”、“老官庙码头”、“徐家码头”（亦称“上市码头”）、轮船码头。金滩老街凭借赣江岸边的区位优势，以及发达便利的水运，成为吉水县赣江西岸一个重要商贸街区。2019年，金滩老街被江西省政府公布为第四批省级历史文化街区。

2.2 金滩老街历史文化价值分析

2.2.1 交融共生，传统特色庐陵建筑是街区物质文化的重要载体和时代记忆

金滩老街建筑遗存较多，街区内尚未核定公布为文物保护单位的不可移动文物有2处，历史建筑60处，传统风貌建筑占街区保护范围的42.2%，是地域历史文化的宝贵载体。街区内建筑以传统民居为主，多为砖木结构建筑，“青砖黛瓦马头墙”的庐陵古民居建筑较多，建筑平面形式有独栋、一进院落式、多进院落式等。这些历史建筑承载了街区的历史信息，保留了时代的记忆，记载着金滩老街的发展与变迁，具有重要的历史文化价值。

2.2.2 活态传承，传统商贸市井文化是街区非物质文化的鲜活载体和真实写照

街区丰富的非物质文化营造出良好的生活环境，街区内主要有四种非物质文化：民间文学、曲艺、民间习俗、传统工艺（表1）。此外，街区商业店铺较多，芝兰斋、紫云斋、恒昌隆等商业建筑依然保留（表2），传承了老街的市井文化风貌，反映出当时商贸繁荣的历史景象，是古镇发展历史记忆的独特载体。总之，金滩老街的物质空间和非物质文化共同构成了丰富且具有地方特色的街区文化空间，体现出传统庐陵商业老街的真实风貌，具有重要的历史和艺术价值。

表1 金滩老街非物质文化遗产一览表

类别	项目名称
民间文学	解缙故事（国家级）
曲艺	三角班（省级）
民间习俗	中秋烧塔（省级）、下元宵节（省级）、元宵舞龙灯、花灯、端午节划龙舟
传统工艺	冬酒作坊、铁匠铺、木匠铺、篾匠铺、石匠铺、寿衣店、剃头店

表2 金滩老街主要商业业态分布一览表

店铺类型	老商号名称	街巷分布
糕饼店	紫云斋、芝兰斋、集贤社	解放街（正大街）
酒肆	乾泰、明复顺、学泰	肖家巷、中市巷
面食店	马福万、马云生、正泰园	解放街（正大街）
米糖	麻糖姑婆、益民糖坊	沿河大街
染坊	三和顺、元泰顺、恒昌隆、三友、至大	中市巷
烟草店	林发顺、同兴隆、刘美和、王茂盛	正人街
铁器店	陈万兴、陈万生、罗元利	沿河大街

2.2.3 因水而兴，老街是滨河商埠古镇演变的历史见证和典型代表

金滩镇是南抵吉安、赣州，北达南昌、九江的通衢之地。老街的商贸繁荣有赖于当年水运的发达，通过赣江边的码头，赣江上南来北往的货物交汇于此。街区现仍基本保持“水陆平行，

河街相邻”的空间格局和小尺度的空间肌理，建筑单体尺度相对统一，建筑密度较高，体现“寸土寸金”商贸重镇的特点，老街在河堤修建之前呈“井”字形布局，现呈“丰”字形布局（图 3）。街区南北走向有解放街（正大街）和沿河大街两条主要街道，东西走向的老官巷、上市巷、中市巷、下市巷、肖家巷等传统巷道仍保持着原有的空间尺度、走向、名称和风貌。街边的商业建筑大都为双层结构，第一、第二层分别为沿街商铺、民居，两侧主墙体高 4～5 m，配以山墙、垛子。这些具有地域特色的空间格局和商业建筑成为商业街区历史发展演变的见证，也使金滩老街成为滨水商埠古镇的典型代表。

图 3 街巷格局

2.3 街区商业业态发展现状及存在的问题

2.3.1 城镇化的快速推进导致传统商业业态更新升级滞后

随着城镇化的推进，镇区的搬迁导致大量人口外迁，金滩老街逐渐出现老龄化和空心化的问题。同时，基础设施老旧，老街区巷道过窄，私搭乱建现象严重，卫生条件不佳，排水、消防设施落后等问题导致商业业态更新发展滞后。原有的传统风貌建筑正在逐渐消失，部分传统商铺建筑楼板或梁椽塌陷，建筑墙体年久失修，较为残破。部分清代建筑的墙体绘画和题字模糊难辨，部分商铺牌匾无法辨识等问题的存在，也不利于传统零售业、餐饮业等商业业态的更新发展。

2.3.2 街区传统商业业态的结构单一，形式不够丰富

金滩老街现状商业业态以零售、餐饮类业态形式居多，未形成独具吉水庐陵文化特色的商业业态。虽然街区的商业基本满足老街内部居民的日常需要，但文体娱乐类业态较少，缺乏可参与、娱乐的项目，对消费者的吸引力较小。随着人们的精神文化需求日益增长，文化消费能力逐渐增强，欣赏水平不断提高，游客的消费需求呈现出多层次、多形式、多样化的特点。在此社会发展趋势下，老街内较为单一的商业业态难以满足游客的购物、娱乐等多元需求，游客较难深入感受老街的历史文化内涵。

2.3.3 街区交通区位优势不再，商业业态活力逐渐衰退

金滩老街地处赣江边，且为吉水水西至水东的唯一过江通道，具有优越的交通区位条件。但是由于吉水大桥、吉阜公路、沿江大道、峡江大坝、高速公路等基础设施的修建，给历史上曾经繁荣一时的老街带来影响，金滩老街的水陆交通枢纽的优势不再明显，街区现状功能与历史地位不匹配，街区商业业态活力已大不如前。

3 文化空间视角下金滩老街商业业态的活化策略

3.1 保护街区历史传统风貌，营造传统商业氛围

对金滩老街内的历史建筑，尤其是商业建筑需要进行深入研究，掌握传统建筑的设计营造方法、特征和工艺技术等，在保护和修缮中做到最大限度地使用原材料、原工艺和原设计，还原历史的原真性。保护现有特色商业业态及商业空间布局，对重要商业店铺集中的地段进行立面改造（图4），逐步恢复街区特色的老商号，对其重新挂匾开店，统一协调商业建筑的台阶、院墙、门罩、招牌、路灯等设施。此外，还可通过调整街区部分土地利用功能，植入与地方特色传统文化相关的用地功能，以此营造特色历史文化氛围，使金滩老街成为一个“有故事”“有传承”的传统街区。

图4 街巷改造示意图

3.2 完善街区公共设施，创造良好商业环境

传统街区是当地居民工作和生活的场所，需要完善相关公共设施：①提升基础设施，将现代化水、电、气、通信等设施引入街区内，解决好排水系统问题，所有管线应逐步实施落地。②增加开放空间，街区内应通过对现状街巷与建筑的梳理，在延续传统街区肌理与空间特征的基础上，充分挖掘及优化公共绿地、公园和广场空间及其分布，营造良好的商业空间环境。③街区内应增加文化、体育及社区服务设施，以此提供良好的居住、旅游和购物环境。

3.3　传承传统手工技艺文化，分类发展街巷商业业态

街巷是传统街区活力的重要载体，金滩老街规划以街巷为主要对象，构建街区未来业态布局。街区主要街巷规划为三种类型：生活服务类街巷、文化旅游类街巷和居住类街巷（图 5）。生活服务类街巷中的商业业态与居民生活最为相关，如餐饮、娱乐、日常服务等，此类业态规模等级小、投资少、职业技能要求较低，可灵活布局。文化旅游类街巷中以特色餐饮业、特色休闲业等业态为主，同时可配套旅游类、商业类、文化娱乐类、商务办公类等符合街区定位的商业业态。居住类街巷以居住为主体功能，配套相应的生活服务设施，禁止旅游商业在此类街巷布局。其中，重点在生活服务类和文化旅游类街巷内布置老商号，不仅可以增加就业岗位，还可传承传统手工艺文化。

图 5　街巷划分类型及业态布局图

3.4 结合非物质文化遗产展示空间，丰富商业文化创意空间

街区文化遗产展示利用可与建筑遗产保护相结合，依托不可移动文物和历史建筑为居民及游客提供商业服务、文化体验、戏剧表演、生活休闲、旅游服务等空间场所，并利用重点展示场所进行商业引导（表3），强化街巷特色。通过对街区文化旅游资源的整合开发，丰富老街文化空间，将老街打造成集文化、休闲、旅游于一体的特色街区，以达到活化老街的目的。

表3 非物质文化遗产重点展示方式及场所

序号	项目名称	展示方式	展示地点
1	解缙故事	口述	原金滩小学
2	中秋烧塔	节日庆祝	街区入口广场
3	三角班	定期表演	金滩影剧院
4	下元宵节	节日庆祝	解放街、中市巷、肖家巷
5	糕点、米饼、手工艺品	参与制作	老商号

4 结语

目前，金滩老街的商业发展及经营还在继续，说明其仍然具有一定的活力，但存在商业业态结构单一，传统商业吸引力逐年下降，街区配套设施不完善，历史建筑受到不同程度损坏的问题。基于此，为了延续并发展传统街区的商业文化，未来的建设可以通过保护传统风貌、改善基础设施、分类发展街巷业态、丰富文化空间等方式积极营造街区传统文化氛围，促进街区商业业态的活化。总之，为实现传统街区的复兴，需要把握好传统街区文化空间与商业业态的关系，以促进传统街区的可持续发展。

[资金项目：国家自然科学基金项目（51968027）、江西省高校人文社科项目（JC20120）。]

[参考文献]

[1] 王明月. 基于民俗生活的历史文化街区活化策略研究：以天津古文化街为例 [J]. 建筑与文化，2021（5）：87-89.

[2] 汪进，李筠筠，王霖. 广州历史文化街区保护及活化利用的全流程规划 [J]. 规划师，2018，34（S2）：16-20.

[3] 龚蔚霞，钟肖健. 惠州市历史文化街区渐进式更新策略 [J]. 规划师，2015，31（1）：66-70.

[4] 姜淼. 历史文化街区商业业态定量分析方法与比较研究 [D]. 北京：北京建筑大学，2019.

[5] 张岩. 基于非物质文化保护的渭南老城街文化空间载体设计研究 [D]. 西安：西安建筑科技大学，2018.

[6] 章慧明，翟伶俐. 文化空间视角下的历史文化街区保护与发展路径研究：以巢湖市柘皋镇北闸老街为例 [J]. 小城镇建设，2019，37（12）：78-83.

[7] 鸿蒙. 吉水县乡镇名称之溯源 [EB/OL].（2017-05-17）[2022-03-14]. http：//www.worldhm.com/jqxw/83233.html.

[8] 李希朗，万加勉. 金滩老街怀旧 [J]. 江西画报，2013（2）：26-29.

[9] 彭天奕，王国光. 基于旧城区商业空间营造的思考：以巴塞罗那兰布拉大道为例 [J]. 中外建筑，2021 (4)：62-66.
[10] 张海燕. 历史文化街区旅游与文化商业业态引导 [J]. 中国民族博览，2020 (18)：71-72.
[11] 魏祥莉. 传统商业历史文化街区的商业利用探讨 [C] //中国城市规划学会. 城市时代，协同规划：2013 中国城市规划年会论文集（11 文化遗产保护与城市更新）. 青岛：青岛出版社，2013：134-147.
[12] 王栋，夏士斐，任珂. 乡村旅游文化空间重塑研究：以汉王镇拔剑泉为例 [J]. 中外建筑，2020 (4)：133-136.

[作者简介]
李小云，副教授，江西师范大学城建学院硕士研究生导师。
曾晨玉，江西师范大学城建学院硕士研究生。
包　晨，江西师范大学城建学院硕士研究生。

第五编

老旧小区改造与社区治理

基于 CiteSpace 的国内外老旧小区改造研究比较与启示

□周　静，李慧欣，曾　越，冯文苗，李久洲

摘要：老旧小区改造是各国城市建设发展长期存在的重要议题。追溯近 25 年的国内外老旧小区改造的相关文献，并通过分析工具 CiteSpace 对最新研究进展进行梳理和归纳，全面总结文献的关键词、时间阶段特征及研究热点分析，以期能为我国老旧小区改造研究及实践提供可借鉴性的启示。

关键词：老旧小区；CiteSpace；文献计量；国内外；启示

1　引言

老旧小区改造是各国城市建设发展中长期存在的重要议题。据住房和城乡建设部网站 2019 年统计数据，我国需要改造的城镇老旧小区共有 17 万个，涉及上亿居民。老旧小区改造已经成为近年来重大的民生工程和发展工程。2007 年，住房和城乡建设部《关于开展旧住宅区整治改造的指导意见》出台，首次对旧住宅区改造范围、标准及机制进行规范，标志着老旧小区改造成为城市发展的重要议题，确定了 15 个城市开展老旧小区改造试点。2019 年，住房和城乡建设部、国家发展和改革委员会、财政部联合印发了《关于做好 2019 年老旧小区改造工作的通知》，全面推进城镇老旧小区改造。同年 10 月，浙江省、山东省等“两省七市”被列为新一轮全国城镇老旧小区改造试点省、市。2020 年，国务院办公厅发布《关于全面推进城镇老旧小区改造工作的指导意见》，对老旧小区改造的基本原则、改造内容及实施机制等做出规定。2021 年，国家发展和改革委员会、住房和城乡建设部发布《关于加强城镇老旧小区改造配套设施建设的通知》，北京、上海、广州等地陆续出台地方性的相关政策，老旧小区改造在全国各地呈现出全面而迅速的推进态势。

本文追溯近 25 年国内外老旧小区改造相关文献，并通过分析工具 CiteSpace 对最新研究进展进行梳理和归纳，全面总结文献的关键词、时间阶段特征及研究热点分析，以期能为我国老旧小区改造研究及实践提供可借鉴性启示。

2　国内外研究分析

2.1　文献来源

本文的中文文献以中国知网（CNKI）为数据源，以主题“老旧小区”或“社区更新”进行检索，研究对象限定为学术期刊，搜索时间为 1996 年 1 月至 2021 年 9 月底。经过筛选除重，最

终获得有效样本文献1349篇。英文文献来自 Web of Science 核心数据库，检索词为“housing renewal”和“community renewal”，搜索时间为1996年1月至2021年9月底。经过筛选共获得有效样本文献1952篇。

2.2 研究时间阶段特征

基于中国知网中国期刊全文数据库和 Web of Science 核心数据库，统计了1996年来近25年的发文数量。根据文献发表年份统计，老旧小区改造的中文文献数量呈现逐年上升特点，自2017年国家启动老旧小区改造以来快速增长，尤其是在《关于做好2019年老旧小区改造工作的通知》《关于全面推进城镇老旧小区改造工作的指导意见》相继发布以来，论文数量快速增加。英文文献数量与中文文献相比增长趋势较平缓。国外老旧小区研究最早可以追溯到20世纪30年代英国的贫民窟改造，到20世纪90年代末期，住房更新改造方面的研究已趋于成熟，发文数量稳定。

1996—2021年，英文文献发文量排在前10位的国家见表1。老旧小区的研究主要集中在美国、英国、中国、澳大利亚、加拿大等国家。其中，美国、英国、中国三个国家的文献数量最多，约占总文献数量的三分之一。

表1　1996—2021 英文文献发文量前10国家

序号	频次	国家	序号	频次	国家
1	329	美国	6	52	西班牙
2	170	英国	7	47	荷兰
3	126	中国	8	44	意大利
4	76	澳大利亚	9	42	法国
5	73	加拿大	10	11	德国

2.3 研究热点与发展趋势分析

导入 CiteSpace 进行可视化分析，对中英文文献进行关键词共现分析后获得关键词共现图谱，并且提取共现频次排在前20位的关键词（表2）。

从关键词共现频次来看，中文文献中“老旧小区、社区更新、物业管理、老年人、公共空间、海绵城市、公众参与、加装电梯、党建引领”等关键词共现频次较多，是国内学者们近年来集中研究关注的话题。

根据英文文献关键词共现分析，policy/politics（政策/政治）、gentrification（绅士化）、neighborhood（邻里关系）、place（地方性）、inequality（不平等）、race（种族）等关键词是国外老旧小区改造方面的热点话题。2000年以后，开始关注 mental health（心理健康）、diversity（多样性）等话题。西方老旧小区改造并不局限于规划层面的研究，还与地理、历史、建筑、经济、社会等学科融合，在各自理论框架下以人本思想和可持续发展理念展开了多视角的讨论，研究呈现多元化、细分化的特征趋势。

表 2 文献关键词共现频次（前 20 名）

序号	中文文献				英文文献			
	频次	中心性	年份	关键词	频次	中心性	年份	关键词
1	662	0.68	1996	老旧小区	135	0.18	1997	city
2	632	0.69	1998	社区更新	114	0.12	1999	renewal
3	99	0.09	1998	物业管理	90	0.16	2001	policy
4	89	0.02	2014	老年人	89	0.07	1997	gentrification
5	82	0.06	2009	公共空间	72	0.26	2002	community
6	80	0.03	2010	海绵城市	59	0.13	1999	politics
7	54	0.05	2008	公众参与	45	0.09	2003	neighborhood
8	54	0.02	2015	加装电梯	44	0.11	2003	impact
9	35	0.02	2006	停车问题	44	0.08	1997	regeneration
10	22	0.02	2012	党建引领	38	0.11	2000	governance
11	21	0.02	2009	基层自治	33	0.04	2002	urban renewal
12	18	0.01	2017	城市双修	31	0.07	2000	redevelopment
13	15	0.01	2009	改造策略	30	0.03	2002	space
14	14	0.01	2007	居民参与	26	0.04	2012	urban
15	14	0.01	2015	节能改造	25	0.05	2005	displacement
16	12	0.01	2010	智慧社区	25	0.07	1997	state
17	11	0.01	2010	社会资本	23	0.05	2000	race
18	10	0.01	2013	消防安全	23	0.06	1999	model
19	5	0.01	2006	社区居民	23	0.05	1998	geography
20	4	0.01	2020	技术措施	21	0.06	2005	place

进一步通过关键词聚类分析，发现国内老旧小区领域进行了多方面的探索，大都集中在物质形态改造层面（图 1、图 2），呈现出以下四个类群。

（1）针对建成环境改造方面的研究：包括老旧小区住房改造、建筑节能改造、加装电梯、结合海绵城市建设的老旧小区改造、小区公共空间改造等。

（2）针对促进邻里关系的小区改造研究：包括引入社区活动、对空间尺度重塑、促进居民交往等。

（3）针对老旧小区改造的体制机制方面的研究：包括老旧小区改造的公众参与，政策体系的完善，推动社会治理和服务重心向基层下移，通过党建引领提升基层治理水平等。

（4）针对我国人口老龄化特点的老旧小区改造研究：提出老旧小区适老化改造的具体方案与建议等。

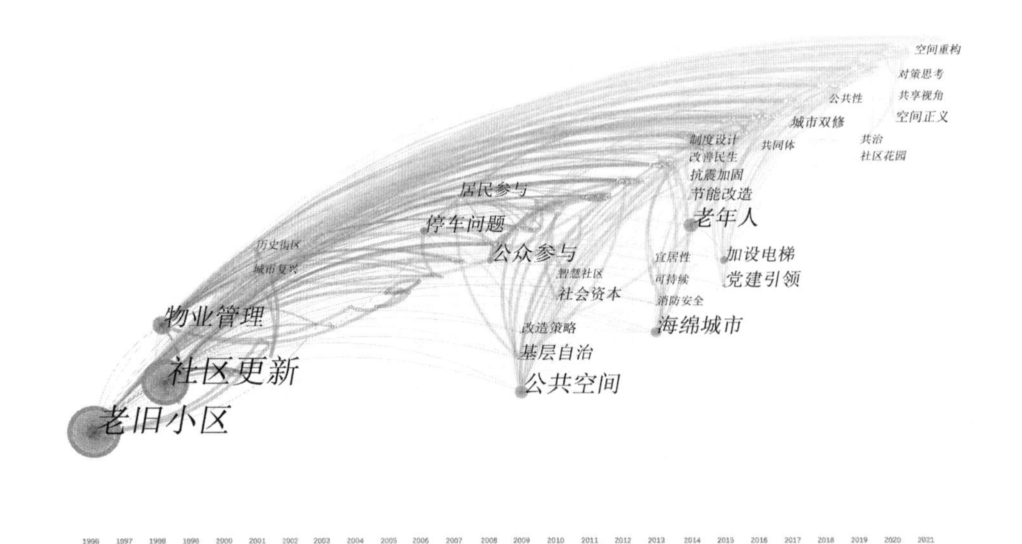

图 1　中文文献关键词时区图

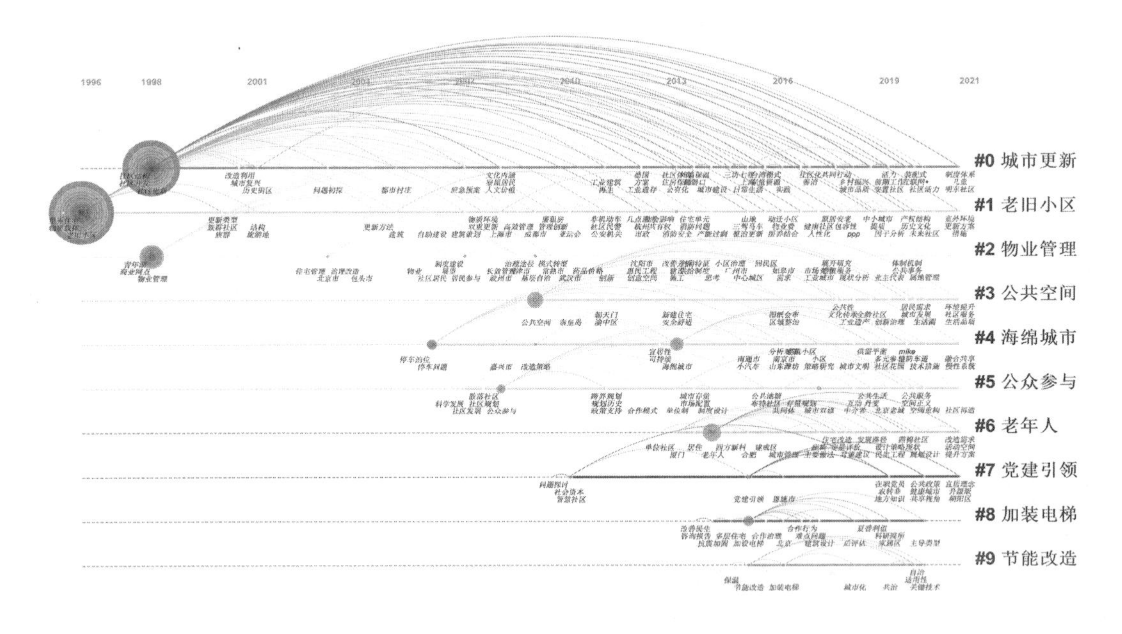

图 2　中文文献关键词 Timeline 视图

国外老旧小区改造的研究方向则更加分散化，随着人本主义思想和可持续发展观的深入人心，西方针对老旧小区改造的研究强调从社会、经济、物质环境多维度的社会综合改造和治理（图 3、图 4）。国外研究与国内研究内容相比大体相似，但以下三个类群的研究较为丰富。

（1）关注不同人群需求与居住公平的研究。关注 children（儿童）、race（种族）、residential mobility（人口迁居）、gentrification（绅士化）等不同人群需求和现象的研究。

（2）关注住房政策影响的研究。研究住房政策及供给体系对于住房市场的影响。

（3）关注住房可持续发展的研究。随着 sustainability（可持续发展）理念的提出，更加强调社会的融合性与多方部门的共同参与，多方利益相关部门在更新过程中也开始发挥更重要的作用。

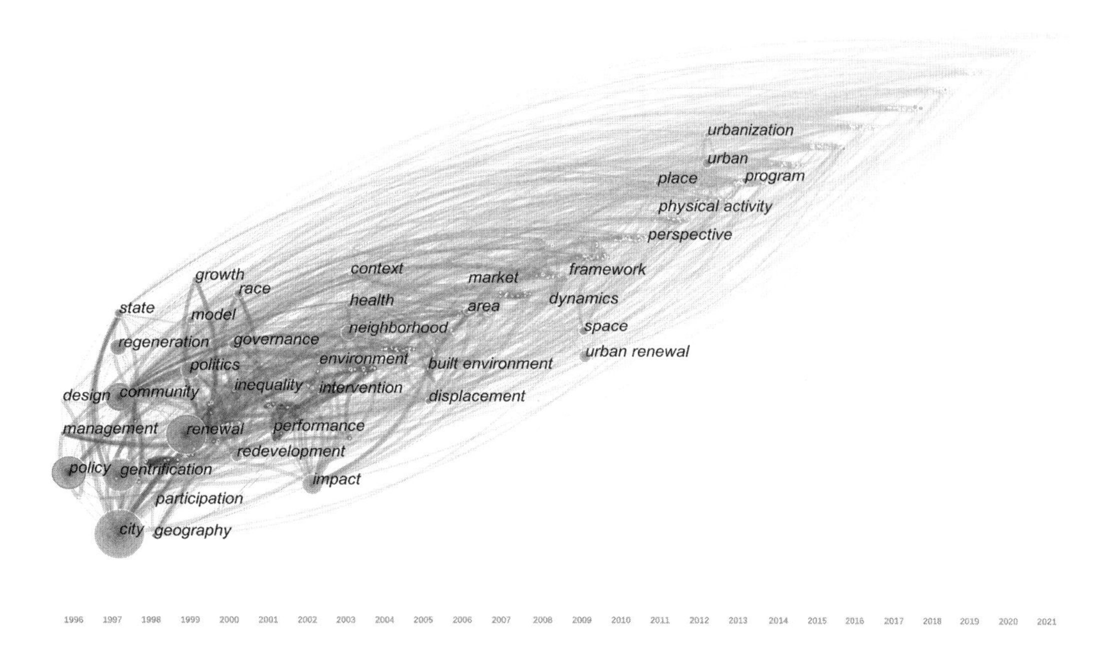

图 3　英文文献关键词时区图

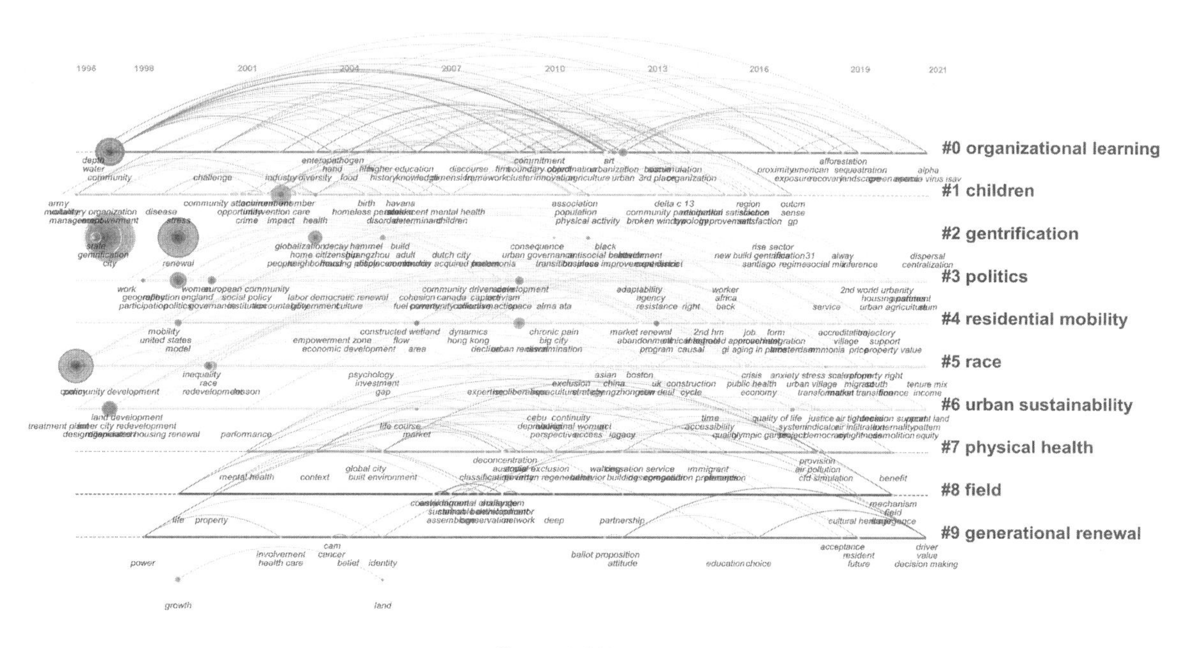

图 4　英文文献关键词 Timeline 视图

图 5、图 6 为关键词突现分析，根据关键词突现分析可以把握老旧小区改造领域突出的前沿动态。国内老旧小区改造研究突现强度最高的是微更新（突现强度为 3.43），说明近年来有关微更新的研究热度相当高，讨论的热点是“城市双修”、海绵化、社会资本、居民自治等。

前25个最强突现词

关键词	强度	起始年份	宗旨年份	1996—2021
城市更新	1.27	2000	2002	
综合整治	2.33	2003	2008	
业主大会	1.82	2003	2012	
停车问题	1.48	2006	2013	
社区参与	1.29	2007	2009	
业委会	2.5	2009	2016	
城中村	0.72	2012	2014	
居民小区	1.22	2013	2015	
物业管理	2.53	2014	2017	
城市建设	1.56	2014	2016	
产能过剩	1.26	2014	2015	
制度设计	1.13	2014	2016	
绿化改造	2.15	2016	2017	
内涝防治	1.08	2016	2017	
社区规划	1.79	2017	2018	
健康社区	0.95	2017	2018	
微更新	3.43	2018	2019	
公共空间	2.14	2018	2019	
社区营造	1.46	2018	2019	
公共环境	1.07	2018	2019	
互联网	0.71	2018	2019	
城市双修	1.47	2019	2021	
海绵化	0.77	2019	2021	
社会资本	0.77	2019	2021	
居民自治	0.62	2019	2021	

图5　中文文献关键词突现分析

Top 25 Keywords with the Strongest Citation Bursts

Keywords	Strength	Begin	End	1996—2021
opportunity	2.63	2001	2003	
context	3.26	2008	2014	
area	2.73	2010	2015	
race	3.13	2012	2015	
state	2.52	2012	2014	
program	5.1	2013	2017	
uk	3.08	2013	2016	
home	2.57	2013	2016	
new deal	2.54	2013	2017	
organization	2.73	2014	2018	
neighborhood	3.67	2015	2019	
perception	3.24	2015	2016	
education	2.7	2015	2016	
model	2.92	2016	2021	
urban renewal	3.58	2017	2021	
innovation	2.44	2017	2018	
system	2.84	2017	2021	
project	2.84	2017	2021	
democracy	2.58	2018	2019	
transformation	2.5	2018	2021	
urbanization	5.37	2019	2021	
price	2.87	2019	2021	
united states	2.48	2019	2021	
cultural heritage	2.39	2019	2021	
transition	2.38	2019	2021	

图6　英文文献关键词突现分析

英文文献中突现强度排名前三的是 urbanization（城镇化）、neighborhood（邻里关系）和 urban renewal（城市更新）。近年来讨论的热点是 transformation（转型）、price（价格）、cultural heritage（文化遗产）、model（模型）等。住宅的更新改造是国外城市更新中重要的一环，如何营造绿色低碳、社会公平、可持续发展的住区空间是国外重点讨论的问题。

3　国内外老旧小区改造研究比较

3.1　住房与小区配套设施改造研究

国外住房改造的研究历史较长，最早可以溯及 20 世纪 30 年代英国的贫民窟改造。1960 年前，英国、美国相继采取了大规模推倒重建的改造方法，并出台了相关住宅法案。但是这种推土机式重建的方式很快受到了大部分学者的抨击，认为损害了原有社区的邻里关系。20 世纪 60—70 年代，以美国、英国、加拿大、法国的城市为代表开始展开带有福利色彩的邻里重建。在凯恩斯主义对社会公平与福利的理想导向下，重点关注弱势群体的社会需求，随后在欧洲各国广泛展开。80—90 年代，西方国家开始出现以市场导向的旧城再开发模式。在受到全球化经济调整与冲击的影响下，对城市进行以市场为导向的、以地产开发为主的旧城再开发模式，刺激地方经济发展，但是在实践中也带来了“绅士化”现象和一系列新的问题。90 年代后期，开始注重人居环境的社区综合复兴。随着人本主义和可持续发展观逐渐深入人心，以英国、欧盟的城市为代表，对城市的物质环境、经济与社会多维度进行综合治理，提出城市和住房的可持续发展策略。

各国政府针对自身的住房问题都出台了相应的政策。虽然各国在社会和住房问题上存在差异，实施的改造手段各有特点，但在注重住宅可持续发展、资源节约、生态举措和节能改造上大致相同。国外住房改造以德国、法国、荷兰、新加坡、英国、美国最具代表性（表 3）。

表 3　西方国家住房改造的相关法规政策及主要做法

国家	住房改造法规	主要做法
德国	1995 年《保温条例》；2000 年《节能条例》	定义住宅节能类型；提升住宅区改造品质；关注弱势群体
法国	《格勒奈勒环境法》（在城市规划法典中，增添该条例）	改造工人住宅区及大型居住区；科学规划，提高公众意识；关注群体利益，融合群体需求；注重生态建设，构建可持续发展社区
荷兰	《住宅法 1901》	渐进式小规模改造；住房分类更新；住区功能多元化改造；居民分批次迁移，稳固邻里关系
新加坡	1964 年《拥房民主政策》；1966 年《土地征用法》；1968 年《中央公积金“公共组屋计划”》；1989 年《种族比例政策》；1999 年《二十一世纪的新加坡》；2003 年《重塑新加坡》	建设公共住宅，土地使用国有化；提升住区生活品质，构建社区生活关系；住房更新体系等级构建，融合城市一体化发展；建立后期维护机制
英国	21 世纪初《城市更新的社区参与：给实践者的指南》；1991 年城市挑战计划；1994 年单一更新预算；1998 年社区新政计划；2002 年住房市场更新探路；2010 年《地方主义法案》；2012 年邻里发展计划	政府主导到公—私—社区参与的转变；专业人员下沉社区，推动公众参与；优化社区生活关系网络，提升社区经济效益
美国	1937、1949、1954 年《住宅法》；1962 年纽约州《私有住房金融法第Ⅷ章》；1965 年《住房与城市发展法》；1966 年《国家历史保护法》；1974 年《住房与社区发展法》1976 年《税制改革法》；1977 年《住房和社区发展法》；1977 年《国家邻里政策法》	清除贫民窟，拆旧建新；小规模更新社区邻里；成立专职管理机构，统筹解决老旧小区改造问题；增值房地产税收制，吸引社会融资；建立 PPP 模式，促进公、私、社区合作模式

资料来源：作者根据中国城市规划设计研究院课题组《城镇老旧小区改造的国际经验借鉴》整理。

我国关于老旧小区的研究起步较晚，相关实践与研究开展于 20 世纪 80 年代。与国外类似都经历了大拆大建、重物质建设轻社会邻里建设的阶段。在具体的改造方案方面，可以参考国外在住区改造上的一些成熟做法。

随着时代的发展和居民对生活品质的需求不断上升，我国老旧小区的配套设施已经难以适应新时期要求。如何使老旧小区的配套设施改造满足新时代居民的生活需求升级是一个重要议题。2018 年《城市居住区规划设计标准》（GB 50180—2018）发布，对城市居住区的分级、配套设施的完善、居住环境品质的保障等方面都提出了新的要求和导向。2020 年住房和城乡建设部发布《智慧社区建设规范》，提出开发面向社区居民的便民服务相关的应用，包括智慧家庭、家政服务、出行服务、邻里互动、社区医疗、居家养老、社保服务等，适用于指导智慧社区的设计、建设和运营。但我国老旧小区目前公共管理和公共服务设施大多面积不足、品质不高，与 2018 年版《城市居住区规划设计标准》（GB 50180—2018）相比存在较大差距。

此外，面对老旧小区普遍存在的老龄化现象，如何涵盖适老化的内容，建设社区医养设施，建立适宜老年人的步行体系、完善室外空间，也是当前我国老旧小区改造的难点之一。

3.2　老旧小区改造中的公共参与研究

国外推进住区改造的时间较早，相关经验丰富，对于公众参与和后期维护有着较为完善的政策体系和实施机制。表 4 列出了各国住房改造中公共参与的一些成熟做法。

表 4　各国住房改造中的公共参与情况

国家	住房改造中公共参与情况
新加坡	探索建立前期研究—参与式规划—共同建设—后期维护的公众参与全流程的机制与框架；通过问卷调查和座谈会，针对性进行内容改造；开展参与式活动，推动社区居民参与的全过程；增加交往的途径、扩展居民融合的空间；公共空间交予社区志愿者进行维护与运营
英国	自下而上的规划形式；制定公众参与的社区规划制度；实行“规划师下沉”，鼓励专业人士进社区，做好持续规划服务；注重公—私—社区合作；形成社区规划师制度，推动专业人员、社区和居民参与改造；第三方组织积极参与社区公共事务的决策；将与居民合作关系的建立作为申请资金的前提条件；社区需求与开发商一致时，简化审批流程，响应社区需求
美国	政府组织机构的创建与创新——城市重建局、住宅与都市发展局、内部机构协调委员会等；成立非营利社区组织——社区发展公司，讨论社区问题；地区调查阶段与居民充分探讨；方案提交阶段召开公众听证会
日本	更新的相关信息进行公示；与居民进行沟通，收集反馈意见；构建协议会制度，作为居民沟通协调平台；居民以个人身份或者通过参加自主组织参与改造；通过协议会、提交意见信、填写问卷等方式参与改造；提出“业主自主更新模式”，突出业主主体地位

资料来源：作者根据中国城市规划设计研究院课题组《城镇老旧小区改造的国际经验借鉴》整理。

我国 21 世纪初结束的上海“平改坡”工程，在具体操作层面已经开始认识到居民参与的重要性，并尝试将其贯穿于改造全过程。但在大部分的老旧小区改造中，尽管采用问卷调查、公示等手段对改造的内容、方式等进行宣传，居民并未真正参与到改造工作中来。

老旧小区改造与居民自身利益息息相关，但应从居民真实的功能需求出发，注重公众参与的宣传工作，鼓励居民自发参与到改造的过程中。在昆山中华北村的综合整治改造实践中，探索建立以街道社区为主体、相关部门协作、专业团队支持、居民共同参与的实施模式，培育居民的主体意识，推动社区共建、共治、共享。2018 年北京市劲松社区在改造之初，街道党委通过发放问卷、召开问需会、构建居民二级议事平台等方式，了解居民的个性化改造需求。冉奥博、刘佳燕指出推进老旧小区改造，完善多方主体参与和协商机制建设，可借鉴日本的协议会制度、北京市“新清河实验”的议事委员会制度等，搭建基层议事协商平台，完善自上而下的需求表达和内部协商机制。

3.3　老旧小区改造的机制体制研究

我国城镇老旧小区改造涉及面广，涉及居民达上亿人，且各地情况差异很大，仅靠以往的政府财政拨款来维持的改造方式不可持续。而老旧小区改造周期长、投资大、收益的不确定性高，导致企业参与的积极性普遍不足。因此，改造资金的来源一直是困扰老旧小区改造的痛点之一。老旧小区改造需要创新体制机制，通过政策激励和引导其他资本的介入，才能将老旧小区改造纳入良性的、可持续的发展轨道。表 5 梳理了新加坡、英国、美国、日本住房改造的资金来源与做法。从各国经验来看，建立政府、社会力量和居民合理共担的机制，扩大资金筹措渠道是有效可行的路径。

表5　各国住房改造的机制与资金来源

国家	改造机制体制	住房改造资金来源与做法
新加坡	由"政府主导、自上而下"演变为"自上而下，居民参与决策项目是否进行"再发展到"自上而下和自下而上相结合"	采取政府主导、居民少量负担的机制；电梯改造、家居方面，政府承担大部分，业主承担小部分；HDB预留专项资金；市镇理事会储备金中的服务养护费，用于电梯翻新、环卫清洁等项目；每个市镇拥有独立的改造资金
英国	PPP模式；从政府主导到公共部门、私人部门、社区三方合作模式；规划师下沉机制；社区建筑师制度	采用招标的方式分配更新资金；公共部门—私人部门—社区共同驱动的三方合作的多元化的社区更新模式；政府向以社区为基础的合作组织分配资金；建立社会企业、合作社等社区经济部门；建立老旧小区改造商业化运营模式
美国	联邦政府主导的"城市更新"；多方合作的"社区重建"	依托政府公共资助带动私人投资；政府发行公债，将房地产增值税作为融资手段；形成"公、私、社区"等多方合作模式；政府及其授权机构创设借贷工具、发行债券、基金补贴、减税等刺激投资
日本	业主自我更新改造模式；协议会制度	政府对关键节点进行资金补助；扩大多种融资渠道，开发新型贷款模式，挖掘市场潜力；容积率奖励

资料来源：作者根据中国城市规划设计研究院课题组《城镇老旧小区改造的国际经验借鉴》整理。

当前我国老旧小区改造中，北京劲松社区改造引入社会资本参与，最终取得了良好的改造效果和高度的社会评价。在劲松社区改造中，授权企业对社区低效空间进行改造和资源盘活。企业获得一定年限的商业场所经营权，收取物业管理、停车管理、养老、托幼等经营费用。通过长期的收益来回收前期的投资成本，实现一定期限内的投资回报平衡，形成老旧小区改造"微利可持续"的市场化机制（图7）。

社区长效运营 + 社区低效空间及资源盘活 + 政府补贴、财政支持

图7　劲松社区改造的"社区自平衡"模式

4　结语

对世界各国来说，老旧小区改造是一个关系到国计民生的长期的重要议题。国外对老旧小区改造的相关研究时间较长，发文数量趋于稳定，研究方向细分，随着人本主义思想和可持续发展观的深入人心，强调从社会、经济、物质环境多维度进行社区更新和治理。国内相关研究起步较晚，但发展很快，从早期关注老旧小区改造的物质空间的提升，到重视改造中的公共参与、机制体制探索、维护资金及可持续性等各个方面，可以预见我国老旧小区改造实践与研究也将呈现出不断细分的趋势。

笔者认为老旧小区改造，未来的研究需要重点关注以下两点：

（1）如何使老旧小区改造满足新时代居民的生活需求升级的要求。适应时代的发展要求，我国老旧小区改造也应该对社区养老、智慧化改造、提升居民的幸福感和获得感等做出回应。

（2）如何将老旧小区改造融入城市更新体系，通过整合碎片化的周边存量资源，统筹多个老旧小区，进而实现城市片区的融合更新。

［参考文献］

[1] 董玛力，陈田，王丽艳．西方城市更新发展历程和政策演变［J］．人文地理，2009，24（5）：42-46.

[2] 翟斌庆，伍美琴．城市更新理念与中国城市现实［J］．城市规划学刊，2009（2）：75-82.

[3] 陈闻喆，张一诺．北京百万庄：社区规划标准迭代升级背景下旧居住区配套设施改造困境与要点［J］．北京规划建设，2020（5）：122-127.

[4] 李灵芝，张嘉澍，仇白羽，等．大规模保障住区养老设施配置优化研究：以南京市为例［J］．现代城市研究，2016（6）：11-15.

[5] 赵立志，丁飞，李晟凯．老龄化背景下北京市老旧小区适老化改造对策［J］．城市发展研究，2017，24（7）：11-14.

[6] 于立，王琪．社区适老性及医养设施建设问题与规划设计对策思考：以厦门为案例［J］．城市发展研究，2020，27（10）：26-31.

[7] 陈烨，张尚武，施雨，等．适老化视角下的上海老旧小区更新与治理路径思考：以上海长宁路396弄工人新村社区调查实践为例［J］．城市发展研究，2021，28（1）：39-44.

[8] 刘勇．旧住宅区更新改造中居民意愿研究［D］．上海：同济大学，2006.

[9] 王承华，李智伟．城市更新背景下的老旧小区更新改造实践与探索：以昆山市中华北村更新改造为例［J］．现代城市研究，2019（11）：104-112.

[10] 冉奥博，刘佳燕．政策工具视角下老旧小区改造政策体系研究：以北京市为例［J］．城市发展研究，2021，28（4）：57-63.

[11] 邢华，黄祖良．老旧小区改造如何“以人为本”?：北京劲松北社区改造中的党建引领与社会资本重塑［J］．上海城市管理，2021，30（5）：23-28.

[12] 陶红兵．城市更新行动的探索与实践：从“劲松模式”谈起［EB/OL］．（2021-10-29）［2021-12-16］．https：//www.bilibili.com/video/BV1Vu411o7He? spm_id_from=333.999.0.0.

［作者简介］

周　静，副教授，任职于上海大学上海美术学院建筑系。

李慧欣，苏州科技大学建筑与城市规划学院硕士研究生。

曾　越，任职于南昌市红谷滩区龙兴街道办事处。

冯文苗，苏州科技大学建筑与城市规划学院硕士研究生。

李久洲，苏州科技大学建筑与城市规划学院硕士研究生。

实用型老旧小区改造设计导则编制的探索与实践

——以《宁波市城镇老旧小区改造设计导则》为例

□刘慧军，祝琪瑞

摘要：老旧小区改造是重要民生工程，也是当前重要的政府工作内容。本文以《宁波市城镇老旧小区改造设计导则》为例，探讨当前老旧小区改造相关标准的缺失与不足问题，介绍了《宁波市城镇老旧小区改造设计导则》的体系构建与主要内容，对《宁波市城镇老旧小区改造设计导则》的特色与创新加以总结，并提出对其他城市的启示意义，希望对相关城市的老旧小区改造工作有所帮助。

关键词：老旧小区；改造；设计导则

1　前言

我国城市旧居住区由于建设年代久远、标准较低，普遍存在环境质量差、配套设施不足、建筑功能不完善、结构安全存在隐患、能耗水耗过高、建筑设备老旧破损等突出问题。党中央、国务院高度重视城镇老旧小区改造工作。习近平总书记在2015年12月召开的中央城市工作会议上指出，要加快老旧小区改造……不断完善城市管理和服务，彻底改变粗放型管理方式，让人民群众在城市生活得更方便、更舒心、更美好。李克强总理在2019年《政府工作报告》中对城镇老旧小区改造工作作出部署，同年6月在国务院常务会议上，提出部署推进城镇老旧小区改造工作，顺应群众期盼、改善居住条件，要明确改造标准和对象范围，加强政府引导和统筹协调、带动消费、创新投融资机制，引导发展社区养老、托幼、医疗、助餐、保洁等服务的相关要求。

2017年12月，住房和城乡建设部发布《住房城乡建设部关于推进老旧小区改造试点工作的通知》，要求坚持先民生后提升的原则，改造内容指向水、电、气、道路等市政设施，无障碍设施和配套设施（适老设施和停车设施）、建筑本体和小区环境。2018年12月1日，住房和城乡建设部选取广州、厦门、宁波等15个城市开展老旧小区改造试点，要求探索因地制宜的项目建设管理机制，强化统筹，完善老旧小区改造有关标准规范，为推进全国老旧小区改造提供可复制、可推广的经验。

2　对相关已有标准的分析

老旧小区改造涉及城市建设的方方面面，如道路交通、建筑改造、市政设施、公共配套、标牌标识、安防设施等，且专业交叉，涉及标准、规范众多，数量庞杂。大量零散的规范、规定及标准、指南在有效指导城市建设的同时，也导致老旧小区改造设计极易顾此失彼，难以有效服务当前老旧小区改造的大面积推广的实际需要。

2017年，中国建筑工业出版社出版了住房与城乡建设部科技与产业发展中心编制的《老旧小区有机更新改造技术导则》，提出根据老旧小区的不同情况提出科学、合理、可操作性强的技术方案和措施，重在提高老旧小区的安全性、舒适性、环境性和生活的便利性，分别从建筑主体、室外环境、设施配套三方面提出技术路径和方法，为老旧小区居住环境整治和功能提升提供技术依据。

2019年中国城市科学研究会推出首个针对旧居住区综合改造的团体标准《城市旧居住区综合改造技术标准（T/CSUS 04—2019）》，提出了旧居住区综合改造应遵守的基本准则和应进行的改造项目及技术标准，具体内容涵盖室外环境、道路与停车、配套设施、房屋、建筑结构、建筑设备6个大类20项改造内容，并以"优选项目＋拓展项目"的菜单式选择模式，分类引导规范各类改造内容。

近两年来，河北、山东、安徽、广州、杭州等省市又相继推出了老旧小区、既有建筑的整治改造标准、导则、指南等技术指引，从另一个角度也说明了制定实用、细致的老旧小区改造设计导则依然具有极为迫切的现实需求。

总体来看，老旧小区涉及的技术标准众多，现行的国家层面的专项标准、导则内容还较为粗放、不够精细，难以适应老旧小区改造；参与人员专业素养参差不齐、基层专业知识不足的实际情况，也无法满足当前国家老旧小区改造全面推进的客观现实需要。且近两年涉及老旧的小区的规范、标准又多有更新，如"海绵城市""15分钟生活配套圈"等新概念、新理念的提出，5G等通信配套设施的大力推进，也导致现行的标准、导则难以有效指导老旧小区改造的实际工作。而2020年以来，新型冠状病毒的暴发，同样为在老旧小区改造中，如何避免类似病毒的扩散，提出了新的挑战。老旧小区改造迫切需要整合多个标准、规范，具有普及专业知识作用的、便于查询的实用型技术导则。

3　宁波市老旧小区改造设计的实践

老旧小区是城市的成长印记，承载着人们对生活最美好的追求与向往。宁波是一座古老的城市，拥有悠久的历史与丰富的城市建设，老旧小区记录了这座城市不同历史时期的社会、经济、建设的发展变迁。当前老旧小区面临的主要问题为：一是建筑、小区及配套设施的老化、破损；二是小区最初的规划设计标准难以满足当代居民的基本生活需要，设施缺乏；三是老旧小区的管理机制缺失，居民精神文化生活消亡。面对城市发展转型带来的城市更新理念的转变，如何提升老旧小区的居住品质，满足人民群众对居住生活空间的基本向往，展现新时期宁波老旧小区的活力与人文特征，是当前城市更新改造的重要课题。

2018年12月1日，宁波市入选城镇老旧小区改造试点城市。为落实试点城市建设的要求，宁波市在浙江省范围内率先开展《宁波市城镇老旧小区改造设计导则》（以下简称《导则》）的编制工作，建立包含编制老旧小区改造设计导则及开发宁波市老旧小区改造管理平台的"一导则、一平台"技术支撑。

3.1　《导则》内容与体系

3.1.1　基本认识

根据宁波市地域特征，在梳理宁波市老旧小区分布、年代、质量、小区风貌、人口构成的基础上，从现状问题、改造意愿、实施难度三个视角分析了老旧小区的居住属性与改造需求的关系，构建老旧小区改造设计需求金字塔。提出老旧小区是基本的公共产品，是城市重要的活动空间，是城市独特的人文载体三个维度层面的基本价值属性。

3.1.2　价值导向

《导则》坚持人本主义的城市更新理念。确立“立核心、定标准、构体系、精设计、巧应用”五步走的技术范式。在《导则》中，以理解城市为基础，从城市居民生活体验出发，把人的需求作为空间改造的核心标准。因此，老旧小区改造核心是以人为本。重点在于实现“以人为本、共建家园；因地制宜、经济适用；品质提升、延续文脉”6个方面的转变，在规划、设计、建设、管理各层面传导《导则》的人文理念。

3.1.3　引导体系

在充分借鉴2个国家级老旧小区改造技术标准、3个省市级老旧小区改造设计导则案例基础上，提出宁波市老旧小区改造以构建“品质小区”“文化小区”“和谐小区”“完整小区”为目标，并分别细化10条应用指引。结合宁波实际，《导则》按照“相关规划要求、改造方案编制、设计要素导则、空间特色营造、项目实施保障”5个方面构建老旧小区改造的全方位实施指南（图1）。

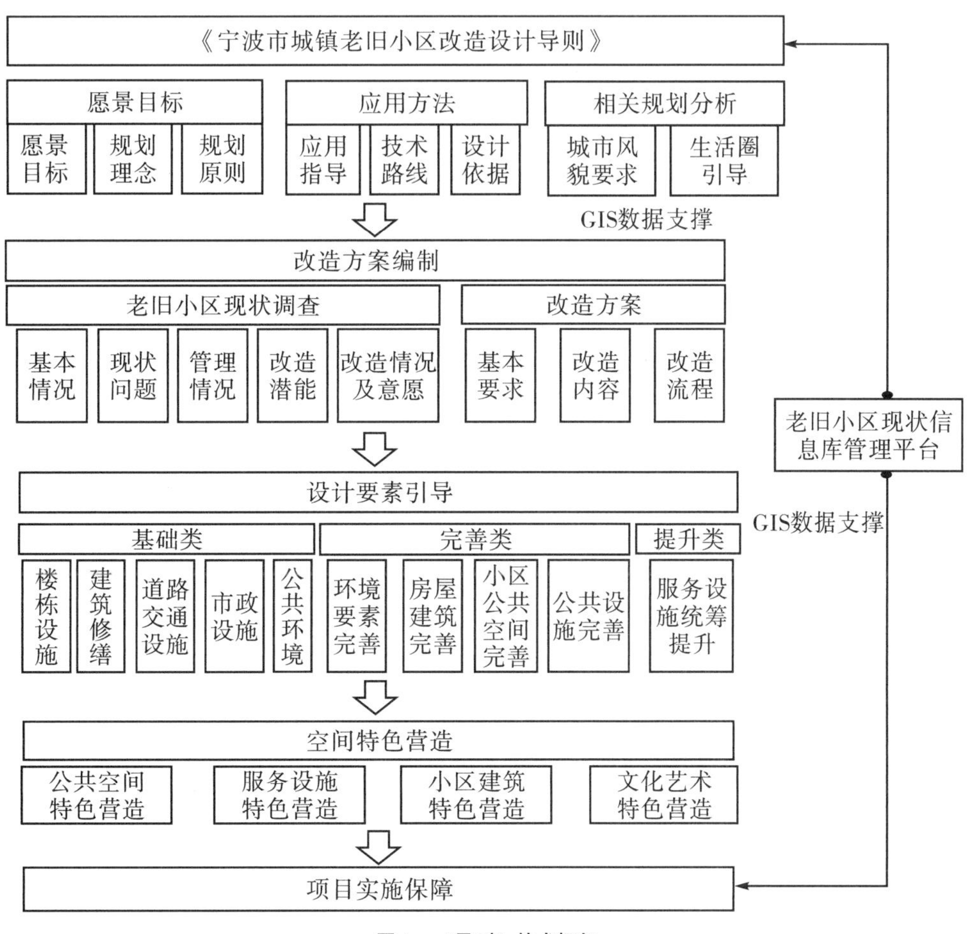

图1　《导则》技术框架

同时，《导则》注重图文并茂、案例分析与实践相结合。梳理整治案例小区 20 余个，借鉴经验案例 30 余个，创新全要素技术应用 70 项。以菜单形式，形成老旧小区改造的要素项目库（表 1），梳理基础类、改善类、提升类 3 个改造大类，共计 10 个中类，落实技术指引，为下一步开展全市范围内的老旧小区改造提供了丰富的案例参考和技术支撑。

表 1 改造要素项目库

大类	中类	要素
基础类（43 项）	1. 楼栋设施（17 项）	单元门、对讲系统、供水设施、排水设施、用电设施、防雷设施、油烟井、雨水管、空调排水管、信报箱、一户一表、管道燃气、屋面防水、楼道照明、楼栋消防、楼栋管线整治、楼道修缮
	2. 建筑修缮（4 项）	外墙治理、建筑户外构造构件、危房治理、适老化出行设施
	3. 道路交通设施（6 项）	小区道路、无障碍设施、拆违及通道清理、小区交通组织、非机动车停车、步行系统及人行设施
	4. 市政设施（14 项）	“三线”整治、楼栋边界智能安防系统、小区边界智能安防系统、消防设施、小区照明、雨污分流、小区防涝及排水整治、管线更新、化粪池、供电设施、环卫设施、广电、移动通信配套基础设施、屋顶光伏发电
	5. 公共环境（3 项）	物理环境整治、绿化修补、围墙清理维修
完善类（19 项）	6. 环境品质完善（3 项）	信息标识、小区绿化美化、公共晾晒设施
	7. 房屋建筑完善（6 项）	电梯加装或更新、外墙整饰、防盗窗与遮阳篷整治、空调机位整治、屋顶整饰、立体绿化建筑节能改造
	8. 公共空间完善（6 项）	开敞活动空间、公共座椅、街巷活动空间、“口袋公园”、小区入口、景观小品
	9. 公共设施完善（3 项）	公共管理设施、信息宣传栏、智慧管理
提升类（8 项）	10. 服务设施统筹提升（8 项）	康体设施、文化设施、老人服务设施、幼托设施、社区卫生服务站、停车设施、快递设施、公共厕所

3.1.4 数字支撑

《导则》同步开发宁波市老旧小区改造管理平台，形成“一平台、一导则”技术支撑，平台内容与《导则》要素深度绑定，建立直观化的数字保障基础。平台采用 B/S 框架，对老旧小区现状、改造进度、改造内容等相关的指标数据进行定制展示，从多维度整体展示老旧小区改造进度的信息，实现老旧小区改造过程“一键录入、图文互访、双向查询、数字分析、地图展示”等多样功能，助力决策管理的科学化、精准化和高效化，提升宁波市老旧小区改造设计及管理的效率。

3.2 《导则》特色与创新

总结提炼《导则》的编制思路、内容框架、技术特色，旨在为全国老旧小区改造提供新的技术经验和实施引导。相比现行团体标准和地方指引，本次《导则》编制具有以下特点：

3.2.1　目标＋要素，双重导向下的导则体系架构

《导则》充分借鉴团体标准《城市旧居住区综合改造技术标准》的目标导向及《广州市老旧小区微改造设计导则》全要素设计的技术指引，吸收各类相关标准的核心要求，创新性提出"目标＋要素"双重导向的引导体系。既保证老旧小区改造设计理念在各部门、各阶段进行传导，达成共识，又能将目标价值传导至规划、设计、建设的技术方案，指导老旧小区改造设计工作。

3.2.2　实施内容导向下老旧小区改造要素分级分类

资金投入的多少决定老旧小区改造内容的多少，以"分类分级"的菜单形式，构建老旧小区改造要素项目库，并对各个要素提出明确的总体要求与设计引导，包含了参考依据、总体要求、设计要点等内容。在设计要素引导的基础上，《导则》同步突出特色营造引导，强化城镇老旧小区的历史传承与风貌建设。

3.2.3　空间一体导向下的老旧小区设施完善探索

《导则》结合空间管控的迫切需求，提出"片区化"改造概念，打破小区围墙边界，统一协调，强化小区内外空间一体化梳理与引导，避免小区红线对空间的割裂，并建议将配套设施的增补纳入控规管理体系中，予以法定化、刚性化。

3.2.4　人本理念导向下的老旧小区改造设计反思

《导则》探索了"人本优先"的设计方法在老旧小区改造层面的创新应用。通过开展广泛的现状调研，深刻反思老旧小区改造、设计及管理等方面存在的不足。根本问题是新的设计规范、标准无法满足老旧小区改造需求，老旧小区改造过程中价值理念、技术标准、配套设施各方面的"人本理念"贯彻不够深刻，且缺乏创新性思维。进而提出在老旧小区建筑改造、小区环境改造、市政基础设施改造、道路交通设施改造等方面的优化建议。

4　对相关城市的启示

4.1　以科学精神统筹现行标准的融合与兼顾

老旧小区改造工作已有诸多标准，但诸多标准之间缺少互相融合，多有冲突。以老旧小区改造中的管线改造为例，燃气公司与电力公司在运的沿墙架设（敷设）0.4 kV 电力线路之间的安全距离，在适用规范依据上出现异议：电力部门采用依据是《10 kV 及以下架空配电线路设计技术规程（DL/T 5220—2005）》表 13.0.9 的要求，即 1 kV 以下配电线路与特殊管道（架设在地面上的输送易燃、易爆物的管道）的最小垂直距离和最小水平距离均为 1.5 m；燃气公司则将此类管道定义为室内燃气管线，套用《城镇燃气设计规范（GB 50028—2006）》和《城镇燃气室内工程施工与质量验收规范（CJJ 94—2009）》，认为燃气管道与电力线路安全距离为 0.25～0.5 m。

本次编制的形式之所以采用导则的形式，目的在于以变通方式，避免标准之间相互打架带来的实施困难，《导则》将多部门的政策要求和技术标准进行综合集成，提炼出关键内容，化繁为简，使其更具有灵活性和实用性。同时《导则》融合公安机关的社区网格化管理、"雪亮工程"、通信部门 5G 基站建设等工作内容，在住房和城乡建设部门老旧小区改造的基础上，综合其他部门的主导工作，便于老旧小区改造作为综合性项目实施推进。

此外，老旧小区改造，水、电、气、暖都有其时代的特殊性，如全部按照新建建筑的标准要求，其难度无异于推倒重来，故而老旧小区改造不能简单套用现行建筑标准。《导则》以其灵活性，寻找老旧小区改造过程中的热点、痛点和难点，同时兼顾老旧小区改造中的资金困难问

题。以建筑保温隔热为例，宁波市部分老旧小区因采用早期尚未定型的外墙保温材料，目前外墙渗水问题突出，这就需要老旧小区的改造因地制宜，结合资金投入，允许在履行一定的程序后铲除外保温层，而非简单套用现行标准中的保温隔热要求。相对于现行标准，《导则》的优势在于在提供有针对性改造的标准同时，提供更多解决问题的思路与方法。

4.2 以“此时此地”充分尊重老旧小区改造的地域性

我国老旧小区种类繁多，现行标准为兼顾各方可行性，多做了较为宽泛的指导要求。但标准若过于宽泛，就无法有效引导老旧小区改造工作，《导则》针对每项改造要素，结合宁波市老旧小区改造的设计经验，进行差异化的深化、细化处理。如关于海绵城市建设，《城市旧居住区综合改造技术标准（T/CSUS 04—2019）》4.3.6 要求：机动车道、人行道、非机动车道、停车场和广场铺装改造时应采用透水铺装。但对多雨的宁波来讲，步道透水材料极易生长青苔，导致路面打滑，这对老旧小区的主要居住人口老年人而言十分不友好，存在很大的安全隐患。《导则》通过地域化的细分，形成更具宁波地方特色的实施指引。

4.3 以翔实内容保障改造工作实施的精细化需求

老旧小区改造涉及居民生活的方方面面，具体而复杂，改造过程中极易出现顾此失彼、管中窥豹的情况。《城市旧居住区综合改造技术标准（T/CSUS 04—2019）》，虽然具体内容涵盖室外环境、道路与停车、配套设施、房屋、建筑结构、建筑设备 6 个大类 20 项改造内容，但相对老旧小区的改造，内容还显单薄。本次《导则》的编制，梳理归纳了“基础、完善、提升”3 大板块 10 项中类 70 项要素的改造实施内容，相比团体标准《城市旧居住区综合改造技术标准（T/CSUS 04—2019）》，内容更为全面翔实，在回答现行标准改为“什么样”的同时，还回答了现行标准不具备的“改什么”“怎么改”等问题。

4.4 以多样性选择破解老旧小区改造的资金约束

相同的改造要素，可以选择的改造方式是多样的。以小区宅间道路为例，材料可以是水泥、沥青、铺装，改造方式可以保持原状，也可以铲除重来，这涉及的居民意愿和改造资金的支持力度。《导则》不是简单地提供某一种标准，而是要提出不同改造方式中需要避免的陷阱与问题。以宁波市老旧小区常见的瓷砖路为例，因雨天湿滑，具有一定的危险性。改造过程中居民强烈要求铲除重建，但对改造后的路面选择，就需要《导则》明确各种方式的优劣。比如改为水泥路面，则原有铺装的基础层可直接使用，缺点是改造不显档次；但如果采用沥青路面，则需要考虑现有基层的承重标准和路面标高抬升带来的其他问题，有可能需要将原有基础层整体铲除，这必然带来成本的增加。但无论如何，改造过程中特别需要注意的是不能简单在原有基础层上直接铺设沥青。类似问题在现行标准中没有统一答案，但《导则》因其灵活性，可以为老旧小区的改造提供更多的选择，回答好不同资金投入下“怎么改”的现实问题。

4.5 以直观化的图文表达满足改造人员的客观需要

本轮老旧小区改造，中央要求突出居民的参与。《导则》面向老旧小区改造设计人员、施工人员、管理人员、政府相关工作人员及热心市民，而从业人员专业素养参差不齐、设计团队的水平也高低不同，只有让相关人员愿意看、看懂了，才能发挥《导则》的作用。因此，不同于专业性标准纯文本的写法，而是通过导则形式，以图文并茂的方式和通俗易懂的语言进行编写，增加文字的易读性和文本的可读性，更好地发挥《导则》的指导作用。

5 结语

总体而言，本次《导则》的编制，目的在于提升老旧小区改造的质量，普及老旧小区改造专业知识，方便相关人员快速、高效地掌握相关基础知识，避免在改造更新中出现顾此失彼、目光短视、重复建设等问题。相对于现有标准，《导则》也更全面、更细致、更具时代性和可读性、易读性。《导则》编制是宁波市创建老旧小区改造试点城市开展的重要工作，以《导则》和平台为保障，开展相关小区改造工作，配套编制民安小区等改造方案，助力宁波市老旧小区改造工作。寄望以《导则》编制为起点，创新设计，重拾宁波老旧小区的活力与魅力。

［参考文献］

［1］王承华，李智伟．城市更新背景下的老旧小区更新改造实践与探索：以昆山市中华北村更新改造为例［J］．现代城市研究，2019（11）：104-112.

［2］阮建，段德罡，雷连芳．宝鸡市老旧小区更新改造规划设计项目评述［C］//中国城市规划学会．持续发展 理性规划：2017中国城市规划年会论文集．北京：中国建筑工业出版社，2017：221-232.

［3］许丽君，刘东方，ZHENG L．百城提质导向下郑州市老旧小区更新整治初探：以郑州市中原区老旧小区为例［C］//中国城市科学研究会．2019城市发展与规划论文集．北京：中国城市出版社，2019：1554-1562.

［4］郑越，朱霞．老旧小区室外公共空间适老化改造研究：以武汉市二桥社区为例［C］//中国城市规划学会．共享与品质：2018中国城市规划年会论文集（02城市更新）．北京：中国建筑工业出版社，2018：1352-1361.

［5］蔡云楠，杨宵节，李冬凌．城市老旧小区"微改造"的内容与对策研究［J］．城市发展研究，2017，24（4）：29-34.

［6］冉奥博，刘佳燕，沈一琛．日本老旧小区更新经验与特色：东京都两个小区的案例借鉴［J］．上海城市规划，2018（4）：8-14.

［7］郑广，颜美玲．浅谈城市老旧小区综合整治的问题与策略［J］．城市建筑，2019，16（26）：91-93.

［8］王振坡，刘璐，严佳．我国城镇老旧小区提升改造的路径与对策研究［J］．城市发展研究，2020，27（7）：26-32.

［9］张晓东，胡俊成，杨青，等．基于AHM模糊综合评价法的老旧小区更新评价系统［J］．城市发展研究，2017，24（12）：20-22，27.

［10］赵立志，丁飞，李晟凯．老龄化背景下北京市老旧小区适老化改造对策［J］．城市发展研究，2017，24（7）：11-14.

［11］吕飞，杨静，戴铜．健康促进的居住外环境再生之路：对城市老旧住区外环境改造的思考［J］．城市发展研究，2018，25（4）：141-146.

［12］刘贵文，胡万萍，谢芳芸．城市老旧小区改造模式的探索与实践：基于成都、广州和上海的比较研究［J］．城乡建设，2020（5）：54-57.

［作者简介］

刘慧军，高级工程师，注册城乡规划师，宁波市规划设计研究院规划一所主任工程师。

祝琪瑞，任职于宁波市规划设计研究院有限公司。

城市更新背景下老旧小区改造要素评定研究

□詹绕芝

摘要：老旧小区改造中存在的诸多问题已经成为我国城市更新发展过程中亟待解决的重点和难点问题。由于现有规范、标准等指导性文件的匮乏，此类改造项目在实际工程中存在诸多问题，如改造内容的不完善、不适宜、不经济、不准确、碎片化等。本文着眼于此系列问题，对西南地区老旧小区改造内容维度进行思考。将罗伯特·G. 赫什伯格的以价值为基础的HECTTEAS价值分析法嫁接到老旧小区改造的前期，通过理论嫁接和实证研究的方法，建立以重要性排序为导向的老旧小区改造要素评定标准。旨在对老旧小区改造内容维度进行要素的横向广度探究，并从深度上进行改造要素的可行性及必要性探究。本文以建立老旧小区改造要素评定标准体系为目标导向，试为我国城市更新中的社区更新提供新的理论基础及应用借鉴。

关键词：老旧小区改造；城市更新；改造要素；评定标准

1 城市更新的时代背景

1.1 城市更新的行业探索必要性

改革开放以来，随着我国城市经济水平的不断提高，大力推进新型城镇化建设，城镇化进程不断加快。在城市进一步扩张的同时，城市旧区也显现出破败的问题，城市更新命题由此展开。我国城市更新的发展伴随城市发展建设一起历经了十几年的发展历程，社区更新作为城市更新大课题的重要内容，成为当下我国城市良性发展中亟须解决的一项重要命题。而我国政府提出老旧小区改造的议题是源于2015年，缘由是自20世纪80年代中后期以来我国大力发展房地产业，每个城市都或多或少存在老旧小区破败老化的问题，老旧住宅逐渐进入老化阶段，亟待进行更新改造。

1.2 老旧小区改造的政策导向性

面对各大中小城市老旧社区中存在的诸多问题，比如建筑风貌破败、市政设施老旧、消防设施缺乏等，从中央到地方政府相继出台了许多政策性文件，以助力解决各地老旧社区中存在的问题。我国需进行更新改造的老旧小区基数大，涉及数千万城市居民的生活居住品质，改造难度也随之增大。因此，老旧小区改造必须从政府层面出发，从中央到地方统一部署、统一安排，才能把这项艰巨的、有利于民生的社区改造工作做好，解决确实存在的城市问题。首先，在中央层面，2015年中央城市工作会议提出了“加快城市老旧住宅改造工作”的议题，并强调了提高城市住区宜居性的重要性；2017 年，住房和城乡建设部正式提出开展老旧小区综合整治工作，鼓励多渠道利用多方资金加快老旧住宅改造工作；2019 年，李克强总理在政府工作报告中再次提出大力改造提升城镇老旧小区；2020 年，国务院办公厅提出关于全面推进城镇老旧小区改造工作的指导意见（图 1)。老旧小区改造涉及范围广泛，当前仍属于探索阶段，虽然各地相继探索出了不同的改造模式，但由于老旧小区改造的研究及发展历程尚短，没有统一的改造模式，且各地区地域性差异大、经济发展不平衡等，适用于各地区的老旧小区改造模式仍然需要继续探索。

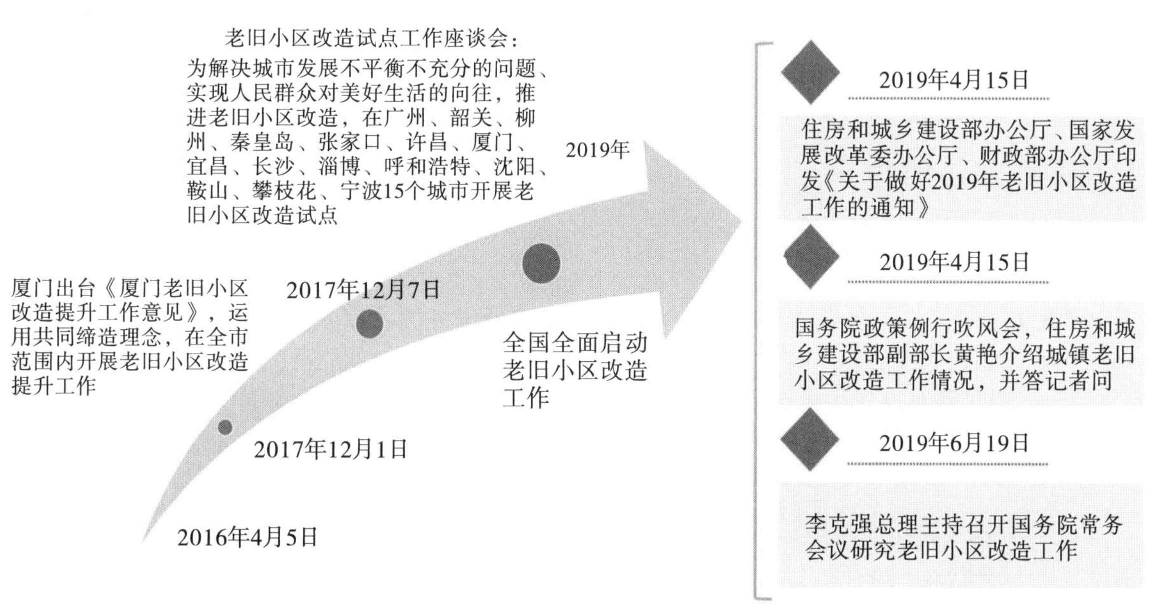

图 1　老旧小区改造发展历程图

2　老旧小区改造实施存在的问题

老旧小区改造是我国当前城市更新中一项重要的内容，改造过程中存在的各种问题需要不断探索研究其解决途径。由于现有规范、标准等指引性规范文件的匮乏，导致此类改造项目在实际工程中存在诸多问题，如改造内容的不完善、不适宜、不经济、不准确、碎片化等问题突出。在老旧小区改造设计及实施层面，西南地区老旧小区改造中存在的主要问题有如下几个方面。

2.1　缺乏有效的改造内容评定标准

在改造内容的横向广度上，缺乏行之有效的指导文件，导致在评定改造内容的时候出现不准确、不经济、碎片化等问题。如此一来，很容易造成有限改造资金的低效利用。

2.2　缺乏规范的改造后验收标准

在改造内容的纵向深度上，缺乏合理的改造后验收标准，容易导致具体改造内容深度上的模糊性。因为没有验收标准，造成了部分改造工程存在工程质量问题。旧区改造类项目又不能完全照搬照抄新建项目的验收标准，因为此类项目是基于现有条件进行设计改造的，很难达到新建项目的验收标准。

2.3 缺乏多元化的融资机制

大部分地区在实施层面缺乏多元化的融资机制，过分依赖政府资金扶持，资金短缺导致很多确实需要改造的内容难以落实到位。

2.4 缺乏有效的公众参与制度

在各地改造过程中，社区居民公众参与力度弱，改造意见难统一，导致设计方的设计意愿跟社区居民的初衷难以达成一致。因此，在这一层面上，政府所起的联系桥梁作用非常重要。

本文针对老旧小区改造内容在实施层面出现不准确、不经济、碎片化等问题，试探讨其改造要素的广度范畴及要素评定标准。

3 研究方法的植入

3.1 CRS策划矩阵法

CRS策划矩阵法是由美国得克萨斯州的CRS事务所创立的，该方法的关键在于如何“寻找问题”，从设计的角度力图寻找问题的本质。为了实现这一目标，他们研究出一种预定的信息矩阵，这种信息矩阵可以提供关于设计问题的全部定义。在设计项目的前期策划中，首要完成这个信息矩阵（图2），这个过程需要业主、设计师等多方共同完成，并最终达成共识。

	目标	事实信息	概念	需求	问题
功能					
形式					
经济					
时间					

图2 CRS策划矩阵

信息矩阵的纵向栏共有4个价值领域（观点或类型）：功能、形式、经济、时间。矩阵的横向栏是5个信息领域：目标、事实信息、概念、需求、问题。设计项目中存在的任何相关信息都可以归入其中一个领域。比如，与设计有关的场地条件、周围环境、气候、技术等相关因素可以归入“形式”领域中；再如，建设目标、用途等因素可以归入“功能”领域。通过将各种有关设计项目的恰当信息填入这种矩阵，最终将有关项目设计的问题定义下来。这种矩阵信息所概括的设计要素是汇总业主、设计师等各方意见并达成共识后填入的。

3.2 HECTTEAS价值分析法

HECTTEAS价值分析法是由美国建筑理论家罗伯特·G. 赫什伯格提出的，该方法是一种以价值为基础的建筑策划法，是在上文CRS策划矩阵的基础上创立的。在CRS策划矩阵的基础上，赫什伯格提出了8个价值领域——HECTTEAS，HECTTEAS是指各个价值领域的英文首字母，H即humanity（人文），包括功能、社会、自然、生理、心理等；E即environment（环境），包括气候、场地、资源、文脉等；C 即 culture（文化），包括历史、制度、政治、法律等；T 即 technology（技术），包括材料、体系、过程等；T 即 time（时间），包括生长、变化、永恒等；E 即 economy（经济），包括资金、建造、运行、维护、能量等；A 即 aesthetic（美学），包括形式、空间、色彩、意义等；S 即 safety（安全），包括结构、防火、化学、个人、犯罪等（图 3）。

价值	目标	事实信息	需求	设计理念
人文				
环境				
文化				
技术				
时间				
经济				
美学				
安全				

图 3　以价值为基础的分析方法—矩阵模式

通过 HECTTEAS 列表，设计师能够快速全面地对建筑方案所涉及的设计要素进行综合性理解。建筑物的基本目的是什么？必须涵盖什么样的行为？是否存在具有特殊需求的可能？场地条件、气候条件、经济条件、安全要求等因素在整个结构中的重要性都将在矩阵中表达出来。然后，在项目中根据每个价值要素的重要性进行优先顺序排列。最终，形成方案的内容以及合适的目标。

这种基于价值要素的研究方法对于我国老旧小区改造要素评定的研究非常具有借鉴意义。该研究方法最为重要的价值在于其研究范围的宏观性，以及各价值要素之间的逻辑关系的表达。我国在城市建设层面，关于城市更新、社区更新的研究在过去的十几年间一直存在，但其研究范畴主要集中在城市空间再设计、社区更新的文化表达、建筑更新等微观层面，对于社区更新的宏观性要素研究则相对缺乏。

4　改造要素的广度界定

随着近几年我国老旧小区改造议题的提出，社区改造内容的多维性展现出来，老旧小区改造议题涉及范围广泛，包括建筑、基础设施、公共服务设施、城市空间规划等所有社区要素。针对这一问题，国务院办公厅出台了《关于全面推进城镇老旧小区改造工作的指导意见》，从宏观层面将老旧小区改造要素分为基础类、完善类、提升类三大类。

4.1　基础类改造要素

基础类改造要素指与居民日常基本生活和安全需要息息相关的要素，主要包括市政基础设施类的改造以及建筑单体中屋面漏水、外墙脱落、楼梯间破损等问题的改造。基础类改造要素可以总结归纳为如下内容：强电系统、弱电系统、给水系统、排水系统、供气系统、道路设施、消防系统、安防系统、垃圾处理设施等基础设施；以及建筑屋面漏水、外墙脱落、楼梯间或建筑外部局部破损等建筑单体内的设施内容。基础类改造要素是居民生命安全与基本生活的保障，是老旧小区改造类项目的核心内容。

4.2 完善类改造要素

完善类改造要素指与居民生活便利需求和生活环境改善需求相关的要素，主要涉及有关社区环境、配套设施、建筑节能、加装电梯等几个方面的要素。完善类改造要素可以总结归纳为如下内容：拆除违法建构筑物、修复绿化、完善无障碍设施和适老设施、规整停车设施、加装汽车充电设施、加设智能快件箱、改善文化休闲设施和体育健身设施等。完善类改造要素是以改善居住生活环境和提高生活便利度为目标的改造，在老旧小区改造类项目实施过程中可根据实际情况来决定其改造的维度。

4.3 提升类改造要素

提升类改造要素指为提升居民生活品质和丰富社区服务供给而进行改造的要素，主要涉及有关公共服务设施建设、社区智能化改造等几个方面的要素。提升类改造要素可以总结归纳为如下内容：改造社区综合服务设施，如加设卫生服务站等公共卫生设施、幼儿园等教育设施、社区智能安防设施等；以及养老、托育、便民市场等社区专项服务设施。提升类改造要素是以提升社区生活品质为目标的改造，可立足经济条件、小区及周边实际条件来进行决策。

5 影响因子深度探析

5.1 经济

社区更新的基础是资金支持，我国老旧小区改造在实施过程中面临最大的问题就是资金短缺，特别是西南地区，对国家资金扶持的依赖度极强，缺乏多元化的融资机制，因此导致社区改造力度停留在极低水平，难以全面改善社区人居环境。在改造实施过程中，设计单位与业主方往往要通过反复多次的经济核算才能最终确定改造要素。对于老旧小区改造项目来说，经济因素无疑是一种极为重要的制约因素。

5.2 技术

社区更新的实施需要有力的技术支持，目前我国技术标准在改造类项目方面存在很大空白，特别是各地针对地方地域特色的改造类标准尚有待推出。在改造实施过程中，技术标准的选用一方面影响改造项目的工程质量，另一方面对工程造价也具有重要的影响。

5.3 文化

社区更新要兼顾整个城市文化的传承，改造即存在一定程度的“破旧立新”，那么，“破”什么，怎样“立”，其中就要深究其文化内涵。纵观西南地区近几年老旧小区改造的成效，由于经济等因素的制约，老旧小区改造通常将目标集中在改善道路、管网等基础设施修缮方面，对社区文化的表达鲜有涉及。

5.4 环境

社区更新的最终目标是提高社区人居环境质量，社区环境是居民赖以生存及活动的空间场所，属于物质空间的范畴。社区环境要素包括：社区自然生态环境要素，比如空气质量、绿地范围、饮用水质等；社会物质环境要素，比如供水、供电、道路等社区基础设施；社区人文环境要素，即社区居民的整体文化水平和社区文化娱乐活动。社区改造需要从这几个环境要素出发，为社区居民改善其居住环境品质。

5.5　居民意志

社区更新服务的人群是居民，居民在老旧小区改造议题中占据着重要地位，居民意志是老旧小区改造成功与否的关键所在。就社区更新而言，无论是政策引导还是学者倡导，居民参与制度一直被强调其重要性。因此，在改造过程中需要建立一系列完善的居民参与制度，让广大居民参与到改造活动中来。在老旧小区改造的改造内容决策阶段，应该提高居民的参与度，有效、及时地表达居民意志。

5.6　政府意志

我国社区更新的执行者大多是各级地方政府，地方政府的意志才是最终确定改造内容的关键。老旧小区改造作为一项政府行为，其内部的管理执行机制尤为重要。政府应做好顶层设计工作，充分整合各方资源，建立健全各部门协调机制，明确各方主体责任，有效协调配合各方工作。对于老旧小区改造类项目，政府作为主要决策者，应该在深入现场调研的基础上，从提升社区生活品质和传承历史文脉的角度出发，进行社区基础设施、公共服务设施的改造。

6　改造要素评定标准体系建立

6.1　改造要素分类

老旧小区改造涉及内容广泛，其改造维度的判定存在一定的难度。根据相关部门的指导意见，其改造要素可分为基础类、完善类和提升类 3 个大类。针对经济水平相对落后的西南地区，可将老旧小区改造要素简化为两个大类：基础类和完善提升类。再在此基础上进行细分，根据多个项目的工程实践总结及汇总政府、居民等多方意见，将老旧小区改造要素进行归类（表 1）。

表 1　老旧小区改造要素分类列表

分类	大类	小类	改造要素
基础类	建筑本体	1. 楼栋设施	楼栋门、楼栋“三线”、消防设施、供水设施、排水设施、用电设施、楼道照明、防雷设施、雨水管、一户一表、管道燃气、防盗网和雨篷整治
		2. 建筑修缮	屋面防水、出入口适老设施
	小区服务设施	3. 服务设施	环卫设施、康体设施、文化设施、老人服务设施
	小区基础设施	4. 小区道路	消防车道、机动车道、步行系统、无障碍设施、拆违及通道清理
		5. 基础设施	雨污分流、化粪池、“三线”整治、安防设施、消防设施、道路照明、排水整治、供水管网、供电设施
	小区环境	6. 公共环境	小区绿化、围墙清理维修、信息标识系统

续表

分类	大类	小类	改造要素
完善提升类	建筑本体	7. 房屋建筑提升	外立面整饰、楼道修缮、加装电梯
	公共空间	8. 小区公共空间	公共座椅、景观小品、开敞活动空间、“口袋公园”
	设施提升	9. 公共设施提升	停车设施、非机动车设施、信息宣传栏、公共管理设施、快递设施、智慧管理

在实际工程中，老旧小区改造维度的判定存在一定难度，笔者在工程实践经验中总结出了一种评定方法，即ETCSRG因子评定法。

6.2 ETCSRG因子评定法

改造维度的评定以与其关联的影响因子作为主要评价指标，将影响因子进行定量转化，目的在于直观判断改造要素的重要性排序，最终根据改造要素的重要性排序来进行决策，以提高老旧小区改造内容的恰当性。整个评价体系以表格的形式来进行，对改造要素和影响因子进行关联性研究，对各个改造要素进行影响因子的量化分析，继而得出改造要素的综合评分，最终根据综合评分进行改造要素的重要性排序。

为了简化表格，将经济、技术、文化、环境、居民意志、政府意志等影响因子以大写首字母的方式表达（表2）。

表2　ETCSRG因子评定表

分类			改造要素	影响因子（1～3分）						综合评分	综合定性
大类		小类		E	T	C	S	R	G		
基础类	建筑本体	1. 楼栋设施	楼栋门等								
		2. 建筑修缮	屋面防水等								
	小区服务设施	3. 服务设施	康体设施等								
	小区基础设施	4. 小区道路	消防车道等								
		5. 基础设施	雨污分流等								
	小区环境	6. 公共环境	小区绿化等								
完善提升类	建筑本体	7. 房屋建筑提升	外立面整饰等								
	公共空间	8. 小区公共空间	公共座椅等								
	设施提升	9. 公共设施提升	停车设施等								

注：(1) E—经济；T—技术；C—文化；S—环境；R—居民意志；G—政府意志。

(2) 影响因子量化办法：每个因子的影响程度打分（1分、2分、3分）。

(3) 改造要素的综合评分＝E+T+C+S+R+G。

(4) 改造要素综合定性：★重要（14～18分）；▲一般（9～14分）；●不太重要（0～9分）。

6.3　实证：西南地区某小区改造要素评定

6.3.1　改造要素评定示范

以下以西南地区某老旧小区改造要素评定为例（表 3），进行 ETCSRG 因子评定法应用示范，由于改造要素内容过多，在此仅进行部分要素评定示范。

表 3　西南地区某小区改造要素评定示范表

分类			改造要素	影响因子（1～3 分）						合评分	综合定性
大类		小类		E	T	C	S	R	G		
基础类	建筑本体	1. 楼栋设施	楼栋门	1	1	1	1	3	1	8	●
		2. 建筑修缮	屋面防水	2	2	1	1	3	3	12	▲
	小区服务设施	3. 服务设施	环卫设施	3	3	2	3	3	3	17	★
	小区基础设施	4. 小区道路	消防车道	3	3	3	3	3	3	18	★
		5. 基础设施	雨污分流	1	2	2	3	3	3	14	★
	小区环境	6. 公共环境	小区绿化	1	1	3	3	2	3	13	▲
完善提升类	建筑本体	7. 房屋建筑提升	外立面整饰	1	1	3	2	3	1	11	▲
	公共空间	8. 小区公共空间	景观小品	1	1	1	1	2	1	7	●
	设施提升	9. 公共设施提升	停车设施	3	3	1	3	3	3	16	★

注：(1) E—经济；T—技术；C—文化；S—环境；R—居民意志；G—政府意志。

(2) 影响因子量化办法：每个因子的影响程度打分（1 分、2 分、3 分）。

(3) 改造要素的综合评分＝ E＋T＋C＋S＋R＋G。

(4) 改造要素综合定性：★重要（14～18 分）；▲一般（9～14 分）；●不太重要（0～9 分）。

6.3.2　综合改造要素评定结果

改造要素通过一一进行评估后，得出以下改造内容的最终确定（表 4）。

表 4　西南地区某小区改造要素确定表

分类	大类	小类	本次项目改造内容
基础类	建筑本体	1. 楼栋设施	管道燃气
		2. 建筑修缮	屋面防水、楼道修缮、出入口无障碍设施
	小区服务设施	3. 服务设施	环卫设施、康体设施、文化设施
	小区基础设施	4. 小区道路	消防车道、机动车道、步行系统、拆违及通道清理

续表

分类	大类	小类	本次项目改造内容
基础类	小区基础设施	5. 基础设施	雨污分流、化粪池、“三线”整治、消防给水设施、道路照明、排水整治、供水管网、弱电设施
	小区环境	6. 公共环境	小区绿化、围墙清理维修
完善提升类	建筑本体	7. 房屋建筑提升	外立面整饰、立面外露管道整饰
	公共空间	8. 小区公共空间	公共座椅、开敞活动空间
	设施提升	9. 公共设施提升	机动车停车设施、非机动车停车设施、信息宣传栏、快递设施、智慧管理

改造要素的最终确定需要设计师、政府、居民多方参与后评定，以上的改造内容评定标准仅仅作为一项研究结果供决策者参考。改造内容评定标准作为一项研究结果，能够提高决策的合理性，让决策者通过矩阵表格清晰看到需要改造要素的广度，以及改造要素的重要性排序，以便于前期决策。

7 结语

我国老旧小区改造正在逐步推行，将对我国城市更新、建筑发展及城市居民生活环境产生深远影响，具有极其广泛和重要的社会意义。其改造过程中面临的各种问题在当下逐步显现出来，比如缺乏有效的融资机制、居民参与力度不足、改造内容碎片化等。在时下急迫的政策导向下，针对改造内容碎片化等问题，出台适宜的地方技术标准无疑是最为关键的顶层决策任务。

老旧小区改造作为城市更新中一个重要部分，将伴随着城市更新一起贯穿于整个城市的发展进程。其改造模式研究应从多维视角展开，从宏观到微观形成有机更新体系，而非传统的“大拆大建”抑或是“蜻蜓点水”式改造。因此，有关老旧小区改造的更适宜的改造模式还有待进一步研究，相关的各类改造评定标准也有待推出，以此指导决策、设计、施工等工程环节。

［参考文献］

［1］刘贵文，胡万萍，谢芳芸．城市老旧小区改造模式的探索与实践：基于成都、广州和上海的比较研究［J］．城乡建设，2020（5）：54-57.
［2］吴二军，王秀哲，甄进平，等．城市老旧小区改造新模式及关键技术［J］．施工技术，2020，49（3）：40-44.
［3］樊舒舒．老旧小区改造中居民参与度的定量评价及仿真研究［D］．南京：东南大学，2018.
［4］杨梦．城市更新背景下老旧社区改造中居住环境质量提升的设计方法研究：以南宁路社区改造项目为例［D］．青岛：青岛理工大学，2017.
［5］李德智，张勉，关念念，等．老旧小区改造中居民参与度影响因素研究：以南京市为例［J］．建筑经济，2019，40（3）：93-99.
［6］代欣召，王建军，董博．社区更新视角下广州市老旧小区改造模式思考［J］．上海城市管理，2019，28（1）：26-31.
［7］陈聪．城市老旧社区外环境微改造研究：以长沙市云麓园社区为例［D］．长沙：中南林业科技大学，2019.
［8］马辉，王云龙，王静．旧城住区改造项目中公众参与主体选择研究［J］．项目管理技术，2017，

15 (3)：43-48.
[9] 张玲. 旧居住区改造问题研究：以天津为例 [D]. 天津：天津大学，2017.
[10] 郤艳丽，白梦圆. 老社区改造决策中的多元主体博弈与平衡：以北京市某社区改造为例 [J]. 规划师，2015，31 (4)：48-54.
[11] 史瑛喆. 台湾参与式社区规划中专业人士角色职能研究 [D]. 天津：天津大学，2016.
[12] 庄惟敏. 建筑策划导论 [M]. 北京：中国水利水电出版社，2000.
[13] 赫什伯格. 建筑策划与前期管理 [M]. 汪芳，李天骄，译. 北京：中国建筑工业出版社，2005.

[作者简介]

詹绕芝，注册城乡规划师，工程师，任职于云南省设计院集团有限公司。

建设共同富裕示范区背景下探索老旧小区改造新模式

——以绍兴市为例

□刘　欣，邱钟园，谌燕灵

摘要：开启共同富裕浙江省域示范是国家作出的重大战略部署。为加快实现公共服务优质共享、基本公共服务均等化的发展目标，通过全面推进城镇老旧小区改造工作，提升中低收入群体的居住环境，提高居民生活品质。城镇老旧小区作为实现共同富裕现代化的基本单元，受到浙江省委省政府的高度重视。近年来，全省各地政府积极响应国家政策，加快推进老旧小区的改造更新工程，并以未来社区等先进理念不断创新老旧小区改造实践。绍兴市作为老旧小区大量分布的历史名城，在全省范围内率先开展了老旧小区摸底调研、技术导则修编、政策制定等方面的研究工作，为后续扎实推进老旧小区改造打下了基础。本文以绍兴市为例，通过梳理老旧小区改造的相关规划与实践，总结了绍兴市城镇老旧小区改造历程，再以绍兴市片区更新规划为典型案例，提出老旧小区片区统筹改造的新模式。

关键词：共同富裕；老旧小区；片区更新规划；绍兴市

老旧小区改造是关乎民生福祉的重要工程，也是近几年中央民生工作的重要内容。从增量时代到存量时代，全国旧居住区改造作为城市更新的重要内容，经历了从起初对成片棚户区的大拆大改转变为“绣花式”的社区微更新，再到全面推进21.9万个老旧小区的改造工作。根据2020年7月国务院办公厅印发的《关于全面推进城镇老旧小区改造工作的指导意见》，“到‘十四五’期末基本完成2000年底前建成的需改造城镇老旧小区改造任务，到2022年基本形成城镇老旧小区改造制度框架、政策体系和工作机制”。为更好地指导全国老旧小区改造工作，住房和城乡建设部连续印发《城镇老旧小区改造可复制政策机制清单》（建办城函〔2021〕203号），公布了一批可复制可推广的政策机制供地方政府学习借鉴。

已有文献多将老旧小区改造作为社区规划的重要内容进行研究，旨对社区物质环境进行综合整治和修缮。在微观物质空间层面，社区规划主要关注居住建筑、商业购物、内外交通、公共配套、绿地游憩等居住设施的完善和景观环境的提质，从而塑造宜人的社会空间和人居环境。直接针对老旧小区改造的研究较少，且多聚焦于老旧小区建筑环境的改造修缮。另外，已有文献还关注老旧小区改造过程中涉及的公众参与、改造模式、运营管理、治理体系和政策制定等方面的研究，较少从大片区规划统筹入手，对城市旧居住空间进行综合研究。在2020—2021年新开工的10.12万个老旧小区的改造过程中也面临了诸多问题，包括简单的建筑外立面更新难以满足居民诉求、阶段性的改造模式难以彻底解决弊端、公共服务配套欠缺长期运营管理等，因此老旧小区改造的统筹规划工作十分必要。

习近平总书记于2020年8月在扎实推进长三角一体化发展座谈会上指出："长三角区域城市开发建设早、旧城区多，改造任务很重，这件事涉及群众切身利益和城市长远发展，再难也要想办法解决。"绍兴是首批国家历史文化名城，也是长三角地区的重要代表性城市。改革开放以来，随着城镇化进程的快速推进，绍兴市特别是越城区内的老旧小区分布规模大、改造困难，同时也面临基础设施失修、公共环境不佳、公服配套短缺、小区停车困难、历史文化彰显不足等问题。随着近年来老旧小区综合改造工作的推进，绍兴市在老旧小区改造过程中积累了大量的规划和实践经验。浙江省作为高质量发展建设共同富裕示范区，在推进老旧小区改造过程中有了新目标和新要求，通过对绍兴市老旧小区改造的历程回顾、规划编制总结、典型案例梳理等，探索共同富裕背景下城镇老旧小区改造的新模式。

1　绍兴市老旧小区改造历程

与相邻的杭州市等长三角地区城市相似，绍兴市老旧小区具有以下特征：一是集中分布在老城区，区域位置好、人口密度高、老龄化程度高、公共服务水平低，同时历史文化底蕴深厚，空间肌理多样。二是总体在建筑本体质量、居住环境、交通道路、配套设施、管理机制等方面存在短板，部分小区还存在消防通道侵占、市政管线老化等安全隐患，无法满足居民对美好生活的需要，居民要求改造提升的意愿十分强烈。

1.1　单一工程改造和环境提升的1.0阶段

2019年之前，绍兴市以棚户区改造、美丽示范街创建、城市环境提升等工程推进了区域和街道沿线的老旧小区改造，这一阶段以一个或几个单项改造工程为主，以安全、美观为主要目标，以整治提升为主要手段，以部门为主要实施和推动主体。针对老旧小区的改造实践，主要采取以改善基础设施、美化环境、提升建筑外立面为主的更新方式。这一阶段的工作有效改善了小区的居住环境并取得了一定的效果，具有如下特点：围绕单项改造工程或针对某一特定改造项目开展，如截污纳管工程、小区停车位改造等；以单个部门主导为主，有专项资金支持。经过改造的老旧小区品质有所改善，居住环境得到了明显提升。然而，由于条线式的改造过程中各部门之间缺少协作，存在多次改、反复改的问题。另外，示范街和道路环境提升工程只改造了小区沿路界面，整个老旧小区的空间环境品质没有得到全面提升。

1.2　老旧小区综合改造的2.0阶段

2019年10月19日发布的《绍兴市老旧小区综合改造提升工作实施方案》拉开了绍兴市老旧小区综合改造的序幕。改变了过去单项工程的改造模式，转为面向基础设施、公共服务设施、空间环境、场景文化和社区治理等多方面的综合改造提升。实施主体由原来的部门转为各街道和社区。这一阶段针对单个老旧小区开展改造工作，小区的建筑本体、基础设施和公共空间等方面得到了全面的提升，居民生活品质得到大幅度提升。相较上一阶段，这一阶段的改造具有如下特点：以街道、社区为主体，部门提供技术支撑，更好地发挥了街道、社区与居民的多元协调沟通作用；由住房和城乡建设部门牵头、各部门协作，具有专项资金保障（部分小区还申报了央补资金）；实施过程中有一定的公众参与，改造过程具有相关的技术规范、政策等的支撑。

经过综合改造，小区整体面貌和基础设施得到了很大改善，小区居住空间环境得到了提升。

但改造主体和改造方案仍聚焦于单个老旧小区，对于分布较为零散、规模较小、基础条件欠佳的小区而言，较难通过改造工程来完善各类配套设施和休闲公园等。

2 建设共同富裕示范区背景下的新要求

浙江省围绕老旧小区改造工作开展了多方面尝试，不断提出新思想、新理念和新要求。早在2013年3月省政府办公厅发布的《浙江省人民政府关于在全省开展“三改一拆”三年行动的通知》中就作出了“三改一拆”决策部署，在全国范围内率先深入开展旧住宅区、旧厂房、城中村改造和拆除违法建筑等专项行动。浙江省紧跟国家政策，在浙江省省长袁家军主持的2019年浙江省政府工作报告中提出实施城市有机更新，推进老旧小区改造。在接下来的政府工作中，浙江省围绕有机更新和老旧小区改造工作，推出城市配套设施完善、邻里中心全覆盖、未来社区试点建设、实现“六个有”目标、全面实施城镇老旧小区改造和城乡风貌提升等新的工作要求。总体而言，老旧小区在更新内容方面，一是结合新冠疫情防控，着力解决小区防疫功能不完善、公共空间防疫设施不足、防疫管控不到位等问题；二是结合未来社区与生活圈理念，加强老旧小区改造过程与最新规划技术手段的对接；三是根据《浙江省老旧小区改造技术导则（征求意见稿）》内容，切实提升老旧小区人居环境品质。

党的十九届五中全会《中共中央关于制定国民经济和社会发展第十四个五年规划和二〇三五年远景目标的建议》对扎实推动共同富裕作出重大战略部署，并在《中共中央国务院关于支持浙江高质量发展建设共同富裕示范区的意见》（以下简称《意见》）中得到进一步深化，认为新发展阶段应更加关注人民生活富裕富足、精神自信自强、环境宜居宜业、社会和谐和睦、公共服务普及普惠。《意见》指出，我国城市发展仍处于不平衡不充分阶段，其中城乡区域发展、人民生活品质和收入分配仍存在较大差距，以先富带动后富、保障中低收入及困难群体是加快推进浙江省共同富裕示范区建设的重要途径。对此，中共中央提出加快实现公共服务优质共享、基本公共服务实现均等化的发展目标，通过全面推进城镇老旧小区改造，提升中低收入群体的居住环境，有助于推进全体居民生活品质迈上新台阶。

浙江省计划到2022年推进超2000个城镇老旧小区的改造工作。其中，绍兴市处于城市开发建设相对成熟的长三角地区，集中分布了大量老旧小区。经过近两年的老旧小区改造实践，对城镇老旧小区物质空间环境的简单更新尚不能满足城镇居民对生活品质的诉求，还需从城市全域规划视角出发的角度，统筹城镇空间设施资源、补齐配套公共服务设施短板。

因此，本文以共同富裕为根本建设目标，以绍兴市为例探索城镇老旧小区改造3.0版，从片区全域统筹老旧小区改造、公服设施配套和改造工作计划，总结可复制政策机制和多类型改造经验，形成可持续的老旧小区改造新模式。

3 绍兴市老旧小区片区改造3.0实践

绍兴市老旧小区改造工作已经从单一工程改造的1.0版本转向以小区为对象，实施包括建筑、基础设施、道路、绿化等多项综合性改造的2.0版本。通过近几年的规划实践，探索推进连片改造、提升品质、完善配套、共同富裕的片区老旧小区有机更新新模式（3.0版本）。

绍兴市在省老旧小区改造指导意见、共同富裕和城乡风貌提升等要求下，制定的具体工作路径为“制定技术导则（技术指引）——开展片区规划——实施改造方案”。

3.1　制定技术导则

为了进一步规范和指导全市老旧小区综合改造提升工作，在国家、省相关文件要求的指导下，以安全、绿色、健康、智慧、友好为目标，以管理部门、实施部门、设计单位、居民为使用对象，结合实际制定了《绍兴市老旧小区综合改造技术导则》（以下简称《导则》）作为纲领性指导文件。制定了一套工作流程：前期工作组织—规划—改造设计—组织施工—后续管理，更注重老旧小区改造全过程。提出一套规划方法："片区规划＋单元改造设计"。形成一套技术指南、四大改造内容、两级改造标准。规定一套成果要求：片区规划成果＋改造设计成果＋附件。

《导则》提出老旧小区改造要从"单项工程"向"综合事务"转变。要先制定规划，再编制改造方案，统筹协调，打通现状壁垒；积极推进资源和空间整合，更好地利用零星低效的用地和建筑等闲置资源潜力，解决当前需求缺口；改造范围不仅局限于小区本身，还要求通过现场调研，把小区周边背街小巷、存量用房、公共环境一并纳入改造范围，统筹制定改造方案；合理有序地实施改造提升工作，更全面准确地达成改造目标。

根据国家、省关于老旧小区、完整社区、未来社区等方面的最新要求，绍兴市探索了片区更新模式，先后补充制定了《绍兴市老旧小区综合改造片区规划编制大纲》《绍兴老旧小区综合改造"邻里中心"配建指引》等内容，不断完善绍兴市老旧小区改造的技术指导体系。

3.2　开展片区规划

绍兴市越城区、柯桥区、上虞区、诸暨市、嵊州市和新昌县6区（县、市）开展了老旧小区片区规划，坚持区域统筹协调，实行片区化更新改造，结合各区已开展的老旧小区综合改造片区规划，梳理和汇总分年度实施计划。

划定了"片区—改造单元—小区"三个层面，片区层面编制规划和实施计划，改造单元和小区层面编制改造方案。

划定片区：以一个或多个社区行政边界为基础，将老旧小区集中的片区为改造对象，参考300～500 m的5分钟生活圈服务半径，划定老旧小区综合改造的片区规划范围。原则上要求一个片区内配套一处"社区级邻里中心"，包含社区教育（幼儿园、托儿所）、卫生站、文化活动室、多功能运动场、养老服务站、社区办公用房、社区安全用房（微型消防站等）、便民商业设施等八项设施内容。

划定改造单元：将小区周边背街小巷和潜力空间一并纳入改造范围，形成一个改造单元，统一设计、同步实施。鼓励各零散的小区打破围墙边界，进行整合统一管理、共享配套设施（图1）。

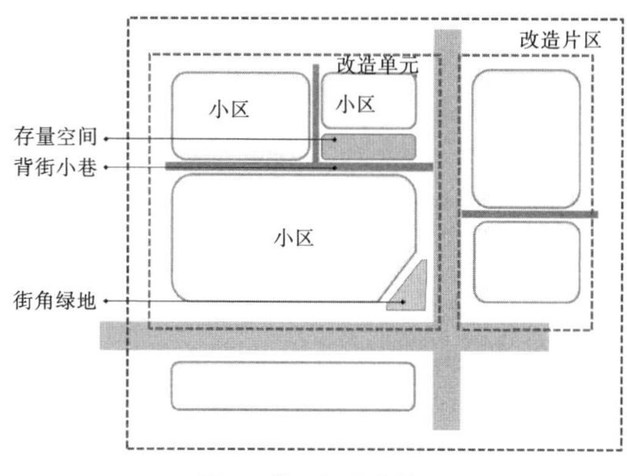

图1　片区与改造单元

划定老旧小区范围：一般沿城市道路、自然支线（如河流、围墙等）划定，针对零星的住宅楼宇、平房与楼房相互穿插成片的住宅，可结合实际情况串联、组合划定老旧小区的范围，越城区老旧小区改造范围的划定一般有完整型、分散型、融合型三种类型（图 2）。

小区相对独立封闭，由城市道路、自然支线（如河流、围墙等）划分

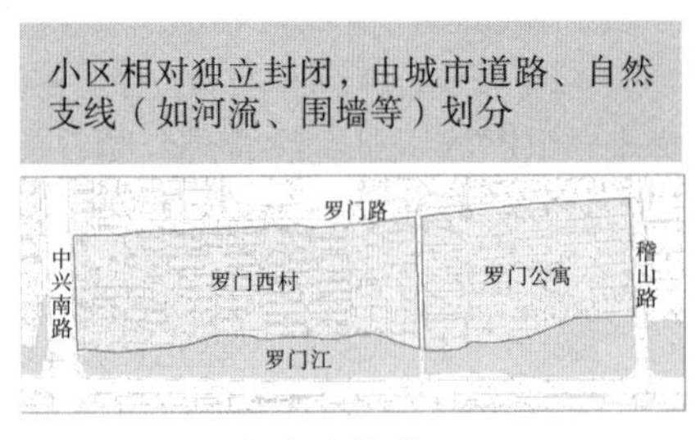

（1）完整型

住宅楼宇呈零星分散，由城市道路串联或楼宇名称上有关联（和畅堂29、59）

人民中路
人民路区块1
人民路区块2
人民路区块3
绍兴儿童公园

（2）分散型

平房与楼房相互穿插成片，由背街小巷、围墙等划分

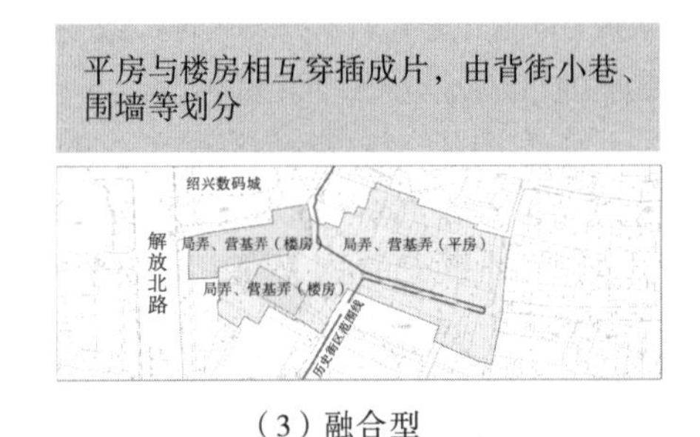

（3）融合型

图 2　老旧小区范围三种类型

以越城区老旧小区片区规划为例，片区规划开展了以下四方面工作。

（1）摸清现状底数并形成数据库。

过去老旧小区改造主要由政府部门作为实施主体，改造小区的底数往往采取自下而上的方式获取。以往绍兴市老旧小区改造由社区上报、政府部门统筹，社区往往缺乏基础数据和专业技术指导，如错把用地面积作为建筑面积上报。而老旧小区改造资金是以建筑面积为基数，按照每平方米单价进行资金测算的，直接导致该小区改造资金不足。由于改造规模大，全市、全区层面很难核查。这就需要先行开展规划工作，开展专业的老旧小区底数的调查，并形成统一的数据库，将小区名称、规模、空间位置一一对应。同时为后续老旧小区改造排定计划，划定改造单元，为制定改造范围打下基础。

（2）划定改造片区和改造单元。

在越城区老旧小区集中分布的地区，以社区行政边界为基础，参考 5 分钟生活圈服务半径，结合社区规模和实际情况，将一个较大社区划定为多个片区或将两个较小的社区划定为一个片区，根据这个原则将越城区老旧小区划定为 44 个改造片区和若干个改造单元。每个片区包含多个改造单元和至少一个邻里中心、一个社区公园。每个改造单元包含多个小区和待改造的背街小巷、低效空间、存量用房等。

（3）评估配套和挖掘潜力空间。

划定片区后，在片区范围内开展 5 分钟生活圈的配套评估、潜力空间挖掘工作。梳理出可利用、可更新的闲置建筑室内空间和户外空间作为未来改造利用的潜力空间，用于增补生活服务配套和休闲活动的交往场所。

在越城区古城范围内，根据片区规划，至 2025 年 21 个片区规划布置 21 处邻里中心，其中

利用存量用房改造17个，新建4个。通过在老旧小区改造过程中推进邻里中心建设有利于解决老旧小区配套“零小散”的问题，提供一定规模和品质、一站式的配套服务，是满足老城居民品质生活需求的重要内容。同时适应老旧小区空间紧约束的条件，提高空间利用效率。邻里中心建设符合土地集约节约利用要求，有助于提高土地利用效率，通过对一定规模的服务中心引入社会力量，便于配套设施规模化和高效化的管理运营（图3）。

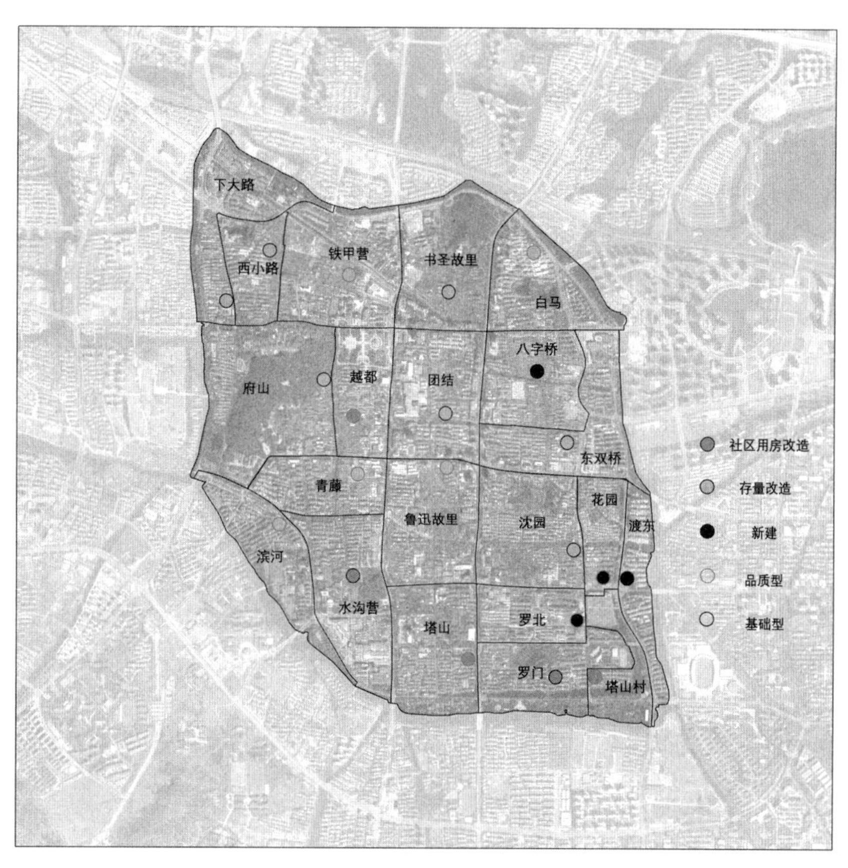

图3　越城区古城范围老旧小区改造邻里中心规划布点

（4）明确改造标准和改造时序。

根据不同老旧小区的差异，结合绍兴实际情况，将老旧小区分为综合整治型、拆改结合型和历史街区型，并划定基础型和示范型两级改造标准。

结合片区和改造单元，根据居民意愿、资金情况、改造总量、空间分布、交通条件、部门项目实施计划等要素，科学制定各小区改造的实施时序。实施时序的安排应遵循以下原则：居民意愿强烈的小区应当优先实施；为了减小改造实施时对城市道路交通的影响，相邻同一城市道路的小区改造应分期实施；现状改造效果明显、具有示范意义的小区宜优先实施；相关部门已有改造计划的小区，应配合其计划拟定改造时序。

片区规划对后续改造单元提出了新的改造要求，具体包括改造范围、改造标准、改造小区规模、潜力空间情况、增补设施要求、风貌协调要求、改造时序等。从而将上位规划要求传导到具体的改造方案中。

3.3 改造实践案例

鉴湖新村位于越城区古城范围西南角，古偏门附近，临水而居，周边交通和环境优越。小区建成于20世纪70—90年代，住宅总建筑面积8.4万m^2，有住户1281户。鉴湖新村小区综合改造是越城区和绍兴市老旧小区改造的样板与示范，探索了连片改造更新的新模式，在片区范围内梳理了存量闲置低效空间，划定了包括居住小区、街巷、闲置潜力空间作为改造单元。

小区内既有商品房，又有房改房、安置房，小区居民的诉求也各不相同。做好公众参与是落实片区规划要求、探索新模式的重要手段。在具体实践中，公众参与分为改造调研、方案设计、方案实施三个阶段，采取了网上问卷、现场座谈、上门访谈、方案公示、实施过程座谈、“请你来设计”、设计回顾等形式开展公众参与，最终形成报告。公众参与对象包括小区居民和社区办公人员。其中邀请居民亲自设计的“请你来设计”活动，得到了居民的热心支持，通过自己来设计家门口的方案，解决遇到的问题。在方案设计过程中，还专门邀请了“反对”居民代表进行座谈，听取不同的声音、不同的意见，做好方案介绍和沟通工作。

规划在片区层面梳理了一批闲置低效空间。经过与社区、街道的多方努力，争取到闲置空间（有市级、区级单位闲置用房），通过零租金的方式提供给社区作为公共配套使用，利用桥下的闲置空间改造成停车场，同时拆除了一批破旧、危旧闲置房屋作为小区的公共活动空间等。通过挖掘存量空间为居民增补了适老、适小的设施，增补了停车空间和休闲活动空间，得到了居民的一致认可。

挖掘文化要素、传承历史文脉是彰显小区特色的重要设计理念。鉴湖新村位于绍兴古城偏门地区，周边有很多文化元素，特别是绍兴市井生活的故事可以通过不同方式运用到方案设计中。例如，在改造设计中保留了现状小区入口处废弃的水塔，并改造成为小区的重要公共空间，既留住了标志性构筑物，又保留了场所记忆。

4 结语

绍兴市经历了以道路路面、市政管网、建筑外立面等单项改造工程为主的老旧小区改造1.0版，升级到以安全舒适、环境优美为目标的综合改造更新的老旧小区改造2.0版，再到探索片区更新的3.0版新模式，并结合未来社区等先进理念，推进共同富裕示范区建设。

绍兴市按照“改造技术导则—片区更新规划—改造设计方案—项目建设实施—长效管理与治理—全过程公众参与”的工作路径，开展未来五年老旧小区改造的规划与实践工作。推进片区更新的3.0版新模式，一是落实国家、省对老旧小区改造的新要求，二是回应居民对老旧小区改造和美好生活的新要求，三是靠单个小区的改造无法系统解决配套设施、社区公园、背街小巷等居民的住、行、生活问题。需要跳出单个小区看小区，把小区、背街小巷、闲置空间等一并纳入改造单元，从片区（5分钟生活圈）的角度开展摸底，挖掘存量空间，改生活、提品质。改变过去单一的、单项“涂脂抹粉”的改造，在综合改造的基础上补齐配套短板，优化公共空间、改善交通出行，同时突出因地制宜、凸显特色、传承文化、长效管理。

目前，老旧小区改造的片区更新模式仍处于探索期，还需要进一步解决如何创新改造资金来源、如何推进长效治理等问题，老旧小区改造工作任重道远。最后需要指出的是，老旧小区改造工作是一项系统、复杂艰苦的工作，通过设计、具体工程项目，确实能解决一些建筑和空间的优化问题，但比解决空间问题更重要的是如何改善居民与居民之间、居民与社区之间的关系，构建人与人友好和睦、人民满意的治理体系，这或许是共同富裕的最终目标之一。

［参考文献］

[1] 阳建强，陈月. 1949—2019年中国城市更新的发展与回顾 [J]. 城市规划，2020，44（2）：9-19.
[2] 姜玲. 共建共治加快城镇老旧小区改造，着力推进以人为核心的城镇化 [J]. 北京航空航天大学学报（社会科学版），2021，34（2）：8-12.
[3] 黄瓴，牟燕川，彭祥宇. 新发展阶段社区规划的时代认知、核心要义与实施路径 [J]. 规划师，2020，36（4）：5-10.
[4] 杨贵庆，房佳琳，何江夏. 改革开放40年社区规划的兴起和发展 [J]. 城市规划学刊，2018（4）：29-36.
[5] 蔡云楠，杨宵节，李冬凌. 城市老旧小区"微改造"的内容与对策研究 [J]. 城市发展研究，2017，24（4）：29-34.
[6] 钱征寒，牛慧恩. 社区规划：理论、实践及其在我国的推广建议 [J]. 城市规划学刊，2007（4）：74-78.
[7] 仇保兴. 城市老旧小区绿色化改造：增加我国有效投资的新途径 [J]. 城市发展研究，2016，23（6）：1-6，150-152.
[8] 李德智，谷甜甜，朱诗尧. 老旧小区改造中居民参与治理的意愿及其影响因素研究：以南京市为例 [J]. 现代城市研究，2020（2）：19-25.
[9] 蔡淑频，周兴文，马阑. 城市老旧小区改造的模式与对策：以沈阳市为例 [J]. 沈阳大学学报（社会科学版），2014，16（6）：723-726.
[10] 李志，张若竹. 老旧小区微改造市场介入方式探索 [J]. 城市发展研究，2019，26（10）：36-41.
[11] 赵楠楠，刘玉亭，刘铮. 新时期"共智共策共享"社区更新与治理模式：基于广州社区微更新实证 [J]. 城市发展研究，2019，26（4）：117-124.
[12] 冉奥博，刘佳燕. 政策工具视角下老旧小区改造政策体系研究：以北京市为例 [J]. 城市发展研究，2021，28（4）：57-63.
[13] 梁传志，李超. 北京市老旧小区综合改造主要做法与思考 [J]. 建设科技，2016（9）：20-23.
[14] 张险峰，董淑秋，夏小青，等. 建立分级响应机制，科学推进老旧小区改造 [J]. 城市发展研究，2020，27（10）：96-101.

［作者简介］

刘　欣，高级工程师，杭州市规划设计研究院主任工程师。
邱钟园，助理工程师，任职于杭州市规划设计研究院。
谌燕灵，高级工程师，杭州市规划设计研究院主任工程师。

老旧小区改造与社区治理中居民参与的影响研究与实践
——以日照市老旧小区改造为例

□邵秀珍，秦子懿，刘　翔

摘要：基于对政府改造老旧小区政策的研究，以及对当地小区的走访调研，提出民意在小区改造中的重要性，并通过问卷调查构建数据模型。研究发现居民对改造老旧小区普遍持积极态度，其需求重点在于屋顶防水、外墙保温等基础类改造，在满足居住环境条件下，对于完善类、提升类改造也有一定需求。居民参与使老旧小区改造更灵活、有侧重点，也使后续施工减免沟通问题，以人为本，完成有效改造。

关键词：老旧小区；居民参与；影响研究

老旧小区的改造随着国情变化而加快脚步，近期我国大力开展老旧小区改造项目，但老旧小区数量多，普遍存在环境、经济、人文、管理等方面的问题，其改造内容因区而异。如何顺应民意、以人为本是当下改造的重点。

1　民生视角下老旧小区改造的意义

随着我国经济社会的不断发展，农村人口不断向城镇转移，城镇建设的重点由增量建设转入对存量的提质改造阶段。城镇老旧小区是存量建设的重中之重，全面推进其改造工作是促进城市发展、提高人民幸福指数的重要举措。

老旧小区改造通过补齐设施短板，完善管理和服务，建设整洁宜居、安全绿色、设施完善、服务便民、和谐共享的“美好住区”，能进一步推动实现广大人民群众从“有房”到“住好房”的飞跃，是不断提高人民群众的获得感、归属感、幸福感、安全感的重要一环。

老旧小区改造是一项推动城市更新的重要工程，是提升老旧小区公共服务水平和促进社区更新的重要手段，能有效倒逼城市基础设施的集约整合和优化更新，进一步促进现代化新型城市的建设。

2　老旧小区改造的民生政策解读

国务院常务会议提出加快改造城镇老旧小区，是满足群众强烈愿望的重大民生工程。同时，鼓励把社区医疗、养老、家政等生活设施纳入老旧小区改造范围，并给予财税支持，打造便民设施。全国“深化‘放管服’改革优化营商环境”电视电话会议提出，扎实推进城镇老旧小区改造，融家政、养老、托幼和“互联网＋教育、医疗”为一体。2019 年召开的全国经济形势专家和企业家座谈会提出，要以改善民生为导向培育新的消费热点和投资增长点，因地制宜推进城镇老旧小区改造，实现惠民生、促发展。

老旧小区改造是我国城市更新进程中至关重要的常态化任务，涉及利益主体多元、工程体系复杂、民生敏感度高。从人居环境视角看，老旧小区改造是重大民生工程，可以通过改善百姓居住环境和生活品质，从而提升群众的满意度和幸福感。从促进经济增长视角看，老旧小区改造能够带动建筑节能、园林绿化、建筑改造等大批产业，拉动内需，推动经济和投资增长。从城市发展视角看，老旧小区改造还有助于完善城市功能和服务，优化城市社会空间结构。

日照市老旧小区多分布于老城区、石臼片区及经济开发区，社区规模大、居住人口多、分布零散。自老旧小区实施改造以来，日照市规划设计研究院集团已完成40多个老旧小区的改造设计任务。结合笔者的工作实践及国家近年来陆续出台的一系列老旧小区改造政策，从民生民意角度出发，对其进行研究。

3　老旧小区建设存在的问题

老旧小区代表城市的发展历史，承载着人们对美好生活的追求。随着城镇化建设进程的不断加快，老旧小区基础设施老旧、配套不全、物业管理落后等问题困扰着居民。

具体问题通过勘查现场总结如下：道路铺装老旧、破碎；小区内绿化缺失，景观效果和功能性差，局部土地裸露；公共活动场地缺少设施，铺装老旧，利用率低；小品设施陈旧、待更新；机动车停放杂乱，非机动车没有专门停车位；快递柜、宣传栏、消防、照明、电动车充电桩等基础设施待完善；垃圾收集点、晾晒区等较为杂乱，不够美观；部分电线、管道裸露；墙体老旧、缺乏统一装饰性，楼宇门老旧；楼顶防水、外墙保温亟待解决。

通过总结老旧小区存在的问题并进行分析，结合后续民意调查，我们将改造内容分为基础类、完善类和提升类，逐步解决老旧小区的建设管理问题。

4　民意在老旧小区改造中的影响

4.1　人与小区构成元素的关系

小区是人类日常生活中活动的主要区域，它的主体是人。从生态学角度来看，小区是自然环境、社会环境和人类本身相结合而成的一种相对特殊的人工生态系统，是人类为了满足自身在居住、生活、文化、交流及教育等多方面需求而创造出的“自然—社会—经济”复合型系统。此种依赖关系不只存在于人和自然环境之间，也存在于人与社会、经济、文化因素之间，在物质层面的依赖体现在小区的形式，即以人为中心点，住宅、绿化、设施等多层次生活领域相结合的外在形式。

4.2　民意调查的重要性

在老旧小区中，由于自然环境和人工环境建设年代久远，小区的主体——人，也就是居民的需求已经远远不能得到满足。此时在老旧小区的改造中居民意见的重要性由此体现，只有满足小区的主体——居民，了解小区居民的群体构成、多元化心理需求、行为方式，在老旧小区改造中才能做到有的放矢，进而改造出良好的居住环境。

5 民意调查的实施与研究

5.1 民意调查的具体实施

在改造老旧小区的工作中，积极响应“参与式治理”精神，把群众满意作为改造的出发点和落脚点，充分征求居民意见并合理确定改造内容。我们在前期摸底调查中采取广泛宣传与民意调查相结合的方式进行。一方面加大对老旧小区改造项目的宣传力度，营造群众了解、支持、参与和监督民生工程建设的良好氛围；另一方面通过发放老旧小区改造项目的民意调查问卷，对居民改造意愿进行调查了解，摸清老旧小区的实际情况，力保调查结果准确、全面。

5.2 民意调查的结果研究

设计过程中为了创新“沉浸式设计”方式，设计师驻场深度了解社区现状、调研居民需求、挖掘生活难题，实现老旧小区设计因需定制。此外在疫情防控的背景下，为了全面征集居民改造意见而搜集了上千份问卷；在广泛的居民参与和扎实的群众基础上，结合社区现状、生活需求、要素配置、历史文化等核心要素，设计提升方案全面覆盖了社区安全性、功能性与宜居性三个层面，并总结出居民迫切需求的老旧小区生活品质提升功能模块。“民有所呼，我有所应”，设计全程跟进施工，稳步推进改造，切实使该项惠民工程落到实处，不断提升居民的幸福指数。

本次民意调查的数据显示，老旧小区在安全管理、居住功能提升及环境管理等多方面存在众多问题，均需要进行必要的改造提升，居民对此有着迫切期待（图 1）。其改造重点为外墙保温、屋顶防水等基础类，完善类和提升类改造迫切度在满足基本需求之后。本调查数据的主体主要来源于中青年和老年人，但考虑老年人对网络熟悉程度以及现场调研获取的人口数据，我们认为在多方面同时兼顾的情况下，应该给予老年人群更多的关注。

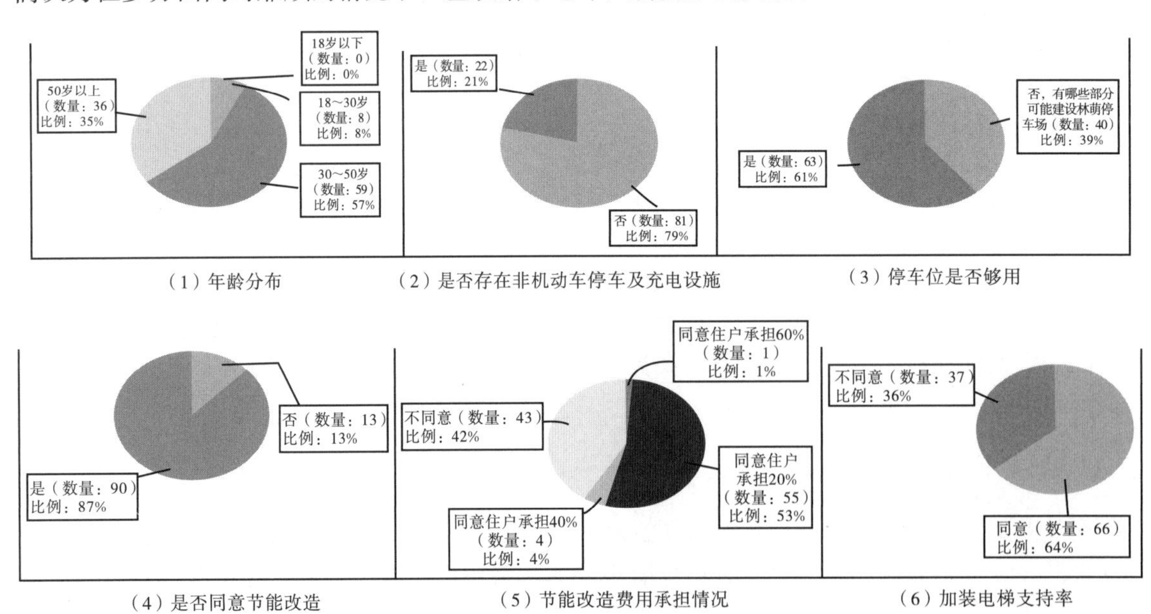

（1）年龄分布 （2）是否存在非机动车停车及充电设施 （3）停车位是否够用

（4）是否同意节能改造 （5）节能改造费用承担情况 （6）加装电梯支持率

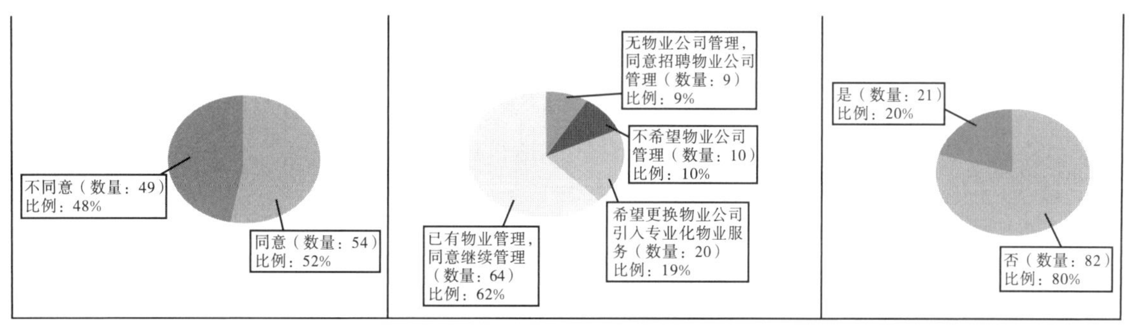

（7）加装电梯费用承担情况　　（8）对物业管理要求　　（9）是否有业主委员会

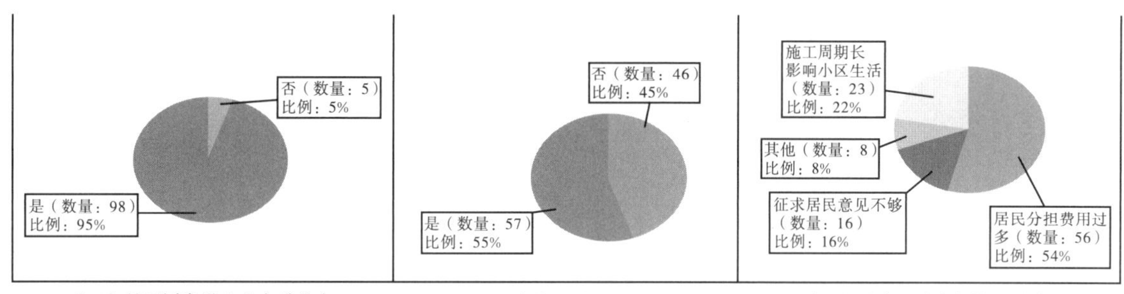

（10）是否同意设立业主委员会　　（11）是否支持公共收益用于物业或第三方收益　　（12）对小区改造担忧问题分析

图1　民意调查数据

基础类改造涉及居民基本居住条件、居住安全、日常生活保障等方面基本设施，如市政配套基础设施改造提升、小区内建筑物公共部位维修等，这部分内容要应改尽改，并且尽量一次性改到位。完善类改造涉及满足居民生活便利需要和改善型生活需求的改造内容，包括环境及配套设施改造建设、小区内建筑节能改造、有条件的楼栋加装电梯等。提升类改造则对应着丰富社区服务供给、提升居民生活品质等改造内容，包括养老、托育、卫生防疫、助餐、家政保洁等各类公共服务设施配套建设。

前期民意调查结果显示居民对老旧小区改造意愿高涨，通过划分改造的三种类型，可以依据老旧小区的实际情况，以及居民的具体需求，灵活、科学编制老旧小区改造规划，坚持居民自愿原则，尊重居民意愿，量力而行，不搞“一刀切”。

6　针对民意调查结果提出的改造思路

6.1　改造原则

坚持以人为本，把握改造重点；坚持因地制宜，做到精准施策；坚持居民自愿，调动各方参与；坚持保护优先，注重历史传承；坚持建管并重，加强长效管理。

6.2　改造理念

推动构建“纵向到底、横向到边、共建共治共享”的社区治理体系，让人民群众生活更方便、更舒心、更美好。

6.3　改造愿景

打造有温度、安全、美丽、舒适、和谐、有序的社区“家园—花园—乐园”，以人民对美好生活的向往作为我们的奋斗目标。

6.4 改造思路

老旧小区改造需要系统设计，明确“五化”改造目标：

(1) 适老化，包括无障碍设计、加装电梯等。

(2) 绿色化，节能降耗，与城市绿色发展融为一体。

(3) 社区化，促进党建引领、居民自治，在治理上发展智慧社区。

(4) 生活圈化，包括“15 分钟生活圈”“10 分钟老人圈”“5 分钟幼儿园”以及建设公共充电桩、公共配套设施等。

(5) 人文化，把老旧小区改造与保护地方特色、延续城市文化脉络相结合，推动城市有机更新。

6.5 改造方向

打造绿色生态、健康适老、智慧宜居的“完整社区”(图 2)。

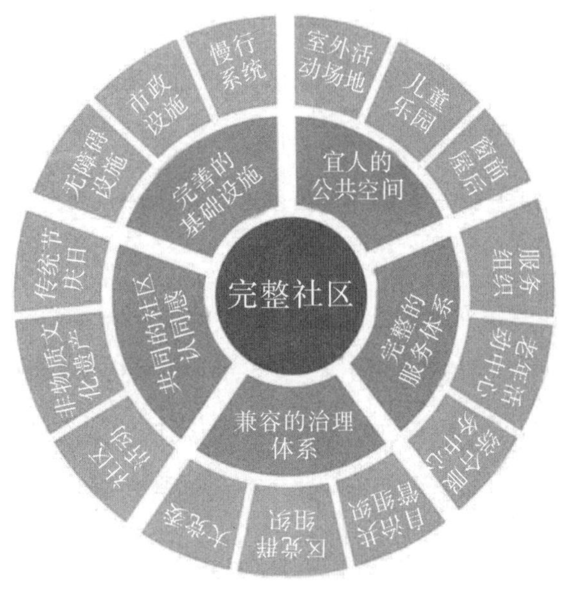

图 2 “完整社区”的内涵

(1) 完善的基础设施。具有满足居民最基本生活需求的设施，包括水、电、路、气、热、信等市政基础设施，幼儿园，老年人日间照料中心，社区综合服务站，社区卫生服务站，停车及充电设施和便民商业设施等七类，达到设施齐全、服务完善、安全可达、使用便捷等要求。

(2) 宜人的公共空间。具有改善居民生活环境的场所和设施，包括公共活动场地、慢行系统、环境卫生、无障碍设施、技防物防、应急避难场所和社区标识等七类，达到场所达标、设施完好、环境友好、使用安全等要求。

(3) 完备的服务体系。具有基础设施运行维护机制、线上线下物业服务机制和社区综合管理服务平台，建设智慧化社区，让居民公平地享受到养老、托幼、医疗、助餐、保洁、快递等服务以及就近办理社保等基层管理事务，同时提供创业创新、设施共享等服务，满足居民分散化、个性化、特色化的生活需求。

(4) 现代的治理体系。具有完善的党建引领社区治理机制，开展“美好环境与幸福生活共同缔造”创建活动，以建立和完善全覆盖的基层党组织为核心，发挥社区居委会、业主委员会、物业服务企业和社区组织作用，建立政府推动、企业主体、居民参与的社区建设和管理机制，构建纵向到底、横向到边以及共建、共治、共享的城乡治理体系。

(5) 共同的社区文化。通过传承传统文化、培育现代文化和举办文体活动等，建设有特色的社区文化，拟定社区公约，营造和睦的邻里关系和融洽的社会氛围，塑造“勤勉自律、互信互助、开放包容、共建共享”的共同精神，让居民的获得感、幸福感、安全感更加充实、更有保障、更可持续。

7　改造施工过程中居民参与的影响与结果

通过调查民意发现，居民对于老旧小区改造最迫切的意愿是有关居住生存环境的楼体屋顶防水、外墙保温等的改造，我们根据小区实际情况制定了具体方案，在沟通过程中不断发现问题，不断征求新民意，仅屋顶防水一项改造方案就反复修改了四五版。将居民意愿和政策相结合，把老旧小区的屋面修缮与屋面防水改造、保温节能改造、屋面美化改造结合进行，建筑立面维修和改造要与周边建筑环境相协调，注重街区整体形象塑造，突出不同地区建筑外立面风格与特色。

这种民意调查的直接反馈，也减免了后续施工带来的沟通困难等问题，确保居民直接受益。

其他根据民意反馈结果的项目，如基础类改造中的道路改造，我们根据居民需求，考虑到行人安全因素，在小区主路设置了人车分流；将小区道路结合现状条件，完善无障碍通行设施，设置道路标识，明确消防通道和无障碍通道，人行道多采用透水路面（图 3）。

图 3　道路改造方案

除房屋路面等基础类诉求外，居民对生活品质提升也有要求，体现在对完善类和提升类中人文关怀、便民利民的项目的大力支持。

对此，我们在设计上优化小区内部绿地空间布局，结合季节变化，强化植物景观空间效果，改善居住景观环境，满足居民户外活动遮阳需要。并将小区与城市公共空间通过慢行系统串联，形成慢行网络体系，方便小区居民尤其是老人和孩子日常散步锻炼等活动，人车动线规划，实现交通微循环。该项目设计完工后也获得了小区居民的一致肯定与好评，实现了将民意落实到实处。

老旧小区现有的停车位严重不足，随着小区居民车辆数量增多，小区车辆无序停放问题突出，居民对解决停车问题的意愿非常强烈。“民有所呼，我有所应”，根据居民广泛反映的停车位不足、活动空间功能短缺等问题，我们充分利用社区有限空间，在确保通畅的前提下，把小区空闲地带进行道路拓宽、增设车位，并将绿化与停车结合，见缝插绿，打造林荫停车场等。同时，通过改建、扩建、新建等方式增设党建用房、社区用房、物业用房，满足居民日常生活需求。

在提升类改造中，我们结合社区用地布局现状，实现场地安全与可持续发展。在宅间的细碎空间中，增加晾衣竿，满足居民普遍的晾晒需求，并按照不同年龄层的生活需求，规划场地功能。在有限的小区空间中，增设改建活动场地，并在亲子活动场地中铺设软垫、增加防护措施；在高龄活动场地中，新增以按摩、拉伸为主的健身器械与适老化休闲桌椅，打造具有休闲、游憩、社交、便民等多元功能的宅间活力广场。

另外考虑到社区高龄群体的生活便利程度，复合利用宅间空地，通过新建方式引入社区便民食堂，针对高龄人群提供相关优惠与定制化配餐、送餐服务，补足周边生活设施短板，提升社区生活的便利及适老程度。

整体提升方案在广泛的居民参与和扎实的群众基础下，小区改造实现了“安全有序、功能定制、模块提升”，为老旧小区和居民实现居住环境全方位的提升。

8 结语

老旧小区改造是关系到群众切身利益的“身边事”，也是重大民生工程。本次老旧小区改造更新通过走访调研、问需于民，采集老旧小区的情况，有针对性地精准设计改造“菜单”。经过调研梳理，明确了基础类、完善类、提升类 3 个大类共 52 项改造内容，努力做到应改尽改。老旧小区改造过程中，设计团队从实际出发，以社区居民需求为导向，与相关部门和居民代表反复沟通修改设计方案，并对施工全程进行跟踪服务，根据实际情况及时研究整改策略，以达到最优化的整治效果。

本次设计中居民意见反馈成为我们最直接的设计语言，通过一次次改造和走访调查，我们认识到居民参与是老旧小区改造与社区治理中不可或缺的因素。以居民意见反馈为设计基础，结合小区实际情况，一区一策，才能把老旧小区改造治理效果最大化，使人民群众满意，从而达到有效改造。

［参考文献］

［1］冉奥博，刘佳燕．政策工具视角下老旧小区改造政策体系研究：以北京市为例［J］．城市发展研究，2021，28（4）：57-63．

［2］游宇中．自然生态理念在居住区规划设计中的应用研究［D］．咸阳：西北农林科技大学，2013．

［3］邢华，黄祖良．老旧小区改造如何“以人为本”?：北京劲松北社区改造中的党建引领与社会资本重塑［J］．上海城市管理，2021，30（5）：23-28．

［4］邢泽坤．西安居家养老模式下社区养老服务设施类型及布局研究：以太乙路街道为例［D］．西安：西安建筑科技大学，2017．

［5］李小云．面向原居安老的城市老年友好社区规划策略研究［D］．广州：华南理工大学，2012．

［作者简介］

邵秀珍，高级工程师，注册城乡规划师，日照市规划设计研究院集团有限公司景观总工程师。

秦子懿，助理工程师，日照市规划设计研究院集团有限公司景观设计师。

刘　翔，工程师，日照市规划设计研究院集团有限公司景观设计师。

以日常交往元素为线索探讨老住区微空间的更新条件

□吕志裕，徐　畅

摘要：现阶段我国城市规划已步入到精细化的新模式，着重于各个微小角落的改造与更新也正在快速、稳定地进行着。老住区作为重点研究对象，探究其如何在尊重已存在的活跃场景中合理地引入现代生活，从而更有效地实现约束机制与居民参与之间的平衡，是对老住区进一步细节化更新发展的必经过程。本文以鞍山道居住区中居民自发产生的微空间为例，结合收集的访谈信息和现场调研结果，详细分析五种具有代表性的微空间形态和特征，由既有元素到自发成形的物质元素，再到由时间累加生成的情感元素的递进关系中，具体回应居住者日常交往活动的真实需求，从而探究老旧住区中微空间的生成逻辑及更新条件。

关键词：城市老旧住区；居民自发；自组织；微空间

1　引言

在新的社交与消费需求的影响下，老旧住区的更新开始将新的物质支持与存量的空间模式相联系，生成区域间能不断地满足使用者生活需求的发展形式。公共领域、家、交往空间及个人身体之间是时刻紧密联系的，所以了解以居住者为身份的一群人在他们生活领域产生的行为模式和共识意识，探究其与身体保持密切接触、日夜相伴的微空间状态间的关系是极其重要的课题方向。

在老旧住区中，其主要矛盾主要体现在缺失交往活动微空间补给方式上，一方面居民自发形成了住区范围内较完整的居民活动空间形式，另一方面却导致了住区内原有的基础功能被直接置换。本文选取鞍山道老住区，针对其居民自发交往行为与既有空间关系中存在的问题和机遇，以日常生活中交往的构成元素为视点捕捉其中居民的活动状态及特征，探索如何既能保留老住区居民活力，又不阻碍其原本基础通行功能发挥的条件与方法。

2　鞍山道老住区现存问题探讨

一个成功的社区个体应该是相互关联的，所以任何街道上的活动空间都不是孤立存在的，而是需要具备区域范围的充足、频繁的使用与足够的活跃度的共同影响。传统老住区大多处于城市中心区，不仅担任邻里生活的载体，还联络着各区域之间的通行，容易产生内部活动交往与外部基本交通等功能冲突的局面。

本文以位于天津市中心的鞍山道老住区作为研究对象，此区域的位置紧邻天津五大商业综合体，内部包含近代日租界建设的住区和现代的公寓式住区，生活气息极为浓郁，住宅使用状态良好，其使用年限均大于50年，现属于历史保护片区，街道本身具有良好的尺度，同时也是市中心的交通要道，整体空间氛围适合进一步更新与提升。住区范围是东北至新华路、东至四平东道、西北至陕西路、西至多伦道和万全道、南至南京路的多边形围合（图1）。

2.1 外部商业活动的反噬

在现代效率商圈的支配下城市中心形成的“大都市”格局，正在越来越多地显现出来。鞍山道住区因为其中心的区域位置，受到“全国最长”的和平路商业街及现代交通核心的滨江道商业步行街的直接影响。

通过对两大商业街游览人员的问卷调查①，得知商业街内游览人员对鞍山道住区的经常游览程度占15%（图2）。在问卷中了解的原因为老住区内门店租金低，外部游客想要到达的景点或者网红打卡店，有部分是设立在鞍山道老住区的街巷之中。这样的经营模式使得周围的商业街对住区范围内的个别景点与店铺具有互通的关系，但通过后期调研发现这些巨型商业形式对内部居民交往关系的促进作用很低。

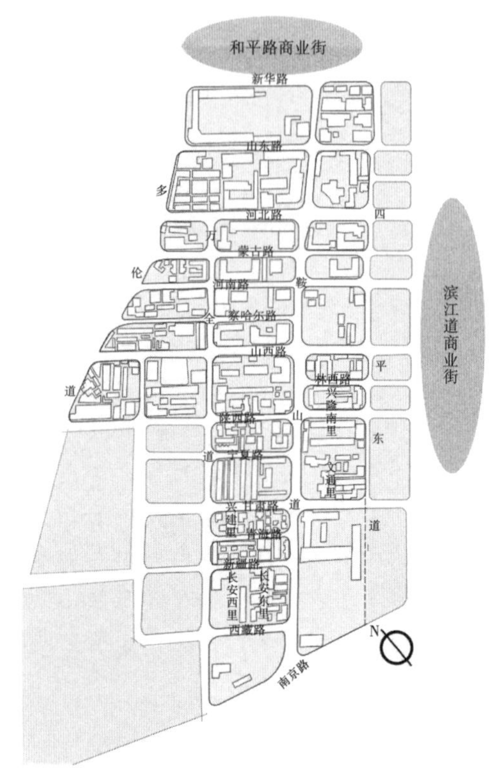

图1 鞍山道住区平面图

2.2 住区网络解体的加剧

良好的居住区网络，有利于构建居民自己的居住生活模式，进而形成自然良好的人际关系，使个体可以从中获得区域归属感。整体的鞍山道住区的道路宽度在4.2～9 m之间，多为“单向车道＋自行车道”及部分“双向两车道＋自行车道”的混合模式。街道本身通达性较强，且连接重要商圈，成为交通繁忙时段的主要分流道路。如区域内的交通干道——鞍山道，拥堵程度的延时指数为3，成为和平区内最拥堵的道路。通过“交通量与邻里间朋友的关系”②实验调查证明，随着交通量变大，邻里居民朋友的拥有量会随之减少，从而会影响到原有的住区生活网络的发展；另一方面，根据居委会提供的居民组成③信息中显示，住区中现住居民60岁以上老人占比超过70%（图3），由于自由时间充足及社交需求大等原因，他们成为住区网络中活力促进的人群主体。

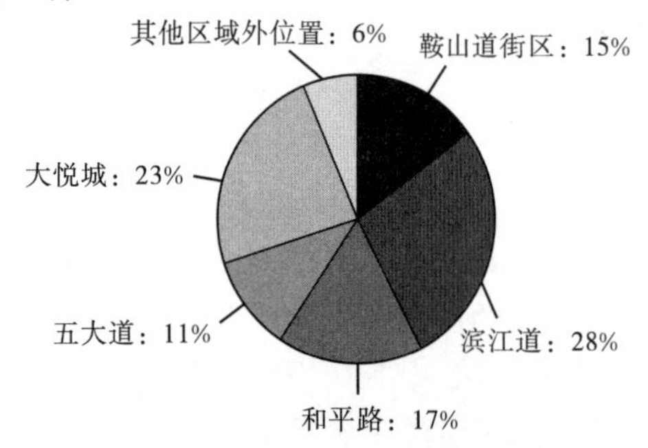

图2 受访者对于各区域的游览度

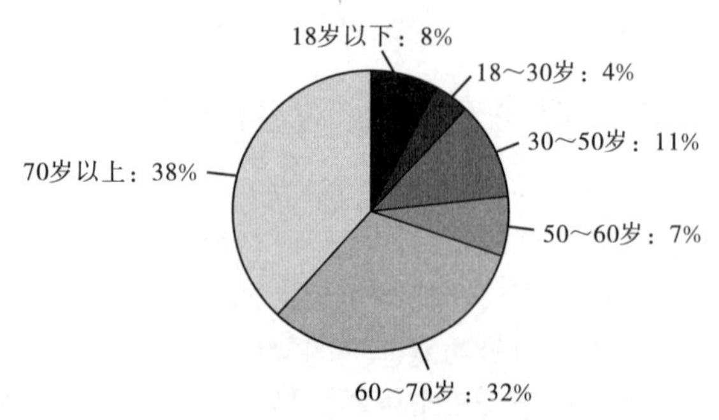

图3 鞍山道住区的居民年龄组成

但区域本身配套基础设施不完善，正规性活动空间④不足，主要表现为两个方面：一是住区本身室外活动空间的数量不足，区域内仅存在一处位于住区的西北部，面积约为 2500 m^2 的小型公园活动空间，服务半径无法关联到大部分的住区；二是住宅楼下区域的整体绿化采用常规型的灌木及栅栏围合组成，居民与其不能产生任何交往关系。在外力交通压力加剧和内部吸引度不足的双重影响下，区域内网络组织模式开始面临解体，居民自发地构成适宜生活活动的非正规的微空间。

3　居民自发交往与微空间变化的特征描述

根据前文对鞍山道住区中存在问题的分析，发现居民在自我活动需求的支配下，会对居住领域范围的微空间采取自主更新的方式，从而满足平日的交往活动需求。通过这样自身养成的交往行为方式，既维系邻里人际关系的连续性，又是对区域内长时间建立的群体价值观的积极回应。因此，根据邻里间现有的活动需求及领域行为的影响，从其日常交往活动需求的物质元素到情感的递进关系，将鞍山道老住区的微空间形式分为以下五种。

3.1　公共座椅微空间

其存在的规律是位于相邻住区之间的既有公共座椅上，在这一元素的基础上自发形成由原始的暂时休息功能转变为可提供两人长时间进行休闲活动的微空间。比如图 4 中的陕西路，此区域位于爱建公寓与汉益里之间的人行道，公共座椅位于住区栅栏外的中心位置，老人们借助三人公共座椅合理的构成作为两人长时间下棋的场所。根据调研和访谈，这类微空间形式的特点是在单行道、住区之间存在，使用者为相应住区的居民，采用面对面的方式进行活动交流，访谈时了解到选择原因是此区域具有安静、方便到达的优点。

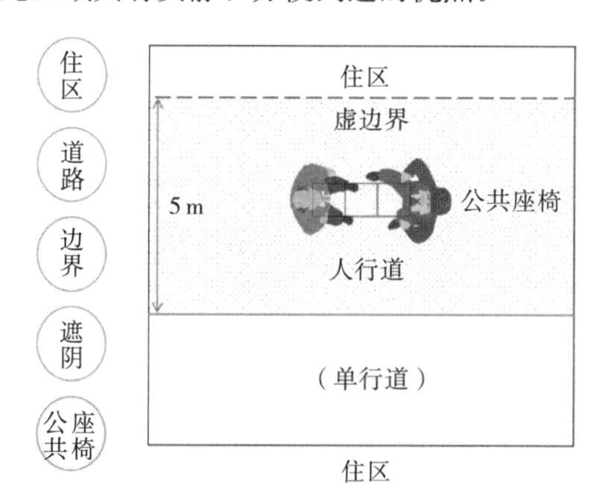

图 4　公共座椅微空间形式

3.2　移动商业微空间

以天津煎饼果子小摊为代表的移动商业微空间，此类空间存在的规律特征是位于不同功能分区之间的边界位置，摊位多依赖于住区与学校、医院及菜市场等公共场所空间，主要集中于万全道、鞍山道和多伦道。以图 5 中的煎饼果子摊位为例，其身后是天津市眼科医院，常年从早餐到午餐时间段存在，根据对摊主的采访，摊位除了服务于来这里就诊的临时购买者外，也是住区中老天津人们的最爱，场景中的两位奶奶就是其中成员，地方的早餐习惯使她们对于煎饼果子摊位有了依赖性。这样以煎饼果子摊位为中心向外围合的商业性质的微空间，主要交往方式是从本身具有的流动性的商业模式转化为以看、聊为主的居民交往模式。

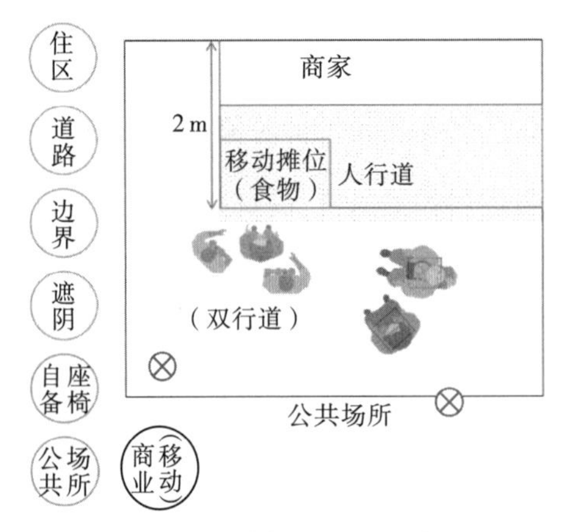

图 5　移动商业微空间形式

3.3　固定商业微空间

位于住区附近的小卖店的门口是居民经常聚集的区域，这类微空间多集中在万全道、山西路、多伦道及鞍山道上。空间特点是居民携带自己的凳子或直接坐在台阶上，面向街道并排而坐，进行聊天与观赏的微空间模式，图 6 中场景位于鞍山道的一个食品小卖店门口，根据访谈了解到参与者面朝街道而坐的原因，一是出于安全感的考虑，二是相比于小卖店内部，更想欣赏街道上的活动事物，于是在“互动”的基础上，“固定商业”及“风景”元素的引导使类似商业空间门前的交通功能转变为聊天观赏的微空间。

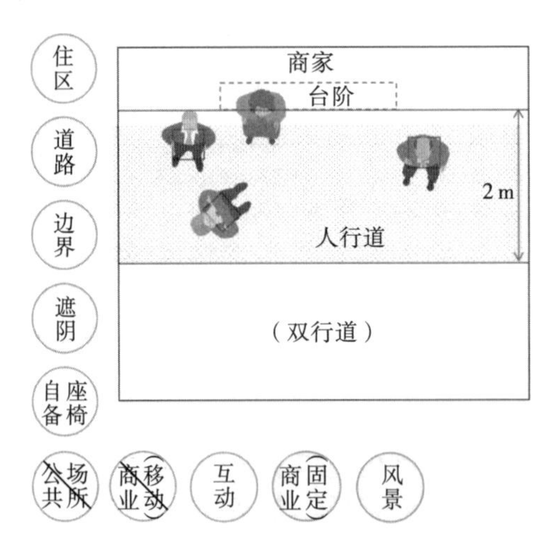

图 6　固定商业微空间形式

3.4　熟人互动微空间

天津作为自行车使用大城，自行车几乎是每家必备出行工具。调查鞍山道住区共发现四处自行车维修点，分别位于山西路的公园对面、多伦道和蒙古路交叉口、四平东道和山西路交叉口及甘肃路和包头路的交叉口。调研发现长时间驻留在老住区附近的自行车修理点的位置较为固定，如图 7 中是老主顾和店家闲聊的场景，通常为店主紧靠维修点并朝向街道，其他居民朝向维修点的方式来构成此微空间的状态，时间多发生在周末或者平日的上午。参与者之间通过长期多次的修车行为认识，所以随时间的发展，自行车修理点功能由开始的基础通行转向以商业为中心的熟人“互动”微空间。

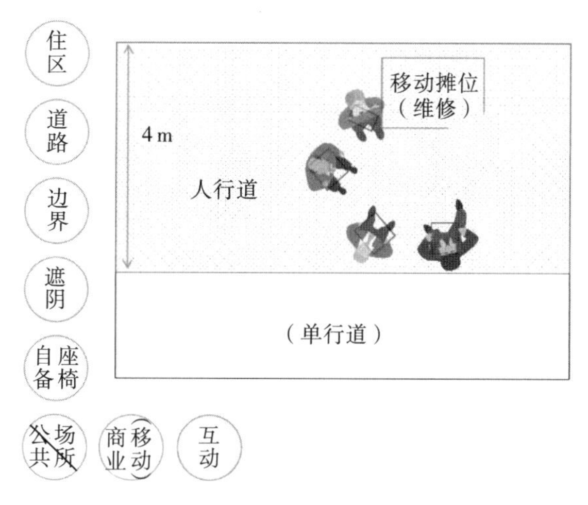

图 7　熟人互动微空间形式

3.5　路口组织微空间

根据实地调查，老住区路口是居民的微空间活动最密集的区域。一是因为十字路口旁边的人行道区域有提供活动的闲置空间；二是由于大树与竖向及横向停靠的车辆，围合出了只有一边开口的半私密空间，有较强的领域性；三是由访谈得知，交叉口位置相对于其他位置来说，其邻里间约定传达的位置表达更为清晰。通常是集聚围合在主要活动事物前的空间组成形式，由原来人行道通行的方式，被居民转化成有组织的休闲活动的微空间形式。比如位于万全道和甘肃路之间的路口区域（图 8），老人们约定在工作日的上午在这里打牌。

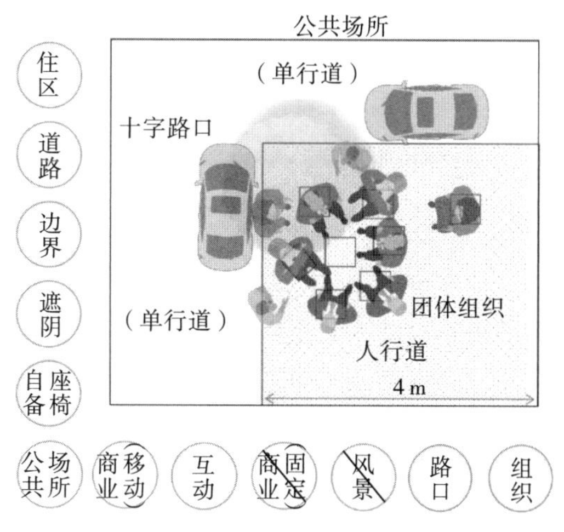

图 8　路口的微空间形式

3.6 调研内容总结

通过实地调研和访谈，可以发现居民对微空间的选择更倾向于距离、空间的功能混合程度（如公共场所、商业空间与住区之间等）及熟悉度（包含人与人及场地与人等）方面，而不是设施的完整度或场地的规模等。这也表明了鞍山道住区居民对于以自己居住区域为中心的一定范围内的场地，会有自我领域感的存在。这是他们对自己熟悉的区域，加以日常需求化的调整，也是居民对于自己生活空间的一种偏向应激性的住区改善方式。

4 老旧住区微空间更新条件的探讨

Jane Jacobs 曾提到一个地区关系链的运转条件是建立在：一个开头，有时间，有足够的人在使用的具体区域内（图 9）。作者认为这三个条件的不断循序渐进，对于鞍山道老住区微空间的更新引导是关键的理论方向。

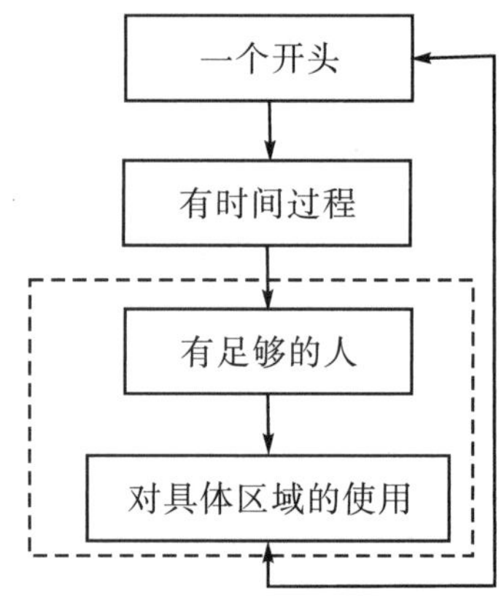

图 9 地区关系链运转的循环图

在上述调研中说明的居民自主产生的微空间虽已在住区范围中生成了一定领域性的形态特征，但这种已初步建立的运转体系仍具有局限性。一方面，由于居民自身能力的限制，所现存的微空间的功能特点是采用直接侵占置换的方式，将基本交通空间逐渐占据为居民可以使用的交往活动空间，这种不断外扩式的自我更新方式，容易使区域与外界形成极强的割裂属性，造成更新发展的不平衡；另一方面，权利分散之后，根据环境忽然率论[5]，在居民个体做出决定时不能预测行为活动的影响，长时间容易引发邻里交往行为的冲突，致使区域内部空间的防卫争夺的产生。所以如何在保护“民间秘方”的前提下，化解老旧住区的邻里活力衰退的危机，是接下来探讨的主要内容。

4.1 基础设施的补给

针对现阶段鞍山道住区范围内老年人为主体的现状，其进一步更新的细节中应着重适老化基础设施的补给，完善的基础设施的配置是构筑活力住区的基础。前文对既有公共座椅微空间的实地调查及访谈信息也表明，增加相邻住区间区域的公共基础设施，使居民可以合理利用已存在的设施，是居民生活交往中应首先解决的问题，可以从源头上避免侵占式行为的蔓延。

4.2 人车共存的完善

优先步行的原则方向更新，组织规划人行道、车行道和公共交通。首先应限制流量，可以通过设置各种路障或形成视觉效果不易驶入的范围，来减少不必要的汽车进入到开放住区内部，控制交通流量。其次，也可以根据区域周围各时间段的车辆数量及需求度进行过路车辆的调整。在控制停车上，可利用时间的叠合性，将住区内已有的停车场采用分时段停车的措施，或者将停车范围扩大至临近商业区域。这样一定程度上可以避免因车辆行驶和停靠而造成的边缘化空间，从而对住区范围活力的生发及邻里生活网络的稳定产生积极作用。

4.3 街边摊位的重要

Thwaites 等人提到，类似流动式的街边摊，其中的核心其实是居民和使用者对场地的控制权的表现：公共与私人、社会互动与社会关系以及围合、渗透、领域等，通过这样相互控制作用方式的实现，随时间的变化可生长出具有区域特色的街道样貌。比如调研中提到的煎饼果子摊位，由于先天的优越和时间的磨合，更容易使居民拥有地方的归属感。

但国内目前这样灵活性较强的地摊空间还处在不稳定的状态当中，所以规划者在引导更新时，首先应注意类似的侵街行为是在与街道相互依赖的基础上产生的；其次街道本身就有人行区域不足的缺陷，如何权衡边缘化空间的使用，实现住区范围内的自我治理，需要管理部门通过更多访谈及需求调查对制度、策略不断地完善与调整。

4.4 小门店的必要

住区范围内需存在多样的小门店的共生，才能维持不同的人因不同目的穿越街道并使用共同的设施。老旧住区中存在小卖店、食品店等多样的门店形式，是住区内功能用途混合多样且活跃更新发展的必要。对于鞍山道老住区中的小门店，尤其是满足居民生活需求的综合小卖店等，规划者可以给予相应的激励方式，进行连续的新时间点与新用途的灵活调整，这样高效的关系使住区环境更富有生气。

4.5 十字路口的善用

十字路口处的可使用面积较大，所以容易成为居民自发活动的聚集场地。为了避免因交通功能和活动功能重叠所引发的冲突，可采用进入式街角公园的方式作必要的功能区分，或者设立小型街角公园以实现更大范围活动空间的设计与规整。相比于住区范围中唯一的公园，街角公园式的活动空间存在便利性强、可达性高、私密性强及便于社群分配管理的优势，一方面可以促进老旧住区内活力的稳步增长，另一方面也可以更有效地吸引附近居住者形成交往活动。

4.6 小群生态的关键

在满足更新条件后的鞍山道老住区，随着时间的变化，居民的数量及居民之间的空间关系会逐渐趋于稳定，居民对区域范围内的空间适应性和使用意愿会随时间而增长，从而使区域内居民间的互动场景越来越紧密，形成各个小区域范围在意识形态层面的“墙”领域性，在意识生态层面更好地保护居民间的交往活动。

5 结语

实地调研和访谈说明了居民对住区自我调节时借助各元素所产生的空间活力的形式，而在基础元素满足的情况下，叠加的新元素可以直接影响微空间交往活动存在的形态与方式。另外，居民与商贩互动及群体组织活动的出现，也突出了空间使用者对保卫社区生活、维持城市社群活力的关键作用，正如简·雅各布斯所强调的“住区中不同用途引入及社群生态的重要性”。对于老旧住区的改造应首先考虑在地的适应化程度，在留住居民本身交往活力的前提下，再以“进入”而非“干预”的态度到住区当中，基于日常生活的反复认知，感受各个微空间的元素与细节，实现有针对性的老旧住区的治理工作。

[注释]

①发放问卷数量75份，回收有效问卷数量54份。

②“交通量与邻里间朋友的关系”：研究对象分为交通量最小（2000辆/天）、交通量中等（5750辆/天）及交通量最大（8700辆/天），实验研究结果为邻里居民平均的朋友人数依次为9.3、5.4及4.1个，结论表明交通量越大邻里朋友越少。

③住区居民数量：有500名左右居民是属于人在户不在（租户），6000多居民是户在人不在的状态（闲置或外租），实际在户人数为1800人左右。（数据来源：静园居委会，具体数据不做展示）

④正规性（formality）活动空间：对于街道中经过人为规划的，定义为通过自上而下“创造”产生的符合城市管理与建设准绳的城市空间，这种空间是由某一主导权利一次性确定，所以具有规范性、固定化及功能明确化的特征，可长期合法使用。

另：非正规性（informality）活动空间：与正规性相反的，非正规定义为通过自下而上“生长”形成的，是随时间推移而在空间中形成的反馈形态，从而渐渐自发形成的体制外的城市微空间，空间的作用者多为生活在此的居民等对多发性空间的回应，缺乏正规控制权利的管理，具有灵活性、偶然性及模糊化自发产生的使用特征。（参考龙元、王晖《非正规性城市》）

⑤环境忽然率论（Environmental Probablism）：决定的不可预测性，由于每个行为个体的动机不同，所形成的行为不同，对环境造成的影响不同称为环境忽然论。

[参考文献]

[1] 雅各布斯. 美国大城市的生与死［M］. 金衡山，译. 南京：译林出版社，2005.
[2] 怀特. 小城市空间的社会生活［M］. 叶齐茂，倪晓辉，译. 上海：上海译文出版社，2016.
[3] 王国伟. 城市微空间的死与生［M］. 上海：上海书店出版社，2019.
[4] 龙元，王晖. 非正规性城市［M］. 南京：东南大学出版社，2010.
[5] 诺伯舒兹. 场所精神：迈向建筑现象学［M］. 施植明，译. 武汉：华中科技大学出版社，2010.
[6] 廖方. 微观层面的城市公共空间设计研究［D］. 南京：东南大学，2006.

[作者简介]

吕志裕，日本筑波大学博士研究生。
徐　畅，北京大学深圳研究生院城市规划与设计学院博士后。

基于“全生命周期”理念的城市公共环境更新思考

——以老旧小区公共环境改造为例

□杨　艳，文　源，王明星

摘要：我国城镇化进程从“量能扩张”转入“品质提升”，针对现在老旧小区公共环境改造中的绿化用地大量衰减、地下管线维护缺失等问题，本文分析其产生的原因，并基于小区公共环境更新实践，提出“全生命周期”理念的城市更新方法和路径。城市更新要实现整体性发展与自下而上的微更新有机结合，通过城市更新的全要素协作，建立“全生命周期”监管体系，进而形成有约束、有协同、有智慧的城市有机更新，改善城市品质和城市现代化治理水平，提升人民生活的幸福感和满足感。

关键词：城市更新；老旧小区；公共环境更新；全生命周期；全要素协作

近年来，我国城镇化进入到一个新阶段。城市发展由大规模增量建设转为存量提质改造，发展模式由政府治理逐渐向多元协同、社会治理等方向转变，从“有没有”转向“好不好”。长期以来以大规模和效率优先的大尺度城市建设为主，微观人居环境更新相对滞后，制约了人民群众的幸福感和满意度。本文从剖析北京老旧小区公共空间环境改造更新实践问题出发，以丰台区两个老旧小区改造实践为案例，尝试从问题、原因、治理等多维导向，探索新时期存量时代背景下的城市更新理念、方法、可行路径。

现阶段北京城市更新方式包括老旧小区改造、危旧楼房改建、老旧厂房改造、首都功能核心区平房（院落）更新以及其他类型。老旧小区改造更新不仅是民生工程，还能产生一定的外部效应，有利于推动城市品质提升和城市转型发展。但是，老旧小区由于建成年代较早，建设标准和配套指标偏低，普遍存在建筑性能退化、公共配套缺失、道路交通混杂、公共空间匮乏、安全管理堪忧等问题。从更新改造设计来说，改造主体多为政府，资金相对缺乏；小区环境空间界定模糊；建设档案丢失等问题，也使改造协调难度非常大，很容易成为环境更新治理的盲区。

1　老旧小区公共环境改造实践中的现存问题及成因分析

1.1　案例研究区域与现状分析——丰西北里改造的基本情况

本文主要以北京丰台区老旧小区公共空间环境改造实践中比较突出的问题做具体分析。丰台区是北京中心六城区之一，区域面积较大，更新的定位主要以减量提质更新为主。丰西北里小区位于丰台区新村街道西南部，建成于20世纪80—90年代，改造前是一个典型的多产权、无物业管理、无停车管理、居住密集、设施陈旧的社区。丰西北里小区内老人多、租户多；物质空间上，房屋建筑破旧、道路破损、停车混乱、绿化杂乱、配套设施缺失，由于缺乏公共意识和物业管理，乱搭乱建较多。改造后效果明显，最明显的是物质空间层面，路面的铺设翻新，雨污水改建，人居环境改善，设施功能提升；治理层面，物业管理得到拓展，也增加了停车管理，基层治理能力得到提升。

1.2 改造过程中典型问题的总结

1.2.1 小型绿地面积的衰减严重

现在老旧小区环境改造过程中，绿化面积减少特别多。丰西北里（包括周边一些背街小巷）绿地改造成停车位、行人步道等硬质铺装空间，且铺砖的基层（垫层）多为不透水的材质，硬化面积逐渐加大，环境生态保护让位于快速交通需求。原本小区绿化面积比较小，比较杂乱，位置分散。在改造过程中，不到两周时间，由于没有专业指导，社区自行组织施工，宅间的绿地和小区边缘绿地被改成停车场。绿地变成大面积硬质铺装，且用的是不透水材质。

造成小区改造中绿化衰减的原因有很多，如绿化水源（自来水）的报装审核程序麻烦，设计接驳造价较高，持续时间久，导致实施主体往往采用铺设地砖来代替绿化种植。最关键的是老旧小区改造资金问题，没有绿化水源接驳的费用支持，绿化设计的积极性就会变差。改造实施主体是政府，资金审批中一般不会有绿化水源报装接驳的费用。因为水源接驳会在施工后期出现具体工作量，而资金审批在前期，所以也不会有这部分资金给到绿化灌溉。在城市公共空间每增加一小块绿地，就要出“六图一书”到园林部门备案，给部门间合作带来麻烦。许多老旧小区改造没有用地规划、市政上位规划等手续，多项审批无法完成。此外，小区的绿化相对面积比较小，位置也比较零散，多被私搭乱建占据，管理、设计、施工难度较大。核心难点是后期维护阶段，绿地浇灌、施肥等后期维护权属和资金来源问题一直是各方争论、推脱的焦点。最后，小区停车缺少管理，而把绿化改成铺装有利于解决停车问题。在有限的城市空间里安排较大面积的绿地几乎不可能，很多时候管理者对于城市更新建设的重心在于品牌化的城市公园塑造，对于小尺度绿化空间的关注度不足，特别是改造更新类项目中绿地缺少监管、评估。综上所述，实施主体和公众需加强规划意识、公共意识、生态意识，使绿色生产、生活方式成为社会广泛自觉的行为。

1.2.2 小区地下管线的维护缺失

小区环境道路积水、污水排放不顺畅，造成污水倒灌，是困扰居民生活的障碍之一。随着城市更新进一步深入，小区管线逐步改造，在设计实践中也出现了很多问题，如因小区路面地下空间狭窄，设计成雨污同沟、上下放置，违反设计规范，存在后续隐患。很多时候设计时各个管理部门缺少整体协调，对于环境综合整治中的雨污改造，一般没有市政上位规划许可，很难进行雨水报装，导致小区（或背街小巷）雨污改造完后，强行连接到大市政管网。丰西北里原来设计是雨污合流，只有污水一条管线，这种设计已经不能满足现在设计标准规范，而且由于历史遗留原因，周边的市政路没有雨水管线可以顺利排出去。这里地势较低，污水排放需要建设提升井，一段一段地提升标高才能顺利排入市政污水管网。排水是一个复杂的设计过程，也是各种利益重新调整的过程。雨污水管线位于地面以下，很难引起人们的注意，平时缺少维护，堵塞问题严重。另外，小区雨污水管道设计维护的权属也是个问题，管线从用户到出楼口的第一个检修井，基本上是物业管理修缮；从第一个检修井到出小区门口，小区公共空间的管线是社区或者街道等部门修缮；大市政管线是排水集团、自来水集团等各部门。可见一条出老旧小区的管线就可能出现三个管理方、三个设计方、三个施工方，增加工程的协调难度。

造成小区改造中地下管线维护缺失有很多现实原因。在管理上，现阶段老旧小区改造一般由不同层级政府管理部门主导，但是空间内各管线权属不同的单位，有时为了避免麻烦，降低造价，节约时间，更新改造成了简单的物质环境翻新，不愿涉及地下管线改造。项目各种管线的更新改建不同步，每报装一种管线相应的管理部门就会设计接驳方案及施工，使项目中再次嵌套分包设计，这使改造设计更为复杂，费用更高，持续时间更长。从资金上看，改造更新项目基本是政府投资，资金紧缺。在改造设计前，主导单位为节约资金有时都不会启动勘探单位进行物探，只是进行简单表面测绘，地面以下的雨污水管线、暖气管沟、燃气管等混乱，给设计、施工带来很大的不准确性。在后期维护上，地下管线是隐藏性工程，难以发现，缺少维护，年久失修，导致管线堵塞。雨污管线是重力自流排水，埋层较深，有的管线埋深达 4～5 m，修缮麻烦。雨污管线设计具有整体性，由小市政管线接入城市大管网，琐碎设计施工，缺乏整体统筹，导致各种管线问题频发。另外，老旧小区改造过于注重灰色基础设施建设，很多排水管私自接入市政管网，增加了市政大管线的排水压力，忽略了老旧小区绿地雨水下渗等绿色基础设施的整体化利用。

在我国现阶段设计实践中，重视对“终极蓝图”的表达，而忽略其实施过程和后期维护的重要性；重视地面上可视形态空间环境美化，忽视地下管线的合理性、实效性，导致城市更新结果的不确定性和不连续性。项目竣工规划验收以量化方式进行，造成实施后评估方法的片面性和局限性，对项目后期运营阶段缺乏考察和评估，缺少长期价值性与可持续性的评估和监管。

经过对小区更新的主要问题进行分析，发现主要存在缺少“全生命周期”更新设计思考，缺少全流程、全要素更新设计思考，以及缺乏精细化的管理等问题。改造更新应从重建设到重维护，改造完成和验收完成并不是工作的结束，还需要关注小区后期整体运转。

2 “全生命周期”理念的适用性

“全生命周期管理”最初起源于现代企业管理理论，它以系统论、控制论、信息科学、协同学、自组织理论等为理论基础，主张对管理对象实行全过程、全方位、全要素的整合，以实现在日趋激烈的竞争环境下自身运行的最优化。“全生命周期”把设计对象视为一个动态、开放、生长的生命体，从其结构功能、系统要素、过程结果等方面进行全周期统筹和全过程整合，以确保整个管理体系从前期预警研判、中期应对执行、后期复盘总结形成一个有机的闭环。世界万事万物的运动都具有周期性，城市是一个动态、生长的生命体，复杂、开放的巨系统，具有“有机体”特质。城市生长、繁盛、落败、更新、再生……循环上升，逐渐生长变化，伴随着人类社会的发展，进行一定的周期性运动。

“全生命周期”的城市更新核心理念：第一，全流程管控，形成一个前期预警决策、中期应对执行、后期总结学习的管理闭环；第二，全要素协同，不同层次、领域、空间内实现跨界整合、协同；第三，精细化、差异化更新，注重城市更新的“在地性”与城市发展“整体性”相结合。“全生命周期”理念是要对城市更新进行系统性、整体性的把握，找出不同层面的短板所在，从而增强城市韧性。它包括整体层面的、自上而下的具有方向引导意义的战略性更新，也包括大量局部的、自下而上的微更新。“全生命周期”的城市更新是“常更常新”，既聚焦于民生诉求，又服务于城市的发展和战略定位。

总体而言，城市更新具有在地实践的复杂性、空间上的完整性、时间上的连续性，它要求树立“全生命周期”城市更新意识，通过全过程、全方位、全要素的整合，来提升城市更新中在地实践的科学性、前瞻性与实效性。

3 “全生命周期”理念下老旧小区公共环境更新的思考

3.1 整体性发展与“自下而上”的更新有机结合

一方面，城市更新是一项全局性和整体性的工作，也是“自上而下”约束性的有机更新，不能简单地理解为单个小区改造、局部街区翻新等，单个推进项目不能背离城市更新宏观目标。另一个方面，城市公共空间环境更新包括老旧小区的改造，大多是居民问题导向倒逼城市基层治理，属于“自下而上”的逻辑，居民提出的问题琐碎而具体，改造需要因地制宜，具有一定的“在地性”。这使“自上而下”的控制性整体发展与“自下而上”的空间诉求相结合变得异常重要。在同一个空间中，各条线的计划和项目各自开展，各个实施主体有自己的目标、任务、预算、时限。各条线的项目目标和内容往往与规划不一致，而规划在这类项目中往往缺乏整体统筹协调的力度。一个小区中所有的空间要素都是相互关联的，不是简单的组合。老旧小区整治提升需要整合各方项目资源，在“一张规划蓝图”下设计建设项目、调整项目计划、统筹项目资金、建立有效治理机制，以实现老旧小区（社区）生活空间品质提升。

整体性发展与“自下而上”的更新有机结合，最可行的方式之一是制定完善城市更新（老旧小区）规划设计导则（或是更新实施指南，或是技术规范标准）所构成的高标准、全方位的技术引领体系，使其管理的标准、规范与历史建成环境的更新实施相切合，更新措施“有章可循”，也使更新项目“底线约束”和“在地性”居民实际需求相协调。比如小区（或者背街小巷）保留或者恢复原有绿地，作为约束性指标。见缝插绿，强调规模小、功能少、人性化、多样化绿色场所，发现和利用一切适宜绿化建设的细小空间，成为一种重要的建设途径。高密度建成的城区缺少山体、水体、林地、农田等自然要素生态空间，通过城市更新重新建立城市与自然相互之间的有机融合关系，重新塑造城市与自然的共融关系。伴随我国逐步迈入存量更新时期，城市设计在小微尺度上的方案供给将越来越重要。在老旧小区的更新中，如果有了“一张规划蓝图”，可以以它为依据，以空间为单位，列出项目库和年度项目表，并制定其内容。另外也需要“一个实施主体”来协调统筹项目的落实，特别是在项目实施阶段，需要对各个部门建设项目的设计方案进行审核把关，以保证规划目标的整体实现。这个实施主体（总规划师），不仅要熟悉这个空间单元的规划情况，更重要的是在实施过程中它能够随着不可避免的需求变化而从整体角度统筹调整相应的内容，做到“一个区域一把尺子”，合法依规、公平公正开展整治提升。

3.2 更新实践过程中的全要素协作

城市是一个复杂的有机生长系统，它的更新发展涉及场地条件、历史沿革、制度体系、人员、观念、资源结构等一系列要素的配置、整合、协同。

首先，现阶段的更新对象包含所有的空间物质要素。比如老旧小区环境改造的物质要素，既包括地上可见的围墙、景观构筑物、绿化、建筑、道路、停车位、休闲场地等，又包括地下不可见的污水、雨水、暖通、电力、通信等地下管线。其次，参与更新主体多元化，涉及城市政府部门、各类市场主体、社会组织、市民、供应商等众多利益相关方。多元的社会成员或组织开始通过不同途径加入更新过程，以强调不同群体及利益相关者的平等和公正。例如，“车位与绿地之争”需要合作协商（居民、政府各管理部门、专业第三方人员、社区居委会、物业），通过整合周边小区空间资源，对公共停车区域进行合理规划，采用立体停车方式解决停车难的问题，同时也是社会资本介入城市更新的最佳切入点之一。再者，从治理程序和环节来看，规划、设计、建设、运行管理的各环节要关注更长周期的运行与服务、维护与优化、升级与更新等之间的有效联动。城市更新从“设计活动”转向“社会动员”，设计不再是单一的专业设计与规划技术手段，而将发展成为倡导社会参与、培育公众意识、落实空间使用需求的一项社会动员行动。设计者不仅仅是专业技术人员，还需具备“社会活动家”的意识和技能，走近社区和居民。最后，城市更新管理中相关职能部门之间的综合协调也至关重要，它能有效缓解更新的碎片化。城市更新是在复杂建成环境的基础上进行再开发，需要应对大量不同的现实制约，需要相对更高的全要素协同。

建立社区环境更新协同工作平台是有效地将多种要素进行配置、整合的手段之一。将政府相关部门、街道及社区居委会、居民、第三方技术监管、各专业领域组成的设计部门等共同组织起来，依托工作平台，通过规划统筹，实现协同管理、共同参与，以社区面临的更新问题为导向，开展多方协同的更新工作。最大限度地听取多方面的声音和意见，在满足规划的前提下支持群众的合理诉求，回应人民群众对美好生活的向往。经多方协商，在限定时间做出合适的决策，不然空间更新就在各种利益纠缠的漩涡里不能自拔。另外，从专业上讲，利用大数据科学技术手段，改造各专业空间要素合图，促进设计（技术）与城市治理高效务实地衔接。建立城市空间信息模型，包含“人、车、楼、地”等全要素数据。这种空间信息模型形成各方面协作平台，对各专业的修缮更新图纸和综合性改造具有重要作用，有利于改造设计更为科学合理，管理更便捷。

3.3　完善城市更新“全生命周期”监管体系

城市更新是一项面向未来的工作，它的脉络是从过去到未来，翻看过去、立足当下、着眼未来是可持续城市在时间脉络上的延展能力的体现。城市更新是在复杂建成环境的基础上进行再开发，“全生命周期”理念注重城市的长期价值性与可持续性，强调在规划设计中全方位影响的评估及渐进式实施的过程。评估不仅仅在于更新设计实施前、后的技术指标数据的验收，同时应更侧重于设计实施后的作用和影响。更新地块实施后的作用和影响评价，是更新潜力和更新成效（生态、社会、经济）的综合评判，能更好地分类引导未来城市发展。

改造前，对老旧小区的状况进行客观、科学、系统地评估，发现存在的问题和隐患，为改造工程提供科学的评价标准和定量依据，从而确定改造方向、改造目标和改造程度。社区所具有的人群基础、历史数据和现实诉求，决定了前期评估在帮助社区更新规划中要制定精准科学的规划策略、实现“对症下药”；改造中，应根据实际情况及时调整改造策略；改造后，对照预设目标，对实施效果进行再评估，建立与老旧小区寿命一致的持续性评估系统，更好地推进更新改造工作。对于老旧小区的绿化衰减、管线更新这种需要长时间、多维度才能看到其价值和实效性的设施，更需要“全生命周期”的评估。老旧小区改造“三分建、七分管”，只有“建管并重”，以“全生命周期”的思维作整体谋划，才能真正惠及民生。

4　结语

城市是一个复杂的有机体，旧城各种要素盘根错节、矛盾诸多，更新工作不可能一蹴而就，应逐步改善。“全生命周期”理念的城市更新涵盖整体，全要素、全流程、全方位空间高度整合，强调空间的综合品质，强调各部分的有机整体性，强调差异化、精细化，强调渐进式逐步更新生长，来提升城市空间品质和内涵，提升人民生活的幸福感和满足感。老旧小区改造不是短期工程，而是长期工作，是整体人居环境的提升，要注重长期长效，久久为功。本文所分析的也只是多样化城市更新类型中的小部分，基于“全生命周期”城市更新实践，提出对环境更新可行路径的思考：第一，从城市更新的系统性和整体性出发，及时编制、调整适应性政策体系，包括制定导则、标准、设计统筹单位等，支持、指引和约束更新活动；第二，构建管理、技术协作平台，促进全要素的协作；第三，完善更新“全生命周期”监管体系。

[参考文献]

[1] 赵楠楠，王世福．“实施后评估”到“影响前评估”：新时期城市设计思考［C］//中国城市规划学会．共享与品质：2018 中国城市规划年会论文集．北京：中国建筑工业出版社，2018：69-79.
[2] 王蒙徽．实施城市更新行动［J］．中外建筑，2021（1）：2-5.
[3] 李珊珊，伍江．生产创新作为后工业城市更新的驱动力：以纽约市布鲁克林滨水区三个工业遗产更新项目为例［J］．住宅科技，2020，40（3）：1-7.
[4] 张庭伟．从城市更新理论看理论溯源及范式转移［J］．城市规划学刊，2020（1）：9-16.
[5] 李倞，徐析．浅析城市有机更新理论及其实践意义［J］．农业科技与信息（现代园林），2008（7）：25-27.
[6] 赵东汉．国内外使用状况评价（POE）发展研究［J］．城市环境设计，2007（2）：93-95.
[7] 吴燕，邵一希，张群．迈向城市品质时代：新时代国土空间治理语境下的上海城市有机更新［J］．城乡规划，2020（5）：73-81.
[8] 李俊奇，任艳芝，聂爱华，等．海绵城市：跨界规划的思考［J］．规划师，2016，32（5）：5-9.
[9] 宫聪．绿色基础设施导向的城市公共空间系统规划研究［D］．南京：东南大学，2018.
[10] 柳青．“全周期管理”视阈下超大城市治理的实现路径分析［J］．中共乐山市委党校学报（新论），2020，22（6）：85-88.

[作者简介]

杨　艳，高级工程师，任职于中国城市建设研究院有限公司。
文　源，工程师，中城院（北京）环境科技有限公司第七事业部负责人。
王明星，高级工程师，一级注册建筑师，任职于中国电子工程设计院。

“社区邻里”视角下城镇老旧小区改造方法探讨

——以洪江市老旧小区改造规划为例

□林志明，张文敏，粟　波

摘要：城镇老旧小区改造是保民生、稳投资、促消费的重要举措。针对现有老旧小区配套服务设施不完善的问题，本文通过剖析“社区邻里”概念，构建“社区邻里”视角下城镇老旧小区改造的内容要点和技术路线，对老旧小区改造范围划定、设施业态分析及空间选址进行了探究，最后以洪江市人民路片区改造规划为例进行实践探索，为城镇老旧小区改造提供新视角，以期在完善服务配套、促进消费升级和缓解资金压力等方面为老旧小区改造提供一定的借鉴。

关键词：社区邻里；老旧小区改造；洪江市

2020年，国务院办公厅对外发布《关于全面推进城镇老旧小区改造工作的指导意见》，明确指出，2020年新开工改造城镇老旧小区3.9万个，涉及居民近700万户，力争在2025年底基本完成2000年底前建成的需改造城镇老旧小区任务。此前，2017年底，全国选取了15个城市进行试点探索。在政策的推动下，自2019年以来，各地老旧小区改造进入实施阶段。而随着该意见的出台，老旧小区改造工作进入全面加速阶段。老旧小区改造既能稳投资，又能保民生、促就业，还能拉动消费，是一项一举多得的工程。特别是新冠肺炎疫情以来，老旧小区暴露出基础设施欠账和基层社会管理缺位等问题，使老旧小区改造被赋予新的时代意义。从现有实施情况看，老旧小区的改造更多停留在基础类改造，虽然政策要求建立改造资金由政府与居民、社会力量合理共担机制，但老旧小区改造仍面临较大的资金压力。资金多寡是决定老旧小区改造实效的关键因素之一。“社区邻里”作为一种社区配套和商业服务模式而存在，在老旧小区改造过程中既可以提供配套服务，又可以在一定程度上达到“以商业养公益”的目的，对缓解老旧小区配套不足和资金压力具有重要意义。本文通过引入“社区邻里”概念，为老旧小区改造提供新视角，以期在完善服务配套、促进消费升级和缓解资金压力等方面为老旧小区改造提供一定的借鉴。

1　“社区邻里”概念解析

1929年，美国社会学家C. A. 佩里首先提出了“邻里单位”概念。随后，《雅典宪章》把“邻里单位”原则作为居住区规划的基本思想。20世纪60年代，“邻里单位”理论逐步发展为社区规划理论，将社区生活服务内容作为社会单位进行总体规划。新加坡在发展“邻里单位”的基础上衍生了“邻里中心”概念，将其作为一个分层次、配套的社区公共活动中心的概念。我国的“邻里中心”建设和实践，始于20世纪90年代初期我国政府与新加坡开展的战略合作，引进新加坡先进的城市管理和建设经验在国内进行实践。特别是中新苏州工业园和天津生态新城的实践，拉开了国内建设的序幕。

本文所指的“社区邻里”是“邻里中心”概念的延续，其定位是服务于社区的配套设施，作为一个居住区级的社区配套和商业服务模式而存在，将商业与公益有机结合，为居民提供以日常生活为主导的配套服务，满足老旧小区及周边居民的需求服务，是一种以“邻里中心”为引导下的社区商业发展模式，是一种可持续运营的空间。它具有以下特征：

（1）功能业态融合性。“社区邻里”提供的服务是公益和商业设施的融合体。首先，“社区邻里”提供政务服务、养老、卫生、文化等公益性设施服务；其次，以便民利民为宗旨，以社区居民为主要服务对象，提供以满足居民的日常生活和服务为目标的商业设施，可作为城市商业中心的补充层次。在后续运营中，需要针对不同设施采取不同运营模式，建立协调机制，保障各类功能可持续运营。

（2）服务设施集中性。“社区邻里”中心以“一心多用”的方式，将各种商业和服务设施集中布置，缩短设施与社区居民距离，减少交通拥堵，同时节约土地资源，全方位满足社区居民服务需求。

（3）运营的可持续性。在混合功能的导向下，提高商业服务设施运转效率，尽可能实现片区资金自平衡，达到“以经营养公益”的良性循环，减少对政府财政的补贴依赖。这种特征需要老旧小区在改造过程中，充分挖掘闲置资源，强化地块规划指标、实施模式等方面政策的支撑，以提高商业价值，缓解老旧小区改造的资金压力。

2 “社区邻里”视角下老旧小区改造技术要点

2.1 总体思路

跳出老旧小区改造的旧思路，通过片区统筹，将空间紧邻、文化相连、特征相似的老旧小区整体连片改造。按照居民需求，利用可改造空间，集中设置，建设“社区邻里”中心。一方面，多层次完善配套设施，修建多功能经营性用房，如便民服务中心、社区党群服务站等公益性设施用房，满足居民各类生活需求。另一方面，通过“社区邻里”的经营性业态弥补公益性设施的资金缺口，缓解资金压力，为老旧小区改造后的长效运营提供支撑。

2.2 改造内容要点

（1）选择具有改造需求和资源的老旧小区。一方面，老旧小区改造内容分为基础类、完善类和提升类。“社区邻里”视角下的老旧小区改造对象主要为有完善类和提升类改造需求的小区，需要选择此类小区进行满足居民居住功能需求、生活便利和社会服务供给的改造。另一方面，在选择具有完善和提升改造需求的小区的基础上，需选择具有一定存量资源的小区，包括空闲地、拆违腾空地及闲置用地等，通过合理拓展改造实施单元，统筹利用闲置资源，用以加强服务设施和公共空间共建共享，为“社区邻里”改造提供资源基础。

（2）合理划定改造范围。“社区邻里”视角下的改造，是在连片统筹的前提下，推进相邻小区及周边地区联动改造，如何合理划定改造范围涉及的外围功能圈是改造的核心要点。本文从改造管理范围和改造实施单元两方面提出外围功能圈。首先，改造管理范围以社区边界作为依据，进行基层行政管理，连片改造的老旧小区尽量在一个社区内；其次，根据5～10分钟社区生活圈，考虑到老旧小区整合可操作性、社区活力和居民交往需求，划分一个片区对应合理的功能圈。

(3) 科学确定社区邻里业态配置。注重尊重民意，详细调研居民消费需求，结合现有社区服务资源的服务半径进行分析，在5～15分钟社区生活圈需配置的各项服务要求指引下，从经营性和公益性两方面，提高设施使用效率，科学配置各类业态，满足居民日常生活需求。

(4) 合理选定空间位置。首先，要方便周边居民使用；其次，应具有良好的交通条件；再次，综合考虑服务人口、行政区划等因素，尽量选取中心位置；最后，选址要满足具有一定经营性业态功能的要求。该类业态的选址会影响后续的运营，需要提升其商业可行性，而具有公益性服务功能的设施，则需满足统筹管理和服务便捷的要求，满足居民日常生活需求。

2.3 技术路线

根据上述改造内容要点，梳理"社区邻里"视角下的老旧小区改造技术路线，首先结合区域内各个老旧小区的现实情况，合理确定具有"社区邻里"建设需求和可行性的老旧小区；其次，以连片统筹为导向，划定改造范围；第三，在消费需求调查和社区生活圈分析的基础上，合理确定社区功能业态；最后，根据经营性和公益性设施不同选址的要求，合理选定各业态空间位置。具体技术路线如图1所示。

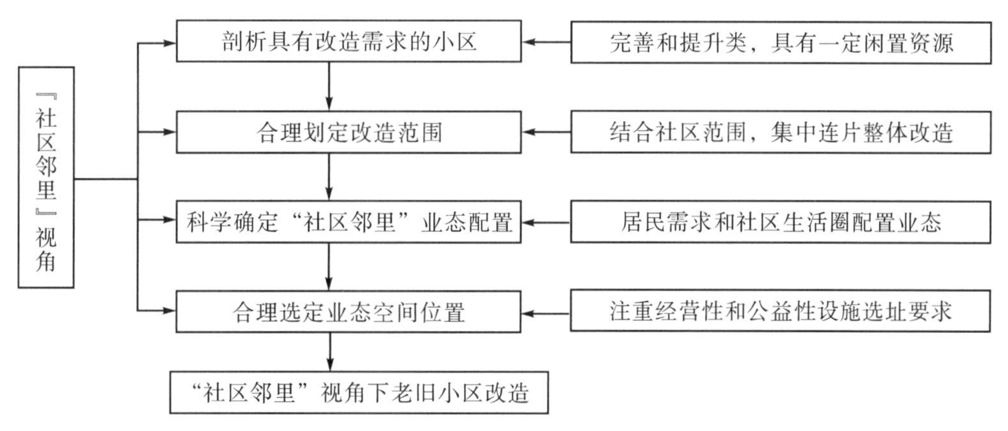

图1　社区邻里视角下老旧小区改造技术路线图

3　洪江市人民路片区改造实践

3.1 片区概况

人民路片区位于湖南省怀化市洪江市黔城镇的西南方向，属洪江市黔城镇玉皇阁社区管辖。西侧为古城路、芙蓉西路，南侧为沅江，东侧以铁路线为界，北侧至财办家属楼。片区内包含财办家属楼、十一煤矿家属区、电力公司家属区、黔城镇中心医院小区、国税地税小区、黔城镇经管局家属区、粮食局家属区、电力公司东门家属区共8个老旧小区。共涉及楼栋数109栋，涉及总户数725户，2033人，涉及总建筑面积11.02万m^2。片区内大部分建筑建成时间在2000年前后，产权归单位所有，或已被居民购买。片区内8个老旧小区的具体情况见表1。该片区位于洪江市中心城区，同时也是老城区的核心区域，具有一定的消费人群基础。

表 1　人民路片区 8 个老旧小区情况

小区名称	改造楼栋数（栋）	总户数（户）	改造总建筑面积（m²）	建成时间（年）	人口规模（人）	物业情况
财办家属楼	1	20	2575	1997	57	无
十一煤矿家属区	4	70	8325	1995	843	无
电力公司家属区	2	30	3535	1998	89	无
黔城镇中心医院小区	2	123	13955	1999	351	无
国税地税小区	5	60	7360	1998	172	无
黔城镇经管局家属区	1	48	5370	1997	127	无
粮食局家属区	4	43	4860	1999	127	无
电力公司东门家属区	2	20	2760	1998	200	无

3.2　改造需求及资源分析

通过对现有设施和规划的分析，人民路片区作为老城区的核心区域，除少数排水设施需要完善外，基础配套基本完善（图 2），其改造集中在完善类和提升类需求，符合“社区邻里”改造的要求。同时，在对片区详细调查的过程中，发现片区内通过整合边角零散地，形成一定量的闲置土地（图 3），可用于各类设施的布置和重新利用。

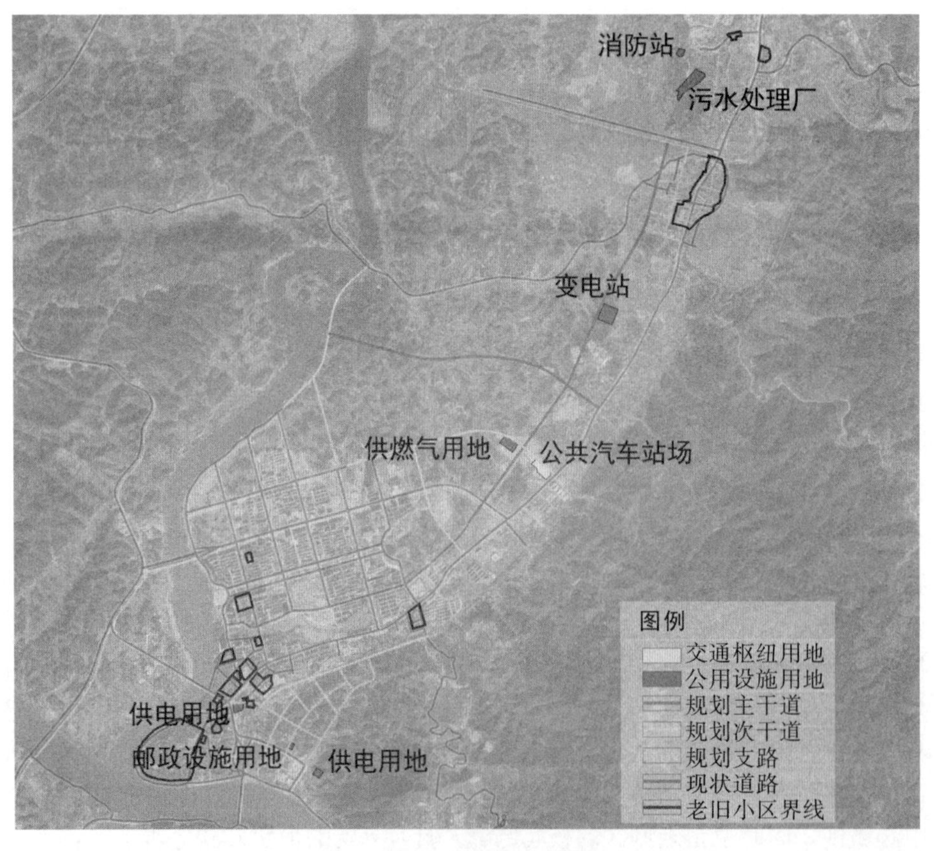

图 2　相对完善的基础设施配套

图3　片区内空闲地分析

3.3　改造范围的划定

人民路片区改造范围的划定主要考虑如下几个因素：第一，有利于管理和具体改造工程的推进，其范围在包含现有8个具体老旧小区的前提下，以玉皇阁社区范围边界为基础，改造范围不突破社区边界，确定北侧边界；第二，以主干道路为具体依据，确定西侧和东侧边界；第三，以自然山水为边界，主要为南侧舞水，划定南侧边界（图4）。

图4　人民路片区范围划定图

3.4 设施业态分析及配置

首先，通过现场问卷调查，得知人民路片区消费群体主要为退休老职工、部分移民搬迁老年人，以及黔城完全小学、幼儿园等幼年人群，结果显示需配套设施主要侧重日常生活所需，如养老中心、超市（便民店）、菜店、卫生服务中心、家庭服务、药店、快递等。其次，考虑空间均衡性，选取电力公司东门家属区、国税地税小区、十一煤矿家属区进行5～15分钟生活圈内现有设施分析（表2）。当前，人民路片区经营性服务设施比较完善。综合两者分析，人民路“社区邻里”中心建设在满足必备的设施外，可分公益性和经营性进行引导，公益性主要为社区养老中心、公共服务中心等，经营性设施可重点增加与生活相关的设施如超市（便民店）、菜店、家庭服务、药店、快递等。

表2 人民路片区5～15分钟社区生活圈现有设施分析

小区名称	5分钟生活圈内设施	10分钟生活圈内设施	15分钟生活圈内设施
十一煤矿家属区	中国移动、华美日化、燕燕粉面馆、新都宾馆、停车场、电力营业厅	洪江新星宾馆、黔城建材市场、圣彼得男装、东方文印、德源湘菜馆、杨记自助餐、星宇物流、东海大药房、人民金行、黔城中心市场、洪江第一建材超市、黔城商贸城、大众理发、张万福珠宝、东方酒店、诚中大药房、宏源商务宾馆、龙兴商店、金剪子理发店、九阳电器、济仁堂大药房、天添来家庭宾馆、老周汽配修理、飞达家电、胖子汽配汽修中心、二姐便利店、桥头米厂、中国石化加油站	中国银行、芙蓉大酒店、蜜雪冰城、庆庆商行、百草堂大药房、天天快递、洪仁堂大药房、一杆秤大药房、金辉家私、农村商业银行、洪江餐馆、兵梅餐馆、仁和大药房、顶头尚丝理发店、中通快递、停车场
国税地税小区	桥头米厂、二姐便利店、胖子汽配汽修中心、老周汽配修理、天添来家庭宾馆、飞达家电、济仁堂大药房、中通快递、顶头尚丝理发店、洪江餐馆、兵梅餐馆、仁和大药房、玉皇阁社区居委会	洪江市公安局黔城派出所、怀仁大药房、爱民百货批发、黔城大药房、牡丹幼儿园、家乐餐馆、宏达商行、停车场、诚中大药房、宏源商务宾馆、龙兴商店、金剪子理发店、九阳电器、中国石化加油站、华美日化、燕燕粉面馆、新都宾馆、大众理发、张万福珠宝、东方酒店、农村商业银行、黔城社区服务中心、金辉家私	东海大药房、人民金行、黔城中心市场、洪江第一建材超市、黔城商贸城、一杆秤大药房、停车场、垃圾回收站、洪江市农村信用合作社、新星文化用品批发店、春哥夜市、中国移动
电力公司东门家属区	停车场、爱民百货批发、黔城大药房、垃圾回收站、洪江市农村信用合作社、新星文化用品批发店、春哥夜市、牡丹幼儿园、家乐餐馆、宏达商行、玉皇阁社区居委会	洪江市黔城完全小学、邮政局、古城社区居家养老服务站、飞龙便利店、食扒味餐厅、拾光夜宵城、旅游商品市场、洪江市公安局黔城派出所、中通快递、顶头尚丝理发店、洪江餐馆、兵梅餐馆、仁和大药房、怀仁大药房	芙蓉楼、黔城古城墙、黔城幼儿园、公共厕所、黔城敬老院、停车场、中国石化加油站、桥头米厂、二姐便利店、胖子汽配汽修中心、老周汽配修理、天添来家庭宾馆、农村商业银行、飞达家电、黔城社区服务中心

3.5　确定社区邻里选址

有效利用社区邻里中心场所，推进多业态综合利用，提高设施使用效率，科学配置各类服务设施。从空间均衡性与管理可操作性、遵循与居住区相互交融、营造具有一定人群的特色邻里中心商业等方面出发，在玉皇阁社区服务中心区域选择具有社区产权的空闲地进行人民路片区“社区邻里”中心布置，打造服务便捷、管理精细、人气充足的“社区邻里”服务中心（图5）。

图5　人民路片区“社区邻里”中心选址

4　结语

“社区邻里”视角下城镇老旧小区改造为现有的老旧小区改造提供了一种新的方法。从配套服务来看，“社区邻里”中心可以全方位集中配套多层次的设施，包括经营性和公益性设施，满足居民日常生活需求；从后续运营看，“社区邻里”中心具有一定的自生性，在一定程度上满足设施运营的要求。本文从“社区邻里”的视角，对老旧小区改造范围划定、设施业态分析及空间选址进行了探究，为老旧小区改造的设施配套和资金缓解作出了积极探索，为相关研究和规划提供实际参考意义。“社区邻里”中心的运营模式、盈利方式、协调管理等内容尚待进一步探索和研究，以实现老旧小区改造长效运营和管理的目标。

［参考文献］

［1］许皓，李百浩．思想史视野下邻里单位的形成与发展［J］．城市发展研究，2018，25（4）：39-45．

［2］刘泉，赖亚妮．新加坡邻里中心模式在中国的功能演变［J］．国际城市规划，2020，35（3）：54-61．

[3] 陈思佳，张权福，江国庆，等. 中新邻里中心建设的发展与启示：基于对苏州工业园区邻里中心、新加坡邻里中心研究分析 [J]. 现代经济信息，2018 (18)：8.

[作者简介]
林志明，高级工程师，注册城乡规划师，注册咨询工程师，任职于湖南省建筑科学研究院有限责任公司。
张文敏，工程师，任职于湖南省建筑科学研究院有限责任公司。
粟　波，工程师，任职于湖南省建筑科学研究院有限责任公司。

青岛市老旧小区改造路径探究与实践思考

——以崂山区某片区老旧住区改造项目为例

□刘　妍，赵婧怡，祁丽艳

摘要：随着我国高质量发展以及存量更新的不断推进，伴随居民生活品质提升的老旧小区改造成为目前城市宜居建设的重点。本文以青岛市崂山区某社区改造项目为例，详细介绍了旧改调研、居民访谈及行为活动调查、运转机制完善、改造时序协调等各环节的方法创新。并结合改造设计对实践过程进行总结与思考，提出路径优化建议，为尚处于探索阶段的青岛市老旧小区改造提供参考与借鉴。

关键词：存量更新；宜居社区；地方实践；旧改调研；路径优化

旧区改造源于西方国家对贫民窟的拆除重建。自19世纪60年代以来的实践中，旧区改造方式由大规模的拆除重建逐渐转向社会、文化、物质的多维度更新，改造对象也由贫民窟的清理重建转向老旧住区的改善提升。在城市发展与建设中，旧区改造一直是提升城市品质、复兴城市活力、改善人居环境、缩小贫富差距的重要手段。

近年来，我国老旧小区改造工作加快实施推进。2020年7月，国务院《关于全面推进城镇老旧小区改造工作的指导意见》中提出全面推进城镇老旧小区改造工作、推进城市更新和开发建设方式转型的战略部署。此后，上海、北京、广州等城市在老旧小区改造的模式创新与路径探究中做出了积极实践。自青岛市开展老旧小区改造试点工作以来，改造工作在顺利进行的同时也暴露了众多问题与挑战。2021年初，青岛市在《关于加快推进城镇老旧小区改造工作的实施意见》中提出组织各区（市）完成城镇老旧小区的全面调查摸底，并按照基础、完善、提升三类，对城镇老旧小区和周边区域的生活环境进行丰富与提升，并结合一系列标准政策的提出，为全市老旧小区的改造工作提供了支持与依据。

1　青岛市老旧小区改造的特征与困境

青岛市作为改革开放后首批14个沿海开放城市之一，依托开放政策，在城市开发方面取得了极大的突破，吸引了一大批城市住区的建设与投资。经过近30年的发展变迁，如今城区范围内众多老旧小区出现物质环境破损、管理混乱等问题，社区居民的生活环境亟待提高，青岛市老旧小区改造的实施面临众多困境与挑战。

1.1 更新改造经验不足，缺乏区域整体性改造机制

青岛市2000年以前建成的城镇老旧小区需改造项目共6157个，共计4228万m^2，涉及居民约61.3万户。自2019年被确定为城镇老旧小区改造试点城市以来，青岛市老旧小区改造工作已经经历了两轮试点小区改造。改造小区大多呈现碎片化特征，难以形成规模化、系统化改造模式。目前，青岛市城市更新改造正处于加快推进阶段，但相比于北京、广州等特大城市，青岛市老旧小区改造经验相对不足，缺乏区域层面的更新改造统筹机制和在区域层面更新规划的整体性。

1.2 改造资金统筹困难，缺乏长效维护机制

老旧小区改造是以政府为主导的，提高居民生活质量、改善城市形象的重要民生工程。在实施改造过程中，由于改造内容繁杂、标准不一，老旧小区改造与组织过程中需要耗费大量的人力物力。不同于新建住区的商品属性，老旧小区改造工程由于缺乏政府以外的投资主体，往往出现资金短缺、统筹困难的问题，严重制约了改造工作的统筹开展。伴随着目前青岛市老旧小区改造的广泛开展，老旧小区改造的数量与标准不断提高。基于国有企业、社会资本的市场参与程度相对较低，老旧小区改造仅仅依靠政府出资将难以持续健康发展，需要探索构建更多元全面的资金筹措机制。

1.3 空间产权混乱，难以形成统一规划

产权制约是众多老旧小区改造实践中面临的普遍问题之一。随着国家层面及青岛市住区产权制度的改革，部分老旧小区的产权归属及使用权限发生显著的改变，由此导致部分空间空置、无人管理的情况发生。在老旧小区改造实践过程中，由于部分老旧小区地块划分、物业管理等历史遗留问题，出现产权单位与物业管理机构混乱的现象。部分旧区内部地下空间、宅前空间由于产权不明、缺乏管理被居民长期占用，而在改造设计中出现产权归属纠纷，难以进行统一规划设计。

1.4 居民邻里意识薄弱，基层自治体系尚未形成

伴随城市现代化的不断推进，过去以单位集体公有制为基本特征的住区管理模式已发生重大转变，社区成为居民组织与治理的基本单元。在老旧小区的建成发展过程中，由于所处区位发展重心的转移与地价变化，小区居民构成也会经历多轮变化。因此，在此过程中居民难以形成稳定的社会联系，一定程度上影响了社区邻里关系的构建。近年来，青岛市在基层自治管理方面探索出社区业主委员会等居民自治机构，为居民参与社区服务及意见反馈提供了有效途径。然而，社区基层自治管理尚处于探索阶段，老旧小区社区管理机制不完善、居民参与积极性较弱等问题广泛存在，对老旧小区改造工作的可持续发展造成了极大阻碍。

1.5 公众参与自主性不强

老旧小区改造作为对既有小区的更新，不仅涉及对物质空间的修缮维护，而且当地居民的认同与参与也是保障旧区改造项目长效可持续的关键。然而，与北京、广州等特大城市相比，青岛市住区改造过程中居民普遍参与意识较弱，且缺乏有效的公众参与方式，由此导致青岛市在老旧小区改造工作的推进中遇到阻碍。因此，在青岛市住区改造的过程中需要探索多元参与的更新改造机制，从参与平台构建到意见整理反馈等提高居民在前期调研排查、方案设计、公

示反馈等多个环节的参与效率，逐渐增强居民参与老旧小区改造的参与意识和行为自主性。

2　我国老旧小区改造的模式借鉴

老旧小区改造项目不同于新建住区依靠自身项目营利获取收益的投资模式，需要建立多方参与、多渠道开放的资金筹措与运作模式。在国外的改造实践中，各国政府针对自身国情制定了不同融资方案，如日本创新自主开发模式，开发新型贷款机制，鼓励个人业主与运营机构助力旧区改造，政府针对改造关键节点进行补助，主次分明，不大包大揽；英国通过出台行动计划，鼓励社区服务的提升，并由政府向以社区为基础的合作组织分配资金助力改造工作；美国通过发行公债、房地产增值税进行融资，用以解决前期改造资金问题，在一定程度上促进了房地产价值提升及地区经济发展。我国各地政府及管理组织也在自身改造实践中总结出多种融资手段。例如，针对自身条件良好的项目，通过项目自身预期收益还款增收；通过特许经营权、合理定价、财政补贴等事先公开的收益规则，引导社会资本参与改造；统筹结合旧区所在片区及跨片区项目的平衡模式。另外，部分地区通过政策优化鼓励居民提取住房公积金，用于城镇老旧小区改造项目和既有住宅加装电梯项目。当前，我国老旧小区改造工作已逐渐从试点项目转向全面推动城市社区整体设计的可持续发展阶段，改造融资难、市场参与弱等问题已成为老旧小区改造可持续发展的重要阻碍。在前期试点阶段，上海、广州、北京等城市在老旧小区改造方面进行了多方面的探索和实践，为青岛市老旧小区改造提供了众多可借鉴模式。

2.1　城市更新联动模式

由于缺乏统一集中的规划，2000 年前所建造住宅小区大多分布较为分散，难以形成规模化建设。以项目联动为特点的改造模式可以将片区棚改、旧城更新与老旧小区的改造进行打包整合，由政府选择项目承包主体对片区整体的更新改造实施商业化运作。城市更新的联动模式有利于形成多样化、更为广泛的投资及收益渠道，加强片区内部的投资收益平衡，适用于城市旧城片区及中心城区的整体更新改造。

2.2　专项债券模式

在部分城市老旧小区改造过程中，具有公益性质的专项债券模式被应用于老旧小区改造工程。安徽省、山东省、广西壮族自治区等省（区）的部分城市在实践中通过发行市政基础设施专项债券的形式推动城镇老旧小区改造工程的融资与营收，取得了较为成功的经验。但在具体实践中，专项债券大多基于土地出让的改造项目收入进行偿付，难以形成市场化多元参与，对改造项目的融资规模具有一定限制。因此，目前专项债模式多应用于老旧小区市政基础设施的改造工程，难以形成可复制的整体改造模式。

2.3　“劲松模式”

近年来，老旧小区改造投资主体有了较大的变化，政府在全面推进老旧小区改造的过程中逐步探索市场参与机制。北京市在劲松社区老旧小区改造的过程中应用了以政府为主导，引进具有投融资实力社会企业参与的老旧小区改造模式。由改造企业提供治理资金和设计团队，利用改造后老旧小区的物业、停车费及低效闲置空间经营所产生的租金收入作为企业的投资回报，形成社会资本参与的老旧小区改造模式。此类老旧小区改造模式大力吸引了市场力量的参与，缓解了政府投资的压力，为处于老旧小区全面改造阶段的城市提供了强大的资金支持。

3 青岛市老旧小区改造实例与优化思路

3.1 项目基本概况

改造片区位于崂山区松岭路以西、苗岭路以南，是青岛市 2000 年底前建成的住宅片区。2021 年 3 月，青岛市将其纳入崂山区首批 6 个老旧小区改造示范项目名单，进行整体改造提升。片区周边居住社区分布密集，城市基础设施配套良好，改造范围包括社区所辖范围内的 4 个居住小区（表 1），4 个小区在居民构成、物业管理、改造需求等方面均存在较大差异。

表 1 片区基本情况调查表

小区名称	建成年份	开发商	住宅数量	层数	户数	建筑面积
梅岭小区	1995 年	青岛雁山房地产开发有限公司	9 栋	5/6 层	157 户	21426 m^2
瑞都花园	2000 年	青岛华侨房地产开发有限公司	11 栋	6/13 层	388 户	41360 m^2
瑞海花园	2000 年	青岛安信置业开发有限责任公司	2 栋	5 层	40 户	5814 m^2
金三角花园	2000 年	青岛雁山房地产开发有限公司	3 栋	5 层	55 户	6691 m^2

A 小区建成于 1995 年，是瑞都广场片区建成年代最早的居住小区。其建成之初为单位制居民小区，居民多为事业单位工作人员及家属，构成单一。后随所在片区区位价值的提升及商品化的迅速发展，小区住房出租及交易活动逐渐增多，居民整体构成趋于多元化与内部分隔化。

B、C、D 3 个小区均建于 2000 年，居住环境及建筑质量相对较高。3 个小区建成之初均为商品房类型，并由统一的物业公司管理服务，整体性相对较高，但其在居民构成上的差异化是小区改造的主要难点所在。

3.2 现状问题与特征

3.2.1 物质环境问题突出

在现状物质环境方面，4 个小区有着众多老旧小区存在的共性问题：设施老化、景观环境管理不足、无障碍设施及安防监控设施缺乏，严重影响到居民生活质量。其中，住宅建筑本体方面，住宅由于长期年久失修，在屋顶与外墙完善、楼道整治、电梯设施加建等方面亟待整治。设施配套方面，住区在监控设施、无障碍设施配套及统一管理方面均存在缺失，给社区居民的生活带来极大不便。

3.2.2 道路及交通组织混乱

在交通组织方面，由于各小区建成年代较早且规模较小，交通组织整体性较差，部分道路出现断头、引导混乱等现象；在停车组织及管理方面，除 B 小区设有地下停车场外，其他 3 个小区均存在停车位缺乏的现象。车辆多停放于路边，缺乏统一管理，严重影响了居民的日常出行。

3.2.3 活动空间吸引力差

通过对现有公共空间使用情况的调查研究，除中央斜向广场使用频率较高外，各小区内部公共空间均在使用频率及使用人群上存在吸引力差的问题。其中，C 小区与 D 小区规模较小，内部尚无集中绿地；A 小区与 B 小区内部绿地由于缺乏有效管理，在景观质量方面存在明显不足。另外，由于中央斜向广场在空间形态上存在局限及缺乏设施配套，导致居民日常活动类型单一、邻里交往缺失，难以满足居民的日常活动需求。

3.2.4　社区服务管理不足

物业服务方面，片区物业服务由两家物业公司承担，服务的差异与不平衡同样影响到整体住区改造的推进。而在社区管理方面，居民委员会在功能配套及活动组织方面存在较大优势，但由于其使用空间的不足及可达性较差，限制了居民的日常使用，使用人群主要为A小区居民，极大地影响到社区管理及服务效率。

3.2.5　社区邻里关系弱化

4个小区由于建成之初在开发商开发、物业管理之间存在差异，加之住宅商品化加速过程中居民结构的变化，导致社区之间及各小区内部邻里关系出现隔阂。另外，由于新冠肺炎疫情期间长期的封闭管理与隔离，社区邻里关系更趋弱化，对社区集中管理形成了巨大的挑战。

3.2.6　老龄化问题突出

4个小区60岁以上老年人口比重普遍较高，其中A小区老年人口比重约为70%，B小区老年人口比重约为60%，C小区与D小区老年人口比重在50%左右。然而，社区在老年服务、无障碍设施设计及住宅电梯配套等方面存在严重缺失，导致老年人居住需求及安全需求得不到基本保障。而随着我国城市居民老龄化问题日趋严重，适老化设施的完善提升成为居民最关注的问题之一。老旧小区改造应充分体现社区适老化改造设计，满足老年人群基本生活需求。

3.3　改造路径优化探究

针对以上4个小区改造过程的路径模式，结合老旧小区的分布现状及共性问题，青岛市老旧小区改造路径应从“前期调研、工作统筹组织、资金运作、公众参与、改造后评价”等主要方面实施创新。根据老旧小区现状特征及社区治理模式，实施因地制宜的改造方案及工程措施，为全市老旧小区全面更新改造提供模式借鉴。

3.3.1　调研方式创新优化

老旧小区改造项目涉及居民、物业等多方的切实利益，只有基于详细调查的改造设计才能符合住区需求，形成长效可持续的更新机制。此外，住区改造对象一般为建成年代较久远、居民构成复杂的老旧小区，往往在社区管理、物业服务及居民协调方面存在较大问题，对改造工作造成阻碍。在老旧小区改造的现场调研观察及访谈过程中，应加强社区工作人员、物业及居民的多方组织协调。

住区调研宜采用现场调查、访谈与大数据分析相结合的调研方法，保证调研工作的全面、高效。现场情况摸底调查中，依据详细的分类调查体系，将老旧小区现存设施老化、破损等突出问题统一排查明确，从而采取针对性措施解决矛盾；加强对居民行为活动的观察与统计，结合行为注记、热力分析、POI数据分析等手段全面梳理居民时空活动特征（图1），根据实际需求科学合理地进行交通组织引导及公共空间改造设计。访谈阶段，以前期调研情况为基础制定合理明确的问卷及访谈提纲。问卷内容突出社区存在实际问题及改造方向，并充分考虑不同年龄段及不同社会背景人群的接受程度。问题设计应体现针对性、加强逻辑性、避免引导性，充分体现居民真实意愿，为改造方案制定提供决策依据。

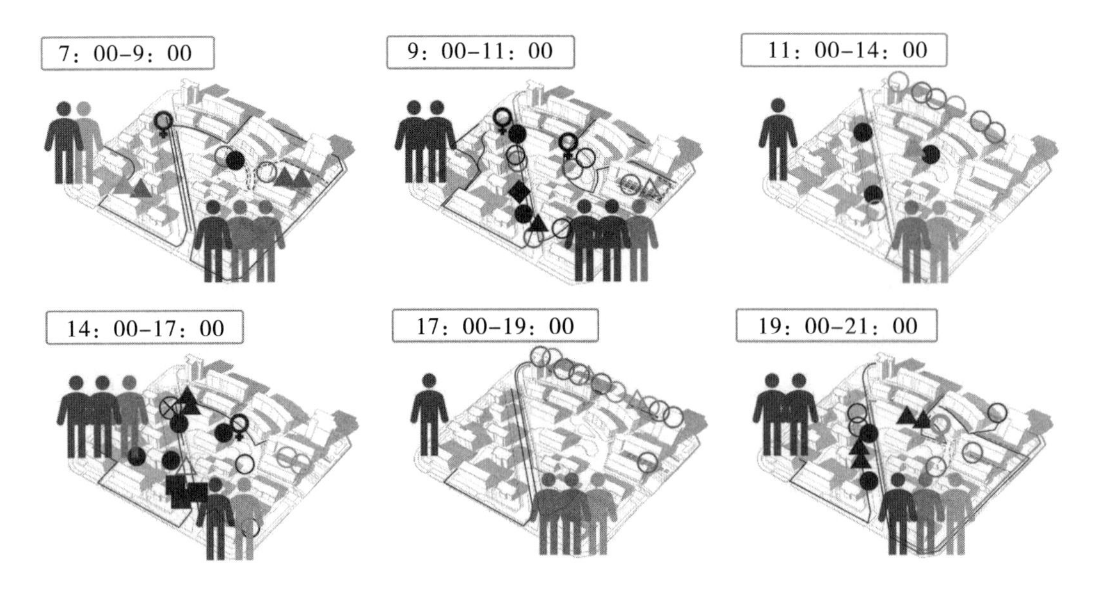

活动类型	行为活动	标记符号		
		老年	中青年	青少儿
个体活动	静坐	●	●	●
	站立	○	○	○
	原地健身	♀	♀	♀
	小范围动态活动	------	------	------
	散步、遛狗等沿路活动	——	——	——
	骑车穿行	═══	═══	═══
群体活动	坐着聊天	▲	▲	▲
	站着聊天	△	△	△
	打牌下棋	■	■	■
	球类运动	⊗	⊗	⊗

图 1　片区居民行为注记图

3.3.2　改造工作统筹优化

老旧小区改造作为城市更新的重要组成部分，涉及城市建设的方方面面。目前，全国多地城市已经建立老旧小区改造联审制度，并得到明显成效。青岛市老旧小区改造工作统筹及联合审批制度的制定应结合实际，针对历史保护、风貌协调等具体问题制定明确的改造制度与原则。改造方案由政府牵头财政、自然资源和规划、人民防空、行政审批、城市管理等部门进行联合审查。切实明确各部门主体责任，优化简化审批程序、材料，全面提高老旧小区改造效率，加快住区与城市系统的融合。

物业服务及社区管理效率的高低是影响老旧小区改造管理组织的关键因素。社区内部组织方面，由社区居委会、业主委员会等基层组织承担组织管理工作，承接政府各项规定要求，组织引导居民以捐钱、捐物及志愿者形式参与改造工作。依托基层管理组织力量，加强居民交流沟通，提高社区内部凝聚力，并通过线上线下多种方式征求居民意愿，做到即时反馈。同时在此过程中加强社区治理能力，为社区改造实施后的管理维护提供基础（图 2）。

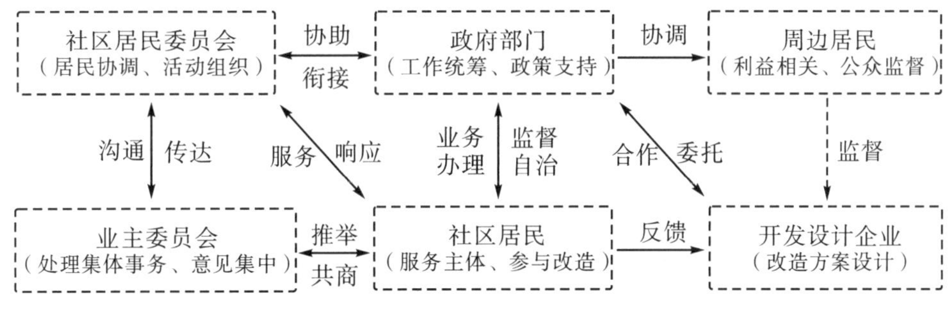

图 2 改造工作统筹机制

3.3.3 资金运作模式优化

根据我国各地在资金筹措及运作的成功模式，青岛市老旧小区改造项目应在借鉴相关经验的基础上，针对旧区自身特征，创新政府、国有企业、产权单位、居民合作共担的多渠道筹资手段，住宅电梯加建等项目应按照“谁受益、谁出资”原则，加强居民共建共享。在旧区改造初期，通过项目科学预判提供明细化改造收益清单，鼓励和提高居民参与出资改造的自主性与积极性。

3.3.4 公众参与程序优化

老旧小区改造关系到居民切身利益，公众参与应作为旧区改造的重要环节，补充完善改造工作流程，形成“城市、街道、社区、居民”多方协作和共同协商的工作机制，提高方案决策的科学性与可实施性。加强社区宣传，提高公众参与改造工作的意识，通过参与问卷调查、座谈交流等方式引导居民参与各阶段的改造工作。结合青岛市公众参与多平台、多渠道构建，广泛征求公众意见，加强居民参与旧区改造工作的主体意识。改造方案公示阶段应针对公众意见归纳整理、分析论证，对意见采纳结果公开说明，并及时做出方案调整公示。同时，建立改造后公众调查评价机制，制定分类分级的评价标准，将改造实施中出现的问题、居民意见进行即时反馈，以便采取措施避免各项问题隐患。

4 结语

在城市存量空间优化与人居环境品质提高的需求推动下，城市老旧小区的改造已由试点项目改造转向全面普查覆盖的新阶段，老旧小区改造的长效可持续目标对工作统筹协作提出了更高要求。老旧小区改造的模式需要兼顾政府、市场、居民的需求，寻求多方共担机制。青岛市在老旧小区试点实践中根据现有社区治理特点将业主委员会纳入管理决策体系，为居民参与改造决策提供了更为便捷的渠道。然而，在现有实践中，老旧小区改造的项目类型及投资收益、不同主体的参与程度方面未能形成因地制宜的有效模式，老旧小区改造实施需要根据不同社区在适老化改造、社区服务、基础设施加建等方面的不同需求建立适宜化改造清单。各级政府部门应根据改造需求加快立法，明确改造项目投资及收益准则，从而吸引更多市场力量的参与。

老旧小区的改造更新是一个长期实践的过程，青岛市在推进老旧小区改造工作的统一部署下，应重点突出改造主要矛盾，创新优化动态更新模式，并结合城市自身特点，探索青岛独有的老旧小区改造的实施路径。

［资金项目：山东省自然科学基金（ZR2020ME217）；2021 年度教育部人文社会科学规划基金项目（21YJA840013）。］

［参考文献］

［1］秦丽涵. 城市更新背景下青岛市老旧小区改造的路径研究［J］. 中国工程咨询，2020（2）：99-101.

［2］张扬金. 从“社区”走向“邻里”：城市社区治理单元重构：基于江苏省南通市邻里建设的调查［J］. 湖北行政学院学报，2015（4）：31-35.

［3］任荣荣，高洪玮. 美英日城市更新的投融资模式特点与经验启示［J］. 宏观经济研究，2021（8）：168-175.

［4］徐文舸. 我国城市更新投融资模式研究［J］. 贵州财经大学学报，2021（4）：55-64.

［5］广西贵港市住房和城乡建设局. “三统破三难”推动老旧小区改造贵港市成功发行政府专项债券［J］. 城乡建设，2021（5）：44.

［6］李政清. 社会资本参与老旧小区改造的模式探析：以北京市朝阳区劲松小区为例［J］. 城市开发，2020（22）：68-69.

［7］陈瑞，刘丰军. 基于行为注记法的社区公园游人行为活动及建设策略研究［J］. 城市建筑，2020，17（13）：183-187.

［8］戴洪涛，张启菊，张雪柔，等. 5G大数据视角下老旧居住区微更新的规划策略研究［J］. 居舍，2021（2）：5-6.

［9］肖屹，陈思怡，孔俊，等. 老旧小区整治改造绩效评价体系构建及应用［J］. 建筑经济，2020，41（8）：21-25.

［10］史文彬，孙彤宇，李勇. 上海中心城区老旧住区可持续更新策略研究［J］. 住宅科技，2020，40（12）：35-40.

［11］洪保洁. 生态社区目标下老旧小区更新改造策略研究［J］. 城市住宅，2021，28（1）：65-68.

［12］李嘉珣. 我国一线城市老旧小区改造路径探究：以北京、广州为例［J］. 城乡建设，2021（5）：16-18.

［13］刘军. 城市老旧小区改造实施存在的问题及对策［J］. 建筑技术开发，2021，48（12）：53-54.

［14］卜然，姚天宁，张洁茹. 2000年前老旧小区更新改造策略研究［J］. 住宅与房地产，2021（15）：25-27.

［15］秦丽涵. 城市更新背景下青岛市老旧小区改造的路径研究［J］. 中国工程咨询，2020（2）：99-101.

［16］项文菁，高莹，范悦. 既有居住组团更新实践中对多方参与组织机制的思考［J］. 建筑与文化，2021（5）：180-182.

［17］薛宇欣，李婷，张德娟. 我国老旧小区改造模式与发达国家的对比分析与建议［J］. 城市住宅，2020，27（4）：90-94.

［作者简介］

刘　妍，青岛理工大学建筑与城乡规划学院硕士研究生。

赵婧怡，青岛理工大学建筑与城乡规划学院硕士研究生。

祁丽艳，通信作者。副教授，任职于青岛理工大学建筑与城乡规划学院。

后疲情时代老旧社区微改造实践探究

——以重庆市璧山区南关社区为例

□周　露，张　帆

摘要：2020年初，新冠肺炎（COVID-19）疫情对城市建设与安全健康提出了巨大的挑战。存量改造的设计策略必须要因势更新和升级，其必然会更加理性和多元化。尤其是处于当下的后疫情时代，社区作为疫情防控的基本单元，成为战“疫”成败的关键，而老旧社区因其建成年代久远等带来的一系列综合问题，成为疫情防控的难点，但若全方位对老旧社区进行改造，必将存在利益主体不明确、资金来源短缺等问题，所以应采取更加精准、精细、精明的针灸式微改造。本文分析了社区疫情防控体系以及疫情中老旧社区作为基本防疫单元暴露的问题，探讨了后疫情时代老旧社区的微改造方向和策略，并把它运用于璧山区南关社区的微改造实际案例中，希望对后疫情时代国内老旧社区的改造提供有益的借鉴。

关键词：后疫情时代；老旧社区；微改造；南关社区

后疫情时代，让人们更加关注自身以及环境的健康与安全。疫情防控工作由上层决策部门传达到城市管理层，最后到达社区层级，以社区为单元具体执行各项工作，构建了“城市一社区”各司其职、联动防控的体系。从本次全国防疫工作的开展情况来看，社区防御设施力度及防御管理水平的高低直接影响了城市整体疫情的控制效果。由于疫情暴露了老旧社区在应对突发事件时的诸多问题，如果社区全方位改造可能会存在更深层次的资金、效益等困难，因此应采用针灸式微改造更新模式，来适应疫情背景下的老旧社区需求。疫情期间居民的活动范围缩小至社区，而社区无论从功能空间还是管理模式上，都暴露出许多问题：如健康卫生条件落后、公共资源分配不均、防灾应急预案欠缺、社区治理力量薄弱、信息数据共享滞后等。

文章选取重庆市璧山区南关社区为微改造实践案例，通过分析老旧社区在疫情中的“困与危”，从空间和服务两个角度，探究老旧社区如何有效预防疫情的发生，以及发生疫情后如何快速有效地进行疫情防控，以期为国内后疫情时代老旧社区的微改造提供引导和启示。

1　社区疫情防控体系基础探究

1.1　“城市—社区”疫情防控体系

“疫情防控体系”是基于人的生命安全需求而建立的，能够预防、监控疫情发生的防疫长效机制，旨在促进大众健康。中国疾病预防控制中心对2020年新冠疫情的研究指出，“疫情防控”

是通过科学防护与理性应对疫情从而防止疫情扩散的一个过程。本次防控新冠疫情过程中，按照“外严防输入、内严防扩散”的防控要求，全国各地的城市基本上采用了“城市一社区”上下联动的两级疫情防控体系。城市需要一定的流动性，来保证救援物资、设备、人员的进出以及居民的基本生活物资，而封锁隔离是防控疫情的主线，所以城市防疫的封闭性与城市系统的流动性在一定程度上产生了空间上的矛盾，并表现在城市尺度和社区尺度上（图 1)。如何处理好“封闭与流动”的空间关系是后疫情时代的城市更新和社区改造的重点工作之一。

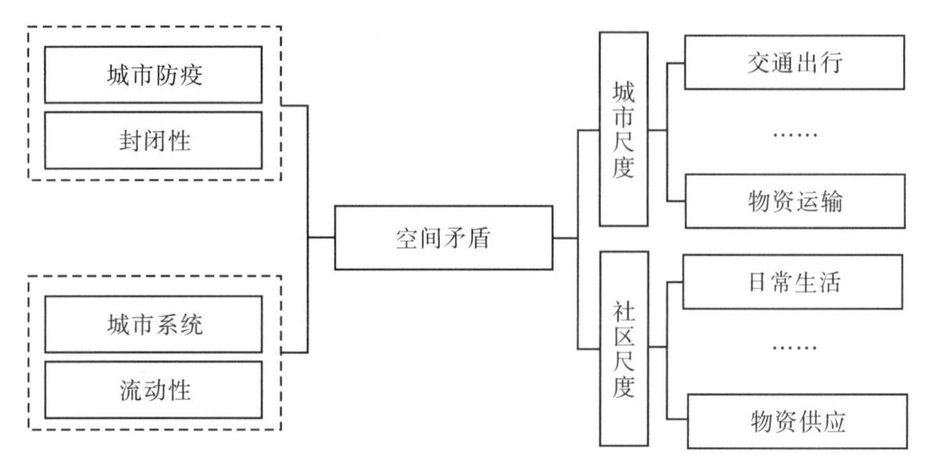

图 1 “城市—社区”疫情防控理论框架

1.2 “治疗—隔离—恢复”疫情防控措施

从新冠疫情发生依赖的传染源、传播途径、易感人群 3 个环节来看，早期的城市公共卫生运动致力于通过改善城市的物理环境来消除传染源，近年的健康城市运动侧重于通过促进居民体力活动来提高易感人群的体质，而对于突发公共卫生事件等传染病发生的中间环节——传播途径的切断，城市的应对却缺乏有效的演练。社区主要承担的功能是疫情防控的隔离和治疗，以及常态化时期与抗击疫情后的恢复转化功能，所以社区在疫情期间通过形成防疫单元的方式参与整体城市的管控。回顾我国城市有效切断新冠病毒传播途径的经验与不足，不难看出，疫情防控措施分为 3 个层面：隔离、治疗、恢复（图 2)。

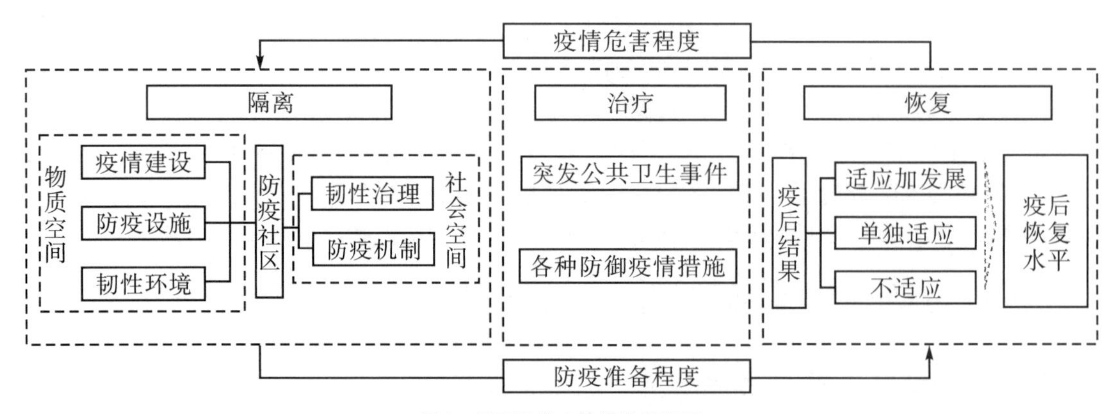

图 2 社区防控疫情措施流程图

2　疫情中老旧社区的“困与危”

2.1　老旧社区生活空间未达到需求

老旧社区由于其功能的陈旧难以跟上需求的变化，特别是在疫情冲击下，社区居民与生活空间的接触度增加，防疫单元内闲置空间以及现有的功能空间，不能满足疫情隔离期间社区居民对于社区生活空间的要求标准。在社交疏远措施和居家隔离的规定下，老旧社区居民连日常的健身锻炼活动都无法得到保障，社交空间在老旧社区中更为稀少，所以更加容易引起居民心理和生理上的问题。在疫情防控时社区形成防疫单元，老旧社区居民在有限的环境内，长时间体验空间的单一性和服务的滞后性，所以空间问题对于保障隔离期间社区居民基本生活是一大难点。

2.2　老旧社区生活服务得不到保障

从本次防控疫情过程来看，在发现疫情的初期，各个城市要求所有社区实行严格的封闭式管控，由于应急预案的缺失，所以前期只是随意划定了一定的防疫控制单元，就开始了漫长的隔离生活模式。在此隔离生活期间，老旧社区服务体系是相对滞后的，相对于防控疫情的高要求，显然老旧社区服务网络是达不到基本防疫标准的，所以造成了技术条件落后、社区防疫工作效率低等一系列问题，防疫单元中老旧社区的生活服务质量极差。同时，社区针对此次疫情采取了简单粗放的流线管制政策，虽然限制了人的流动，但同时也切断了物资流线，所以导致了防疫用品和生活必需品告急的情况，使得隔离期的居民基本生活服务得不到有效的保障。

因此，必须从老旧社区的生活空间和服务两方面进行有效的改造，提出可行的策略，才能让人们在疫情期间得到舒适的生活环境。

3　后疫情时代老旧社区微改造策略

3.1　空间安全多样化

3.1.1　优化防疫空间组团

以组团为基本防疫空间单元要满足有效隔离的要求，必须把握 3 个关键性的空间要素，即封闭控制点、管控边界以及规划封闭期间人员物资进出流线。同时，落实“社区生活圈就是防灾防疫圈”的理念，配足所需的应急空间：应急场地（大型绿地和空地）、场所（预留较大收容空间、利用社区综合体空间）和应急通道。回归到社区改造层面，这对于存量背景下的建筑功能布局、流线设计等系统的优化与改造都提出了更加严峻的挑战。与此同时提高社区防疫组团的可封闭性和功能完备性，并且将 2 项指标融入老旧社区的微改造评估工作中，创造适宜的居住社区环境。

3.1.2　空间多场景化设计

在社区基本单元内部，还应该通过空间层面的环境营造，如开辟街角绿地等绿色开敞空间、设置康养休闲运动设施等，设计多场景社区公共空间，不断促进社区居民能切实感受到空间品质的提升，帮助社区居民在面对重大公共卫生突发事件的特殊期间维持较为舒适的生活状态。疫情中许多没有满足防疫标准的公共场所临时性关闭，使大量居民丧失社交、缺乏运动，进而造成生理与心理的压抑状态。因此，后疫情时代老旧社区的微改造中，不仅需要满足居民的基

本功能需求，而且要更多地考虑和满足居民对健身娱乐、文化教育、安全减灾和交通出行等方面的需要，这就要求我们要尽可能地增加公共场所的数量，对社区外部和内部资源进行最佳利用，从而为居民提供充足且适宜的社会公共资源。

3.2 服务健康灵活化

社区作为关键性的“健康城市”的基础空间单元，要在满足社区的基础服务上，注重医疗等健康类服务。疫情期间很多社区采取封闭式管理，而大多数老旧社区暴露出打造 15 分钟生活圈的不足，难以支撑居民长时间的自我隔离。我们应明确后疫情时代“社区生活圈就是社区防疫圈”的理念（图 3），建立社区医疗应急设施、物资配置标准并予以相应的制度保障，在老旧社区改造中进一步推进应急能力的日常培训与储备。社区生活圈规划应该从社区居民真实的需求出发，营造可便捷获取各类生活服务的物质空间环境，在具体策略上考虑周边建设情况、发展定位等因素。

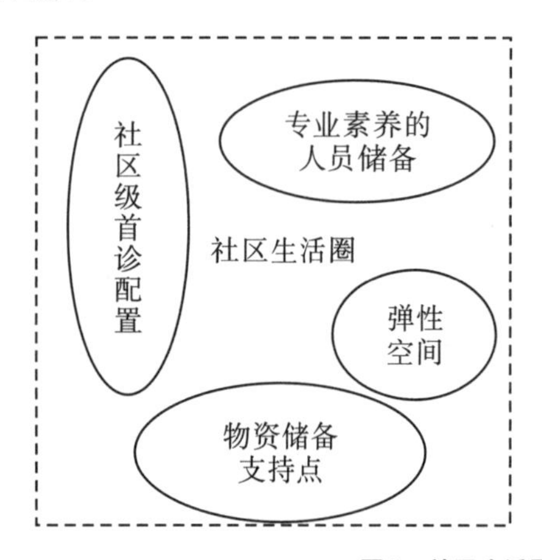

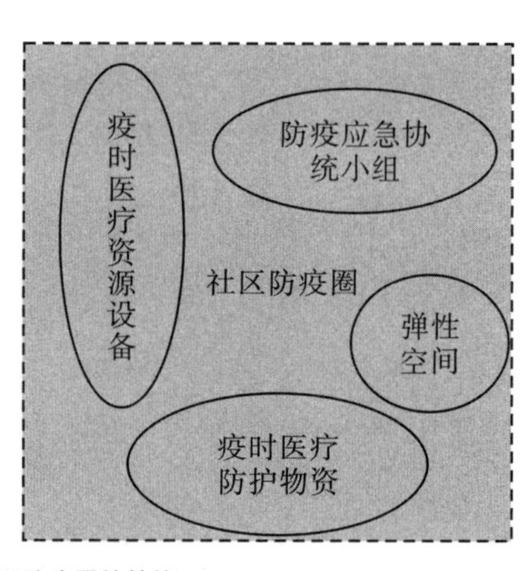

图 3　社区生活圈与社区防疫圈的转换

4　重庆市璧山区南关社区微改造实践

4.1 南关社区概况

重庆市璧山区位于重庆西侧，是成渝地区双城经济圈的重要节点，西部科学城的重要部分。本实践项目位于璧山区西北部的南关社区，是璧泉街道下辖的社区。南关社区紧邻重庆璧山 CBD，位于城市中心区域，西临东林大道，附近有璧山区人民医院、秀湖公园、璧山中学等，配套设施较为完善。南关社区属于重庆市璧山区老旧建筑占比较大的社区，住宅大多建于 20 世纪 90 年代，具有一般老旧小区的普遍问题，如建筑陈旧、环境杂乱、服务设施落后等。

4.2 社区空间微改造策略

4.2.1　设置社区物理管控边界

疫情之下的隔离，带来了关于人与人、人与自然连接关系的重新审视，所以“隔离—连接”需求下新的空间涌现，而边界空间则是疫情后社区的重点改造内容。老旧社区都是由多个小尺度、小规模，彼此独立的居住单元空间拼接而成的。在后疫情时代，需要兼顾边界管控的隔离，同时又要考虑外部空间的连通性。在社区内部复杂的用地权属和围墙边界下，原有的外部空间连通性减弱，大量空间资源被闲置与浪费，出现私自占用、乱停乱放等现象。所以应该对社区内的用地情况进行详细的调研，运用合理的设计手段，对边界空间进行整合与优化；打破围墙阻隔，在提高空间之间的连通性的同时，保留战“疫”时快速还原边界的灵活性；加强建筑功能的横向纵向复合布局，提高土地空间利用率，从而提升改善社区外环境品质。

南关社区西南角边坡泥土裸露，原有围墙破败，安全性较低，并且绿化边界空间未得到充分的利用。策略如下：将原有单一的边界形式，引入场景和自然的元素，为社区居民增加休闲活动场所；用景观退台的形式，将边界空间的绿化结合景观创意小品，增加原有边界的可封闭性以及丰富边界空间的景观层次；修补原荒废大青石挡土墙，并将其改造为社区党建文化宣传墙，在作为社区边界的同时还可以承担文化宣传的功能。

4.2.2　整治社区出入口管控点

从城市的隔离管控体系来说，社区是城市划定防疫管控的最小隔离单元，因此社区需要在出入口对人流进行管制、测温和设置消毒场所。疫情期间社区的出入口成为临时防控管理节点，也成为抗击疫情的重要管控空间之一，主要限制社区出入的人流、车流。

(1) 设置合理管控卡口。

南关社区每个防疫组团分设 2 个口——防疫卡口和物资供应口。防疫卡口主要管控日常进出的人流车流，物资供应口主要用于发生疫情时的供应防疫物资与日常生活物资。防疫 1 号组团卡口保持原来的原东林大道入口，出入较为方便，防疫 2 号、3 号组团卡口设置在北侧东林大道支路上。3 个防疫卡口相互独立，且出入口流线不交叉，前区预留足够的缓冲空间。而 3 个防疫组团的物资供应口统一设置在了该片区西南角的绿化边坡处，作为该区域组团集中物资供应点（图 4）。

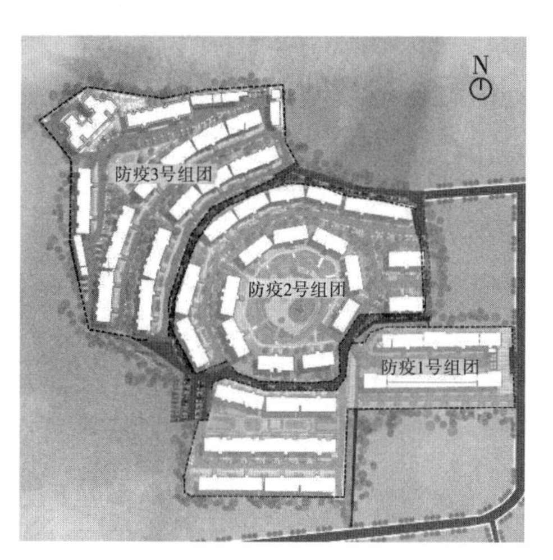

图 4　防疫卡口与物资供应口的位置

(2) 优化出入口管控空间。

防疫 1 号组团原有的门禁系统老化严重，并且在疫情期间车辆挡杆与外部道路没有缓冲空间，人员出入口流线在同侧，防疫检查时空间较为局促，社区工作人员直接弃用门禁，在左侧搭建临时帐篷管控。策略如下：一是将车辆挡杆和入口门禁往社区内部退2 m的距离，预留入口管控缓冲区域；二是将出口与入口流线分开，门禁分设，左侧为入口门禁，右侧为出口门禁，一旦发生疫情，在入口门禁前设置防疫管控区；三是增加顶棚，将防疫管控区置于顶棚下，方便工作人员进行管控（表 1）。

表 1　防疫 1 号组团改造后的出入口空间

分类	改造前	改造后
出入口		
出入口分区流线		

4.2.3　优化社区防疫应急流线

当疫情发生时，将原有消防车道设置为物资输配通道，为防疫组团的居民提供必要物资。将该片区西南角的边角空间作为物资供应点，从北侧支路进入社区到达该点，与 3 个防疫组团的人车出入口流线不冲突，且独立性较强（图 5）。该社区由于道路出入口较少，如在该区域发生疑似病人时，物流输配通道临时当作病人运输专用通道。

4.2.4　挖掘置换社区弹性空间

（1）预留应急处理空间。

该区域的宅间空间大多被荒废，并且点状树池分布零散，未串联成完整的空间秩序。以预留应急空间为导向，“平时”作为居民休闲娱乐交流的空间，“疫时”作为应对突发公共卫生事件等的应急空间。策略如下：保持树池的位置不变，将单一的混凝土路面改造成彩色的塑胶地面，可供居民运动、交流；场地上少布置健身休闲等器材，方便疫情时期的快速功能置转换。

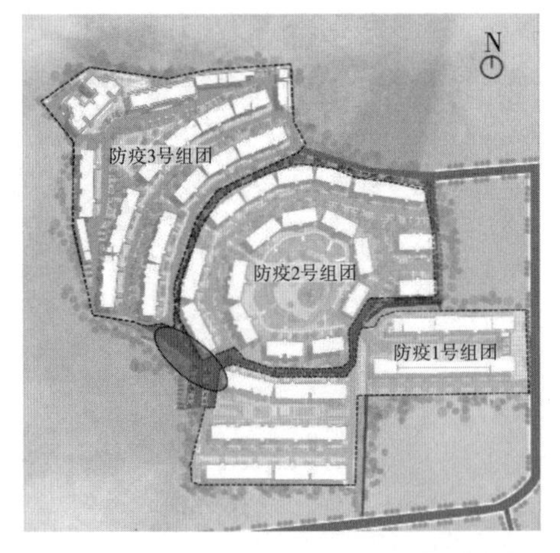

图 5　物资供应点与物资输配通道位置

疫情暴发时，该宅间空间迅速转化为应急功能空间，在树池中间可以放置医疗模块化建筑，为抗击疫情配置相应的隔离、留观等空间。而原有的树木为空间的围合提供天然的屏障，同时改变树池的形状为社区环境增添层次感。

（2）置换全年龄健身空间。

设置儿童娱乐区、老年人康养区、中青年活动区，功能分区明确、流线清晰，满足防疫组团内部的全年龄段健身空间的需求（表 2）。老年人康养区增加无障碍坡道并配置扶手栏杆，使老年人可以到达滨水空间，缓解隔离期间的心理压力；将社区中场地活力不高的拐角空间置换为儿童活动空间，空间内划分出游乐区域，供放置游乐设施，满足儿童日常玩耍嬉戏，增加儿童专用沙地、儿童娱乐器材、儿童专用跑道等；将社区原有硬质铺装改造为软质塑胶跑道，并增加休闲座椅作为组团内部中青年活动区。

表 2　改造后的全年龄段健身空间

空间类型	功能设置	改造前	改造后
老年人康养区	无障碍坡道、滨水休闲空间、两侧扶手栏杆		
儿童娱乐区	专用儿童沙地、儿童娱乐器材、小型儿童跑道		
中青年活动区	200 m 塑胶健康跑道、休闲木制座椅、线状绿化景观		

4.3　社区服务微改造

在南关社区每个组团增设医疗设施，分布如图 6 所示。在防疫 1 号组团出入口区域底层商业引入医疗相关店铺，如社区诊所、社区康复中心等，为组团在隔离期间提供必要的医疗健康类服务，以及方便居民购置相关物资。防疫 2 号组团中心广场结合景观设立一个社区服务驿站，平时作为社区服务中心承担售卖、休闲功能，疫时临时作为医疗服务驿站，承担提供相关医疗物资供给以及提供医养服务等功能。将防疫 3 号组团东北角的党建文化中心的闲置空间植入医疗服务室，为该组团居民提供相关的医疗服务。

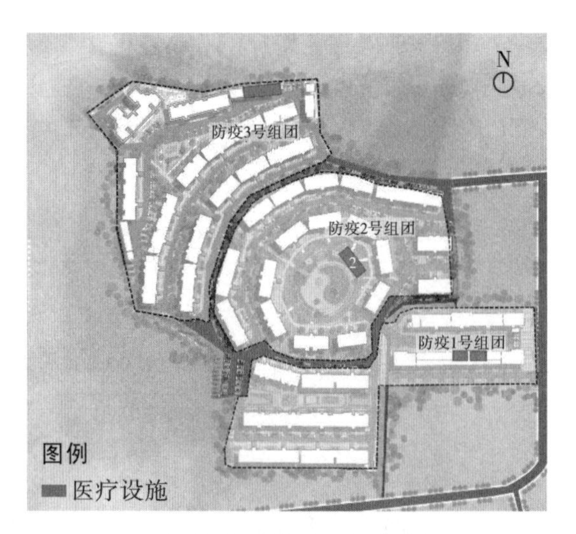

图 6　防疫组团医疗设施分布位置

首先，以组团为层级，进行医疗工作的协调与监管，完善康复训练和护理，提供慢性病管理等医疗服务；其次，协调南关社区区域中璧山区人民医院等周边的相关医疗资源真正融入南关社区的医疗系统，居民居家或就近便能享受到完整的延续性医护服务、线上问诊等，不必在疫情期间奔波于家庭和各大医疗机构之间，减轻就医压力；最后，组织物业、居民、市场、政府建设多类型组织，梳理各组织之间的架构关系，形成共建、共治、共享的社区治理机制，并制定相关的应急管理预案机制，并将应急方案分工到每一层级，为应对突发应急事件提供高效的管理机制保障。

5　结语

新冠肺炎疫情后，各个老旧社区都在总结疫情期间的经验与教训，审视所采取的应急方案和措施，分析其必要性和合理性，试图找出其非理性和不科学的地方，借此建立健全社区防疫体系，提高应对此类事件的能力。老旧社区微改造一直以来备受建筑学界的关注，而且很多研究者就老旧社区微改造的不同维度或者方法做了全面而深入的研究。本文通过对社区疫情防控的研究，结合老旧社区疫情中的困难与危险，从空间和服务的角度提出后疫情时代老旧社区微改造机制，并在重庆市璧山区南关社区微改造中加以实践。期望为当今后疫情时代的社区改造提供更全面、更系统的指导方法。

［参考文献］

［1］阳建强，朱雨溪，刘芳奇，等．面向后疫情时代的城市更新［J］．西部人居环境学刊，2020，35（5）：25-30.

［2］余骞，贺丹，黄继前，等．疫情之下老旧社区改造实践与思考［J］．中国勘察设计，2020（4）：68-72.

［3］阳建强．公共健康与安全视角下的老旧小区改造［J］．北京规划建设，2020（2）：36-39.

［4］宋伟轩，朱喜钢．中国封闭社区：社会分异的消极空间响应［J］．规划师，2009，25（11）：82-86.

［5］唐魁玉，梁宏姣．后疫情时代生活方式的选择［J］．哈尔滨工业大学学报（社会科学版），2021，23（1）：50-57.

[6] 张维，梁思思，吴冠德，等. 北京老旧小区新型防疫卡口更新实践：北京梅园社区“玄关”项目 [J]. 住区，2020 (6)：94-95.
[7] 骆宇，姚刚，段忠诚. 疫情防控背景下社区公共卫生设施的改造策略研究：以江苏省泗阳县为例 [J]. 中外建筑，2020 (10)：149-152.
[8] 王海涛. 基层社区在突发公共卫生事件中应急处理的思考 [N]. 民主与法制时报，2020-02-22 (3).
[9] 雷暘. 基于生态旅游发展的嘉绒藏区松岗城镇设计探讨 [D]. 西安：西安建筑科技大学，2014.
[10] 张佳丽. 疫情防控给社区治理带来的新启示 [N/OL]. 中国建设报，2020-04-29 [2022-3-14]. http：//www. chinajsb. cn/html/202004/29/9805. html.

[作者简介]

周　露，副教授，任职于重庆大学建筑城规学院。
张　帆，重庆大学建筑城规学院硕士研究生。

后疫情时代老旧小区户外环境提升及更新研究

——以东坝地区Y小区为例

□杜媛媛，李　婧，王　冉

摘要：新冠肺炎反反复复三年有余，人们的生活方式和行为习惯在慢慢发生巨变。城市中老旧小区一直以来是受到重点关注的对象，也是防疫的薄弱环节。作为城市中人口密度大、居住条件较差的脆弱敏感区，在疫情常态化防控中，老旧小区暴露了社区管控难、生活不便利、户外空间不足等诸多问题，对老旧小区进行综合整治时要着重考虑健康与韧性理念的应用，参考环境心理学相关理论研究，结合疫情发展形势，提出应对策略。本文通过对北京市朝阳区东坝地区Y小区的实证研究，结合多种调研方法，对老旧小区的外部空间环境进行了更新实践，旨在提升老旧小区建成环境品质的同时，加强老旧小区预防、识别、处置城市风险的能力，在后疫情时代为居民带来更好的居住体验。

关键词：老旧小区；后疫情时代；社区韧性；环境心理学

1　研究背景

按照国务院办公厅要求，到“十四五”期末，应力争基本完成2000年底前建成的需改造城镇老旧小区改造任务。“十四五”期间，北京市投入老旧小区综合整治项目财政资金紧张，以政府财政投入为主，按照地方财政资金及中央财政补助资金1∶1配比，资金来源较单一。此外，供热、供水、排水、电力、通信等基础设施运营企业承担部分或全部各自管线改造费用。老旧小区改造由于没有政策支持下的“资本闭环”，难以建立商业模型，不能实现盈利，社会资本介入老旧小区改造的项目不多。小区居民虽然是改造后的直接受益方，但因固有的消费观念和意识，目前尚未有实质的资金投入或投入不多。

每年很多符合综合改造要求的老旧小区需“排队”等待资金就位，特别是当前国家更多关注点放在“智能制造”“无人配送”“在线消费”“医疗健康”等新兴产业，传统城市更新类的老旧小区综合整治任务资金持续紧缩。以此来看，很难完成“十四五”提出的改造任务，急需出台相应政策辅助，为综合改造注入源源不断的资金支持，实现老旧小区产能的活化。

1.1　老旧小区是疫情防控的薄弱地段

在本次新冠肺炎暴发期间，住区成为直面危险的第一道防线，但大部分住区尤其是数量庞大的老旧小区，住区结构不合理，空间环境恶劣，应急响应能力相对滞后，配套设施严重不足，从而导致住区空间脆弱性极强，风险应对能力严重不足，迟滞了城市的风险治理能力。在疫情严峻时期，全国从市区到村镇采取封闭式管理，一个住区单元配套设施的完整性直接影响居民居家隔离的舒适程度。楼龄较新的社区，物业健全、配套齐全，提升了居民的生活满意度；但楼龄较长的老旧小区，小区外部空间配置已不满足当下居民需求，大量公共空间被私家车占用，小区内部人口类型复杂，这些因素导致了老旧小区安全性不高、居民参与融入感差、社区氛围不足。特别是在疫情常态化管理期间，本就局促的社区公共空间被改造成防疫空间，搭建救灾帐篷供社区日常的测温、记录工作。如劲松二区作为典型的老旧小区，总共80万 m^2 的社区面积开了21道门，区间道路与小区内部道路高度融合，疫情的门禁措施给居民的生活带来极大不便，同时儿童在车辆穿行的道路周边绿地玩耍，安全性极低。老旧小区在封闭化管理后虽切断了疫情的传染途径，但也一定程度阻碍了居民正常的生活方式及社会交往。针对老旧小区在疫情中暴露的问题，亟待关注并施以良策。

1.2　疫情催生新的生活方式

在新冠疫情暴发后的两年内，人们的社交空间和社交距离受到不同程度的影响，这直接导致了人们惯常行为范式的改变。在2020年2月的非常时期，国家倡议居民保持社交距离（也称为“安全距离”）以降低新冠病毒的传播速度，各地防疫标准不同，下达措施的力度松紧不一，有些地区只是关闭娱乐场所、酒吧、学校等公共场所，有些地区则直接采取封城政策，要求居民居家隔离，非必要不外出。在此期间，互联网等社交媒体飞速发展，几乎全国都在进行线上学习、办公、社交。相关学习办公App，如慕课、腾讯会议、企业微信等逐渐抢占了市场。时至今日，人们依然选择线上线下相结合的方式开展相关工作，人与人的沟通距离也趋向弹性化发展。

在当下防控局势稳定的后疫情时代，各大娱乐场所陆续重新开放，短视频社交软件侵占人们大部分课余时间，休闲娱乐的丰富程度较疫情前有过之而无不及，那么需要特别关注的就是居住在老旧小区中使用手机较少、户外活动空间被挤占的老年人、低幼儿童等弱势群体，他们缺少足够的邻里交往、亲近自然、户外活动的机会，从而引发一系列心理及生理问题。而早在十年前，世界卫生组织就宣布缺乏运动是全球第四大死亡原因，全球因体育活动不足的死亡发生率约为27.5%。

因此，针对后疫情时代的老旧小区综合改造乃至城市更新首先需完成对于社交空间的再定义，深入使用者的行为模式来重新衡量城市、街区、住区、建筑设计的空间范式，重新审视适宜的空间尺度，重新定义空间的弹性与适应性，重新思考空间的规划与使用者的联系。当前从后疫情视角出发的规划研究尚处于萌芽阶段，以学科竞赛及学术会议为主，实践层面的策略研究较少，清华大学在梅园社区新型防疫卡口的实践（即北京梅园社区“玄关”项目）是比较突出的、针对后疫情时代社区微改造的思考和实践。

2　研究方法及现状调研

2.1　样本概述

Y小区位于北京市朝阳区东坝地区，始建于1983年，共有5栋楼，均为5层板楼，砖混结构；小区有240户左右，入住率为100%，其中老年人口占总人口的60%以上。该小区为典型的周边式布局（图1），公共空间较小、人车混行、设施老化、绿化不足；小区内现有停车位不足，楼栋之间的空地以停车为主。

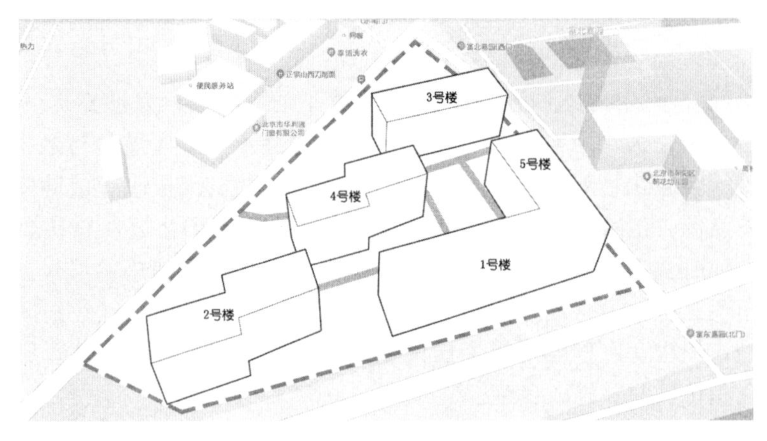

图 1　Y 小区三维地图

2.2　主要问题

通过现场调研、居民访谈及问卷调查的形式，将 Y 小区可改造空间按区域划分出闲置可利用空间、停车空间和活动空间（图 2）。在疫情之下，团队试图跳出老旧小区的固定改造范式，因为外兼美化工程、设施增补，内修管线埋地、楼宇加固的模式已不能再满足当下防疫和安防需要。

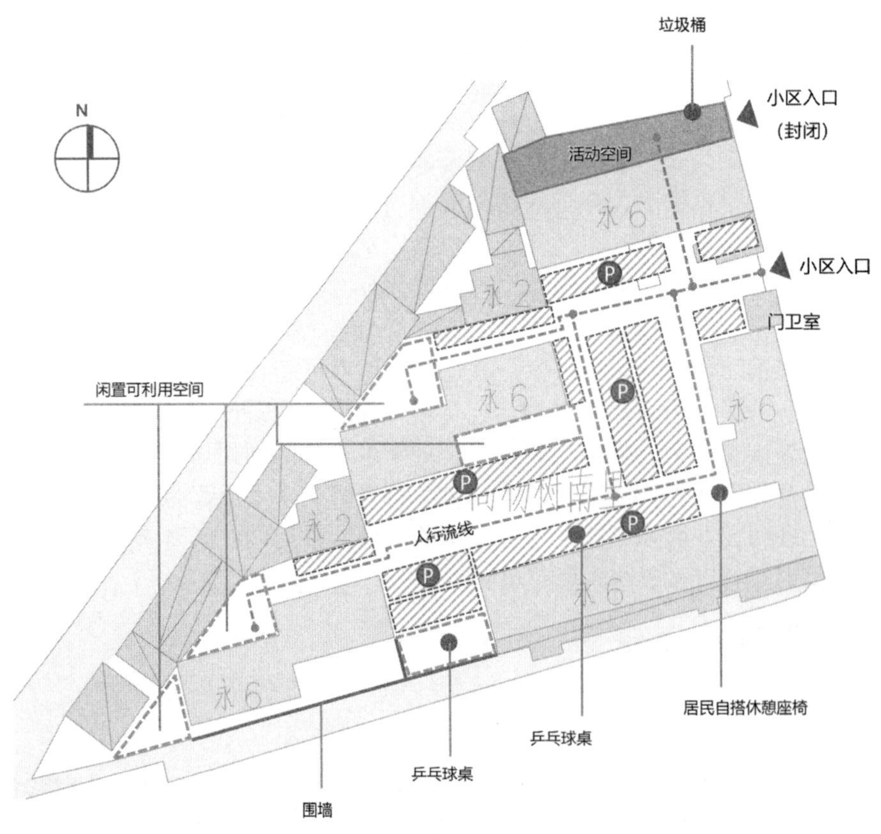

图 2　可改造空间示意图

2.2.1 空间局促

小区内的公共空间被停车位占满，缺少基本的活动空间；小区入口原是老年人休息纳凉的空间，后因疫情防控需要，搭建了救灾帐篷，直接导致老年人无处乘凉。以上空间的局促和复杂造成了一定程度的功能混乱。

2.2.2 功能混乱

疫情时期，网络购物、线上采买业务盛行，社区防疫要求快递员不能入内，导致大量快递堆积在社区门口，给居民出行造成极大不便；多数居民为了健身选择出小区慢跑、遛弯，增加了感染风险；在和居民的沟通中可以看出，老旧小区的通病在疫情的催化下愈加严重，针对后疫情时代的公共空间整治工作需加快脚步。

2.2.3 设施老化

老旧小区设计之初以满足居住属性为主，设计理念单一，多处设计欠缺合理性，未考虑人性化的社区空间建设，如今设施陈旧老化。小区北侧独立的带型区域过去是居民常去的活动场地，疫情时期，居民需要走出社区才能进入，往返的测温为居民造成极大不便。

3 后疫情时代老旧小区户外环境提升及更新研究

3.1 “平疫结合”视角划分户外环境空间

对社区各类公共空间的规划设计不能仅考虑日常的功能需求，还要结合疫时各项要求，改造后的社区要具备应对公共卫生灾害的能力。社区环境承载着居民生活，对居民健康有潜移默化的作用，社区可通过定期组织活动提升居民归属感，并营造活力充沛的环境以吸引青年人群，进而改变居民结构和社群意识。以上规划理论需要在应用中被实践，在场景中呈现。

针对Y社区的场景营造首先从“平疫结合”视角出发，住宅是防疫屏障中最稳固的安全屋，可以将小区比作一套完整的住宅套型，为满足住户基本的生活需求，住宅需要玄关、客厅、厨卫、阳台和卧室，这些功能空间可以一一对应到社区的入口空间、活动空间、辅助空间（消防，配电等）、绿化空间及居住空间（图3）。

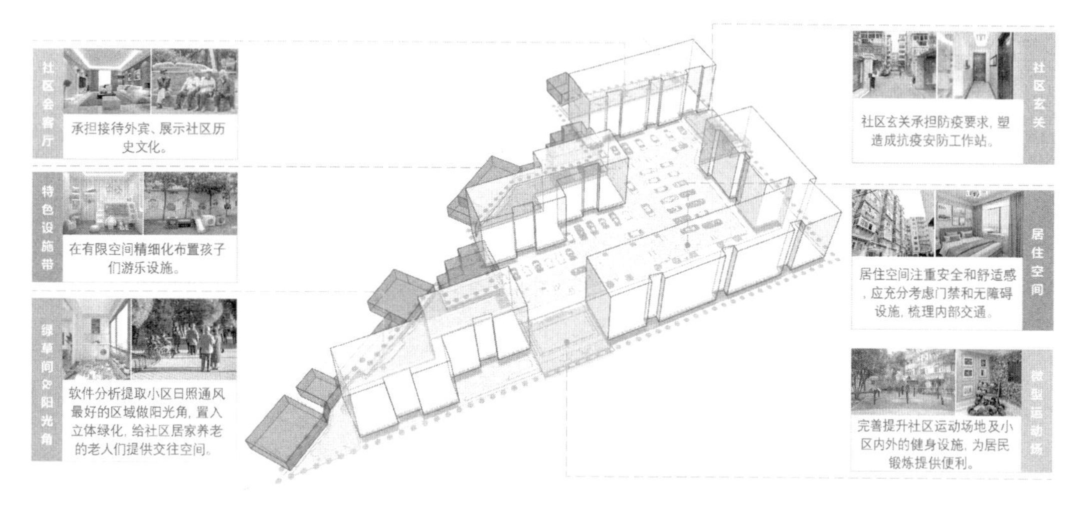

图3 小区功能空间示意图

首先是入口空间，作为社区“玄关”应满足当下的防疫需要，将其塑造成富有社区特色的抗疫安防工作站，供日常的巡检测温。材料基于Y小区门窗厂历史选择木制门框与明黄塑胶地面凸显入口空间；增设可收纳的社区工作者的休息座椅，同时配备外卖和快递收取点，方便居民的日常生活，又可提供给社区做防疫空间（图4）。

图4 社区“玄关”效果图

因疫情影响增设的活动场地包括社区小型运动场，比作社区“健身房”，将Y小区内唯一完整方正的地块规划为运动场地，让居民可以不走出社区也能实现基本的健身需求；场地两侧摆放座椅，为居民提供交流互动的亭下空间（图5）。

图5 社区“健身房”效果图

其他功能空间包括将活动空间比作社区“会客厅”，承担接待外宾、展示社区历史文化的功能，同时为儿童提供免受车辆打扰的独立空间；辅助空间包括消防、配电设施的增补和完善；阳光角比作社区“小阳台”，根据日照、风速等专业软件分析，选取该小区日照最好、通风顺畅的公共空间作为“阳光角”，将无处晒太阳的老年人吸引到这里休憩闲聊，在生理上促进身体健康，在心理上给居家养老的老人们提供社交空间，减少孤独感；居住空间可以比作住宅“卧室”，“卧室”最注重的就是安全感和舒适度，小区内的居民楼改造首先应对楼本体进行加固，其次安置好门禁和无障碍设施，给予居民足够的安全感。

3.2 户外空间环境设计着重考虑安全交往距离

疫情期间，人们的社交空间处于一个“社交隔离”的状态，从开始的居家隔离到后疫情时代为遏制疫情，规定人与人之间最低保持1 m的“安全社交距离”，如居民外出购物排队、餐馆就餐落座、乘坐公共交通等，都保持这个距离。有研究指出，我国在采取疫情防控措施后，新冠肺炎从1人传染3.8人下降至0.32人。但是疫情对人们造成的创伤不仅体现在身体上，更多的是给人们带来一个不稳定、不安全的社交环境，人们担心摘掉口罩、担心彼此交流过近、担心踏出安全圈后增大感染风险。有些人甚至出现了非健康状态的变化：焦虑、心烦、情绪低落、抑郁、恐惧等“疫后综合征”，这些都需要采取有针对性的措施加以化解和干预。约翰斯·霍普金斯大学卫生政策教授凯希亚·波拉克·波特曾表达自己对后疫情时代社交距离的看法和疑虑：“这是一个让我们重新思考如何使用公共空间和街道的好机会。但我们是否真的能找到一个可以让人们安全聚集社交的空间呢?”

当前，老旧小区空间存在的三大主要矛盾：一是物理性的社区公共空间不适应“安全社交距离”下的社会交往；二是疫情下人们对公共空间信任感的缺失；三是社区基本职能不能满足当下居民需求。立足这三大矛盾，在对Y社区进行精细化设计实践中，要在控制社交距离的前提下构建丰富的社区外部环境，以场景营造的方式重拾居民对老旧小区的情感和诉求。

社区“会客厅”是用来对外展示精神文化生活的场所。但该案例的待改造小区内部空间较为紧凑，因此选取北部独立的户外空间用以打造社区“会客厅”，以社区历史文化为脉络，丰富社区精神文明建设，以此让居民都参与社区生活（图6）。

图6　社区“会客厅”效果图

特色“设施带”主要为老旧小区的孩子们提供可玩耍的场所。场地较狭窄但安全性高，沿着墙面均匀布置儿童互动设施，在保证安全距离下，有效避免儿童活动阻碍通行（图7）。

图7　特色“设施带”效果图

Y小区可设计地块多是狭长区域，在考虑社交距离时，可适当引入立体绿化。后疫情时代，社区居民特别是老年人群体需要晒太阳和交流空间，因此，将阳光最好的位置设置为社区“阳台”，边角以绿化填补，从绿意盎然走到阳光明媚，给予社区老人足够的人文关怀（图8）。

图8　社区“阳台”效果图

3.3　共享“云”平台拓展居民生活空间

社区是小尺度的城市集群，它包含了大多数城市公共空间要素，如公共设施、环境小品、公共文化活动场地等。疫情压缩了人们生活圈的广度，将居民的活动频次和范围限定在社区的层级之内。社区给居民不再只是一个“家”的概念，而是一个微型“城市聚落”，需要更加丰富的功能场所去填补居民被限制的社交活动空间。对于城市而言，共享智慧设施随处可见，具体包括智能照明系统、信息发布系统、视频安防系统、充电桩系统、配套线路管道、配套电力线路、配套通信网络等。共享智慧设施具有集约建设、节约空间、节省投资和节约能耗等优点，可发挥服务便捷化、管理精细化的社会效益。

对于低于社区层级的老旧小区而言，疫情期间小区内空间有限、道路狭窄、人车混行、边界模糊等问题都需要人力物力加以管控和调整。因此，除了对空间层次的品质提升外，丰富老旧小区服务范围和职能，引入包括智能快递柜、电动车充电桩、共享洗衣机等共享智慧设施是大势所趋。当前，社区层级的共享智慧设施的应用标准框架尚未建立，需要在不断实践中完善共享设施的设计标准。

如今，线上采买成为老旧小区居民日常生活的重要补给，居民日渐关注居住环境的安防保障，对社区内的便民服务设施也提出了期望。“以人为本，服务为民”的设计准则要求，应结合当下形势，用共享的方式、智慧化的手段，重新定义社区空间，为老旧小区的居民带来更便捷舒适、安全可靠、宜行宜居的社区环境。

3.4　多元共治保证户外环境运营及管理

基于运营和管理反推设计，会有很多在设计层面很难兼顾的要点，如如何使管理更高效、如何全时段满足居民的安全需求、如何实现便民商业服务长效运营，同时也需要考量常规时期与特殊时期的差异。物业或商户作为运营者首先要考虑盈利和平衡，居民作为使用者要考虑安全和便捷，政府作为管理者则要统筹安排，做好顶层管控。在寻求三方平衡时，也对规划师提出了更高的要求。

老旧小区改造不能仅仅依靠一次性的资金投入和短期的空间焕新，而需形成长期、长效、可持续的定期维护机制，要根据地区居民的收入水平、社区空间实际状况等，出台相应的老旧小区养护、维护规定，明确老旧小区楼本体和公共空间的维护基金收缴与使用机制。建立“社区自治”的社区事务组织机制和议事机制，在社区改造中明确“自下而上”的资金和事务管理方法。老旧小区的长效治理离不开逐步完善的社区自治机制的支持，通过建立解决社区事务的自治型社区组织架构及行动机制，有助于保障老旧小区在改造前、改造后及持续运作维护中的资金使用和行动策略落地。

4　结语

后疫情时代户外环境提升只是老旧小区综合改造的一个部分，应当从政策引领、资金支持、空间营造、管理运营、后期维护等多个维度展开顶层设计，以此完成这项 60 亿 m^2 待改造面积的巨大产业自身的活化和循化。政府无法做到持续的资金供应，那就需要社会资本的介入，但是社会资本需要创造产能来平衡资金的投入，在社区中投入小型商业服务设施，并实行长效机制运营是直接的供给方式。小型商业带动社区活力，政府主导的综合整治改善社区外部环境，多元共建作为触媒，拉近居民与老旧小区的互动关系。政府要求、企业需求、居民诉求均得到了满足，一个良性的循环体系得以产生，将空间维度放大，使单一成功的案例投放到片区，形成整体联动改造提升，以此最终实现国家“十四五”提出的 60 亿 m^2 目标。

当前研究存在的局限性包括研究样本不足以及项目还处于建设中，缺少居民使用后的评价。本项目还将继续跟进，施工完工后结合居民反馈继续增进研究深度，完善该项目的全过程分析。

[资金项目：2022 北方工业大学大学生创新创业项目。]

[参考文献]

[1] 蒋纹，潘辉，叶啸，等. 疫情防控背景下的城镇老旧小区改造策略初探 [J]. 浙江建筑，2020，37 (5)：1-3.

[2] 张帆，张敏清，过甦茜. 上海社区应对重大公共卫生风险的规划思考 [J]. 上海城市规划，2020 (2)：1-7.

[3] 于洋，吴茸茸，谭新，等. 平疫结合的城市韧性社区建设与规划应对 [J]. 规划师，2020，36 (6)：94-97.

[4] DEAN J，BIGLIERI S，DRESCHER M，et al. Thinking relationally about built environments and walkability：A study of adult walking behavior in Waterloo，Ontario [J]. Health and Place，2020，64.

[5] 贾朋群，孙梦晗. 飞沫传播与社交距离 [J]. 气象科技进展，2020，10 (2)：132-133.

[6] 马乐，洪亮，张弛. 智慧共享基础设施在新型智慧城市建设中的应用 [J]. 中小企业管理与科技 (下旬刊)，2018 (12)：171-172.

[作者简介]

杜媛媛，北方工业大学学生。

李　婧，副教授，就职于北方工业大学。

王　冉，高级工程师，任职于中国建筑设计研究院有限公司。

老旧小区改造创新模式探究

——国际经验借鉴及其对中国的启示

□唐瑞雪

摘要：全球很多发达国家已经历过社区更新、旧区改造，拥有成熟的经验。而我国当前正着力开展老旧小区改造工作，但成效并不显著，在资金来源、政策制度、实施机制、后续运维等方面仍存在很多问题。本文梳理新加坡、日本及部分欧美国家在老旧小区改造中有创造性的改造模式和实施机制，总结建设经验，以期为我国老旧小区改造提供经验借鉴。

关键词：老旧小区改造；创新模式；社会资本参与；社区治理

自2020年7月，国务院办公厅印发《关于全面推进城镇老旧小区改造工作的指导意见》，积极推动老旧小区改造工作，各地政府高度重视，加快改造工作的实施。但取得了显著成果的同时也暴露出很多问题，如资金需求大、居民协调困难、缺乏社区治理、无法长效运营等。同时，我国当前的老旧小区的提升改造还处于将其视为工程项目完成的物质层面改造阶段，对民生问题考虑不全面，忽视了居民的精神生活需求，也尚未形成系统成熟的老旧小区改造模式和社区治理方法。新加坡、日本及部分欧美发达国家根据城市发展需要，在20世纪就陆续开展了社区更新、旧区改造等相关工作，并且结合各自发展背景在实践改造的同时，对解决老年人养老、中低收入人群就业、社区融合度不足等问题进行了很多创新模式的尝试。本文旨在通过分析我国老旧小区改造的现状情况以及梳理国外优秀经验，探索老旧小区改造的创新模式，以期为我国今后老旧小区改造工作提供思路。

1　我国老旧小区改造存在的问题

1.1　资金来源单一，社会资本参与不足

据统计，全国共有老旧小区近16万个，建筑面积约40亿m^2，初步估算需要的改造资金超过4万亿元，资金需求巨大。而老旧小区具有长期惠民型社会事业属性，改造采用的是“改旧变新”的形式，对社会资本的吸引力远不及过去棚改的“拆旧建新”。因此目前老旧小区改造除了少量市场化融资和居民自筹资金，主要还是以政府财政拨款作为主要的资金来源。受新冠肺炎疫情等影响，在各地政府财政收支不断收紧的情况下，能够用于老旧小区改造的资金更是有限，导致实施过程中由于资金不足，最终改造效果不达预期的情况出现。

除了前期资金投入，老旧小区在改造完成后的维护及提升同样需要资金支持，但这部分资

金难以依托政府财政补贴，老旧小区改造是用地方财政收入为部分居民服务，对于其他居民而言有违公平原则，继续由财政出资维持长效运营维护更是不可取。因此，老旧小区改造后运营维护等费用主要来源于居民，但很多老旧小区过去是处于无物业管理的状态，很多居民没有意识也不接受为专业化社区服务缴纳费用，造成老旧小区改造后因缺乏专业化管理维护而陷入再度被破坏的恶性循环。

基于上述原因，各地政府也在积极推动社会力量参与，探索与社会资本的合作模式。例如，北京市住建委等部门印发的《关于引入社会资本参与老旧小区改造的意见》，在参与方式、财税和金融支持、审批程序等方面提出意见，希望能够调动市场积极性，吸引更多的社会资本参与；山东省济宁市任城区、杭州和睦新村也与社会资本合作开展老旧小区改造，并取得了一些成果。但整体而言我国引入社会资本参与老旧小区改造的模式还处在初期的探索阶段，缺乏经验，没有大范围推广。

1.2　产权归属复杂，居民协调困难

由于城镇住房制度的改革，我国老旧小区存在产权结构多元化、产权界定模糊的特点，这导致老旧小区在改造前期和众多的产权人、使用权人的协商存在很多困难。在改造过程中，由于空间使用权的复杂，为避免时间成本、资金成本的提高，改造者更倾向于选择对权属结构简单明了的公共空间进行改造，这也导致最终改造的效果受到很多限制。

然而，要协调居民意见也存在诸多困难。一是改造涉及居民人数多，由于各人需求存在差异，导致意见难以统一；二是老旧小区老龄化严重，部分老年人在思想上对老旧小区改造的接受度不高，沟通存在困难；三是老旧小区房屋有很多租客，人员混杂且流动性大，房东与租客之间也需要协商，需综合协调多方意见；四是老旧小区大多缺乏集体管理组织，组织过程存在困难。

老旧小区改造要以居民自愿为前提，根据居民意见合理确定改造内容，而产权的复杂及人员的复杂使前期工作开展面临诸多挑战，对老旧小区改造的工作效率也有所影响。

1.3　缺乏社区治理，无法长效运营

《关于全面推进城镇老旧小区改造工作的指导意见》将城镇老旧小区改造内容分为三类，一是建筑物维修、市政配套及基础设施硬件提升的基础类；二是环境改造、节能改造、加装电梯等改善生活需求的完善类；三是为提升生活品质的公共服务设施配套建设及其智慧化改造的提升类。目前我国的老旧小区改造还在初级阶段，普遍改造内容集中在前两类，即处于解决刚需补足短板的阶段，欠缺对社区治理、生活品质提升、社会经济效益的考虑。

此类问题较为明显体现在两个方面：一是适老化改造不足。目前的老旧小区适老化改造主要是通过加装电梯、扶手，以及增加老年活动空间等方式对公共设施及公共空间进行适老化改造，少部分资金充裕的小区将智能化家居和养老服务结合对室内环境进行改造，整体还是在物质改造层面，不够深入，没有考虑老年人心理上的需求，对于有居家养老需求的老年人而言，仅仅只提供了最基础的载体。二是缺乏社区治理，改造后无法长效运营。随着居住环境和各类设施的老化，有经济条件的居民逐渐迁出老旧小区，老旧小区逐渐成为老年人、中低收入群体、外来租客等弱势群体的聚居地。但现阶段大多的老旧小区改造仅作为工程项目在进行，在社区治理、提升居民归属感等方面都没有形成成熟可行的运营模式。老旧小区改造工作完成后无法再依赖政府提供后续维护运营的资金，老旧小区又普遍缺乏专业的物业管理，人员混杂的居住

环境更是难以靠居民自身来进行社区治理，最终虽然投入大量资金改造，但未达到理想效果。

老旧小区改造是长效型的社会治理过程，需要的不光是硬件上的提升，如何建立长效运营机制，提高居民的归属感、幸福感将是当前及未来一段时间内老旧小区改造工作中需要解决的重要议题。

1.4 实施机制不完善，工作开展效率低

老旧小区改造工作在实施过程中，由于经验缺乏、组织协调机制不完善等原因陆续出现了很多问题，导致工作开展效率低。不同于以开发商或政府为主体的新建项目，在老旧小区的更新改造过程中大多没有一个具体的实施主体，而设施改造中常涉及水电、通信、燃气等多个专营单位，行政程序上也往往涉及发改、财政、规划、住建等多个部门，但目前自上而下都没有一个专门负责统筹城市更新的组织机构，因此老旧小区改造在横向协调和纵向协调上都存在很多问题。横向上老旧小区改造需要在宏观层面整体协调，但各部门单位仅负责自身相关项目，没有部门拥有实施主体的权利，因此在需要协调平衡进行取舍时，难以由某一个部门来拍板，最终又只能通过纵向协调向上征求意见，增加过程中的协调成本。而纵向上更多受限于各种政策制度和标准规范的不完善，很多过去的政策和规范并不适用于老旧小区改造中出现的具体问题，导致参考规范不明，审批流程复杂，工作推进困难，增加多余的人力成本和时间成本，工作效率也未能提升。

尽管各地按照改造工作的指导意见在不断完善配套政策，强化组织保障，但由于老旧小区改造工作刚刚大范围开展，且老旧小区存在差异性、复杂性的特点，完善实施机制依然存在很多困难，要保证改造工作效率的提升，在政策支持和标准制定上亟须完善，尤其想要引入社会资本参与老旧小区改造，更是需要政策制度的支持。

2 老旧小区改造的国际经验

2.1 创新多种合作模式，资金来源多元化

在老旧小区改造资金来源上，由政府主导转变为政府引导，构建多元供给的资金结构是保障老旧小区改造工作可持续开展的关键。

由 20 世纪 80 年代的英国开始的政府和社会资本合作模式（PPP 模式）在贫困区改造、城市更新领域被广泛运用。此种模式由政府、社会资本共同发挥专长，分别来负责公共服务的提供和生产，政府降低了债务负担，社会资本分担了投资风险，实现双赢。美国也采用了 PPP 模式，在老旧小区改造中政府和社会资本成为社会型合作关系，通过减税、补贴、债券等多种政策手段鼓励私人参与投资。

荷兰相对完善的社会住房市场化融资机制同样为吸引社会资本参与提供了一种参考模式。荷兰的社会住房协会是由政府授权向社会弱势群体提供公共住房建设、租赁、维护等职能的“社会企业”，为吸引社会住房协会参与社会住宅项目的建设工作，荷兰政府建立了社会住房担保基金（WSW）和中央住房基金（CFV）。社会住房协会向 WSW 缴纳费用加入该基金组织后，WSW 则可为社会住房协会进行低成本融资提供贷款担保，若 WSW 无法偿还债务，则由政府代替履行责任；CFV 则是每年收取社会住房协会租金收入的 1%，在社会住房协会出现财务困难时，为其提供免息贷款和援助（图 1）。这一体系为社会住房协会提供了三重保障，同时又保障了社会住房协会可以在资本市场上低息贷款获得资金，此种市场化融资机制为社会住房协会降

低了风险，提供了资金的可持续来源，在建立良好的市场机制吸引社会资本积极参与方面值得借鉴。

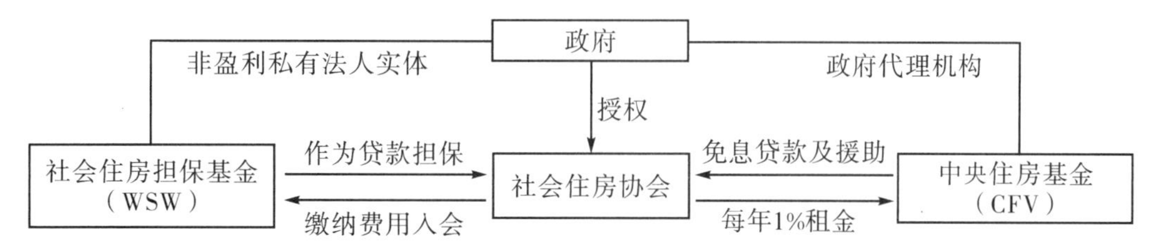

图1　荷兰社会住房市场化融资机制

2.2　提高居民自主选择，推动公众积极参与

新加坡、日本、英国在老旧小区改造中提高居民的积极性和参与度可为我国提供多方面的经验。老旧小区房屋权属复杂，人员混杂，居民意见难以统一，日本为契合居民和市场需求，在老旧小区改造中根据住房权属及居民需求的不同情况提供多种改造方式（表1），为居民提供更多的选择。新加坡的“家居改造计划”也是为居民提供了多种选择，将改造分为了基本工程、选择工程和“乐龄易计划”三个项目，基本工程为涉及安全、技术等方面的改造，全部由政府出资，选择工程和“乐龄易计划”是居民根据自身需求自行选择，需要由居民自己支付5%～12.5%的费用，其中的“乐龄易计划”主要是针对老人的适老化改造（表2）。此种模式能够更灵活、有针对性地提升居民生活环境，给予居民更多的自主选择权，提高居民参与的积极性。

表1　日本多样化小区改造方式

改造方式	房屋类型	说明
土地出让型	产权房	业主一次性买地分钱
自主更新型	产权房	业主委员会自主进行老旧小区更新
资产活用型	产权房、公租房	个人或公租房运营机构在更新中出让部分土地或楼面获取改造资金
综合配套型	产权房、公租房	除改造外引入幼托、养老、医疗等服务设施完善周边公共配套设施
修缮提升型	产权房、公租房	修缮改造，提升老旧小区住宅品质

表2　新加坡的“家居改造计划”出资方式

分类	内容	费用比例	
基本工程	建筑结构加固、管道更换、提升电力负荷等	政府100%	
选择工程	选择性翻新厕所、大门、垃圾槽盖等	1、2、3房式	户主5%，政府95%
		4房式	户主7.5%，政府92.5%
		5房式	户主10%，政府90%
		执行共管公寓	户主12.5%，政府87.5%
乐龄易计划	扶手、防滑地砖、坡道等适老化改造	1、2、3房式	户主5%，政府95%
		4房式	户主7.5%，政府92.5%
		5房式	户主10%，政府90%
		执行共管公寓	户主12.5%，政府87.5%

除了积极性的提高，促进居民参与改造工作也非常重要。针对这一点，英国采用了专业人员进入社区的方式推动公众参与，从1969年利物浦的庇护邻里行动开始，英国陆续成立过建筑咨询组织、社区建筑小组、社区技术协助中心协会等组织进入社区协助居民参与老旧小区改造工作，为居民提供专业性的指导意见，让居民更深入地了解老旧小区改造的工作内容，并提出自己的意见。新加坡政府也尝试通过多种渠道了解居民需求，除了“民意处理组”“议员接待日”等政府与居民直接交流的方式之外，新加坡还尝试与高校合作，让高校师生参与实地调研、访谈居民等活动，为居民提供帮助，让更多的居民参与其中。

2.3 形成市场化运营模式，关注弱势群体需求

针对我国老旧小区改造在社区治理方面的不足，主要可以从两个方面学习国外的优秀经验，一是改造完成后如何可持续地运营，二是如何促进居民交往，建成和谐社区。

英国在老旧小区改造过程中，在物质环境上进行提升改造的同时与社会企业合作，建立商业运作模式，如提供餐饮、休闲活动、维修服务等一系列的产品和服务项目，保证老旧小区改造后社区内部有社会资本参与运营，产生经济效益。美国将公共服务与社区问题相结合，将当地政府的就业培训、幼托服务、养老服务等引入到社区服务中，并在形成规模后促进一定区域范围内的社区之间互相合作，完善运营体系。

老旧小区聚居大量弱势群体，变成“贫民窟”“问题社区”这一情况是很多国家在老旧小区改造中都遇到过的问题。美国和法国在加强居民的融合方面都做出了尝试：美国在“希望六”计划中通过增加住房种类和价格的多样性，吸引不同种族、收入、年龄的居民入住，同时为居民提供社区教育和就业机会，让居民通过社区交往活动加强联系；法国则通过增加社会住房占比，促进高低收入人群混合居住，由街道为低收入群体提供就业岗位，为儿童提供教育设施，为老人建设适老化设施，有针对性地为社区中各群体提供服务，促进社会融合。此外，德国柏林在住宅更新中同样也非常关注老年人和其他弱势群体的需要，由政府出资增设适老化设施，针对社区中移民、失业、低收入人群等出台了“邻里管理”计划，在本地商业、就业培训、群体融合、基础设施等多个方面进行改造，进而提升社区形象，鼓励当地与社区相关的公众参与出谋划策，并且保证本地居民意见占绝对优势，整个过程让居民有了更多互相交流的机会，增强了社区的凝聚力和居民的归属感，也为改造完成后居民参与社区管理打下基础。

2.4 实时更新政策法规，设立专门组织机构

要提高老旧小区改造的效率，建立完善的运行机制是非常必要的。新加坡住宅更新从1960年至今可分为三个阶段，根据每个阶段不同的发展背景和战略目标，在规划体系、行政体系、政策体系和法规体系上不断地进行更新完善，适时有针对性地推出政策，更新法规和规范，保证从政府部门到执行单位再到社区业主自上而下都有参考依据（表3）。在提升物理环境和进行社区更新治理阶段，从“翻新”到“家居改进”再到“邻里计划”，逐渐深入，完善社区治理，为居民创造良好的人居环境，同时根据实施过程中出现的问题，及时更新法规，制定规范，为更新工作提供政策和法规的支持。而日本则通过修正《都市再开发法》、颁布《公寓重建法》等措施简化改造程序，同时面向市场提供一些政策优惠，如在更新项目中新建住房满足一定条件即可与旧地块一同计算容积率的“容积优惠”政策，以此调动市场参与的积极性。

表 3　新加坡住宅更新的三个阶段

时期	第一阶段（1960—1980 年）	第二阶段（1980—2000 年）	第三阶段（2000 年至今）
战略目标	解决住房短缺，满足基本的公共服务和商业金融设施需求	提升社区物理环境	以人为本的更新治理
规划体系	环形城市（1963） 概念规划（1971）	市区公共土地使用概念规划（1980） 保护总体规划（1986） 开发指导规划（1998）	概念规划（2001，2011） 总体规划（2003，2008，2014，2019）
行政体系	市区更新组（1964） 市区更新处（1966） 市区重建局（1974） 市区规划小组（1979）	新加坡土地管理局（1987） 市区重建局、规划局和国际发展部的研究与统计组合并（1990）	滨海湾发展经销处
政策体系	居者有其屋（1964） 公共住宅计划（1968） 公私合作的投资机制	主要翻新计划（1989） 私人业主自发保护计划（1991） 住宅区更新策略（1995）	家居改进计划（2007） 邻里更新计划（2013） “再创我们的家园”计划（2015） 自愿提早重建计划（2018）
法规体系	《规划法》修正（1964） 《土地征用法》（1966） 《物业税令》（1967） 《房地管制法》（1969）	《开发申请规划条例》（1981） 《规划法》修正（1998） 《土地权益规章》（1999）	《规划法》修正（2017） 《市镇设计指南》（2018）

除了完善政策法规，有专门的管理机构也非常重要。与新加坡专门负责城市用地、规划和建设管理，推动城市更新重建的市区重建局类似，美国政府在城市更新运动中也先后设立了城市重建局（CRA）、住宅与都市发展局（HUD）等专职管理组织机构，协调城市更新各方面事务。德国则是设立独立于政府之外的开发公司来承接政府委托的更新项目，开发公司在改造过程中类似于中介，负责申请资金、组织公众参与、协调地方部门工作，开发公司协助政府的市场化运作，帮助政府节约了行政资源支出，更专业化、灵活化、高效化地在城市更新中发挥作用（图 2）。

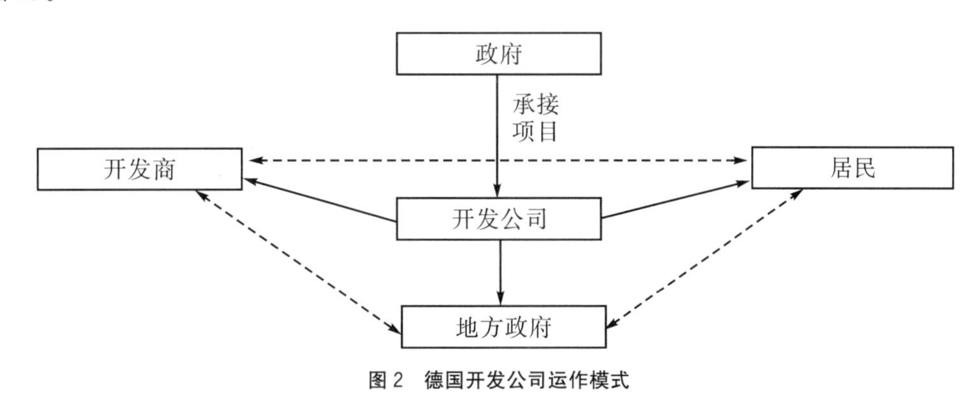

图 2　德国开发公司运作模式

3　国外老旧小区改造经验对我国的启示

通过梳理国外老旧小区改造的经验，发现大多都经历了由政府主导到联合多方合作的过程，因此如何结合我国老旧小区改造面对的实际问题，有效发挥政府、市场、公众的力量是关键。

3.1 政府引导

结合多方力量参与的前提还是需要政府作为主要的引导者。

(1) 完善政策法规，提供政策优惠。政府应当修正完善相关法律法规或制定专门法规，地方政府也要因地制宜结合当地特点制定地方规章制度，同时要根据市场变化及时推出一些新政策，积极创新老旧小区改造的投融资机制，吸引社会资本，如由政府担保为市场投资者提供低息贷款，降低融资风险等方式吸引社会资本参与；提供“投资＋设计＋施工＋运营”的一体化合作模式，为市场参与搭建平台；项目中适度放宽指标，调动市场积极性。

(2) 设立组织机构，统筹改造设计。自上而下设立统筹资金来源、项目方案、居民意见、后续运维等相关事务的专门管理组织机构，地方政府设立的专门机构可从所在地区整体的资源分布情况统筹考虑，根据各小区主要需求和资源环境制定不同的改造目标，加强小区之间的资源共享和居民交往，如在15分钟生活圈内的多个老旧小区分别引入养老、幼托、就业培训等不同的社会服务设施。社区或街道范围内还可由政府聘请社区规划师，在改造过程中为居民提供专业化的建议，协助组建业主委员会，减少沟通成本，提高业主的参与度。

(3) 创新合作模式，解决社会问题。针对老旧小区中有居家养老需求的老年人，政府可以结合市场需求尝试创新模式解决老旧小区适老化改造不足的问题。例如，政府可以通过回购、租赁等方式整合一定区域内老旧小区的闲置空房和公有房，部分改造为社区养老服务设施，由专门的养老服务机构进行商业运营，剩下部分以保障性住房的形式出租给中低收入及失业人群，同时由养老服务机构提供一定的就业岗位和相应的岗位培训，一方面解决了部分失业人群的就业问题，另一方面混合居住丰富了居民结构，让老年人在熟悉的环境里能够和不同年龄层的人员沟通交流，并且由保障性住房管理部门协助政府对入住居民进行筛选，避免了人员过度混杂，更有利于保障社区治安，提升社区治理水平（图3）。

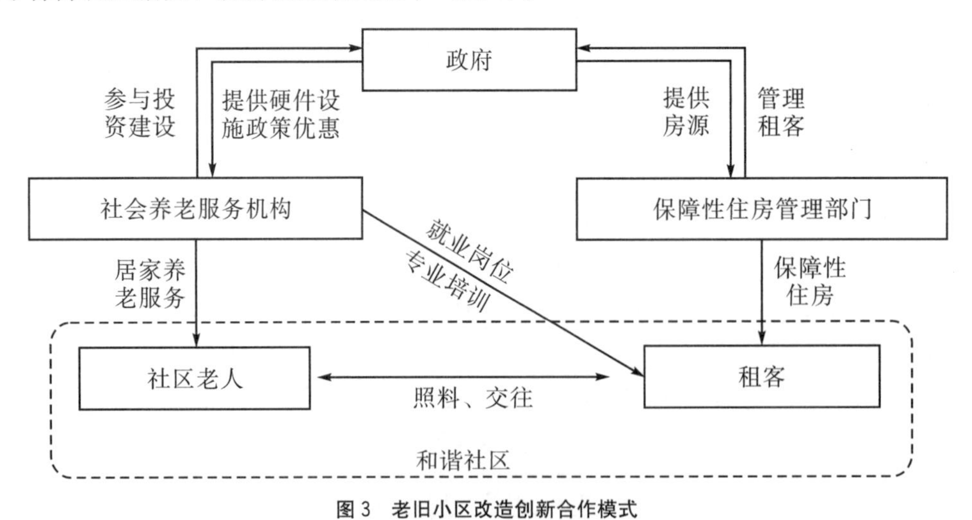

图3 老旧小区改造创新合作模式

3.2 市场合作

对于社会资本而言，参与老旧小区改造最重要的一点是要有明晰的盈利模式。有很多地区已经尝试用创新机制引入社会资本参与，而目前大多参与的社会资本都是通过改造后的老旧小区实现市场化的长期运营，从而获得盈利。根据国外经验的总结，针对我国当前的情况，结合不同老旧小区的特点，提出几种可供参考的合作模式。

（1）提供物业服务。对于基础服务设施比较完善，但长期缺乏专业物业管理的小区，社会资本可以采用“投资＋设计＋施工＋运营”的模式全程参与老旧小区改造，改造完成后继续为小区提供维护和专业的物业服务，通过收取居民的物业费获得盈利。

（2）引入服务设施。以养老服务为例，部分老年人集中聚居的老旧小区，社会养老机构可以与政府合作，由政府提供场地、公共用房等基础硬件设施，同时在政策和流程上给予一定的政策优惠，养老机构出资进行适老化改造的设计和建设，改造完成后由养老机构以市场化的运作模式为区域内的老人提供养老服务。同样医疗、幼托、培训、休闲等服务设施也可以以类似的方式与政府合作参与老旧小区改造。

（3）房屋租赁代理。部分地理位置靠近市中心、交通便利的老旧小区常吸引很多租房的人，针对这一类小区，房屋租赁代理公司可以与政府和房东合作，代理公司参与投资和改造获得代理权，房东将房屋托管给代理公司对外出租，代理公司则通过收取委托费和部分租金盈利，后期由政府监管，代理公司维护管理。

因地制宜结合老旧小区特点创新合作机制，吸引多元市场力量加入，不光可采用上述提到的社会资本和政府双方的合作，还可以多元融合，探索多方共同合作的模式。

3.3　公众参与

老旧小区改造作为民生工程，政府要搭建平台，不光小区内的居民要提出意见参与改造，还要引导更宏观层面的社会公众积极参与。

（1）小区居民参与。小区居民参与要依托政府创造良好的前置条件，政府首先应针对小区特点提供多种改造方案，供居民灵活选择，能够有针对性地解决居民诉求才能有效提高居民参与的积极性。同时要搭建公众平台，及时更新改造工作相关信息，引入专业人员发挥咨询作用，保证居民能够实时了解情况，提出意见。居民参与改造，激发积极性后，可以尝试成立以居民为主体的社区组织，协助参与改造完成后的社区运营活动。

（2）社会公众参与。除小区居民外，社会团体、高校等公众也可以以多种形式积极参与其中，如发动民间力量成立专门的慈善基金，为老旧小区改造提供多元的资金支持；针对改造完成后的运营维护需要，提供多种形式的帮助；以研究课题的形式对当地老旧小区改造进行研究分析，为改造工作提供有效的参考意见；为老旧小区的孤寡老人、中低收入人群等弱势群体提供帮助，协助社区治理，促进和谐社区的建设等。老旧小区改造不仅是物理环境提升的建设工程，更是关乎民生的暖心工程，需要更多人的参与形成社会关系的良性互动，才能真正构建健康的社区民主环境。

［参考文献］

［1］宏观之窗．国务院部署推进城镇老旧小区改造　新版“四万亿”从（何）来？［EB/OL］．（2019-06-24）［2021-10-03］．https：//www.sohu.com/a/322618687_597671.

［2］吴志强，伍江，张佳丽，等．“城镇老旧小区更新改造的实施机制”学术笔谈［J］．城市规划学刊，2021（3）：1-10.

［3］梁舰，赵路兴，马海顺，等．我国老旧小区改造亟待破题［J］．建筑，2020，（13）：32-35.

［4］吴高臣．老旧小区产权结构研究［J］．中国房地产，2013（22）：56-61.

[5] 胡金荣，马彦鹏，黄琬舒.“旧改”背景下老旧小区适老化改造效果评估及对策研究：以西安市为例 [J]. 老龄科学研究，2021，9 (7)：27-40.
[6] 赵鹏. 创新老旧小区改造　提升社区治理效能：以太原市小店区为例 [J]. 经济师，2020 (9)：129-130，134.
[7] 魏淑梅，陈鑫. 老旧小区改造实践与探究：以湖南洪江安江镇老旧小区改造为例 [J]. 居舍，2021，(23)：3-4.
[8] 赖佩文. 我国棚户区改造融资模式的国际经验借鉴及其启示 [J]. 金融发展评论，2019 (3)：23-35.
[9] 刘辰阳. 走向社区发展：国外社区更新的经验与启示 [C] //中国城市规划学会. 共享与品质：2018 中国城市规划年会论文集 (02 城市更新). 北京：中国建筑工业出版社，2018：1147-1153.
[10] PRIEMUS H. A new housing policy for the Netherlands (2000－2010)：A mixed bag [J]. Journal of Housing and the Built Environment，2001，16 (3/4).
[11] 胡金星. 荷兰的社会住房基金 [J]. 上海房地，2013 (6)：48-50.
[12] 李罡. 住有所居　荷兰的社会住房政策 [J]. 经济，2013 (1)：96-98.
[13] 冉奥博，刘佳燕，沈一琛. 日本老旧小区更新经验与特色：东京都两个小区的案例借鉴 [J]. 上海城市规划，2018 (4)：8-14.
[14] 张威，刘佳燕，王才强. 新加坡公共住宅区更新改造的政策体系、主要策略与经验启示 [J]. 国际城市规划，2022，37 (6)：76－87.
[15] 廖菁菁. 公众参与社区微更新的实现途径研究 [D]. 北京：北京林业大学，2020.
[16] 徐林. 建设“未来社区”：新加坡治理的逻辑和机理 [N/OL]. 中国社会科学报，2020-03-12 [2022-03-03]. http：//www. yidianzixun. com/article/0OqDjh0U/amp.
[17] 边防，吕斌. 基于比较视角的美国、英国及日本城市社区治理模式研究 [J]. 国际城市规划，2018，33 (4)：93-102.
[18] 吴伟，林磊. 从“希望六”计划解读美国公共住房政策 [J]. 国际城市规划，2010，25 (3)：70-75.
[19] POPKIN S J，KATZ B，CUNNINGHAM M K，et al. A decade of hope Ⅵ：research findings and policy challenges [R]. NW Washington DC：The Urban Institute，2004.
[20] 勒勒维耶，耿磊，罗震东. 法国的城市政策：社会融合作为解决隔离问题的公共手段？[J]. 国际城市规划，2009，24 (4)：28-33.
[21] 包恺. 柏林“邻里管理”社区更新策略初探与思考 [J]. 住宅科技，2018，38 (11)：102-107.
[22] 唐斌. 新加坡城市更新制度体系的历史变迁 (1960-2020 年) [J/OL]. 国际城市规划：1-16 [2022-03-15]. https：//kns. cnki. net/kcms/detail/11. 5583. tu. 20210319. 1654. 002. html.
[23] 梁城城. 日本城市更新发展经验及借鉴 [J]. 中国房地产，2021 (9)：68-79.
[24] 黄静，王诤诤. 上海市旧区改造的模式创新研究：来自美国城市更新三方合作伙伴关系的经验 [J]. 城市发展研究，2015，22 (1)：86-93.
[25] 巩岳. 基于基本公共服务均等化的城市居住空间更新研究 [D]. 西安：西安建筑科技大学，2013.

[作者简介]

唐瑞雪，讲师，任职于宜宾职业技术学院建筑与环境学院。

第六编

滨水空间营造与城市更新

城市边缘区滨水空间的有机更新策略分析

□罗振鸿，白　舸，黄思敏

摘要：本文回顾了城市更新的相关理论发展，对城市边缘区滨水空间进行了概念界定，即介于传统城市和乡村之间的这一区位条件下陆域与水域相连的区域所形成的场所，并对其更新要素进行解析。通过对比，总结了国内城市边缘区滨水空间存在的五大问题：公共性问题、空间的过渡性问题、功能的复杂性问题、景观风貌的矛盾性问题、发展的动态性问题。基于以上问题，本文归纳梳理了国内外相关实践，并总结了相关实践的共同特征。在此基础上提出了整合城乡功能、修补风貌矛盾、织补滨水交通、修复滨水生态的城市边缘区滨水空间有机更新策略。

关键词：城市边缘区；滨水空间；有机更新

1　引言

目前，我国城镇化已进入高质量发展阶段，正实现从“以增量为主的外延扩张式粗放发展”到“以存量为主的集约高效内涵式城市更新”的演变，并在以《中共中央关于制定国民经济和社会发展第十四个五年规划和二〇三五年远景目标的建议》为代表的政策文件中明确提出全面提升城市品质，实施城市更新行动。因此，在城市建设用地总量受到严格控制的大背景下，如何高效利用城市各部分用地成为城市建设工作者着重考虑的问题，也是新阶段推动城市发展的必要条件。但目前有关城市更新的实践活动及理论研究大多围绕城市旧中心区、旧工业区、历史地段、旧居住区等特征鲜明的城市区域展开，尚缺乏对环境条件与经济社会条件同样复杂的城市边缘区滨水空间的系统研究。从空间发展现状来看，我国城市边缘区本身就汇集了快速城镇化时期的诸多矛盾点，如分异明显的社会空间、圈层分布的经济活动、城乡二元的土地利用等。在生态文明理念获得广泛共识的今天，城市规划设计工作更加重视城市生态功能，强调以水定产，以水定城。滨水空间作为城市重要的公共开敞区域，其开发利用和更新改造已然成为象征城市高质量发展水平的重要影响因素。因此，伴随更新活动的持续开展，以生态环境保护为首要目标的城市边缘区滨水空间将在不久的将来成为城市更新活动的重要对象。

2　概念界定和理论基础

2.1　城市边缘区滨水空间

首先针对城市边缘区的概念内涵，其概念最早可追溯到“田园城市”理论，其中对于城市结构的划分隐喻了部分城市边缘区的特征。史密斯（T. L. Smith）首先使用城市边缘区（Urban Fringe）的概念，将其定义为“毗邻整个城市界限外的建设区域”。20 世纪中后期，城市边缘区的相关理论不断被引入到国内，学界结合中国现状对城市边缘区作出进一步定义。王伟强认为城市边缘区指“特征、结构和功能实质介于传统城市和乡村之间的地理区域。”本文以此作为对城市边缘区这一概念的界定。而本文讨论的滨水空间指城市中陆域与水域相连的区域所形成的场所，“是自然生态系统和人工建设系统相互交融的城市公共的开敞空间”。现有相关研究对城市边缘区滨水空间的定义着重强调了对象地理区域背景，并指出对象作为公共开放空间的特殊属性。

由此，本文将城市边缘区滨水空间界定为：介于传统城市和乡村之间这一区位条件下陆域与水域相连的区域所形成的场所。其建立在城乡间特征、结构和功能等空间要素相互交融的背景之下，并隐含了公共空间与开敞空间的属性。

2.2 有机更新

“各国的城镇化水平发展到一定阶段时，都会开展各种形式的城市更新工作”。欧美国家的城市更新运动（Urban Renewal）起源于 20 世纪 50 年代。而有机更新是城市更新运动的中国式总结创新，提倡按照城市内在发展规律，在可持续发展的基础上，探求城市的更新与发展。该理论自 20 世纪 80 年代吴良镛教授提出以来，已经过近半个世纪的发展，在内涵意义、作用对象、运用方法上都有诸多突破创新。其中“有机”一词就是强调生命体概念，即部分与整体的和谐关系、与自然的结合，是把城市当作具有生命力的个体来对待的、以人为本思想的体现。而在城市更新过程中，则强调城市整体的有机性、更新过程的有机性。具体来说在有机更新方法上突出动态特征，目标上突出综合效益，内容上并重自然环境与社会环境，理念上基于可持续发展理论。

3 城市边缘区滨水区的空间特征

3.1 城市边缘区滨水空间的更新要素组成

3.1.1 自然要素

自然要素是城市边缘区滨水空间的主导要素。包括有平原型、丘陵型与结合型在内的地形，不同的地形能促成许多差距巨大的更新模式，如以常熟将海路滨水景观带设计为例的平原地形在更新时更关注运用“农田”的元素打造道路与河流之间畅通的视线景观，而以六盘水明湖湿地公园设计为例的山地丘陵地形在更新时更关注对水流的引导以及各种观景塔的规划设计。除了地形以外，各类动植物也是更新过程中需要重点考虑的自然对象，如农田草地、灌木林木、人工种植的景观树以及各种鱼虾、两栖动物和天空飞鸟等。不同于城市核心区滨水空间多以人工要素为主的情况，在生态文明建设时代背景下，城市边缘区滨水空间的动植物种类更加复杂多样，生态环境保护目标也应是其在更新改造过程中首要关注的内容。

3.1.2 人工要素

人工要素是城市边缘区滨水空间更新建设的最大阻力。城市边缘区在城市快速建设时期与城市核心区同时开展了许多建设活动，但因为规划引导的缺失以及其特殊的行政管辖条件，城市边缘区往往呈现出一种“城不城、乡不乡”的面貌，并且在产权归属上也有着诸多争议。总体而言，这些建设活动所形成的人工要素可分为三类：建筑、道路、小品。其中建筑应为滨水空间更新过程中最难入手的对象，既包括了城镇住房，又包括了农村农房，还包括了生产工厂，还有其他各种权属不明的建筑物和构筑物。道路也因水系的存在，多在此区域形成断头路。

3.1.3　人文要素

人文要素是城市边缘区滨水空间更新的重要支撑。在以人民为中心和高质量发展的转型期，城市更新工作不仅强调物质空间变化，更要注重人文空间的重构。不论是河流、湖泊还是湿地，有水的地方往往是一座城市的共有记忆，而城市边缘区本身代表了城市与乡村两类在现阶段存在有较大矛盾的群体。因此其人文要素更多体现在各种滨水生活场所，如晨练休闲的广场、钓鱼戏水的露台、郊游野炊的漫步道等。

3.2　城市边缘区滨水空间存在的问题

本文通过对国内城市边缘区滨水空间现状的梳理，认为其存在空间的公共性问题、空间的过渡性问题、功能的复杂性问题、景观风貌的矛盾性问题、发展的动态性问题等5个方面问题。下文将对这5个问题展开详细阐述：

3.2.1　空间的公共性问题

滨水空间作为城市居民共享的公共物品已成为学界乃至全社会的共同认识，在一些西方国家，政府通过立法来保证滨水空间的公共性。城市边缘区滨水空间在本质上属于城市滨水空间，应当满足公共性这一基本属性。

近年来城市核心区域滨水空间公共性逐渐得到重视，私人与资本对滨水空间的侵占得到制止。但在城市边缘区滨水空间中，地方政府的管控力弱，侵占滨水空间的现象严重。例如，一些城市居民将滨水空间占为私人菜田所用，设置围栏阻止他人进入；而更为严峻的是资本对滨水空间的侵蚀：一些城市边缘区的滨水空间直接成了饭店、茶楼等经营性场所。

3.2.2　空间的过渡性问题

城市边缘区扮演着城市向乡村过渡的角色：结构与功能上的过渡、用地性质上的过渡、景观风貌上的过渡。滨水的背景下，过渡带由面压缩成线，城乡间的对立关系应在线状空间中得到合理的缓解。

就生态功能而言，城市边缘区滨水空间自然生态环境应较好，但由于城市的粗放式发展对其带来了破坏：一来，城市边缘区滨水空间成为城市污染接纳地；二来，城市边缘区滨水空间（主要是位于河流下游的滨水空间）成为城市中污染工业外迁承载地。在各种污染要素的堆砌之下，自然生态严重退化。可见当下城市边缘区滨水空间并没有很好地实现由城市功能向自然生态功能的转变。

3.2.3　功能的复杂性问题

城市与乡村的不同的功能在城市边缘区汇合，呈现出城市功能不断织入乡村、乡村功能逐渐瓦解的状态，而这种状态往往蕴涵着复杂性。对滨水空间而言，城市滨水空间需满足包括交通运输、排洪排涝、城市休闲在内的一系列功能需求，乡村滨水空间承担着维持自然生态与农业生产的功能，两者相互交织。

在现有的大量城市边缘区滨水空间的规划设计方案中，传统城市功能被简单地“移植”，忽略了功能的复杂性。设计者自觉地站在了城市一级，对滨水空间原有的自然生态等功能进行瓦解。然而，城市边缘区滨水空间同样接收来自乡村一级的功能辐射，城市功能的简单移植打破了边缘区城乡间应有的平衡。事实上，传统城市滨水空间功能在城市边缘区也无法很好地运转，一些如滨水小广场的空间不但使用率低，且受到原生植物与当地居民自建空间的“反扑”，增加了维护成本。

3.2.4 景观风貌的矛盾性问题

城市景观注重高效、方便、整洁，重视人文要素的传承，如上海黄浦江两岸滨水空间对城市文化的诠释；乡村景观注重生态环境的优美，重视自然要素的保留，二者间存在看似对立的关系。在滨水空间的公共性与“城市客厅”的背景下，如何通过城市设计回应对立，避免景观风貌“硬冲突”，以实现景观风貌的有机统一是十分重要的话题。

在一些城市边缘区的滨水空间以及对其覆盖的城市设计中，针对城乡间景观风貌矛盾思考的缺乏造成了城乡割裂的面貌：建筑的高度、体量、形式、色彩没有在边缘区很好地向乡村过渡；临江界面在城乡交汇处出现断裂；滨江景观带出现建成区与未建区的“硬碰撞”。

3.2.5 发展的动态性问题

城镇化对城市边缘区的影响是动态的：城市由核心向外持续扩张，并与乡村在边缘区拉锯，而前者往往展现出更为强势的姿态，在空间上不断蚕食后者。根据城市边缘区的理论，内缘区逐渐变成建成区，外缘区逐渐变成内缘区，郊区逐渐变成外缘区。在滨水空间中，意味着城市功能、景观风貌、开发强度的不断滚动。

在一些城市边缘区滨水空间中，发展的动态性没有得到重视。例如，在遂宁河东新区滨江景观带的规划设计中，政府过度地置入商业功能，期望城市核心区功能向此转移。然而由于城市其他要素发展的滞后，商业空间不但未能创造收益，反而成为负担。

4 城市边缘区滨水空间的建成特点与有机更新需求研究

4.1 国内外相关案例及研究

本文通过梳理大量国内外相关实践案例，试图总结已有实践对城市边缘区滨水空间具体现状问题的判断与理解。通过仔细研究已有实践的解决策略与手段，本文认为已有实践可以在以下几个方面对城市边缘区的有机更新形成补充（表1、表2）：

一是科学整合城乡用地，回应功能的复杂性，实现城乡合理过渡。法国设计师米歇尔·高哈汝于1979年在巴黎城郊苏塞公园的设计中设置了“农业—园艺”景观，置入城市公园空间的同时大面积保留农田，回应了城市居民与农民对场地的不同诉求。常熟将海路滨水景观带整合了原有农田斑块，打造集生产、观赏功能于一体的田园景观。

二是着重修复场地生态，重塑滨水生态功能。在大部分国内外实践中，城镇化导致的生态退化是场地共同存在问题，特别是水环境的恶化。因此，已有案例在实践上都将生态修复作为重点，并各具特色。例如，土人景观在哈尔滨文化湿地公园设计中引入“畜牧景观”的概念，平衡生态系统。

三是适当置入开放空间，强调空间的公共性。这些案例重视对空间正义的重述，取缔了违法占用。米歇尔·高哈汝在苏塞公园置入具有城市休闲功能的公共空间及设施时，同时注意到了发展的动态性，以有计划地弹性置入代替一蹴而就。

四是巧妙营造滨水景观，缓解风貌的对立性。在上海浦江郊野公园设计中，城市已建成空间与优良的生态农业基底在原始场地中共存，设计师通过保留乡村要素塑造“农—林—水—村—塘”复合景观系统，与城市空间实现过渡。昆山马料河滨水公园设计在城乡风貌割裂的背景下，构建了“城市—自然”的递进式空间格局。

五是织补滨水交通网络，促进城乡有机过渡。交通破碎是相关案例中原有场地的共性问题。

在六盘水明湖湿地公园设计中，设计师通过慢行系统实现城市活动空间向乡村的缓慢过渡。上海张家浜楔形绿地城市设计通过组织复合的交通系统，组织被城市交通割裂的绿地。

表 1　国内相关案例

项目类型	项目名称	场地存在的问题	解决的策略及手段
景观设计	昆山吴淞江滨江绿地生态修复	核心城区污染物侵入，生态功能瓦解； 土地功能碎片化严重； 城镇化景观风貌的驳岸十分生硬	截留、引导雨水，净化后排入内河； 打造“植物银行”，结合场地特性丰富植物景观，加速生态修复、满足观赏功能
	徐州楚河南岸景观设计	土地功能单一，公共管理粗放； 环境污染严重，生态环境脆弱； 照搬城市风貌，地域特征丧失	增设各类设施，提高场所社会效能； 淘汰污染产业，主张生态用地模式； 挖掘地域元素，重塑地域特色风貌
	常熟将海路滨水景观带设计	植被遭到破坏，景观风貌破碎； 农业功能荒废，城市功能破碎； 污染产业聚集，生态污染严重	整合荒废农田、沟渠，打造特色田园景观； 增加景观异质性，架构城市生境走廊
	昆山马料河滨水公园景观设计	城乡间景观风貌割裂； 水体受污染严重； 乡土文化受到冲击，城市文化缺失	构建“城市—自然”的递进式空间格局； 营建水系景观，科学保护与利用水资源； 重述可体验的地域文化，传承历史文脉
	上海浦江郊野公园景观设计	需满足城市居民的休闲需求； 城市风貌与良好的自然基底在场地中并存	增设游憩功能，吸引城市游客； 就原有森林斑块，塑造特色“林海”景观； 营造“农—林—水—村—塘”复合景观系统，强调乡村风貌
	哈尔滨文化湿地公园设计	城市扩张破坏生态功能，防洪堤截断河水与湿地间联系； 湿地成为城市污染排放地	建立自然净化洼地，净化水体弹性化的功能性湿地与城市公园相结合； 通过畜牧景观抑制植物疯长，以降低维护成本
	六盘水明湖湿地公园设计	工业化造成空气和水体受到严重污染； 河道渠化致使生态自净与蓄洪能力丧失、水岸关系僵硬化； 城乡在空间形式上被割裂	尊重原始地貌，建造梯田湿地蓄洪； 因地制宜，合理配置植物，恢复生态； 在慢行系统上实现城市活动空间向乡村的缓慢过渡； 创造出自然与城市相对话的风貌格局
城乡规划与城市设计	徐州市黄河故道规划	城市无序扩张导致场地地域性丧失； 城市功能斑块破碎，农业功能退化； 基础设施落后	结合当地特色打造景观节点； 打造生态农业景观； 以河为轴构建慢行系统，丰富城市功能
	上海张家浜楔形绿地城市设计	城市功能无序外溢，场地生态被破坏； 河流驳岸生硬； 场地被城市快速交通割裂	扩大水域面积，促进水生生态恢复； 硬质驳岸自然化，恢复自然风貌； 组织公共交通串联遭到割裂的地块
	宁波生态走廊规划设计	湿地和水生生境大面积减少； 城市污染物堆砌； 城市污染工业外溢致使河流受污染； 城乡过渡断裂，景观风貌对立	构建微型长江生态区，优化水网、改善水质、修复生物栖息地； 利用建设废弃物塑造微地形景观； 构建连接城市与周边绿地的开敞空间
	北京永定河“平原城市段”生态绿廊规划设计	河道受到人为侵占，河漫滩被开垦为果林； 河流生态脆弱，下游出现断流； 用地混乱、破碎	修复河床、滩地、堤防，取缔非法占用； 优化上下游水系，开启生态补水型模式； 整合空间功能，打造公园集群，创造经济、生态价值

表 2　国外相关案例

项目类型	项目名称	场地存在的问题	解决的策略及手段
景观设计	奥克兰瓦尤库滨河步道	河道无章填埋，淤积严重，洪涝频发；垃圾肆意堆放，空气、水体污染严重	拓宽水道，滞洪减灾，改善水体质量；开放河岸，营造综合性公共休憩娱乐空间；保留现状植物，增种乡土树种，恢复生态
	费城海军码头	水体与土壤受到垃圾填埋与石油泄漏污染；工业遗址废弃，码头记忆消逝	总体定位强调有限混合；遗产保护推崇场景再现
	巴黎苏塞公园	城乡需求对立，用地功能难以调和	划分不同功能分区，分别满足农民及城市居民多种需求
城市设计	米兰维勒瑞斯运河绿色廊道设计	城市无序扩展，缺乏有效管理；生物多样性降低	重塑“水—城”绿色廊道；恢复“种源地”，营造多样化生境
	英国阿伯丁唐河河流廊道设计	城市设施侵蚀生态空间；用地杂糅，职能混乱；自然肌理破碎，生态环境脆弱	拆除河堰，恢复河流生态；整合用地，构建唐河走廊空间框架；维护河道，清淤排污，治理水污染

4.2　城市边缘区滨水空间有机更新策略

4.2.1　整合城乡功能，实现城乡有机过渡

在城市边缘区滨水空间中，城乡功能混杂破碎，整合城乡功能应注意以下四点：①注重城市功能置入的时序性，避免盲目开发以至破坏生态、浪费资源；②适当保留乡村功能，寻找乡村功能与城市间的联系，如吸引城市居民体验乡村特色；③空间布置上遵循城乡线性流畅过渡的原则，避免出现破碎用地；④修补违建斑块，强调空间公共性，整合地块不合理功能。

4.2.2　修补风貌矛盾，缓和城乡二元对立

城市边缘区滨水空间在景观风貌上存在城乡对立的问题，可从以下三点加以修补：①控制引导建筑形式、高度、密度，实现城乡过渡；②在滨水绿地中营造城乡交织的景观形式；③在植物选用上适当采用乡土植物。

4.2.3　织补滨水交通，建立城乡空间对话

城乡边缘区发展的随意性导致滨水区交通混乱。在交通结构处理上，应将城乡视为相连接的整体，打造高效、宜步行的滨水交通系统。打造连续的滨水慢行系统，在城市外缘区可以采用郊野栈道的形式强调在地性。

4.2.4　修复滨水生态，构建宜人滨水环境

受城市粗放发展破坏的城市边缘区滨水空间生态亟须修复。应从以下三个方面思考生态修复：①利用现有生态基底，最大限度维持原有特征；②引进先进生态理念与创新生物技术；③针对水环境进行水质提升、自然驳岸恢复等修复工作。

5　结语

随着城镇化进入新阶段、规划理念不断完善，城市边缘区滨水空间逐渐得到重视。在生态文明时代下有机更新的内涵得到广泛丰富，在实践中其亦可作为城市边缘区滨水空间修补、修复的重要手段。本文根据相关理论对城市边缘区滨水空间进行了概念界定，发现并归纳了国内

城市滨水空间存在的系列问题。针对问题，本文梳理了大量国内外相关实践案例，提取了相应的解决策略与技术手段。本文在最后提出了城市边缘区滨水空间的有机更新策略，以期拓展有机更新内涵、丰富有机更新理论，对转型期的中国城市规划设计实践有所助益。

[资金项目：湖北省重点研发计划项目“基于物联网与人工智能技术的人机交互型智慧公园研究与应用”(2020BAB123)。]

[参考文献]

[1] 雷维群，徐姗，周勇，等. “城市双修”的理论阐释与实践探索 [J]. 城市发展研究，2018，25 (11)：156-160.

[2] PRYOR R J. Defining the rural-urban fringe [J]. Social Forces，1968，47 (2)：202-215.

[3] 王伟强. 和谐城市的塑造：关于城市空间形态演变的政治经济学实证分析 [M]. 北京：中国建筑工业出版社，2005：89-90.

[4] 李国敏，王晓鸣. 城市滨水区的开发利用与立法思考：以汉口沿江地段为例 [J]. 规划师，1999 (4)：124-127.

[5] 许进. 城市边缘滨水区可持续发展规划策略研究 [D]. 南京：东南大学，2019.

[6] 梁艺馨. 城市边缘区河流景观规划设计研究：以衡水市盐河故道公园为例 [D]. 北京：北京林业大学，2020.

[7] 周妍汐. 城市边缘区滨河绿地景观空间规划：以南阳市新区滨河绿地景观设计为例 [D]. 北京：北京林业大学，2020.

[8] 张舰，李昕阳. “城市双修”的思考 [J]. 城乡建设，2016 (12)：16-21.

[9] 董玛力，陈田，王丽艳. 西方城市更新发展历程和政策演变 [J]. 人文地理，2009，24 (5)：42-46.

[10] 张晓婧. 有机更新理论及其思考 [J]. 农业科技与信息（现代园林），2007 (11)：29-32.

[11] 彭义. 城市滨水区景观空间体系建构及设计研究 [D]. 长沙：湖南大学，2009.

[12] 朱建宁. 法国风景园林大师米歇尔·高哈汝及其苏塞公园 [J]. 中国园林，2000 (6)：58-61.

[作者简介]

罗振鸿，华中科技大学建筑与城市规划学院硕士研究生。

白　舸，教授，华中科技大学建筑与城市规划学院设计学系系主任。

黄思敏，华中科技大学建筑与城市规划学院硕士研究生。

滨海地区总体城市设计的传导与管控

——深圳市深汕特别合作区滨海地区的实践探索

□白　晶，胡卜文，肖　健

摘要：滨海地区作为滨海城市的重要门户地区，在城市安全保障和特色景观塑造方面都至关重要。如何在建设中落实总体城市设计构思与意图，并有效地对接国土空间总体规划，是滨海地区实现安全、活力、特色发展的重要研究课题。深圳市深汕特别合作区滨海地区的城市设计实践，一方面在目标战略、底线约束、总体格局、空间结构等方面有效回应了新时期国土空间规划的要求；另一方面遵循总体城市设计的完整研究体系与框架，明确了策略传导及图则传导两种设计传导方式，并提出了通则式总体管控和特色要素管控相结合的管控方式，以推动总体城市设计的落实，为其他滨海地区的规划设计探索提供一定的经验借鉴。

关键词：滨海地区；总体城市设计；传导与管控；深汕特别合作区

洪涝灾害是我国城市主要且频繁发生的灾害类型之一，而沿海地区是最易受气候变化及风暴潮灾害影响的生态敏感区域。据数据统计，广东沿海地区是全国海岸中台风暴潮最严重的区域。近年来，各城市的滨海地区愈加重视提升环境韧性等安全问题，期望通过总体城市设计将生态安全作为重要的研究前提，以防御型规划设计提高城市在面对极端灾害天气时的适应能力。

我国总体城市设计实践探索已有 30 多年，在城市特色挖掘、空间形态控制、地理数据支撑、策略实施路径等方面均有丰厚的实践与经验，但主要聚焦于全域空间格局和整体风貌意向方面，对于滨海地区这类特定城市空间尚缺乏引领性、系统性、有针对性的研究。此外，《国土空间规划城市设计指南》的发布，更加强调了城市与山水林田湖草的整体空间关系，以及蓝绿空间网络在城市设计中的重要性，而城市设计如何与强调管控的国土空间规划有效衔接，是新时期城市设计需要解决的重要问题之一。

本文结合所参与的深圳市深汕特别合作区滨海地区（以下简称“深汕滨海地区”）城市设计工作，通过城市安全构建、空间结构特色化指引、活力场所营造及系统性控制等方面的重点探索，梳理并总结了国土空间规划新时期背景下滨海地区总体城市设计的传导与管控经验。

1　背景

深汕特别合作区距离深圳市中心约120 km，是深圳建设全球海洋中心城市的东部支点，特别是在滨海旅游、海洋科技、临港产业、宜居城区建设等方面形成了对深圳的有力支撑。自然环境方面，深汕滨海地区紧邻城心，坐拥海湾，山海城格局可媲美法国尼斯天使湾，拥有全深圳独一无二的、平直连续度最强的自然沙滩岸线；人文底蕴方面，坐落于滨海地区东部的鲘门镇，自春秋时期就有先民聚居生息，明清时期开埠，促进了人口快速增加和鲘门港的兴盛以及滨兴街、私贩街（今中兴街）等商业的繁荣，老镇承载着滨海地区发展的印记与灵魂。综合上层规划与场地秉性，深汕滨海地区提出“活力海岸·新生共栖”的发展愿景，推动其建设成为以滨海旅游、创新产业集群为基础，畅游、创业、乐居的国际化滨海新城区。

2　框架完整、特色突出的研究体系

总体城市设计是城市实现系统性提升与特色化发展的重要工作。一方面，设计的编制通常需要对城市进行全方位、全覆盖的梳理与研究；另一方面，受场地自然本底与历史文脉的独特性影响，总体城市设计需要将特色问题作为关注重点与突破点，以解决该地区城市发展中的实际问题。对于深汕滨海地区的总体城市设计，编制工作除了寻求技术框架的完整性，还在设计与管控方面强调了对滨海地区特色的关注。

2.1　技术框架的完整性

在总体城市设计中，为了平衡内容的完整性与针对性，通常以问题导向和目标导向相互结合的方式进行编制，提出对具体规划建设的指导建议。对于作为深圳第“10＋1区”的深汕特别合作区，基于其独特的地缘特质，笔者针对其在地特征与未来发展愿景进行了全面的梳理和研究。

此外，在工作组织方面，深汕滨海地区的城市设计经历了从国际咨询到方案整合的全过程，强调理念创新性与方案实操性的统一，以实现设计的完整性。总体城市设计是基于国际咨询的方案整合，延续了竞赛的设计亮点，并注重后续实施传导，工作内容主要包括确定发展目标与特色定位，提出以“海岸城市、海滩城市、海韵城市”为核心的三大设计策略，通过重点组团的方案设计予以深化传导，结合通则导控与特色要素导控的全方位设计导控，进一步形成设计指引及实施保障（图1）。

2.2　研究方法的特色性

深汕滨海地区城市设计提出从整体框架到重点片区的分层、分级设计指引，并以此为基础补充了对特色要素的管控要求，主要涉及活力海岸带、特色街区、山海公园与新生村庄几个方面。同时，设计基于生态与防灾分析，结合发展时序，提出未来预留发展空间，对已设计区域结合各组团特色制定约束性管控要求，分段营造滨海生活场景，从而保证设计意图的有效向下传导与空间愿景的阶段化落实。

3　渐进可控的设计传导

策略传导对接规划目标，图则传导落实蓝图要求，构成了渐进可控的深汕滨海地区总体城市设计传导方案。

3.1　策略传导对接规划目标

区别于滨海地区打造旅游区的常规操作，本设计首先明确了营建滨海城市的总目标，并围绕安全、体验、交通与景观三大方面的核心策略展开，组织“乐居、创业、畅游”复合板块，全线打通交往空间，为创新产业、社会网络、生态空间营建新生提供支撑，构筑深汕人居生态示范地。

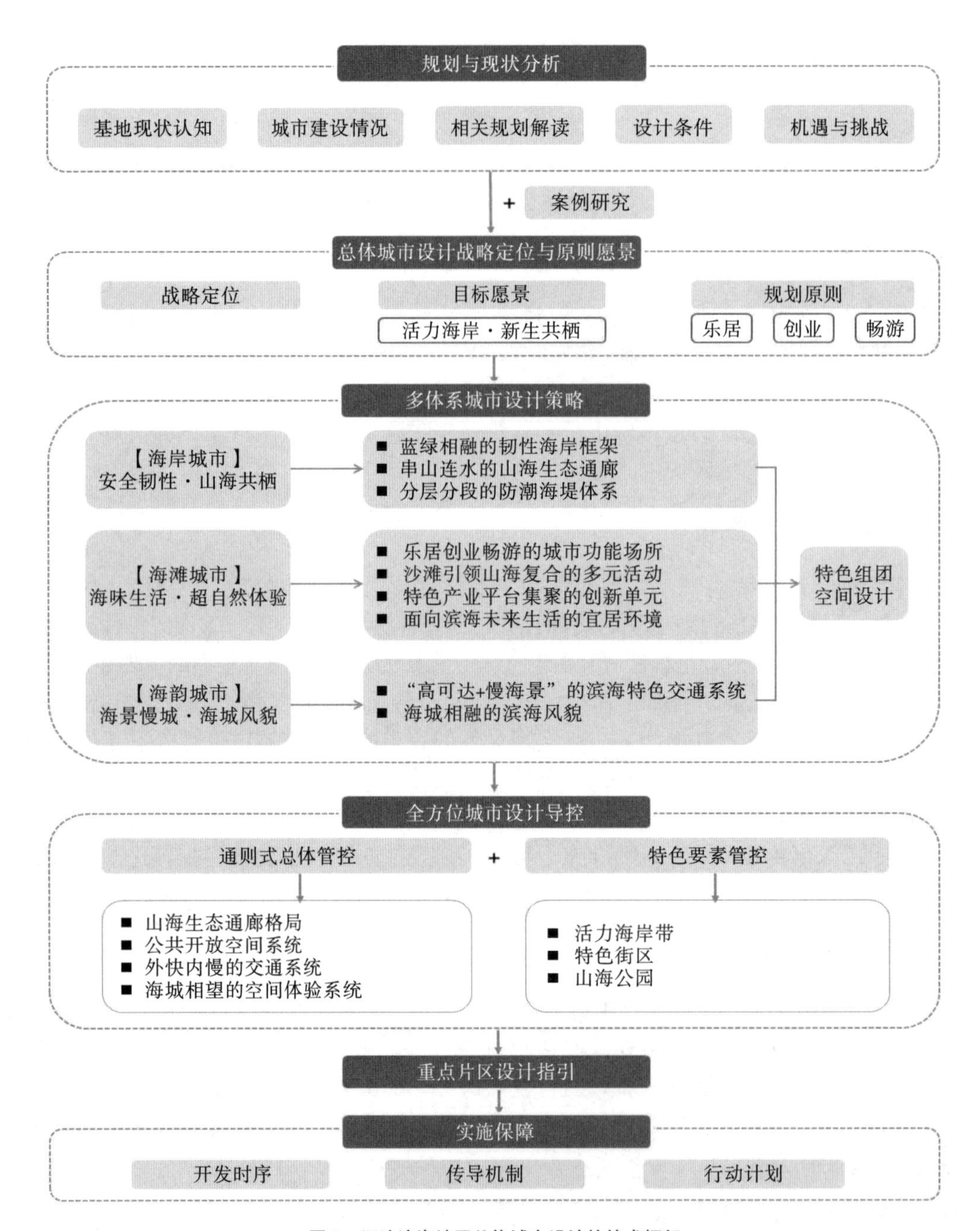

图 1　深汕滨海地区总体城市设计的技术框架

3.1.1　"海岸城市"——安全韧性，山海共栖的安全策略

"海岸城市"策略旨在夯实蓝绿相融的韧性海岸框架，锚定串山连水的山海生态通廊，建设分层分段的防潮海堤体系，以解决台风、风暴潮、海岸侵蚀等滨海地区的主要安全问题。

分层防潮体系体现为从海至陆形成的由海洋活动带、潮间带、防潮堤、城市建设区与山体活动区构成的多层空间，其中防潮堤以生态防潮堤、直立型景观防潮堤、阶梯形景观防潮堤三种形式为主，作为削减风浪的有效工程措施，保护后方城市空间的同时构建起生态韧性的滨海防潮公园，提供多样化的近海游憩空间，有效增强海城关系经络（图 2）。

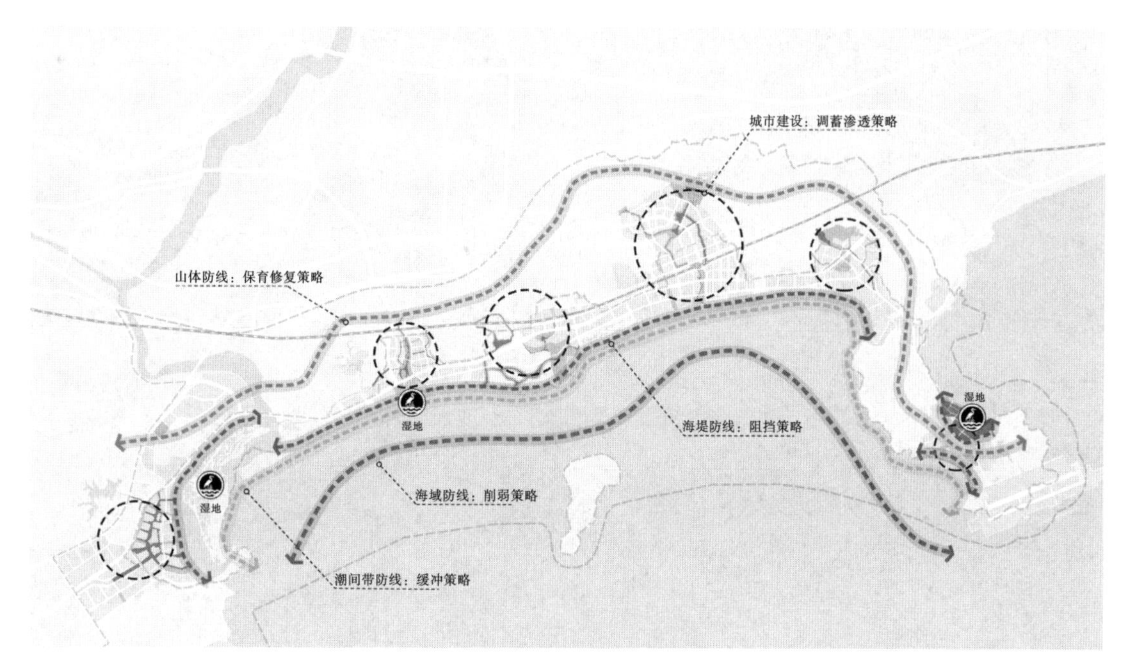

图 2　分层防潮体系示意图

方案同时有效落实了《深圳市海岸带综合保护与利用规划》《深圳市深汕特别合作区总体规划（2017—2035 年）纲要》当中对于海岸带地区的核心管理区、协调区的退线控制要求，形成安全为纲、局部可淹没的弹性景观系统。通过法定规划的退线控制要求予以传导，同时结合局部地区的场地现状与项目规划情况，进行调整优化与条件反馈（表 1）。

表 1　《深圳市海岸带综合保护与利用规划（2018—2035）》中海岸陆域建设管控区要求

管控区	核心管理区	协调区
退线标准	①砂质岸线向陆延伸 50 m 的地带，生物岸线向陆延伸 50 m 的地带； ②其他自然岸线及人工岸线向陆延伸 35 m 的地带	海岸线向陆延伸 100 m 的地带
管控要求	原则上应以规划及建设公共绿地、公共开放空间为主。除以下情形外原则上禁止开展建设活动：①港口、码头、机场、桥梁、轨道、主干道及主干道以下级别的道路交通设施；②市政基础设施；③公共服务设施；④小型商业设施；⑤修船厂、滨海科研等必须临海布局的产业项目；⑥海岸防护工程及其他涉及公共安全的项目	新建及改扩建过境干道及高快速道路工程原则上应退出协调区范围，确需穿越协调区进行建设的，须报请政府规划主管部门进行专题论证。同时，应从城市设计角度对景观及步行环境进行研究，尽量减少对海岸建设管控区内的生态、环境、景观等造成影响

3.1.2　“海滩城市”——海味生活，超自然体验的体验策略

“海滩城市”策略的提出，是以营建滨海新人居、产业新平台、山海新体验为目标，有效回应与落实国土空间规划要求，以沙滩为引领，高质量整合“宜居、宜业、宜游”复合功能板块，打造乐居、创业、畅游的活力滨海城区。

首先，以海滩为中心，构筑灵动与静谧相结合的滨海城市公共空间序列。并以此为依托，策划全天候不停歇的室内外活动，提供滨海超自然体验（图 3）。

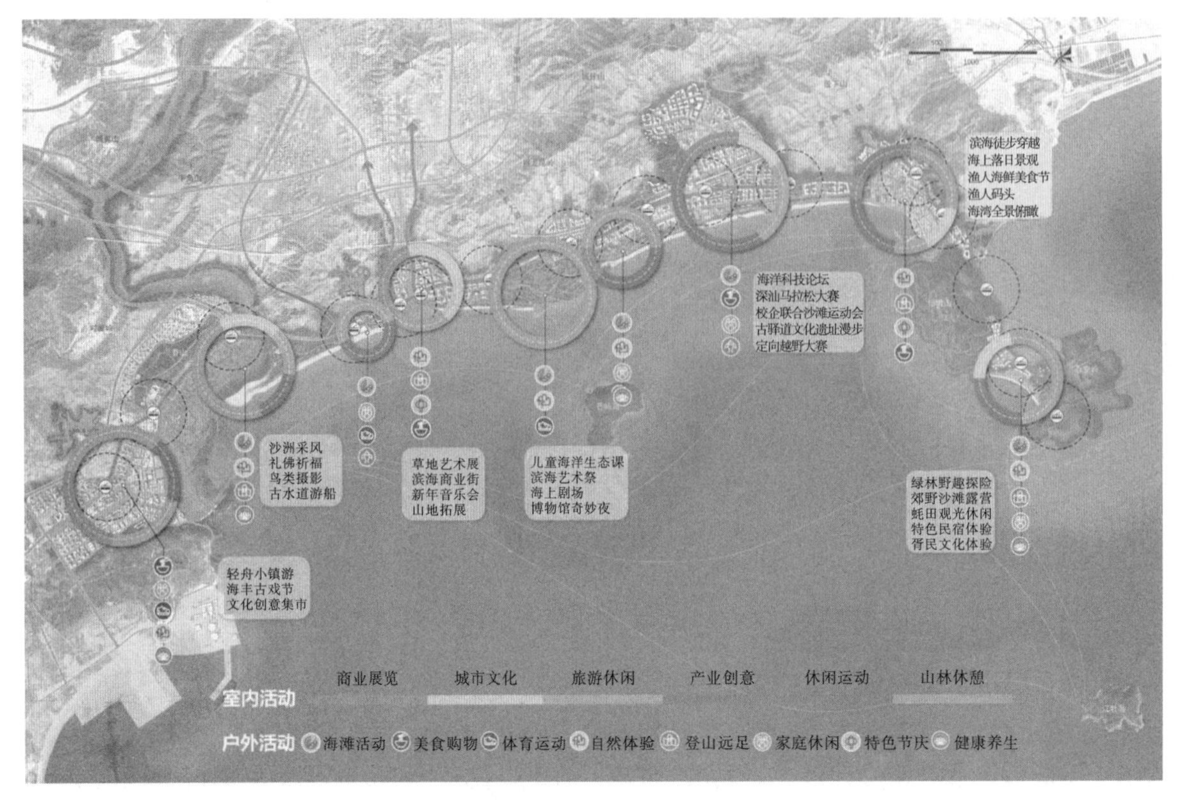

图 3　滨海地区全天候活动策略示意图

其次，特色营建由 3 个海滩公园引领，连接 2 个湿地公园、1 个滨海森林、1 个海岛公园、6 个山野公园和 2 片海上活动区的垂直生态环游体系，有力推动滨海繁荣（图 4）。

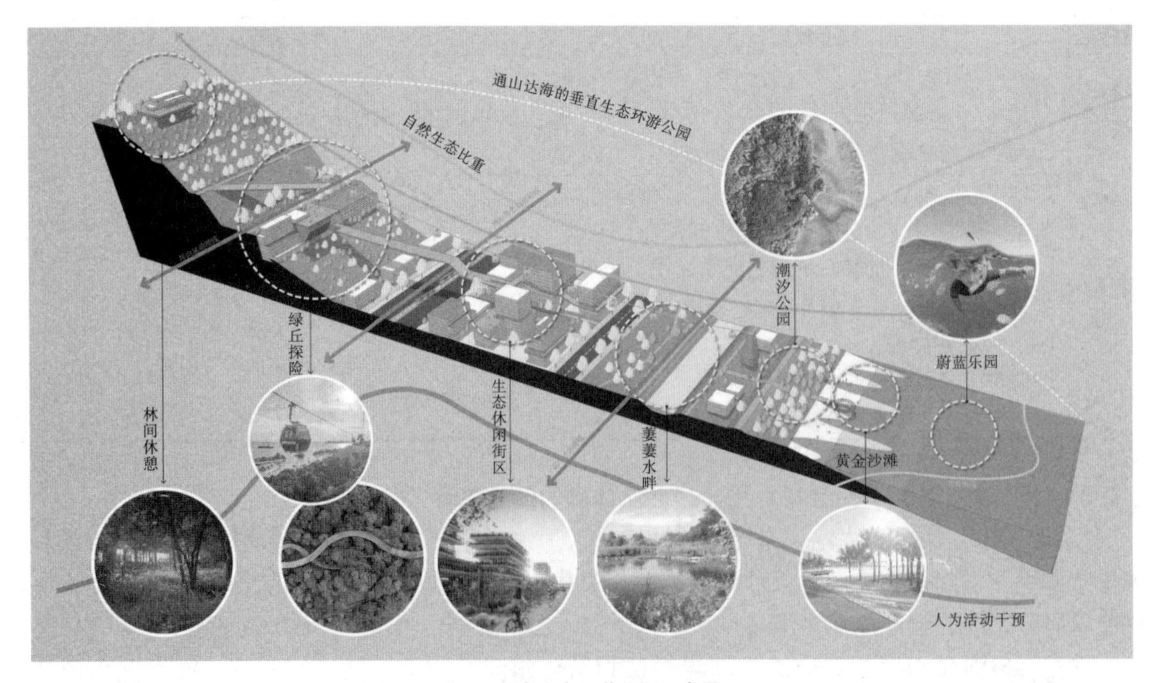

图 4　垂直生态环游公园示意图

3.1.3　“海韵城市”——海景慢城，海城风貌的交通及景观策略

“海韵城市”策略，强调构建“高可达，慢海景”的特色交通系统，以“快线—慢城—畅游”的交通组织模式，打造终极滨海连通体验。

“快线”旨在打造快速可达的区域交通网络，充分发挥机场、港口、高铁、城际铁路、高速公路等资源优势，构筑“海、陆、空”三位一体的综合交通枢纽体系，完善深圳1小时都市圈交通网络；“慢城”则以“P+B”的旅游交通组织模式为主，依托无缝衔接的换乘系统和内街网络，营造城市慢生活、社区多场景的街道氛围；“畅游”体现为多片多点的慢行系统、无车海岸带、友好的沿海步行空间等方面，以丰富滨海慢行体验。

3.2　图则传导落实蓝图要求

结合深汕滨海地区各工程项目的建设时序，以有效落实设计策略为目标，选取鲘门站片区为重要城市组团，以城市设计导则形式制定空间管控“一张图”，以期在建筑高度与退线、出入口、立体交通、公共开放空间、空中平台等方面提出管控要求，并进一步传递到法定图则，形成法定规划的落位，以此保障规划设计意图的精准、有效落实。

4　通则与特色要素相结合的管控方式

总体城市设计的管控模式，主要体现为3种传导机制：第一是与法定规划衔接，纳入正在编制的国土空间总体规划、专项规划或者片区的法定图则，明确城市设计对于具体开发建设的具体要求；第二是将城市设计的亮点，通过地方性技术管理规定或导则加以采纳，使得原有的城市设计原则具备一定的法律效力，如通过用地、划线、退线等方式加以实现；第三是与审批程序相互结合，转译成管理过程中的审批依据。

为贯彻设计的整体性、落实总体空间骨架、保证设计亮点无衰减传导并为后续设计预留足够的弹性空间，深汕滨海地区城市设计以通则式总体管控系统与4个特色要素管控相结合的方式对设计意图予以落实，以期更加有效地对接三种传导机制，进一步实现深汕滨海地区城市设计的精细化管控。

4.1　通则式总体管控

总体层面，建立响应战略、彰显特色的设计框架体系，基于总体设计目标，明确滨海地区整体定位为“活力海岸，新生共栖”，设计通过对山水自然格局、公共空间系统、观景体系、天际线、建筑高度、开发强度、道路交通系统、公共交通系统、公共设施系统及海绵城市系统等方面提出总体层面的控制要求，以夯实对“海岸城市、海滩城市、海韵城市”总体设计策略的落实（表2）。

表2　通则式总体管控要求

序号	策略	体系	管控要点
1	海岸城市	山水自然格局	构建“一带，六廊，七片区”的山海格局，明确主要廊道宽度，做好与用地的衔接
2		海绵城市系统	构建“区域海绵—组团海绵—地块海绵”体系，划分6个排水分区，细分为11个管控分区，并明确各分区的年径流总量控制目标为65%～75%

续表

序号	策略	体系	管控要点
3		公共空间系统	融入式堤坝织补贯穿全线的滨海公共空间体系，并分为严格保护类、生态提升类与特色塑造类3类管制区域，策划临山、滨海、海面、海岛等多元的特色体验，并对下层次详细设计提出设计指引
4		公共服务设施	结合15分钟生活圈落实公共服务设施，强调场景营造与服务共享
5	海滩城市	建筑高度	分为四类控制分区，并针对鲘门站与红泉河两大核心组团的地标建筑提出控高要求，控制高度分别为200 m与120 m
6		开发强度	分为五类开发强度控制分区
7		观景体系	构筑海城相望的空间体验系统，重点打造9个俯瞰观景点，8个海岸观景点及1个全景观景点
8		天际线	分组团塑造重要的天际线展开面，重点结合红泉河组团、鲘门站组团与鲘门镇组团控制城市竖向韵律
9	海韵城市	道路交通系统	构建外快内慢、分类引导的道路交通组织形式。对过境交通在滨海地区的外部加以疏解，推动区域的外部交通快速方便到达滨海地区，滨海地区的内部主干路与外围主干路网边界联系，内部交通组织强调慢生活与体验
10		公共交通系统	提供中小运量公交、常规公交与观光旅游小巴相结合的多元公交服务

4.2 特色要素管控

要素层面，建立以人为本、可操作实施的特色空间传导管控体系，在通则式的管控体系的基础上，提炼出深汕滨海地区的核心特色要素，分别在活力海岸、特色街区、山海公园方面加以传导和管控，有的放矢地解决深汕滨海空间的主要矛盾，彰显滨海城市特色。

4.2.1 活力海岸

构建蓝绿相融，“山—海—城”互嵌的韧性活力海岸。设计明确了复合防潮堤，划分了海岸主体段落，并结合具体项目提出分段退线方案及具体管控要求（图5）。

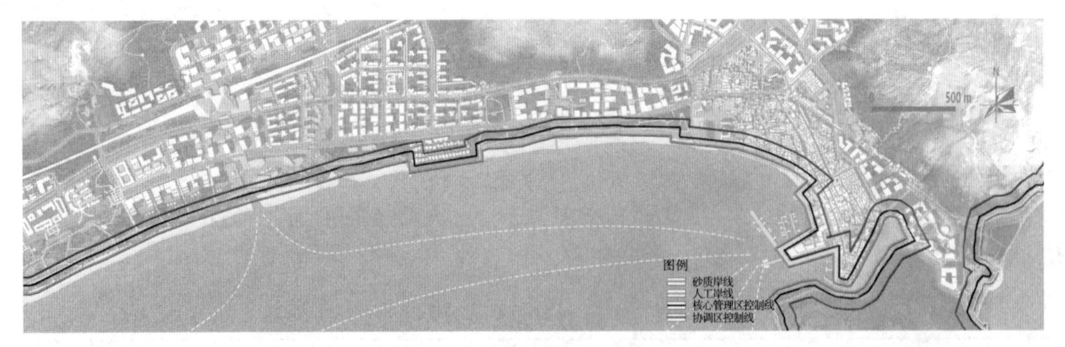

图5 分段控制线引导图

4.2.2 特色街区

结合深汕滨海地区山海相依的风貌特征，划分靠山、傍水、临海三类特色街区，对各类街区的地块容积率、绿化率、渗透率及建筑高度提出引导性管控要求。同时，结合重要城市组团，识别特色意图区，重点明确各特色意图区的公共空间结构、功能布局及慢行体系，以便在下一层级的详细设计中将规划理念无衰减地贯彻和细化。

4.2.3　山海公园

为发挥山海生态优势，实现深汕滨海的生态栖居，设计依托山海生态通廊，提出打造由海滩公园引领，结合湿地公园、滨海森林、海岛公园及郊野公园的山海公园体系，以高品质的绿色公共空间为引领，东西向贯通滨海生活，南北向织补生态单元。山海公园体系作为生态斑块与城市组团之间的缓冲区域，一方面，可容纳更多的游憩需求，另一方面，其承载的公共服务功能可与城市形成互补和共享（图 6、表 3）。

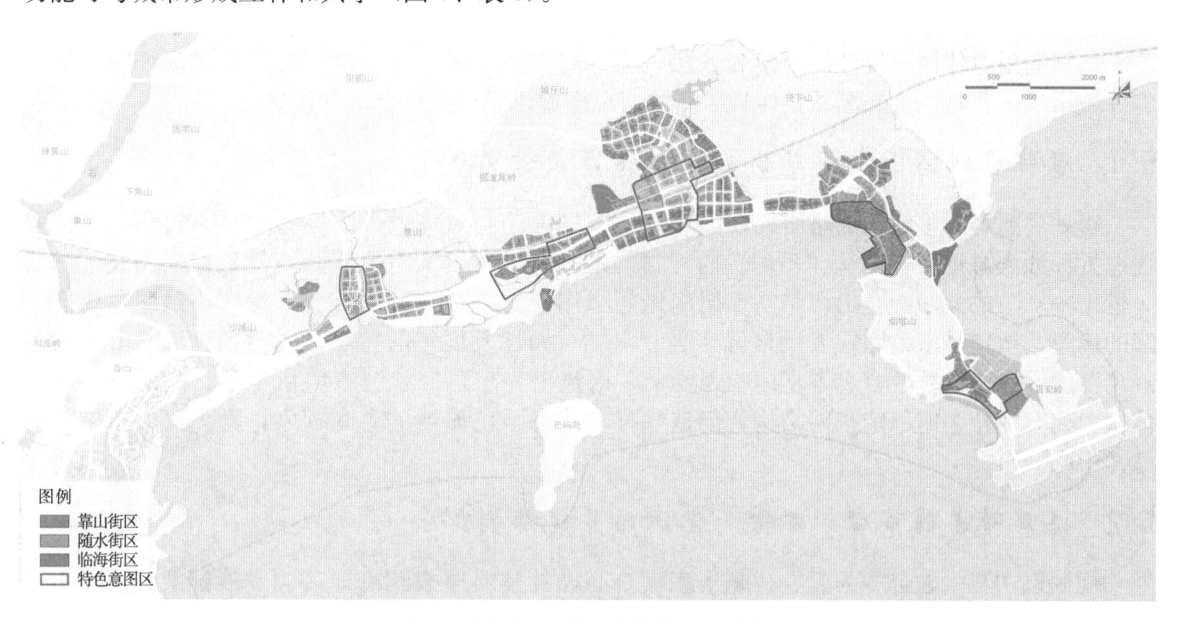

图 6　特色街区与特色意图区布局示意图

表 3　垂直生态环游公园基本信息汇总表

序号	公园名称	面积（hm^2）	特色
1	滨海森林公园	91	城市森林，滨海步道
2	赤石河口湿地公园	152	户外观鸟，自然教室
3	百安半岛湿地公园	45	野趣湿地体验
4	小漠山野公园	305	缆车观光，丛林穿越，山野漫步
5	香山山野公园	56	山林索道，生态教堂
6	赤石河山野公园	200	古水道游览，滨水湿地漫步
7	掘龙岭山野公园	490	缆车，丛林穿越，空中索道
8	老虎山山野公园	620	野外拓展，山地观光
9	烟墩山山野公园	228	山林冒险，滑翔伞
10	芒屿岛生态公园	100	生态博物馆，海岛观光
11	艺术海滩公园	80	沙滩艺术祭，沙滩音乐节
12	运动海滩公园	50	水上运动，校企联合沙滩运动赛
13	风情海滩公园	5	沙滩露营，特色民宿

4.2.4 新生村庄

设计明确保留村庄7个，并重点以鲘门镇为试点，将民新村、民生村与民安村联合打造为鲘门渔港风情小镇，探索旧村发展新路径。该片区采用针灸式微改造的开发模式，延续传统渔港街市的走向、特色与尺度，识别重要节点并改造特色建筑，通过公共空间复兴焕活老镇生机，以“渔”文化为核心，旨在打造深汕滨海的特色名片。

5 规划特色

规划运用总体城市设计的视角和方法，将“三生”空间的融合价值转化为国际滨海城区的美好城市形态和特色人文品质，体现了新阶段总体城市设计的整合力和传导力。

5.1 合作区续写深圳示范区的战略城市设计实践

规划主要经历了前期战略研究、国际竞赛方案征集与城市设计方案整合三大过程，是战略性探索深汕滨海地区实现从“飞地”向“目的地”跨域发展的重要实践，优先提出构建“一脊一带十一廊”的深汕特色山海结构，明确做好与用地的衔接并加以落实，旨在通过绿色生态屏障的构建，锚定城市组团式发展格局，吸收深圳“弹性发展”的特点，同时预先回避其“海城隔离”问题，以海城融合、丰富体验为要义，构筑以“东西带状滨海城市生活，南北立体生态体验单元”为特色的稳定空间结构，创造性推进滨海特色城区的粤东探索，助力深圳打造全球海洋中心城市。

5.2 海岸带与城市带“双带”空间的系统协调探索

规划以“三生融合”为起点，基于三大核心设计策略形成滨海地区的发展框架，山海生态骨架、滨海安全协防、垂直体验单元，三者交织形成空间层次丰富、活动类型多样的鱼骨状公共空间网络，成为整合海岸带与城市带“双带”的重要结构，进而实现自然生态系统与城市活力系统的交织。其中，岸线管控作为“双带”协调的基础，要求优先落实《深圳市海岸带综合保护与利用规划》《深圳市深汕特别合作区总体规划（2020—2035年）纲要》当中对于海岸带地区的管理区、协调区的退线控制要求，形成安全为纲、局部可淹没的弹性景观系统。通过法定规划的退线控制要求予以传导，同时结合局部地区的场地现状与项目规划情况，进行调整优化与条件反馈，进而打造以海滩为核心、海岸与城市“双带”互动的滨海新生活情景。

5.3 安全、生态、景观三位一体的综合基础设施

“水域—潮间带—防潮公园—城市—山体”的分层防灾安全体系、由山至海的绿色通廊及海绵生态体系、垂直环游的公园景观体系，三位一体构筑滨海立体组团式的特色基础设施系统。其中安全体系以“设堤不现，堤园结合”的方式融入景观；生态体系以弹性管控模式为规划建设预留发展空间；景观体系则以纵横双向结构沟通山海联系与城市生活。

5.4 新滨海活力与老镇再生的整体风貌导控统筹

规划明确了通则式与特色要素相结合的城市设计管控体系。以打造新滨海活力为目标，针对公共空间、交通体系、景观风貌、开发强度等提出系统性管控要求，再以识别核心特色要素为基础，明确了包括老镇再生、特色意图区提升在内的特色要素设计指引。例如，规划提出以“针灸式”微改造的方式对鲘门镇进行品质提升，进而留下乡愁、唤醒城市记忆、焕发老镇新活力；通过特色意图区的识别，在下一层级的设计中将设计理念进一步贯彻和细化，实现重点地区“一张图”对接控制性详细规划。

6　结语

深汕滨海地区城市设计顺应国土空间规划体系改革大局，目标导向明确了空间战略和引领策略，问题导向提出了特色化方案，结果导向强化了成果的可操作性。设计一方面落实了总体规划纲要（国土空间规划）以及宏观层面的相关要求，并通过城市设计对空间与形态的深入思考进一步提供细化反馈；另一方面也作为指导片区内更深层次城市设计的重要依据，为控制性详细规划和未来标准单元管控提供了研究基础，以有效对接并指导下层次相关规划的编制。此外，设计在实现城市空间精细化管控全覆盖方面仍有待深入探究，如进一步扩大导则覆盖，为具体城市开发建设工作提供指标化、量化的要素标准，进而为城市规划管控工作提供清晰、准确的法定依据与技术审查支撑。

（致谢：感谢中国城市规划设计研究院深圳分院张若冰副总规划师在论文撰写过程中的指导与帮助；本文的部分研究内容基于编制的《深汕特别合作区滨海地区发展战略与详细城市设计》项目，在此对项目主管张若冰，项目协管孙昊，项目组成员肖锐琴、陈哲怡、陈道民、张文生、洪学森等表示感谢。）

［参考文献］

［1］杨一帆，常嘉欣，胡亮，等. 城市设计内容纵向传导的现实困境及建议［J］. 规划师，2020，36（16）：25-31.

［2］聂蕊，史艳琨，王丽洁. 弹性设计：一种积极应对洪涝灾害的建筑、景观和城市设计方法：评《面向洪涝灾害的设计：应对洪涝和气候变化快速恢复的建筑、景观和城市设计》［J］. 工业建筑，2020，50（11）：214.

［3］陈文龙，何颖清. 粤港澳大湾区城市洪涝灾害成因及防御策略［J］. 中国防汛抗旱，2021，31（3）：14-19.

［4］赵明，徐新凯. 中原农业地区城镇化特征、趋势与规划应对：以河南省周口市为例［C］//中国城市规划学会，沈阳市人民政府. 规划60年：成就与挑战：2016中国城市规划年会论文集（16小城镇规划）. 北京：中国建筑工业出版社，2016：181-192.

［5］周逢武，朱琪，易维良. 新时代背景下新城新区渐进式城市设计实施路径探究［C］//中国城市规划学会，重庆市人民政府. 活力城乡　美好人居：2019中国城市规划年会论文集（07城市设计）. 北京：中国建筑工业出版社，2019：320-329.

［6］何雨宵. 城市设计导则编制思路研究：以深圳市前海妈湾片区为例［J］. 城市住宅，2020，27（12）：121-122，125.

［7］何文桥，旷薇，宋万鹏. 衔接、聚焦与传导：专题型总体城市设计实践思考［C］//中国城市规划学会，重庆市人民政府. 活力城乡　美好人居：2019中国城市规划年会论文集（07城市设计）. 北京：中国建筑工业出版社，2019：2037-2049.

［作者简介］

白　晶，高级规划师，中国城市规划设计研究院深圳分院规划四所副所长、文化遗产中心主任。

胡卜文，中国城市规划设计研究院深圳分院规划四所城市规划师。

肖　健，高级工程师，任职于中国城市规划设计研究院深圳分院规划四所。

存量更新下塑造滨水空间活力的城市设计管控策略研究

——以广州市海珠创新湾城市设计为例

□卫建彬，韦　娅，郑建邦，魏聿铭，朱志军

摘要：在前工业时代中城市滨水空间功能相对单一且活力不足。现代城市滨水地区因其在展现城市风貌中的重要作用，而成为城市更新的热点地区。为塑造出滨水活力空间，存量更新下的城市设计中必须对滨水空间形成科学有效的管控策略。本文以广州市海珠创新湾城市设计为例，分析海珠创新湾存量滨水地区的特色空间要素，从“片区—街区—地块”层面探讨存量更新下塑造滨水空间活力的城市设计管控策略，以期对当前滨水地区城市存量更新的规划建设起到一定的启发作用。

关键词：滨水空间；城市设计；城市更新；管控策略

1　背景

城市往往因水而生，河流更是城市建设发展中重要的环境载体。城市与河流相互成就美名，城市为河流增添人文气息，河流为城市景色塑造提供重要素材。城市滨水地区是河流与城市活力交汇的空间，是自然美与人工美交相呼应的空间。本文结合国内外相关更新类城市设计研究成果，以广州市海珠创新湾城市设计为例，分析海珠创新湾存量滨水地区的特色空间要素，从滨水空间整体特色营造入手，围绕滨水空间存量更新城市设计的品质化、精细化、实操性，以三个开发街区地块开发项目为切入点，提取滨水活力空间城市设计要素，从“片区—街区—地块”层面探讨存量更新下塑造滨水空间活力的城市设计管控策略。

2　广州市海珠创新湾更新性城市设计内容

2.1　基地滨水特征

海珠创新湾位于广州市都会区中部，相邻海珠湿地，处于“国际航运枢纽、国际航空枢纽、国际科技创新枢纽”三大战略枢纽的中间位置，西起洲头咀公园，东接琶洲地区东部，紧邻生物岛和大学城。滨水岸线20.5 km，与珠江前航道构成海珠滨水闭环。

本规划区位于海珠创新湾的中部地段，规划总面积约9.82 km^2。规划从“一江两岸三带、多点支撑”的整体城市格局出发，聚焦衰败的存量地区产业升级，推动片区从背江发展到向江而生，重塑广州的核心地区，以品质化城市设计打造创新湾区，强化城市设计对塑造滨水活力

空间的指导和约束，从“片区—街区—地块”层面提出管控策略，并明确实施路径，最终打造“城市门厅，科创水岸”。

2.2　基地存量情况

规划区内用地类型较为复杂，以村庄建设用地、工业用地、商业用地、居住用地等用地类型为主。规划区内现状建设混杂，主要涉及三滘村、沥滘村两大城中村，罗马家园、御景湾等现状建成小区，中交总部、南天批发市场、华南鞋业交易中心等商贸建筑以及旧厂。珠江后航道滨水地区集中大量厂房、仓储用地，建设混乱。

片区内的珠江岸线曾经是体现广州工业历史荣耀的黄金水道，但随着城市的发展，受到工业围江以及中心城区最大城中村——沥滘村无序建设的影响，亟待更新改造。

2.3　规划功能分区

根据规划区的未来发展定位和区域控制要求，结合现状建设特征，将海珠创新湾（沥滘片区）分为科创商务、科技创新文化展示、文化创意、品质宜居四大类功能片区，共计五个功能片区（图1）。

（1）科创商务区：沿环岛路，依托珠江后航道布局，打造以科技创新、商务服务、滨水休闲等功能为主的门户区域。

（2）科技创新文化展示区：位于科技创新轴南端，打造以总部经济、商务服务、文化展示等功能为主的商务文化展示区。

（3）文化创意区：依托沥滘村现有的历史文化特质，在历史文化风貌集聚区域，完善慢行系统，重塑功能，打造以文化创意、特色商业、历史文化观光等功能为主的慢行街区。

（4）品质宜居区：分别位于沿环城高速两侧和规划区东部，结合现状建设良好的罗马家园、珠江御景湾等居住小区，打造服务设施完善、生态景观宜人的品质宜居区。

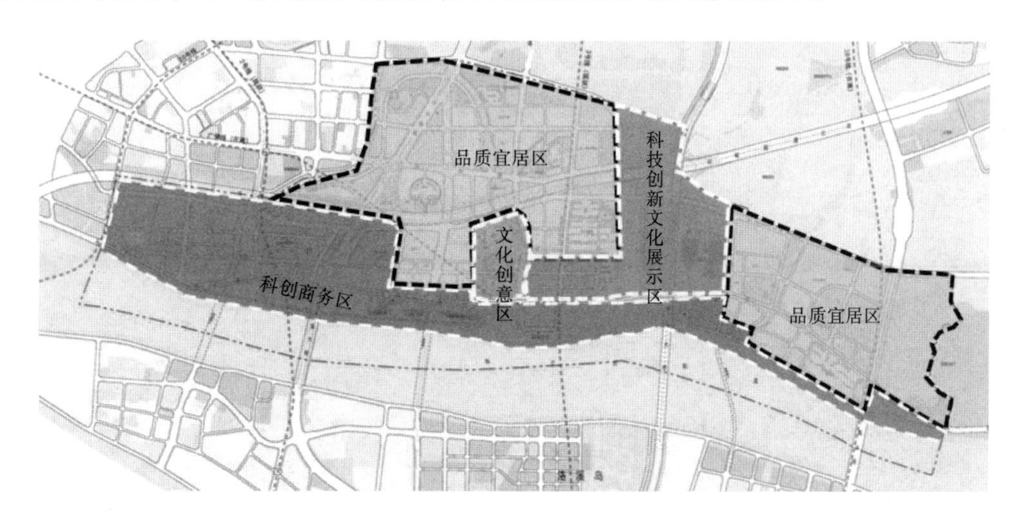

图1　功能分区图

2.4　片区层面城市设计策略

（1）构建“一轴一带”的秩序结构。

确定廊道、地标等区域性空间形态控制要素，形成识别性强的整体城市形象。

（2）碧水蓝湾，通江达湖，生态渗透。

以人为本，生态型创新发展，梳理河涌水系资源，强化滨水临湖特色（图 2）；重塑串联绿地景观，缝合城市割裂空间；提升片区历史文化与景观特色，凸显新岭南文化特征风貌。规划立足生态“高度”，塑造碧水蓝湾的生态环境。

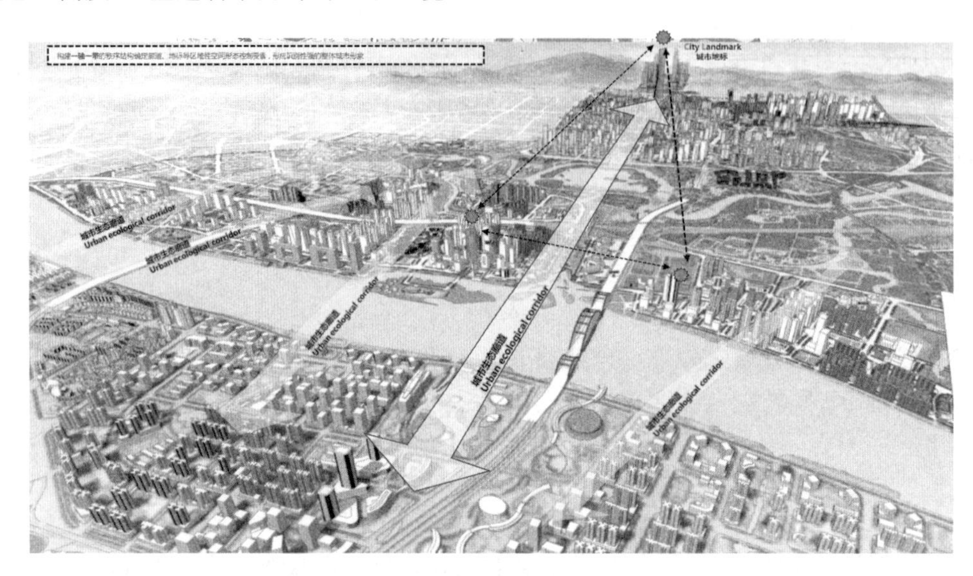

图 2　海珠创新湾沿江城市设计效果图

（3）完善交通，打造枢纽，重塑街区。

打造交通枢纽，加强区域交通联系，完善慢行系统；保护岭南水乡的历史文化及建筑，依托其历史文化特质，重塑以历史文化观光、文化创意、特色商业为主的品质化 U 形街区（图 3）。

图 3　U 形街区城市设计特色构思示意图

（4）优化结构，前低后高，廊道通透。

结合广州市总体城市设计，优化规划区城市空间结构。沿珠江后航道对一线建筑物的面宽、高度及建筑密度进行控制，形成“前低后高，错落有致”的空间层次丰富的滨水景观。落实广州珠江后航道主风廊和城市科技创新轴、广州大道两条次风廊，贯通珠江后航道和海珠湖公园，打造多条景廊、视廊、风廊。

遵循广州市总体城市设计中的导则控制要求，打造高低错落、韵律优美的滨江空间。主要体现在增加滨江城市公共空间宽度（新建区域宽度不小于 100 m），布局建筑保证通江视廊的通达性，滨江一线高层建筑以点式组合为主，对沿江一线建筑物的面宽、高度及建筑密度进行控制，以形成“前低后高，错落有致”的城市天际线（图 4）。

图 4　海珠创新湾滨江“前低后高，错落有致”的城市天际线示意图

2.5　街区层面城市设计策略

规划以“整体控制，重点地区细化”为原则，划定滨江控制地区、沥滘商务核心控制地区、重点界面控制地区三个重点地区，其他区域为一般控制地区（图 5）。

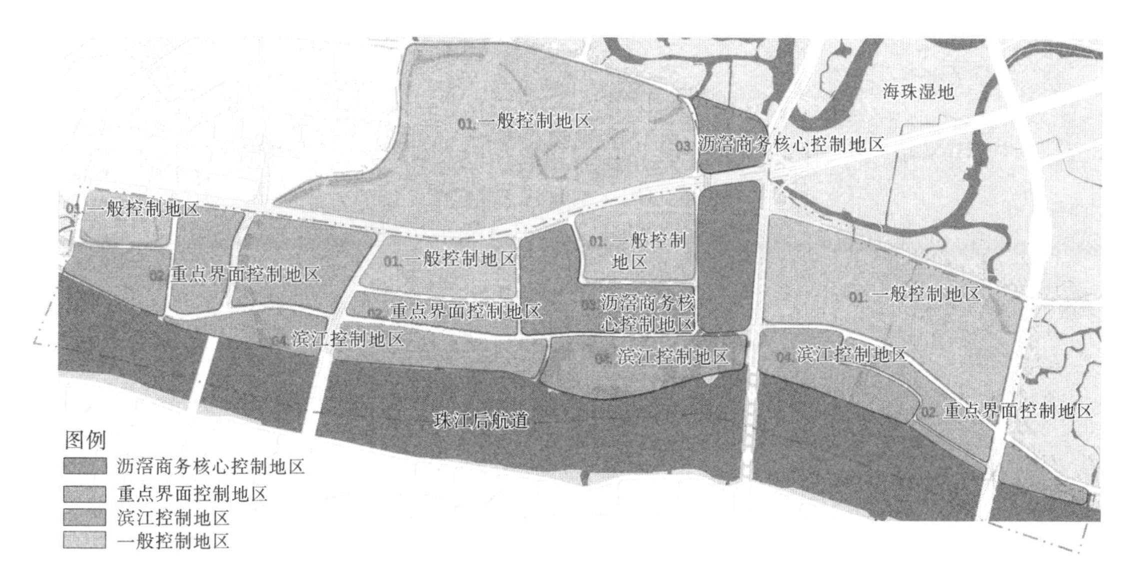

图 5　街区管控分区

为细化城市设计指导深度，便于统筹管理，在原有片区和地块城市设计的基础上，增加中观尺度的街区设计，片区原则上以主干路及以上道路为界划分为五大街区（图 6）。

图6　五大街区划定示意图

规划形成空间形态、公共空间、道路交通、场地设计四类要素的街区管控，本文以街区二为例做详细分析。

(1) 空间形态方面，采用立体混合的建筑功能、活力集聚的公共设施、高低起伏的城市天际线、通江达湖的城市廊道的策略（图7）。鼓励各地块的零售商业空间、公共设施空间沿主要商业与生活服务街道首层相对集聚布置，形成相对连续、集中、共享的公共设施空间，除邻避设施外，同一开发主体或权属人开发建设范围内同期开发的公服设施可进行腾挪。重点景观视廊上，以三区视廊控制标准确保地标景观的视觉联系。街区景观视廊上，通过控制视廊宽度保障街区景观的视线通畅。确保滨江建筑群通过分层控高、前后塔楼交错排列以实现视线通畅、形成空间层次关系。

图7　通江达湖的城市廊道示意图

(2) 公共空间方面，采用空间复合、多维连接、立体互通的设计策略（图8）。在多种公共空间（专有性、开放性）联系上，商业建筑间、居住与公共建筑间宜形成高度可达、化解道路分割的空中连续步行走廊。在地块联系上，鼓励东南侧4个商务中心地块以空中连廊形成无缝衔接的公共通廊，形成地下、地面、地上立体联通，即通过垂直交通模块联系，形成公共空间的整体连通。

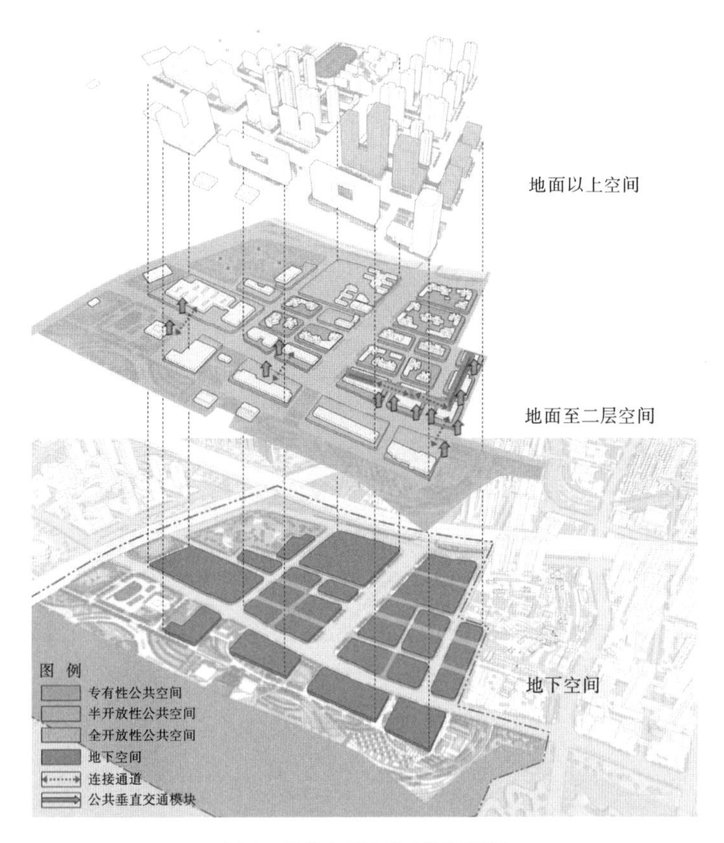

图 8　公共空间立体互通示意图

（3）道路交通方面，采用快慢有序的道路体系设计策略（图 9）。打造路网密度9 km/km²以上的小街区密路网。风雨连廊形式有独立设置和结合建筑外墙设置两种，鼓励结合公共建筑外墙，以雨棚或挑檐形式设置风雨连廊。另外，风雨连廊尽量不占用市政道路。鼓励沿活力街道、主要慢行路径，或联系主要公共开敞空间、大型公共建筑、公共交通站点等人流集中区域的步行区域设置风雨连廊，形成防止日晒雨淋的步行空间。

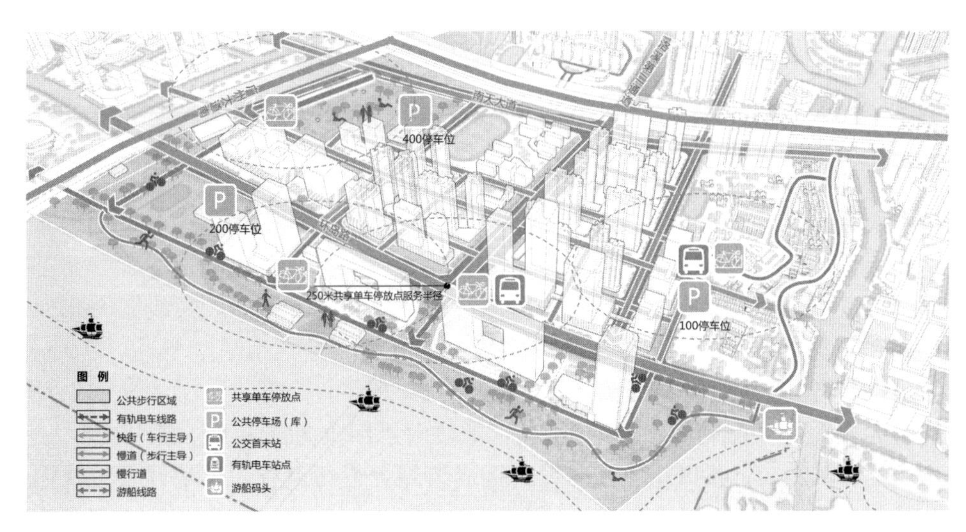

图 9　快慢有序的道路体系示意图

（4）场地设计方面，采用还路于民的街区化设计、街道设施的精细化设计、便捷开放型街区场地的设计策略（图10）。

图10　街道设施的精细化设计示意图

2.6　地块层面城市设计策略

规划从城市设计视角出发，对特定用地开发建设的城市设计项目进行精细化管控。规划以街区以内3个产业街区存量开发项目为切入点，通过综合分析与开发项目相关的周边环境和国土空间规划方针、上一级城市设计的政策和导则要求，提出该地块的城市设计目标与原则，对开发方案中关键的“城市公共空间控制元素”和“建筑设计控制元素”进行设计优化。为塑造融合滨江生态、公共休闲和集约高效发展的城市产业街区，对项目地块进行五大系统设计，具体设计策略如下：

（1）连接公共生活。承接海珠创新湾公园设计理念，3个开发项目的空间布局中均将滨江生态系统逐级引入绿地景观，实现城市公共活动与滨江生态生活的衔接；并在地块内布局复合的公共服务功能，集约利用土地实现公共生活价值最大化目标。

（2）回归街道空间。强调公众生活回归街道，采用“小街、密路、贴线”方式保障街道的公共属性，并在开发用地红线内设置绿地、广场、步道等三种类型活动空间，实现公共用地、开发地块与步行网络、公共活动空间的无缝衔接。

（3）践行人行优先。为保障地面慢行优先，地块内采用单向交通循环组织减少人行冲突点，采用小转弯半径以降低人行路口车速，专设人行通道划分慢行路权，界定开发地块内公共开敞空间以强化沿街活跃功能。

（4）打造立体慢行。依托轨道站点和商业公共功能布局，公共二层连廊、公共地下空间共同构成了开发项目地块的复合慢行系统。作为街道慢行系统的补充，地下空间从车行为主优化为人车兼顾，二层连廊组织从网络布局优化为干线优先和功能引导，规划管控与建设实施在博弈中动态演进。

(5) 滨水景观风貌。海珠创新湾形成“地标（湾区地标、组团地标）—180 m—120 m—40 m”、由城向江逐级降低的高度管控序列。其中湾区地标为滨水特征建筑，其高度明显高于整体建筑高度，统领整体湾区形象；组团地标为每个街区内的统领建筑，原则上明显低于湾区地标，但高于普通建筑。

2.7 总体城市设计方案推演

规划以拓展品质空间广度、立足生态高度、突出产业锐度、彰显文化厚度、展现生活温度的“五度价值”为引领，将海珠创新湾营建成活力、美好的全球城市滨水新地标，进而推演出存量更新下塑造海珠湾滨水空间活力的城市设计方案（图 11）。

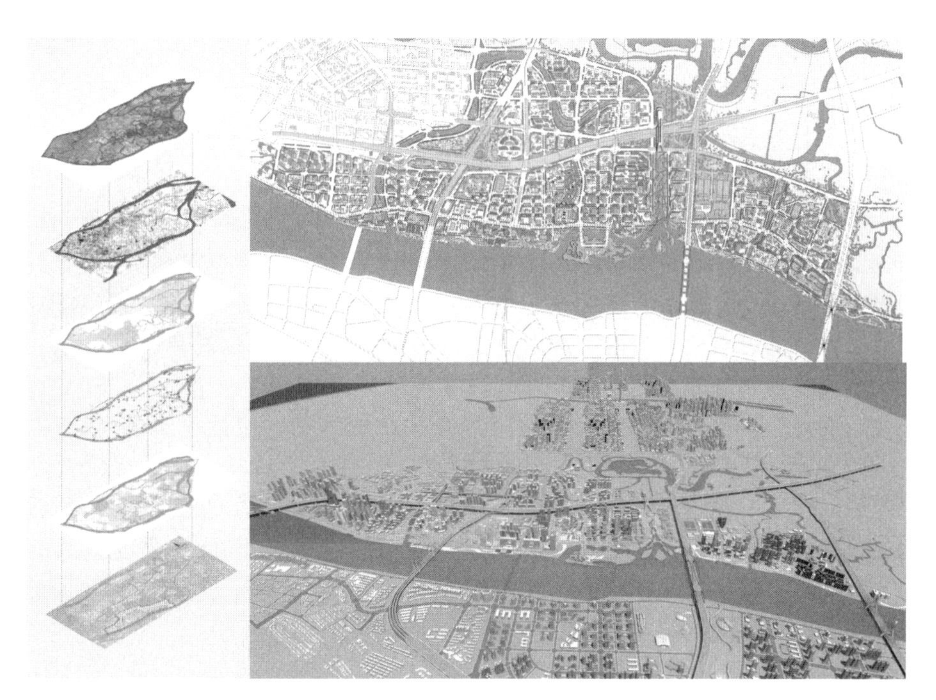

图 11　城市设计方案推演示意图

3　贯穿“片区—街区—地块”三个层面的管控机制探讨

3.1 城市设计管控困境

当前，海珠创新湾滨水地区内存量空间品质参差不齐，具体项目地块在开发建设中存在三大困境（图 12）：①怎么控——方案设计缺乏指引，风貌难显特色；②怎么审——效果落实缺乏抓手，管控难以裁量；③怎么管——利害主体缺乏沟通平台，利益难以协调。

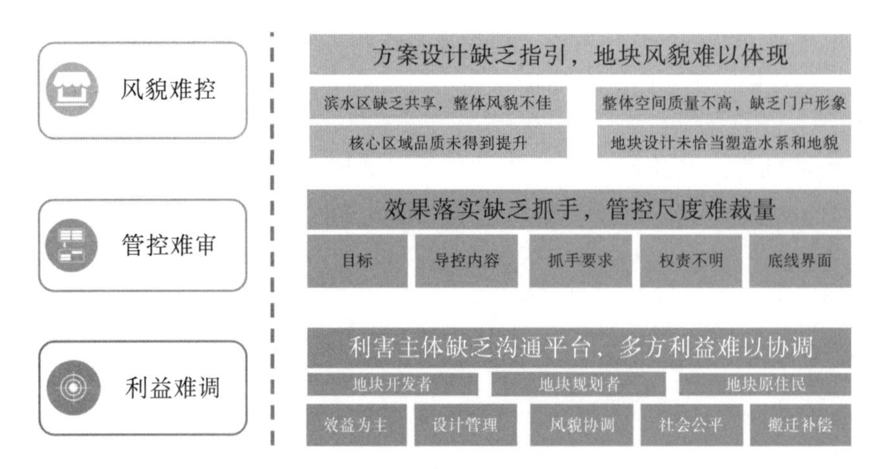

图 12　存量空间开发建设困境示意图

3.2　“片区—街区—地块”三个层面管控内容总结

（1）片区层面管控内容：①遵循“控大放小”的原则，片区层面城市设计主要从大的层面控制好整个片区的城市形态；②强化“逐层细化”的原则，对控规中各个专项，如道路交通、地下空间、公共服务及市政设施等进行细化（图 13）。

（2）街区层面管控内容：①地面开敞空间管控，将重点对开敞空间的类型、布局、面积、周边建筑退线要求及整体视廊进行控制；②对地下空间管控，将重点对地下空间类型、地下公共空间步行出入口、地下公共空间连接通道的布局与指引等内容展开控制；③对地面二层及以上公共空间管控，将重点对片区内地块跨街及建筑衔接提出指引，对跨街公园、禁止跨越区域、可局部跨越区域进行控制（图 14）。

（3）地块层面管控内容：①建筑群体空间组合关系的控制，包括建筑群体布局结构、公共空间节点、视线廊道、天际线等方面的控制；②建筑形态的控制，建筑形态应首先符合功能，满足位置、规模、性质、高度、间距、临路退让等要求；③地块功能布局的控制，包括首层建筑功能、临街建筑界面类型、交通组织、地下空间利用、配套设施及主要设备等的控制要求；④场地设计方案与技术指引，包括合理布置步行空间、无障碍设施、地面铺装、退缩空间处理、场地竖向等，并为地块场地景观方案预留接口（图 15）。

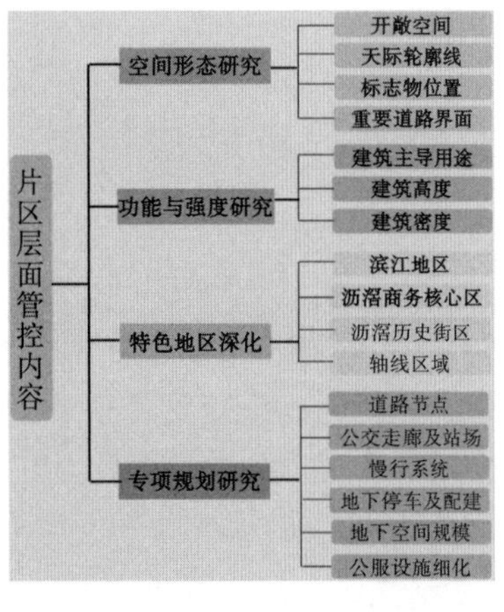

图 13　片区层面管控内容图

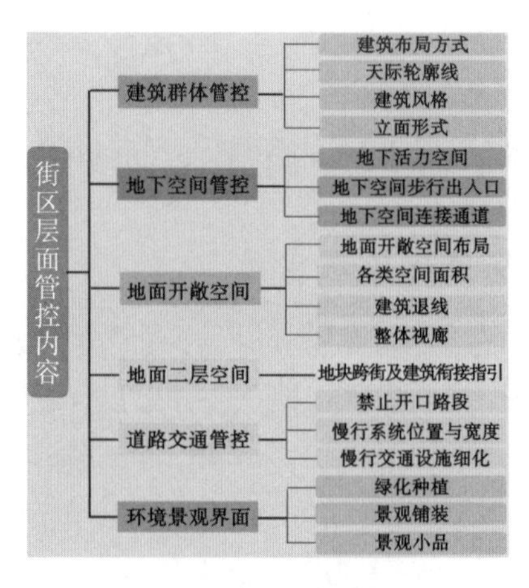

图 14　街区层面管控内容图

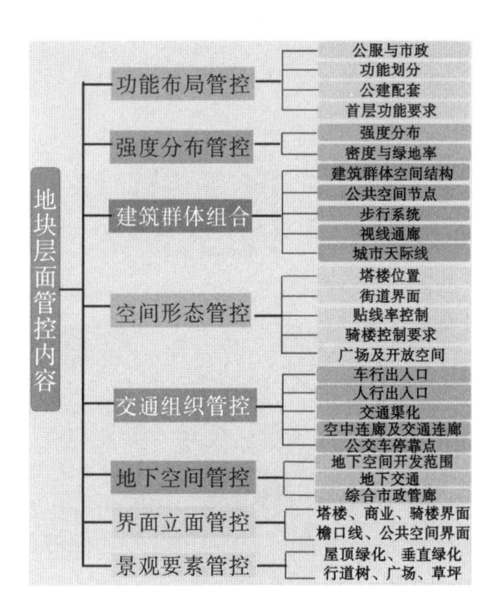

图 15　地块层面管控内容图

3.3　贯穿“片区—街区—地块”三个层面的管控机制探讨

本次规划将城市设计和建筑设计有机地结合为一体，落实到城市设计图则并附录在地块规划设计条件内，形成实际落地建设过程中行之有效的精细化管控技术工具，以解决对具体开发地块报建方案“怎么控、怎么审、怎么管”这三个维度的关键问题，最终形成较普适的贯穿“片区—街区—地块”三个层面的管控机制导控框架。

（1）技术统筹机制：明确参与主体责任（图 16）。

由城市设计单位全面统筹滨水地区完成片区层面的城市设计，以及街区、地块两个层面的精细化城市设计导则与场地设计等内容。

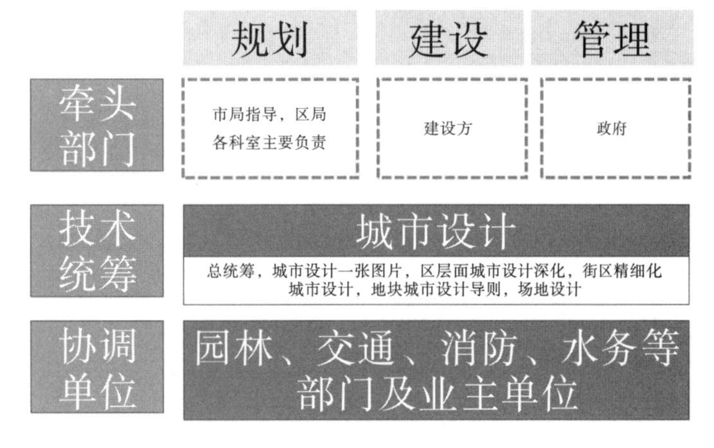

图 16　技术统筹机制示意图

（2）地区总师制度：大师提供开发建设咨询意见（图 17）。

地区总设计师及其工作团队负责向建设单位及规划行政主管部门提供本次规划设计范围内正在编制、正在审批或者正在报建的规划设计、建筑工程设计、城市设计的咨询意见。

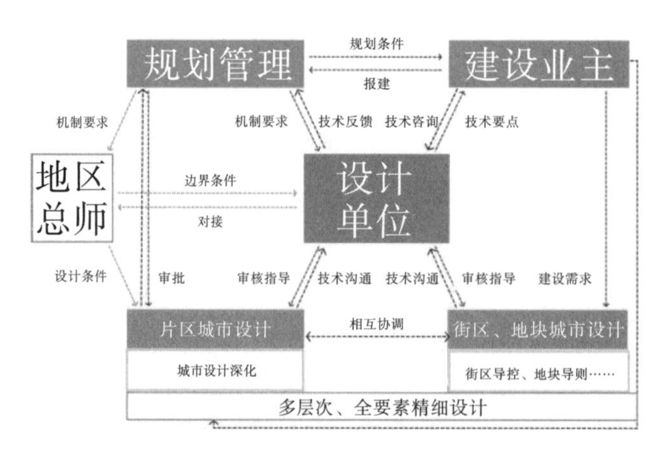

图 17 总师咨询机制示意图

（3）行政审批机制：“规划—管理—建设”三阶段的全过程审核（图 18）。

城市设计单位完成滨水地区城市设计并经审核完成后，形成管控文件。滨水地区内各地块的发展建设都应遵循片区层面及街区层面的整体管控，并在接下来申请规划条件中落实各单独地块的城市设计及场地设计图则。后续规划报建中，报审方案会经地区城市总设计师审查，保证片区整体规划理念的延续性，对片区整体品质把关，把滨水地区精细化城市设计成果落到实处。

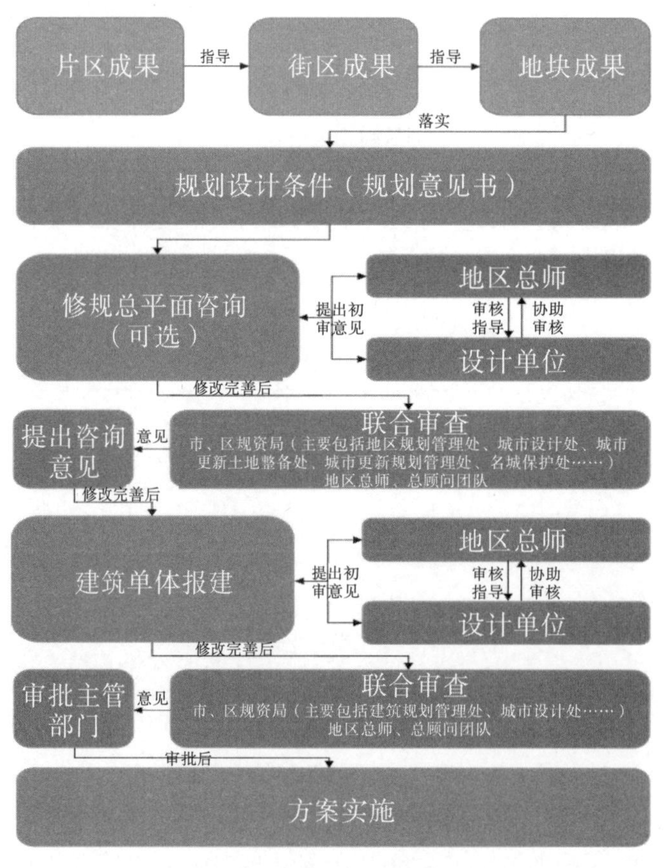

图 18 行政审批机制示意图

4　结语

滨水地区的城市更新涉及城市的社会基础、制度环境、治理结构及资源配置，由此决定了城市更新政策必然是一个繁杂的主题。本文以广州市海珠创新湾城市设计为例，分析海珠创新湾存量滨水地区的特色空间要素，从“片区—街区—地块”层面探讨存量更新下塑造滨水空间活力的城市设计管控策略，并对贯穿“片区—街区—地块”三个层面的管控机制进行探讨，以期对当前滨水地区城市存量更新的规划建设起到一定的启发作用。

［参考文献］

［1］袁诺亚，梅磊，张志清．滨水工业地区活力再生更新策略与实践［J］．规划师，2021，37（7）：45-50．

［2］宋伟轩，朱喜钢，吴启焰．城市滨水空间公共权益的规划保护［J］．城市规划，2010，34（10）：43-47．

［3］曹靖．全域一张蓝图导向的城乡蓝绿空间营建策略：以安徽省界首市为例［J］．规划师，2021，37（9）：26-32．

［4］韩咏淳，王世福，邓昭华．滨水活力与品质的思辨、实证与启示：以广州珠江滨水区为例［J］．城市规划学刊，2021（4）：104-111．

［5］丁凡，伍江．城市更新语境下都市水岸再生中历史文化遗产保存的特征与冲突［J］．城市发展研究，2021，28（5）：35-42．

［6］宋伟轩，朱喜钢，吴启焰．城市滨水空间生产的效益与公平：以南京为例［J］．国际城市规划，2009，24（6）：66-71．

［7］卫建彬，孟庆林．基于生态安全的城市生态廊道规划研究：以中新广州知识城为例［J］．中华建设，2018（7）：98-99．

［作者简介］

卫建彬，高级工程师，任职于广东省建筑设计研究院有限公司。

韦　娅，通信作者。高级工程师，任职于广东省城乡规划设计研究院有限责任公司。

郑建邦，工程师，任职于广州市城市规划勘测设计研究院。

魏丰铭，工程师，任职于广州市城市规划勘测设计研究院。

朱志军，正高级工程师，任职于广州市城市规划勘测设计研究院。

基于场所记忆视角下的滨水空间提升策略研究

——以上海市嘉定区南四块滨水区域城市更新为例

□沈星池

摘要：近年来滨水空间的改造提升越发重要，过去的码头被重新改造，但同时带来了雷同的情况，滨水区域缺乏地域特色、人文关怀，甚至于被描述成一个冰冷的、缺乏安全感的乏味空间。而通过发掘滨水区内的大量工业遗存，营造其独有的场所记忆，能有效改善人类对于城市空间的疏离感。本文引入了场所、工业遗存的概念，在分析相关概念的基础上，以嘉定南四块滨水区域城市更新为例，结合数据分析、历史的延续、归属感的空间、复合的功能、可达的交通等方面营造具有场所记忆的滨水空间，为到滨水区域游玩的人们创造更有活力和安全感的场所。

关键词：场所；工业遗存；滨水空间；城市更新

从全球视角来看，早期发达的工业带来了城市的繁荣发展，与此同时，早期的运输通常都是依靠水运，但随着运输方式的更迭以及产业结构的变化，曾经繁荣的水运逐渐衰败，码头区域的大量工业遗存也破败不堪，这也导致城市滨水空间的活力进一步下降。城市滨水空间作为重要的城市空间地标，是区域发展的催化剂，而存在于滨水区域内的大量工业遗存便成了需要处理的问题，不加思考的处理方式破坏了先前的地域文化和环境特征，使人们在变化后的场所再也无法找到归属感，继而产生对于场所的失落感。

1　场所

1.1　背景

“场所”这个课题在20世纪60年代起就已逐渐被全球学者关注和研究，西方学者舒尔茨认为场所是“在世界活动中的人的空间反映，通过人的活动，空间才拥有了特殊的意义，而场所则是人类活动的基础，使人能够确定方位，让人与场所产生特殊的关系，从而给予人在场所内的认同感和安全感”。华裔学者段义孚基于以人为本的视角，提出场所是人们长时间接触或居住工作的空间，人们自然而然地对场所产生了长久的依赖和习惯反应。

由此可见，空间本身也是一种产物，不同阶段的社会进程与人类活动形成了空间，同时也反过来影响或限制人类在空间内的活动。换句话说，人在某个空间载体中的活动使“空间”变为“场所”，空间社会学的代表人物列斐伏尔也指出了“三位一体”概念：物质空间、社会空间和精神空间三者整合为一个辩证的整体，而场所便是包括物质空间、社会空间和精神空间的复合体。

1.2　场所记忆

场所让人的日常活动有了明确的位置，有了存在的意义，在人的活动过程中，场所创造了人的场所记忆并保存了人们的记忆，人们便可在场所中重拾过去，获得基于场所内的存在感。

1.3　场所记忆的营造

场所的本质导致其消亡是轻而易举的，场所内的空间载体一旦被拆除，人类在场所内的记忆便荡然无存了，场所也就不复存在。与此同时，重建场所却难以实现，不仅需要规划者挖掘人和城市空间的联系，并且需要长时间的积累，使人群不断创造各种活动，互相表达各种情感，精神上得到各种满足，场所记忆才能被营造，场所的认同感才能形成。

2　工业遗存

2.1　背景

从18世纪中后叶，城市从手工业阶段向机械工业阶段转变的过程中，遵循着运输效率第一的原则，将工业与滨水空间相结合逐渐形成约定俗成的场所安排，也将巨大的工业建筑突兀地拉进了择水而立的传统尺度的人居城市中。随着城市的高速发展和产业结构的升级与转型，工业厂房停止生产和动迁，曾经承担运输重任的码头工业区失去了往日的繁荣景象，即便与地铁站、城市主干路和电子商务区仅仅一墙之隔，这些工业遗存依旧被人所忽略，迅速退化为城市边缘的“剩余空间”。滨水空间的工业遗存需要被纳入人的生活，它所具有的场所属性需要被重新评估。

2.2　工业遗存的利用

工业遗存的作用不仅仅是建立城市内的文化地标，还能改善和更新区域的公共空间。曾经工业时代十分发达的欧洲就有许多滨水老工业区，在改造过程中都是利用工业遗存的构筑物，形成充满活力的滨水空间。米歇尔曾将城市的滨水空间形容为“表达对城市活力期望的”场所。发掘工业遗存的场所精神并提供与之相适应的开发方案，不仅会为城市更新找到创新性的发展点，也会给城市形象及环境带来丰富的体验。

美国西雅图煤气厂公园是通过工业遗存改造达到滨水空间重塑的典型代表。其将工厂建筑作为场地内最具有标志性的特色构筑物，通过改造和再利用，梳理和挖掘原本场地的肌理，为冰冷巨大的建筑赋予新的意义，成为整个公园的焦点。工业遗存不再仅仅作为静止的、毫无活力的工业时代的产物，更多的是成为人与人、生活与生产、工业与自然、历史与发展冲突的“柔顺剂”，从而使来到公园的习惯了现代城市生活的人们，即使面对如此突兀、锈迹斑斑的工业建筑，也同样能逐步产生场地感、参与感和认同感。

德国鲁尔区的杜伊斯堡景观公园内拥有大量的工业设施，整体厂区被改造成综合活动中心、多功能大厅、儿童活动空间、文化艺术活动场所等贴近市民生活的“温暖”场所，不再是冷冰冰的“钢铁森林”，工业遗存变成了休闲游览、体育运动、展览、戏剧表演等活动的多功能场所。

利物浦阿尔伯特码头作为曾经为英国工业做出巨大贡献的港口，其贸易的衰退导致滨水空间成了失去活力的工业遗存。区域设计者将文化作为招牌，深入挖掘历史文化价值，引入重量级的博物馆和美术馆，如泰特利物浦美术馆、甲壳虫乐队纪念馆等，借由老工业区的历史与背景，形成具有历史文化价值的文化创意园区，盘活整个滨水区域的活力。

2.3 小结

工业厂房曾是我国计划经济时期大多数人生存的根本，职工们的工作、生活和社交都在这些高大的建筑内，在这里产生了无数的社交关系和家庭关系。对于职工来说，工厂便是他们的场所记忆，重新来到这些工业遗存，便会激发出强烈的场所感和亲切感。因此，无论通过何种方式，工业遗存不应该被当成是与现今社会相冲突的存在，消除公众对于工业遗存的固有的印象，通过注入新的城市内容，将人的活动与工业遗存相联系，在空间体系中将工业遗存重新融入城市。

3 基于场所记忆的空间策略

城市滨水区就是名副其实的涵盖物质空间、社会空间和精神空间“三位一体”的场所。区域内的工业遗存便是最重要的物质空间之一，而曾经集聚在场所内的人群所产生的行为便是社会空间，在这个场所产生的活动和人群的记忆是精神空间，当这些没有被利用，它便会渐渐被人忽略，场所内人的活动的消失演变成场所记忆的消失，最终导致整个区域活力的丧失。

基于上述关于工业遗存以及场所空间的理解，滨水区作为重要的文化用地之一，其活力提升需要将工业遗存和场所记忆紧密结合，并加强人与场所之间的联系。通过历史情境的再现或延续，无论是工业遗存本身的物质特征，还是滨水区原本已经存在的风貌特征，都是独特的物质空间，让设计者在设计过程中营造更具有亲切感的场所，唤起人们的场所记忆，重新丰富人们的精神空间，最终创造出一个人们可以驻足停留、休憩交流的场所，一处具有城市活力的滨水空间。

4 嘉定南四块滨水区域城市更新

4.1 项目背景

黄浦江和苏州河是上海市最重要的两条水系，这两条水系的发展一定程度上反映了上海城市的发展。基于上海 2040 总体规划的要求，提出提升滨水区公共空间的功能和品质，打造世界级滨水活动带。嘉定南四块作为吴淞江（苏州河）中一个重要的公共空间节点，空间的改造提升变得尤为重要。项目地块毗邻临空商务区、虹桥枢纽区和地铁站500 m步行范围内，具有良好的区位优势（图 1）。地块本身的优势和政府对于滨水区域的大力推动，为嘉定南四块滨水区域提供了良好的发展机遇。

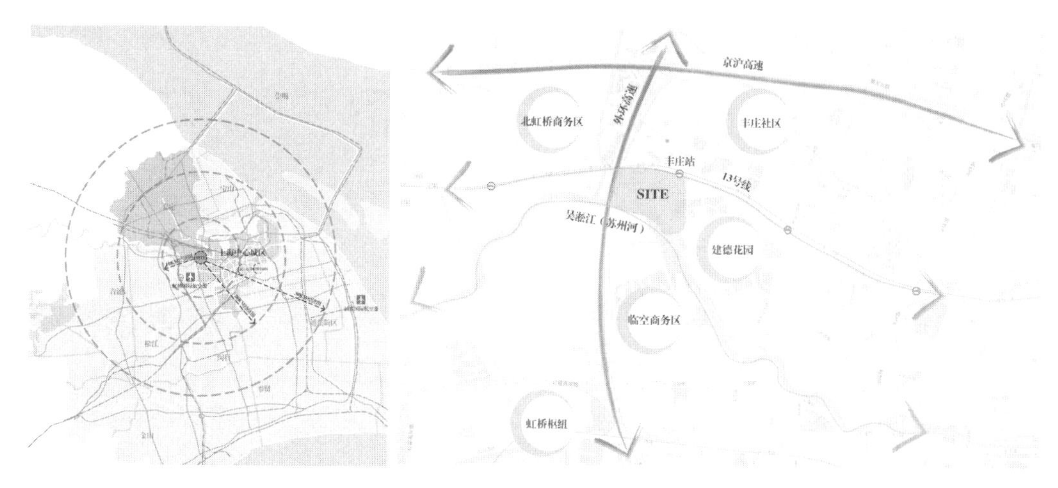

图1　嘉定南四块区位示意图

4.2　项目现状情况

项目现状地块主要涉及嘉定区和长宁区两个区，属吴淞江（苏州河）绿地，总占地面积为36.28 hm^2，现状用地主要以工业和仓储功能为主。区域内西南方位为国金体育中心，其主要功能为篮球、足球、围棋和马术等体育相关设施（图2至图4），规划范围内靠近金沙江路一侧现状为电子商务园，区域内建筑形式主要以工业时期的厂房为主，厂房是过去经济发展的象征，是码头曾经繁荣发展的丰碑，同时厂房也是区域内特色的环境特征，是项目的一个重要元素。在使用情况上，区域内接近一半的建筑都属于空关闲置状态，曾经码头边的瞭望塔也被废弃，整个区域的活力较低。因此，如何利用场所理论、工业遗存概念，将缺乏活力的滨水区打造成一个具有场所感的空间，是此项目需要思考和解决的问题。

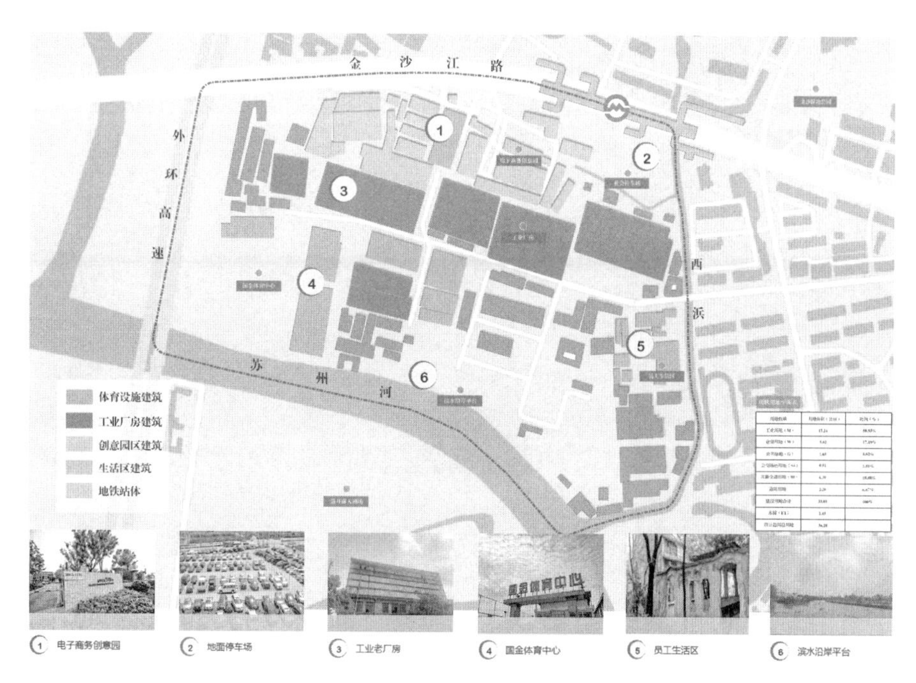

图2　基地现状

图3　建筑使用情况

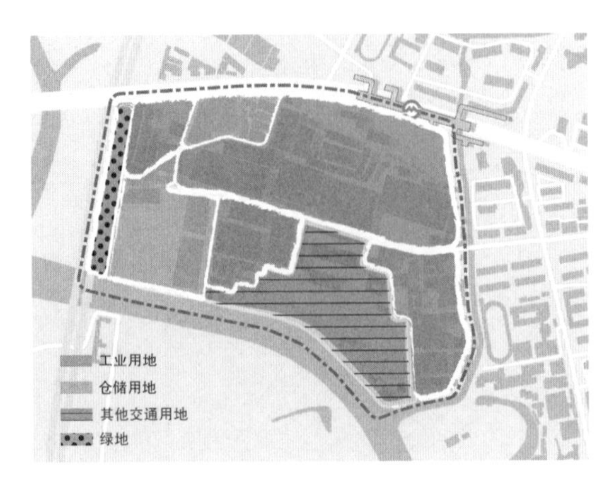

图4　土地用地现状

4.3　规划策略

依托项目地块内丰富的工业遗存、码头文化与多元大数据的分析，在保留原地块内的电子商务产业园的同时，改造和置换大量工业遗存的功能，延伸原本地块内的体育文化元素，增加新的文化设施，创造新的文化事件。不仅唤醒了人们对于工业化时代的场所记忆，也通过新的文化元素，打造嘉定南四块水上运动标志场所，创造了新的场所记忆，进而提升了项目地块的活力，带动整个区域的全面复兴（图5）。

图5　总平面图

4.3.1　“3W”概念演绎

（1）Water——以水为基。

依托吴淞江（苏州河）良好的水域空间条件，以功能再造填补区域水上运动业态的空白，积极打造上海市乃至更大范围内的水上运动标杆性场所（图6）。

图6　水上运动业态

（2）Wisdom——以理为序。

整体规划，分期开发（图7）。站在全局角度统筹整体项目，根据相关规划、发展实际、交通环境和财力可能等情况，分阶段有序地推进区域开发建设，积极打造循序渐进、理性成长式的空间场所。

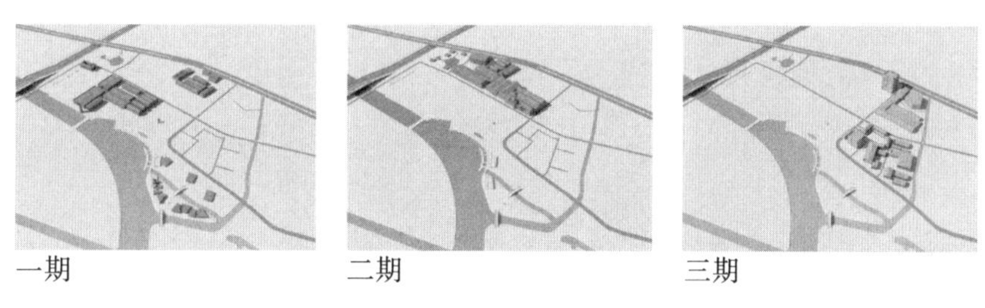

图7　分期实施时序

（3）Wonderful——以人为本。

兼顾各层次群体的需求，根据活动时间和内容合理分配空间资源，强调空间共时性、历时性、包容性和弹性，实现空间功能多样化和空间功能的交叠，积极打造全时段全时空精彩的公共活动场所（图8）。

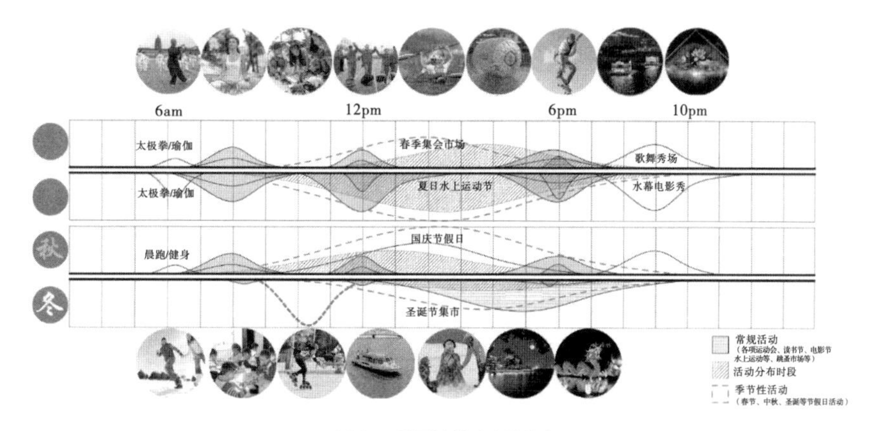

图8　项目地块主要活动

4.3.2 空间演绎

设计方案以“体育文化活动基地”为主线，结合场所内的大量工业遗存，以“起、承、转、合”为切入点，创造一个能让人很容易识别并且进行聚集、停留和休闲等活动的空间场所。

（1）“起”——基于场所特征的滨水岸线贯通。

规划形成连续、畅通、开放的公共岸线及功能复合的滨水空间，畅通的岸线让整个滨水空间易于识别和进入，将“开放性”作为场所的核心内涵，充分满足不同层次人群的需求和对于在公共空间停留、见面、交往的渴望。

（2）“承”——基于场所记忆的老旧工业建筑改造。

老旧的工业遗存具有超过一般建筑的层高和面积，是体育文化设施理想的空间载体。规划将工业遗存进行修缮和改造（图 9），并结合体育元素，打造体育演艺秀场、电竞中心、水上运动培训中心等场所，在老旧厂房之间打造酒吧街，塑造场所记忆。

图 9　工业遗存改造

（3）“转”——基于场所需求的多样化空间运营。

通过功能混合的土地利用模式，合理分配不同用地性质的占地配比，将滨水空间内的资源整合并高效利用，规划设计体育休闲、生态公园、滨水娱乐、文创培训及展演等区域，打造文化活动的多样性和全时性，活化滨水空间（图 10）。

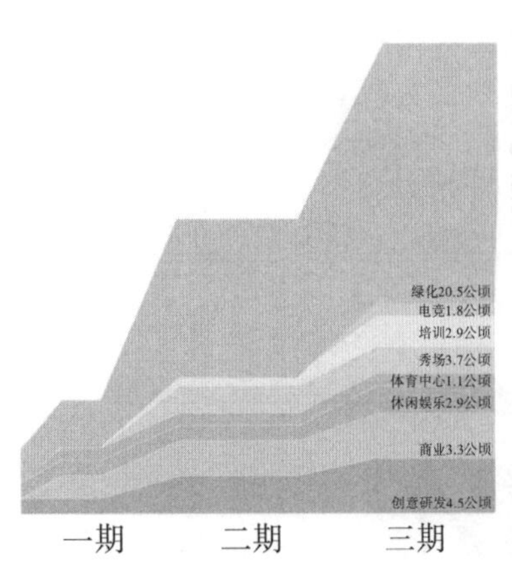

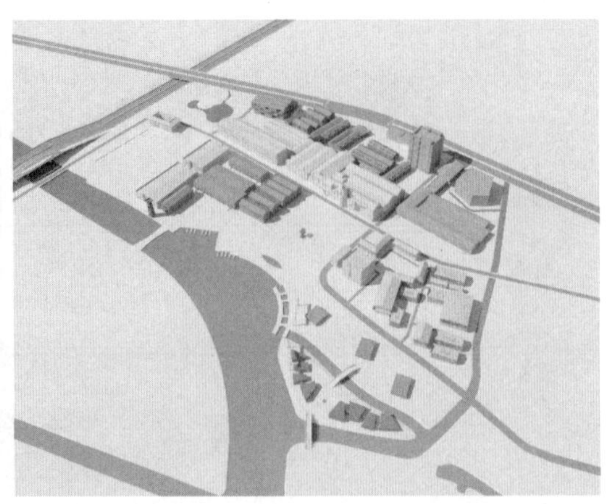

图 10　多样化空间运营

(4)“合”——基于场所复兴的区域整合联动。

打造高品质公共空间及产业，增强与对岸滨江公园的联系，强化滨水快、慢行系统和水上交通系统，综合完善城市基础设施，保留传统物质文化，实现空间功能多样性，塑造多样的场所记忆，达成盘活整个滨水空间的目标（图 11）。

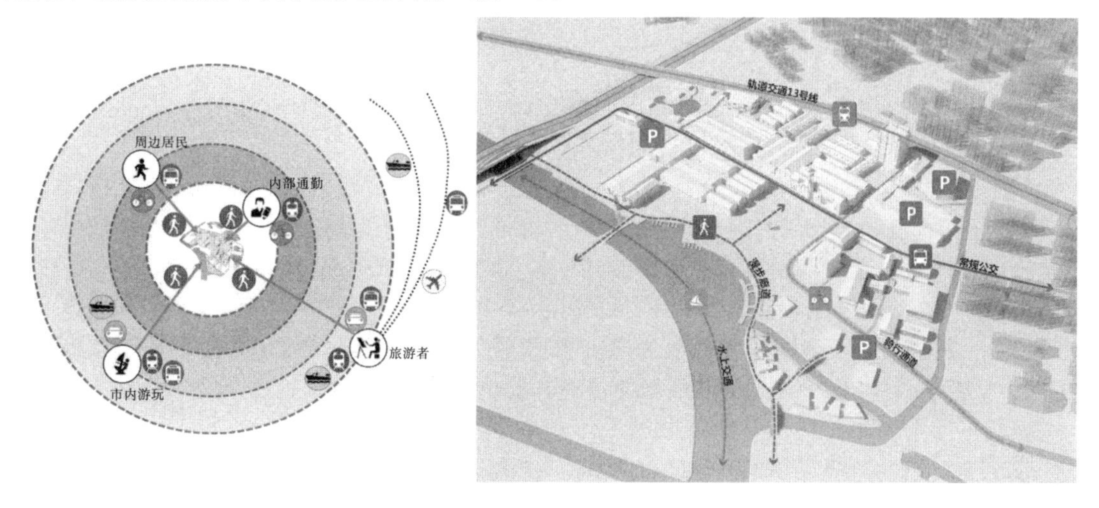

图 11　区域整合联动

5　结语

本文首先对场所、工业遗存相关概念进行解读和梳理，城市的滨水区是一个包含物质空间、精神空间和社会空间的重要场所，而区域内的工业遗存能通过创造性的改造和利用，并被赋予和滨水区的场地环境相适应的功能，最终达到唤醒人们对于过去的场所记忆和创造新的场所记忆的目的。在此基础上，以嘉定南四块滨水区更新为例，该方案充分挖掘和利用区域内的工业遗存元素，结合码头历史文化，增加新的功能业态，以文化为导向，营造场所记忆，重建人与场所的关系，打造具有活力、场所感、归属感的特色滨水空间（图 12）。

图 12　嘉定南四块城市更新整体效果图

[资金项目：上海市科学技术委员会资助，资助课题编号：20DZ2251900。]

[参考文献]

[1] 岳华. 英国城市滨水公共空间的复兴 [J]. 国际城市规划，2015，30（2）：130-134.
[2] 韦元丽. 基于场所精神的空间营造：以尉犁县达西村三角地改造为例 [J]. 规划师，2018，34（1）：82-86.
[3] WEGNER P E. Spatial criticism：critical geography，space，place and textuality [J]. Introducing criticism at the 21st century，2002：179-201.
[4] 叶涯剑. 空间重构的社会学解释：黔灵山的历程与言说 [M]. 北京：中国社会科学出版社，2013：16.
[5] 冯智明. 南岭民族走廊传统村落的多维空间实践及其演化：以瑶族传统村落为例 [J]. 西南民族大学学报（人文社会科学版），2018，39（10）：36-41.
[6] 朱敦煌，黄晨虹. 重建场所认同和塑造场所记忆 [J]. 城市建筑，2015（14）：112，118.
[7] 杨明. 走出异托邦：滨水工业建筑遗产更新案例设计策略解析 [J]. 城市建筑，2017（22）：30-34.
[8] 丁凡，伍江. 全球化背景下后工业城市水岸复兴机制研究：以上海黄浦江西岸为例 [J]. 现代城市研究，2018（1）：25-34.
[9] MARSHALL R. Waterfronts in Post-Industrial Cities [M]. London：Routledge，2001.
[10] 孙兆杰，赵雅荣，谷岩. 工业遗存的场所精神发掘及优势分析 [J]. 工业建筑，2017，47（04）：26-29，10.
[11] 王佐. 城市滨水开放空间的活力复兴及对我国的启示 [J]. 建筑学报，2007（7）：15-17.

[作者简介]

沈星池，工程师，任职于上海市城市建设设计研究总院（集团）有限公司、上海城市基础设施更新工程技术研究中心。

新时期民间文化传承视角下小城镇滨水空间营造路径探索

——以广西三江侗族自治县浔江两岸城市更新研究为例

□施鸿智，郑天雄，董明照

摘要：在贯彻新发展理念的时代背景下，民间文化传承对增强历史认同、文化认同，彰显小城镇文化特色，延续历史文脉，助力乡村振兴，促进县域经济社会可持续发展等方面起着重要作用。本文以广西柳州市三江侗族自治县浔江两岸更新研究为例，以民间文化传承为切入点，探索了新时期小城镇滨水空间营造路径，为更好地促进实施城市更新行动，进一步挖掘民间文化内涵，使其与小城镇空间载体更紧密结合，带动县城滨水地区高质量发展，并为更好惠益侗族人民提供新思路。

关键词：民间文化传承；滨水空间；城市更新；三江县；浔江两岸

1　引言

党的十九大报告指出“深入挖掘中华优秀传统文化蕴含的思想观念、人文精神、道德规范，结合时代要求继承创新，让中华文化展现出永久魅力和时代风采”。这是我国坚持文化自信，推动社会主义文化繁荣兴盛的重要方面。习近平总书记一直以来高度重视中华优秀传统文化的当代价值及其传承弘扬，曾指出“优秀传统文化是一个国家、一个民族传承和发展的根本，如果丢掉了，就割断了精神命脉”。民间文化是由社会底层民众集体创造的、自发和自娱的通俗文化，是中华优秀传统文化的重要组成部分。传承好民间文化，对于守护中华民族精神命脉，增强历史认同、文化认同、民族认同、国家认同，具有重要意义。

在新时代背景下，为深入贯彻新发展理念，落实《中共中央关于制定国民经济和社会发展第十四个五年规划和二〇三五年远景目标的建议》中有关城市更新的指示精神，全国上下掀起了实施城市更新行动的热潮，有力地推动了城市建设的新发展。目前，国内对小城镇滨水空间的更新实践多集中于历史文化保护、文化风貌塑造及文化旅游视角，而以民间文化为切入点，探讨其与小城镇滨水空间建设结合的研究尚不充分。本文以广西柳州市三江侗族自治县浔江两岸更新研究为例，探索了新时期民间文化传承视角下小城镇滨水空间的营造路径，能够为进一步挖掘民间文化内涵，使其与城镇空间载体更紧密结合，促进县域经济更好地发展提供新思路。

2 民间文化传承概述

2.1 民间文化传承内涵解析

优秀的民间文化是一个民族的灵魂、血脉和精神家园，更多地承载着这个民族的集体记忆。文化传承是指文化在民族共同体内的社会成员中作接力棒似的纵向交接的过程，这个过程因受生存环境和文化背景的制约而具有强制性与模式化要求，最终形成文化的传承机制，使文化在历史发展中具有稳定性、完整性、延续性等特征。文化传承有广义和狭义之分，广义的文化传承是指一个国家（可以是多民族国家，也可以是单一民族国家）的文化传承，如中华民族的文化传承；狭义的文化传承是指某单一民族的文化传承，如壮族或侗族的文化传承。本文所说的文化传承是狭义的文化传承，特指侗族民间文化传承。

随着我国工业化进程的加快，虽然带来了经济的飞速发展与民众物质生活水平的提高，但植根于农耕文明的民间文化却在全球化、城镇化的浪潮中受到了冲击，传统社区的解体、经济模式的改变以及生活方式的变迁，使得民间文化的传承与发展受到了严重的影响。新中国成立以来，党和国家为保护和传承民间文化做出了巨大努力，取得了丰硕成果。但是，因为56个民族的民间文化无比丰富和中华民族伟大复兴的需要，保护和传承民间文化的任务依然迫在眉睫。

21世纪初，由中国民间文艺家协会倡导和发起的“中国民间文化遗产抢救工程”启动，标志着在党和政府的高度重视下，民间文化遗产的保护和传承已成为促进社会主义精神文明建设的重要工作之一。近二十年来，民间文化的保护和传承得到了有关部门的大力支持及资助，同时也得到社会各界的响应与参与，进一步推动了优秀的民间文化的继承和发扬。

在贯彻新发展理念的时代背景下，民间文化保护和传承的内涵也有了新的变化，民间文化要与时俱进，坚持以人民为中心，做到创造性转化、创新性发展，这涉及彰显城镇文化特色、延续历史文脉、助力乡村振兴、促进县域经济社会可持续发展等方面。

2.2 民间文化传承载体类型

民间文化包括物质文化和精神文化（非物质文化），其中建筑构筑物、饮食、服饰、生产工具等属于物质文化的内容；民间传统、民间知识、语言、口头文学、风俗习惯、民间音乐、舞蹈、礼仪、手工艺、传统医学等属于精神文化（非物质文化）的内容。

无形之物有赖于有形物质形态的具象呈现，精神文化载体包含文化传承人、文化产品、文化空间等多种依托方式。如果说人为传承的核心、实物为传承的支柱，那物质空间则是反映无形文化内涵的基础空间支撑。李仁杰等人在其《非物质文化景观研究：载体、空间化与时空尺度》研究中指出，非物质文化载体空间化就是将载体赋予空间属性并明确空间地理位置。在此基础上，本文对侗族民间文化传承的空间载体做了更具体的定义，主要指城乡建设中可以呈现侗族民间文化内涵的实体空间场所，主要包括建（构）筑物、景观环境、公共空间等。

3 三江侗族自治县浔江两岸更新研究

3.1 三江县民间文化传承概况

三江侗族自治县（以下简称“三江县”）得名于境内的三条大江，即浔江、榕江、苗江。作为我国侗族人口最多、侗族元素最集中的侗族自治县，其自身的自然、历史和民间文化资源十分丰富，是有名的“世界楼桥之乡”“世界侗族木构建筑生态博物馆”“中国民间文化艺术之乡”。三江县民风浓郁，民间文化形态丰富多彩，各民族都有属于自己的民族文化和独特的民间文化特征，主要有建筑、宗教、农耕、歌舞、戏曲、民俗、民间礼仪与节庆等代表性文化(表1)。

表1　三江县代表性民间文化

代表文化	文化类别	代表性文化要素
建筑文化	鼓楼、风雨桥、井亭、凉亭、寨门	国家级文保单位：程阳永济桥、马胖鼓楼、岜团风雨桥 自治区级文保单位：亮寨鼓楼、平流赐福桥、高定侗寨古建筑群、车寨古建筑群、林溪侗寨古建筑群 县级文保单位：平寨鼓楼、八斗风雨桥、华练培风桥、盘贵鼓楼、高定独柱鼓楼
民俗文化	民俗	侗族百家宴、侗族花炮节、侗族打油茶、老巴坡会节、三江侗年、三江侗族月也节、三江侗族“二月二”大歌节、三江“四月八”敬牛节、三江糯食文化、渔民鸿朝会、三江侗族土王节、三江侗族河歌节、白毛“党密”坡会、侗族“堂措”芦笙节、和平草龙节
宗教文化	古建筑、祠堂、寺庙、民俗	国家级文保单位：和里三王宫 县级文保单位：南寨杨家祠堂、盘鱼岭龙振家祠 未定级文物：大寨曹氏宗祠、欧阳杨氏宗祠、贡寨梁氏宗祠、冠小三王宫、三团飞山宫、高武文昌宫、高友飞山庙、新民上寨萨堂、新寨萨堂、滚良萨堂、江平萨堂、大陪山阉堂、良口莫氏祠堂、南寨谭氏宗祠、贡寨公棚、板江郑家祠堂、香林寺、乐善寺、瓦窑隆林寺、斗江文昌阁、梅林龙王庙、甘洞南岳庙、南寨文峰塔、坳寨飞山宫 节庆活动：三江侗族祭萨习俗、三江三王宫庙会
制度文化	石刻	未定级文物：马胖永定条规碑、八协碑刻、里朝行免路辞碑、纯德古碑刻、寨明碑刻、石碑莲花坪碑刻、茶溪仓门坳碑刻、百花执照碑 节庆活动：侗族款习俗
农耕文化	民俗、传统技艺	三江稻鱼并作习俗、鱼共生农业系统
茶文化	少数民族特色村寨、民俗、传统技艺	侗布央村、侗族打油茶、三江虫茶制作技艺
戏曲文化	传统戏剧	侗戏、三江彩调
歌舞文化	传统音乐、传统舞蹈	侗族器乐、六甲歌、侗族牛腿琴歌、侗族琵琶歌、侗笛艺术、多耶、侗族芦笙踩堂舞、公洁舞

近年来，三江县在民间优秀传统文化保护与传承方面做了大量卓有成效的工作。首先，通过颁布《三江侗族自治县侗族百家宴保护条例》及《三江侗族自治县少数民族特色村寨保护与发展条例》等地方性条例，逐步完善了民间优秀传统文化保护方面的法律法规；其次，通过多次文物普查及非物质文化遗产调研工作，挖掘、收集民间优秀传统文化的相关剧本、文献、歌词、曲谱，进行记录建档，并建设了国家级非物质文化遗产项目——侗族木构建筑营造技艺、

侗戏数据库；再次，通过依托国家级和自治区级非物质文化遗产代表性项目建设侗族木构建筑营造技艺、侗戏、侗族百家宴等十大传承基地，建设侗族大歌、侗族器乐、三江农民画等15个自治区级保护示范户，并进一步扩大各级非物质文化遗产项目代表性传承人队伍；最后，通过搭建“侗族大歌天天唱，芦笙踩堂天天舞”平台，积极组织各乡镇文艺队及民间文艺爱好者参与演出，让广大游客在县城每天都能领略到独特的侗族风情，并成功打造《坐妹》《侗听三江》等旅游演艺品牌，在文旅融合发展方面取得了较好的成效。

虽然，三江县民间文化构成要素较为突出，但在城镇化快速发展过程中，仍然存在着民间优秀传统文化保护力度不足、民间优秀传统文化传承主体缺失以及部分民间优秀传统文化传承环境受到影响等问题。尤其是在三江县城“城市景区化”的建设过程中，对浔江两岸部分滨水空间缺乏有效的控制和引导，对承载侗族民间文化内涵的实体空间场所“山、水、桥、楼、寨、亭”等要素融合造成一定影响。针对上述情况，三江县浔江两岸更新要在原有的基础上加以提升、深化、扩充，不仅仅要解决整治、景观、工程上的问题，更要解决如何带动县城滨水地区高质量发展、提升侗乡民间文化内涵、更好惠益侗族人民的问题。

3.2 研究区域概况

《民国三江县志》记载：“县之水系，首浔江、次榕江、其干流及支流皆来自境外。”浔江堪称三江县的母亲河，孕育着这片土地及人民，承载并展现着三江特有的精神及气质。三江县是典型的山地城市，其滨水带以山地浅丘地貌为主，流经县城的主要河流为浔江，其从县城中心区穿城而过，将中心城区分为河东、河西两大片区以及大洲岛三部分，河水自然碧透，两岸丘陵起伏，人文要素丰富。

根据三江县国土空间规划对中心城区提出的“景城一体的侗族特色文化旅游名城”的发展定位，依托浔江两岸秀丽的山水风光，挖掘侗族民间文化内涵，完善城乡生态和开敞空间规划体系，强化山、水、城、文要素的有机融合，通过浔江两岸更新形成多节点的休闲游览场景，为人们提供日常健身、娱乐的新去处。同时，串联鼓楼、风雨桥等三江县城主要人文景观，使浔江两岸成为展示三江特色的建筑技艺、歌舞文化、民俗和城镇活力的窗口。本次浔江两岸滨水空间城市更新的核心区域位于三江县城西尤大桥至宜阳大桥段，全长约为3.3 km，两岸规划区域面积约2.5 km^2（图1）。

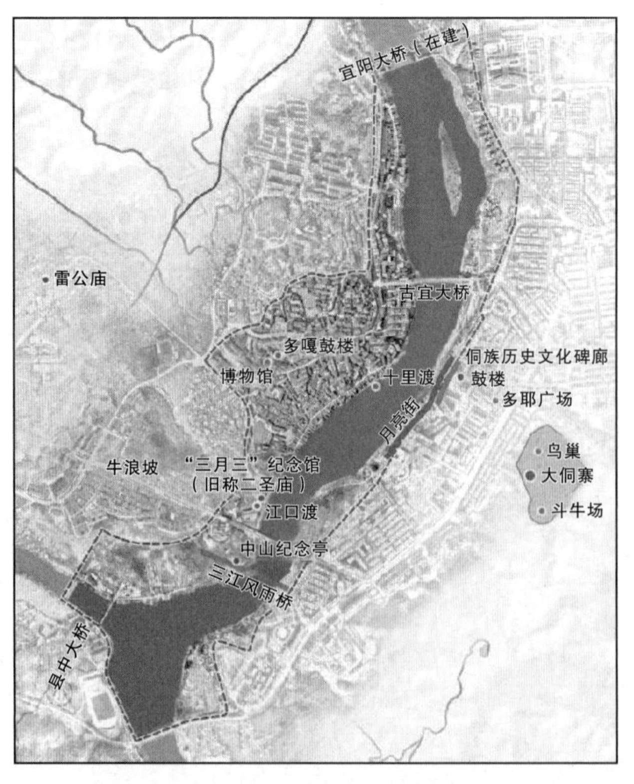

图1 浔江两岸城市更新核心区范围示意图

3.3 更新研究重点

为了将三江县中心城区打造成为具有浓郁侗族特色的“大侗寨景区”，需要强化和发挥浔江在城乡发展中的主轴和核心作用。按照浔江两岸区域“浔江绿岸·侗寨欢歌”的主题定位，如何突出侗族民间文化特色，是该区域城市更新的核心，重点把握以下方面。

一是通过侗族风貌特色营造，全面激发城乡活力。结合三江县“千年侗寨·梦萦三江”形象品牌建设，保护生态资源环境，提升旅游休闲品质。通过浔江两岸侗族风貌的整治提升，功能与景观完美融合，以主要道路、公园、支流水系等开敞空间为廊道，激发滨水空间活力。

二是侗族文化复兴传承，提升城镇品质内涵。挖掘“古侗”内在文化，把握民间文化精髓，通过滨水建（构）筑物、公共空间、小品、雕塑以及其他城市家具等侗族民间文化传承的空间载体，形成完整的民间文化风貌体系，并将其融入城镇生活，展现“大侗寨”魅力，提升城乡文化内涵与品质（图 2）。

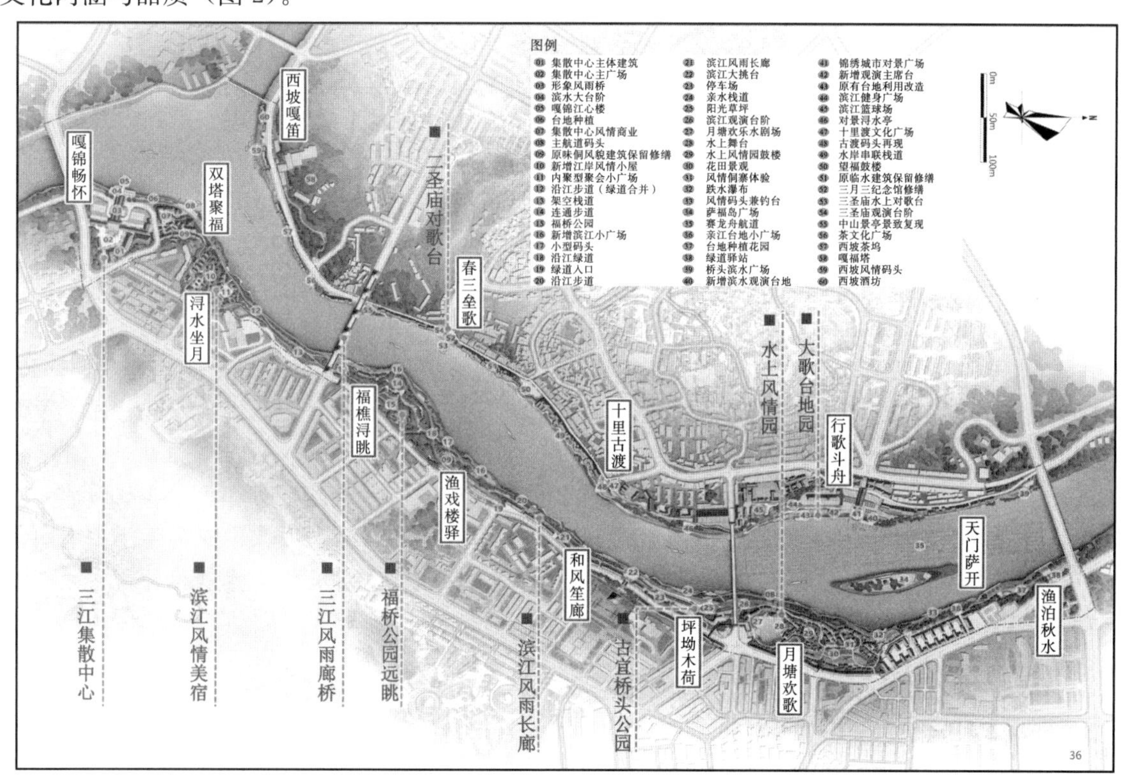

图 2　浔江两岸城市更新核心区总平面示意图

三是城乡肌理与功能并重，优化交通组织体系。在浔江两岸现状道路和空间肌理的基础上，结合城市防洪、交通、居住、休闲、景观等方面的功能需求，构建快慢有致、动静结合的城乡交通系统。

四是结合竖向规划设计，构建立体化城镇空间。俗话说“侗居山脚，汉、壮居平地，苗居山腰，瑶住山顶”，基于三江县浔江两岸特有的地形特征，通过科学严谨的城市设计手法，合理化解开发建设对滨水空间的影响，并在满足防洪等功能的基础上，化不利为优势，构建立体化、特色化的开敞空间及城市天际线。由于滨水道路与用地存在一定的高差，需要根据地形，详细分析各个区段的竖向特征，结合功能布局，提出相应的立体交通、开放空间、景观、开发控制等各个方面的组织方式。

3.4 相关民间文化传承要素提取

民间文化传承内涵的掌控需要在文化要素梳理及研究的基础上总结提取，从而提炼出文化自身的原始特质。在浔江两岸滨水空间的城市更新行动中，应详细了解场所及周边区域民间文化发展脉络（包括物质文化和精神文化两个层面）。对于三江县民间代表性文化（包括宗祠祭祀、民俗活动、礼仪节庆、传统表演艺术和手工技艺等）要素，可结合文旅发展的需求融合创新，在活化文化内涵的同时，构筑一个对民间文化探讨和传承的平台，打造时代责任和民族精神展示窗口。

通过对浔江两岸滨水空间相关的民间文化传承要素进行梳理，可以提取出以下 4 个方面的文化特质与内涵。

一是场地渡口文化。《民国三江县志》记载，原县城上下游分别有 2 个渡口，上游名为“十里渡”，下游名为“江口渡”。可在十里渡口、江口渡原址分别设置重要空间节点，以及码头文化空间载体等形式，传承民间文化的记忆。

二是侗寨建筑文化。以浔江风雨桥、鼓楼为特征的侗寨建筑作为展现浔江两岸滨水地区侗族民间文化内涵的实体空间场所，为侗族木构建筑营造技艺的传承与发展奠定基础。结合浔江两岸滨水区域民间文化风貌体系的塑造，建设侗寨风雨廊、民族风情园等侗族民间建筑，同时改造并突出现状临河建筑侗族风貌，体现侗寨建筑及实体空间场所文化的魅力。

三是侗族山水文化。根据场所现状地形，依山就势，塑造具有侗寨特色的山地人居环境，并将农耕文明、茶文化等要素融入规划设计，体现生态文明的优越性，强化山、水、城、文要素的有机融合。

四是侗族民俗文化。“饭养身，歌养心”是侗族人常说的一句话，他们把“歌”看成是与“饭”同样重要的事，他们把歌当作精神食粮，用它来陶冶心灵和情操。歌舞成为生活，各种各样的节日便应运而生，也成为侗族民间文化非常独有的特征。通过滨水区域景观环境、公共空间体系的塑造，激活滨水空间，使之成为民俗、歌舞、戏曲及民间节庆活动的重要传承展示空间，融入三江人民生活。

3.5 民间文化传承空间载体落实

3.5.1 空间载体规划功能结构

浔江两岸滨水地区作为承载侗族民间文化的特定空间载体，是集中展示“大侗寨”传统风貌的重要窗口，肩负着传承与复兴民间文化的使命。因此，其功能的选择必须涵盖与侗族民间文化传承相对应的空间要求。根据上文对三江县侗族民间文化传承要素的提取，在尊重地域文化及历史文脉的基础上，充分挖掘民间文化内涵，通过缝合浔江两岸城市功能，初步形成“一轴、两带、三区、十二景”的规划功能结构（图 3）。该空间载体规划功能结构的各要素分别对应三江县不同的侗族民间文化类别，既各自独立，又紧密联系。

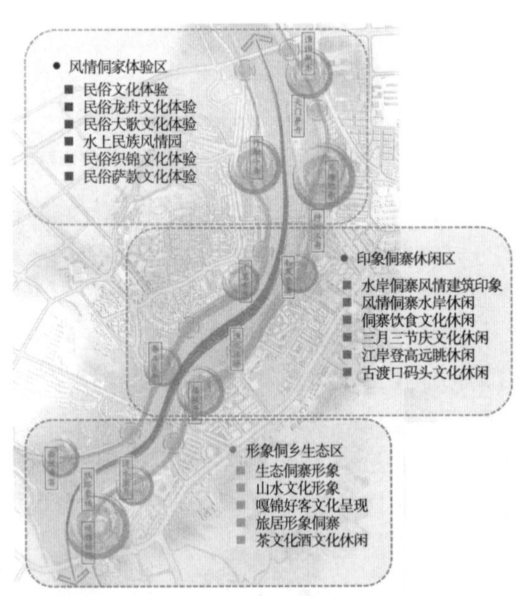

图 3　浔江两岸空间载体功能结构示意图

“一轴”是指浔江发展轴；“两带”是指“一江两岸”文化景观带；“三区”是按照场地特征及重点打造的区域，形成三大特色文化区，即形象侗乡生态区、印象侗寨休闲区、风情侗家体验区，分别体现形象、印象、体验的特点，从侗族民间文化传承角度是一步一步深入的过程；“十二景”是在浔江两岸滨水空间及岛屿等区域，根据自身景观风貌特点，打造侗族民间文化传承的12个特色空间。

3.5.2 重要空间载体节点设计构思

（1）集散中心节点和侗寨旅居节点。提取侗族民间文化里的“嘎”文化。嘎锦是一种琵琶说唱形式，是侗族人民好客的一种表现。场地中打造嘎锦广场、嘎锦楼等景点，表达的是集散中心门户对来客的一种热烈欢迎的意思。在侗寨旅居节点中，采用了侗族民间“月也”文化，坐月也有宿月的意思，以此为文化核心，打造滨江侗寨文化的旅居体验。

（2）福桥公园节点。福桥公园坐落在三江风雨桥旁，是一览浔江风光的好去处。设计基于生态性原则，最大限度保留了公园原始生态植被，在不破坏生态的情况下开发森林栈道与观景平台，打造浔江左岸登高远望及休闲健身绿色生态场所，塑造具有侗寨特色的山地人居环境（图4）。

图4 三江县浔江福桥公园节点设计效果图

（3）世纪城节点。依托现状世纪城沿江景观，设计滨水栈道、渔嘎驿站、滨水景观平台等亲水设施，在浔江与绿地之间的过渡带打造富于变化的湿地景观带。设计运用丰富的植物景观，最大限度地增加场地的绿色空间，营造侗族河岸码头绿意盎然、“渔来渔往”的民间河岸风情场景（图5）。

图5 三江县世纪城滨水空间节点设计效果图

（4）古宜桥头公园及水上风情园节点。坪、坳是侗族民间地名的一种文化，表达的是相对比较平坦、低洼的地理特征。桥头公园地势相对平缓，设计了阳光草坪，形成了怡人的河岸风情。木荷，表达的是木叶歌（又称“嘎把美”）的嘎文化和湿地荷湾的景致。三江风情园则以侗族木构建筑营造技艺文化为底蕴，以侗族传统建筑为模型，打造侗族风情的水上侗寨。主要景观包括月塘、花田、行歌跌瀑，设计参考了侗寨自然形态以及现状地形关系，重点打造月塘水上风情剧场及传统侗寨景观，月塘蜿蜒而下，形成溪流景观，两边花田锦簇，映衬侗寨建筑，风景怡人。

（5）宜阳桥头公园节点。设计提取了侗族渔家文化，渔家有朝会之说，因此取名“朝会码头”。龙舟赛时是龙舟临时停靠码头，平日是钓鱼爱好者的钓鱼场所，上层形成台地植物种植花园体验园。

（6）滨水大台阶节点。结合现状台地进行的升级改造，打造赛龙舟最佳的观赏看台，以侗族大歌形式为龙舟赛加油喝彩，对岸萝卜洲改造后也形成了多层看台，打造两岸互相呼应的景观。

4 结语

目前，三江县除了要加强浔江两岸滨水空间的城市更新，突出民族文化特色外，有必要拓展城市有机更新的研究范围，注重各层级规划的传导作用，统筹协调好人工要素、人文要素与自然环境的关系，实施“推进以人为核心的新型城镇化”发展，充分认识民间文化的活态传承对于城乡产业发展、文化品位提升、历史传统保护等各个方面的价值和意义，并深入探讨侗族民间文化活化利用的资金、体制与管理方面的问题，获得综合效益。我们相信，在各级政府的关注下，在社会各界人士的支持下，三江县的民间文化特色一定会日益凸显，少数民族地区的民间优秀文化传承必将拥有一个美好的未来！

[参考文献]

[1] 侯仰军. 中华优秀传统文化植根于民间沃土 [N]. 中央艺术报，2019-09-06 (003).

[2] 赵世林. 云南少数民族文化传承论纲 [M]. 昆明：云南民族出版社，2002.

[3] 乌丙安，向云驹，潘鲁生，等. 中国民间文化分类 [J]. 中国民族，2003 (5)：21-22.

[4] 刘锡诚. 保护民间文化的迫切性 [J]. 西北民族研究，2002，33 (2)：129-135.

[5] 徐养廷，许继清. 非物质文化传承视角下特色小镇文化空间载体构建方法研究：以濮阳市岳村杂技小镇为例 [J]. 小城镇建设，2020，38 (5)：34-40.

[6] 李凌，杨豪中，谢更放. 非物质文化保护视角下小城镇民俗文化空间载体设计：以陕西五泉镇关中院子民俗文化商业街区为例 [J]. 规划师，2014，30 (10)：47-52.

[7] 李仁杰，傅学庆，张军海. 非物质文化景观研究：载体、空间化与时空尺度 [J]. 地域研究与开发，2013，32 (3)：49-55.

[作者简介]

施鸿智，高级规划师，注册城乡规划师，任职于广西壮族自治区国土测绘院。

郑天雄，中国民间文艺家协会会员，广西民间文艺家协会副主席。

董明照，高级规划师，注册城乡规划师，任职于广西壮族自治区国土测绘院空间规划分院。

城市滨水空间更新中乡土景观的营造途径

□黄　宇

摘要：乡土景观设计是当下寻求自然风土、民族历史沉淀，用于营造舒适、怡人、具有浓厚故乡情怀的环境景观的一种设计手法。本文对城市更新中滨江公园在乡土景观的营造途径进行了详细的阐述，并结合南宁港滨水主题公园的实际案例探讨规划建设的措施和特色，为今后同类型的滨江公园建设引入乡土景观设计手法提供一定的理论指导。

关键词：乡土景观；景观设计手法；滨江公园；规划设计

1　乡土景观的意义

在城镇化和工业化的进程中，热议的话题是我们正在日渐远离“具有绿色生命的自然”，而我们向往的本地风土人情与民族文化的历史沉淀正在逐渐走向消亡。因此，找寻归元，在城市存量用地更新和再塑风貌的过程中注入循环、共生、参与的因素，应用“乡土景观”的设计手法为当代景观设计工作者指引了一条明路。

当代的滨河景观设计不再仅仅是停留在物质层面上的城市滨河绿带工程改造，它将进一步从生态层面的绿色廊道营建和生境系统修复进化至景观美学层面的空间营造和风景培育，最终延展到精神层面，呈现出市民生活方式传承与发扬。而“乡土景观”设计思维就是我们需要追求的这一种方式。从精神的角度来看，乡土景观使人产生安逸感。这些安逸感来自“故乡”——我们出生的地方，我们曾经生活过的地方，钟情的土地。那些在寸土寸金的城市中，流淌着陪伴我们长大的河流以及河流两岸栖息的动植物，那些日益变化而沉淀的容貌都是我们的记忆。因此我们说乡土景观的意义是非凡的，它作为“心灵的故乡”浮现出来的，是对祥和、安定、宁静的真实感受。

2　乡土景观的设计途径

景观设计中要营造富有沉淀乡土特色的景观，则需要经过生活中的观察、思考和整理。通过南宁港主题公园规划设计的示例，我们从中梳理出若干重点手法，试图从中找出突破口来诠释它真正的意义。

邕江作为南宁的母亲河，是重要的城市空间及发展脉络，更是未来南宁城市发展的主框架。南宁港主题公园规划设计范围位于邕江北岸，东起中兴大桥、西至清川大桥，全长3.21 km，总用地面积约47.34 hm^2。滨江带建设是把废旧的码头已经搬迁的上尧、陈东港两个码头、使用率低的邕江滩涂绿地建设成为南宁市首个以城市港口航务文化为主题的综合性滨江绿地。绿地建设要求尽量保留现状可以利用的港口设备，重新梳理场地，重点疏导交通以提高通行便捷性，引导滨江产业文化良好发展，形成融合工业文化、活力运动、娱乐休闲、自然生态为一体的带状滨江新空间。

2.1 从安全性和功能性角度出发，乡土景观是能够带来“亲和感”的景观

2.1.1 人性化空间尺度的可达性设计

（1）构建多元的交通体系与绿地串联接驳，实现便捷通达、无缝换乘。其中包括轨道交通、城市快速路、主次干道、水上游线等，保证滨江绿带较强的可达性。

（2）构建多维的立体交通以衔接堤内外，改善道路与防洪堤对滩涂的阻隔。横向交通采取坡道、台阶、跨街廊桥、交通闸通道等多种方式。从江北大道、堤顶接入滩涂，通过亲水栈道等方式深入水岸，结合堤内外设置的适量停车场、电瓶车换乘点和自行车租赁点，实现无障碍换乘，打造舒适便捷的复合立体交通（图1）。

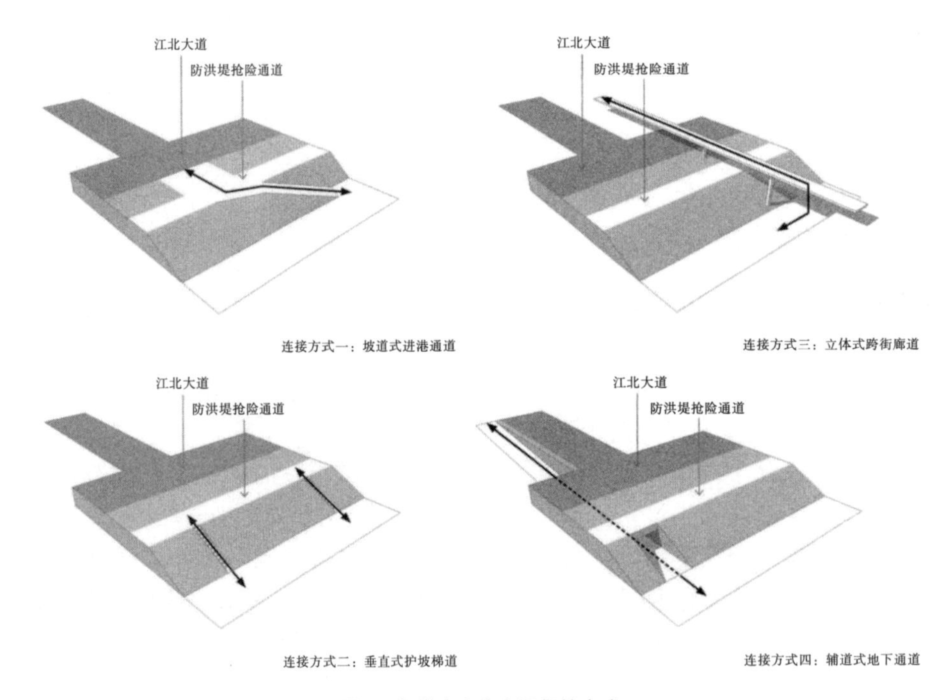

图1 多维度立体交通衔接方式

（3）构建完善的滨江带游步路网，全线贯通绿道，营造舒适宜人的慢行环境。绿地内部实现5条线性廊道的整体串联：一是江北大道与外部交通的搭接；二是堤顶抢险通道的贯通；三是堤下滩涂绿道的贯通；四是功能空间游步道路网的完善；五是结合邕江水上旅游规划，以接入南宁市“水上巴士”的短线精品游线。

2.1.2 竖向地形必要的最小限度的设计

最小限度的竖向地形设计，对于市民来说便是一种保留记忆和乡情最好的方式。“这里跟我小时候一样”——从市民的反映中我们体会到那最朴素的“犹如初衷”的需求。因此，顺应自然界的顺位关系而进行的土地利用景观设计，便是充分考虑现状条件，尽可能不大挖大填，既能保留场地原有的形态，又从工程上符合经济节约的原则。在项目中我们充分考虑邕江水面与堤路园落差大的情况，结合邕江水位变化情况设置三级平台，创造丰富的亲水体验。依据场地

现状标高进行分台级设计，注重因地制宜，顺应坡势，避免大挖大填，仅对休憩平台、运动场地进行适当填方，对大片绿地进行微地形塑造，对游步道进行必要的挖方修坡。这是设计中的“犹如初衷”。

2.2　从审美性角度出发，乡土景观是一种“养眼”的景观

2.2.1　具有广阔感的景观设计

广阔感换作滨水景观的设计语言，便是在环境中营造出可以观赏广阔大地的场地和条件。没有遮挡视线的物体，多远都能够看到，使人的视觉产生开放式的舒展感。项目中一是梳理堤路园的绿化层次，控制城市道路，控制江堤通透的观江视廊，达到“望得见江，看得见城”的效果；二是梳理滨江带与城市空间的渐进式关系，充分考虑现状植物、建筑的分布，以及结合借景、对景等园林设计手法，设计确定了各个位置的最佳观景点，包括5个视线通廊敞开点、7个主要观江点、3个江中观景点及3个隔岸对景点。保证从城市道路、江堤上观江，从江上、对岸欣赏绿地、城际的景观效果（图2）。

图2　具有大地般的广阔感的景观设计

2.2.2　具有年代美的景观设计

年代美的景观设计是历史性和时间性的标志。一方面，我们认为大树是历史和时间的积淀，在充分调研的基础上，我们按照不同规格、品种、生长情况，详尽地调查现状大型乔木，项目保留近90%的乔木品种。另一方面，设计中充分认可本地原材料即“乡土的物”，它们是最生活化、最直接可取的资源，采用地方材料资源可以降低造价、节约成本，同时也能使不同地区的景观更具个性，风格更加丰富多彩，更能反映出地域特色。项目中还大量地使用了本地石材，局部景点沿用了原有的河石，通过景墙、艺术雕塑、景观小品等景观形式筑成了一条富有特色的“石景线”。

2.2.3　培养创造力和冒险精神的景观设计

多数的公园绿地设计都过分地讲究安全对策，设置了一些常规的游乐设施，无法满足孩童玩耍的需求和冒险探新的需求。在保证安全的前提下，让场地有所创意和冒险则是我们感受乡

土景观的研究方向。本项目充分利用港区工业遗存，实现功能置换。利用保留的龙门架滑轨范围的限定场地，为极限运动爱好者提供一个具有港口工业文化特色的活动场，打造独具特色的龙门架极限乐园，结合滑轨与场地的高差设置梯形滑道、弧形滑道、栏杆及不规则形的坡面场地等设施，丰富竖向变化，极大丰富了场地的趣味性，收到了市民的一致好评（图 3）。

图 3　龙门架极限乐园

2.3　从生态性角度出发，乡土景观是一个比较稳定的、生物多样性的系统

在现代的公园绿地，更多的是以追求休闲和娱乐作为重点的倾向，而与自然生物能够亲密接触是较少的一部分。因此我们在设计中寻求的滨江公园绿地应该像乡土田园一般，具备生态系统的连续性和完整性。在本项目中我们充分保留和设置了湿地花园、漫滩湿地等自然生态系统的场地。一方面我们利用现状沙场的下凹洼地、水塘等种植本地化的水生引鸟植物，营造湿地花园景观，实现雨水的收集利用，展示海绵城市理念，同时也保有了生物多样性。另一方面，我们在原有水源涵养林的基础上，扩大林带种植，与漫滩湿地搭配形成连续的植物景观界面，设置亲水栈道，满足市民亲水的需求。漫滩湿地采用耐水湿、适应性强的水生植物为主，沿坡面种植蔓性开花地被，丰富坡岸景观，使滩涂生态性系统就此稳固下来。让市民体验漫滩苍苍芦苇中穿行的乐趣。

3　结语

在新时代追求人文、新特、猎奇的景观建设背景下，在设计中重新把人们关注的重点和视野引回乡土景观，这并不是历史和审美的倒退，因为运用乡土景观的设计手法去研究和实践，更契合人们的需求和生活风俗的形成。在体验环境景观的过程中，反馈到的是一种舒适、恰到好处的情怀，将意识形态和物质形态真正地融合在一起。乡土景观涉及层面的完整体系以及如何将乡土景观设计手法运用到园林规划中，是值得不断去探讨和研究的。

[参考文献]

[1] 进士五十八，铃木诚，一场博幸. 乡土景观设计手法：向乡村学习的城市环境营造 [M]. 李树

华，杨秀娟，董建军，译. 北京：中国林业出版社，2008.
[2] 王浩，孙新旺. 乡土景观元素在塑造地域性景观中的应用：以平邑浚河滨水风光带规划为例 [C] //2007 国际风景园林交流大会论文交流材料. [出版者不详]，2007.
[3] 李尚冬. 城市滨水景观乡土化设计研究 [D]. 济南：山东建筑大学，2017.
[4] 欧阳勇锋，和太平. 乡土视野里的滨河空间营建：以广西华银铝业公司德保生活区滨河绿带整治为例 [J]. 农业科技与信息（现代园林），2010（11）：37-40.
[5] 牟善花. 滨水景观乡土化设计研究 [J]. 艺海，2018（9）：82-83.

[作者简介]

黄　宇，正高级工程师，中南林业科技大学风景园林学院硕士研究生导师，南宁学院艺术与设计学院教师。

第七编

武汉城市更新实践探索

城市更新中的权属归集路径研究

——以武汉市为例

□汪如民，孙伊迪，刘懿光，江韦希，鲁海燕

摘要：随着社会经济的发展，我国的城市建设开发逐渐从原来的拆建增量扩张转变为城市更新的留改存量更新。而在过去，人们对于城市建设开发的理解主要聚焦于拆建增量扩张，与之配套的法律法规均为规范拆建增量扩张而制定，这在一定程度上造成了城市更新发展阶段上的无序和阻碍。为此，本文在总结国内先行城市的探索路径基础上，以武汉市为例，提出了城市更新中权属归集的路径，期望能推进城市更新的权属归集向有序方向发展。

关键词：城市更新；权属归集；路径

1　相关研究综述

城市更新是提升城市生活品质和竞争力的复杂社会工程。在城市更新过程中，权属归集是城市更新的必要条件，也是一个重要而困难的问题。2021 年 3 月，“城市更新”首次写入 2021 年国务院政府工作报告和“十四五”规划，这意味着我国已进入存量提质改造和增量结构调整并重时期，实施城市更新行动是当前贯彻新发展理念、全面提升城市发展质量的必由之路。

城市更新主要针对城市建成区内旧小区、旧商业区、城中村等，根据实施需求、改造力度的不同主要划分为拆除重建类、有机更新类、综合整治类三种类型，各类型的更新运作方式、投融资模式存在差异，具体见表 1。

表 1　城市更新不同实施方式特点

类型	拆除重建类	有机更新类	综合整治类
主要特征	推倒重建；点状保留；增量开发	基本保留；少量拆建；提质增效	基本不涉及建筑物改建
土地使用权	更新前后多数变化	更新前后变或不变	更新前后不变
用途	更新前后多数变化	更新前后变或不变	更新前后不变
投融资模式	类似房地产开发	投资基金化；建设信贷化；运营证券化	财政资金引导；支持力度大
典型案例	棚户区改造；旧工业区拆除	城市旧工业区更新；旧商业区更新；历史文化街区更新	老旧小区改造；生态修复；环境改善

在拆除重建类和有机更新类城市更新中，通常需要把分属不同产权人的不动产权利归集为单一产权人或少数产权人所有，或把不动产权利让渡给更新实施主体。权属归集以后，产权人人数减少，剩余的空间增加，城市更新才有了改造空间。由于综合整治类城市更新前后一般不涉及权属变化，因此本文主要讨论拆除重建类和有机更新类城市更新活动中的权属归集。

2 国内先行城市探索

2.1 深圳路径

2021年3月，深圳市出台《深圳经济特区城市更新条例》。作为我国首部城市更新法规，条例中提出“政府统筹＋市场运作”操作程序，并创设“个别征收＋行政诉讼”制度，为其他城市破解资金不足、拆迁困难等难题提供了可借鉴经验。

深圳市将城市更新分为拆除重建类、综合整治类两大类，并针对拆除重建类城市更新的权属归集作出明确指导：拆除重建类城市更新单元规划经批准后，物业权利人可以通过签订搬迁补偿协议、房地产作价入股或者房地产收购等方式将房地产相关权益转移到同一主体，形成单一权利主体。可见，深圳市权属归集主体并不仅限于土地储备机构，也可以是市场主体。同时，为加快推进城市更新实施，深圳市首次将搬迁补偿协议的签约面积与物业权利人数占比由100％降至95％，未签约部分可由城区人民政府依照法律法规等规定实施征收。

2.2 广州路径

从产权归集角度来看，《广州市城市更新条例（征求意见稿）》与深圳市条例高度一致。“城市更新项目涉及多个权利主体、市场主体的，应当通过收购归宗、作价入股或者权益转移等方式形成单一主体实施”，“区人民政府组织实施城市更新项目征收、补偿工作，可以在确定开发建设条件前提下，将征收搬迁工作及拟改造土地的使用权一并通过公开方式确定实施主体”，即广州实施产权归集的主体可以是政府或政府确定的市场主体。签订国有土地上房屋搬迁补偿协议的专有部分面积和物业权利人人数占比达到95％的，城区人民政府可以按照《国有土地上房屋征收与补偿条例》相关规定对未签约部分房屋实施国有土地上房屋征收。

2.3 上海路径

上海市明确将“产权归集”写进《上海市城市更新条例》，“更新统筹主体应当根据区域更新方案，组织开展产权归集、土地前期准备等工作，配合完成规划优化和更新项目土地供应”，故上海市城市更新中权属归集的主体就是更新统筹主体，主体遴选机制由市人民政府另行制定。

拆除重建、成套改造项目中涉及公房的，由公房产权单位与承租人签订更新协议、调整协议，签约比例达到95％以上协议方生效；对于拒不配合的情形，城区人民政府可以依法作出决定，私有房屋则参照公房路径操作。

2.4 北京路径

按照《北京市城市更新条例》相关规定，城市更新实施主体通常根据项目类型确定，单一物业权利人可自行确定实施主体，多个物业权利人经协商一致后共同确定实施主体，权属关系复杂、无法协商一致时可以由城区人民政府依法采取招标等方式确定实施主体。

2.5　小结

与其他城市不同的是，北京市根据房屋性质进一步区分了腾退签约比例、补偿方式与强制执行主体，其中公房承租人签订安置补偿协议比例要达到实施方案规定要求，对于拒不配合情形，区城市更新主管部门可以依申请作出公房更新决定；私有房屋权利人腾退协议签约比例应达到95%以上，城区人民政府可以依据《国有土地上房屋征收与补偿条例》等有关法律法规规定对未签约部分实施房屋征收。

3　武汉市城市更新权属归集沿革

权属归集的作用类似于城区改造中的房屋征收，区别在于房屋征收是由征收实施单位按照统一的标准对原权属主体完成补偿并将地上建筑物拆除后，交给土地储备机构完成土地整理整备，形成“净地”后进行供应并建设。而在城市立法的基础上，按照地区性城市更新条例的规定，上述先行城市在城市更新活动中实施权属归集的主体，可以是实施城市更新的统筹或管理主体，也可以是依法依规确定的市场主体，采用“平等协商＋个别征收”的方式完成权属归集；完成权属归集以后房屋也不一定会拆除，可以保留、改造和运营。

在2018年之前，武汉市曾采用类似“毛地供地”的方式开展三环内城中村改造工作：先完成改造范围内村集体土地和房屋、人口户口“双登”，根据“双登”数据测算土地征收转让费用、土地补偿和集体房屋腾退成本，结合城中村整体规划成果确定的开发用地建设量、还建用地需求量和建设量、公共服务设施和道路用地（控制用地）建设成本综合核算城中村改造总成本，再计算政府土地收益。在具体操作过程中，为保持城市规划的完整性，会谨慎地将一些旧城镇、旧厂（国有地）纳入整体改造范围。“毛地”整体挂牌出让后，由摘牌主体直接将相关征收补偿成本支付给村集体或村集体经济组织、原不动产权属主体，政府只收取土地出让收益。因此，武汉市的城中村改造实际上是一种一二级联动的城市更新模式。

截至2023年6月，武汉市尚未出台城市更新的地方性法规。在城中村改造工作结束后，武汉市的城市更新活动主要沿用国有土地上房屋征收的相关法律法规，包括《国有土地上房屋征收与补偿条例》《湖北省国有土地上房屋征收与补偿实施办法》《武汉市国有土地上房屋征收与补偿实施办法》《武汉市国有土地上房屋征收与补偿操作指引》等，由项目所在地街道办事处为房屋征收实施单位，征收补偿工作完成后注销原权属主体不动产权证书，拆除地上建筑物，将土地使用权归集到市、区土地储备主体名下，再进行公开供应。在此模式下，城市更新中的“留”和“改”类保留建筑的房屋不动产权归集无具体操作路径，土地储备主体仅取得储备土地不动产权利。

4　武汉市城市更新权属归集路径探索

4.1　完善法律法规

在城市更新过程中，应当遵循各项法律法规，以支持产权的交易和保护产权人的合法权益。应利用当前武汉市大量开展城市更新活动的契机，抓紧完善武汉市城市更新相关法律法规和政策，充分保障产权人的利益，维护社会公平正义。由于地方法规出台需要一定的时间周期，当前建议根据城市更新单元总体规划确定保留建筑范围，通过联席会、项目专题会协调城市更新项目相关管理和监督单位，协商一致后将保留建筑权属归集方式写入会议纪要，确保项目的顺利推进，同时为地方法规的制订提供案例。

4.2 建立权益调节机制

建立权益调节机制，加强沟通协调，促进权益平衡。在城市更新项目中，需要设立专门机构对保留建筑的权属权益进行识别、测量、评价、补偿和协调，确保各方面的权益得到保障。对于城市更新单元总体规划确定保留的建筑，应在“城市体检”或更新单元前期调查中依照现有法律法规确定其权属主体、建筑类型、土地和建筑不动产权属面积和保护方式。

4.3 采取多种方式完成权属归集

按照不动产登记相关规定，在权属归集的过程中，可以采用多种方式完成权属归集。核心是在制定城市更新单位总体规划时确定保留建筑的范围、保留和使用方式，具体要求如下：

一是可由政府指定的土地储备机构作为权属归集主体，将征收、腾退完毕的保留建筑产权登记在土地储备机构名下，待确定城市更新项目的开发或运营主体后，通过出让、租赁等方式将土地使用权和房屋所有权一并让渡至开发或运营主体。

二是规划管理部门在核实土地储备规划要点时，按照城市更新单元总体规划的要求明确保留建筑的保留方式和使用方式，土地储备机构在前期实施阶段参照国有土地上房屋征收的相关要求完成房屋征收、腾退并办理储备土地登记，在宗地图上按保留建筑现状测量上图并注明“保留建筑”。土地供应前，规划管理部门核发土地供应条件时明确保留建筑整体保护利用方案，与规划条件一并纳入供应方案，一并进行“招拍挂”公告；土地摘牌人应与保留建筑所在地政府签订履约协议书，约定按照保护利用方案对保留建筑实施保留、保护和利用；待保留建筑所在地块竣工验收后，按现行不动产登记相关规定办理首次登记。

三是对于不可转让的文物保护建筑，按国家现行规定，采取资产划转或股份合作的方式，将权属归集至有资格的承接主体。

城市更新是一个复杂而又重要的社会工程，其中权属归集问题是一个难点。在城市更新中，需要遵循法律法规和公平正义原则，建立合理的权益调节机制，采取多种方式解决权属归集问题。只有这样，才能实现城市更新的目标，促进城市可持续发展。

[参考文献]

[1] 深圳市人民代表大会常务委员会. 深圳经济特区城市更新条例 [Z]. 2020-12-30.

[2] 广州市住房和城乡建设局. 广州市城市更新条例（征求意见稿）[Z]. 2021-07-07.

[3] 上海市人民代表大会常务委员会. 上海市城市更新条例 [Z]. 2021-08-25.

[4] 北京市人民代表大会常务委员会. 北京市城市更新条例 [Z]. 2022-11-25.

[作者简介]

汪如民，高级工程师，武汉江花实业开发有限公司副总经理。

孙伊迪，工程师，任职于武汉江花实业开发有限公司。

刘懿光，高级工程师，武汉江花实业开发有限公司总经理。

江韦希，高级工程师，武汉江花实业开发有限公司信息部副部长。

鲁海燕，注册城乡规划师，高级工程师，武汉江花实业开发有限公司副总工程师。

人本共治视角下武汉市社区级体检的机制与路径研究

□周俊兆，王存颂

摘要：文章首先梳理了城市体检工作的背景、发展历程及其存在的局限性，从以人为本的角度出发，结合近年来国内主要城市老旧社区更新的工作实践，研究下一阶段社区级体检的工作概念、机制和具体的实践路径；通过建立“共同治理”视角下的社区级体检方案，为城市体检工作的进一步细化和长期动态管理工作机制的形成提供借鉴和补充，推动城市体检工作逐步走向人本化和精细化，为共同治理视角下的社区治理工作提供新的支撑方式。

关键词：城市体检；社区级体检；社区更新；共同治理

1　相关研究综述

随着城镇化进程的快速推进，“城市病”也日渐严重。为应对复杂的城市问题，学术界自2000年开始提出城市规划实施评估工作，这成为当前城市体检工作的“前身”。经过十几年的发展，城市体检评估于2017年首次出现在北京、上海的总体规划批复意见中，标志着城市规划实施评估工作进入到城市体检阶段。此后，住房城乡建设部率先在北京及全国11个城市开展了城市体检的试点工作。自然资源部成立后，城市体检工作进入城市体检和国土空间规划城市体检评估的两部并行阶段，两部门先后发布了《2022年城市体检指标体系》《国土空间规划城市体检评估规程》等具有实际技术指引效用的政策文件。随着研究和试点工作的深入开展，学术界对当前的城市体检工作展开了广泛讨论。赵民等人认为，从公共政策角度理解，城市体检工作是对城市规划这一公共政策进行全方位评估的工具。同时，它也成为打破政府部门壁垒的跨部门治理手段，可有效提升城市尤其是超大城市的政府治理能力。当然，它也暴露出指标体系搭建不科学、城市数据收集管理困难、评估实施主体不独立、评估成果难以落地实施等复杂问题。回顾城市体检三个阶段的发展历程，无论是规划实施评估、城市体检，还是国土空间规划城市体检，其共同目标都是通过城市信息汇集、计算、预测等方式，发现“城市病”，为解决“城市病”提供优化建议和可行方案，提高城市治理能力。

社区是城市居民生活集聚地，也是城市居民对“城市病”感知深切的主要空间场所。为此，在城市体检框架下，国内学者和规划师也对社区级体检做出了诸多探索和实践。马静等人指出，城市体检指标设计与空间尺度有密切联系，在社区层级的城市体检应高度关注居民的生活满意度、空间布局完整性及生活设施配套情况等内容。苏鹏等人提出社会满意度调查是推进城市体检工作自下而上发展，更有效、更真实反映城市管理问题，打造以人为本城市规划理念的重要渠道。叶锺楠在传统体检数据基础上运用多源数据对社区开展了详尽的系统检查，可更好地为社区更新规划策略的制订及实施提供指导。徐勤政等人将城市体检与社区更新项目结合，通过建构普适性的“街区诊断”分析框架，为探索老城（社区）更新新思路、新模式提供了新的视角。邓方荣等人从街道层面出发，提出了“监测—预警—评估—诊断—治疗—复查”的闭环式体检评估机制，形成了街道级体检指标体系，并以社区为单元制定了街道实施图则。

总结以往实践，市、区级体检与社区级体检存在诸多不同之处（表1），主要体现在以下方面：首先，在目标导向上存在错位，市、区两级体检的首要目标是通过宏观的城市各部门条线数据发现系统性、综合性城市问题，而社区级体检则以反映社区居民在卫生、环境、交通出行、服务设施等方面的实际诉求为首要目标；其次，在体检指标构建方面，市、区两级体检为发现系统性城市问题，往往以土地利用、交通、基础设施、生态环境等城市系统性因子为主要指标，这难以体现社区居民视角下的实际需求，而社区级体检往往以社区居民时空活动数据和城市周边环境的关系为基础，关注社区活力、服务能力、宜居水平等微观指标；再次，在数据精度方面，市、区两级体检的数据多来自统计年鉴，数据颗粒度较大，而社区级体检中的时空行为数据、交通出行数据等精度较高，颗粒度较小；最后，从组织及管理方式讲，政府一般选择自上而下推进市、区两级体检工作，同时以问卷调查的方式补充居民意见，而社区级体检工作离不开基层社区自下而上的收集、获取数据。

表1　市、区级体检与社区级体检的对比

方面	市、区级体检	社区级体检
目标导向	通过宏观数据发现系统性、综合性城市问题	以反映社区居民在卫生、环境、交通出行、服务设施等方面的实际诉求为首要目标
体检指标构建	以土地利用、交通、基础设施、生态环境等城市系统性因子为主要指标	以社区居民时空活动数据和城市周边环境的关系为基础，关注社区活力、服务能力、宜居水平等微观指标
数据精度	数据多来自年度统计数据和一部分开放数据，数据颗粒度较大	数据精度较高，颗粒度较小
组织及管理方式	自上而下推进市、区级体检工作，同时以问卷调查的方式补充居民意见。社区参与城市体检工作的积极性不高	更多是自下而上的获取数据，依靠社区基层开展相关建设工作

从社区级体检角度分析当前的市、区级体检工作，它还存在一些不足之处。首先，国内主要城市的体检工作一般按照“市—区—街道—社区—单元”分层分级实施，且当前的工作重点主要集中在城市级、区级体检上，这就会导致社区在城市体检工作中的被动和缺失；其次，为提高工作效率，政府部门一般选择自上而下的方式推进城市体检工作，社区参与城市体检工作的积极性不高，其角色也大多局限在被动地收集、上交数据；最后，当前的城市体检数据以市级、区级的统计数据为主体，数据颗粒度较大，也进一步降低了体检精度，难以从社区居民、微空间尺度反映社区和市民的实际问题。综上，本文按照当前以人为本和社区共治的规划思维，从社区、居民自身出发来制定社区级体检的基本框架和实现路径，以期为自下而上、精准治理社区提供借鉴。

2　人本共治视角下社区级体检的理论框架

社区级体检工作在目标导向、组织方式、数据获取等方面存在的一些独特特征决定了其规划工作应当不同于一般的城市体检，本文据此提出了人本共治视角下社区级体检的理论框架（图1）。

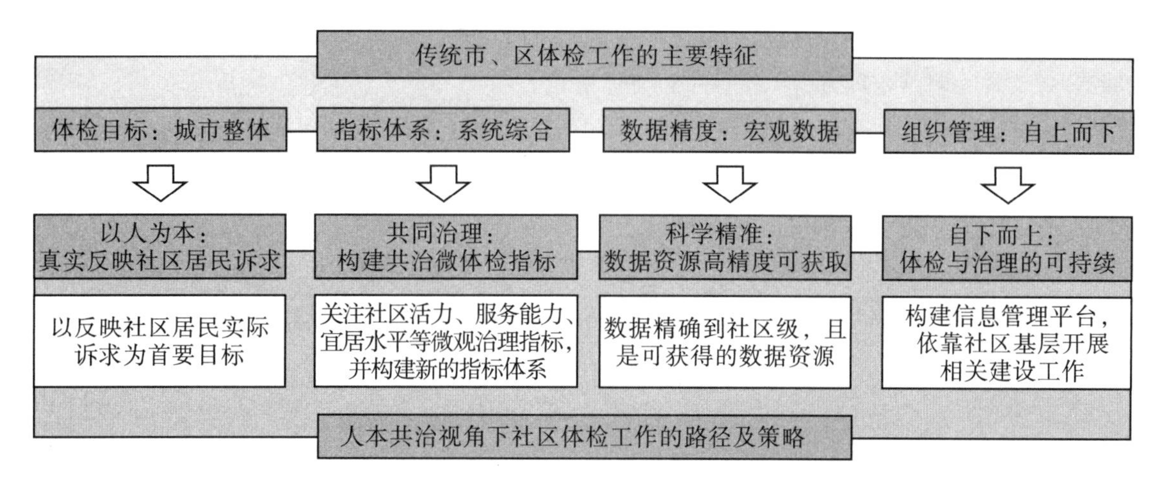

图1　人本共治视角下社区级体检的基本框架

2.1　人本视角：确定社区居民为体检目标

我国2021—2022年开展的城市体检工作中大部分是区级以上的体检工作，即当前城市体检工作的主要对象还是城市级、区级层面的城市问题，直接面向居民的社区级体检工作开展得较少，处于被动或次要的地位。与此同时，社区又成为城市问题、市民生活需求发生和生产活动的第一场所，尤其是当前主要城市中大量存在的老旧社区，它们更是提升城市生活品质、改善城市问题的重要对象。可以说，社区是最直接面向城市居民生活和诉求的空间维度，而这与社区级体检在城市体检体系中的被动角色存在错位。

社区级体检工作首先要求规划师树立明确的以人为本思维，即从社区居民的角度出发，面向社区居民的实际问题和诉求构建体检指标和评估，并以此为出发点和落脚点来治理社区问题，不断满足社区居民的多方面需求。在此导向下，社区规划师需要首先明确体检的工作对象和目标。与城市体检对象是城市整体不同，社区级体检的对象应更加具体，即社区和居民。

2.2　数据精准：提升数据精度和可获得性

在明确社区及居民诉求为体检目标的情况下，以往城市体检中统计年鉴数据的精度和丰富程度已经无法满足社区级体检的工作需要。因此，社区级体检工作需要在以下方面提升体检数据的精准度：一方面，通过直接获取社区管理主体的人口、楼宇等“一标三实”[①]类数据来提高数据来源的精度，只有将体检数据从市区级精度提高到社区级、街道级的精度，才能做到社区的精准科学体检；另一方面，相对于城市数据资源的丰富程度，社区的数据资源比较有限，规划师往往需要面对数据资源难以获取的困局，为此，规划师可通过安装物联网传感器、抓取互联网大数据、整理政务大数据等方式提高体检数据资源的广度、可获得性。

2.3　共同治理：搭建共治导向的社区微体检指标体系

与城市体检宏观指标不同，在人本主义的视角下社区级体检的指标应该更加体现人的实际需求。社区的空间尺度和居民复杂需求决定了社区级体检指标的微观属性和精细程度。本文在总结长沙、北京、上海等城市社区级体检工作实践经验的基础上，按照《2022年城市体检指标体系》《国土空间规划城市体检评估规程》等政策文件的基本框架，提出面向社区的共治微体检2级指标体系架构，共计8类一级体检指标、多个二级体检指标（图2）。其中，8类一级体检指标参照住房城乡建设部的城市体检指标框架执行，二级体检指标参照《完整居住社区建设指南》（2022）等文件，可结合地方特色指标进行具体搭建。

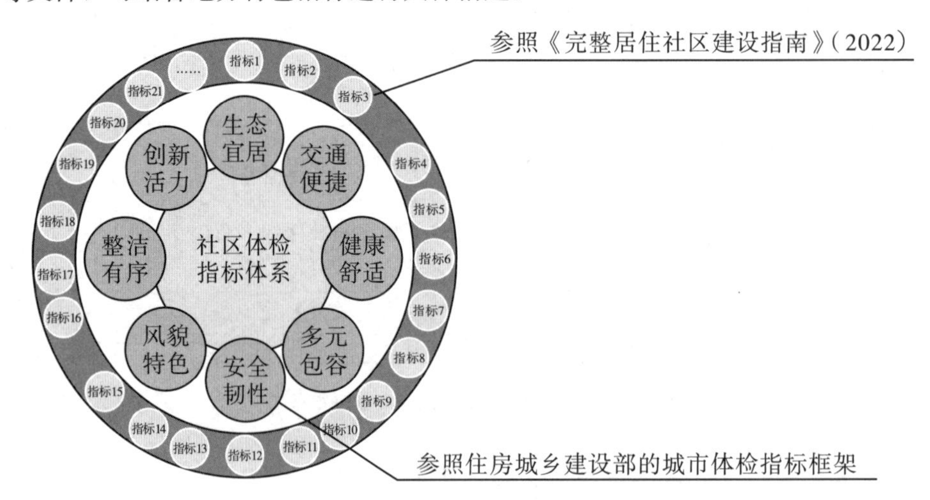

图2　社区共治和微观体检的指标体系

2.4　自下而上：建立可持续体检与治理机制

社区级体检的复杂性决定了社区级体检工作是一个长期的持续性过程。随着城市体检在数据获取上的难度越来越大，诸多规划师日渐意识到持续获得数据的重要性，而这离不开一个长效管理的平台化、信息化工作机制。因此，通过构建“居民—社区工作—社区数据—社区级体检”的管理体系（图3），打造面向社区工作者的信息管理平台，建立社区日常事务管理与社区数据获取的直接联系，在提升社区日常事务管理效率的同时，实现社区级体检所需数据资源的持续性获取，进而建立社区、街道、市区级的体检数据平台，更有效地将获取的数据分类分流归集，进一步反哺各级体检数据平台，为各级体检评估平台的建设奠定数据基础。此外，在社区级体检评估完成后，还要根据评估结果形成社区更新的指导项目库，指导下一步社区问题的精细化治理工作，实现“监测—预警—评估—治理”的闭环管理。

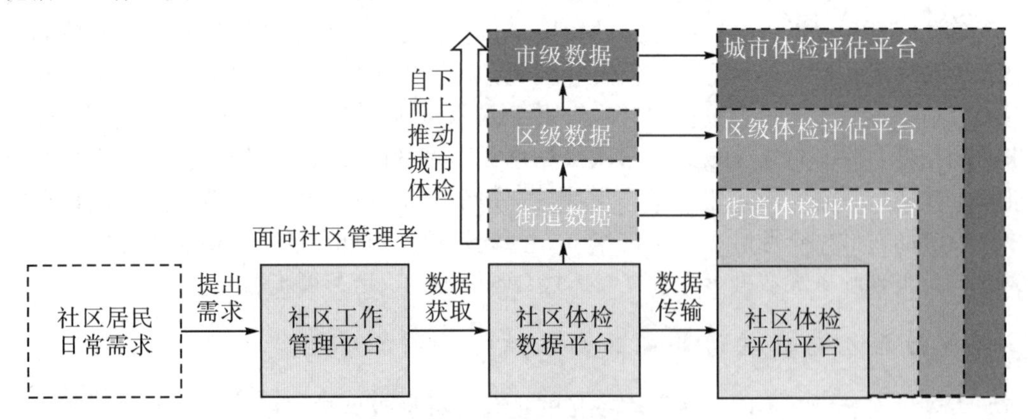

图3　社区级体检持续治理机制

3　案例实践：武汉市社区级体检

3.1　总体技术路线

按照人本共治视角下社区级体检的理论框架，社区级体检要围绕精准发现社区问题、真实反映社区居民生活诉求、精细指导社区治理改造行动三个方面展开。因此，武汉市的社区级城市体检主要以“体系构建—数据量化—体检评估—社区治理”4部分内容为核心（图4）。首先，在体系构建方面，武汉市在《完整居住社区建设指南》（2022）、《2022年城市体检指标体系》等国家指标指导下，结合了地方性特色指标，最终形成了武汉市社区级体检指标体系框架；其次，在体检数据量化方面，融合互联网大数据、调研数据、遥感数据、基础地理信息数据、问卷调查数据和最重要的社区工作管理平台数据，形成数据颗粒度较小的社区级体检数据库，作为体检平台的数据要素资源；再次，参照上位规划要求、国家政策、行业规范及相关理论研究成果，获取科学的指标评估参照系，并作为社区级体检指标分析的主要依据；最后，根据体检工作评估结果，对社区服务、公共空间、卫生风貌、创新氛围等方面的问题进行梳理评估，提出对标政策标准和相应的改进措施与治理对策，最终形成社区治理行动计划，以提升社区的宜居性和完整社区的建设水平。

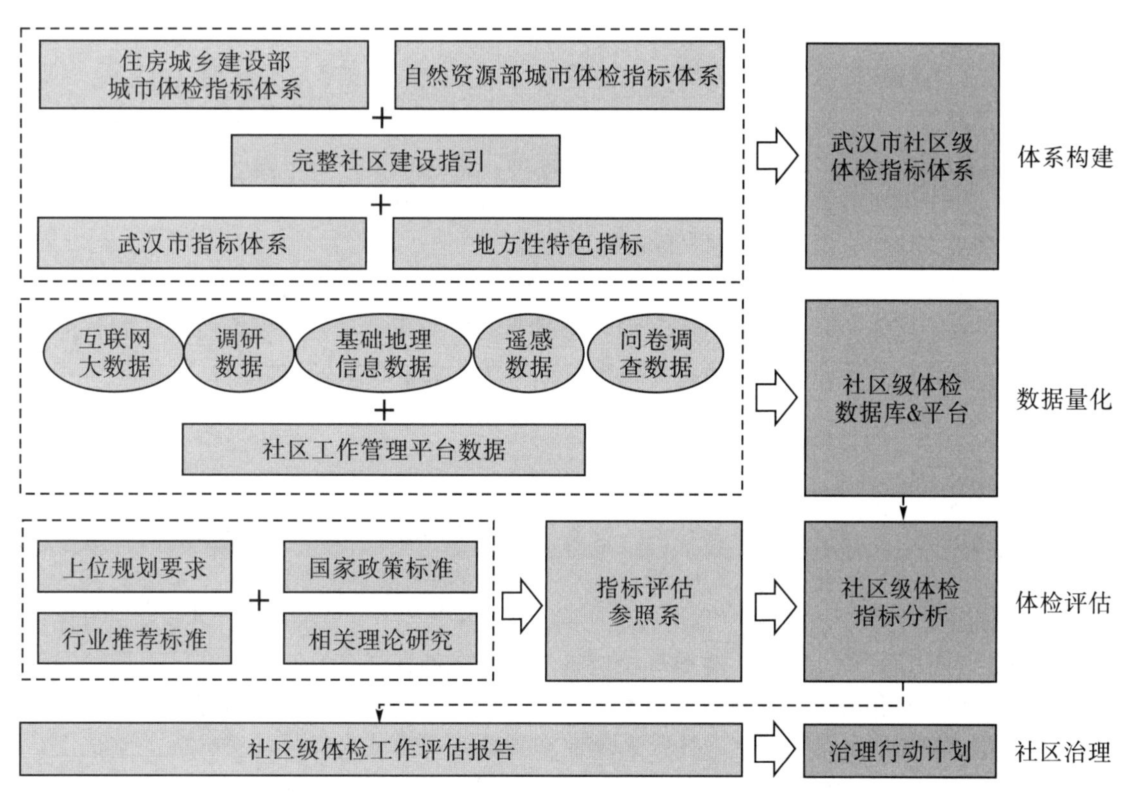

图4　武汉社区级体检工作技术框架

3.2　指标体系构建

武汉的社区级体检指标体系聚焦社区自身空间尺度，针对社区范围内的特征和典型问题，对标武汉市社区更新改造建设目标及要求，参照住房城乡建设部《关于开展2022年城市体检工作的通知》提出的评价框架，形成了 19 项一级评价指标、62 项二级评价指标（表 2）。具体如下：

（1）生态宜居度评价。生态宜居是社区和城市生活居住功能的基本条件，是完整社区建设的重要目标，主要体现在空间宜人和生态持续两方面。二级评价指标主要包括社区建筑密度、绿色低碳建筑率、新建住宅建筑高度超过 80 m 的数量、街道绿视率、公园绿化活动场地服务半径覆盖率、社区噪声环境与空气质量等内容。

（2）交通便捷性评价。交通通达便捷程度是衡量社区居民出行问题的重要方面，按照动态和静态交通两个方面对社区交通出行可达性和停车配置情况进行评估。二级评价指标具体包括有效宽度的步行道占比，非机动车道、绿道占比，公共交通站点覆盖率，建成区高峰时间平均机动车速度，社区道路网密度，断头路密度，人均停车面积，住宅停车位数量与街区总户数比例等要素。

（3）健康舒适度评价。一个完整的居住社区建设的最终目标是实现健康舒适的城市环境，也是衡量城市发展质量的更高标准。为更有效构建高质量的社区服务水平，社区级体检工作在构建体检指标体系时，重点从生活配套、老年保障、教育服务、文体配套 4 个方面入手，对社区养老服务设施覆盖率、社区老年服务站的床位数与老年人口数量比、既有住宅楼电梯加装率、社区便民商业服务设施覆盖率、社区托育服务设施覆盖率、社区义务教育设施覆盖率、社区体育服务设施覆盖率、人均社区体育活动场地面积等要素进行评估。

（4）多元包容性评价。多元包容程度指的是社区对儿童、老年人、外来务工人员、特殊群体等人员的包容程度，是衡量社区社会开放程度的重要标准。社区级体检工作主要从群体包容和住房保障两个角度进行社区包容性的评价。具体的二级评价指标包括封闭地块面积指数、外来人口占比、流动摊贩数量、道路无障碍设施建设率、盲道阻隔点密度、保障性租赁住房覆盖率、街区公房中人均住房面积低于国家标准的比例等。

（5）安全韧性评价。与韧性城市建设类似，设施安全和社区安全构成了社区安全韧性的两个主要方面。在设施安全方面，分别从人均紧急避难场所面积、紧急避难场所覆盖度、街区内的危房面积占街区总建筑面积的比例、易涝积水点数量比例、小型普通消防设施覆盖率 5 个指标进行评估；在社区安全方面，主要从二级以上医疗服务设施覆盖率、治安犯罪案件发生数、交通事故案件发生率 3 个指标进行评估。

（6）风貌特色评价。社区风貌特色的保护和传承是展现社区个性、塑造家园精神内核的重要方式。该项评价主要从历史建筑和特色街区两个方面进行评估。在历史建筑方面，根据街区历史建筑挂牌率、历史文化建筑人均面积、街区历史建筑保护修缮率等指标进行评价；在特色街区方面，根据街区内具有特色风貌的街道长度比例、历史风貌保存完好的街区面积指标进行评价。

（7）整洁有序度评价。社区环境是否长期整洁有序，可直观有效地反映社区物质空间环境的管理水平。该项评价主要分为界面整洁和空间有序两个方面。以街道车辆停车率、门前责任区制度履约率、城市窨井盖完好率、社区形象综合指数 4 个要素来评价社区界面的整洁度；从私搭乱建建筑占比、流动摊贩摆摊占街区总面积的比例等要素评价空间秩序。

（8）创新活力评价。社区产业基础和创新性产业的扶持，能够为社区的持续发展带来更多活力。因此，创新活力评价主要从产业状况、社区凝聚力、新兴产业三个方面展开，包括社区个体户、店铺数量占比，社区主要店铺类型，社区志愿者数量，社区活动开展次数，居民对社区决策的参与度，公共空间居民活力指数，市级以上高科技企业的数量占比，历史建筑活化利用率，当年获得各类创意奖、文化奖的项目数量，人口素质指数等二级评价指标。

表 2　武汉市社区级体检指标体系

评价板块	一级评价指标	二级评价指标
生态宜居（7）	空间宜人（3）	社区建筑密度（%）
		绿色低碳建筑率（%）
		新建住宅建筑高度超过 80 米的数量（栋）
	生态持续（4）	街道绿视率（%）
		公园绿化活动场地服务半径覆盖率（%）
		社区噪声环境质量监测点次达标率（%）
		空气质量优良天数比率（%）
交通便捷（8）	交通出行（6）	有效宽度的步行道占比（%）
		非机动车道、绿道占比（%）
		公共交通站点覆盖率（%）
		建成区高峰时间平均机动车速度（km/h）
		社区道路网密度（km/km^2）
		断头路密度（个/km^2）
	停车配置（2）	人均停车面积（m^2/人）
		住宅停车位数量与街区总户数比例（%）
健康舒适（11）	生活配套（2）	社区便民商业服务设施覆盖率（%）
		公共厕所覆盖度（%）
	老年保障（3）	社区养老服务设施覆盖率（%）
		社区老年服务站的床位数与老年人口数量比（%）
		既有住宅楼电梯加装率（%）
	教育服务（2）	社区托育服务设施覆盖率（%）
		社区义务教育设施覆盖率（%）
	文体配套（4）	社区体育服务设施覆盖率（%）
		人均社区体育场地面积（m^2/人）
		人均社区文化活动场地面积（m^2/人）
		社区文化活动设施覆盖度（%）
多元包容（7）	群体包容（5）	封闭地块面积指数（%）
		外来人口占比（%）
		流动摊贩数量（个）
		道路无障碍设施建设率（%）
		盲道阻隔点密度（个/m）
	住房保障（2）	保障性租赁住房覆盖率（%）
		街区公房中人均住房面积低于国家标准的比例（%）

续表

评价板块	一级评价指标	二级评价指标
安全韧性（8）	设施安全（5）	人均紧急避难场所面积（m^2/人）
		紧急避难场所覆盖度（%）
		街区内的危房面积占街区总建筑面积的比例（%）
		易涝积水点数量比例（%）
		小型普通消防站覆盖率（%）
	社区安全（3）	二级以上医疗服务设施覆盖率（%）
		治安犯罪案件发生数（件）
		交通事故案件发生率（%）
风貌特色（5）	历史建筑（3）	街区历史建筑挂牌率（%）
		历史文化建筑人均面积（m^2/人）
		街区历史建筑保护修缮率（%）
	特色街区（2）	街区内具有特色风貌的街道长度比例（%）
		历史风貌保存完好的街区面积（m^2）
整洁有序（6）	界面整洁（4）	街道车辆停车率（%）
		门前责任区制度履约率（%）
		城市窨井盖完好率（%）
		社区形象综合指数（分）
	空间有序（2）	私搭乱建建筑占比（%）
		流动摊贩摆摊占街区总面积的比例（%）
创新活力（10）	产业状况（2）	社区个体户、店铺数量占比（%）
		社区主要店铺类型
	社区凝聚力（4）	社区志愿者数量（人/万人）
		社区活动开展次数（次）
		居民对社区决策的参与度（分）
		公共空间居民活力指数（%）
	新兴产业（4）	市级以上高科技企业的数量占比（%）
		历史建筑活化利用率（%）
		当年获得各类创意奖、文化奖的项目数量（个）
		人口素质指数（%）

注：二级评价指标的得分结果均作归一化处理。

3.3 体检结果——以武汉六合社区为例

3.3.1 基本情况

六合社区位于武汉市江岸区中心区临江侧，有常住居民3000余户8200多人。社区范围北至张自忠路，南至六合路，西至中山大道，东至胜利街，总占地面积7.6 hm^2（图5）。由于人口众多、管理困难等原因，这一区域一直处于秩序混乱、卫生脏差的状态。自2016年以来，武汉市开始着力整治城市老旧社区以提升城市品质和形象，六合社区的整治改造工作被提上议程。

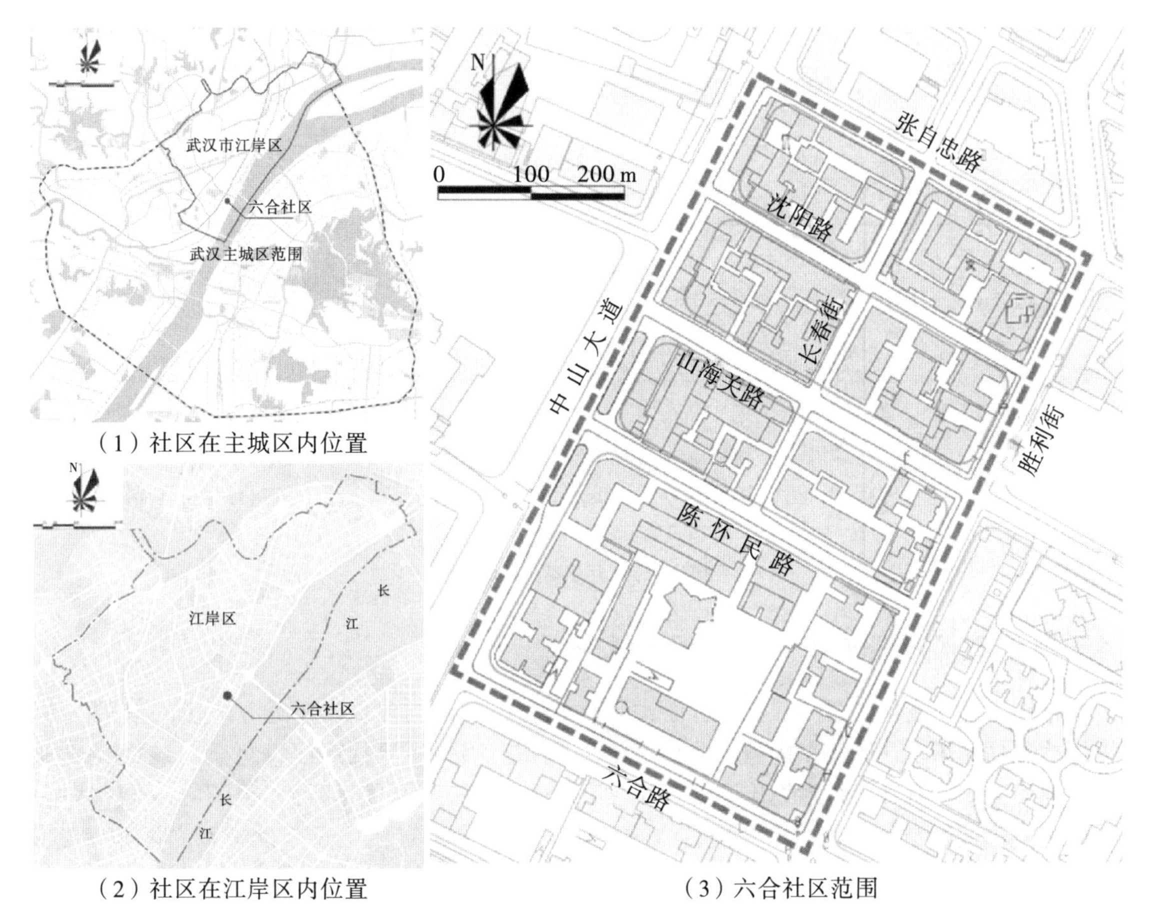

（1）社区在主城区内位置

（2）社区在江岸区内位置

（3）六合社区范围

图5　武汉市六合社区区位及范围

3.3.2　体检结果

为了更有针对性地推进六合社区的治理改造工作，政府相关部门对该社区进行了社区级体检评估工作，以此制定下一步的社区改造行动。首先，通过多种方式获取数据，并在体检平台中进行空间信息匹配、数据可视化分析展示；其次，通过比对行业标准、上位规划要求、国家政策标准等，计算各评价条线的标准值，最终得出该社区在生态宜居、交通便捷、安全韧性、风貌特色等方面的体检评估结果（图6）。

（1）评价结果较好的内容。六合社区在空间宜人（0.79）、交通出行（0.58）、生活配套（0.74）、教育服务（0.49）、群体包容（0.61）、社区安全（0.55）、历史建筑（0.78）及特色街区（0.92）的建设方面达到良好和优秀水平。其中，特色街区、空间宜人度的评价较高，这可能与社区属于“小街区、密路网”的历史建筑租界区有关。

（2）评价结果一般的内容。六合社区在生态持续（0.24）、老年保障（0.19）方面的表现一般，稍高于标准值。

（3）评价结果较差的内容。六合社区在停车配置（－0.78）、文体配套（－0.21）、住房保障（－0.23）、设施安全（－0.09）、界面整洁（－0.77）、空间有序（－0.88）、社区凝聚力（－0.08）、新兴产业（－0.67）等方面的评价结果最差。尤其是整洁有序评价板块是社区的主要短板，这可能与六合社区内存有大量流动摊贩和违章建筑有关。

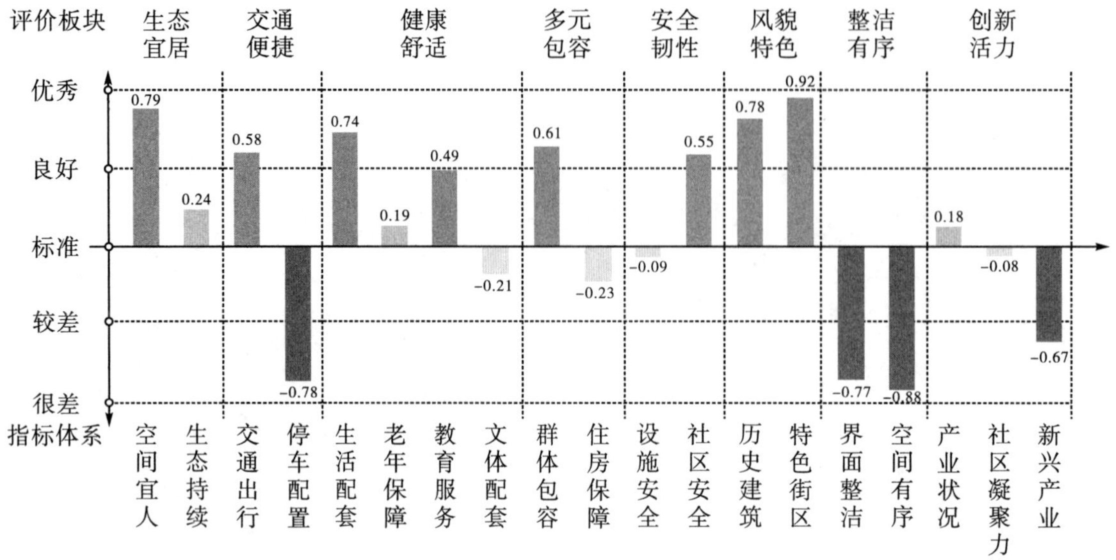

图 6　六合社区级体检评估结果

3.4　社区级体检指引下的治理改造策略

根据体检评估结果，可知六合社区距离现代化完整社区的建设水平还有一定的差距。本文根据体检评估结果发现的停车配置不足、界面杂乱、空间失序等社区建设短板，参照国家和地方相关建设要求，有针对性地提出了六合社区治理的改造策略和优化路径（图 7）。

（1）梳理道路交通，优化停车配置。在山海关路两侧划定便民停车设施和立体车库建设，提高社区停车配置水平至国家标准，同时探索与社区外综合商场地下停车区共用停车的方式解决六合社区停车难、乱的问题。

（2）科学划定流动摊贩区域，精细化管理流动摊贩。流动摊贩对提升老旧社区服务水平发挥着积极作用，在保留流动摊贩的基础上，划定长春街北段、中山大道东侧路段为流动摊贩经营区域，分时段、人性化管理流动摊贩的经营行为。

（3）严格整治社区内违章建筑。根据体检评估结果，核实社区内存在 10 处违章建筑。根据武汉市相关规划建设管理办法，制定保留、拆除相关违章建筑的行动计划，以提升社区空间秩序和宜居程度。

（4）展开社区卫生道路重点治理行动。根据体检评估的空间落位结果，联合社区工作者和城市管理部门，划定陈怀民路、山海关路和长春街 3 条道路为六合社区的重点卫生环境治理道路，持续提升社区界面整洁程度和环境形象。

图7　六合社区治理改造措施

4　结语

我国已进入存量规划时期，城市中正在形成大量急需改造的老旧社区，这些老旧社区普遍存在着流动摊贩治理困难、停车难等问题。本文在分析总结城市体检工作特征的基础上，提出了基于社区级体检结果指导社区改造治理的机制和路径，包括体检数据获取与管理、社区级体检指标构建、确定指标评价标准值、社区级体检结果可视化、精细化社区治理行动等内容。

虽然自上而下推动城市体检工作的方法依然不可或缺，但自下而上从社区层面切入城市体检的工作也同等重要，因为社区级体检可更好地契合当前社区改造治理进程，与存量规划、社区改造规划等行动相呼应，从现实需求出发推动城市体检工作走向实际、精细、科学、持续。或许，在不久的将来，“社区＋城市”两级推动的城市体检模式会成为未来城市体检工作的重要方式和路径，最终实现城市体检工作在全市域系统问题发现和社区微观诊断治理两个方面的有机统一。

［注释］

①“一标“是指“标准地址”，由“行政区划＋乡镇街道＋街路巷＋门牌号＋小区（组）＋楼排号＋单元号＋户室”等要素组成。“三实”是指“实有人口、实有房屋、实有单位”。其中，标准地址是基础，“三实”信息必须录入在标准地址上。

[参考文献]

[1] 赵民，张栩晨．城市体检评估的发展历程与高效运作的若干探讨：基于公共政策过程视角［J］．城市规划，2022，46（8）：65-74.

[2] 伍江，王信，陈烨，等．超大城市城市体检的挑战与上海实践［J］．城市规划学刊，2022（4）：28-34.

[3] 于洋洋，周丹，王志猛，等．"民生七有"目标下城市体检评估系统框架及功能设计［C］//中国城市规划学会城市规划新技术应用学术委员会，广州市规划和自然资源自动化中心．夯实数据底座·做强创新引擎·赋能多维场景：2022年中国城市规划信息化年会论文集．南宁：广西科学技术出版社，2022.

[4] 毛羽．城市更新规划中的体检评估创新与实践：以北京城市副中心老城区更新与双修为例［J］．规划师，2022，38（2）：114-120.

[5] 詹美旭，刘倩倩，黄旭，等．城市体检视角下城市治理现代化的新机制与路径［J］．地理科学，2021，41（10）：1718-1728.

[6] 杨婕，柴彦威．城市体检的理论思考与实践探索［J］．上海城市规划，2022（1）：1-7.

[7] 马静，华文璟，苏鹏宗．城市体检助力城市高质量发展的探讨［J］．未来城市设计与运营，2022（9）：33-35.

[8] 苏鹏，李佩佩，訾远．城市体检中的社会满意度评价研究：以济南城市体检为例［C］//中国城市规划学会．面向高质量发展的空间治理：2021中国城市规划年会论文集．北京：中国建筑工业出版社，2021.

[9] 叶锺楠，韦寒雪．城市诊断方法在社区更新规划中的应用：以北京石景山区八角社区为例［J］．规划师，2020，36（12）：51-57.

[10] 徐勤政，何永，甘霖，等．从城市体检到街区诊断：大栅栏城市更新调研［J］．北京规划建设，2018（2）：142-148.

[11] 邓方荣，曾钰洁，罗逍．基于城市体检的城市微改造路径探索：以长沙市桔子洲街道城市体检为例［C］//中国城市规划学会．面向高质量发展的空间治理：2021中国城市规划年会论文集．北京：中国建筑工业出版社，2021.

[作者简介]

周俊兆，注册城乡规划师，任职于武汉城市仿真科技有限公司。

王存颂，注册城乡规划师，任职于武汉城市仿真科技有限公司。

从旧城改造到城市更新

——“绍兴片”城市更新项目实践思考

□王转涛，刘　晖，周　霞，杜　娟，易有韦

摘要：广义的城市更新一直伴随着城市发展。《中共中央关于制定国民经济和社会发展第十四个五年规划和二〇三五年远景目标的建议》明确提出“十四五”时期乃至今后的一个时期实施城市更新行动，为广义的城市更新赋予了新时代的意义和明确的目标任务。武汉市正有序开展城市更新，并于2021年完成第一批城市更新试点项目。通过对现阶段已完成的试点项目进行分析和总结，可为正在和即将开展的城市更新项目提供一定的借鉴。

关键词：城市更新；旧城改造；实践创新

1　引言

城市是人与人关系最为密切和稳定的集群，城市有发展就伴随有更新。城市更新是世界各地在城镇化进程中，应对城市的创伤和转型而做出的一种城市发展策略和模式选择。广义的城市更新是在城市转型发展的不同阶段和过程中，为解决其面临的各种城市问题（如经济衰退、环境脏乱差、建筑破损、居住拥挤、交通拥堵、空间隔离、历史文化破坏、社会危机等），由政府、企业、社会组织、民众等多元利益主体紧密合作，对微观、中观和宏观层面的衰退区域（如城中村、街区、居住区、工业废旧区、褐色地块、滨河区乃至整个城市等），通过拆除重建、旧建筑改造、房屋翻修、历史文化保护、公共政策等手段和方案，不断改善城市建筑环境、经济结构、社会结构和环境质量，旨在建构有特色、有活力、有效率、公平健康的城市的一项综合战略行动。《中共中央关于制定国民经济和社会发展第十四个五年规划和二〇三五年远景目标的建议》明确提出“十四五”时期乃至今后的一个时期实施城市更新行动，为广义的城市更新赋予了新时代的意义和明确的目标任务。本文所述的实施城市更新行动为狭义的城市更新，具体指特定历史时期下（“十四五”时期乃至今后一个时期）为解决现状城市问题（土地存量减少、增量改造需求攀升、城市开发建设模式过度粗放、民生发展工程不足、城市韧性不足、城市规划建设管理碎片化等），通过完善城市空间结构、实施城市生态修复和功能完善、强化历史文化保护、塑造城市风貌、加强居住区建设、推进新型城市基础设施建设、加强城镇老旧小区改造、增强城市防洪排涝能力、推进以县城为载体的重要城镇化建设等措施，旨在建设宜居城市、绿色城市、韧性城市、智慧城市、人文城市，不断提升城市人居环境质量、人民生活质量、城市竞争力的城市发展战略行动。

2 背景

依据城市建设是否开展于“十四五”时期乃至今后一个时期，武汉市城市建设可笼统地分为旧城改造阶段和城市更新阶段（图 1）。其中在旧城改造阶段，武汉市城市建设也经历了三个重要阶段，即高速发展阶段（约 2011—2014 年）、精细化探索阶段（约 2014—2018 年）、品质管理阶段（约 2018—2020 年），每个阶段的城市建设和治理措施有所不同。

图 1　武汉市城市发展过程

2.1 旧城改造阶段

开始于 21 世纪 20 年代之前的城市建设和治理的综合战略行动。

①高速发展阶段。该时期城市发展正经历全国快速城镇化阶段，城市中产生了城中村聚落与群体，在一定程度上制约了城市空间和面貌上的发展。此阶段城市治理的主要措施有城中村改造、还建房建设等，通过对城中村进行拆除，腾挪出的土地用于新建还建房和公共空间。

②精细化探索阶段。经过上一阶段的城市发展和治理，城市面貌和居住就业空间得到显著改善。此时期针对城市内部为数不多的低效、低质空间，如对旧城、旧厂、旧村用地提出“三旧”改造，在城市重点区域建设凸显城市名片的功能区和高品质开发小区。此阶段城市治理以拆除和改造并举，打造城市亮点地段、特色区域，擦亮城市名片。

③品质管理阶段。随着城市不断发展，建设于 20 世纪八九十年代的建筑外立面破旧、屋面漏水、管线负荷不足等问题突出。伴随国家对老旧小区改造的新政策、武汉市承接大型国际赛事等实际情况，武汉市城市治理以老旧小区改造提升、运城区开发、加强重点功能区域建设等为主。经过此阶段城市治理，城市面貌得到再一次改善，老旧小区居民生活质量得到再一次提升。

2.2 城市更新阶段

开始于 21 世纪 20 年代之后的城市建设和治理的综合战略行动。

2020 年至今，武汉市围绕“十四五”时期城市工作主旋律，积极开展城市更新项目，探索新时期城市发展和治理新措施，并完成一批城市更新试点项目。不同于旧城改造阶段，新时期城市更新改造范围成片、改造方式多样、改造目标和任务更加多元。

2.3　城市更新新要求

党的十九届五中全会通过的《中共中央关于制定国民经济和社会发展第十四个五年规划和二〇三五年远景目标的建议》明确提出实施城市更新行动；住房城乡建设部党组书记、部长王蒙徽的《实施城市更新行动》中提到新时期的城市更新总体目标是建设宜居城市、绿色城市、韧性城市、智慧城市、人文城市，不断提升城市人居环境质量、人民生活质量、城市竞争力，走出一条中国特色城市发展道路。基于武汉城市发展历程和城市更新新要求，武汉市正有序开展城市更新行动。但因实际情况复杂，城市治理措施及政策更迭，有些许项目成为上一阶段城市发展的遗留项目，即此类项目开始于旧城改造阶段，但未在上一阶段完成改造，在新时期，根据新措施与新政策，此类项目将得到推动和完成，如"绍兴片"项目即属于此类项目。下文将以"绍兴片"实践项目为例，对旧城市更新阶段政策、理念、实施等方面的创新进行思考与总结。

3　项目实践

3.1　项目背景

"绍兴片"项目为武汉市2021年第一批城市更新重点项目之一。该项目于2022年实现供地，2023年开始建设，然而启动于2019年。项目经历城市建设的两个阶段：旧城改造阶段和城市更新阶段。

该项目位于武汉市内环，汉口老城核心区，周边临近武汉市商业街名片——江汉路步行街和中山大道商业风情街。随着时代变迁，项目及周边区域已成为位于汉口商业核心区的旧城片区，城市问题凸显。

3.2　项目症结

为改善居民生活水平，改善内环城市面貌，提升城市空间品质，"绍兴片"项目于2019年开启改造工作。当时项目被纳入"三旧"中的旧城改造范围内，改造方式确定为拆除新建。但因面临以下问题，项目进展缓慢。

（1）资金平衡压力大。"绍兴片"项目位于武汉市江汉区内环，是武汉市人口最为稠密的区域之一。项目现状建筑密集，土地面积小，人口密度大，资金平衡压力大。

（2）安置成本不断攀升。因多数居民倾向于选择货币安置，而安置成本与房地产市场紧密相关，随着房地产价格的不断走高，安置成本也不断上升。

（3）新建项目质量难保证。基于资金平衡和安置成本的不断升高，在武汉市现有法律法规的政策下，为平衡成本，项目地块将出现一个极高密度和强度的新建方案。该方案突破了老城区管网承载力，破坏了老城区空间尺度。

3.3　城市更新阶段实践创新

2021年，"绍兴片"项目纳入城市更新试点项目，并通过政策创新、理念创新、实施创新等三个方面，妥善解决项目问题，推动项目供地，助力项目建设。

（1）政策创新突出综合平衡。在更新项目实施过程中多措并举，加大政策支持，通过实施土地、规划、金融财税、建设、房管等多项支持政策，全面加速推进更新项目。

重点突出综合平衡经济账。对于“绍兴片”项目，打破区域限制，放眼全市，重点突出“更新项目+平衡项目”的“1+1”综合平衡方案，即一个更新项目加一个平衡地块一起打包统筹资金平衡，并坚持“当期平衡、动态平衡、综合平衡、长期平衡、政策平衡”理念。“绍兴片”项目的平衡地块为远城区一处土地，在可研测算资金成本后，确定两个地块的开发模式，并支持中心城区与远城区联动发展。“1+1”综合平衡思路解决了旧城改造局限于项目地块本身资金成本难以平衡的问题，极大地推动了项目改造和区域协调发展。

（2）规划理念多维度创新。武汉市城市更新已经从旧城改造的“推土机式”改造理念提升到“绣花针”“手术刀”“针灸式”城市有机更新理念，工作更加人性化、民主化、精细化。

①从“拆改留、以拆为主”转向“留改拆、以留为主”。在城市更新过程中选择“以留为主”，既是城市更新理念使然，又与城市经济发展和阶段有一定关系。在旧城改造阶段，“绍兴片”项目仅关注项目本身 3.05 hm^2 范围内如何实施建设，即项目拆除后新建项目如何供地、如何建设落地，对周边环境的提升未做充分考虑。这样将留下很多问题，如区域特色无法凸显、区域环境无法提升等。在城市更新阶段该项目以 63.5 hm^2 的区域范围为研究对象，对区域内建筑和环境进行评估，评判“留改拆”范围和单体。经评估，区域内改造以“留、改”为主，“留、改”建筑规模高达区域总建筑面积的 82.3%，拆除新建项目仅占 17.7%（图 2、图 3）。这样的“留、改、拆”方案既最大限度地保留了区域城市文脉，又极大地减少了拆迁面临的社会问题，为城市平稳有序发展奠定基础。

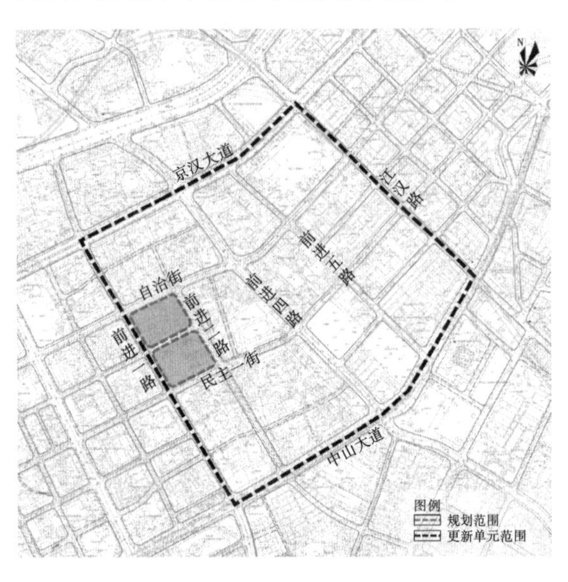

图 2 “绍兴片”城市更新项目范围

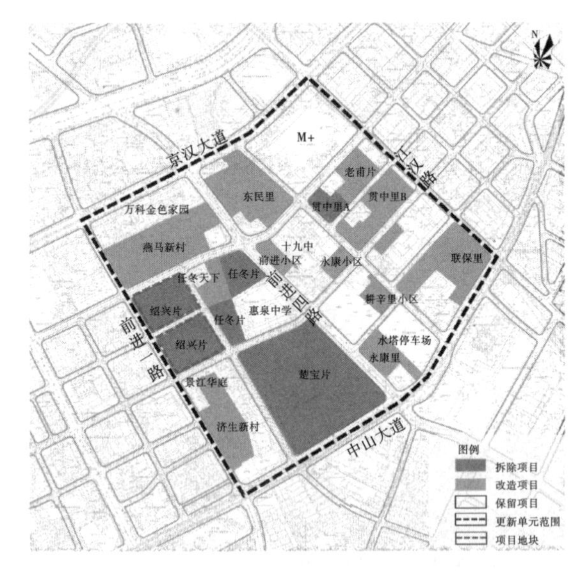

图 3 “绍兴片”更新范围“留、改、拆”建议

②从目标单一化转向目标多元化。在旧城改造阶段，该项目开发成功与否的目标设定较为单一，即土地供应及房产开发是否实现收益，导致项目建设对于城市问题的解决较为碎片化。在城市更新阶段，该项目成功与否的目标设定更加多元化，如产业功能是否激活、公共空间品质是否提升、居住配套是否达标、历史文脉是否延续、老旧小区是否修缮等。多元目标的设定让区域城市重新焕发活力，让居民均享城市发展带来的便利（图 4）。

图 4　"绍兴片"城市更新项目总体定位及规划策略

③从保护单体历史建筑转向提升历史城区风貌。该项目位于历史城区，区域历史资源丰富且多元，区域空间格局历史底蕴深厚。在旧城改造阶段，该项目局限于项目本身，对周边历史资源的保护局限于对文保建筑单体的保护与修缮，但未对历史风貌的延续做出过多呼应。在城市更新阶段，该项目以历史城区为底色，最大化延续历史城区空间格局，延续历史风貌，在保护修缮历史建筑的同时重点提升里分区域，并结合片区开发建设打造两条特色文化商业街，极大地保护和凸显了区域历史底蕴，彰显区域历史风貌。

④从政府引导、企业主导转向共同缔造。在城市发展过程中，城市规划设计理念经历了"政府主导——政府引导、企业主导——政府、企业、社会、居民共同参与"等三个阶段。在旧城改造时期，从政府和企业的角度出发探讨和规划项目，决策团体较少，容易引发新的社会矛盾，如建成一片新地、破坏一片旧区，新旧差距给周边居民带来心理落差，产生公共资源使用不平等问题。在城市更新阶段，项目规划设计秉承"规划引领，公益优先；以人为本，共同缔造"的设计理念，发动群众、组织群众积极参与，充分发挥群众的主体作用，探索决策共谋、发展共建、建设共管、效果共评、成果共享的方法和机制，实现"绍兴片"城市更新项目社会面共赢（图 5）。

工作过程

2021年11月，成立项目组，开展多次现场踏勘

2022年3月—2022年5月 对接专项规划和实施评估编制单位，形成初步成果

2021年12月—2022年12月，向市局进行多轮意向方案汇报

2022年8月，向区政府汇报更新单元实施方案，征求区政府意见

2022年11月，与江汉区城更局沟通，明确更新项目库清单

2022年11月23日，市局第六批次集中供地工作会明确“绍兴片”日照影响需区政府出示承诺函，以及下一步上会审查流程

2022年12月，市局关于推进“绍兴片”城市更新会议明确同意项目报上市规划委员会及市更新领导小组会

2022年12月3日，市规委会/市更新领导小组会

2022年12月5日，专家咨询会

座谈

图5 “绍兴片”城市更新项目规划设计过程秉承“共同缔造”纪录

⑤从自上而下转向双向对接。在旧城改造阶段，设计更倾向于自上而下，依次为上位规划—相关规范规定—规划方案—落地方案。因城市发展变化较快，居民需求和市场需求领先于规划与规范的制定，自上而下的设计与现实需求存在一定差距，不利于城市问题的解决。在城市更新阶段，“绍兴片”项目实行“自上而下”与“自下而上”两条线并进，既尊重合理的规划(开发项目满足上位规划功能定位)，又兼顾社会及居民的需求（居民对“留、改、拆”项目均提出合理诉求，如产业发展方向、建筑外立面形式、建筑退让道路距离、建筑风貌方向等)，规划反向调整，最终形成合理且易于落实的上位规划、合理的实施方案。

⑥从片面关注开发项目转向注重实施项目包落地。在旧城改造阶段，规划结论只对开发项目提出规划实施建议。而在城市更新阶段，“绍兴片”城市更新项目规划形成5大类41个项目库，分别为历史文化提升项目10项、公共空间提质项目17项、公服配套提升项目4项、老旧小区整治项目7项、市场开发项目3项。同时，对所有项目进行成本测算，并经更新平台统筹，形成若干个实施项目包。项目包的实施主体、实施内容、周期也根据实际情况有所不同，如“绍兴片”地块所在项目包内除开发项目外，还包含有部分市政道路、社区医疗设施、特色商业街等公益性项目和风貌提升类项目建设。项目包的形成和建设让“绍兴片”区域城市更新更加明晰和高效（图6)。

(4) 实施创新一二三级综合联动。在后期运营上，“绍兴片”项目提出决策共谋、发展共建、建设共管、效果共评、成果共享的共同缔造模式。以城市更新项目一二三级综合平衡方案作为可行性依据（即统筹土地一级开发、二级开发及三级运营于一体，综合资金)，引导金融机构、社会资本有序参与项目，构建多层次、多方式、多渠道的运营模式，实现“以区为主、共同缔造”，充分激发区政府积极性，共同推“绍兴片”城市更新项目推进。

图6　“绍兴片”城市更新项目中开发项目

4　结语

城市发展过程中，新的措施和理念即使不能把错综复杂的历史问题一并解决，也能为未来指出一个更全面平衡的方向。希望对此项目的思考与总结可以为武汉市正在和即将开展的更新项目提供些许借鉴。

［参考文献］

［1］陶希东，陈则明，薛泽林. 从旧区改造到城市更新：上海实践与经验［M］. 上海：上海人民出版社，2022.
［2］于代宗，范晓杰. 城市更新侧重点发展趋势研究及实践探索：以《山东省招远市老城区更新规划》为例［J］. 城乡建设，2021（22）：48-52.
［3］周琦，潘梦瑶. 基于可持续发展理念的城市更新实践［J］. 建筑与文化，2023（2）：2-9.
［4］林忠德. 浅谈城市更新实例分析［J］. 居业，2021（6）：21-23.
［5］王蒙徽. 实施城市更新行动［J］. 建筑机械，2020（12）：6-9.
［6］王辉. 谁的城市更新［J］. 建筑师，2023（1）：26-36.
［7］李力扬，闵学勤. 推进新时代城市更新的三点思路［J］. 理论探索，2022（6）：100-107.

［作者简介］

王转涛，注册城乡规划师，一级注册建筑师，高级工程师，任职于武汉设计咨询集团有限公司。
刘　晖，注册城乡规划师，高级工程师，任职于武汉设计咨询集团有限公司。
周　霞，注册城乡规划师，一级注册建筑师，高级工程师，任职于武汉设计咨询集团有限公司。
杜　娟，任职于武汉市城市更新投资有限公司。
易有韦，任职于武汉市城市更新投资有限公司。

应对突发卫生公共事件
5 分钟社区生活圈构建的策略与实践

□王　紫，梅　磊，刘　勇

摘要：新冠肺炎疫情引发了规划学界的众多讨论思考，主要集中在中观与宏观尺度和理论层面的研究。本文立足于武汉经验，以应对突发卫生公共事件全周期防灾管理为视角，聚焦于微观层面 5 分钟生活圈范围的基层防疫环节。结合疫情中规划师下沉社区的帮扶观察与思考，探讨如何以城市更新与社区改造为契机，构建应对突发卫生公共事件的 5 分钟生活圈。以近年来突发卫生公共事件、健康城市理论研究为基础，提出应从降低暴露风险、促进健康活动及重塑健康信心三个方面展开 5 分钟生活圈建设，涵盖格局、路径、服务、空间四个板块；提出一种既可灵活应对疫情，又能促进人居环境健康发展的生活圈构架，构建防控期和稳定期两个阶段功能嵌套的生活圈体系，补齐应对突发卫生公共事件的能力短板，进而整体提高城市健康水平。

关键词：5 分钟生活圈；突发卫生公共事件；功能嵌套；最小防疫单元；健康风险

2020 年一场突发卫生公共事件——新冠肺炎疫情席卷了全球，也给中国社会及城市发展带来巨大的影响。2023 年 1 月 8 日，我国解除对新冠病毒规定的甲类传染病防控措施，同年 5 月世界卫生组织宣布新冠肺炎疫情不再构成“国际关注的突发公共卫生事件”。然而，疫情冲击的影响尚未结束，多次阳性的感染者在国内外并不鲜见，有的患者出现“长新冠”的现象，新冠肺炎疫情的愈后情况和未来对人类健康的影响仍是未知数。新冠病毒起源尚未可知，未来也有出现其他流行病等突发卫生公共事件的可能性。这一场疫情给人类敲响了警钟，我们必须建立健全一套面对突发卫生公共事件完备的防灾体系，以应对未来的挑战。

与此同时，国内外学界迅速响应，相关研究和实践指向几个共同的趋势：一是疫情应对从传统的突发时期救治与防控转变为“前—中—后”全周期多方面防灾管理，以联合国的“灾害管理循环”理论作为应急管理的基本框架，包括减灾、准备、响应和恢复四个形成闭环的阶段。二是更加注重基层的防疫动员与管理，将社区作为最小防疫单元，与 5～15 分钟生活圈建立密切的关系。尽管当前对社区层面疫情防控的研究众多，但大多数处于理论性讨论阶段，主要从中观与宏观角度出发，案例佐证较少；对“平急结合”生活圈的设置更多集中于对 15 分钟生活圈的研究。相较于 15 分钟生活圈的占地规模（3～5 km^2），更多老旧小区的实际占地规模约为 5 分钟生活圈（8～18 hm^2）左右，更适宜作为疫情时的封闭单元使用。

应对突发卫生公共事件全周期管理中，研究探索基层社区防疫单元规划与治理体系建设是必要的，有助于筑牢中国防疫体系的地基，也是城市健康可持续发展的保障。本文在已有研究的基础上，强化对更小尺度的防疫单元——5 分钟生活圈的研究，充分考虑疫情不同时期应对的不同挑战与需求，构建 5 分钟生活圈下的“韧性”生活圈，聚焦内部空间如何构建并予以实践。

1 突发卫生公共事件主要阶段及时空特征

按照当前主流突发卫生公共事件生命周期理论研究，国外学者将其分为“减灾、准备、响应、恢复”四个阶段，国内相关学者将其划分为三阶段（灾前、灾中、灾后）、四阶段（预防与准备、监测与预警、救援与处置、善后与恢复）、五阶段（准备、预防、减缓、响应、恢复）等。应对突发卫生公共事件，特征最突出的两个时期为防控期和稳定期。因疫情从萌发到正式拉响警报的时间线比较模糊，也常常因为防疫政策的改变而出现防控行为上的反复，导致在减缓和响应中不断变换，故统一将疫情的突发以及积极防御时期称为防控期。稳定期时群体免疫已经建立，但可能会反复出现第二波、第三波疫情。稳定期的开始应以官方宣布的流行病大流行结束、流行病等级调减为标志，也代表着防疫政策由应急化向常态化、平稳化的改变，正式进入后疫情时期。疫情稳定期的感染人数也不一定立刻呈现下降趋势，其既不代表疫情的结束，也不代表可以放松对疫情的防控，相反，稳定期会带来新的卫生安全及社会、心理问题。以新冠肺炎疫情大流行为例，2022 年 12 月 7 日国家卫生健康委正式宣布疫情结束，发布了新冠肺炎疫情“新十条”防控优化措施；2023 年 1 月 8 日将新冠病毒感染由“乙类甲管”调整为“乙类乙管”，分别标志着新冠肺炎疫情的全面放开以及新冠病毒毒性和危害的降低。按照本文的分段标准，本次疫情于 2023 年 1 月左右进入稳定期。在这之后，新冠病毒的阳性感染人数不断变化，经历一段时间的下降和平稳后，在 2023 年 5 月又迎来新的波峰。同一时期，儿童感染肺炎人数较同年明显上涨，病程明显加长。2023 年 1 月以来，甲型流感、合胞病毒及支原体感染在儿童中迅速流行，且研究表明这与大量使用消毒剂等防控手段具有直接关系，可以认为是新冠肺炎疫情这一项重大突发卫生公共事件带来的“余震”，迫使人们对人居环境的设计与应对展开新的思考。即使是在突发卫生公共事件进入稳定期后，由于不同的病毒交替出现大规模传播现象而导致很长一段时间以来城市空间都处在应激状态，急需以应对突发卫生公共事件为导向的空间规划和重塑。

疫情防控期对生活圈的规划提出诸多特殊要求。一是能满足防疫调度需求，使防疫生活圈具备开闭管理以及组织调配的空间条件，同时保证线上信息报送及协调组织也能迅速响应；二是能满足各类医疗救助、物资运送、集中隔离等特殊用途空间的使用需求，包括重要管控节点、资源配给处、物资储备场所、社区防疫服务中心和临时安置点等。这期间最主要的需求是封闭，但封闭的同时要能保证物资运转、必要人员的进出和生活圈内部一定的流动性。

而稳定期首先应建立起“平急结合”、开闭灵活的生活圈防灾体系，以应对随时可能出现的突发状况，从而构建促进人身体和心理恢复的人居环境，促进健康生活（表 1）。

表 1 突发卫生公共事件阶段特征

项目	防控期	稳定期
突发卫生公共事件的进展阶段	以疫情突发、封控管理为主的时期	流行病等级调减后的时期
开始标志	事件出现	官方宣布事件结束或降级（不以感染人数波动为判断标准）
结束标志	官方宣布事件结束或降级	事件影响基本消失
空间需求	封闭管理、组织调配、救治隔离、物资运送	开闭灵活、促进身体和心理恢复

2 将健康理念融入5分钟生活圈的相关理论研究

随着我国的城市建设由大拆大建转为存量与增量并行发展的阶段，2018年《城市居住区规划设计标准》发布，社区规划从以千人指标为核心的“一刀切”的静态化设计手法转变为以人居环境及居民需求为主的参与式动态化规划方法。生活圈的构建分为理想模型及规划模型两种。理想模型以住宅为中心，按照理想的步行可达距离布局公共设施，没有具体的单元边界。规划模型则是以集聚公共设施的特定社区中心为核心，将相关的设施、住宅等要素在社区空间上进行布局，边界可能是规划单元，也可能是道路、河流等空间分界线。在规划实践中多采用规划模型，也是本文中所讨论的5分钟生活圈基础概念。本文以规划模型为研究基础，重点探讨与5分钟生活圈规模相对应的开放或封闭的居住单元。

在住房城乡建设部2018年印发的《城市居住区规划设计标准》中，从用地范围、建筑、配套设施、道路及居住环境等多个方面分别对15分钟、10分钟及5分钟生活圈提出要求。上海、广州、成都、南京等城市均出台了生活圈规划方面的相关导则及规范。上海在2016年出台的《15分钟生活圈导则》中，从住宅、就业、出行、服务及休闲几个方面提出15分钟生活圈构建的具体理念及方法。

全球对健康理念融入城市规划的讨论始于19世纪中叶的工业革命时期，同样被讨论了许多年。世界卫生组织提出“全民健康”理念和“健康城市”策略，落脚于健康社区，其中强调了居民参与政策的制定、有针对性地进行问题分析和满足个体独特健康需求，以及健康城市公平性的重要性。王兰归纳提出：“城市规划对公共健康的影响主要体现在各规划要素对城市环境、人们的行为模式、心理状态等方面的影响，并将本学科对公共健康的促进作用总结为两个路径：一是消除和减少具有潜在致病风险的建成环境要素；二是推动健康低碳的生活、工作、交通和娱乐方式。”不难看出，对于健康城市的思考聚焦于对健康风险的控制、对健康活动的鼓励及对健康社区中公众参与度和公平性的强调。

2021年，自然资源部发布《社区生活圈规划技术指南》，明确了社区生活圈的定义，即满足全生命周期工作与生活等各类需求的基本单元，“引领面向未来、健康低碳的美好生活方式，把健康理念放在重要位置”；增加了共享使用、弹性适应及场所营造方面的新要求，强调5分钟生活圈的设计应特别注重面向老人和儿童配置服务要素。疫情发生后，杨保军提出紧抓15分钟生活圈的构建契机，融入健康要素，把15分钟生活圈打造为防疫工作的最基本单元。任云英根据15分钟生活圈居住区的配套服务社区标准，提出了社区各类设施在平时及疫时的对应使用功能。赵宝静将生活圈视作“防灾减灾基本单元”，并针对此深化了生活圈服务要素的设置。

综上所述，健康理念在生活圈要素设置中的重要性有逐渐上升的趋势，但更多是集中在对日常健康生活要素的考虑，缺少对应急事件及传染病事件预防的特殊考虑，这也是本文认为需要重点讨论的地方。

3 应对突发卫生公共事件下的5分钟生活圈构建方法

界定突发卫生公共事件下生活圈健康程度的指标可借鉴联合国政府气候变化专门委员会（IPCC）于1996年对城市生态系统“脆弱性”的定义，即认为脆弱性取决于暴露程度、敏感性和适应能力。根据相关学者研究，暴露性是指暴露于灾害的人和物的数量，对于突发卫生公共事件，暴露性即暴露在传染病毒之中的可能性，这一指标与社区人群的集聚密度、卫生情况及封闭程度息息相关。敏感性是指暴露单位受压力和扰动影响而改变的容易程度，也就是在疫情冲击下，居民容易感染程度以及重症比例。在新冠肺炎疫情中，国内外数据均表明重症率与患者年龄呈正相关；而另外一些流行病则是更易于在孩子中传播，故敏感性也与易感人群相关，与生活圈设置是否能完成全年龄、全周期的健康管理相关，与公共服务设施相关。适应力是指暴露单位处理不利影响并从中恢复的能力，既包括了身体的恢复，又包括了心理的恢复，所以适应力即人居环境是否对健康的恢复有正向引导，是否能促进健康的活动，也可以理解为生活圈的韧性。

因此，本文提出基于突发卫生公共事件下5分钟生活圈的构建思路，即降低暴露风险、促进健康活动和重塑健康信心三个方面，并落实到生活圈的构成要素；从空间组织、健康路径、健康服务及健康场所四大板块，提出一种既可灵活应对疫情，又能促进人居环境健康发展的生活圈构架（图1），最终形成防控期、稳定期两个阶段功能嵌套的5分钟生活圈体系（图1，表2）。

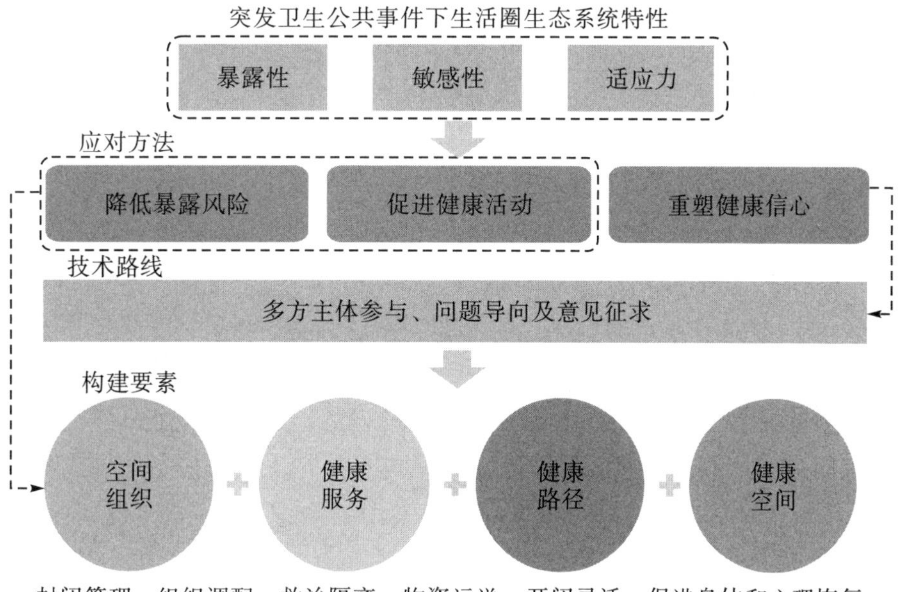

图1　应对突发卫生公共事件5分钟生活圈构成框架

表2　防控期、稳定期功能嵌套的5分钟生活圈构成

类别	5分钟生活圈要素	防控期	稳定期
空间组织	住宅组团	二级封闭组团、社区网格员疫时线上线下管理组团	社区网格员线上线下日常事务的管理组团
	邻里中心	物资调配中心/方舱医院	综合服务设施
健康路径	公交车站	—	交通站点设施
	主干道	应急车道、物资运送生命线	主要通行道路
	支路	应急车道	组团内通行道路
	自行车道	应急车道	自行车道
	非机动车停车场（库）	—	停车设施
	机动车停车场（库）	—	停车设施

续表

类别	5分钟生活圈要素	防控期	稳定期
健康服务	社区服务站	防疫管理中心/应急指挥中心	管理设施
	幼儿园	疏散/方舱医院	教育设施
	托儿所	疏散/方舱医院	教育设施
	文化活动站（室）	疏散/方舱/临时物资分发	文化设施
	社区卫生服务站	应急隔离点/患者中心	医疗设施
	老年活动室/照料中心	应急隔离点/患者中心	医疗设施
	健身点（房）	疏散/方舱医院	体育设施
	超市	物资转运及储藏中心	社区商业网点
	菜市场	物资转运及储藏中心	社区商业网点
	社区食堂	应急后勤中心	社区商业网点
	商铺	—	社区商业网点
	其他商业网点（银行、电信、邮政、快递、洗衣、药店、美发等）	快递驿站可做应急物资分发中转站	社区商业网点
健康场所	慢行步道（休闲、体育、文化）	应急车道	体育/文化设施
	中心公园	疏散/物资分发场地	体育设施/绿地
	口袋公园	疏散/物资分发场地	体育设施/绿地
	宅前绿地	疏散/封闭期活动场地	绿地

3.1 建立开闭灵活的空间格局，降低暴露风险

若不考虑流行病因素，一般意义的社区生活圈中，路径和目的地是更为强调的元素，居民活动的发生是更受关注的因素，而居民的出发点影响力较低，社区活动的组织中几乎不会涉及对于居民行为的限制与控制。在突发卫生公共事件发生后，因健康安全防灾的需求和重要性凸显，5分钟生活圈必须具备开闭兼容、易于管理、面对突发状况能迅速响应的特征，故清晰的空间结构应该作为生活圈构建要求的一部分。

当前研究主要认为社区应作为最小防疫单元，但在实践中，各基层单位往往将住宅组团作为最小防疫单元。一是从管理角度出发，住宅组团才是各网格员的具体管辖范围；二是从空间结构出发，即使是在疫情时期，5分钟生活圈中依然会发生许多不可避免的活动，如物资的分发、病员的转出等，规模更小更细化的住宅组团成为安全性更高的防疫细胞。因此，应形成邻里中心（社区服务中心）—住宅组团的两级空间结构，以邻里中心为中心，平时作为综合服务设施，疫时作为整体调配使用；以住宅组团作为最小管理单元，平时为社区网格员线上线下日常事务的管理单元，疫时作为最小的封闭组团及线上线下管理单元。

3.2 挖潜配套设施服务能力，促进健康活动

为促进健康活动，应以全周期规划设计为理念，全面完善5分钟生活圈的健康路径、健康服务及健康场所构建，并以城市更新计划中的社区改造升级为契机，全面提升与完善老旧社区人居环境与服务水平。

首先，需要了解疫情防控期和平稳期两个阶段的空间需求，并建立起嵌套式的生活圈体系。利用社区的防疫经验，围绕封闭管理、组织调配、救治隔离和生活必需品等需求进行规划，确保社区管理、医疗救助、临时隔离和生活必需品的供应等方面的有效运行。同时，也需要关注居民的心理和生理健康，特别是在长期隔离的情况下，应结合社区的绿地规划，提供一些室外活动的机会。

其次，需要充分挖掘"灰色空间"的潜力。对于城市建成区来说，大多数社区缺乏可供扩展的空间，因此需要积极寻找并利用现有空间的潜力，特别是在老旧小区中，一些废弃或被忽视的空间其实具有巨大的改造潜力。研究表明，增加社区内的出行目的地可以有效地鼓励居民步行。此外，混合土地使用也有利于鼓励老年人活动。

3.3　深化共建、共享、共治，重塑健康信心

深化共享共治体现在多个方面。一是面对疫情防控的挑战，基层社区组织的能力发挥至关重要。作为社区居民生活最前线的组织，社区组织深知居民需求和面临的问题。社区组织凭借其丰富的社区资源和信息，可以通过举办健康教育活动、建立健康服务设施等方式，积极推进健康社区建设。社区组织的参与更能增强社区居民的参与感和归属感，使健康社区建设更具针对性。二是在制定健康社区的规划方案和政策过程中，增加多方主体和居民参与是有必要的，能确保所有人的健康权益得到保障，避免忽视某些群体或区域差异而导致的健康不平等。通过问题分析和公众调研，能强化个人和社区实现积极变化的能力。问题分析有助于明确社区所面临的健康问题，为健康社区的建设指明方向和目标。公众调研则能让真实的社区需求和意愿得以理解，使得健康社区的建设更加符合居民实际生活。同时，问题分析和公众调研的进行，也能让社区居民更好地理解并参与到健康社区的建设中，增强他们的健康意识和行动力。

总的来说，在疫情防控中，深化共建、共享、共治，重塑健康信心，是建设健康社区的重要理念。只有让社区居民、社区组织及各方主体共同参与，共享健康社区的建设成果，共同治理社区的健康问题，才能实现健康社区的目标，为每一位社区居民提供健康的生活环境，倡导健康的生活方式，塑造充满信心的生活态度。

4　武汉市知音东苑社区现状情况分析

4.1　案例背景

知音东苑社区[①]是20世纪90年代安居工程建设的老旧社区，位于武汉市汉阳区王家湾江汉二桥街道，占地面积约10 hm^2。社区内包含知音东苑社区及国信新城2个社区居委会，共有居民楼46栋，单元门栋157个；居民3012户人口8056人。社区内包含若干办公、学校、停车及城市公共服务建筑，其生活配套完善，居民生活气息浓厚（图2）。

2020年初，知音东苑社区的疫情发展大致经历了发展初期（2020年1月）、快速发展期（2020年2月上旬）、发展平稳期（2020年2月中旬）、治愈期（2020年2月下旬至2020年5月）四个阶段，是武汉市2020年新冠肺炎疫情发展的缩影，也反映了老旧社区防疫的一些普遍性问题。知音东宛社区适宜的规模及疫情发展特征，使其成为研究后疫情时代5分钟生活圈构建的合适对象。

图2　知音东苑社区现状功能

4.2　现状问题分析

根据三个月的社区下沉、现场调研、问卷调查及居民访谈等多种手段，发现知音东苑社区现状主要存在以下四点问题。

（1）内部空间结构混乱，非连续围挡院墙遍布。

兴建之初，知音东苑社区由多个单位的宿舍住宅组成，并为分隔各权属单位院落而在各权属边界或组团绿地周边建起了围墙。随着时间推移，部分围墙被破坏拆除了，部分院落联通使用而使得围墙失去作用，还有一些一楼住户为圈地自用违建了新的自家围墙。断续围墙不仅影响环境品质风貌，还使得社区内部流线混乱，居民归属感和安全感降低，同时影响了外来访客的基本方向感。

疫情期间，线上线下同步的网格化管理凸显出其在社区治理工作中的重要性。社区内无序的围墙没有发挥它应有的作用来辅助网格员进行应急时期的封闭式管理，反而由于其断续不一成为社区疫情封闭时期的累赘，成为实际工作中的管控盲区（图3）。

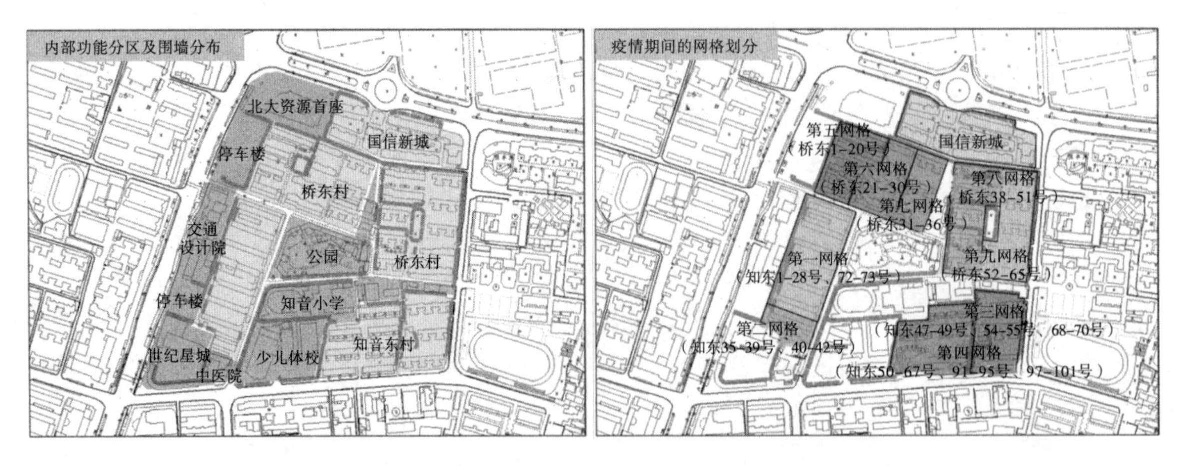

图3　知音东苑社区内部功能分区及围墙分布（左）、疫情期间的网格划分（右）

（2）交通路权区分模糊，动态交通流线混乱，静态停车杂乱无序。

社区内整体交通结构清晰，三条主干路形成风车状主路网，连接三处对外出入口。但其路权区分模糊，道路上人车争路，沿路停车挤压了通行空间，部分路段存在占道经营现象，学校门口路段在上下学时段人流车流混杂，影响了通行的安全与便利性。此外，连接各组团和组团内部的支路缺乏系统性，路网密度和完整性均较差，断头路居多；内部停车杂乱无章，主要道路成为停车空间，道路通行受阻。

疫情期间没有居民日常出行产生，尽管道路被停车阻隔，但尚能勉强保证医疗用车和物资运送用车的出入。而一旦疫情解除后，大量的机动车、非机动车、行人交通出行需求将相继产生，届时人车冲突、交通拥堵、抢占车位等问题将会影响社区工作与生活的正常运行。因此，为应对突如其来的公共卫生事件，应规划建设一套更为通达的生命线以及物资运送体系。

（3）公共空间及绿化面积充足，但居民满意度低，实际使用效率不充分。

社区内含有数个小游园和一处占地 6500 m^2 的中心公园，人均绿地面积达 1.25 m^2/人，满足相应规范要求。但从问卷调研的数据来看（图 4），居民对绿化空间的满意度和绿地在占地面积上的优势并不匹配。一方面由于围墙阻隔，中心绿地和组团绿地可达性较低，其出入口较少；另一方面由于公共空间的功能多样化及全龄性不足，休闲设施老旧损坏。部分场地空间充足，但缺乏实际使用功能，成为闲置地，空间利用率及活力不高。这一情况在宅间绿地风貌上尤为突出，植被、铺地及设施杂乱，既未作为宜人的景观休闲场所使用，又没有成为高效的停车空间。

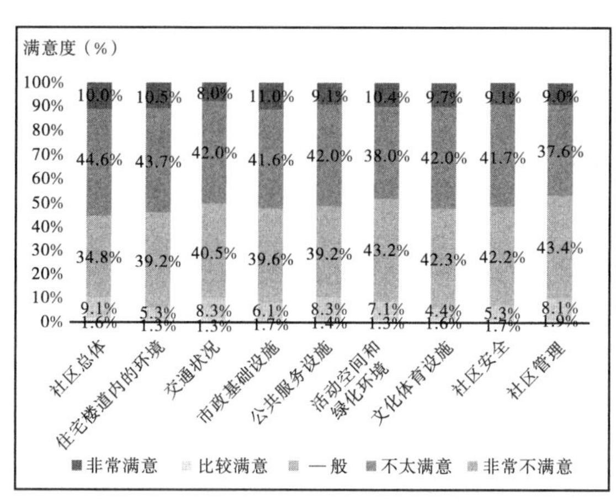

（1）居民整体满意度调查

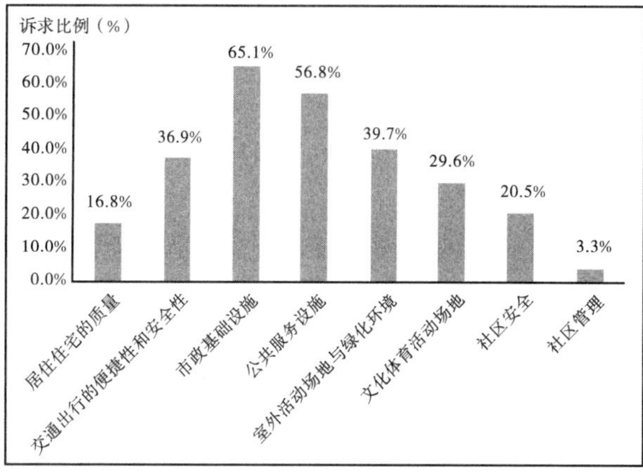

（2）社区提升诉求调查

图 4　居民社区调查情况

（4）部分公共服务设施规模不足，功能品质有待整合提升。

社区毗邻王家湾商圈，生活便利，总体上内部各类公共服务设施较为丰富、齐全。根据 5 分钟生活圈建设标准，对社区公共服务设施建设情况展开评估，发现仍存在以下问题：一是部分公共服务设施的规模不足，主要是幼儿园、社区服务站建设及用地规模不足；二是部分公共服务设施功能布局不合理，主要表现在文体站运动区紧邻小学，噪声对教学干扰较大。社区主干道商业外摆设点随意占道经营，污染街道卫生环境（表 3）。

表 3 公共服务网络建设情况评估

	分类	现状	标准	问题
公共管理和公共服务设施	教育	1. 东方日出幼儿园：市二级； 2. 知音小学：24 班	1. 幼儿园：建筑面积 3150～4550 m^2，用地面积 5240～7580 m^2； 2. 小学：18 班	幼儿园：建筑及用地规模均不足
	医疗	1. 中医院二桥分院、武汉中日友好诊疗院； 2. 社区卫生服务站：131.70 m^2； 3. 私人诊所若干	卫生站面积 120～270 m^2	—
	政务	便民服务点、红色物业服务站、社区安保队、党员群众服务中心、警务室、居委会、社区服务站，共 90.93 m^2	建筑面积 600～1000 m^2，用地面积 500～800 m^2	1. 社区服务站建设及用地规模均不足； 2. 社区治理能力存在短板
	养老哺幼	知东养老院：985.16 m^2	350～750 m^2	—
	体育	1. 文化休闲广场（含健身器材区）：851.53 m^2； 2. 江汉二桥街文体站（南部运动区）（含 4 个乒乓球桌、健身器材区）：1527.58 m^2； 3. 知音东村西游园（含 1 个羽毛球场地）：512 m^2； 4. 知音东村东游园（含健身器材区）：747.92 m^2	1. 小型多功能（球类）运动场地：用地面积 770～1310 m^2； 2. 室外综合健身场地：用地面积 150～750 m^2	文体站的运动区位于南部，紧邻小学，举办活动、广场舞等产生的噪声对教学影响较大（学校老师反馈）
	文化	桥东文化站：463.76 m^2	250～1200 m^2	—
	公厕	1. 东北小区东门公厕：95.05 m^2； 2. 文体站公厕：29.15 m^2	30～80 m^2	—
	智慧便民	中通快递、妈妈驿站、菜鸟驿站、快递收发室		1. 小区主要入口没有小区平面示意图，不方便群众了解小区总体布局； 2. 没有落实“二维码”门牌上墙、“标准地址”上图
商业服务业设施	商业	1. 中百超市：1094.15 m^2； 2. 底商； 3. 地摊（移动摊贩）		1. 随意摆摊设点，占道经营； 2. 商业业态较低端； 3. 仍需加大鲜活产品供应力度（鲜活鱼、鲜肉、时令蔬菜及水果），尚不能满足群众多样化需求； 4. 夜市人流密集，存在健康卫生风险

5　5分钟社区生活圈构建的策略与实践

根据前文所述的应对突发卫生公共事件5分钟生活圈的构建方法，提出知音东苑社区改造更新方案。从健康格局、健康交通、健康空间、健康服务四个方面出发，结合突发卫生公共事件不同时期的嵌套设施要素，提出知音东苑社区5分钟生活圈构建策略，并形成社区改造方案（图5）。

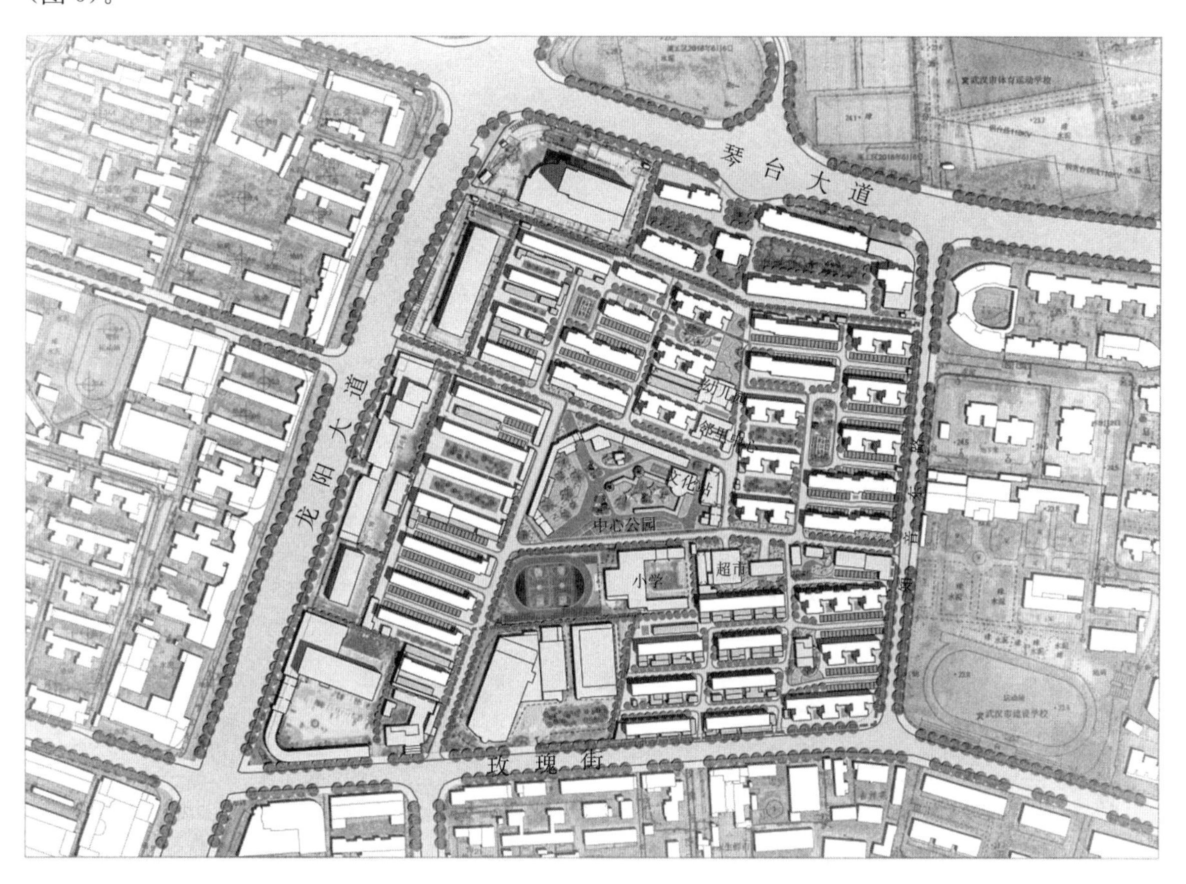

图5　知音东苑社区规划设计方案总平面图

5.1　健康格局——促进邻里共享，重塑安居空间格局

首先，利用风车形状的道路网构建了社区结构，并概括出“一心四区”的总体布局。其中，“一心”是指由中央公园和文体中心组成的社区活动核心，“四区”则代表四大居住组团。对当前社区的9个网格进行精细调整（图6），确保一个居住组团包含1～3个管理网格。同时，对线上网格微信群进行整合和统一，平衡了第一网格和第二网格的规模，以保证每个网格的管理住户数量保持在200户左右，从而方便各阶段的管理。

组团	网格	单元
组团一	第一、二网格	知东1～28号、35～42号、72～73号
组团二	第三、四网格	知东47～70号、91～95号、97～101号
组团三	第五、六、七网格	桥东1～36号
组团四	第八、九网格	桥东38～65号

图6　知音东苑社区网格划分与规划结构

根据四大居民组团的划分制定了围墙拆除和改造方案（图 7），并通过微观改造塑造组团边界，提高防疫组团实用性。拆除了社区内部切断交流和活动空间的无效围墙，开放了组团绿地，以增强可达性和社区融合。每个组团都按照不同的特色主题色彩设置标识引导系统，以增强识别性和居民的归属感，打造“开放与封闭并存”的灵活形态。

图7　知音东苑社区围墙改造规划

5.2　健康路径——组织有序通行，构建畅达交通体系

根据现状路网情况，明确各级别道路的主导功能，并进行优化（图 8）。首先，取消主干道路的路面停车，并将停车位重新配置在支路和居住空间之间，保证社区在疫情阶段的生命线通道畅通无阻，以及日常阶段社区主干路网的通行流畅。其次，局部调整道路断面设计，将小学前的主干道路设置为单行道，降低交通压力并保障学生上下学的安全。最后，为确保每栋建筑

和每个单元的可达性，以及保证内部流线简洁顺畅，还需重新组织各住宅组团之间的交通流线以及内部支路网等级。结合围墙拆除方案，消除冗余的铁门阻隔。通过合理利用住宅前空间，取消主要道路的停车位，增设分散式和集中式停车位 416 个，降低机动车随意停放对慢行交通的影响。

疫情期间，交通状况一般会陷入停滞，除医疗和物资运输车辆外，出行量几乎为零。因此，首要目标应确保社区主干网络畅通无阻，确保停车等因素不影响应急交通。在疫情峰值过去后，尽管隔离并未完全解除，社区未全面开放，但便民商业、快递和餐饮服务业正在恢复。这种情况下，可以借鉴“开闭兼容”的住宅空间结构，保持群体和群体内部道路的封闭，但允许外送人员进入社区主干道，居民则可以在住宅群体的隔离入口处领取物品。这样既满足了社区的防疫要求，又满足了居民的生活需求，进一步增强了社区的应急能力。

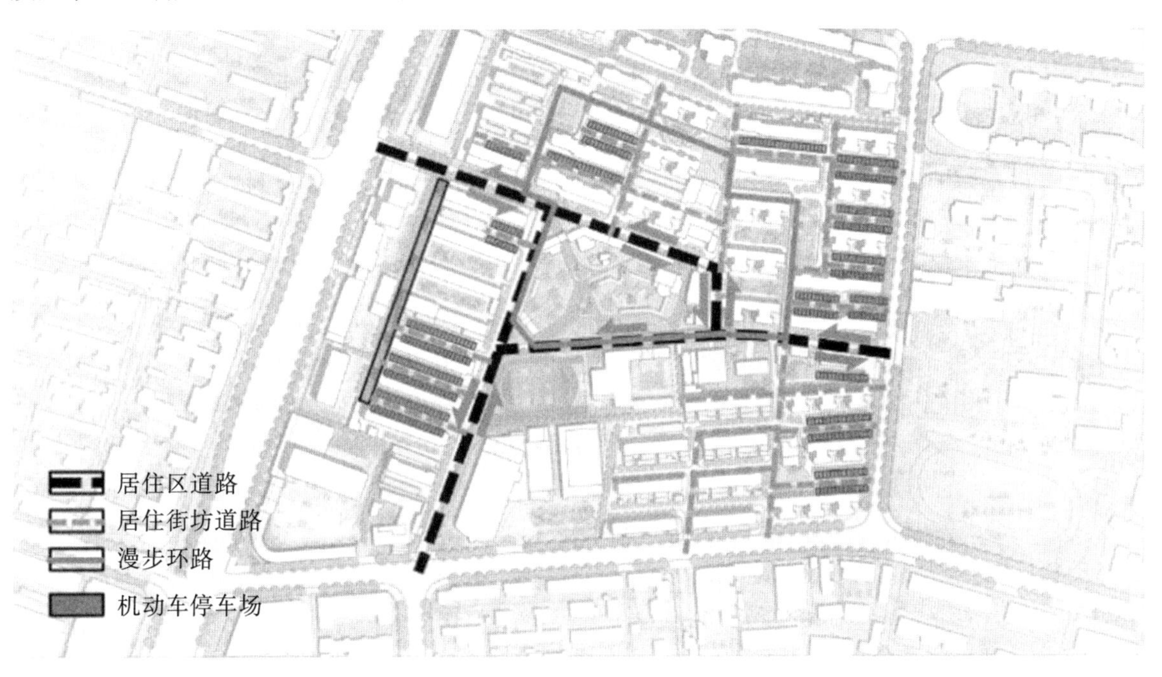

图 8　知音东苑社区交通系统规划分析

5.3　健康空间——彰显市井生活，打造活力公共空间

针对当前未充分利用的消极空间，特别是对道路、居住组团绿化以及中心绿化进行改造和提升，能够有效提高现有空间的使用效率（图 9）。

在交通路径空间的构建中，在已实现三条主要道路零停车的基础上，构建风车状路网的全天候生活流线。通过具体研究每条道路的现状情况，重塑其道路功能，进而塑造出各具特色的社区主要道路空间。在公共空间的改造利用上，以“全龄全民共享”为主导思路，布置均质且层次分明的公共空间体系，安排各种适合不同年龄群体、动静结合的活动主题，营造充满活力的社区环境。

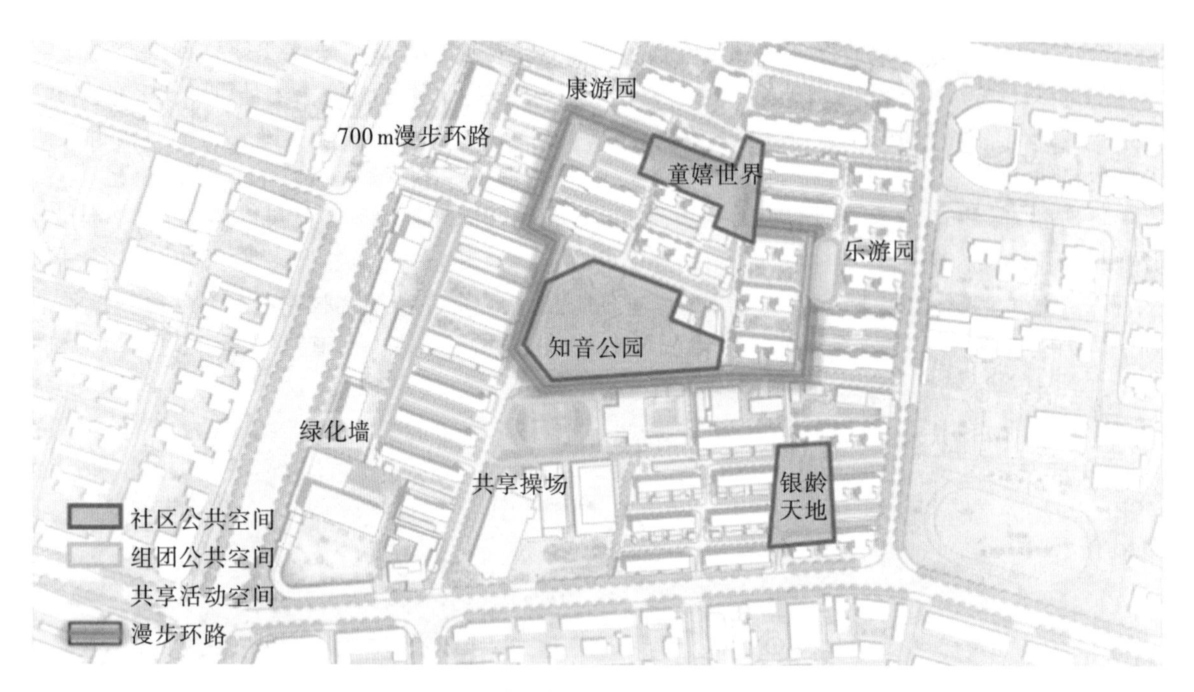

图9　知音东苑社区公共空间规划分析

以社区中心的绿化公园为例（图10），其存在的主要问题可以通过整合现有资源、利用消极空间、改造现有设施及调整功能布局等小规模、低投资、微改造手段来解决。绿化公园占地面积大，植被丰富，树荫浓密，是居民日常生活的重要组成部分。对于公园的功能重构，主要是明确动静活动、年龄结构分区，充实中心绿地的功能。公园中心可以利用现有的长廊和小品进行丰富和布置，营造文化氛围；对场地进行铺装重整，解决场地泥泞问题；布置居民活动广场，为使用公园最多的中老年群体保留最大的活动场地，使其成为舞蹈、聚会等活动的理想场点等；针对敏感群体——老人及儿童，对中心公园开展精细化的友好设计。

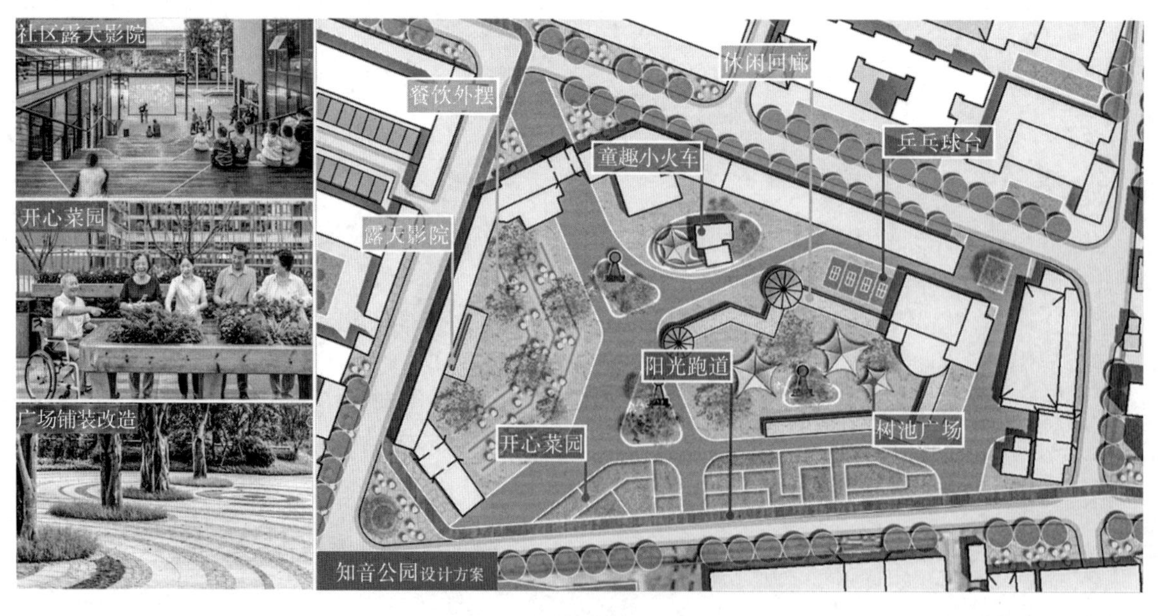

图10　知音公园设计方案

在突发卫生公共事件下，应确保5分钟生活圈内部公共空间的活力。通过充分发挥生活圈的优势、创造丰富的活动空间和休闲生活，不仅可以提高疫情期间居民生活品质，而且能向周边区域辐射，补足周边存在的休闲场地缺口，从而带动区域的城市活力，推动区域及城市的健康、有机发展。

5.4　健康服务——挖潜内部资源，整合全龄公共服务设施配套

践行公共服务设施混合利用的理念，对5分钟生活圈中的设施进行规划和补充（图11）。针对幼儿园和社区服务站建设及用地规模不足的问题，利用相邻的小广场作为幼儿园以及社区服务站的活动场地补充，打造童嬉世界小广场节点，实现公共服务设施、教育设施与绿地的混合利用（图12）。针对文体活动站、中心公园与小学位置相邻、噪声相互干扰的情况，对中心公园的运动活动空间进行重新排布和动静分区，实现教育设施、文化设施、体育设施与绿地的混合利用。对于养老院周边场地破旧，与周围住宅组团相孤立的现状，整合养老院周边场地，最大化利用南边的闲置空地，布置休憩、漫步、社交等功能的老龄友好设施，打造出“银龄天地”，成为周边住宅的组团绿化中心，实现养老设施、医疗设施与绿地的混合利用。依托T形的社区主要功能轴线，形成了完善的5分钟生活圈公共服务网络，不仅涵盖了5分钟生活圈的所有方面，还包含了本应属于15分钟生活圈的小学、公园绿地和养老院等区域，从而能够进一步辐射到周边，带动整个区域的共同健康发展。

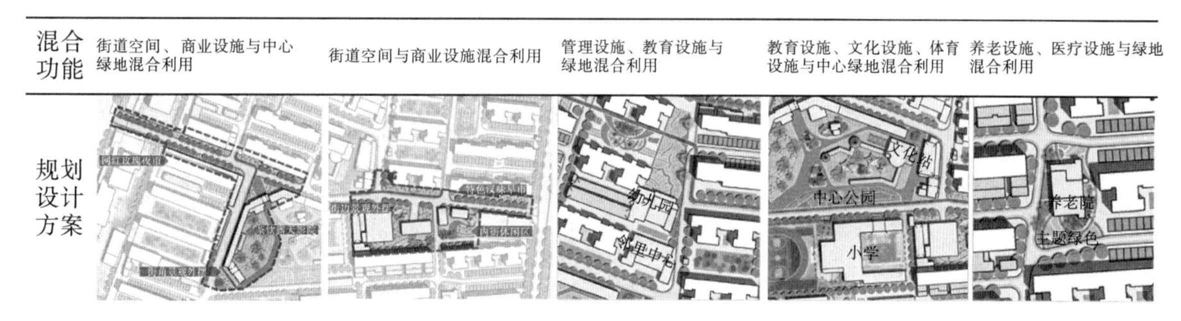

图11　知音东苑社区公共服务设施混合功能利用示意图表

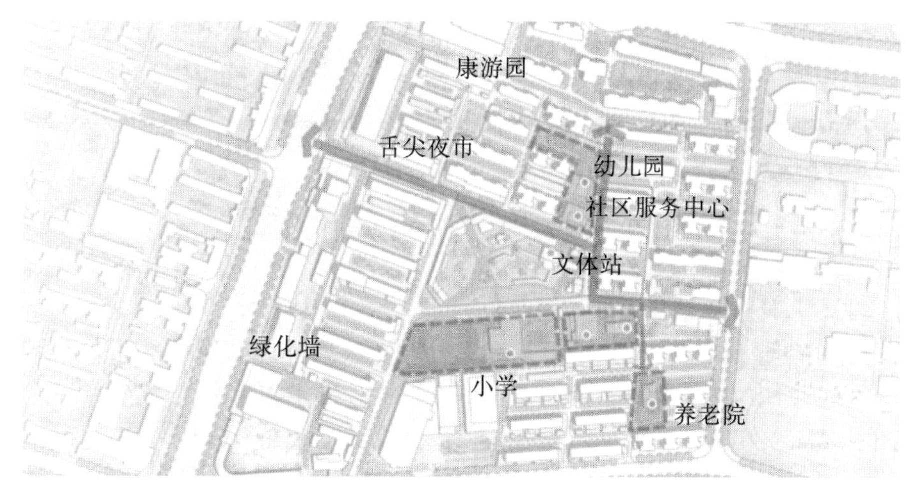

图12　知音东苑社区公共服务系统规划

在规划5分钟生活圈的公共服务设施时，考虑到突发卫生公共事件的应对需求，在功能嵌套表中明确了知音社区各类公共服务设施在疫情期间的复合利用功能（图13）。在疫情期间，社区服务站不仅作为日常的事务管理中心，同时也成为防疫指挥中心。这里的临时党支部和社区志愿者共同完成疫情期间的各项事务讨论和工作分配。

对于室内建筑，如幼儿园和社区文化站，由于其具备一定的建筑规模，可以作为临时方舱使用；而养老院和社区卫生服务站则可作为应急隔离点。在本次疫情期间，由于社区患者和密切接触者都满足居家隔离的条件，因此并未启用这些设施的方舱和隔离点功能。

超市和菜场是社区居民日常生活中不可或缺的便利设施，在疫情期间起到了保障食物和基本生活物资供应的关键作用，也可以作为物资转运和储藏中心。尽管社区统一组织的生活保障物资能满足基本需求，但为了确保鲜活产品供应，需要更多的便民超市和菜场的市场化补充。

此外，社区内的公共绿地也可以作为物资分发的场地，具备充足的排队空间，并能确保人与人之间的安全距离。同时，还可以在这些地方设置临时快递收发点，以疏解各类快递网点在疫情期间的快递收发压力。

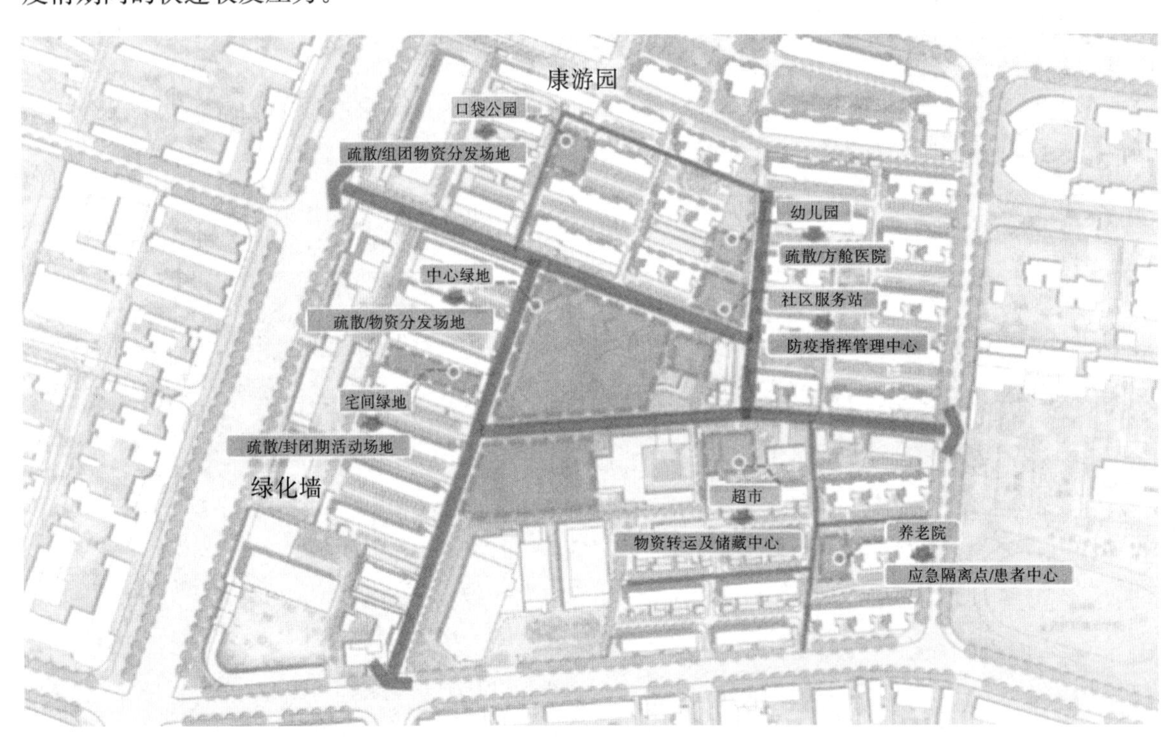

图13 防控期—稳定期功能嵌套的公共服务设施分析

6 结语

2020年开始的新冠肺炎疫情，在给人们的健康状况极大冲击的同时，也让社会各界开始思考面对疫情时的应急响应措施和方法。因此，本文以梳理突发卫生公共事件的发展阶段和社区空间需求为出发点，提出应从降低暴露风险、促进健康活动及重塑健康信心三个方面展开5分钟生活圈建设，并落实到格局、路径、服务、空间四个板块；探讨一种既可灵活应对疫情，又能促进人居环境健康发展的生活圈构架，构建防控期和稳定期两个阶段功能嵌套的生活圈体系，补齐应对突发卫生公共事件的能力短板，从而整体提高城市健康水平。

防控时期的生活圈功能是以安全防灾的角度为城市制定最基层的防疫预案，在物质空间中不一定会有短期明显的实施效果，但其能提升城市各层级管理人员的应急能力，同时也是对城市传染病防灾环节的关键性补充。

稳定期的老旧社区与生活圈改造升级工作，是逐步建立健康城市的基础保障。只有平时按照规划稳步推进每一个5分钟生活圈的构建，才能在疫时迅速响应，同步调用功能嵌套的公共服务设施。

在基层防疫工作中，社区面临的也不仅是设计与空间层面的问题，同时存在许多社区信息化建设滞后、物业管理缺失、居民与商户之间矛盾凸显等非物质形态的问题。本文主要阐述了如何从设计层面介入后疫情时代5分钟生活圈构建，而对于设计方案落地实施的资金筹措、社区可持续自身造血的路径讨论较少。同时，本文讨论的案例为城市中心区老旧小区，其生活气息浓厚，公共服务设施较为丰富，应急生活圈的构建本底较好。而对于如新建小区或公共服务设施更为缺乏的地块和地区，设计思路可能有转变之处，研究范围也可能进一步扩大。唯一不变的是，在城市应急防灾能力建设中，各界应更加重视对于基层防疫单元的建设，不断积累经验，与宏观政策相协调衔接，进而整体提高城市健康水平。

[注释]

①知音东苑社区是武汉市自然资源和规划局在2020年2—5月疫情期间的对口帮扶社区之一。随后武汉市自然资源和规划局延续规划师进社区精神，继续推进社区更新改造工作。

[参考文献]

[1] 刘佳燕. 新型冠状病毒肺炎疫情背景下社区防疫规划和治理体系研究 [J]. 规划师，2020，36 (6)：86-89.

[2] 李康康，杨东峰. 城市突发公共卫生事件应急治理网络结构特征 [J]. 现代城市研究，2022 (6)：31-37.

[3] 柴彦威，李春江. 城市生活圈规划：从研究到实践 [J]. 城市规划，2019，43 (5)：9-16.

[4] 刘泉，钱征寒，黄丁芳，等. 15分钟生活圈的空间模式演化特征与趋势 [J]. 城市规划学刊，2020 (6)：94-101.

[6] 王兰，廖舒文，赵晓菁. 健康城市规划路径与要素辨析 [J]. 国际城市规划，2016，31 (4)：4-9.

[7] 中华人民共和国自然资源部. 社区生活圈规划技术指南 [S]. 北京：中国标准出版社，2021.

[8] 杨保军. 突发公共卫生事件引发的规划思考：应对2020新型冠状病毒肺炎突发事件笔谈会 [J]. 城市规划，2020，44 (2)：2.

[9] 赵宝静，奚文沁，吴秋晴，等. 塑造韧性社区共同体：生活圈的规划思考与策略 [J]. 上海城市规划，2020 (2)：14-19.

[10] 李彤玥. 基于弹性理念的城市总体规划研究初探 [J]. 现代城市研究，2017 (9)：8-17.

[11] 孙文尧，王兰，赵钢，等. 健康社区规划理念与实践初探：以成都市中和旧城更新规划为例 [J]. 上海城市规划，2017 (3)：44-49.

[作者简介]

王　紫，注册城乡规划师，武汉市设计咨询集团工程师。

梅　磊，注册城乡规划师，武汉城市仿真科技有限公司工程师，武汉市社区责任规划师。

刘　勇，武汉城市建设集团有限公司工程师。

统筹空间健康发展和社会综合效益的街区单元城市更新

——以武汉市汉口武胜里复兴规划为例

□王　琪，刘　婧

摘要：为了推进新时期存量发展要求下的高质量城市更新，文章以武汉市的汉口武胜里复兴规划为例，以推动实现老城区的空间整体健康发展、文化经济可持续发展、社区治理和民生改善等综合效益为导向，从街区单元的体检式诊断到城市设计、文脉延续、经济激活、社区治理等多策略融合对有机城市更新路径进行了尝试和探索。该探索对未来各地开展完整街区内统筹更新改造，实现城市更新的综合效益、整体平衡和公平发展等目标有一定积极实践意义。

关键词：城市更新；空间健康发展；文化复兴；经济激活；社区治理

1　引言

自20世纪90年代始，在高速城镇化的增量发展背景下，以城市面貌和基础设施现代化、城市总体经济增长为目标，全国各地开展了大规模的城市更新。这一阶段，各大城市借助土地有偿使用的市场化机制，以城中村、棚户区及部分旧城为主要改造对象，通过房地产业、金融业与更新改造的结合，极大地改变了旧城区风貌，改善了旧城区基础设施，推动了民生和经济水平提升。但与此同时，城市更新也伴有简单粗放、品质不高、忽视文脉、拆迁矛盾突出等问题。

当前，在生态文明宏观背景以及“五位一体”发展、国家治理体系建设的总体框架下，我国城市更新已由增量开发为主全面转向注重城市内涵存量发展，强调以人为本和提升城市活力；城市更新的对象已从以城中村、棚户区为主转变到具备历史积淀的城市老旧街区、厂区，更新的价值导向正在向品质、人文、赋活转变。全国各大城市积极提升城市更新水平，强化城市治理，出现了多类型、多层次和多维度的探索新局面。

2　存量发展阶段的城市更新内涵

2021年，住房城乡建设部印发了《关于在实施城市更新行动中防止大拆大建问题的通知》，指出我国城镇化中后期的城市更新应从高质量发展和增强城市活力出发，以人为本，“留、改、拆”并举，补齐城市短板，注重提升功能和品质，同时提出了城市更新的新要求：加强统筹谋划，划定城市更新单元来推动街区单元整体更新；鼓励采用“绣花”功夫，对老城区等进行织补式更新，尽量保留老城区特色格局和肌理；鼓励推动由“开发方式”向“经营模式”转变，探索政府引导、市场运作、公众参与的城市更新可持续模式；补齐功能短板，改善民生服务配套，建设完整居住社区；在城市更新中留住城市历史文脉，延续社会结构与人、地与文化的关系底蕴；践行美好环境与幸福生活共同缔造理念，同步推动城市更新与社区治理，鼓励房屋所有者、使用人参与城市更新，共建共治共享美好家园。该通知在城市更新涉及的街区统筹提升、空间可持续健康发展、实现文脉和风貌延续、社区和谐共治等多重综合效益方面提出了科学指引。

2.1　城市更新需实现城市空间的健康发展

城市更新往往需要重构城市空间，重构后的空间肌理和尺度对城市良性发展与居民身心健康具有强关联性影响。前一阶段的城市更新，在土地有偿使用和市场盈利的开发逻辑下，更新主体往往通过高容积率来平衡土地成本。在此情况下，极限强度下产生的拥堵天际线、过紧的场所空间给城市居民带来了心理压抑，也对城市空间发展的潜力造成了破坏。这种极限重构的城市空间，对人居生活而言其实是不健康的。此外，老街区的街道已与居民的日常生活紧密融合相连，在买菜、逛街、休闲、社交等生活行为中，街道的空间尺度、功能以及认知感受是居民生活心理健康的重要组成部分。老旧街区存在的问题主要是面貌和设施的破旧，对于其宜人的尺度和特色的风貌等应充分保留，而不是骤然重构，以保证街区活力的延续和文脉积淀。

2.2　城市更新需实现社会综合效益

城市更新的目标是通过再开发、整治改善、保护等手段，解决影响或阻碍地区发展的城市问题，振兴衰败的地区，使之重新发展和繁荣。这些城市问题的产生既有环境方面的原因，又有经济、社会等多方面的原因。在国家“五位一体”总体布局中，强调经济建设、政治建设、文化建设、社会建设和生态文明建设一体全面推进。在当下高质量发展阶段，城市更新是解决片区多层面累积问题的契机。在更新过程中，不仅应注重空间品质的提升，也应关注本地居民社会的文脉传承和原生经济的发展；以实现社会综合效益为导向，从以空间面貌和基础设施更新为主转为通过空间更新和措施引导，对生态环境、空间视觉环境、文化环境、商业环境等多方面进行改善和延续，促进城市良性可持续的再生发展。

2.3　城市更新需对街区统筹更新，兼顾社会公平与服务平衡

前一阶段的城市更新，在完整街区内拆建再开发和综合整治两种更新行为大多互不交叉、独立实施，城市更新呈现为碎片式重构。这种情况容易导致原生空间肌理割裂，同时造成环境品质、服务配套等居民生活利益不平衡。

2018 年印发的《城市居住区规划设计标准》所提出的“生活圈”是指城市居民的基本生活单元，单元内的服务设施能基本满足范围内居民各种生活需求，同时其空间具有协调的风貌品质。基于社会公平原则，同为一个街区的居民，对这些公共产品应该平等享有。为此，在城市更新中应对完整的街区单元成片推进，统筹范围内拆建再开发和综合整治的更新行为，开展整体的更新规划设计，协调各种行为的空间风貌，科学整体布局安排公共服务设施，促进社会公平与稳定。

在以上导向下，武汉市的汉口武胜里街区按照空间整体健康发展及传承片区文脉、激发街区活力、改善街区空间品质等社会综合效益价值目标，开展了成片街区综合复兴的综合统筹规划实践。

3 汉口武胜里情况及文脉沿革

3.1 片区概况

在我国快速城镇化时期，城市以增量发展为主，城市建成区由中心向外围快速拓展更新，发展的重心在新建城区，原来的老城区面临发展失衡导致的衰败。作为武汉市中心城区之一的硚口区同样如此，彼时中西部的城市面貌日新月异，而位于硚口东部的武胜路老城区相对而言发展停滞，面貌逐步破败，服务设施老旧且超负荷运转，区域逐渐衰落。片区范围约 81 hm^2，共涉及 11 个居住社区，居住人口约 6.5 万人（图 1）。该地区在区位上是武汉三镇地理中心，同时是武昌、汉阳进入汉口的必经之路，为江北的门户区域，交通地位极高。地区东接武胜路和汉正街中央服务区，北邻武汉最大商业中心武广商圈和武汉顶级医疗资源同济医院，南面是汉江和琴台中央文化艺术区（图 2），内有汉正街、长堤街两条历史老街东西横穿，有着丰富的人文积淀和城市发展优势。为实现新、老城区均衡发展，2017 年，硚口区政府提出在该地区打造武胜里亮点片区，区域内的城市更新变得极为关键。

图 1 武胜里建设情况

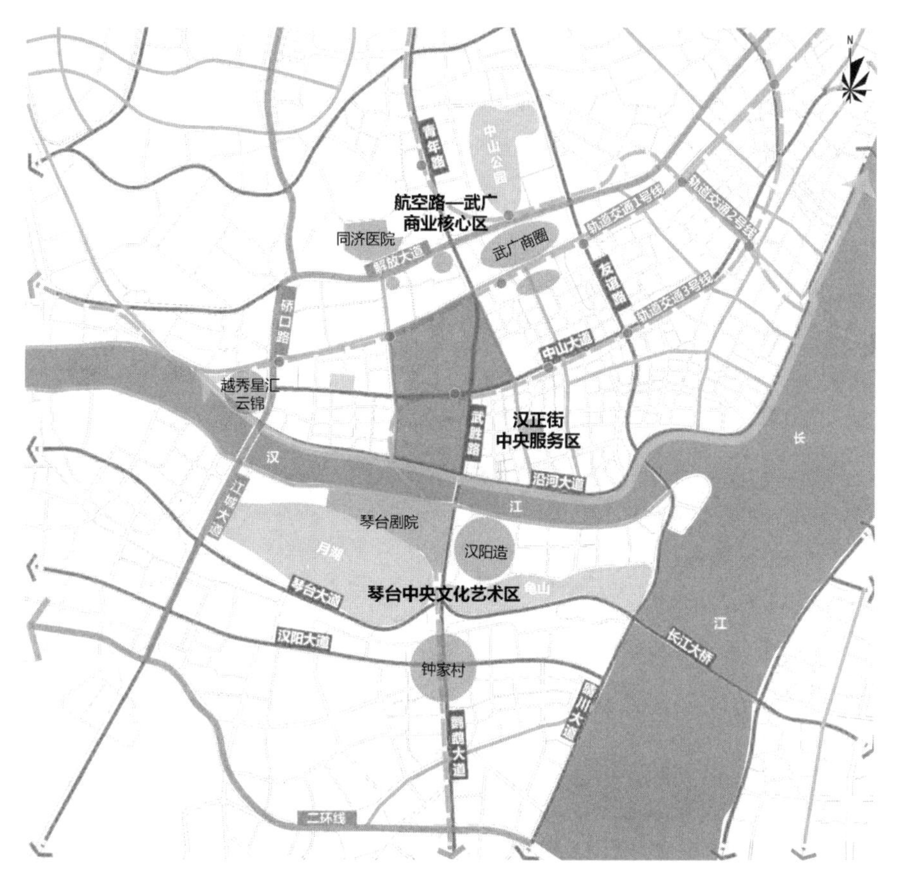

图2　武胜里区位

3.2　文脉及历史沿革

武胜里片区是硚口乃至汉口发源地的一部分。自15世纪汉水改道后，该片区及周边区域逐渐聚集商民，形成汉口镇。1635年，基于汉正街防洪需要，在今长堤街沿线修筑袁公堤，堤外挖玉带河。该河与汉水交汇处修建一座石桥，此为老“硚口”地名由来。之后，“以桥为名，依桥兴业”。明朝末年，紧靠汉水的汉正街一带，沿街两旁店铺、行栈兴起，成为汉口最早的商贸中心。19—20世纪，片区北部又经历了汉口城墙和京汉铁路的修建与拆除，直至1980年汉正街小商品市场崛起，片区已经历了多年的沧桑变迁。

经过调查，片区在发展历程中有着丰富多样的文化记忆，总体可以归纳为商业文化、市井文化、杏林文化、书香文化四类。商业文化上，历史上繁华的汉正街各类货市和粮油棉杂坊、湖南会馆、武圣庙码头和万安巷码头等，代表着市场、商会、码头等商贸文化印记；市井文化上，古有武圣庙、九连寺、崇宝慧寺、张公闸（玉带河闸口）、四官殿的香火繁盛，今有汉口茶市、渔具市场、长堤街牛肉美食、武胜西街酒糟坊的民俗气象；杏林文化上，在基督教救世堂、汉口慈善会等近代医护慈善机构的周边，普爱医院、武汉市中西医结合医院等三甲医院蓬勃发展；书香文化上，中南地区最大的武胜路新华书店是这里的文化地标，且以其为中心，与周边武胜路邮局、武汉收藏品集邮市场、武汉市文物商店、花鸟市场形成文化集群，曾是武汉市民最常去的求雅怡情之地。另外，片区内还有纪念人民教育家陶行知先生的百年学校行知小学，书香氛围十分浓厚（图3）。

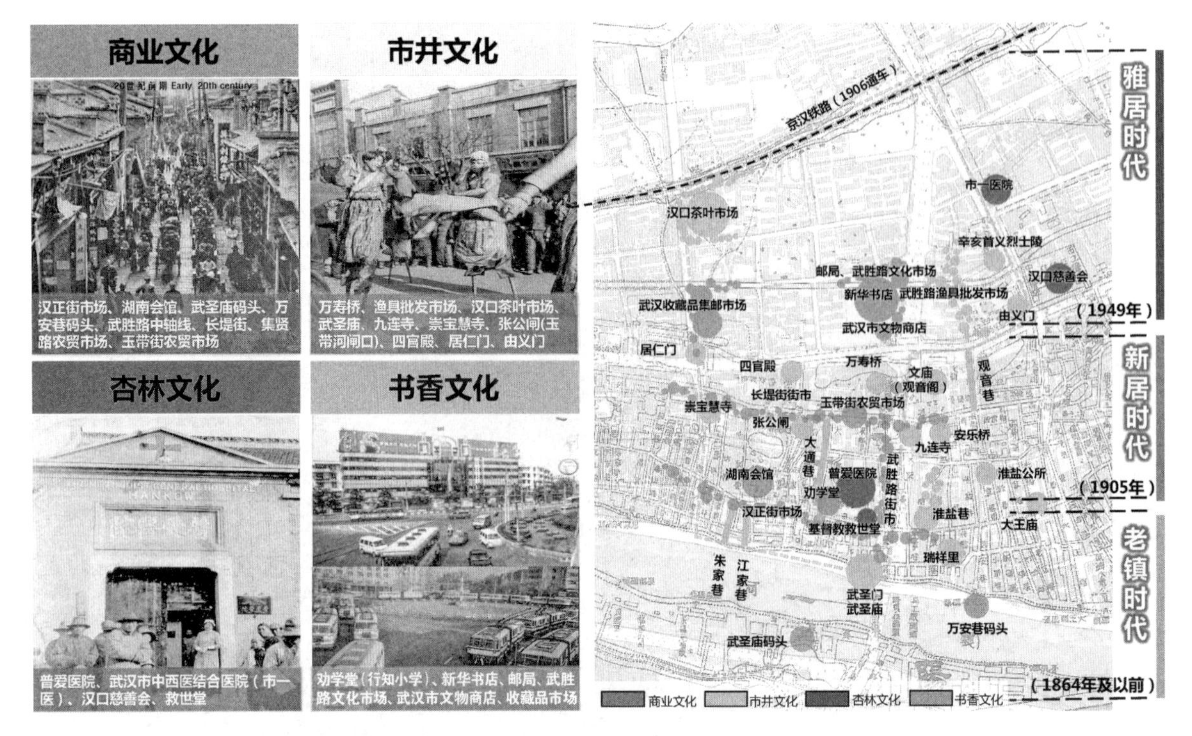

图 3　武胜里文脉及历史沿革

现今的武胜里片区，文化特色正在逐步退减。除汉口茶市、武汉收藏品集邮市场、基督教救世堂、普爱医院、武汉市中西医结合医院、行知小学还存在外，上述提到的其他场所已在城市发展中拆除消失。此外，周边地区快速发展，东面的汉正街老城向城市现代商业服务区发展，南面的琴台月湖已形成城市艺术文化区，北面的武广商业中心也不断发展，各大型商业体陆续建设。相对于周边发展，武胜里片区以 1949—2000 年建设的居住社区为主，整体老旧，虽然居民生活活力较强，但空间、文化、经济等方面都呈现出滞后和衰落。

4　综合发展视角的问题诊断

针对片区发展的衰落，规划从空间、文化、经济、民生多方面展开了调研和诊断。

空间上，面貌参差不齐，空间拥堵，基础设施水平不高。片区北部，基本为 20 世纪 80 年代后建设的机关单位社区和企事业单位社区，多已老旧，建筑以多层和中高层为主。片区南部，原为汉口老镇区域，大部分建筑已被拆除开发转而建设高层商品住宅，剩余 5.65 hm^2 街区也已破败为棚户区，由于其地下涉及城市轨道交通建设，该部分用地也纳入了城市征收计划。由于南区早前是分地块独立建设，缺乏整体规划统筹，每个地块都追求了高强度极限开发，致使整个南区呈现建筑高度“一崭齐”的现象，沿江一线均为 24～26 层住宅，对城市空间意象特别是临汉江的滨水天际线造成了严重破坏（图 4）。随着居民收入的上升，片区内私家车大量增加，而老城区早年的建设未预期到大量的停车和交通需求，导致片区内道路极易拥堵，同时也侵占了居民活动和商户经营的空间。此外，片区市政设施老旧破损落后：一是虽位于城区核心地段，但排水设施仍为雨污合流，常出现积水、散臭等问题；二是电力电信线路架空胡乱纠缠，存在较大安全隐患（图 5）；三是垃圾收集转运和公厕等环卫设施不足，普遍存在垃圾污染、如厕难的问题。

图4　临江拥堵界面

图5　破旧面貌及落后基础设施

文化上，片区内历史遗存稀少，人文氛围不够浓厚，历史文化记忆正在丧失。作为老汉口发源地，片区历史文化璀璨，但原有的绝大多数历史场所和鱼骨状街巷在城市发展中拆除消失，仅剩汉口茶市、收藏品集邮市场、渔具一条街、辛亥首义烈士陵、普爱医院和基督教救世堂。随着文化载体的消失，原有的特色文化生活逐渐淡化。除收藏品集邮市场、汉口茶市多为外客光顾外，商业批发市场化，市井生活平静化，读书论学已不再是这里的主题。仅存的几处文化遗存虽有文化外壳标签，但内涵不足。社区缺乏品质文化生活，居民文化认同感和参与度较低，导致整体文化氛围不浓。

经济上，片区内商业活力充分，但与周边高端业态相比品质较低。武胜里所在区域一直是老汉口商业核心区域，周边环绕集聚了包括武商商业集群、新世界 K11、恒隆广场等华中地区著名的顶级商业中心。武胜里内部除凯德广场等大型商业外，商业活力集中在各专类市场和多条生活服务商业街上。专类市场包括茶叶市场、收藏品市场、渔具市场、副食批发市场、酒店用品批发市场，商业氛围浓厚，在市域范围有较强的吸引力，顾客流量较大，但业态品质都很低端老旧，经营素质较低，与周边的高品质商业中心极不协调（图6）。生活服务商业街主要涉及武胜西街、荣华街、集贤路、崇仁路、操场角路、长堤街、汉正街等。由于片区居住人口数量多和密度大，服务需求较强，街道活力充足，生活氛围浓厚，然而业态初级且零散，多为早点、菜场、理发、服装等零散个体商户，缺乏统一的发展引导。

图6　汉口茶市及收藏品市场

民生上，片区内部服务设施不足，邻里交流受限，社区服务特色不明显。一方面，由于高强度开发和早年对于配套服务的考虑不足，内部活动空间稀少。武胜里片区毗邻汉江和琴台月湖，周边拥有丰富的景观资源，内部却公共绿化空间稀少，人均公共绿地 0.4 m^2，远低于1 m^2/人的公共绿地水平要求。南片居民平时仅能拥挤在平均 3 m 宽的汉江步道休闲运动，其他社区内稀少的公共活动空间也设施陈旧，品质不高。另一方面，周边市区级设施配套充足，覆盖良好，然而按照《城市居住区规划设计标准》，社区内的管理、文化、养老等设施存在不足（表 1）。

表 1　武胜里现状服务设施分析表

设施类型	现状建筑面积（m^2）	十分钟生活圈服务设施标准（建筑面积/用地面积：m^2）	设施缺口（m^2）
社区管理用房	1192	2400～4000	1208～2808
文化活动	30	1000～4800/3000～6000	970～4770/3000～6000
幼儿园	4250	6400～8800	1950～4550
社区卫生服务	1500	480～1080	—
托老所	800	1400～3000	600～2200
菜市场	1800	750～1500	—

综合以上分析诊断，可以看出该片区拥有区位优势突出、周边景观优美、历史故事丰厚等条件，然而其现状存在空间拥堵老旧、文化特色退减、经济发展低端、服务配套不足等方面的突出问题。实现该片区的品质提升，需解决以上多方面的综合问题。

5　基于空间健康和社会综合效益的统筹更新对策

5.1　总体构思

5.1.1　综合效益导向的目标设定

片区在上位规划中以居住社区和商业功能为主，除涉及地下轨道交通的 5.65 hm^2 用地拆除重建外，大部分用地和建筑保留。面对老旧地区多方面的现实问题，单独进行老旧社区整治或旧城开发，仅能初步提升空间面貌和土地价值，难以实现片区复兴和可持续发展。为实现片区复兴，规划以实现综合社会效益为导向，提出品质升级和活力激发相结合的创新社区改造思路：一是依托区位优势的外部服务和景观资源，通过建筑、景观、基础设施的全面改善，营造片区空间精致品质，打造亮点门户区片；二是实现本土汉味文化振兴，通过物质和非物质手段多重彰显历史文化；三是立足文化推进主题产业，并积极激活传统产业；四是完善社区服务，建立社区治理机制。总体目标上，以统筹规划为引领，以社区改造为核心，以活力再兴为主体，以产业升级为抓手，以策划核心项目为引爆点，以改造腹地为助推力，打造一个汉味文化街区及活力再兴型社区。

5.1.2　动静结合导向的空间统筹

按照武汉市城市更新计划，片区内既有拆迁开发的动区，又有保留整治的静区。针对长久以来街区内拆迁开发和保留整治分别独立进行的局面，研究将拆建区和整治区进行统筹，按照空间格局和风貌延续统一、服务设施全域覆盖、改造计划协调推进的原则进行整体规划，以解决保留整治区居民和拆迁开发区居民在人居品质方面利益不一致的问题。

5.2　振兴更新策略

为统筹片区整体发展格局，规划提出了“双轴聚武胜，文脉牵里巷，群星耀老镇”的发展结构（图7、图8）。

“双轴”以已融合大量公共服务功能的城市主干道武胜路、中山大道形成的“十”字活力轴联系城市空间和内部社区，聚合区域协同更新发展。

“文脉”以长堤街、汉正街、武胜西街—武胜东街等历史老街构成倒“古”字形文化街巷路径，串联激活各街区文化和产业发展。

“群星”是通过凝聚彰显片区特色主题文化，更新升级汉口茶市、藏品市场等文化产业，营造救世堂、武胜门亭等文化景观，形成“武胜十景”，引领片区文化和经济整体复兴。

图7　武胜里发展结构　　　　图8　武胜里规划总平面方案

为实现以上战略，规划在文化、经济、社区、空间多方面提出改造和激活措施。

5.2.1　基于空间健康和城市设计的空间更新

对于片区面貌老旧、空间拥堵、服务设施不足、市政基础设施水平不高的问题，规划以空间健康为目标，消除症结、提升品质，同时对片区内保留空间和拆迁空间进行统筹规划，以协调统筹片区整体空间意象和服务平衡。

5.2.1.1　更新优化空间特色风貌，协调滨水门户形象

针对保留空间的建筑，基于其位置和职能，本着外部衔接都市空间意象、内里延续历史文脉的原则，开展分类分级整治。对于武胜路、中山大道等城市道路两侧的建筑，分别延续两条道路全线的商务公建和时尚风情建筑风格开展更新整治；对于长堤街、汉正街、武胜西街等文化商街的沿线建筑裙房，按照中式文化建筑风格更新整治，营造文化街巷的主题风貌（图9）；对于社区内其他建筑，尊重现状风格，提升建筑品质，开展焕新修缮，改善社区形象和民生。

图 9　武胜西街主题文化风貌

针对拆迁新建空间，改善单调呆板和拥堵的滨水界面，破除“一崭齐”的天际线。对比周边现状建筑，对沿江新建建筑进行高低错落布局，同时建筑高度由地块纵深向汉江界面逐次降低，以保证良好的建筑朝向和观江视线；建筑立面上，呼应汉江对面的轻巧美观的琴台音乐厅，采用简洁大气的建筑风格，塑造滨水城市天际线，展现疏朗灵动门户形象（图 10）。

图 10　武胜里新建空间临江界面优化意向

5.2.1.2　集约利用挖掘公园活动空间，营造舒适人居休闲环境

片区人均公共活动空间极度不足，而西南部的拆迁空间由于被地下轨道交通纵穿而过，使其内部大部分用地地面不可建设。为物尽其用，集约利用土地，规划将用地劣势转化为解决片区服务问题的契机，将该部分不可布局建筑的 1.27 hm^2 用地作为城市公园绿地，补足片区公共活动空间（图 11、图 12）。

图 11　利用轨道地面空间新增公园

图 12　轨道地面公园实施成果

另外，利用部分生活性街道交叉口打造街头微空间景观节点，通过艺术小品、休闲家具、趣味器材、园林景观营造居民游憩空间；通过铺装升级和大冠幅树种培育塑造林荫慢行道，串联各大景观活动节点，构建片区景观游憩体系。

5.2.1.3　统筹平衡片区服务，完善基础配套设施

片区周边商业、医疗等市区级配套服务设施已非常成熟，而养老、社区服务等生活圈级配套设施相对不足。规划利用拆迁空间的可建设用地，按照《城市居住区规划设计标准》，一方面，优先新建完善片区缺乏的文化设施、幼儿园、社区卫生服务和养老等 10 分钟生活圈配套设施（表 2）；另一方面，在保留空间内，结合各社区实际需求，利用社区现有设施打造集养老站、活动站、社区食堂等综合服务功能于一体的社区综合服务中心，以集约利用空间，提升社区宜居宜聚生活服务水平。

表 2　武胜里内部服务设施规划配建一览

设施类型	现状建筑面积（m^2）	规划增配（m^2）	10 分钟生活圈服务设施标准（建筑面积/用地面积：m^2）
社区管理用房	1192	1300	2400～4000
文化活动	30	4800	1000～4800/3000～6000
幼儿园	4250	2200	6400～8800
社区卫生服务	1500	600	480～1080
托老所	800	1000	1400～3000
菜市场	1800	1300	750～1500

对于市政基础设施，开启全面的更新改造。增设排雨管道，地面改换渗透型铺装，改善社区海绵能力；增设排污管道，使用环保型雨水口，减少臭气产生；电力电信线路合沟入地，对变电设施等进行美化遮挡，有条件的结合绿化带设置，路灯、监控、充电等设施实施“多杆合一”。此外，改善交通能力，一是通过局部单向交通组织，引导交通流线，构建交通微循环，疏散交通流量；二是结合新建用地增设公共停车场，同时路内分时段停车，缓解停车压力。

5.2.2 基于物质和非物质手段结合的文化复兴

在片区文脉复兴上，主要目标是唤醒人们心中的历史记忆，激活文化活力。规划通过打造文化景观节点和游线，策划文化节事，物质与非物质手段相结合，彰显片区沿革的历史文化。

一是结合历史存在的原址，打造文化景观节点，留住历史典故。在武胜门、湖南会馆、居仁门原址以及现存的基督教救世堂、行知小学、辛亥首义烈士陵周边营造历史文化景观，同时在原四官殿、朱家巷、大通巷等树碑立传，讲述历史故事。另外，结合轨道站、汉江游船码头等片区对外主要公共交通站点组织文化记忆游览路径，串联文化景观和历史记忆点，形成游览路线，推出历史文化旅游产品。

二是立足于片区主题文化，策划文化大事件。如依托收藏品市场举办藏品文化节，依托汉口茶市举办中秋品茗节，依托新华书店举办读书节等，吸引市民参与，加强市级文化宣传，打响武胜里文化品牌（图 13）。

图 13　武胜门文化景观

5.2.3 基于主题营造和可持续运营的经济激活

为提升片区经济品质和保持经济可持续活跃，规划提出片区应与周边大型商业购物、高端时尚消费业态错位发展，谋求城区商业多样化和活力平衡。在产业发展中，充分挖掘现有商业资源，依托片区文脉，腾换低端业态，积极发展具有烟火气和趣味性的主题街区经济，打造特色文化产业。结合原有的产业基础，打造“茶藏书养荟渔”等文化产业项目和主题商业轴线。

在打造文化产业项目上，如依托汉口茶市打造汉口茶文化体验中心（图 14），将原有的破旧市场改造为融合文化产业和中式园林的商业街区，将原有单一的茶叶批发转变为茶文化展示体验、茶生活沙龙、茶产品销售、市民品茶休闲等综合功能，实现低端市场向雅俗共融的品质业态升级；依托收藏品集邮市场打造汉口藏品艺术中心，将附着于老旧住宅楼的狭窄市场改造为具备品质庭院的综合艺术中心，通过场所更新吸引人气，将业态从以收藏品交易为主向艺术交流、展陈、交易等融合发展转变。此外，依托新华书店旧址打造书香主题商业综合体，依托普爱医院、基督教救世堂发展康养产业，腾退副食批发市场打造现代生活服务集中地武胜荟馆，拓展延伸原渔具市场产业链，打造汉口渔文化体验基地。

图 14　汉口茶室产业升级方案

在打造主题商业轴线上，依托各街道现有商业类型，引导新兴业态发展，复兴老字号，提升环境，打造主题突出、综合一体的特色文化商街，传承百年老街活力。在武胜西街营造茶馆美食主题街道，在集贤路营造文化教育和年代怀旧主题街道，在长堤街营造手艺作坊和市井烟火主题街道（图 15），在操场角营造宜家生活服务主题的商业轴线街道。

图 15　长堤街市井主题商街方案

此外，为保持主题经济健康发展，规划建议政府聘请专业运营单位管理商业街区。一方面，对于街区关键商业项目，由运营单位统一运营，其余商业可由商户自持，并增设准入和淘汰机制，以控制商业主体，防止业态失控；另一方面，由运营单位统一维护街区环境，严控商铺租金水平，以保持街区活力，防止街区衰败。

5.2.4 基于居民共治共享的社区治理

为实现社区的长期稳定与繁荣发展，建立长效社区共建机制，鼓励引导居民参与社区治理，增强主人公意识，激发社区活力，打破社区藩篱，营造和谐社区。

共治：居民共同参与社区后期管理维护。构建基层党建、物业管理及居民代表综合一体的红色物业管理体系，为居民参与社区公共事务提供有效渠道。鼓励居民参与社区设施维护、环境治理、邻里互助、生活基本保障等公共事务工作中，唤醒居民的主人公责任意识。

共营：居民可共同参与社区日常便民服务设施经营建设。在政府引导下，鼓励社区居民参与社区商业、服务业等设施建设，满足社区日常服务需求的同时促进居民就业，培育社区经济生态活力，打造社区商业品牌，培育新的民间老字号，发展片区原生非物质文化。

共享：居民共同享有治理成果。充分利用社区治理后的特色资源，积极组织举办歌友会、棋友会、书友会、儿童易物节等社区文化节事活动，促进居民交流，增进邻里关系，提升社区居民生活活力和幸福感。

6 结论与建议

6.1 结论

在当前我国进入城市提质发展新阶段，城市更新尤为重视以人为本和活力提升。老城区经历过多年的人文生活积淀，其更新的重点不应只局限于空间美化，而应从空间健康治理和综合社会效益提升等方面入手，在推动环境品质整治、社区民生改造和强化基层治理的同时，依托片区文脉激发文化、经济活力，将老旧片区焕发成兼具宜居、人文、商服特色的城市综合功能板块。该种更新方式是城市亮点区片营造、老旧社区改造、老城文化再生的融合，在未来以人为本的老城复兴更新中应成为一种导向。

6.2 建议

第一，城市各区政府应会同规划主管部门组织编制街道社区发展规划，在提出街区空间品质更新安排的同时，结合街区的原真生活底蕴基础，对文脉传承、经济激活、基层治理提出统筹策略和发展谋划，推动街区的有机可持续发展。

第二，建立街区更新统筹平衡机制，将街区整治与拆迁地块出让供地挂钩，通过拆迁地块的部分出让收益弥补政府对街区整治的财政补贴，或引入拆迁地块摘牌企业参与街区整治工作，解决街区更新动力缺乏及拆迁地块出让后街区风貌品质和服务设施水平不统一的问题，推动街区整体更新和民生改善。

[参考文献]

[1] 阳建强，陈月. 1949—2019年中国城市更新的发展与回顾 [J]. 城市规划，2020，44（2）：9-19.

[2] 阳建强. 走向持续的城市更新：基于价值取向与复杂系统的理性思考 [J]. 城市规划，2018，42（6）：68-78.

[3] 阳建强. 城市中心区更新与再开发：基于以人为本和可持续发展理念的整体思考 [J]. 上海城市规划，2017（5）：1-6.

[4] 滕诚悦，施华勇. 基于可持续发展理念指导下的城市更新规划探究 [J]. 智能建筑与智慧城市，2020（1）：25-27.

［5］刘巍，吕涛．存量语境下的城市更新：关于规划转型方向的思考［J］．上海城市规划，2017（5）：17-22．
［6］周武忠，蒋晖．基于历史文脉的城市更新设计略论［J］．中国名城，2020（1）：4-11．
［7］黄怡，吴长福．基于城市更新与治理的我国社区规划探析：以上海浦东新区金杨新村街道社区规划为例［J］．城市发展研究，2020，27（4）：110-118．
［8］程大林，张京祥．城市更新：超越物质规划的行动与思考［J］．城市规划，2004，28（2）：70-73．
［9］周博颖，葛文静．基于城市基本生活单元的住区改造实施机制研究［J］．城市发展研究，2020，27（10）：102-108．
［10］何舒文，邹军．基于居住空间正义价值观的城市更新评述［J］．国际城市规划，2010，25（4）：31-35．
［11］贺静，唐燕，陈欣欣．新旧街区互动式整体开发：我国大城市传统街区保护与更新的一种模式［J］．城市规划，2003（4）：57-60．

［作者简介］
王　琪，注册城乡规划师，高级工程师，任职于武汉市规划设计有限公司。
刘　婧，工程师，任职于武汉城市建设集团有限公司。

城市微更新视角下的口袋公园设计与建设

——以武汉市东西湖区书香花园为例

□朱晓雨，陈　涛，熊庆锋

摘要：在我国城市发展从增量建设转向存量提质阶段，很多老旧城区中的微小绿地由于建设年代久远和疏于管理，存在环境品质降低、功能不完善、设施破损等各类问题，对城市环境和居民生活都造成了影响。本文以武汉市东西湖区书香花园为例，结合城市微更新理念，通过居民共建共治、空间布局优化、文化理念引入、活动功能完善、管理运营创新等策略，激活老旧城区活力，促进城市健康和可持续发展，为城市微更新视角下的口袋公园设计提供更多的工作思路与实践参考。

关键词：城市微更新；口袋公园；公共空间

当前，我国城市总体空间结构趋于紧凑、稳定，城市规划由增量发展向存量更新转型发展。2021年8月，住房城乡建设部发布《关于在实施城市更新行动中防止大拆大建问题的通知》，意味着过去大拆大建式的城市改建将逐步退出历史舞台，转而被更为经济、节约、环境友好型的城市微更新方式所取代。由于各种原因导致城市中存在大量闲置和未被充分利用的零碎空间，通过口袋公园这个载体，可以更好地实现城市公共空间绿化织补式、碎片化的更新，在完善空间功能、满足市民需要的同时，提升城市绿量及其品质，激活老旧空间活力。本文结合武汉市东西湖区书香花园项目展开研究，以期为口袋公园在城市微更新中的特色实践提供一些思路和参考。

1　相关概念

口袋公园在我国现行的城市绿地规划分类中，一般是指规模介于400～10000 m^2，服务半径为0.3～0.5 km的小游园。通常呈斑块状分布在城市中，包括各种小型绿地、小公园、街心花园、社区小型运动场所等，都属于身边常见的口袋公园。口袋公园具有面积小、离散分布、形式多样、内容丰富等特点，是城市生态系统中的“毛细血管”。较之于功能更为完备的城市综合公园，口袋公园通常根据周边居民的需求来决定其功能，主要为周边居民提供简单的休憩和娱乐功能。口袋公园在空间营造上更贴近市民生活，构成形式也更加生活化，并可根据周边街道、社区、业态的不同而变化配套的景观内容。口袋公园已成为城市绿化更新的重要组成部分。

城市微更新主要是指从细微处着手，通过对城市中的微小空间进行微小投入，以群众需求和参与为导向，对城市中品质不高、长期闲置、利用不足、功能不优的微型公共空间进行微小而精确的更新改造提升。相比于传统城市更新方式，微更新强调从细微处入手，通过渐进式、碎片式的除旧布新，用“小而美”的方式进行改造，在“方寸之间”使空间焕然一新，激活区域活力。

2　城市微更新下的口袋公园设计

在“十四五”规划中，明确了城市更新将是未来国家的工作重点。住房城乡建设部发布了《关于在实施城市更新行动中防止大拆大建问题的通知》，明确提出禁止“大拆大建”式的城市开发，鼓励“微更新”。同时，在住房城乡建设部办公厅发布的《关于推动“口袋公园”建设的通知》中，提出2022年全国将建设不少于1000个城市口袋公园的指示，更加印证了当前城市景观存量更新转型发展以微小绿地改造为主。

口袋公园的特征与城市微更新理论有着较高的适配度，作为该理论的载体，口袋公园为其提供了具体的应用场景，而城市微更新的理论可以更好地为口袋公园建设和改造发挥指导作用。基于城市微更新理念的口袋公园建设是今后城市景观绿化发展的主流和趋势，武汉市在此领域也进行了积极的探索和实践。

2.1　挖掘城市中的存量空间

在城镇化迅猛发展的过程中，城区中许多零星的公共空间处于闲置、废弃状态，缺乏形式多样性、内容丰富性，未能与市民需求相结合，在很大程度上算是一种资源浪费。尤其是在老城区中的公共空间，其往往承载着一个街区的居民日常生活和历史文化记忆。挖掘其中的存量空间，对其进行口袋公园的建设，将空间进行利用和改造，利用微更新理论整合破碎空间，把利用率低、功能不明的空间更新转化为居民日常使用空间。针对存量空间资源进行合理“增效”，而非继续“增量”，这种更具针对性的修补模式非常适合老城区的更新。

2.2　探索共建、共享、共治新模式

传统公园建设多由基层政府为引导监督者，开发单位为项目设计实施者，居民作为成果使用者。在城市微更新的视角下，公园建设可以是一种多元主体参与的新模式，同时也是居民共建、共治、共享的新探索，即由原本的投资方主体主导式逐渐转变为联合专业力量、社会组织、社区居民等多方机构共同参与式。各方在共同平台上进行共商、共治、共享，居民作为主体参与前期规划、建设实施、后期维护，共同制定发展策略，自发地形成自我参与、自我管理、自我维护的新模式。

2.3　整合破碎空间，激活场地功能

空间的公共性是评价场所好坏的重要标准。与其他综合类公园相比，口袋公园更加注重以人的需求为核心，注重场所的公共参与和交流性。因其面积通常较小，主要服务于周边居民，势必需要在设计时充分调研周边业态分布和使用人群的需求，针对性地确定空间布局和功能类型，提高空间利用率，吸引人群走进来；再通过营造不同尺度、功能的活动空间和相关设施，满足居民的需求，提升居民的参与性和体验感。同时，通过挖掘场地内的闪光点来塑造趣味性场景，形成具有吸引力的场所，创造恰当的环境氛围，提升公园的整体性及空间使用率，使空间更加动态、紧凑和连续。

2.4 挖掘文化，延续城市记忆

围绕城市建设与文化相结合的政策需求及城市总体规划，挖掘当地特色文化符号或理念并注入口袋公园。在老城区中，原来的许多微小绿地采用较为传统的设计手法，更多地停留在观赏型上，忽略了对人文文化的关注，不能够很好地融入群众生活活动。居民的行为模式往往能反映出背后独有的文化底蕴，而口袋公园作为展示周边街区的文化载体，可通过打造地区标志符号，唤醒人们对城市的往日记忆。在设计口袋公园时对场地周边历史进行深度挖掘，对现有存留的独特元素进行保留，对人群活动背后的文化痕迹进行总结和整合，通过空间要素的文化传达，有助于居民形成对公园的认同感，树立共同体意识，同时唤醒整个片区的文化记忆。

2.5 可持续的管理和维护

随着口袋公园建设的增多和水平不断提升，如何让口袋公园得到可持续的管理维护是各地必须面对的课题。除政府和相关园林部门发挥统领作用外，机关单位、部分企业也可主动参与公园管理工作，建立管护制度并加强日常巡查管理。此外，通过“公园认养”，聘请周边居民担任“市民园长”，鼓励企业等社会力量参与服务供给，开展社会活动等，创新管理机制。只有形成有效的主体参与机制，才能更好地服务大众，从而达到使用需求预期，取得更优的社会效益，真正实现共建共享。

3 书香花园详细设计

3.1 项目概况

《武汉市2020年绿化工作方案》提出，两年内将建成100座口袋公园，启动“城市公园绿地5分钟服务圈”构建行动，让城市公园绿地服务半径覆盖90%以上的居住用地，各区的口袋公园建设成为实现这一目标的重要落点。书香花园是东西湖区第一个建成的示范点，也为后续的口袋公园建设提出切实可行的实施策略和参考借鉴。

3.2 项目现状

场地位于东西湖区老城区内，位于临空港大道人行道边，从一个城市重要形象大道转向一个充满生活气息的老街道的路口处，面积仅360 m^2 左右，周边分布着老旧居民区和商铺门面，具有老街区独特的浓厚生活气息。

图1 公园现状

场地外围的一圈铁栏杆将其和周围环境隔离开，内部种植的黄金槐、广玉兰、桂花等乔木，经过多年生长，形成了较为郁闭的植物空间。该场地只具备观赏功能，不具备公共空间的使用功能，难以满足周边居民的活动需求，是一处典型的封闭式低效绿地（图1）。

3.3　详细设计

3.3.1　创新利用社会组织，激发居民的共建参与感

在项目建设前期的规划设计阶段，笔者进行了大量的调研工作。场地所处的吴祁街是东西湖最老的街道之一，街区内分布着老旧小区、少量商铺门面和一所中学。借助街道办和居委会，我们成立了一个交流平台，邀请居民、设计师、政府代表来一起共同参与公园营造、共话设计（图 2）。通过交流充分了解各方的实际需求，并将初步的方案设计思路进行了汇报和沟通，对居民的反馈意见进行归纳和思考。在项目设计之初，尊重周边居民作为使用主体的权利，有效地维护居民在改造工程项目中的利益，增强他们的参与感。同时，对于周边流动人群，我们通过随机走访聊天和发放问卷，了解大家对于这里要建造公园的想法和建议，并与平台志愿者一起沟通和商榷。这个由社区、居民、志愿者组成的团队便是共建参与的重要体现，他们加入到公园的设计改造中，推动了项目进程并监督，在整个项目过程中都发挥了积极的作用，也是对共建、共治、共享新模式的一次实践探索。

图 2　公园建设过程中与各方交流

3.3.2　融入当地文化特色，唤醒城市记忆

项目紧邻的吴祁街，是东西湖区最具年代感的老旧街区，充满安静闲适的生活气息，街区中隐藏着过去的区图书馆、区文化馆、老年大学、新华书店等，给整个场地增添了一丝文化气息，也为设计提供了思路。规划以“书香”为线索，以“拾光”为脉络，唤醒这里曾经的文化记忆，老旧社区的“烟火气”和安静游园的“治愈感”在这里碰撞和对话，形成一个独具文化

特色的空间，承载了社区和居民的精神情感寄托，从而激活并延续城市记忆。

3.3.3 营造公共活动空间，完善场地功能

由于场地面积较小，能考虑的功能有限，经过调研和沟通，确定场地周边活动人群以老年人和青少年为主，规划主要根据这两类人群的实际需求和居民的意见来进行功能植入和布局（图 3），在有限的空间内尽量满足人群需求。首先要做的便是将原本封闭的绿化空间打开，形成一个开放的，供人参与和活动的公共空间。因场地位置沿城市主干道，在靠近道路的一侧设计开放式广场和阶梯式座凳，作为集散活动场地的同时也形成城市道路形象展示界面；在靠近小区的内侧，则考虑作为安静的休憩交流空间，设计了四处开放性和半封闭的小型休憩场地和一条游赏园路，形成自然的动静分区。

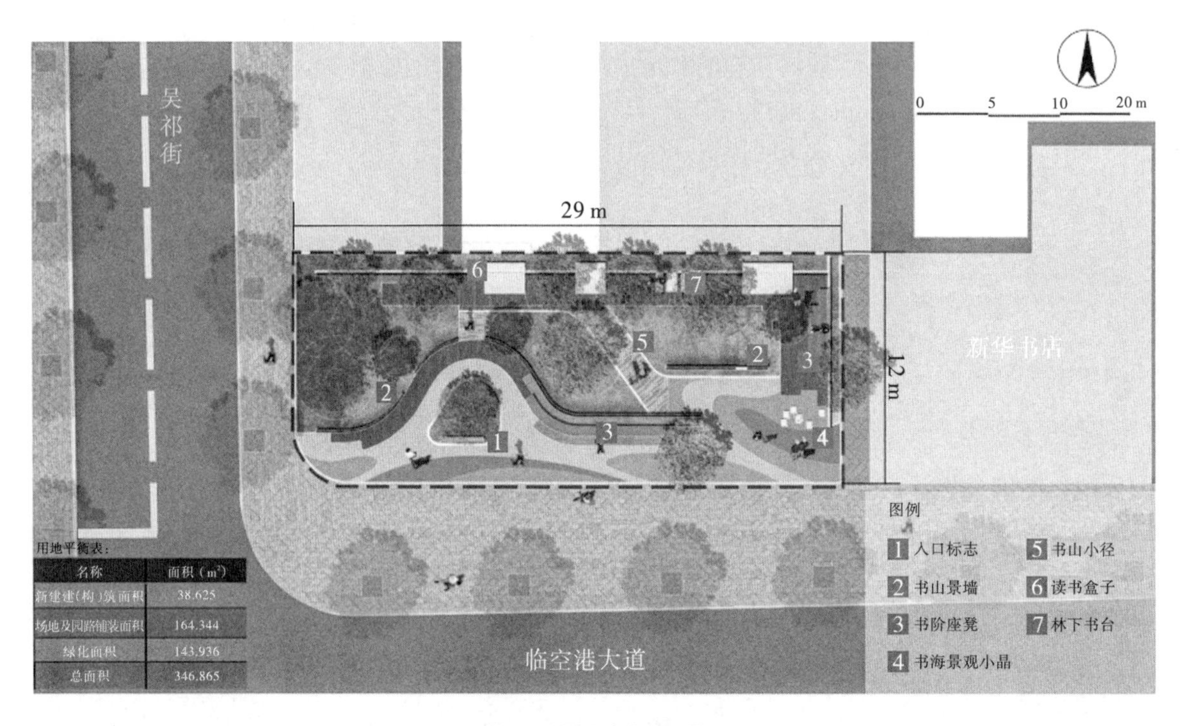

名称	面积（m²）
新建建(构)筑面积	38.625
场地及园路铺装面积	164.344
绿化面积	143.936
总面积	346.865

图 3　公园设计总平面图

场地亟待解决的问题是临近人行道的小区墙面被外挂式抽油烟机长年累月熏成了黄黑色，作为公园的背景，这十分影响市容，也给公园设计带来了难题。我们决定在此处设计一处高 2.2 m的景墙，与建筑留出空隙，对界面遮挡美化的同时也考虑了实用功能。景墙的设计并非单纯的一个立面，而是植入了读书盒子的立体式景墙，上面开窗，为内侧居民和外部公园带来一定的通透性，内种植的冬青和毛竹又形成了自然的隔离和背景。

在景墙中植入的三处“读书盒子”，其内部桌椅俱全，头顶有射灯照明，墙上有 USB 接口，不仅具有观赏性，更具有遮蔽、活动、交流等多样化的实用功能。不论白天夜晚，不论晴天雨天，市民都可以入内休憩、阅读。在靠近人行道一侧，采用了钢格栅做成起伏的山形，名为“书山景墙”，其作用主要为隔离前后的动静分区，为读书空间营造私密感。前后交错的景墙结合现状大树，营造了颇具意境的林下幽径，同时对外侧道路上车行和人行营造了视觉上的亮点，形成独特的记忆点和标识性（图 4）。

图 4　公园建成后效果

3.3.4　构建多方参与平台，管理运营新模式

公园建成后，居民不再是被动享受的客体，而是主动参与公园管理的主体。居民会自发地组织在这里健身跳舞，成立“相亲角”；公园旁边的新华书店联合附近中学一起举行了读书会；一些运营机构在这里举行活动，并设立互动环节或奖品奖项等多种方式鼓励居民参与其中（图 5）。通过多方参与、共建共享，增强了居民的家园意识，提高了居民对城市的获得感、幸福感、归属感、认同感，激活街区乃至城市的活力，实现真正的共建、共享、共治。

图 5　居民在公园中游玩、举行读书会

4 结语

我国城市规划近年来正处于增量到存量的转型发展，如何利用城市微更新的理念，以口袋公园为载体，激活城市中的“灰空间”，对城市绿地系统进行织补，是未来值得探索的方向。书香花园项目设计与建设是一次兼顾经济性、实施性、参与度、绿色生态的“微更新”公共空间提升实践，通过对街区长期缺失功能景观的补充和充满情感的人文设计，使得场地具有丰富的使用价值，加强片区文化属性、提高了市民的幸福感，以促进城市绿地的可持续发展。希望本次研究能为未来口袋公园改造和城市微更新提供更多实践参考。

［参考文献］

［1］章迎庆，孟君君．基于“共享”理念的老旧社区公共空间更新策略探究：以上海市贵州西里弄社区为例［J］．城市发展研究，2020，27（8）：89-93.

［2］胡菲凡．社区公共空间“微更新”满意度研究：以上海市为例［J］．建筑与文化，2020（10）：36-39.

［3］张恒瑜，张忠峰，赵红霞．城市微更新背景下基于“共享”理念的老城区公共空间改造［J］．现代园艺，2022（21）：95-97.

［4］侯晓蕾，姚莉莎．“1＋N＋∞”的北京老城微花园绿色微更新途径［J］．园林，2022，39（11）：4-9.

［5］吴巧．口袋公园（Pocket Park）：高密度城市的绿色解药［J］．园林，2015（2）：45-49.

［6］支文军．城市微更新［J］．时代建筑，2016（4）：1.

［7］樊简敏，莫洲瑾，孙洞明．基于空间叙事理论的未来社区景观更新策略探究：以宁波市和丰未来社区微更新实验为例［J］．建筑与文化，2023（1）：151-153.

［8］孙静．城市触媒理论下的交互性口袋公园设计策略研究［D］．青岛：青岛理工大学，2018.

［9］胡妍竹．基于人群活动分析的老旧社区更新研究：以长春市九江社区为例［D］．长春：吉林农业大学，2022.

［作者简介］

朱晓雨，武汉市园林设计研究院有限公司景观设计师。

陈　涛，武汉城市建设集团有限公司高级工程师。

熊庆锋，武汉市园林设计研究院有限公司高级工程师。